실기시험 작업형 완벽대비

- 일반기계기사 • 기계설계(산업)기사 • 컴퓨터응용가공산업기사 • 생산자동화산업기사
- 전산응용기계제도기능사 • 기계가공기능장 • 금형기능장 • 기계 관련 자격증 3D 모델링

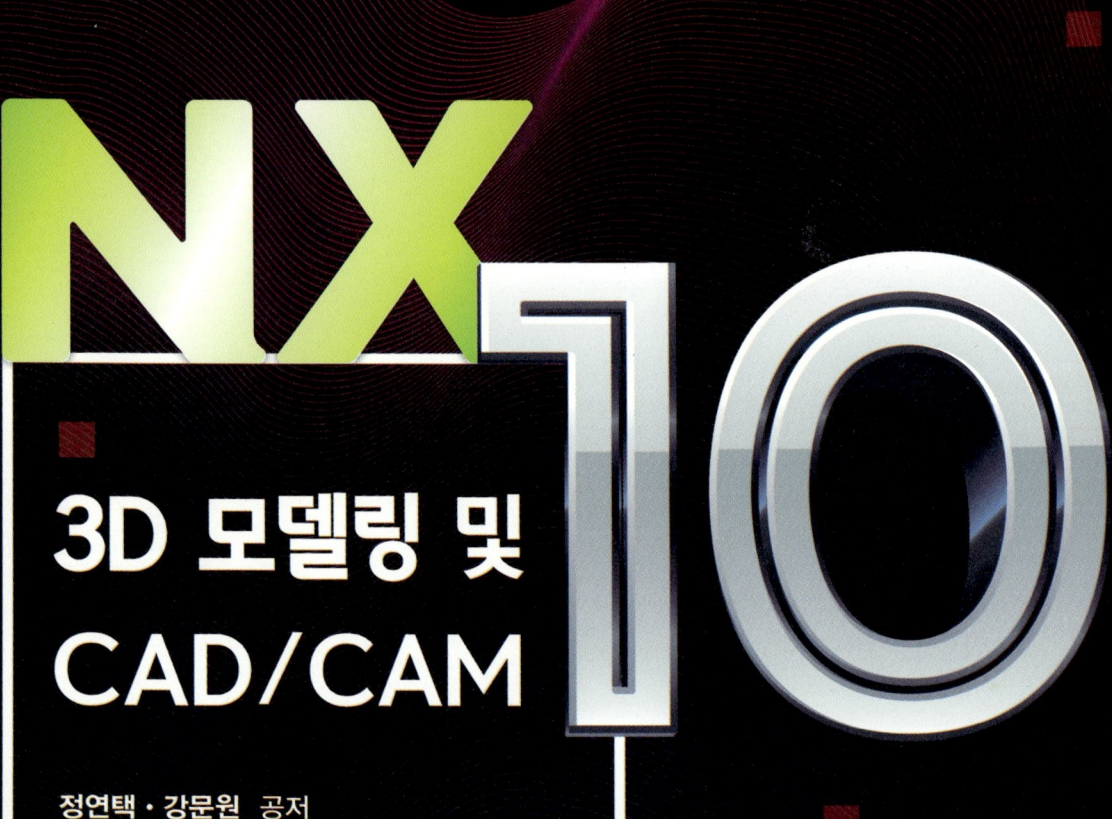

NX 10
3D 모델링 및 CAD/CAM

정연택 · 강문원 공저

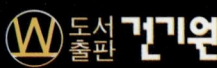

PREFACE 머리말

UG NX10은 세계적으로 가장 많이 사용하는 메이저급 CAD/CAM 소프트웨어라 할 수 있으며 제조업체에서는 복잡하고 어려운 기계장비 부품을 더욱 생산적으로 모델링과 CAM 작업을 보다 빠른 생산이 가능하게 할 수 있고 원가절감, 품질향상 등을 통하여 다른 업체와 경쟁력을 제공할 수 있는 통합솔루션이라 할 수 있다.

UG NX10을 이용한 기계장비 부품과 금형의 모델링 및 가공에서 고품질의 모델링으로 가공시간을 단축하고 경쟁력과 생산성을 향상시키며 최적화된 완전한 모델링으로 NC 프로그램을 통하여 머시닝센터 및 CNC 선반의 향상된 가공으로 빠르고 간단하게 기계 장비 부품을 CAM 가공 프로그래밍을 할 수 있다.

이를 위해서 UG NX10 소프트웨어를 선택하여 초급에서 고급과정까지 모델링 방법, 머시닝센터 및 CNC 선반의 여러 가지 CAM 가공 방법과 NC Data 생성 방법 등을 중점을 두었으며, 추가적으로 금형 설계도 할 수 있도록 집필하였다.

본 교재는 기계를 전공하는 학생들의 3D 모델링, CAM 가공 등 각종 기능사, 기사 실기시험 대비와 산업체에 재직 중인 기술자들이 기계가공기능장 및 금형기능장 실기시험을 준비할 수 있도록 하였으며, 누구나 쉽게 따라하면서 학습효과를 최대한 발휘할 수 있도록 하였다.

또한 다소 부족하더라도 학습자가 스스로 도면을 보면서 컴퓨터응용선반 및 밀링기능사, 컴퓨터응용가공산업기사, 금형산업기사, 기계가공기능장, 금형기능장 등 기계관련 자격증 실기시험에 많은 도움이 될 것으로 확신하며, 이 교재를 학습함으로써 산업사회에서 요구하는 능력과 자질을 갖춘 유능한 인재가 되어 사업사회에 이바지하는 역군이 되기를 기대한다.

이 교재를 통하여 UG NX10 사용자들에게 모델링 및 CAM 가공에 많은 도움이 된다면 보다 큰 보람으로 생각하겠으며 내용 중 미비한 점은 계속 보안해 나갈 것을 약속드리며, 끝으로 교재집필에 많은 도움을 주신 엔지니어와 도서출판 건기원 관계자들에게 진심으로 감사드린다.

저자 씀

CONTENTS 차례

Ⅰ. NX10의 환경 구성과 Sketch

Chapter 01 NX10의 환경 구성과 인터페이스 ········· 10
- 제1절 NX10의 시작 ········· 10
- 제2절 NX10의 화면 구성 ········· 12
- 제3절 사용자 환경 설정 ········· 17
- 제4절 템플릿(Template) ········· 21
- 제5절 Full Screen Mode ········· 24
- 제6절 데이텀(Datum) ········· 24

Chapter 02 스케치(Sketch) ········· 28
- 제1절 스케치(Sketch)의 시작 ········· 28
- 제2절 스케치 곡선(Sketch Curve) ········· 29

Chapter 03 스케치 치수(Sketch Dimension) ········· 52
- 제1절 치수(Dimension) ········· 52

Chapter 04 스케치 구속조건(Sketch Constraints) ········· 58
- 제1절 기하 구속조건(Geometric Constraints) ········· 58
- 제2절 Constraints 관련 Option ········· 65
- 제3절 스패너 스케치 따라 하기 ········· 73
- 제4절 밀링기능사 스케치 따라 하기 ········· 85

Ⅱ. 솔리드(Solid) 모델링

Chapter 01 돌출 및 회전(Extrude & Revolve) ········· 100
- 제1절 돌출(Extrude) 정의하기 ········· 100
- 제2절 회전(Revolve) 정의하기 ········· 104

Chapter 02 Feature Operation ········· 109
- 제1절 블록(Block) ········· 109
- 제2절 원통(Cylinder) ········· 110
- 제3절 원뿔(Cone) ········· 111
- 제4절 구(Sphere) ········· 112
- 제5절 구멍(Hole) ········· 113
- 제6절 보스(Boss) ········· 115

제7절 포켓(Pocket) …………………………………………… 115
제8절 패드(Pad) ……………………………………………… 117
제9절 엠보스(Emboss) ……………………………………… 118
제10절 스레드(Thread) ……………………………………… 119
제11절 셸(Shell) ……………………………………………… 120
제12절 두께 주기(Thicken) ………………………………… 121

Chapter 03 Detail Feature ………………………………… 122

제1절 구배(Draft) …………………………………………… 122
제2절 모서리 블렌드(Edge Blend) ………………………… 124
제3절 면 블렌드(Face Blend) ……………………………… 126
제4절 모따기(Chamfer) ……………………………………… 127

Chapter 04 Associative Copy ……………………………… 128

제1절 패턴 피쳐(Pattern Feature) ………………………… 128
제2절 패턴 지오메트리(Pattern Geometry) ……………… 135
제3절 대칭 특징형상(Mirror Feature) …………………… 136
제4절 대칭 지오메트리(Mirror Geometry) ……………… 137

Chapter 05 Trim …………………………………………… 138

제1절 바디 트리밍(Trim Body) …………………………… 138
제2절 트리밍 취소(Untrim) ………………………………… 140
제3절 면 분할(Divide Face)/면 결합(Join Face) ………… 141
제4절 바디 분할(Split) ……………………………………… 142

Chapter 06 Solid Exercise ………………………………… 143

제1절 행거 솔리드 모델링 따라 하기 …………………… 143
제2절 무선전화 충전기 솔리드 모델링 따라 하기 ……… 157
제3절 돌출 브라켓 충전기 솔리드 모델링 따라 하기 …… 173

CONTENTS 차례

동기식(Synchronous) 모델링

Chapter 01 동기식(Synchronous) Modeling ·········· 186
  제1절 동기식 모델링(Synchronous Modeling)의 이해 ·········· 186
  제2절 동기식 모델링(Synchronous Modeling)의 기능 ·········· 188
  제3절 구속 등 기타 기능을 이용한 동기식 모델링 ·········· 197
  제4절 연결(Relate) 기능의 종류 ·········· 201
  제5절 치수(Dimension) 기능의 종류 ·········· 205
  제6절 History Free Mode의 동기식 기능 ·········· 208
  제7절 모서리(Edge) 기능의 종류 ·········· 213

서피스(Surface) 모델링

Chapter 01 Sweep ·········· 216
  제1절 가이드를 따라 스위핑(Sweep Along Guide) ·········· 216
  제2절 스웹(Swept) ·········· 220
  제3절 튜브(Tube) 정의하기 ·········· 222

Chapter 02 Surface Operation ·········· 223
  제1절 트리밍된 시트(Trimmed Sheet) ·········· 223
  제2절 모서리 삭제(Delete Edge) ·········· 224
  제3절 두께 주기(Thicken) ·········· 225
  제4절 옵셋 곡면(Offset Surface) ·········· 226
  제5절 가변 옵셋(Variable Offset) ·········· 227
  제6절 연결(Sew) ·········· 228
  제7절 잇기 취소(Unsew) ·········· 229
  제8절 패치(Patch) ·········· 230
  제9절 경계평면(Bounded Plane) ·········· 232
  제10절 곡선에서의 시트(Sheet From Curves) ·········· 232

Chapter 03 Mesh Surface ·········· 233
  제1절 룰드(Ruled) ·········· 233
  제2절 통과 곡선(Through Curve) ·········· 246
  제3절 곡선 통과 메시(Through curve Mesh) ·········· 256
  제4절 N-변 곡면(N-side) ·········· 259
  제5절 스튜디오 곡면(Studio Surface) ·········· 260

| Chapter 04 | **Surface Exercise** ········· 261 |

제1절 Surface 모델링 따라 하기 ········· 261
제2절 Surface 무선전화기 모델링 따라 하기 ········· 282
제3절 Surface 패드 모양 모델링 따라 하기 ········· 297
제4절 Surface 행거 모양 모델링 따라 하기 ········· 309
제5절 Surface Ruled에 의한 수화기 모델링 따라 하기 ········· 325
제6절 Surface 곡선 통과 메시 행거 모델링 따라 하기 ········· 335
제7절 Surface 헤어드라이기 모델링 따라 하기 ········· 355
제8절 Surface 인주함 모델링 따라 하기 ········· 365
제9절 Surface 메시 곡면에 의한 브라켓 모델링 따라 하기 ········· 379
제10절 Surface 컵 모델링 따라 하기 ········· 391
제11절 Surface 핸드폰충전기 모델링 따라 하기 ········· 404
제12절 Surface 리모컨 모델링 따라 하기 ········· 417
제13절 Surface 인주함 모델링 따라 하기 ········· 434
제14절 Surface 브라켓 모델링 따라 하기 ········· 445
제15절 Surface 물통 모델링 따라 하기 ········· 457
제16절 Surface 브라켓 모델링 따라 하기 ········· 470
제17절 Surface 브라켓 모델링 따라 하기 ········· 481
제18절 Surface 행거 모델링 따라 하기 ········· 496
제19절 Surface 행거 모델링 따라 하기 ········· 505
제20절 Surface 행거 모델링 따라 하기 ········· 514
제21절 Surface 행거 모델링 따라 하기 ········· 531
제22절 Surface 행거 모델링 따라 하기 ········· 541
제23절 Surface 면도기 모델링 따라 하기 ········· 551
제24절 Surface 광마우스 모델링 따라 하기 ········· 562
제25절 Surface 전화기 모델링 따라 하기 ········· 579
제26절 Surface 브라켓 모델링 따라 하기 ········· 597

CONTENTS 차례

Manufacturing

Chapter 01	Manufacturing 구성 ········· 626
제1절	CAM 환경 ········· 626
제2절	Manufacturing 생성 및 탐색기 설정하기 ········· 631

- Chapter 02 Cavity Mill 황삭 가공 ········· 645
- Chapter 03 곡면(Fixed Contour) 가공 ········· 700
- Chapter 04 Contour Area ········· 741
- Chapter 05 Flow Cut(펜슬) 가공하기 ········· 749
- Chapter 06 평면형(Planar Mill Type) 가공 ········· 763
- Chapter 07 Face Milling 가공 ········· 786
- Chapter 08 Plunge Milling 가공 ········· 803
- Chapter 09 Drilling 가공 ········· 818
- Chapter 10 CNC 선반(Turning) 가공 ········· 861
- Chapter 11 가공 시뮬레이션과 NC Data 생성 ········· 922

Mold Wizard

- Chapter 01 Mold Wizard 제품도 모델링 따라 하기 ········· 937
  - 제1절 제품 모델링 따라 하기 ········· 938
- Chapter 02 Mold Wizard 설계 따라 하기 ········· 944
- Chapter 03 Core, Cavity 설계 따라 하기 ········· 974

NX10 CAM 가공 따라 하기

- Chapter 01 컴퓨터응용밀링기능사 ········· 1006
- Chapter 02 컴퓨터응용가공산업기사 ········· 1034
- Chapter 03 금형기능사 ········· 1065

PART I

NX10의 환경 구성과 Sketch

1. NX10의 환경 구성과 인터페이스
2. 스케치(Sketch)
3. 스케치 치수(Sketch Dimension)
4. 스케치 구속조건(Sketch Constraints)

CHAPTER 01 NX10의 환경 구성과 인터페이스

제1절 NX10의 시작

NX10의 작업을 시작하기 위해 새로운 Part 파일을 생성해야 한다.

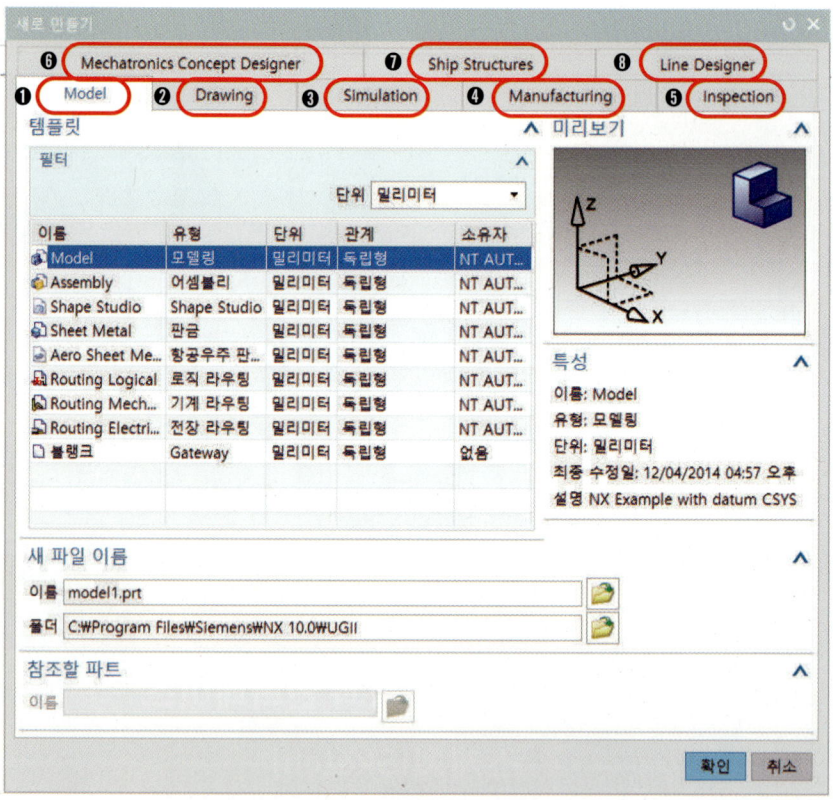

위와 같이 Window가 생성되는 것을 확인할 수 있다. 다음의 내용은 New File에서 사용될 수 있는 각각의 탭에 관한 설명이다(※ NX10에서는 한글 및 특수문자는 인식할 수 있으므로 파일이 저장되는 폴더나 파일의 이름은 한글, 영문, 숫자로 이루어져도 된다.).

PART I NX10의 환경 구성과 Sketch

1 Model `Model` 탭

기존 3D Modeling File을 생성할 때 사용하며, 앞의 그림과 같이 Model, Assembly, Shape Studio, NX Sheet Metal 등의 작업을 할 수 있다.

앞의 그림 상단 우측 부분에 있는 Units 부분은 Inches 또는 Millimeters의 단위를 선택할 수 있다. 그리고 하단의 새 파일 이름에서 '이름' 부분은 생성할 Part Name이며, 폴더 부분은 생성될 Part File의 폴더 위치를 정의하는 곳이다.

2 Drawing `Drawing` 탭

사용자가 정의한 Templates를 사용하여 2D Drawing 작업을 할 때 사용된다. Drawing 탭을 클릭한 후 하단의 Part to create a drawing of 부분은 원하는 3D 모델링 파일을 Open하면서 바로 Drawing Mode로 작업할 때 Templates list에서 선택하는 것이 아닌 사용자가 원하는 Templates File을 Open할 때 사용된다.

3 Simulation `Simulation` 탭

MSC NASTRAN Analysis 등의 해석이 가능하며, NASTRAN을 기본 Solver로 사용하고 있다.

4 Manufacturing `Manufacturing` 탭

CNC 밀링이나 선반과 같은 가공에 필요한 데이터를 생성하기 위한 환경을 정의한다.

5 Inspection `Inspection` 탭

실 제품에 대한 모델링 파일을 기준으로 측정기를 이용하여 모델링한 데이터와 실제 구현화된 물체를 측정기를 이용하여 측정 검사프로그램 데이터를 생성하기 위한 환경을 정의한다.

6 Mechatronics Concept Designer `Mechatronics Concept Designer` 탭

기계 시스템의 복잡한 움직임을 시뮬레이션하는 데 사용하는 응용 프로그램이다.

7 Ship Structures `Ship Structures` 탭

선박 설계를 위한 Application으로 선박 설계의 서로 다른 단계를 각각 지원하는 세 개의 Application으로 구성되어 있다.

8 Line Designer `Line Designer` 탭

제품 생산 라인의 도면을 설계하고 시각화하는 데 사용된다.

제2절 NX10의 화면 구성

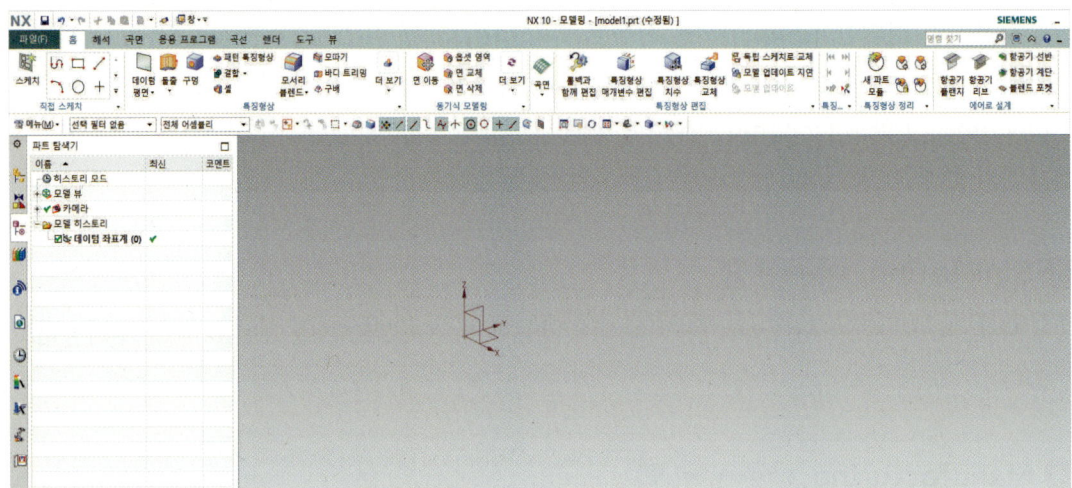

1 빠른 실행-Quick Access toolbar

저장, 취소 등 일반적으로 사용되는 메뉴가 포함되어 있다.

2 제목 표시줄-Title Bar

현재 작업되는 응용프로그램과 파일 이름, 특성을 보여준다.

NX 10 - 모델링 - [model1.prt (수정됨)]

3 리본 메뉴 - Ribbon Bar

탭과 그룹으로 각 응용 프로그램들의 명령을 구성한다.
File – Application에서 원하는 Application으로의 이동이 가능하다.

4 Top Border Bar

사용자가 선택하려는 Object를 선택하기 쉽도록 도와주는 Selection Filter와 뷰를 전환하는 View Group과 Application 별로 전체 Menu를 확인 가능한 Full Down Menu가 포함되어 있다.

5 Cue Position

사용자가 다음에 진행해야 할 작업을 미리 알려준다.

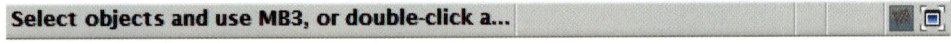

6 Graphics Window

모델링의 기준이 되는 좌표계이다.
Format ➡ WCS에서 위치 변경이 가능하다.

❋ 작업 좌표계(WCS)

3개의 Datum 평면과 3개의 Datum 축, 원점의 point로 이루어져 있으며, Sketch 평면이나 기준면, 기준 축, 원점으로 사용할 수 있다.

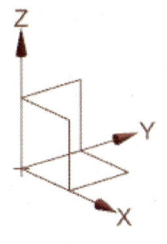

❋ Datum CSYS

• 화면상에서 마우스 오른쪽 버튼을 길게 누르면 나타나는 메뉴이다.

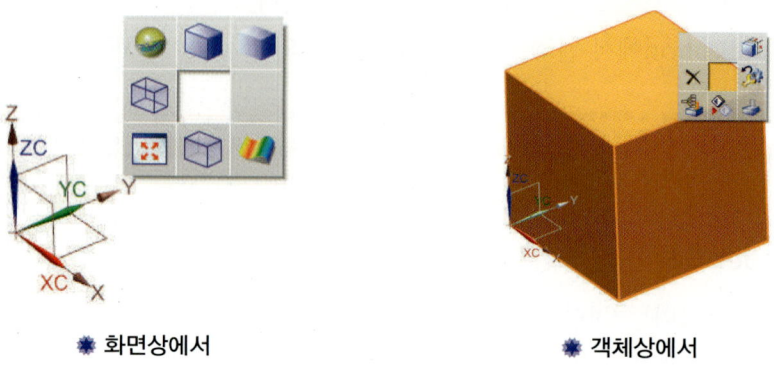

❋ 화면상에서　　　　　　　　　❋ 객체상에서

• 화면상에서 마우스 오른쪽 버튼을 짧게 누르면 나타나는 메뉴이다.

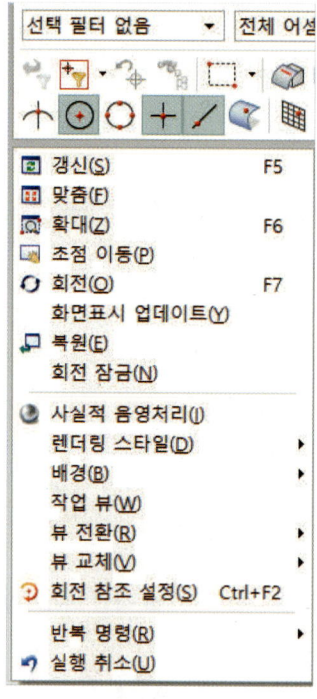 

❋ 화면상에서　　　　　　　　　❋ 객체상에서

• 화면상에서 Ctrl + Shift 키를 누른 상태에서 마우스 버튼을 한 버튼씩 눌러보면 다음과 같은 팝업 창을 볼 수 있다. Radial Pop Up Icon을 통해 쉽고 빠르게 명령을 실행할 수 있다. Customize를 이용하여 Icon을 변경하거나 추가할 수 있다.

PART I NX10의 환경 구성과 Sketch

NX10 3D 모델링 및 CAD/CAM

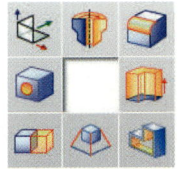   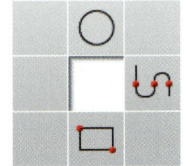   

❋ 마우스 왼쪽 버튼을 눌렀을 때 　❋ 마우스 휠 버튼을 눌렀을 때 　❋ 마우스 오른쪽 버튼을 눌렀을 때

- 화면상에서 마우스 가운데 버튼이나 휠 버튼을 누르고 있으면 오른쪽 그림과 같이 하나의 포인트가 생성된다. 휠 버튼을 누르고 있을 때 생기는 ◉ 모양의 포인트는 모델링을 회전시키면서 개체 확인을 할 때, 이 포인트를 중심으로 회전을 하게 된다. 모델링을 회전시키다 보면 전체의 모습이 회전하게 되어 작업이 불편해지는데, 이때 이 기능을 사용하면 사용자가 원하는 위치에서 회전을 시켜 작업을 진행할 수 있다.

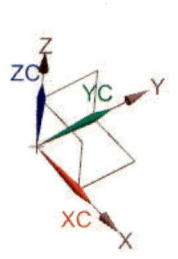

7 Resource Bar

	Navigators	어셈블리나 모델링과 같은 기능의 정보를 표시한다. Navigator를 사용하여 데이터를 편집, 보기, 순서 변경 같은 작업이 가능하다.
	HD3D Tools	HD3D에 접속하여 작업하는 3D 모델과 직접 정보교환을 할 수 있다.
	Integrated Web Browser	NX10 안에서 인터넷을 접속할 수 있도록 돕는다.
	Palettes	기존 생성해 놓은 데이터를 확인하는 작업이나 작성 중인 모델에 시각화 작업, 사용자의 Tool Kit 환경을 변경할 수 있는 작업들이 가능하다.

Chapter 01 | NX10의 환경 구성과 인터페이스

8 마우스 사용법

◀ MB1: 객체를 선택할 때 쓰인다.
◀ MB1 + Shift : 선택된 객체를 해제한다.
◀ MB2: 클릭하면 OK의 역할을 하며, 길게 누른 상태에서 마우스를 움직이면, 화면을 Rotate한다.
◀ MB1 + MB2: Zoom in out 기능을 한다.
◀ Ctrl + MB2: Zoom in out 기능을 한다.
◀ MB2 + MB3: Pan 기능을 한다.
◀ Shift + MB2: Pan 기능을 한다.
◀ MB3: Pop Up Menu를 표시한다.
◀ MB3(길게 누를 때): Pop up icon을 표시한다.

9 프로그램 언어 변경하기

내 컴퓨터에서 MB3을 클릭하고 속성을 선택-고급 시스템 설정에서-고급 탭에서-환경 변수 선택-시스템 변수 안에 UGII_LANG를 선택한 후 편집 클릭-변숫값에 사용할 언어 입력에서 'korean'나 'english'를 입력하여 사용한다.

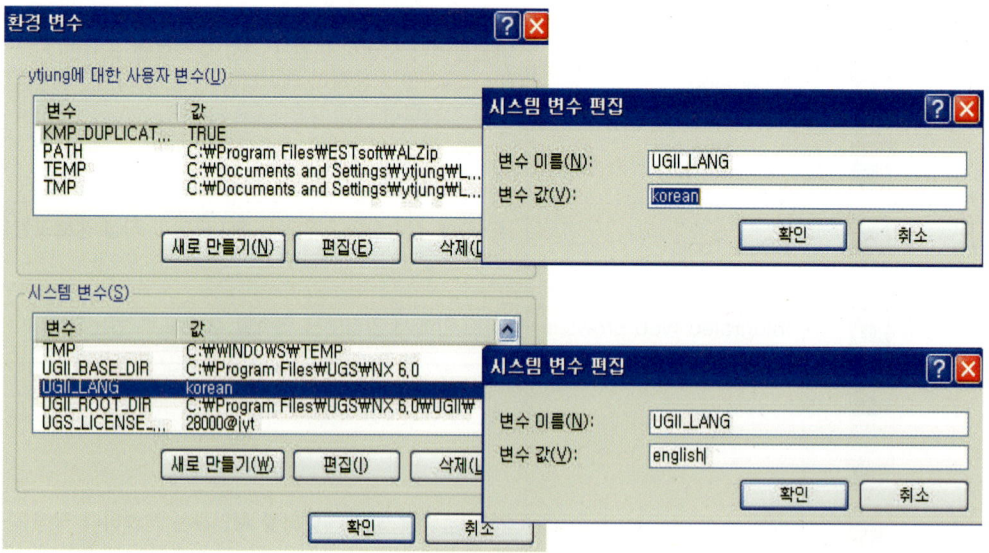

PART I NX10의 환경 구성과 Sketch

제3절 사용자 환경 설정

1 Preferences

Top Border Bar의 ➜ Preferences는 사용자 환경 설정을 할 수 있다. 하지만 NX10을 다시 실행하게 되면 사용자 설정이 초기화된다.

사용자 환경 설정을 계속 유지하기 위해서는 File ➜ Utilities ➜ Customer Defaults에서 설정해야 한다. 설정 후 NX10을 재실행해야 하지만 설정값이 적용된다. 단, 처음 시작 시 Modeling Templates에서 원하는 Templates를 선택 시 Templates의 바탕색이 기본적으로 제공되기 때문에 배경색은 바뀌지 않는다.

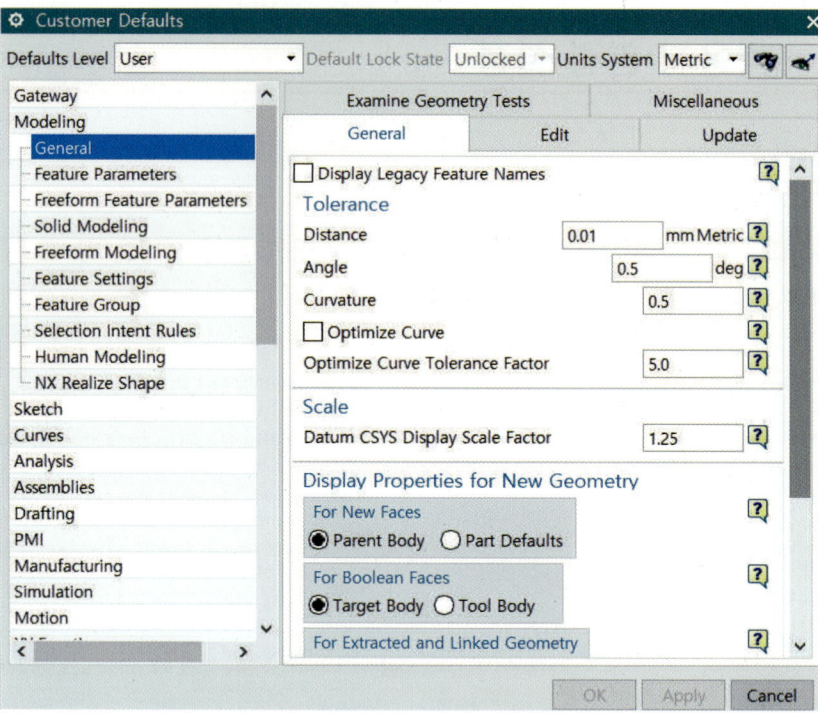

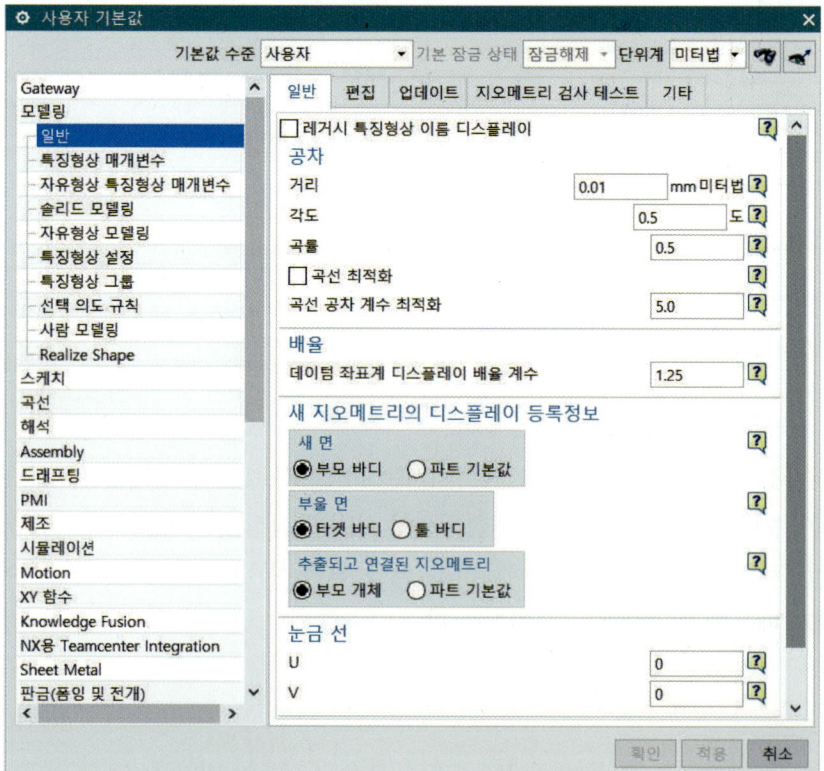

PART I NX10의 환경 구성과 Sketch

NX10 3D 모델링 및 CAD/CAM

❷ Customize

아이콘 툴바를 마우스 우측 버튼으로 클릭하면 다음 그림과 같은 풀다운 메뉴가 나타나게 되는 여기서 가장 아래쪽의 메뉴가 Customize이다.

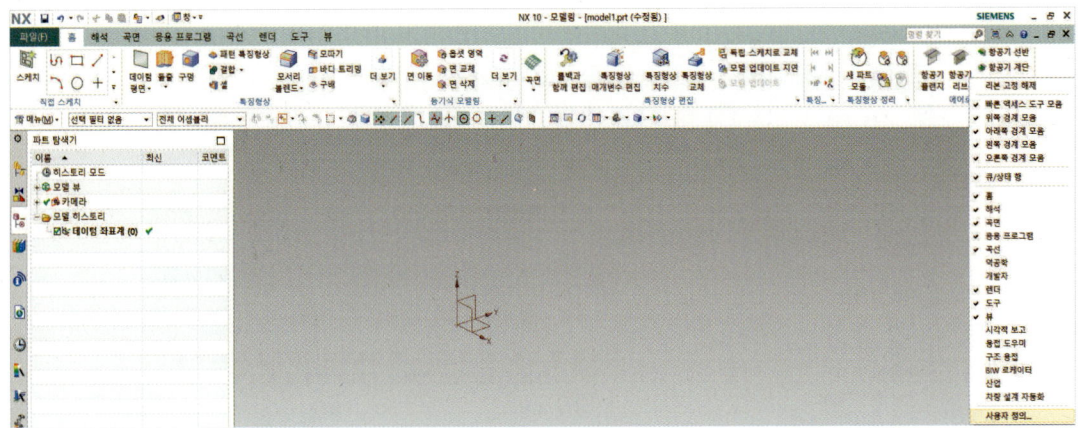

아이콘 툴바의 빈 공간에서 마우스 우측 버튼을 클릭했을 때 나타나는 풀다운 메뉴이다.

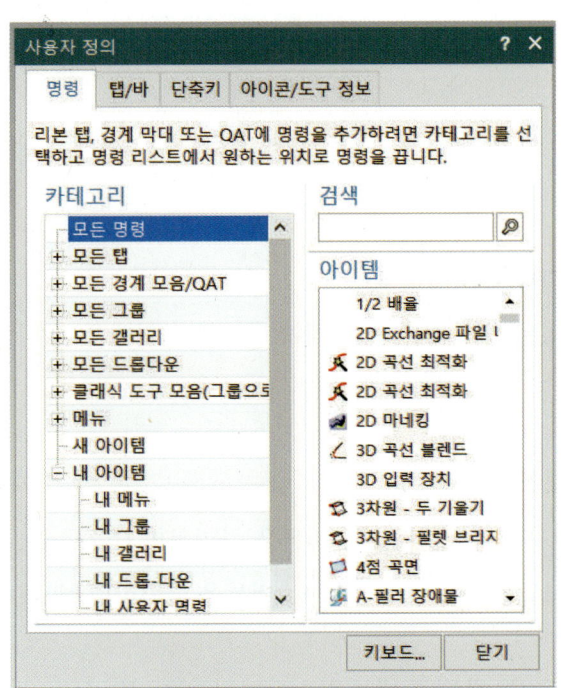

❈ Customize 아이콘 툴바

Chapter 01 | NX10의 환경 구성과 인터페이스

3 명령(Command)

NX10을 사용할 수 있는 모든 기능 아이콘이 들어있다. 탭에 기능을 배치할 때 사용할 수 있으며 배치는 Drag and Drop으로 배치한다. 예를 들어 돌출을 리본 탭에 배치한다면 다음 그림과 같이 Design Feature ➜ Extrude를 드래그한 후 원하는 탭 위치에 Drop한다.

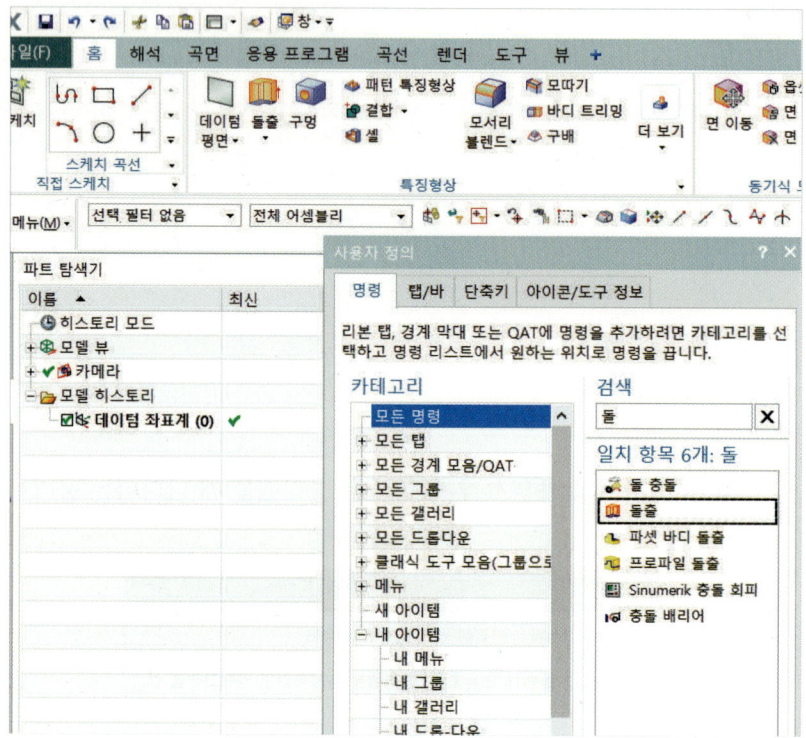

4 단축 툴바(Shortcut Toolbars)

Shortcut Toolbars는 개체 혹은 빈 그래픽 윈도를 클릭했을 때 나타나는 숏 컷 메뉴를 편집할 수 있는 메뉴이다.

5 단축 키(Shortcut Key)

Customize 대화상자에서 Keyboard 버튼을 클릭하면 Customize Keyboard라는 창이 나타난다. 원하는 키보드를 입력한 후 Assign 버튼을 클릭하면 해당 단축 키가 할당된다. 기능을 선택한다.

예를 들어 Extrude 기능에 단축 버튼을 할당하기 원한다면 Insert ➜ Design Feature ➜ Extrude에 클릭한 후 Press new shortcut key에 원하는 단축 버튼을 누른다.

NX10 3D 모델링 및 CAD/CAM

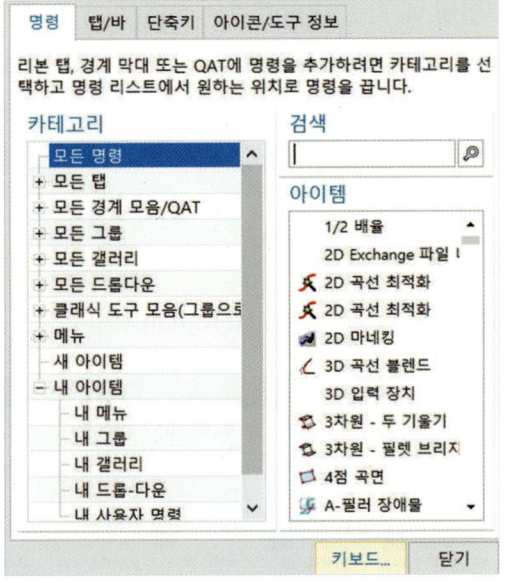

제4절 템플릿(Template)

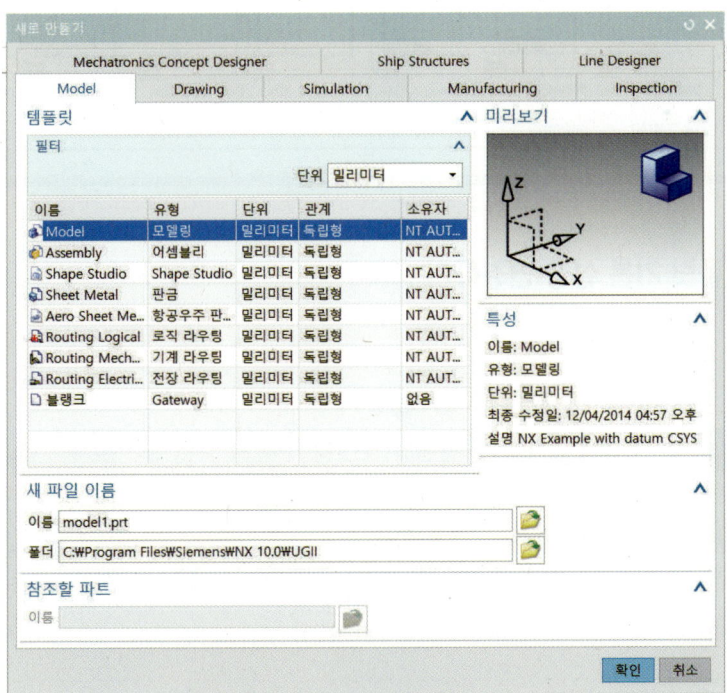

✱ NX10의 여러 가지 템플릿 들

사용자가 설계 작업에 투입될 때 작업환경에 대한 여러 가지 설정들이 필요하다 하지만 이러한 설정들을 작업을 시작할 때 매번 다시 설정을 하는 것은 매우 비효율적이다. 따라서 현장에서는 각 업체 업무 특성에 맞는 고유 포맷을 사용한다. 이러한 포맷이나 사용자 환경설정을 손쉽게 가져다 쓸 수 있도록 템플릿으로 저장해놓는 것이 시간적인 낭비를 없앨 수 있다.

❶ NX10의 템플릿 저장 위치

C:\Program Files\Siemens\NX10\UGII\templates이다.

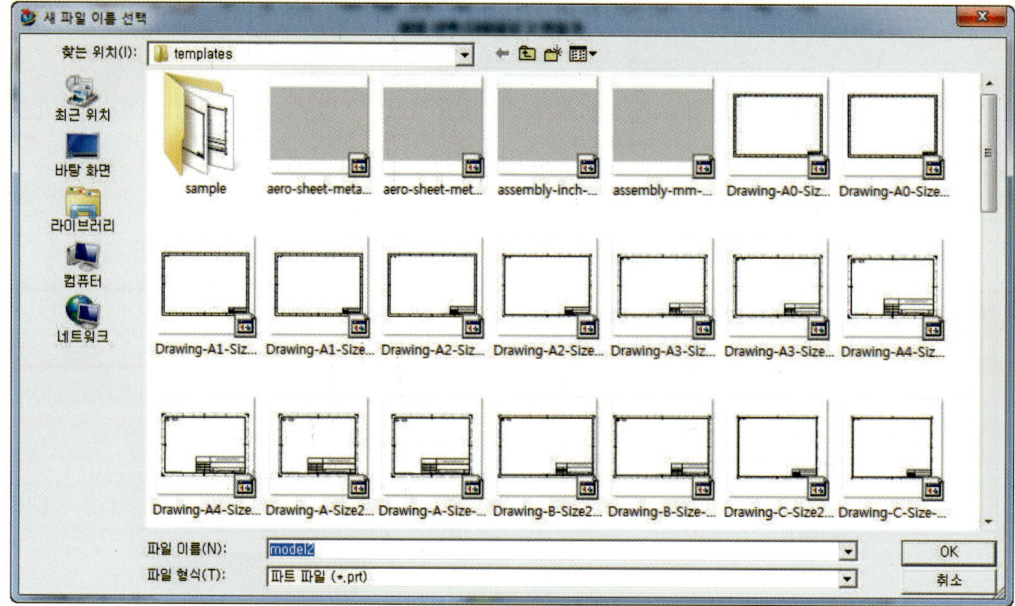

❷ 모델링 템플릿 기본 설정 변경하기

① Open

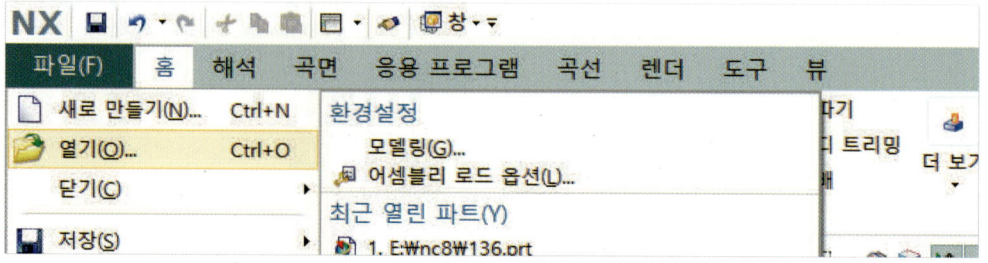

② C:\Program Files\Siemens\NX10\UGII\templates 경로의 model-plain-1-mm-template.prt 파일을 선택한 후 ok한다.

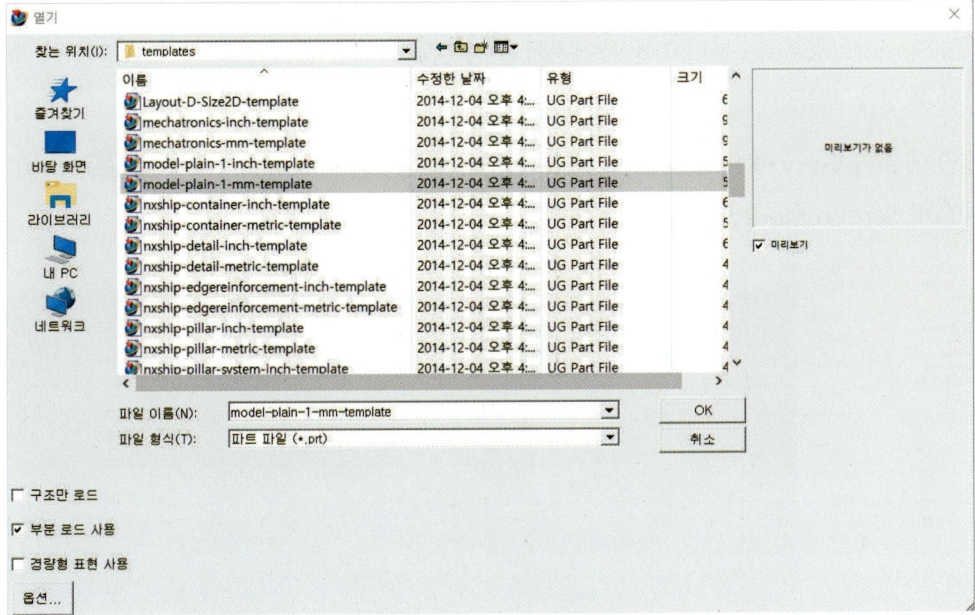

③ Preferences 등의 환경 설정 기능을 이용하여 원하는 각종 설정들을 지정한 후 저장하면 된다. 저장 후 NEW 버튼을 클릭하여 Model로 새로 작업을 시작하면 변경한 내용들을 적용받으면서 작업을 시작할 수 있다.

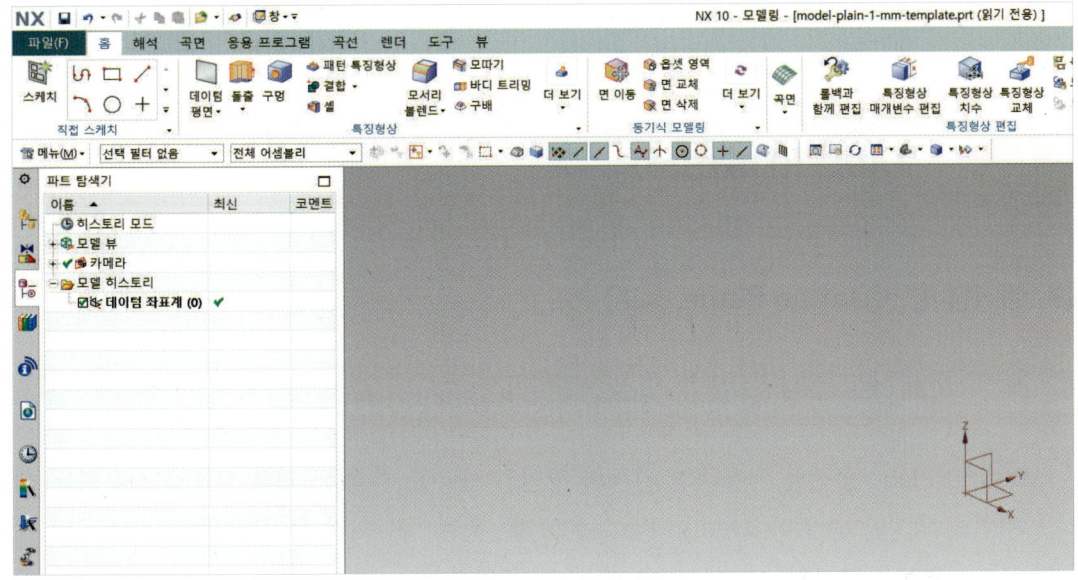

제5절 Full Screen Mode

Full Screen Mode는 불필요한 아이콘들을 감추고 화면을 넓게 보면서 모델링할 때 조금 더 편리한 환경을 제공한다.

메인 메뉴의 View ➜ Full Screen 또는 [Alt] + [Enter↵], 화면 오른쪽 상단의 아이콘을 누르면 Full Screen Mode로 들어가게 된다.

제6절 데이텀(Datum)

❶ 데이텀 평면(Datum Plane,)

위치: Menu ➜ Insert ➜ Datum/Point ➜ Datum Plane

Datum Plane 옵션을 사용하면 기존의 평면을 사용할 수 없는 경우 보조로 사용되는 참조 평면을 생성할 수 있다. Datum Plane은 원통, 원뿔, 구, 회전 솔리드 바디의 Trim 및 기타 오브젝트에서 특정형상을 생성, 수정하는데 용이하다

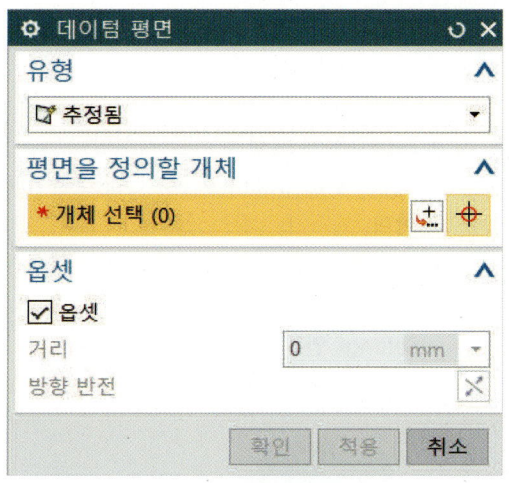

◀ Type: Datum 생성 방식을 지정한다.
◀ Objects to Define Plane: Object를 선택한다.
◀ Plane Orientation: 생성되는 Datum의 방향을 반전시킨다.

아이콘	명칭	설명
	Inferred Plane	평면 또는 Datum Plane을 선택하면 해당선택 기반으로 한 Datum Plane의 미리보기가 Offset 구속조건을 통해 자동으로 표시한다.
	Point and Direction	점과 벡터 방향을 정의하여 Datum Plane을 생성한다.
	Plane on Curve	곡선 위의 점에 접선, 법선 또는 종법선을 이루는 Datum plane 면을 생성한다.
	At Distance	추정 면으로부터 일정 거리 값만큼 옵셋하여 평면을 생성한다.
	At Angle	추정 면과 벡터로 일정 각도만큼 회전된 평면을 생성한다.
	Bisector	두 개의 추정 평면을 2등분하는 위치에 평면을 생성한다.

위의 Type 외에 더 많은 방식에 Type이 존재한다. 하지만 대부분 Inferred Plane로 그 기능들을 대신할 수 있다.

Chapter 01 | NX10의 환경 구성과 인터페이스

❷ 데이텀 축(Datum Axis,)

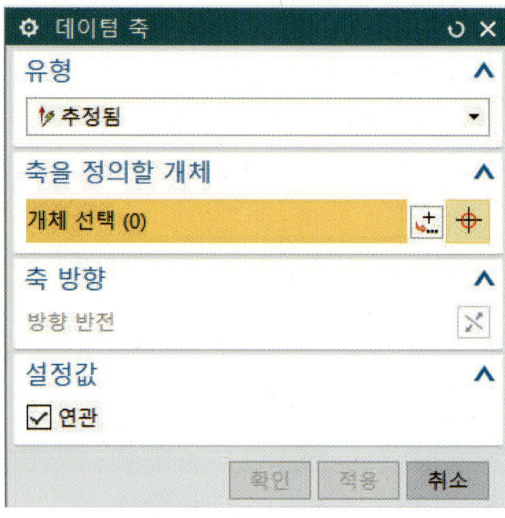

◀ Type: Axis 생성 방식을 지정한다.
◀ Objects to Define Axis: Object를 선택한다.
◀ Axis Orientation: 생성되는 Axis의 방향을 반전시킨다.
◀ Setting: 연관성을 정의한다.

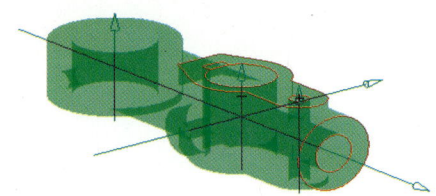

1) 관계 데이텀 축

관계 데이텀 축은 하나 이상의 다른 오브젝트에 구속되거나 다른 오브젝트를 통해 참조된다. 기본적으로 구속조건 종류는 사용자가 선택한 오브젝트와 이를 선택한 순서를 기반으로 추정된다. 구속조건을 명확하게 지정한 다음 이에 연관된 오브젝트를 선택할 수도 있다.

2) 고정 데이텀 축

관계 데이텀 축과는 달리 고정 데이텀 축은 다른 지오메트리 오브젝트를 통해 참조되거나 구속되지 않는다.

③ 데이텀 CSYS(Datum CSYS,)

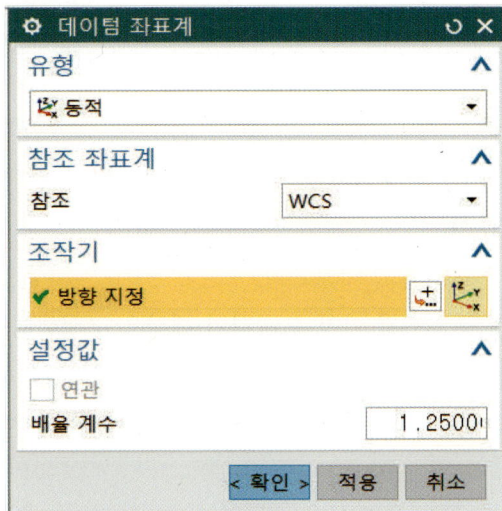

◀ Type: Datum CSYS를 생성할 시 유형 선택
◀ Reference CSYS: 생성되는 데이텀 좌표계의 위치를 지정하기 위하여 참조 지정
◀ Manipulator: 좌표계의 원점이 되는 위치를 정의한다.
◀ Setting: 데이텀 좌표계의 크기 배율을 정의한다.

① Datum CSYS는 3개의 Datum Plane, 3개의 Datum Axis, 1개의 Coordinate System, 1개의 점으로 구성되어 있으며, 이 Object들이 하나의 세트로 구성되어 있다.

② Datum Plane과 Datum Axis, Datum CSYS는 모두 3D Modeling, 3D 설계 작업 시 조금 더 빠르게 수정하거나, 빠르게 Modeling하게 하는 부가적인 명령들이다.

③ 반대로 이야기 한다면 Datum Plane과 Datum Axis, Datum CSYS 모두 사용한다면 3D Modeling 및 설계가 더 빠르게 가능하다.

CHAPTER 02 스케치(Sketch)

제1절 스케치(Sketch)의 시작

스케치는 NX10 모델링의 매우 강력한 부분인 구속조건 기반 모델링의 핵심을 구성한다. 구속조건은 치수 사이의 수를 변수화하는 Dimension과 곡선과 곡선 관계를 정의하는 Geometry가 있으며, 신속하고 쉽게 변경할 수 있는 점이 장점이 있어 완료된 스케치는 필요에 따라 언제든지 수정이 가능하다.

1 스케치 실행하기

Menu → Insert → Sketch를 선택하거나, Sketch in Task Environment를 실행시킨다.

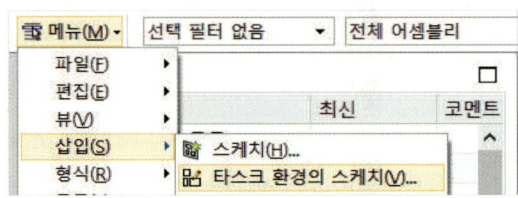

◀ TYPE: 스케치 평면의 생성방법을 선택
  • On Plane: 평면상에 정의한다.
  • On Path: 공간상의 Curve에 정의한다.
◀ Sketch Plane: 기존의 Plane이나 새로운 Plane 또는 Face를 지정하여 작업 면을 구성한다.
◀ Sketch Orientation: 지정된 면에 참조할 방향을 지정한다(기본 값 사용 가능).
  • Horizontal: XC 방향으로 참조할 축 또는 Line을 지정한다.
  • Vertical: YC 방향으로 참조할 축 또는 Line을 지정한다.
◀ Sketch Origin: 스케치 좌표의 위치를 지정한다.

제2절 스케치 곡선(Sketch Curve)

Sketch상에서 생성할 수 있는 Curve 명령과 Curve 편집 명령들을 설명한다.

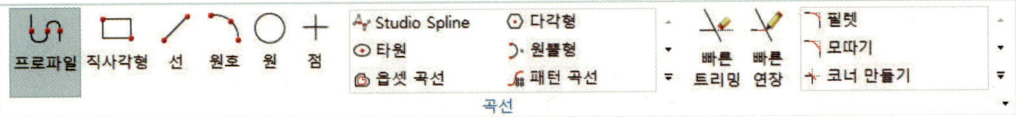

Icon	명칭	설명
	Profile	Line과 Arc의 연결된 Curve 등 다양한 옵션을 이용하여 Curve를 생성한다.
	Rectangle	사각형을 생성하는 기능이며, 그리는 방식은 3가지이다.
	Line	직선의 Line을 하나씩 생성한다.
	Arc	원호를 생성한다. 3Point 방식과 중심점을 이용하는 두 가지 방식이 있다.
	Circle	원을 생성한다. 방식은 중심 Point와 지름 값 방식과 3Point 방식이 있다.
	Point	Point를 생성하는 기능이다.
	Chamfer	두 개의 Curve가 만나는 부분에 Chamfer를 생성한다.
	Fillet	두 개의 Curve가 만나는 교차부분에 Radius 값으로 라운드를 생성한다.
	Quick Trim	가상의 교차되는 특정 Curve까지 Trim하는 명령이다.
	Quick Extend	가상의 교차되는 특정 Curve까지 Extend하는 명령이다.
	Make Corner	가상에 교차하는 Corner 부분에 두 개의 Curve를 동시에 Trim 또는 Extend 할 수 있는 명령이다.
	Trim Recipe Curve	선택한 경계곡선을 연관성 있게 Trim한다.
	Move Curve	곡선의 집합을 이동하고 인접한 곡선과 조건을 조정한다.
	Offset Move Curve	곡선의 집합을 지정한 거리만큼 이동하고 인접한 곡선과 조건을 조정한다.
	Resize Curve	호 또는 원의 크기를 조정하고 인접한 곡선과 조건을 조정한다.

아이콘	명칭	설명
	Delete Curve	곡선의 집합을 삭제하고 인접한 곡선을 조정한다.
	Studio Spline	곡선을 생성하는 기능이다.
	Polygon	다각형을 생성하는 기능이다.
	Ellipse	타원을 생성하는 기능이다.
	Conic	원뿔형 곡선을 생성하는 기능이다.
	Offset Curve	Sketch한 Curve를 Offset하는 기능이다.
	Pattern Curve	Curve를 Pattern에 따라 정렬 복사 기능이다.
	Mirror Curve	Center Line을 기준으로 선택한 Curve를 Mirror 복사하는 기능이다.
	Intersection Point	다른 면에 생성되어 있는 Sketch Curve에 현재 Sketch면에 접하는 Point를 생성한다.
	Intersection Curve	면과 Sketch 사이에 교차곡선을 생성한다.
	Project Curve	Sketch 평면 위에 Curve를 투영시키는 기능이다.
	Derived Lines	Offset 기능과 이등분 Lines 생성이 가능하다.
	Add Existing Curve	동일 평면상에 기존의 곡선을 추가한다.

❶ Profile( )

위치: Menu → Insert → Curve → Profile

Profile을 실행하면 Sub Menu가 나타난다.
Sub Menu로 Line or Arc을 선택하여 연속성 있는 Curve를 생성할 수 있다.

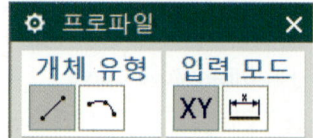

NX10 3D 모델링 및 CAD/CAM

❷ Rectangle( )

위치: Menu ▸ → Insert → Curve → Rectangle

직사각형을 그리는 기능으로서 3가지 방법으로 직사각형을 그릴 수 있고, 2가지 방법으로 Parameter를 입력하거나 정의할 수 있다.

Icon	명칭	설명
	By 2 Points	아이콘의 그림과 같이 대각선상의 두 개의 점을 선택하여 생성
	By 3 Points	아이콘의 그림과 같이 3개의 모서리 점을 정의하여 생성
	From Center	아이콘의 그림과 같이 중심점을 기준으로 나머지 두 점을 정의하여 생성
	Coordinate Mode	사각형을 그리기 위한 Point를 정의할 때 좌표를 입력 가능
	Parameter Mode	사각형을 그리는 데 필요한 값을 직접 입력할 수 있다.(Width/Height/Angle)

❸ Line( )

위치: Menu ▸ → Insert → Curve → Line

원하는 포인트를 클릭하여 생성하며 원하는 축 방향으로 쉽게 커브를 생성할 수 있다.

Line에서 Input Mode에서 원하는 Option을  /  선택한다면 다음과 같이 서로 다른 방식으로 Line을 생성할 수 있다. 위의 오른쪽 그림은 좌푯값으로 원하는 Line을 생성할 수 있으며, 다음 그림은 거리 값과 각도 값으로 Line을 생성할 수 있다.

 ▸ 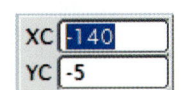    ▸

Chapter 02 | 스케치(Sketch)

> **참고**
>
> 여기서 지정된 좌표의 위치와 길이 값으로 고정해 줄 수 없다. 언제든지 다른 조건에 의해 변형이 이뤄지는 참조 값이 된다. Dimension 또는 Constraints를 이용해 설정하여야 완전구속으로 정의된다.

❹ Arc( )

위치: Menu ➔ Insert ➔ Curve ➔ Arc

아이콘의 그림과 같이 3 Point를 이용한 생성 방식과 원호의 중심점, 시작점, 끝점을 이용한 생성 방식이 있다. Input Mode에서 사용되는 모드 XY / 는 앞의 그림과 오른쪽 그림은 동일하다.

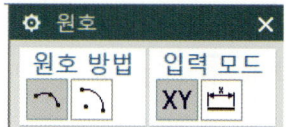

❺ Circle( )

위치: Menu ➔ Insert ➔ Curve ➔ Circle

아이콘은 원호의 중심점과 지름 값을 이용한 생성 방식과 3Point를 이용한 생성 방식이 있다.

Input Mode에서 사용되는 모드 XY / 는 동일하다.

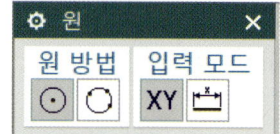

1) Circle by Center and Diameter( )

Center Point와 지름 값으로 Circle을 생성한다.

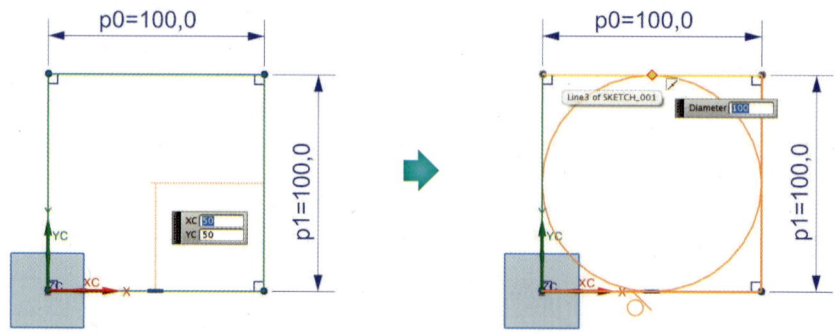

PART I NX10의 환경 구성과 Sketch

2) Circle by 3 Point()

3 Point 방식으로 Circle을 생성한다.

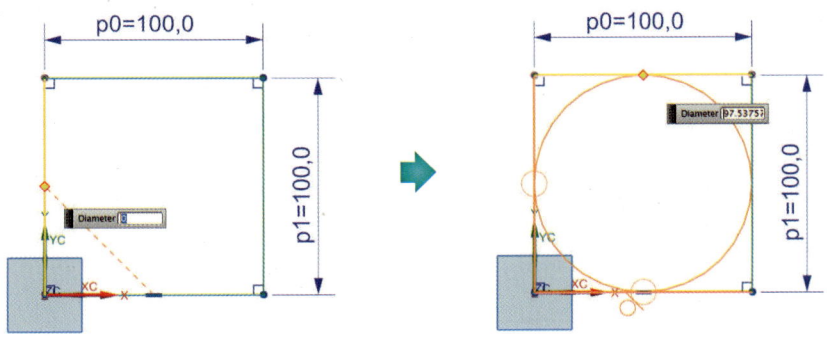

❻ point(＋)

위치: Menu ▼ → Insert → Datum/Point → Point

point를 생성하는 기능

❼ Fillet( )

위치: Menu ▼ → Insert → Curve → Fillet

두 개의 Curve가 만나는 교차점을 선택하여 한 번에 Fillet을 생성하며, Dynamic Input Box에 먼저 값을 입력하여 같은 동일한 Fillet을 생성할 수 있다.

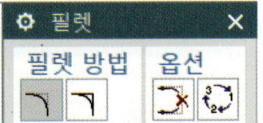

아이콘	명칭	설명
	Trim input	Trim Option을 On/Off하여 Trim 또는 No Trim을 선택한다.
	Untrim	Trim을 하지 않고 Fillet만 생성한다.
	Delete Third Curve	3개의 Line에 Fillet을 생성할 때 두 선 사이의 Line, 즉 3번째 Line을 삭제한다.
	Create Alternate Fillet	Fillet 방향 반전

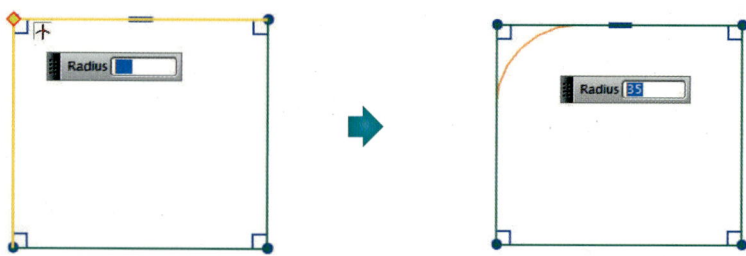

모서리 부분을 선택한 후 나중에 Radius 값을 입력 가능하며, 반대로 Radius 값을 입력 후 Enter 한 후 원하는 부분을 선택하여 Fillet 생성이 가능하다.

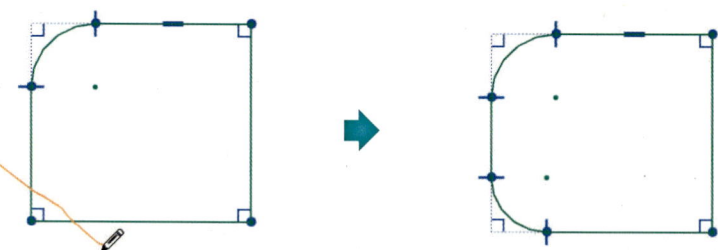

위와 같이 먼저 Fillet 값을 입력한 후 Fillet이 생성될 모서리 부분을 마우스로 드래그하듯 선택하면 Fillet이 생성된다.

8 Chamfer()

위치: Menu → Insert → Curve → Chamfer

두 개의 Curve가 만나는 부분에 Chamfer를 생성한다.

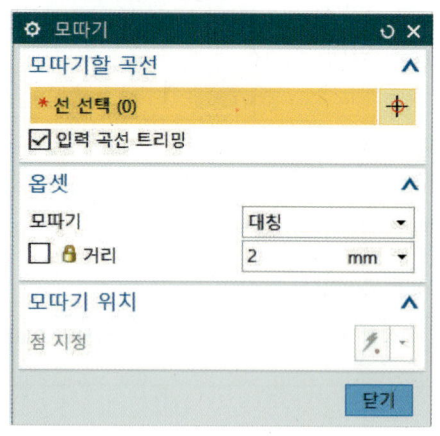

◀ Curves to Chamfer: 접하는 두 개의 Curve를 선택한다.

◀ Trim Input Curves: 체크 시 Chamfer되는 구간의 커브가 Trimming된다. 체크 해제 시 Curves가 남아있는 상태에서 Chamfer가 진행이 된다.

◀ Chamfer Location: Chamfer가 만들어지는 위치를 정의한다.

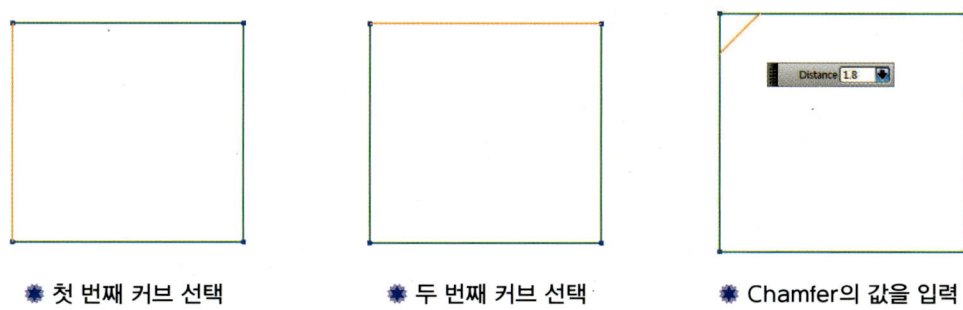

❋ 첫 번째 커브 선택   ❋ 두 번째 커브 선택   ❋ Chamfer의 값을 입력

❾ Quick Trim( )

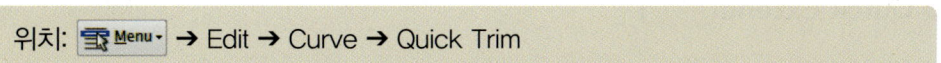

위치: Menu → Edit → Curve → Quick Trim

Trim을 하기 위한 경계를 선택하지 않고도 쉽게 Trim을 할 수 있다. Trim하고자 하는 Curve를 선택하면 간단히 Trim이 된다.

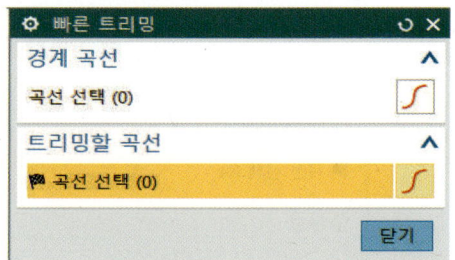

Trim하고자 하는 Curve를 선택하여 정의한다.

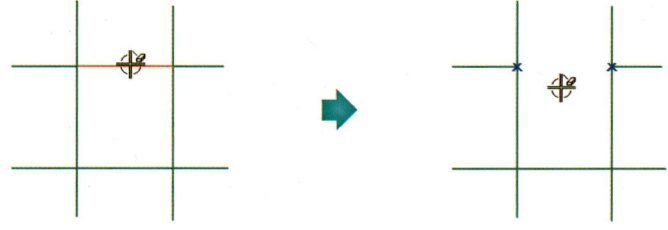

Trim하고자 하는 Curve를 다음 그림과 같이 Drag하여 정의한다.

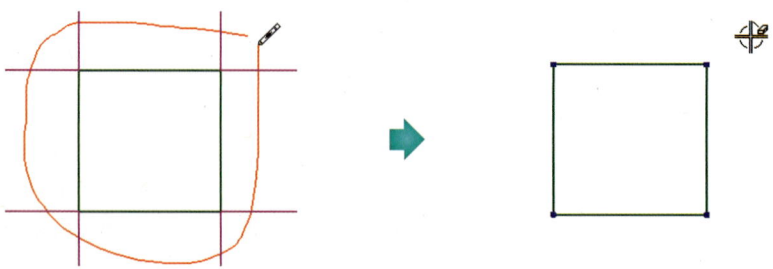

❿ Quick Extend( )

위치: Menu → Edit → Curve → Quick Extend

사용 방법은 Quick Trim과 동일한 방식으로 사용한다.

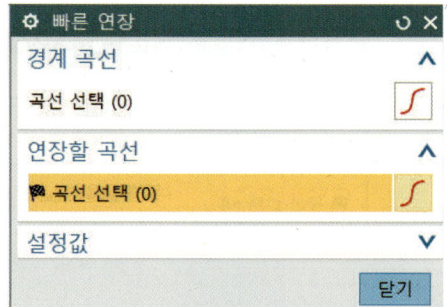

⓫ Make Corner( )

위치: Menu → Edit → Curve → Make Corner

교차되는 2개의 Curve Corner를 Trim 또는 Extend할 때 사용한다.

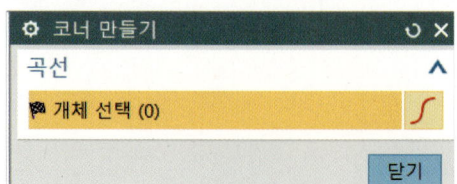

PART I NX10의 환경 구성과 Sketch

⑫ Trim Recipe Curve()

위치: Menu → Edit → Curve → Trim Recipe Curve

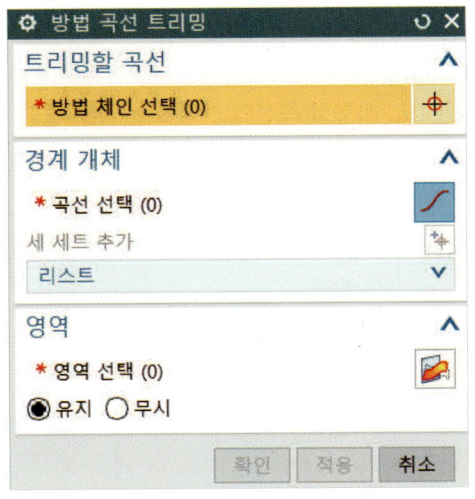

◀ **Curves to Trim**: 트림 Recipe Chain을 선택한다.
◀ **Boundary Objects**: 교차 경계 곡선 세트를 선택한다.
　• **Add New Set**: 경계 객체의 새로운 세트를 작성한다.
◀ **Region**: 현재 Recipe Chain의 영역을 유지하거나 제거할지를 지정한다.

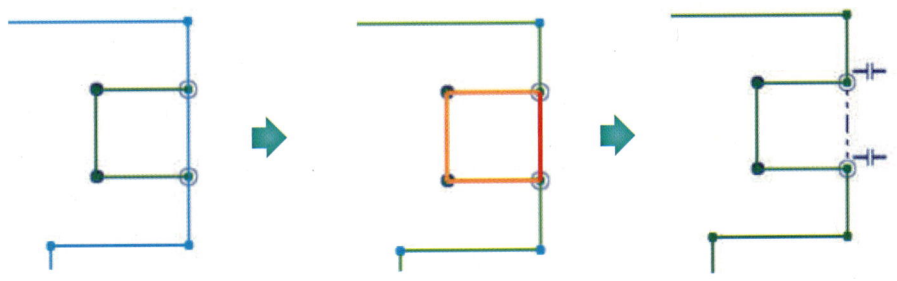

Recipe Chain을 외각 Line을 선택하고 삭제하려는 경계 곡선을 선택한다.

⑬ Move Curve()

위치: Menu → Edit → Curve → Move Curve

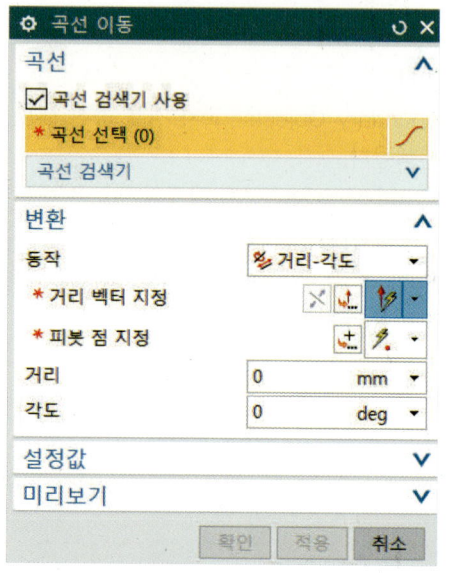

◀ Curve: 이동할 곡선을 선택한다.
◀ Transform: 교차 경계 곡선 세트를 선택한다.
  • Motion: 이동할 곡선의 선형 또는 각도 변환 방법을 지정한다.

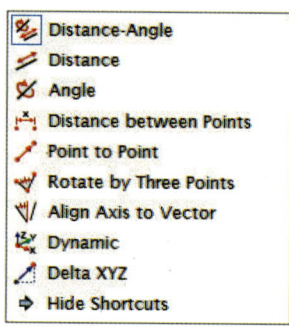

1) Distance-Angle

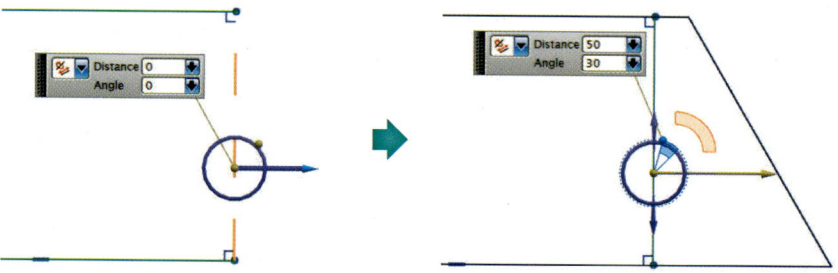

2) Distance between Points

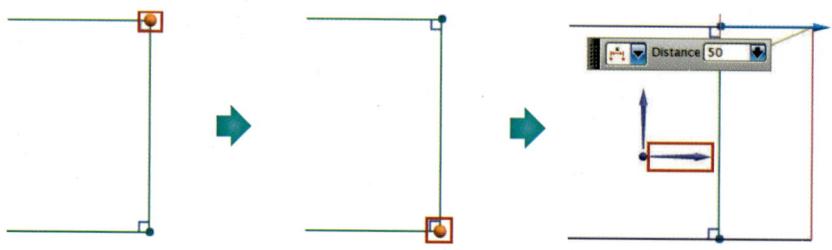

NX10 3D 모델링 및 CAD/CAM

⓵ Offset Move Curve( )

위치: Menu ▼ → Edit → Curve → Offset Move Curve

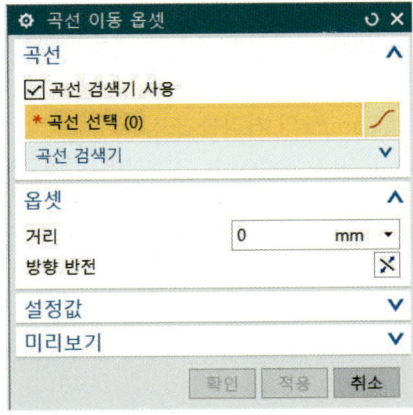

◀ 곡선을 선택하여 지정된 거리만큼 곡선의 집합을 이동한다.

⓵ Resize Curve( )

위치: Menu ▼ → Edit → Curve → Resize Curve

◀ Curve: 크기를 조정할 호 또는 원을 선택한다.
◀ Size: Fillet의 크기를 조정하는 방법을 지정한다.

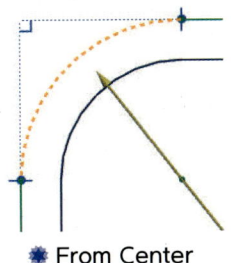
※ From Center

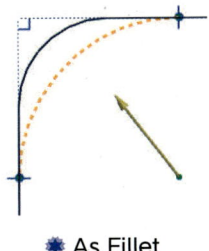
※ As Fillet

Chapter 02 | 스케치(Sketch) 39

16 Resize Chamfer Curve( )

> 위치: Menu → Edit → Curve → Resize Chamfer Curve

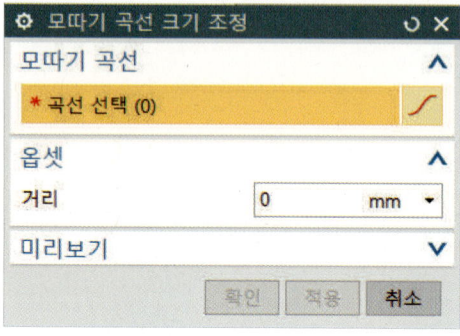

◀ Chamfer Curve: 크기를 조정할 모서리를 선택한다.
◀ Offset: Chamfer의 거리를 조정한다.

17 Delete Curve( )

> 위치: Menu → Edit → Curve → Delete Curve

곡선의 집합을 삭제하고 인접한 곡선을 조정한다.

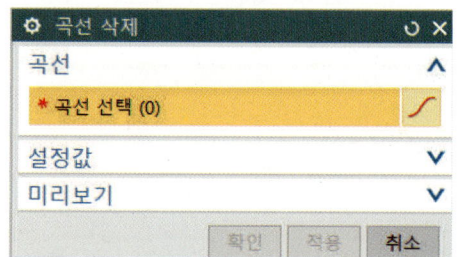

Heal에 체크를 하면 인접한 곡선이 교정된다.

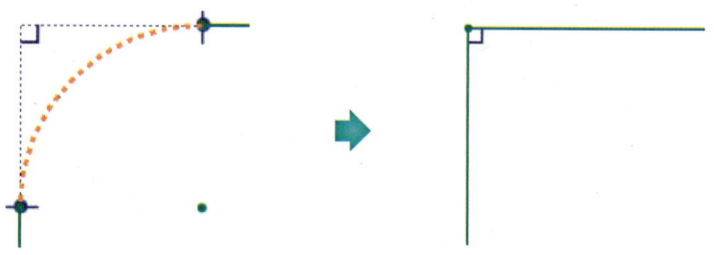

Heal에서 체크 해제를 하면 선택된 곡선만 삭제된다.

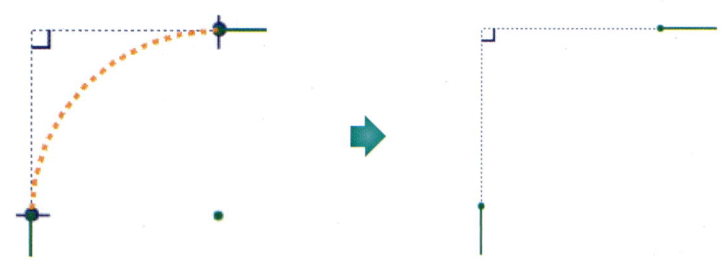

⑱ Studio Spline( )

위치: Menu ▸ → Insert → Curve → Studio Spline

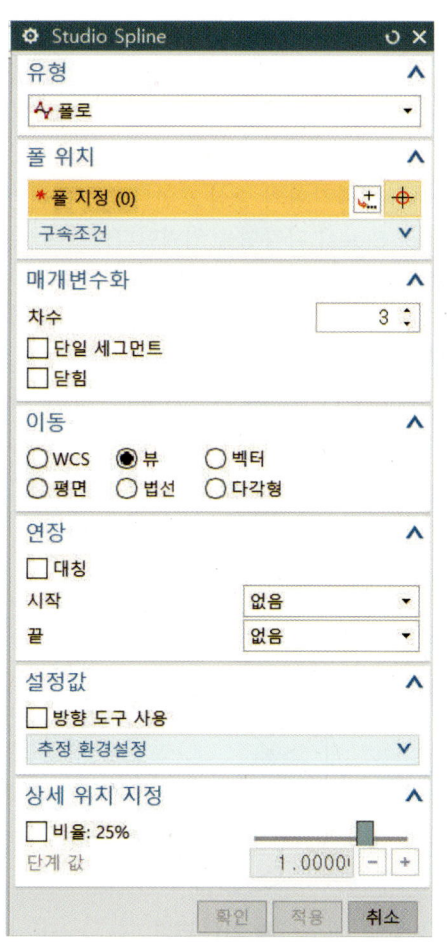

◀ Type: 두 가지 방식으로 Spline을 생성할 수 있다.
- Through Point( )
- By poles( )

◀ Point Location: Studio Spline을 만들 Point를 클릭한다.

◀ Parameterization: Spline의 정의 데이터를 매개변수에 맞게 위치시키는 기능이다.

◀ Movement: Spline의 방향과 방법을 정의한다.

◀ Extension: 양쪽 끝 라인을 연장할 수 있는 기능이다.

◀ Microposition: Spline를 세밀하게 수정할 때 사용한다.

1) Through Point(　)

Degree 값과 같은 양의 Point를 선택하여 Spline을 정의한다. 생성된 Spline은 Pole로 다시 정의할 수 있다.

2) By Poles(　)

Degree 값보다 한 개의 Point를 더 정의하여야만 Spline이 생성된다.(Point−Degree=Segment)

⑲ Polygon(　)

위치: Menu → Insert → Curve → Polygon

◁ **Center Point**: 다각형의 중심 포인트를 선택한다.
◁ **Number of Sides**: 다각형을 입력한다.
◁ **Size**: 다각형의 사이즈를 결정할 수 있다.
 • Inscribed Radius: 내접원의 사이즈로 다각형의 사이즈를 결정한다.
 • Circumscribed Radius: 외접원의 사이즈로 다각형의 사이즈를 결정한다.
 • Side Length: 변의 길이로 다각형의 사이즈를 결정한다.

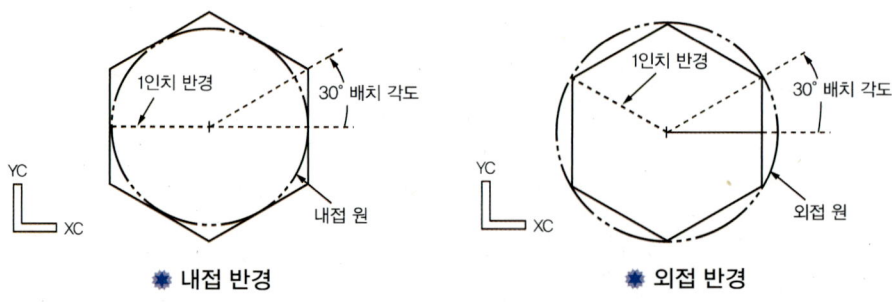

❋ 내접 반경　　　　　　　❋ 외접 반경

20 Conic( )

위치: Menu → Insert → Curve → Conic

원뿔형 곡선을 생성하는 기능이다.

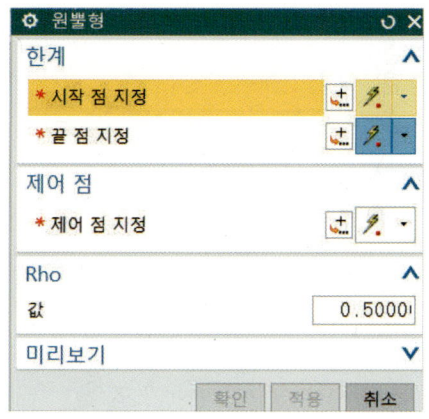

◀ Limits
  • Start Point: 처음 포인트를 선택한다.
  • End Point: 끝점의 포인트를 선택한다.
◀ Control Point: 원뿔 형상의 꼭짓점을 선택한다.
◀ Rho: 1보다 작고 0.0보다 큰 값을 입력함으로써 원뿔 형상의 꼭짓점 부분을 부드럽게 생성하는 기능이다.

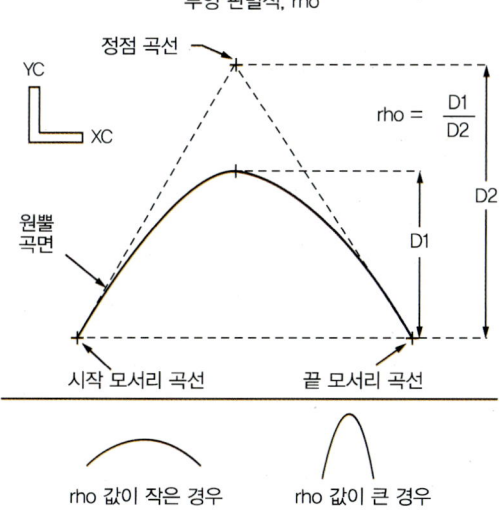

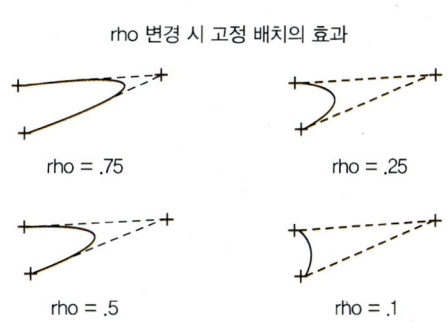

21 Ellipse()

위치: Menu → Insert → Curve → Ellipse

타원을 생성하는 기능이다.

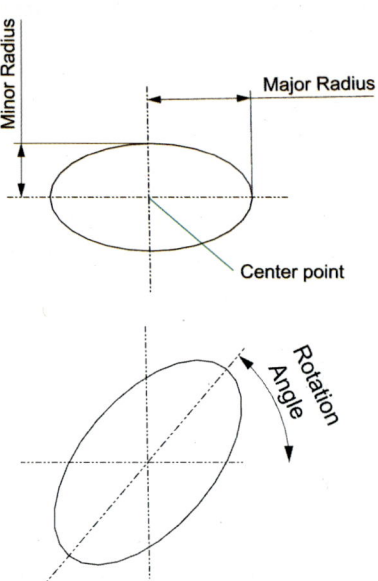

Limits에서 Closed를 해제하고 Start Angle과 End Angle 값을 입력하면 값만큼 Ellipse가 생성된다.

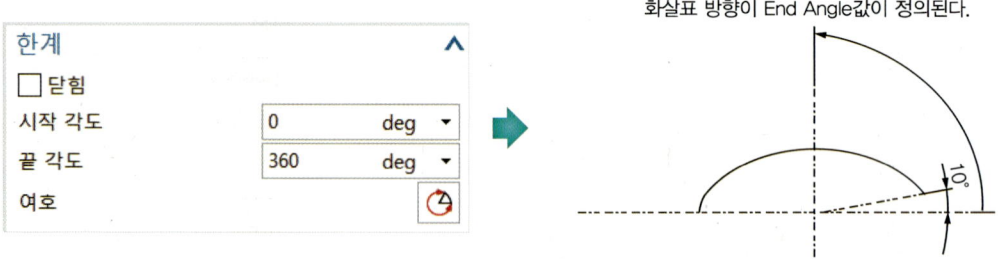

㉒ Offset Curve( )

위치: Menu → Insert → Curve From Curves → Offset Curve

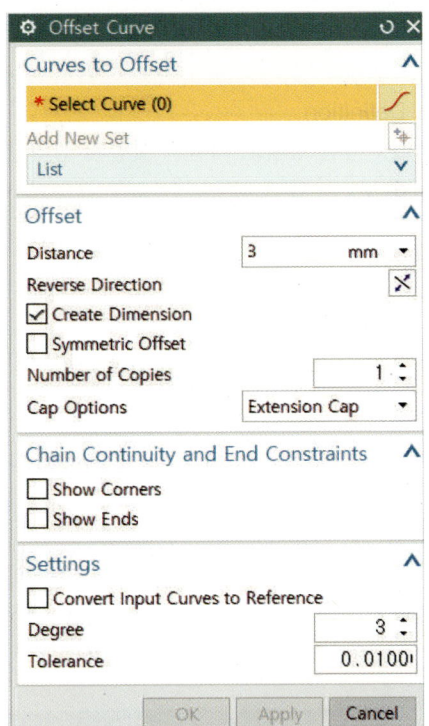

Sketch Curve를 Offset한다.

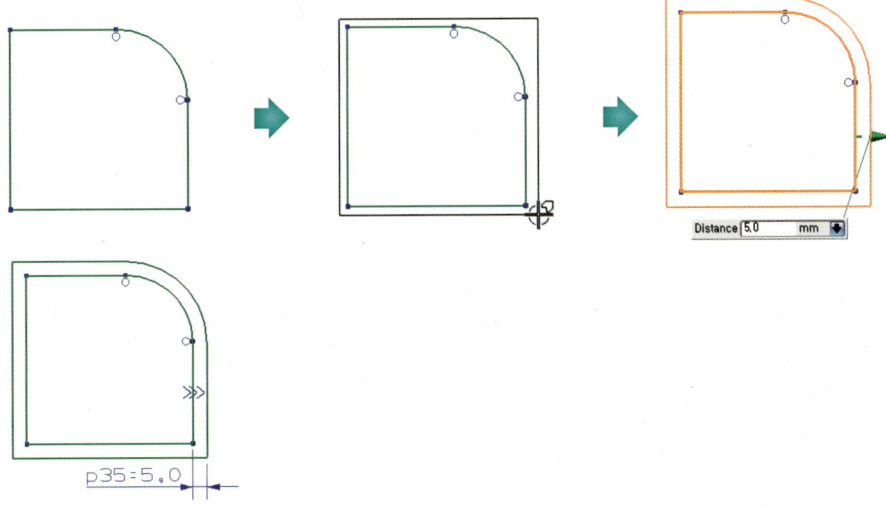

Chapter 02 | 스케치(Sketch)

23 Pattern Curve

위치: Menu ▸ → Insert → Curve From Curves → Pattern Curve

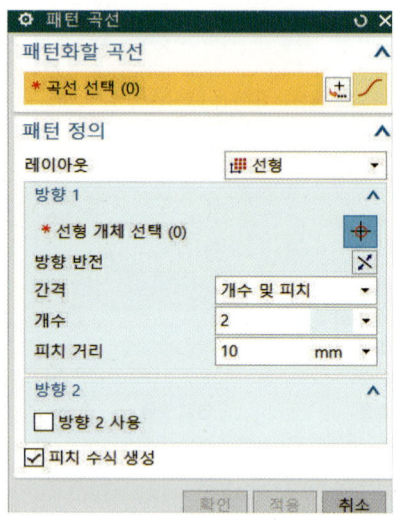

◂ Objects to Pattern: 배열을 정의할 2D 곡선을 선택한다.

◂ Pattern Definition
  1. Layout: 어떤 형태로 배열할 것인지 정의한다.
     - 선형
     - 원형
     - 일반
  2. Spacing: 배열 방법을 정의한다.
     - Count and Pitch(개수 및 피치)
     - Count and Span(개수 및 범위)
     - Pitch and Span(피치 및 범위)

스케치 환경에서 2D 객체들을 여러 가지 패턴으로 배열한다. 총 7개의 레이아웃이 존재하며, 숨겨진 레이아웃들을 나타나게 하기 위해서는 추정 구속조건 생성(Create Inferred Constraints,) 기능을 해제해야 한다.

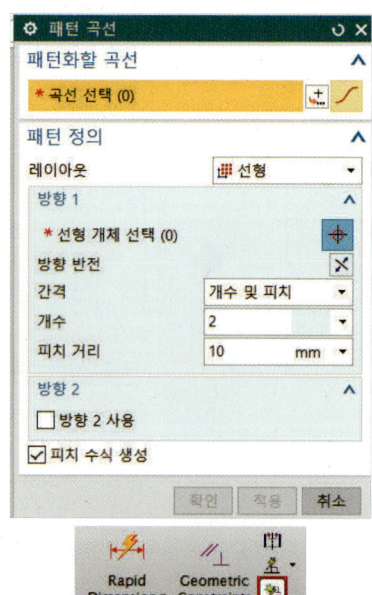

❋ 추정 구속조건 생성 ON

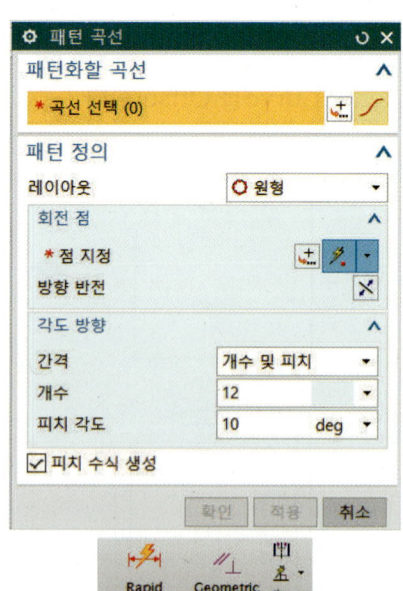

❋ 추정 구속조건 생성 OFF

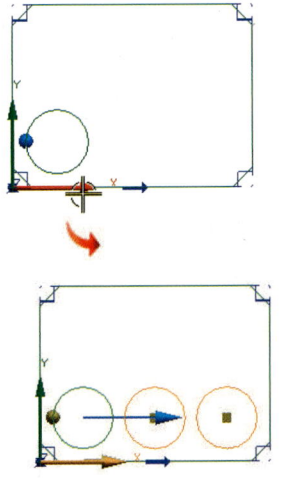 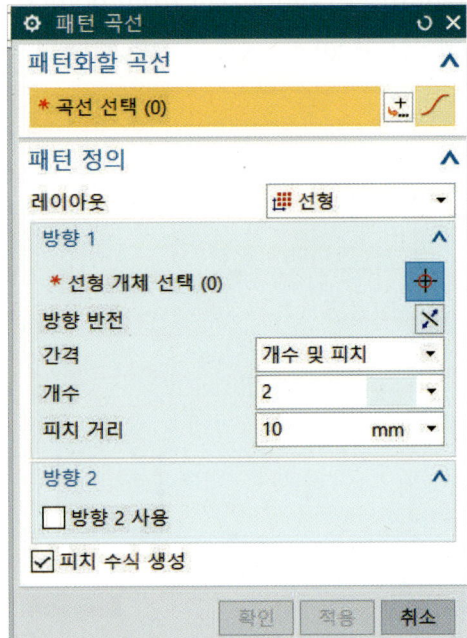

❋ Layout – Linear Pattern 타입

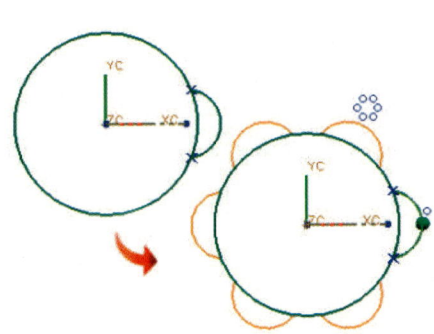 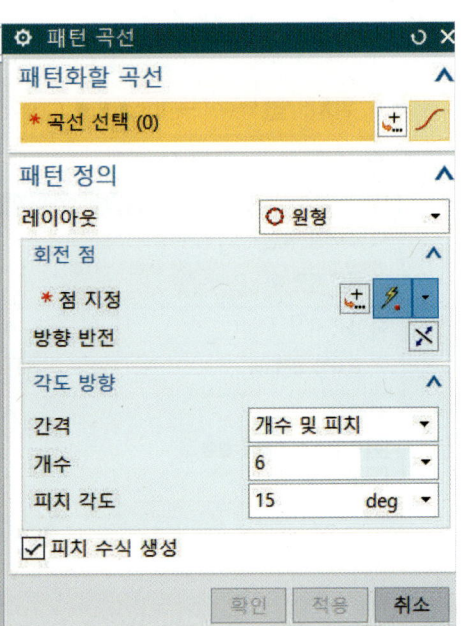

❋ Layout – Circular Pattern 타입

Pattern Definition에서 from point와 to point를 선택함에 따라 pattern 형식이 다양하게 생성할 수 있다.

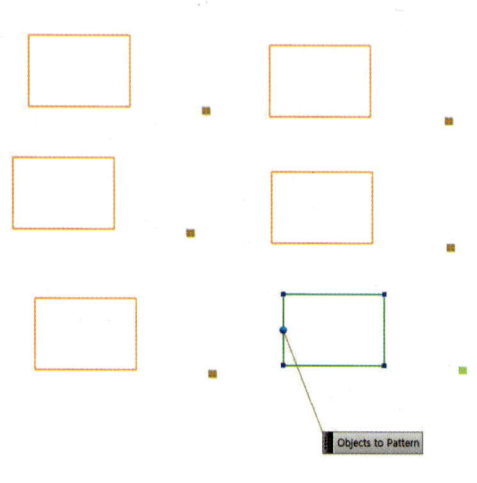

24 Mirror Curve( )

위치: Menu → Insert → Curve From Curves → Mirror Curve

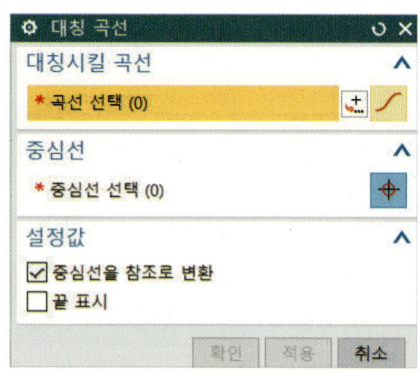

◀ 특정 Center Line을 기준으로 Curve를 Mirror 한다.
◀ 복사 후 선택했던 Center Line은 Reference Line으로 변경된다.

 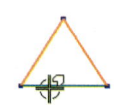 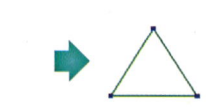 

PART I NX10의 환경 구성과 Sketch

25 Intersections Point( )

위치: Menu → Insert → Curve From Curves → Intersections Point

Sketch Plane과 선택한 Curve의 교차되는 부분에 Point를 생성시킨다.

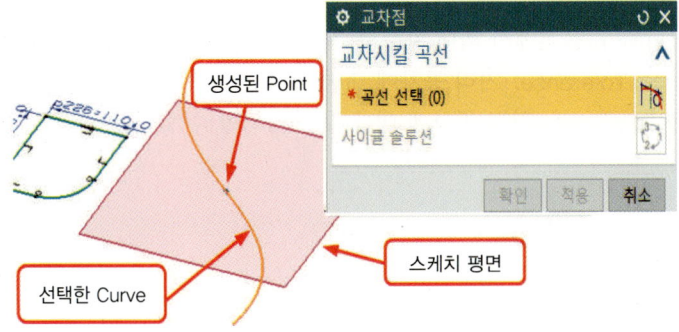

26 Intersection Curve( )

위치: Menu → Insert → Recipe Curve → intersection curve

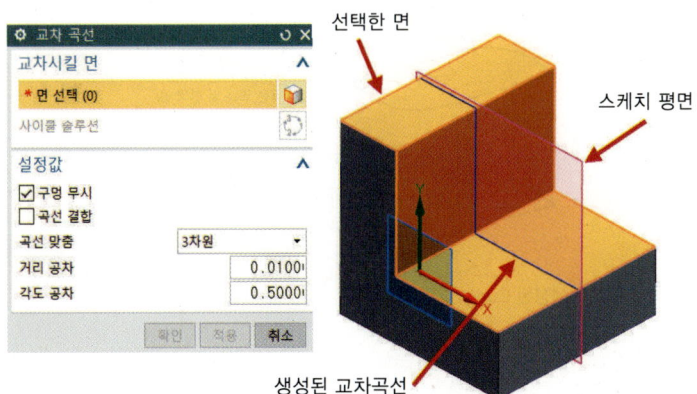

▲ Faces to Intersection
- Select Face: 교차 곡선을 생성하는 데 사용할 면을 선택한다.
- Cycle Solution: 교차 곡선을 생성하는 다른 조건의 커브를 선택할 수 있다.

▲ Settings
- Ignore Holes: 교차 커브를 생성 중 생성하는 곳에 구멍이 있는 경우 이 옵션을 체크하면, 구멍을 무시하고 교차 커브를 생성한다.
- Join Curves: 옵션 체크 시 여러 면에 있는 곡선을 단일 스플라인 곡선으로 병합한다. 이때 체크 해제 시 각 면에 따른 일반 곡선으로 생성한다.

▲ Curve Fit
- Cubic: 3차수 곡선을 생성한다.
- Quintic: 5차수 곡선을 생성한다.
- Advanced: 옵션에서 최대 차수와 최대 세그먼트의 수를 설정할 수 있다.

▲ Distance Tolerance: 거리 공차에 대한 값을 정의할 수 있다.
▲ Angle Tolerance: 각도 공차에 대한 값을 정의할 수 있다.

㉗ Project Curve( )

위치: Menu → Insert → Recipe Curve → Project Curve

Sketch Plane과 다른 위치에 있는 Curve나 Body의 Edge를 Sketch Plane으로 투영시켜 새로운 Curve를 생성시킨다. 이때 Setting의 Associative를 활성화시킬 경우, 생성된 Curve는 원본 Curve와 연관성을 갖게 된다. 따라서 원본 Curve가 수정되면 연관성을 갖는 생성된 Curve도 같이 수정된다.

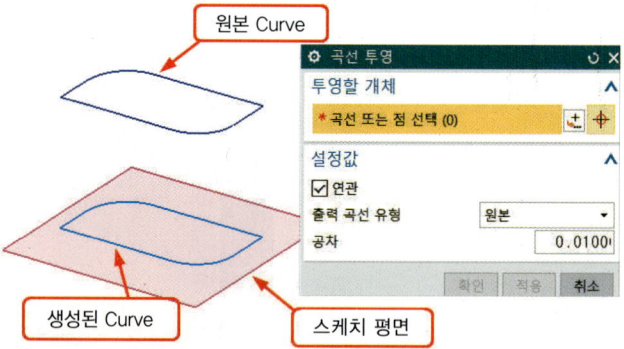

㉘ Derived Lines( )

위치: Menu → Insert → Curve → Derived Lines

Offset 기능과 이등분 Line을 생성하는 기능이 있다.

두 선 사이 거리의 중심 위치에 새로운 선을 생성하려 한다면 두 선을 차례로 선택하여 중심에 위치한 곳에 Line을 생성한다.

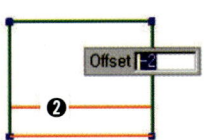

특정 Line을 Offset하려 한다면, Line을 선택하고 Offset 값을 입력하면 된다. 이때 마우스 포인트 위치가 Offset Line이 생성되는 방향이 된다. 곡선은 Offset할 수 없다.

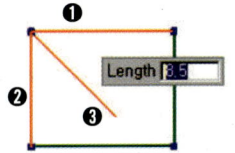

두 선 사이 각도를 이등분하는 선을 생성하고자 한다면 두 선을 차례로 선택하여 중심에 위치한 곳에 Line을 생성한다.

29 Add Existing Curve( )

위치: Menu → Insert → Curve → Existing Curve

Modeling에서 생성한 Basic Curve나 외부에서 받아온 DXF File로 그린 Curve를 Sketch Curve로 변환하는 명령이다.

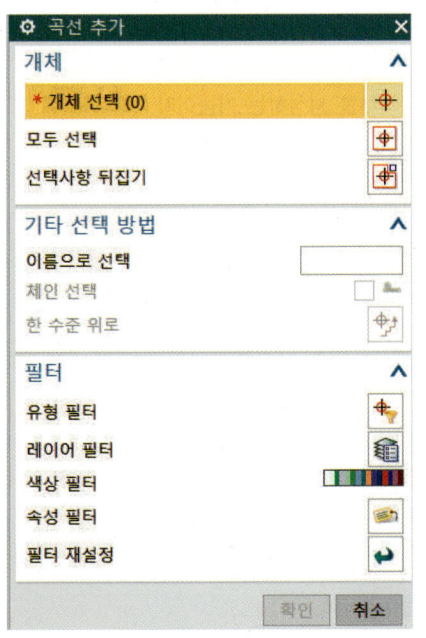

◀ 바꾸고자 하는 Curve를 선택한 후 OK 버튼을 클릭한다.
• DXF File이 있을 경우 다시 Sketch하는 것이 아니라 DXF File을 Open Sketch Curve로 변환하여 작업이 가능하다.
• Existing Curve로 Curve를 변환하였을 때 기존의 Basic Curve는 변환되어 사라지므로 신중히 변환해야 한다.

스케치 치수(Sketch Dimension)

제1절 치수(Dimension)

Sketch에서 원하는 Curve를 생성 후 치수 값을 입력하여 사용자가 원하는 Curved의 길이와 특정 거리 값을 수정하는 명령이다.

아이콘	명칭	설명
	Rapid	선택한 개체를 자동으로 추정하여 치수를 기입한다.
	Linear	선형치수를 기입한다.
	Radial	원이나 호의 반지름 치수를 기입한다.
	Angular	두 선 사이의 각도 치수를 기입한다.
	Perimeter	체인 형상의 둘레길이의 합산 치수를 기입한다.
	Auto Dimensioning	선택한 곡선에 자동적으로 치수를 생성하는 기능이다.
	Continuous Auto Dimensioning	Dimension을 이용하여 스케치를 완전 구속한다.
	Display as PMI	스케치 치수를 Modeling 화면에서 PMI로 나타내준다.

❶ Rapid(급속치수,)

> 위치: Menu ▸ → Insert → Dimensions → Rapid

Rapid 명령은 Attach Dimensions를 제외한 모든 명령을 대신하여 사용이 가능하다. 등록된 치수를 수정하려면 해당 치수를 더블 클릭하면 된다.

NX10 3D 모델링 및 CAD/CAM

❋ 하나의 Curve 길이를 정의할 경우

길이를 정의하기 원하는 하나의 Curve를 선택한 후 아래 그림과 같이 치수선의 적당한 위치에서 한 번 더 마우스를 클릭하여 치수선을 생성한다.

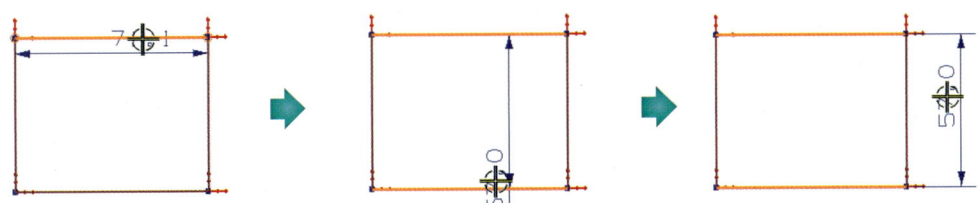

❋ 두 개의 Curve 간의 거리를 정의할 경우

◀ References: 치수를 기입할 첫 번째 객체와 두 번째 객체를 지정한다.
◀ Ogigin: Place Automatically에 체크가 되어 있을시 Method에 맞게 치수가 자동으로 기입된다.
◀ Measurement: 기입할 치수의 방법을 선택한다.

Chapter 03 | 스케치 치수(Sketch Dimension)

❷ Auto Dimension( **): Tools → Constraints → Auto Dimensioning**

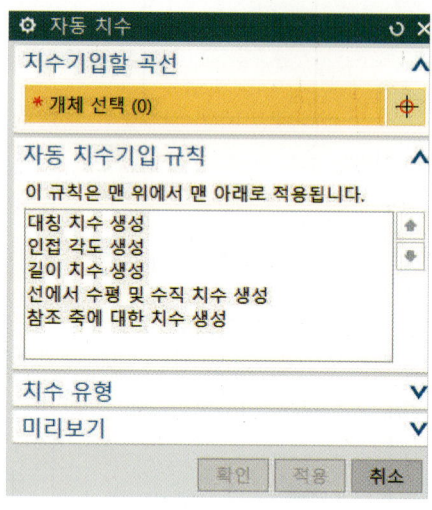

◀ Curve to Dimension: 자동으로 치수기입할 곡선 및 포인트를 선택한다.
◀ Auto Dimensioning Rules: 선택한 Object의 완벽 구속을 적용할 룰의 순서를 정렬한다.
◀ Dimension Type: 두 가지의 타입으로 치수를 생성할 수 있다.
  1. Driving
  2. Automatic

1) Auto Dimensioning Rules

- Create Horizontal and Vertical Dimensions on Lines: 선에서 수평 및 수직 치수 생성
- Create Dimensions to Reference Axes: 참조 축에 대한 치수 생성
- Create Length Dimensions: 길이 치수 생성
- Create Adjacent Angles: 인접 각도 생성
- Create Symmetric Dimensions: 대칭 치수 생성

2) Dimension Type

- Driving: 자유도가 제거된 치수 생성 방식. Curve를 Drag할 시 고정된다.
- Automatic: 자유의 정도를 제어하는 치수 생성 방식. 생성된 치수의 Curve를 Drag하면 움직이며, 그에 따라 치수가 자동으로 수정된다.

❸ Continuous Auto Dimensioning( )

Dimension을 이용하여 스케치를 완전 구속 상태로 만든다. Dimension Type을 Automatic 으로 사용하기에 자유의 정도를 제어하는 치수가 생성된다. 그러므로 스케치 Curve는 Drag가 가능하며, 수정되는 대로 치수는 Update된다. 자유도가 제거된 치수로 수

정하려면 Tool ➜ Constraints ➜ Convert To/From Reference라는 기능을 이용하여 Driving 치수로 변환한다.

❹ Sketch Style: Sketch Mode에서 Task ➜ Sketch Style(스케치 설정)

◀ Sketch Preferences는 원하는 치수 값의 크기나 소수점 자릿수 스냅 각도 등을 수정할 수 있다.
◀ 연속 자동 치수기입 체크 해제한다.

1) 치수 레이블(Dimensions Label)

Expression(수식)이나 Name(이름) Value(값)으로 치수 값을 어떤 것으로 생성할 것인지 정의도 가능하다.

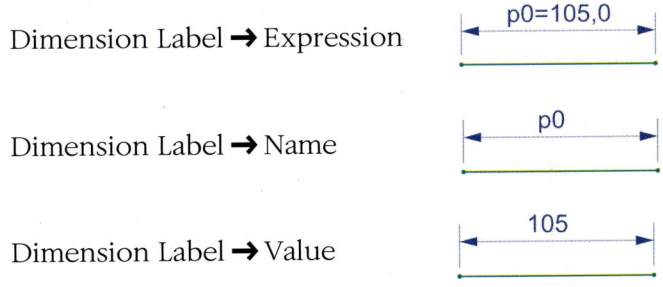

2) 화면 텍스트 높이 고정(Fixed Text Height on Screen)

화면을 축소 혹은 확대 시 글자의 크기를 Text Height 값으로 고정할 것인지 아니면 확대 축소와 무관하게 만들 것인지 설정한다.

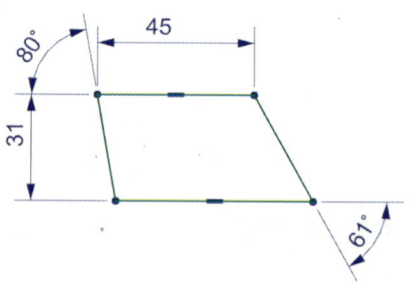

❋ 좌측 스케치를 축소할 때

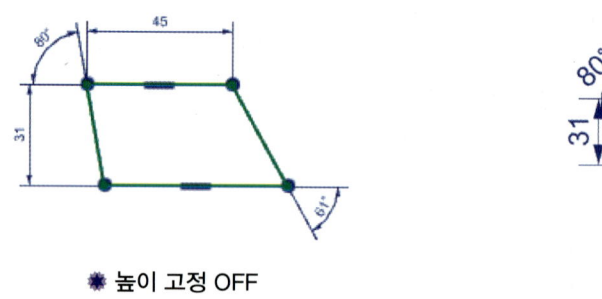

❋ 높이 고정 OFF

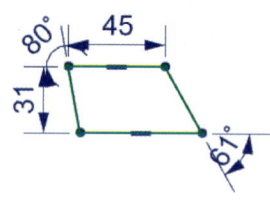

❋ 높이 고정 ON

3) 구속조건 심볼 크기(Constraint Symbol Size)

구속조건 심볼이 표시될 크기를 조정한다.

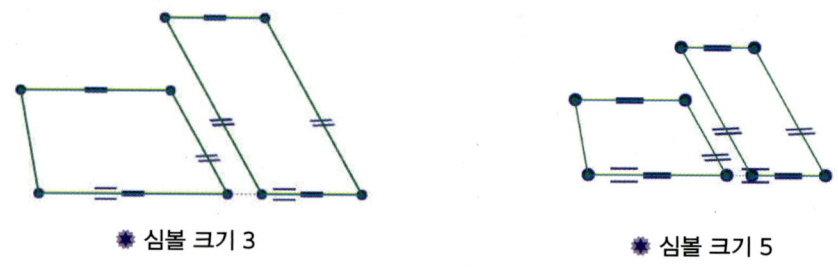

❋ 심볼 크기 3   ❋ 심볼 크기 5

4) 추정 구속조건 생성(Create Inferred Constraints)

스케치 객체 생성 시 자동적으로 구속조건을 생성하는 추정 구속조건 생성( ) 기능을 On/Off한다.

5) 연속자동 치수 기입(Continuous Auto Dimensioning)

스케치 객체 생성 시 자동으로 치수를 생성하는 연속자동 치수( ) 기능을 On/Off한다.

6) 개체 색상 표시(Display Object Color)

스케치 환경상의 2D 객체는 스케치 구속조건 등의 구분을 위해 개체 고유의 색상을 사용하는 것이 아니라 녹색, 갈색, 연두색 등으로 표시한다. 하지만 이 메뉴를 클릭하면 사용자가 임의로 지정한 개체 고유의 지정된 색상으로 볼 수 있다.

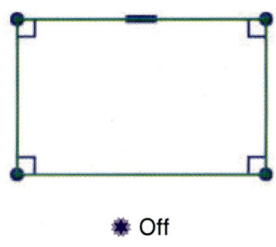
※ Off

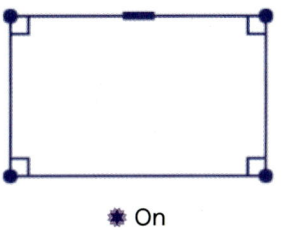
※ On

5 Display as PMI( )

스케치 치수를 Modeling 화면에서 PMI로 나타내주는 기능이다.
Start ➡ PMI를 먼저 선택하여 PMI 기능을 활성화시킨다.
스케치의 치수를 선택하여 OK를 클릭하면 Finish Sketch하였을 경우 스케치 치수가 PMI로 Modeling 화면에 표시된다.

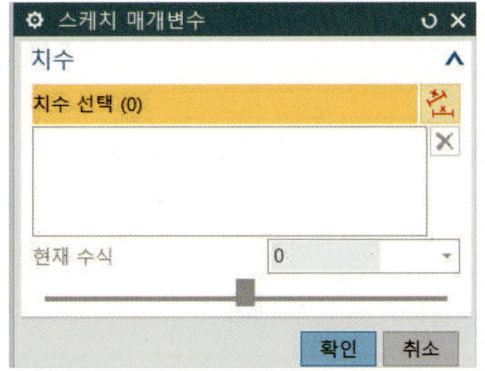

◀ Direct Sketch: 치수 선택 MB3에서 Display as PMI 선택
◀ Sketch task environment: 메인 메뉴 Tool- Display as PMI 선택

메인 메뉴 및 아이콘 메뉴는 Sketch task environment에만 있다.
Direct Sketch에서 Display PMI를 사용하려면 MB3 Button을 이용할 수밖에 없다.

CHAPTER 04 스케치 구속조건(Sketch Constraints)

제1절 기하 구속조건(Geometric Constraints)

스케치 곡선에 기하학적인 구속조건을 정의한다.

위치: Menu → Insert → Geometric Constraints

아이콘	명칭	설명
	Vertical	직선을 수직으로 구속한다.
	Horizontal	직선을 수평으로 구속한다.
	Tangent	두 개 이상의 직선 혹은 곡선을 곡선의 접선으로 구속한다.
	Parallel	두 개 이상의 직선을 평행하도록 구속한다.
	Perpendicular	두 개 이상의 직선을 직각으로 구속한다.
	Concentric	두 개 이상의 원호를 동심으로 구속한다.
	Collinear	두 개 이상의 직선을 동일 선상으로 구속한다.
	Equal Length	두 개 이상의 직선을 동일한 길이로 구속한다.
	Equal Radius	두 개 이상의 원호를 동일한 반경으로 구속한다.
	Point on Curve	직선 혹은 곡선상에 점이 위치하도록 구속한다.

아이콘	명칭	설명
	Mid Point	점을 직선 혹은 곡선의 중간 위치로 구속한다.
	Coincident	두 개 이상의 점을 동일한 위치로 구속한다.
	Constant Length	직선의 길이를 일정하게 구속한다.
	Constant Angle	직선의 각도를 일정하게 구속한다.
	Fixed	2D 객체의 위치를 구속한다.
	Fully Fixed	2D 객체의 위치와 길이를 완전히 구속한다.
	Point on String	투영된 곡선상에 점이 위치하도록 구속한다.
	Non-Uniform Scale	스플라인의 종 방향 배율을 일정하게 구속한다.(횡 방향은 배율 변형 가능)
	Uniform Scale	스플라인의 배율을 모든 방향으로 일정하게 구속한다.
	Slope of Curve	스플라인의 절점을 선택한 직선 혹은 곡선의 접선으로 구속한다.

❶ 수직(Vertical,)

❷ 수평(Horizontal,)

❸ 접선(Tangent, ⌀)

❹ 평행(Parallel, ∥)

❺ 직교(Perpendicular, ⊥)

❻ 동심(Concentric, ◎)

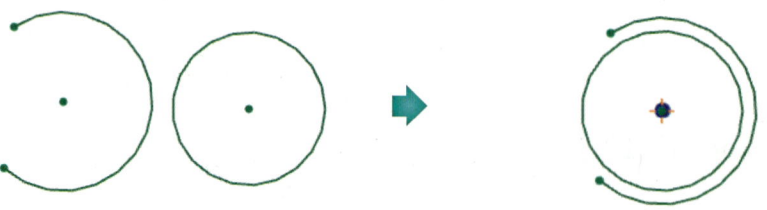

7 동일 직선상(Collinear,)

8 동등 길이(Equal Length, )

9 동등 반경(Equal Radius, )

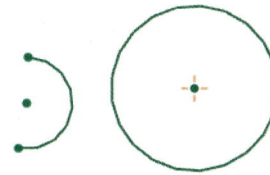 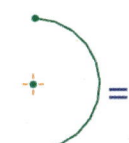 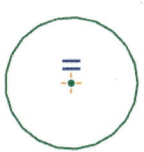

10 곡선상의 점(Point on Curve, )

⑪ 중간 점(Mid Point,)

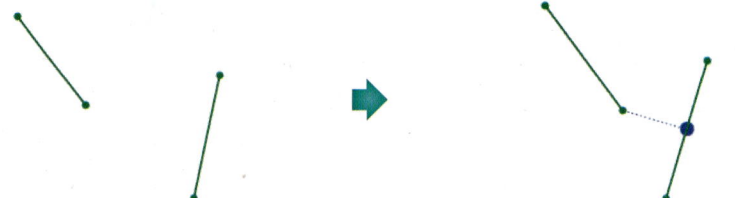

⑫ 일치(Coincident,)

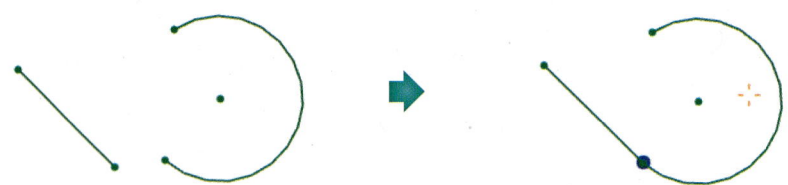

⑬ 일정길이(Constant Length,)

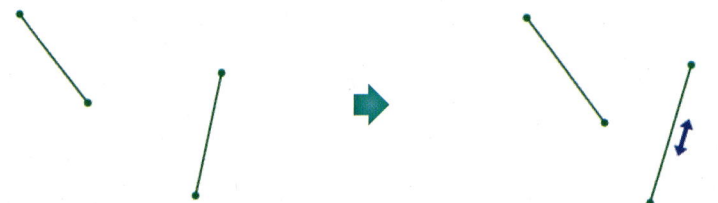

⑭ 일정 각도(Constant Angle,)

⓯ 위치 고정(Fixed,)

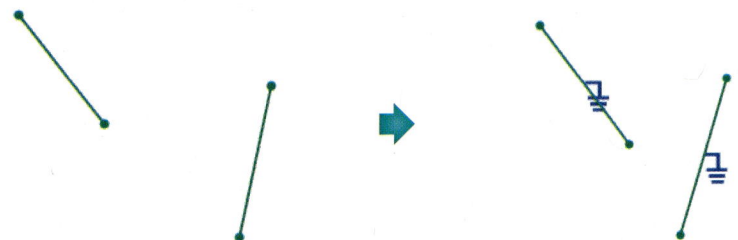

⓰ 완전 고정(Fully Fixed,)

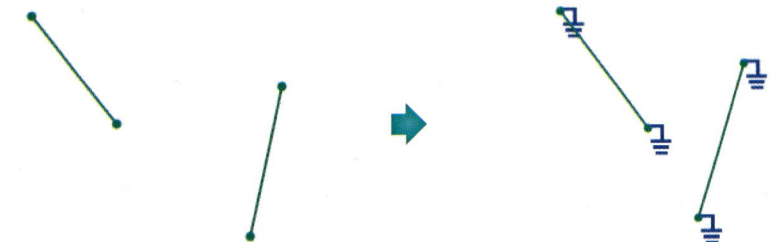

⓱ 스트링 상의 점(Point on String,)

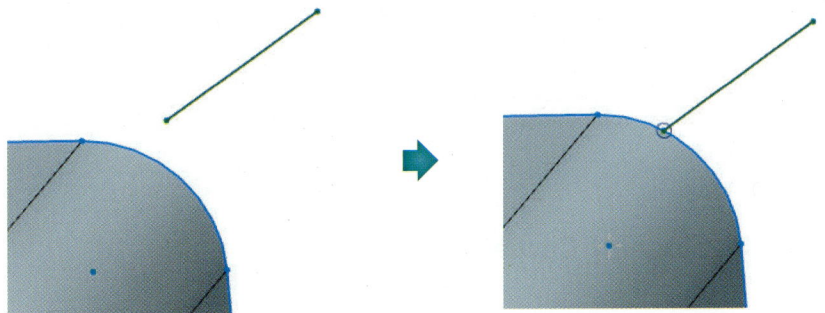

⑱ 비-균일 배율(Non-Uniform Scale,)

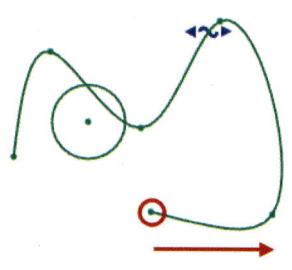 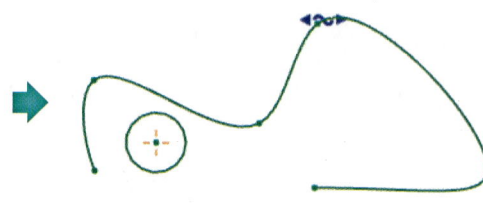

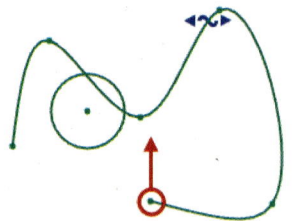 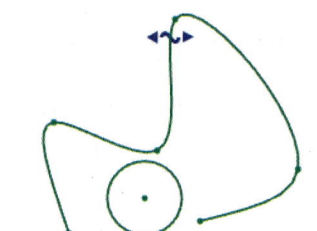

⑲ 균일 배율(Uniform Scale,)

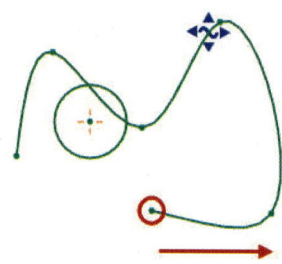 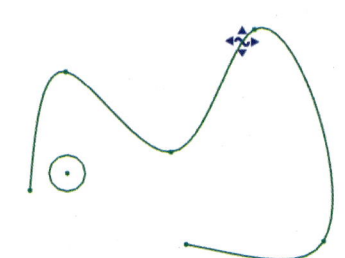

⑳ 곡선의 기울기(Slope of Curve,)

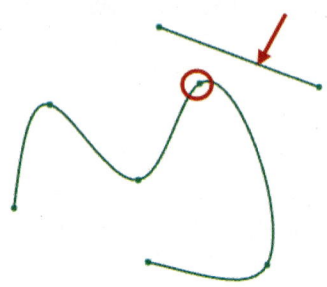 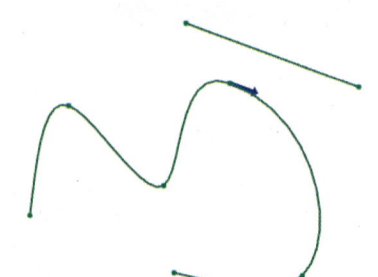

NX10 3D 모델링 및 CAD/CAM

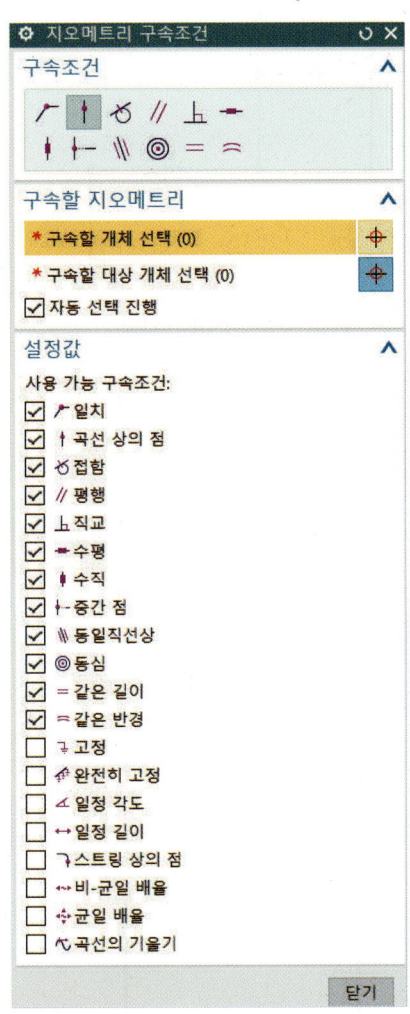

◀ Constraint: 사용할 구속조건을 선택한다.
◀ Geometry to Constrain: 적용할 개체를 선택한다.
◀ Setting
　• Automatic Selection Progression: 하나의 개체 선택 시 자동적으로 다음 ✱ 과정으로 넘어간다.
　• Enabled Constraints: ☑ 체크 표시된 항목은 상단의 Constraint 탭에 사용 가능하도록 표시된다.

제2절 Constraints 관련 Option

❶ Display Sketch Constraints( )

위치: Menu ▸ → Tool → Constraints → Display Sketch Constraints

사용 방법은 On, Off 방식으로 Icon을 클릭하면 된다.

Chapter 04 | 스케치 구속조건(Sketch Constraints)　65

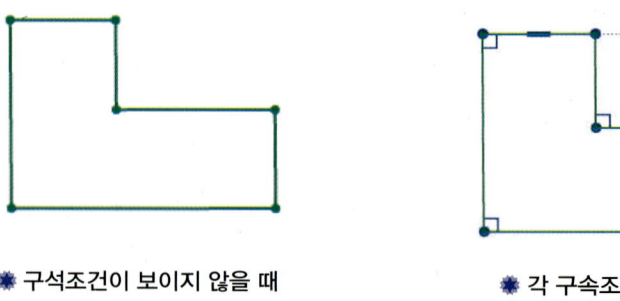

❋ 구석조건이 보이지 않을 때 　　　　❋ 각 구속조건이 표시됨

❷ Auto Constraints( )

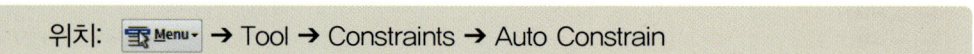

구속조건이 삽입되어있지 않은 스케치 객체를 선택하여 구속조건을 부여한다.

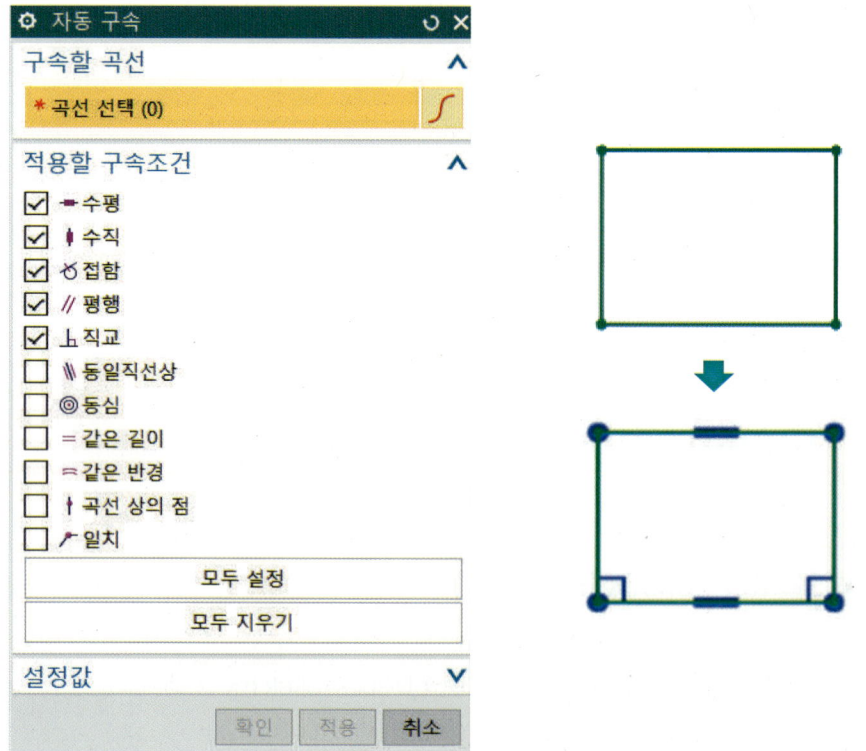

PART I NX10의 환경 구성과 Sketch

3 Auto Dimension( )

> 위치: Menu → Tool → Constraints → Auto Dimension

치수가 입력되어있지 않은 스케치 객체에 자동으로 치수를 부여한다.

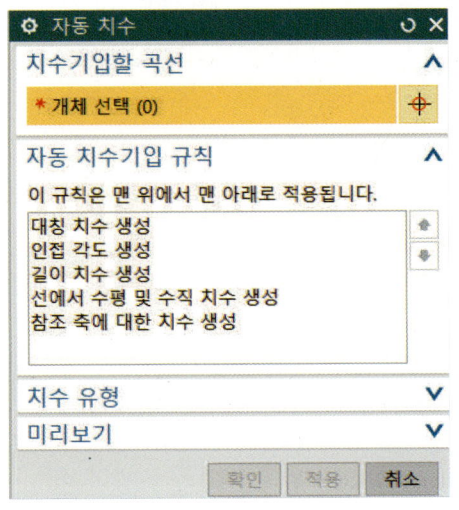

◀ Curves to Dimension: 자동으로 치수를 삽입할 스케치 객체를 선택한다.
◀ Auto Dimensioning Rules: 치수를 입력하는 방법을 정의한다.
◀ Dimension Type: 치수를 구동치수로 생성할 것인지 자동치수로 생성할 것인지 결정한다.

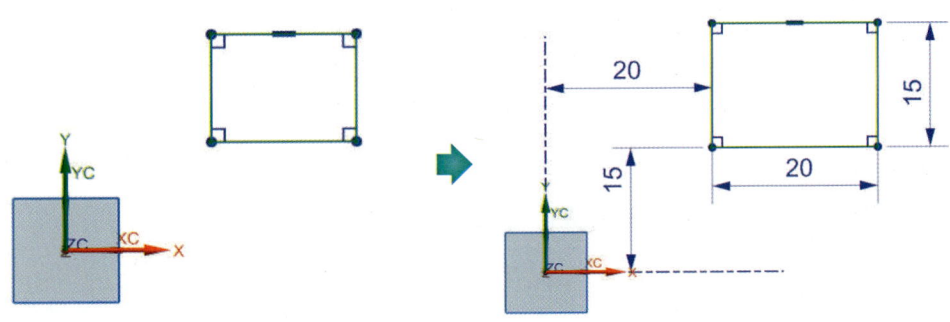

4 Show/Remove Constraints( )

> 위치: Menu → Tool → Constraints → Show/Remove Constraints

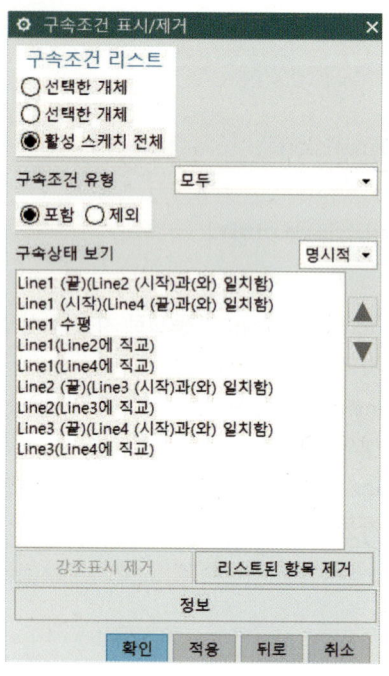

◀ 구속조건을 보거나 지우고자하는 객체 선택방법이다.
　• 선택한 객체만의 구속만의 List를 보여준다.
　• 다수의 선택한 객체의 구속 List를 보여준다.
◀ Sketch상에 있는 모든 구속조건의 List를 보여준다.
　• 구속의 Type에 따라 List를 보여준다.
　• 선택한 구속조건을 삭제한다.
　• List 창에 보여주는 모든 구속조건을 삭제한다.
　• List상의 구속조건들의 리스트를 텍스트 문서로 표시한다.

5 Animate Dimension( )

> 위치: Menu → Tool → Constraints → Animate Dimension

입력된 치수를 이용하여 해당 치수의 구동 범위를 확인한다.
치수와 구속조건이 적절하게 입력되어 있지 않다면 원하는 움직임을 얻을 수 없다.

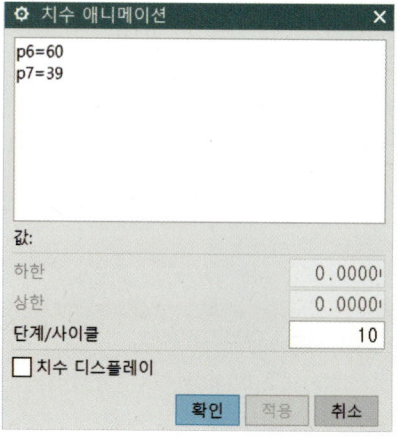

◀ Lower Limit: 시작 한계
◀ Upper Limit: 끝 한계
◀ Step/Cycle: 시작과 끝 한계 사이의 구동 단계 값이 클수록 움직임이 부드럽다.
◀ Display Dimension: 움직임을 볼 때 치수 값을 같이 표시한다.

6 Convert To/From Reference( )

위치: Menu → Tool → Constraints → Convert To / From Reference

구속조건을 주기 위한 참조 선을 만들고 반대로 참조 선을 활성화시킬 수도 있다.
참조 선은 3차원 형상을 만들 때는 사용할 수 없다.

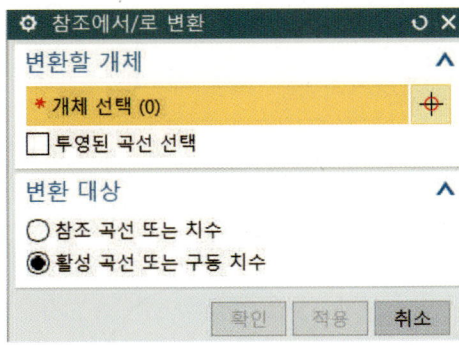
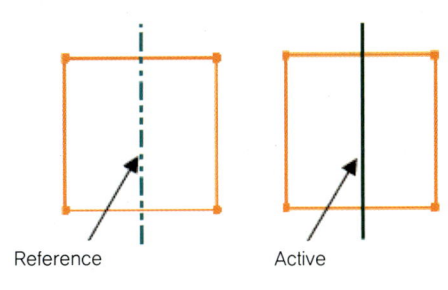

7 Alternate Solution( )

위치: Menu → Tool → Constraints → Alternate Solution

입력된 치수 혹은 접선 구속조건의 기준을 변경 가능한 대체 방향으로 변경한다.

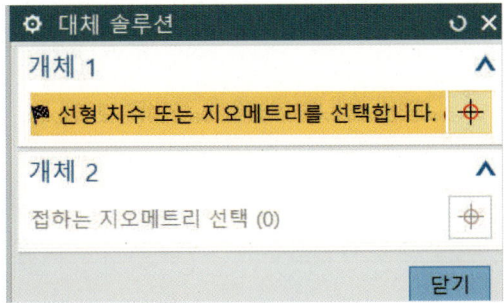

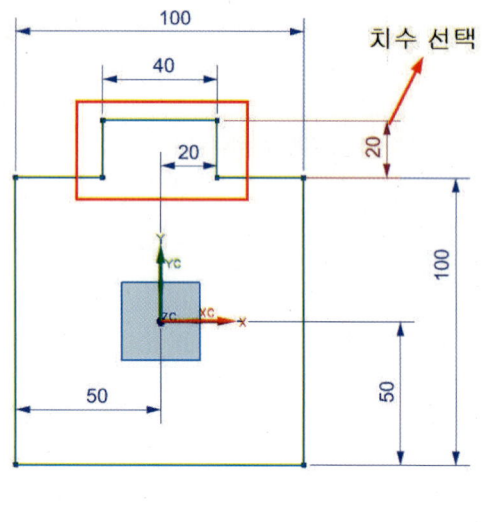
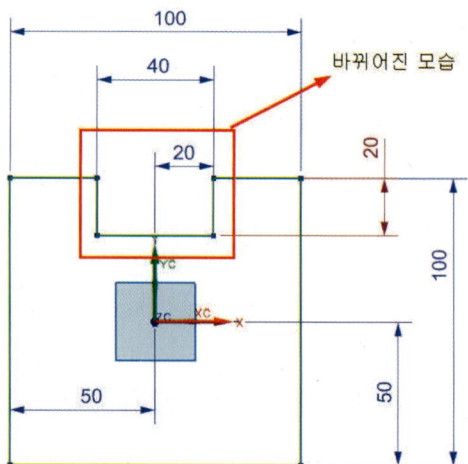

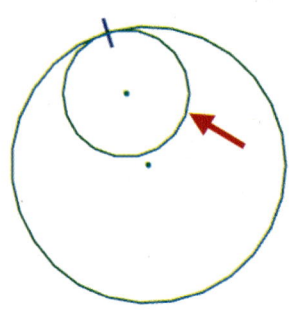
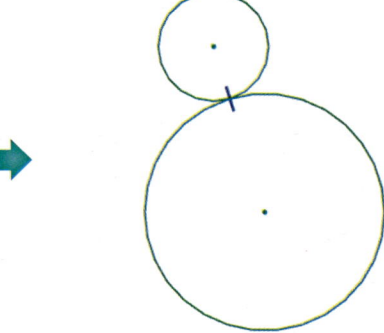

❽ Inferred Constraint and Dimensions( )

위치: Menu → Tool → Constraints → Inferred Constraints and Dimensions

스케치 객체 생성 시 자동으로 부여될 구속조건을 선택한다.

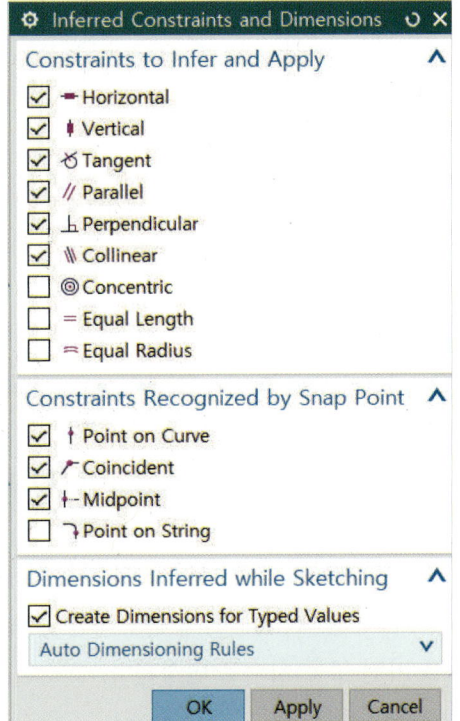

❾ Create Inferred Constraints()

위치: Menu → Tool → Constraints → Create Inferred Constraints

클릭하여 ON 상태로 두면 스케치 작성 시 자동적으로 적용되어있는 구속조건이 입력된다.

❿ Make Symmetric( )

위치: Menu → Insert

서로 비대칭인 객체를 직선을 기준으로 대칭 형상으로 구속한다.

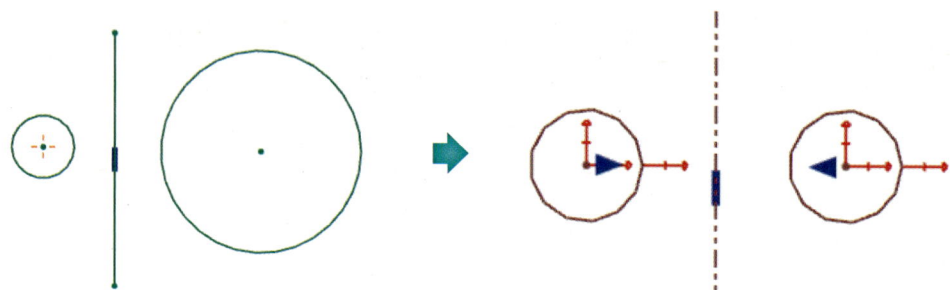

⓫ Continuous Auto Dimensioning( )

위치: Menu → Tool → Constraints → Constraints Auto Dimensioning

스케치 객체를 작성하였을 때 자동적으로 필요한 치수를 생성하는 기능이다. 파란색의 구동 치수와 달리 스케치 객체에 대한 구속력이 없으며, 더블 클릭하여 치수를 입력하면 구속력을 가진 구동 치수로 변경된다.

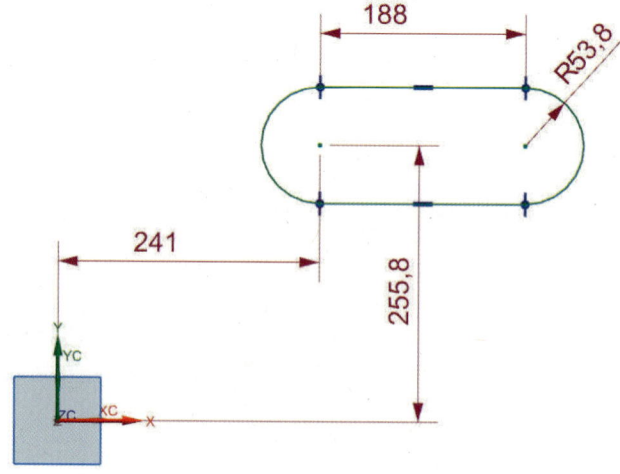

제3절 스패너 스케치 따라 하기

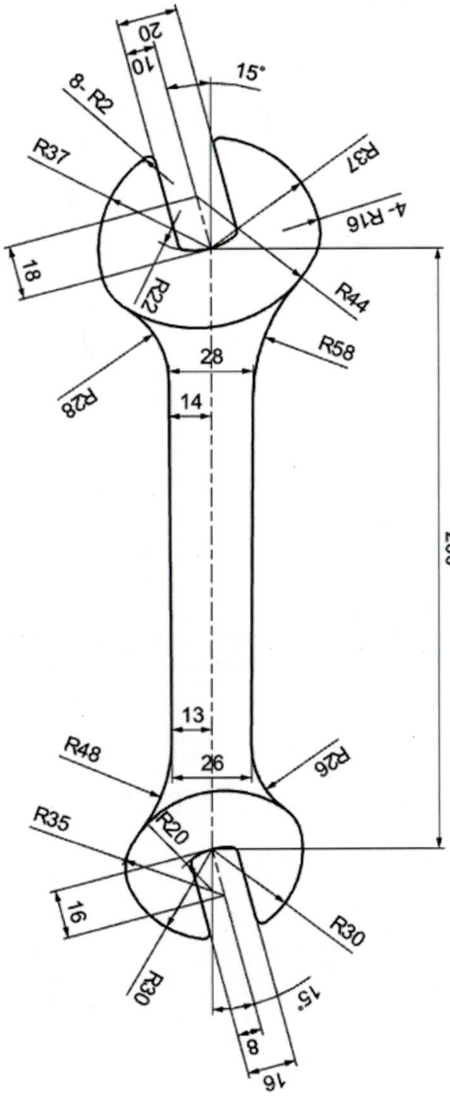

❶ New 아이콘을 클릭하여 'Sketch Exercise 2.prt'라는 파일명으로 새로운 파일을 작성한다.

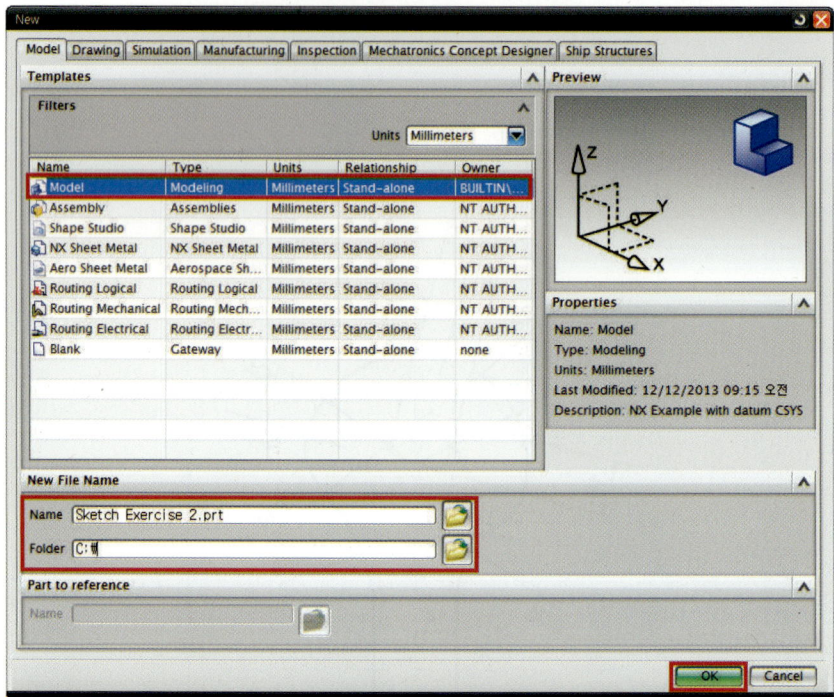

❷ Insert ➡ Sketch In Task Environment를 클릭한다.

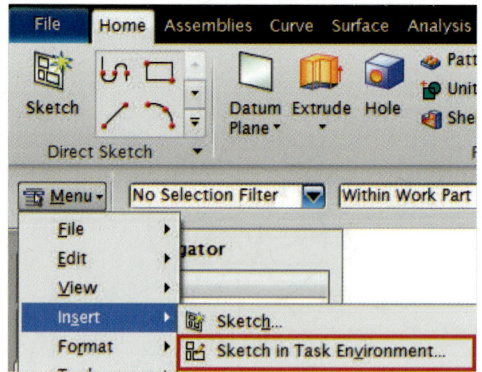

NX10 3D 모델링 및 CAD/CAM

❸ 아래와 같은 창이 나오며 자동으로 잡히는 X-Y 평면에 설정되는 것을 확인하고, OK를 클릭한다.

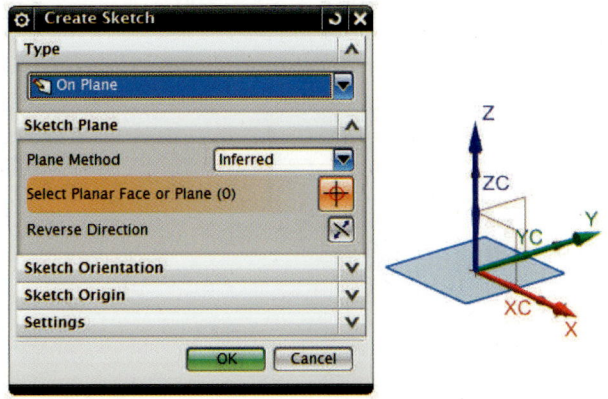

❹ Profile( )을 이용하여 그림과 같이 3개의 직선을 작성한다.

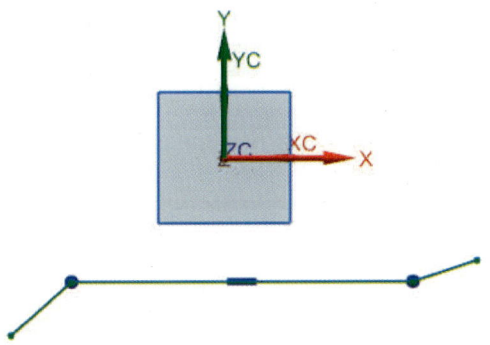

❺ 화살표가 가리키는 직선과 좌표계의 원점을 각각 선택하고 나타나는 아이콘 툴바에서 곡선 상 점(Point on Curve)의 구속조건을 입력한다.

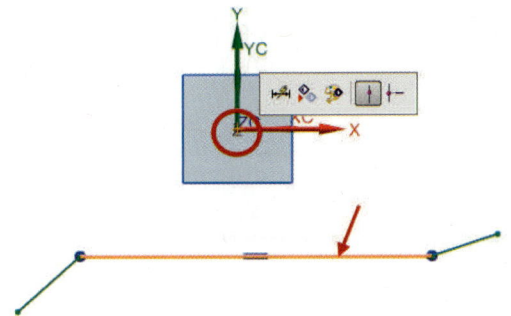

Chapter 04 | 스케치 구속조건(Sketch Constraints) 75

❻ 급속 치수(Rapid Dimension,)를 이용하여 다음 그림과 같이 치수를 입력한다.

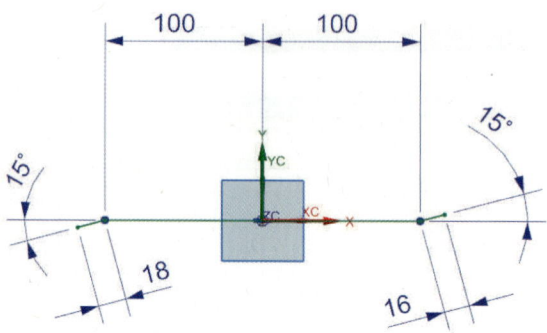

❼ Arc( )의 3점 원호를 이용하여 그림과 같은 위치에 원호를 작성한다.

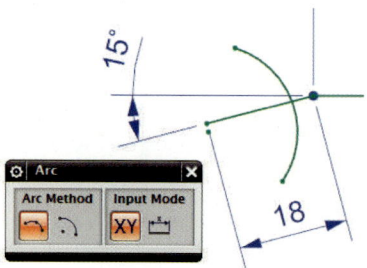

❽ Constraints( )를 실행한 후 곡선상 점( )의 구속조건을 선택한다. 화살표가 가리키는 원호의 중심과 길이 18mm의 사선을 각각 선택하여 원호의 중심을 사선상으로 고정시킨다.

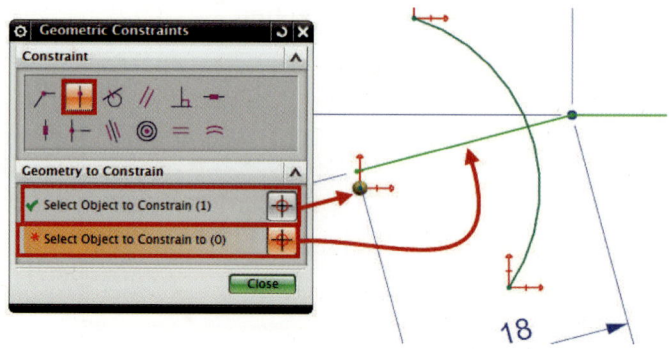

NX10 3D 모델링 및 CAD/CAM

❾ 이어서 중간점( ) 구속조건을 선택하고 원호와 사선의 한쪽 끝점을 각각 선택하여 원호를 가운데에 구속한다.

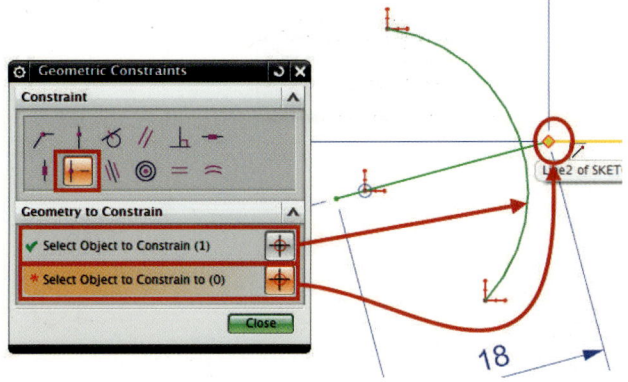

❿ 이어서 곡선상 점( )의 구속조건을 선택하고 위의 작업과 동일하게 선택하여 사선의 위쪽 끝점을 원호상으로 구속한다.

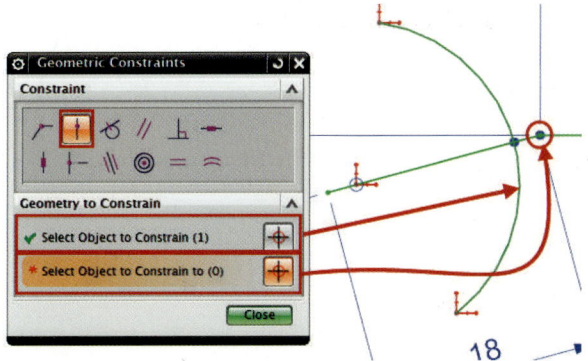

⓫ Rapid Dimension( )을 이용하여 그림과 같이 거리 10과 반경 22의 치수를 입력한다.

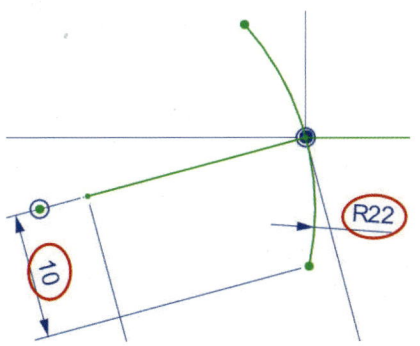

Chapter 04 | 스케치 구속조건(Sketch Constraints)

⓬ Arc( ) 2번째 옵션 을 이용하여 그림의 원과 같이 3개의 점을 찍어 원호를 작성한다.

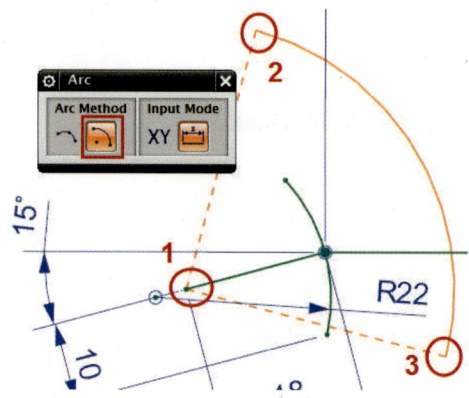

⓭ Circle( )을 이용하여 그림과 같이 2번 클릭하여 원을 작성한다.

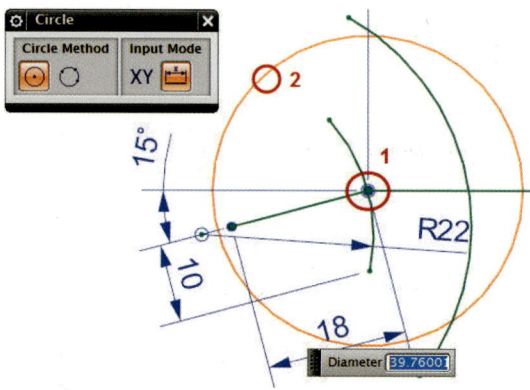

⓮ Rapid Dimension( )을 이용하여 그림과 같이 반경 44와 직경 74의 치수를 입력한다.

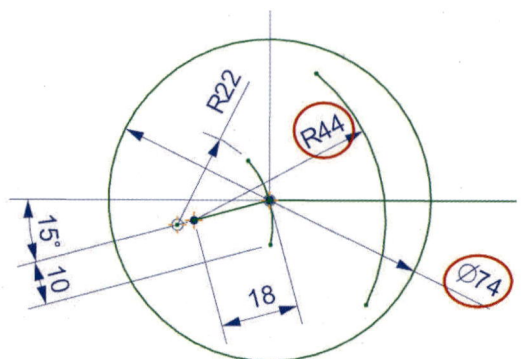

❻ Quick Extend( )를 이용하여 반경 44, 원호의 양쪽 끝점을 원까지 연장한다.

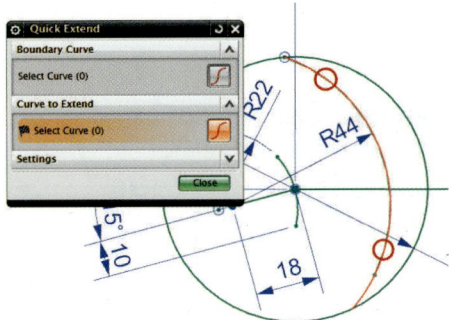

❻ Line( )을 이용하여 중심에 있는 선과 평행하게 반경 22, 원호의 양쪽 끝점에서 시작하는 사선을 작성한다.

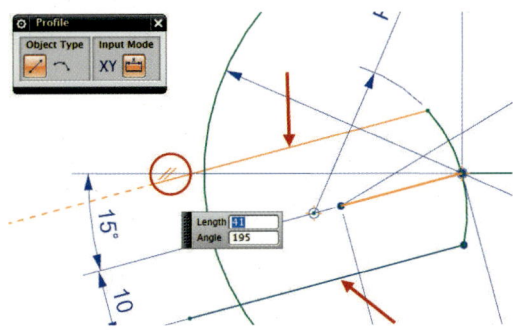

❼ Quick Trim( )을 이용하여 그림과 같이 필요하지 않은 선을 모두 잘라낸다. 마우스 왼쪽 버튼을 길게 누른 후 나오는 펜툴로 필요 없는 선을 교차시키면 그림과 같이 빠르게 트리밍 작업을 진행할 수 있다.

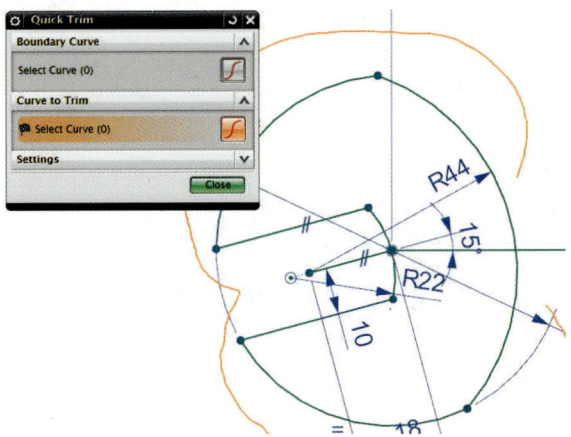

⓲ Fillet( )을 이용하여 화살표가 가리키는 각 2쌍의 곡선에 반경 16mm의 필렛을 삽입한다.

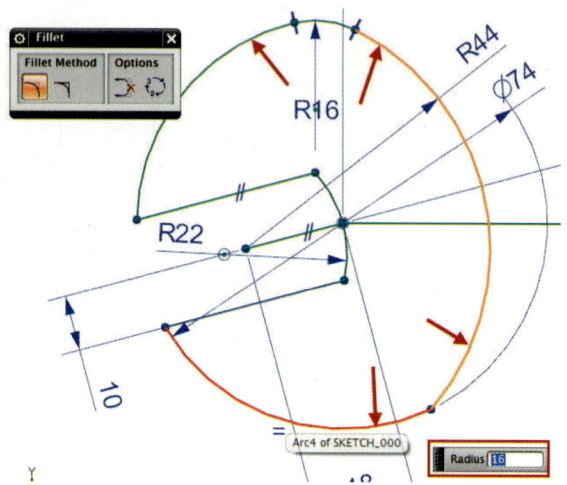

⓳ 다시 화살표가 가리키는 4개소에 반경 2mm의 필렛을 삽입한다.

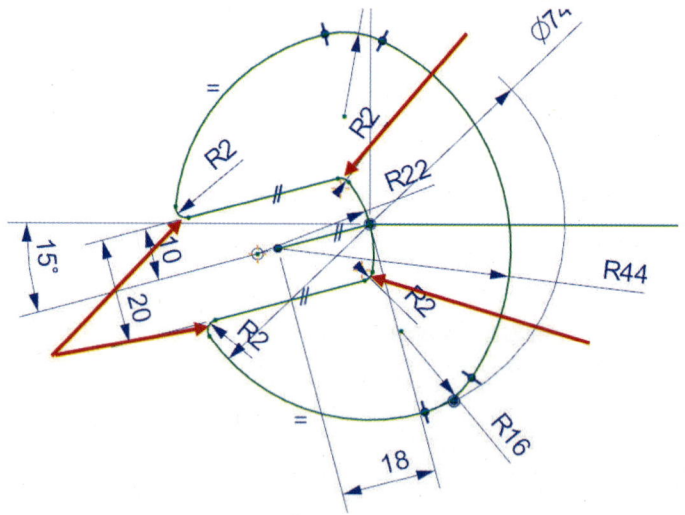

NX10 3D 모델링 및 CAD/CAM

⓴ 반대쪽의 개체도 7~19까지의 과정과 동일하게 작성한다. 치수가 다른 부분이 많으므로 도면을 참조하여 작성한다.

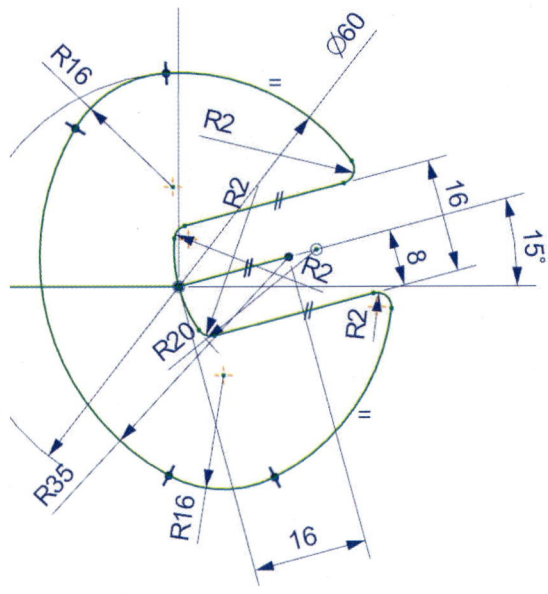

㉑ Ctrl + B를 누른 후 좌상단의 No Selection Filter를 클릭하여 Dimension을 선택한 후 Ctrl + A를 누르고 OK를 클릭한다.

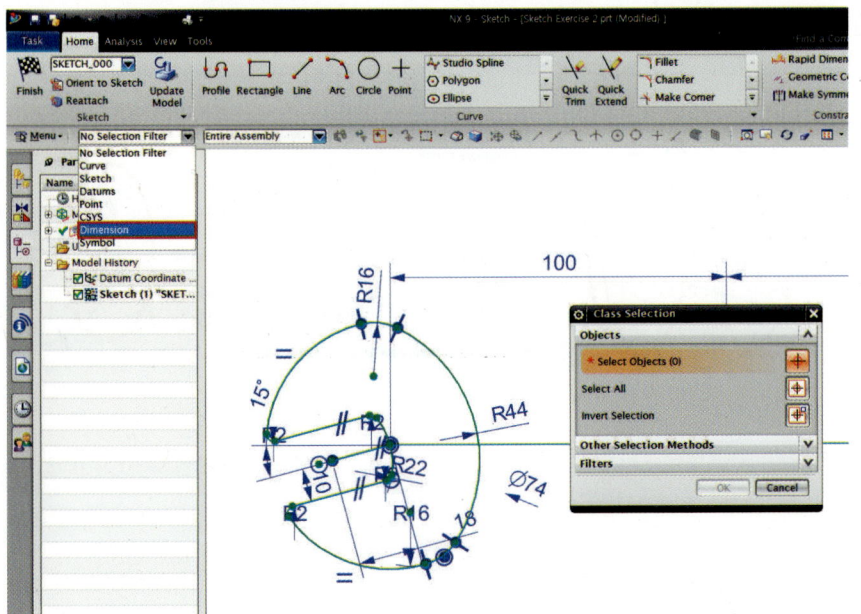

Chapter 04 | 스케치 구속조건(Sketch Constraints) 81

㉒ 앞의 작업을 진행하면 다음 그림과 같이 치수가 모두 사라지는 것을 확인할 수 있다.

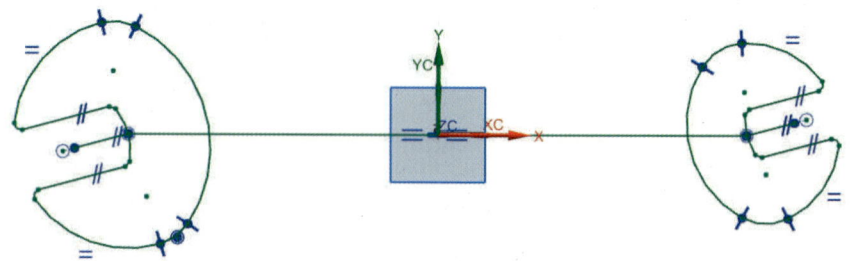

㉓ Line 기능을 이용하여 다음 그림과 같이 수평하지 않은 두 개의 직선을 작성한다.

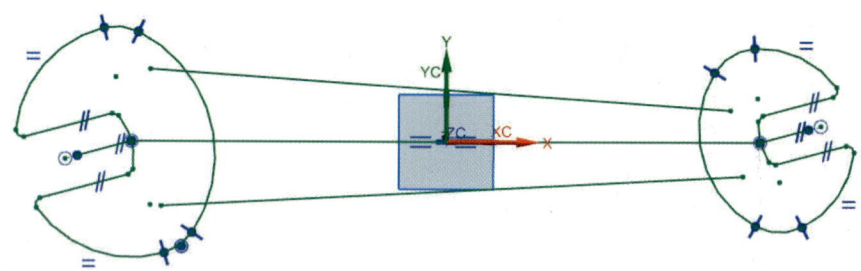

㉔ Quick Trim( )을 이용하여 스패너 안쪽으로 들어간 부분을 잘라낸다.

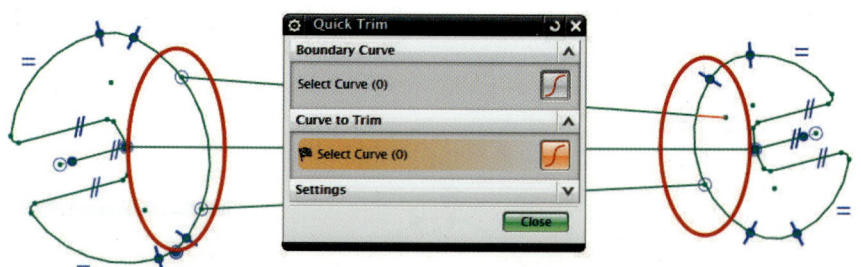

㉕ Rapid Dimension()을 이용하여 잘라낸 선의 끝점에 아래 그림과 같이 치수를 입력한다.

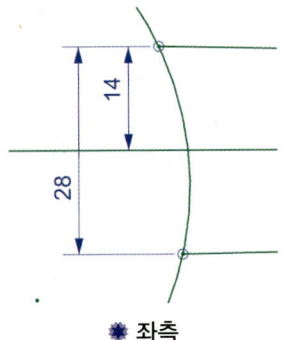
❋ 좌측

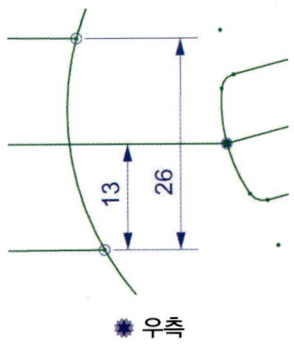
❋ 우측

㉖ Fillet( )을 이용하여 좌측의 2개 속에 그림과 같이 블렌드를 삽입한다. 원호가 잘려져서는 안 되므로 Untrim 타입으로 진행한다.

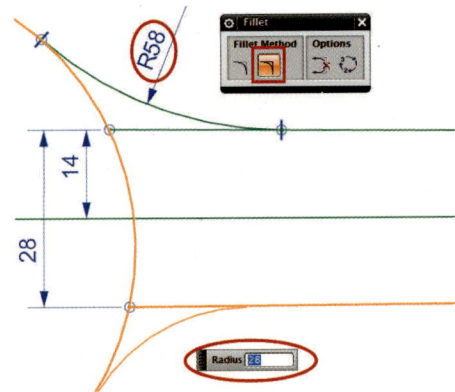

㉗ 우측도 동일하게 반경 26mm와 48mm의 필렛을 삽입한다. 우측의 위쪽 필렛에서 그림과 같이 화살표가 가리키는 곡선과 필렛을 삽입해야 하는 점에 주의하여 작성한다.

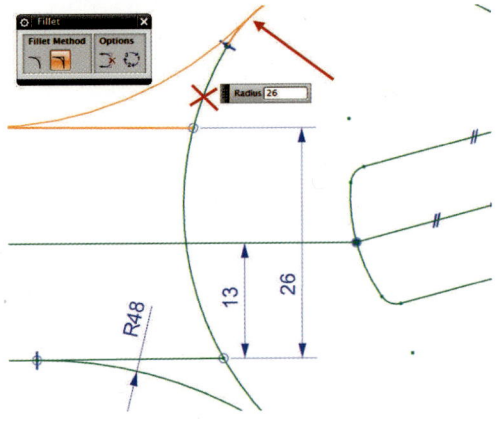

㉘ 앞의 ㉖, ㉗에서 작성했던 필렛에서 필요하지 않은 4개의 선을 Quick Trim( )을 이용하여 제거한다.

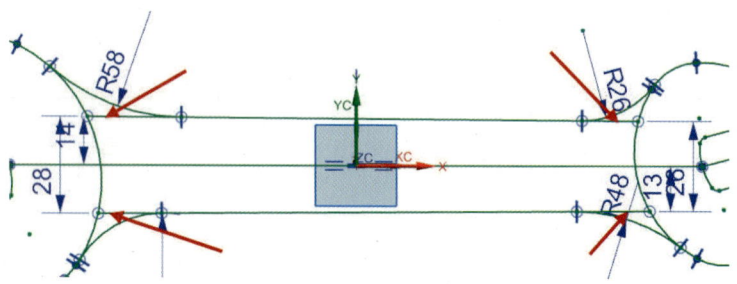

㉙ Convert to/From Reference( )를 이용하여 가운데 있는 3개의 중심선을 참조선으로 변경한다.

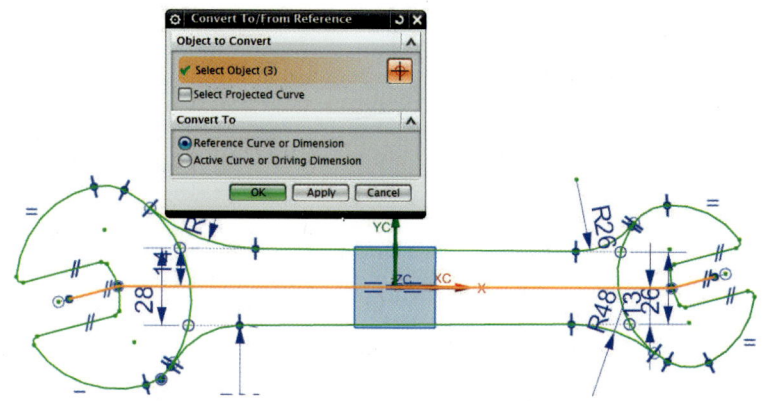

㉚ Finish 를 이용하여 스케치를 종료하여 완성한다.

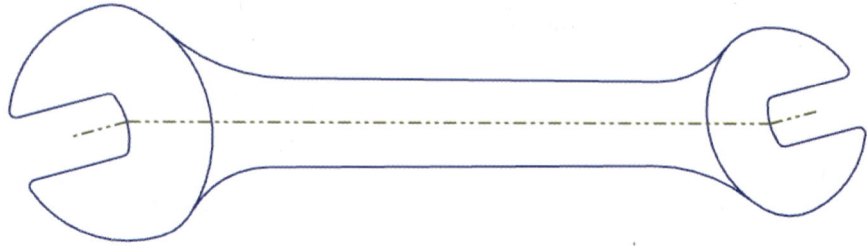

제4절 밀링기능사 스케치 따라 하기

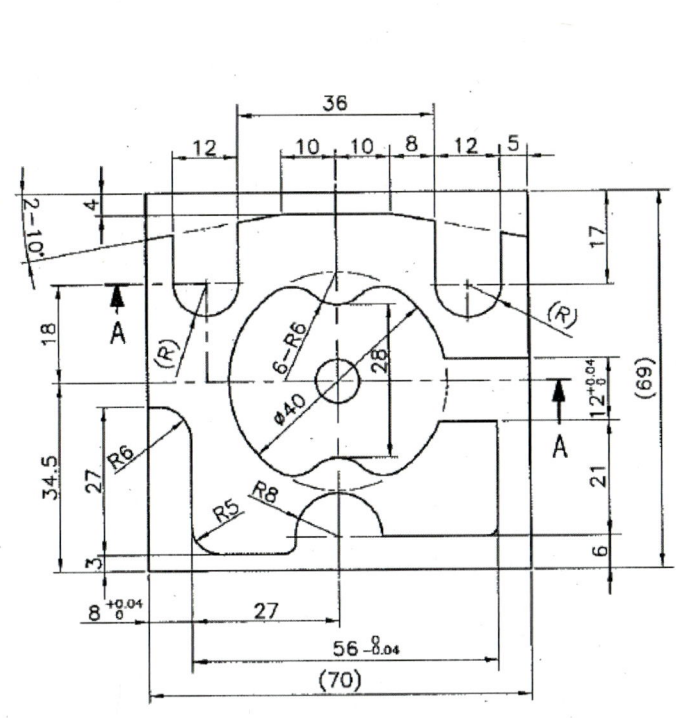

※ 도시되고 지시없는 R은 R2

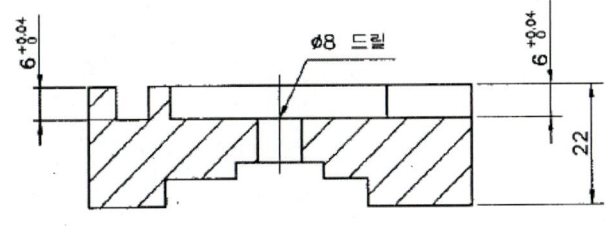

단면 A-A

Chapter 04 | 스케치 구속조건(Sketch Constraints)

❶ 새로 만들기를 선택하여 아래와 같이 설정하고 확인한다.

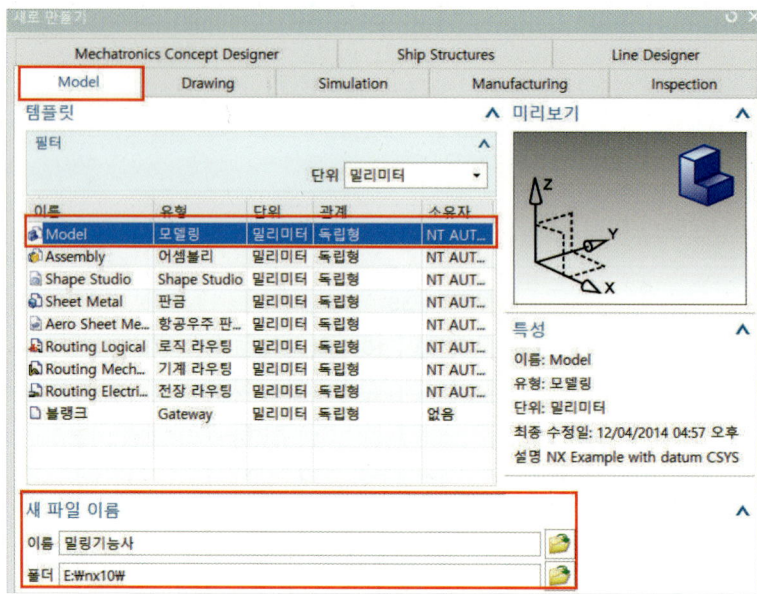

❷ 아래와 같은 방법으로 사용자 기본값을 확인한다.

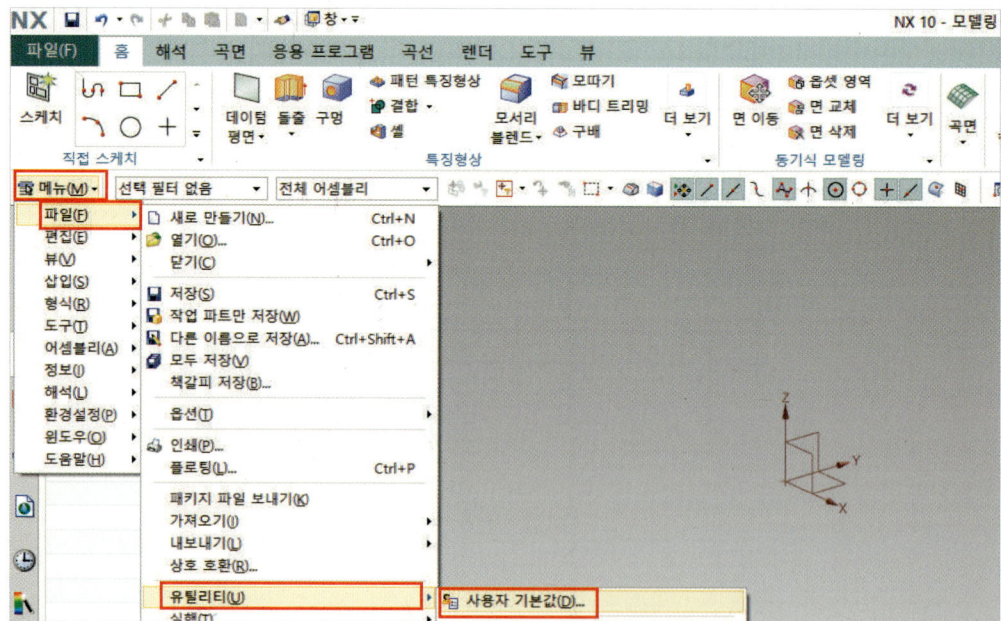

PART I NX10의 환경 구성과 Sketch

❸ 아래와 같이 값으로 변경한다.

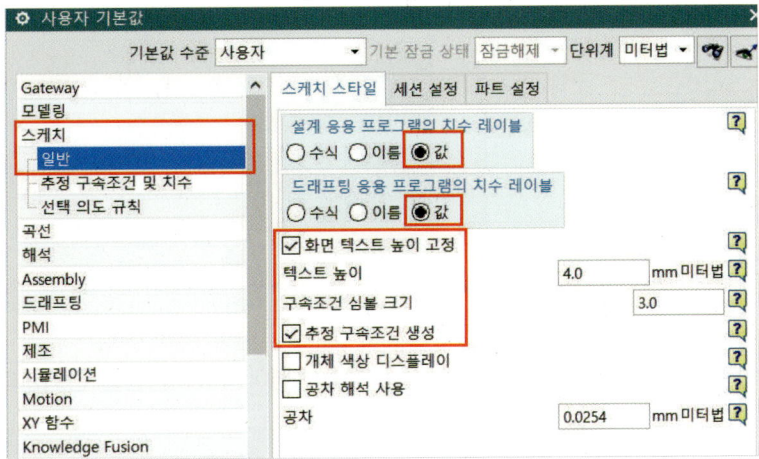

❹ 환경설정에서 스케치를 선택한다.

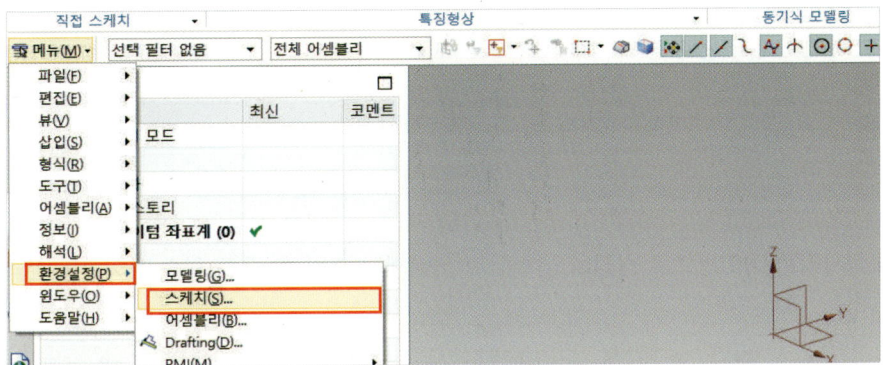

❺ 연속 자동 치수기입을 체크한 후 해제한다.

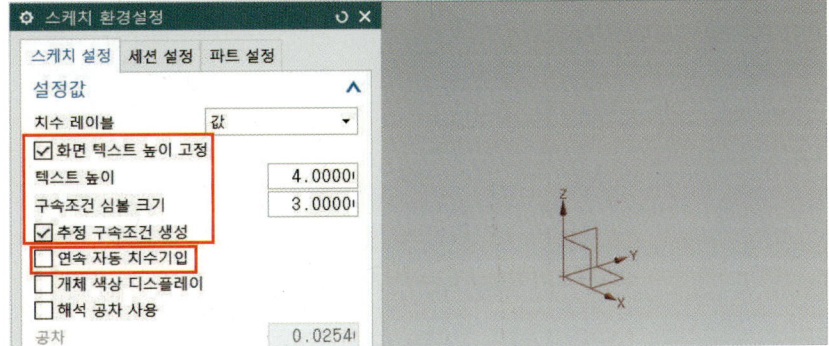

❻ 타스크 환경의 스케치를 클릭한다.

❼ 스케치 유형은 평면 상에서, 평면 방법은 기존 평면에서 XY 평면을 선택한다.

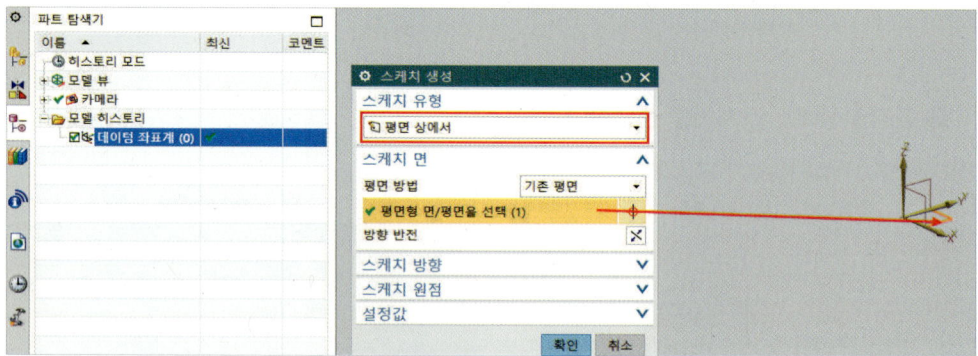

❽ 직사각형 아이콘으로 원점을 정확하게 선택해서 그린 후 급속 치수 아이콘을 선택한다.

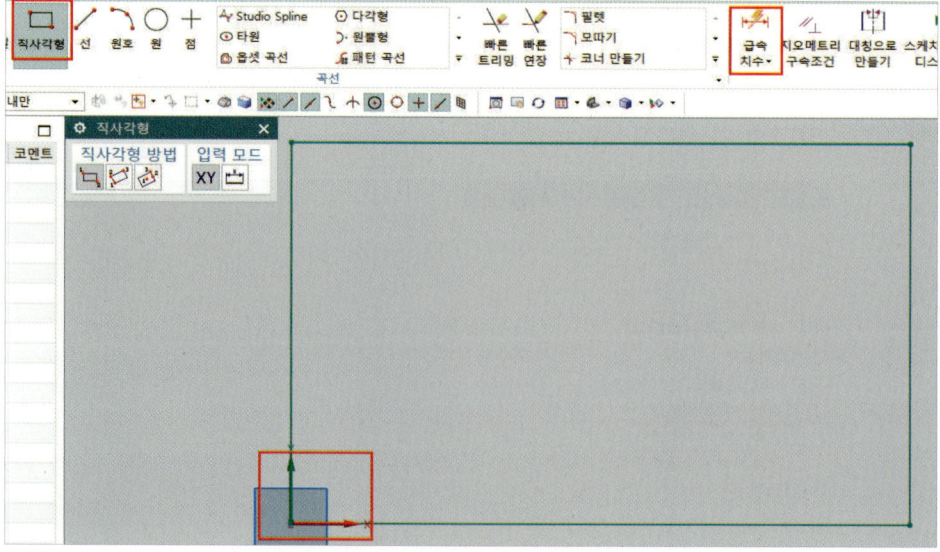

❾ 급속 치수로 치수를 기입한다.

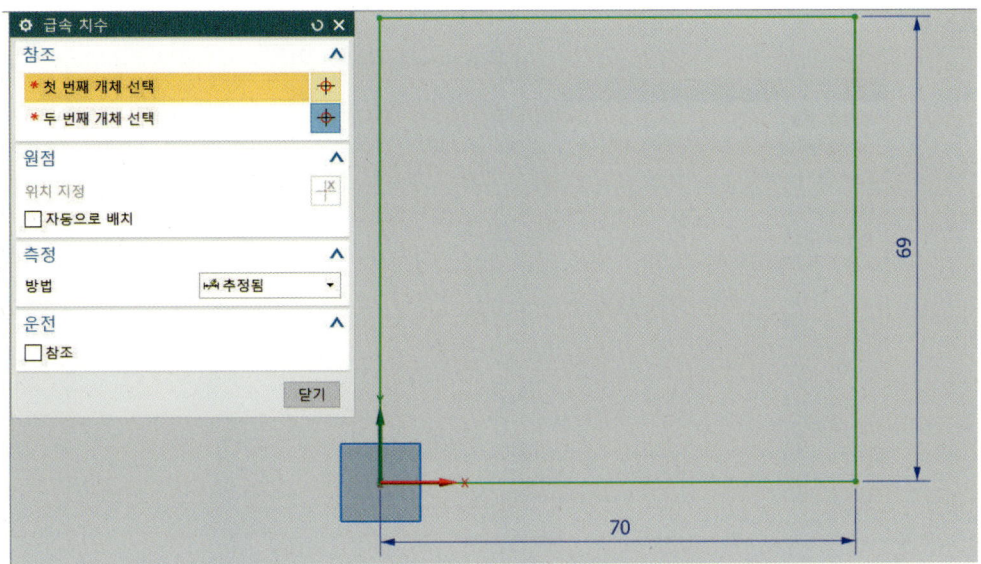

❿ 오스냅(OSNAP) 중간점을 선택한 후 중심선을 그린다.

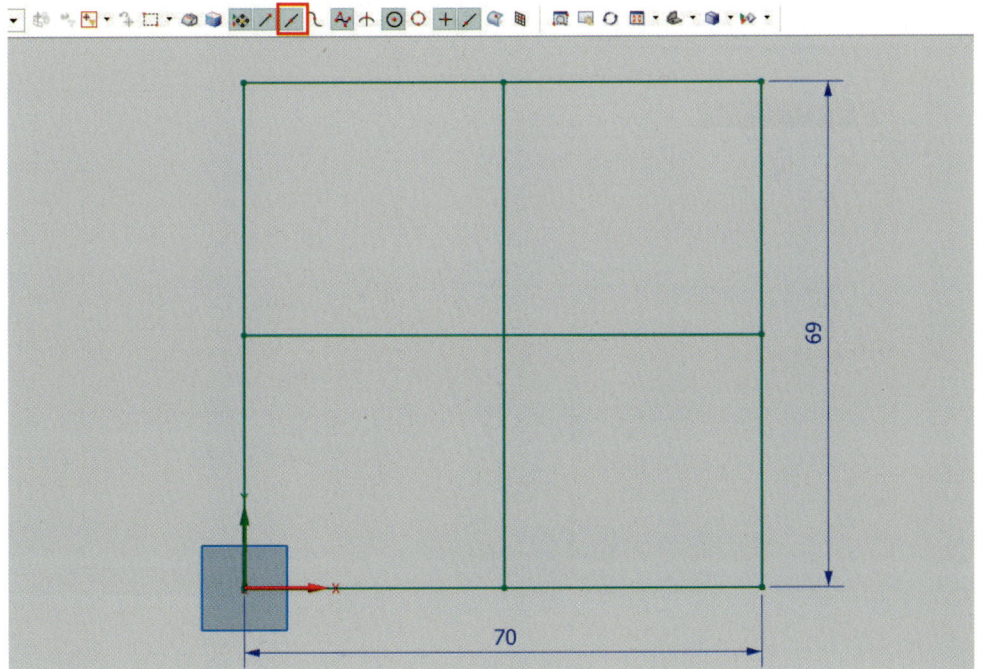

⑪ 참조에서/로 변환 아이콘으로 참조선으로 변환한다.

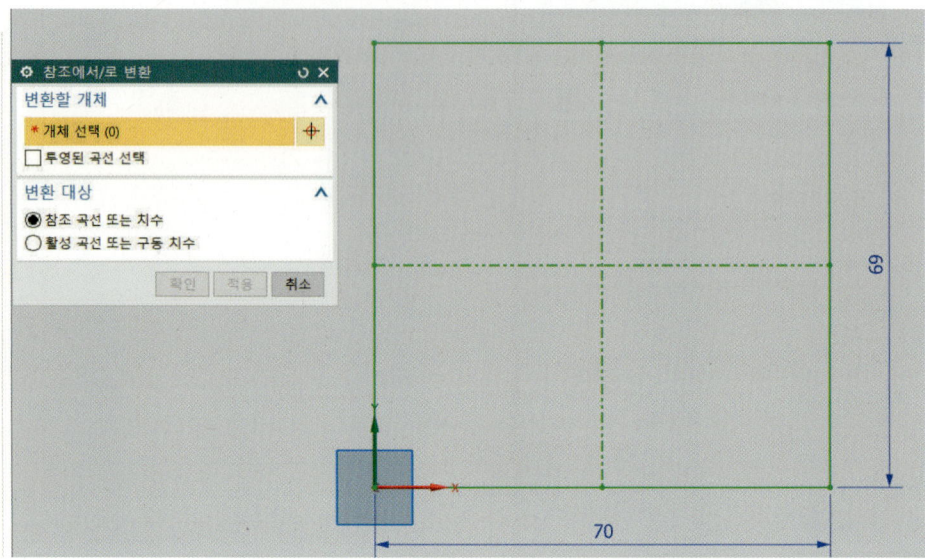

⑫ 오스냅(OSNAP) 교차점을 선택하여 원을 그린다.

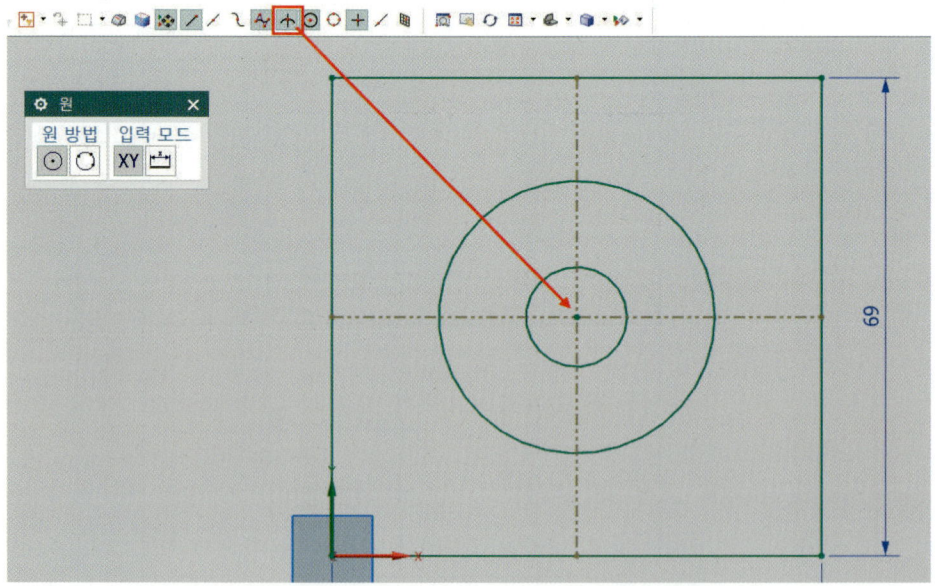

⑬ 오스냅(OSNAP) 교차점을 선택하여 아래와 같이 원을 그린다.

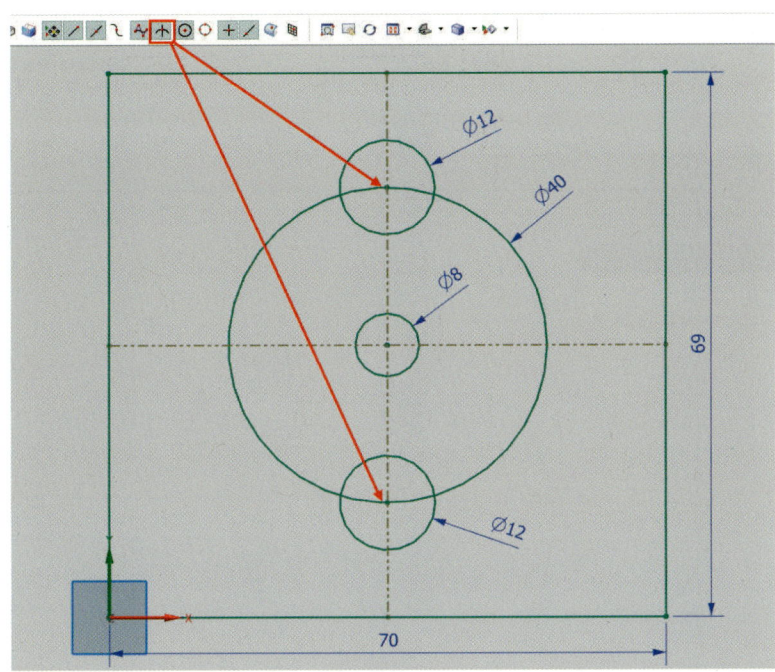

⑭ 빠른 트리밍 아이콘을 선택하여 선을 트림한다.

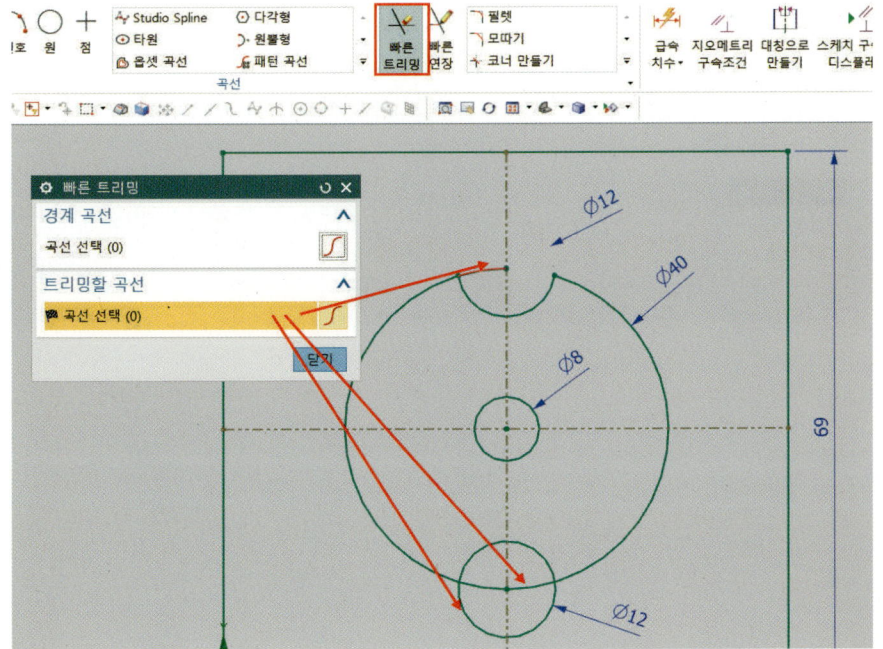

Chapter 04 | 스케치 구속조건(Sketch Constraints)

❶❺ 필렛 아이콘을 이용하여 R2로 필렛한다.

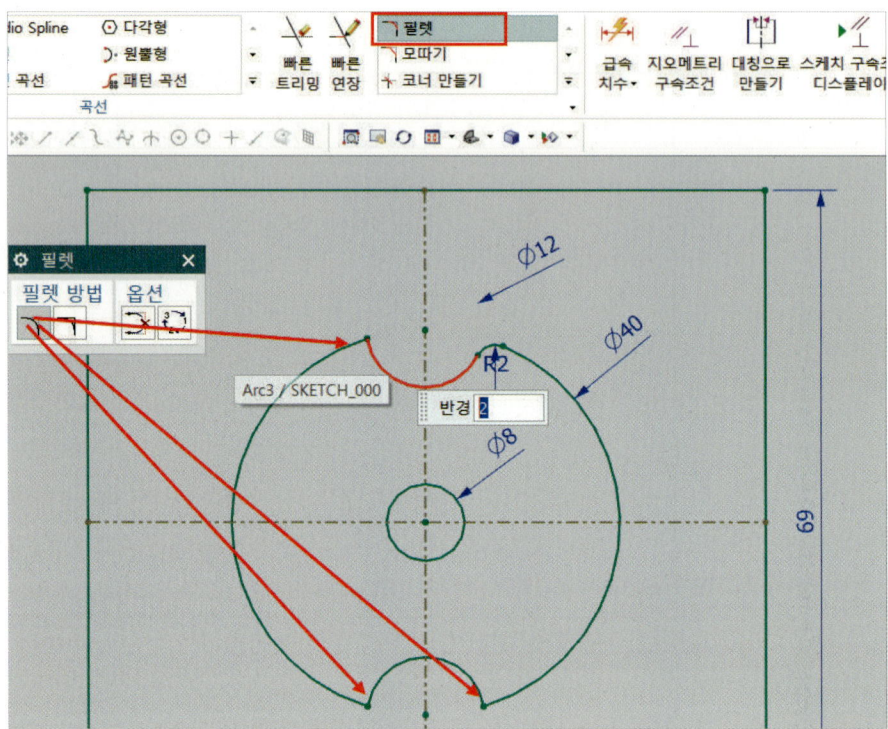

❶❻ 오스냅(OSNAP) 곡선상의 점을 선택하여 선을 그린다.

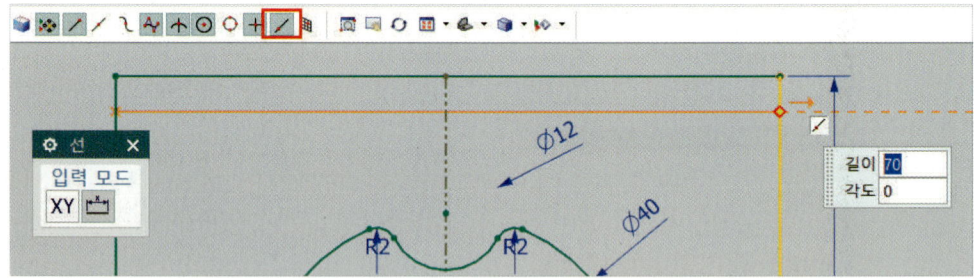

⑰ 아래와 같이 치수를 기입한다.

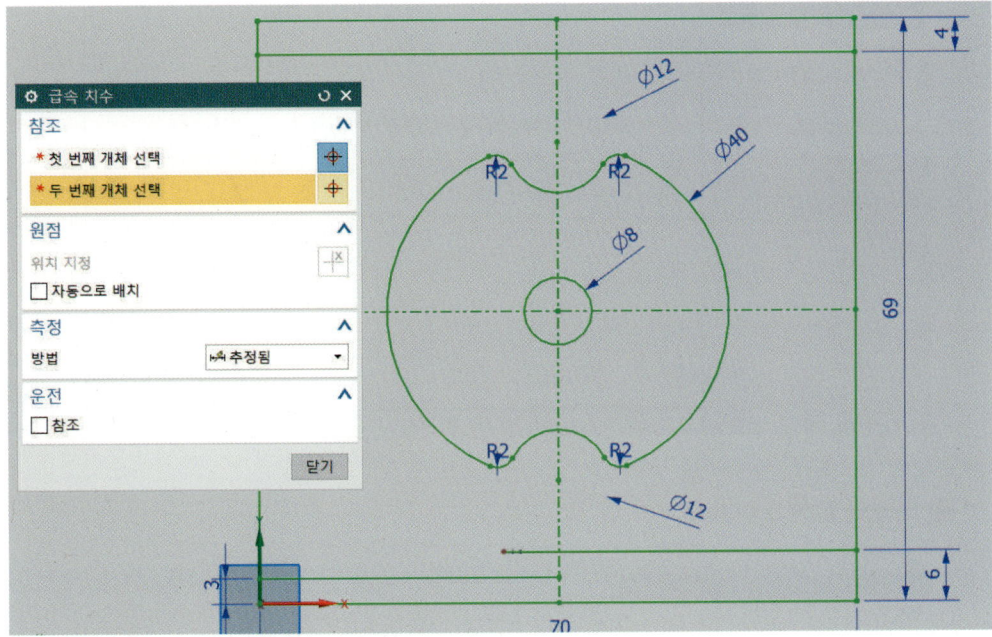

⑱ 아래와 같이 선을 그리고 치수를 기입한다.

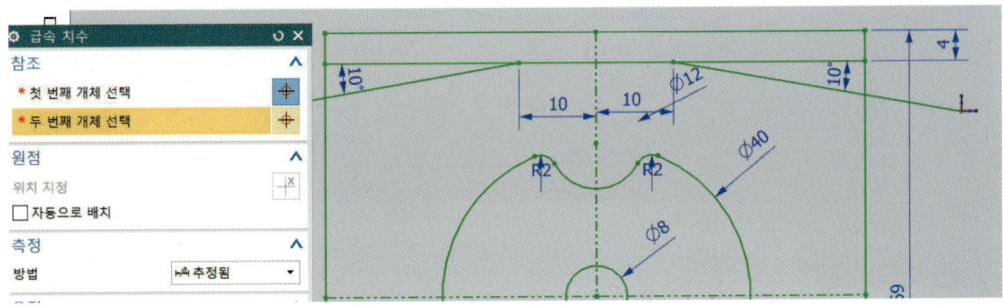

⑲ 아래와 같이 트림한다.

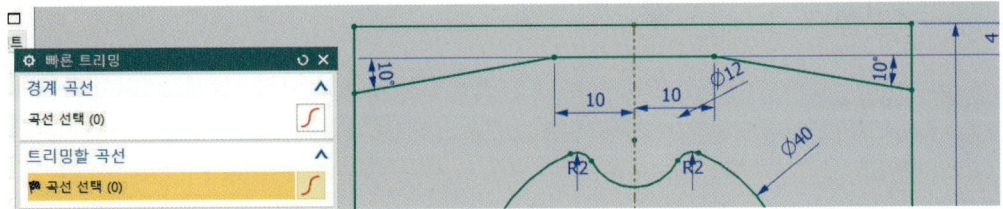

⑳ 프로파일로 아래와 같이 그린다.

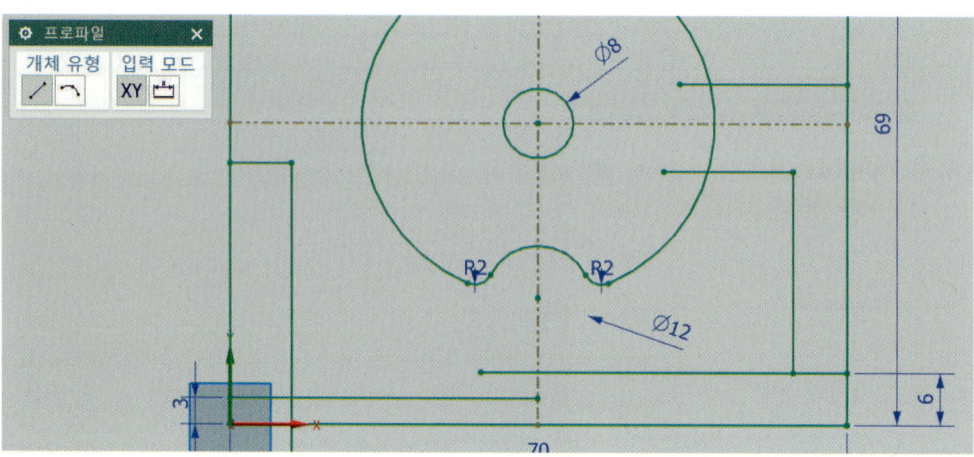

㉑ 아래와 같이 트림한다.

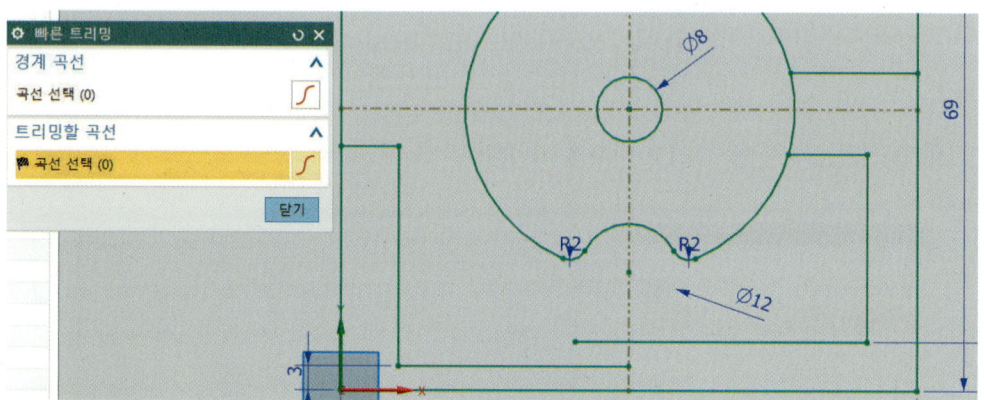

㉒ 아래와 같이 치수기입한다.

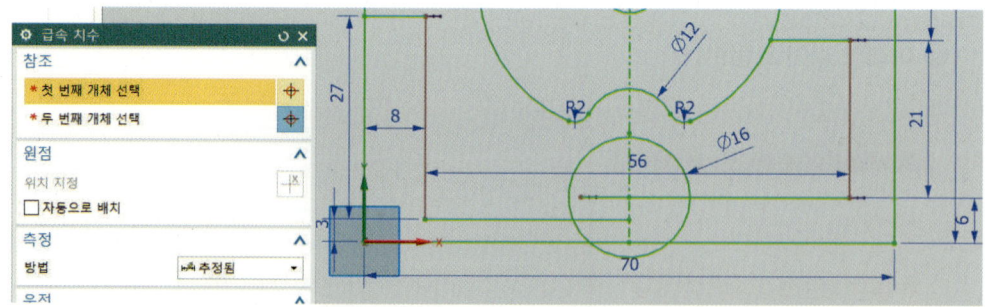

❷❸ 아래와 같이 트림 후 치수기입 R값을 입력한다.

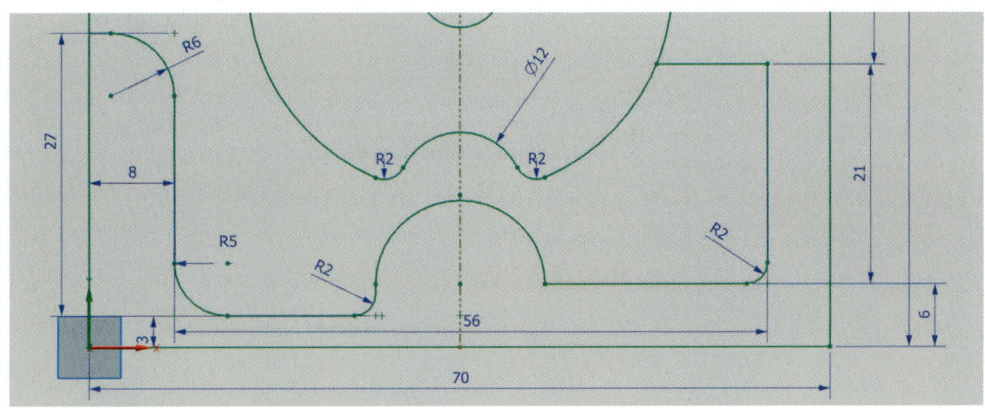

❷❹ 원을 작성하고 치수기입한다.

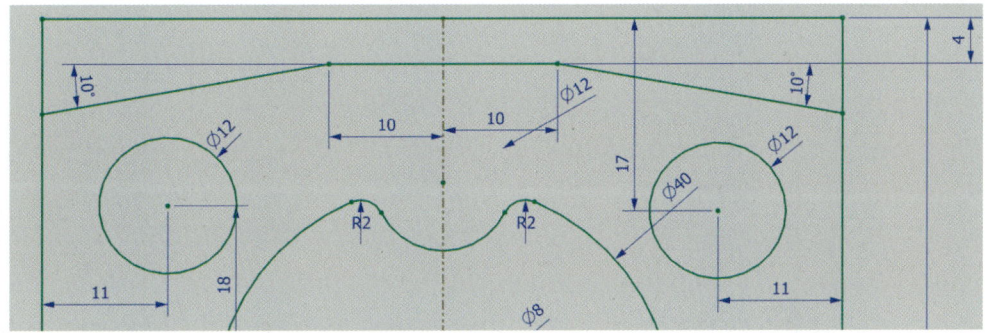

❷❺ 오스냅(OSNAP) 사분점을 활용하여 선을 작도한다.

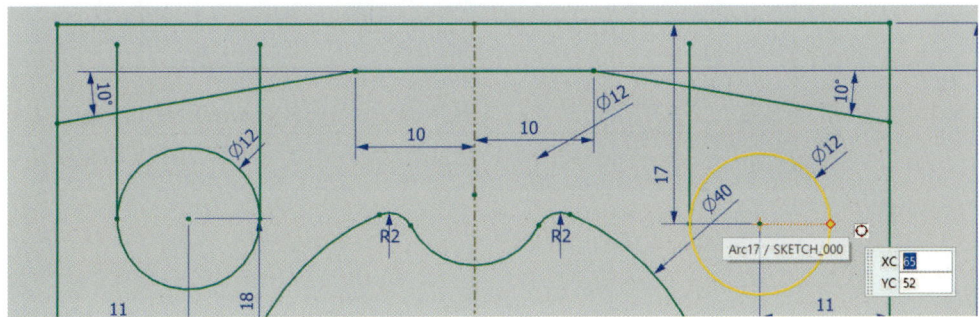

㉖ 아래와 같이 트림한다.

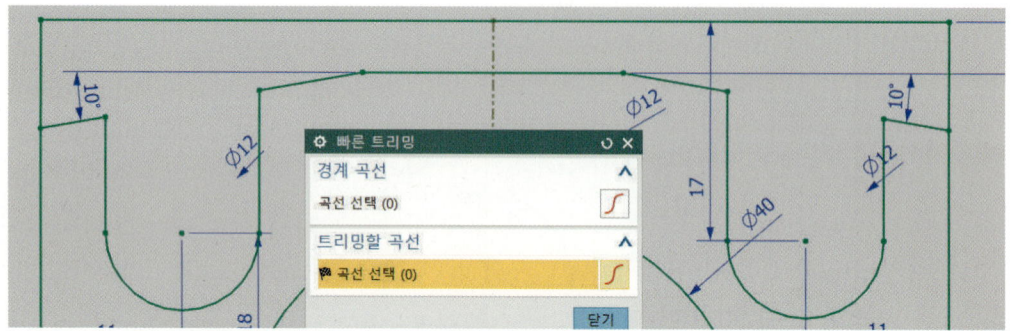

㉗ 아래와 같이 스케치를 완성한다.

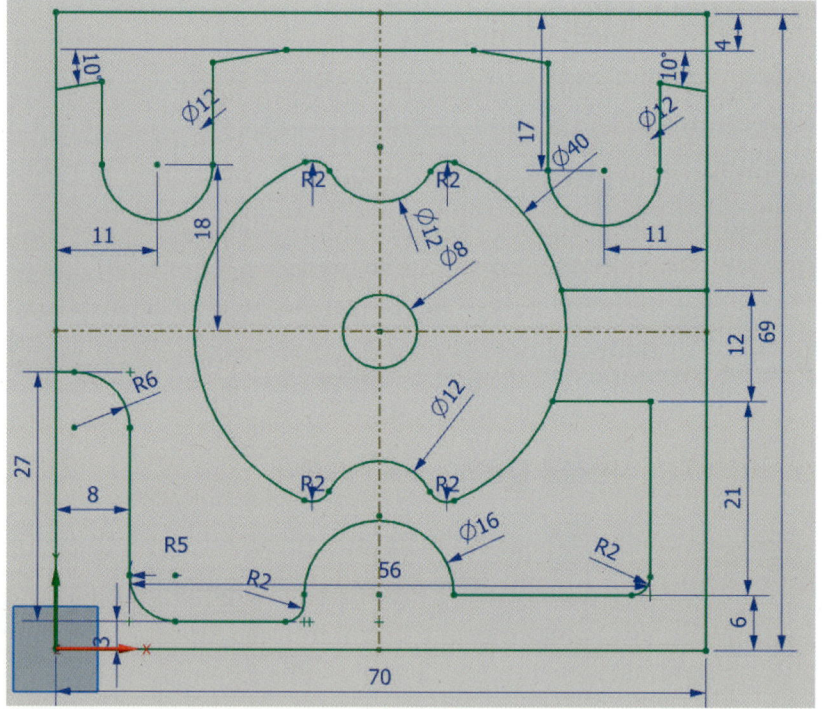

NX10 3D 모델링 및 CAD/CAM

㉘ 외곽선을 선택하여 아래와 같은 조건으로 돌출한다.

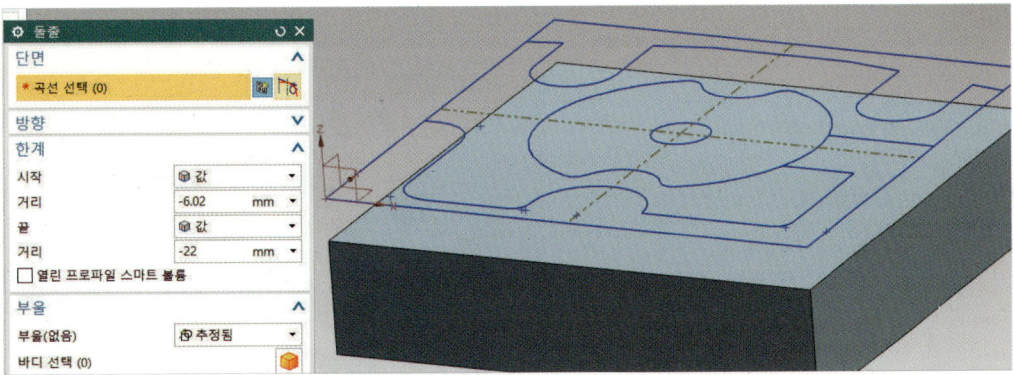

㉙ 단일 곡선과 교차에서 정지를 선택하고 아래와 같이 돌출한다.

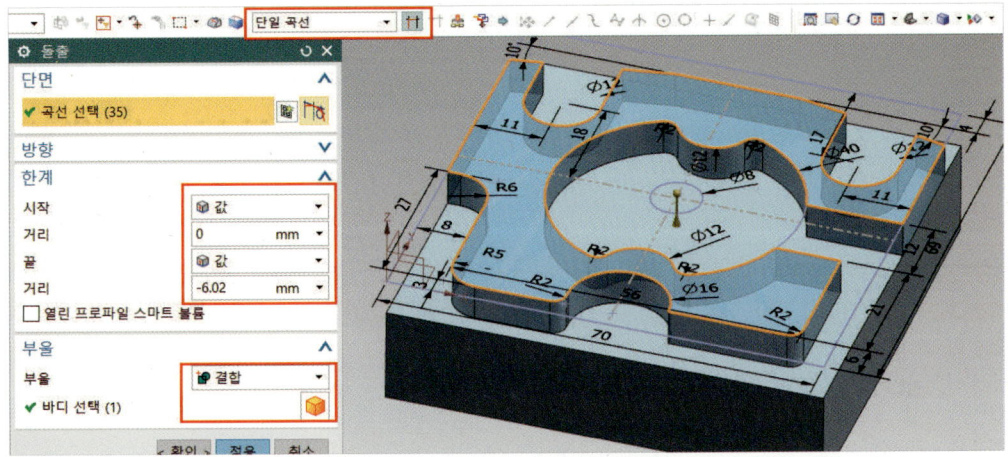

㉚ 아래와 같이 구멍의 원을 선택하고 빼기로 하고 확인한다.

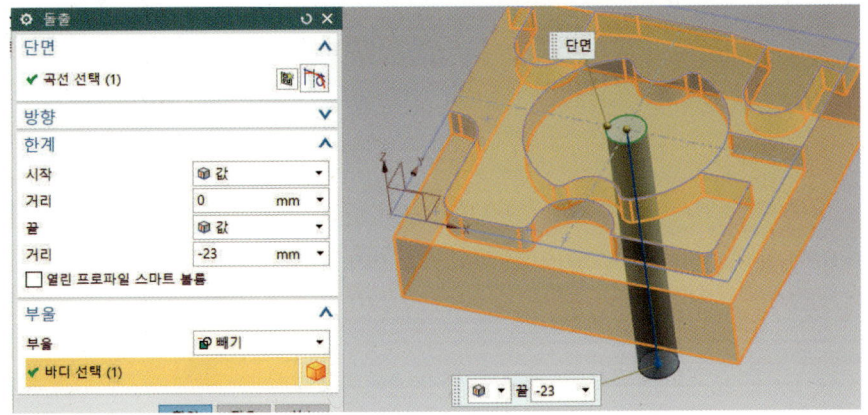

Chapter 04 | 스케치 구속조건(Sketch Constraints)

㉛ 최종 완성된 모습이다.

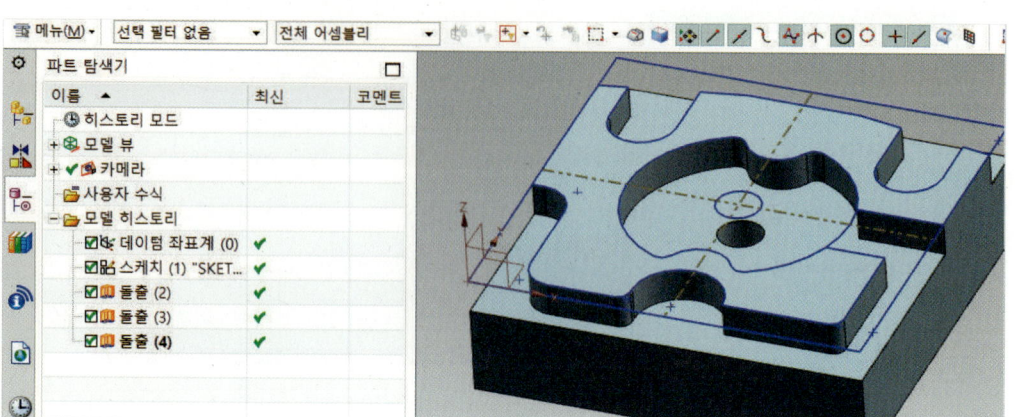

PART II

솔리드(Solid) 모델링

1. 돌출 및 회전(Extrude & Revolve)
2. Feature Operation
3. Detail Feature
4. Associative Copy
5. Trim
6. Solid Exercise

돌출 및 회전(Extrude & Revolve)

제1절 돌출(Extrude, 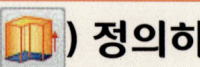) 정의하기

위치: Menu → Insert → Design Feature → Extrude

모든 Modeling 프로그램에서 가장 많이 사용되는 명령으로 NX10에서는 한 명령에 많은 Option이 있어 보다 편하게 Body를 생성할 수 있다. Extrude는 사용자가 정의하는 방향의 직선거리로 Solid 특징형상이 생성된다. Extrude 명령에서 선택할 수 있는 Object 곡선, 모서리, 면, 스케치 또는 곡선 특징형상의 2D 또는 3D 프로파일을 선택하여 Body를 생성할 수 있다.

◁ Section: Extrude할 Curve를 선택 및 Sketch를 생성하여 선택 가능하다.
◁ Direction: Extrude의 생성 방향을 지정한다.
◁ Limits: Start의 거리 값과 End의 거리 값을 입력하여 Body를 생성한다. 특정 Face까지 Body가 생성할 수 있도록 정의할 수도 있다.
◁ Boolean: Extrude로 Body를 생성 시 바로 차집합( )/교집합( )/합집합( )의 Boolean 연산이 가능하다.

✱ 표시는 필수선택사항으로 꼭 지정하여 OK 버튼을 활성화할 수 있다.

NX10 3D 모델링 및 CAD/CAM

◀ Draft: Extrude할 Curve를 선택 후 각도(Draft)를 입력하여 Body를 생성할 수 있다.
◀ Offset: Extrude의 생성 방향의 가로 방향으로 높이가 아닌 폭을 지정할 수 있다.
◀ Settings: Body의 생성 방법을 Solid로 생성할 것인지 Sheet(Surface)로 생성할 것인지 결정한다. Tolerance는 생성되는 section과 Body의 생성되는 공차 값이다.
◀ Preview: 생성되는 Body를 미리 볼 수 있는 Option이다.

1 Section

아이콘	명칭	설명
	Select Section	돌출할 Object를 선택한다.
	Sketch Section	돌출할 Object를 직접 스케치할 수 있다.

2 Direction

아이콘	명칭	설명
	Reverse Direction	돌출 방향을 반전할 수 있다.
	Vector Dialog	벡터설정 방법을 정할 수 있는 별도의 대화상자를 연다.
	Specify Vector	돌출 방향 지정을 지정한다.

3 한계(Limits)

아이콘	명칭	설명
	Value	입력한 값만큼 돌출한다.
	Symmetric Value	입력한 값만큼 대칭으로 돌출한다.

Chapter 01 | 돌출 및 회전(Extrude & Revolve)

아이콘	명칭	설명
	Until Next	바로 다음에 있는 면 혹은 시트 바디까지 돌출한다.
	Until Selected	선택한 면 혹은 시트 바디까지 돌출한다.(단면이 선택한 면의 영역 밖에 존재하는 경우는 실행 불가)
	Until Extend	선택한 면 혹은 시트바디까지 돌출한다.
	Through All	선택 곡선으로부터 돌출 방향으로 가장 마지막에 있는 면, 시트 바디를 모두 통과하여 돌출한다.

참고 Open Profile Smart Volume

열린 곡선으로 돌출 작업 시 인근의 솔리드 바디를 인식하여 자동으로 볼륨을 생성하는 기능(결합( )이나 빼기( ) 작업 시에만 사용 가능하다.)

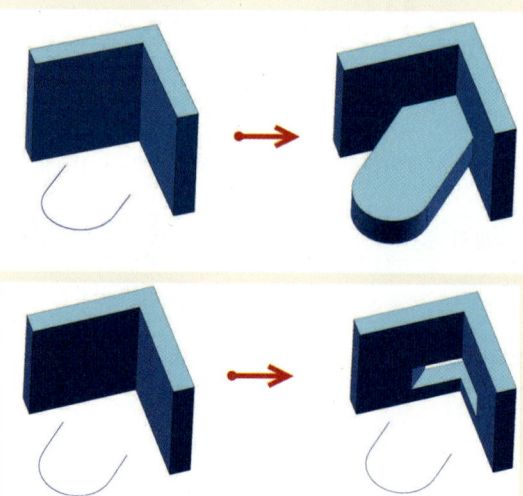

❹ 부울(Boolean, , , , ,)

아이콘	명칭	설명
	Create	독립적인 Body로 생성한다.
	Inferred	추정된 바디를 생성할 수 있다.(자동으로 결합되거나 빼어진다.)
	Unite	다른 Body와 결합하여 생성한다.
	Subtract	선택하는 Body에서 생성되는 Body를 빼기 한다.
	Intersect	생성된 Body가 다른 바디와 교차하는 부분만 Body를 생성한다.

5 옵셋(Offset)

이 옵션을 선택하면 선택한 오브젝트에 옵셋(Offset)을 하여 돌출할 수 있다.

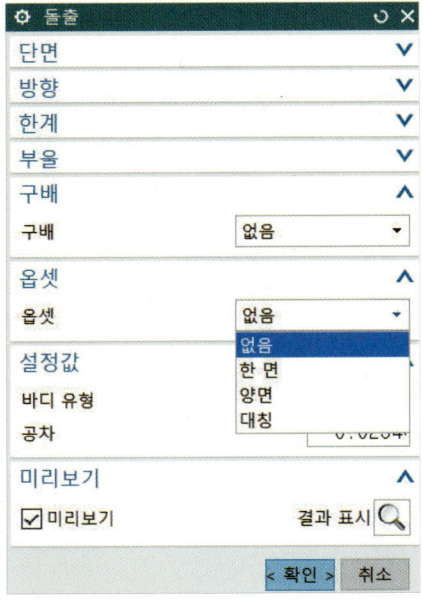

◀ Single-Sided: 돌출될 커브를 기준으로 한쪽 방향으로 옵셋하여 돌출시킬 수 있다.

◀ Two-Sided: 돌출될 커브를 기준으로 양쪽 방향으로 서로 다른 값을 주어 돌출시킬 수 있다.

◀ Symmetric: 돌출될 커브를 기준으로 대칭 값을 지닌 형상을 돌출시킬 수 있다.

6 구배(Draft)

이 옵션을 선택하면 돌출형상에 구배 각을 생성한다.

아이콘	명칭	설명
	None	구배 각을 생성하지 않는다.
	From Start Limit	돌출이 시작되는 부분부터 구배 각이 형성된다.
	From Section	단면 위치부터 구배 각이 형성된다.
	From Section-Asymmetric Angle	단면을 기준으로 다른 구배 각이 형성된다.
	From Section-Symmetric Angle	단면을 기준으로 같은 구배 각이 형성된다.
	From Section-Matched Ends	구배 각이 형성되는 서로 맞은편 끝부분이 일치하게 형성된다.

7 설정값(Settings)

Body Type은 돌출되는 형상을 솔리드 바디로 생성 or 시트 바디로 생성을 정의할 수 있다.

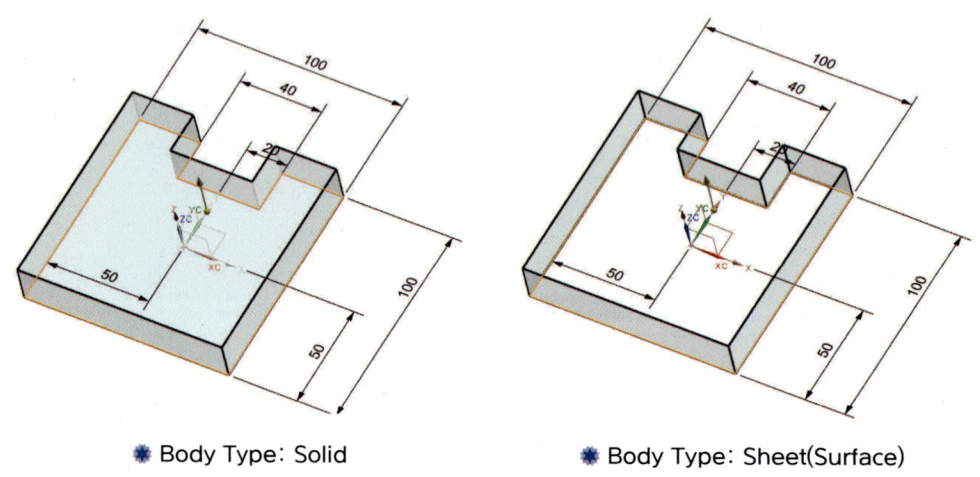

❋ Body Type: Solid　　　　　　　❋ Body Type: Sheet(Surface)

제2절 회전(Revolve,) 정의하기

위치: Menu ▸ → Insert → Design Feature → Revolve

단면 곡선을 0도 이외의 각도로 주어진 축을 따라 회전시켜 특징형상을 생성할 수 있다. 기본 단면으로 시작하여 둥근 특징형상 또는 부분적으로 둥근 특징형상을 생성할 수 있다.

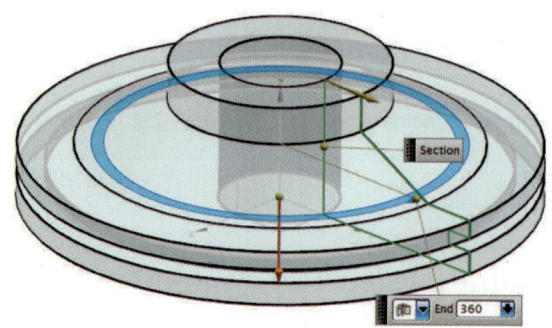

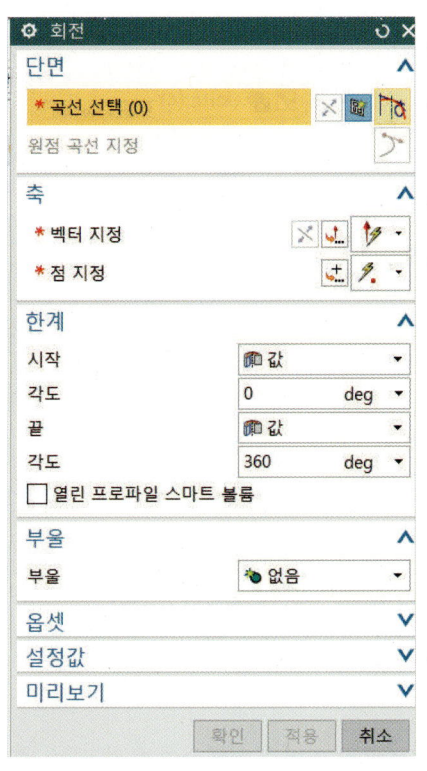

- Select Curve( ): Revolve할 오브젝트를 선택한다.
- Sketch Section( ): 돌출할 오브젝트를 직접 스케치 할 수 있다.
- Specify Vector( ): Revolve의 중심을 선택한다.
- Boolean(, , , ,)
  - Create( ): 독립적인 Body로 생성한다.
  - Unite( ): 다른 Body와 결합하여 생성한다.
  - Subtract( ): 선택하는 Body에서 생성되는 Body를 빼기한다.
  - Intersect( ): 생성된 Body가 다른 바디와 교차하는 부분만 Body를 생성한다.
  - Reverse Direction( ): 돌출 방향을 반전할 수 있다.
- 옵셋(Offset): 이 옵션을 선택하면 선택한 오브젝트에 옵셋(Offset)을 하여 돌출할 수 있다. 돌출(Extrude)과 같은 옵션을 지니고 있다.
- Body Type: 돌출되는 형상을 솔리드 바디로 생성 or 시트 바디로 생성을 정의할 수 있다. 돌출(Extrude)과 같은 옵션을 지니고 있다.

1 결합(Unite,)

위치: Menu → Insert → Combine → Unite

결합 부울 기능을 사용하면 두 개 이상의 바디 볼륨을 단일 바디로 결합할 수 있다. 타겟 및 공구 바디의 수정되지 않은 복사본을 저장 및 유지하기 위한 옵션이 제공된다.

❋ 결합 전

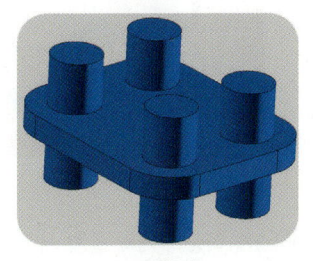

❋ 결합 후

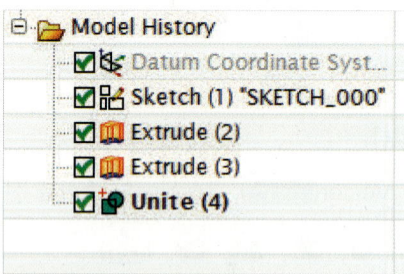

✹ 여러 개의 Tool을 선택하여도 one Feature로 생성

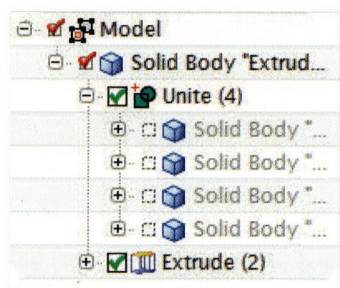

✹ Timestamp Order를 해제하면 Unite 작업이 그룹화됨

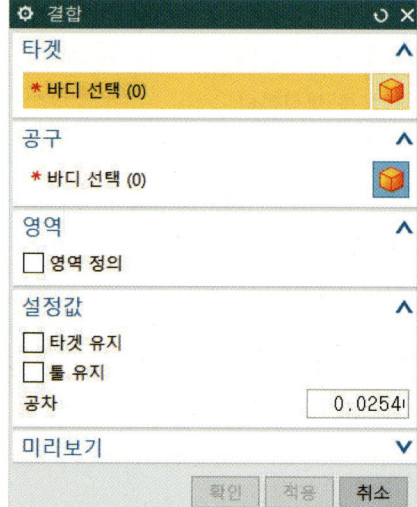

◀ Target Body(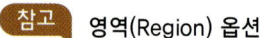): 결합되고 공구 바디의 일부가 된다.

◀ Tool Body( ): 선택된 타겟 바디를 수정하는데 사용할 하나 이상의 공구 솔리드 바디를 선택할 수 있다.

Region

◀ Define Region: 영역을 선택하여 유지 또는 제거 할 수 있다.

Settings

◀ Keep Target: Keep Target Option은 Target Body를 보유한다는 Option이다.

◀ Keep Tool: Keep Tool Option은 Tool Body를 보유한다는 Option이다.

> 참고 영역(Region) 옵션
>
>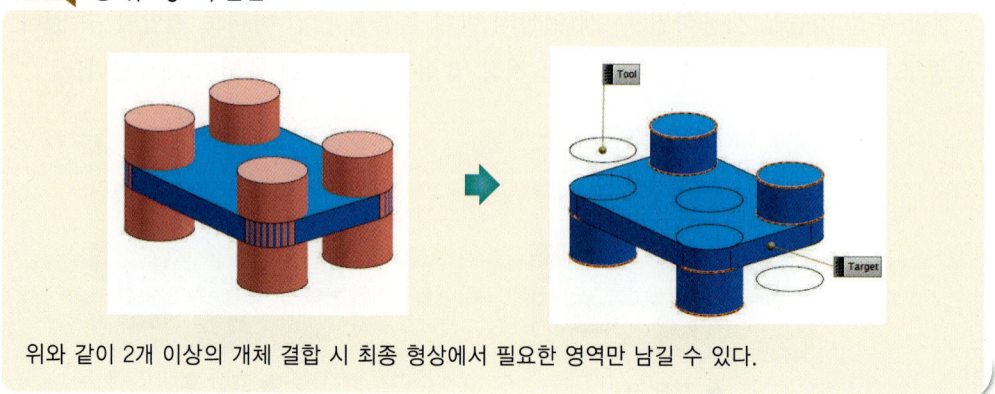
>
> 위와 같이 2개 이상의 개체 결합 시 최종 형상에서 필요한 영역만 남길 수 있다.

❷ 빼기(Subtract,)

위치: Menu ➔ Insert ➔ Combine ➔ Subtract

빼기 옵션에서는 공구 바디를 사용하여 타겟 바디에서 볼륨을 제거할 수 있도록 하는 SUBTRACT 특징형상이 생성된다. 이 오퍼레이션을 수행하면 빼기 작업의 타겟 바디가 있는 위치에 빈 공간이 남게 된다.

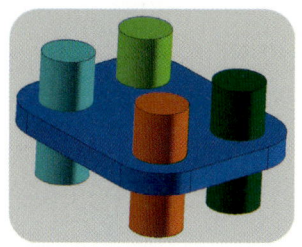

❋ 분리 전

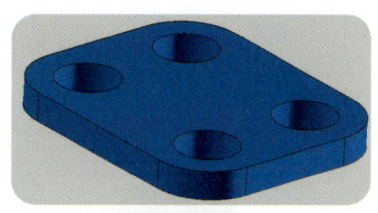

❋ 분리 후

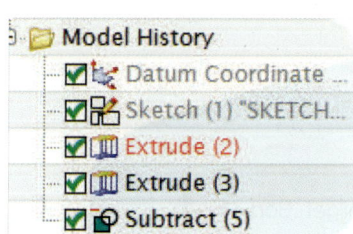

❋ 한 번에 여러 개의 Tool 지정

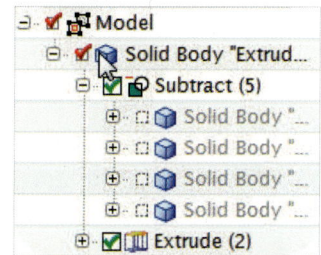

❋ Feature를 유지할 수 있다.

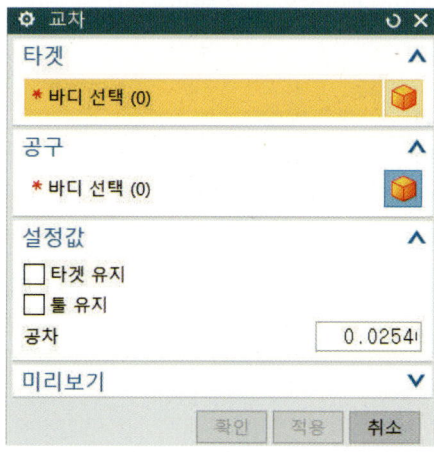

◀ Target Body(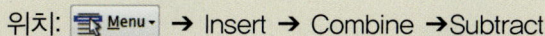): 결합되고 공구 바디의 일부가 된다.

◀ Tool Body(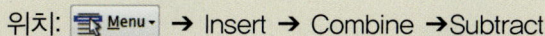): 선택된 타겟 바디를 수정하는데 사용할 하나 이상의 공구 솔리드 바디를 선택할 수 있다.

Settings

◀ Keep Target: Keep Target Option은 Target Body를 보유한다는 Option이다.

◀ Keep Tool: Keep Tool Option은 Tool Body를 보유한다는 Option이다.

3 교차(Intersect, )

위치: Menu → Insert → Combine → Intersect

이 옵션을 사용하면 두 개의 서로 다른 바디에서 공유하는 볼륨이 포함된 바디를 생성할 수 있다. 솔리드와 솔리드, 시트와 시트, 시트와 솔리드를 교차시킬 수 있지만 솔리드와 시트를 교차시킬 수는 없다.

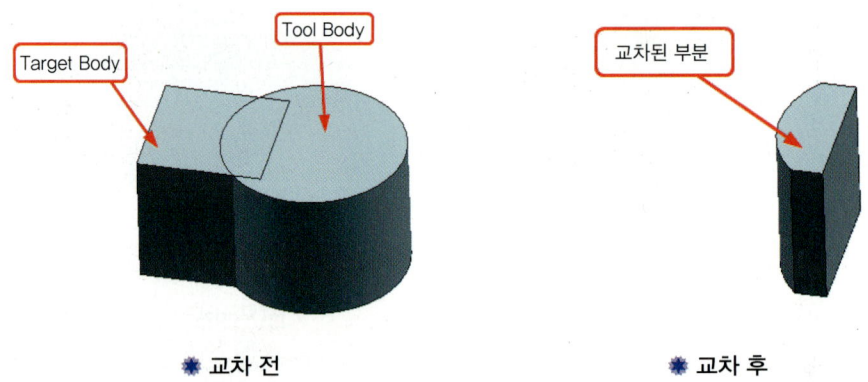

❋ 교차 전   ❋ 교차 후

◀ Target Body(📦): 결합되고 공구 바디의 일부가 된다.

◀ Tool Body(📦): 선택된 타겟 바디를 수정하는 데 사용할 하나 이상의 공구 솔리드 바디를 선택할 수 있다.

Settings

◀ Keep Target: Keep Target Option은 Target Body를 보유한다는 Option이다.

◀ Keep Tool: Keep Tool Option은 Tool Body를 보유한다는 Option이다.

Feature Operation

제1절 블록(Block,)

위치: Menu → Insert → Design Feature → Block

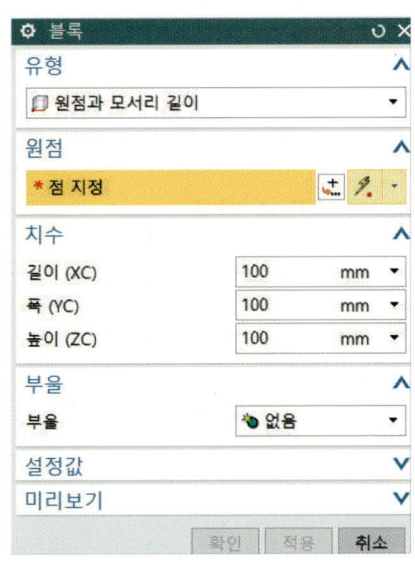

1 Origin, Edge Lengths( )

원점, 모서리의 길이로 생성된다.

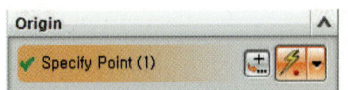

원점과 X, Y, Z의 길이를 정의하여 블록을 생성할 수 있다.

Chapter 02 | Feature Operation

❷ Two Point, Height( )

두 개의 점, 높이로 생성된다.

기준의 두 대각선 점과 높이를 정의하여 블록을 생성할 수 있다.

❸ Two Diagonal Point( )

두 개의 대각선 점으로 생성된다.

마주보는 코너를 나타내는 두 개의 3D 대각선 점을 정의하여 블록을 생성할 수 있다.

❹ Settings

이 옵션을 사용하게 되면 Feature 간에 연관된 결과를 얻을 수 있다.

Associative Origin		
	Origin, Edge Lengths	원점과 가로, 세로, 높이로 선택한 유형으로 설정 시에 나타난다.
Associative Origin and Offset		
	Two Point, Height	이와 같이 두 가지 타입의 설정에 따라 나타나게 된다.
	Two Diagonal Point	

제2절 원통(Cylinder,)

위치: Menu ▸ → Insert → Design Feature → Cylinder

다음 옵션을 사용하여 방향, 크기 및 위치를 지정하여 원통 기본을 생성한다.

- Axis, Diameter, and Height: 직경 및 높이 값을 정의한다.
- Arc and Height: 원호를 선택하고 높이 값을 입력하여 원통을 생성한다.
- Specify Vector: Cylinder의 생성 방향을 지정한다.
- Specify Point: Cylinder의 기준 Point를 지정한다.
- Properties: Cylinder의 Diameter(직경) 값과 Height(높이) 정의한다.
- Boolean: Extrude와 마찬가지로 생성 시 Boolean 연산이 가능하다. 합집합/차집합/교집합
- Associative Axis: 체크 시 축방향에 대해 연관성 있는 작업을 할 수 있다.

제3절 원뿔(Cone,)

위치: Menu → Insert → Design Feature → Cone

다음 옵션을 사용하여 방향, 크기 및 위치를 지정하여 원뿔의 기본을 생성한다.

아이콘	명칭	설명
	Diameters and Height	직경과 높이 값을 정의한다.
	Diameters and Half Angle	직경과 반각 값을 정의한다.
	Base Diameter, Height and Half Angle	기준 직경, 높이 및 절반 꼭짓점 각도 값을 정의한다.
	Top Diameter, Height and Half Angle	윗면 직경, 높이 및 절반 꼭짓점 각도 값을 정의한다.
	Two Coaxal Arcs	두 원호를 선택하여 정의한다.
	Associative Axis	원뿔을 형성하게 되는 축 방향에 대한 연관성을 얻을 수 있다.

제4절 구(Sphere,)

위치: Menu ▸ → Insert → Design Feature → Sphere

다음 옵션을 사용하여 방향, 크기 및 위치를 지정하여 구를 생성할 수 있다.

▲ Center Point and Diameter: 원의 중심점의 위치와 직경의 값으로 구를 생성한다.

▲ Arc: 미리 만들어 놓은 Arc로 구를 생성한다. 사용자가 선택한 원호는 완전한 원이 아니어도 된다. 원호 오브젝트에 상관없이 이를 기반으로 완전한 구가 자동으로 생성된다. 사용자가 선택한 원호를 통해 구의 중심과 직경이 정의된다.

Settings
▲ Associative Center Point: Center Point and Diameter로 설정 시 나타나며, 원의 중심 포인트에 대한 연관을 얻을 수 있다.

NX10 3D 모델링 및 CAD/CAM

제5절 구멍(Hole,)

위치: → Insert → Design Feature → Hole

구멍 옵션을 사용하면 솔리드 바디에 간단한 구멍, 카운터보어 구멍 또는 카운터싱크 구멍을 생성할 수 있다. 모든 구멍 생성 옵션에 사용되는 깊이 값은 양수여야 한다.

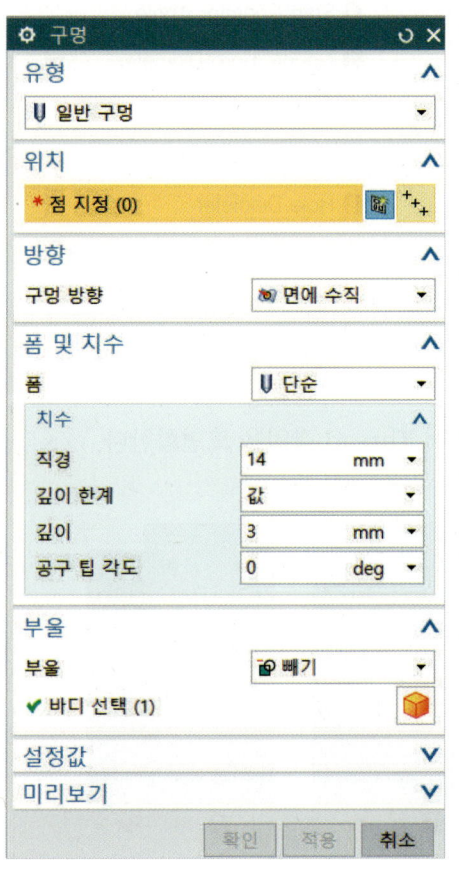

◀ Type: 원하는 Hole의 타입을 선택할 수 있다.
- 일반 구멍(General Hole)
- 드릴 크기 구멍(Drill Size Hole)
- 나사 간격 구멍(Screw Clearance Hole)
- 스레드 구멍(Threaded Hole)
- 구멍 시리즈(Hole Series)

◀ Position: 미리 만들어 놓은 Point를 선택하거나 Sketch로 들어가서, 새로운 Point를 Dimension이나 Constraints를 이용하여 홀의 위치를 설정할 수 있다.

◀ Direction: 홀의 방향을 설정할 수 있다.

◀ From and Dimensions: 홀의 크기나, 모양, 깊이와 드릴의 끝점의 각을 설정할 수 있다.

◀ Boolean: 기본값으로 Subtract로 설정되어 있다. None으로 설정 시 하나의 Hole이 생성되게 된다.

◀ Settings: 공차에 의한 연장을 할 수 있다.
- Extend Start 선택 시 공차에 의한 연장을 할 수 있다.
- Extend Start 해제 시 입력한 옵션에 따라 홀이 만들어지게 된다.

Drill Size Hole – ISO(국제 표준화기구)에 작성된 값을 사용할 수 있다.
Screw Clearance Hole – Counterbored, countersunk의 작업실행 시, 관통할 시 Chamfer의 Angle 작업을 쉽게 정의할 수 있다.

Chapter 02 | Feature Operation

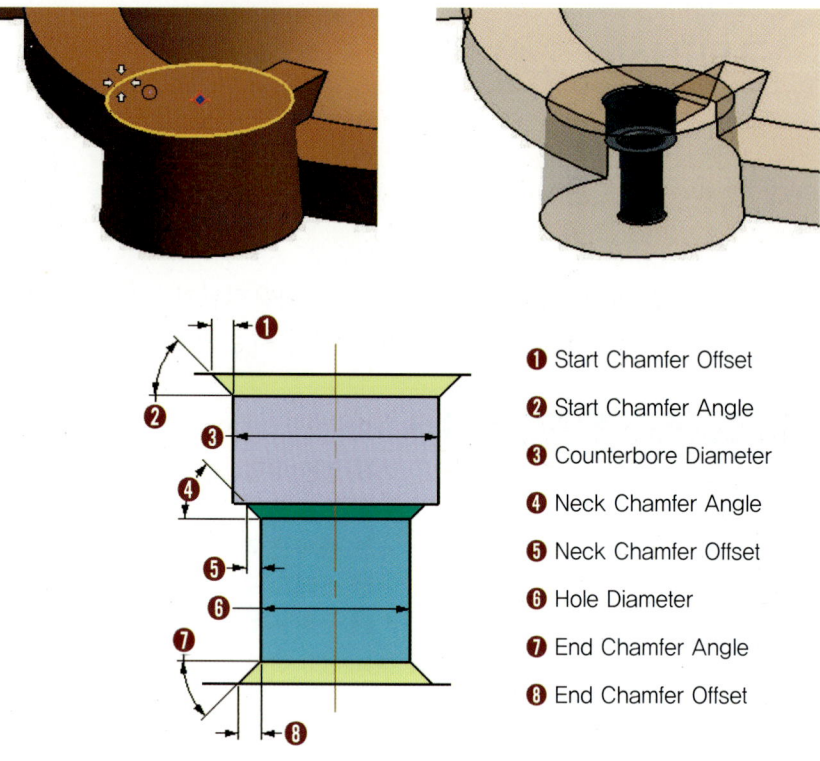

Thread Hole: 도면 작업(Drafting Mode)에서 Thread 작업을 도면화한다.

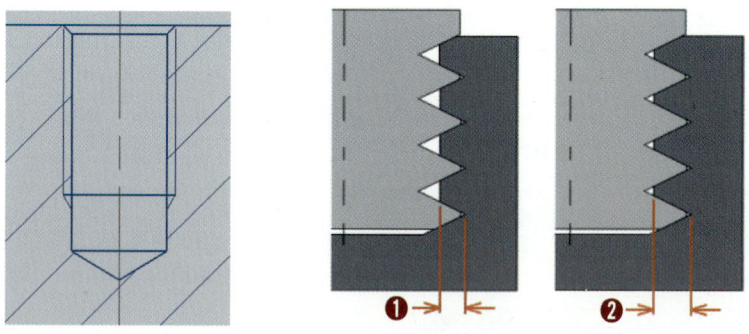

Radial Engage: 체결되는 부분의 위치 값을 적용할 수 있다.
Hole Series : 분리된 형상에 대해 관통하는 Hole을 생성할 수 있다.

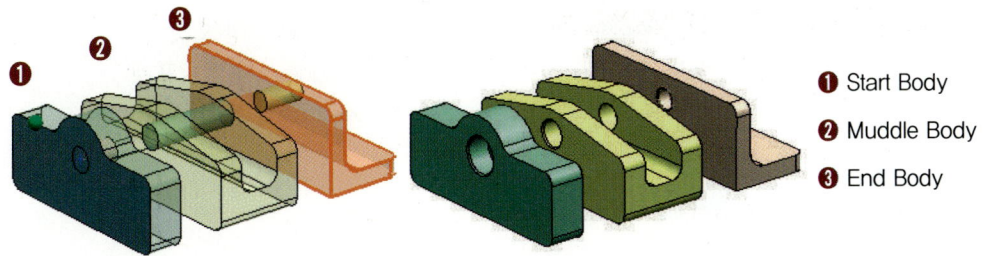

❶ Start Body
❷ Muddle Body
❸ End Body

제6절 보스(Boss,)

위치: Menu → Insert → Design Feature → Boss

원통을 보다 쉽게 생성할 수 있으며, 생성과 동시에 결합이 이루어진다.

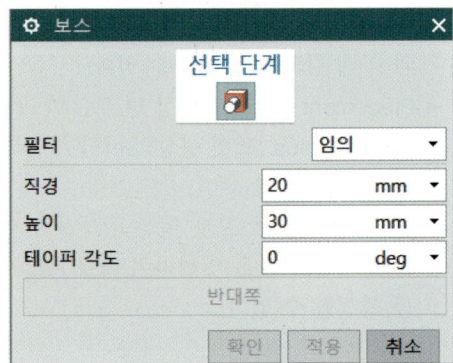

◀ Filter: 원통을 생성할 면을 선택한다.
◀ Filter의 종류

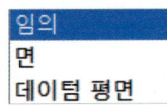

위와 같이 3개로 나뉜다.
- Diameter: 지름 치수를 정의한다.
- Height: 높이 치수를 정의한다.
- Taper Angle: 구배 각도 치수를 정의한다.

제7절 포켓(Pocket,)

위치: Menu → Insert → Design Feature → Pocket

포켓 옵션을 사용하면 지정한 면에 포켓 형상을 생성할 수 있다.

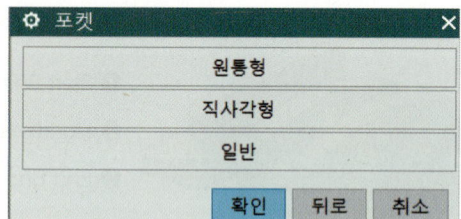

◀ Cylindrical: 원형 포켓
◀ Rectangular: 사각형 포켓
◀ General: 일반 포켓

곡면에서 Offset된 포켓 형상을 생성할 수 있다.

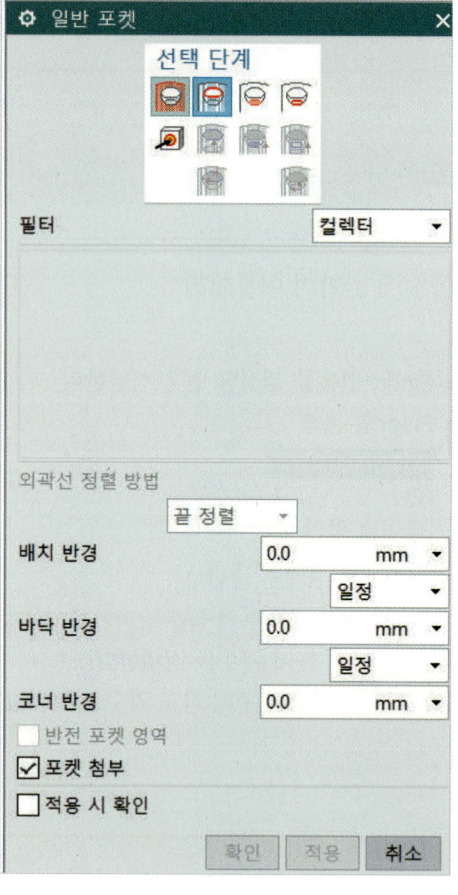

General Pocket

◀ Placement Face( ): 포켓의 배치면

◀ Placement Outline( ): 배치 외곽선으로 포켓 형상을 결정하는 커브를 선택한다.

◀ Floor Face( ): 포켓의 깊이를 입력 곡면에서의 Offset을 입력할 수 있다.

◀ Floor Outline( ): 포켓 형상의 생성 방향과 구배 각도를 입력할 수 있다.

◀ Placement Radius: 대상 면 부분의 라운드

◀ Floor Radius: 포켓 형상의 바닥 부분의 라운드 값

◀ Corner Radius: 포켓 형상의 각진 모서리 부분의 라운드 값을 입력하여 바로 Edge Blend를 생성할 수 있다.

제8절 패드(Pad,)

위치: Menu → Insert → Design Feature → Pad

패드 옵션을 사용하면 기존의 솔리드 바디에 덧붙여서 형상을 생성할 수 있다.

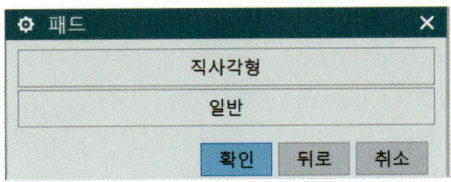

◀ Rectangular: 사각형 패드
◀ General: 사용자 정의 외곽선을 사용

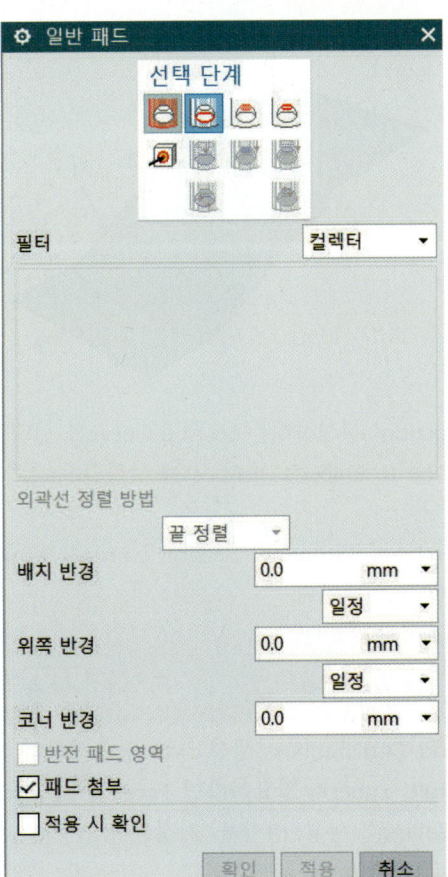

General Pad

◀ Placement Face( ): 패드의 배치면

◀ Placement Outline( ): 배치 외곽선으로 포켓 형상을 결정하는 커브를 선택한다.

◀ Floor Face( ): 패드의 깊이를 입력한다. 곡면에서의 Offset 값을 입력할 수 있다.

◀ Floor Outline( ): 패드 형상의 생성 방향과 구배 각도 값을 입력할 수 있다.

◀ Placement Radius: 대상 부분의 라운드
◀ Floor Radius: 패드 형상의 바닥의 라운드
◀ Corner Radius: 패드 형상의 각진 모서리 부분의 라운드 값을 입력하여 바로 Edge Blend를 생성할 수 있다.

제9절 엠보스(Emboss,)

위치: Menu → Insert → Design Feature → Emboss

◀ Section: 기준이 되는 Curve 선택한다.
◀ Face to Emboss: 기준이 되는 Face 선택한다.
◀ Emboss Direction: Project 방향을 지정한다.
◀ End Cap: Emboss Type을 정의한다.
◀ Draft: Emboss에 Draft를 정의한다.
◀ Setting: 생성 방향을 지정 방식은 Pocket/Pad 혼합형으로 정의된다.

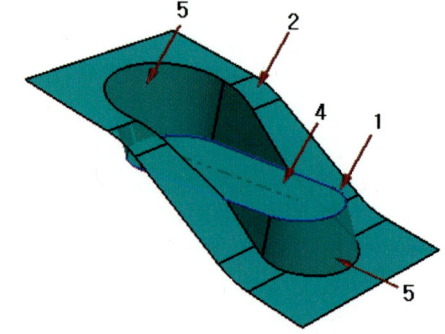

1. Section: 생성하려는 Section Curve를 선택한다.
2. Face to Emboss: Emboss를 생성할 Face를 선택한다.
3. Emboss Direction: Section Curve가 Project할 방향을 선택한다.

4. End Cap: Emboss 생성 Type를 정의한다.
5. Draft: Taper가 필요하다면 Taper 값을 입력한다.
6. Setting: 생성 방향을 지정한다. 지정 방식은 Pocket/Pad/Pocket+Pad

제10절 스레드(Thread,)

위치: Menu → Insert → Design Feature → Thread

이 명령은 특징형상의 구멍이나 원통형 형상에 대해 심볼 및 상세적인 형상을 생성할 수 있다.

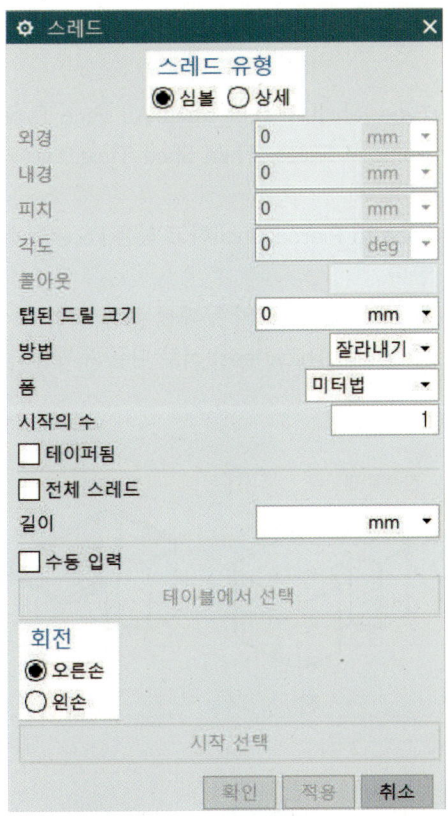

Thread Type
◀ Symbolic: 심볼 형태의 형상을 생성한다.
◀ Detailed: 상세한 형상을 생성한다.
◀ Major Diameter: 외경 값
◀ Minor Diameter: 내경 값
◀ Pitch: 나사산의 서로 대응하는 두 점을 축선에 평행하게 측정한 거리
◀ Angle: 나사산의 각도
　Full Thread 체크 시 전체 길이 반영
◀ Length: 나사가 생성될 길이

Rotation
◀ Right Hand: 오른쪽 나사
◀ Left Hand: 왼쪽 나사

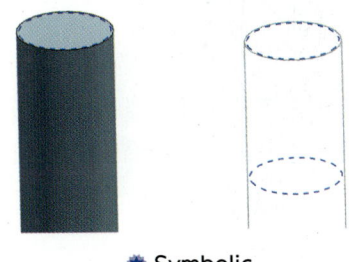
❋ Symbolic

 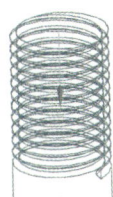
❋ Detailed

제11절 셸(Shell,)

위치: Menu → Insert → Offset/Scale → Shell

이 옵션을 사용하면 지정된 두께 값을 사용하여 솔리드 바디의 내부를 비우거나 그 주위에 셸을 생성할 수 있다. 각 면에 대해 개별 두께를 할당하고 중공 과정에서 천공할 면의 영역을 선택할 수 있다.

◀ Type: Shell의 Type Shell All Face Type과 Remove Faces, Then Shell Type으로 되어 있다.
◀ Face to Pierce: Shell하고 싶은 Faces를 선택한다.
◀ Thickness: Shell의 두께를 정의한다.
◀ Alternate Thickness: 서로 다른 두께를 정의한다.

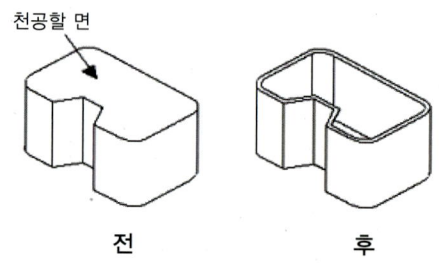
전　　　　　후

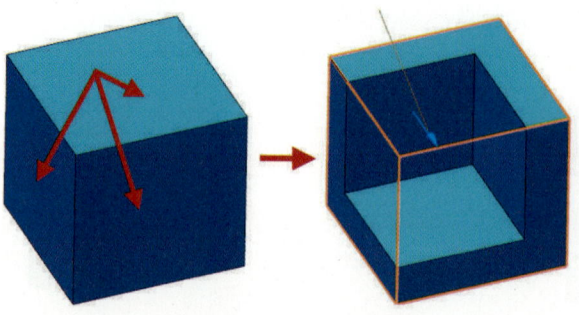
✹ 3개의 면을 선택하여 삭제한 셸

제12절 두께 주기(Thicken,)

위치: → Insert → Offset/Scale → Shell

이 옵션을 사용하면 지정된 두께 값을 사용하여 솔리드 바디의 내부를 비우거나 그 주위에 셸을 생성할 수 있다. 각 면에 대해 개별 두께를 할당하고 중공 과정에서 천공할 면의 영역을 선택할 수 있다.

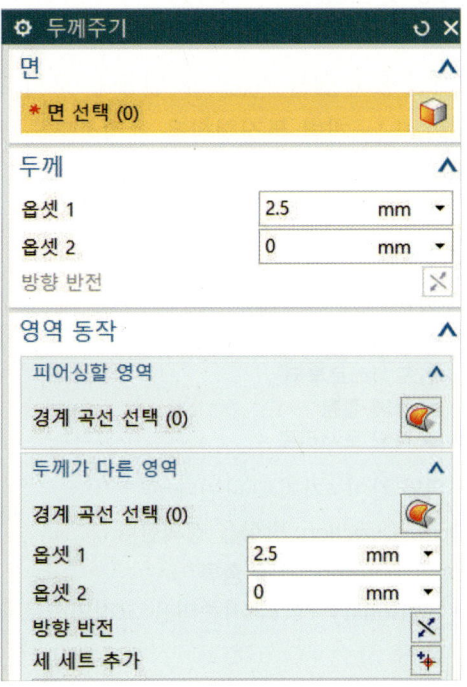

◀ Face: 두께를 줄 시트 바디나 솔리드 바디의 면을 선택한다.
◀ Thickness: 부여할 두께 값을 입력한다.

Region Behavior
◀ Region to Pierce: 천공할 면을 선택한다.
◀ Region of Different Thickness: 기본 두께 값과는 다른 두께 값을 줄 영역을 선택한다.

Detail Feature

제 1 절 구배(Draft,)

위치: Menu → Insert → Detail Feature → Draft

Draft 옵션을 사용하면 지정된 벡터 및 선택적인 참조 점을 기준으로 면 또는 모서리에 테이퍼를 적용할 수 있다. 한 개 이상의 면, 모서리 또는 개별 특징형상을 수정하도록 선택할 수 있다. 그러나 이러한 항목은 모두 동일한 솔리드 바디의 일부여야 한다.

- **Type**: 작업 Type을 정의한다.
  - Type의 종류
    - 평면 또는 곡면으로부터
    - 모서리로부터
    - 면에 접함
    - 파팅 모서리로

  위와 같이 4가지로 나뉜다.

- **Draw Direction**: 방향을 정의한다.
- **Draft References**의 종류
  - Stationary Face: 기준면을 고정면으로 정의한다.
  - Parting Face: 기준면을 파팅 면으로 정의한다.
  - Stationary and Parting Face: 기준면을 고정면과 파팅면 두 개 다 정의한다.
- **Face to Draft**: Draft할 Plane를 정의한다.
- **Settings**: Distance Tolerance, Angle Tolerance
  - 생성 시 공차를 정의한다.

아이콘	명칭	설명
	From Plane or Surface	특정 평면 혹은 곡면을 기준으로 구배를 삽입할 수 있다.
	From Edge	선택된 Edge를 따라 지정된 각도로 테이퍼할 수 있다.
	Tangent to Face	선택한 면에 접선으로 주어진 구배 각도를 통해 테이퍼할 수 있다.
	To Parting Edges	선택된 모서리 세트를 따라 지정된 각도로 각도를 줄 수 있다.

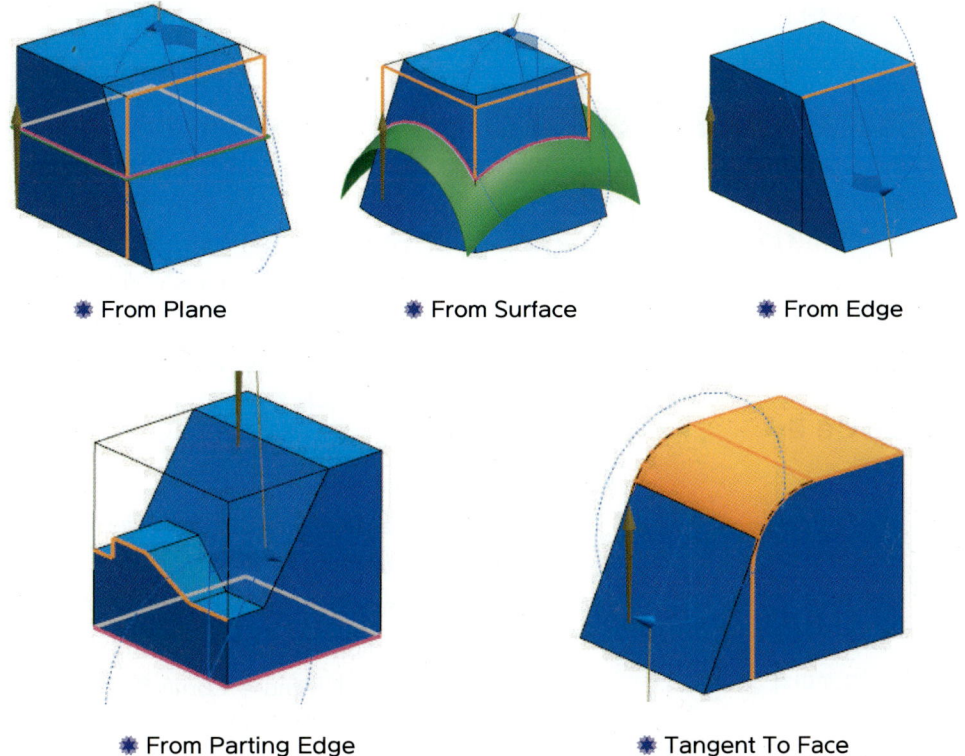

❋ From Plane   ❋ From Surface   ❋ From Edge

❋ From Parting Edge   ❋ Tangent To Face

제2절 모서리 블렌드(Edge Blend,)

위치: Menu → Insert → Detail Feature → Edge Blend

Blend 작업은 모서리에서 만나는 면에 볼이 계속 접촉하도록 유지하면서 Blend할 모서리(Blend 반경)를 따라 볼을 굴려 수행한다. Blend 볼은 둥근 모서리 Blend(재료 제거)를 생성하는지 또는 필렛 모서리 Blend(재료 추가)를 생성하는지에 따라 면의 안쪽 또는 바깥쪽에서 굴러간다.

◀ **Edge to Blend**: Blend 할 모서리 선택 Option이다.
  - **Circular**: 일정한 값을 지닌 Blend를 생성할 수 있다.
  - **Conic**: 주어진 Radius 안에 또 다른 Radius를 생성할 수 있다.
◀ **Variable Radius Point**: 가변형 Blend 생성 Option이다.
◀ **Coner Setback**: Corner Setback 거리 지정 Option이다.
◀ **Stop Short of Conner**: Corner Blend End Point 선택 Option이다.
◀ **Trimming**: Blend Trim Face 선택 Option이다.
◀ **Overflow Resolutions**: Blend와 Blend의 접선 부분이나 Blend와 Corner의 접선 부분을 부드럽게 연결시키는 Option이다.

PART Ⅱ 솔리드(Solid) 모델링

NX10 3D 모델링 및 CAD/CAM

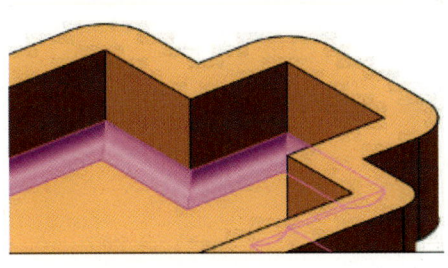
❋ Edge to Blend

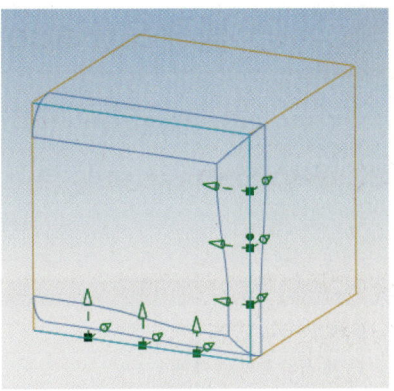
❋ Variable Radius Point

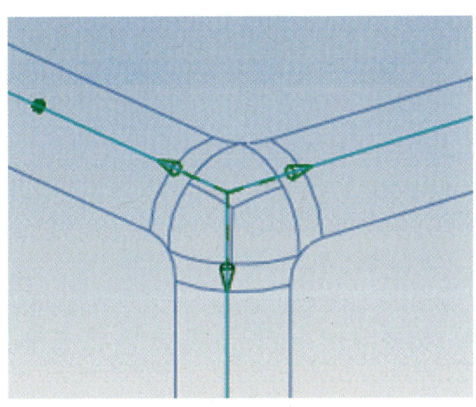
❋ Coner Setback

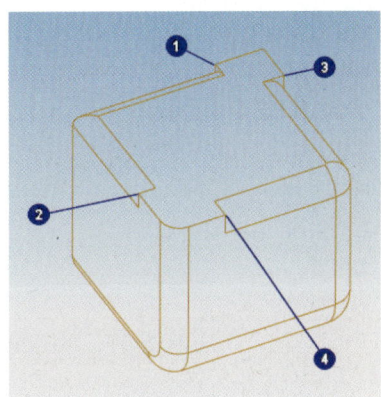
❋ Stop Short of Conner

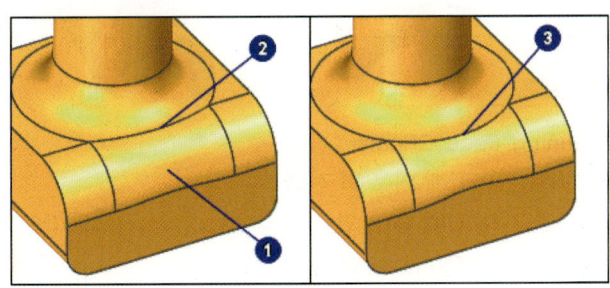
❋ Overflow Resolutions

Chapter 03 | Detail Feature

제3절 면 블렌드(Face Blend,)

위치: Menu → Insert → Detail Feature → Face Blend

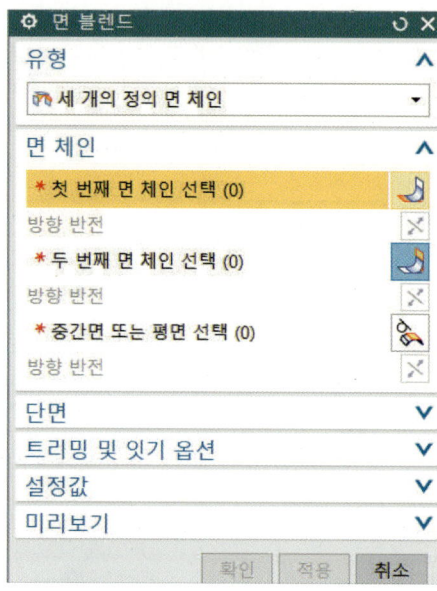

◀ Type
- Two Defining Face Chains
- Three Defining Face Chains

Face Chains: 작업할 Blend Face 및 Chain을 선택한다.

◀ Select Middle Face or Plane: 작업할 중간면 혹은 평면을 선택한다.

◀ Blend Cross section: 볼트 모형 표시 방법
- Rolling Ball
- Sweep Section

◀ Trim and Sew Options: 자르기 및 바느질 추가 옵션

1.
2.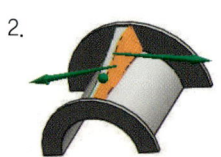
3.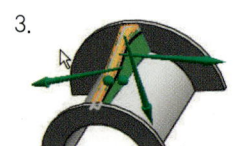
4.

Type. Three Defining Face Chains
1. Select Face Chain: 첫 번째 외부 면 선택
2. Select Face Chain: 두 번째 외부 면 선택
3. Select Middle Face or Plane: 중간 면 선택
4. 완성

NX10 3D 모델링 및 CAD/CAM

제4절 모따기(Chamfer,)

위치: Menu → Insert → Detail Feature → Chamfer

이 옵션을 사용하면 원하는 Chamfer 치수를 정의하여 솔리드 바디의 모서리에 빗각을 낼 수 있다. 선택 방법은 Edge Blend와 동일하다.

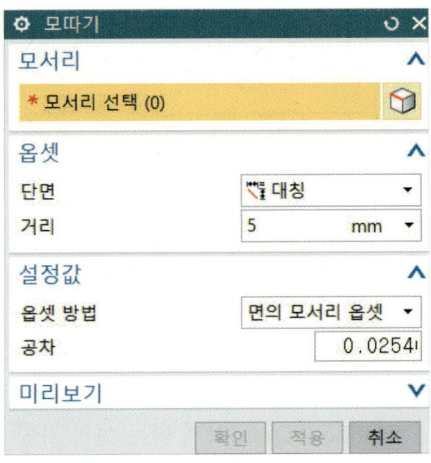

◀ Offset Symmetric: 단일 옵셋: 해당 Offset이 두 면을 따라 동일한 단순 Chamfer를 생성할 수 있다.
◀ Asymmetric: 이중 옵셋: 면을 따라 해당 Offset이 각기 다른 단순 Chamfer를 생성할 수 있다.
◀ Offset and Angle: 옵셋 각도: 옵셋 값 하나와 각도를 통해 해당 옵셋이 결정되는 단순 모따기를 생성할 수 있다.
◀ Setting
 • Offset Edges along Faces: 면의 모서리 옵셋
 • Offset Faces and Trim: 면을 옵셋해서 트리밍

• 모따기(Chamfer)

✹ 대칭(Symmetric)

✹ 비대칭(Asymmetric)

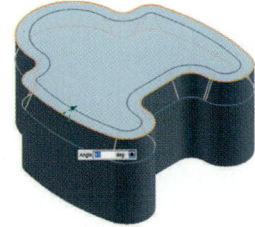
✹ 옵셋 및 각도(Offset and Angle)

Chapter 03 | Detail Feature

Associative Copy

제1절 패턴 피쳐(Pattern Feature,)

위치: Menu → Insert → Associative Copy → Pattern Feature

이 명령을 사용하면 기존의 형상에서 Pattern 배열을 생성할 수 있다.
전 버전들과는 다르게 선형과 원형 다각형 나선 등 다양한 패턴을 생성할 수 있다.

◀ Feature to Pattern: 생성된 Pattern화할 특징형상(Feature)을 선택한다.
◀ Reference Point: Pattern하게 될 포인트를 정한다.
◀ Pattern Method: Pattern하게 되는 여러 가지 옵션들이 나와 있다.

Settings
◀ Pattern Feature: Pattern하게 된 Feature가 생성되어진다.
◀ Copy Features: 각각의 Linked Body로 생성된다.
◀ Copy Features into Feature Group: 생성된 Linked Body가 그룹으로 형성된다.

NX10 3D 모델링 및 CAD/CAM

1 패턴 특징형상(Pattern Feature)의 레이아웃(Layout) 종류

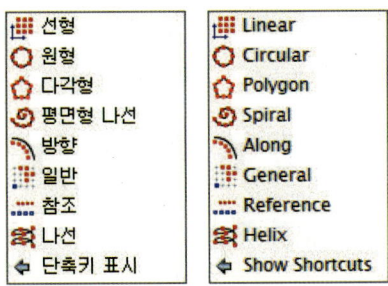

1) 선형(Linear,) 레이아웃

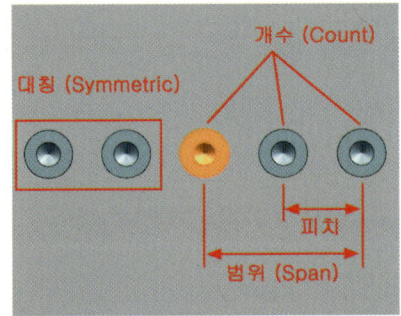

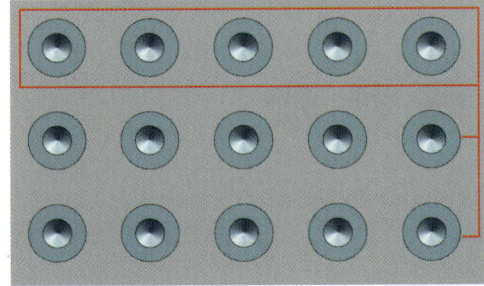

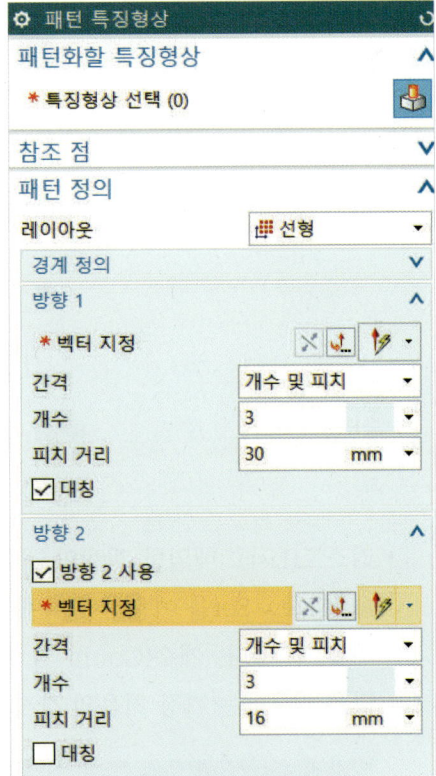

※ 선형 레이아웃 대화상자

- 선형 레이아웃의 작업순서
  ① 배열할 특징형상 선택
  ② 방향 1: 개수 3
  ③ 피치 거리
  ④ 범위 거리
  ⑤ 대칭(Symmetric)
  ⑥ 방향 2: 개수 3

Chapter 04 | Associative Copy

① 패턴 특징형상의 간격(Spacing) 옵션

- 개수 및 피치(Count and Pitch): 배열할 객체 수와 사이의 거리로 정의

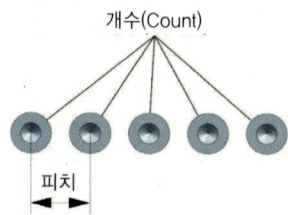

- 개수 및 범위(Count and Span): 범위를 정의하고 객체의 개수를 정의

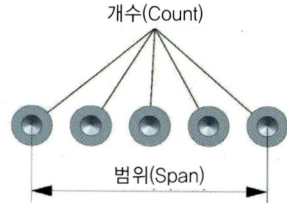

- 피치 및 범위(Span): 전체 범위를 정의하고 객체 간 간격(Pitch)을 정의

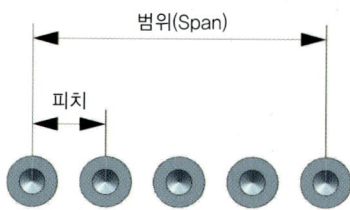

- 리스트(List): 배열할 객체의 개수(Count)를 정의하고 Add New Set을 이용하여 객체마다 간격을 다르게 정의할 수 있다. 개수(Count)가 입력한 간격 세트보다 많은 경우에는 가장 처음의 간격 세트부터 반복된다.

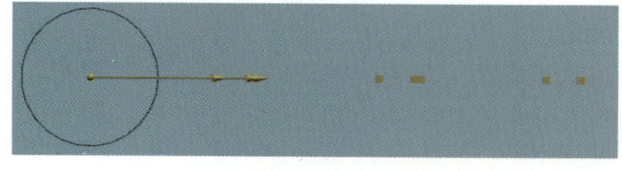

❋ 간격 세트의 반복

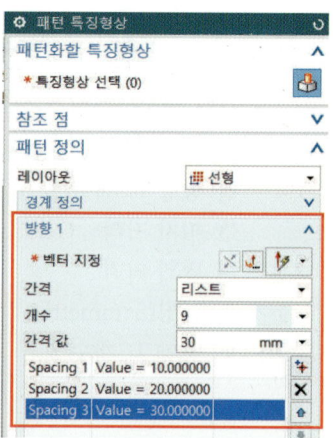

2) 다각형(Polygon,) 레이아웃

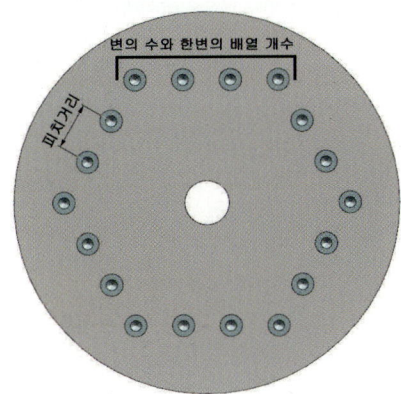

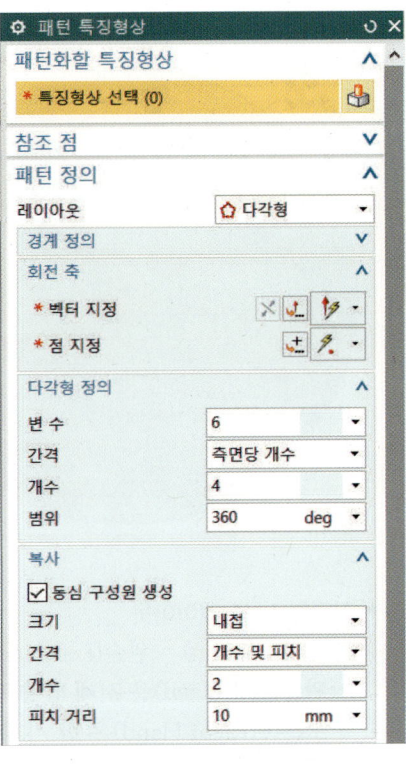

❋ 다각형 레이아웃 대화상자

- **다각형 레이아웃 작업순서**
  ① 배열될 개체 선택
  ② 회전 중심 벡터 정의
  ③ 다각형의 변의 수
  ④ 한 변의 인스턴스 객체 수
  ⑤ 방사형(Radiate) 거리 정의 방법 설정

     – Inscribe: 내접
              – Circumscribe: 외접

  ⑥ 피치와 범위 정의

- **다각형 레이아웃의 내접, 외접 동심 거리**

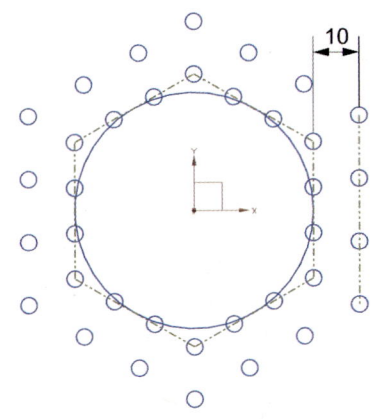

❋ 내접(Inscribe)

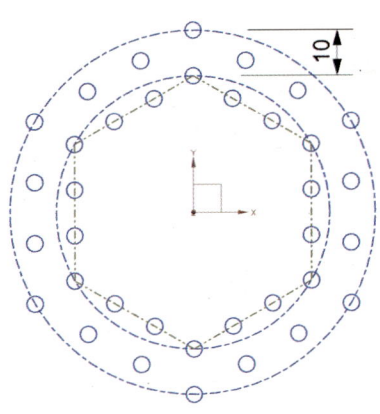

❋ 외접(Circumscribe)

3) 평면형 나선(Spiral, ) 레이아웃

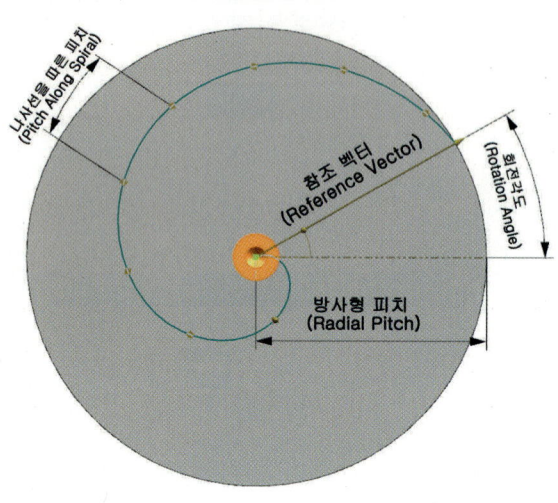
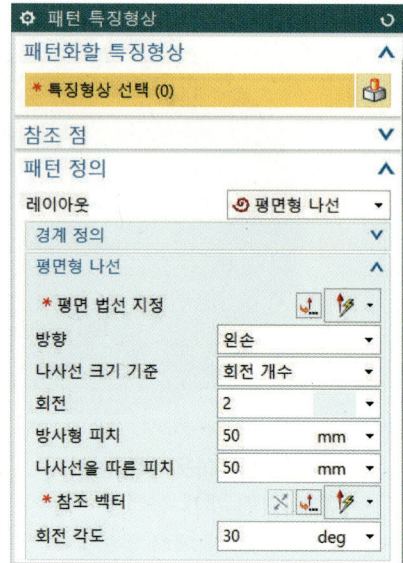

● 평면형 나선 레이아웃

① 방향(Direction) = 왼손(Left Hand)
  - 왼손(Left Hand)은 시계 방향으로 회전
  - 오른손(Right Hand)은 반 시계 방향으로 회전

② 나선 크기(Spiral Size By)
  - 전체 각도(Total Angle)는 참조 벡터부터 시작된다.
  - 감김 횟수(Number of Turn)도 사용할 수 있다.

③ 방사형 피치(Radial Pitch)
  - 참조 점으로부터 참조 벡터 방향의 나선의 끝점까지의 거리

④ 나선을 따른 피치(Pitch along Spiral)
  - 나선을 따라서 생성되는 객체 사이의 거리

⑤ 참조 벡터(Reference Vector)
  - 방사형 피치 값과 전체 각도 값이 측정을 위한 방향 벡터

⑥ 회전 각도(Rotation Angle)
  - 참조 벡터의 기울기를 결정하는 각도

4) 방향(Along,) 레이아웃(Layout)

❋ Direction 1 사용 시

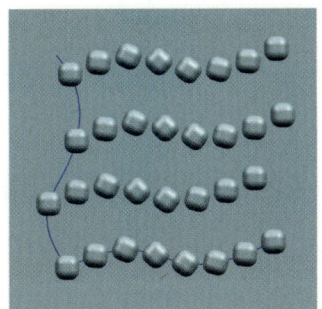

❋ Direction 1, Direction 2 사용 시

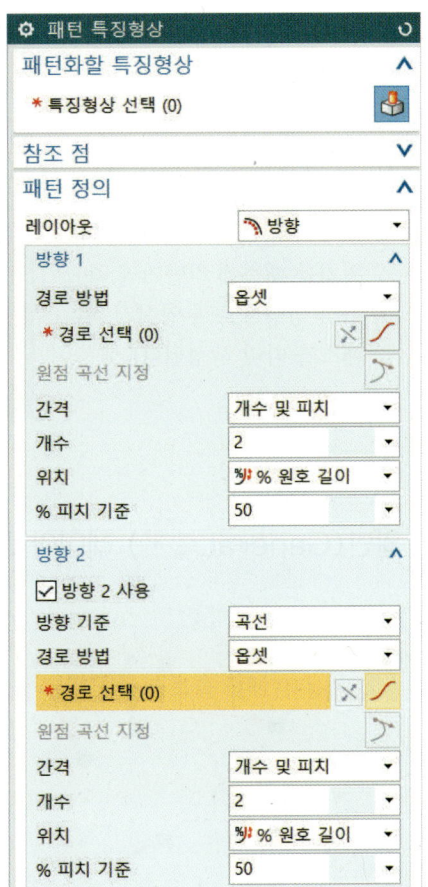

- 방향(Along) 레이아웃의 작업순서
  ① 배열할 특징형상 선택   ② 방향 1: 패스(Path) 선택
  ③ 배열 객체 수 정의, 피치 거리 정의   ④ 방향 2: 벡터 혹은 패스(Path) 선택
  ⑤ 배열 객체 수 정의, 피치 거리 정의   ⑥ OK를 클릭하여 생성

- 방향(Along) 레이아웃의 3가지 방법(Method)

  ① 이동(Translate): 패스를 입력 형상의 참조 점을 향해 직선으로 옮긴다. 간격은 옮겨진 후 계산된다.

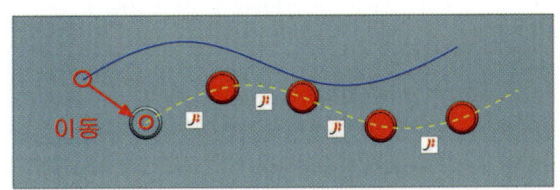

❋ 이동(Translate)

Chapter 04 | Associative Copy 133

② 고정(Rigid): 패스의 시작점과 선택한 특징형상의 시작 위치가 고정되어 생성된다.

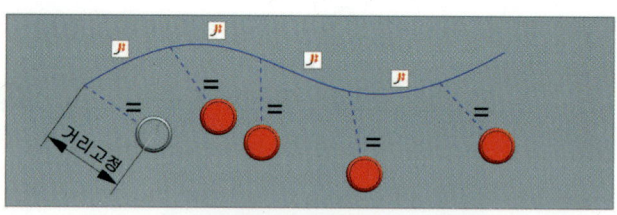

❋ 고정(Rigid)

③ 옵셋(Offset): 입력 형상의 위치를 패스에 최단거리 즉, 수직 방향으로 투영시킨 후 패스를 따라 생성된다.

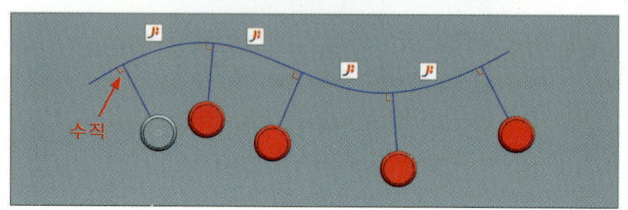

❋ 옵셋(Offset)

5) 일반(General,) 레이아웃(Layout)

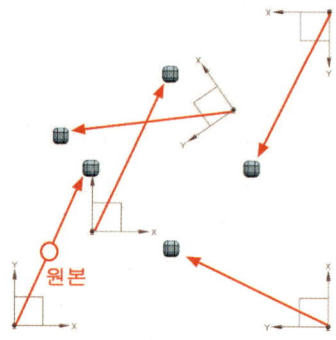

❋ From CSYS To CSYS 유형

- 일반(General) 레이아웃의 작업순서
  ① Point Location
    - 배열할 특징형상 선택
    - From 참조 점 선택
    - To 참조 점 선택(복수 선택 가능)
    - OK
  ② Csys Location
    - 배열할 특징형상 선택
    - From Csys 선택
    - To Csys 선택(복수 선택 가능)
    - OK

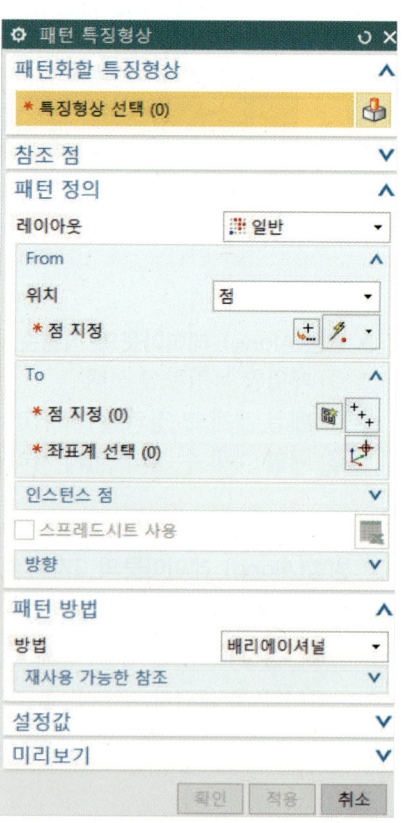

❋ 일반 레이아웃

제2절 패턴 지오메트리(Pattern Geometry,)

위치: Menu → Insert → Associative Copy → Pattern Geometry

독립적인 개체를 이동, 회전, 대칭 복사 등을 할 수 있는 기능이다.

◀ Geometry to Pattern: 배열할 독립개체이다. 예를 들어 하나의 솔리드바디, 시트바디, 선, 점 등을 선택하여 배열한다.

◀ Pattern Definition: 어떠한 방법으로 배열할지를 정의한다.

Instance Geometry의 모든 기능은 Pattern Feature와 동일하다. 단지 배열을 위해 선택할 수 있는 대상이 다르다.
- Pattern Feature: 특징형상
- Pattern Geometry: 독립된 바디 혹은 곡선

제3절 대칭 특징형상(Mirror Feature,)

위치: Menu → Insert → Associative Copy → Mirror Feature

Feature를 대칭 복사할 수 있는 기능이다.

◀ Feature: 대칭 복사하게 될 Feature를 선택한다.
◀ Mirror Plane: 대칭 복사하게 될 기준 평면을 선택한다.

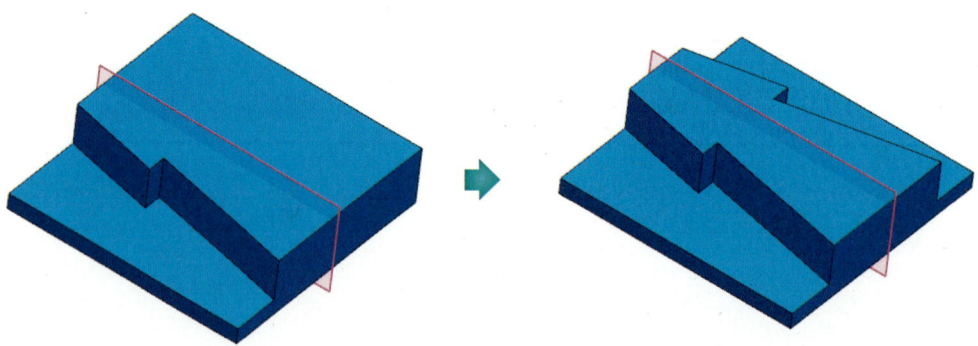

제4절 대칭 지오메트리(Mirror Geometry,)

위치: → Insert → Associative Copy → Mirror Geometry

독립된 Solid, Sheet Body 및 Curve 등을 기준평면 반대쪽으로 대칭 복사한다.

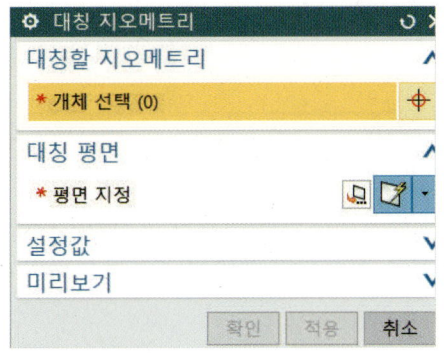

◀ Feature: 대칭 복사하게 될 Feature를 선택한다.
◀ Mirror Plane: 대칭 복사하게 될 기준 평면을 선택한다.

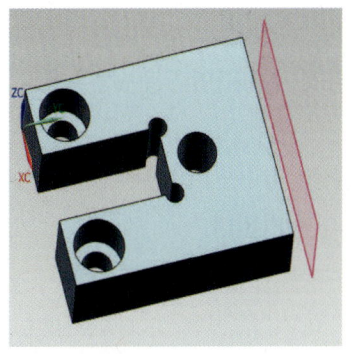 

CHAPTER 05 Trim

제1절 바디 트리밍(Trim Body, )

위치: Menu ▸ → Insert → Trim → Trim Body

이 옵션을 사용하면 면, 데이텀 평면 또는 기타 지오메트리를 사용하여 하나 이상의 타겟 바디를 트리밍할 수 있다. 유지하려는 바디의 부분을 선택하면 트리밍 지오메트리의 셰이프가 트리밍된 바디에 적용된다.

1 바디 트리밍 기본 절차

① 하나 이상의 타겟 바디를 선택한다. 표시할 수 있는 타겟이 하나만 있는 경우에도 적어도 한 개의 타겟 바디를 선택해야 한다. 확인을 누른다.
② 면 또는 데이텀 평면을 선택하거나 다른 지오메트리를 정의하여 타겟 바디를 트리밍한다. 벡터가 표시된다. 벡터의 방향으로 타겟 바디의 일부가 제거된다.

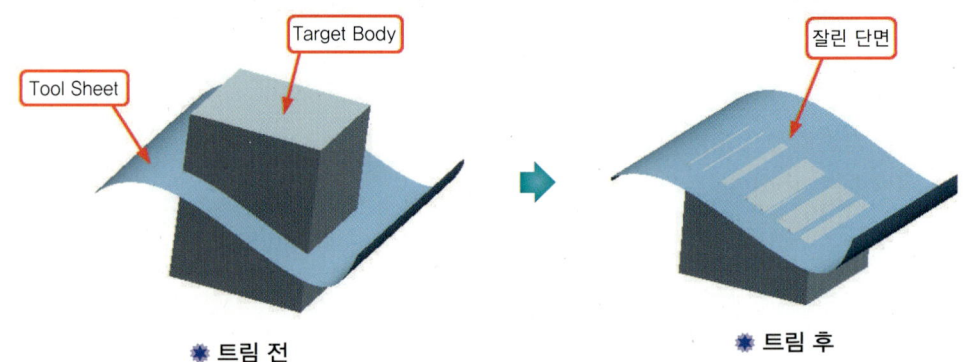

❋ 트림 전   ❋ 트림 후

③ 벡터의 방향을 승인하거나, 이를 반전시키도록 선택한다.

④ Trim Body는 칼날이 되는 Tool Body를 Multi로 지정할 수 없다. 또한 Tool Body는 하나의 Sheet로 지정된다. Sew가 된 면인지 확인한다. 여러 개의 칼을 쓰려면 Apply를 이용하여 연속 Trim 작업을 진행한다.

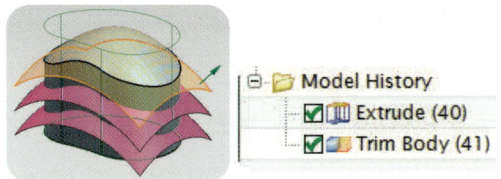

⑤ Trim Body는 Target을 Multi로 지정할 수 있다. 작업된 Part Navigator를 확인해 보면 각각의 작업이 이뤄진 Feature를 확인할 수 있다.

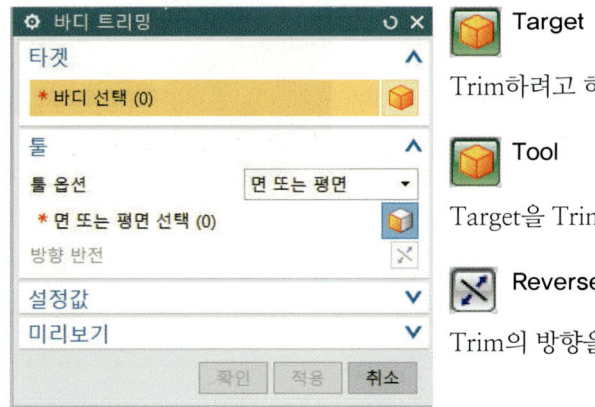

 **Target**

Trim하려고 하는 Target을 선택한다.

 **Tool**

Target을 Trim할 수 있는 Tool을 선택한다.

 **Reverse Direction**

Trim의 방향을 바꾼다.

제2절 트리밍 취소(Untrim,)

위치: Menu → Insert → Trim → Untrim

Untrim은 다음 그림과 같이 선택한 Face를 다음 그림처럼 본래의 Face로 생성시켜 주는 명령어이다. 변형된, 또는 Face에 Hole이 작업되어 있을 때 Untrim을 사용하여 Trim 영역을 생성할 수 있다.

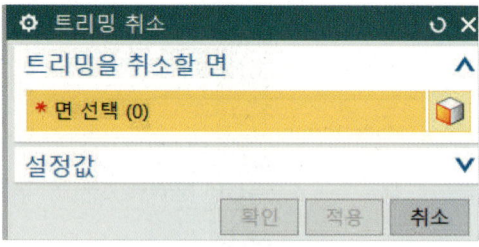

◀ Face to Untrim: 언트림할 면을 선택한다. 솔리드 바디의 Face와 시트 바디의 Face를 선택할 수 있다.
◀ Hide Original: 원본을 숨길지 여부를 결정한다.

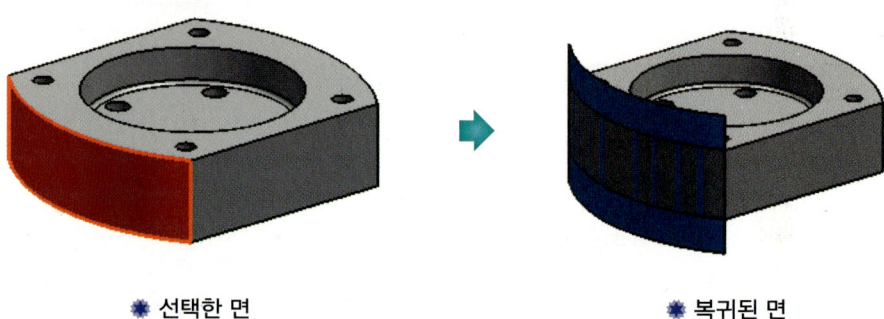

❋ 선택한 면　　　　　　　　　❋ 복귀된 면

NX10 3D 모델링 및 CAD/CAM

제3절 면 분할(Divide Face, 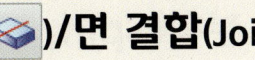)/면 결합(Join Face,)

위치: Menu → Insert → Trim → Divide Face

◀ Face To Devide: 분할할 면 혹은 서피스를 선택한다.

◀ Dividing Objects: 분할할 기준 개체를 선택한다. 곡선 혹은 모서리 등을 선택할 수 있다.

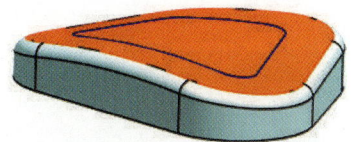 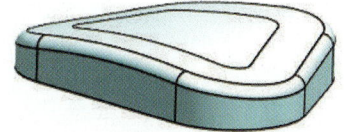

위치: Menu → Insert → Combine → Join Face

On Same Surface를 클릭하고 원하는 면을 선택하면, 다음 그림과 같이 분할된 면을 하나의 변으로 병합할 수 있다.

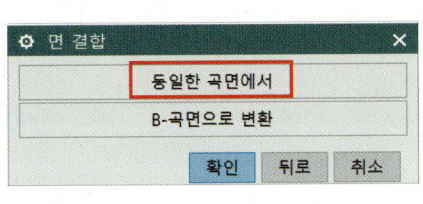 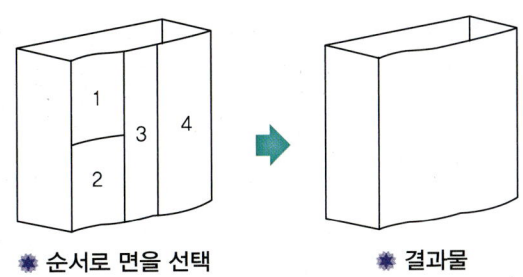

※ 순서로 면을 선택 　　　　　　※ 결과물

Chapter 05 | Trim

제4절 바디 분할(Split,)

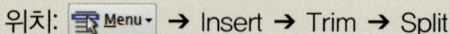

위치: Menu → Insert → Trim → Split

이 옵션을 사용하면 면, Datum Plane 또는 기타 Sheet Body를 사용하여 하나 이상의 Sheet Body나 Solid Body를 분할할 수 있다.

1 타겟 바디(Target Body)

분할해야 할 Body를 선택한 후, 분할할 Sheet Body 또는 Datum Plane을 선택하여 Target Body를 분할할 수 있다.

Sheet Body를 사용하여 바디를 분할하는 경우 Sheet Body는 Target Body를 완전히 관통하여 이를 절단하기에 충분히 커야 한다.

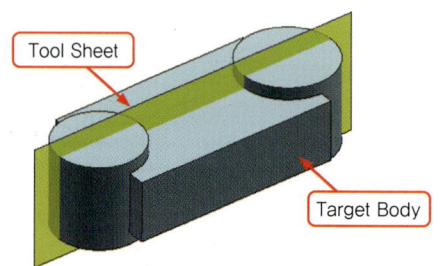
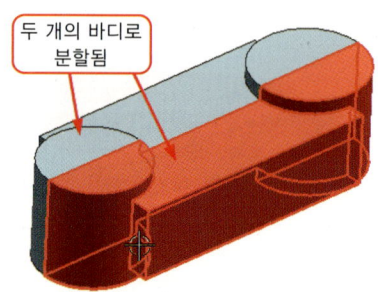

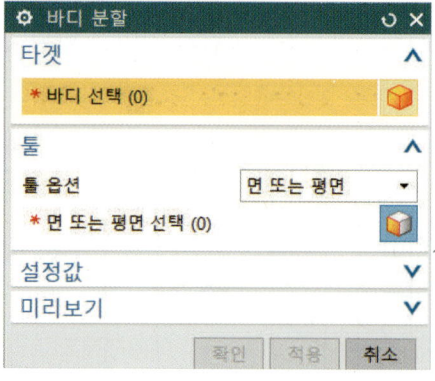

◀ Target: 분할할 Sheet Body나 Solid Body를 선택한다.
◀ Tool Body: 잘라낼 기준면을 선택한다. Datum Plane 또는 Sheet Body의 선택이 가능하다.

CHAPTER 06

Solid Exercise

제1절 행거 솔리드 모델링 따라 하기

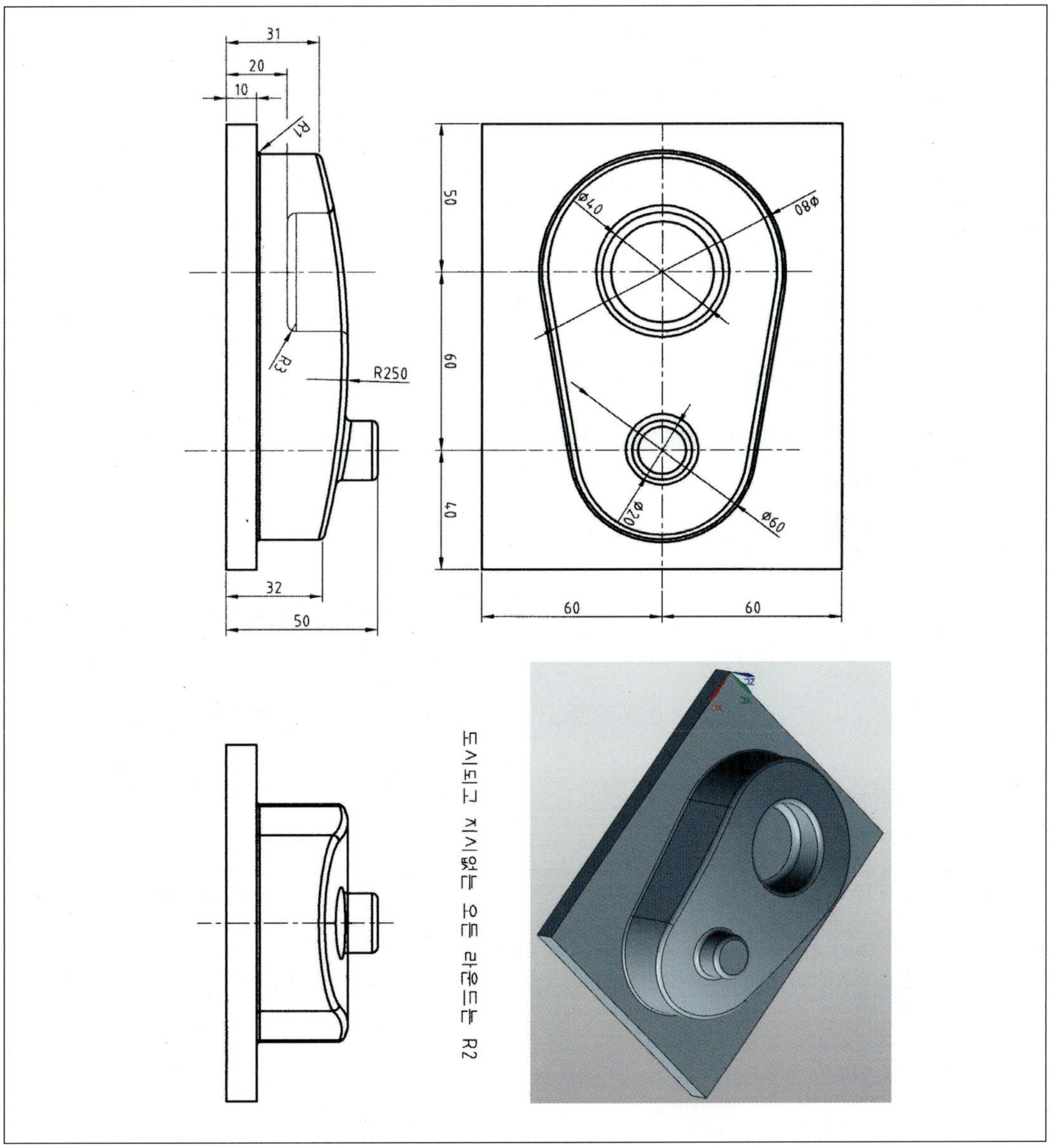

1 평면도(XY 평면) 2D 스케치 작성하기

❶ 새로 만들기 ☐(Ctrl+N)을 실행한 후 모델을 선택하고 파일 이름과 저장할 폴더를 입력한 다음 확인을 클릭한다.

❷ 메뉴의 삽입에서 [타스크 환경의 스케치(S)]를 선택한다.

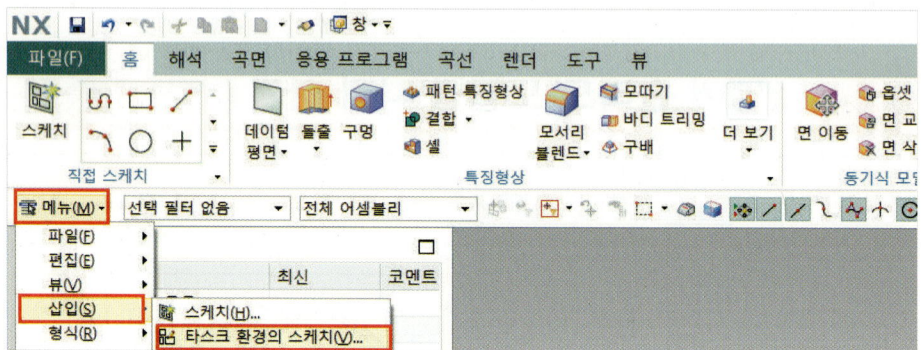

❸ 유형은 평면 상에서, 평면 방법은 기존 평면의 그림과 같이 XY 평면을 선택 확인한 후 스케치 모드로 들어간다.

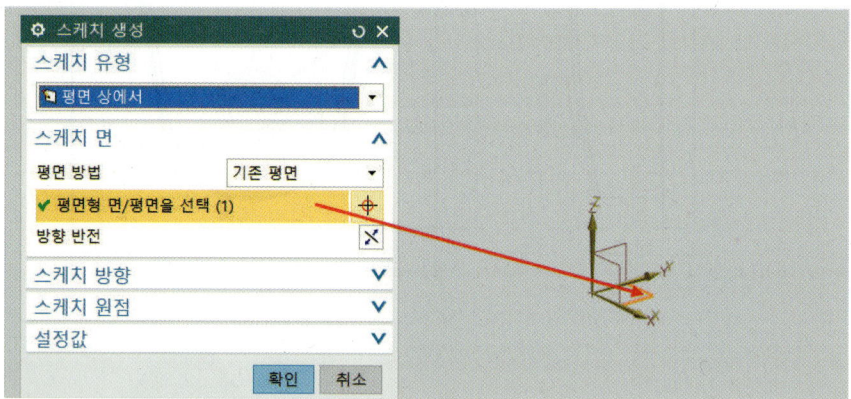

❹ 아래 그림처럼 스케치 설정을 선택한다.

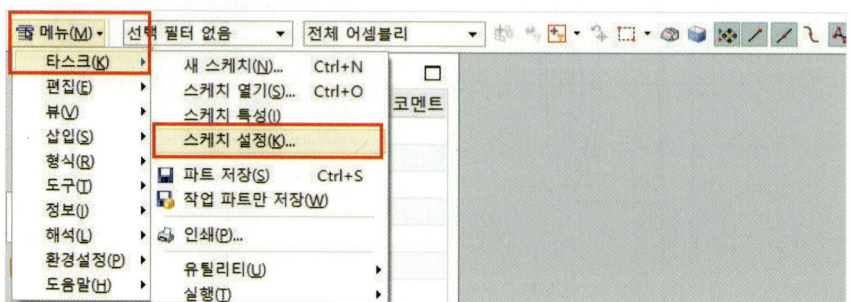

PART Ⅱ 솔리드(Solid) 모델링

NX10 3D 모델링 및 CAD/CAM

❺ 스케치 설정에서 치수 레이블은 값으로 하고, 연속 자동 치수 기입을 체크 해제한 후 메뉴의 환경 설정에서 스케치를 같은 방법으로 설정한다.

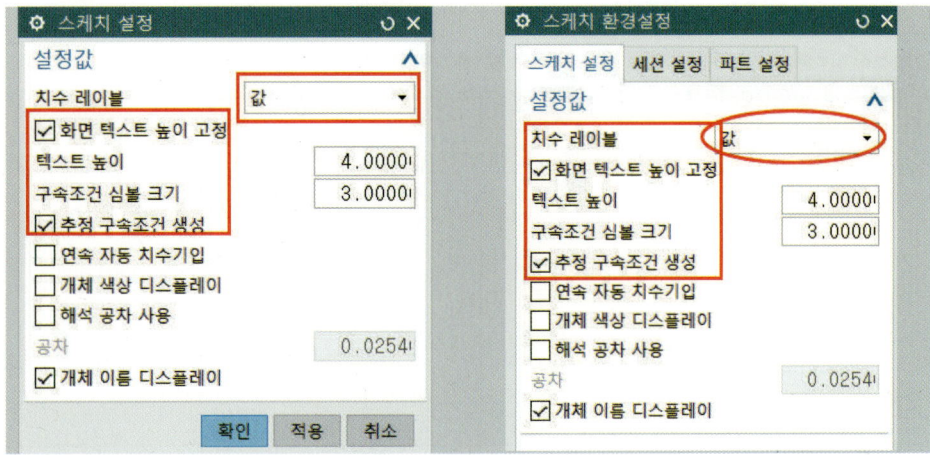

❻ 직사각형(Rectangle)을 선택한 후 그림과 같이 2점으로 임의의 직사각형을 그린다.

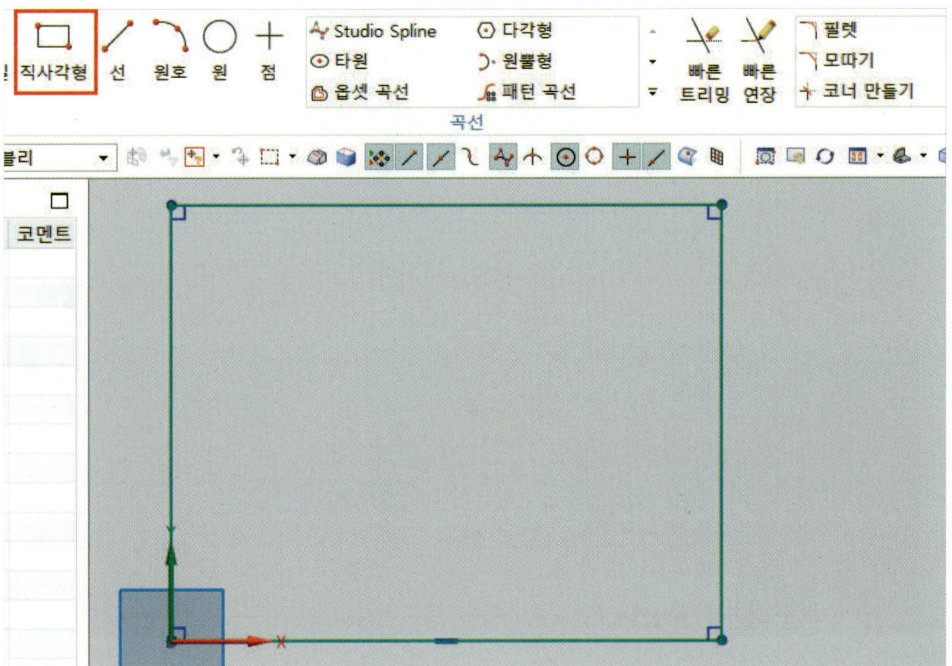

Chapter 06 | Solid Exercise

❼ 급속 치수 아이콘을 선택하고 그림과 같이 치수를 입력한 후 스케치 구속조건을 해제한다.

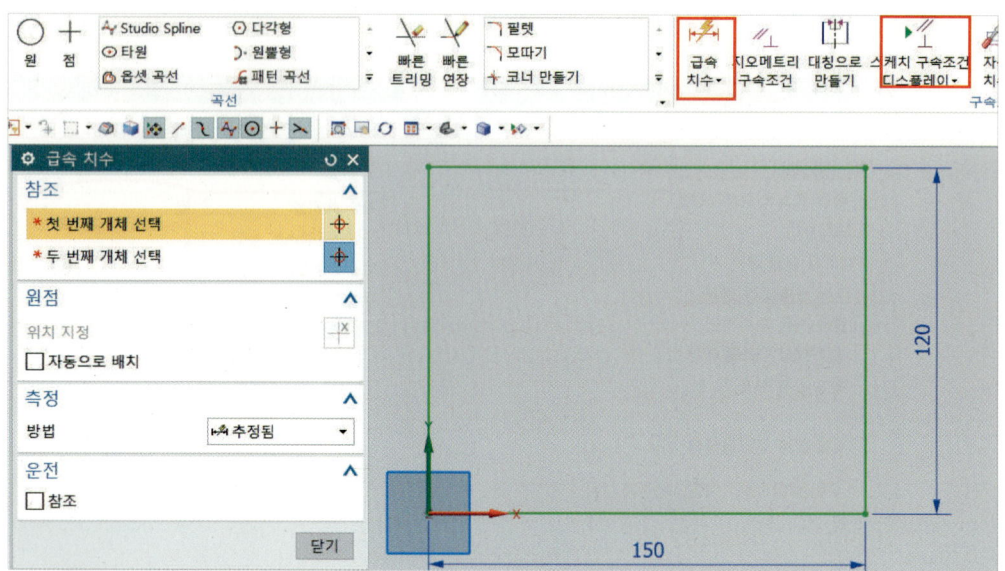

❽ 선 아이콘을 선택한 후 스냅 중간점을 이용하여 중심선을 생성한다.

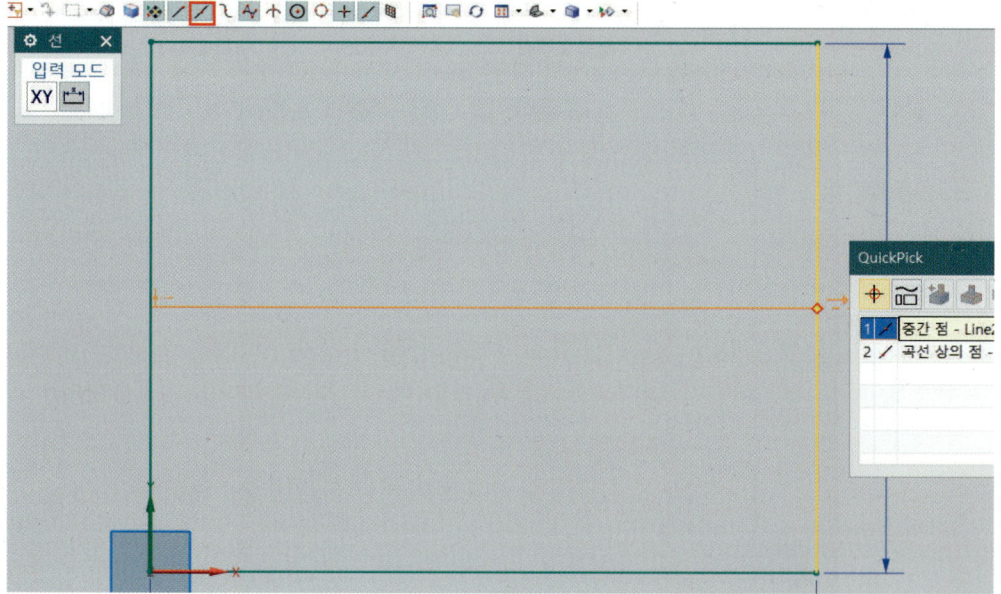

❾ 참조 아이콘을 클릭하고 그림과 같이 중심선을 선택한 후 참조선으로 변환하고 확인한다.

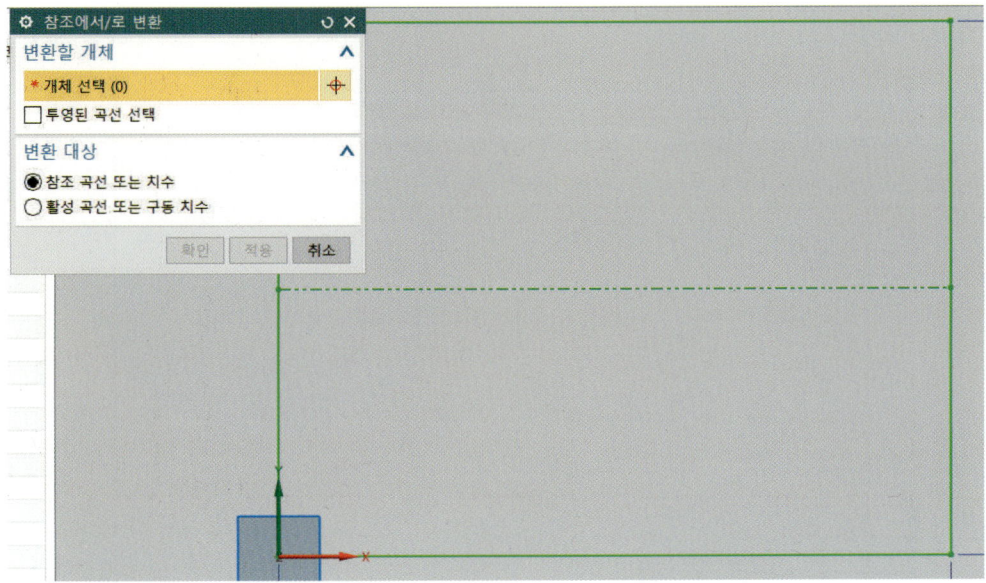

❿ 원 아이콘을 선택하여 스냅 곡선상의 점과 원호 중심을 선택한 후 그림처럼 도면을 보고 원을 스케치한다.

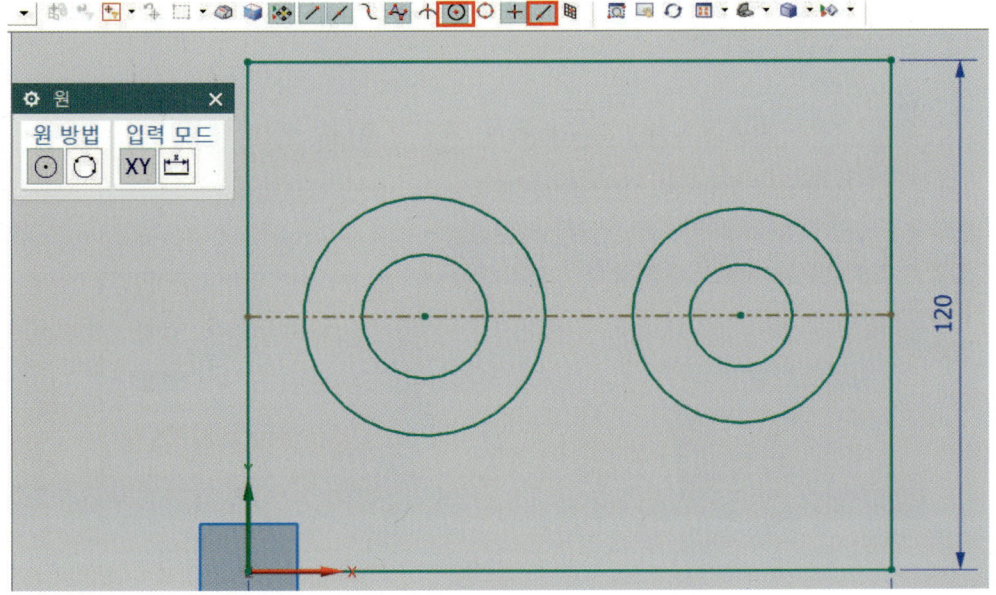

⑪ 그림처럼 급속치수 아이콘을 선택한 후 그림과 같이 치수를 입력한다.

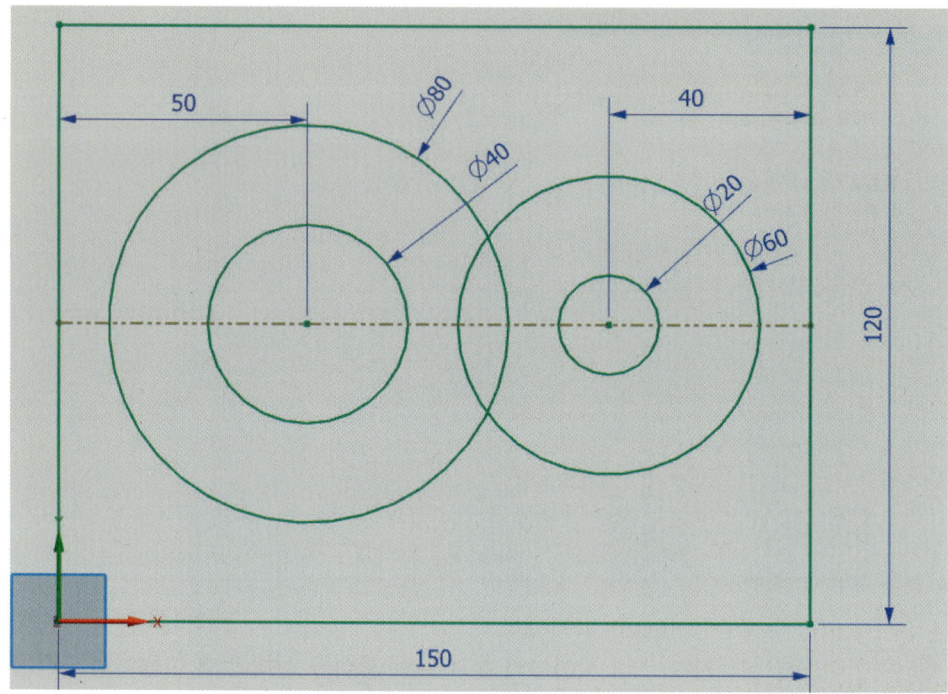

⑫ 선 아이콘을 선택하여 오스냅(OSNAP) 사분점을 설정하고, 구속조건 접선을 확인하면서 그림처럼 스케치한다.

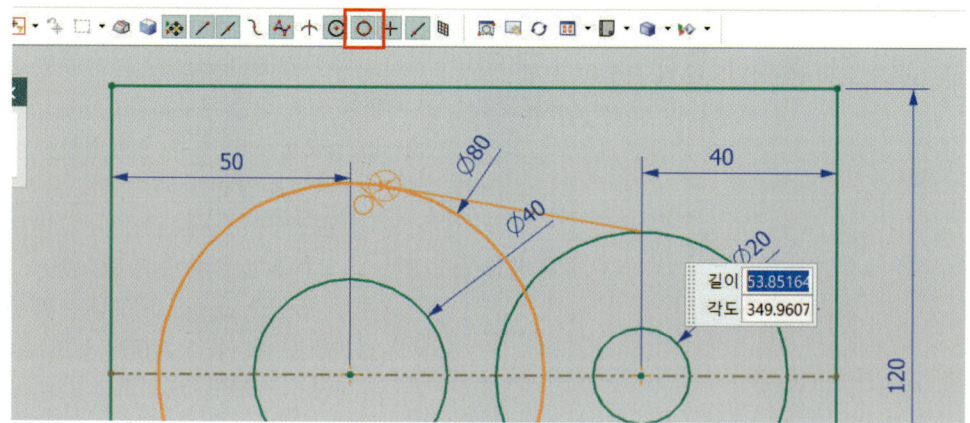

❸ 아래 그림처럼 구속조건 접선을 네 군데를 확인한다.

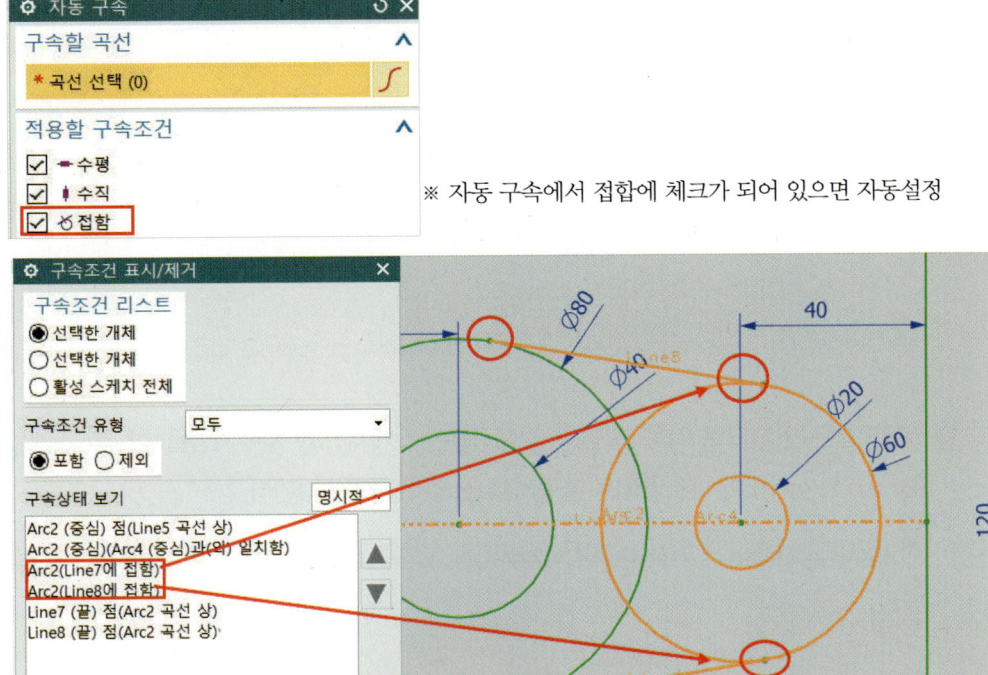

※ 자동 구속에서 접합에 체크가 되어 있으면 자동설정

❹ 빠른 트리밍 아이콘을 선택하고 경계곡선을 클릭한다.

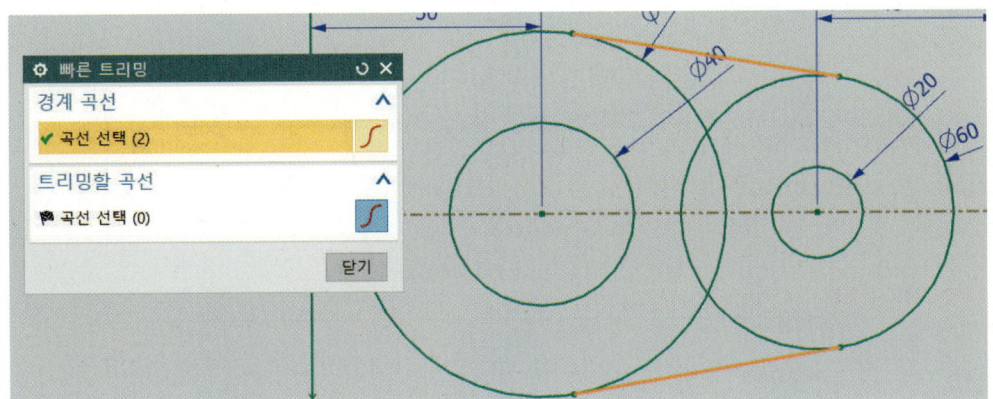

⓯ 그림처럼 트리밍할 곡선을 선택하여 트림한다.

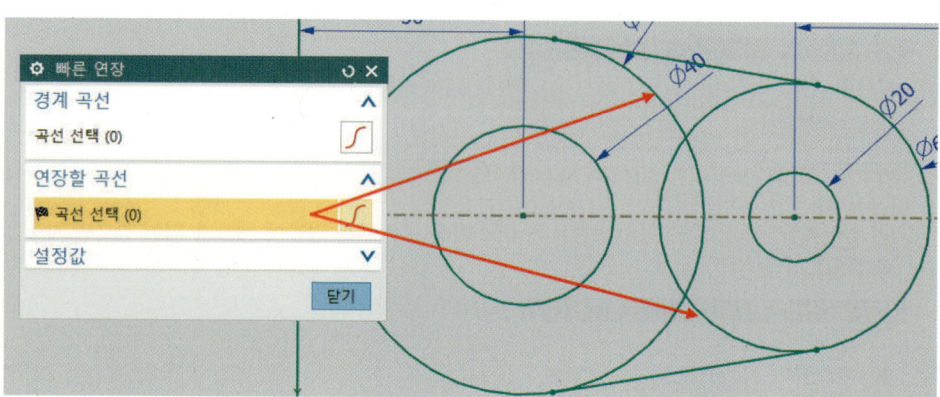

⓰ 위와 같은 방법으로 다음 그림과 같이 모두 스케치하고 치수기입을 한 후 스케치 종료 (Finish Sketch) 아이콘( )을 클릭하여 스케치를 빠져 나간다.

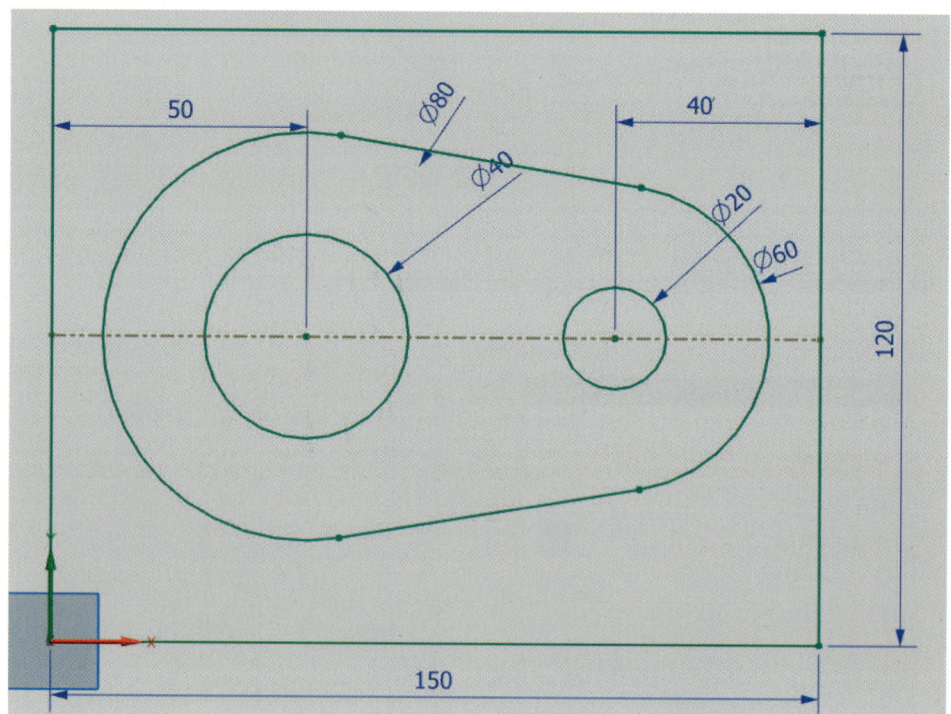

2 정면도(XZ 평면) 2D 스케치 작성하기

❶ 데이텀 평면을 선택하고 정면도(XZ)를 클릭한 후 유형은 거리 값을 60을 입력한다. 삽입에서 타스크 환경의 스케치(S)...를 선택하거나, 스케치 아이콘( )을 선택한 후 정면도(XZ)를 선택 확인하고, 스케치 모드로 들어간다.

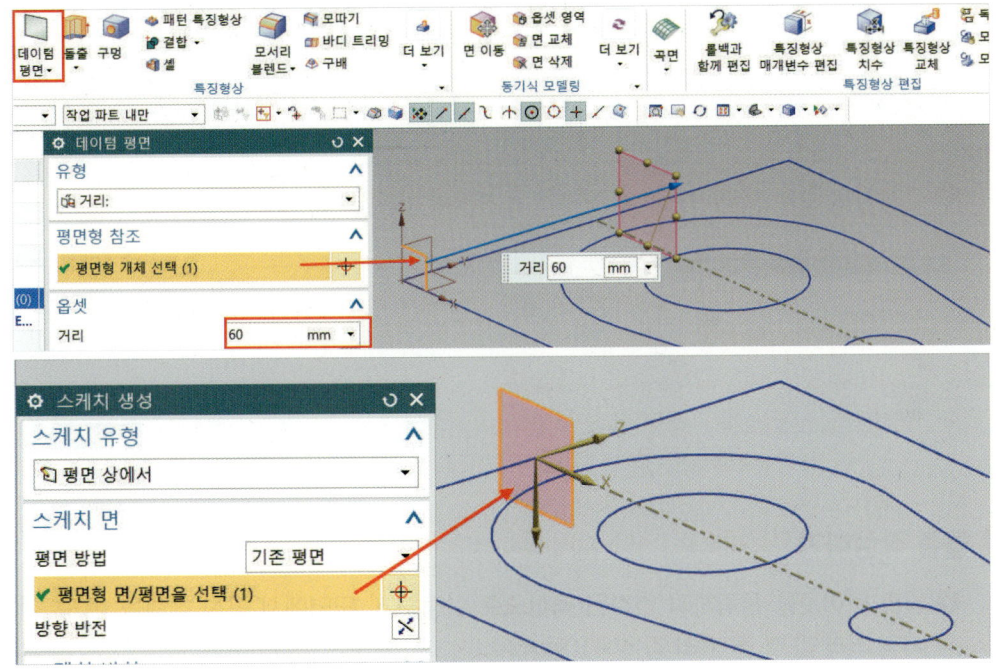

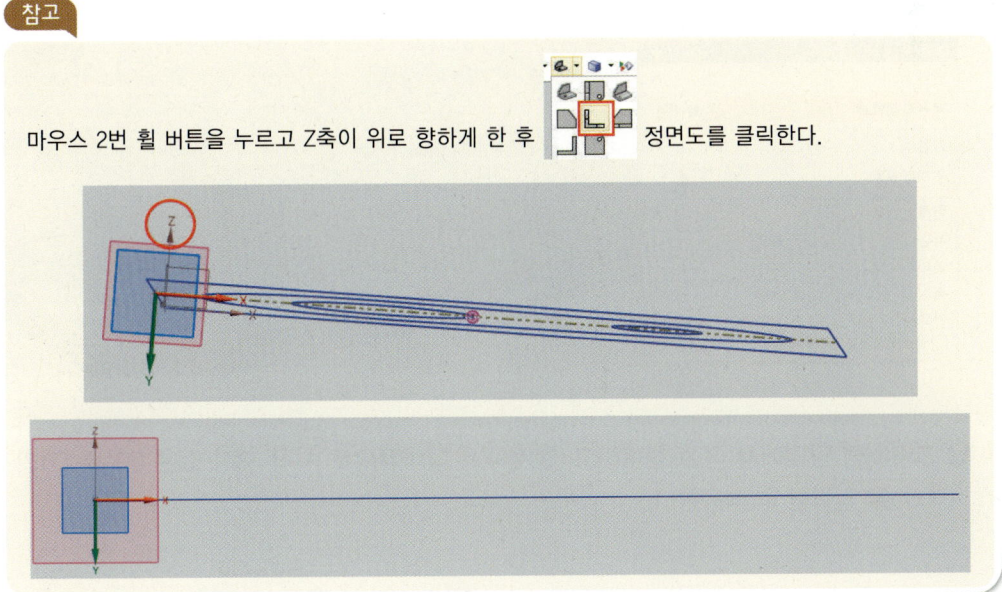

❷ 원호 아이콘을 선택하고 그림처럼 호를 스케치한다.

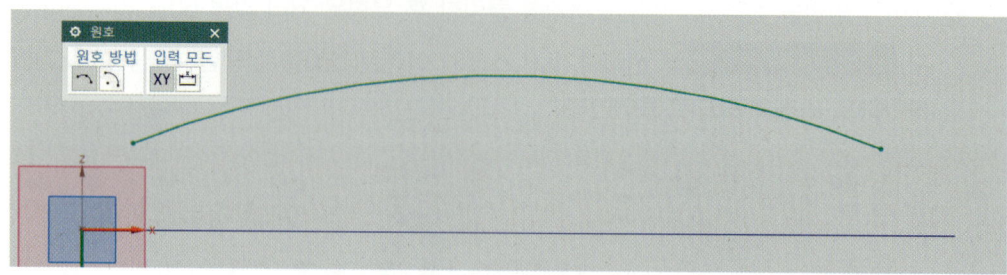

❸ 그림처럼 급속 치수 아이콘을 선택한 후 치수를 입력한다.

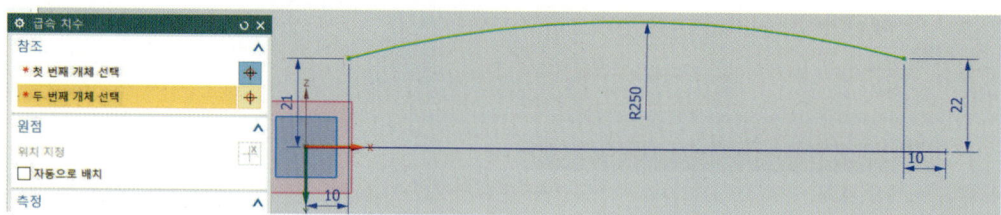

3 돌출 작성하기

❶ 돌출 아이콘을 클릭하여 연결된 곡선으로 설정하고, 단면에서 곡선 선택을 한 후 한계에서 시작 거리 값 0, 끝 거리 값은 -10을 입력하고 적용한다.

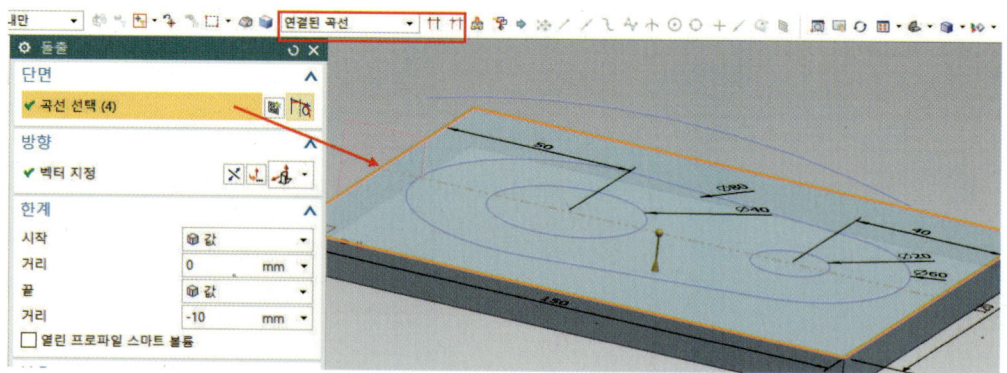

❷ 그림처럼 단면에서 곡선 선택하고, 한계에서 대략적으로 시작 거리 값은 60, 끝 거리 값은 -60을 입력한 후 적용한다.

NX10 3D 모델링 및 CAD/CAM

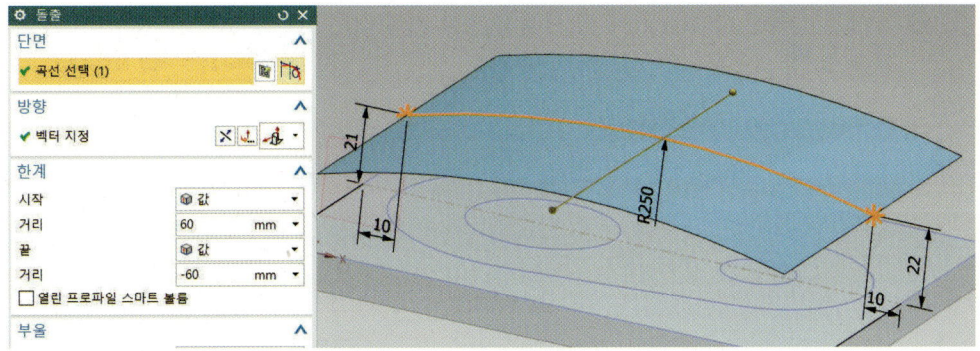

❸ 단면에서 곡선 선택을 하고, 한계에서 시작은 선택까지를 설정하고, 끝 거리 값 0을 입력한 후 적용한다. 부울에서 결합으로 하고 바디를 선택한다.

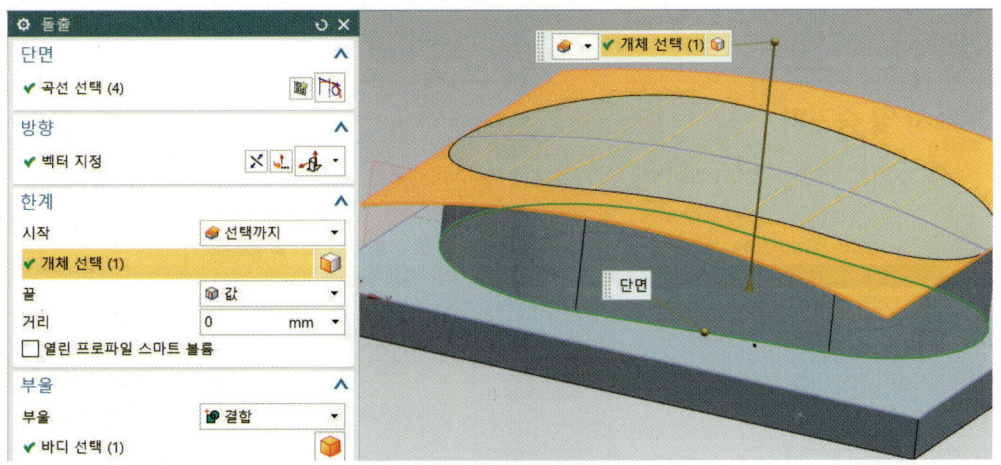

❹ MB3 버튼을 길게 누르고 와이어 프레임으로 설정한다. 단면에서 곡선 선택을 한 후, 한계에서 시작 거리 값은 0, 끝 거리 값 40을 입력하고 적용한다.

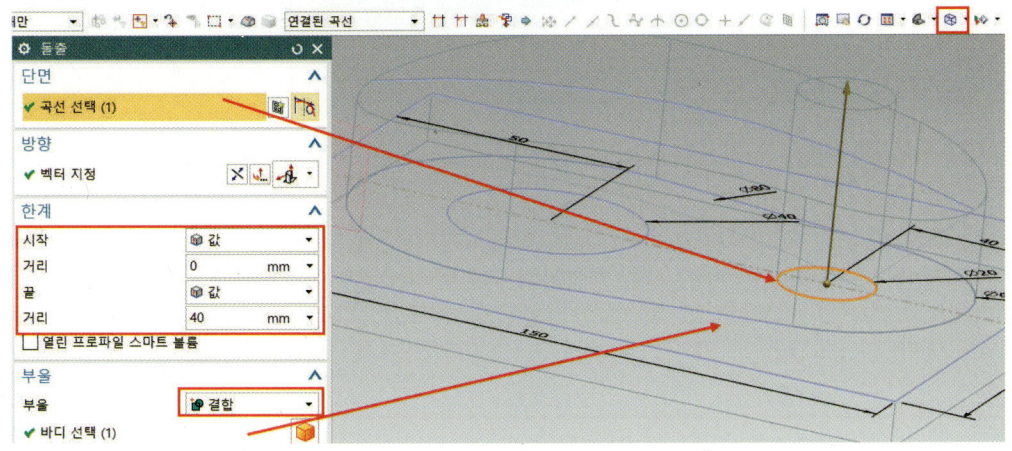

Chapter 06 | Solid Exercise 153

❺ 단면에서 곡선 선택을 한 후 한계에서 시작 거리 값은 10, 끝값은 끝부분까지로 설정하고(부울은 빼기) 확인한다.

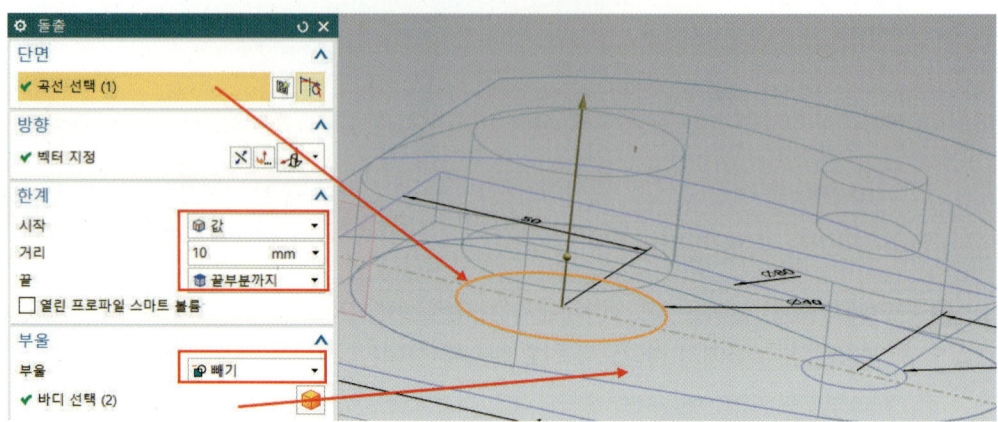

❹ 표시 및 숨기기

❶ 숨기기 아이콘을 선택하고, 모두 숨기기를 선택한 후 솔리드 바디 표시를 선택한다.

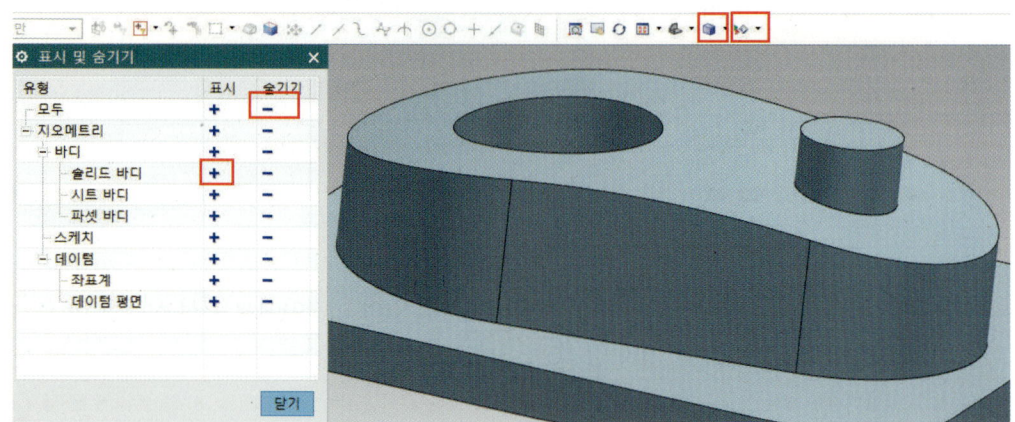

NX10 3D 모델링 및 CAD/CAM

5 모서리 블렌드 작업

❶ 모서리 블렌드 아이콘( )을 클릭하고, 모서리를 선택한 후 반지름 3을 입력하여 적용한다.

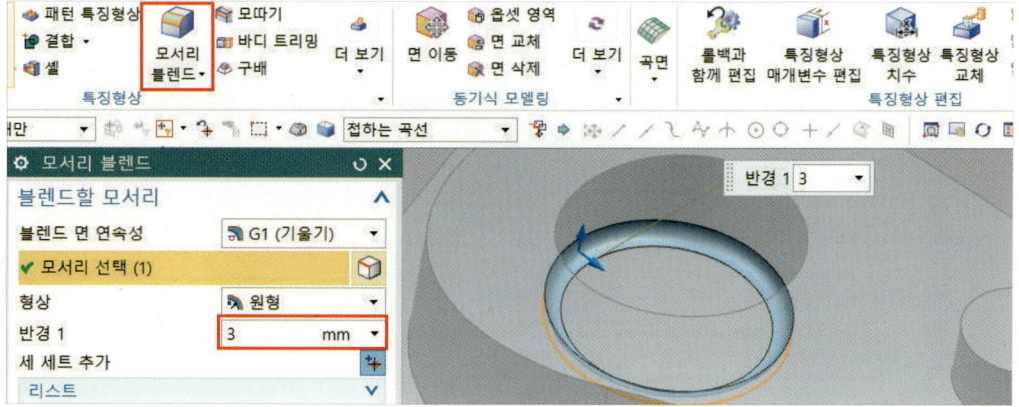

❷ 같은 방법으로 도면 치수에 따라 반지름 2를 입력한 후 모서리를 클릭하여 적용한다.

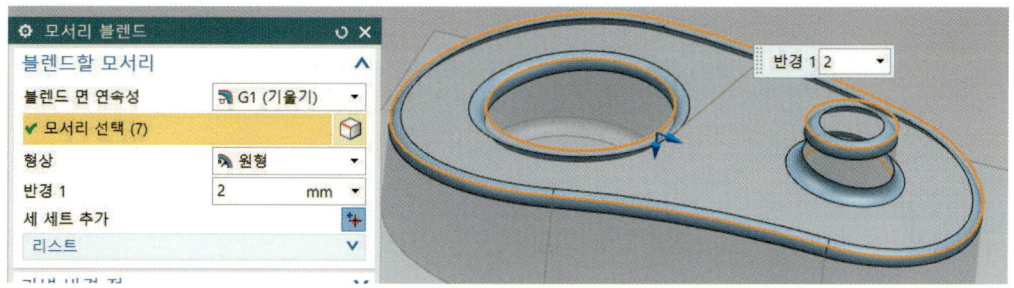

❸ 나머지 모서리는 반지름 1을 입력한다.

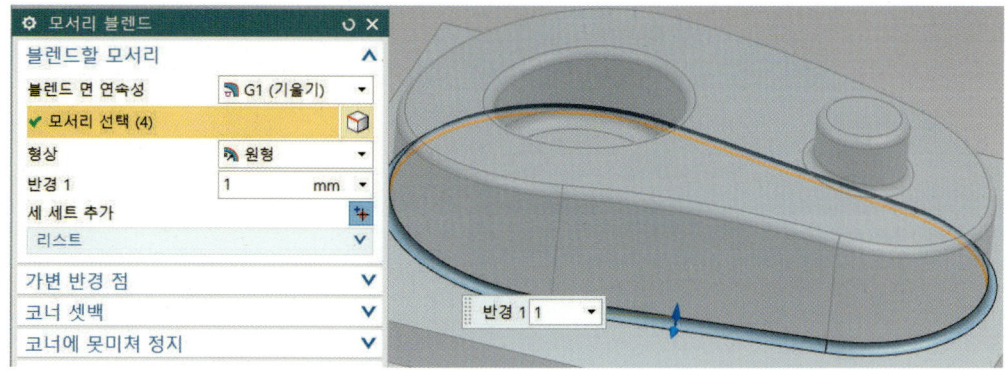

❹ 다음 그림은 완성된 작품이다(렌더 → 사실적 음영 처리 실행).

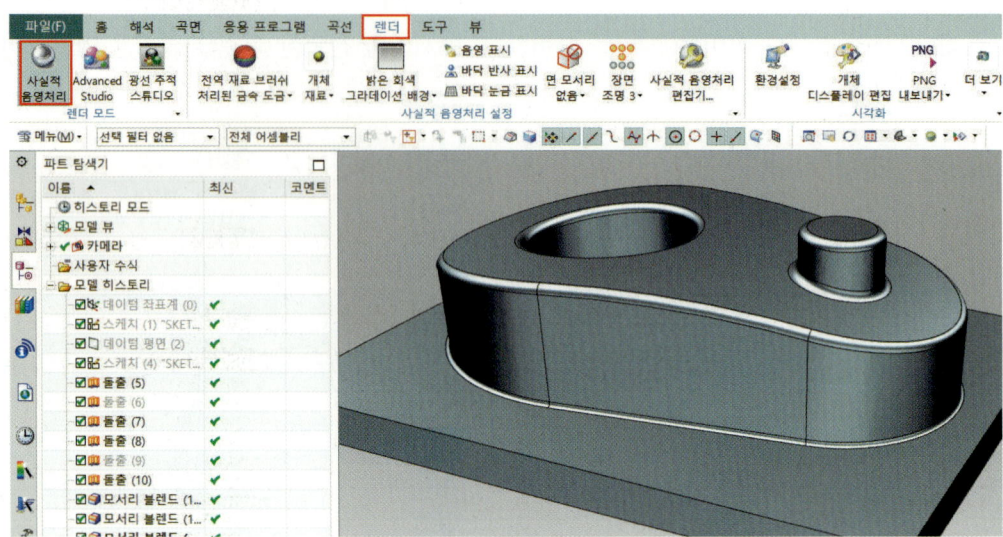

제2절 무선전화 충전기 솔리드 모델링 따라 하기

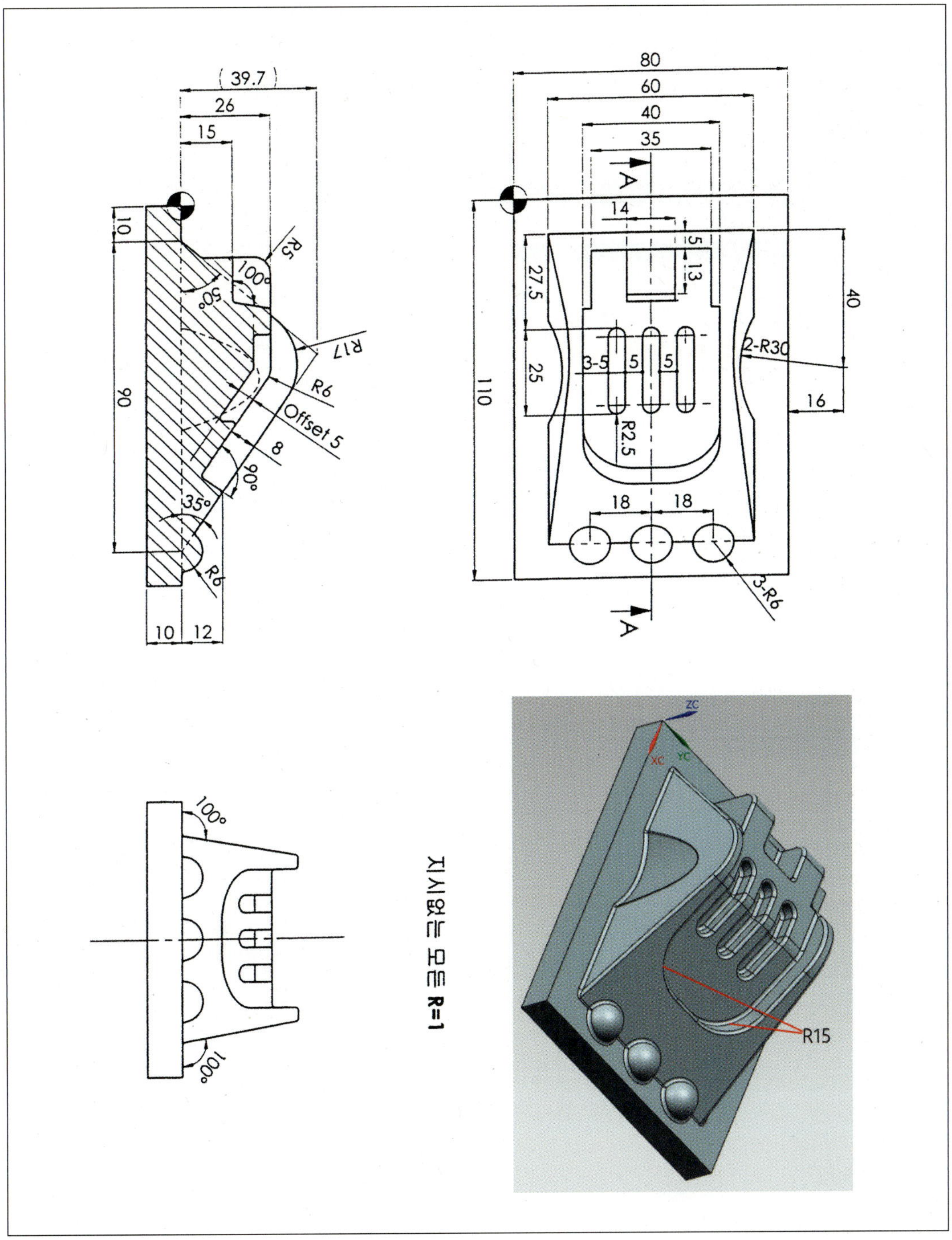

Chapter 06 | Solid Exercise

1 평면도(XY 평면) 2D 스케치 작성하기

❶ 새로 만들기 ▢([Ctrl]+[N])를 실행한다. 모델을 선택하고 파일 이름과 저장할 폴더를 입력한 다음 확인을 클릭한다.

❷ 메뉴의 삽입에서 [타스크 환경의 스케치(S)...]를 선택한다.

❸ 유형은 평면 상에서, 평면 방법은 기존 평면의 XY 평면을 선택 확인한 후 스케치 모드로 들어간다.

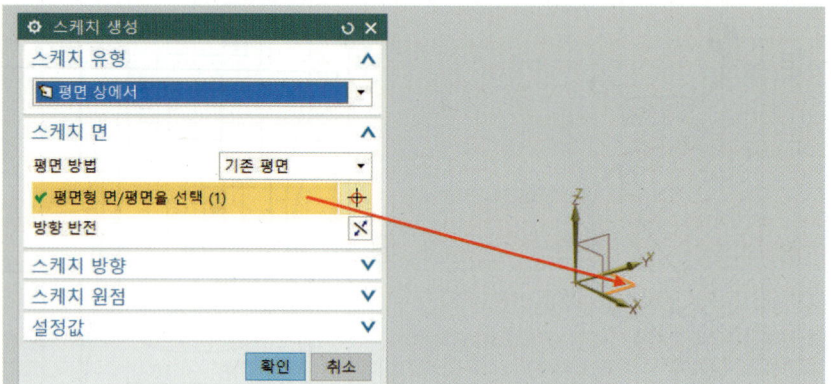

❹ 직사각형 아이콘을 선택한다. 그림과 같이 2점으로 하여 원점(0, 0)에서 시작하는 임의에 직사각형, 그리고 급속치수를 선택한 후 그림과 같이 치수를 입력한다.

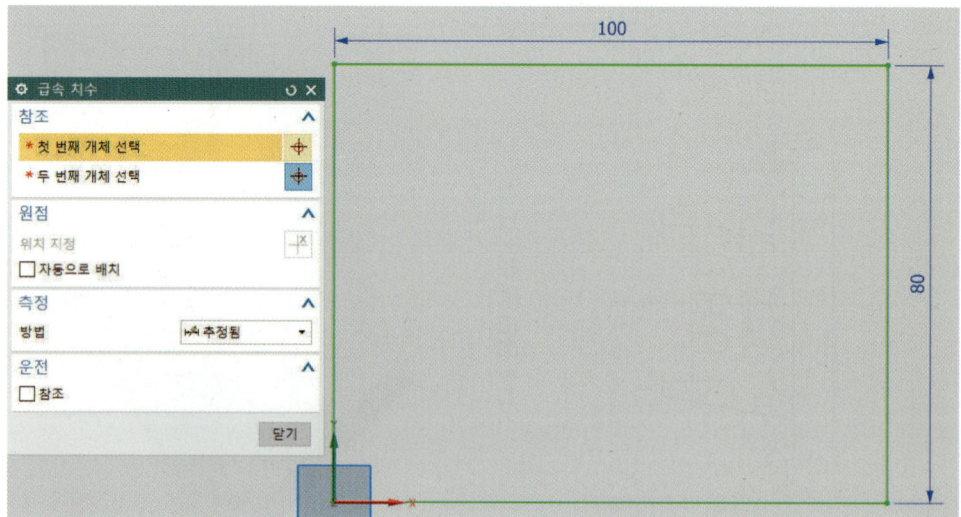

❺ 옵셋 아이콘을 선택한 후 방향을 이용하여 안쪽으로 하고, 거리 값 10을 입력하고 확인한다.

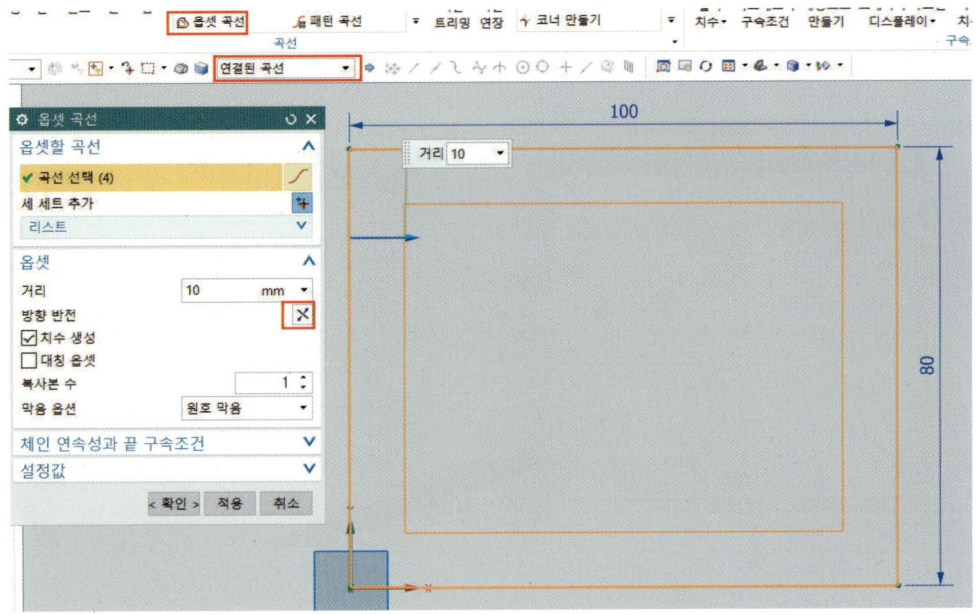

❻ 다음 그림처럼 스케치 및 치수 아이콘을 이용하여 스케치 및 치수기입을 한 후 스케치 마침 아이콘( )을 클릭하여 스케치를 빠져 나간다.

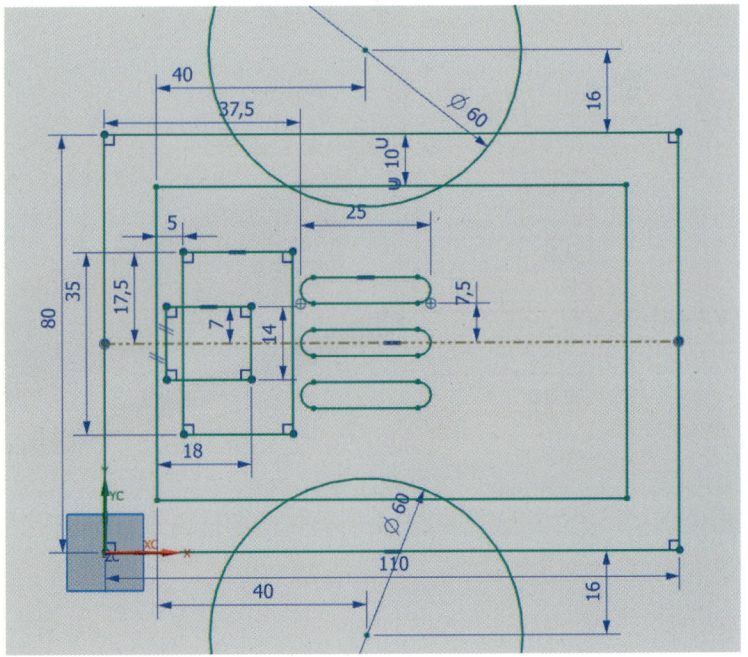

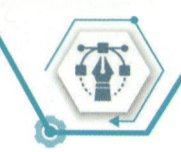

2 돌출 작성하기

❶ 돌출 아이콘을 클릭하여 연결된 곡선을 설정하고, 단면에서 곡선 선택을 한 후 한계에서 시작 거리 값은 0, 끝 거리 값은 -10을 입력하고 적용한다.

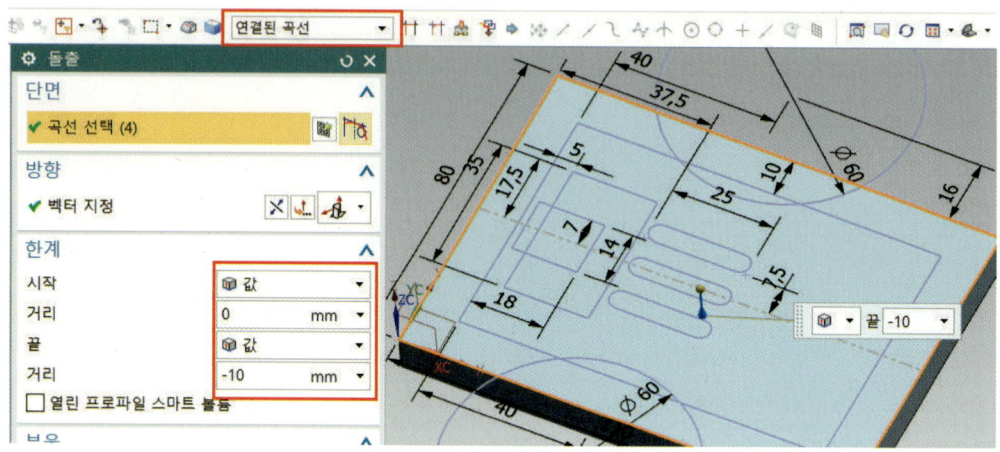

❷ 다시 돌출 아이콘을 클릭하고 그림처럼 단면에서 곡선 선택을 한 후 한계에서 시작 거리 값은 0, 끝 거리 값 42를 입력하고 확인한다.

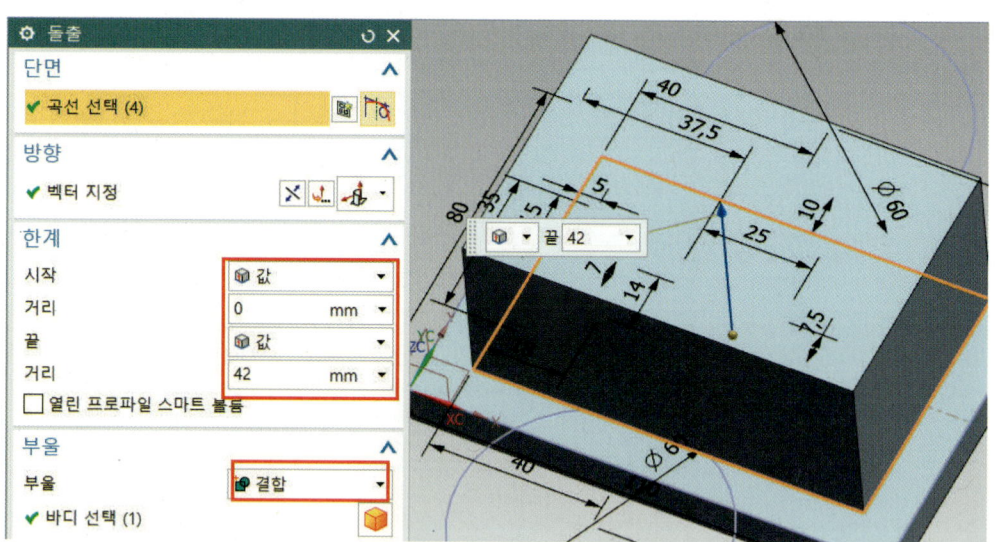

NX10 3D 모델링 및 CAD/CAM

③ 구배(Draft) 작성하기

❶ 구배 아이콘을 클릭하고 유형을 평면으로 구배 방향을 Z축으로 고정 평면을 선택하고, 구배할 면을(양쪽) 클릭하고 구배 각도는 10을 입력한 후 적용한다.

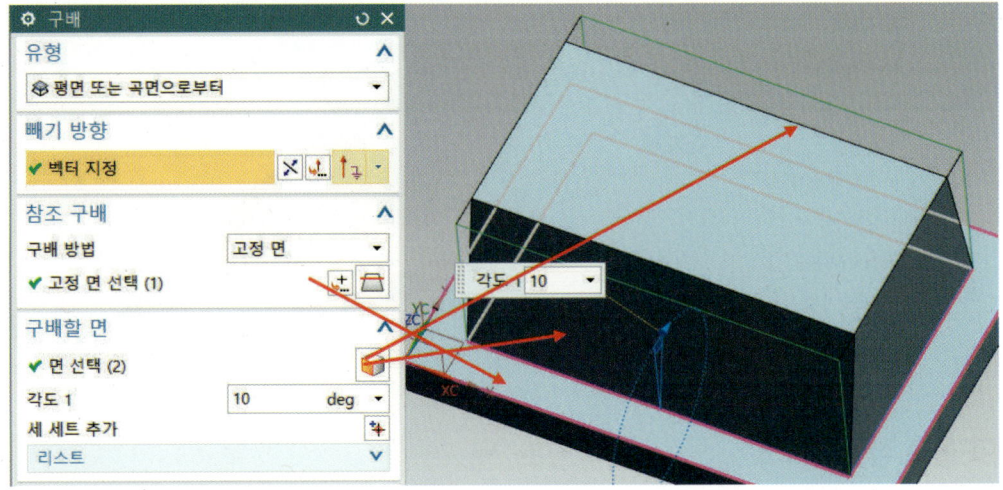

❷ 같은 방법으로 구배 각도는 55를 입력한 후 적용한다.

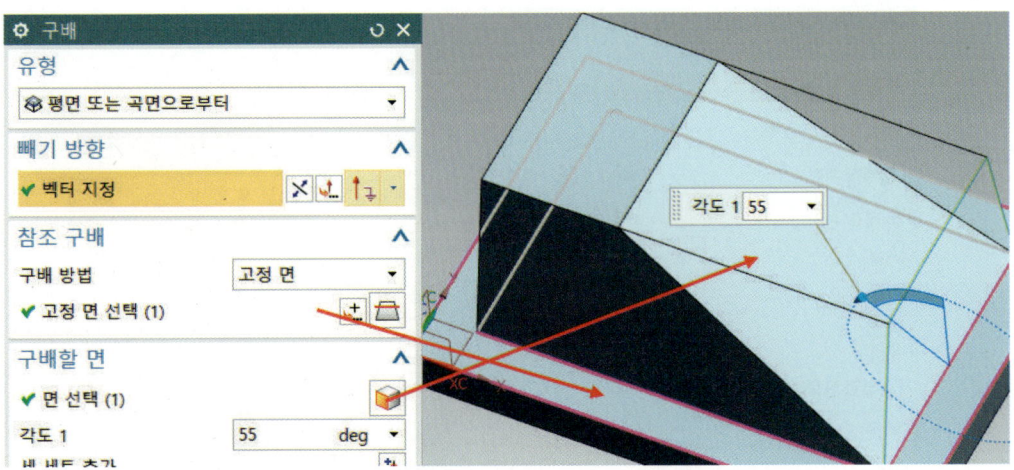

Chapter 06 | Solid Exercise

❸ 같은 방법으로 구배 각도는 40을 입력하고 확인한다.

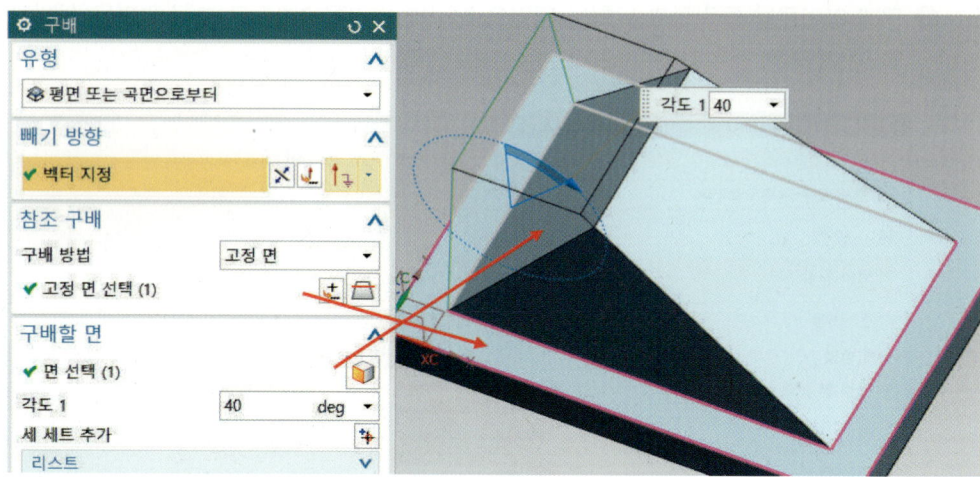

❹ 돌출 작성하기

❶ 돌출 아이콘을 클릭하고 연결된 곡선로 설정하고 단면에서 곡선 선택을 한 후, 한계에서 시작 거리 값은 0, 끝 거리 값은 42를 입력하고 적용한다.

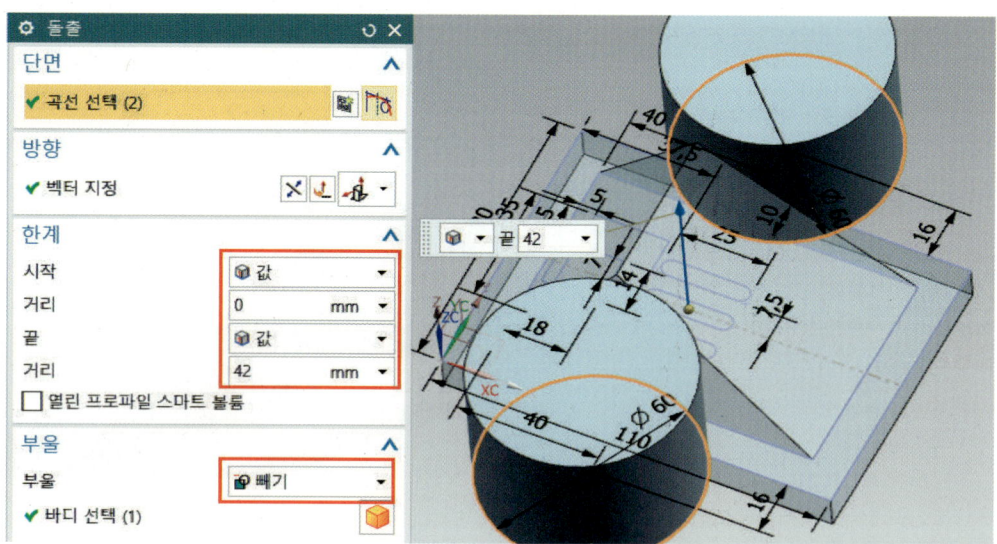

❷ 다음 그림처럼 돌출 아이콘을 클릭한 후 적용한다.

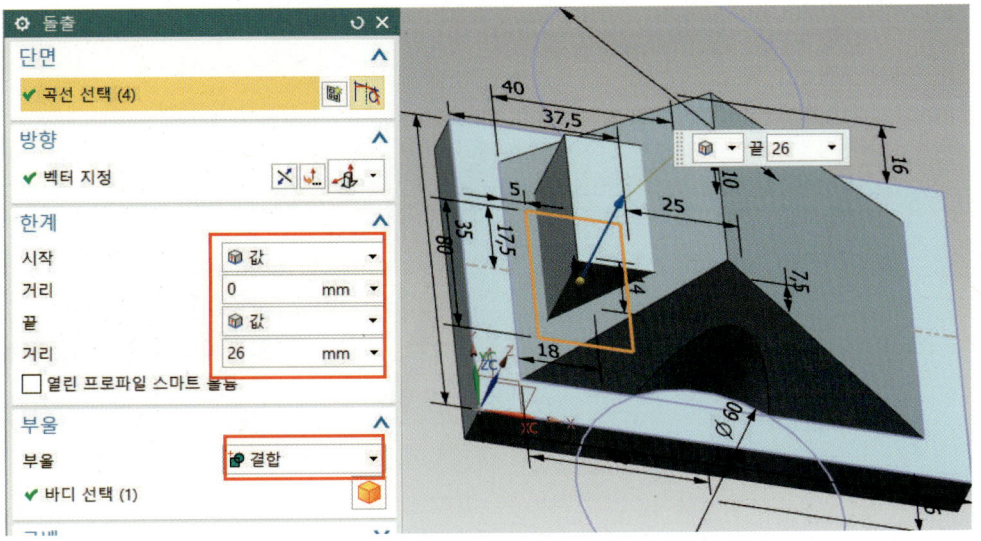

❸ 다음 그림처럼 돌출 아이콘을 클릭하고 입력한 후 확인한다.

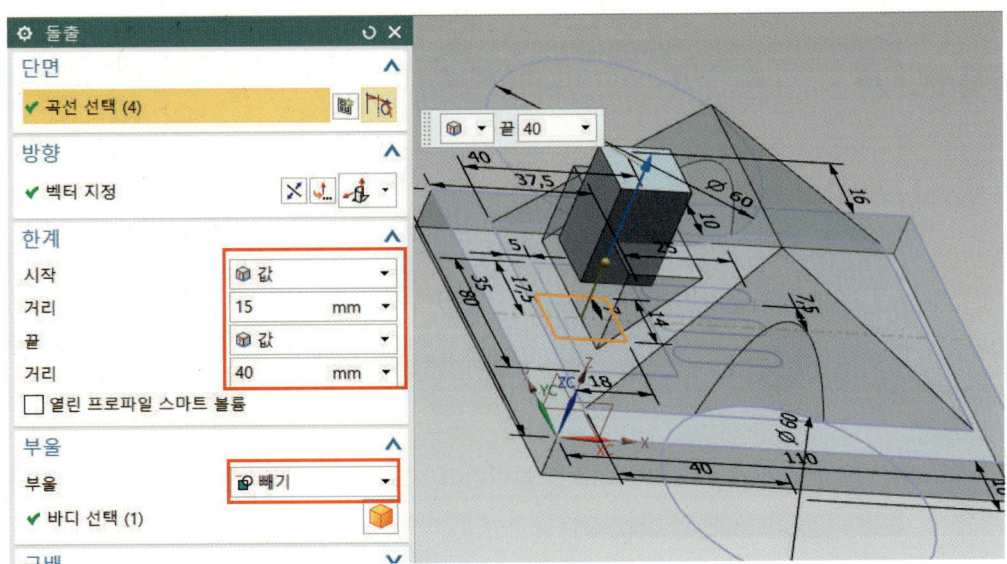

❹ 구배 아이콘을 클릭하고 유형을 평면으로 구배 방향을 Z축으로 고정 평면을 선택하고, 구배할 면을(양쪽) 클릭하고 구배 각도 10을 입력하고 적용한다.

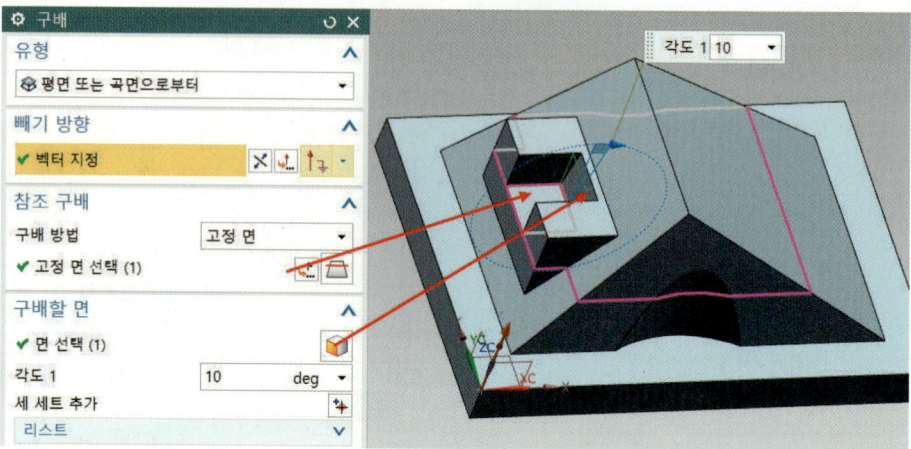

5 정면도 스케치하기

❶ 데이텀 평면 아이콘을 클릭한다. 유형에서 거리로 하고, 평면형 참조에서 평면형 개체 선택을 한 후 옵셋에서 거리 값 40을 입력하고 확인한다.

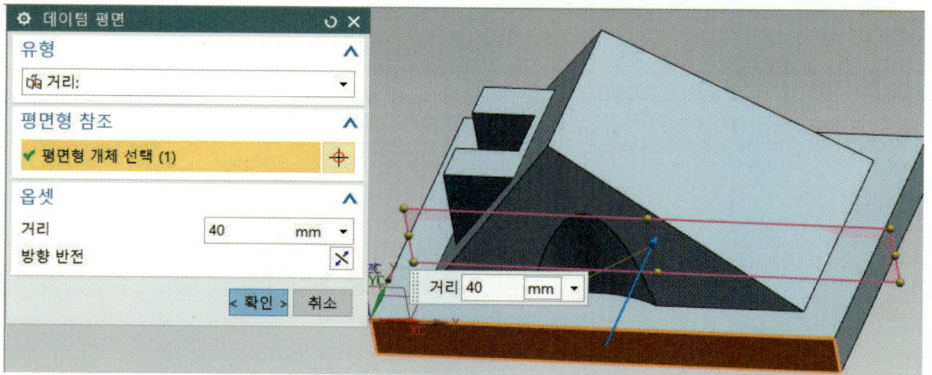

❷ 메뉴 삽입에 타스크 스케치 아이콘을 클릭한다. 그림처럼 데이텀 평면을 선택하고 확인한다.

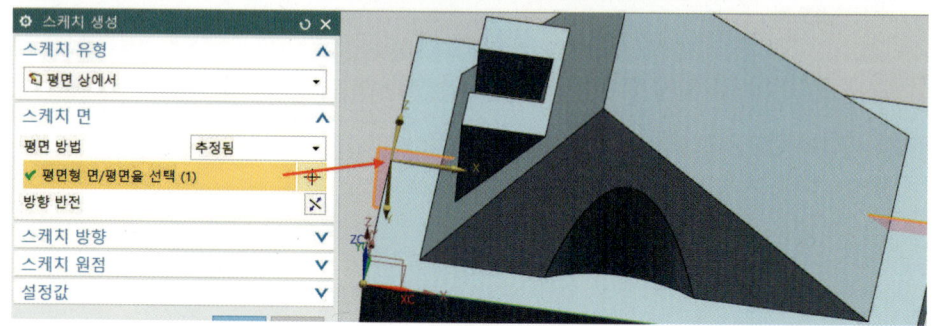

NX10 3D 모델링 및 CAD/CAM

❸ 프로파일 아이콘을 이용하여 그림과 같이 스케치를 완성한 후 급속치수 아이콘을 선택하고, 치수를 입력하고 스케치 마침 아이콘( )을 클릭하여 스케치를 빠져 나간다.(종료한다.)

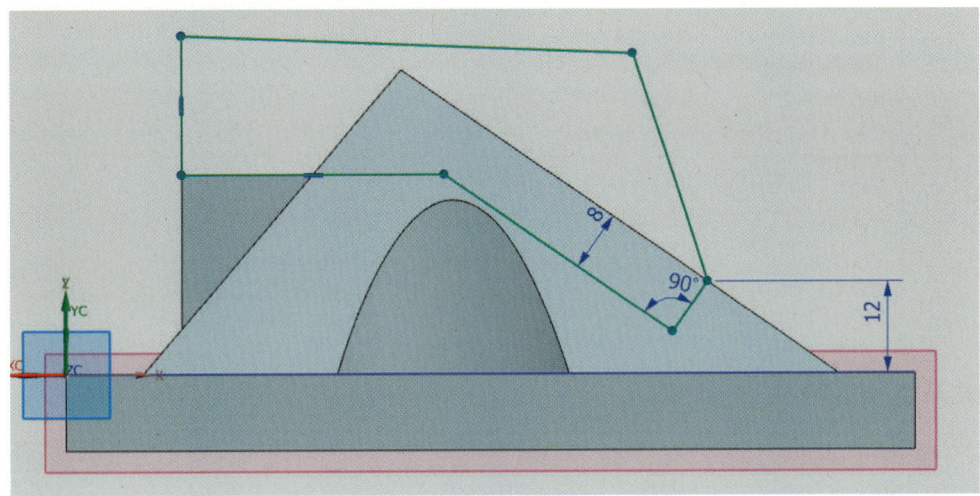

❻ 돌출 작성하기

❶ 돌출 아이콘을 클릭하고 단면에서 곡선 선택을 하고, 한계에서 시작 거리 값을 20, 끝 거리 값을 -20으로 입력한다. 부울에서 빼기로 설정한 후 확인한다.

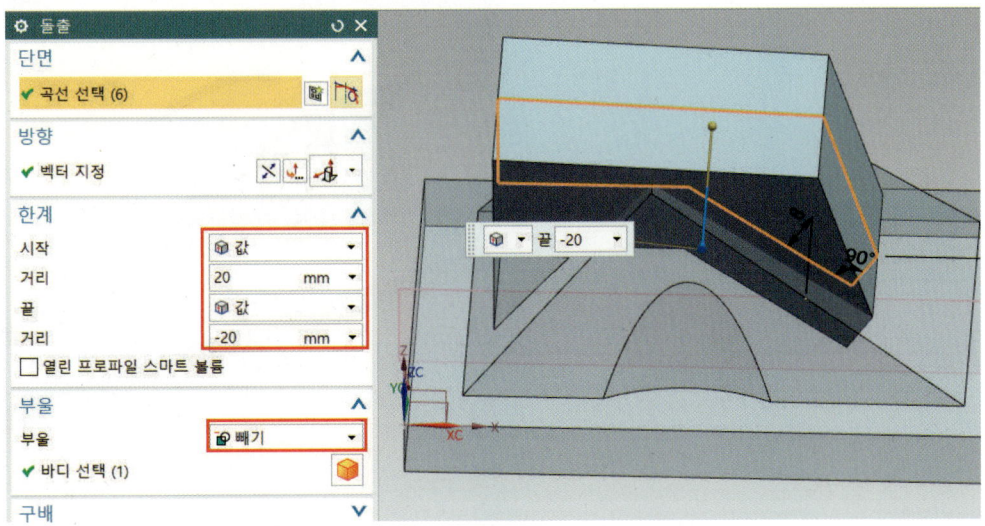

Chapter 06 | Solid Exercise 165

❷ 모서리 블렌드 아이콘을 클릭하고, 다음 그림처럼 선택한 후 형상에서 반경 6을 입력한다.

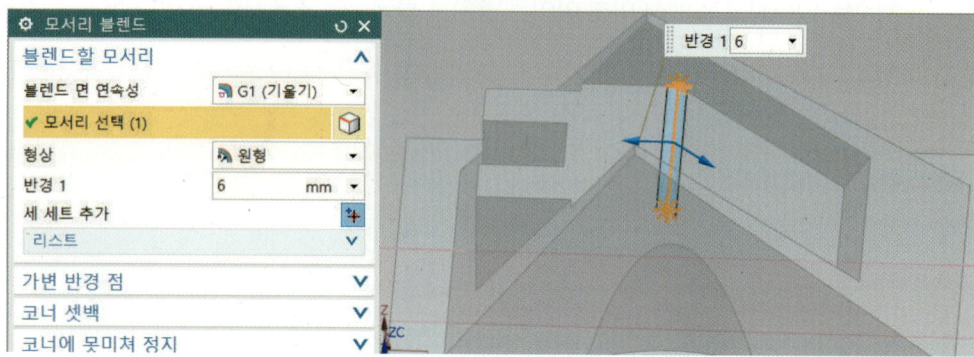

7 포켓 작성하기

❶ 정적 와이어프레임 아이콘을 선택한 후 삽입의 특징형상 설계에서 포켓(포켓(P)...)을 클릭한다. 포켓에서 일반 포켓을 선택하고 확인한다.

❷ 선택 단계 첫 번째 배치 면에서 그림처럼 면을 선택한다.

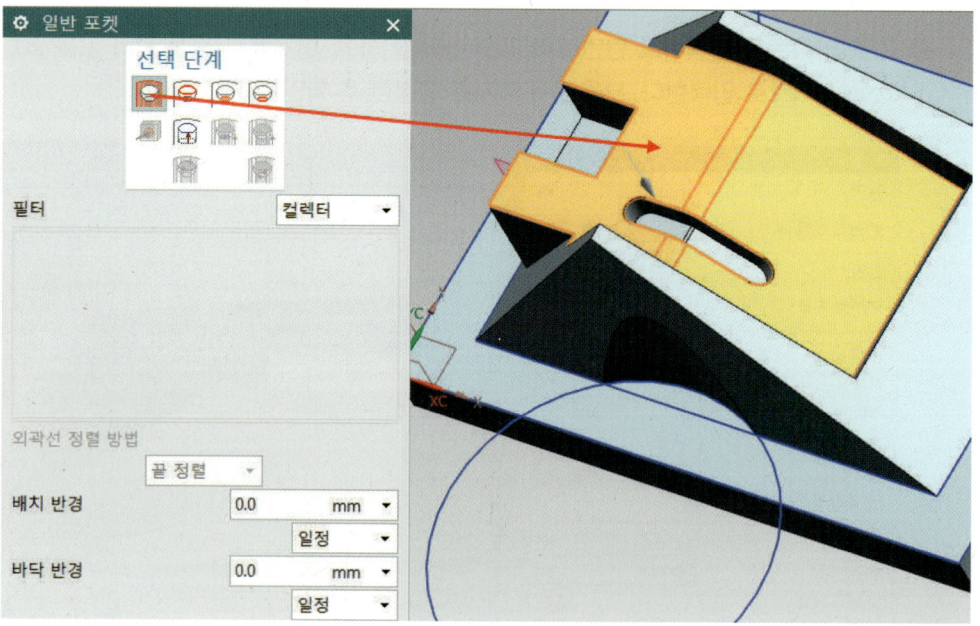

❸ 선택 단계 두 번째 배치 외곽선을 설정하고 곡선을 선택한다.

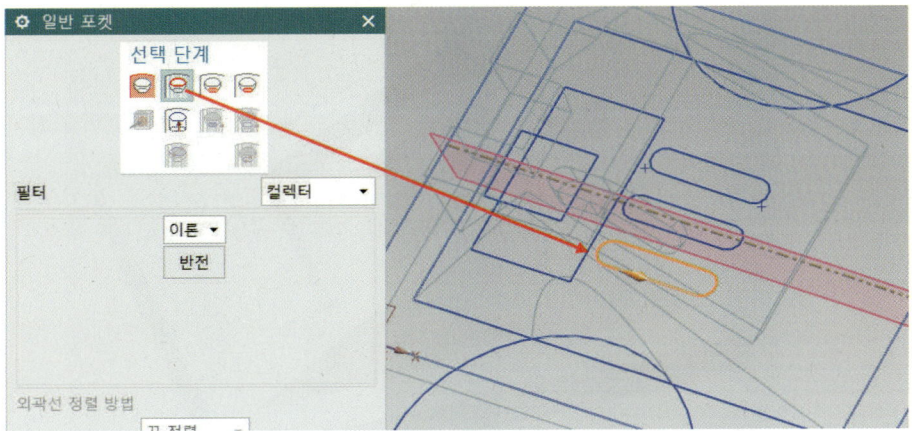

❹ 선택 단계 세 번째 바닥 면을 설정하고 옵셋 값을 배치에서 5mm을 입력하고, 화살표를 확인한다.

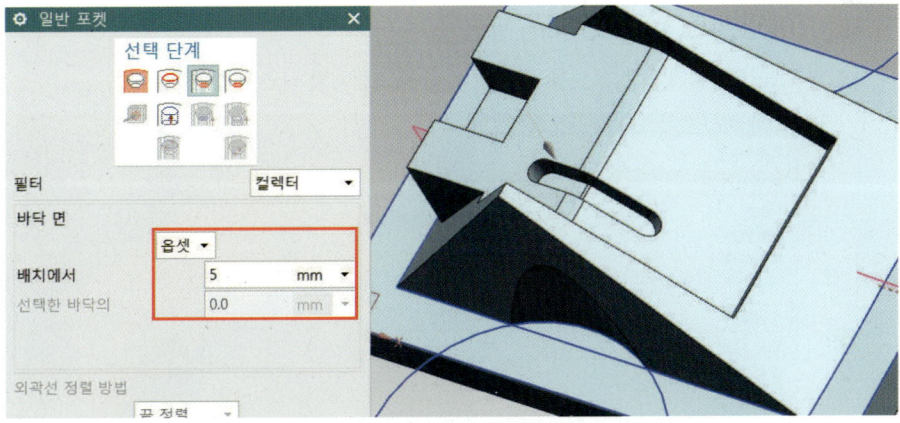

❺ 선택 단계 네 번째 바닥 외곽선을 설정하고, 테이퍼 각도는 0, 일정으로 선택하고 확인한다.

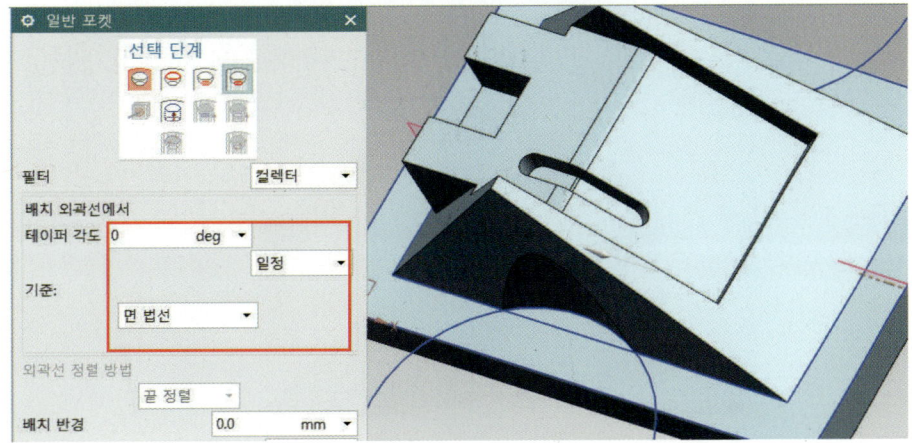

❻ 위와 같은 방법으로 3개의 포켓 작업을 완성한다.

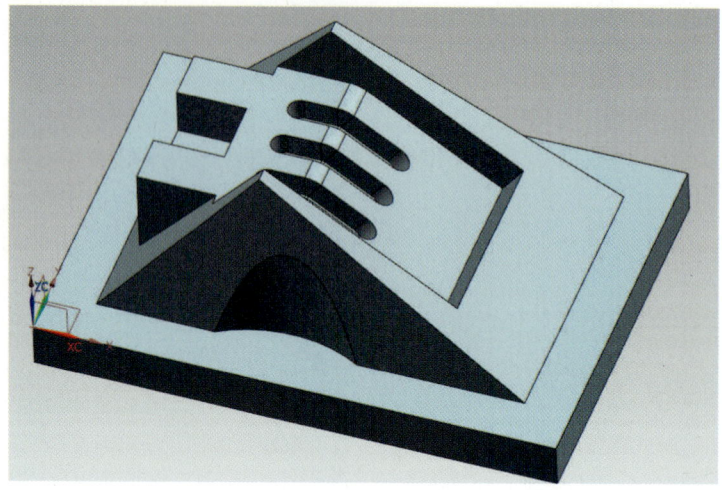

참고 다른 방법으로 포켓 모델링하는 방법

① 삽입에 옵셋 배율에 곡면 옵셋을 선택한 후 다음 그림처럼 곡면 옵셋한다.

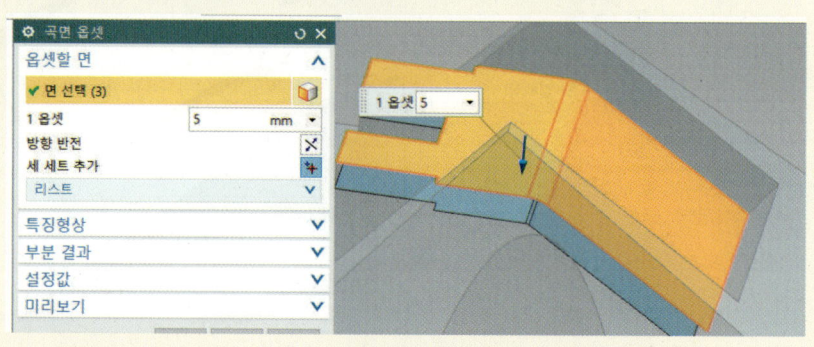

② 데이텀 평면을 선택한 후 다음 그림처럼 곡선 투영한다.

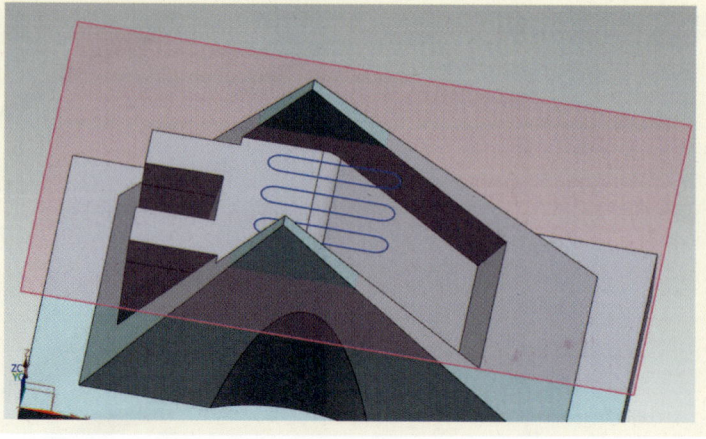

③ 다음 그림처럼 돌출 아이콘을 클릭한 후 입력한다.

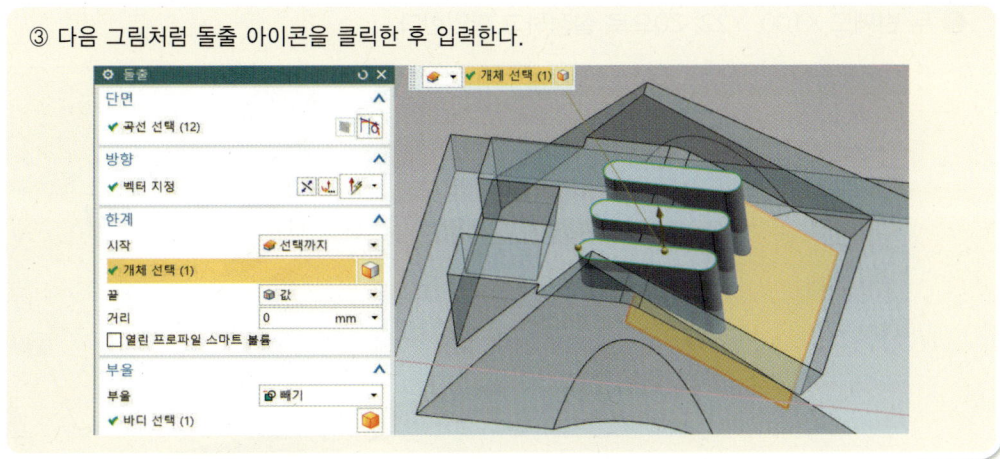

8 구 형상 작성하기

❶ 구 아이콘을 선택한 후 다음 그림처럼 설정하고 점 다이얼로그를 클릭한다.

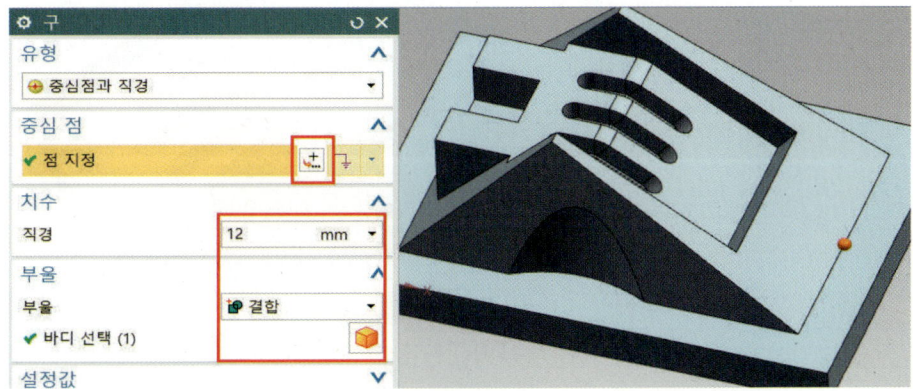

❷ 점 아이콘을 클릭하여 출력 좌표에서 절대로 설정한 후 X100, Y40, Z0으로 설정하고 확인한다.

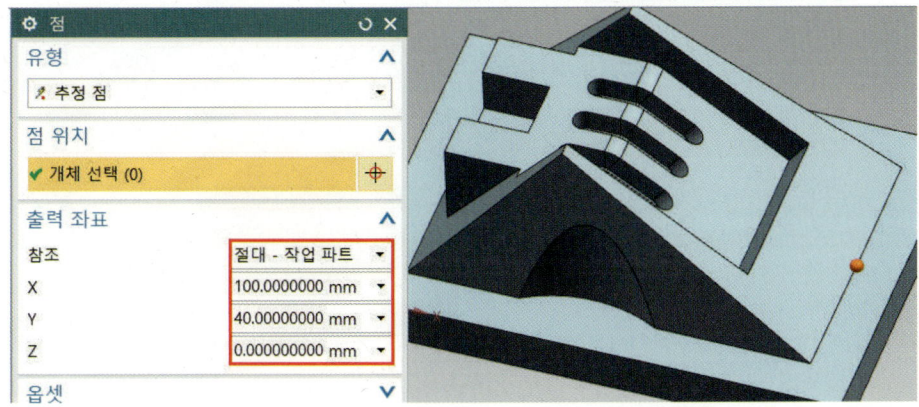

❸ 두 번째도 X100, Y22, Z0으로 설정하고 확인한다.

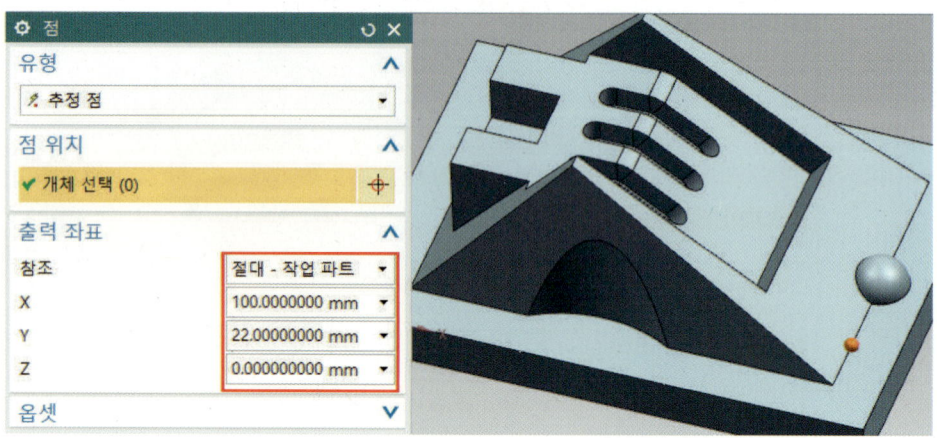

❹ 세 번째도 X100, Y58, Z0으로 설정하고 확인한다.

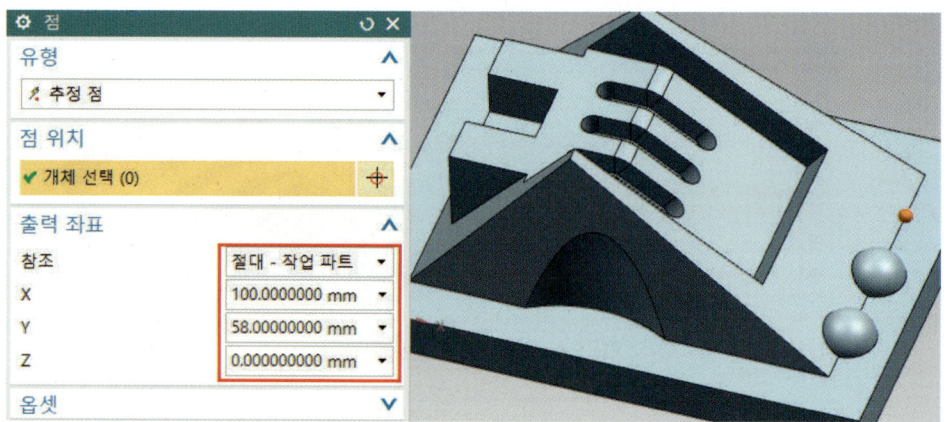

❺ 구 아이콘을 선택하여 3개의 구를 완성한다.

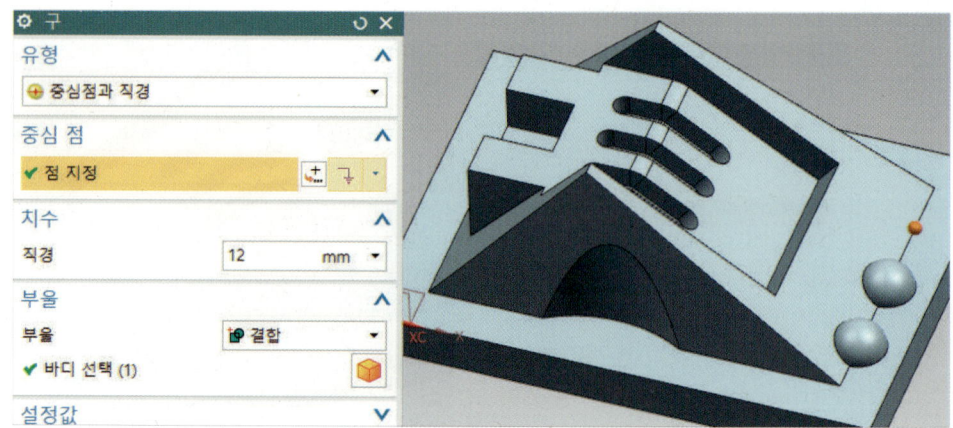

NX10 3D 모델링 및 CAD/CAM

9 모서리 블렌드 작업

❶ 모서리 블렌드 아이콘()을 클릭하고 모서리를 선택한 후 반지름 15를 입력하고 적용한다.

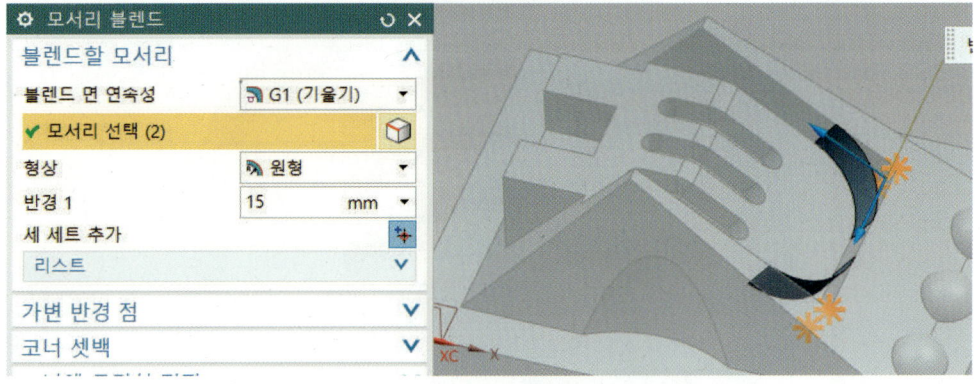

❷ 같은 방법으로 도면 치수에 따라 반지름 17을 입력한 후 모서리를 클릭하고 확인한다.

❸ 같은 방법으로 반지름 5를 입력한 후 모서리를 클릭하고 확인한다.

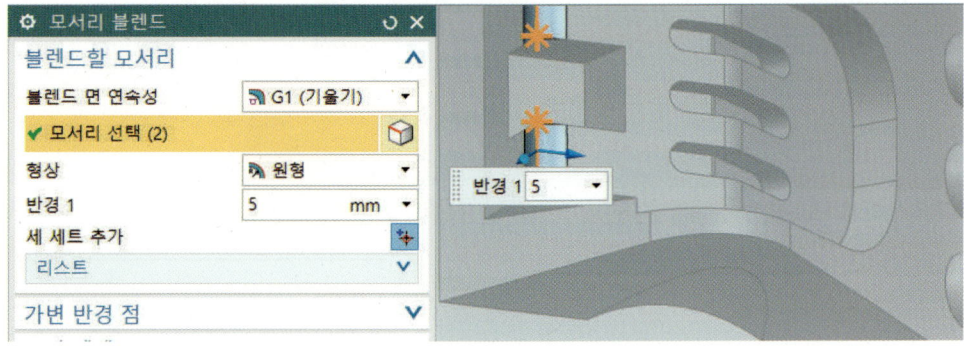

Chapter 06 | Solid Exercise

❹ 나머지 모서리는 반지름 1mm를 입력한다. 다음 그림은 완성된 작품이다.

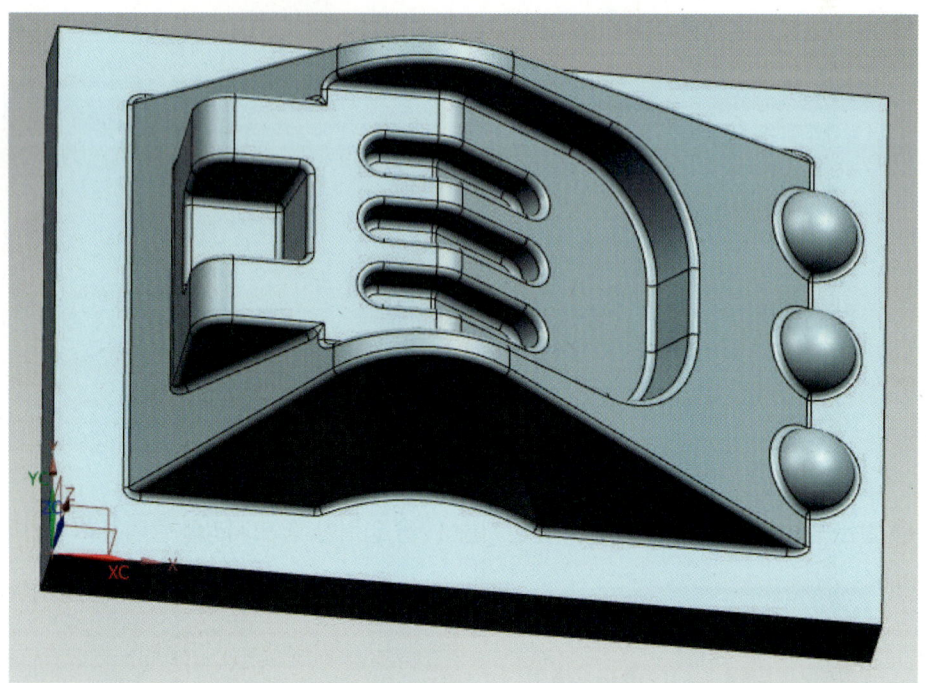

제3절 돌출 브라켓 충전기 솔리드 모델링 따라 하기

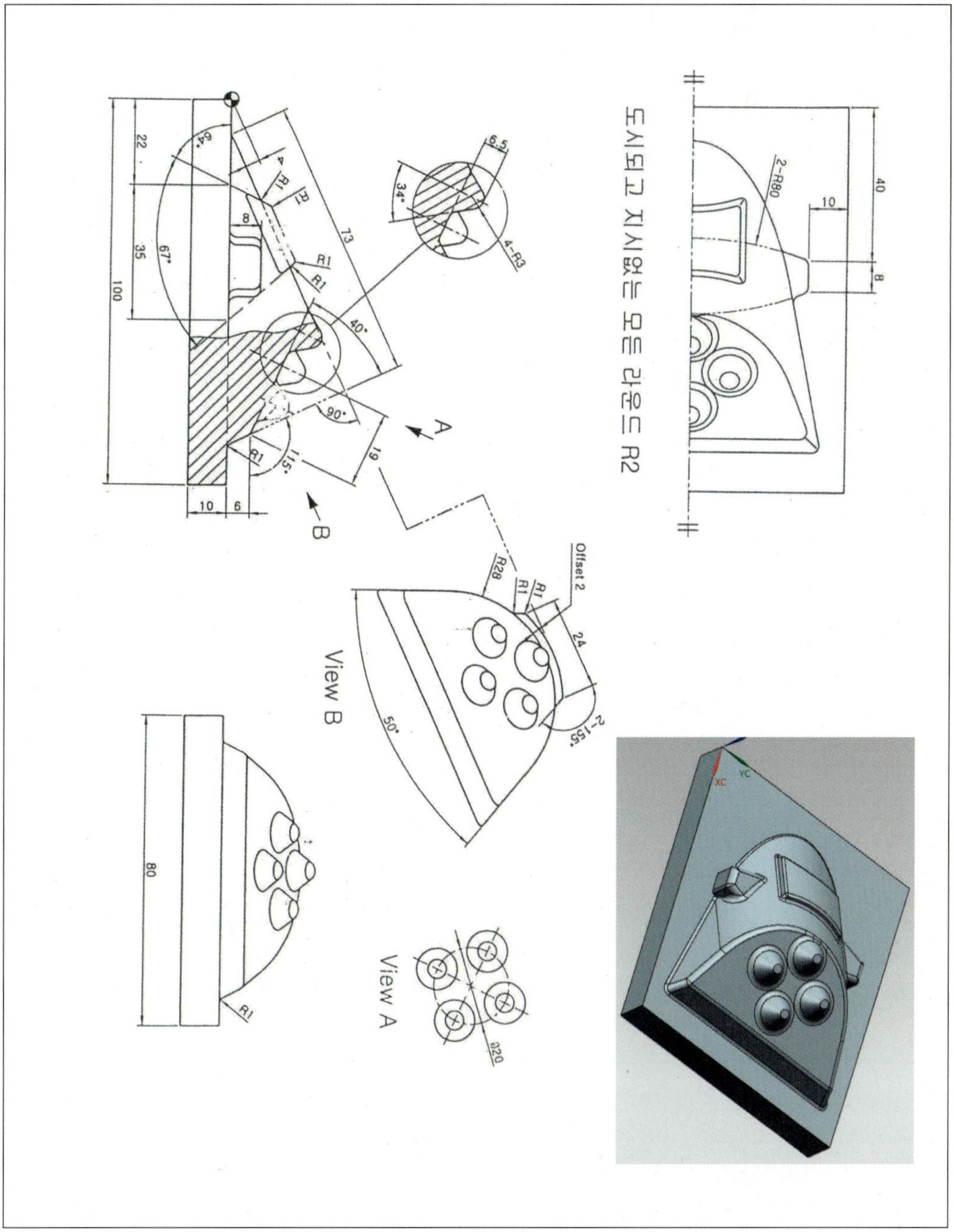

1 평면도(XY 평면) 2D 스케치 작성하기

❶ 새로 만들기 ☐(Ctrl+N)를 실행한다. 모델을 선택하고 파일 이름과 저장할 폴더를 입력한 다음 확인을 클릭한다.

❷ 삽입에서 [타스크 환경의 스케치(S)...]를 선택하거나 스케치 아이콘( )을 선택한다.

❸ 기본적으로 평면도(XY 평면)를 선택한 후 확인하고 스케치 모드로 들어간다.

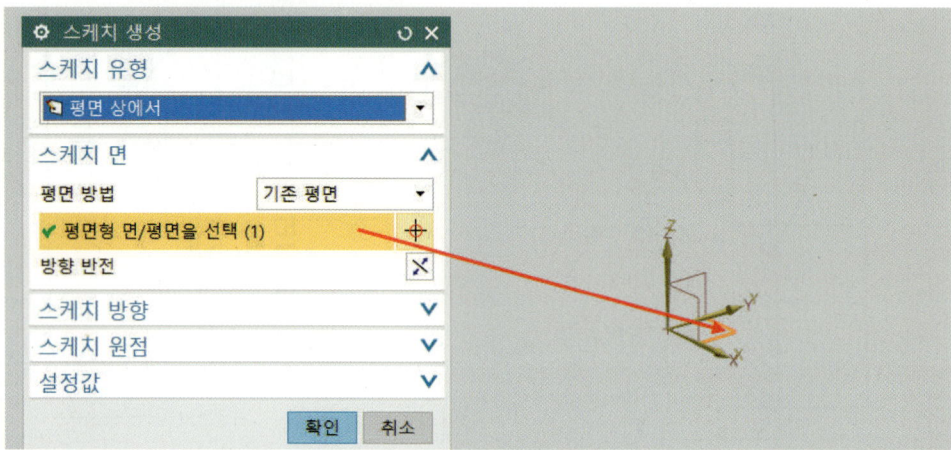

❹ 직사각형(Rectangle)( )을 선택한다. 다음 그림에서와 같이 2점으로 하여 가운데 데이텀 좌표계를 중심으로 하는 도형을 생성한다. 치수기입 아이콘을 이용하여 치수기입을 한다.

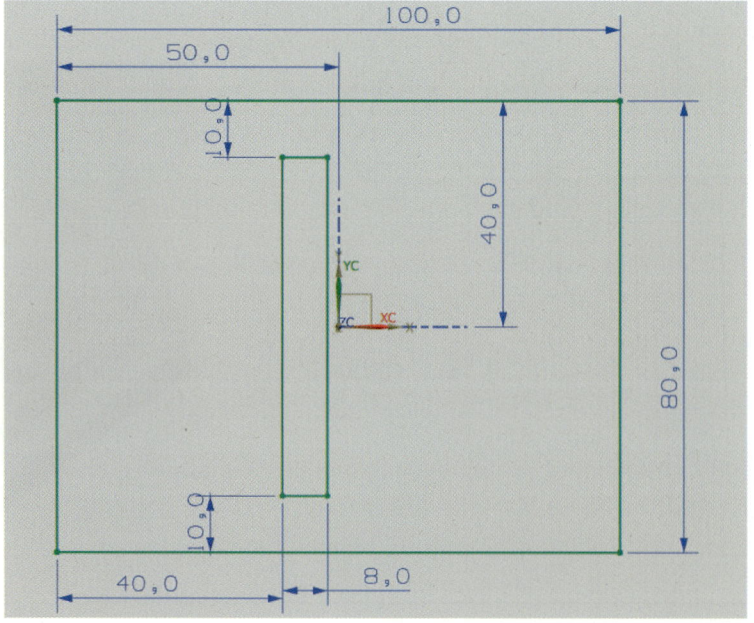

❺ 그림처럼 선을 선택하여 참조선으로 변환한다.

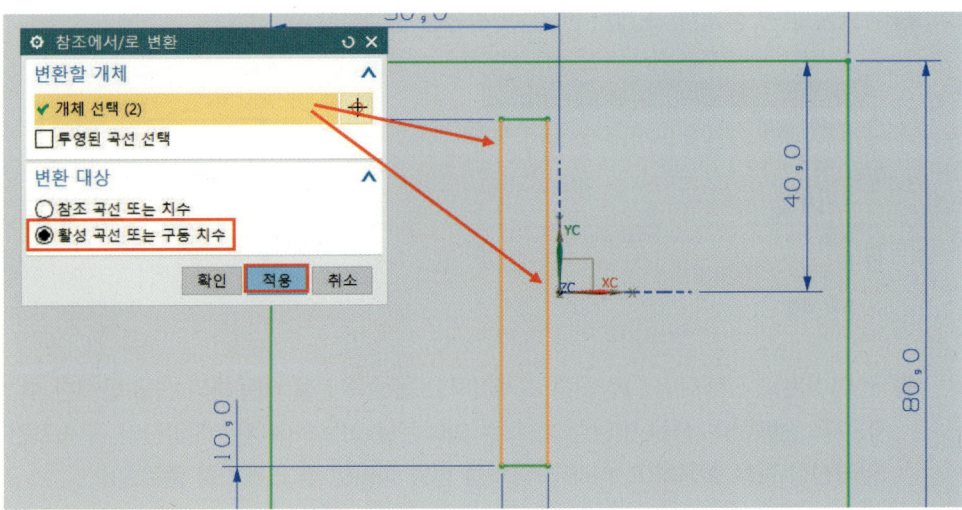

❻ 원호를 이용하여 스냅 끝점을 활용하면서 아래 그림처럼 3점호를 생성하고 치수기입한다.

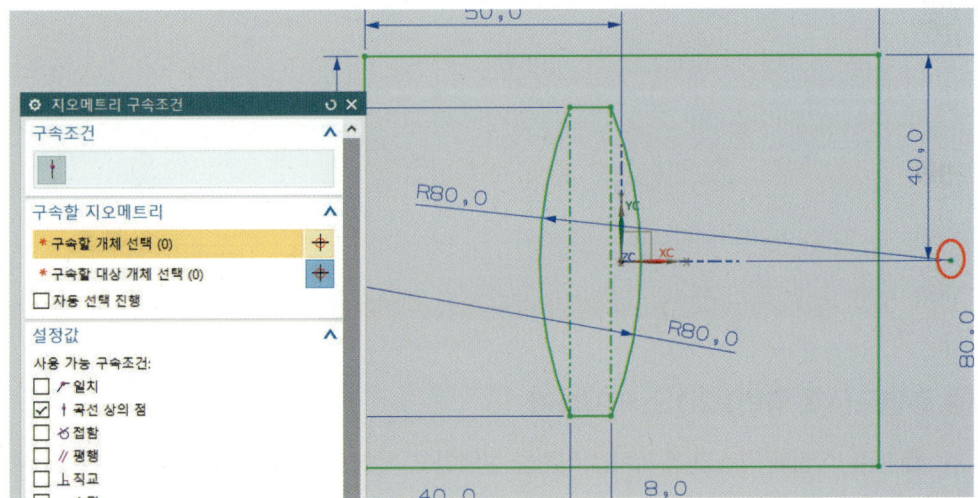

❷ 정면도(XZ 평면) 2D 스케치하기

❶ 유형은 평면 상에서, 스케치 면은 XZ 평면을 선택하고 확인한다.

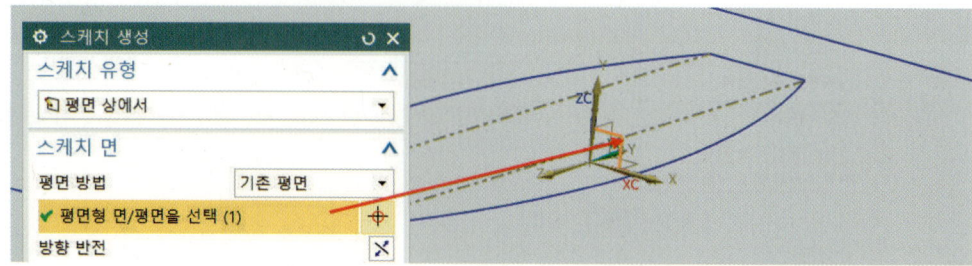

❷ 선 아이콘을 선택하여 그림처럼 스케치하고 옵셋 곡선을 이용하여 선을 옵셋한 후 참조선 아이콘을 선택하여 선을 변환한다. 치수 아이콘을 이용하여 치수기입한다. 구속조건 직각, 동일직선상 등을 활용하고, 아래 그림처럼 선을 정리한 후 스케치를 종료한다.

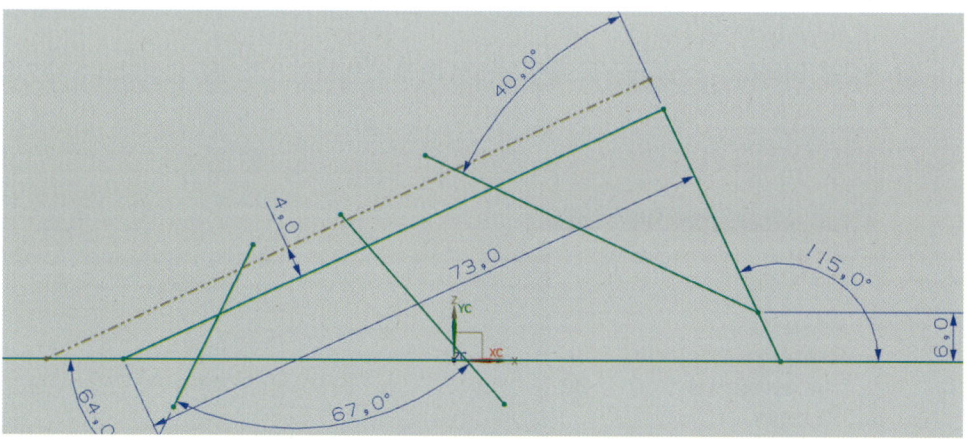

❸ 측면도(YZ 평면) 2D 스케치하기

❶ 메뉴 삽입에 타스크 스케치 아이콘을 선택하고, 유형은 경로 상에서 선을 선택한 후 확인한다.

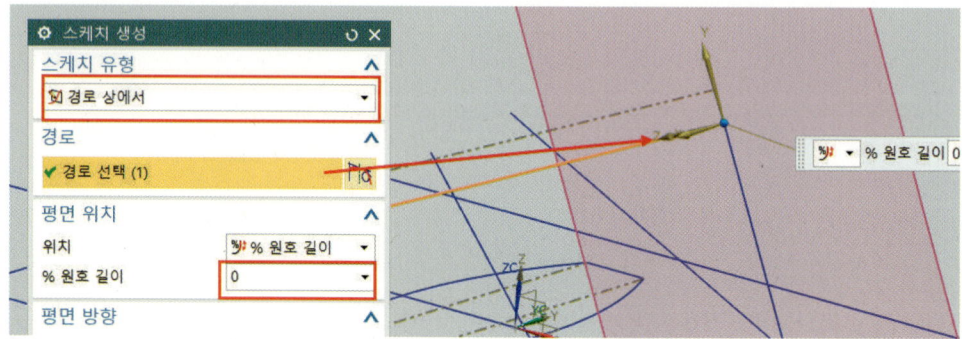

176 PART Ⅱ 솔리드(Solid) 모델링

❷ 원호 아이콘을 이용하여 스냅 끝점을 활용하면서 아래 그림처럼 3점호를 생성하고, R29 치수기입을 하고, 호의 중심은 스냅점 곡선상의 점으로 구속한다. 선 아이콘을 이용하여 선을 생성한 후 50도, 25도 치수기입하고, 스냅 점을 활용하여 호와 접선 구속을 한다. 2mm 곡선 옵셋을 하고 아래 그림처럼 선 및 트림으로 완성하고 치수기입을 하여 스케치를 종료한다.

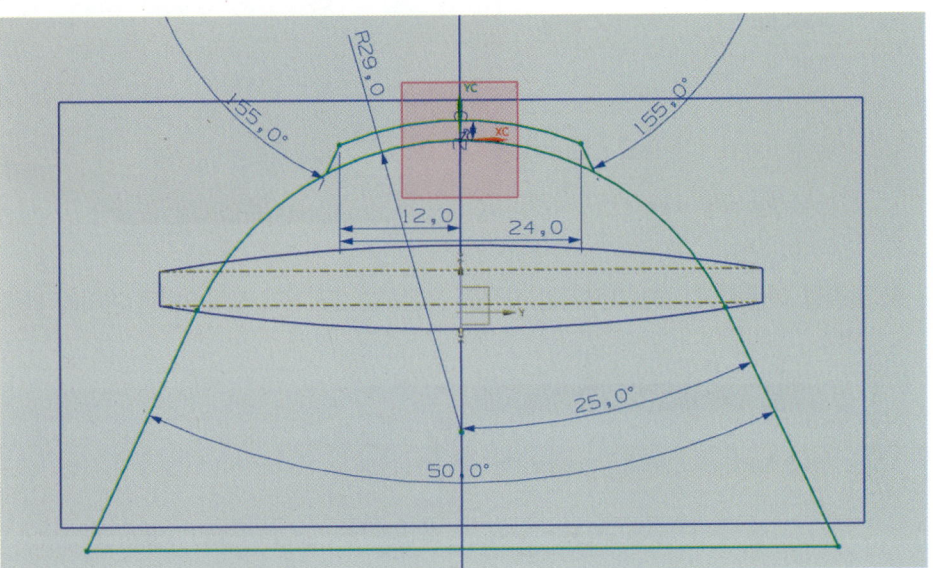

④ 돌출 작성하기

❶ 돌출 아이콘을 선택한다. 연결된 곡선을 선택한 상태에서 단면에서 곡선 선택을 하고, 한계에서 끝 거리 값은 -10만큼 돌출하고 확인한다.

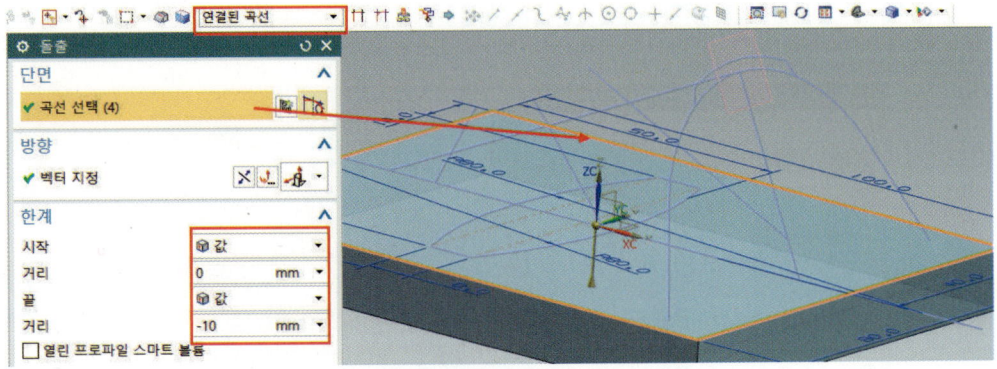

❷ 다시 돌출 아이콘을 이용하여 아래 그림처럼 곡선을 선택하고, 마우스로 −100만큼 거리를 설정하고 확인한다.

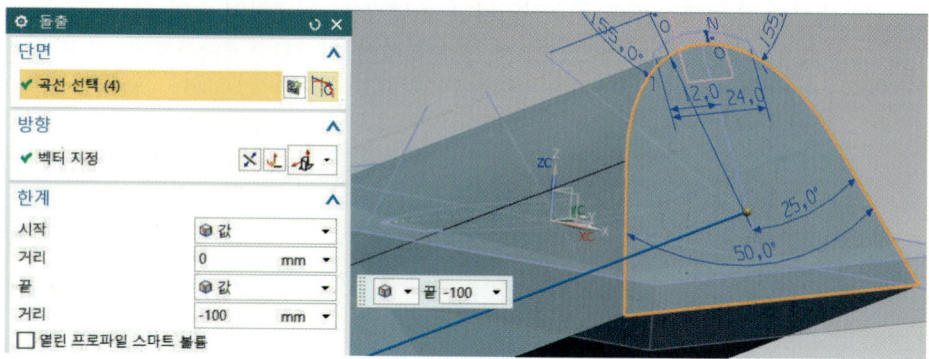

❸ 돌출을 이용하여 아래 그림처럼 곡선을 선택하고, 끝 거리 값을 8만큼 거리를 설정하고 확인한다.

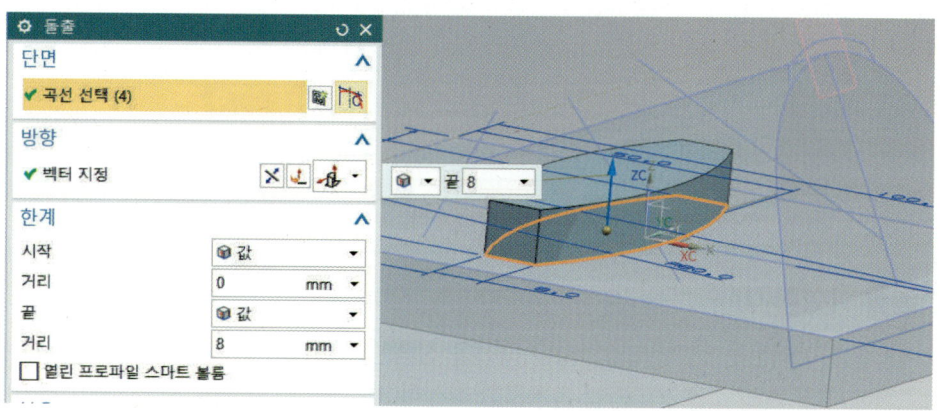

❹ 돌출을 이용하여 아래 그림처럼 곡선을 차례대로 선택하고, 거리를 설정하고 확인한다.

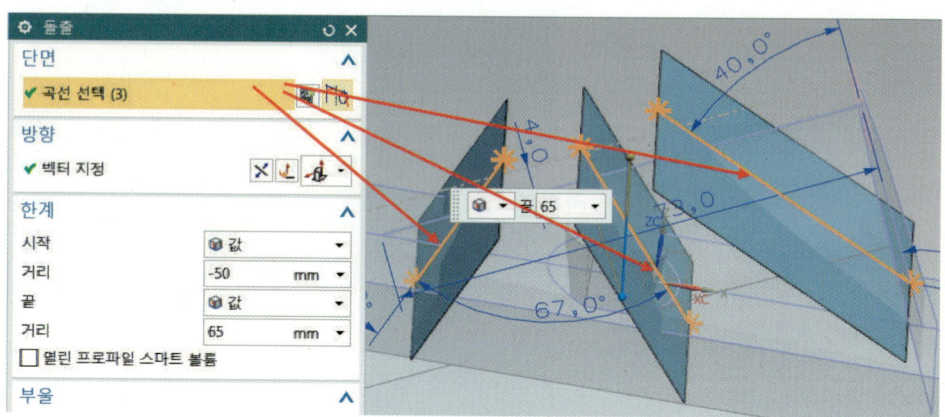

PART Ⅱ 솔리드(Solid) 모델링

NX10 3D 모델링 및 CAD/CAM

❺ 다시 돌출 아이콘을 이용하여 아래 그림처럼 곡선을 선택하고, 한계에서 시작은 선택까지로 하고, 아래 곡면을 선택하고 끝은 선택까지로 하고, 위 곡면을 선택한 후 확인한다.

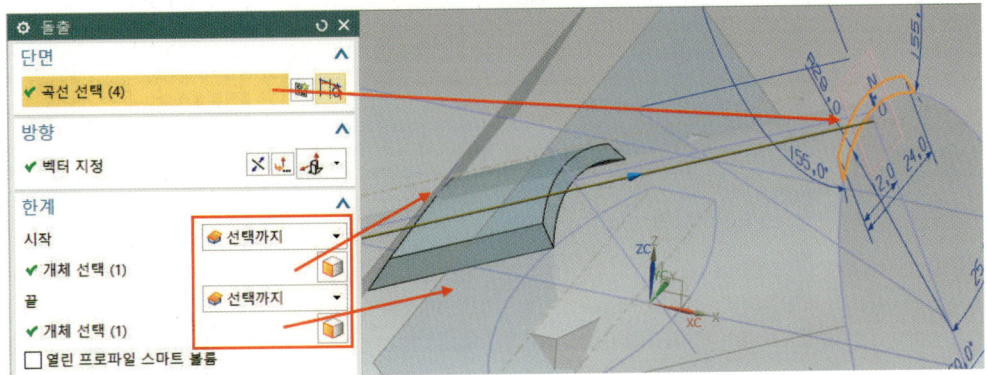

5 바디 트리밍 및 숨기기

❶ 바디 트리밍 아이콘을 선택하고, 타겟에서 바디를 클릭하고, 공구 평면 지정을 설정하고, 트리밍 면 방향을 선택한 후 확인한다.

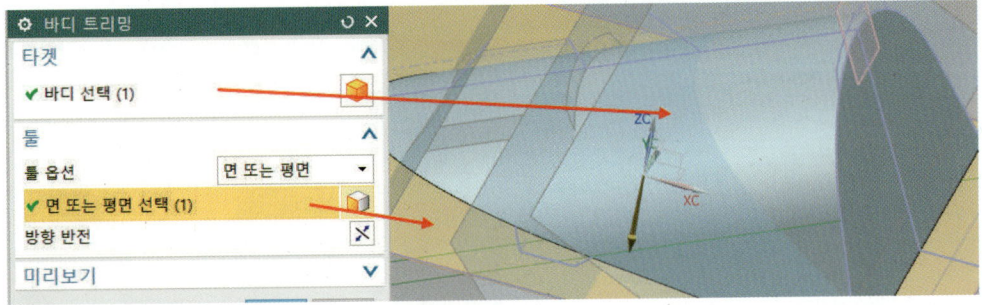

❷ 다시 바디 트리밍 아이콘을 선택하고 타겟에서 바디를 클릭하고, 공구 평면지정은 그림과 같이 트리밍 면 방향을 선택한 후 확인한다.

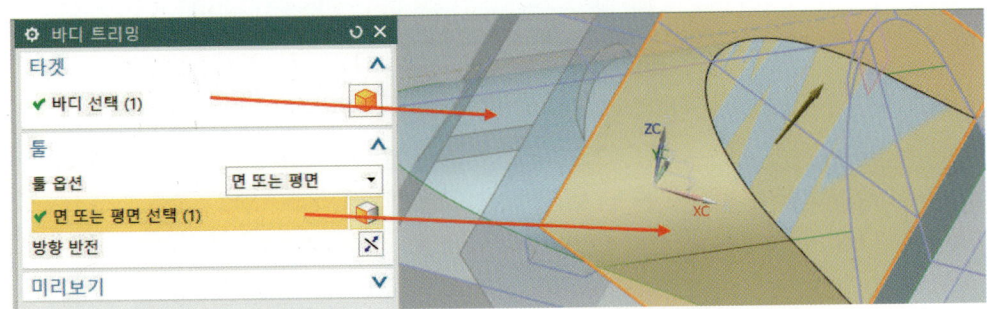

Chapter 06 | Solid Exercise

❸ 그림처럼 곡선을 선택하고 MB3 버튼을 이용하여 숨기기 한다.

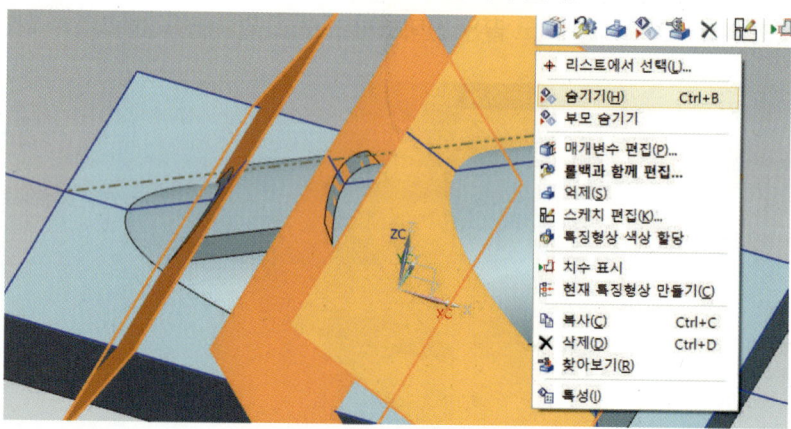

6 원뿔 작성하기

❶ 메뉴의 삽입에서 [타스크 환경의 스케치(S)...]를 선택하거나 스케치 아이콘을 선택하고, 유형은 평면 상에서, 스케치 면을 그림과 같이 클릭한 후 확인한다.

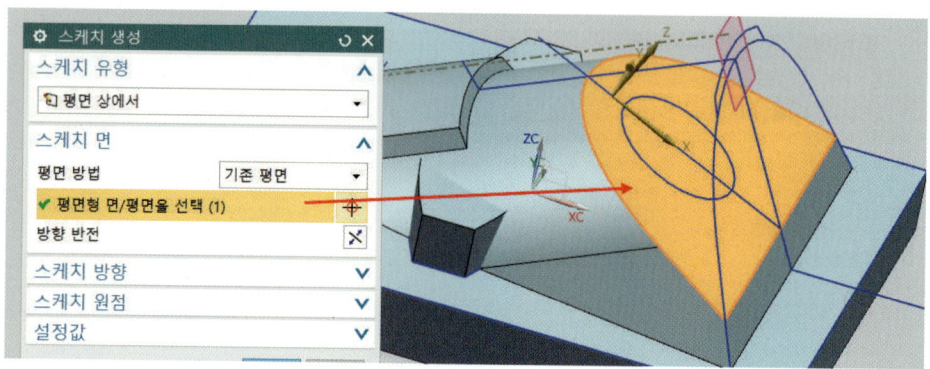

❷ 원 아이콘을 선택하고 그림처럼 치수기입을 한다.

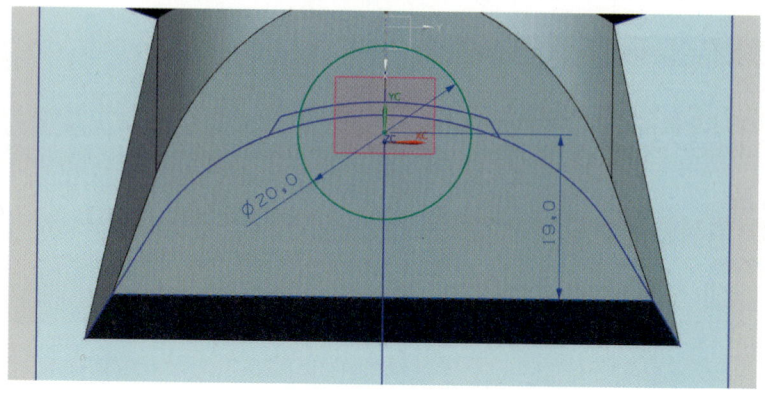

❸ 삽입에 특징형상설계에서 을 선택하고, 유형은 위쪽 직경과 높이 반 각도로 설정하고 벡터 지정 다이얼로그를 클릭한다.

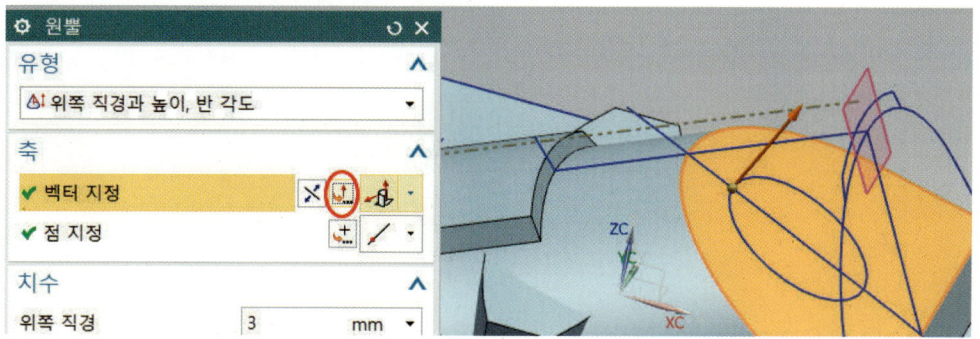

❹ 유형은 면/평면 수직으로 하고 그림처럼 면을 선택한다.

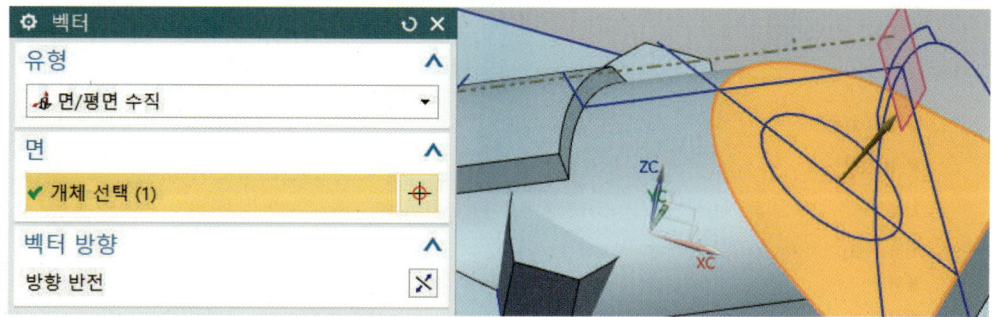

❺ 다시 원뿔 아이콘을 선택하고 축에서 점 지정 다이얼로그(✔ 점 (1) 지정　　　)를 클릭한다. 유형은 사분 점으로 하고 마우스로 원의 점을 확인하면서 클릭하고 확인한다.

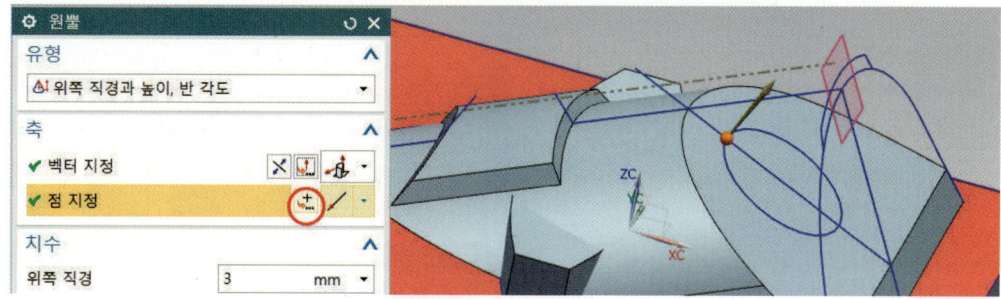

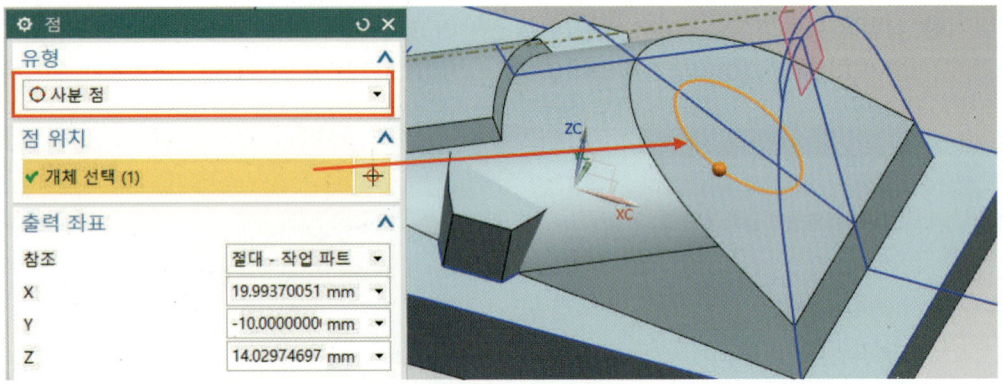

❻ 치수에서 윗면 직경 3, 높이 6.5, 반각도 34를 입력한 후 확인한다.

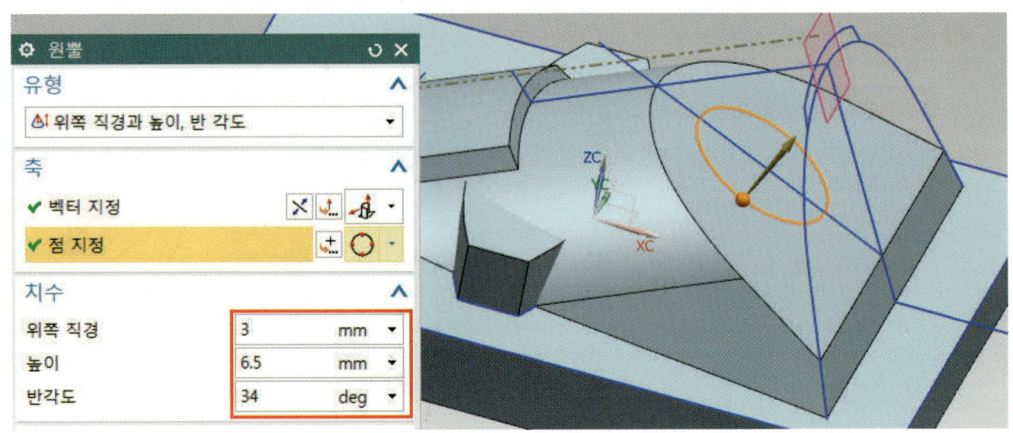

❼ 위와 같은 방법으로 원뿔 4개를 완성한 후 확인한다.

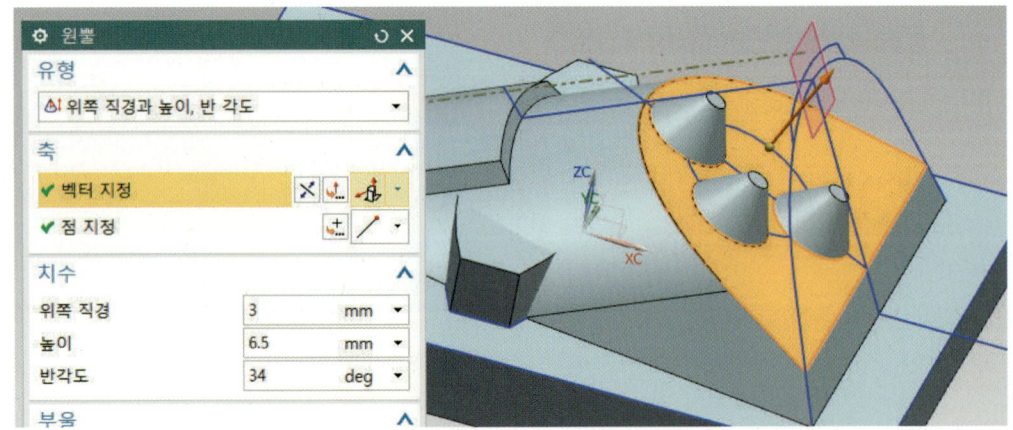

NX10 3D 모델링 및 CAD/CAM

7 숨기기 및 결합하기

❶ 표시 및 숨기기를 클릭한다. 유형에서 모두 숨기기(−)를 선택하고, 솔리드 바디는 표시(+)를 선택하여 클릭한다.

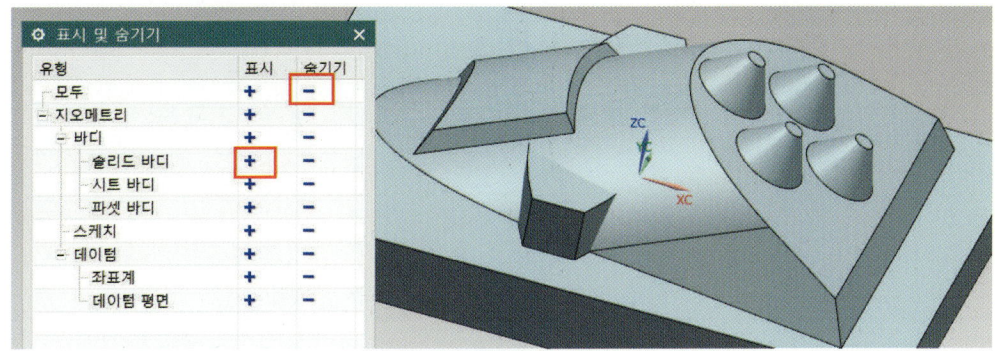

❷ 결합 아이콘을 선택하고 타겟 바디를 클릭한 후 공구에서 바디 전체 면을 선택하고 확인한다.

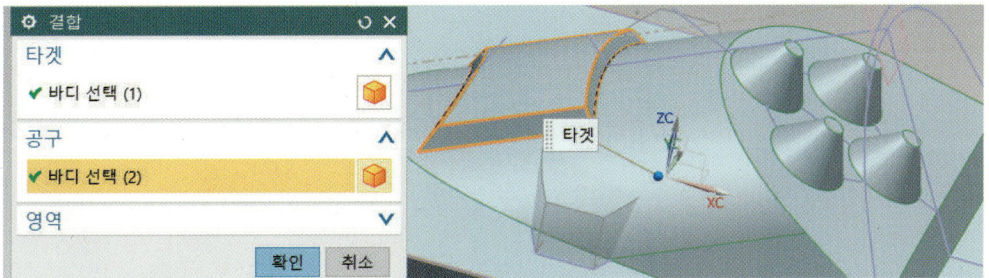

8 블렌드(필렛) 작성하기

❶ 모서리 블렌드 아이콘을 클릭한다. 접하는 곡선으로 하고 반경 값 2를 입력 후 그림처럼 모서리를 클릭한 후 적용한다.

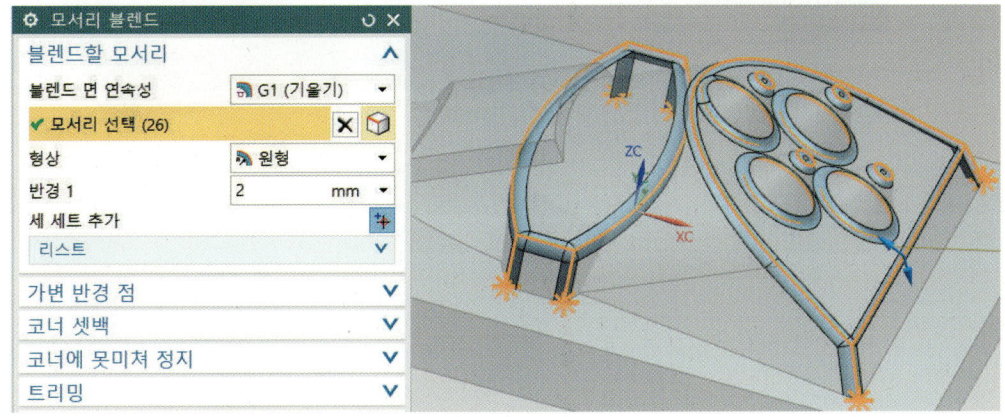

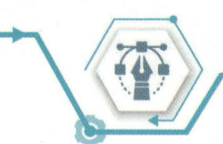

❷ 블렌드를 이용하여 접하는 곡선으로 하고, 반경 값 1을 입력 후 그림처럼 모서리를 클릭한 후 적용한다. 나머지도 같은 방법으로 모두 완성한다.

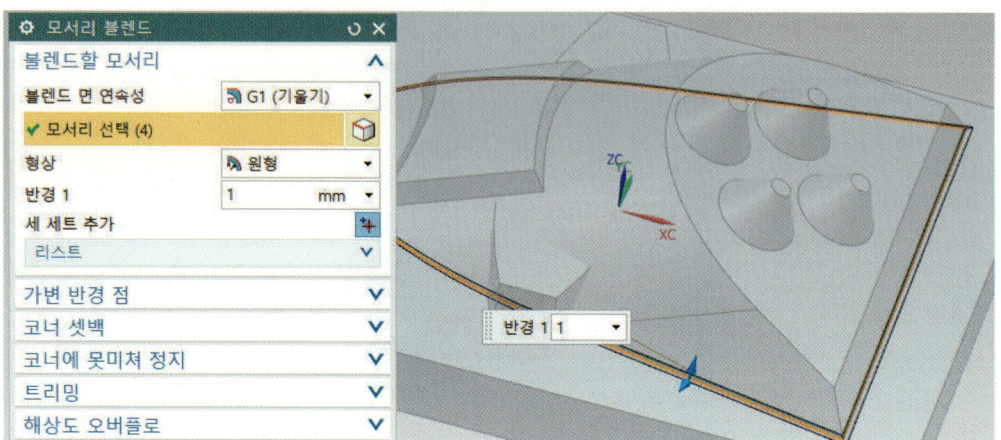

❸ 다음은 완성된 모델링이다.

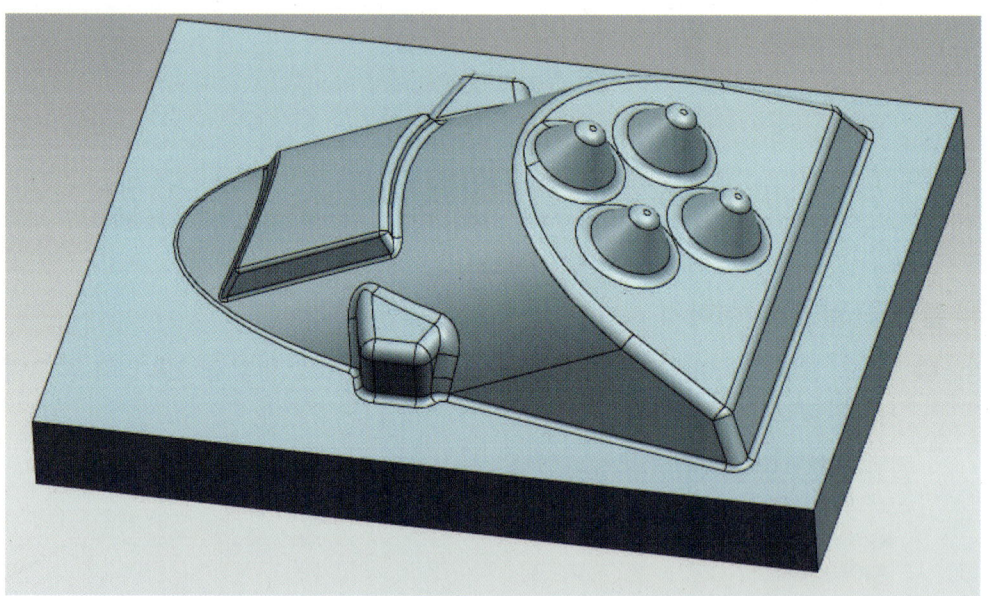

PART Ⅱ 솔리드(Solid) 모델링

PART III

동기식(Synchronous) 모델링

1. 동기식(Synchronous) Modeling

CHAPTER 01 동기식(Synchronous) Modeling

제 1 절 동기식 모델링(Synchronous Modeling)의 이해

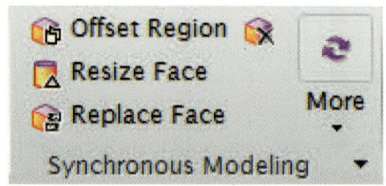
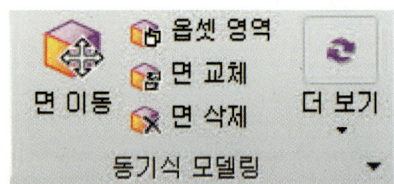

　Synchronous(동기화)는 현재 작업상태의 모델을 수정하고, Synchronous 관계로 고유의 지오메트리 조건을 유지하는 디자인 변경을 위한 방법이다.

　Synchronous Modeling은 생성된 위치와 방법을 고려하지 않고 적용하며, Feature의 History는 저장되지 않고, Feature 생성 순서에 의존하지 않는다.

　사용자는 좀 더 빠르고 단순하게 더 개방된 환경에서 빠르게 디자인할 수 있다. 동기식 모델링의 장점은 다음과 같다.

① Model은 Feature의 생성순서에 제한되지 않으므로 모델의 원점, Associativity, Feature History와 관계없이 편집 및 수정을 할 수가 있다.

② History가 없으므로 Feature Playback이 없지만, Associativity가 없는 것은 아니다. 예를 들면 Drawing은 여전히 Model과 Associativity를 가지고 있다.

> **참고** 동기식 모델링을 사용하는 이유
>
> Synchronous Model로 변경되는 모델에 대한 계획 없이 빠르게 디자인하기 위해 사용한다. 또한 두 개의 모드를 이용해 작업할 수 있다.
>
> 1. History Mode
>   History Mode는 기존의 모델링 방식으로 Parameter를 유지하면서 작업 가능하다.

2. History-Free Mode

History Mode에서 모델링을 수정할 때는, 작업순서에 따라 모델링을 수정해야 하기 때문에 모델링의 순서가 앞에 있을 경우 모든 작업을 되돌아간 후 모델링을 수정해야만 했다. 이 경우 모델링의 형상이 복잡할 경우 많은 시간이 걸리고, 변경한 작업에 따라 오류 발생 확률이 많았다. 하지만 History-Free Mode에서는 작업순서와 Parameter에 구애받지 않고 Geometry 형상을 즉각적으로 수정이 가능하다. 하지만 History Mode에서 History-Free Mode로 넘어갈 경우, 기존에 있던 Parameter는 삭제되기 때문에 주의해야 한다.

Part Navigator의 가장 윗부분에 있는 History Mode 부분에서 MB3을 누르면 History Mode와 History-Free Mode를 선택할 수 있다.

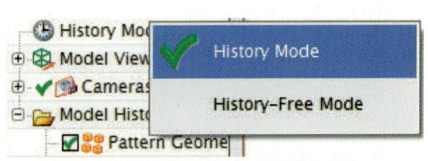

History-Free Mode로 변경 시 그림과 같은 경고 메시지가 뜨게 된다.

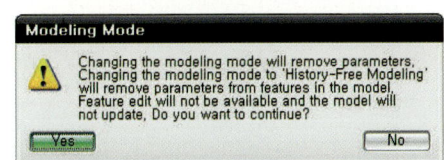

History Mode에서는 일부 명령이 비활성화되어 있다.

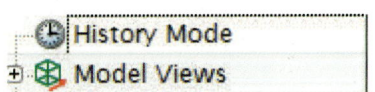

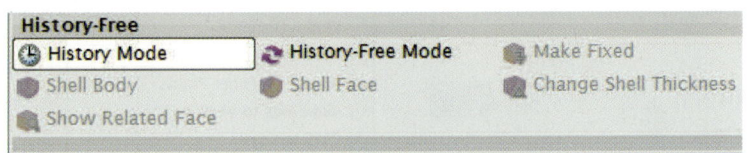

일부 명령이 비활성화되어 있다.(Shell Body, Cross Section Edit 등)

그림과 같은 History-Free Mode로 변경한다.

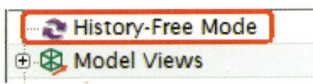

다음 그림과 같이 모든 기능이 전부 활성화된다.

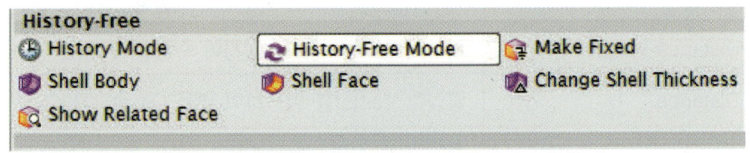

또한, Shell Body와 Shell Face 등의 안쪽에 숨겨져 있던 기능들도 전부 활성화가 된다.

제2절 동기식 모델링(Synchronous Modeling)의 기능

1 면 이동(Move Face,)

> 위치: Insert → Synchronous Modeling → Move Face

motion 안의 탭을 열면 다음 그림과 같이 기능이 열리며, 기능은 다음과 같다.

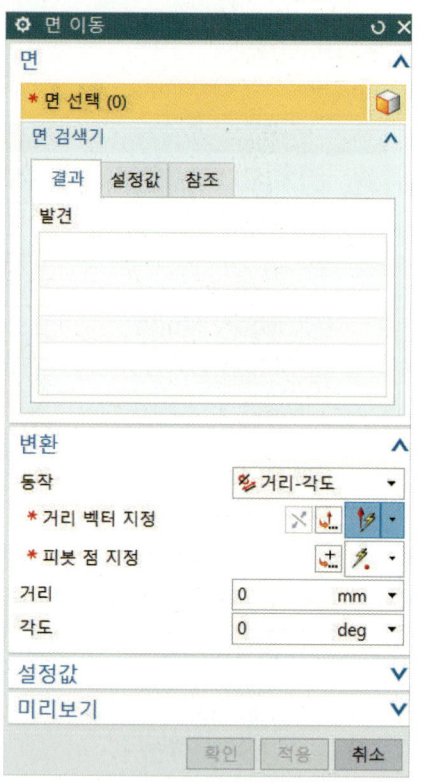

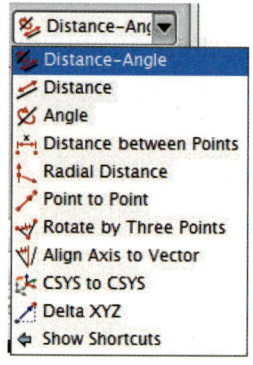

◀ Face: 이동할 면을 선택한다.
◀ Face Finder: 선택한 면과 비슷한 형상을 가진 경우, 일괄 선택이 가능하다.

아이콘	명칭	설명
	Distance-Angle	치수 편집과 Angle을 동시에 수정할 수 있는 기능
	Distance	일정한 Vector를 이용하여 면을 Offset시킬 수 있는 기능
	Angle	하나의 Point와 Vector를 이용하여 면의 Angle을 조절할 수 있다.
	Distance Between	Origin Point와 Measurement Point를 이용하여 간격의 치수를 측정하며, 측정값을 변경해서 모델을 수정한다. * Origin Point:원점 * Measurement Point: 측정 점

아이콘	명칭	설명
	Radial Distance	면에 하나의 점을 이용하여 방사형으로 측정 편집한다.
	Point to Point	첫 Point를 두 번째 Point로 이동시켜 주는 기능이다.
	Rotate By Three Point	원점을 기준으로 두 개의 Point를 이용하여 회전시킨다.
	Align Axis to Vector	면을 선과 축의 정렬되는 방향으로 편집한다.
	CSYS to CSYS	좌표계에서 좌표계로 이동한다.
	Delta XYZ	카테시안 좌표계의 XYZ 3 방향으로의 변위 값을 직접 입력하여 이동시킨다.

다음 그림과 같이 이동시키면 측면 Blend도 유동적으로 이동된다.

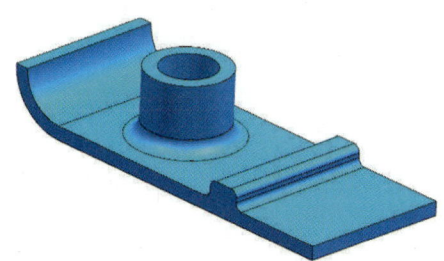
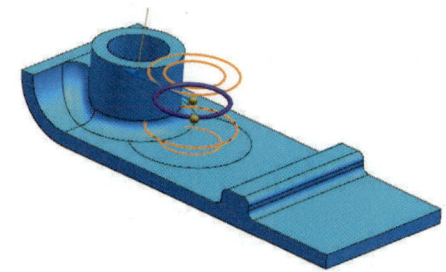

다음 그림과 같이 수평이던 면의 각도에도 적용시킬 수 있다.

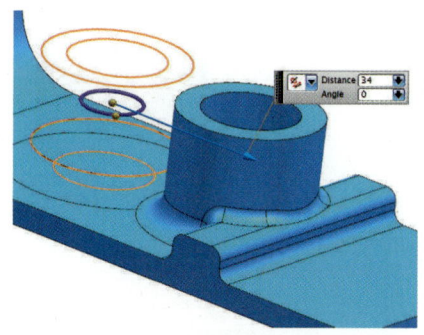
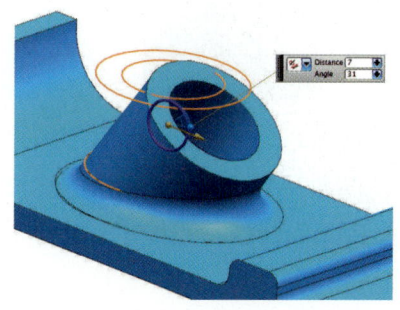

그림과 같이 Face Finder에서 설정을 변경하여 선택한 면과 같은 면을 자동 선택할 수 있다.

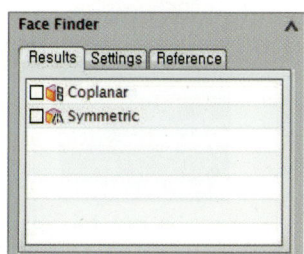
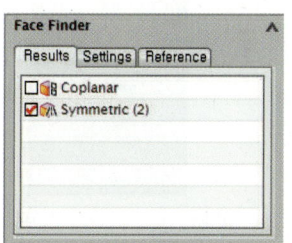

❷ 면 당기기(Pull Face,)

> 위치: Menu → Insert → Synchronous Modeling → Pull Face

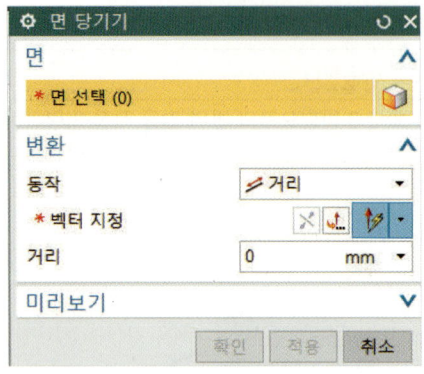

◀ Face: 일정한 면을 선택한다.
◀ Transform: 움직일 방향 및 거리 값을 선택할 수 있다.

그림과 같이 자유롭게 면을 늘이거나 줄여줄 수 있다.

  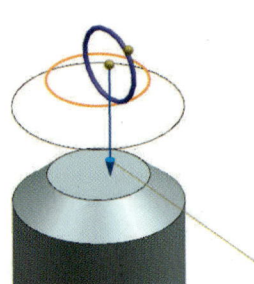

그림과 같이 옆면의 경사면을 이동하였을 때 Move Face는 옆의 면 속성에 따라 움직이지만, Pull Face는 상관없이 늘어난다.

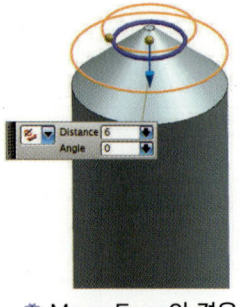 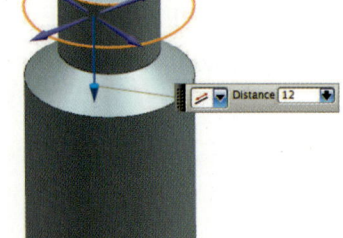

❈ Move Face의 경우　　　　　　　　❈ Pull Face의 경우

3 옵셋 영역(Offset Region,)

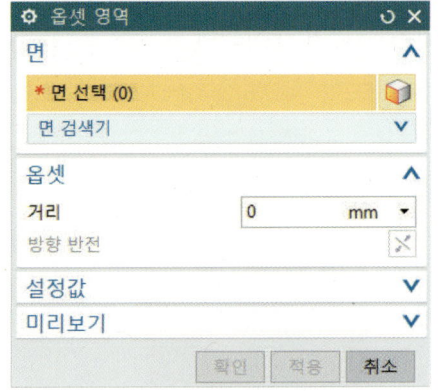

◀ Face: 일정한 면을 선택한다.
◀ Offset: 확장 또는 축소시킬 면을 선택한다.

다음 그림과 같이 Blend가 포함된 Boss를 Offset시킬 수 있다.

❋ 축소　　　　　　　　　　　　　　❋ 확대

Chapter 01 | 동기식(Synchronous) Modeling

④ 면 크기 조정(Resize Face,)

원통형 면의 크기를 자유롭게 조정할 수 있다.

원통형 면을 선택하면 다음 그림과 같이 해당 면의 직경이 표시된다.

표시된 값을 변경하면 변경한 값으로 원통 면의 직경이 변경된다.

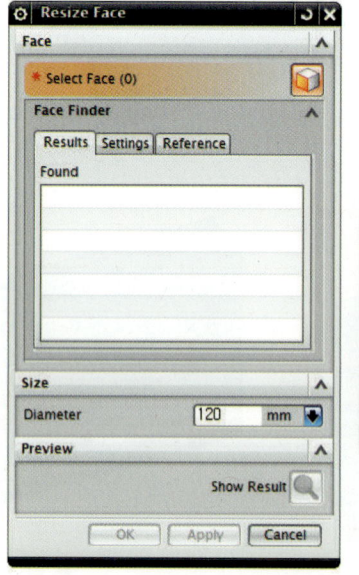 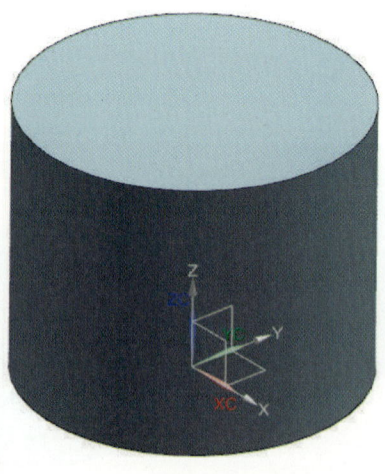

5 면 교체(Replace Face,)

위치: Replace Face... Menu → Insert → Synchronous Modeling → Replace Face

선택한 면을 특정 면의 속성으로 변경시킨다.

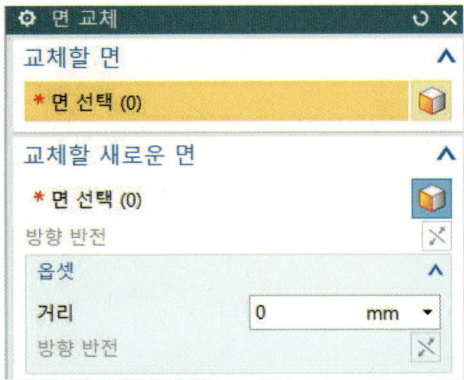

◀ Face: 움직일 면을 선택한다.
◀ Replacement Face: 기준이 되어줄 면을 선택하고 또한 기준면에서 Offset되는 값을 입력할 수 있다.

원통형 면을 선택하면 오른쪽 그림과 같이 해당 면의 직경이 표시된다.

두 번째 변경될 면을 선택하면 아래 그림과 같이 해당 곡면으로 솔리드 바디의 윗면이 교체된다.

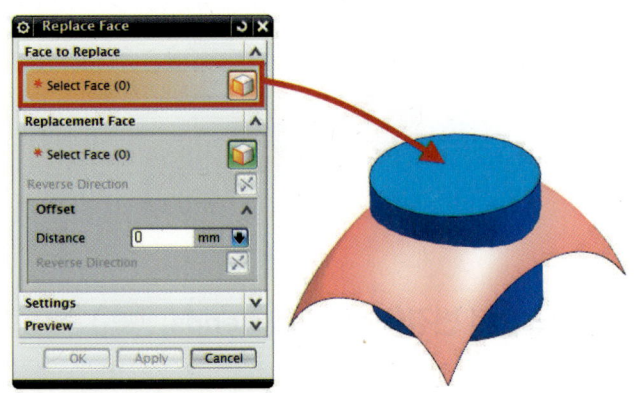

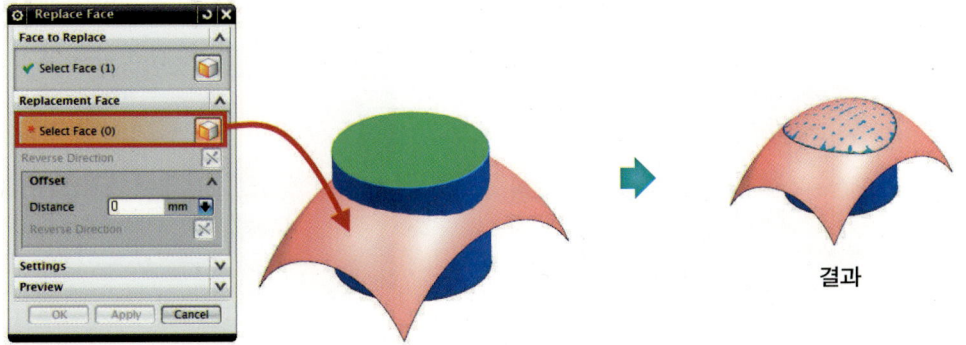

결과

Chapter 01 | 동기식(Synchronous) Modeling

6 블렌드 크기 변경(Resize Blend,)

위치: Resize Blend... Menu → Insert → Synchronous Modeling → Resize Blend

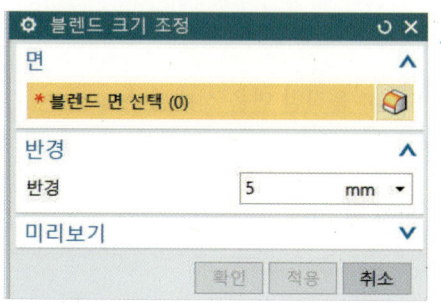

◀ Face: Face를 선택한 후 Radius 값을 이용하여 수정할 수 있다.

Blend 면을 클릭한 후 치수 값을 바꿔서 Blend를 수정할 수 있다.

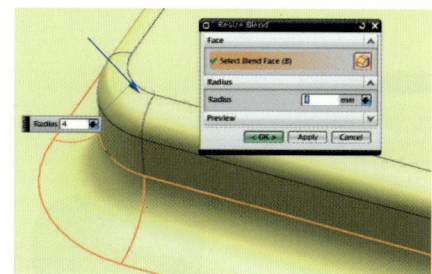
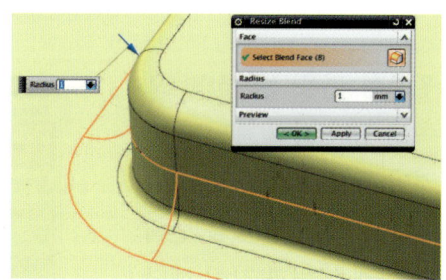

7 블렌드 순서 변경(Reorder Blends,)

위치: Insert → Synchronous Modeling → Reorder Blends

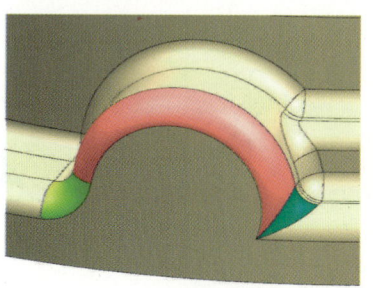
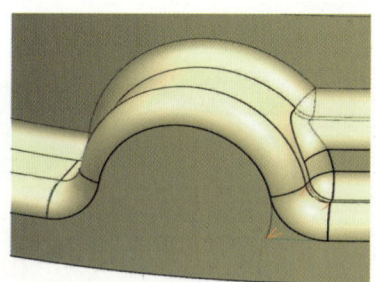

✦ 블렌드 순서 변경

PART Ⅲ 동기식(Synchronous) 모델링

NX10 3D 모델링 및 CAD/CAM

히스토리의 종속성과는 무관하게 두 개의 모서리 블렌드(Edge Blend)가 교차된 부분의 순서를 변경할 수 있다.

다른 순서로 블렌드를 재생성할 때 많은 시간이 소비되는 것을 막을 수 있다.

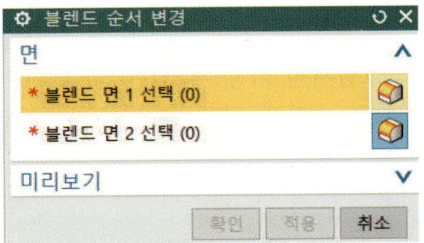

❽ 면 삭제(Delete Face,)

위치: Menu → Insert → Synchronous Modeling

◀ Type: Face 또는 Hole을 지정할 수 있다.
◀ Face: Face 또는 Hole을 이용하여 삭제할 면의 형태를 선택한다.

Setting

◀ Heal: 삭제 후 남은 면으로 면을 막을지 여부를 선택한다.
◀ Delete Partial Blend: 블렌드 삭제 시 블렌드의 일부분만 삭제할 수 있도록 지정할지를 결정한다.

그림과 같이 Face를 선택하여 삭제할 수 있다.

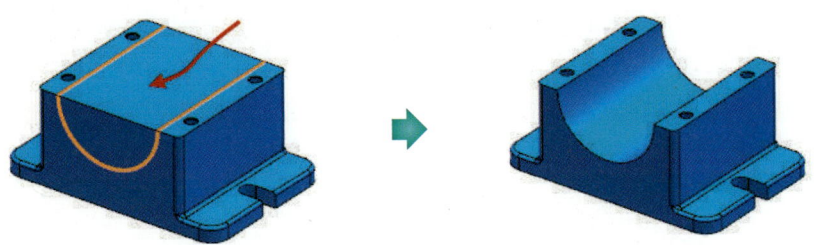

Chapter 01 | 동기식(Synchronous) Modeling

Heal 체크 마크가 꺼져 있는 경우에는 오른쪽 그림처럼 삭제 후 남은 면들을 이용하여 면을 닫지 않는다. 남은 결과물은 솔리드 바디가 아닌 시트 바디로 남게 된다.

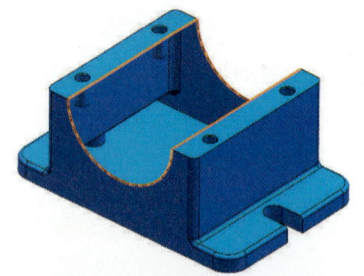

Delete Partial Blend에 체크를 하면 복잡한 블렌드 중 일부의 블렌드만 삭제할 수도 있다.

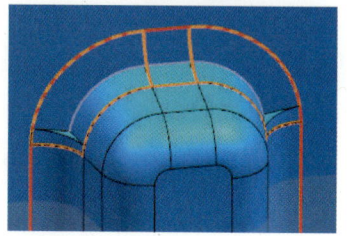

Cap Face 옵션을 이용하여 원하는 위치까지 블렌드를 삭제할 수도 있다.

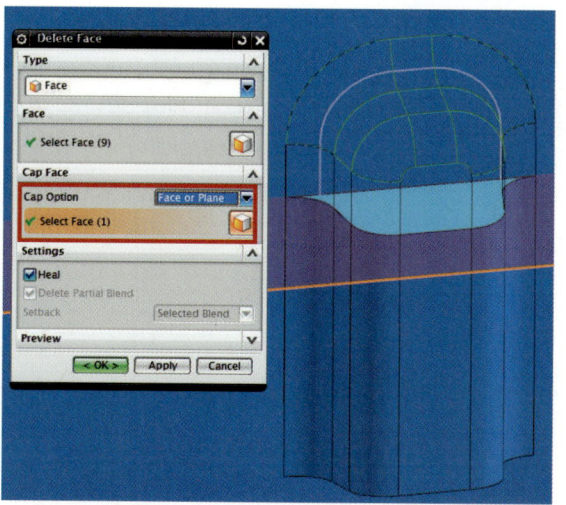

Hole 기능을 이용하여 Hole들을 삭제할 수 있으며, Select Holes By Size를 체크하여 선택할 수 있는 최소 size를 설정할 수 있다.

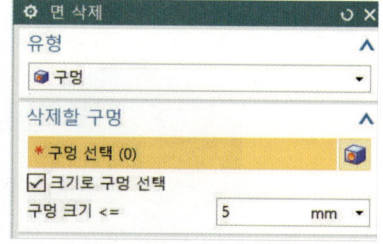

PART Ⅲ 동기식(Synchronous) 모델링

NX10 3D 모델링 및 CAD/CAM

Delete Face의 Hole을 이용하여 삭제했으며, 또한 Hole의 Size를 4로 지정해서4mm 이하만 선택이 되어 삭제됐다.(각 hole은 2, 3, 4, 5, 6mm이다.)

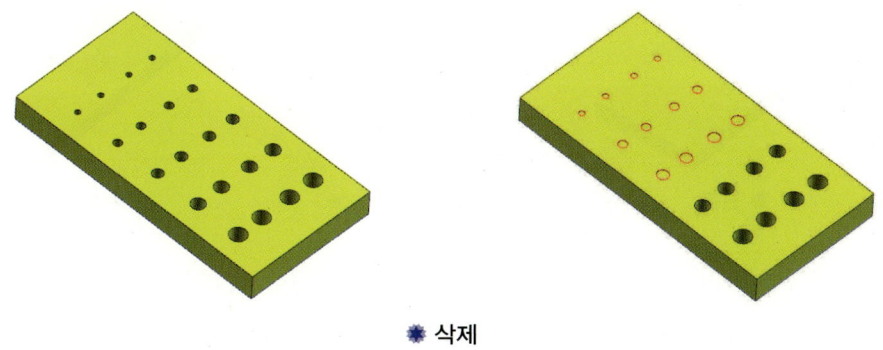

❊ 삭제

제3절 구속 등 기타 기능을 이용한 동기식 모델링

❶ 면 복사(Copy Face,)와 면 잘라내기(Cut Face,)

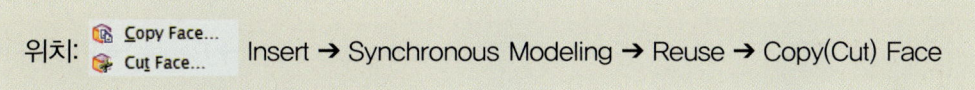

위치: Copy Face... / Cut Face... Insert → Synchronous Modeling → Reuse → Copy(Cut) Face

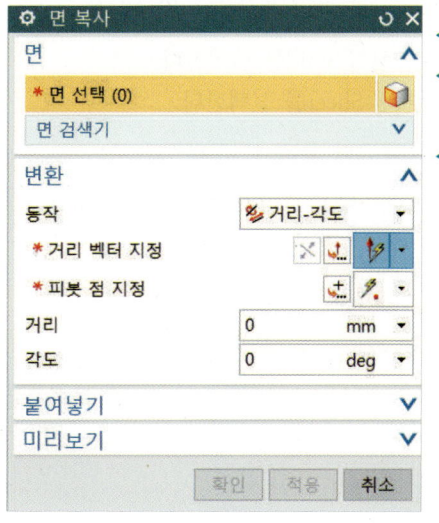

◀ Face: 면을 선택한다.
◀ Transform: 선택한 면을 따라 Copy(Cut)를 작업한다.
◀ Paste: Copy(Cut)되는 Face가 Sheet로 만들어지는 것을 Solid로 변경해 준다.

Chapter 01 | 동기식(Synchronous) Modeling　197

Copy Face는 원본을 남겨 놓고 이동하고 Cut은 삭제하며 이동한다.

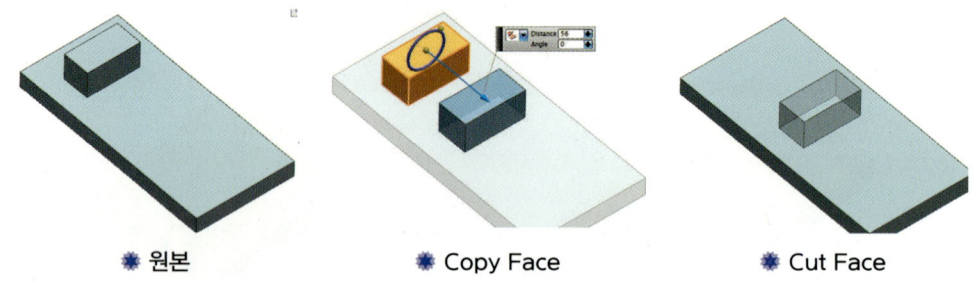

❋ 원본　　　　❋ Copy Face　　　　❋ Cut Face

Sheet로 만들어지는 형상에 ☑Paste Copied Faces 를 체크하면, 그림과 같이 Solid화된다.

2 면 붙여넣기(Paste Face,)

위치: Paste Face... Menu → Insert → Synchronous Modeling → Reuse → Paste Face

Copy 및 Cut Face한 작업에서 Sheet 면을 Solid로 변경시켜 주는 기능이다.

◀ Target: 합쳐질 Solid를 선택한다.
◀ Tool: 합쳐질 Sheet를 선택한다.

Paste Face 작업 전 따로 Sheet로 Copy 되어 있는 면이다.

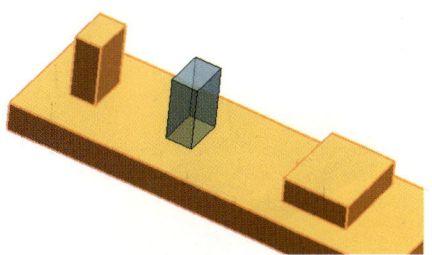

Paste Face 작업 후 Sheet 면이 Solid화 되어 선택 시 하나의 Solid가 된 것을 확인할 수 있다.

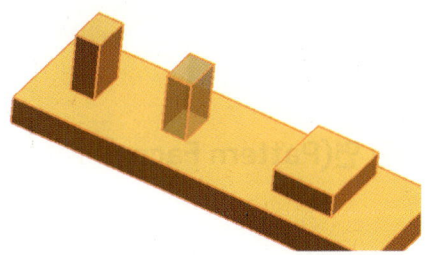

❸ 면 대칭(Mirror Face,)

위치: Mirror Face... Menu → Insert → Synchronous Modeling → Reuse → Mirror Face

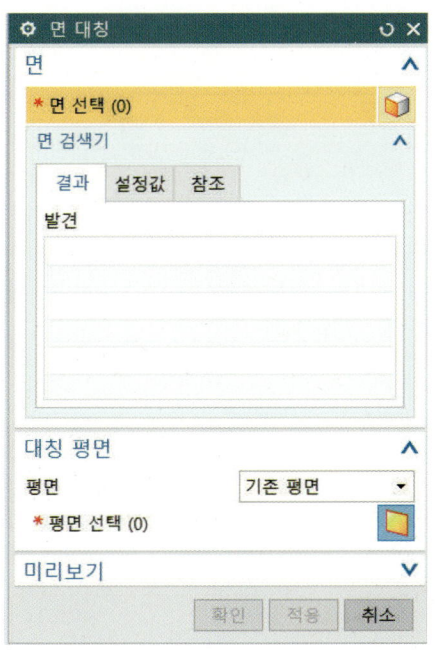

◀ Face: 투영시킬 면을 선택한다.
◀ Plane: 기준이 되어 줄 원점을 선택해주며, Datum 또는 Face를 선택할 수 있다.

중간의 Datum을 기준으로 Boss와 Pocket이 Mirror된다.

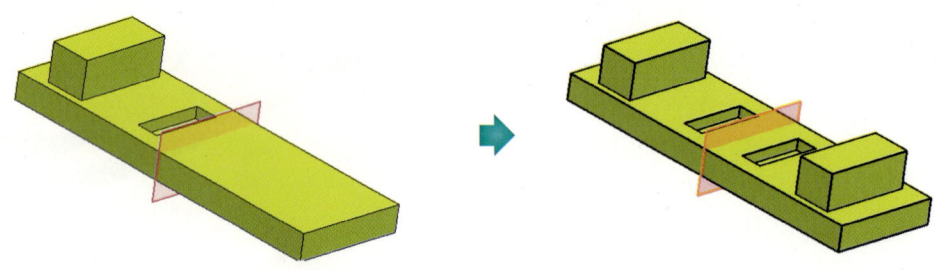

❹ 패턴 면(Pattern Face,)

> 위치: Menu → Insert → Associative Copy

◀ Face: 배열시킬 면을 선택한다.
◀ Layout: 사용할 패턴 방법을 정의한다.
◀ Reference Point: 배열 참조 점을 정의한다.

제4절 연결(Relate) 기능의 종류

1 동일면으로 만들기(Make Coplanar,)

위치: Make Coplanar... Menu → Insert → Synchronous Modeling → Relate → Make Coplanar

◀ Motion Face: 움직여줄 면을 선택한다.
◀ Stationary Face: 움직이기 위한 기준이 되어줄 면을 선택한다.
◀ Motion Group: 움직일 Group을 선택한다.

다음 그림처럼 선택 후 Face Finder에서 원하는 옵션을 선택하면 법칙에 따라 주위의 다른 면도 동시에 선택할 수 있다.

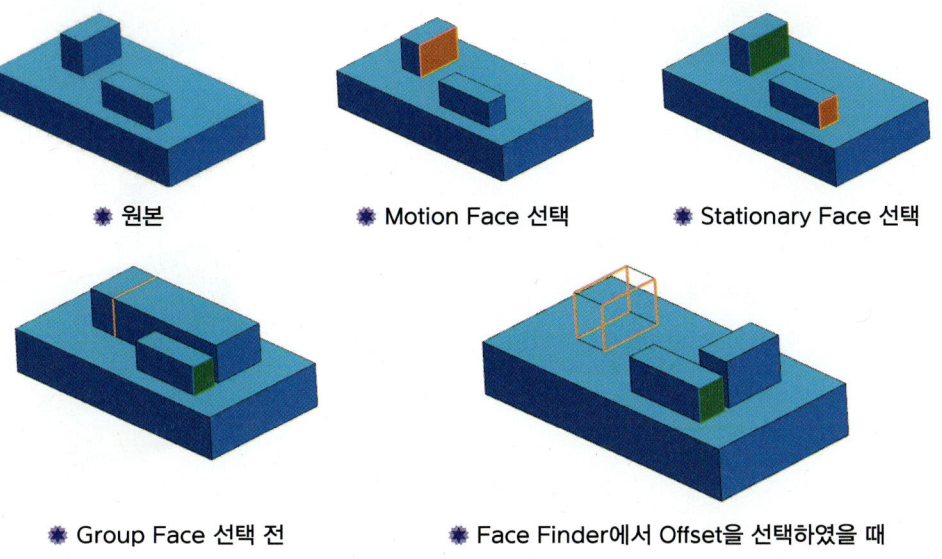

❋ 원본   ❋ Motion Face 선택   ❋ Stationary Face 선택

❋ Group Face 선택 전   ❋ Face Finder에서 Offset을 선택하였을 때

❷ 동일 축으로 만들기(Make Coaxial,)

위치: Make Coaxial... Insert→Synchronous Modeling → Relate → Make Coaxial

Circle 또는 Arc를 이용하여 면 또는 Solid를 동심원으로 만들어 주는 기능이다.

◀ Motion Face: 움직일 면을 선택한다.
◀ Stationary Face: 기준이 되어줄 면을 선택한다.
◀ Motion Group: 움직일 그룹을 선택한다.

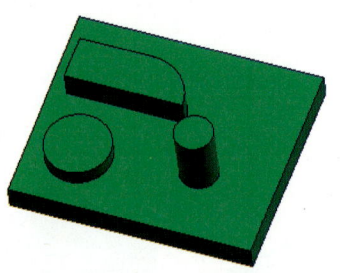

▲ 형상에서 세 개를 합친다.

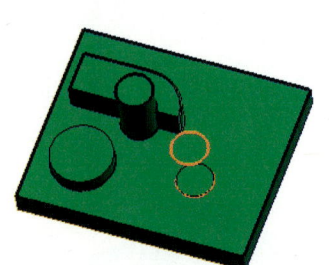

▲ Boss를 이동시킨다.

그림과 같이 Face를 이동시키며 같은 원의 Center를 사용하게 만들어 준다. 이때 하나의 Solid가 이동하므로 남은 Solid는 자동으로 Unite되어 있는 형상이며, 하나의 Solid로 완성이 된다.

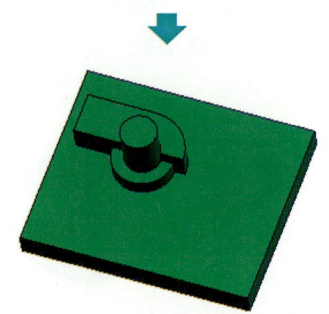

▲ 나머지 Boss를 합쳐서 만든다.

3 평행으로 만들기(Make Parallel,)

위치: Insert → Synchronous Modeling → Relate → Make Coaxial

◀ Motion Face: 움직일 면을 선택한다.
◀ Stationary Face: 기준이 될 면을 선택한다.
◀ Through Point: 평행의 면이 위치할 높이를 지정할 수 있다.
◀ Motion Group: 움직일 면의 그룹을 정한다.

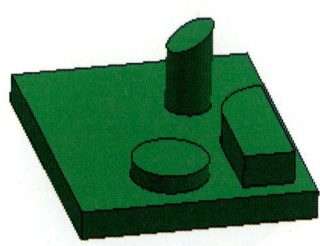 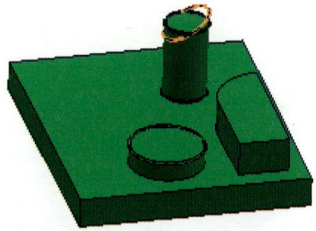

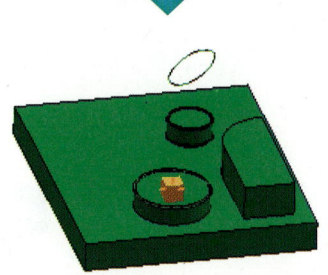

움직일 면을 선택하고 기준이 될 면을 선택하면 평행이 되며, 거기에 원점까지 정해주면 그 원점에 맞게 높이가 정해진다.

Chapter 01 | 동기식(Synchronous) Modeling

❹ 수직으로 만들기(Make Perpendicular, )

> 위치: 🔲 Make Perpendicular...
> Menu ➔ Insert ➔ Synchronous Modeling ➔ Relate ➔ Make Perpendicular

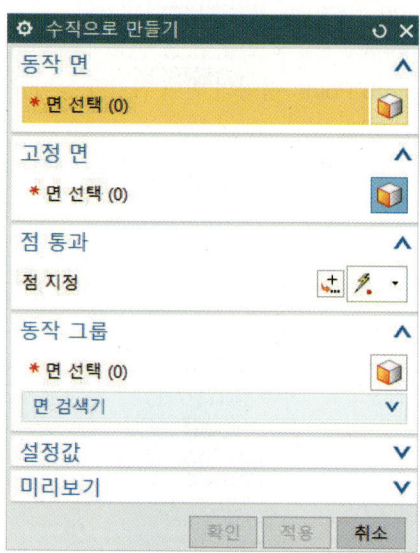

◀ Motion Face: 움직일 면을 선택한다.
◀ Stationary Face: 기준이 될 면을 선택한다.
◀ Through Point: 직각이 된 면의 높이를 설정해 줄 원점을 잡는다.
◀ Motion Group: 움직일 면의 Group을 설정한다.

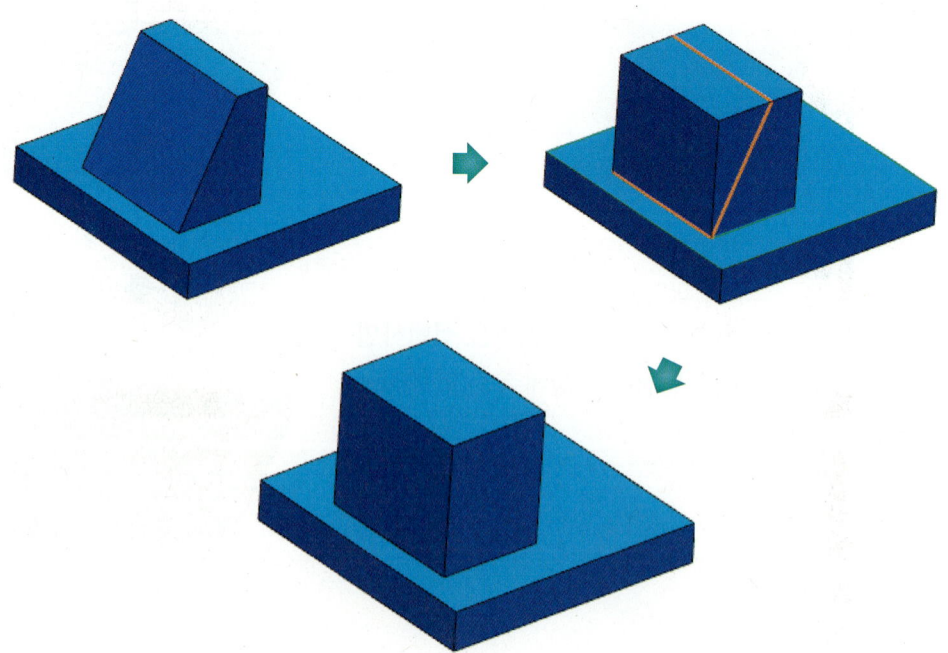

제5절 치수(Dimension) 기능의 종류

1 선형 치수(Linear Dimension,)

위치: Linear Dimension...
Menu → Insert → Synchronous Modeling → Dimension → Linear Dimension

◀ Object: 거리 값 측정을 위한 두 개의 Point를 만든다.
◀ Location: 치수 측정값이 위치하는 자리를 만들어 준다.
◀ Face to Move: 움직일 면을 선택한다.
◀ Distance: 치수 값을 바꿔주는 기능이다.

오른쪽 그림에서 12이라는 간격의 Block을 변경한다.

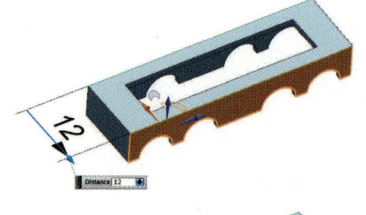

오른쪽 그림과 같이 치수 값을 20으로 변경하며, 모델링이 변경된 것을 확인한다.

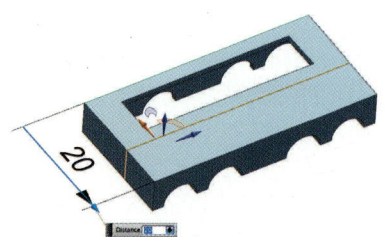

❷ 각도 치수(Linear Dimension,)

> 위치: 🔹 Angular Dimension..
> Insert → Synchronous Modeling → Dimension → Angular Dimension

◀ Object: 거리 값 측정을 위한 두 개의 Point를 만든다.
◀ Location: 치수 측정값이 위치하는 자리를 만들어 준다.
◀ Face to Move: 움직일 면을 선택한다.
◀ Angle: 치수 값을 바꿔주는 기능이다.

그림과 같이 90° 각도의 Block을 변경한다.

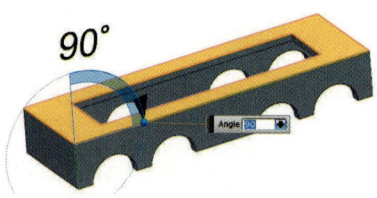

다음 그림과 같이 치수 값을 80°로 변경하면 모델링이 변경된 것을 확인한다.

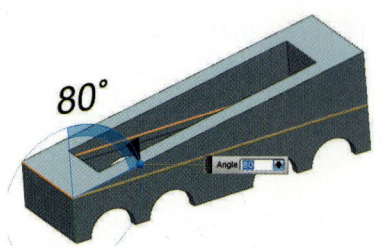

③ 반경치수(Radial Dimension,)

위치: Radial Dimension... Insert → Synchronous Modeling → Dimension → Radial Dimension

◀ Face: 아크 및 원 면을 선택한다.
◀ Location: 측정된 치수 값을 배열한다.
◀ size: 반지름 또는 지름으로 둘레 값을 측정한 후 변경한다.

면을 선택하면 자동으로 지름 값을 계산해 준다.

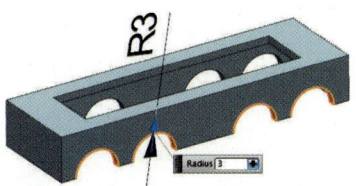

지름 값을 변경하여 원의 크기를 조절할 수 있다.

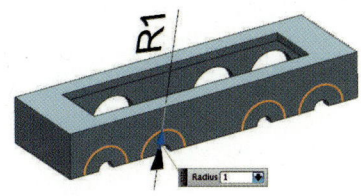

제6절 History Free Mode의 동기식 기능

1 셸 바디(Shell Body,)

Offset/Scale에 들어있는 Shell은 History Free Mode에서는 사용할 수 없기 때문에 Shell Body를 사용해야만 한다.

> 위치: Shell Body... Menu → Insert → Synchronous Modeling → Shell → Shell Body

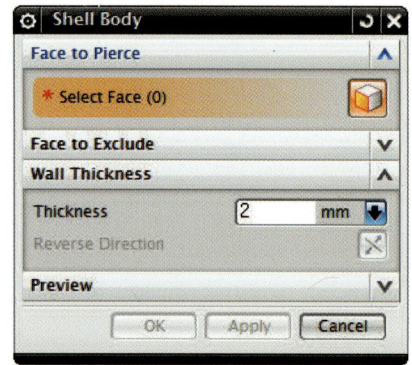

◀ Face to Piece: Shell시킬 면을 선택한다.
◀ Wall Thickness: Shell되는 면에 두께를 설정한다.

일반 Shell 기능과 동일하게 천공할 면을 선택한 후 나머지 면으로 가져야 할 두께 값을 입력하면 그림과 같이 Shell 작업이 진행되는 것을 알 수 있다.

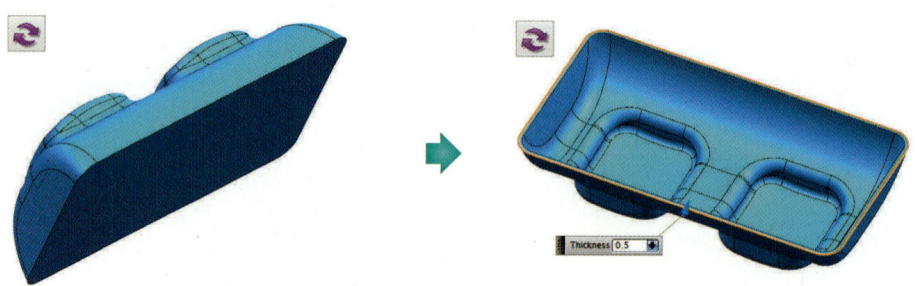

2 셀 면(Shell Face,)

Shell Face... Menu → Insert → Synchronous Modeling → Shell → Shell Face

◀ Face to Shell: Shell의 기준이 될 면을 선택한다.
◀ Face to Piece: Shell 기능이 적용될 면을 선택한다.
◀ Wall Thickness: 만들어지는 면의 두께를 설정한다.

오른쪽 그림과 같이 History Free Mode 에서 Shell Body 작업을 이용한 후 추가적으로 바디를 생성하였을 때 추가된 부분만 별도로 셀 작업을 할 수 있다.

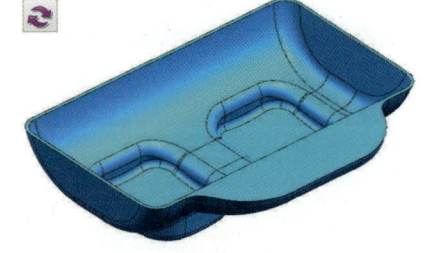

Face to Shell 항목에서 오른쪽 그림과 같이 지정한다.

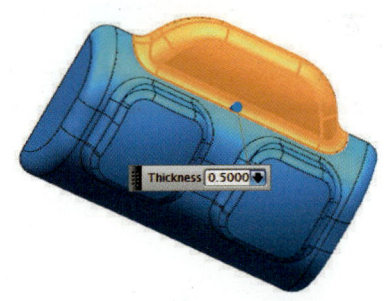

오른쪽 그림에서 위의 녹색 부분과 같이 Face to Pierce를 지정하면 입력한 두께 값만큼 부분적으로 셀이 되는 것을 확인할 수 있다.

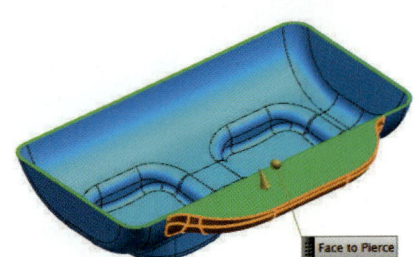

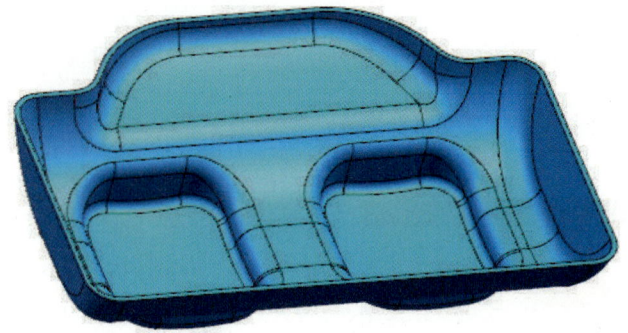

3 셸 두께 변경(Change Shell Thickness,)

위치: Change Shell Thickness... Menu → Insert → Synchronous Modeling → Shell → Change Shell Thickness

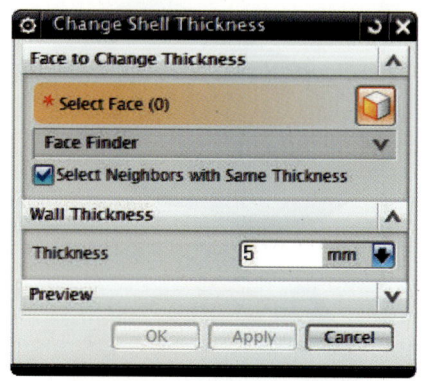

◀ Face to Change Thickness: 면을 선택하는 기능이며, Select Neighbors With Same Thickness 를 클릭하여 각기 다른 면을 선택한다.
◀ Wall Thickness: 면의 두께 값을 수정한다.

기존의 셸 작업에서 작성한 형상의 두께를 수정할 수 있다.

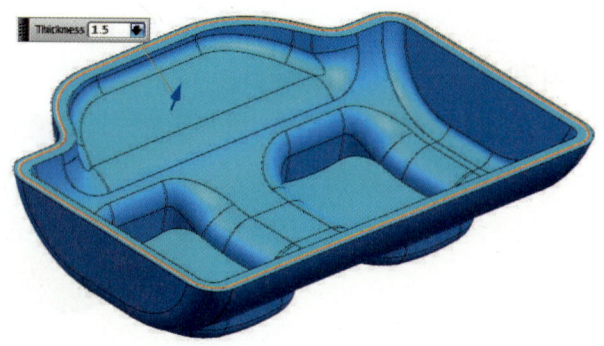

❹ 교차 단면 편집(Edit Cross Section,)

 Cross Section Edit... Menu → Insert → Synchronous Modeling → Cross Section Edit

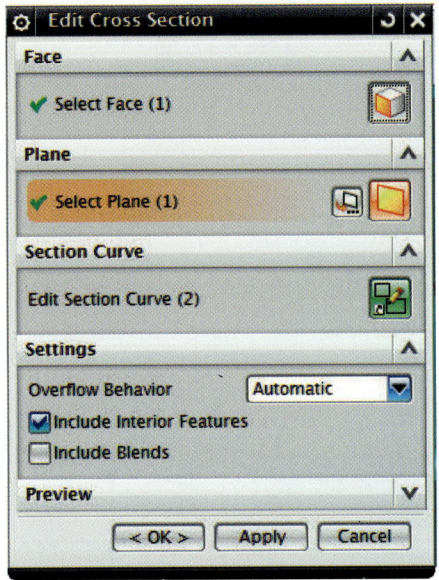

◀ Face: 단면의 수정할 면을 선택한다.
◀ Plane: 단면의 위치를 선택한다.

그림과 같이 단면을 선택하면 Section을 얻을 수 있으며, 자동으로 Sketch로 화면이 전환이 되면서 스케치상의 원하는 Curve를 클릭하여 이동시킬 수 있다.

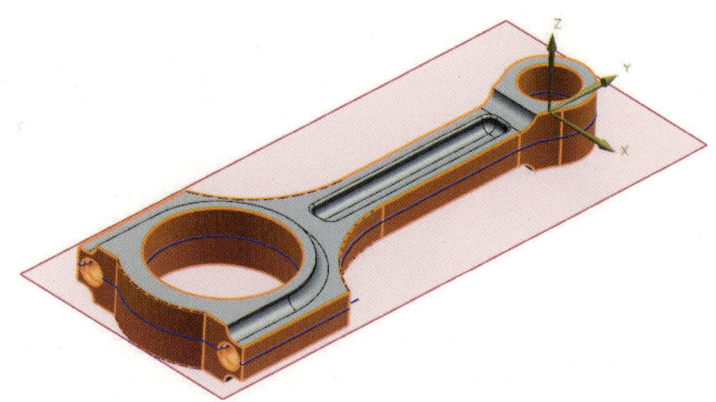

다음 그림과 같이 원하는 Curve 하나를 선택하여 움직여주면 형상이 변하게 된다. 단, 단면 변화에 따라 지오메트리를 유지할 수 없는 경우는 오류가 발생할 수도 있다.

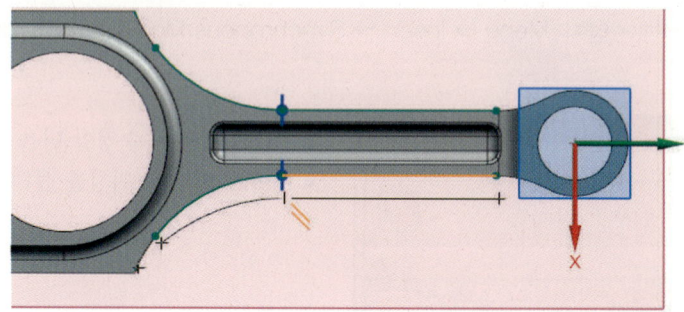

또한, Sketch에서 작업하므로 Dimension 기능을 이용하여 모델을 수정할 수 있다.

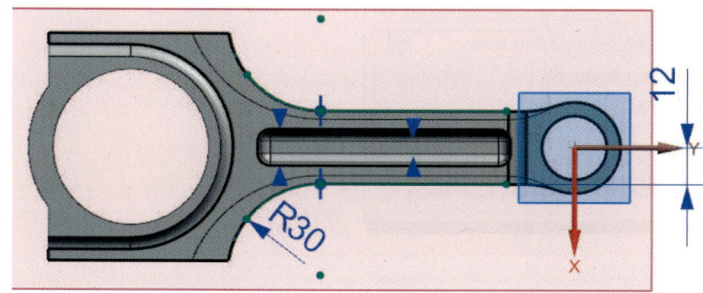

Finish Sketch 아이콘을 이용하여 Sketch를 나간 후 OK 버튼을 누르면 선택한 면이 수정된다.

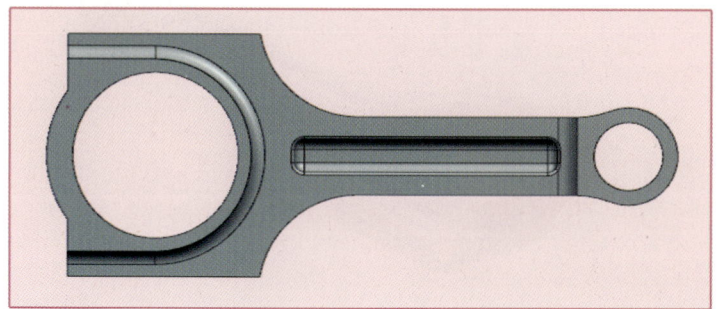

제 7 절 모서리(Edge) 기능의 종류

❶ 모서리 이동(Move Edge,)

Offset/Scale에 들어있는 Shell은 History Free Mode에서는 사용할 수 없기 때문에 Shell Body를 사용해야만 한다.

위치: Move Edge... Menu → Insert → Synchronous Modeling → Edge → Move Edge

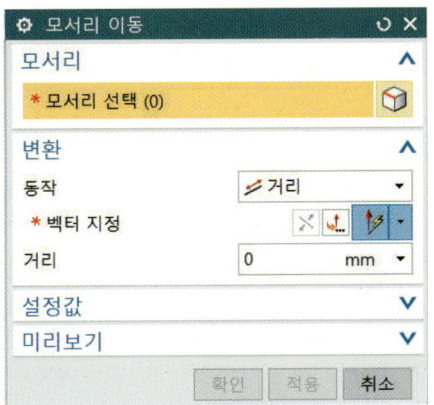

Edge
이동하고자 하는 부분의 모서리를 선택한다.
Transform
법선 방향을 정의하기 위한 면을 선택한다.
Motion
선형 및 이동할 선택 Edge 각도 변환 방법을 정의한다.

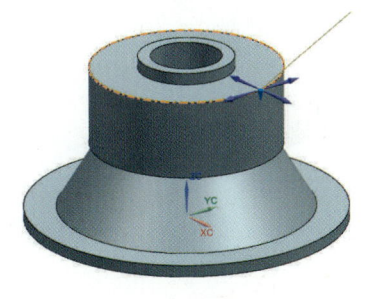 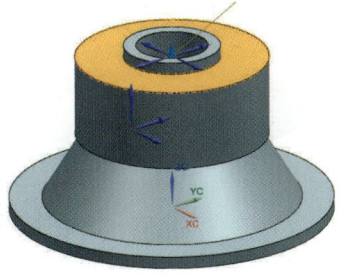

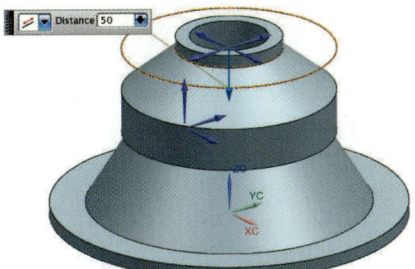

이동하고자 하는 Edge를 선택하고 윗면을 선택해서 법선 방향을 정의한 후, Distance 값을 입력하면 모서리가 이동되는 것을 확인할 수 있다.

❷ 모서리 옵셋(Offset Edge,)

> 위치: Offset Edge... Menu → Insert → Synchronous Modeling → Edge → Offset Edge

Offset/Scale에 들어있는 Shell은 History Free Mode에서는 사용할 수 없기 때문에 Shell Body를 사용해야만 한다.

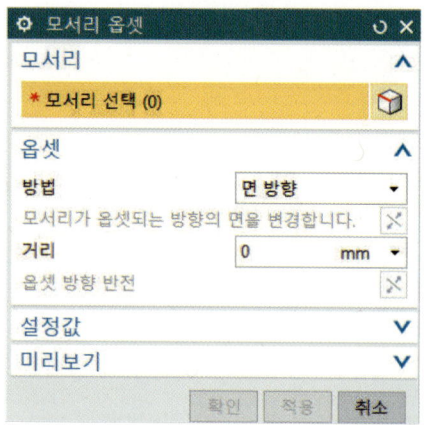

◀ Edge: 옵셋을 진행하려는 모서리를 선택한다.
◀ Offset: 인접한 면 또는 가장자리 평면을 따라 옵셋을 정의한다.

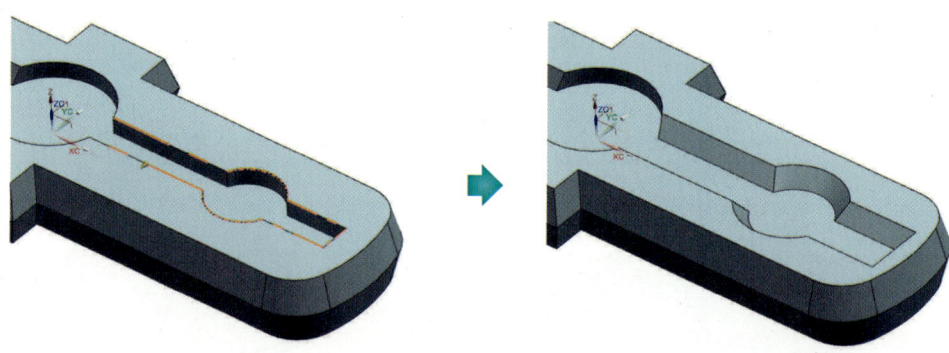

Distance 값을 입력하여 선택된 모서리와 인접한 면을 바깥쪽 또는 안쪽으로 옵셋을 진행할 수 있다.

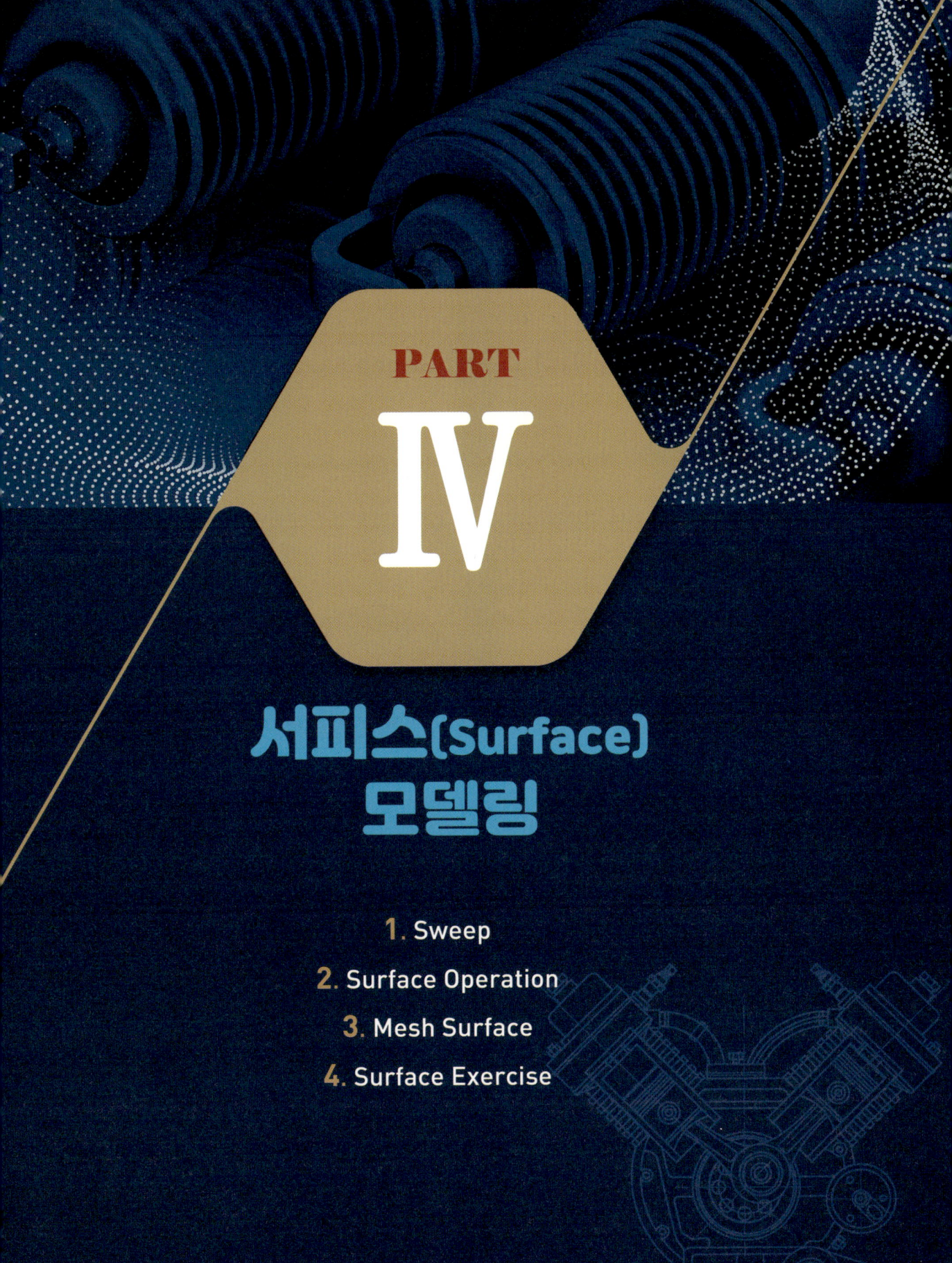

CHAPTER 01 Sweep

제 1 절 가이드를 따라 스위핑(Sweep Along Guide, )

위치: Menu → Insert → Sweep → Sweep Along Guide

이 옵션을 사용하면 하나 이상의 곡선, 모서리 또는 면을 통해 구성된 가이드(경로)를 따라 열려있거나 닫힌 경계 스케치, 곡선, 모서리 또는 면을 돌출시켜 단일 바디를 생성할 수 있다.

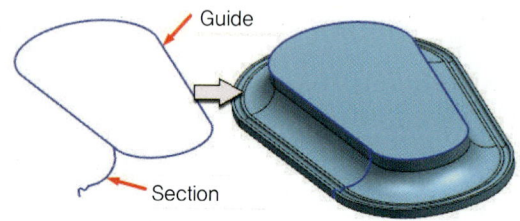

곡선 스트링 선택 방법을 사용하는 경우 곡선 또는 곡선의 스트링(가이드 스트링)을 따라 단면 스트링을 스윕하여 솔리드 또는 시트 바디를 생성할 수 있다. 이 기능은 Freeform Sweep 기능과 유사하게 보일 수도 있다. 그러나 가이드를 따라 스윕 특징형상에서는 다듬기 가이드 오브젝트가 있는지에 상관없이 하나의 단면 스트링과 하나의 가이드 스트링만 선택할 수 있다.

Insert → Sweep → Sweep Along Guide를 사용하면 보간, 배율 또는 방향을 제어할 수 있다.

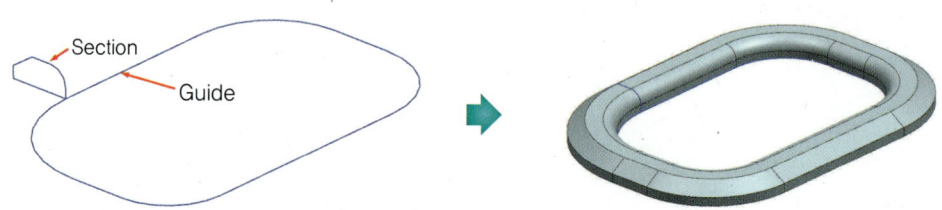

편집 ➜ 특징형상 ➜ 매개변수를 사용하면 Sweep 특징형상의 모든 생성 매개변수를 편집할 수 있다.

이 기능을 사용하면 하나 이상의 곡선, 모서리 또는 면을 통해 구성된 가이드(경로)를 따라 열려있거나 닫힌 경계 스케치, 곡선, 모서리 또는 면을 돌출시켜 단일 바디를 생성할 수 있다.

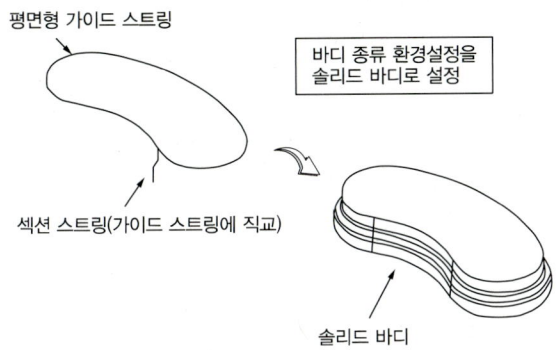

- 곡선 스트링 선택 방법을 사용하는 경우 곡선 또는 곡선의 스트링(가이드 스트링)을 따라 단면 스트링을 스위핑하여 솔리드 또는 시트 바디를 생성할 수 있으며, 이 기능은 Freeform Sweep 기능과 유사하게 보일 수도 있으나, 가이드를 따라 스위핑 특징형상에서는 가이드 오브젝트가 있는지에 상관없이 하나의 단면 스트링과 하나의 가이드 스트링만 선택할 수 있다. 바디 종류의 모델링 환경설정에서는 솔리드 바디를 생성할지 또는 시트 바디를 생성할지를 결정하며, 이를 시트 바디로 설정하면 가이드를 따라 스위핑 특징형상의 끝이 막히지 않은 여러 면으로 구성된 단일 시트 바디가 생성된다.

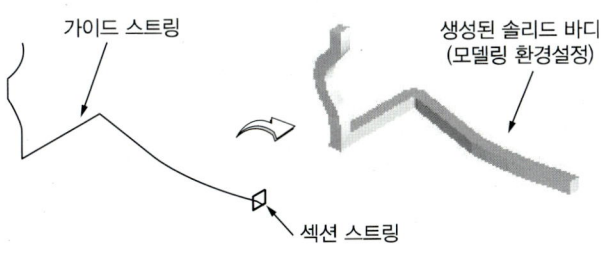

✱ 샤프 코너의 가이드 스트링

1 절차

이 방법을 선택하고 다음 작업을 수행해야 한다.

◀ Section: 단면 스트링을 선택한다. 선택 의도를 사용하면 보다 쉽게 오브젝트를 선택할 수 있고 선택 규칙을 설정할 수 있다.

◀ Guide: Section이 지나갈 길을 만들어준다.
 • Guide의 직각 방향으로 Section이 생성된다.

◀ Offsets
 • First Offset
 • Second Offset 옵셋 값을 입력한다.

◀ Boolean: 필요한 경우 부울 오퍼레이션을 선택한다.

첫 번째 옵셋 및 두 번째 옵셋은 돌출 바디에 사용되는 옵셋과 동일한 방식으로 동작한다.

2 팁 및 기술

일반적으로 단면 곡선은 열린 가이드 경로의 시작 점 또는 닫힌 가이드 경로 곡선의 끝 점 부근에 가이드를 기준으로 배치되어야 한다. 단면 곡선이 가이드 곡선에서 너무 멀리 떨어져 있는 경우 원하지 않은 결과가 발생할 수도 있다.

임의의 곡선 오브젝트를 가이드 경로의 일부로 사용할 수 있다.

가이드 경로에 선이 사용되면 시스템에서는 돌출 방법을 사용하여 솔리드 바디의 해당 부분을 생성한다. 스윕 방향은 선 방향이고, 스윕 거리는 선 길이이다.

가이드 경로에 원호가 사용되면 시스템에서는 회전 방법을 사용한다. 회전축은 원호 평면에 법선으로 원호 중심에 배치되는 원호 축이다. 회전 각도는 원호의 시작 및 끝 각도 사이의 차이이다.

선/원호를 통해 구성된 2D 및 다듬기 가이드 스트링의 경우 측면은 평면형 또는 원통형 면이다. 다듬지 않은 원뿔, 스플라인 및 B 스플라인의 경우 정확한 지오메트리가 생성된다.

3D 다듬기 가이드 스트링의 경우 Freeform Sweep 특징형상을 사용하는 것이 좋다.

① 단면 오브젝트의 루프가 여러 개인 경우 가이드 스트링은 선/원호로 구성되어야 한다.

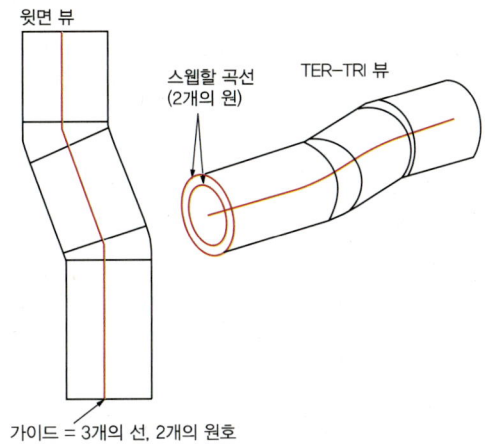

② 닫힌 샤프 코너 가이드 스트링에 대해 스윕 특징형상을 생성하는 방법을 보여 준다. 닫힌 샤프 코너가 있는 가이드 스트링을 따라 스위핑하는 경우 단면 스트링을 모서리에서 멀리 배치하는 것이 좋다.

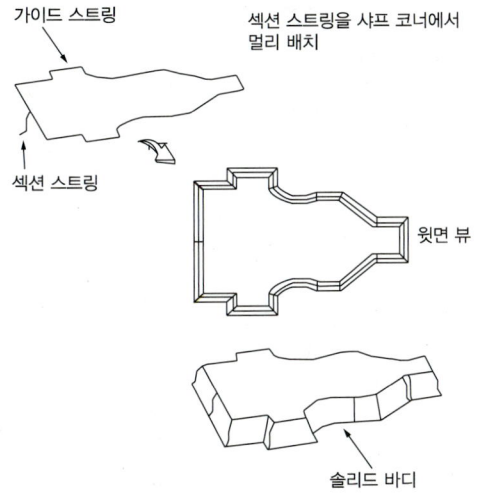

❸ 자체 교차 조건

가이드를 따라 스위핑 오퍼레이션의 속성상 자체 교차 조건으로 인해 어떠한 면 편집 오퍼레이션도 발생하지 않도록 가이드 경로와 단면 곡선을 지정해야 하며 가이드 경로의 인접한 두 선이 예각으로 만나는 경우 또는 가이드 경로의 원호 반경이 단면 곡선의 크기에 비해 너무 작은 경우 면 스윕 오퍼레이션은 발생할 수 없다. 즉, 연속 접선을 통해 경로를 다듬어야 한다.

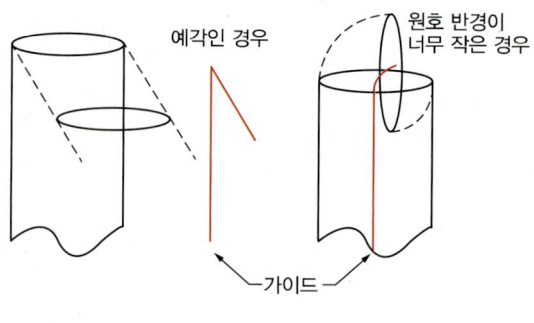

❈ 자체 교차 조건

제2절 스웹(Swept,)

> 위치: Menu ▸ → Insert → Sweep → Swept

공간상의 정의한 3차원 경로 Guide String을 따라가는 Section String을 선택하여 Sheet Body나 Solid Body를 생성할 수 있다. Section String은 반드시 Guide String에 연결될 필요는 없다.

- ◀ Sections: Section String을 선택한다. 1~150 개까지 선택 가능하며, 선택할 수 있는 객체로는 Curve, Solid Edge, Solid Face를 지정할 수 있다.
- ◀ Guides: Guides String을 선택한다. 1~3개의 Guide를 선택할 수 있으며, 선택할 수 있는 객체로는 Curve, Solid Edge, Solid Face를 지정할 수 있다.
- ◀ Spine: 단면 연속선의 방향을 더 자세히 제어할 때 사용된다. Spine String은 Section이 1개인 경우에만 Sheet 길이에 영향을 준다.
- ◀ Section Options: Face의 형태를 정렬하거나, Section 또는 Guides의 개수가 1개일 때 방향이나 배율을 제어할 수 있다.

NX10 3D 모델링 및 CAD/CAM

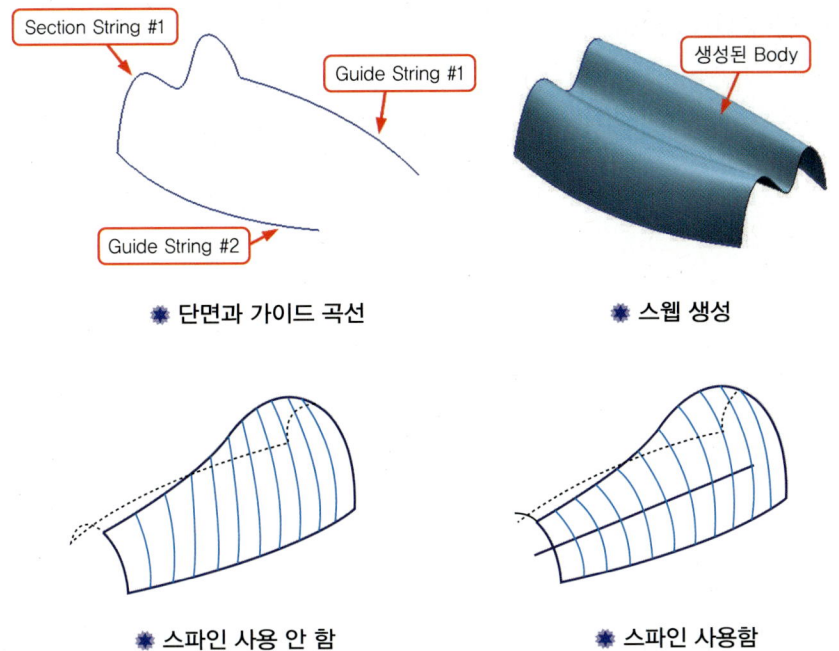

❋ 단면과 가이드 곡선 　　　　　❋ 스웹 생성

❋ 스파인 사용 안 함 　　　　　❋ 스파인 사용함

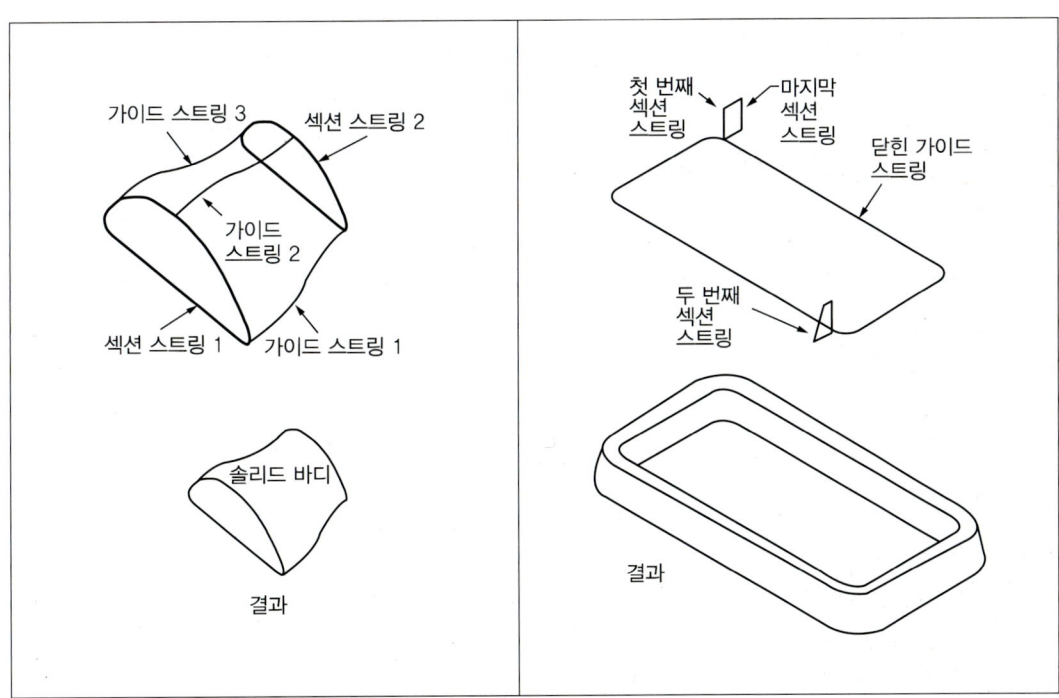

❋ 스웹 생성 과정

Chapter 01 | Sweep 　221

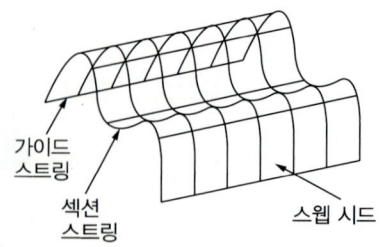

❋ 1개의 가이드 스트링, 1개의 섹션 스트링

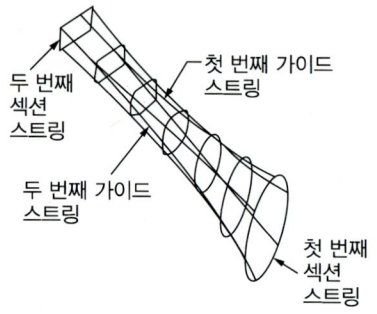

❋ 2개의 가이드 스트링, 2개의 섹션 스트링

제3절 튜브(Tube,) 정의하기

하나 이상의 곡선 오브젝트를 따라 사용자 지정 원형 단면을 스웹하여 단일 Solid Body를 생성한다. Wire 묶음, Harness, 튜빙, 케이블 링, 파이프 등에 응용할 수 있다.

CHAPTER 02

Surface Operation

제 1 절   트리밍된 시트(Trimmed Sheet,)

위치: Menu ▸ → Insert → Trim → Trimmed Sheet

Surface를 Edge, Curve를 이용해서 잘라낸다.

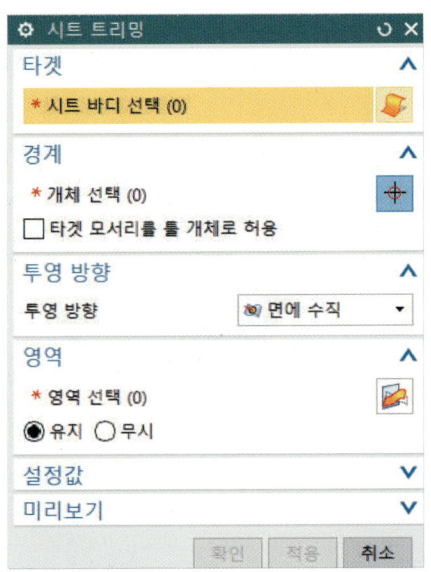

Selection Steps

◂ Target: Trim할 대상 Sheet를 선택한다.
◂ Boundary Objects: 투영할 Curve, Edge를 선택하여 Trim할 영역을 설정한다.
◂ Projection Direction: 투영시킬 방향을 선택한다.
◂ Keep: 선택한 부분을 남긴다.
◂ Discard: 선택한 부분을 제거한다.

다음과 같이 Surface를 Edge, Curve를 이용해서 잘라낸다.

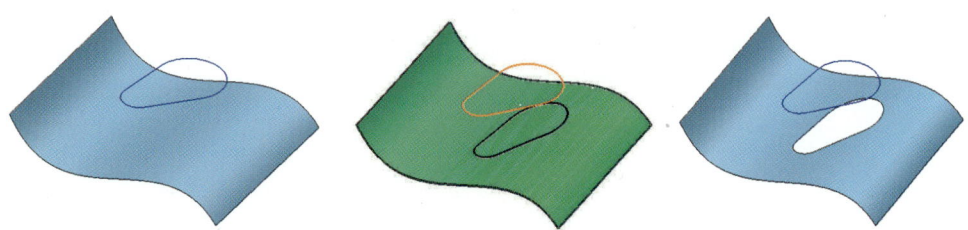

제2절 모서리 삭제(Delete Edge,)

> 위치: Menu → Insert → Trim → Delete

이 옵션을 사용하면 시트 바디에서 하나의 모서리 또는 일련의 모서리가 삭제 가능하며, 또한 구멍을 제거하거나 외부 경계의 트리밍을 취소할 수 있다. 거의 특정 모서리를 제거할 때 쓰인다.

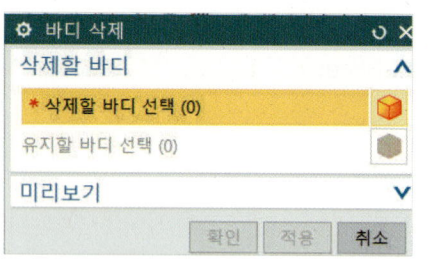

◀ Edge: 시트 바디에서 특정한 부분의 모서리만 삭제할 부분만 선택하여 OK를 클릭하면 선택한 모서리 부분만 트리밍을 취소할 수 있다.

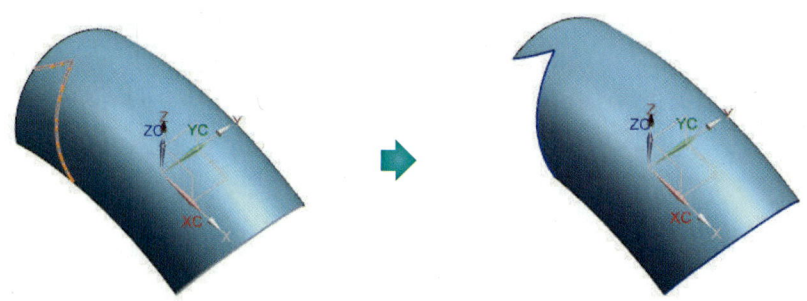

제3절 두께 주기(Thicken,)

위치: Menu → Insert → Offset/Scale → Thicken

이 옵션을 사용하면 하나 이상의 연결된 면 또는 시트를 옵셋하여 솔리드 바디를 생성 가능하다.

◀ Face: 두께를 줄 Sheet를 클릭한다.

Thickness

◀ Offset 1: 선택한 Sheet에서 End 값을 정한다.

◀ Offset 2: 선택한 Sheet에서 Start 값을 정한다.

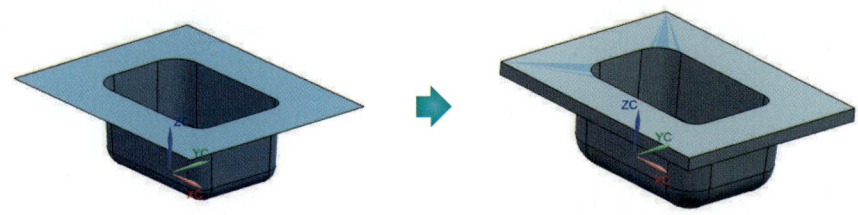

제4절 옵셋 곡면(Offset Surface,)

위치: Menu → Insert → Offset/Scale → Offset Surface

기존 면에 대해 지정한 거리만큼 옵셋을 생성할 수 있는 기능이다. 결과물은 선택한 면을 기준으로 옵셋된 새로운 바디이다.

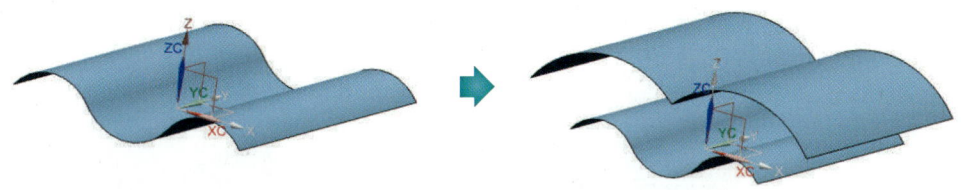

제5절 가변 옵셋(Variable Offset,)

위치: Menu → Insert → Offset/Scale → Variable Offset

이 옵션을 사용하면 4점에서 거리가 다르게 옵셋할 수 있다.

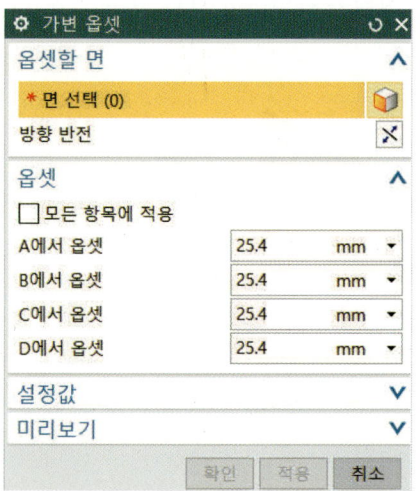

◀ Face to Offset: 옵셋할 Sheet를 클릭한다.
◀ Offset: 4개의 모서리 위치에서 옵셋할 만큼의 값을 넣어 준다.

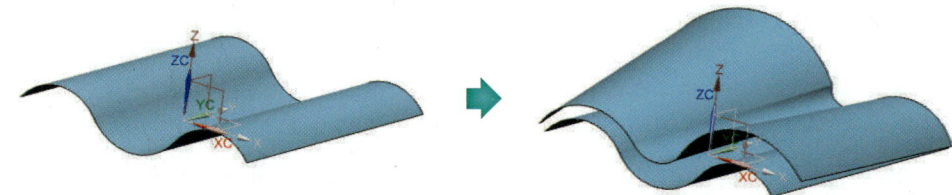

제6절 연결(Sew, 📖)

위치: Menu ▸ → Insert → Combine → Sew

잇기 옵션을 사용하면 두 개 이상의 시트 바디를 함께 결합하여 단일 시트를 생성할 수 있다. 연결할 시트의 컬렉션이 볼륨을 둘러싸는 경우 솔리드 바디가 생성된다. 선택한 시트에는 지정된 공차보다 큰 간격이 없어야 한다. 그렇지 않으면 결과 바디로 솔리드가 아닌 시트가 생성된다.

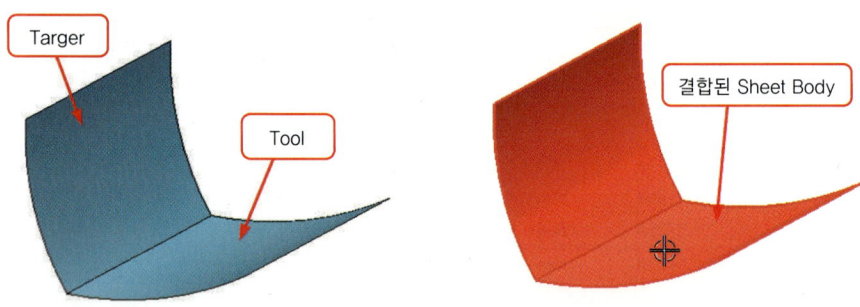

> **참고**
> Sheet Body에서 Solid Type으로 변경하기 위해 Sew를 사용한다면 'OK' 기능보다는 'Apply' 기능으로 작업의 생성을 확인한다.

Sew된 Sheet Body의 연결 부분에 오렌지 색의 별표가 활성화된다면 공차 값 이상으로 떨어져 있는 면이기 때문에 Body Type은 변경될 수 없다. 즉, Solid Type이 될 수 없다.

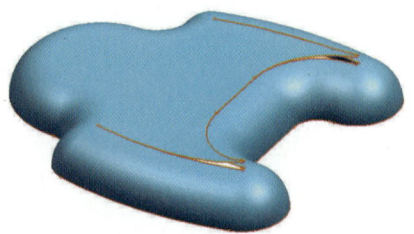

오렌지 색상의 별표와 선이 활성화되었다. 활성화된 부분은 Sew를 정의할 수 없다. 강제로 Tolerance 값을 높여 붙일 수는 있지만 외형의 변형이 올 수 있다.

닫혀진 Sheet Body가 아닌 경우에는 외곽 부분에 오렌지 색상의 선이 활성화된다. 따라서 결과는 Sheet Body로 만들어진다.

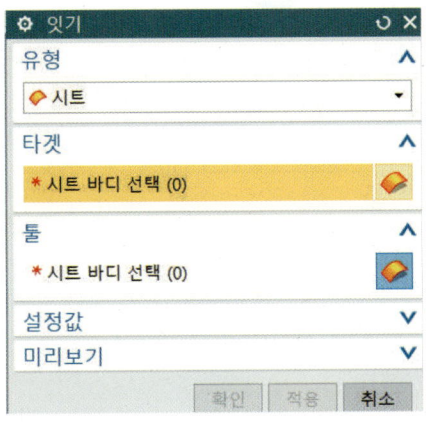

◁ Target: 이 선택 단계를 활성화하면 타겟 시트를 선택할 수 있다. 입력 종류 잇기를 시트로 설정한 경우에만 사용할 수 있다.

◁ Tool: 이 선택 단계를 활성화하면 하나 이상의 공구 시트를 선택할 수 있다. 입력 종류 잇기를 시트로 설정한 경우에만 사용할 수 있다.

제7절 잇기 취소(Unsew,)

위치: Menu → Insert → Combine → Unsew

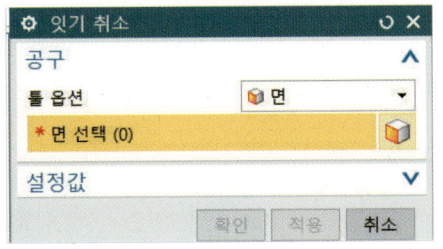

◁ Face: 바디에서 떼어낼 면을 선택한다.

◁ Keep Original: 원본 바디를 그대로 유지하고 새로운 바디를 복사한 후 지시한 Unsew 작업을 진행한다.

Output

◁ One Body for Connected Face: 복수의 면을 선택하였을 때 서로 연결된 상태로 떼어낸다.

◁ One Body for Each Face: 복수의 면을 선택하였을 때 서로 각각 떨어진 상태로 떼어낸다.

다음 그림의 활성화된 Face를 선택한 후 Unsew로 설정하게 되면, 지정된 Face는 원래 Body에서 탈락한다.

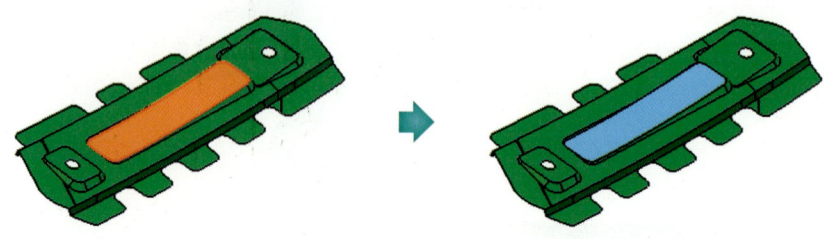

* Solid Body에서 Unsew를 정의하면 Sheet Body로 변경된다.

제8절 패치(Patch,)

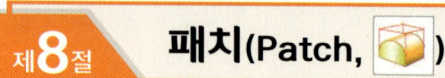

위치: Menu ▸ → Insert → Combine → Patch

시트 바디를 통해 솔리드 바디의 면 일부를 교체할 수 있다. 시트를 다른 시트에 패치할 수 있다.

◀ Target: 우선순위는 Solid이고, Solid 없이 사용될 때는 Sheet를 선택한다.
◀ Tool: 패치 특징형상의 공구로 사용될 시트를 선택할 수 있다.
◀ Target Region to Remove: Patch되는 방향을 설정한다.

패치는 다음과 같은 경우에 유용하다. Trim으로 정의할 수 있지만, Trim 면으로 지정할 때 Patch되는 부분에 대해서 정확하게 만나 있어야 한다.

Sheet Body의 진행 방향에 따라 남겨지는 영역이 다르다.

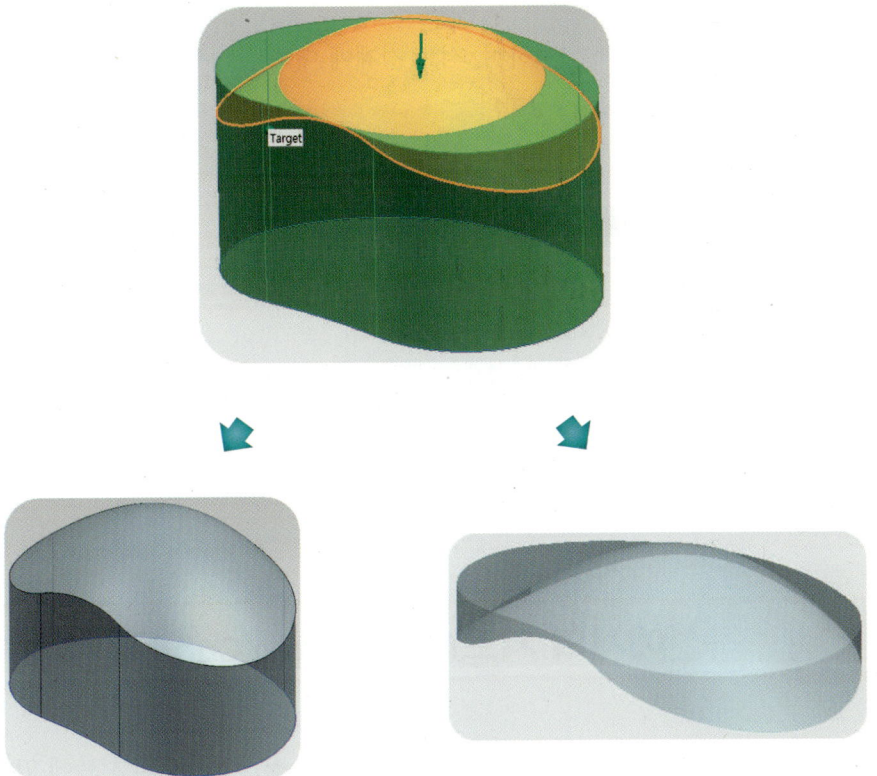

Sheet Body끼리의 Patch를 정의한다. 이때 끝부분이 정확하게 만나는 상황에서는 Sew 기능과 동일하게 사용된다.

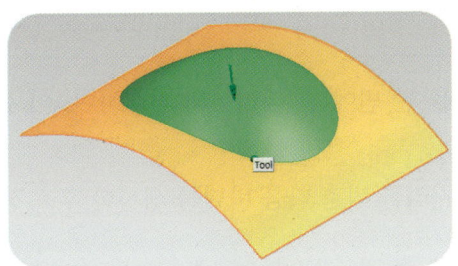
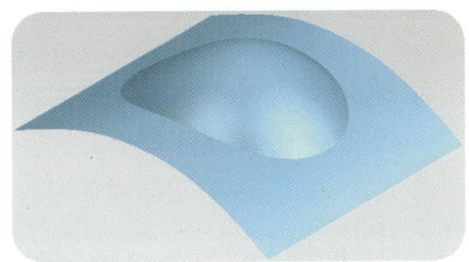

제9절 경계평면(Bounded Plane,)

위치는 곡면에 경계평면에 위치하며, 시트 경계에 대해 끝에서 끝으로 이어지는 곡선의 스트링을 활용하여 평면형 시트를 생성한다.

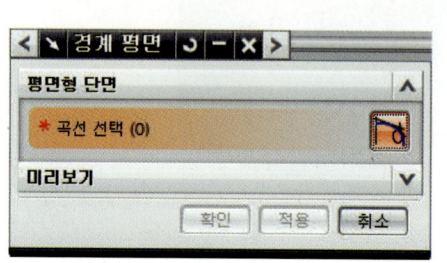
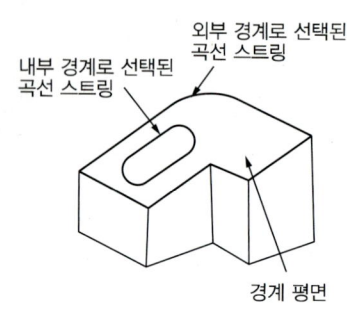

* 경계평면을 생성하려면 경계를 설정/필요한 경우 내부 경계(구멍)를 정의

제10절 곡선에서의 시트(Sheet From Curves,)

곡선(Curves)을 통해 바디를 생성한다. 위치는 곡면 ➡ 곡선에서의 시트에 있다.

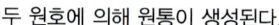
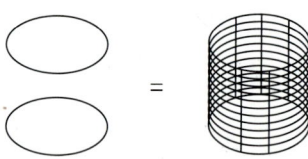

① 레이어별 사이클: 모든 선택 가능한 곡선을 한 번에 한 레이어씩 처리하며, 이 옵션을 ON으로 설정하면 처리 속도를 높일 수 있다.
② 경고: 경고 내용이 있는 경우 시스템에서 처리를 멈춘 다음 바디를 생성한 후 * 경고 메시지를 표시한다.

> **참고**
> 곡선의 닫혀 있지 않은 평면형 루프 및 평면형이 아닌 경계에 대한 경고가 표시/OFF를 선택하면 경고 메시지가 표시되지 않고 처리가 중단되지 않음

Mesh Surface

제1절 룰드(Ruled,)

위치: Menu → Insert → Mesh Surface → Ruled

마주 보는 두 개의 단면 형상을 선택하여 Sheet Body나 Solid Body를 생성한다.

- ◀ Section String 1: 첫 번째 커브 또는 Point 선택
- ◀ Section String 2: 두 번째 커브 선택
- ◀ Alignment: (정렬)
  - Parameter: 점의 연속선을 따라 같은 매개변수 간격으로 동일한 매개변수 곡선이 지나가도록 점을 배치한다. Section String의 개수가 동일할 때 사용한다.
  - Arc Length: 점의 연속선의 길이를 같은 비율로 나누어 매개변수 곡선이 지나도록 점을 배치한다. Section String의 개수가 다를 때 사용한다.
  - Distance: 두 Section의 교차 지점에 곡면을 생성한다.
  - By Point: 매개변수 곡선이 지나가는 점을 직접 정의한다.
  - Angle: 각도 반지름 내의 곡면을 생성한다.
  - Spine Curve: 기준 곡선에 대하여 정의한다.

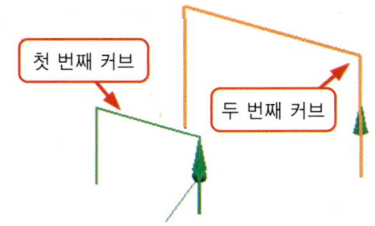
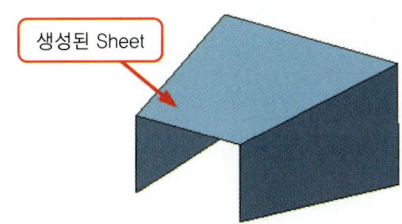

다음 그림과 같이 Curve의 시작 방향이 잘못된 경우 Sheet가 생성되지 않거나, 꼬인 Sheet가 생성된다.

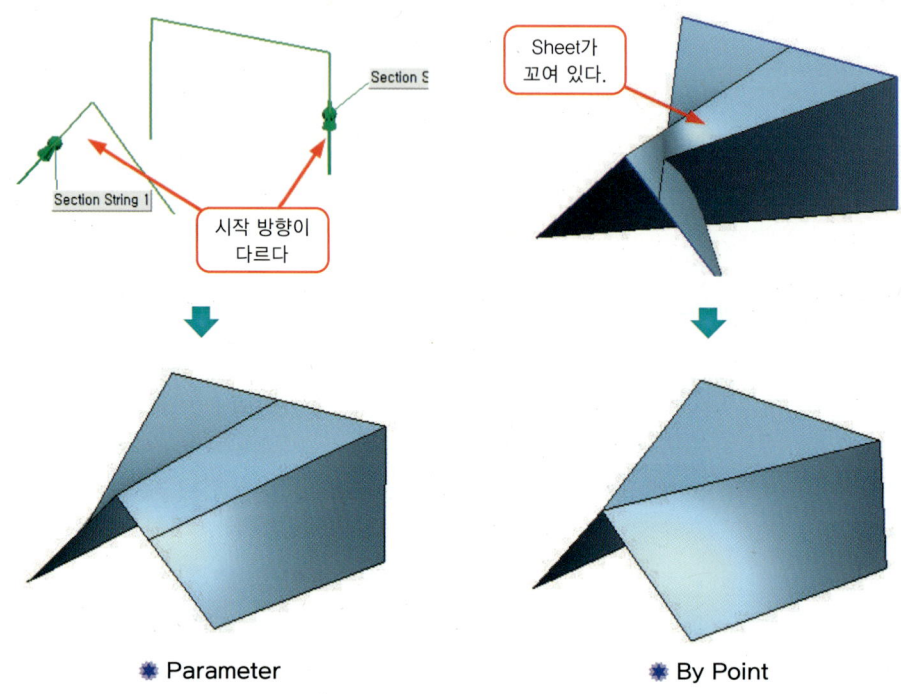

❋ Parameter ❋ By Point

다음 그림은 Alignment를 Parameter로 했을 경우와 By Point로 해서 끝 점을 보정해 준 경우이다.

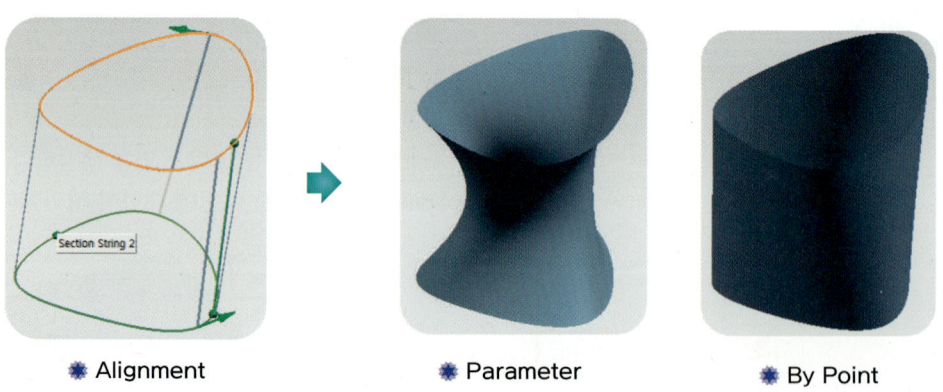

❋ Alignment ❋ Parameter ❋ By Point

PART Ⅳ 서피스(Surface) 모델링

다음은 그림 (a)와 그림 (b)의 비교 내용이다.

Parameter로 했을 경우 첫 번째 커브와 두 번째 커브가 임의로 연결되는 것을 확인할 수 있다.
Parameter는 앞의 설명과 같이 Section String의 개수가 동일할 때 사용하지 않으면 그림 (a)와 같은 현상이 나타난다.

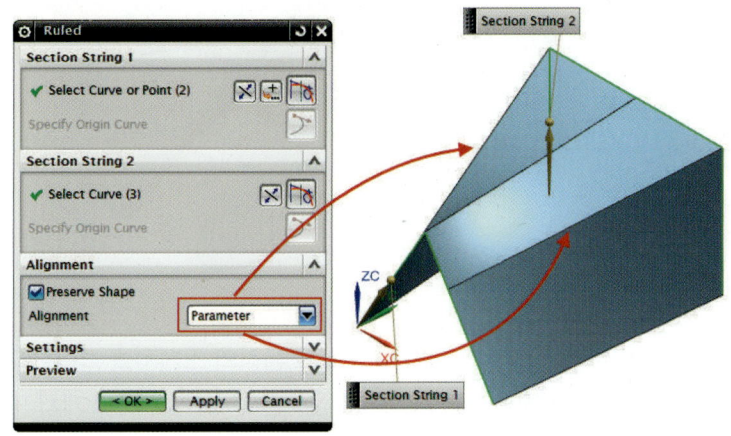

(a) Parameter

하지만 By Point를 이용하면 첫 번째 커브 중 원하는 점에서 두 번째 커브의 원하는 점으로 연결이 가능하다.

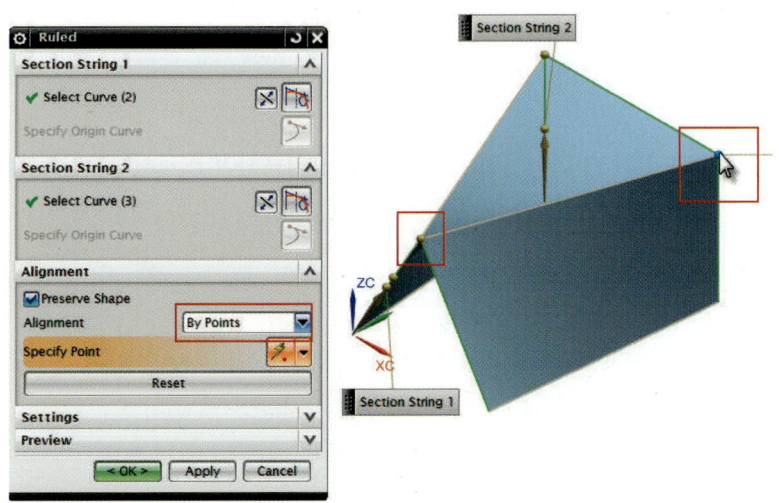

(b) By Point

1 Ruled에 의한 PAN 모델링하기

❶ Sketch를 하기 위해서 메뉴의 삽입 ➡ 타스크 환경의 스케치를 클릭한다.
❷ 평면(XY) 방법은 기존 평면에서 평면도를 선택한 후 확인하고, 스케치 모드로 들어간다.

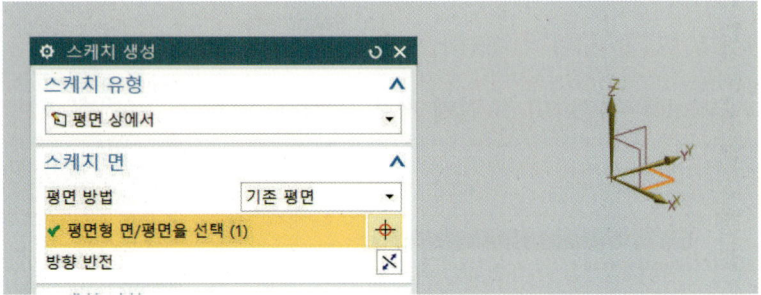

❸ 아래 그림과 같이 원 아이콘과 치수 아이콘을 이용하여 스케치하고 종료한다.

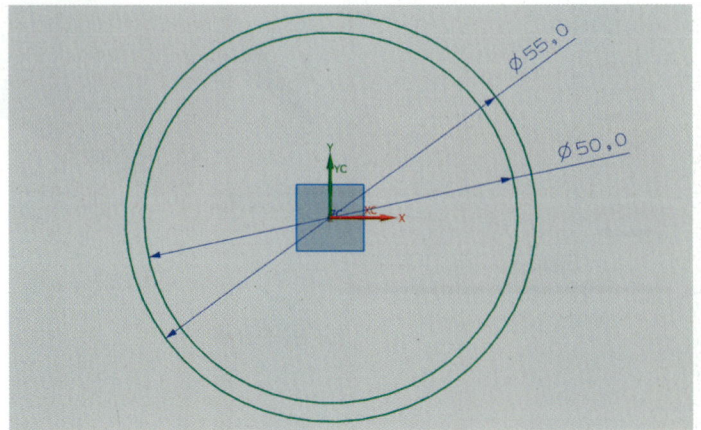

❹ 돌출을 선택하고 아래 그림처럼 끝값 거리에 55를 입력한 후 적용한다.

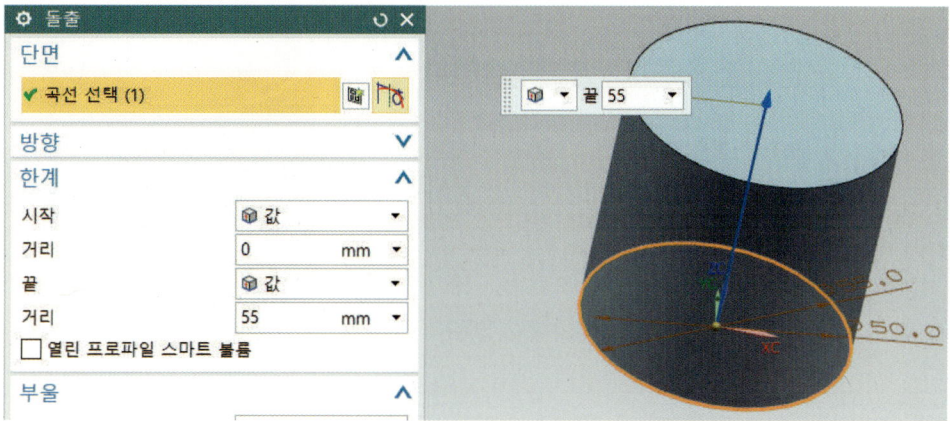

❺ 다시 아래 그림처럼 끝값 거리에, 70을 입력한 후 확인한다.

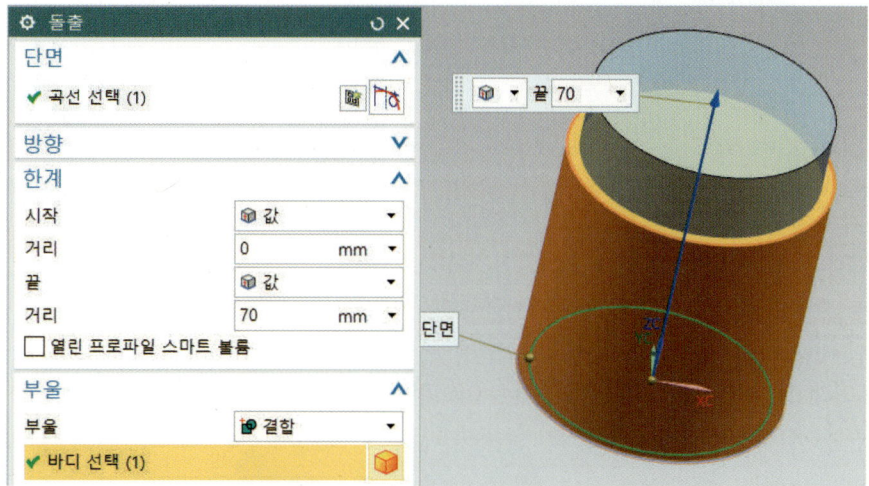

❻ 모서리 블렌드 아이콘을 이용하여 아래 그림처럼 반경에 10을 입력하고 확인한다.

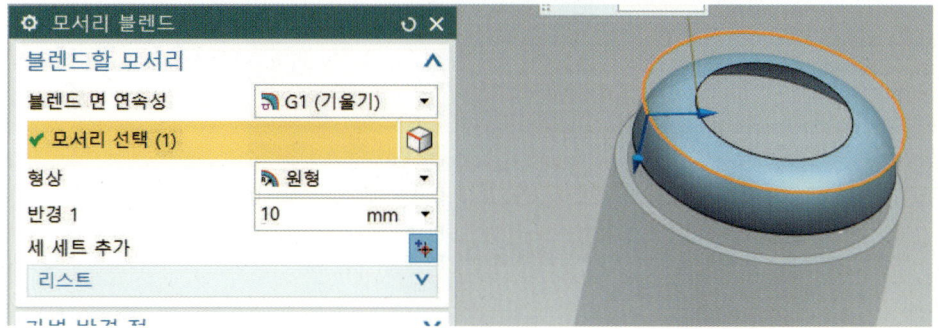

❼ 데이텀을 선택하고 YC-ZC 평면으로 설정하고, 거리값은 55/2로 적용한다.

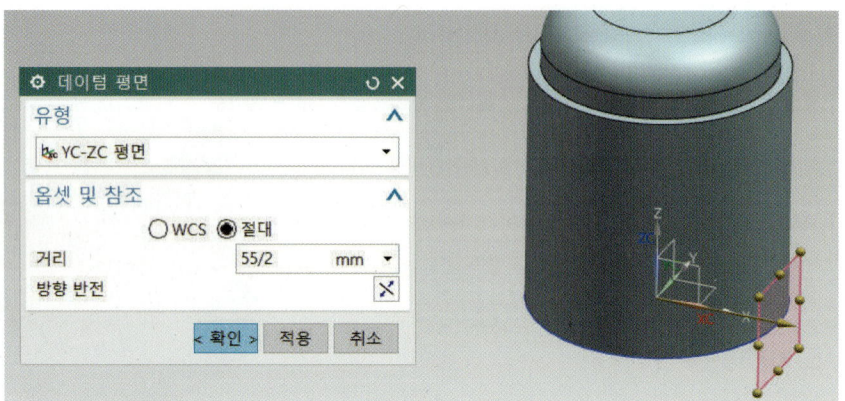

❽ 메뉴 삽입에 타스크 스케치를 클릭하고 아래 기존 평면을 데이텀 평면으로 선택하고 확인한다.

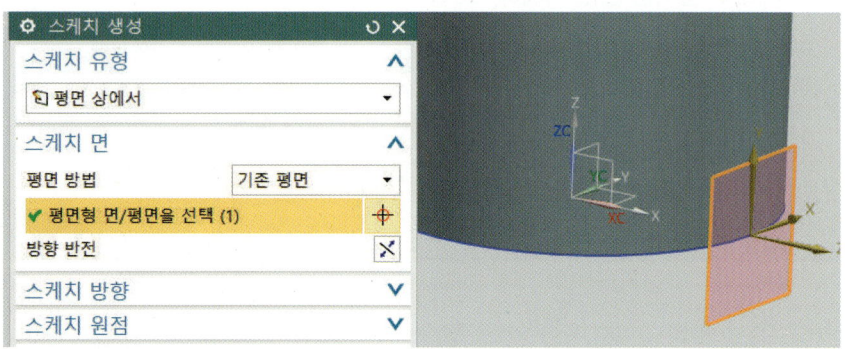

❾ 아래 그림처럼 원호 아이콘과 치수 아이콘을 이용하여 스케치한 후 종료한다.

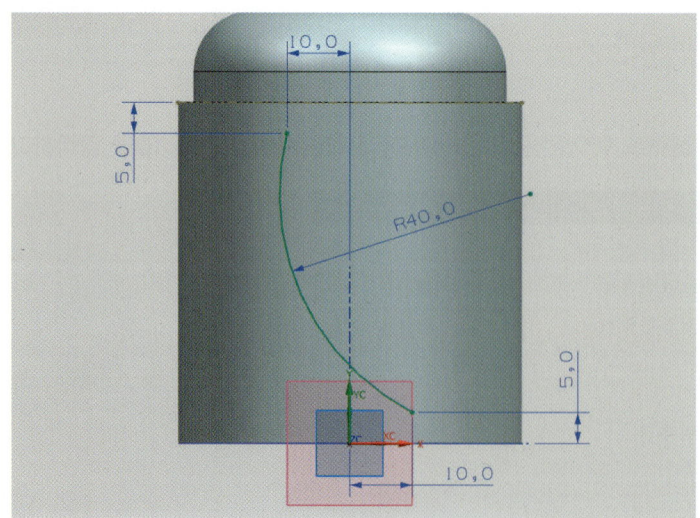

PART Ⅳ 서피스(Surface) 모델링

❿ 데이텀을 선택하고 유형은 거리로 설정하고 참조 평면을 기존 데이텀 평면을 선택한 후 거리 값을 75를 입력하고 확인한다.

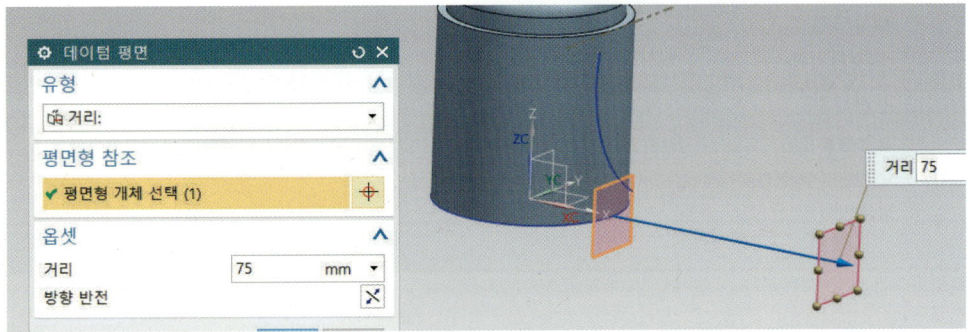

⓫ 스케치 아이콘을 클릭하고, 아래 기존 평면을 위에서 새로 생성된 데이텀 평면으로 선택한 후 확인한다.

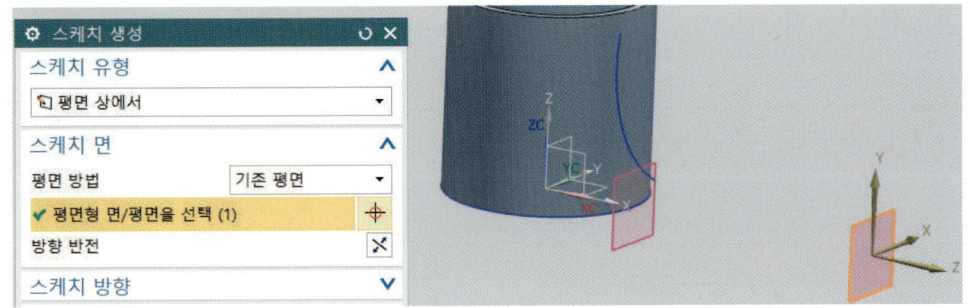

⓬ 아래 그림처럼 원호 아이콘과 치수 아이콘을 이용하여 스케치하고 종료한다.

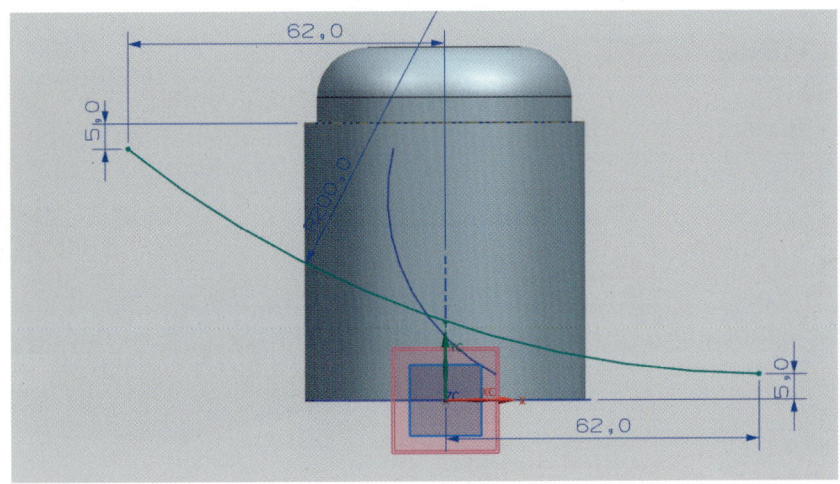

⑬ 다시 스케치 아이콘을 클릭하고, 기존 평면에서 윗면을 선택한 후 확인한다.

⑭ 원 아이콘을 이용하여 아래 그림처럼 스케치하고 종료한다.

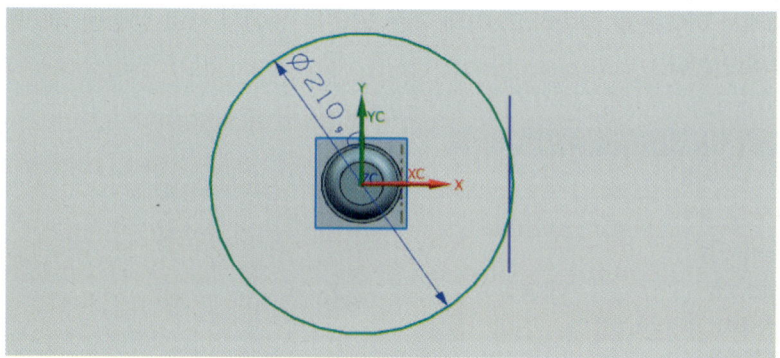

⑮ 돌출을 선택하고, 한계에서 끝값 거리에 100을 입력한 후, 바디 유형은 시트를 선택하고 확인한다.

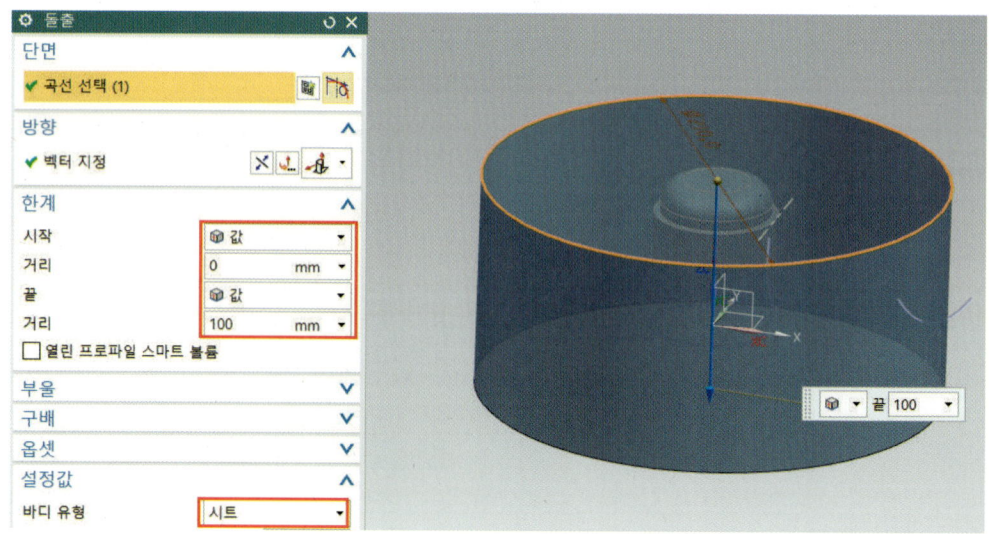

PART Ⅳ 서피스(Surface) 모델링

⑯ 삽입의 곡선에서의 곡선에서 을 선택한다. 그림처럼 투영할 곡선을 클릭한 후 투영할 개체는 원주 면을 선택하여 적용한다.

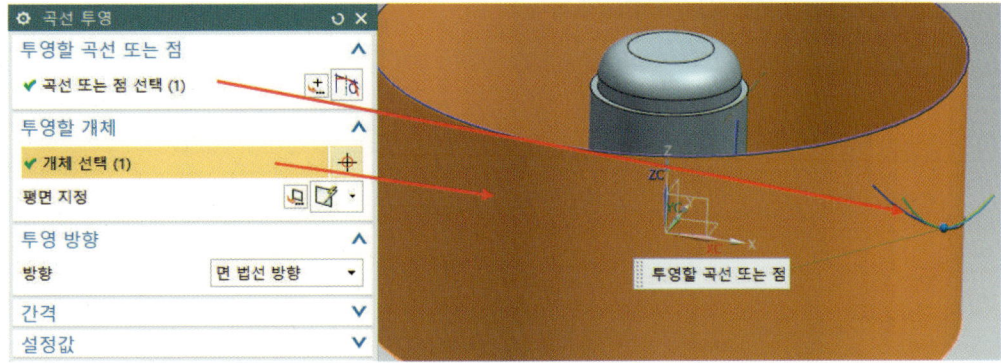

⑰ 위와 같이 그림처럼 투영할 곡선을 클릭하고, 투영할 개체는 원주 면을 선택한 후 확인한다.

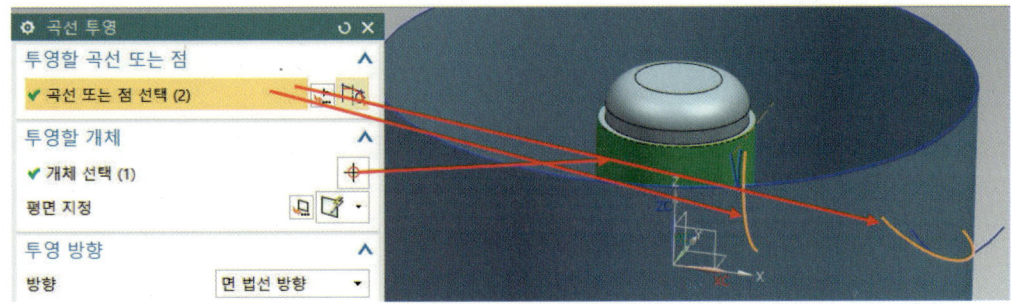

⑱ MB1 버튼으로 그림처럼 선택하고, MB3 버튼을 누르고 숨기기 한다.

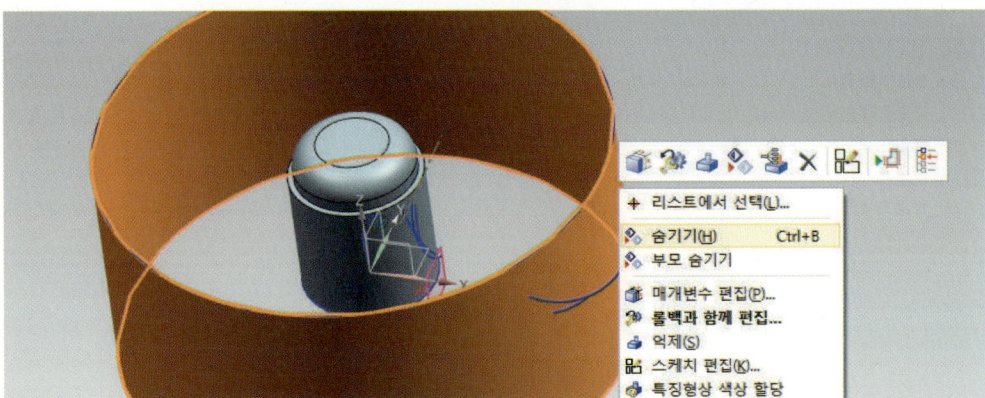

⑲ 삽입의 메시 곡면에서 Ruled(R)...을 선택한다. 단면 스트링 1에서 곡선을 선택하고, 단면 스트링 2에서 곡선을 클릭한 후 확인한다.

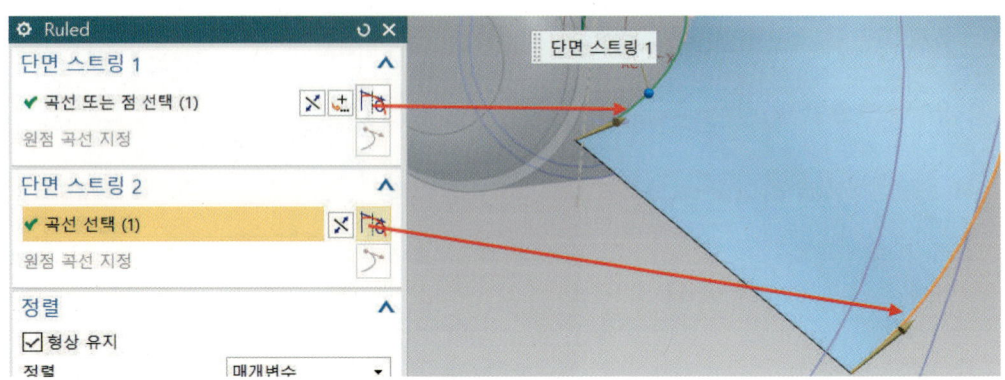

⑳ 삽입의 옵셋/배율에서 두께주기(T)...를 클릭하고, 아래 그림처럼 설정한 후 확인한다.

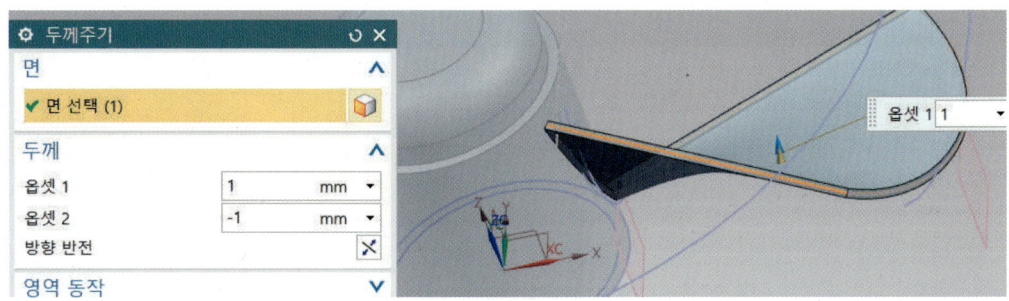

㉑ 모서리 블렌드 아이콘을 선택하고, 반경에 22를 입력한 후 모서리를 선택하고 확인한다.

㉒ 표시 및 숨기기 아이콘( )을 클릭한다. 유형은 모두에서 숨기기(-)를 선택하고, 솔리드 바디는 표시(+)를 선택한다.

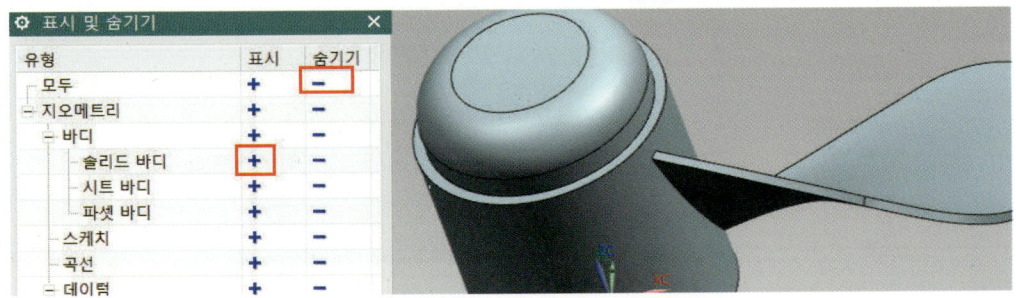

㉓ 다음 그림처럼 보수를 선택하고, MB3 버튼을 이용하여 숨기기 한다.

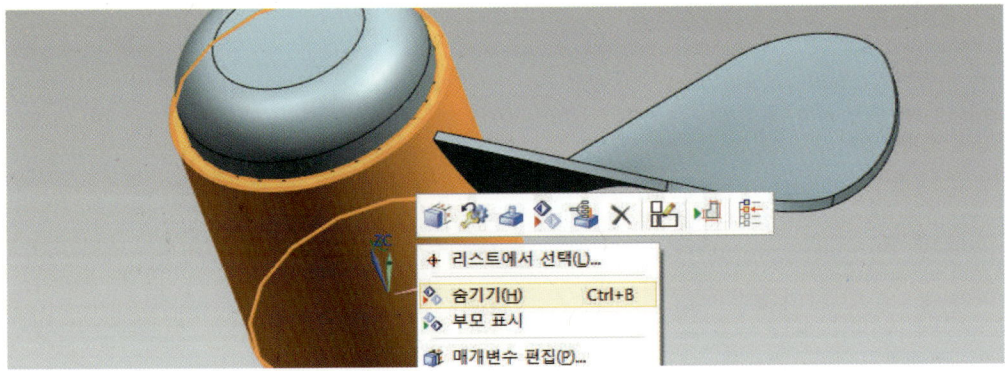

㉔ 삽입에 동기식 모델링에 면 이동( )을 클릭하고, 그림처럼 면을 선택하고 확인한다.

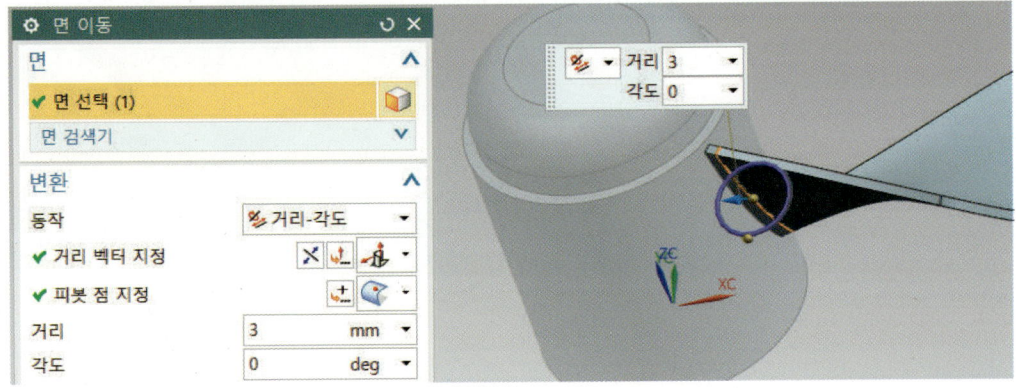

㉕ 표시 및 숨기기 아이콘을 클릭한다. 유형은 모두에서 숨기기(-)를 선택하고, 솔리드 바디는 표시(+)를 선택한다.

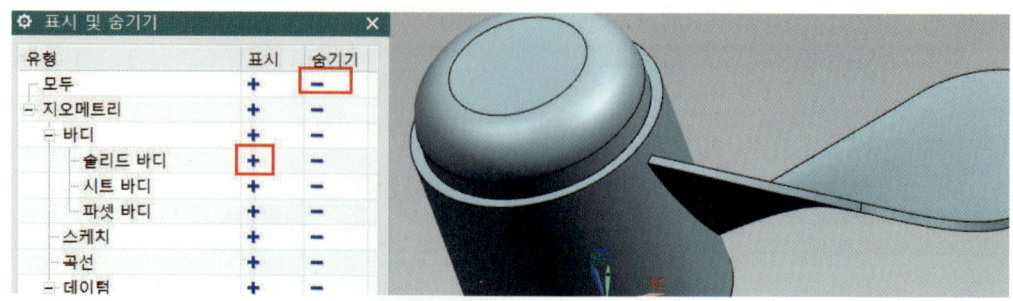

㉖ 삽입의 연관복사에서 인스턴스 지오메트리(G)... 를 선택한다. 유형은 회전, 벡터는 Z축, 점 지정은 원의 선을 클릭하고, 각도는 360/6도, 복사본 수는 6으로 한 후 확인한다.

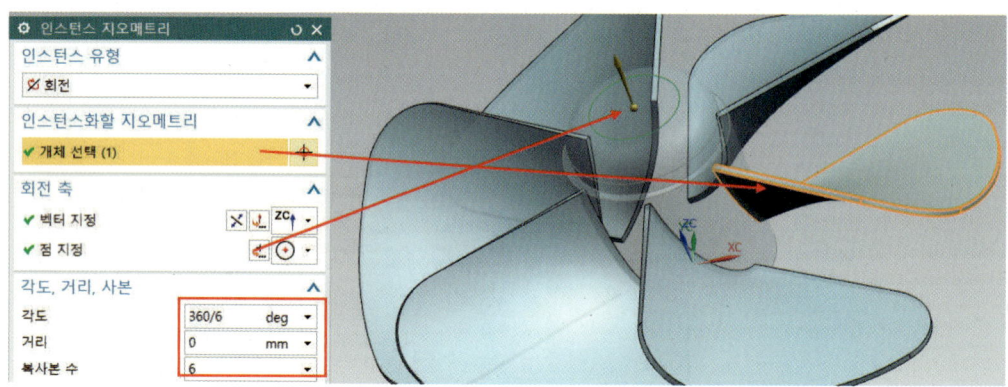

㉗ 결합( )을 선택하고, 그림처럼 결합한 후 확인한다.

244 PART Ⅳ 서피스(Surface) 모델링

㉘ 셀 아이콘을 선택한 후 아래 그림처럼 설정하고 확인한다.

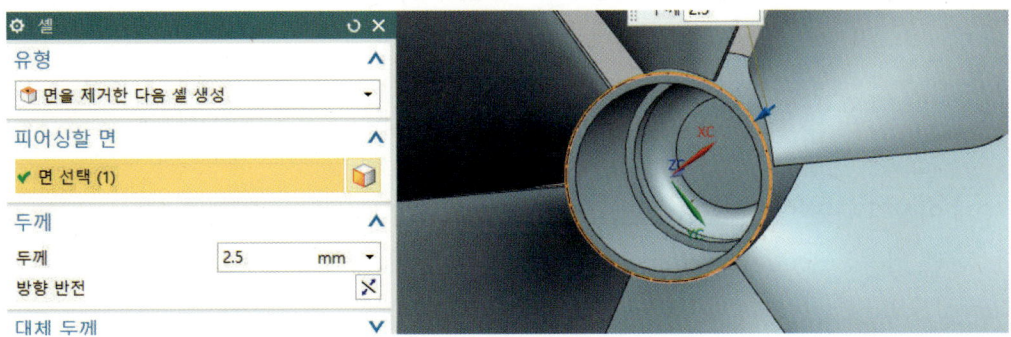

㉙ 블렌드 아이콘을 선택하고, 그림처럼 반경에서 0.3을 입력한 후 전체 모서리를 클릭하고 확인한다.

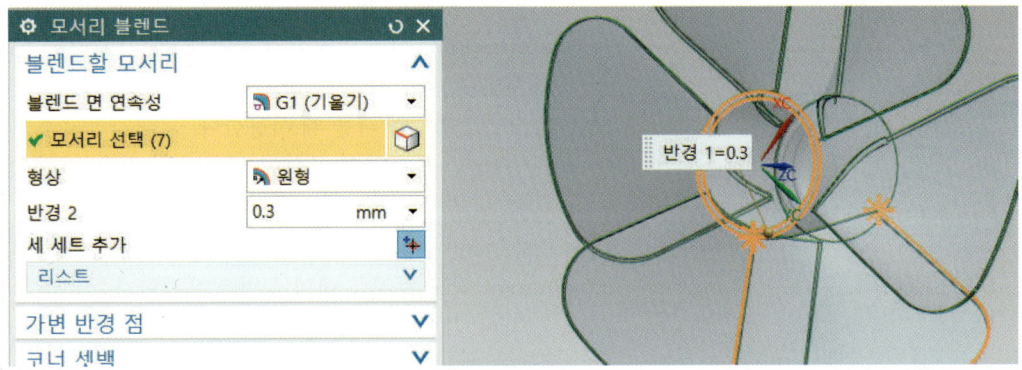

㉚ 아래 그림은 완성된 PAN의 모양이다.

제2절 통과 곡선(Through Curve,)

위치: Menu → Insert → Mesh Surface → Through Curves

2개 이상의 단면 연속선(Section string)을 선택하여 Sheet Body나 Solid Body를 생성한다. 단면 연속선(Section string)은 한 객체 또는 여러 객체로 구성할 수 있다. 각 객체로는 Curve, Solid Edge 또는 Solid Face를 사용할 수 있다.

◀ Alignment(정렬)
- Parameter: 점의 연속선을 따라 같은 매개변수 간격으로 동일한 매개변수 곡선이 지나가도록 점을 배치한다. Section String의 개수가 동일할 때 사용한다.

◀ Arc Length: 점의 연속선의 길이를 같은 비율로 나누어 매개변수 곡선이 지나도록 점을 배치한다. Section String의 개수가 다를 때 사용한다.

◀ By Point: 매개변수 곡선이 지나가는 점을 직접 정의한다.

◀ Distance: 두 Section의 교차 지점에 곡면을 생성한다.

◀ Angle: 각도 반지름 내의 곡면을 생성한다.
- Spine Curve: 기준 곡선에 대하여 정의한다.

◀ Patch Type: 패치의 종류. 단일패치(Single)와 다중 패치(Multiple)

Ruled와 마찬가지로 방향에 주의하여 Curve를 선택해야 한다.

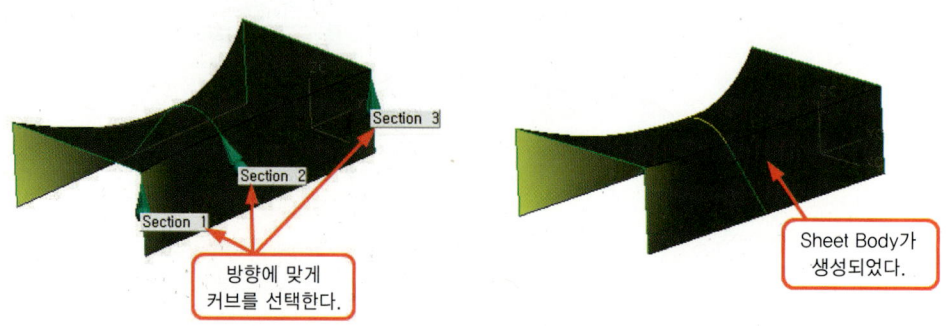

PART Ⅳ 서피스(Surface) 모델링

NX10 3D 모델링 및 CAD/CAM

다음 그림과 같이 Curve가 닫혀 있을 경우, Solid Body로 생성된다.

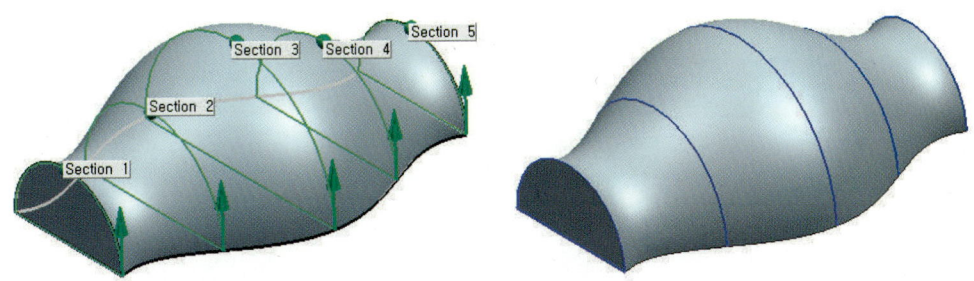

> **참고** Continuity

다음 그림과 같이 기존에 생성되어 있던 면 혹은 바디를 이용하여 후에 생성되는 개체와 Tangent하게 연결할 수 있다. 그러면 인접해 있는 개체와 자연스럽고 부드럽게 연결이 된다.

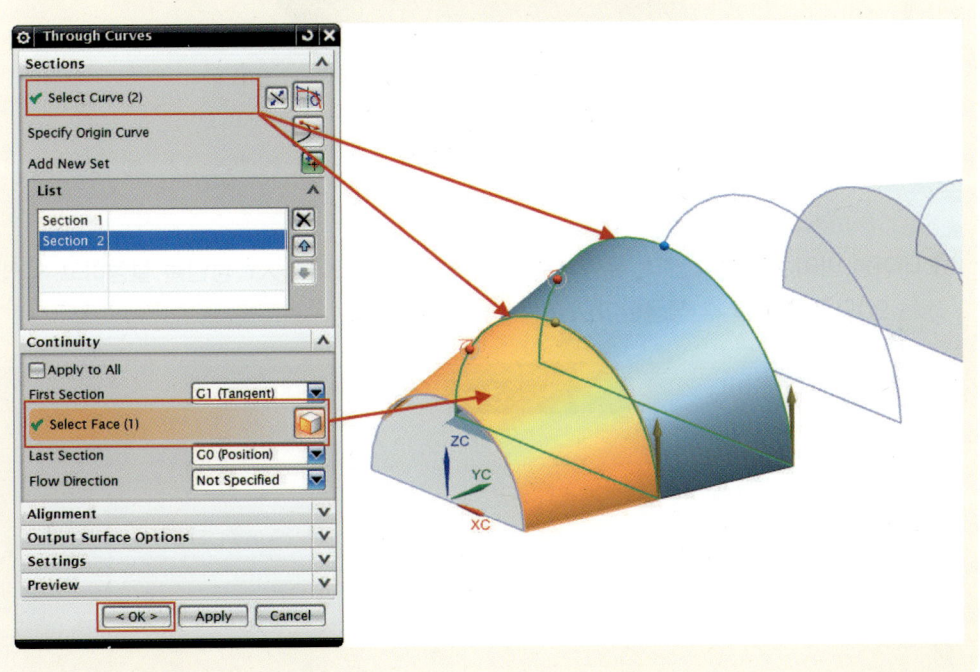

Chapter 03 | Mesh Surface 247

1 곡선통과에 의한 물병 모델링하기

❶ 데이텀 아이콘을 클릭한다. 유형에서 거리, 평면형 참조에서 XY 평면을 설정하고, 옵셋 거리는 90으로 입력한 후 적용한다.

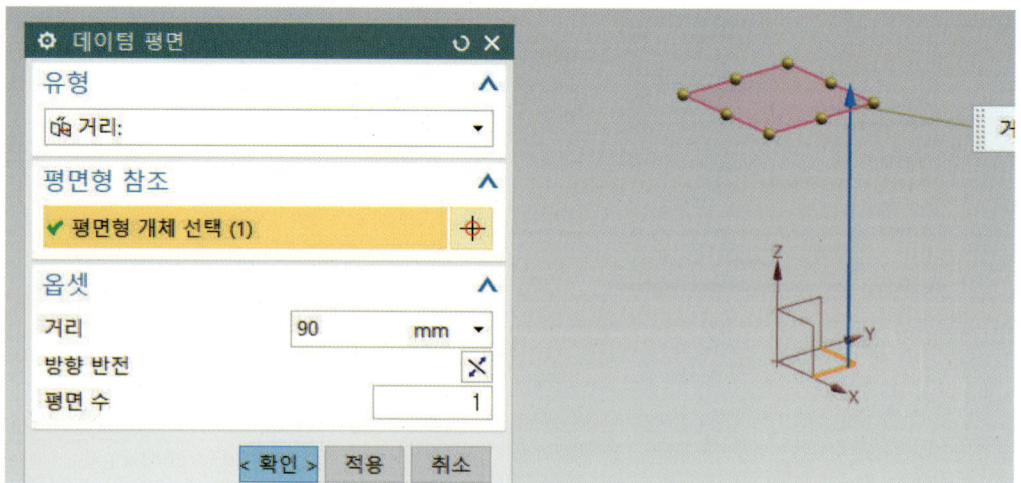

❷ 유형은 거리로 하고, 평면형 참조에서 참조 면을 선택한 후 옵셋에서 거리를 90으로 입력하고 적용한다.

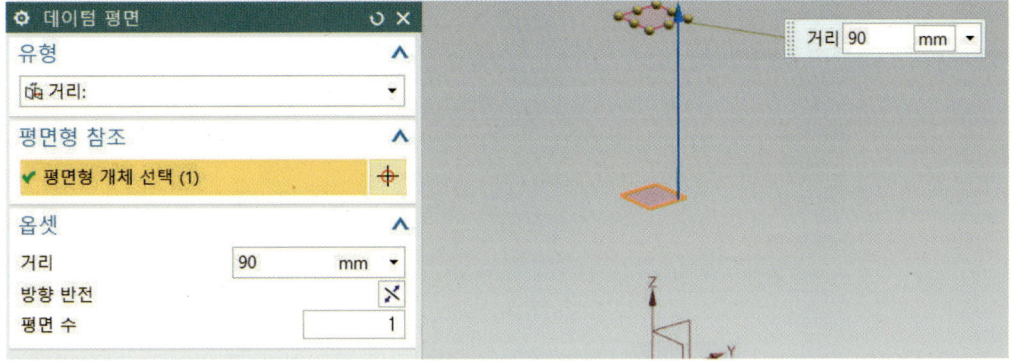

❸ 위와 같은 방법으로 평면형 참조에서 참조 면을 선택하고, 옵셋에서 거리를 25를 입력한 후 적용한다.

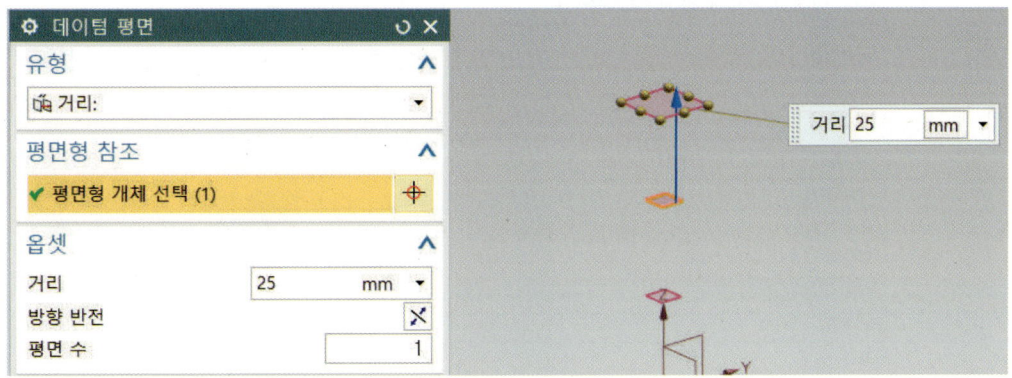

❹ 계속해서 평면형 참조에서 참조면을 선택하고, 옵셋 거리를 20을 입력한 후 적용한다.

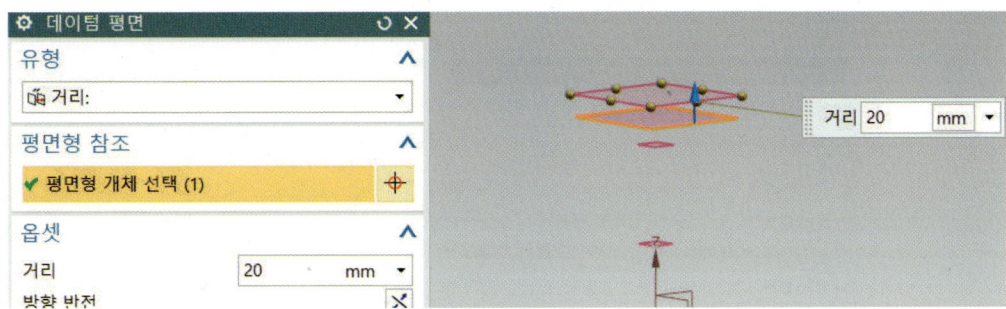

❺ 삽입 ➜ 타스크 환경의 스케치를 클릭한다.

❻ 스케치 유형은 평면 상에서, 기존 평면의 XY 평면도를 선택한 후 확인한다.

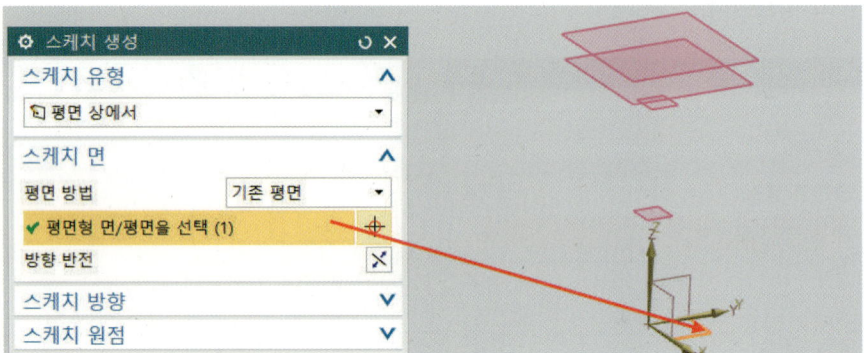

❼ 삽입의 곡선에서 타원(E)... 을 선택하거나, 아이콘을 클릭한다. 중심의 점 지정에서 스냅 기존 점을 선택한 상태에서 점을 클릭한다. 외반경 40, 내반경 25, 회전 각도는 0도로 설정한 후 확인하고 스케치를 종료한다.

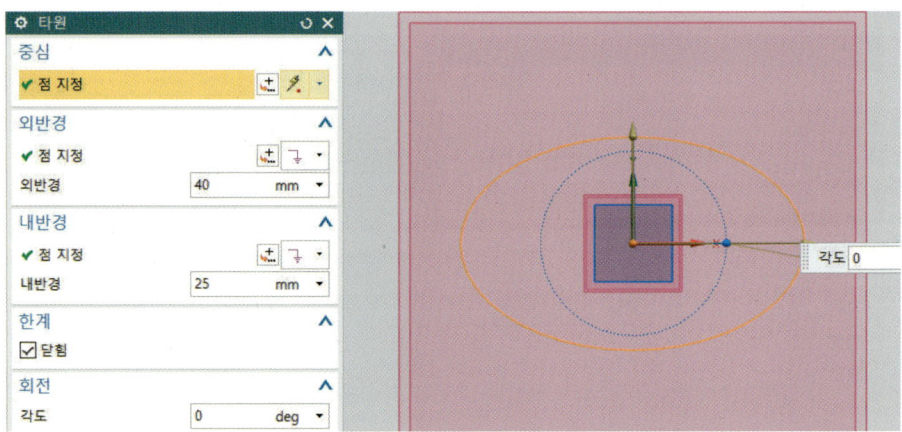

❽ 타스크 환경의 스케치를 클릭하고, 유형은 평면 상에서, 기존 평면을 선택한 후 확인한다.

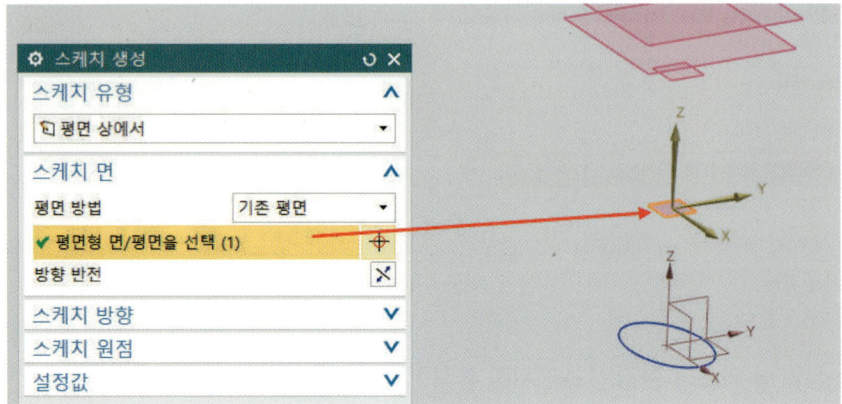

NX10 3D 모델링 및 CAD/CAM

❾ 타원에서 위와 같은 방법으로 설정하고, 외반경 70, 내반경 40, 회전 각도는 0도로 설정한 후 확인하고 스케치를 종료한다.

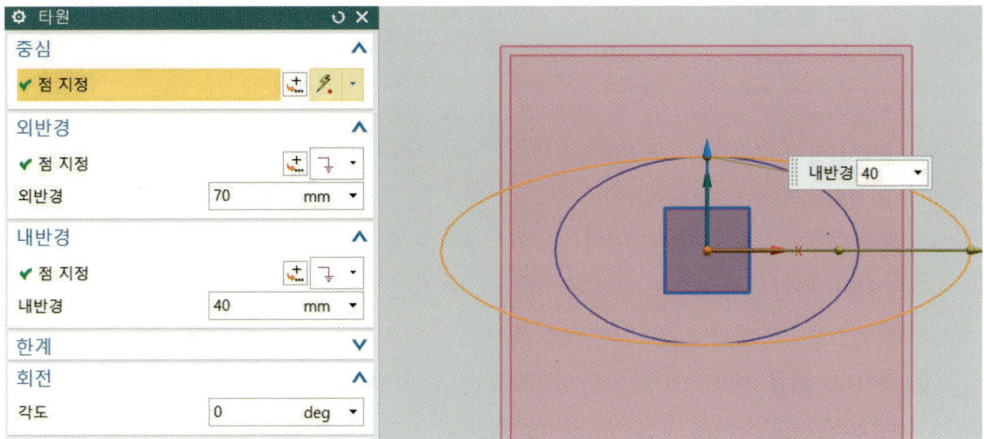

❿ 스케치를 클릭하고, 유형은 평면 상에서, 스케치 면은 작업 평면을 선택한 후 확인한다.

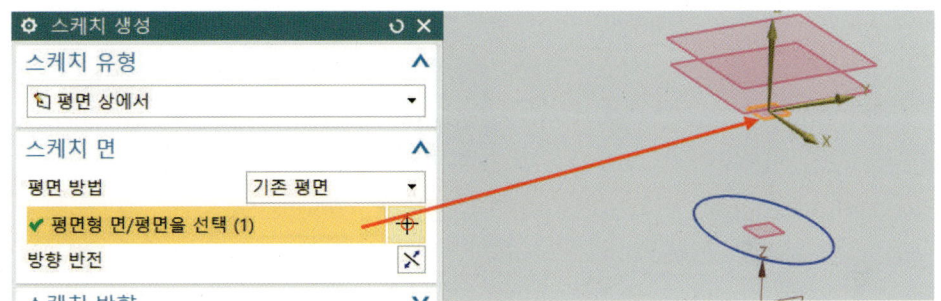

⓫ 외반경 40, 내반경 25, 회전 각도는 0도로 설정한 후 확인하고 스케치를 종료한다.

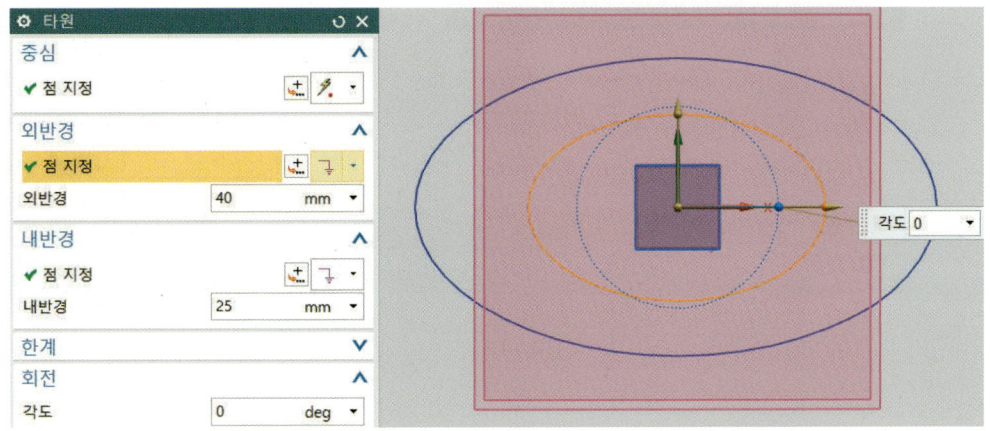

Chapter 03 | Mesh Surface

⓬ 스케치를 클릭하고, 유형은 평면 상에서, 스케치 면은 작업 평면을 선택한 후 확인한다.

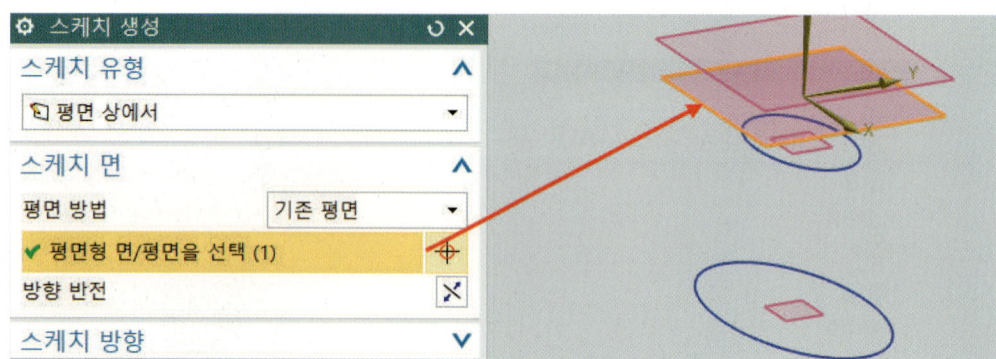

⓭ 원 아이콘을 선택하고 중심점 지정에서 스냅 기존 점을 선택한 상태에서 점을 클릭하고, 아래 그림처럼 스케치 후 스케치를 종료한다.

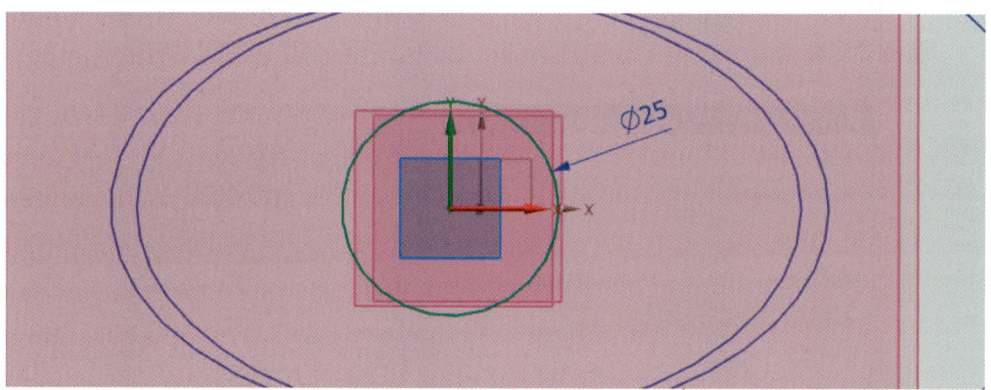

⓮ 스케치를 클릭하고, 유형은 평면 상에서, 스케치 면은 작업 평면을 선택하고 확인한다.

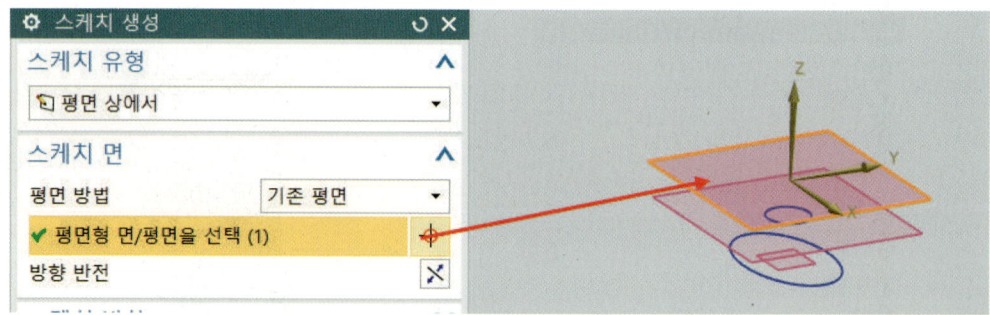

⓯ 원 아이콘을 이용하여 아래 그림처럼 스케치한 후 스케치를 종료한다.

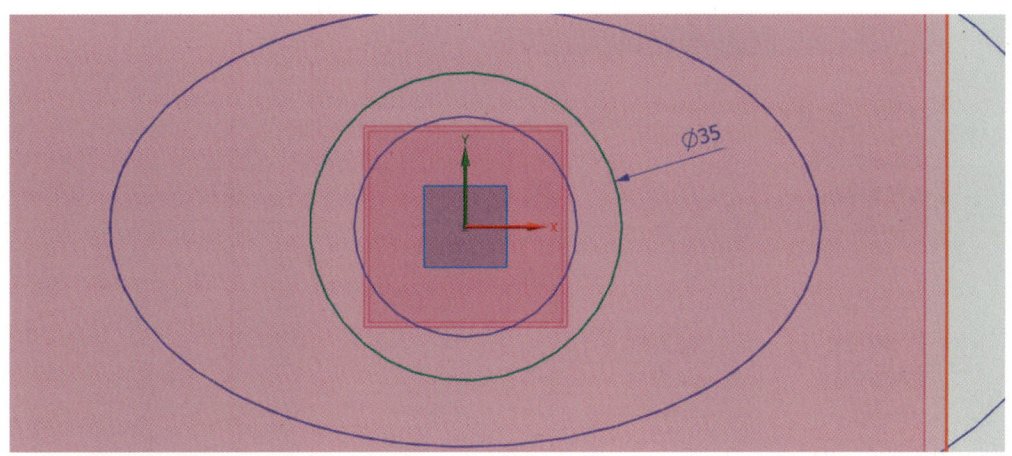

⓰ 삽입에 메시 곡면에 곡선 통과() 아이콘을 클릭하고, 단면의 곡선 선택에서 바닥을 선택한 후 MB2 버튼을 누른다. 다시 단면의 곡선 선택에서 윗면을 선택하고 MB2 버튼을 누른다.(화살표 방향은 동일하게)

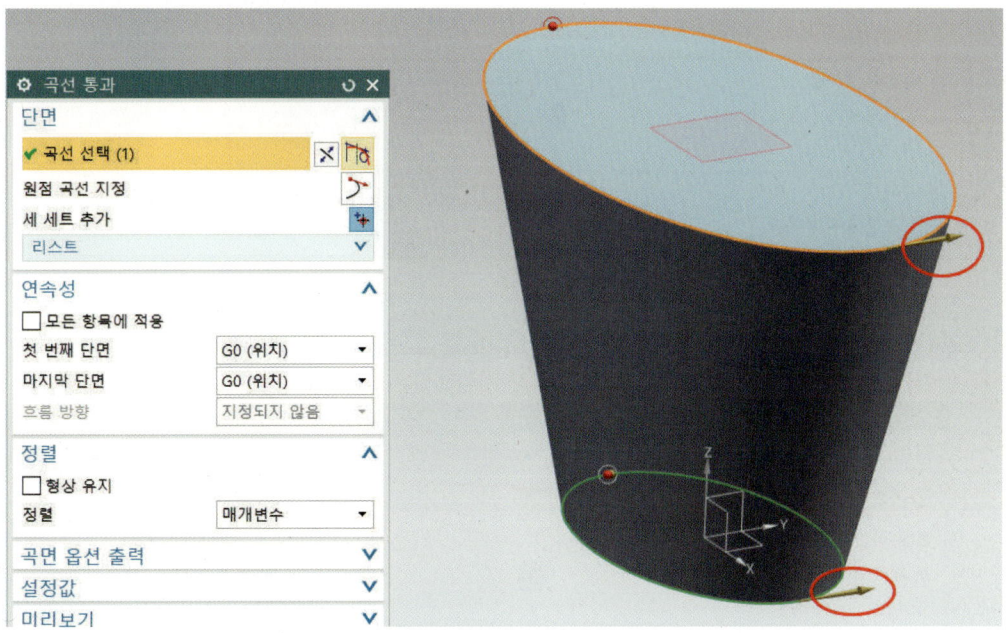

⓱ 단면에서 곡선 선택을 하고, MB2 버튼을 누른다.(화살표 방향은 동일하게)

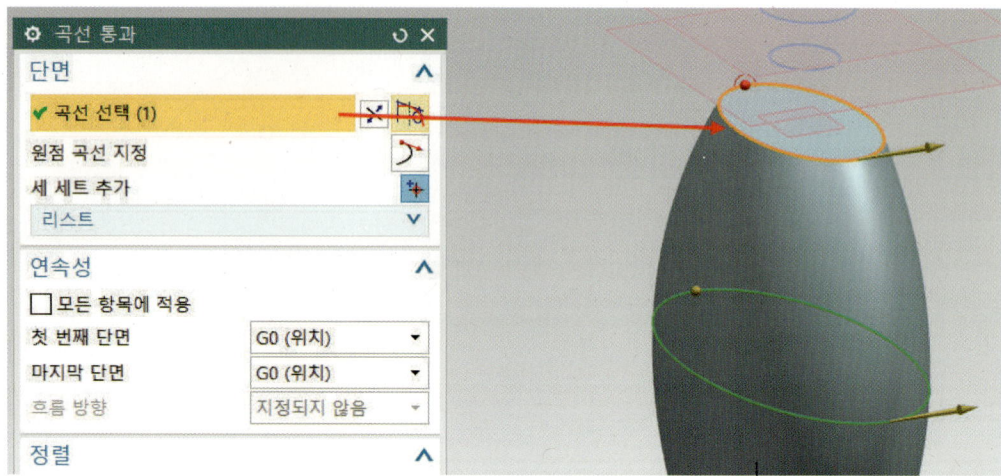

⓲ 단면에서 계속해서 곡선 선택을 하고, MB2 버튼을 누른다.(화살표 방향은 동일하게)

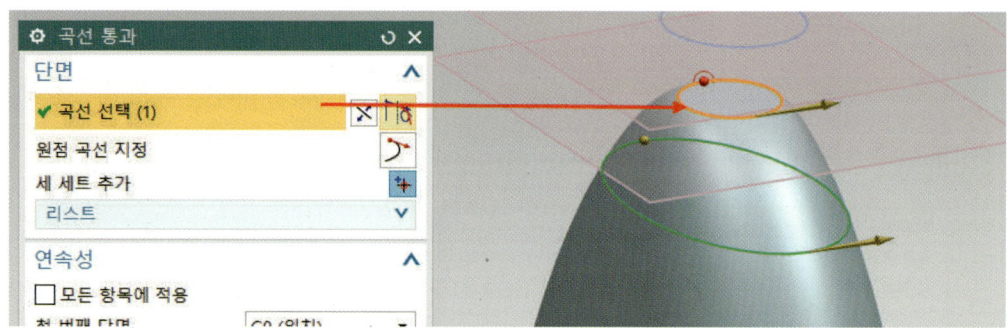

⓳ 단면에서 계속해서 곡선을 하고, MB2 버튼을 누른다.(화살표 방향은 동일하게)

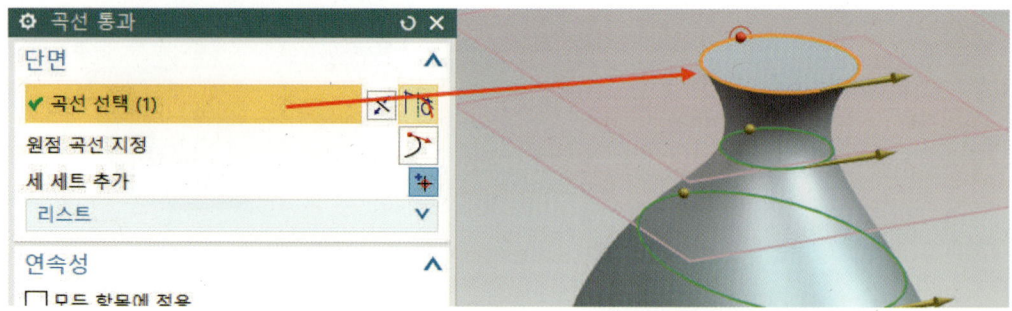

⑳ 셸 아이콘을(삽입에 옵셋/배율) 선택하고, 아래 그림처럼 유형을 설정한 후 두께는 2.5를 입력한 후 피어싱할 면을 클릭하고 확인한다.

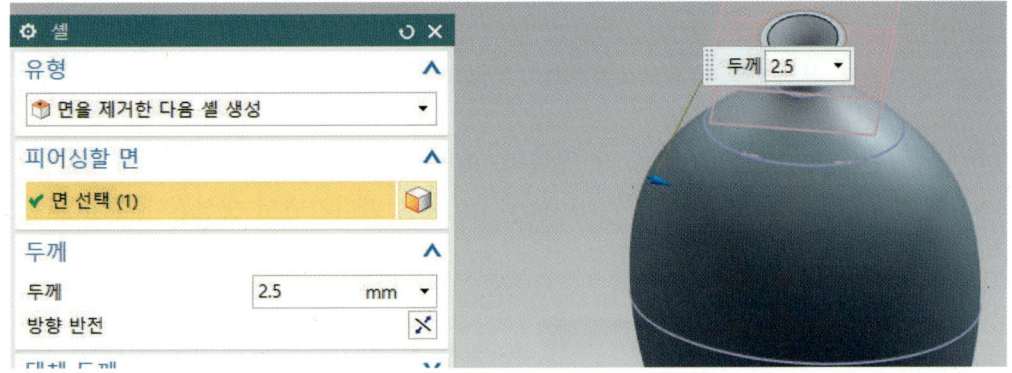

㉑ 모서리 블렌드 아이콘을 선택하고, 반경은 1을 입력한 후 모서리를 클릭하고 확인한다.

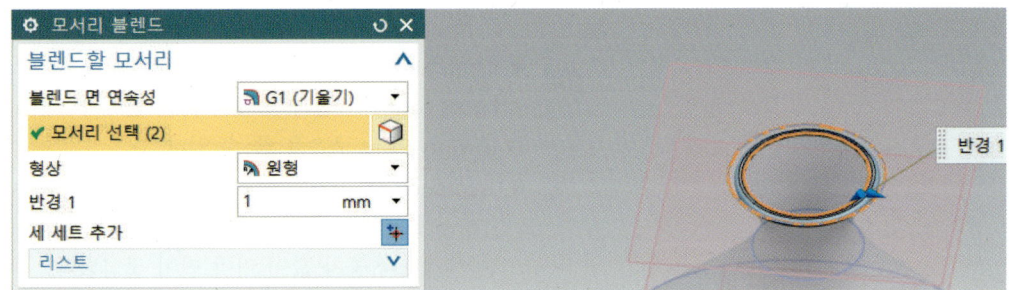

㉒ 아래 그림은 곡선 통과를 활용한 모델링을 완료한 상태이다.

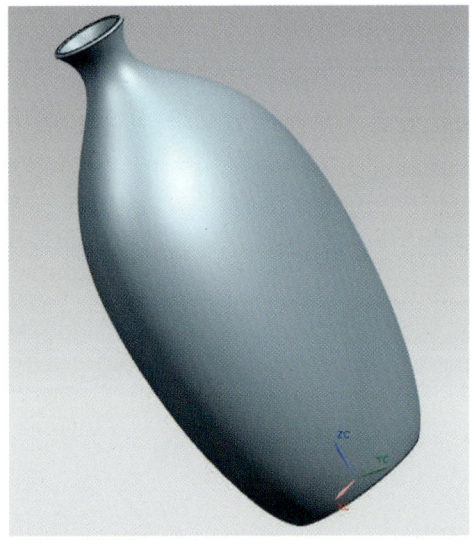

제3절 곡선 통과 메시(Through curve Mesh,)

위치: Menu → Insert → Mesh Surface → Through Curve Mesh

2개 이상의 Primary String과 2개 이상의 Cross String을 선택하여 Sheet Body나 Solid Body를 생성한다. Cross String이 Primary String을 따라가면서 생성된다. Primary String은 Point도 가능하다.

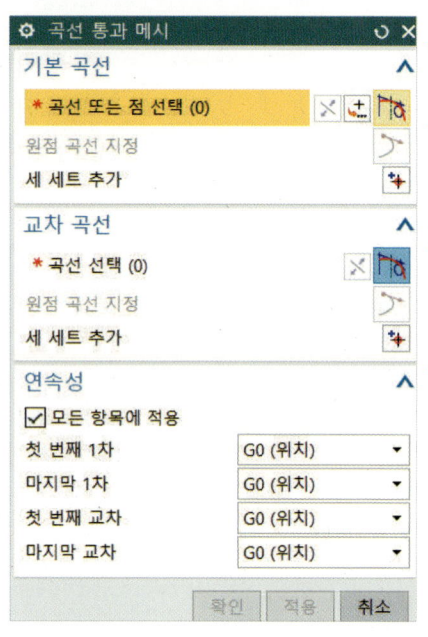

- **Primary Curves**: Curve 또는 Point를 선택하고 MB2를 누른다.
- **Cross Curves**: Primary String과 교차되는 Curve를 선택한 후 MB2를 누른다. 모든 선이 선택될 때까지 반복한다.
- **Continuity**: 첫 번째 또는 마지막 Primary String과 Cross String의 면과 맞닿은 다른 면에 Tangency 또는 Curvature 구속을 줄 수 있다.
- **Intersection Tolerance**: Primary String과 Cross String이 교차하지 않을 때 공차를 줄 수 있다. 떨어진 거리보다 공차 값이 커야 면이 생성된다.

• 트리밍됨: 트리밍된 단일 시트의 경우 • 삼각형: 복수의 삼각형 패치의 경우

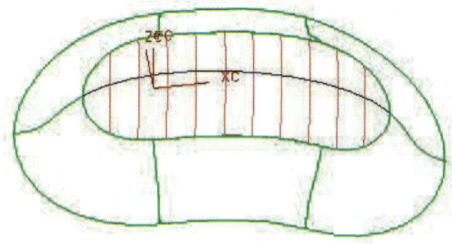 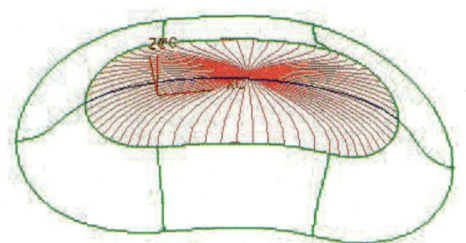

✹ 유형

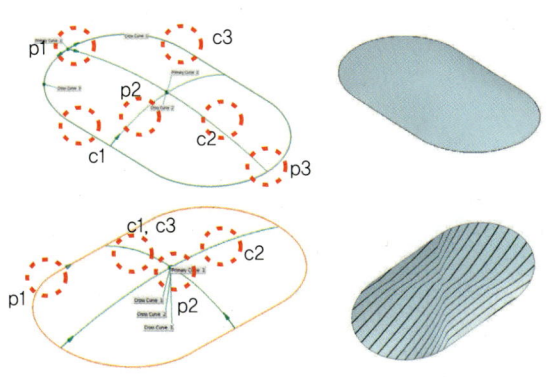

- p1, p3: 두 개의 Curve가 교차되는 지점에 Point를 지정한다.
- p3, c1, c2, c3: 원 안에 있는 Curve를 선택한다.

- p1: 원 안의 Curve를 전체 선택한다.
- p2: 원 안의 교차되는 지점의 Point를 선택한다.
- c1, c2, c3: 순서에 맞게 선택한다.
- c1과 c3은 동일한 Curve이다.

아래 그림과 같이 Primary String과 Cross String이 교차하지 않으면, 공차 값을 떨어진 거리보다 크게 해야 한다.

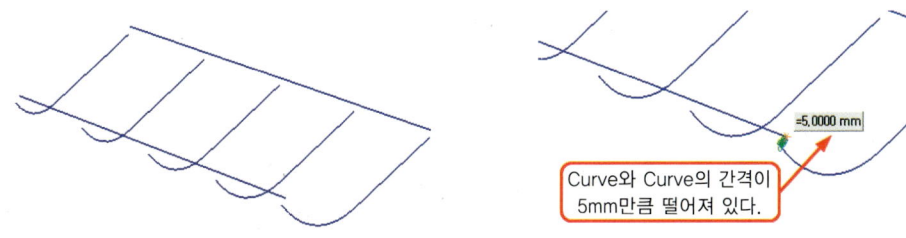

Curve와 Curve의 간격이 5mm만큼 떨어져 있다.

아래 그림과 같이 Primary String과 Cross String이 교차하지 않을 경우 Tolerance(허용 한계)를 떨어진 거리 값보다 크게 줘야 한다.

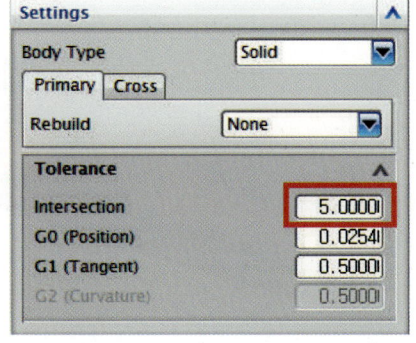
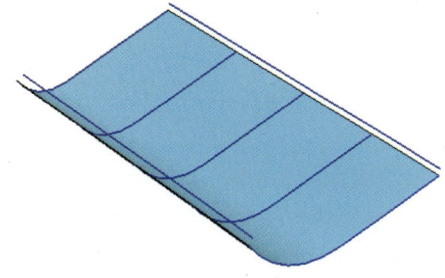

공차가 존재할 경우 Output Surface Options 의 Emphasis에서 Surface의 위치를 결정해 줄 수 있다.

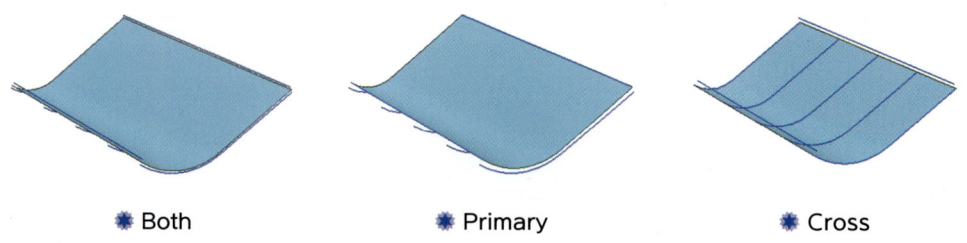

❋ Both　　　❋ Primary　　　❋ Cross

> **참고**
> - Both: Cross String과 Primary String 사이에 Body가 생성된다.
> - Primary: Primary String에 접하는 Body가 생성된다.
> - Cross: Cross String에 접하는 Body가 생성된다.

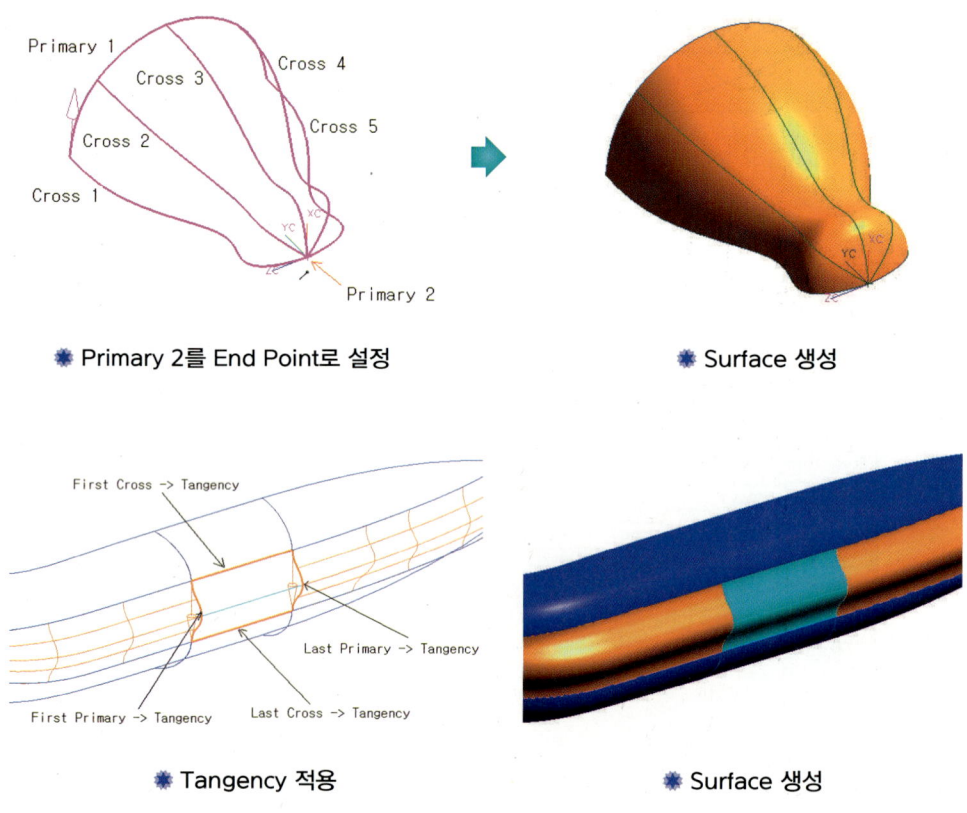

❋ Primary 2를 End Point로 설정　　　❋ Surface 생성

❋ Tangency 적용　　　❋ Surface 생성

제4절 N-변 곡면(N-side,)

위치: Menu → Insert → Mash Surface → N-side

n-변 옵션을 사용하면 열려있거나, 닫혀 있는 단순 루프를 생성하거나, 무제한의 곡선 모서리를 갖는 곡면을 생성하여 외부 면에 연속성을 줄 수 있으며, 구멍이나 간격을 제거할 수 있다.

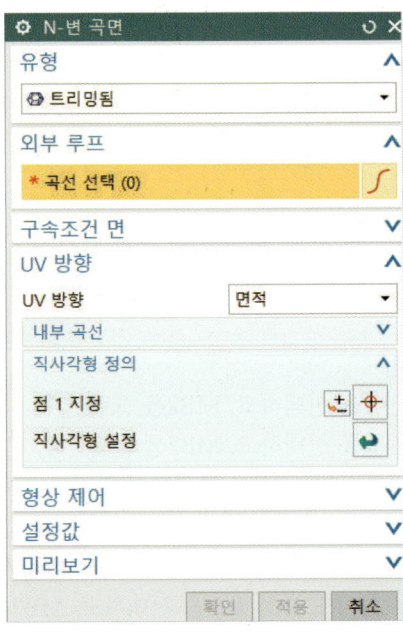

◀ Type
- Trimmed: 단순 루프를 생성하여 주며, 연장된 루프를 생성한다.
- Triangular: 모서리에 맞게 연장된 루프를 생성하여 준다. 또한 Triangular는 Constraint를 필수로 선택해 주어야 한다.

◀ Outer Loop: 채우려는 선을 선택한다.

◀ Constraint Faces: 선 주위의 면을 선택하여 면에 대하여 탄젠 시 하게 작업을 할 때 사용한다.

◀ UV Orientation: 방향을 정하여 준다.
- Area: 영역 안에서 임의로 정해 준다.
- Vector: 벡터를 지정한다.

◀ Shape Control: 선과 면의 관계를 설정한다.

1 N-Side Surface의 Type

1) Trimmed

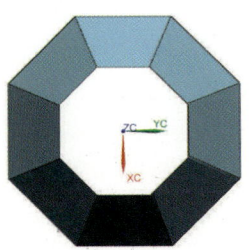
❋ 기본 형상

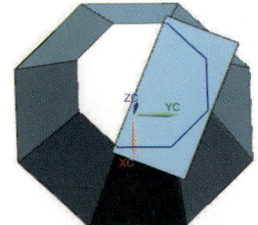
❋ Trimmed Constraint 설정 안 함
G0(Position)

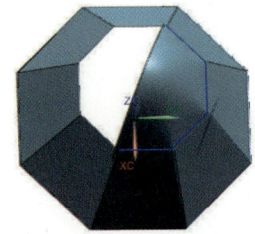
❋ Trimmed Constraint 설정
G1(Tangent)

2) Triangular

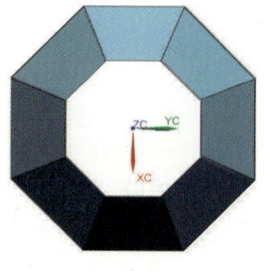
❋ 기본 형상

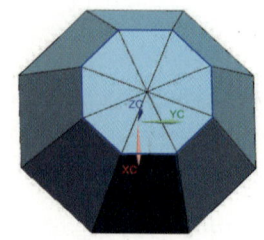
❋ Triangular Not Specified
G0(Position)

❋ Triangular Adjacent Edge
G0(Position)

제5절 스튜디오 곡면(Studio Surface,)

2개 이상의 단면 형상을 선택하여 시트 바디나 솔리드 바디를 생성하며, 2개 이상의 단면 곡선과 2개 이상의 가이드 곡선을 선택하여 곡면을 생성한다.

※ 생성 방법
1) 단면 곡선 1을 선택하고, MB2를 클릭한다.
2) 단면 곡선 2를 선택하고, MB2를 클릭한다.
3) 모두 선택했으면 MB2를 클릭하여 완성하고, 가이드 곡선 탭으로 전환한다.
4) 가이드 곡선 1을 선택하고, MB2를 클릭한다.
5) 차례대로 가이드 곡선 2, 3을 선택하고, MB2를 클릭한다.
6) 단면 곡선과 가이드 곡선이 교차하지 않으면 설정값에서 공차 값을 크게 한다.

CHAPTER 04

Surface Exercise

제1절 Surface 모델링 따라 하기

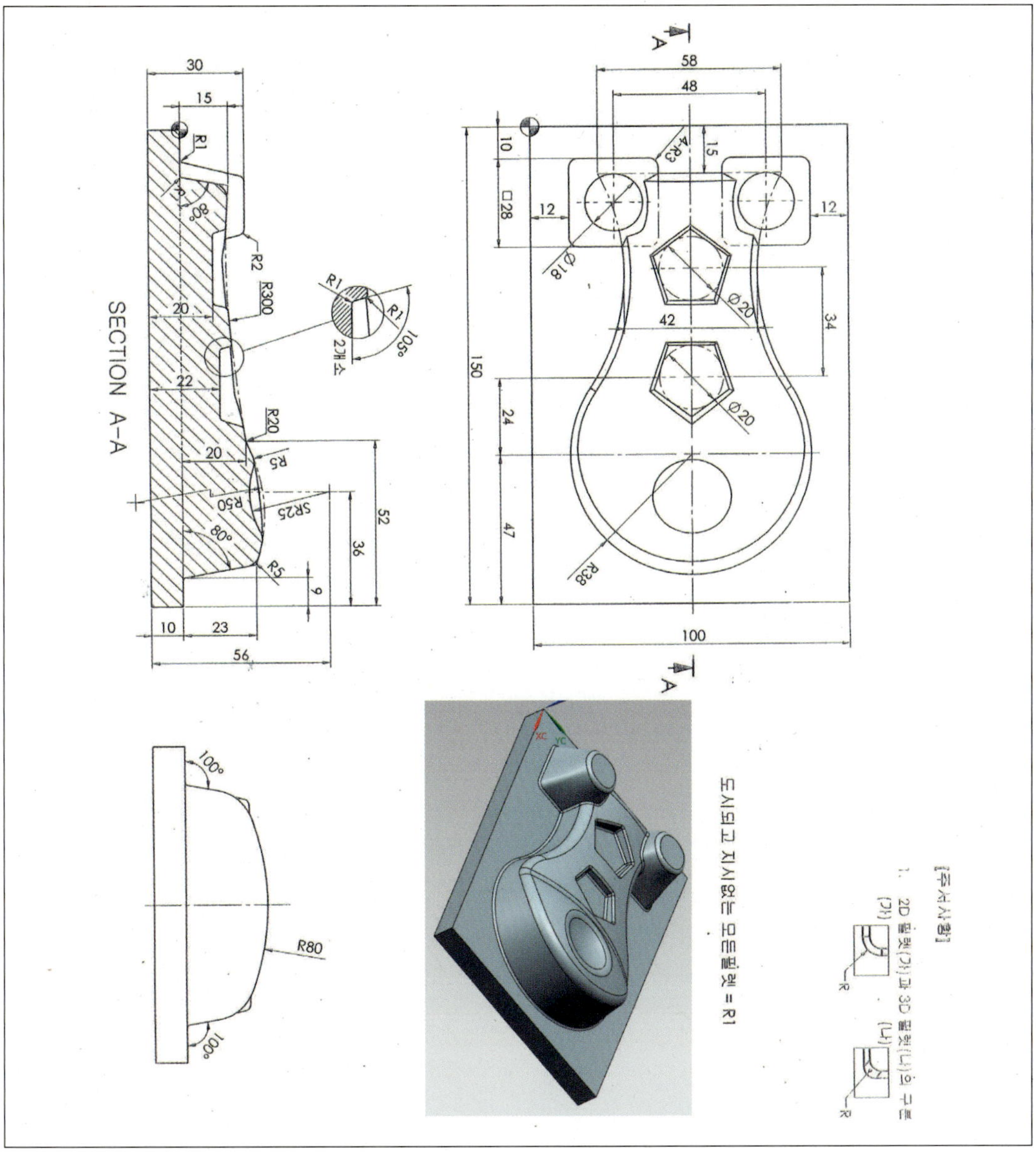

1 평면도(XY 평면) 스케치 작성하기

❶ 새로 만들기 ☐ (Ctrl + N)를 실행하고, 모델을 선택한 후 파일 이름과 저장할 폴더를 입력한 다음 확인을 클릭한다.

❷ 삽입에서 [타스크 환경의 스케치(S)...]를 선택하거나, 위에서 생성된 타스크 환경의 스케치 아이콘을 선택한다.

❸ 유형은 평면 상에서, 스케치 면은 기존 평면의 XY 평면을 선택 확인하고 스케치 모드로 들어간다.

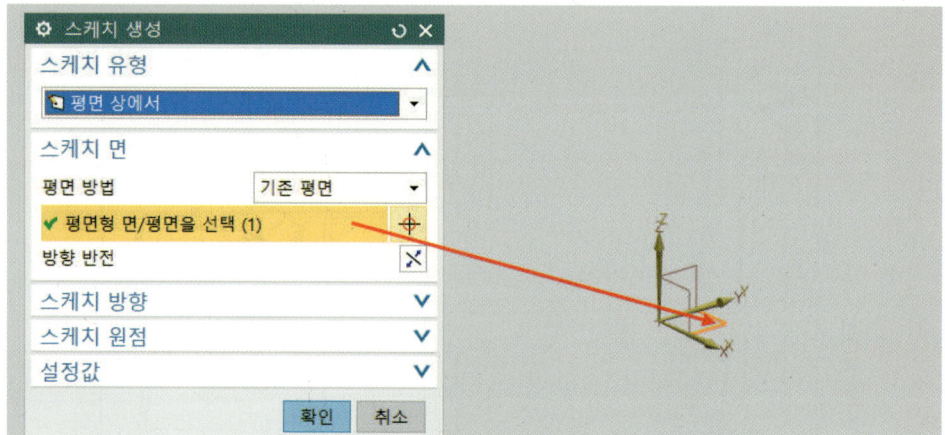

❹ 직사각형(Rectangle)을 선택하고 그림에서와같이 2점으로 그림처럼 원점에서 임의의 직사각형을 그린다. 급속치수로 그림과 같이 치수를 입력한다.

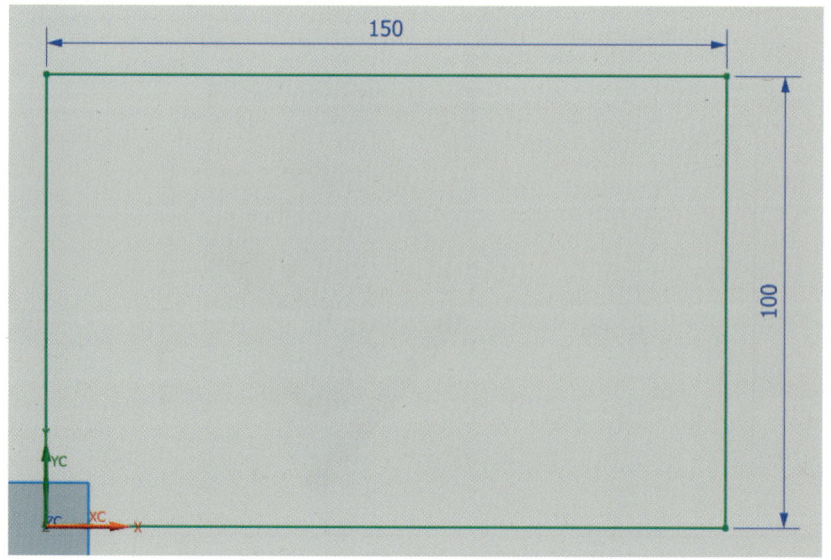

PART Ⅳ 서피스(Surface) 모델링

❺ 선 아이콘을 선택하고 스냅 중간 점( )을 이용하여 중심선을 생성한다.

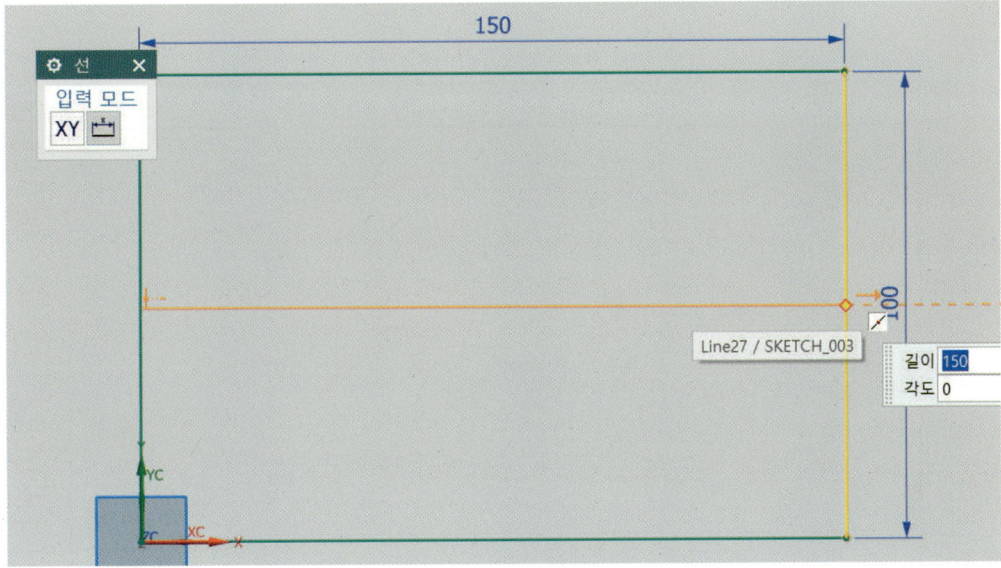

❻ 그림과 같이 선을 스케치하고 치수기입 후 참조선( )으로 변환한다.

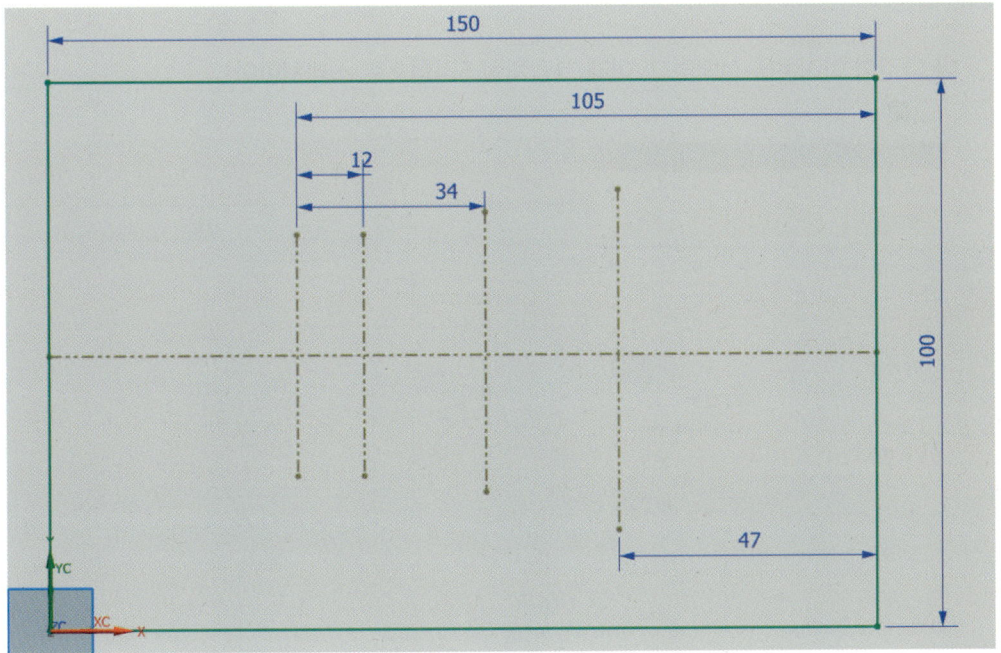

❼ 아래 그림처럼 치수기입하고 원 아이콘(◯)을 이용하여 스냅 교차점(✦)을 선택한 후 그림처럼 교차점이 생성될 때 클릭하여 원을 스케치한다.

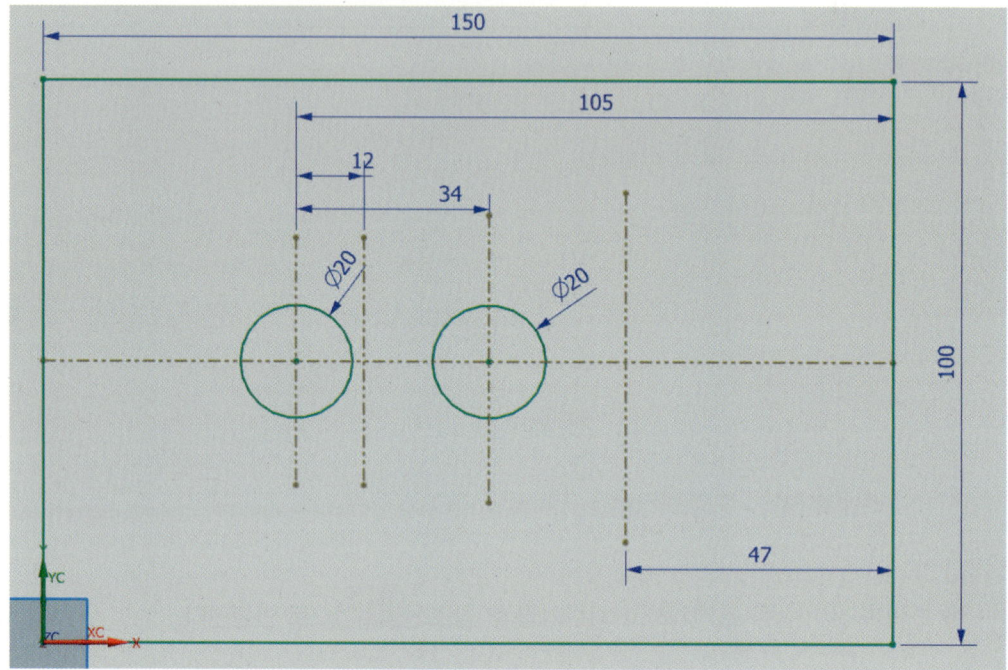

❽ 다각형 아이콘을 선택하고, 아래 그림처럼 5각형으로 스케치한다.

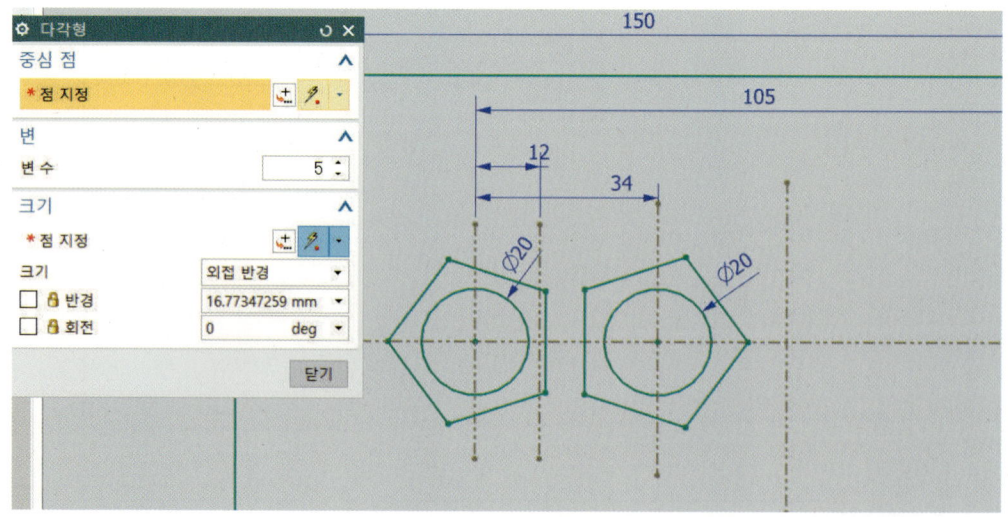

❾ 아래 그림처럼 접함을 구속한다. 원과 5각형 선이 접선으로 연결한다.

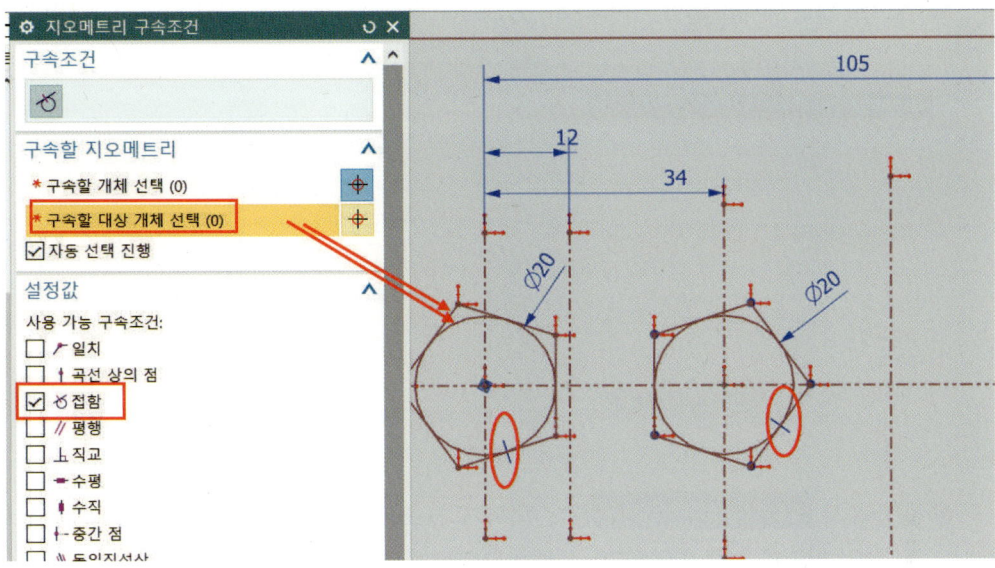

❿ 아래 그림처럼 스케치를 완성하고 종료한다.

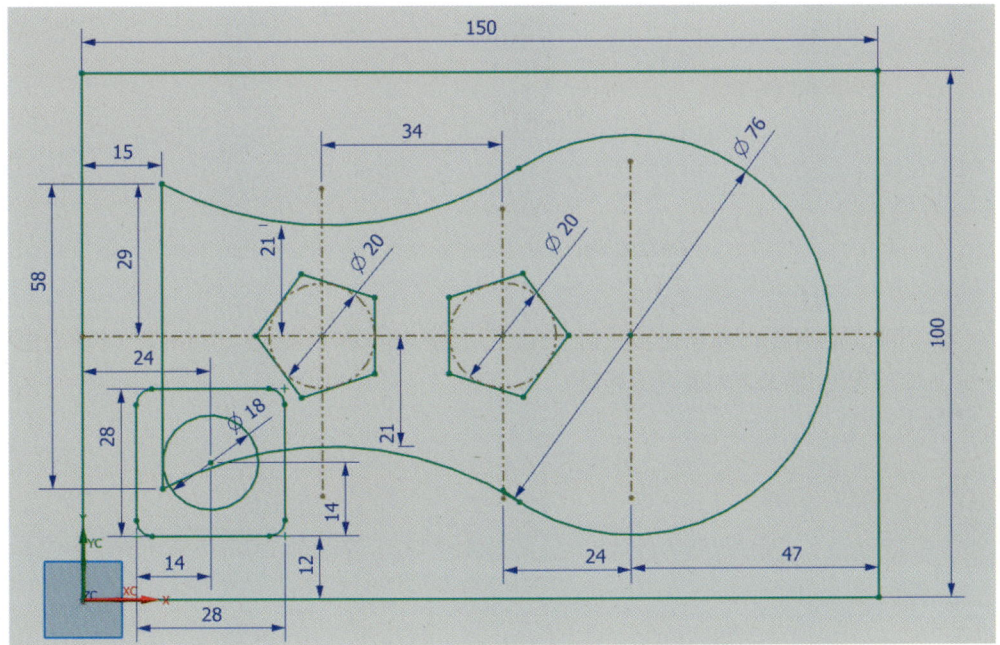

2 정면도(XZ 평면) 2D 스케치 작성하기

❶ 데이텀 평면 아이콘을 클릭하고, XZ 평면을 선택한 후 거리 값 50을 입력하고 확인한다.

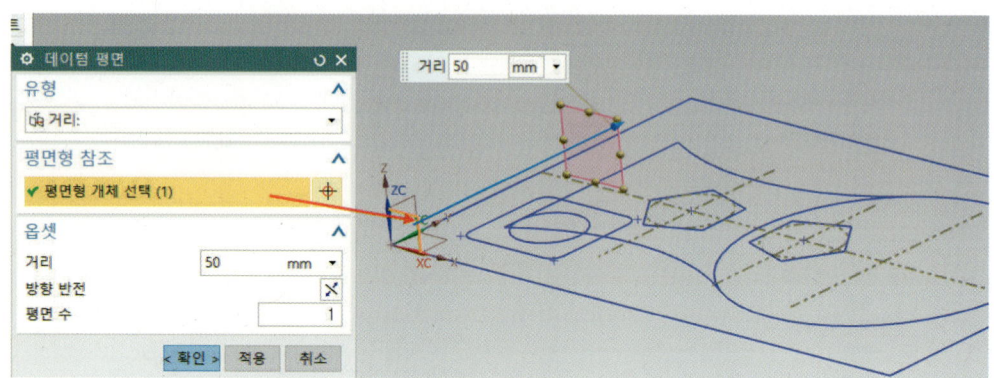

❷ 삽입에서 [타스크 환경의 스케치(S)...]를 선택하거나, 스케치 아이콘( )을 선택한다. 위에서 생성된 작업 평면을 선택 확인하고, 스케치 모드로 들어간다.

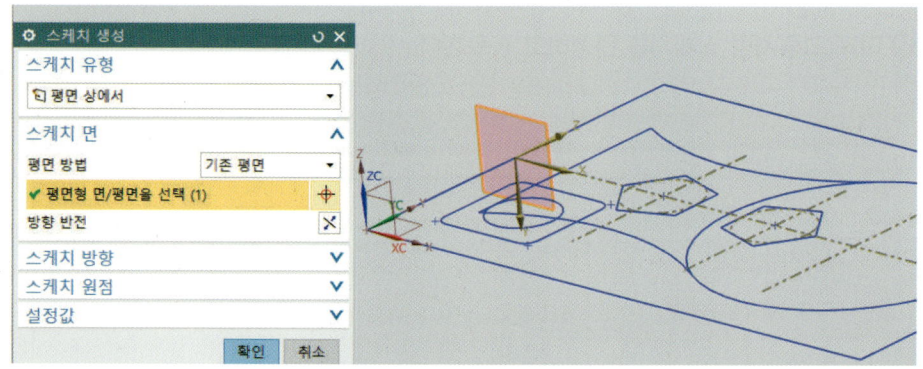

❸ 아래 그림처럼 스냅 곡선상의 점, 스냅 끝 점을 이용하여 원호를 연결하고, 아래 그림처럼 치수 기입한 후 스케치를 종료한다.

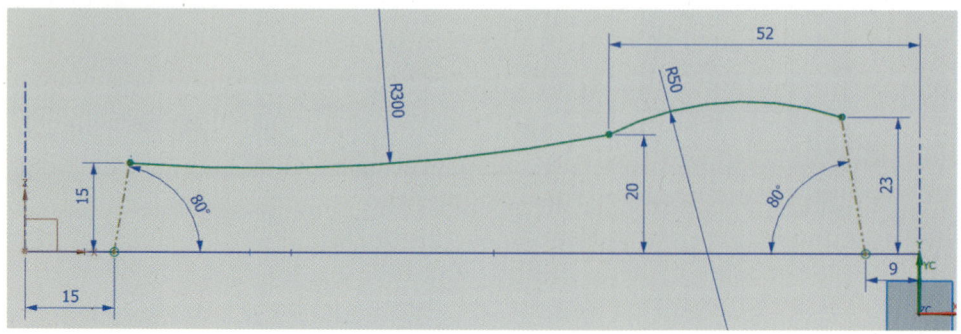

3 우측면도(YZ 평면) 2D 스케치 작성하기

❶ 삽입에서 태스크 환경의 스케치(S)...를 선택하거나, 스케치 아이콘( )을 선택한다. 아래 그림처럼 유형은 경로 상에서로 설정하고, 경로 선택은 위에서 생성된 호를 선택한 후 원호 길이 값은 0으로 입력하고 확인한다.

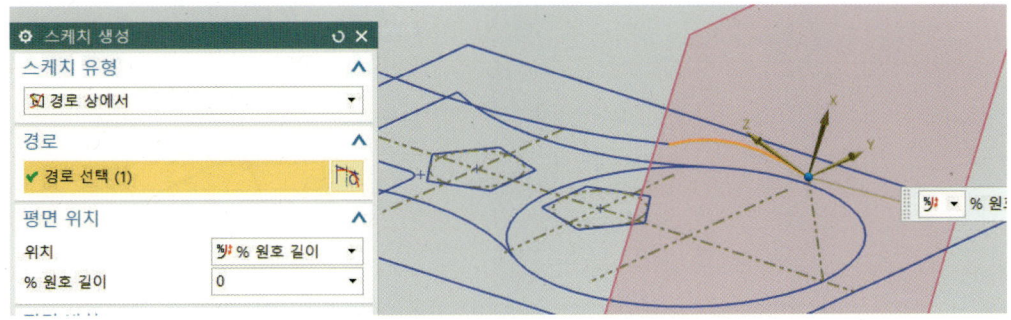

❷ 마우스 가운데(휠) 버튼을 누르고 그림처럼 방향을 회전한다.

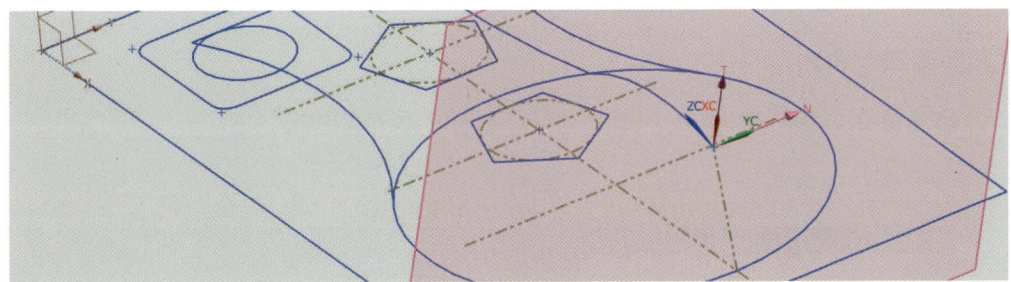

❸ 원호 아이콘을 선택하고, 마지막 끝 점에서 스냅 끝 점( )을 이용하여 아래 그림처럼 원호 끝 점에서 원호를 클릭한다.

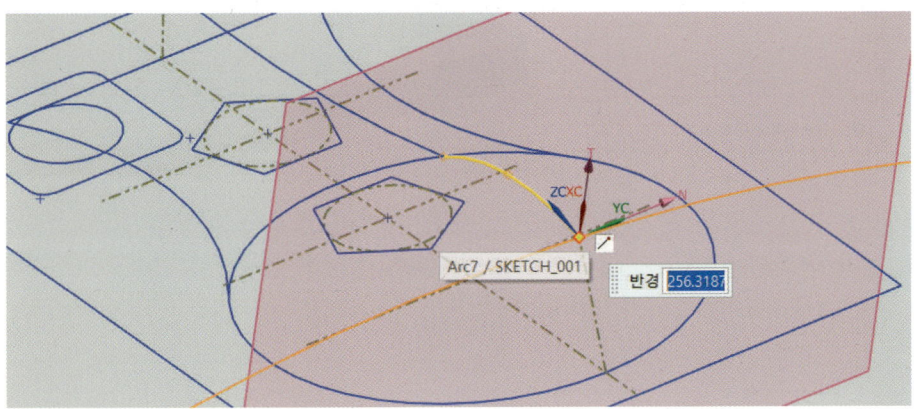

❹ 작업 뷰를 오른쪽(　)으로 설정하고, 아래 그림처럼 치수기입을 하고 스케치를 종료한다.

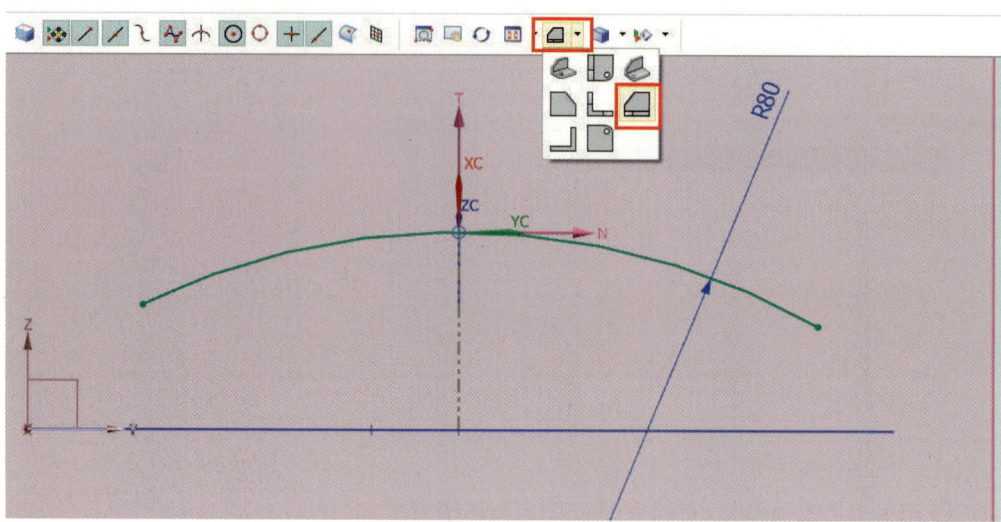

4 돌출 작성하기

❶ 돌출 아이콘을 클릭하고, 아래 그림처럼 설정한 후 적용한다.

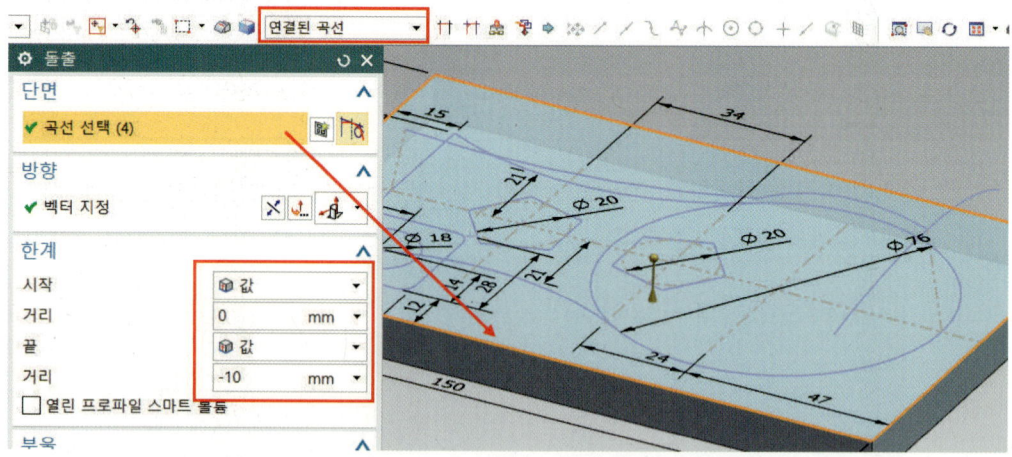

PART Ⅳ 서피스(Surface) 모델링

NX10 3D 모델링 및 CAD/CAM

❷ 아래 그림처럼 단면 곡선을 선택하고, 한곗값을 설정한 후 부울에서 결합으로 선택하고 확인한다.

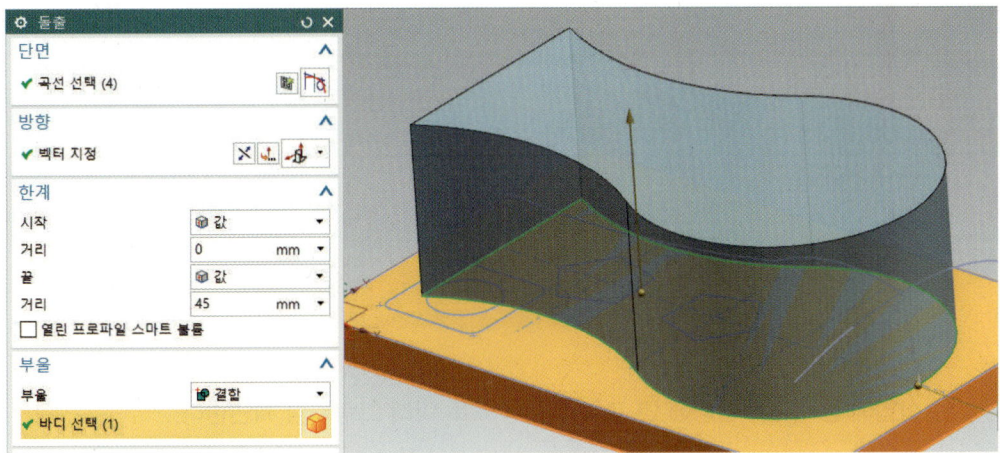

5 가이드 따라 스위핑 작성하기

❶ 삽입에 스위핑에 가이드를 따라 스위핑(가이드를 따라 스위핑(G))을 클릭한다. 정적 와이어 프레임과 연결된 곡선으로 설정하고, 아래 그림처럼 단면 곡선을 선택한 후 가이드 곡선을 클릭하고 확인한다.

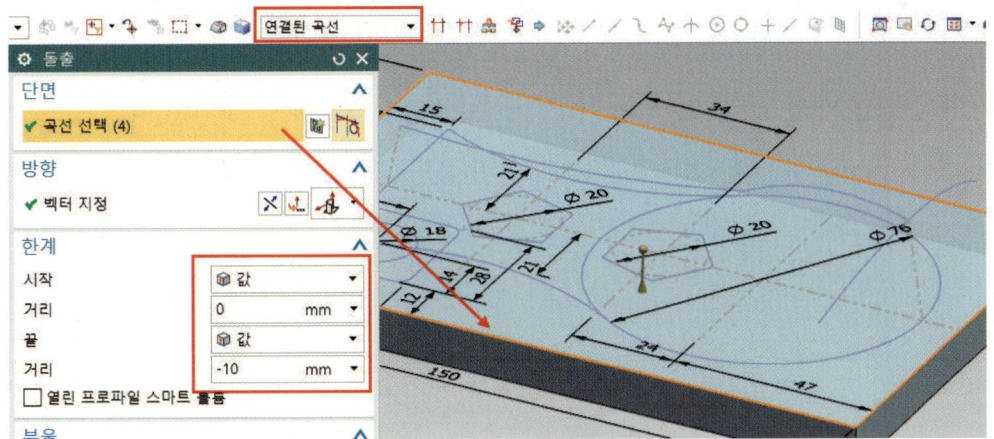

Chapter 04 | Surface Exercise

❷ 삽입의 트리밍에서 [트리밍 및 연장]을 클릭하거나, 트리밍 및 연장 아이콘을 선택한 후 아래 그림처럼 끝선을 클릭하고 확인한다.

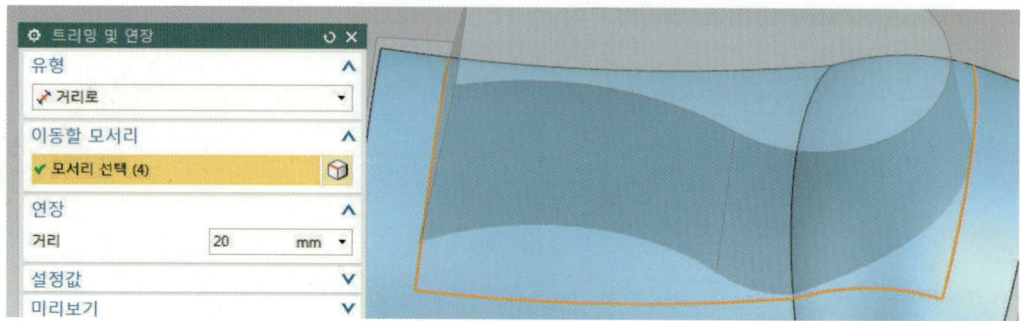

❸ 삽입에 동기식 모델링에 면 교체를 선택하고, 아래 그림처럼 확인한다.

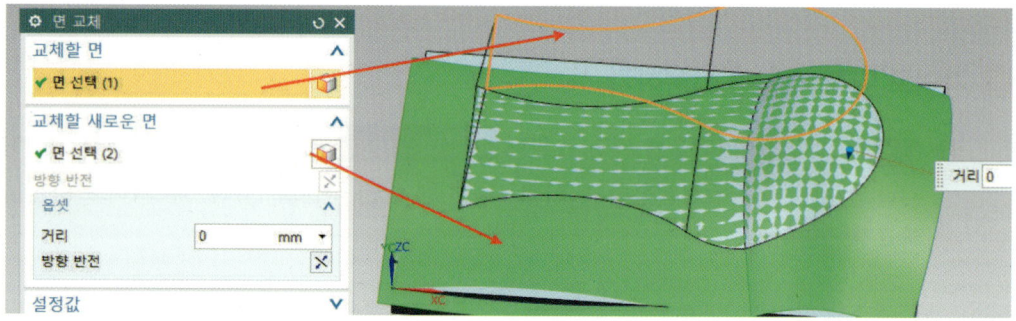

6 곡선통과 메시 작성하기

❶ 아래 그림처럼 MB3 버튼을 이용하여 스웹 곡면을 숨기기 한다.

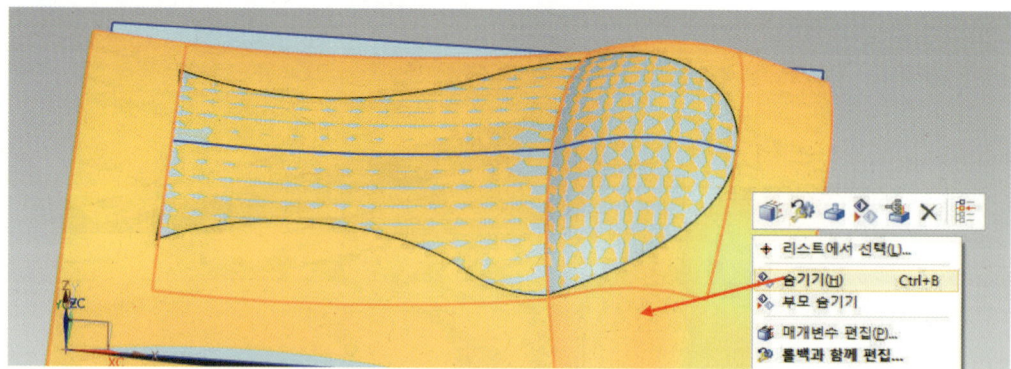

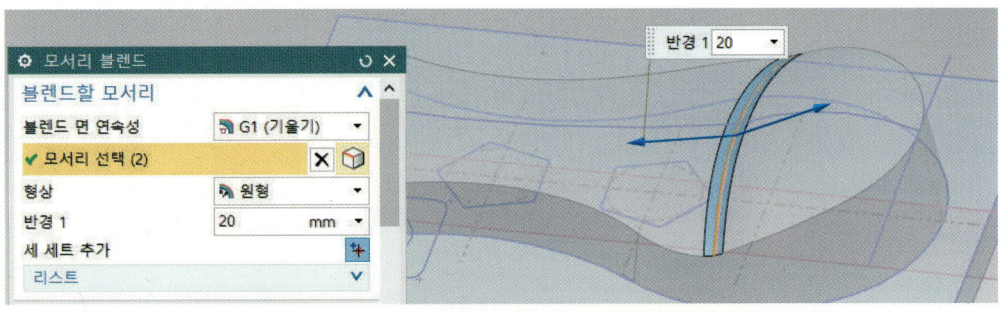

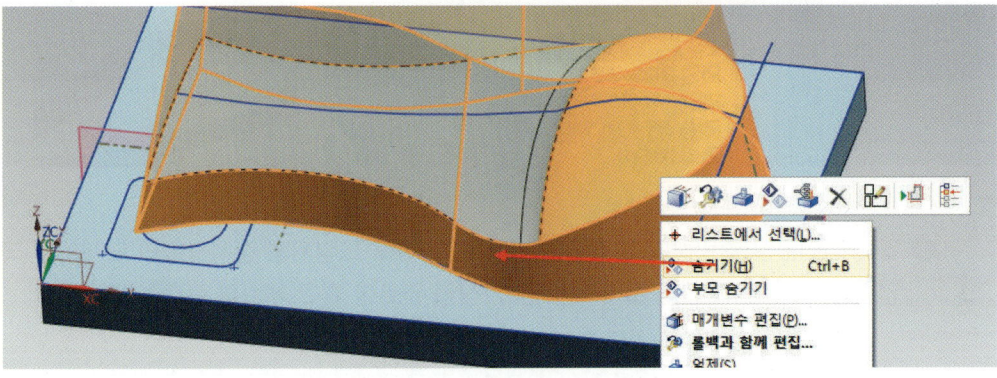

❷ 삽입의 연관 복사에서 인스턴스 지오메트리(G)... 를 클릭한다. 아래 그림처럼 설정하고 개체 선택에서 원을 선택한 후 Z축으로 거리 값 20을 입력하고 확인한다.

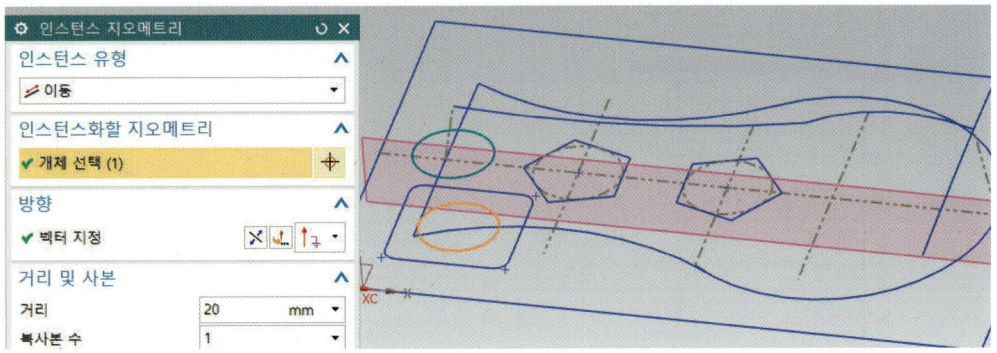

Chapter 04 | Surface Exercise

❸ 아래 그림처럼 스케치를 선택하고, MB3을 이용하여 롤백과 함께 편집을 클릭한다.

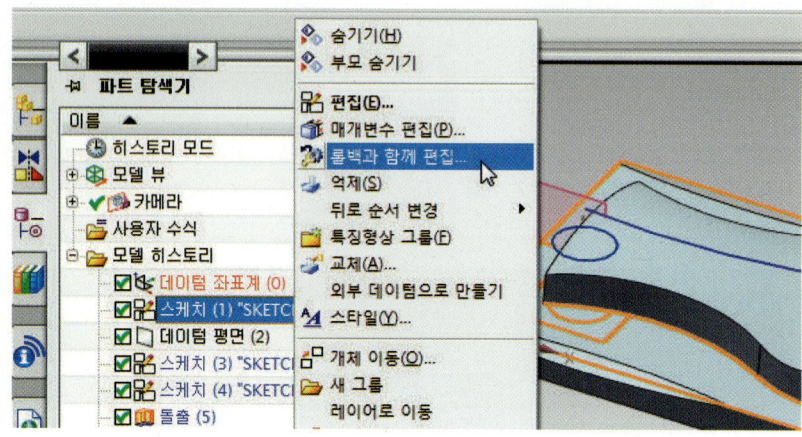

❹ 필렛 아이콘을 클릭하여 반경 3을 입력하고, 아래 그림처럼 정사각형의 모서리를 라운드 작업한다. 이때 선과 선을 클릭하면 된다. 작업 완료한 후 스케치를 종료한다.

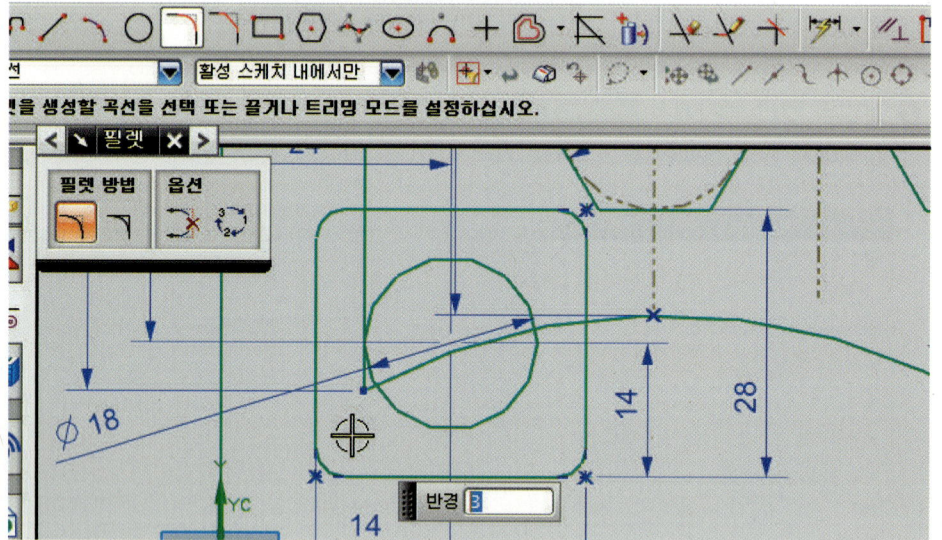

PART Ⅳ 서피스(Surface) 모델링

❺ 그림처럼 MB3 버튼을 이용하여 숨기기 한다.

❻ 아래 그림처럼 삽입에서 곡선(C)을 선택한 후 선(L)을 클릭한다.

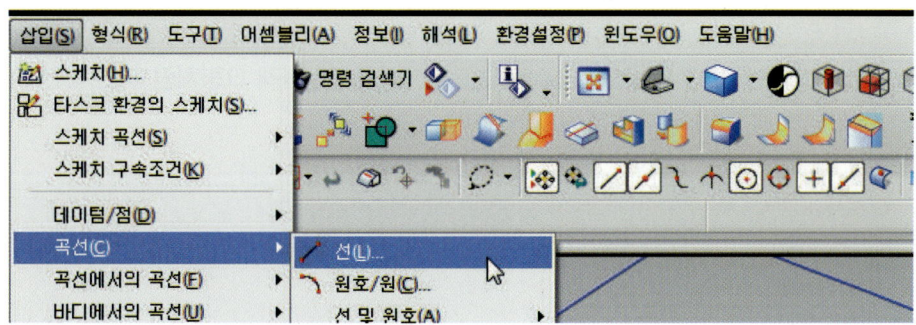

❼ 시작 점과 끝 점 스냅 사분 점( )을 확인하면서, 그림처럼 원을 클릭한다.

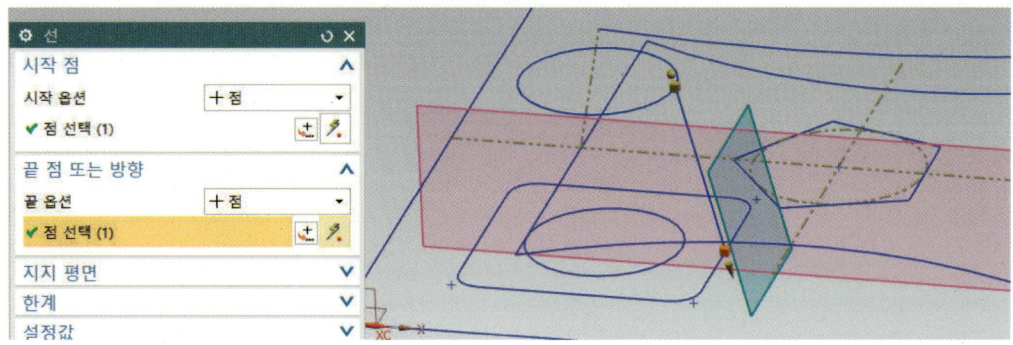

❽ 위와 같은 방법으로 4군데 선을 연결한다. 시작 점은 사분 점( ), 끝 점은 중간 점( )을 확인하면서 적용한 후 확인한다.

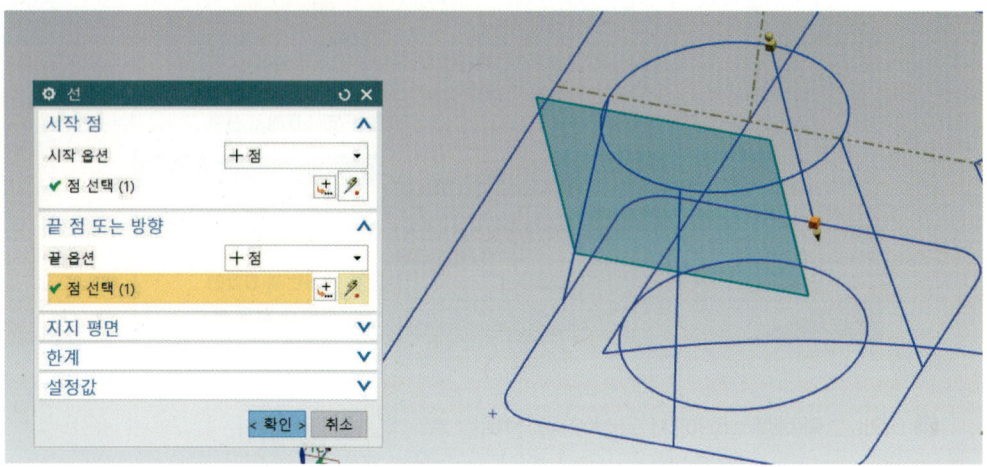

❾ 삽입의 메시 곡면에서 곡선 통과 메시(M)..를 클릭한다. 아래 그림처럼 기본 곡선 정사각형 선을 선택한 후 마우스 가운데(휠) 클릭한다.

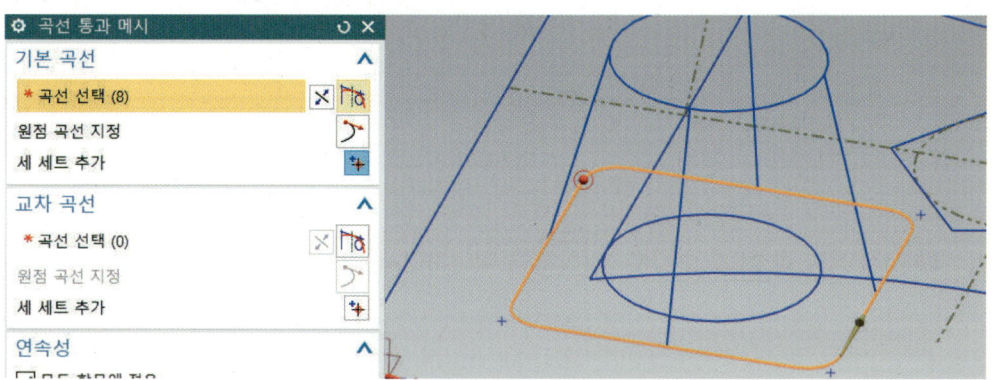

❿ 다시 원을 클릭하고 마우스 가운데(휠) 클릭한다. 또는 세 세트 추가 아이콘을 클릭한다. 이때 화살표 방향을 같은 방향으로 한다.

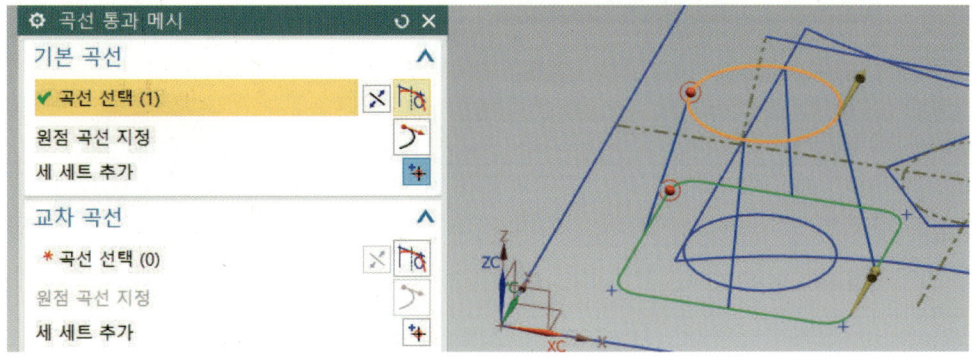

⓫ 교차 곡선에서 그림처럼 곡선 아래쪽을 선택한 후 마우스 가운데(휠) 클릭한다. 또는 세 세트 추가 아이콘을 클릭한다.

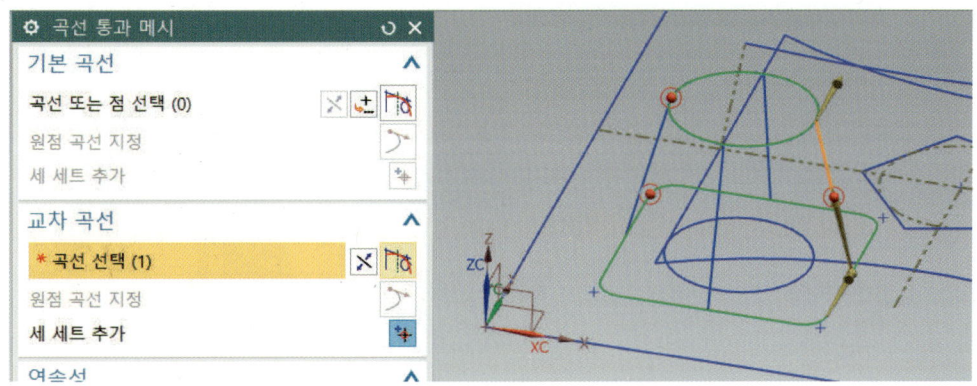

⓬ 아래 그림처럼 2번째 곡선 아래쪽을 선택하고, 마우스 가운데(휠) 클릭한다. 또는 세 세트 추가 아이콘을 클릭한다.

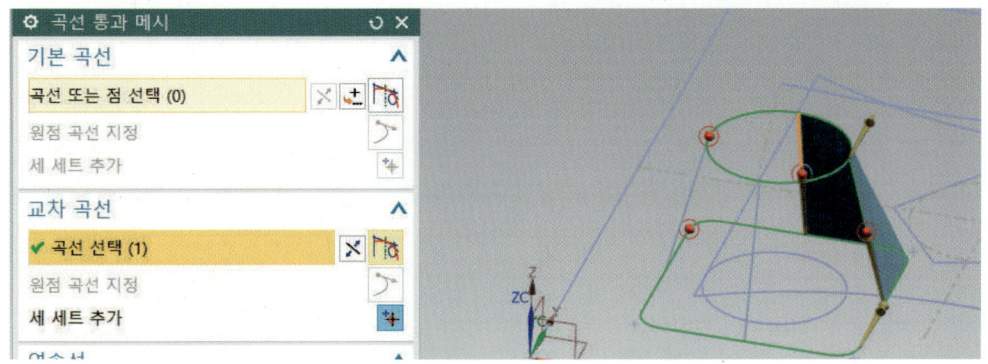

⑬ 아래 그림처럼 3번째 곡선 아래쪽을 선택하고, 마우스 가운데(휠) 클릭한다. 또는 세 세트 추가 아이콘을 클릭한다.

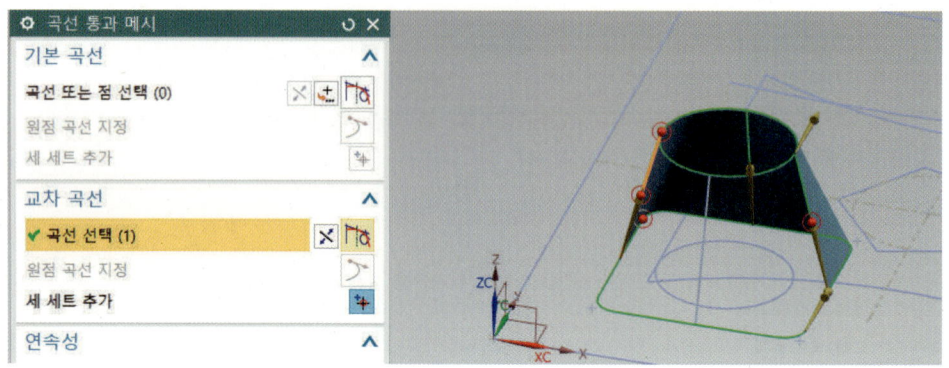

⑭ 아래 그림처럼 4번째 곡선 아래쪽을 선택하고, 마우스 가운데(휠) 클릭한다. 또는 세 세트 추가 아이콘을 클릭한다.

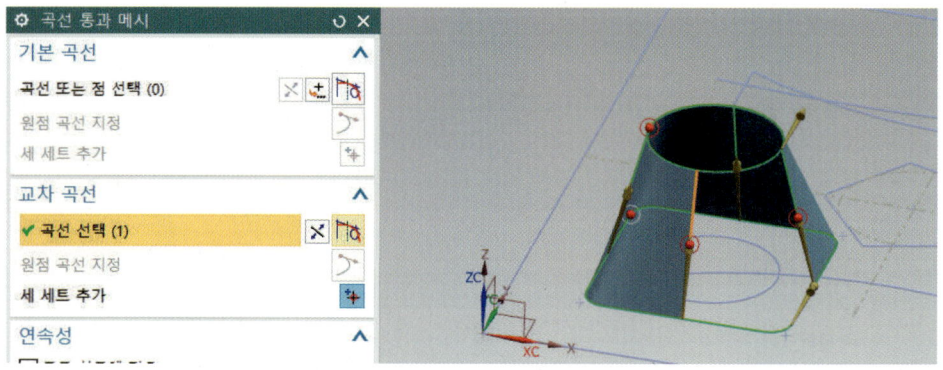

⑮ 아래 그림처럼 마지막으로 첫 번째 곡선 아래쪽을 선택하고, 마우스 가운데(휠) 클릭한다. 또는 세 세트 추가 아이콘을 클릭한다.

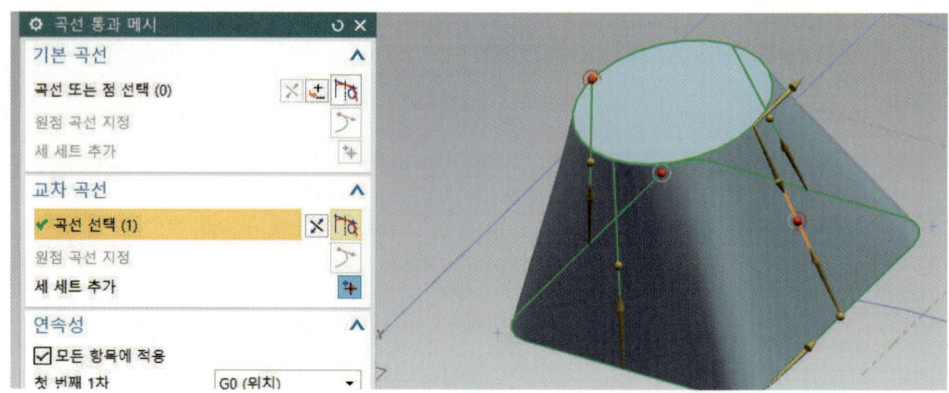

⓰ 삽입의 연관 복사에서 대칭 특징형상(M)을 클릭한다. 특징형상에서 아래 그림처럼 선택하고 대칭 평면에서 가운데 데이텀 평면을 선택한다.

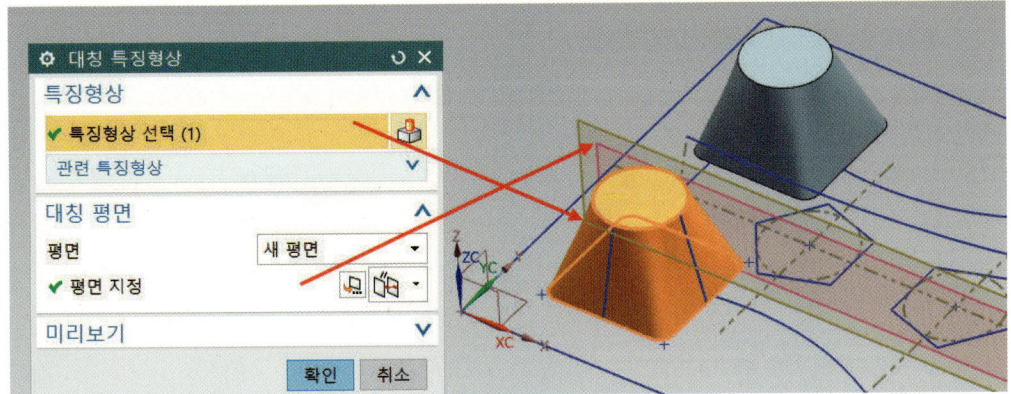

⓱ 결합하기 아이콘을 선택한다. 아래 그림처럼 타겟 바디(본체)와 공구 바디를 선택한 후 확인한다.

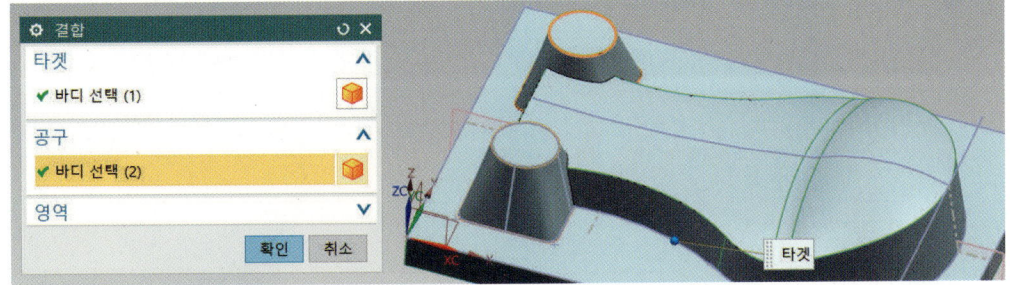

7 돌출(오각형 홈) 작성하기

❶ 돌출 아이콘을 클릭하고, 아래 그림처럼 설정한 후 적용한다.

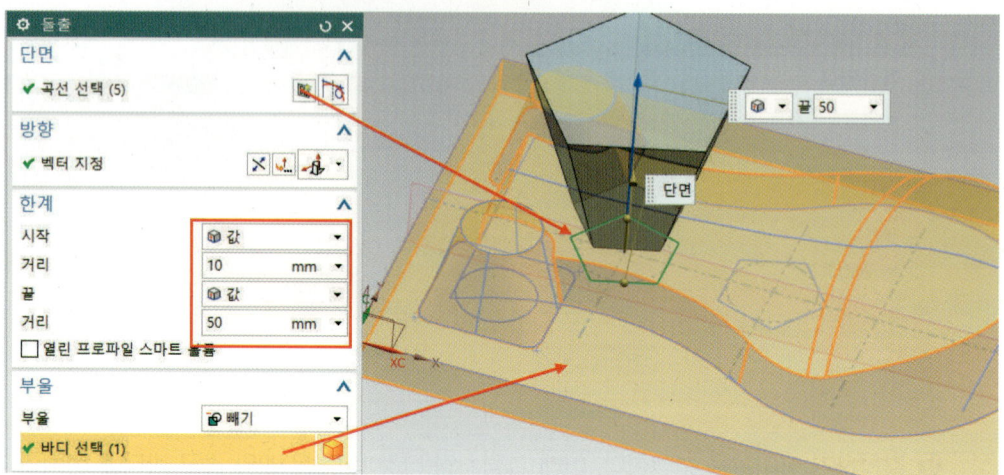

❷ 위와 같은 방법으로 설정하고 확인한다.

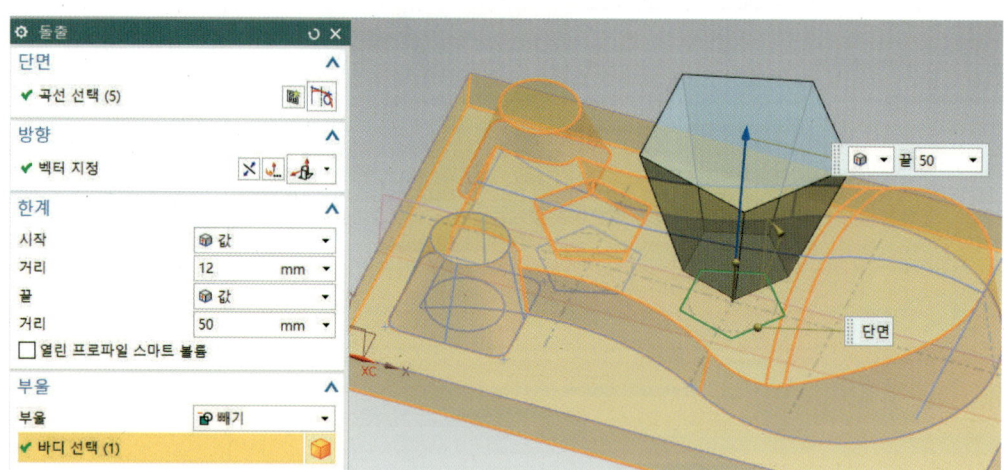

8 구 작성하기

① 표시 및 숨기기 아이콘을 클릭한다. 유형은 모두에서 숨기기(-)를 선택하고, 솔리드 바디는 표시(+)를 선택한다.

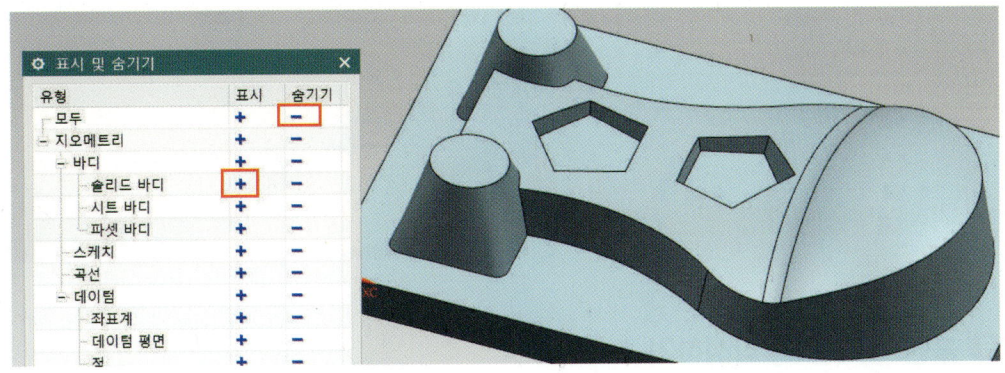

② 삽입에 특징형상 설계에서 구(S)...를 클릭한다. 점 지정에서 점 다이얼로그 아이콘을 클릭한다.

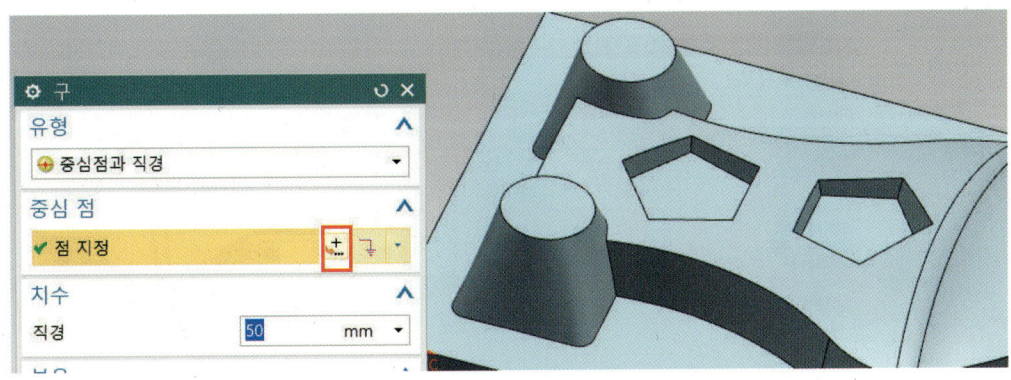

③ 도면을 확인하고 아래 그림처럼 좌표를 입력한 후 확인한다.

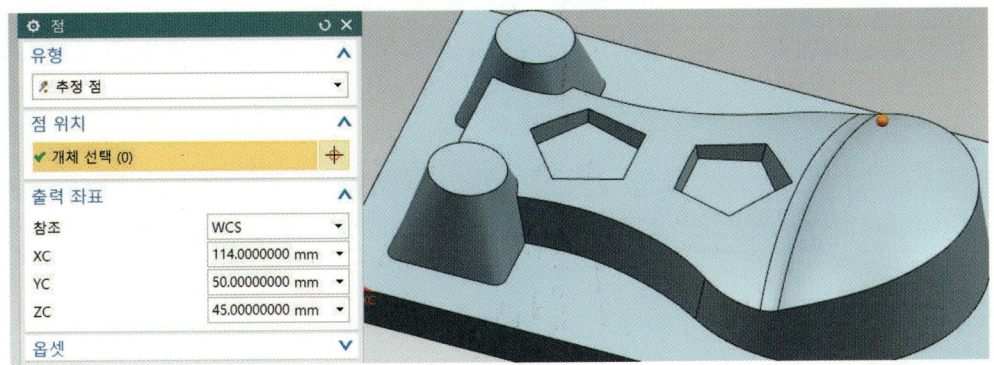

❹ 직경치수 50, 부울에서 빼기로 설정한 후 확인한다.

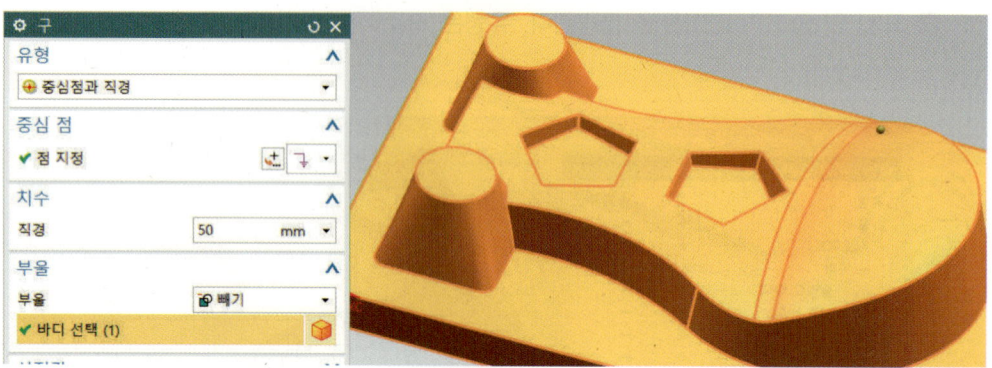

❾ 블렌드(라운드) 작성하기

❶ 모서리 블렌드( ) 아이콘을 클릭한다. 접하는 곡선으로 하고 반경 값 20을 입력 후 아래 그림처럼 모서리를 클릭한 후 적용한다.

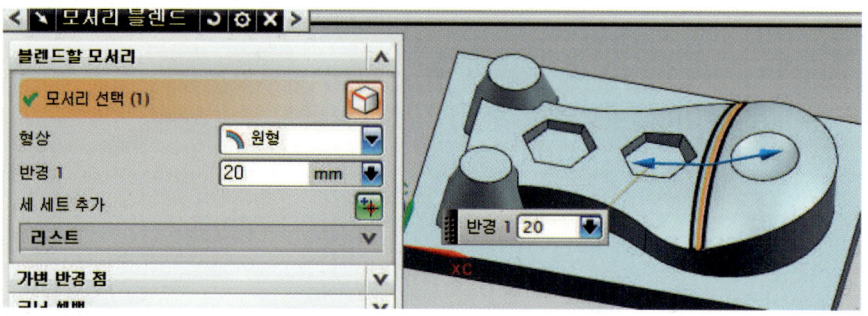

❷ 반경 값 5를 입력 후 아래 그림처럼 모서리를 클릭하고 적용한다.

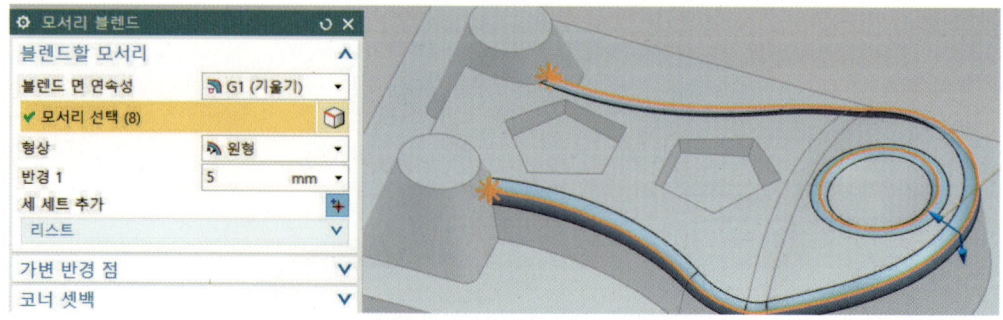

PART Ⅳ 서피스(Surface) 모델링

❸ 반경 값 2를 입력 후 아래 그림처럼 모서리를 클릭하고 적용한다.

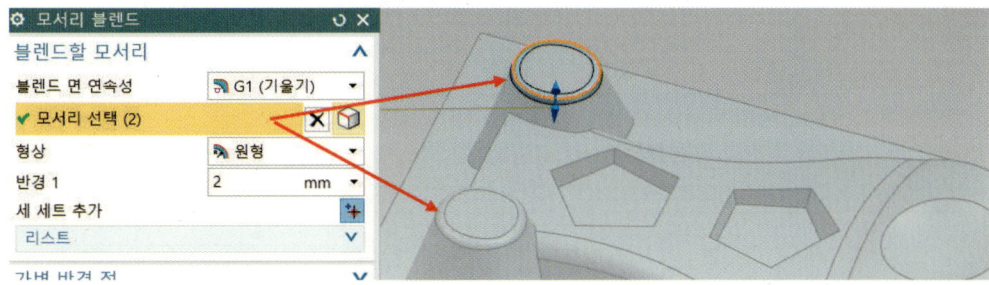

❹ 반경 값 1을 입력 후 아래 그림처럼 나머지 모서리 전체를 클릭하고 적용한다.

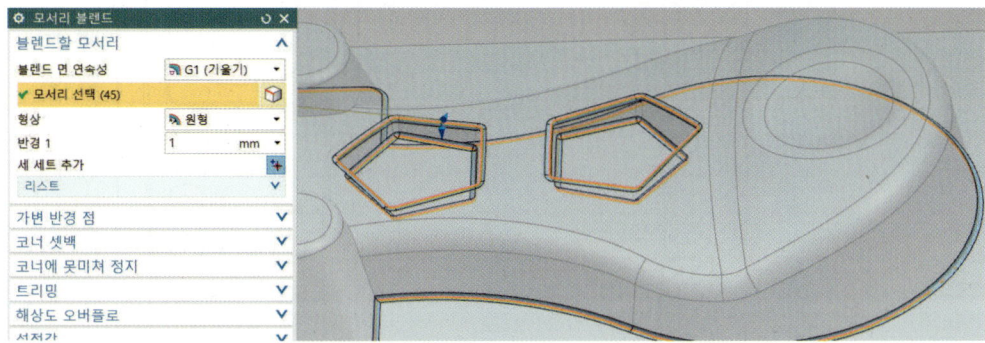

❺ 최종 완성품이다.

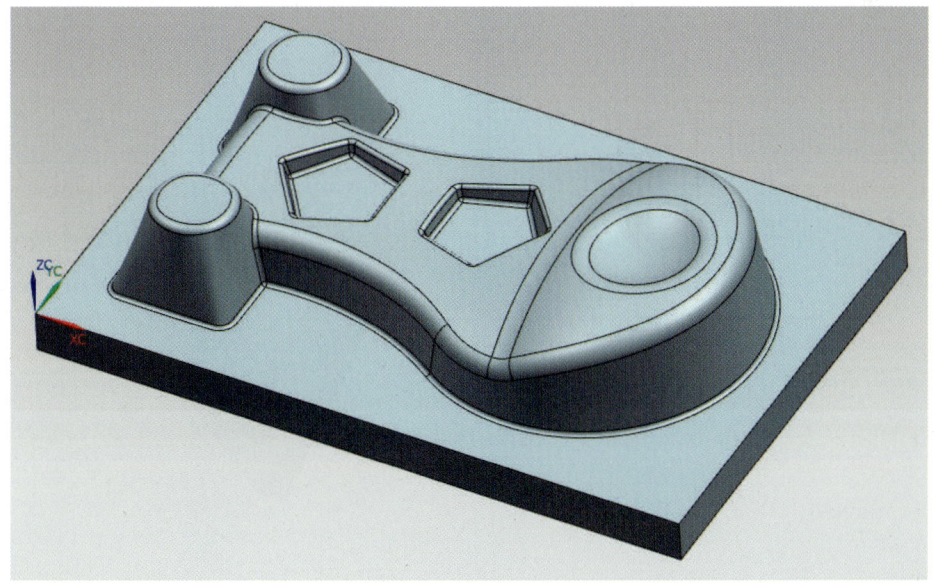

제2절 Surface 무선전화기 모델링 따라 하기

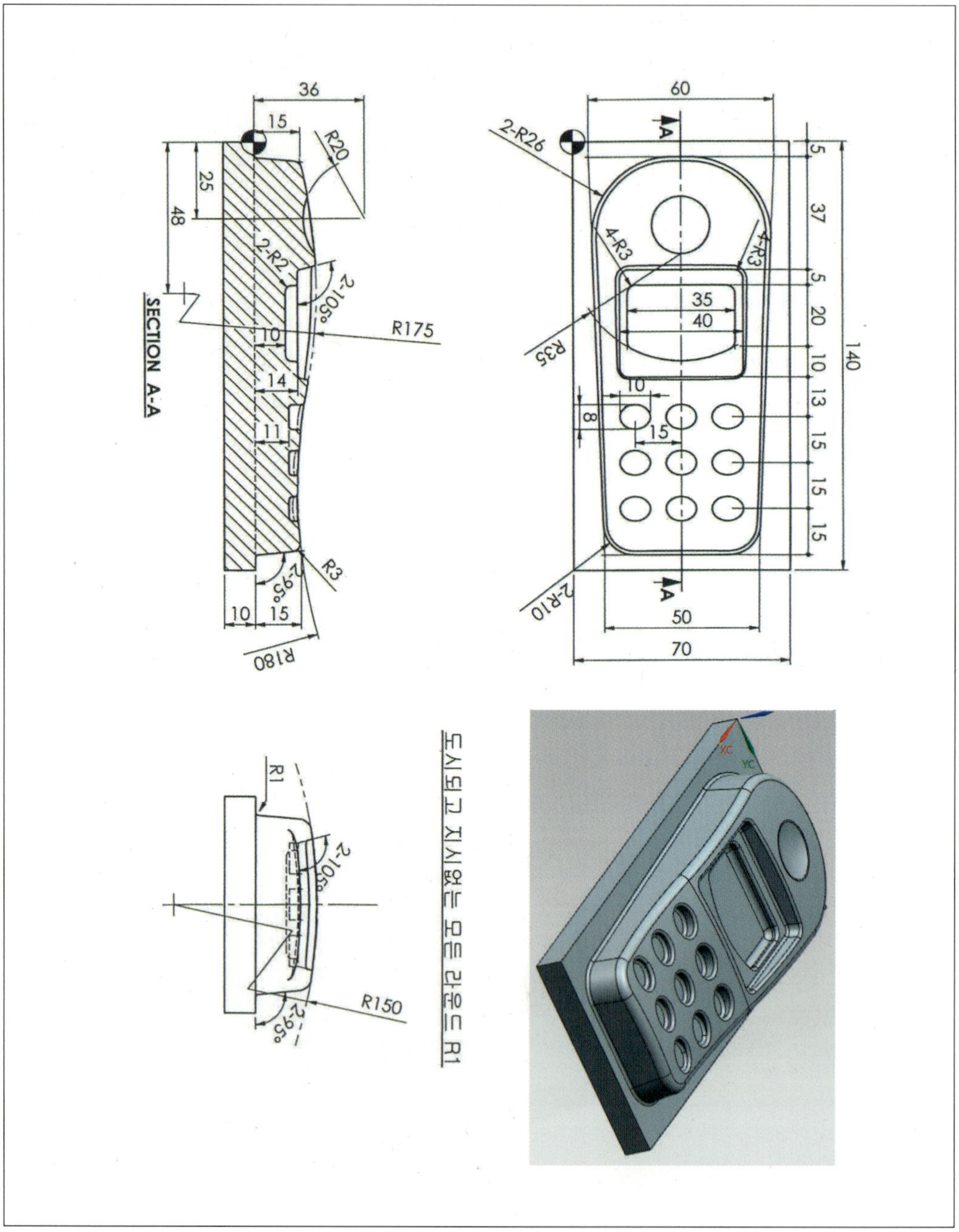

1 평면도(XY 평면) 스케치 작성하기

❶ 새로 만들기(, Ctrl + N)를 실행하고, 모델을 선택하고, 파일 이름과 저장할 폴더를 입력한 다음 확인하고, 메뉴의 삽입에서 타스크 환경의 스케치(S)...를 선택한다.

❷ 유형은 평면 상에서, 스케치 면은 기존 평면에 XY 평면을 선택한 후 확인하고, 스케치 모드로 들어간다.

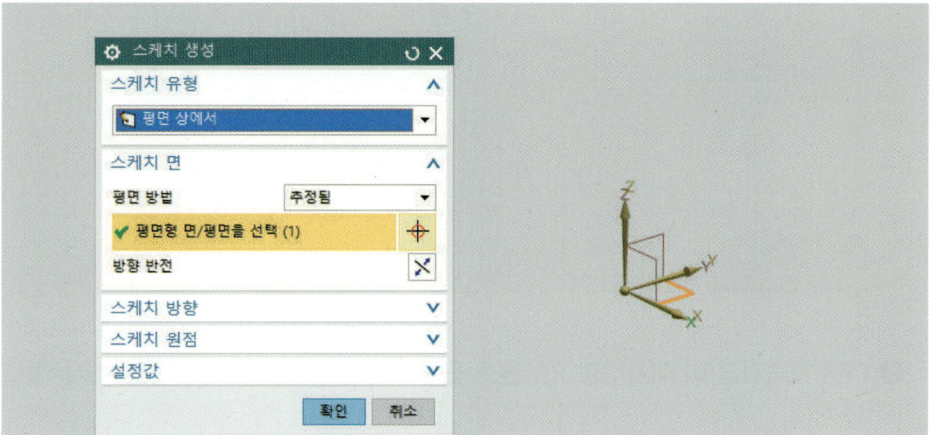

❸ 그림에서와같이 직사각형을 이용하여 2점으로 하여 원점(0,0)에서 시작하는 임의에 직사각형을 그리고, 그림처럼 스케치하고 치수를 기입한다. 선을 클릭하고 스냅 중간 점이 표시될 때 수평선을 생성한다.

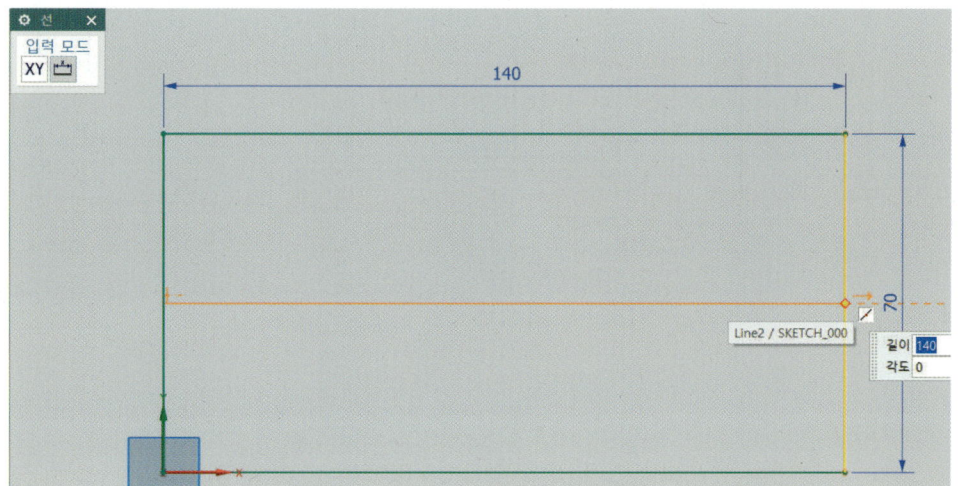

❹ 참조선 아이콘을 클릭한 후 변환할 개체를 선택하고 확인한다.

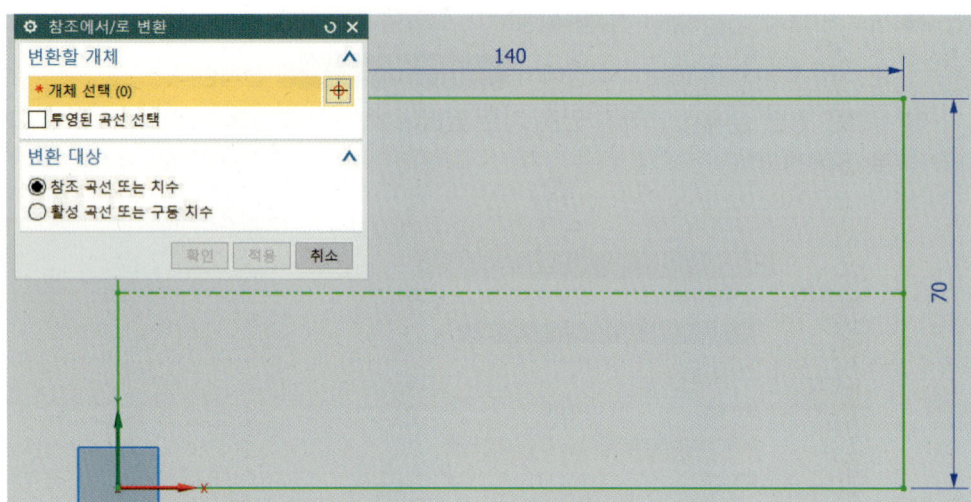

❺ 아래 그림과 같이 직사각형, 선, 원호 등 아이콘을 이용하여 그림처럼 스케치하고 치수기입을 한다.

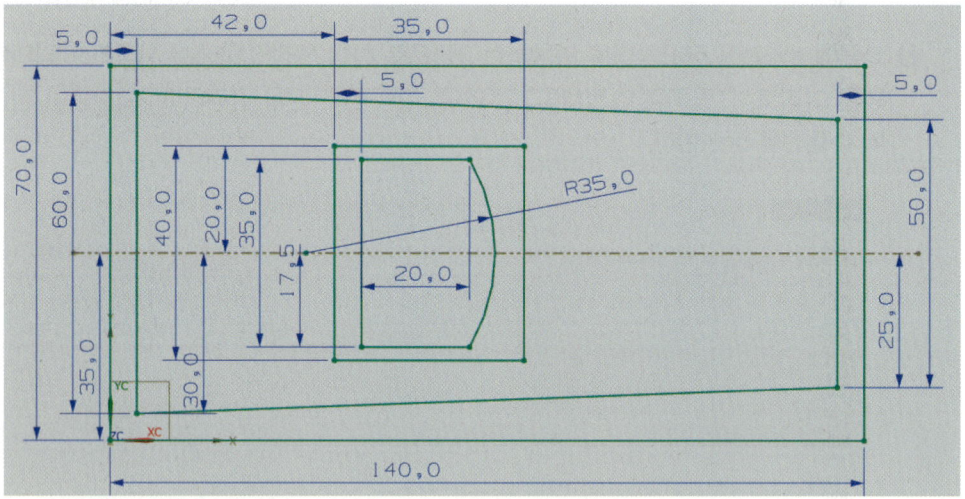

NX10 3D 모델링 및 CAD/CAM

❻ 표시 및 숨기기 아이콘을 클릭한다. 유형은 스케치 치수에서 숨기기(-)를 선택한다.

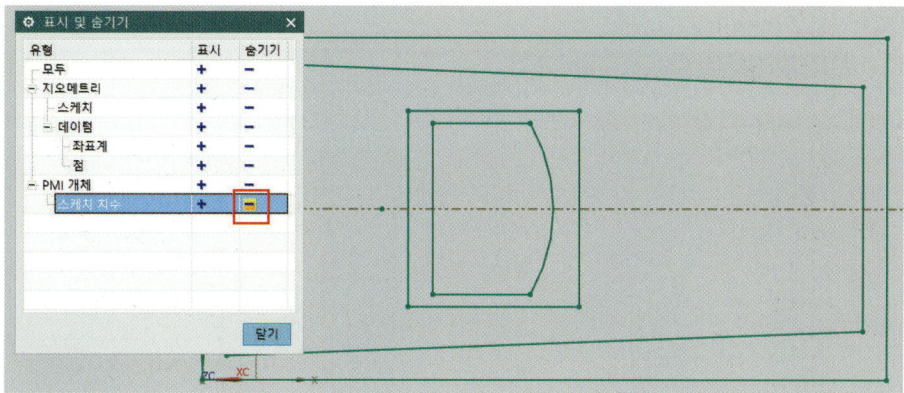

❼ 메뉴에서 삽입 ➔ 곡선 ➔ 타원을 클릭한다. 중심 점 지정에서 점 다이얼로그를 클릭한다.

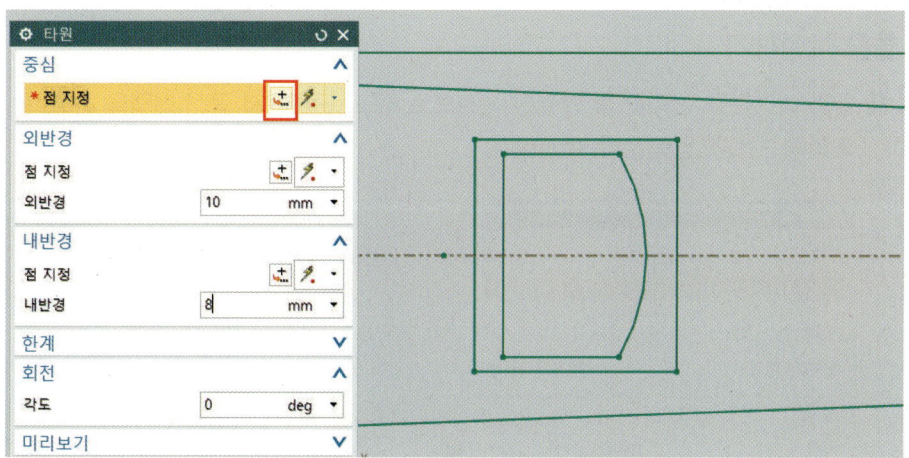

❽ 좌표는 참조에서 절대로 한 후 X90, Y20, Z0을 입력하고 클릭한다.

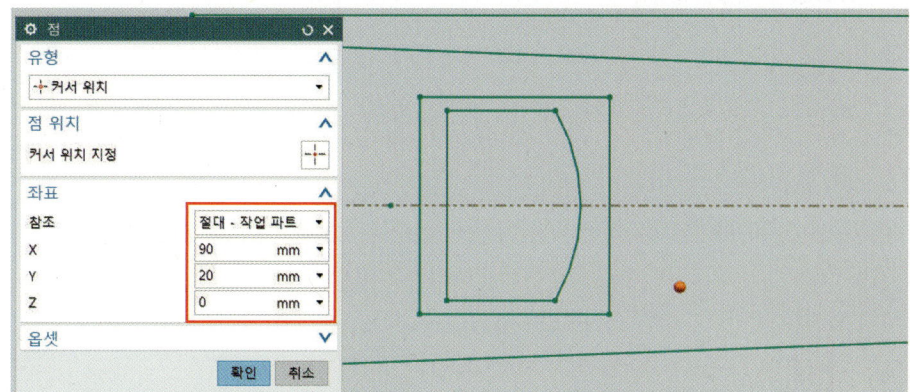

Chapter 04 | Surface Exercise　285

❾ 타원 아이콘을 선택하고, 외반경 5, 내반경 4, 회전 각도 90을 입력한 후 확인하고, 스케치를 마친다.

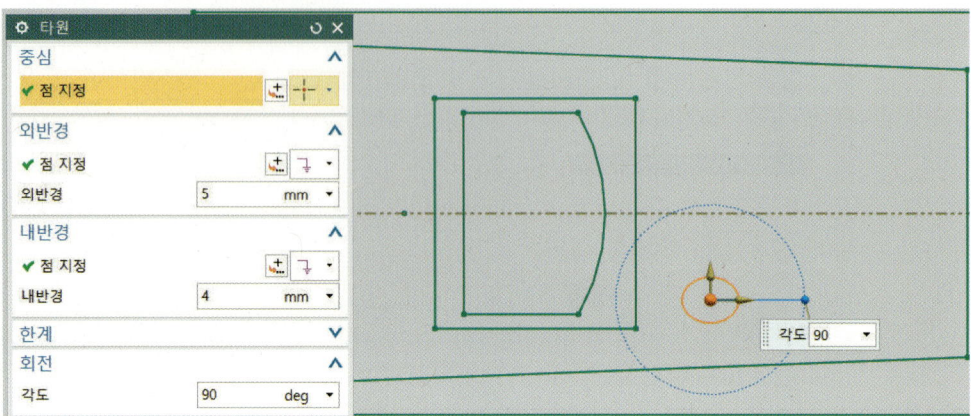

2 돌출 작성하기

❶ 돌출 아이콘을 선택한 후 연결된 곡선으로 하고, 단면에서 곡선 선택을 하고, 한계에서 끝값 거리에 −10을 입력한 후 확인한다.

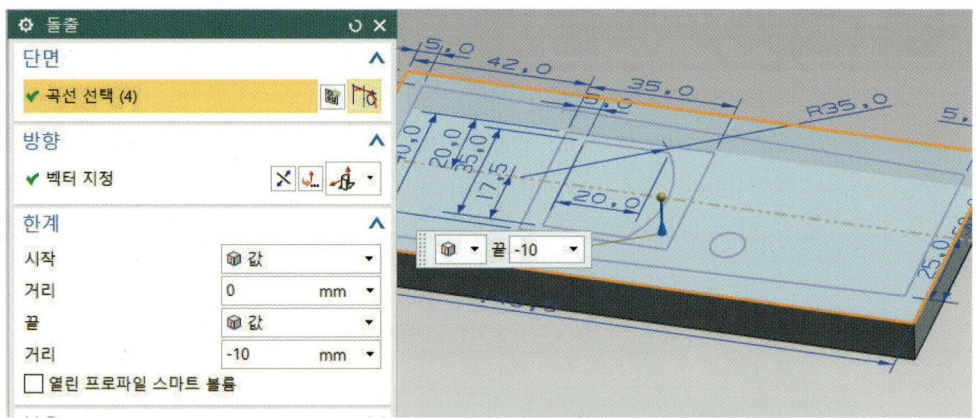

NX10 3D 모델링 및 CAD/CAM

❷ 다시 돌출에서 단면의 곡선 선택을 클릭하고, 한계에서 끝값 거리는 35를 입력 그림처럼 높이와 구배 시작한계로부터 각도 5도를 입력한 후 확인한다.

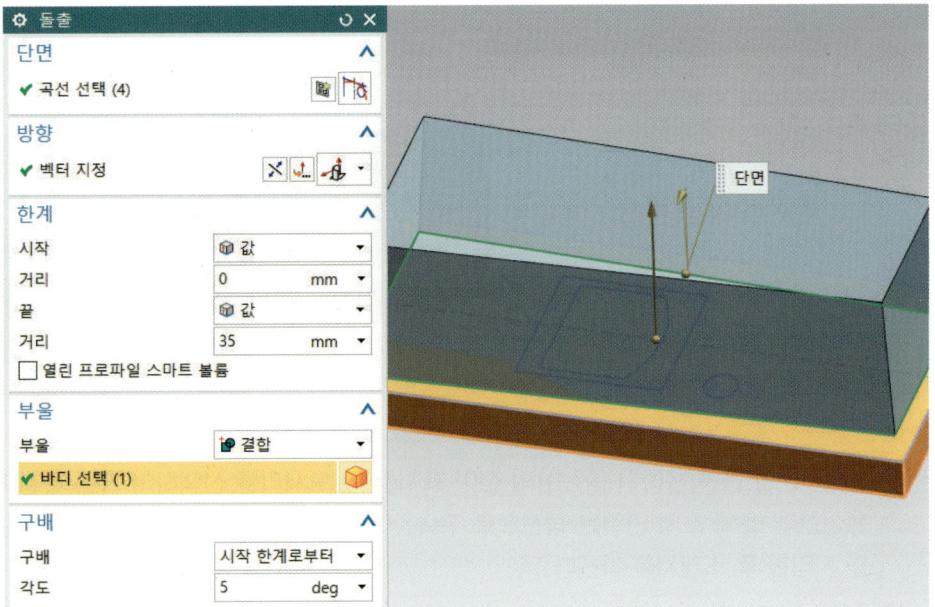

3 스웹 작성하기

❶ 데이텀 평면 아이콘을 선택하고, 유형을 거리로 하고, 평면형 참조에서 평면형 개체 선택을 하고, 옵셋 거리 −35를 입력하고 확인한다.

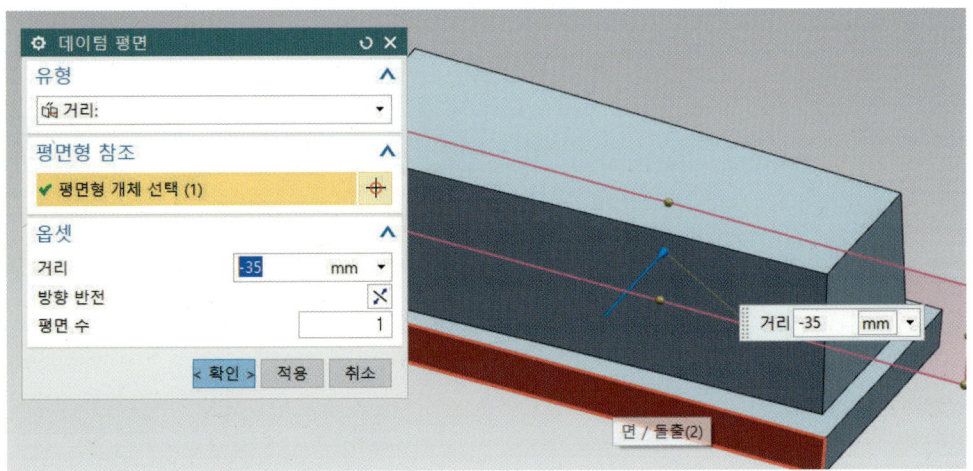

Chapter 04 | Surface Exercise 287

❷ 타스크 스케치( ) 아이콘을 클릭하고, 유형은 평면 상에서를 선택한 후 스케치 면은 데이텀 평면을 클릭하고 확인한다.

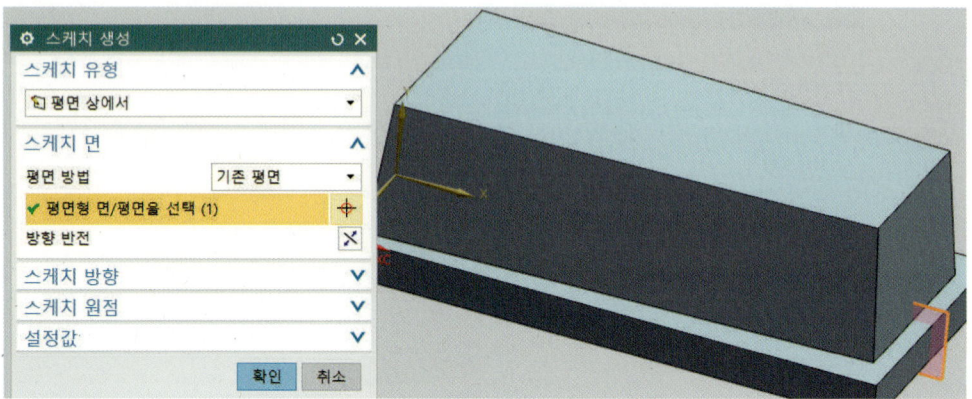

❸ 원호 아이콘을 이용하여 곡선상의 점이 표시될 때 모서리를 선택하여 그림과 같이 스케치를 생성한다. 호와 호의 연결은 접선으로 구속한다. 급속치수 아이콘을 이용하여 그림처럼 치수를 기입한 후 스케치를 마친다.

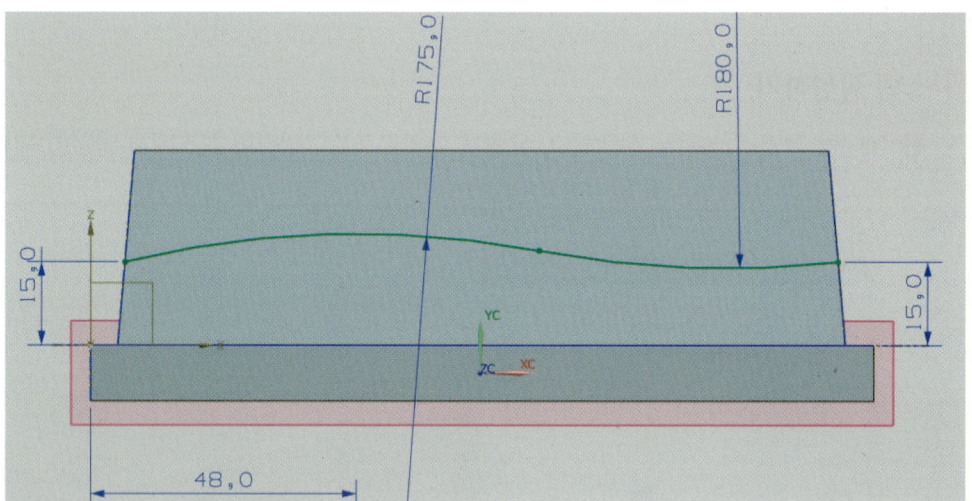

❹ 정적 와이어 프레임으로 변경하고 타스크 스케치 클릭하고, 유형은 경로 상에서 경로 선택은 정면도(XZ)에서 생성한 호를 클릭하고, 평면 위치의 원호 길이는 0을 입력한 후 확인한다.

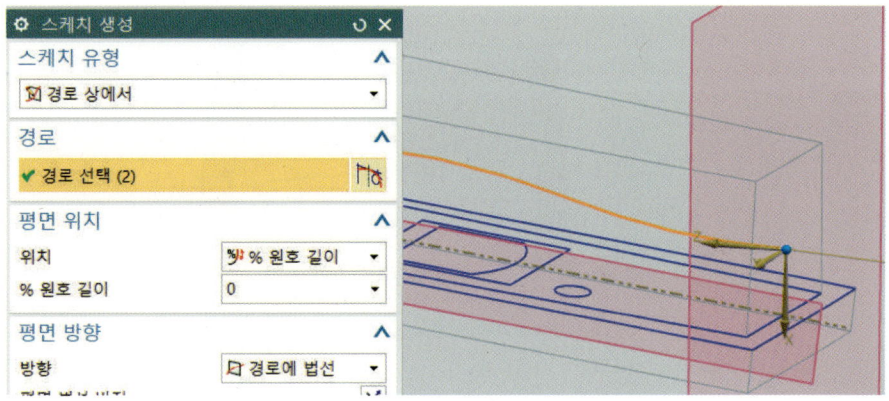

❺ 마우스 가운데(휠) 버튼을 이용하여 아래 그림처럼 위치를 변경한다.

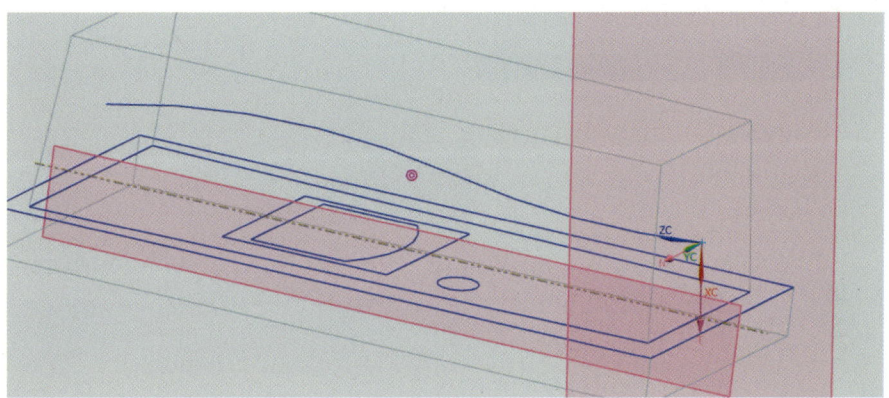

❻ 원호를 이용하여 첫 번째 점과 두 번째 점을 찍고, 세 번째 점을 XZ 평면에서 생성한 선 스냅 끝점을 확인하면서 찍는다.

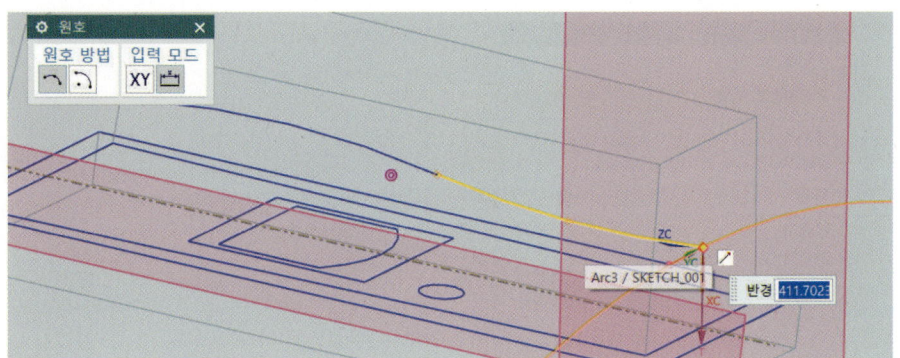

❼ 오른쪽 우측면도에 위치하고 치수를 이용하여 그림처럼 반경 150과 중심거리 치수는 35를 기입하고 마친다.

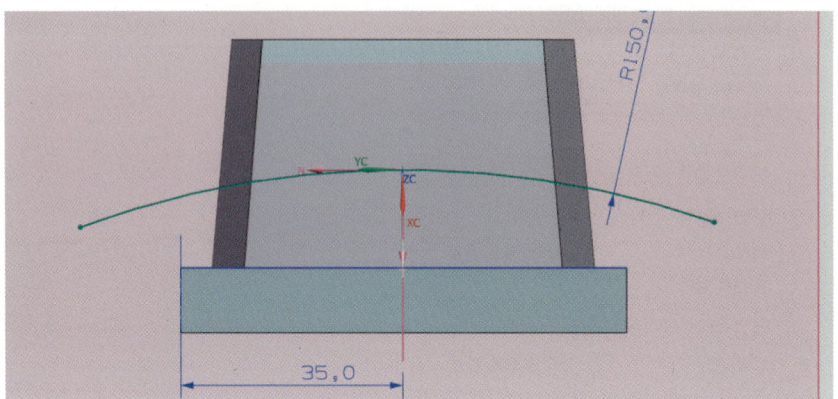

❽ 삽입의 스위핑에서 가이드를 따라 스위핑(G)... 을 클릭한다. 단면은 곡선 선택을 하고, 가이드는 곡선 선택에서 클릭하고 확인한다.

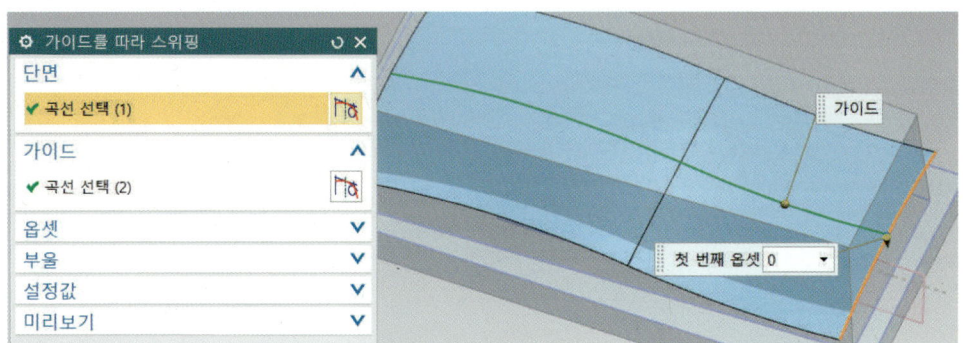

4 바디 트리밍하기

❶ 삽입의 트리밍에서 시트 연장을 클릭한다. 아래 그림처럼 양쪽 모서리를 선택한 후 확인한다.
 * 모서리를 선택하면 치수는 자동으로 5mm가 입력된다.

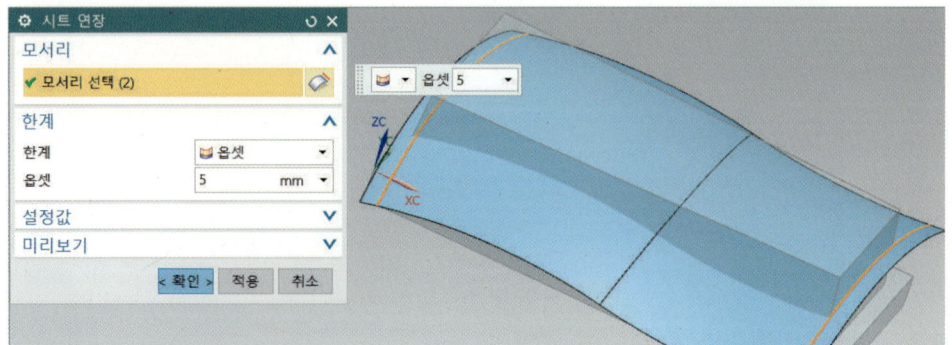

NX10 3D 모델링 및 CAD/CAM

❷ 바디 트리밍 아이콘을 클릭한다. 타겟은 바디 선택을 선택하고, 툴 옵션에서 공구 면을 선택한다. 절단 방향 화살표를 확인한 후 확인한다.

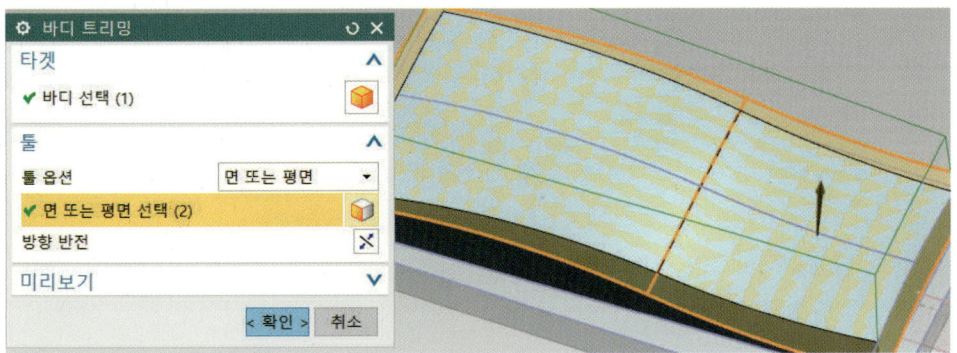

❸ 그림처럼 스윕 면을 선택하고, MB3 버튼을 클릭하여 숨기기를 선택한다.

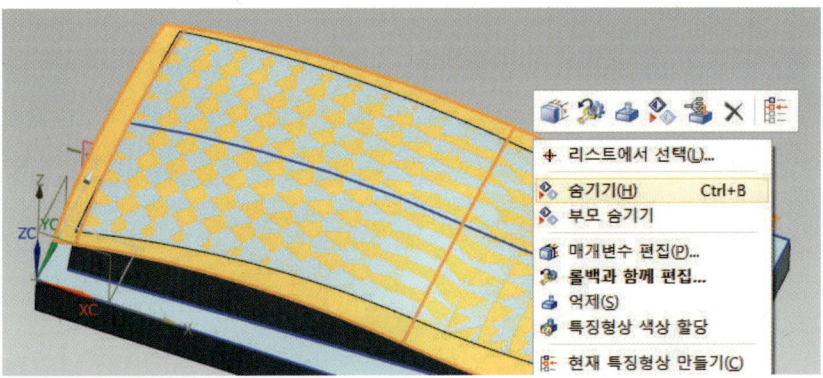

5 필렛(라운드) 작성하기

❶ 모서리 블렌드 아이콘을 클릭한다. 접하는 곡선으로 하고 반경 값은 26을 입력 후 모서리 양쪽을 클릭한 후 적용한다.

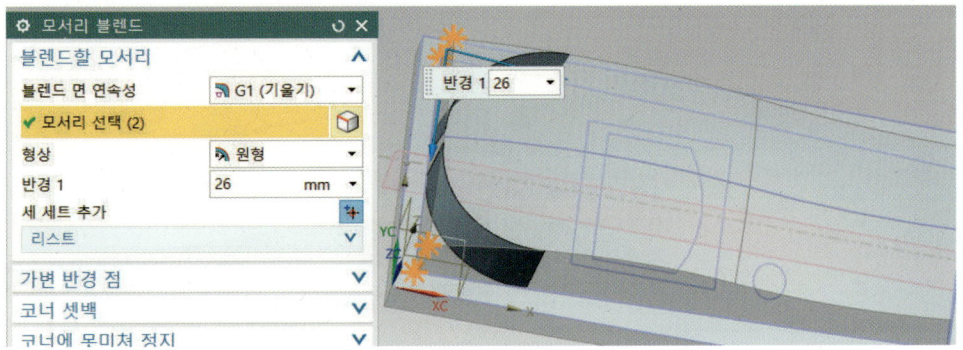

Chapter 04 | Surface Exercise

❷ 반경 값 10을 입력 후 블렌드 모서리 양쪽을 클릭한 후 확인한다.

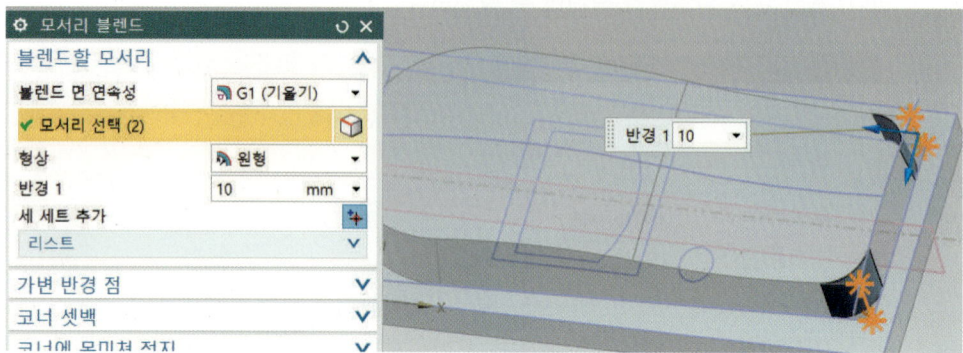

6 구 작성하기

❶ 삽입의 특징형상설계에서 구(S)... 를 클릭한다. 중심점에서 점 다이얼로그를 클릭한다.

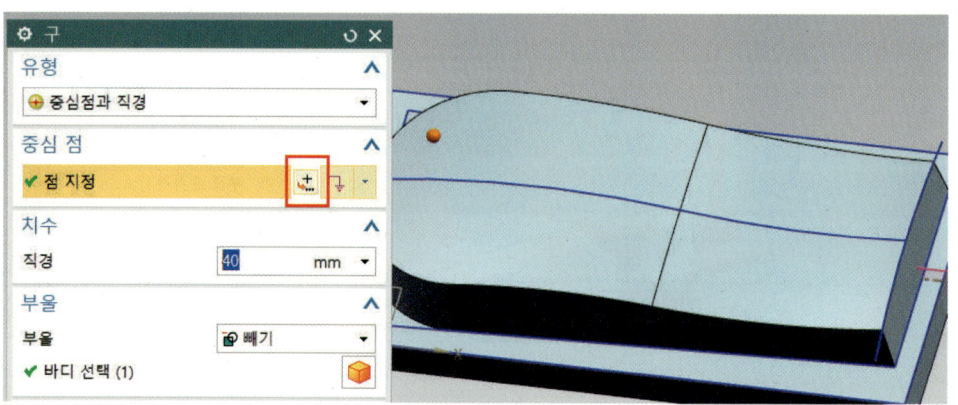

❷ 출력 좌표의 참조에서 좌표를 절대로 하고, X 25, Y35, Z36을 입력한 후 확인한다.

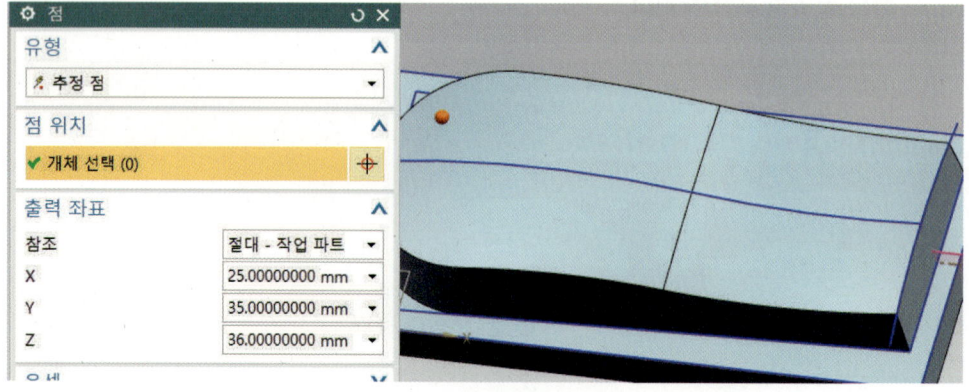

PART Ⅳ 서피스(Surface) 모델링

❸ 구 아이콘을 클릭한 후 치수에서 직경 40, 부울은 빼기를 선택한 후 바디 선택을 하고 확인한다.

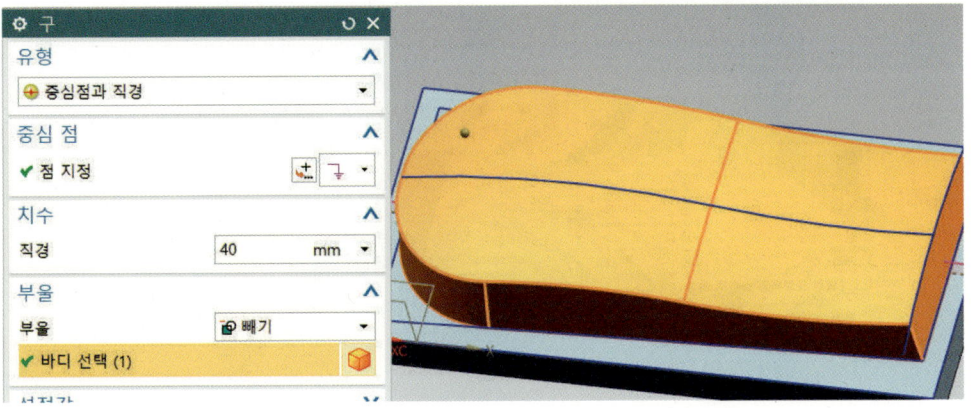

7 돌출 작성하기

❶ 돌출 아이콘을 선택한다. 연결된 곡선으로 하고 단면 곡선을 선택하고, 한계에서 시작 값 거리 14, 끝값 거리는 50을 입력하고, 부울은 빼기로 선택한 후 바디를 선택한다. 구배는 시작 한계에서 –15도를 입력한 후 적용한다.

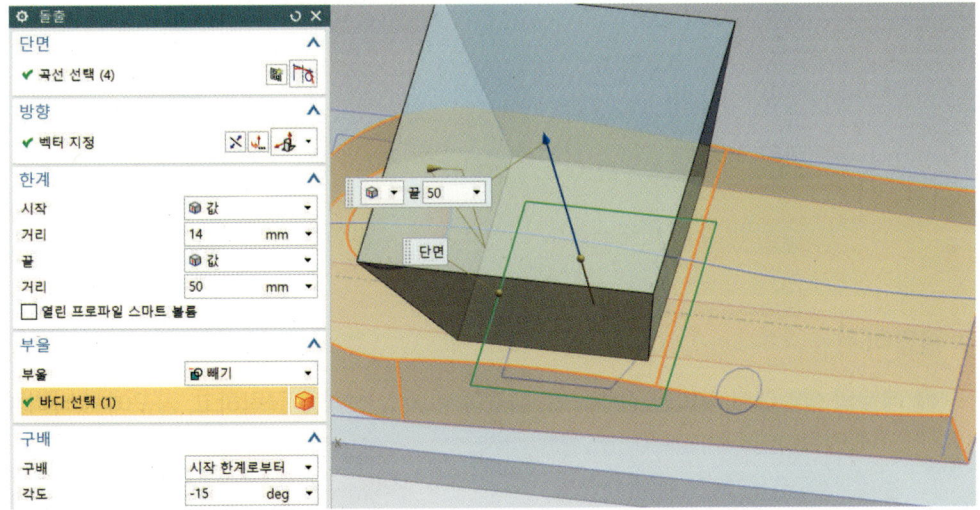

❷ 단면에서 곡선 선택을 하고, 한계에서 시작 값 거리 10, 끝값 거리 40을 입력한 후 부울에서 빼기를 하고, 바디를 선택한 후 확인한다.

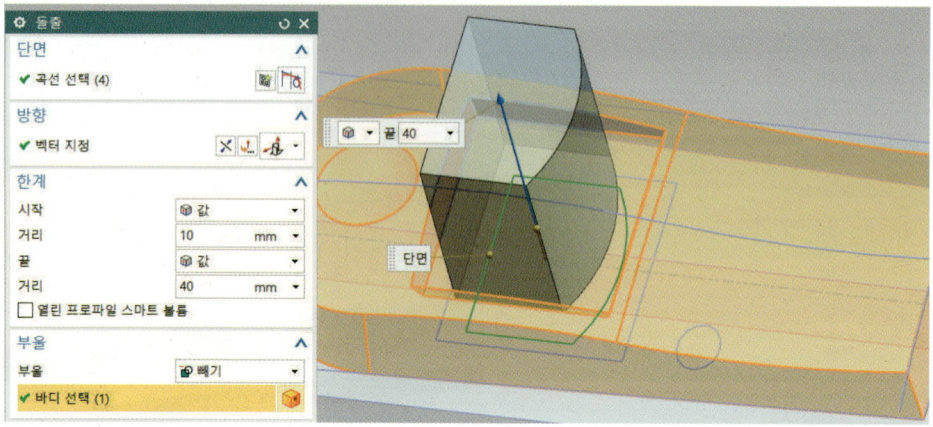

❸ 돌출에서 단면은 곡선 선택을 하고, 한계에서 시작 값 거리 11, 끝은 끝부분까지로 선택한 후 부울은 빼기로 하고 바디를 선택하고 확인한다.

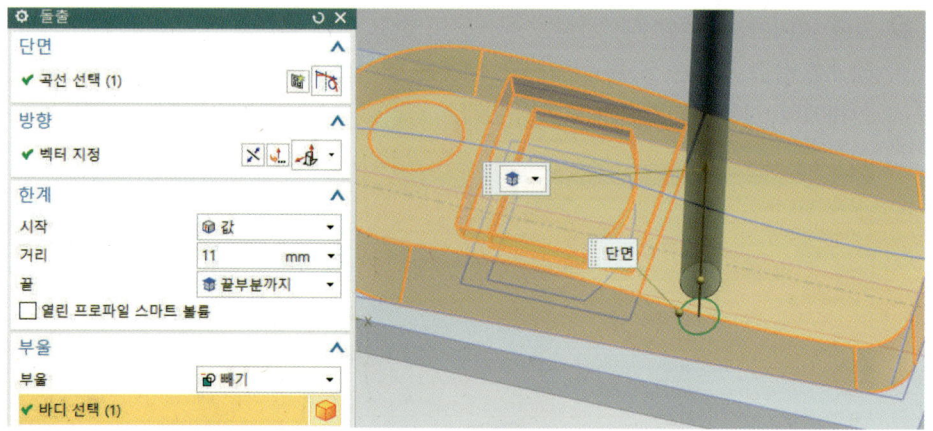

8 결합하기

❶ 메뉴의 삽입에서 결합을 선택하고, 타겟에서 바디 선택을 클릭하고, 공구에서 바디를 선택하고 확인한다.

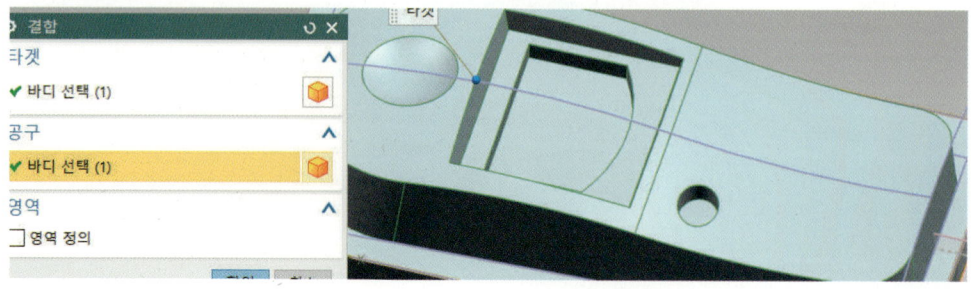

9 인스턴스형상 복사하기

❶ 삽입의 연관 복사에서 패턴 특징형상(A)... 을 클릭한다. 아래 그림과 같이 설정하고 확인한다.

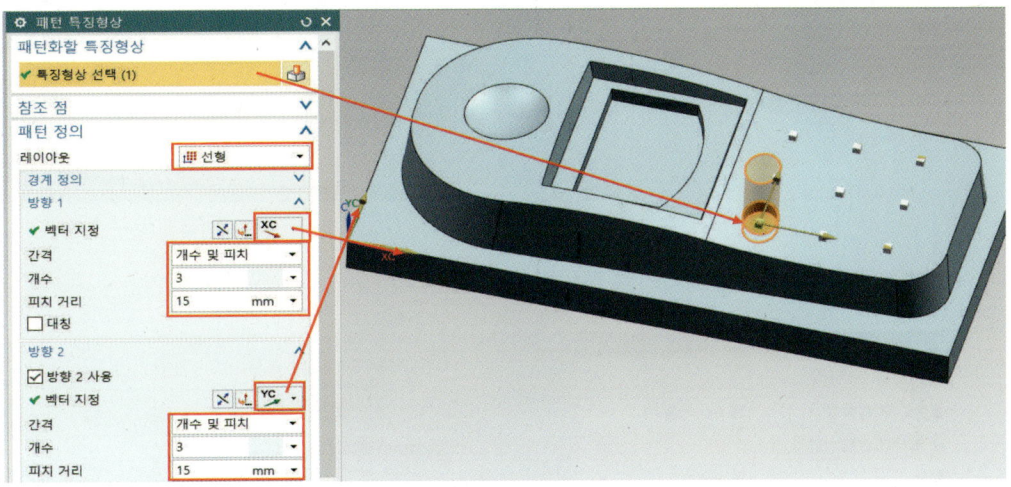

10 필렛(라운드) 작성하기

❶ 모서리 블렌드 아이콘을 클릭한다. 접하는 곡선으로 하고 반경 값은 3을 입력 후 그림처럼 모서리를 클릭하고 적용한다.

❷ 반경 값 3을 입력 후 모서리를 클릭하고 적용한다.

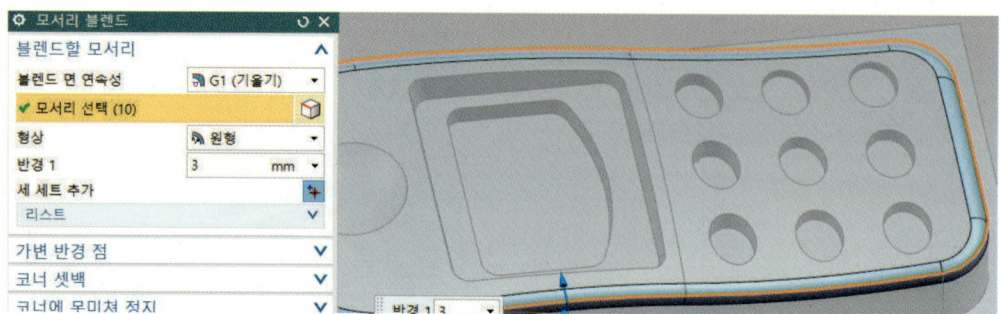

❸ 반경 값 2를 입력 후 모서리를 클릭하고 적용한다.

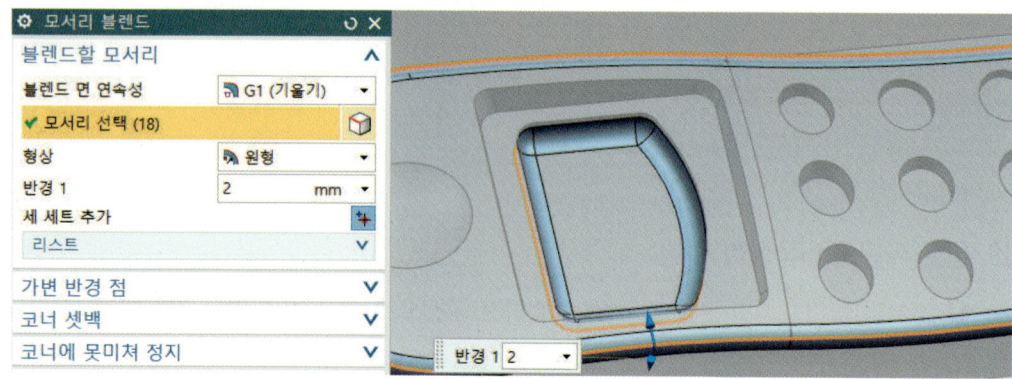

❹ 반경 값 1을 입력 후 그림처럼 나머지 모서리 전체를 클릭한 후 확인한다.

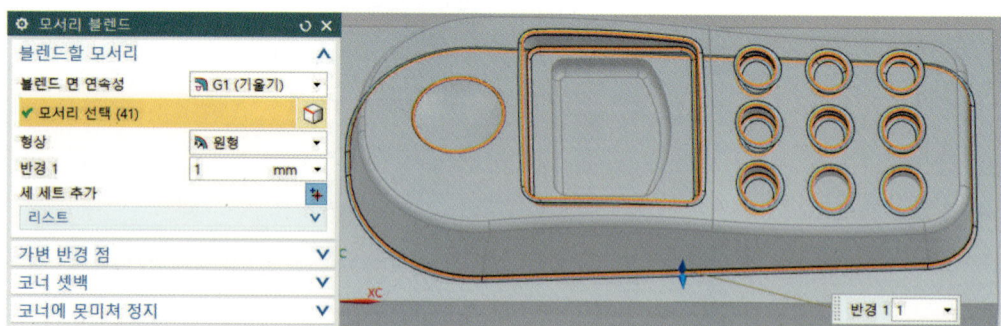

296 PART Ⅳ 서피스(Surface) 모델링

제3절 Surface 패드 모양 모델링 따라 하기

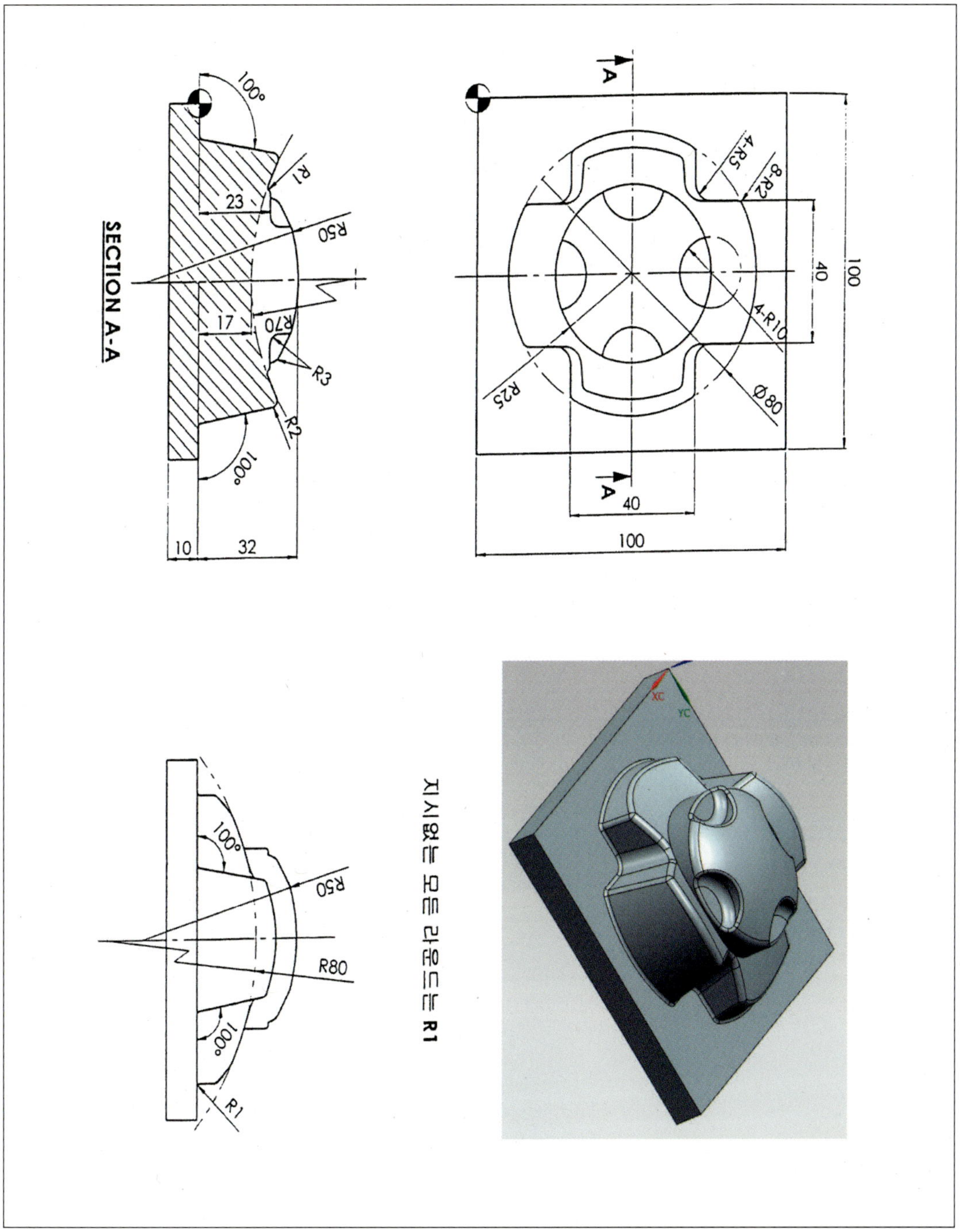

Chapter 04 | Surface Exercise

1 평면도(XY 평면) 2D 스케치 작성하기

❶ 새로 만들기( ), Ctrl + N)를 실행한다. 모델을 선택하고 파일 이름과 저장할 폴더를 입력한 다음 확인을 클릭한다.

❷ 메뉴의 삽입에서 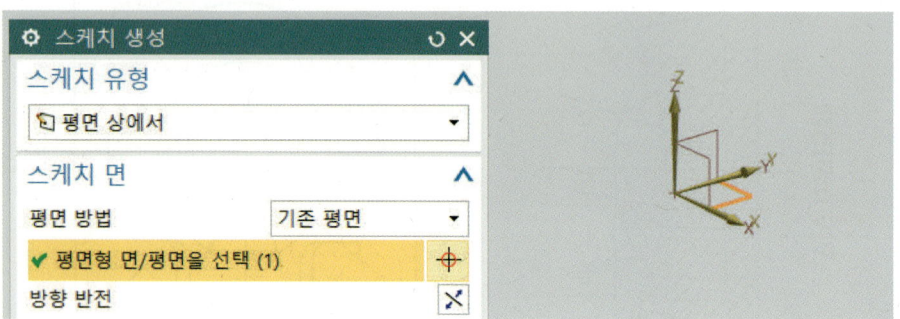 를 선택하거나, 스케치 아이콘을 선택한다.

❸ 유형은 평면 상에서, 스케치 면은 평면도(XY 평면)를 선택 확인한 후 스케치 모드로 들어간다.

❹ 직사각형 아이콘을 이용하여 그림에서와같이 2점으로 하여 원점(0,0)에서 시작하는 임의의 정사각형을 그린다. 치수기입 아이콘을 이용하여 치수기입 후 선 아이콘을 이용하여 스냅 중간점을 클릭하고 중심의 수직 수평선을 생성한다. 참조선( ) 아이콘을 이용하여 수직, 수평선을 선택하여 참조선으로 변환한다.

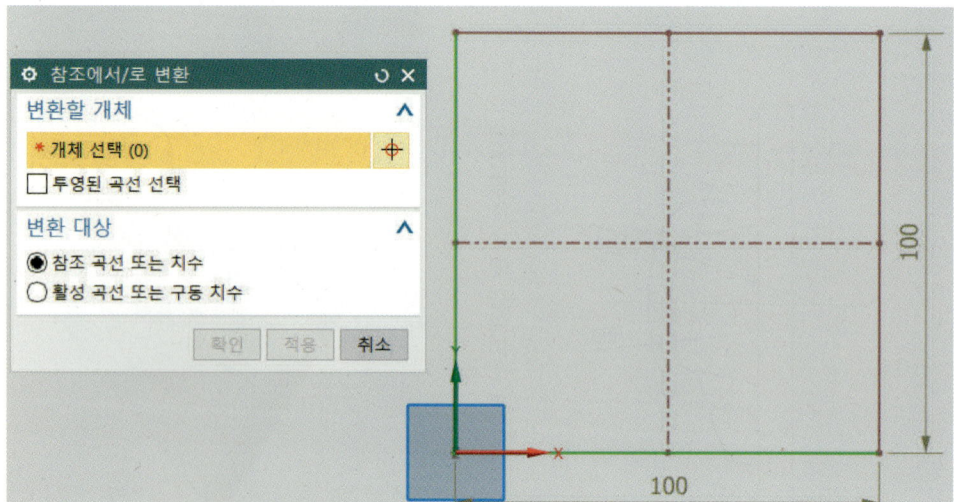

❺ 원 아이콘을 클릭하고 스냅 교차점을 선택하고, 마우스를 교차점에 스냅이 나타날 때 도면을 확인하여 원을 스케치한다.

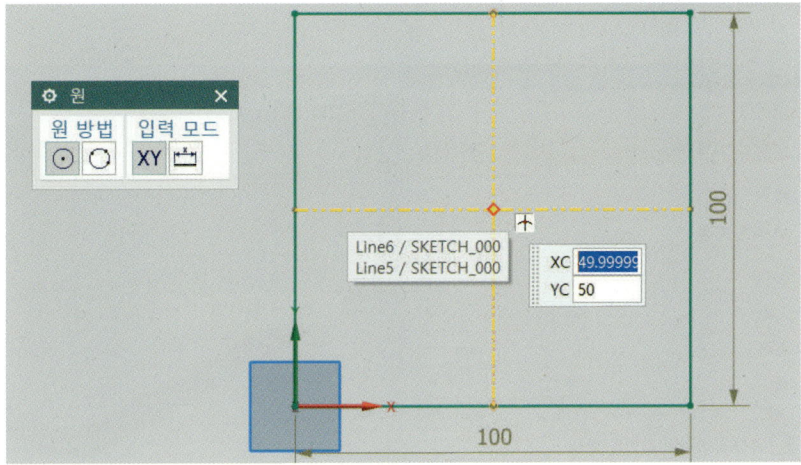

❻ 아래 그림처럼 스냅 사분 점(또는 교차점) 등을 활용하여 원 등을 스케치를 하고 그림과 같이 치수를 입력한다. 빠른 트리밍 아이콘을 이용하여 그림과 같이 필요 없는 선을 제거한 다음 스케치를 마친다.

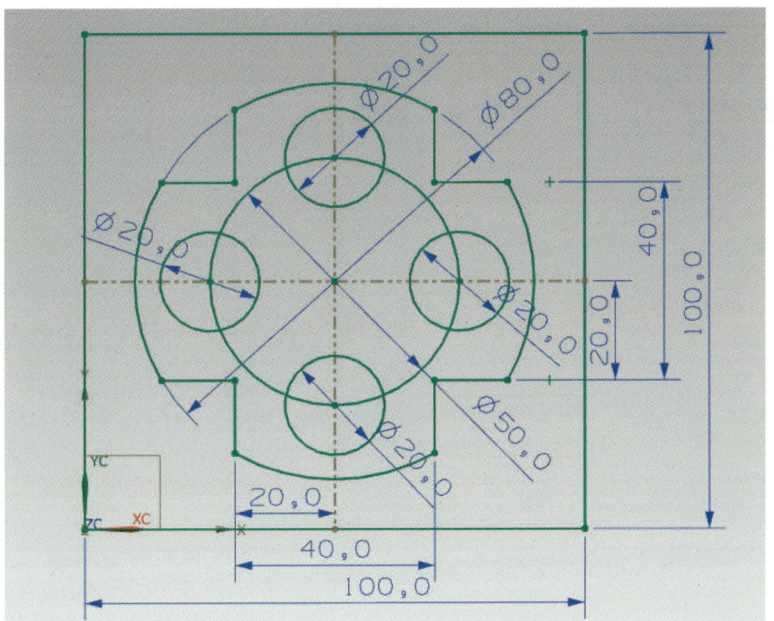

2 돌출 작성하기

❶ 돌출 아이콘을 선택한다. 연결된 곡선을 선택한 상태에서 단면 곡선을 선택하고, −10만큼 돌출하고 적용한다.

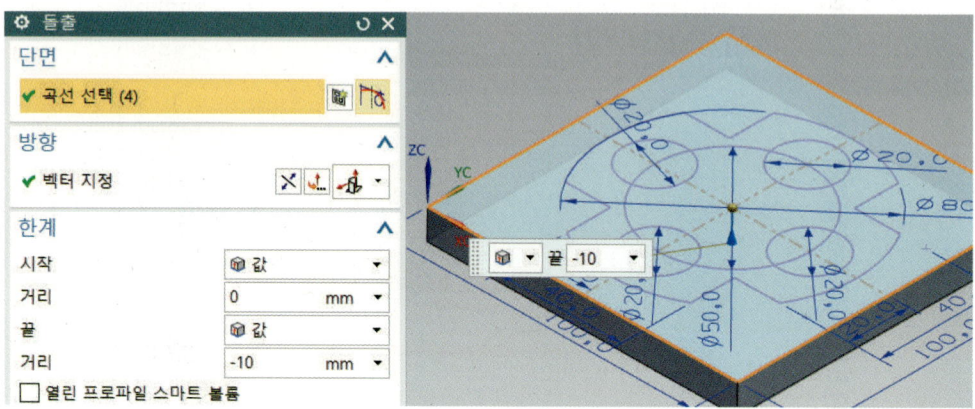

❷ 그림과 같이 한계의 끝값 거리에 34를 입력하고, 구배에서 시작한계를 클릭하고 각도 10을 입력한 후 확인한다.

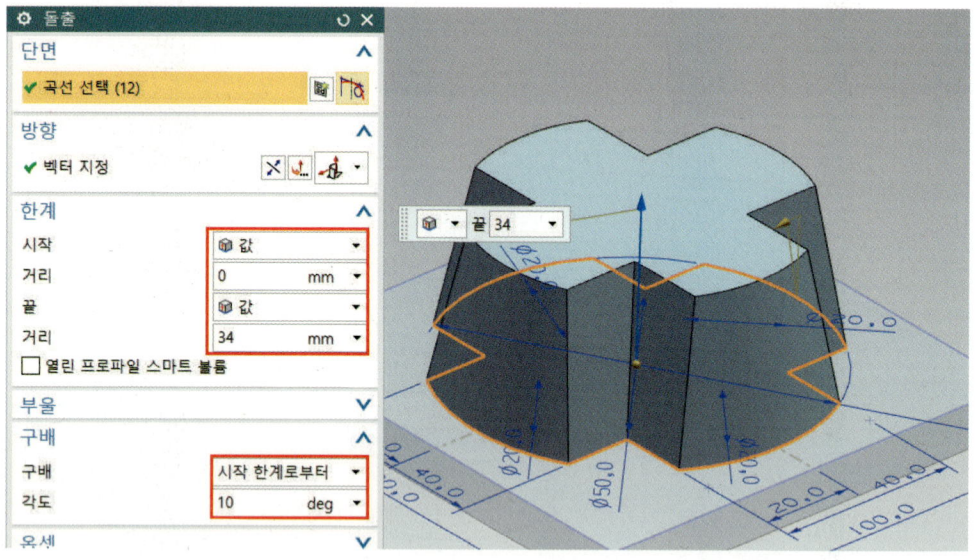

3 정면도(XZ) 스케치 작성하기

① 데이텀 평면을 클릭하고 유형은 거리로 하고, 평면형 참조를 선택하고, 옵셋에서 거리 값은 -50을 입력한 후 확인한다.

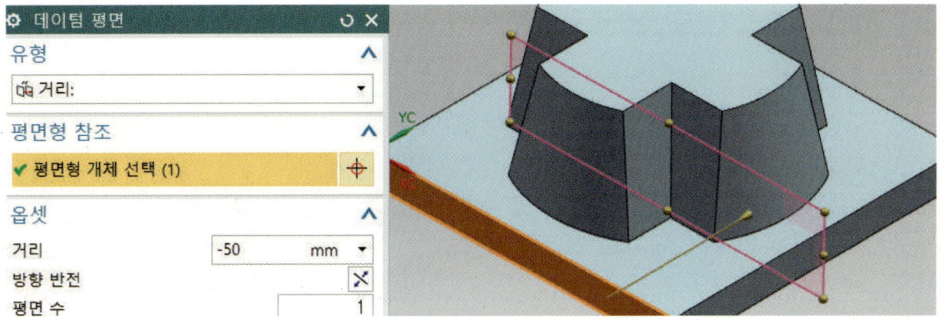

② 타스트 환경 스케치( ) 아이콘을 클릭하고, 유형은 평면 상에서, 스케치 면은 데이텀 평면을 클릭한 후 확인한다.

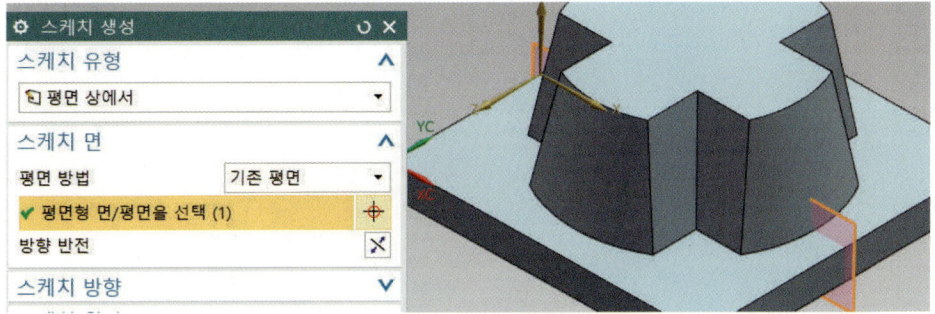

③ 원호를 이용하고 호를 생성하고 치수를 이용하여 그림처럼 R70, 중심거리 50의 치수 등을 기입하고 종료한다.

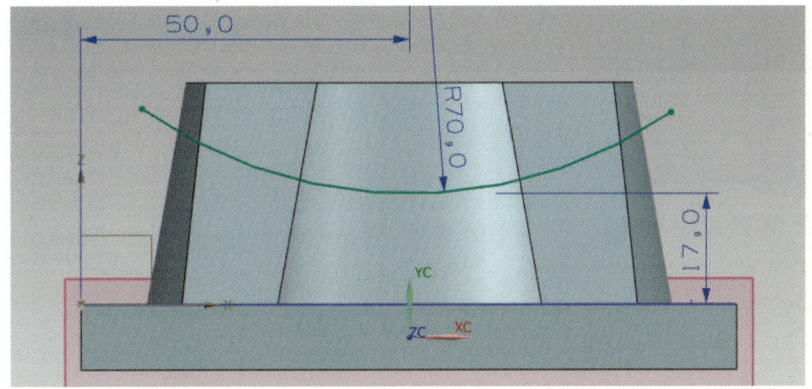

4 우측면도(YZ) 스케치 작성하기

❶ 스케치( ) 아이콘을 클릭하고, 유형은 경로 상에서 경로 선택 정면도(XZ)에서 생성한 호를 클릭한 후 원호 길이는 0을 입력하고 확인한다.

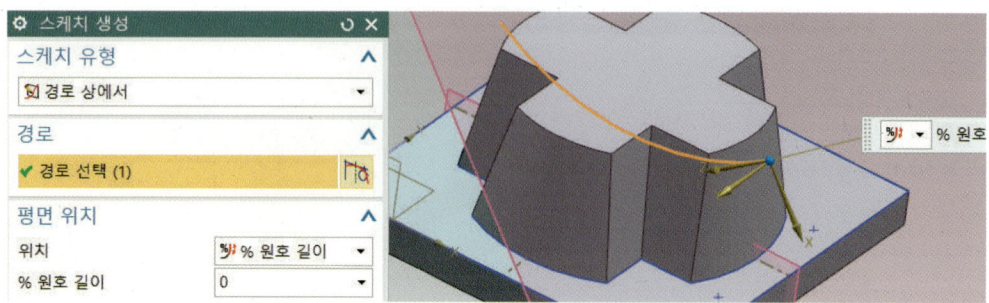

❷ MB2 버튼을 이용하여 그림처럼 방향을 비스듬하게 놓는다.

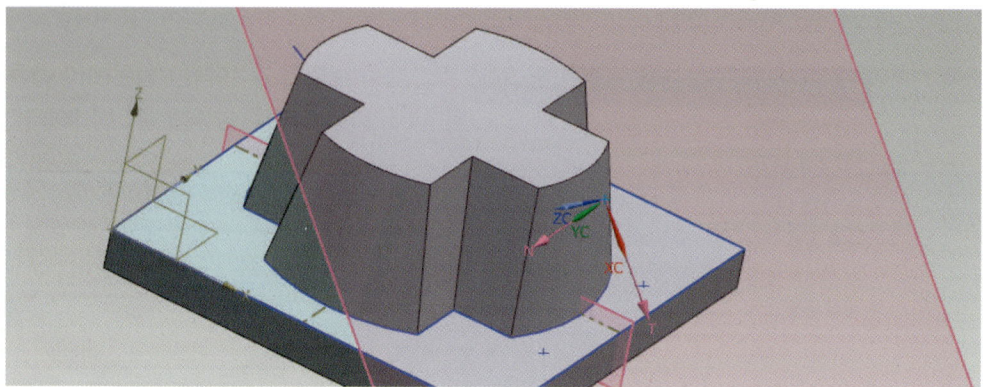

❸ 원호를 이용하여 첫 번째 점과 두 번째 점을 찍고, 세 번째 점을 XZ 평면에서 생성한 선 스냅 끝점을 확인하면서 클릭한다.

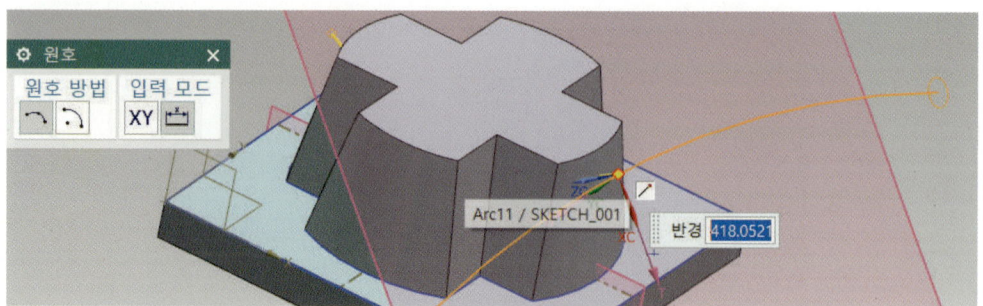

❹ 우측면도를 클릭하고 치수를 이용하여 그림과 같이 치수기입한다.

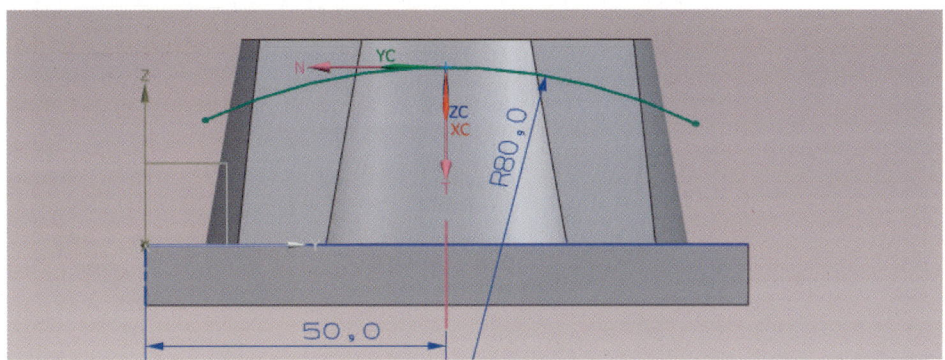

5 스윕 작성하기

❶ 삽입의 스위핑에서 가이드를 따라 스위핑(G)...을 클릭한다. 단면은 곡선 선택을 하고, 가이드에서 곡선을 클릭한 후 확인한다.

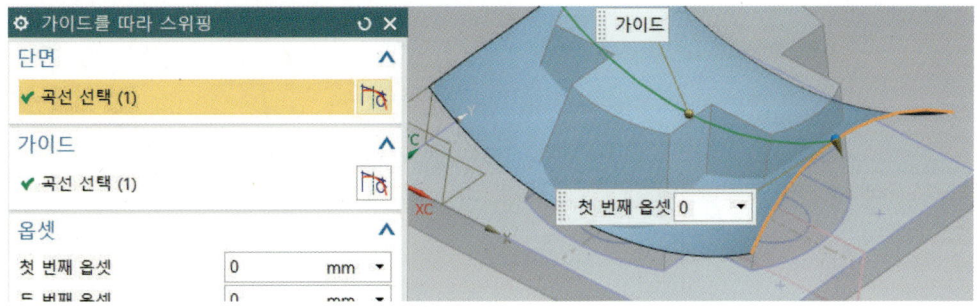

6 바디 트리밍하기

❶ 바디 트리밍 아이콘을 클릭한다. 타겟에서 바디를 선택하고, 공구에서 면을 선택하고 확인한다.

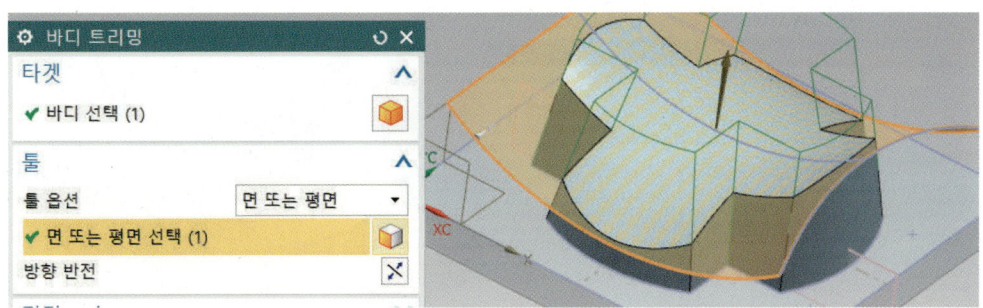

❷ 스윕 면을 선택하고 MB3 버튼을 누르고 숨기기 한다.

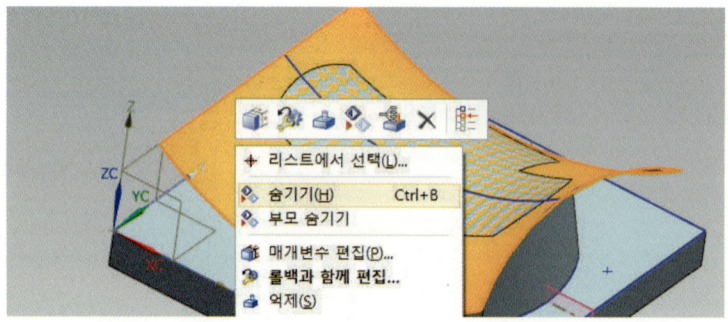

7 돌출하기

❶ 와이어프레임으로 변경하고 돌출을 클릭하고 연결된 곡선을 클릭한다. 한계에서 시작 값 거리는 0, 끝값 거리에 34를 입력한 후 확인한다.

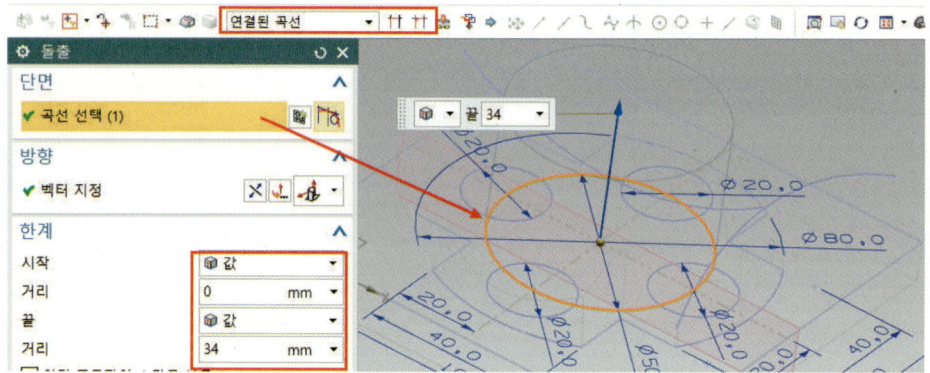

8 회전하기

❶ 타스트 환경 스케치를 클릭하고, 유형은 평면 상에서, 스케치 면은 데이텀 평면을 클릭한 후 확인한다.

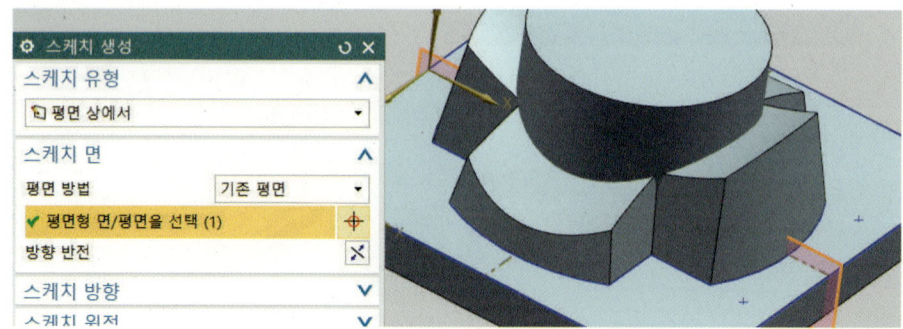

NX10 3D 모델링 및 CAD/CAM

❷ 원호, 선 아이콘을 이용하여 스케치를 생성 후 그림처럼 치수기입을 완료한다. 빠른 트리밍을 이용하여 필요 없는 선을 삭제하고 스케치를 마친다.

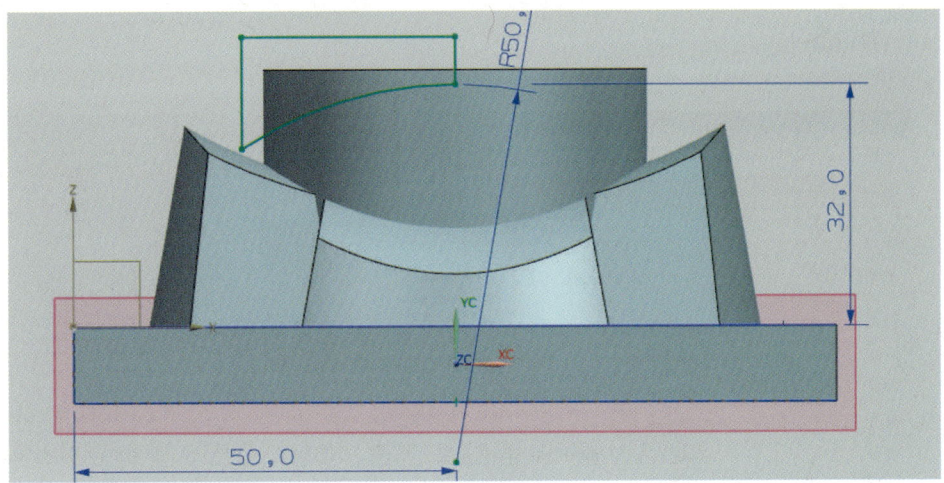

❸ 회전을 클릭한다. 연결된 곡선으로 하고 단면 곡선을 선택하고 축 벡터를 Z축을 선택한다. 한계는 시작 값 각도는 0도에서 끝값 각도는 360도로 하고, 부울은 빼기를 한 후 바디를 선택하고 확인한다.

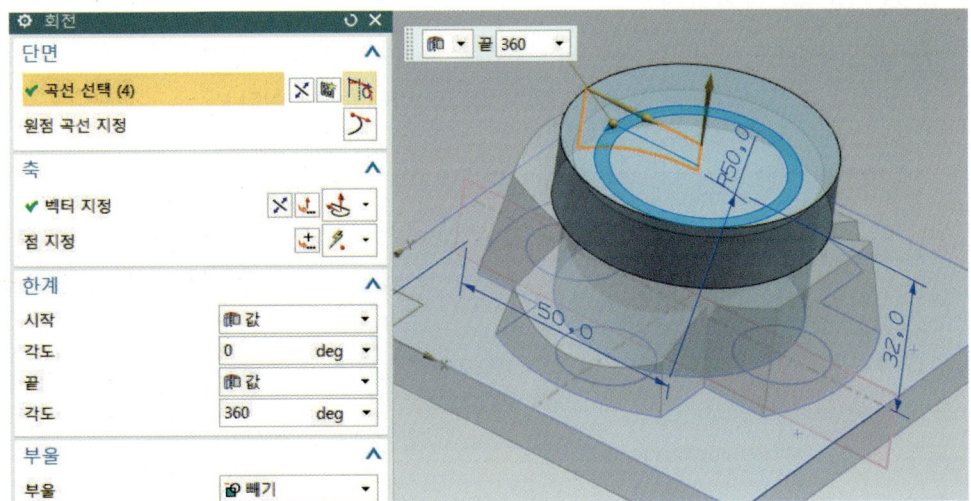

Chapter 04 | Surface Exercise 305

9 돌출하기

❶ 돌출 아이콘을 선택한다. 와이어프레임 상태에서 단면은 곡선 4개를 선택하고, 한계에서 시작 값 거리 23, 끝값 거리 50을 입력하고, 부울은 빼기를 선택한 후 바디 선택을 클릭하고 확인한다.

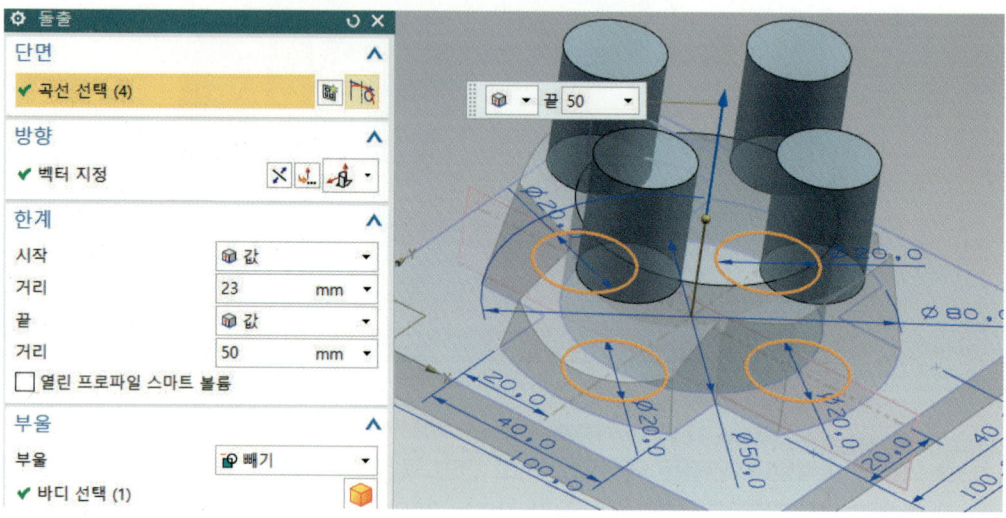

10 필렛(라운드) 작성하기

❶ 모서리 블렌드 아이콘을 클릭한다. 접하는 곡선으로 하고 R5값 입력 후 블렌드 모서리를 클릭하고 확인한다.(표시 및 숨기기에서 솔리드 바디만 표시한다.)

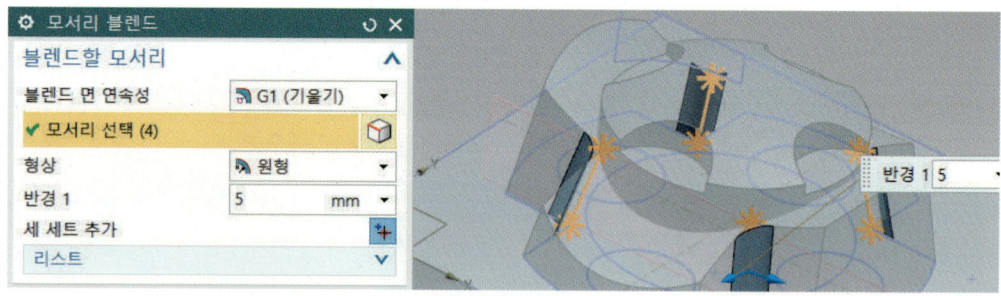

NX10 3D 모델링 및 CAD/CAM

11 결합하기

❶ 결합 아이콘을 클릭하고, 타겟 바디를 선택하고 공구 바디를 클릭한 후 확인한다.

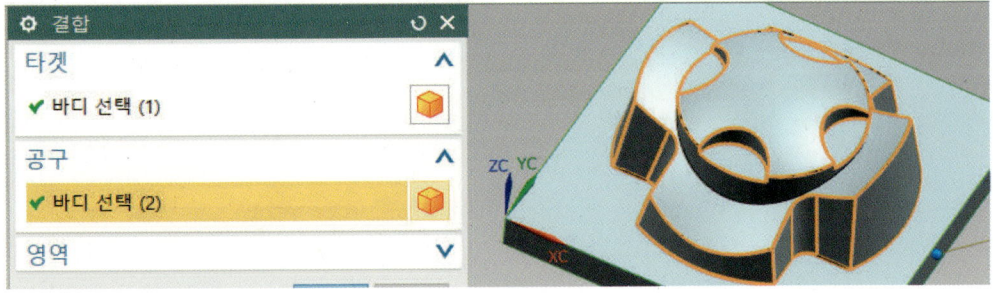

12 필렛(라운드) 작성하기

❶ 모서리 블렌드 아이콘을 클릭한다. 접하는 곡선으로 하고, 반경 값은 2를 입력 후 그림과 같이 모서리를 클릭한 후 적용한다.

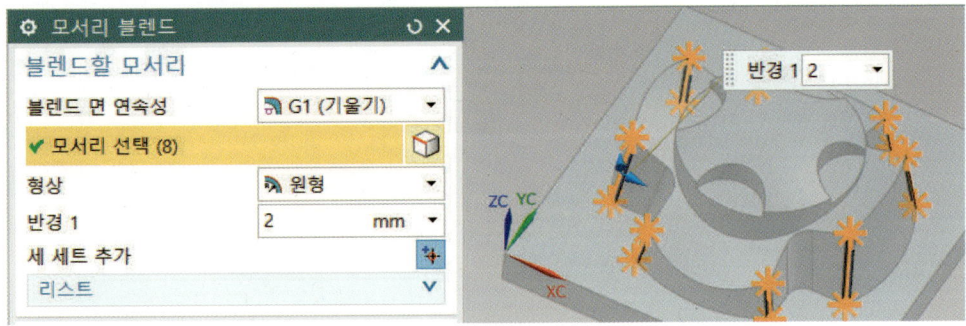

❷ 반경 값에 3을 입력 후 모서리를 클릭하고 적용한다.

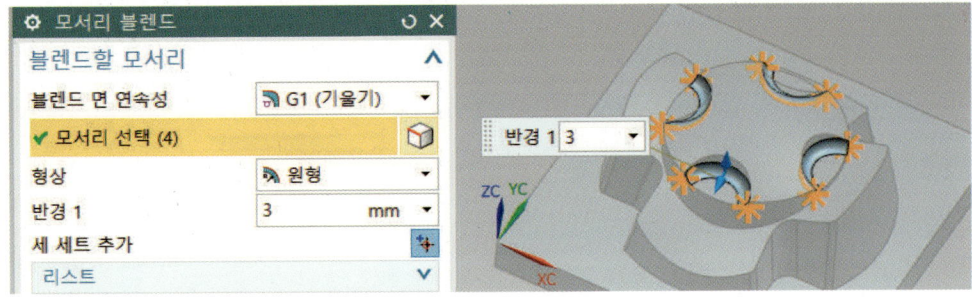

Chapter 04 | Surface Exercise   307

❸ 반경 값에 2를 입력 후 모서리를 클릭하고 적용한다.

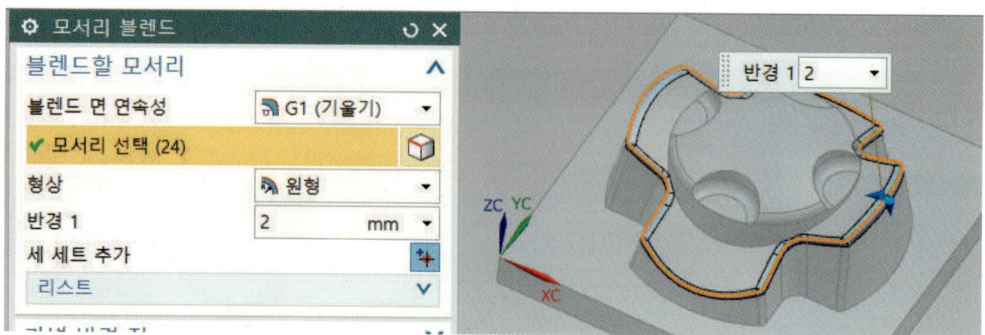

❹ 반경 값에 1을 입력 후 그림처럼 나머지 모서리를 클릭하고 확인한다.

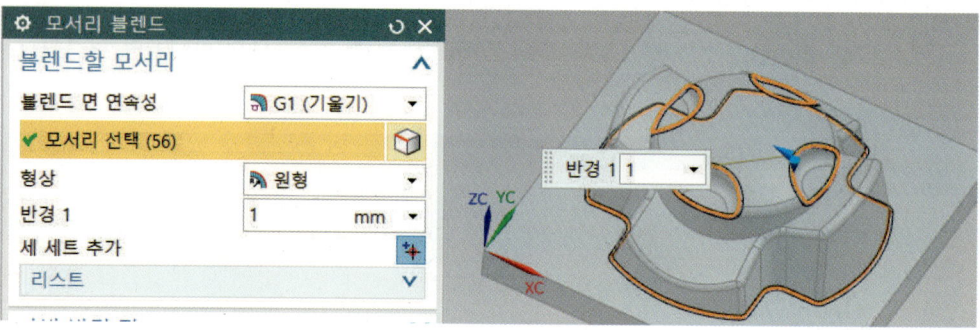

제4절 Surface 행거 모양 모델링 따라 하기

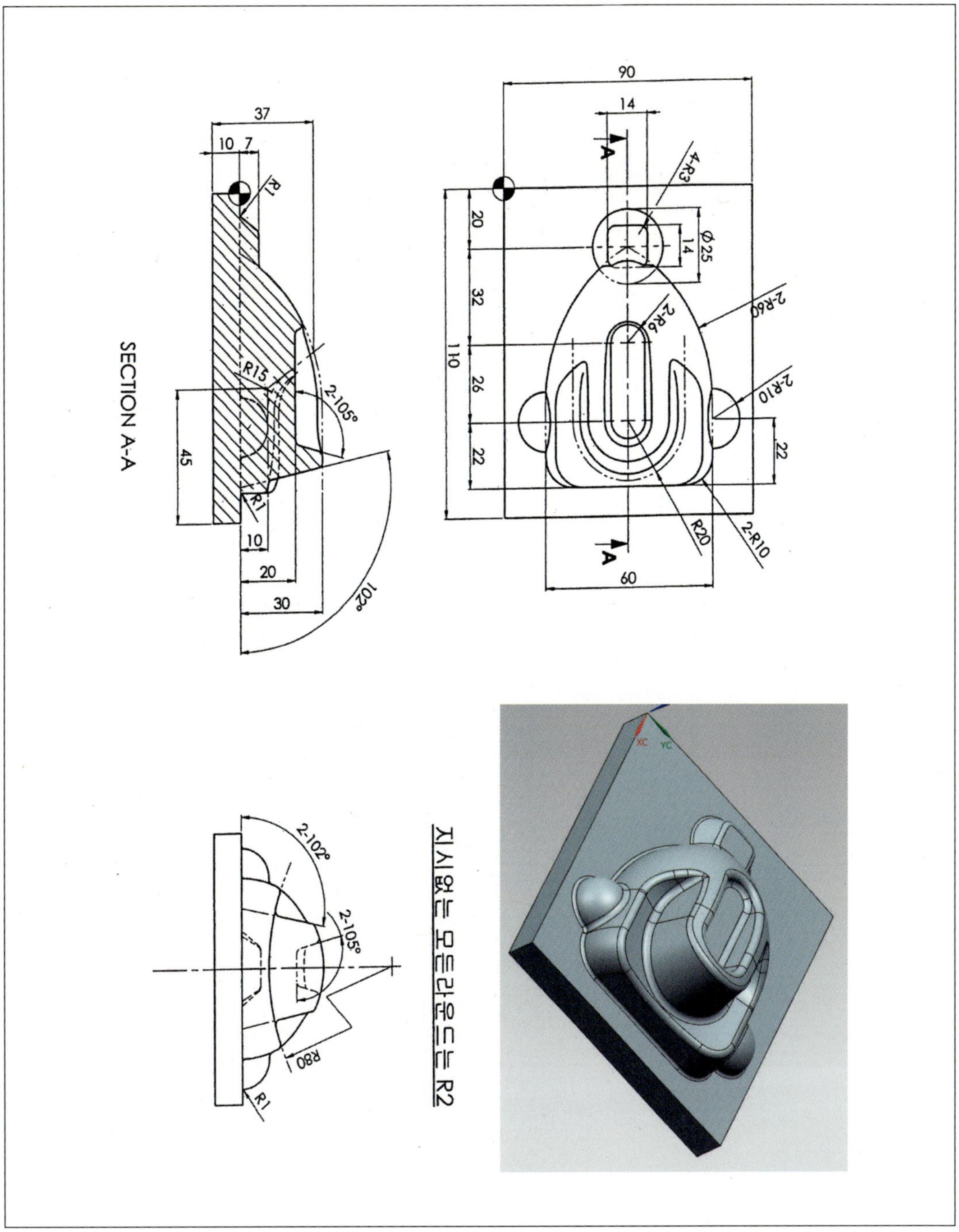

Chapter 04 | Surface Exercise

1 평면도(XY 평면) 2D 스케치 작성하기

❶ 새로 만들기(, Ctrl + N)를 실행한다. 모델을 선택하고 파일 이름과 저장할 폴더를 입력한 다음 확인을 클릭한다.

❷ 메뉴의 삽입에서 [타스크 환경의 스케치(S)]를 선택하거나, 스케치 아이콘을 선택한다.

❸ 유형은 평면 상에서, 스케치 면은 평면도(XY 평면)를 선택한 후 확인하고, 스케치 모드로 들어간다.

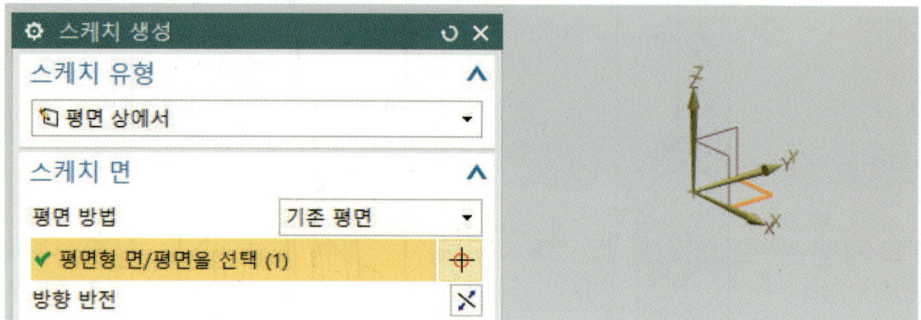

❹ 직사각형, 원, 선 등을 아이콘을 이용하여 그림에서와같이 스케치한 후 치수기입을 하고, 스케치를 종료한다.

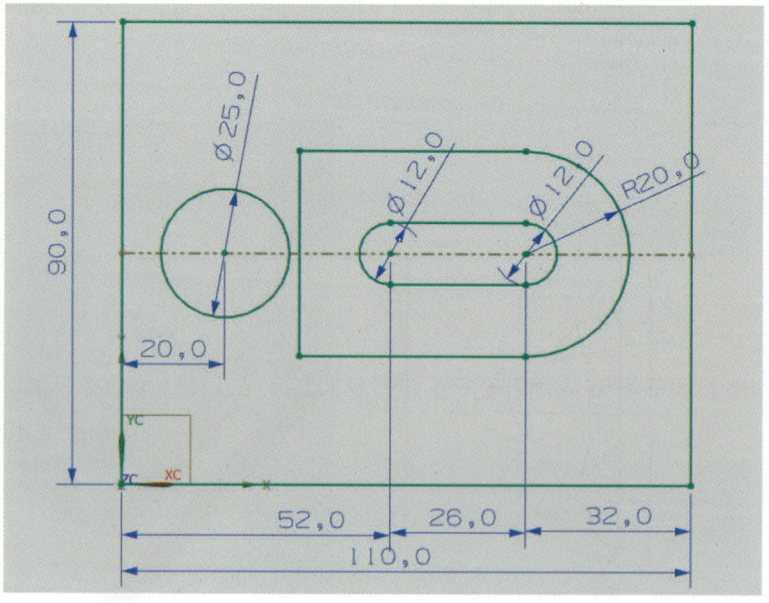

PART Ⅳ 서피스(Surface) 모델링

❷ 돌출 피쳐 작성하기

❶ 돌출 아이콘을 선택한다. 연결된 곡선에서 곡선을 선택하고, 한계에서 끝값 거리에서 −10만큼 돌출하고 확인한다.

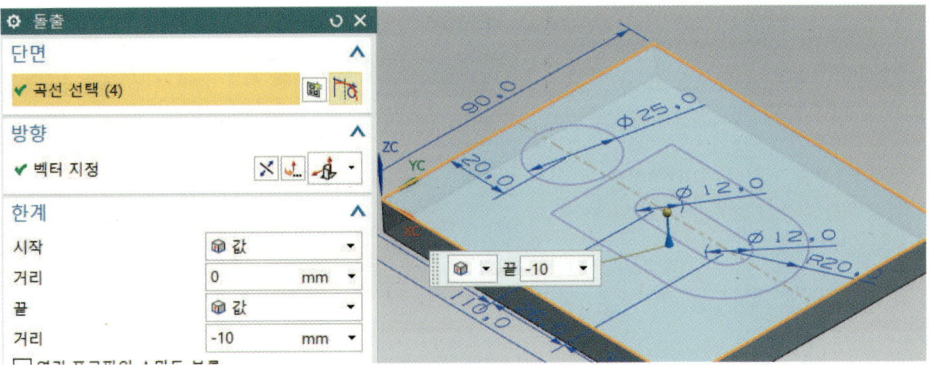

❸ 스케치 및 데이텀 평면 작성하기

❶ 타스크 환경 스케치를 선택하고, 유형은 평면 상에서, 스케치 면은 평면 지정을 선택하고, 거리 값에 7을 입력한 후 확인한다.

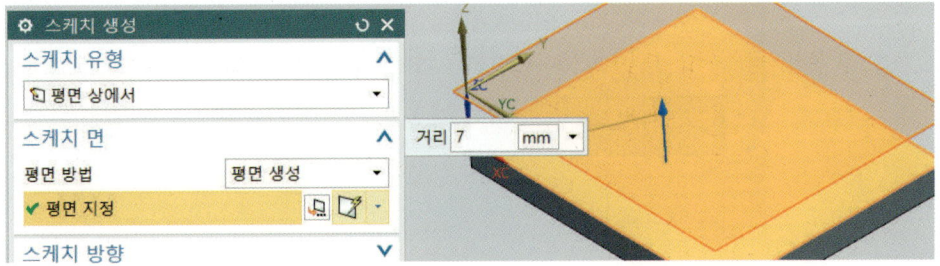

❷ 직사각형을 이용하여 그림과 같이 대략적인 직사각형을 스케치한다. 그림과 같이 치수를 입력하고 필렛 아이콘을 이용하여 반경 3 값을 입력한 후 스케치를 종료한다.

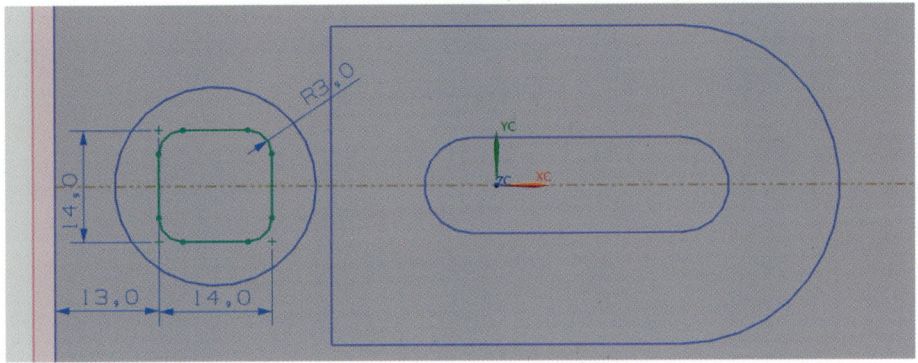

4 정면도(XZ) 스케치 작성하기

❶ 타스크 환경의 스케치를 선택한다. 유형은 평면 상에서, 스케치 면은 평면 지정을 선택하고, 거리 값은 -45를 입력한 후 확인한다.

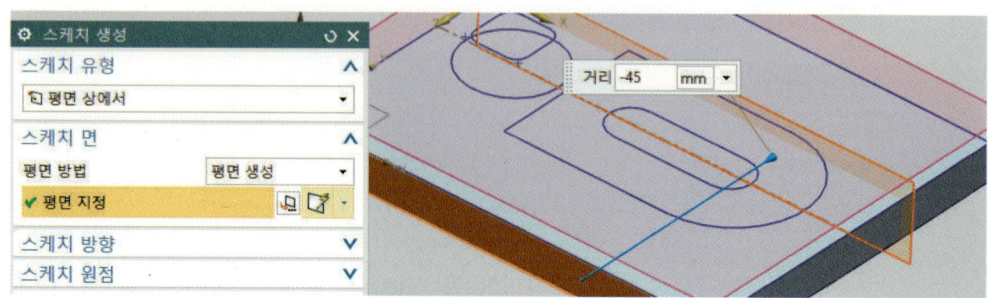

❷ 선과 원호를 이용하여 그림처럼 스케치한다. 접선 부분의 구속조건을 확인한 후 그림과 같이 치수를 입력한다.

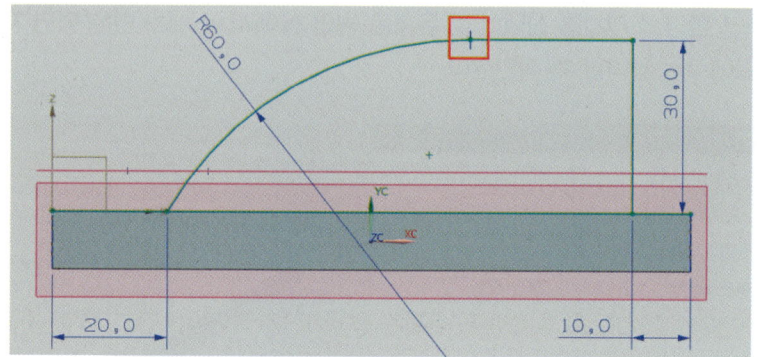

❸ 그림과 같이 위와 같은 방법으로 스케치하고 추정 치수 아이콘을 선택하고, 그림과 같이 치수를 입력하고, 필렛 아이콘을 이용하여 반지름값 15를 입력한 후 스케치를 종료한다. 접선 부분 의 구속조건을 확인한다.

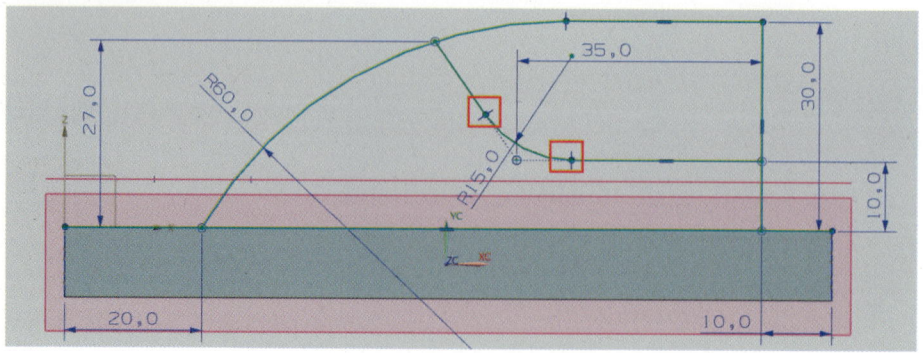

NX10 3D 모델링 및 CAD/CAM

5 우측면도(YZ) 스케치 작성하기

❶ 타스크 스케치를 선택한다. 유형은 경로 상에서 경로 선택을 선택하고, 위치에서 원호 길이는 0으로 입력한 후 확인한다.

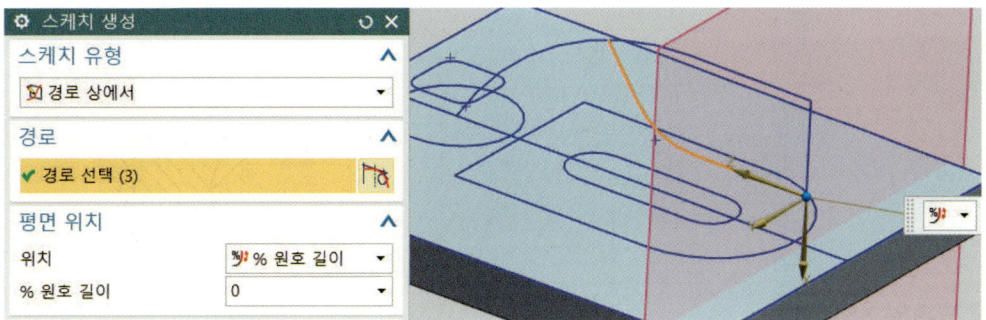

❷ MB2 버튼을 이용하여 아래 그림처럼 설정한다.

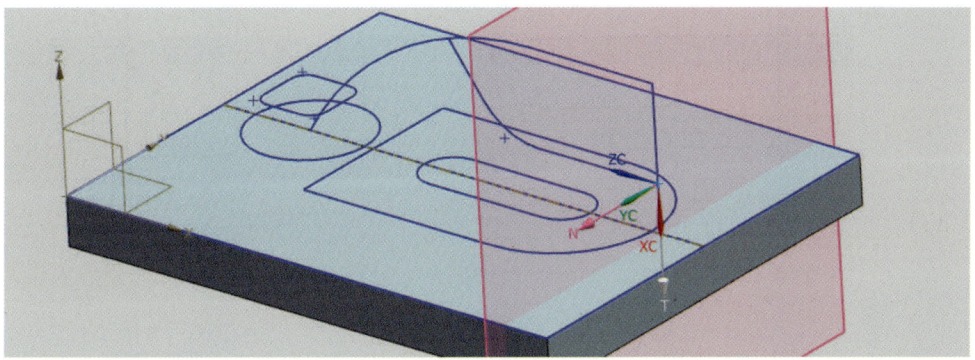

❸ 원호를 이용하여 임의의 첫 번째 점과 두 번째 점을 찍고, 세 번째 점을 XZ 평면에서 생성한 선 스냅 끝점을 확인하면서 찍는다.

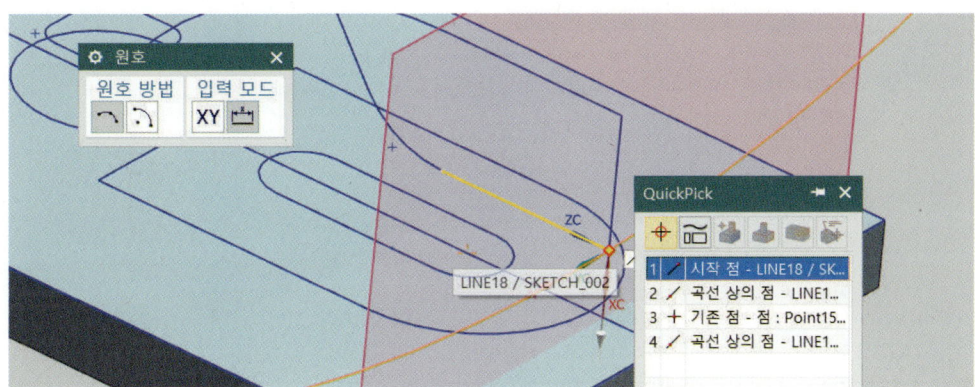

Chapter 04 | Surface Exercise

❹ 그림처럼 우측면도를 클릭한다. Z축 중심거리에 45를 입력한 후 반경은 80을 입력한다.

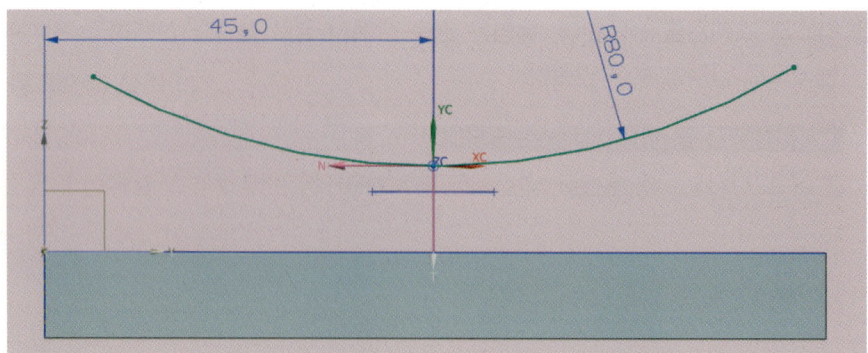

6 스윕 작성하기

❶ 삽입의 스위핑에서 가이드를 따라 스위핑(G)...을 클릭한다. 단면은 곡선 선택을 선택하고, 가이드에서 곡선 선택한 후 확인한다.

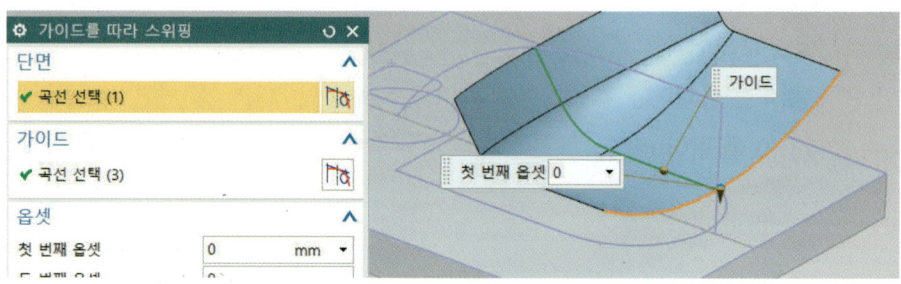

7 회전 작성하기

❶ 단면에서 곡선 선택을 작성하고, 축 벡터를 지정한다. 한계에서 시작값 각도는 –90, 끝값 각도는 90을 입력한 후 확인한다.

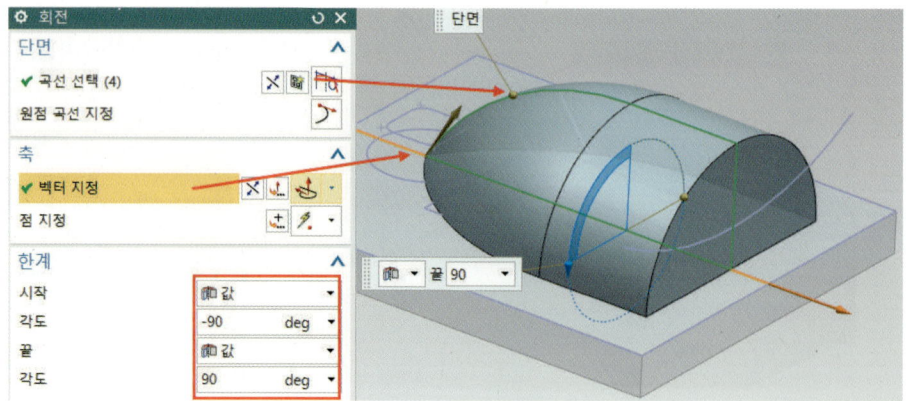

8 돌출 작성하기

① 그림처럼 정적 와이어프레임으로 변경한다.

② 돌출 아이콘을 클릭하고, 연결된 곡선을 확인한 후 단면 곡선을 클릭한다. 한계에서 끝값 거리에 45 이상으로 하고, 구배는 한계에서 시작 값 각도는 12도를 입력한 후 확인한다.

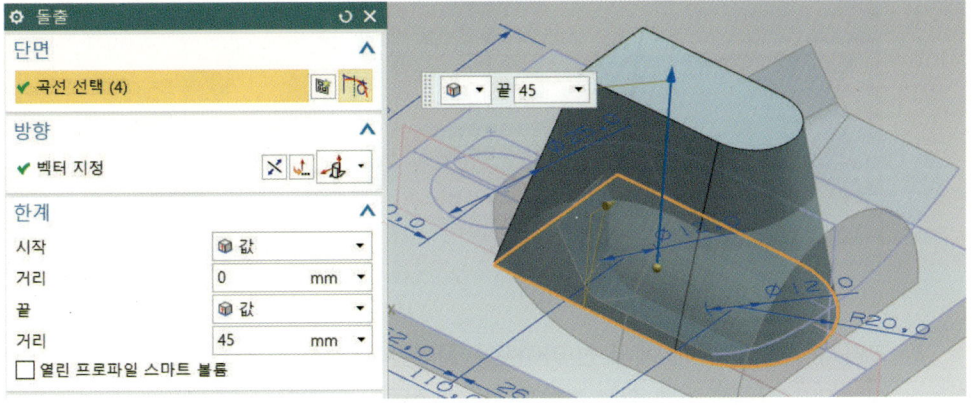

9 바디 트리밍하기

① 트리밍 아이콘을 클릭한다. 타겟에서 바디를 선택하고, 공구에서 면을 선택한 후 확인한다.

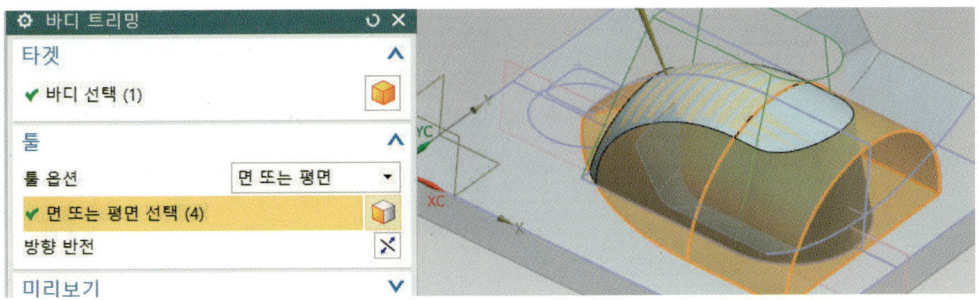

② 다시 바디 트리밍 아이콘을 클릭해 타겟에서 바디를 선택하고, 공구에서 면을 선택한 후 확인한다.

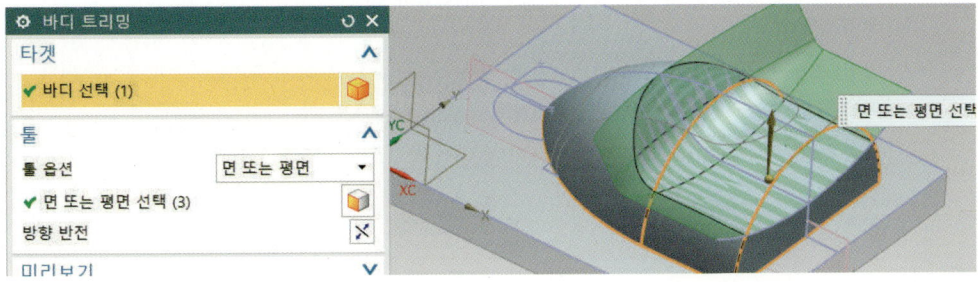

❿ 메시 곡면 작성하기

❶ 그림처럼 파트 탐색기에서 불필요한 부분을 선택하고, MB3을 클릭해 숨기기를 클릭한다.

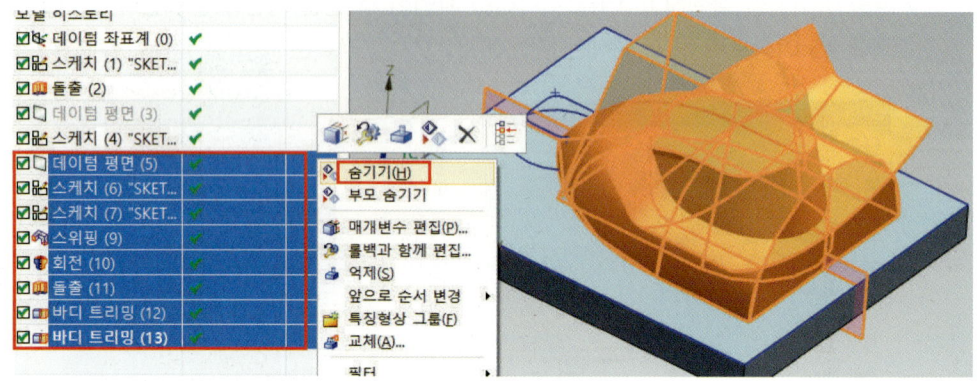

❷ 그림처럼 삽입의 곡선에서 선 아이콘을 클릭한다. 시작 점은 스냅 사분 점을 확인하여 점을 선택한다. 끝점은 스냅 중간 점을 확인하여 점을 선택한다.

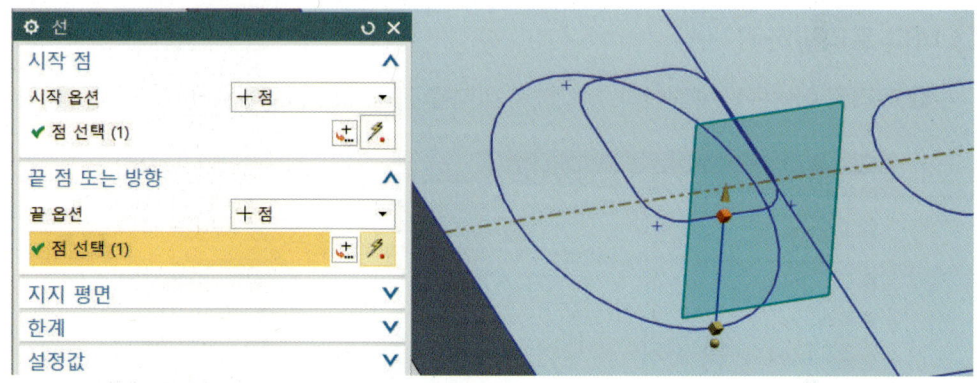

❸ 같은 방법으로 선 아이콘을 클릭하여 2번째 선을 생성한다.

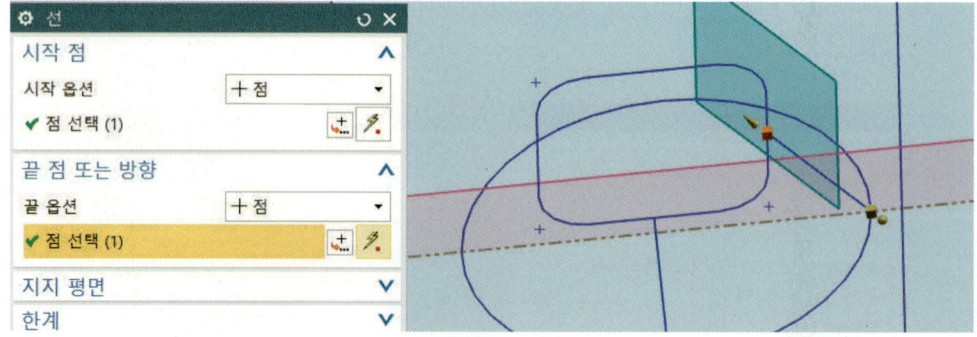

❹ 같은 방법으로 3번째 선을 생성한다.

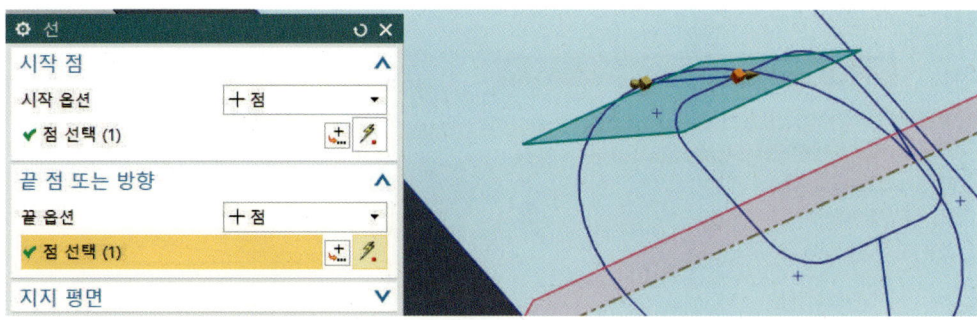

❺ 같은 방법으로 4번째 선을 생성한다.

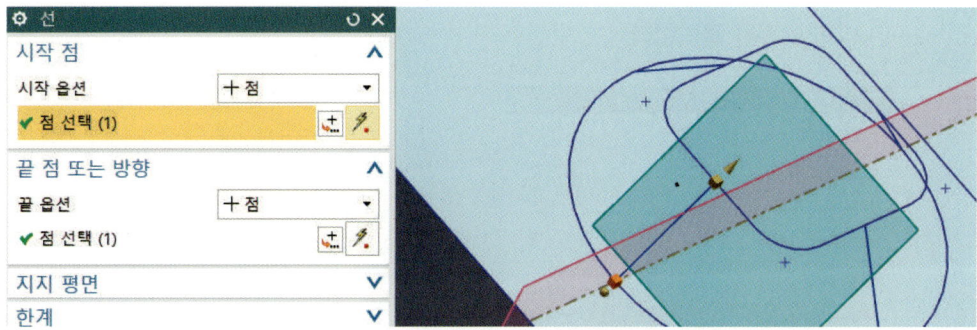

❻ 그림처럼 삽입에서 메시 곡면에 곡선 통과 메시를 클릭한다. 연결된 곡선으로 하고 기본 곡선에서 위의 곡선을 클릭한 후 MB2를 클릭한다.

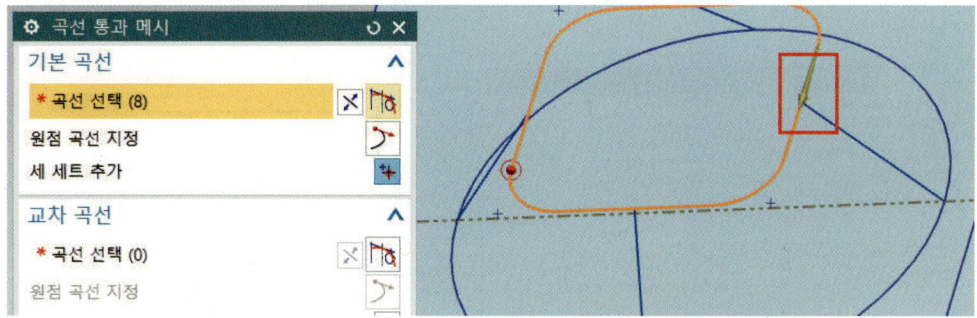

❼ 기본 곡선에서 아래 곡선을 클릭하고, MB2를 클릭한다. 이때 화살표 방향을 맞지 않으면 방향 반전을 클릭한다.

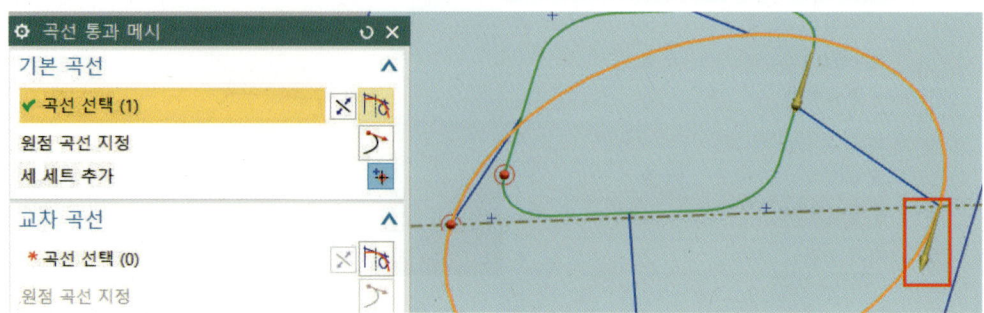

❽ 탭을 교차 곡선으로 하고 곡선을 선택하고 MB2를 클릭한다. 이때 화살표 방향을 맞지 않으면 방향 반전을 클릭한다.

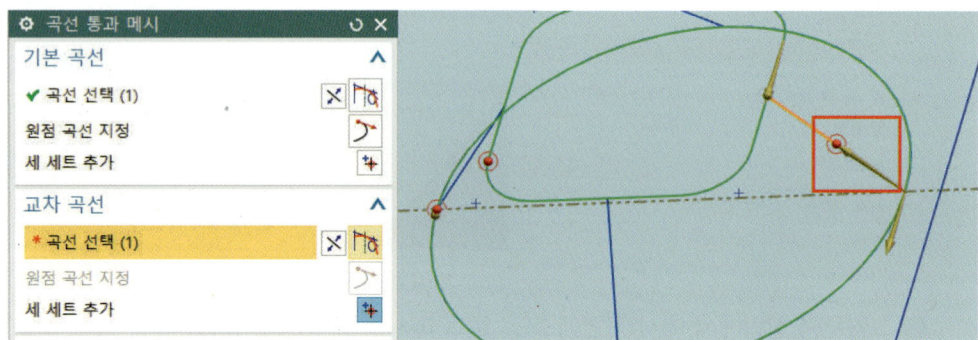

❾ 다시 곡선을 선택하고 MB2를 클릭한다. 화살표 방향을 맞지 않으면 방향 반전을 클릭한다.

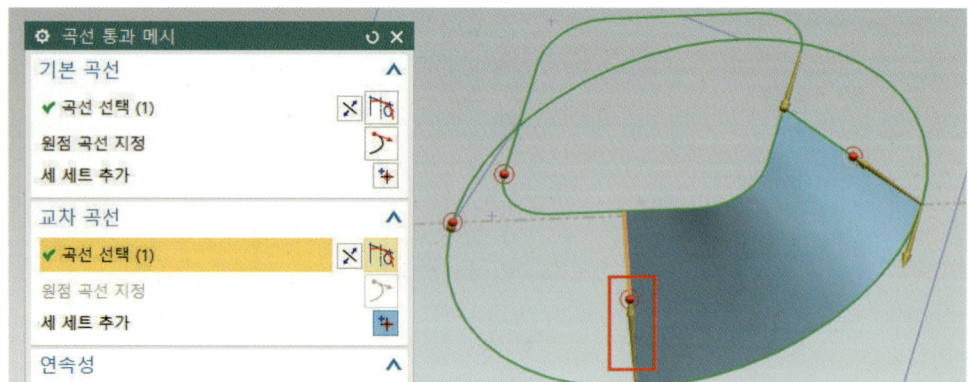

NX10 3D 모델링 및 CAD/CAM

❿ 세 번째 곡선을 선택하고, MB2를 클릭한다.

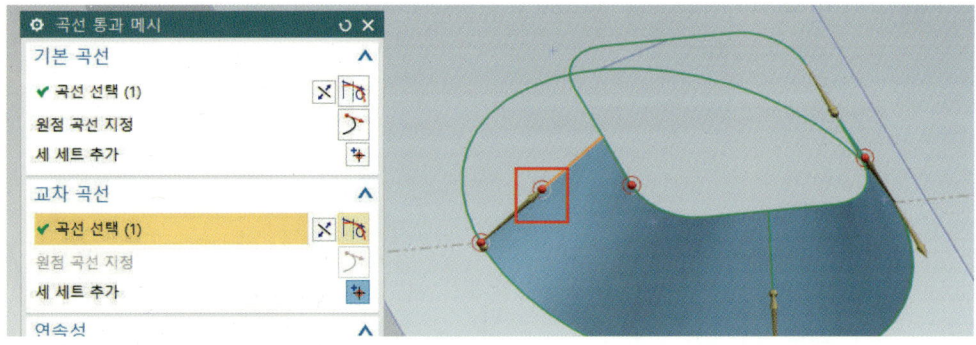

⓫ 네 번째 곡선을 선택하고, MB2를 클릭한다.

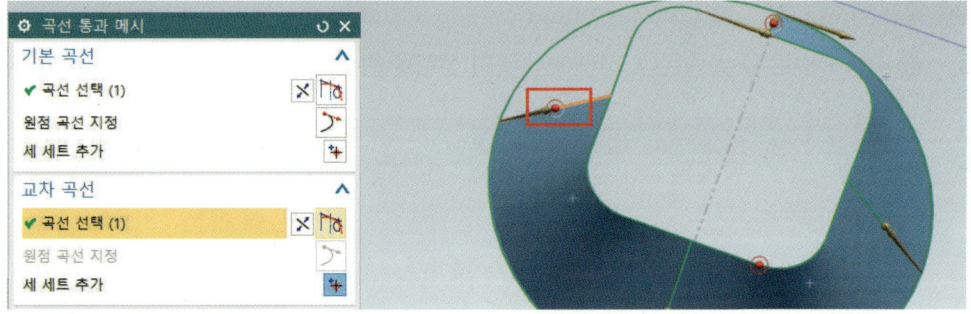

⓬ 다시 첫 번째 곡선을 선택하고, MB2를 클릭한 후 확인한다.

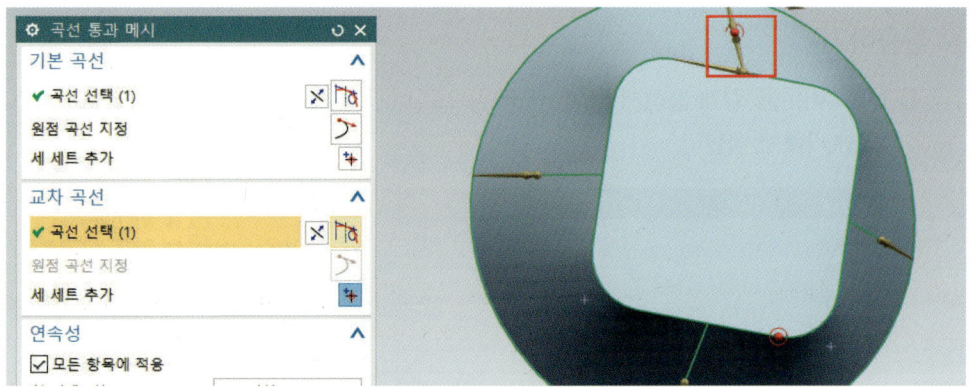

11 표시 및 숨기기

① 표시 및 숨기기 아이콘을 클릭한다. 유형은 모두에서 숨기기(−)를 선택하고, 솔리드 바디는 표시(+)를 선택한다.

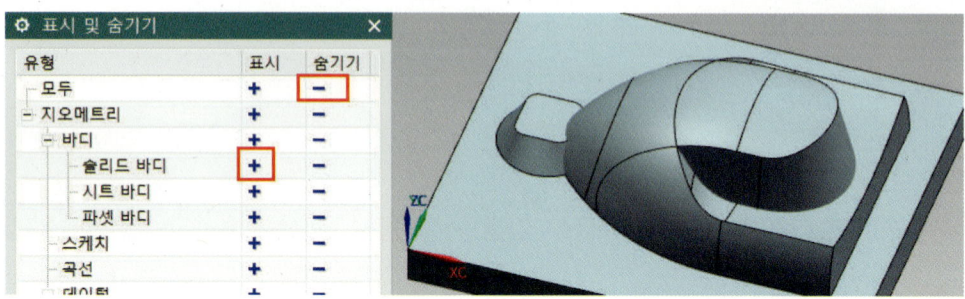

12 결합하기

① 결합 아이콘을 클릭한다. 타겟에서 바디 선택을 한 후 공구에서 바디 선택을 하고 확인한다.

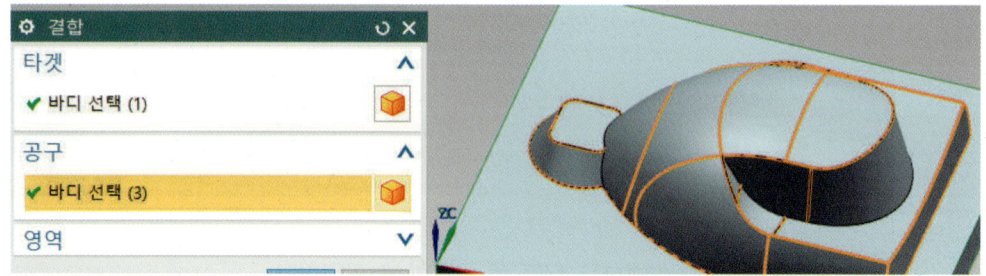

13 돌출하기

① MB3 버튼을 길게 눌러서 와이어프레임으로 바꾸고, 표시 및 숨기기를 클릭하여 스케치에서 표시(+)를 선택한다.

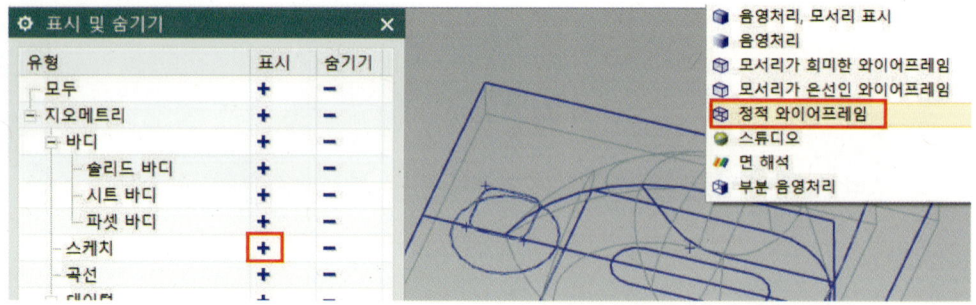

NX10 3D 모델링 및 CAD/CAM

❷ 돌출 아이콘을 클릭한다. 연결된 곡선을 선택하고 단면에서 곡선 선택을 클릭하고, 한계에서 시작 값 20, 끝값 30을 입력하고, 부울에서 빼기로 한 후 바디를 선택한다. 구배 각도 시작 한계로부터 각도는 -15도를 입력한 후 확인한다.

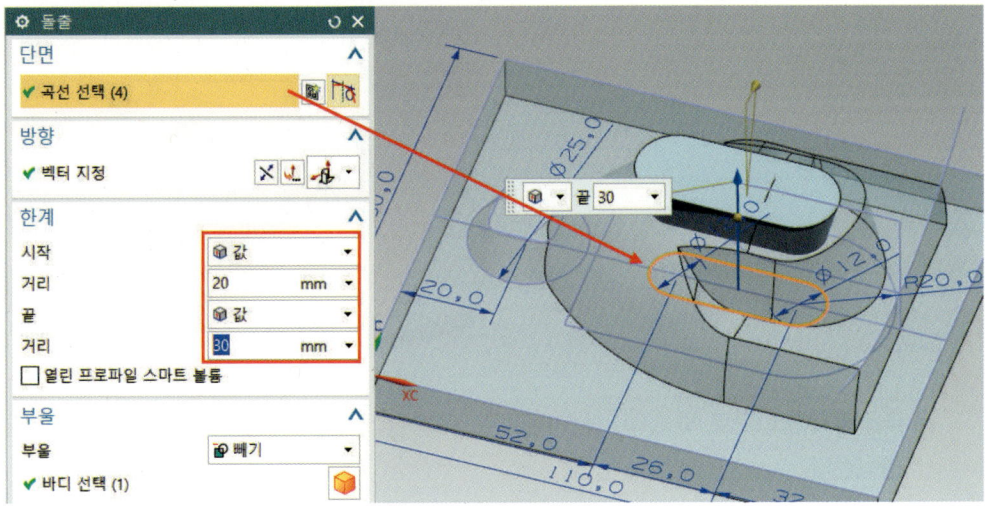

14 구 작성하기

❶ 그림처럼 삽입에서 특징형상 설계에서 구 아이콘을 클릭한다. 유형은 중심점과 직경으로 하고, 치수는 직경 20을 입력하고, 점 지정에서 점 다이얼로그를 클릭한다.

❷ 유형은 추정 점으로 좌표는 절대로 하고, 도면을 보고 좌푯값을 그림과 같이 입력하고 확인한다.

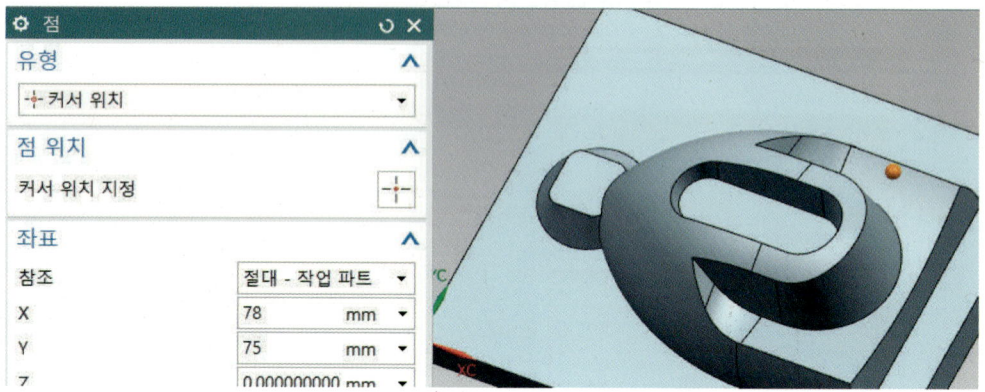

❸ 부울에서 결합으로 하고 바디선택을 하고 적용한다. 다시 중심 점에서 점 지정 다이얼로그를 클릭한다.

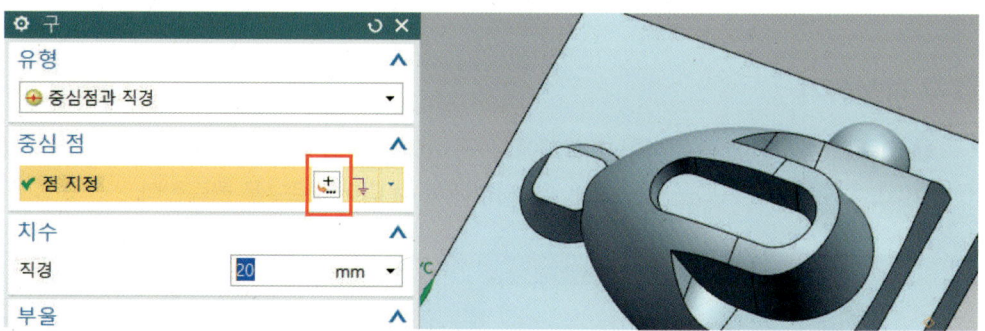

❹ 좌표는 절대로 하고, 도면을 보고 좌푯값을 그림과 같이 입력하고 확인한다.

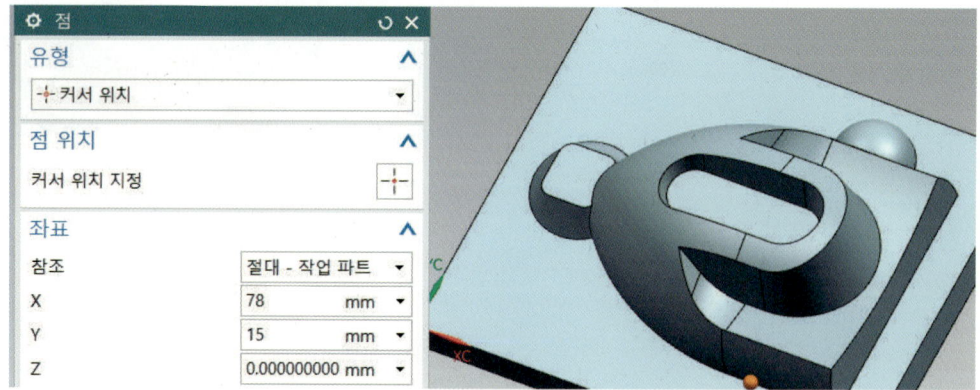

NX10 3D 모델링 및 CAD/CAM

❺ 부울에서 결합으로 하고 바디 선택을 하고 확인한다.

15 필렛(라운드) 작성하기

❶ 블렌드 모서리를 클릭한다. 접하는 곡선으로 하고, 반경 값 10을 입력 후 블렌드 모서리 두 개를 클릭하고 적용한다.

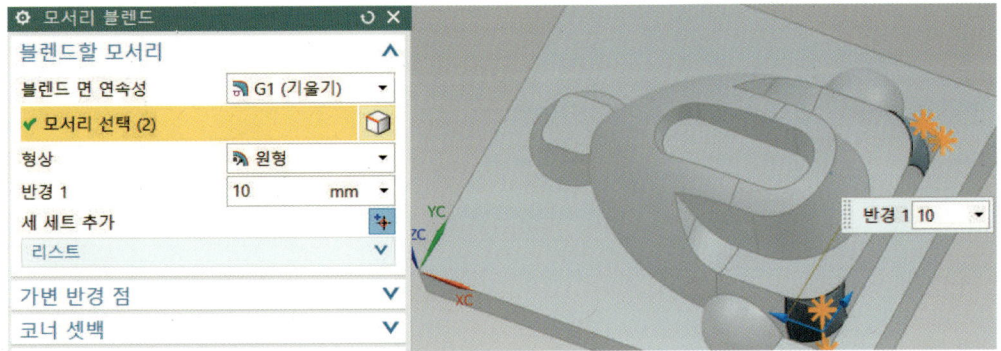

❷ 반경 값 2를 입력 후 그림처럼 모서리 클릭하고 적용한다.

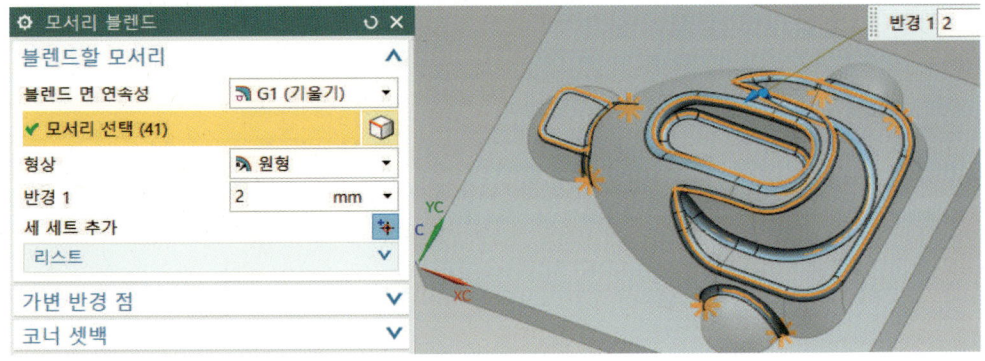

Chapter 04 | Surface Exercise

❸ 반경 값 1을 입력 후 블렌드 나머지 모서리 전체를 클릭하고 확인한다.

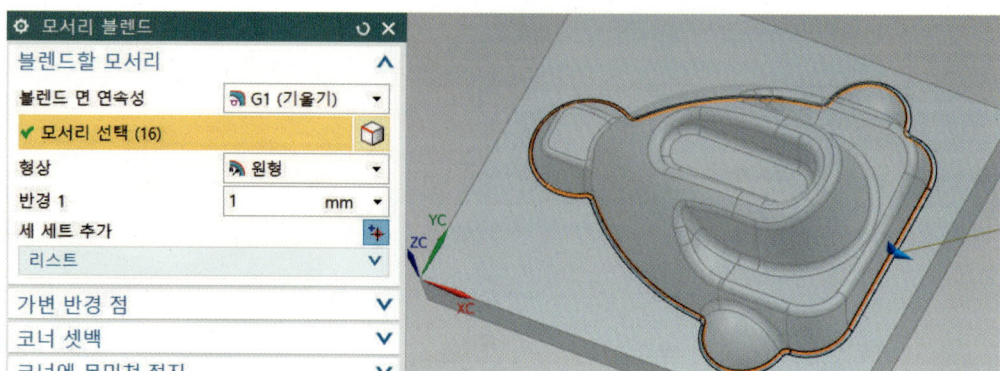

제5절 Surface Ruled에 의한 수화기 모델링 따라 하기

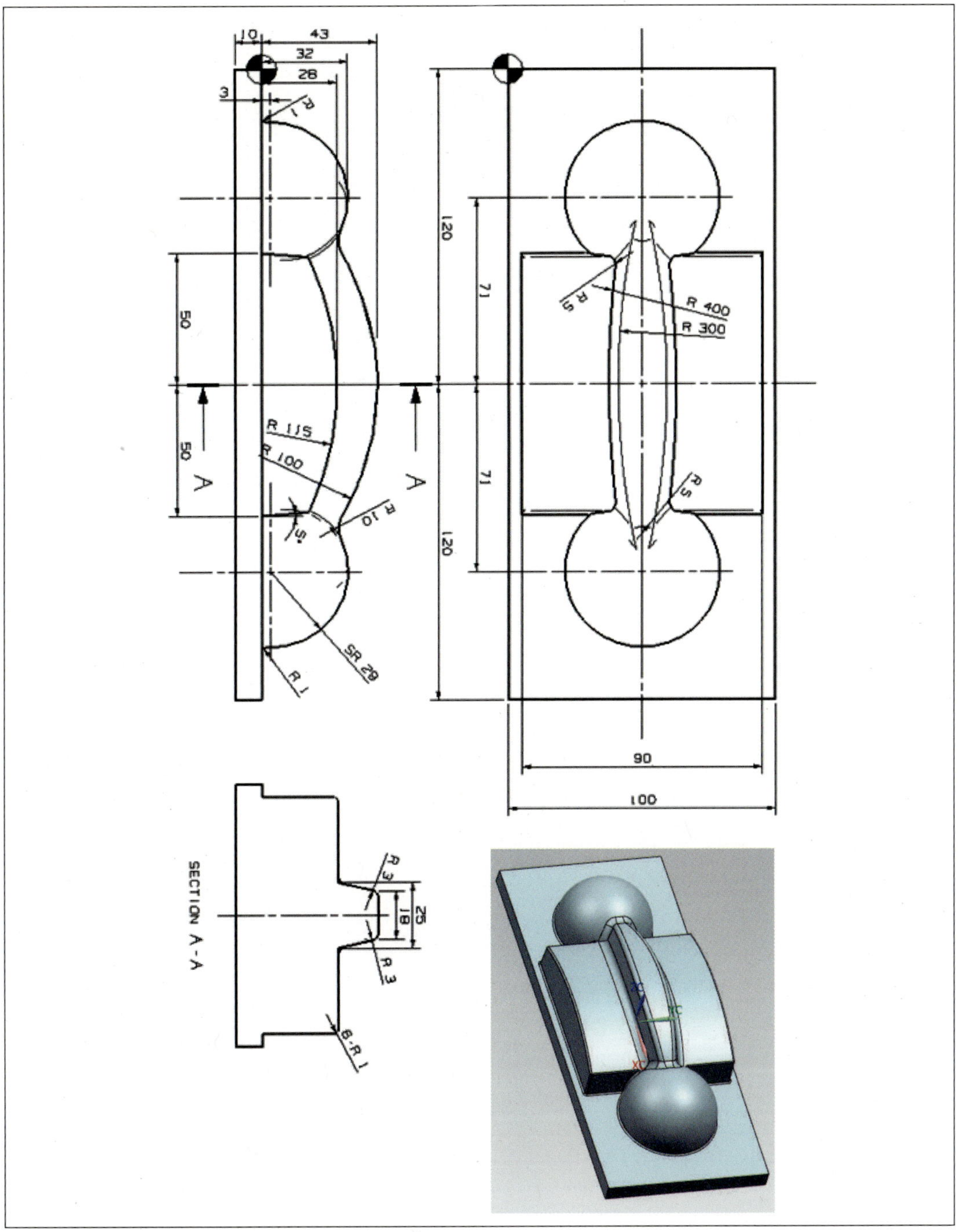

Chapter 04 | Surface Exercise

1 평면도(XY 평면) 스케치 작성하기

❶ 새로 만들기( ), Ctrl + N)를 실행하고, 모델을 선택하고, 파일 이름과 저장할 폴더를 입력한 다음 확인하고, 메뉴 삽입에서 타스크 환경의 스케치(S)... 를 선택한다.

❷ 유형은 평면 상에서, 기존 평면에 XY 평면을 선택한 후 확인 스케치 모드로 들어간다.

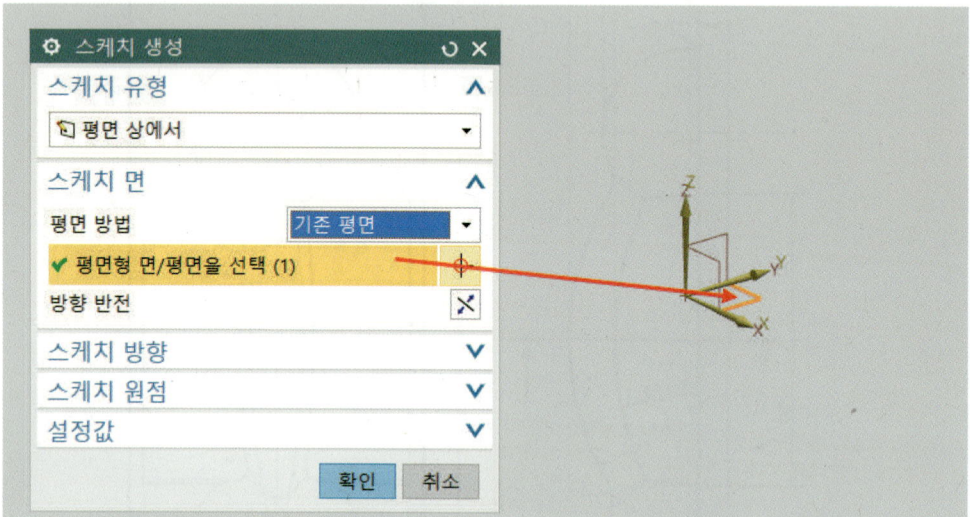

❸ 원점을 중심으로 하여 직사각형 아이콘과 치수 아이콘을 선택하여 아래 그림처럼 스케치하고, 호의 중심(R300, R400)과 Y축을 차례대로 선택하여 곡선상의 점을 클릭하여 호의 중심을 구속한다.

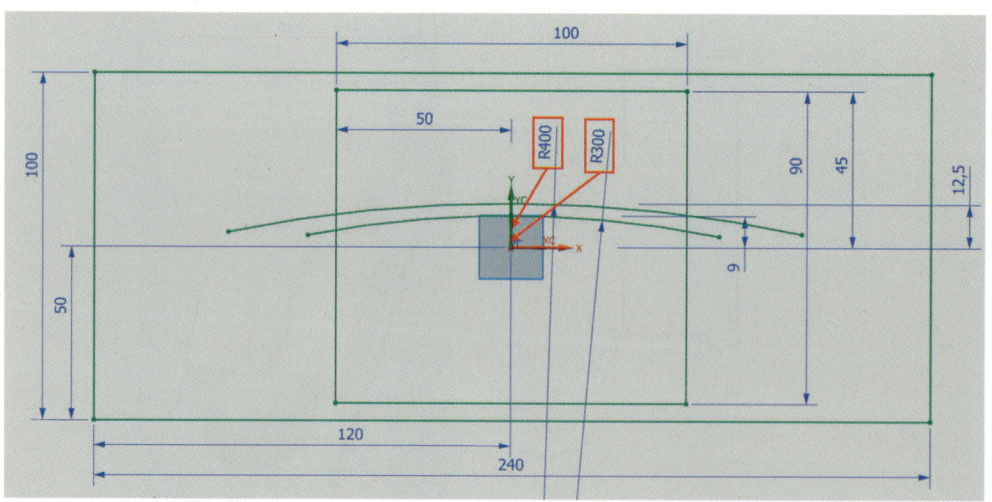

② 돌출 피쳐 작성하기

❶ 돌출 아이콘을 선택하고 아래 그림처럼 연결된 곡선에서 곡을 선택하고 -10만큼 돌출하고 확인한다.

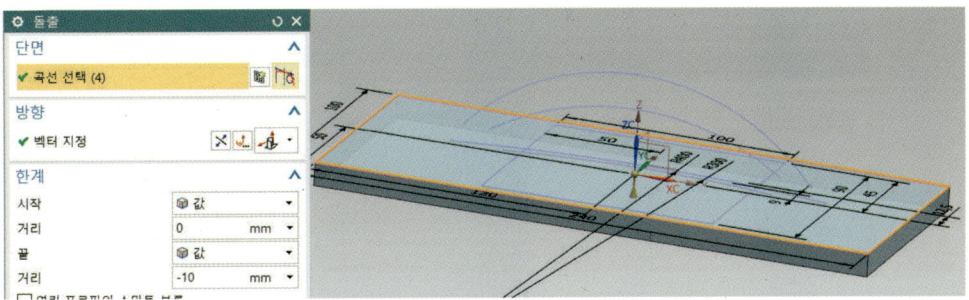

③ 정면도(XZ) 스케치 작성하기

❶ 삽입에서 타스크 스케치 선택한다. 유형은 평면 상에서, 스케치 면에서 XZ 평면 지정을 선택하고 확인한다.

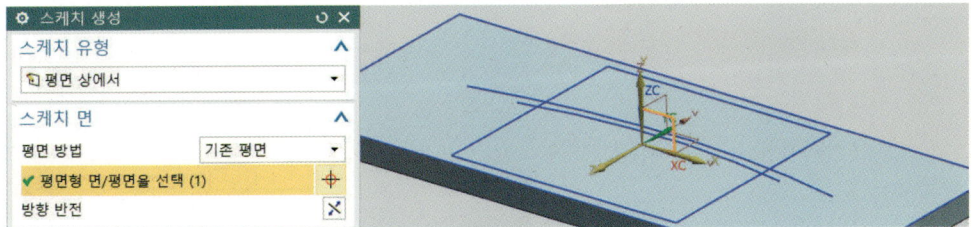

❷ 원호 아이콘을 이용하여 그림처럼 스케치하고 구속조건을 클릭하여 호의 중심과 Y축을 차례대로 선택한 후 곡선상의 점을 선택하여 호의 중심을 구속한다. 아래 그림처럼 치수기입을 최종 확인하고, 스케치를 종료한다.

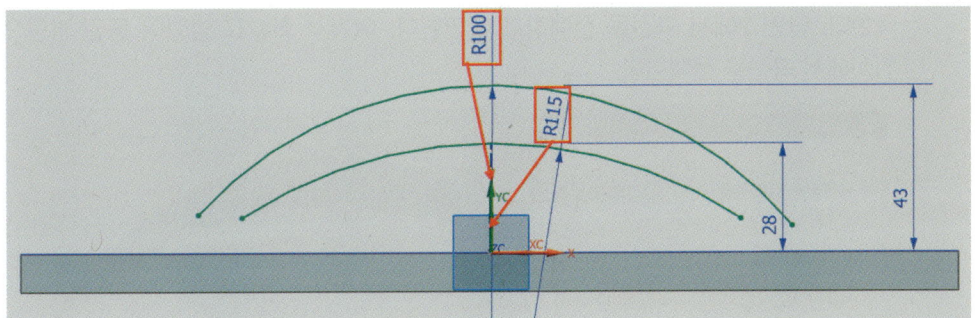

❸ 삽입의 곡선에서 결합된 투영(C)... 을 클릭한다. 단일 곡선으로 하고, 곡선 1에서 곡선 선택을 하고 MB2 버튼을 누른다. 곡선 2에서 곡선을 선택하고 화살표를 더블 클릭하여 방향을 확인한 후 적용한다. 또는 투영 방향 2에서 방향 반전 아이콘을 클릭한다. 다시 곡선 1에서 단일 곡선으로 하고 곡선을 선택한 후 MB2 버튼을 클릭한다.

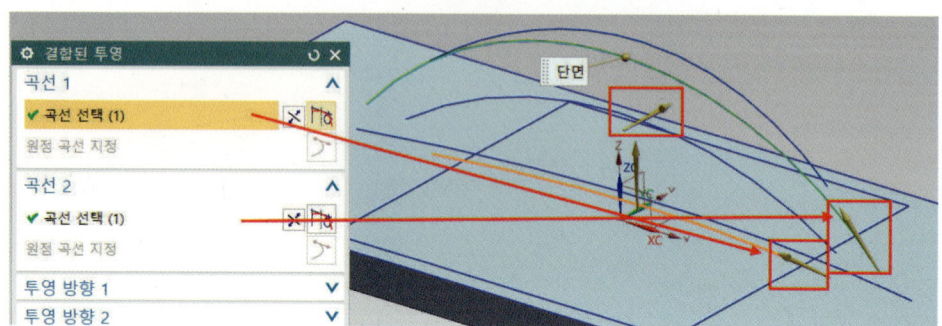

❹ 곡선 2에서 곡선을 선택한다. 그림처럼 화살표 방향을 투영 방향 2에서 방향 반전을 클릭하고 확인한다.

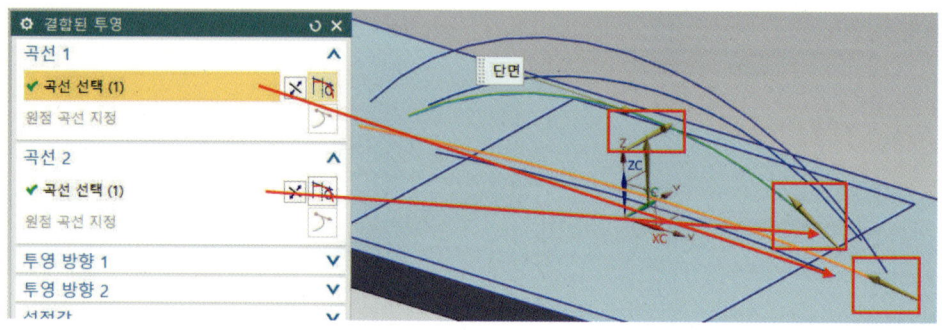

④ Ruled 곡면 작성하기

❶ 삽입에 메시 곡면에 Ruled(R)... 을 클릭한다. 단면 1에서 곡선을 선택하고, MB2 버튼을 클릭한다. 단면 2에서 곡선을 선택하고 확인한다. 여기서 화살표 방향이 동일 방향으로 같은 위치에서 곡선을 선택한다.

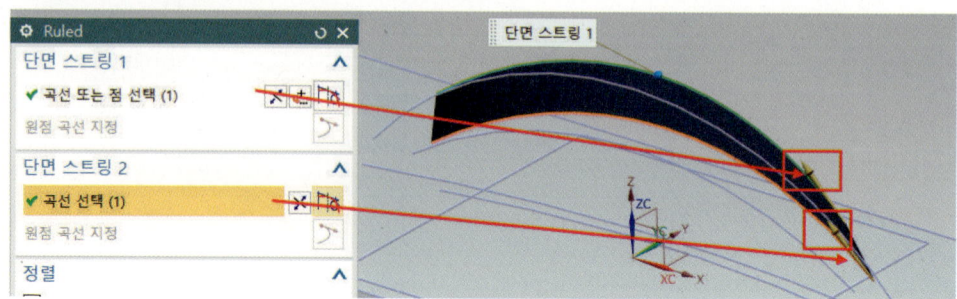

NX10 3D 모델링 및 CAD/CAM

5 표시 및 숨기기

❶ 표시 및 숨기기( ) 아이콘을 클릭한다. 유형은 모두에서 숨기기(-)를 선택하고, 바디에서 시트 바디와 데이텀의 좌표계는 표시(+)를 선택한다.

6 대칭 복사하기

❶ 삽입의 연관 복사에서 대칭 지오메트리를 선택한다. 유형은 대칭으로 하고, 대칭할 개체를 선택하고, 대칭 평면은 XZ 평면을 선택한 후 확인한다.

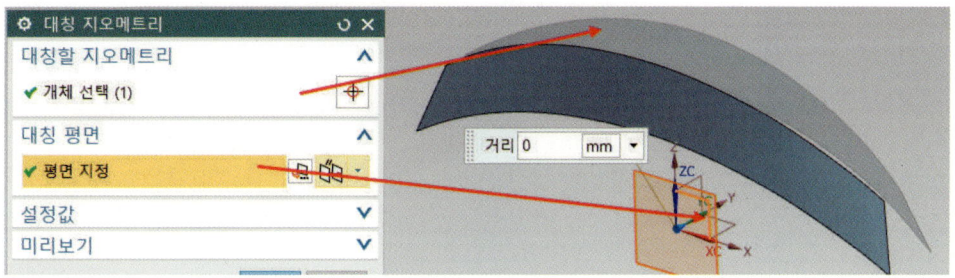

7 돌출 작성하기

❶ 아래 그림처럼 돌출 아이콘을 클릭한 후 아래 그림처럼 설정한다.

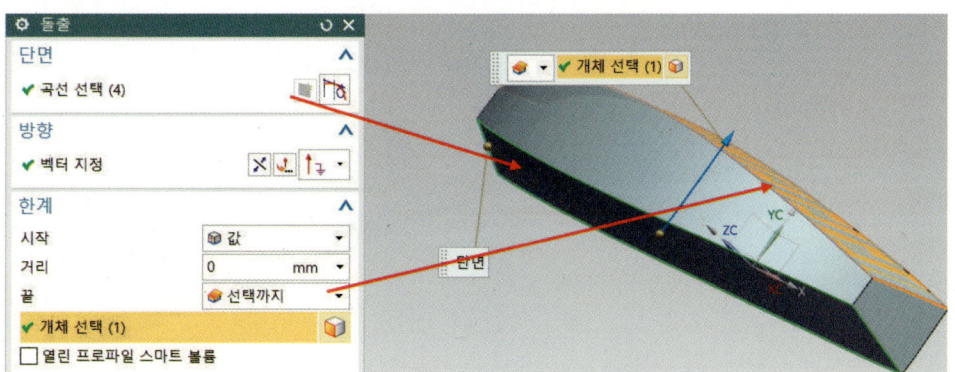

Chapter 04 | Surface Exercise 329

8 모서리 블렌드

❶ 모서리 블렌드 아이콘을 클릭하여 아래 그림처럼 설정한 후 확인한다.

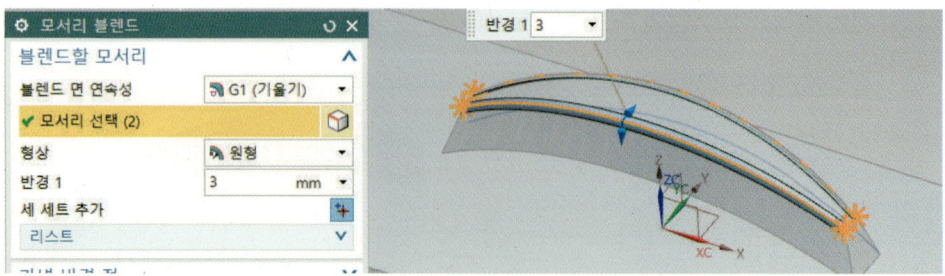

9 돌출 작성하기

❶ 아래 그림처럼 돌출 아이콘을 클릭한 후 설정한다.

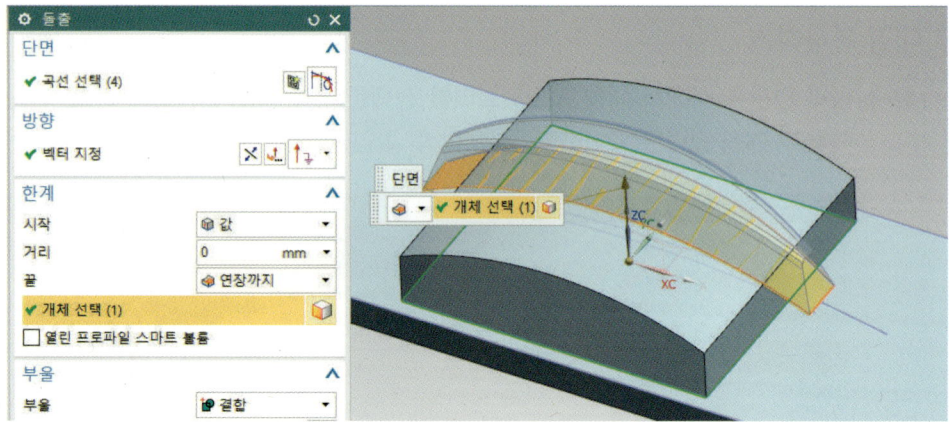

10 구배 작성하기

❶ 아래 그림처럼 구배 아이콘을 클릭한 후 설정하고 확인한다.

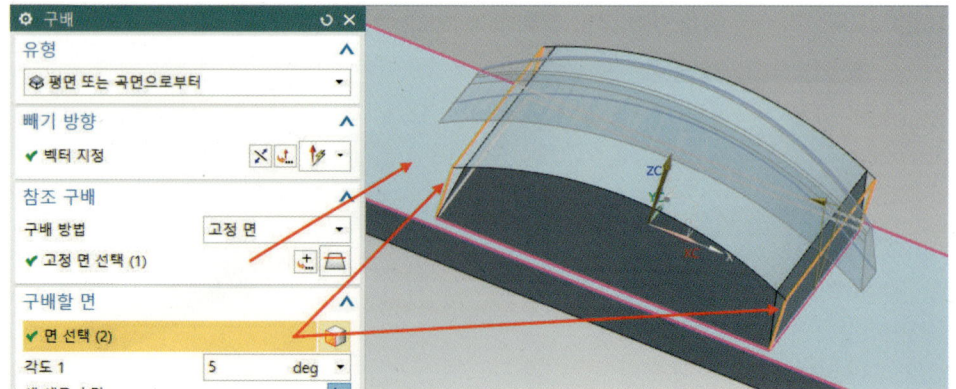

NX10 3D 모델링 및 CAD/CAM

11 구 작성하기

❶ 그림처럼 삽입에서 특징형상 설계에서 구을 클릭한다. 유형은 중심점과 직경으로 하고, 치수는 직경 58을 입력한 후 점 지정에서 점 다이얼로그를 클릭한다.

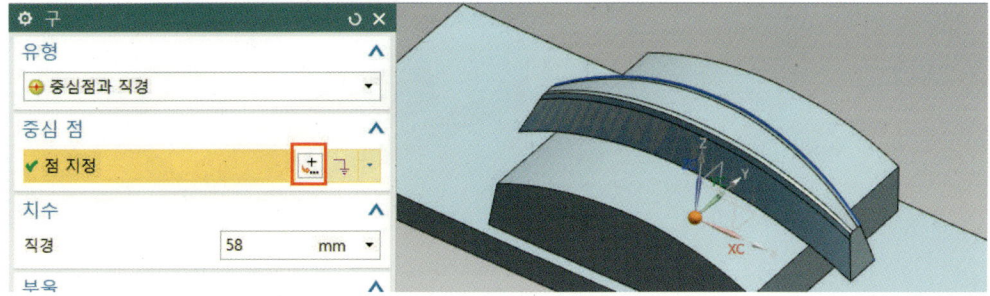

❷ 좌표는 절대-작업 파트로 하고, 도면을 보고 좌푯값을 그림과 같이 입력한 후 확인한다.

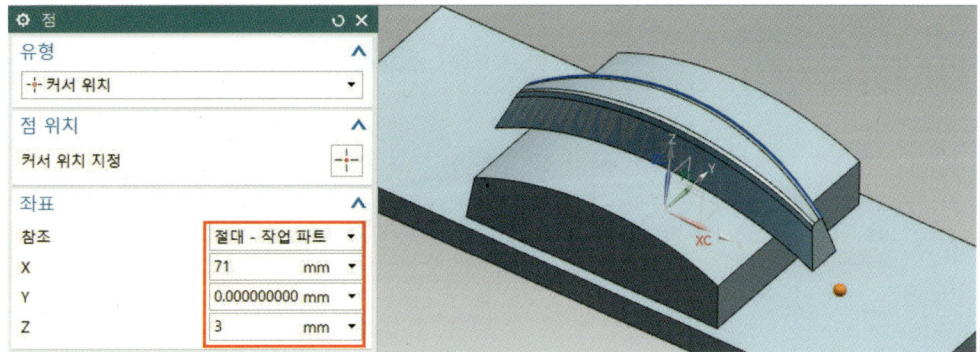

❸ 부울에서 결합으로 한 후 바디 선택을 하고 적용한다. 다시 점 다이얼로그를 클릭한다.

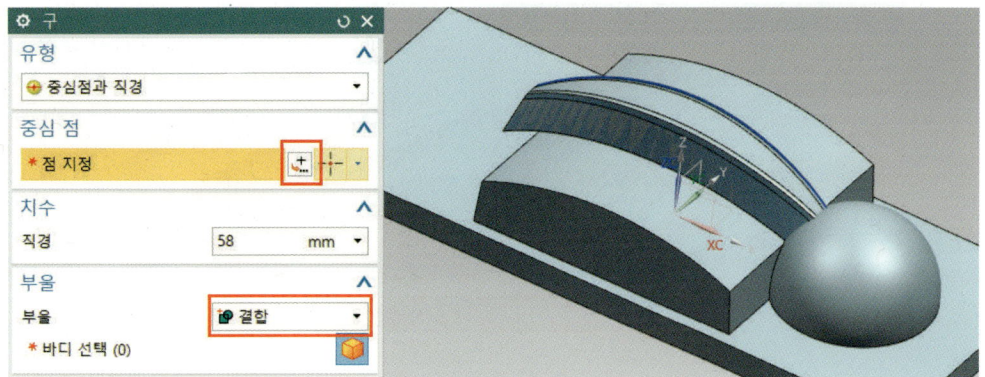

Chapter 04 | Surface Exercise

❹ 좌표는 절대-작업 파트로 하고, 도면을 보고 좌푯값을 그림과 같이 입력하고 확인한다.

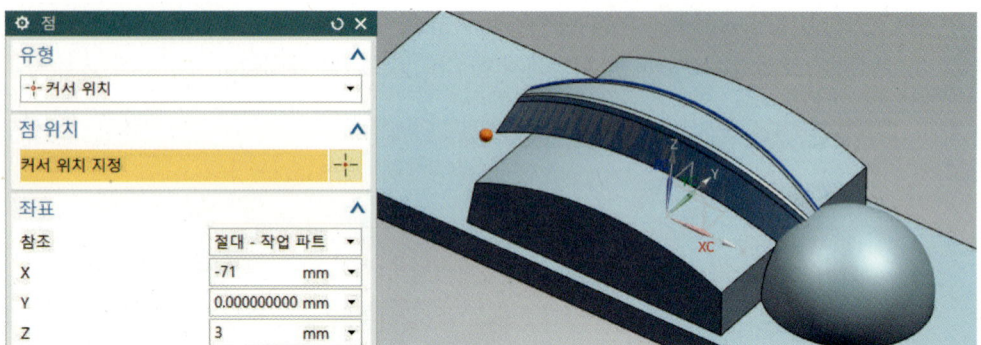

❺ 부울에서 결합으로 한 후 바디 선택을 하고 확인한다.

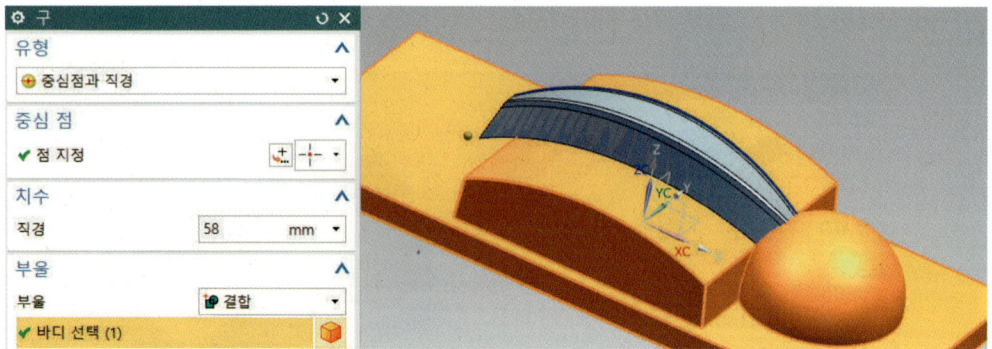

12 결합하기

❶ 결합 아이콘을 선택하고, 그림처럼 결합하고 확인한다.

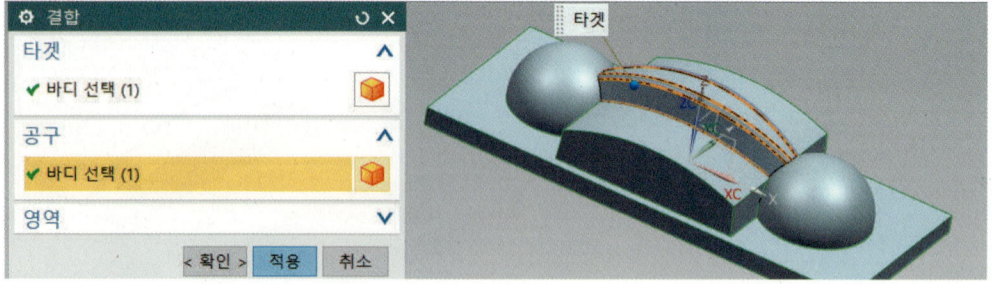

PART Ⅳ 서피스(Surface) 모델링

NX10 3D 모델링 및 CAD/CAM

13 필렛(라운드) 작성하기

❶ 모서리 블렌드 아이콘을 클릭한다. 접하는 곡선으로 하고 반경 값 1을 입력 후 그림과 같이 모서리를 클릭하고 적용한다.

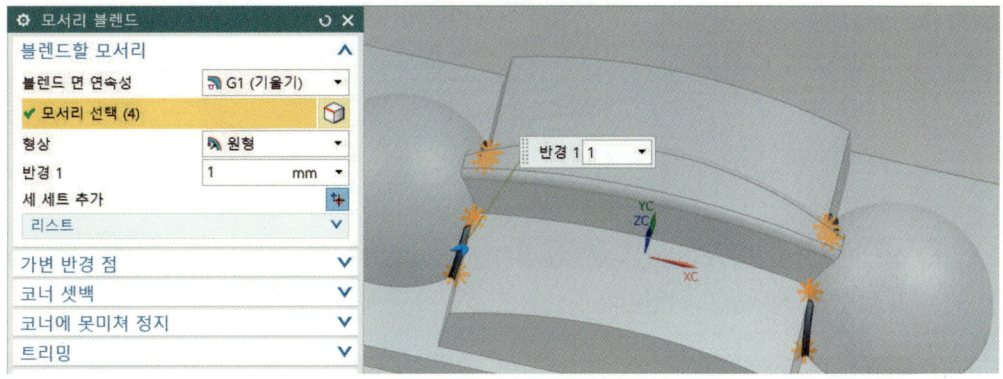

❷ 반경 값 5를 입력 후 그림과 같이 모서리를 클릭하고 적용한다.

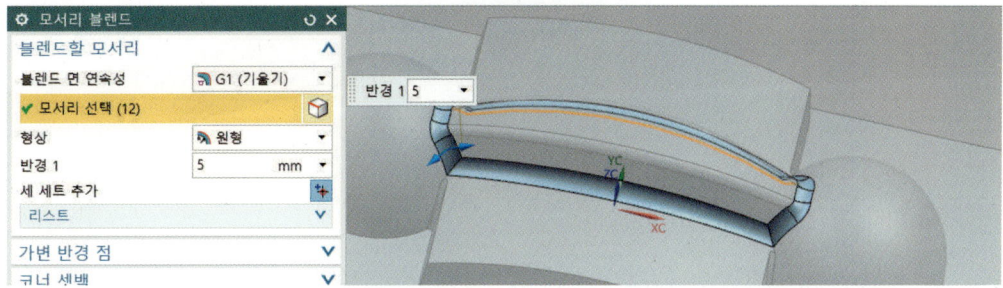

❸ 반경 값 1을 입력 후 나머지 모서리 전체를 클릭하고 확인한다.

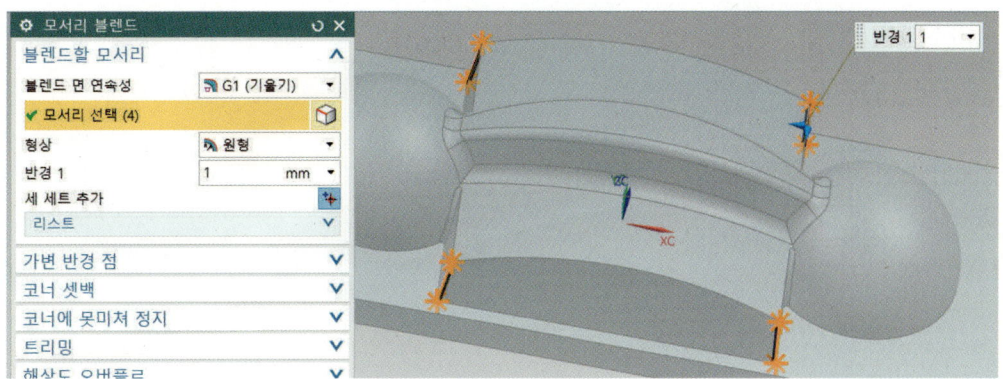

Chapter 04 | Surface Exercise

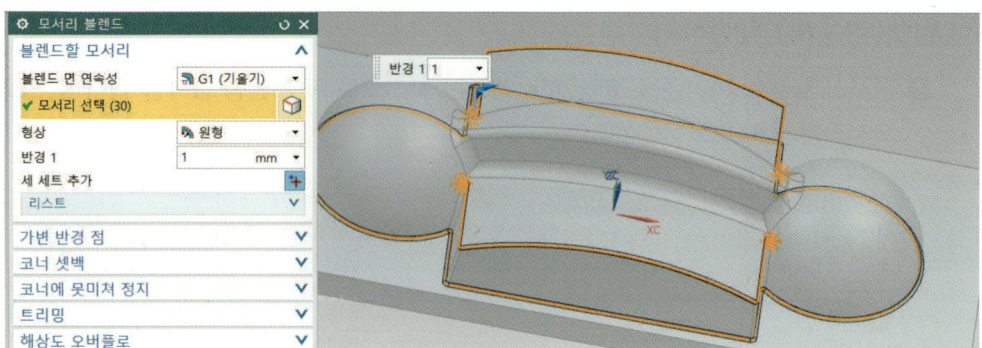

❹ 삽입에서 동기식모델링의 면 교체(R) 를 클릭한다. 교체할 면에서 면 선택을 하고, 교체할 새로운 면을 선택하고 확인한다.

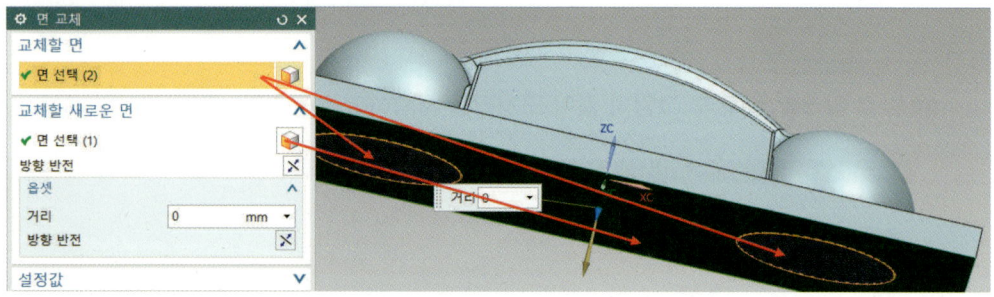

❺ 아래 그림은 완성된 모델링이다.

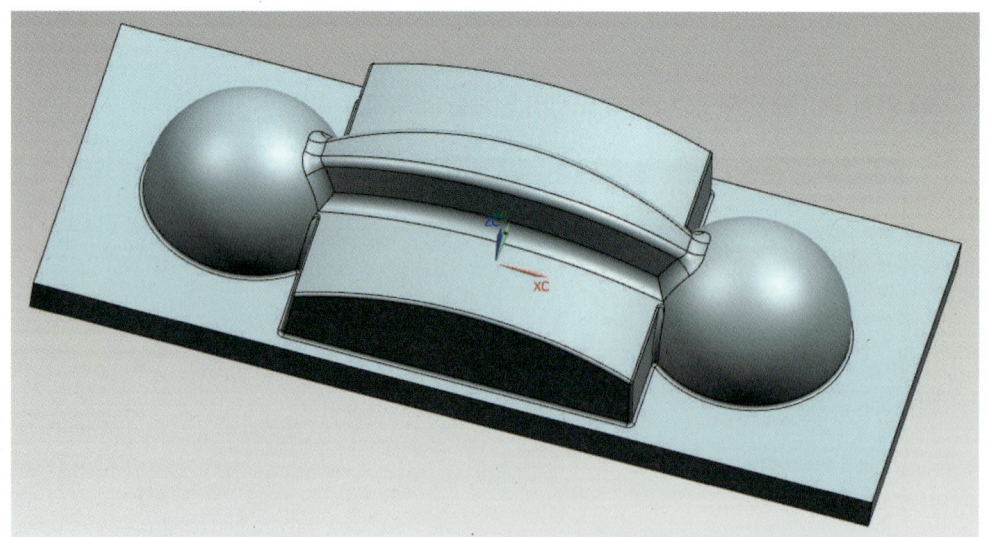

제6절 Surface 곡선 통과 메시 행거 모델링 따라 하기

 NX10 3D 모델링 및 CAD/CAM

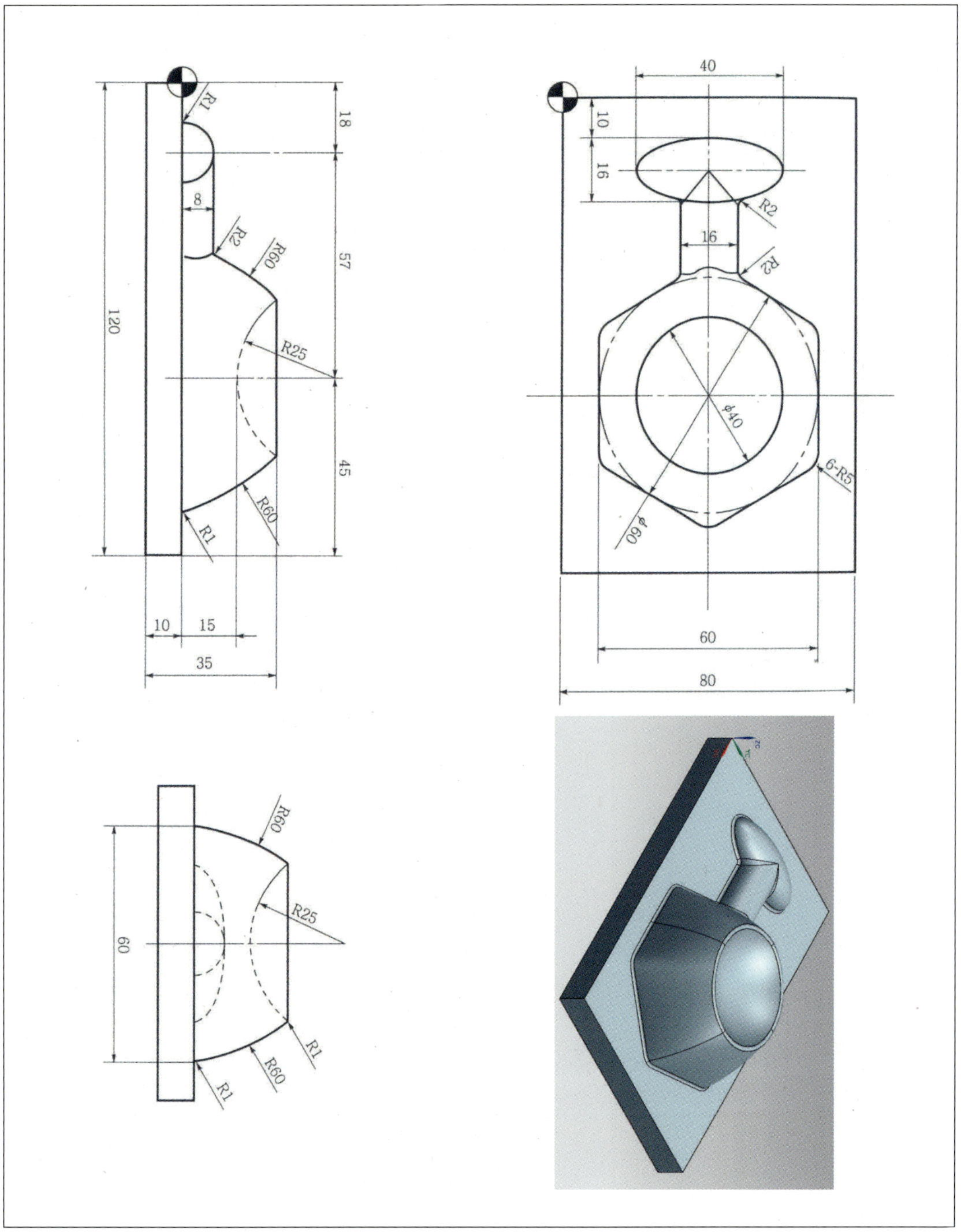

Chapter 04 | Surface Exercise

1 평면도(XY 평면) 스케치 작성하기

❶ 새로 만들기(▯ , Ctrl + N)를 실행한다. 모델을 선택하고 파일 이름과 저장할 폴더를 입력한 다음 확인을 클릭한다.

❷ 메뉴의 삽입에서 [타스크 환경의 스케치(S)...]를 선택하거나 스케치 아이콘을 선택한다.

❸ 유형은 평면 상에서, 스케치 면은 평면도(XY 평면)를 선택 확인한 후 스케치 모드로 들어간다.

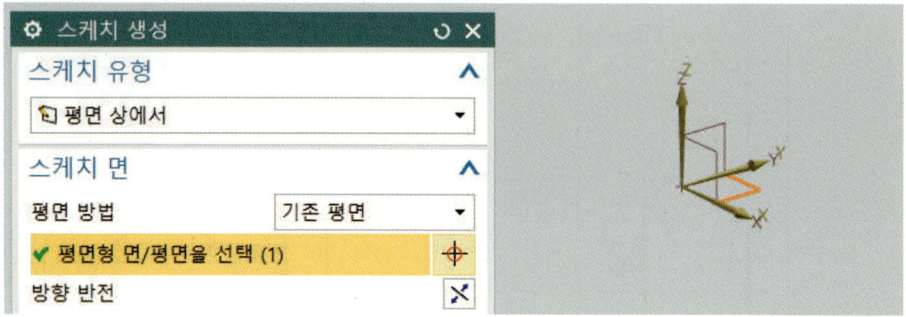

❹ 직사각형을 선택한다. 그림에서와같이 2점으로 하여 원점(0,0)에서 시작하는 임의에 직사각형을 그린다. 치수기입 후 선 아이콘을 이용하여 스냅 중간점을 이용하여 수평선을 생성한다. 참조선으로 변환하고 확인한다.

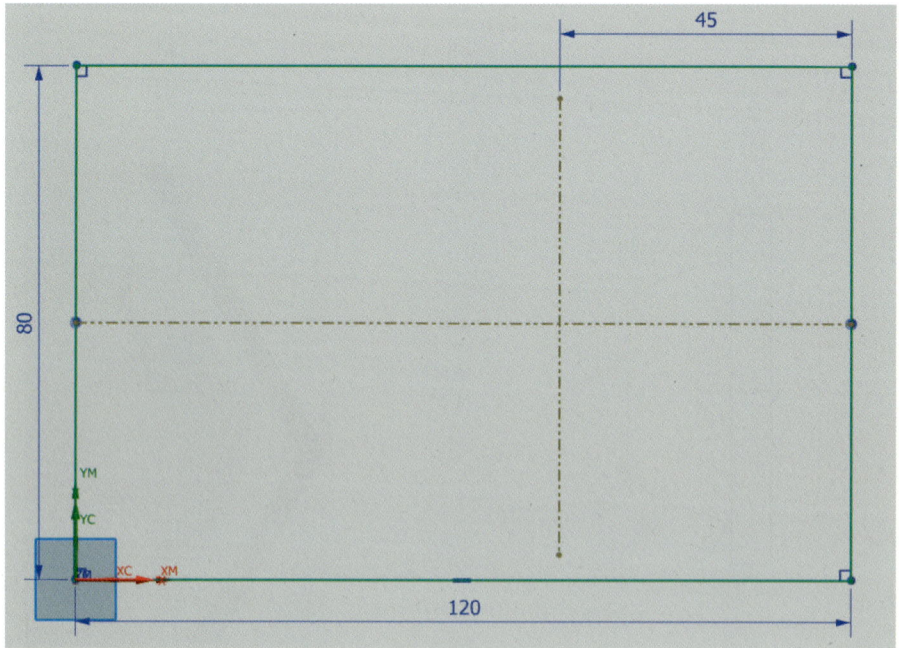

❺ 원 아이콘을 클릭하고 스냅 교차점을 확인하고, 원을 생성한다.

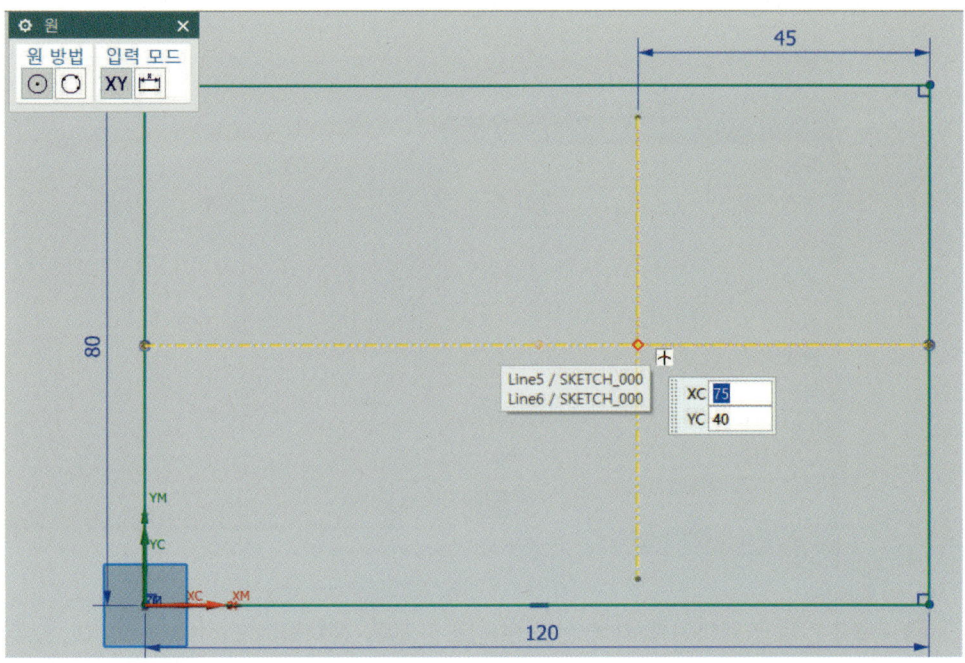

❻ 선, 원을 이용하여 아래 그림처럼 스케치 생성 후 치수 아이콘을 클릭하여 치수기입을 한다.

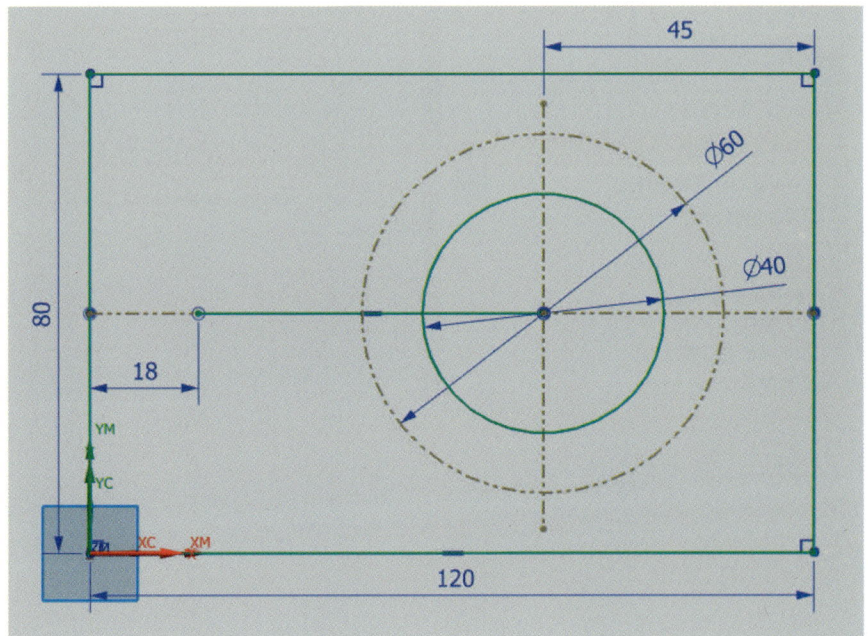

❼ 삽입에 곡선에 다각형(P)...을 선택하거나, 다각형 아이콘을 클릭하여 그림처럼 육각형 선의 회전을 0도에 정확하게 맞추어서 육각형을 생성한다.

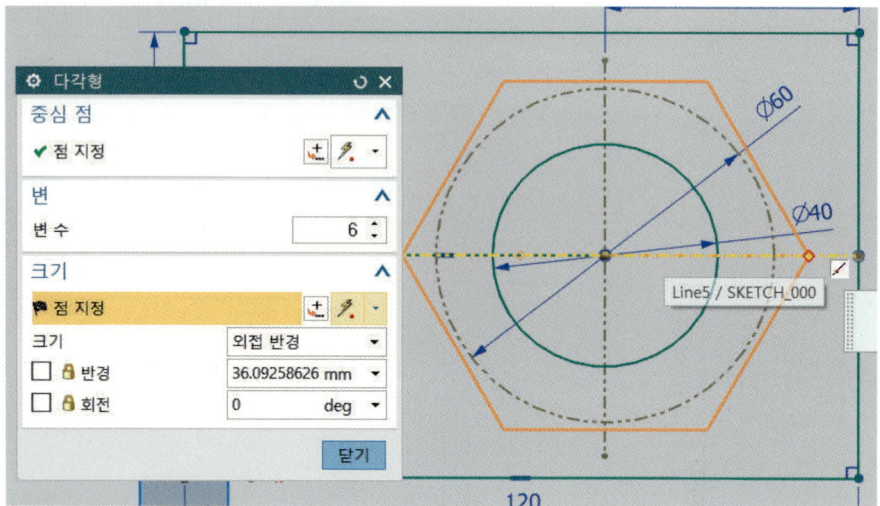

❽ 구속조건을 클릭하여 육각형 선과 60참조선 원을 선택하여 접선을 클릭한다. 모두 접선 구속이 된다.

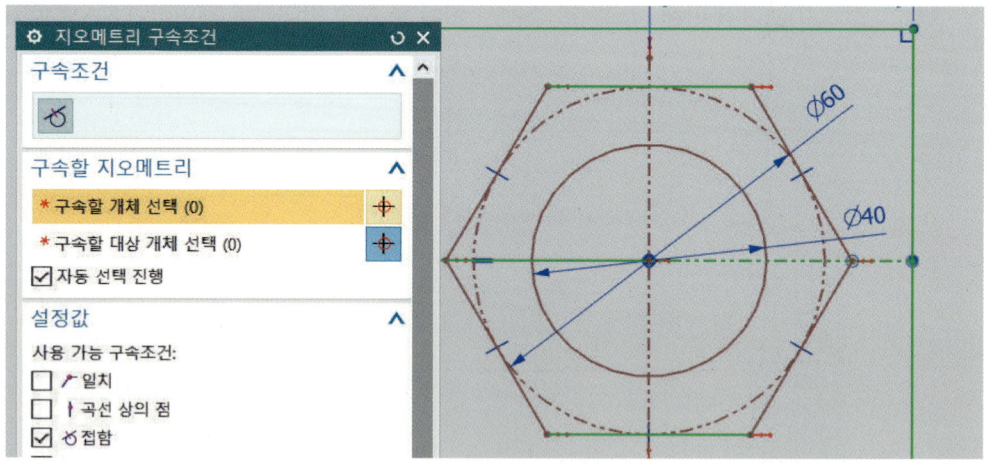

❾ 필렛 아이콘을 선택하고, 반경 5를 입력한 후 곡선을 선택한다.

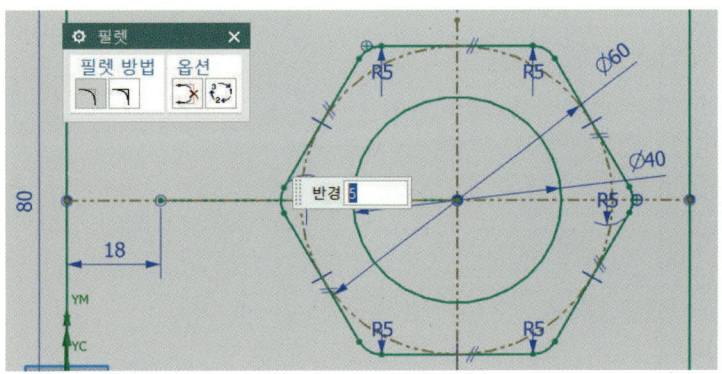

❿ 삽입에 곡선에 타원(E)...을 클릭한다. 중심점에서 점 지정을 클릭한다.

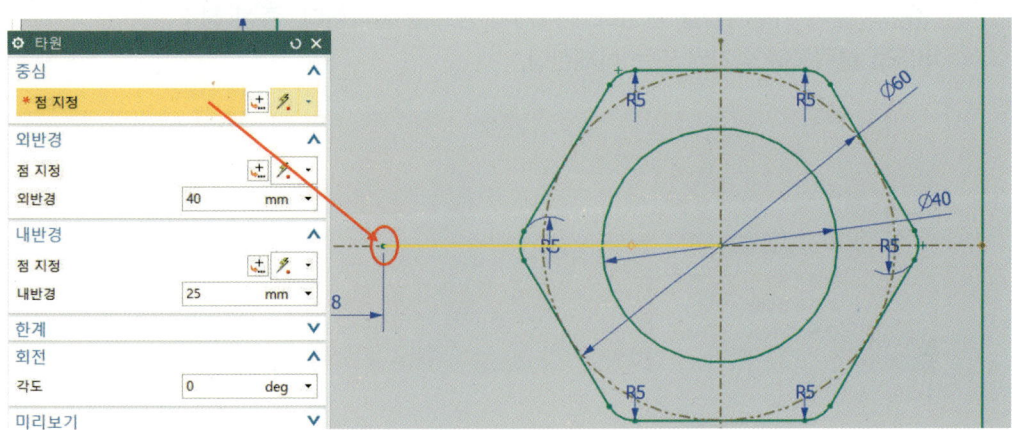

⓫ 외반경 20, 내반경 8, 회전 각도 90을 입력한 후 확인한다.

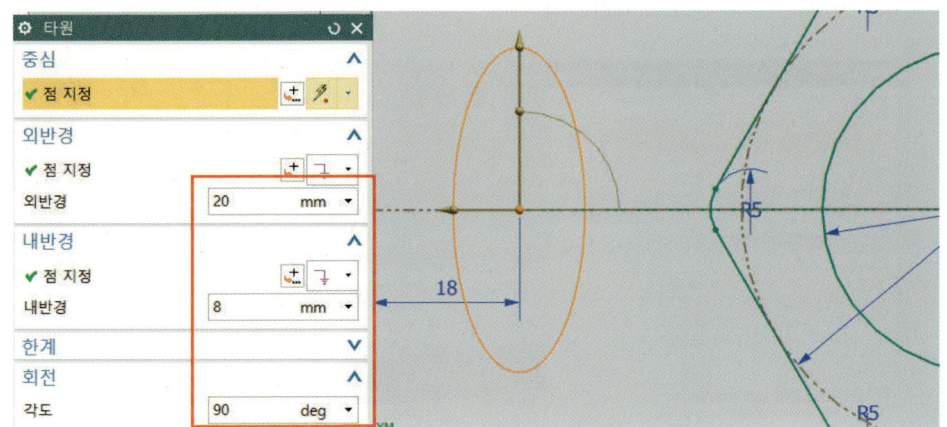

⑫ 선 아이콘을 클릭하고, 스냅 사분 점 활용하여 수직선을 연결한다.

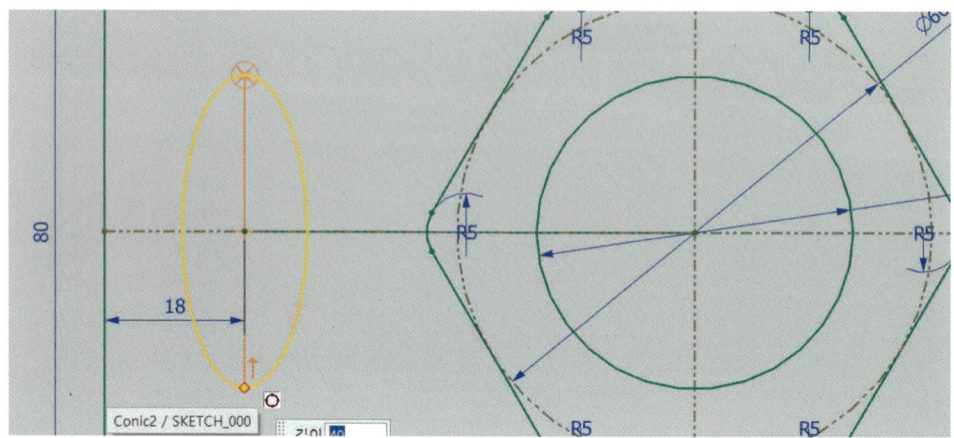

⑬ 그림과 같이 치수기입을 완성하고 스케치 종료를 클릭한다. 중심 참조선을 클릭하고 MB3 버튼을 클릭하여 숨기기 또는 삭제한다.

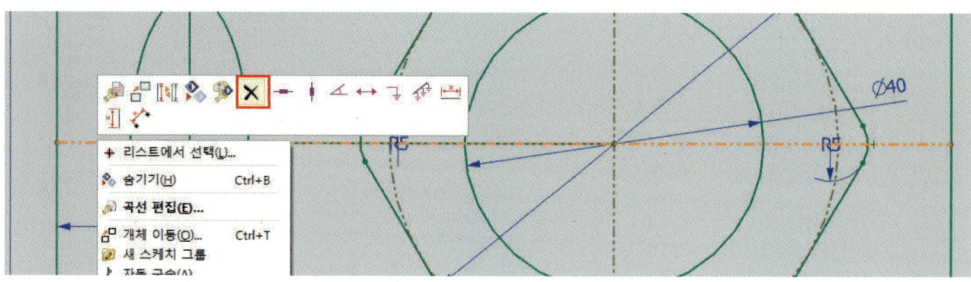

2 돌출 작성하기

❶ 돌출 아이콘을 선택한다. 연결된 곡선 상태에서 단면은 곡선 선택을 하고, 한계에서 끝값 거리는 −10만큼 돌출하고 확인한다.

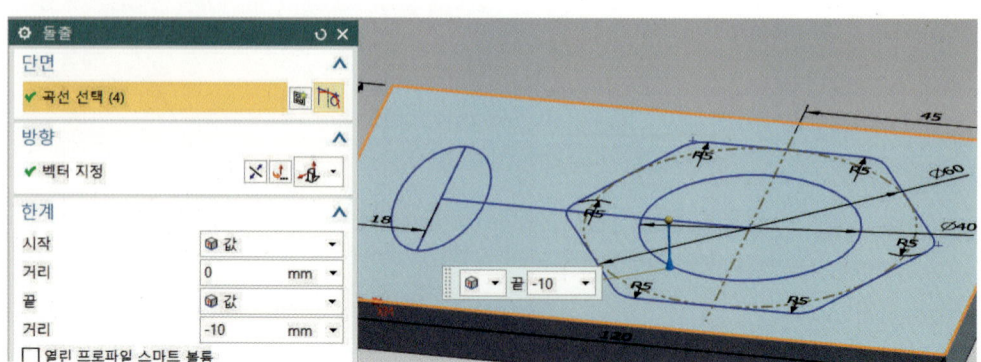

PART Ⅳ 서피스(Surface) 모델링

❸ 메시 곡면 작성하기

❶ 데이텀 평면을 클릭하고 유형은 거리로 하여 평면 참조를 클릭한다. 옵셋에서 거리 25로하고 확인한다.

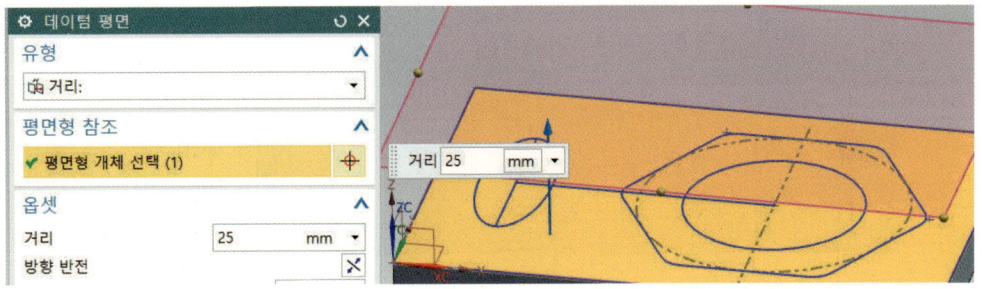

❷ 타스크 스케치 아이콘( )을 클릭한다. 유형은 평면 상에서, 스케치 면은 데이텀 평면을 클릭하고 확인한다.

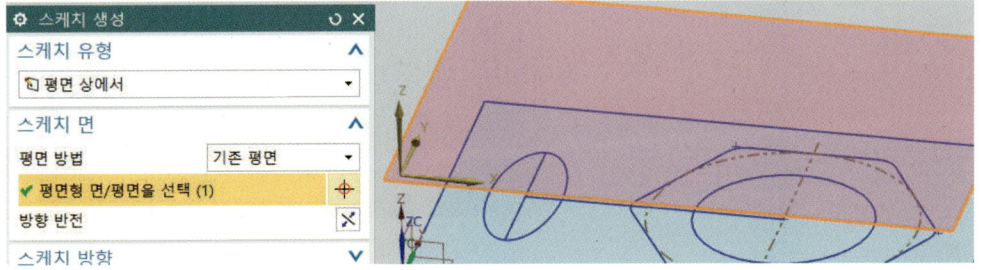

❸ 곡선 투영을 클릭한다. 투영할 곡선을 선택하고 확인한 후 스케치를 종료한다.

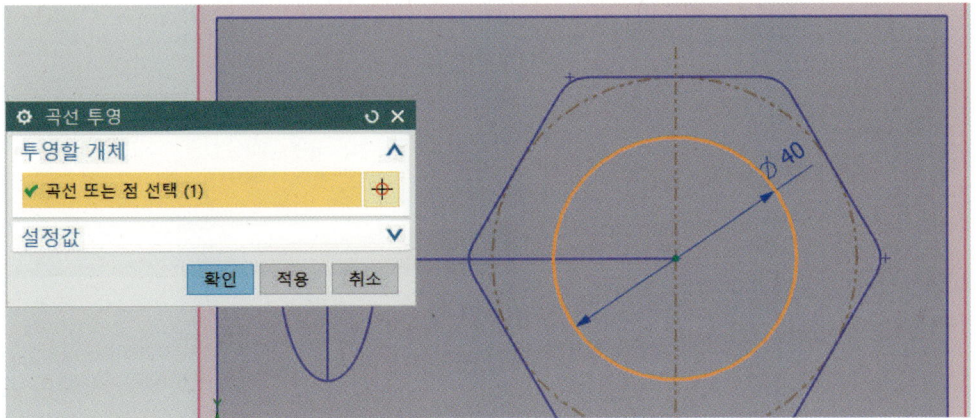

❹ 데이텀 평면을 클릭하고 MB3 버튼을 클릭하여 숨기기 한다.

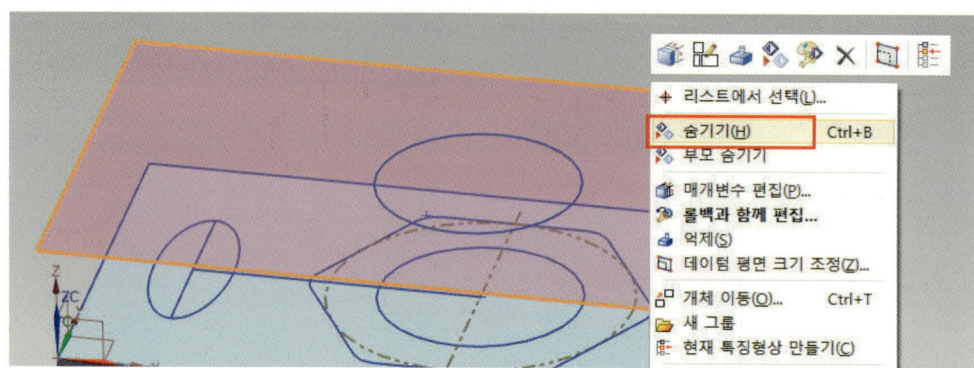

❺ 데이텀 평면을 클릭하고 유형은 거리로 하여 평면참조를 선택한다. 옵셋에서 거리 -40을 입력한 후 확인한다.

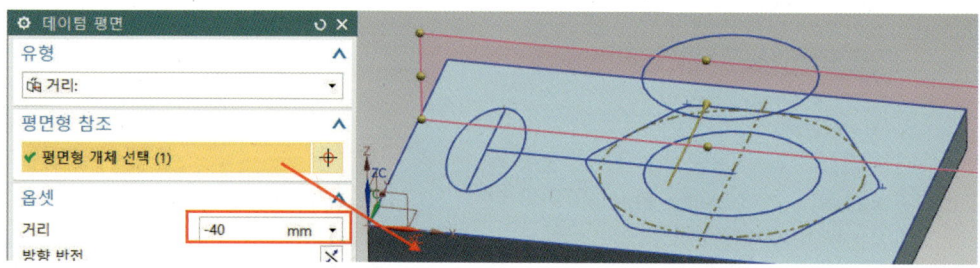

❻ 데이텀 평면 아이콘을 클릭하고, 유형은 거리로 하여 평면참조를 클릭한다. 옵셋에서 거리 -45를 입력한 후 확인한다.

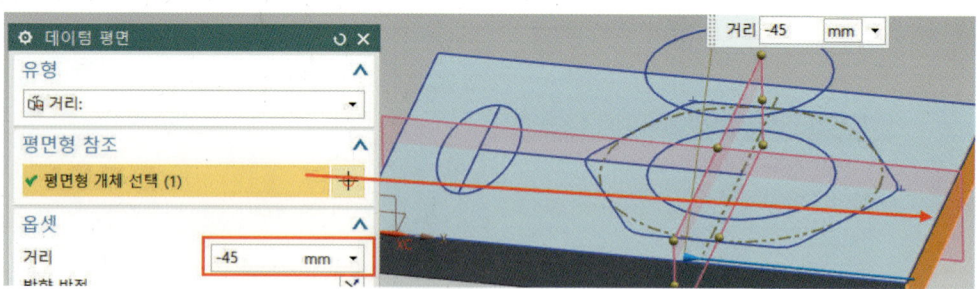

❼ 타스크 환경의 스케치를 선택하여 그림처럼 확인한다.

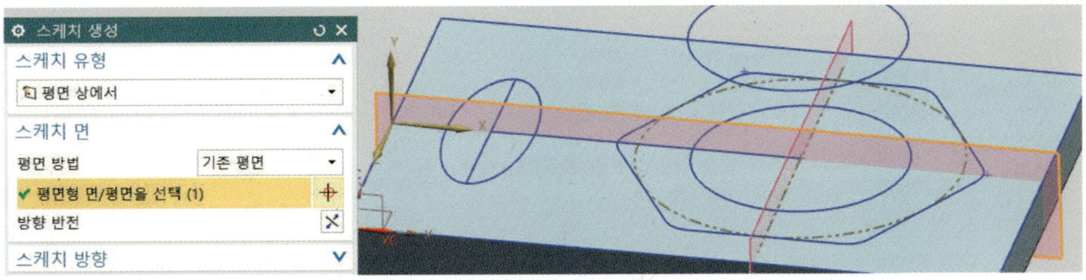

❽ 삽입의 곡선에서 을 선택하거나, 교차점 아이콘을 선택한다. 교차 곡선을 선택하여 점을 생성한다.

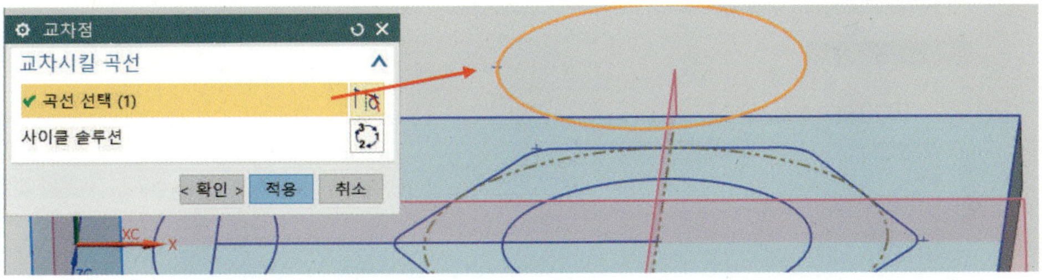

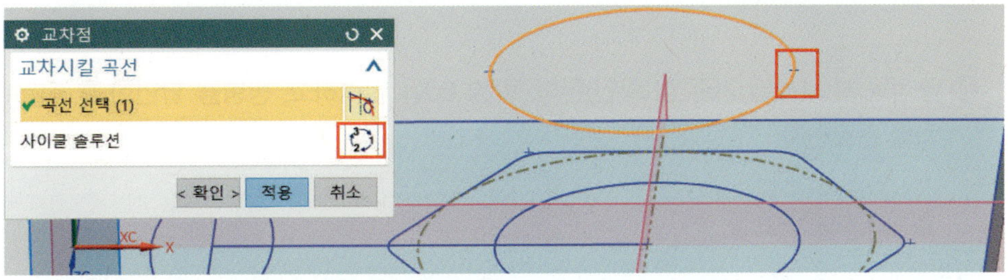

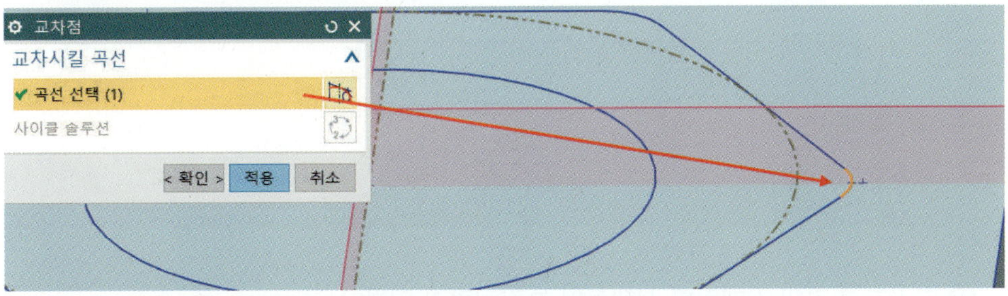

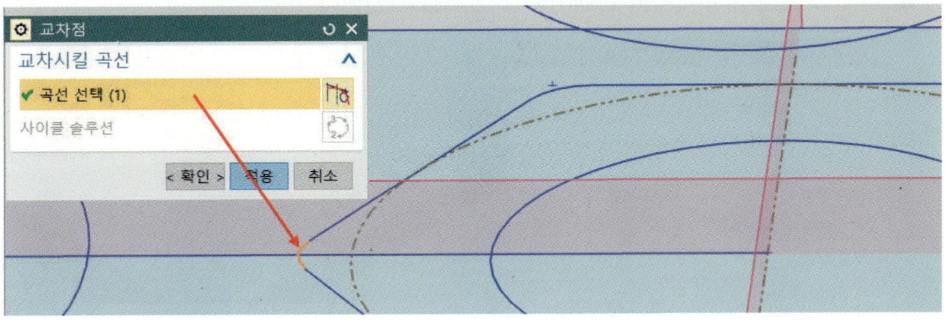

❾ 원호 아이콘을 클릭한다. 시작점을 클릭(스냅 기존 점 확인)한다.

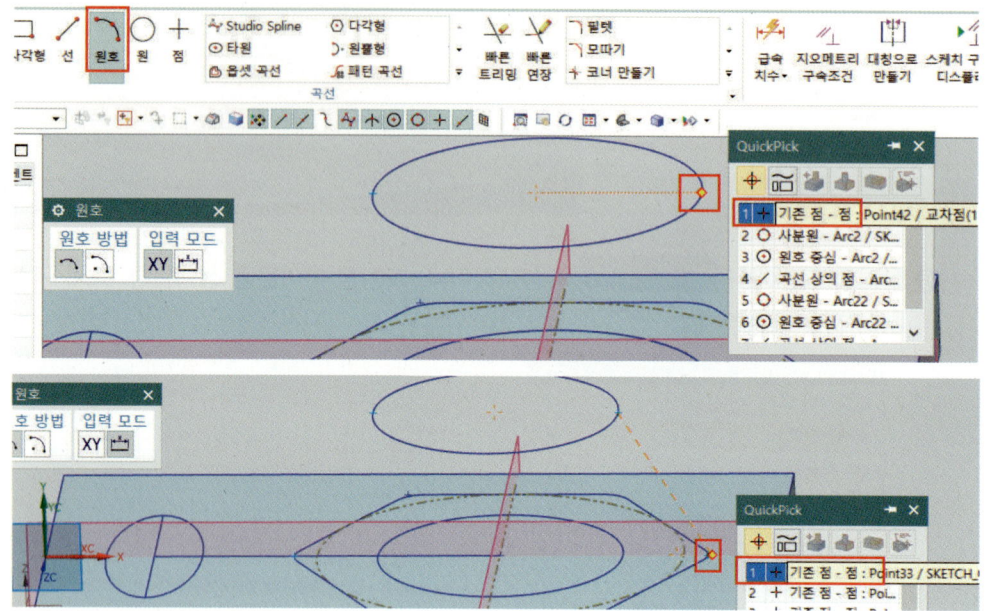

❿ 끝점을 클릭(스냅 기존 점 확인)한다. 반경 60을 입력하고, 방향을 확인한 후 적용한다. 스케치를 종료한다.

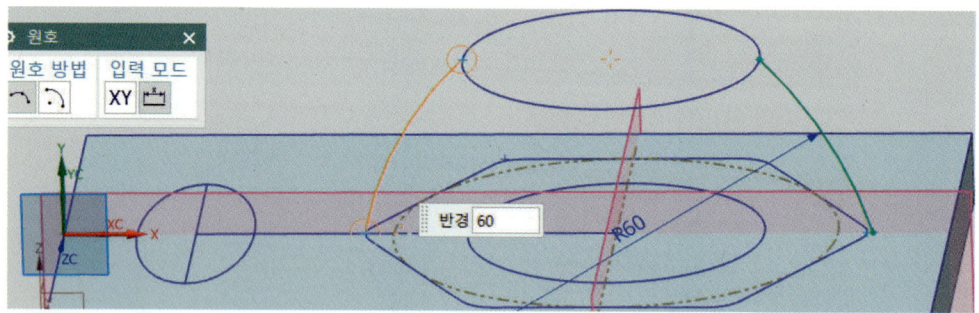

⓫ 타스크 환경의 스케치를 선택하여 그림처럼 확인한다.

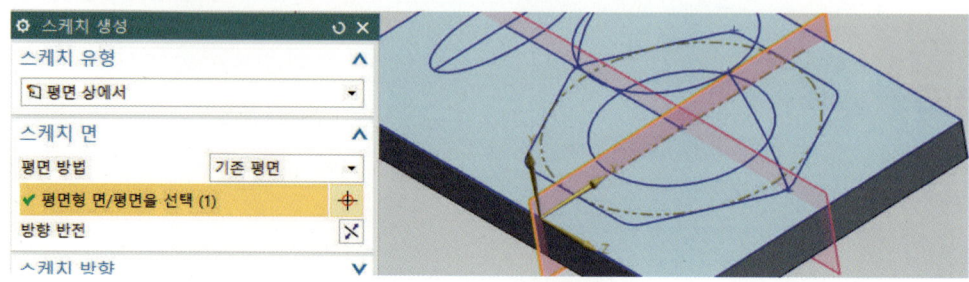

⓬ 교차점 아이콘을 선택한다. 교차 곡선을 선택하여 교차점을 생성한다.

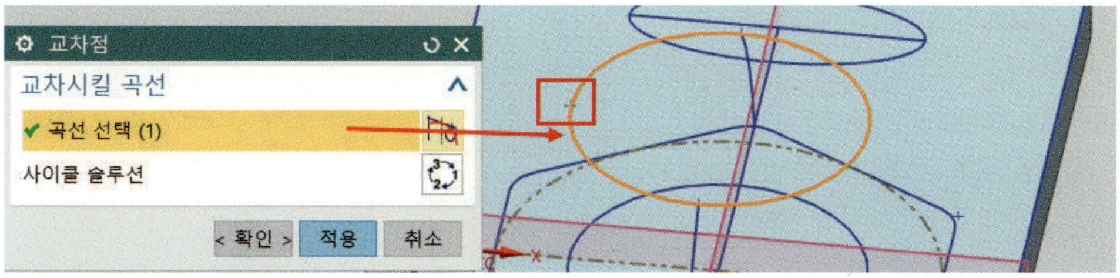

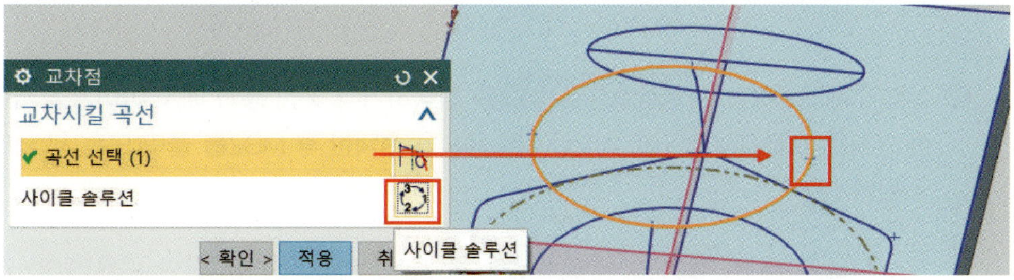

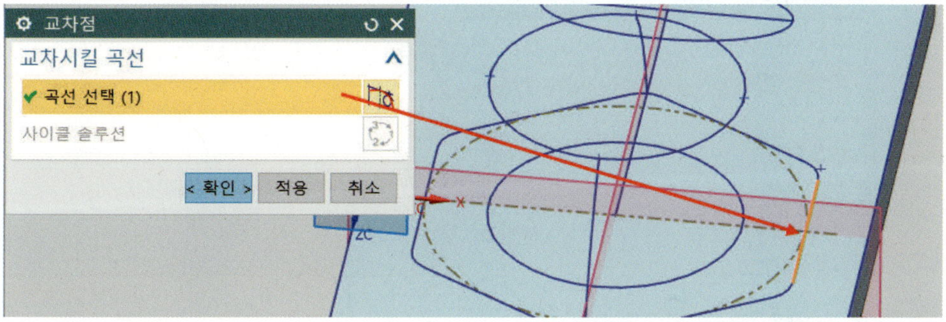

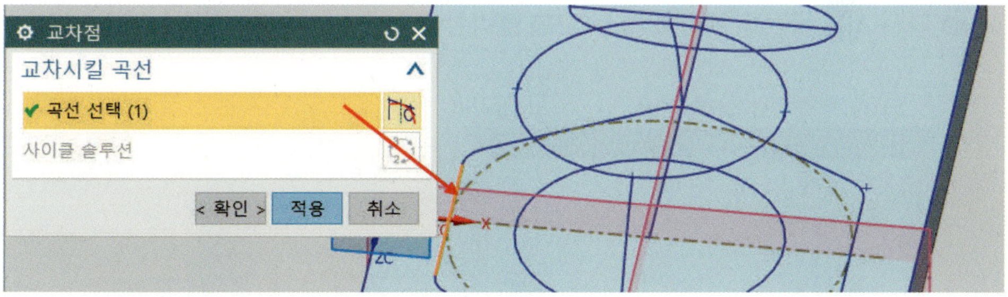

⓭ 원호 아이콘을 클릭한다. 시작점을 클릭(스냅 기존 점 확인)하고, 끝점을 클릭(스냅 기존 점 확인)한다. 반경 60을 입력하고, 방향을 확인한 후 적용한다. 스케치를 종료한다.

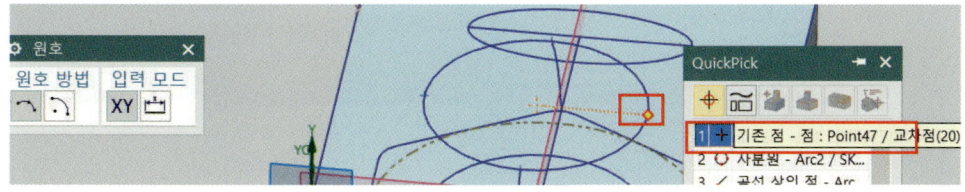

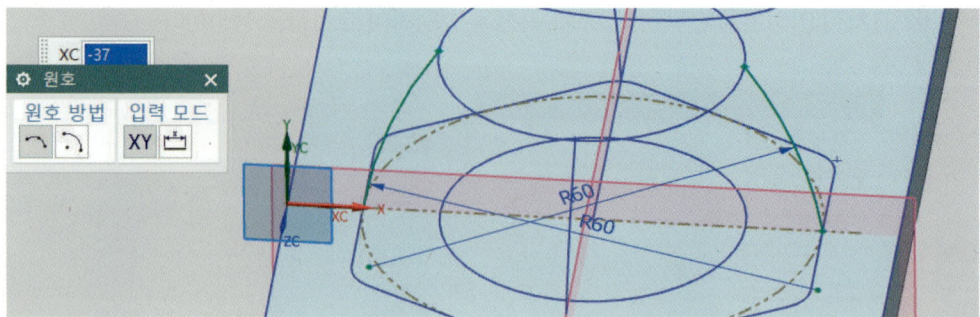

⑭ 삽입의 메시 곡면에서 를 선택하거나 곡선 통과 메시 아이콘을 클릭한다. 교
  선 규칙은 교차에서 정지로 하고, 기본 곡선을 선택한 후 MB2를 클릭(또는 세 세트 추가 클
  릭)한다.

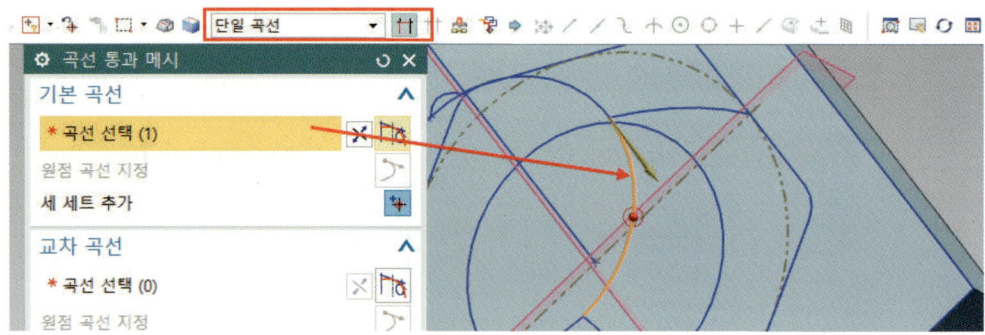

⑮ 다시 기본 곡선을 클릭하고, MB2를 클릭한다.

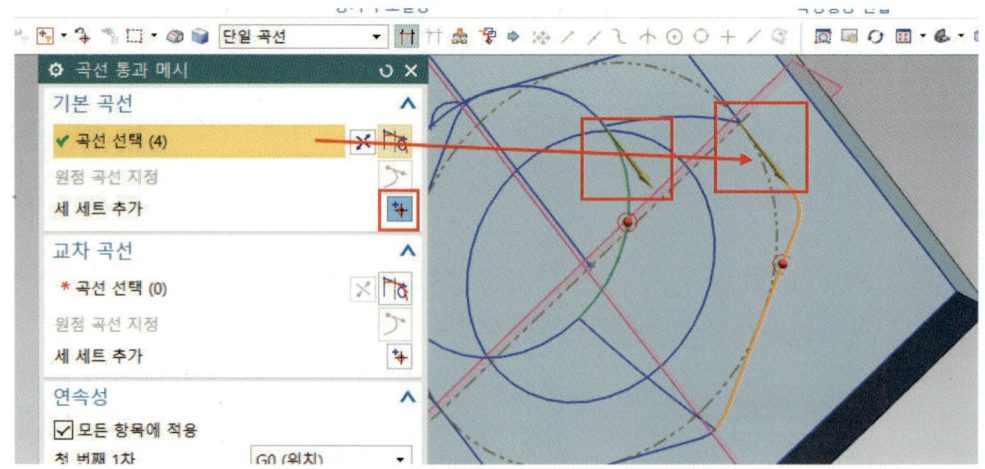

❶❻ 교차 곡선을 클릭하고, MB2를 클릭한다.

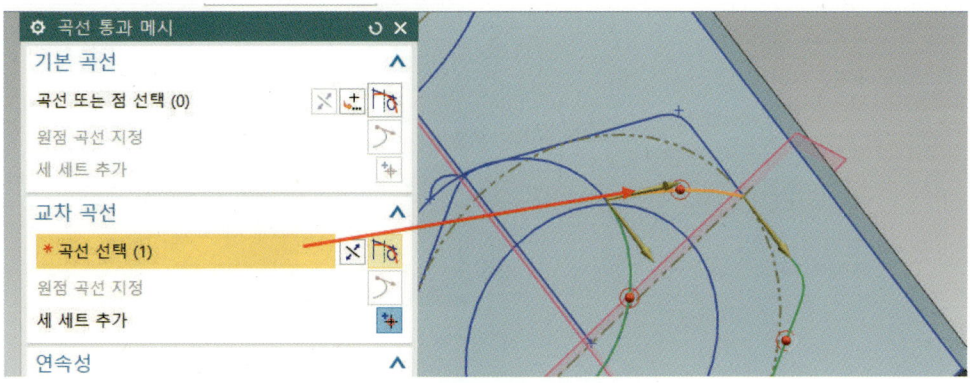

❶❼ 교차 곡선을 클릭하고, MB2를 클릭한 후 확인한다.

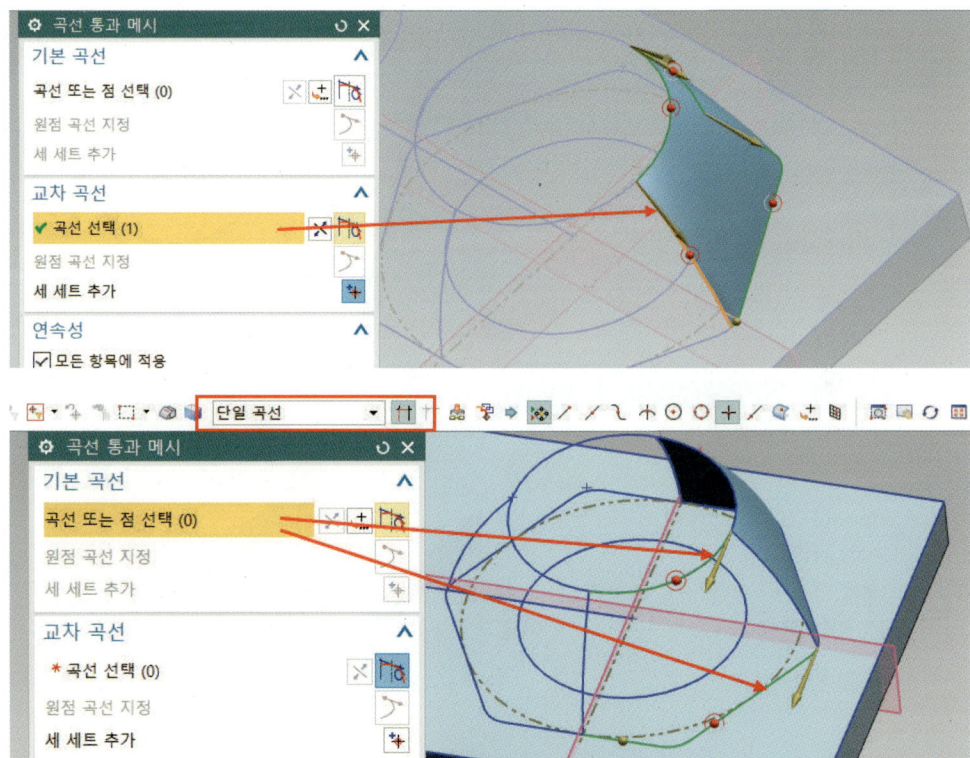

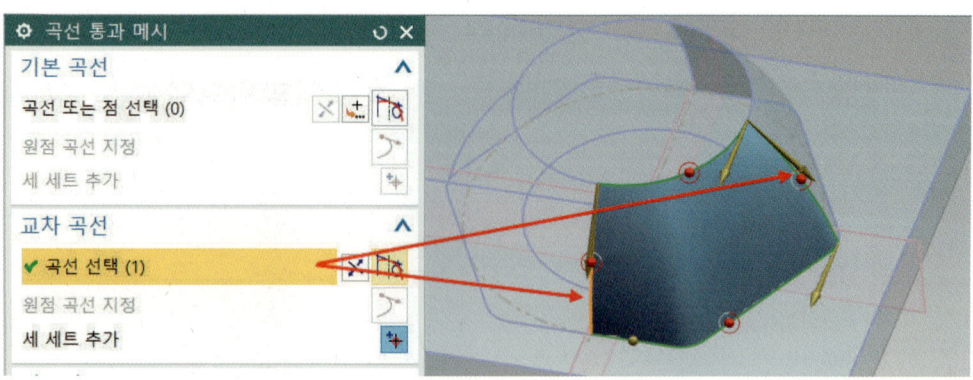

⓳ 삽입의 연관 복사에서 대칭 특징형상(M)을 선택하고, 특징형상을 선택한 후 대칭 평면을 선택한다.

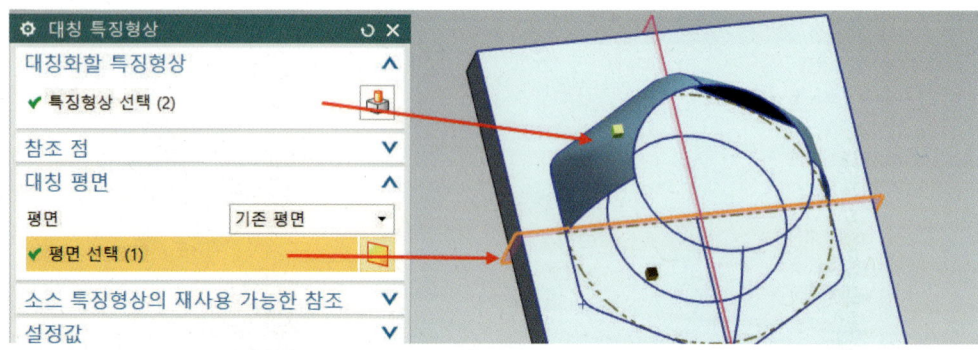

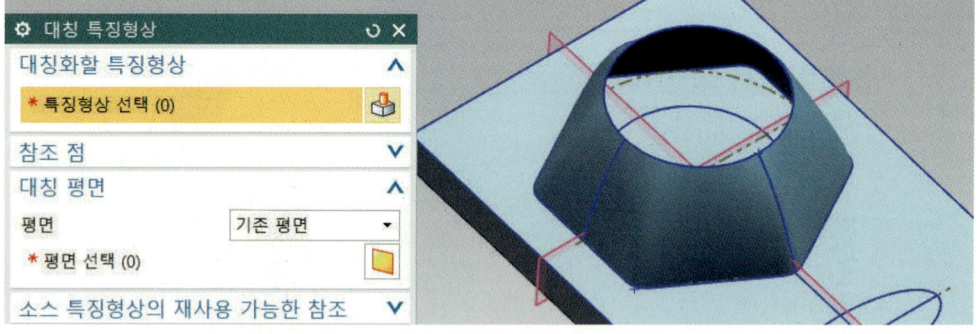

NX10 3D 모델링 및 CAD/CAM

⑲ 아래 그림처럼 데이텀 평면에서 숨기기(−)를 클릭한다.

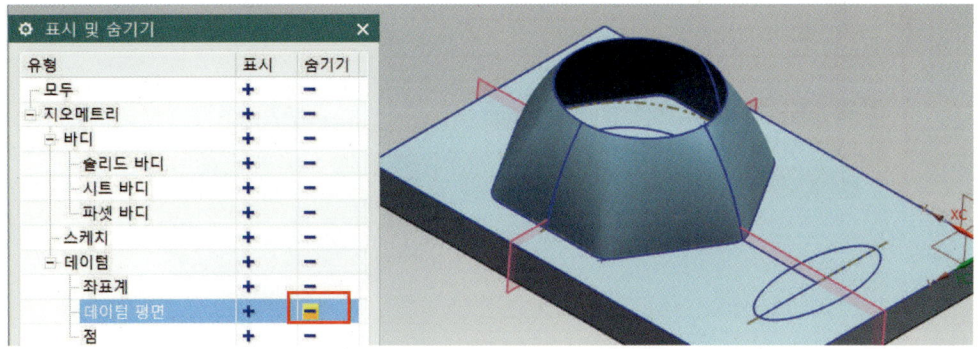

⑳ 삽입의 곡면에서 경계 평면(B)... 을 선택하고, 원호를 클릭한다.

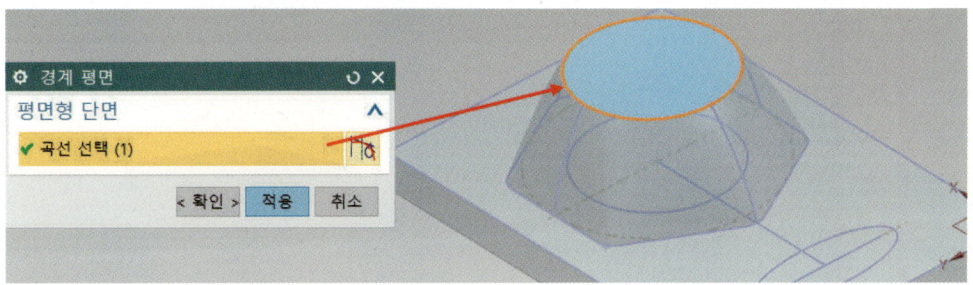

㉑ 그림처럼 베이스 면을 선택하고, MB3 버튼을 이용하여 숨기기를 클릭한다.

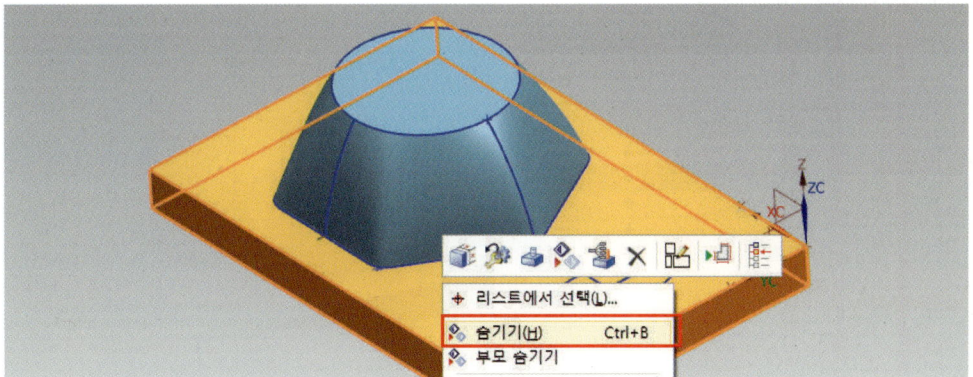

Chapter 04 | Surface Exercise

❷❷ 삽입의 곡면에서 경계 평면(B)...을 선택하고, 평면형 단면은 곡면 선택에서 곡선을 클릭한다.

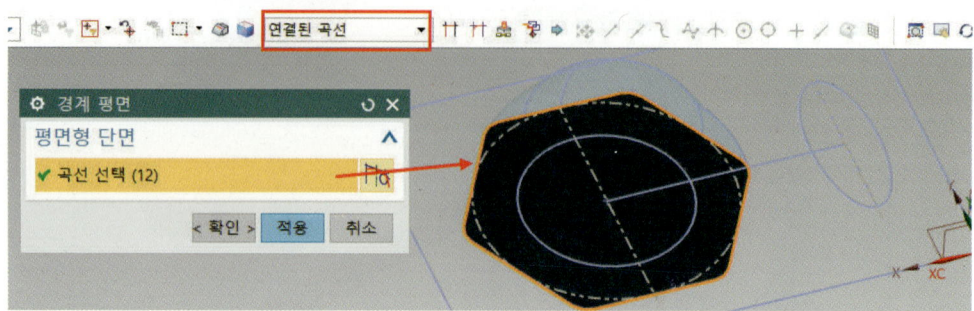

❷❸ 삽입의 결합에서 잇기 아이콘을 선택하고, 타겟과 나머지 모든 공구면을 선택한다.

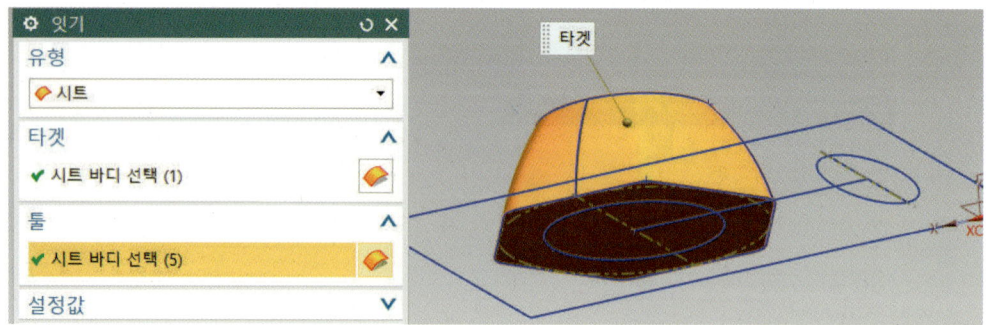

❷❹ 표시 및 숨기기 아이콘을 클릭하고, 솔리드 바디는 표시(+)를 클릭한다.

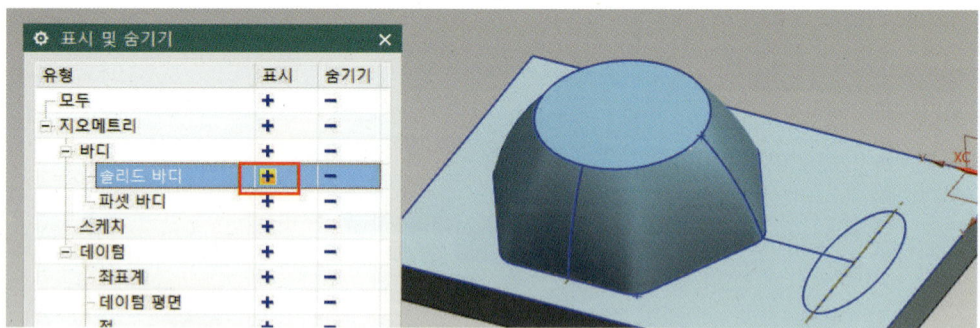

NX10 3D 모델링 및 CAD/CAM

4 회전 작성하기

❶ 회전 아이콘을 클릭하고, 그림처럼 단면 곡선을 선택한 후 축 벡터를 클릭한다. 한계에서 끝값 각도 360을 입력하고 확인한다.

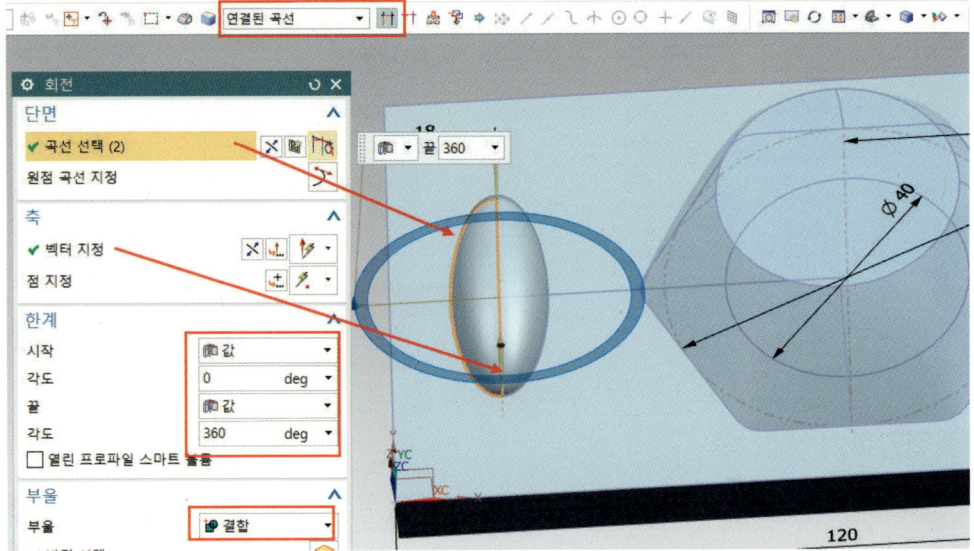

5 튜브 작성하기

❶ 삽입의 스위핑에서 튜브①를 클릭한다. 경로는 곡선 선택을 확인한 후 단면에서 외경 16, 내경 0을 입력하고 확인한다.

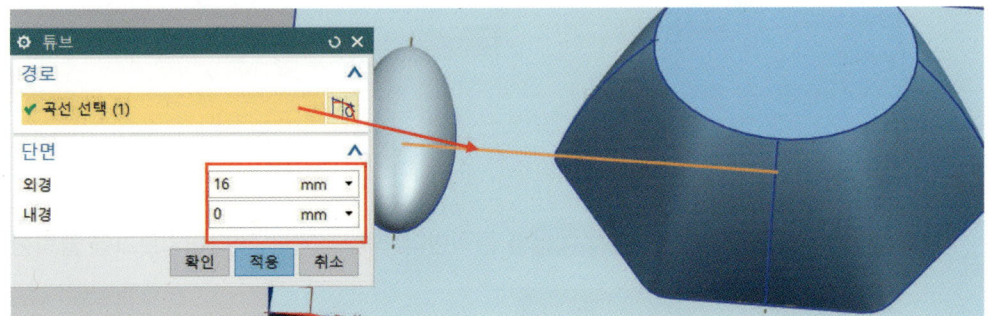

Chapter 04 | Surface Exercise

6 표시 및 숨기기

❶ 표시 및 숨기기 클릭한다. 유형의 모두에서 숨기기(−)를 선택하고, 솔리드 바디는 표시(+)를 클릭한다.

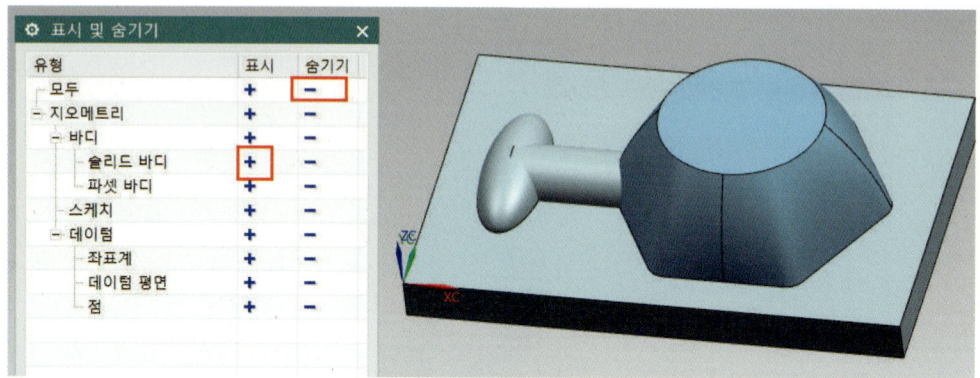

7 결합하기

❶ 결합을 클릭하고, 타겟은 바디 선택을 클릭하고, 공구는 바디 전체를 선택한 후 확인한다.

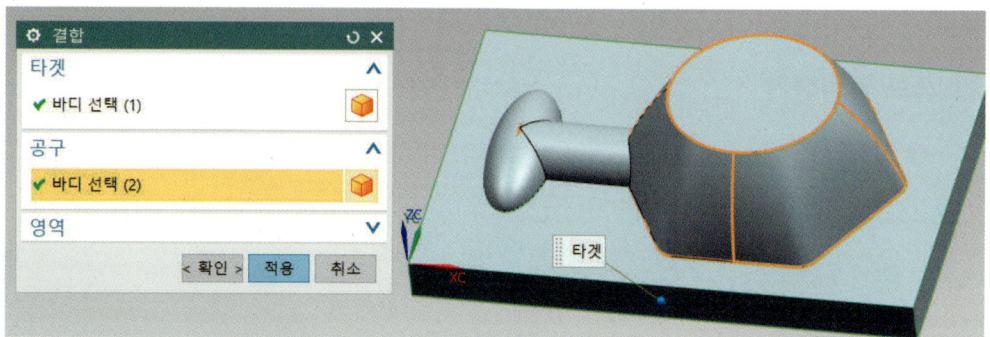

8 구 작성하기

❶ 삽입의 특징형상설계에서 구(S)... 를 클릭한다. 중심점에서 점 다이얼로그를 클릭한다.

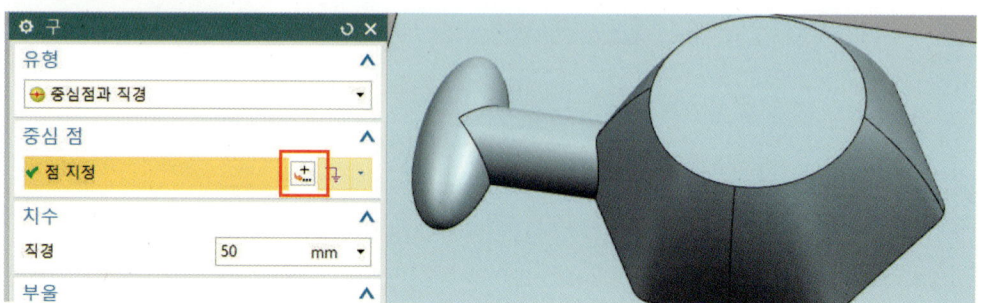

NX10 3D 모델링 및 CAD/CAM

❷ 점 아이콘을 클릭한 다음 좌표는 절대 작업 파트로 하고, X75, Y40, Z40을 각각 입력하고 확인한다.

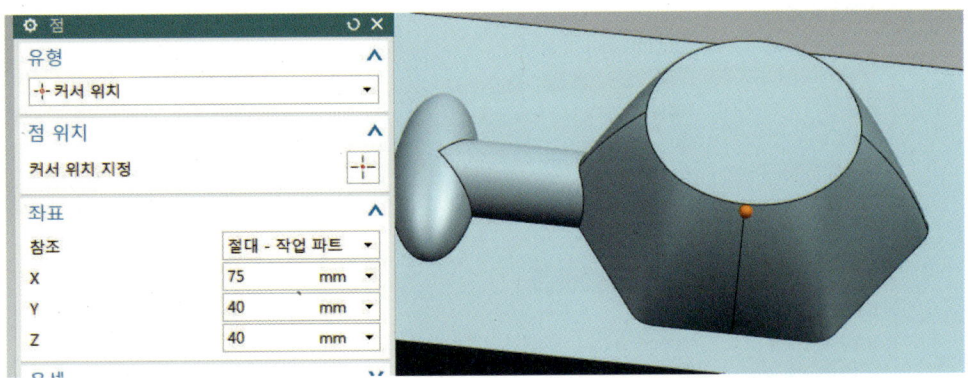

❸ 구 아이콘을 클릭한 다음 치수에서 직경 50, 부울은 빼기로 한 다음 바디 선택을 하고 확인한다.

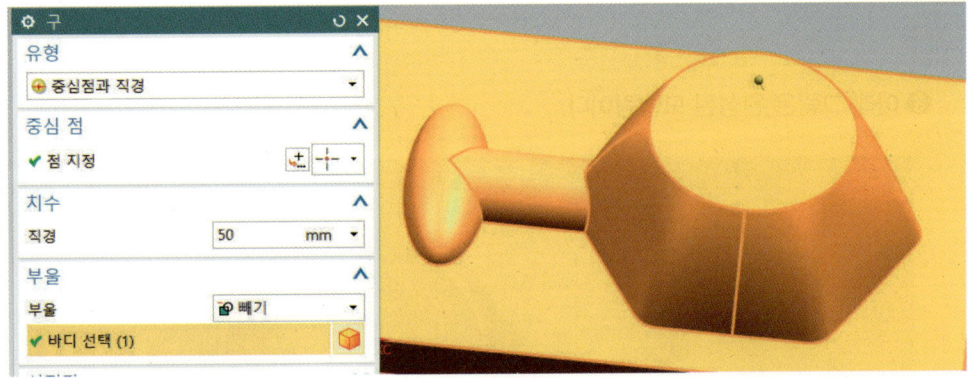

9 필렛(라운드) 작성하기

❶ 모서리 블렌드 아이콘을 클릭한다. 접하는 곡선으로 하고 반경 2를 입력한 후 모서리를 클릭하고 적용한다.

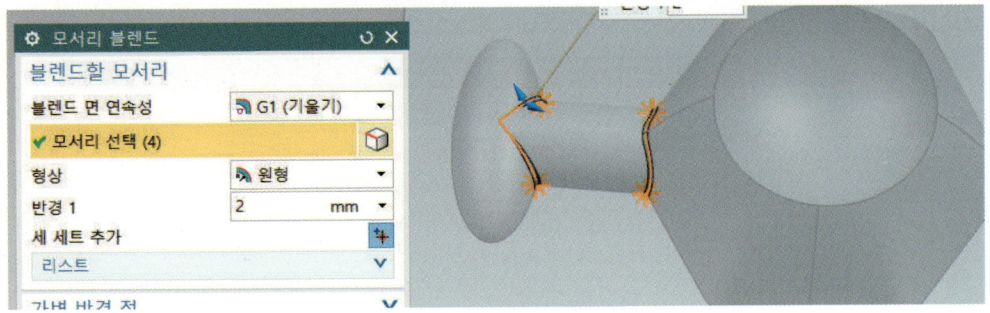

Chapter 04 | Surface Exercise

❷ 반경 값 1을 입력 후 모서리를 클릭하고 적용한다.

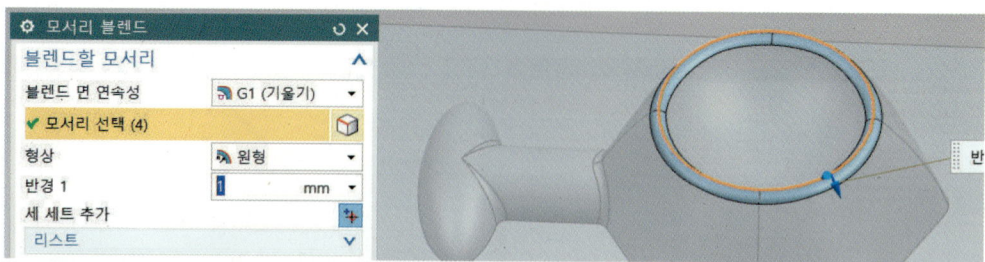

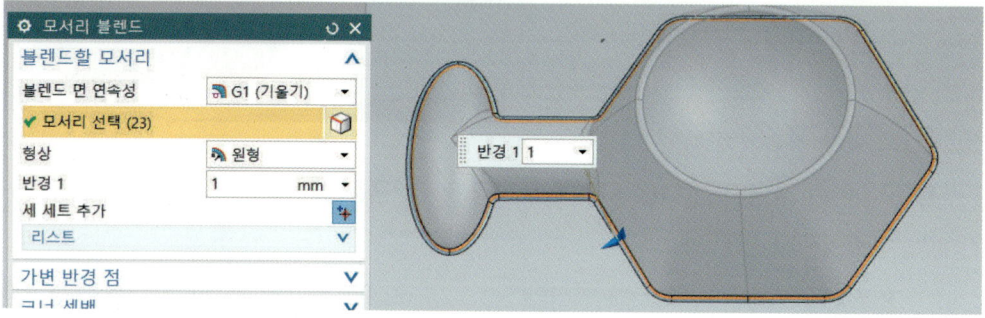

❸ 아래 그림은 완성된 모델링이다.

제7절 Surface 헤어드라이기 모델링 따라 하기

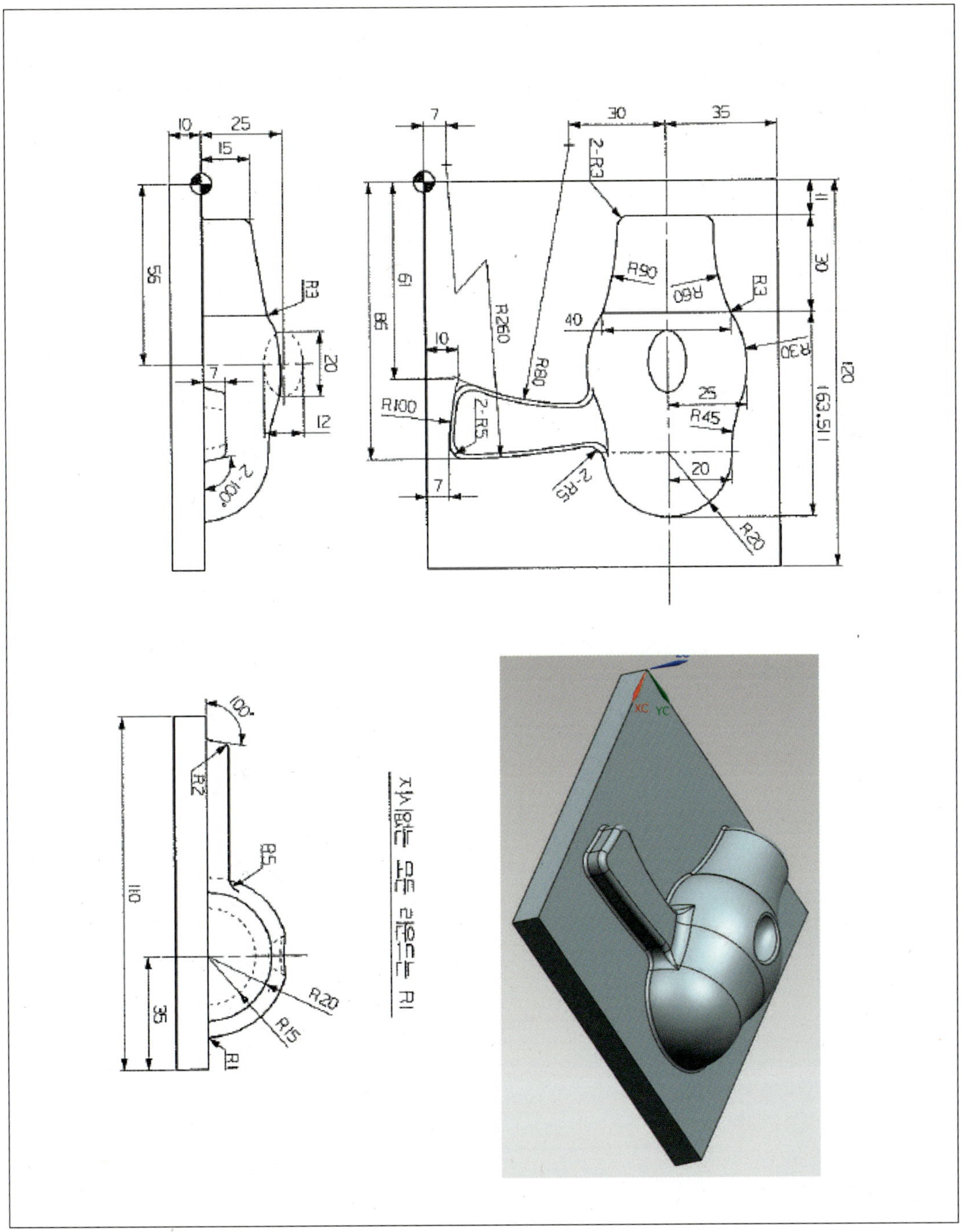

Chapter 04 | Surface Exercise

1 평면도(XY 평면) 스케치 작성하기

❶ 새로 만들기( ), Ctrl + N)를 실행한다. 모델을 선택하고 파일 이름과 저장할 폴더를 입력한 다음 확인을 클릭한다.

❷ 메뉴의 삽입에서 [타스크 환경의 스케치(S)...]를 선택하거나, 스케치 아이콘을 선택한다.

❸ 유형은 평면 상에서, 스케치 면은 평면도(XY 평면)를 선택한 후 확인하고, 스케치 모드로 들어간다.

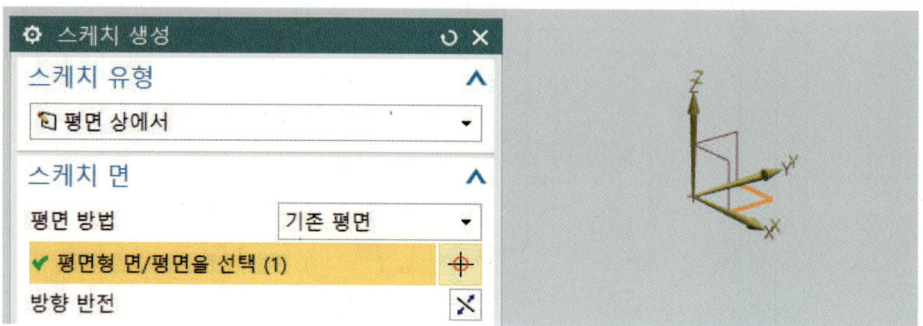

❹ 아래 그림처럼 도면을 확인하고, 그리기 아이콘을 이용하여 스케치한 후 치수기입 후 스케치를 종료한다.

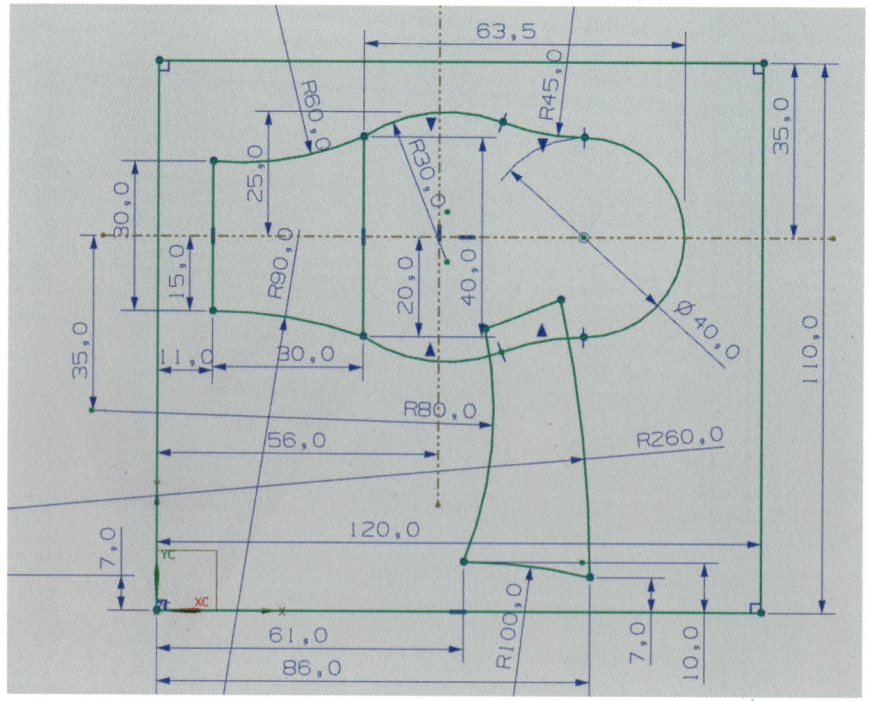

PART Ⅳ 서피스(Surface) 모델링

NX10 3D 모델링 및 CAD/CAM

❷ 돌출 작성하기

❶ 돌출 아이콘을 선택한다. 연결된 곡선에서 단면 곡선을 선택하고, 한계는 끝값 거리 −10만큼 돌출하고 적용한다.

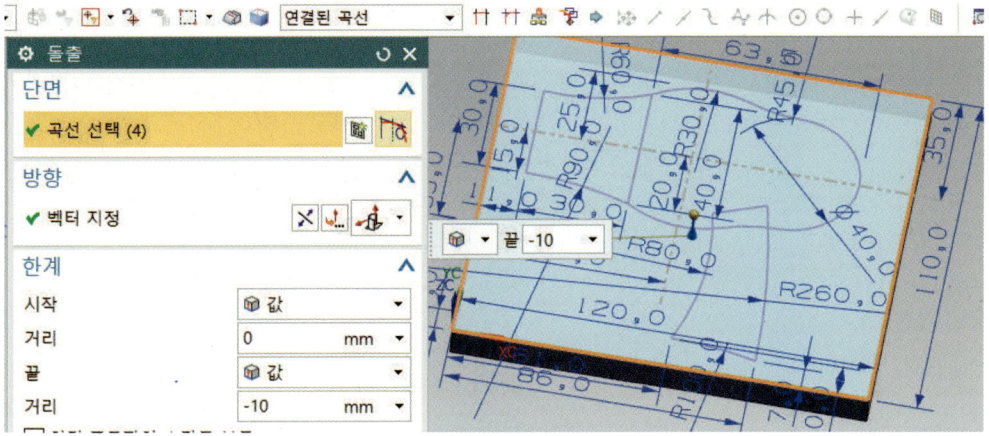

❷ 단면은 곡선 선택을 선택하고, 한계는 끝값 거리 7만큼 돌출하고 확인한다.

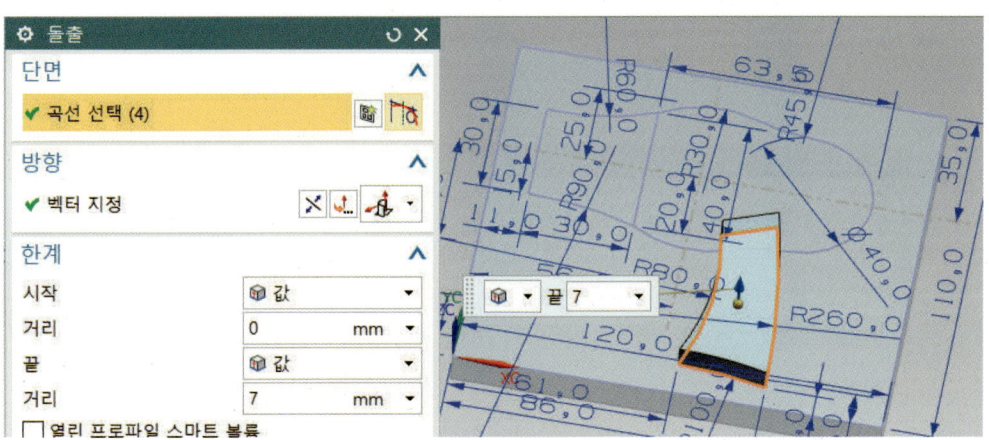

3 회전 작성하기

❶ 회전 아이콘 이용하여 아래 그림처럼 설정한다.

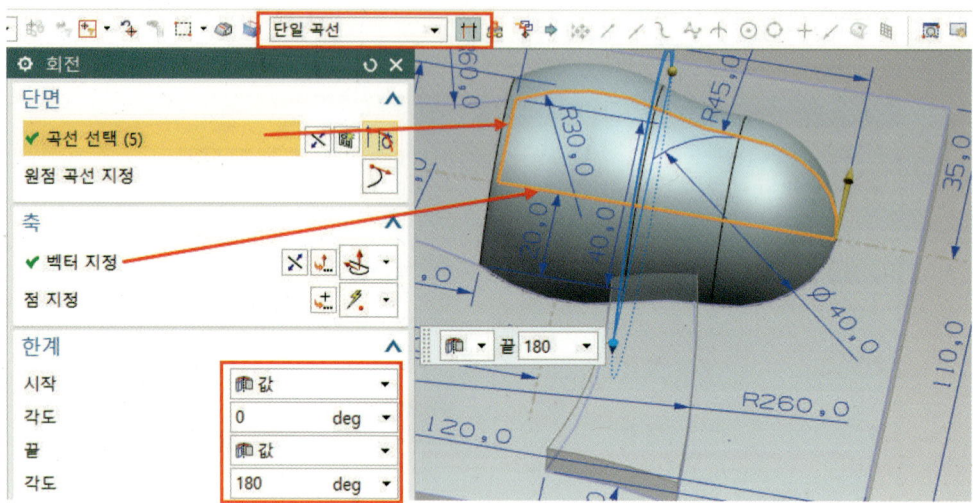

4 스윕 작성하기

❶ 데이텀 평면 아이콘을 클릭한다. 유형은 거리로 하고, 평면형 참조를 선택하고, 옵셋은 거리 −11을 입력하고 확인한다.

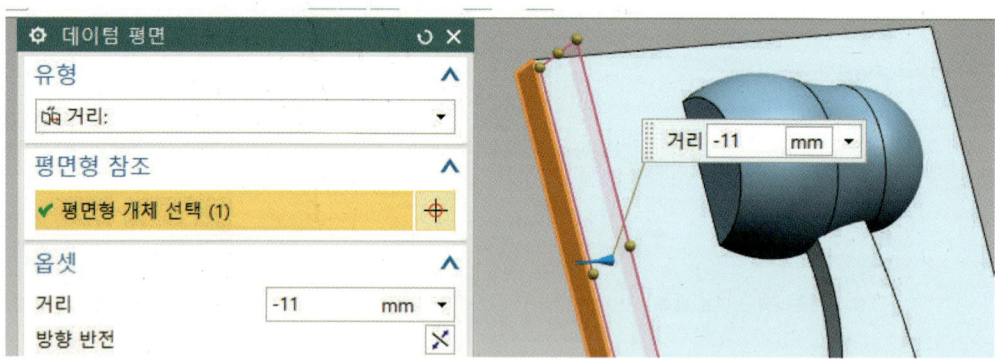

NX10 3D 모델링 및 CAD/CAM

❷ 타스크 환경의 스케치( )를 클릭하고, 유형은 평면 상에서, 스케치 면은 데이텀 평면을 클릭하고 확인한다.

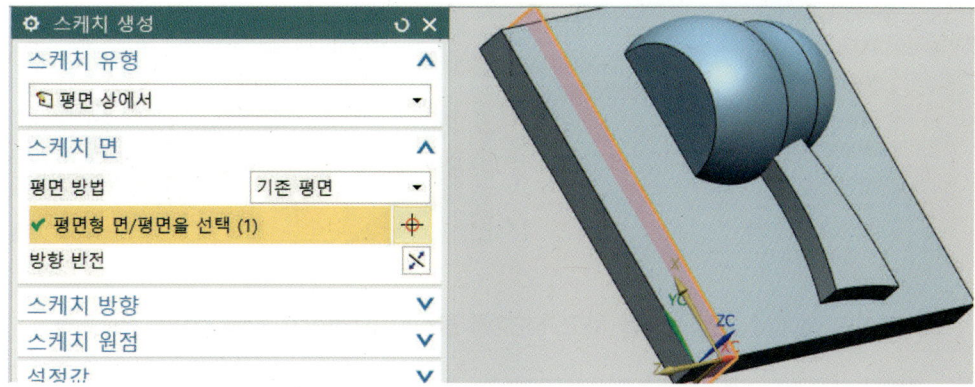

❸ 스냅 원ㄴ호 중심점을 이용하여 원을 생성하고 빠른 트리밍을 선택하여 그림처럼 트리밍한다.

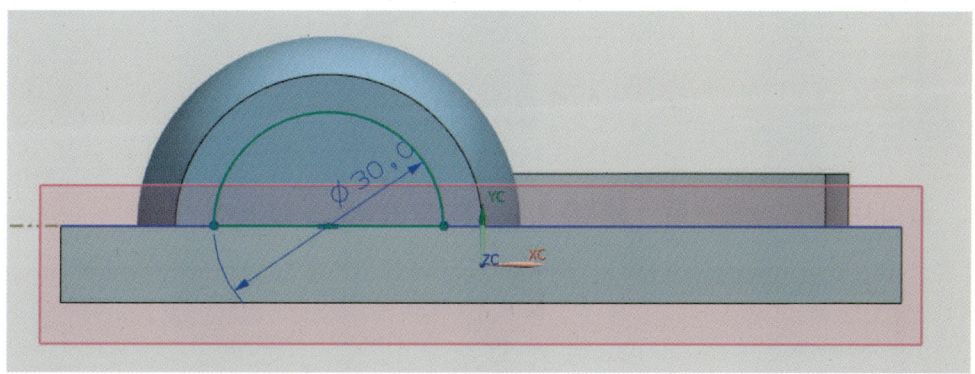

❹ 삽입의 스위핑에서 스웹(S)... 을 클릭하고, 단면은 곡선 선택에서 바닥선, 호, 방향 반전을 선택하고, MB2를 클릭 또는 세 세트 추가를 클릭한다.(단, 선 전체가 선택되고 화살표 방향 주의)

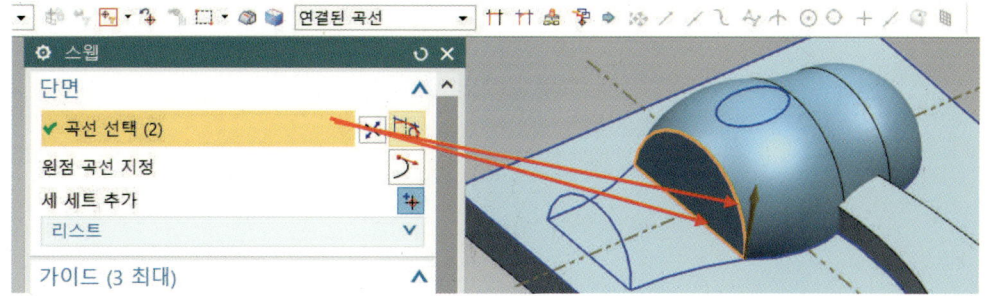

Chapter 04 | Surface Exercise 359

❺ 다시 단면은 곡선 선택을 하고, MB2를 클릭한다.(화살표 방향 주의)

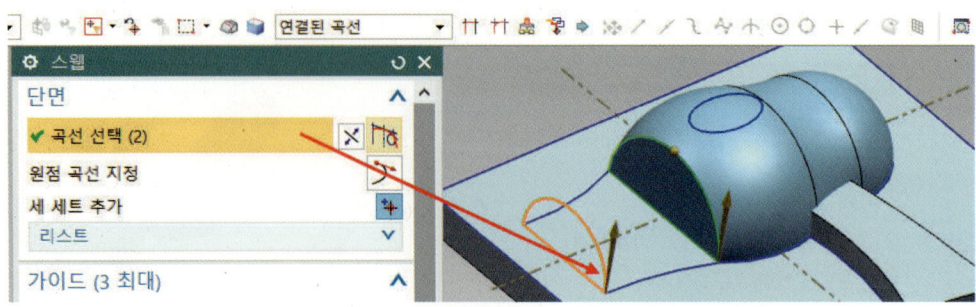

❻ 가이드 탭에서 곡선 선택을 하고, MB2를 클릭한다.(화살표 방향 주의)

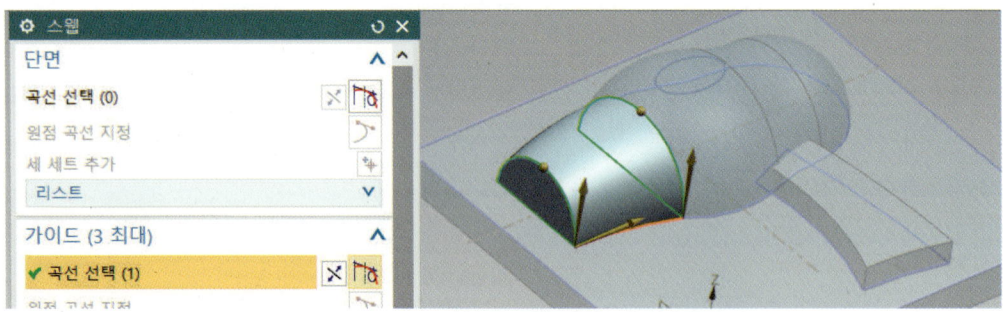

❼ 다시 가이드 탭에서 곡선 선택을 하고, MB2를 클릭하고 확인한다.

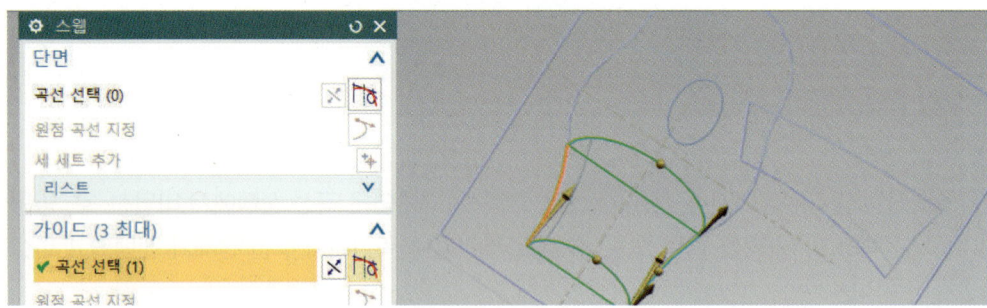

5 결합하기

❶ 결합 아이콘을 클릭하고 타겟은 바디 선택을 하고, 공구는 바디 선택에서 전체를 클릭하고 확인한다.

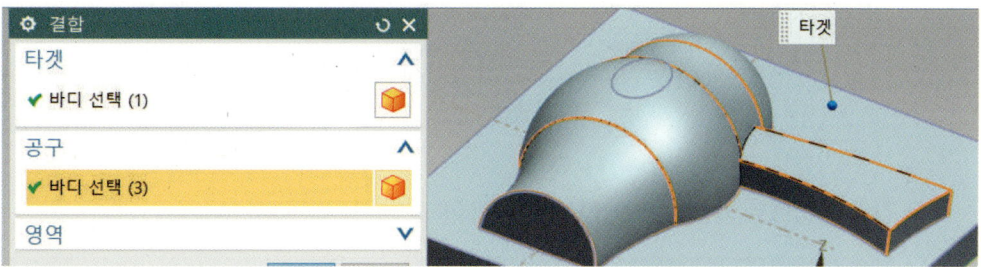

6 표시 및 숨기기

❶ 표시 및 숨기기 아이콘을 클릭한다. 유형은 모두에서 숨기기(-)를 선택하고, 솔리드 바디는 표시(+)를 선택한다.

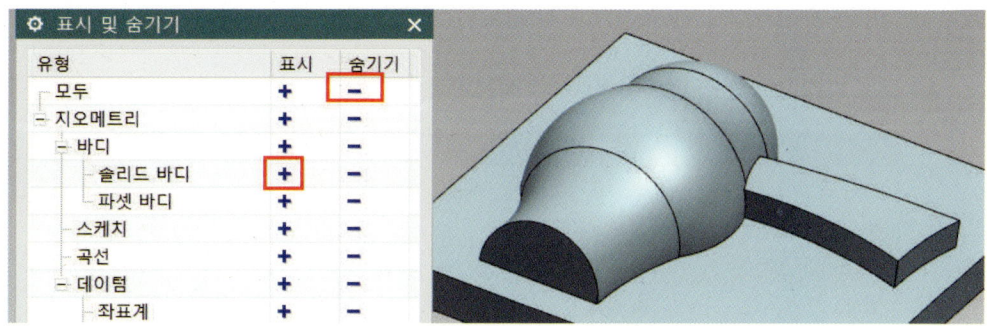

7 모서리 블렌드(필렛) 작성하기

❶ 모서리 블렌드 아이콘을 선택하고, 모서리를 클릭하고, 반경 값 5를 입력 후 적용한다.

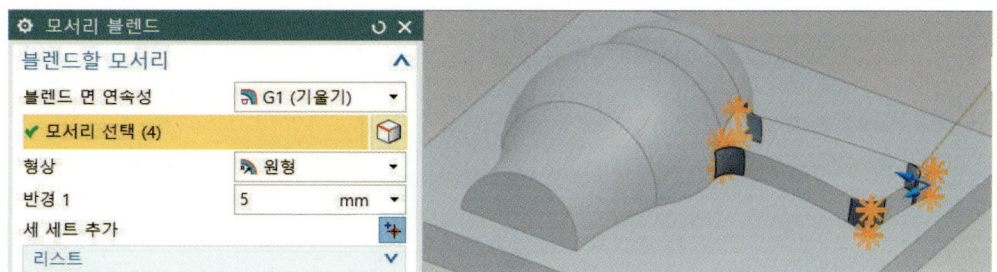

❷ 같은 방법으로 반경 값 5를 입력 후 적용한다.

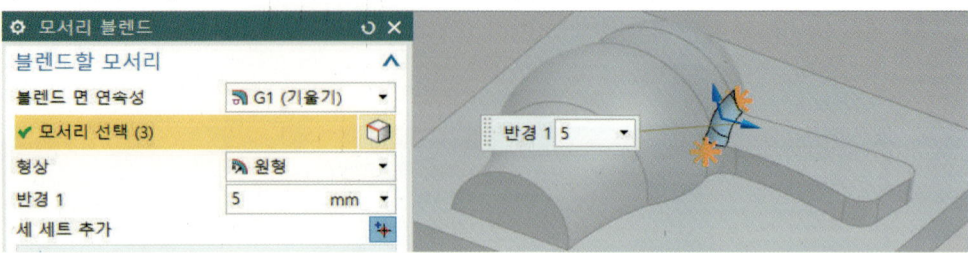

❸ 같은 방법으로 반경 값 2를 입력 후 적용한다.

❹ 같은 방법으로 반경 값 3을 입력 후 적용한다.

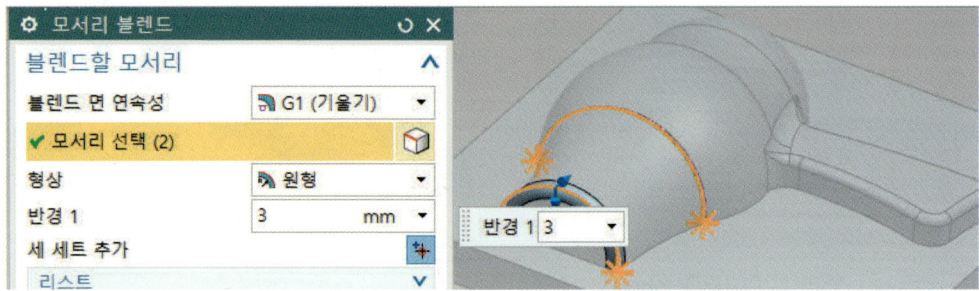

❺ 나머지 부분도 같은 방법으로 반경 값 1을 입력 후 확인한다.

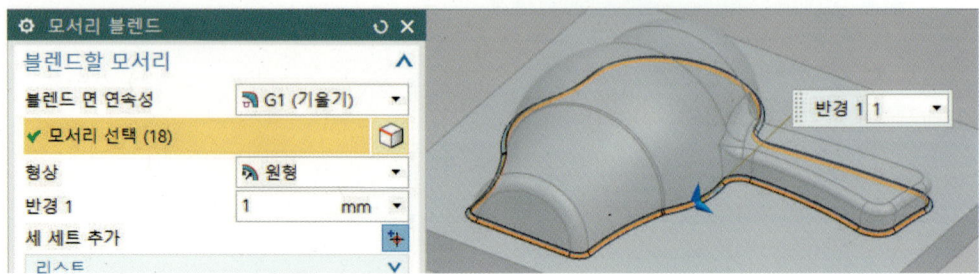

NX10 3D 모델링 및 CAD/CAM

8 타원 및 회전 작성하기

❶ 삽입의 곡선에서 타원(E)...을 클릭한다. 좌표를 절대-작업파트로 한 다음 X56, Y75, Z25를 입력하고 확인한다.

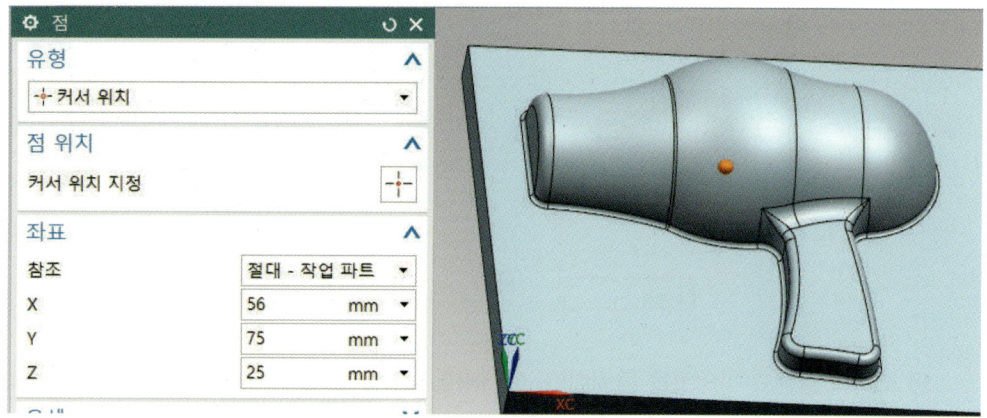

❷ 장반경 10, 단반경 6, 끝 각도 360을 입력하고 확인 후 취소한다.

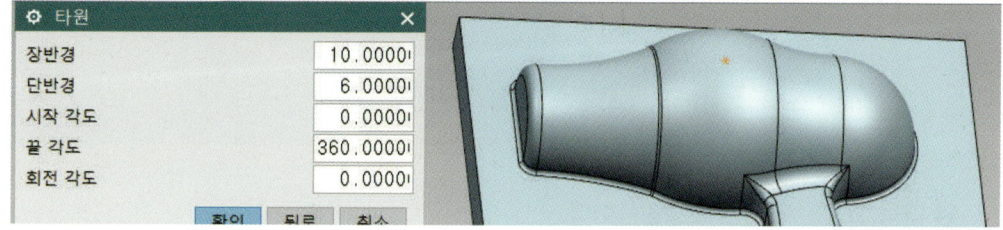

❸ 삽입의 곡선에서 선(선(L)...)을 클릭한다. 스냅 사분 점을 선택하고, 그림처럼 선을 연결한다. 그림은 스냅 사분 점에 의해서 시작 점과 끝점이 연결된 상태이다. 확인을 클릭한다.

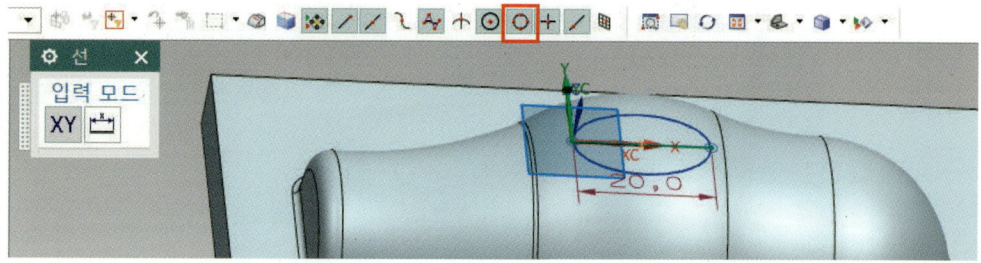

❹ 회전 아이콘을 클릭한다. 연결된 곡선의 교차에서 정지를 선택한다. 단면은 곡선을 클릭하고, 축에서 벡터를 선택하고, 한계는 끝값 각도 360, 부울은 빼기로 바디 선택한 후 확인한다.

Chapter 04 | Surface Exercise 363

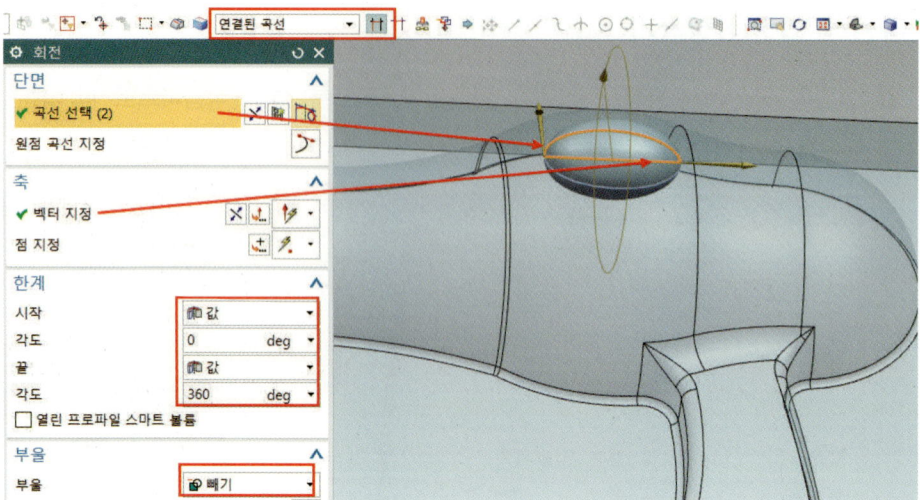

❺ 모서리 블렌드 아이콘을 클릭한다. 모서리를 클릭하고, 반경 값 1을 입력 후 확인한다.

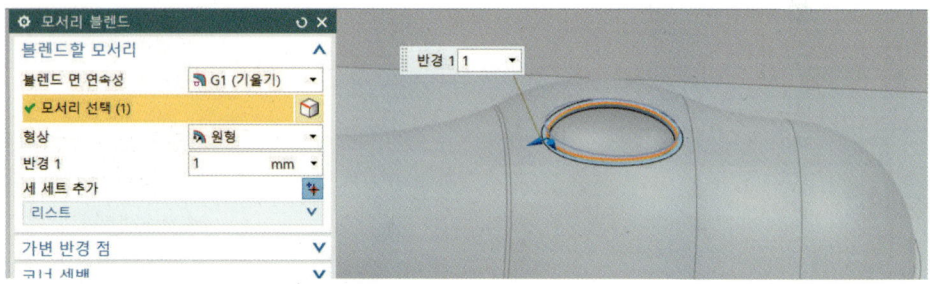

❻ 다음 그림은 완성된 모델링품이다.

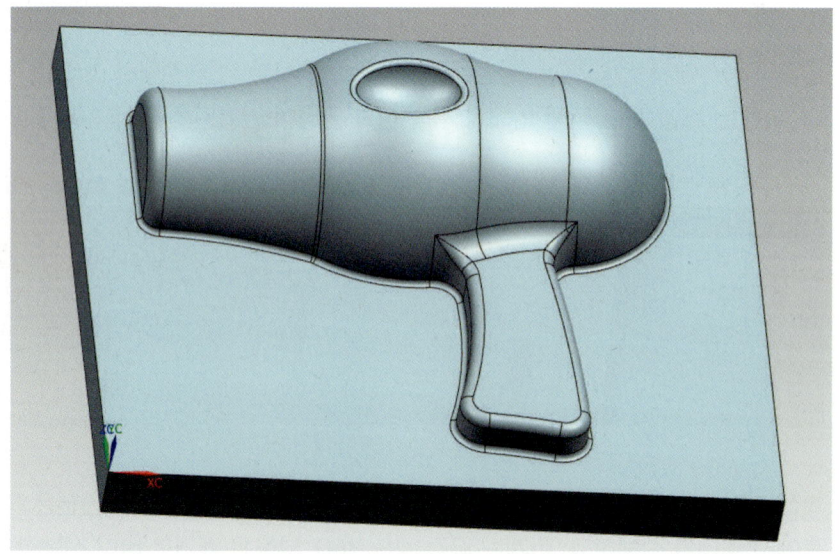

PART Ⅳ 서피스(Surface) 모델링

제8절 Surface 인주함 모델링 따라 하기

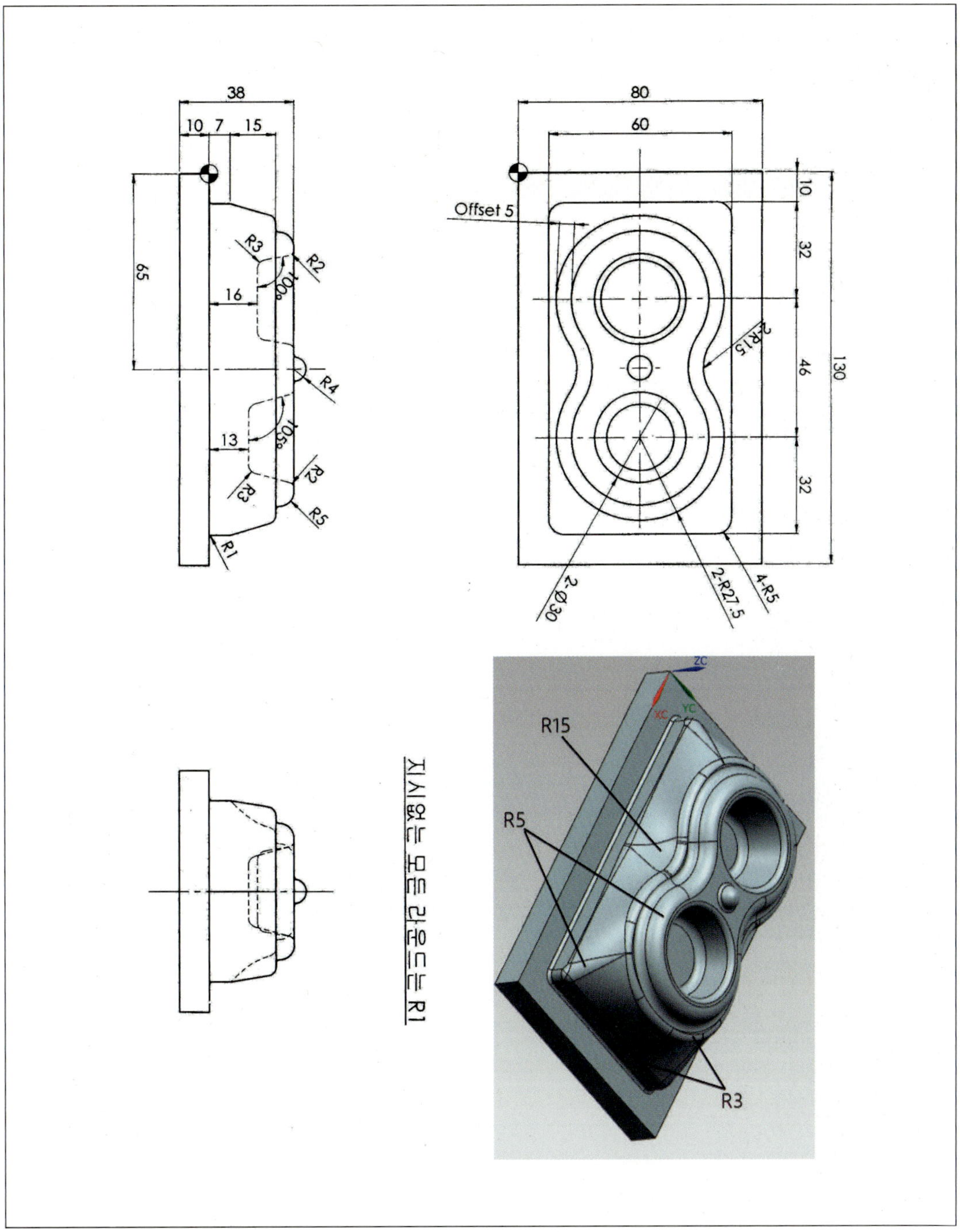

Chapter 04 | Surface Exercise

1 평면도(XY 평면) 스케치 작성하기

❶ 새로 만들기( ), Ctrl + N)를 실행한다. 모델을 선택하고 파일 이름과 저장할 폴더를 입력한 다음 확인을 클릭한다.

❷ 메뉴의 삽입에서 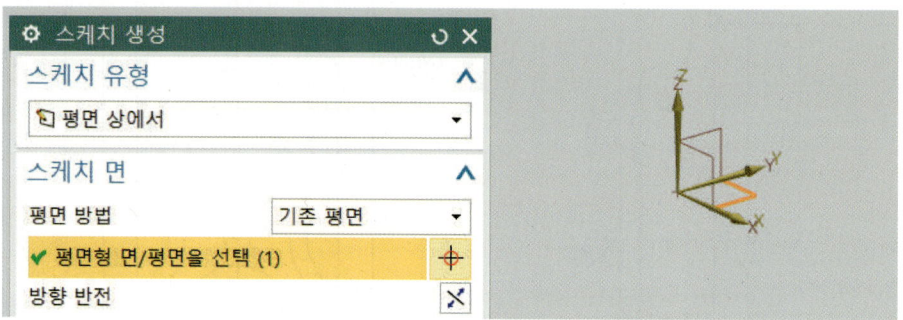를 선택하거나 스케치 아이콘을 선택한다.

❸ 유형은 평면 상에서, 스케치 면은 평면도(XY 평면)를 선택한 후 확인하고, 스케치 모드로 들어간다.

❹ 직사각형 아이콘을 이용하여 아래 그림처럼 스케치하고, 치수기입 아이콘을 이용하여 치수 기입을 한다.

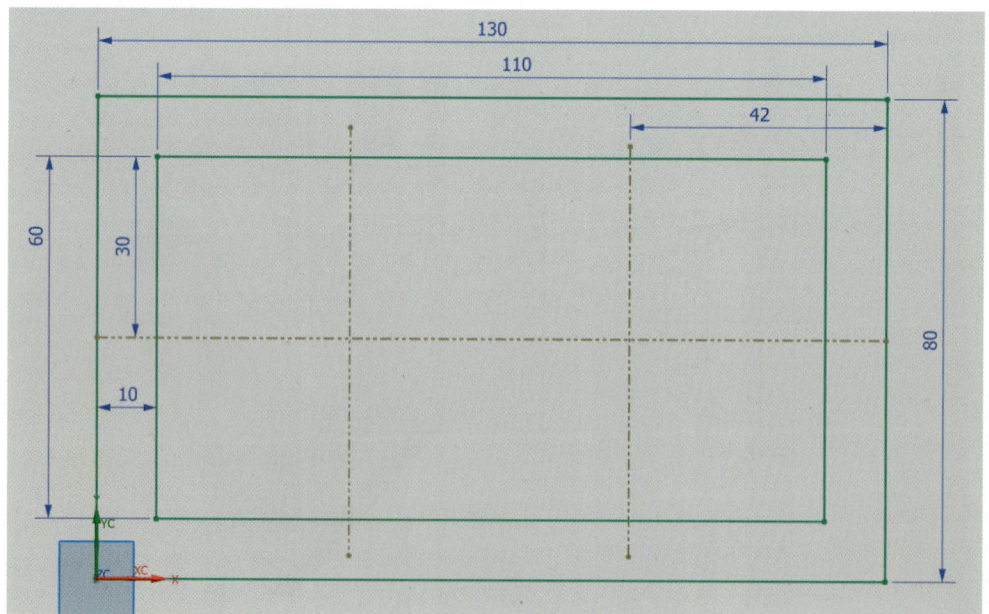

PART Ⅳ 서피스(Surface) 모델링

2 돌출 작성하기

① 돌출 아이콘을 선택한다. 연결된 곡선 상태에서 단면 곡선을 클릭하고, 한계는 끝값 거리 -10만큼 돌출하고 확인한다.

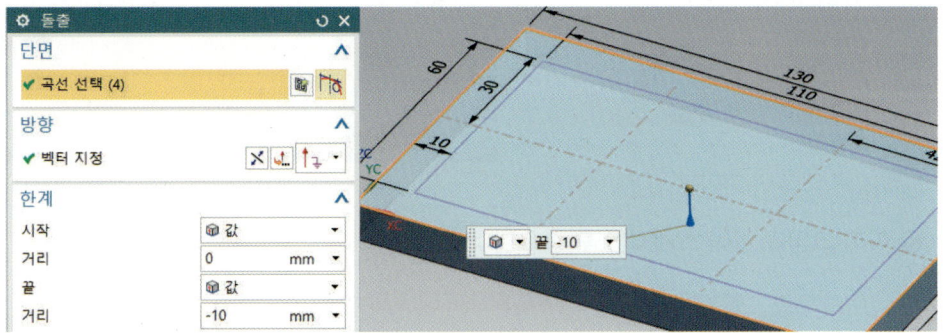

② 다시 돌출을 이용하여 아래 그림처럼 곡선을 선택하고, 끝값 거리 7을 입력하고 확인한다.

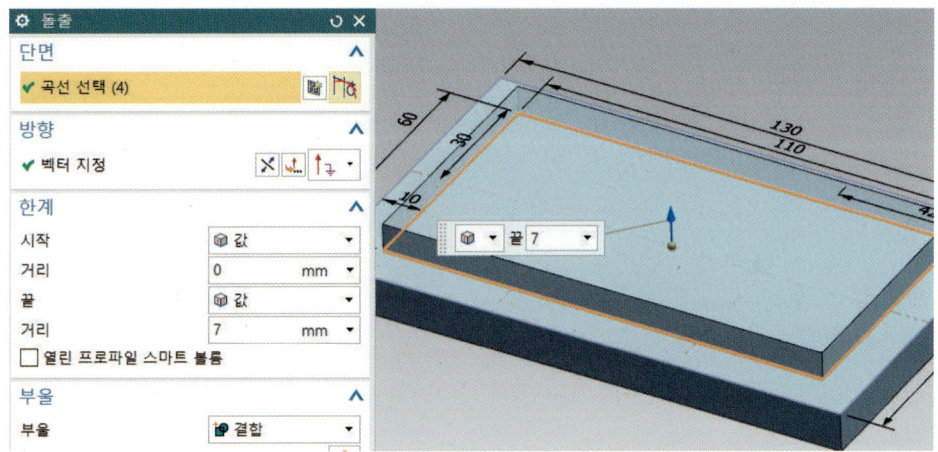

3 메시 곡면 작성하기

① 데이텀 평면을 선택하고, 유형은 거리로 하여 평면형 참조를 클릭한다. 옵셋에서 거리 15를 입력하고 확인한다.

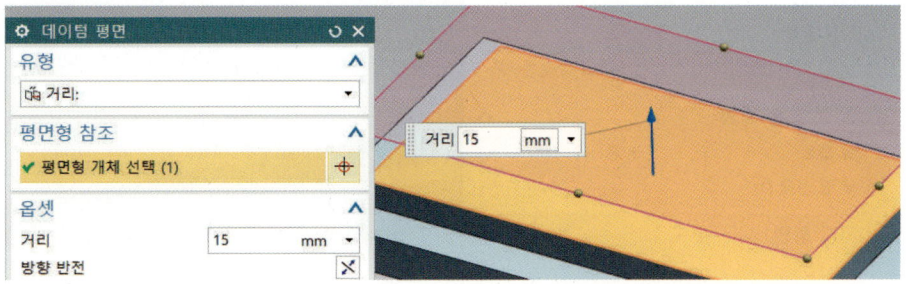

❷ 다스크 스케치 아이콘(📐)을 클릭한다. 유형은 평면 상에서, 스케치 면을 클릭하고 확인한다.

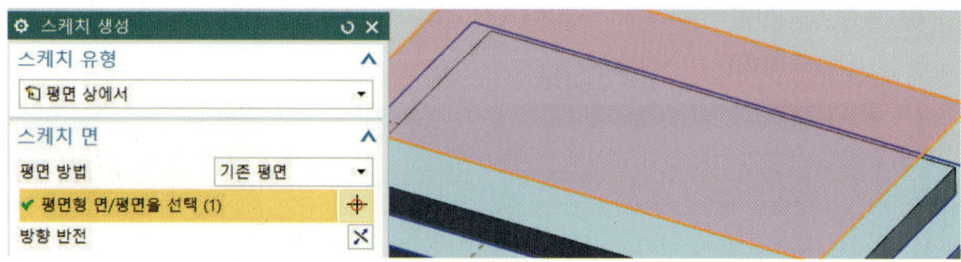

❸ 아래 그림과 같이 스케치한 후 종료한다.

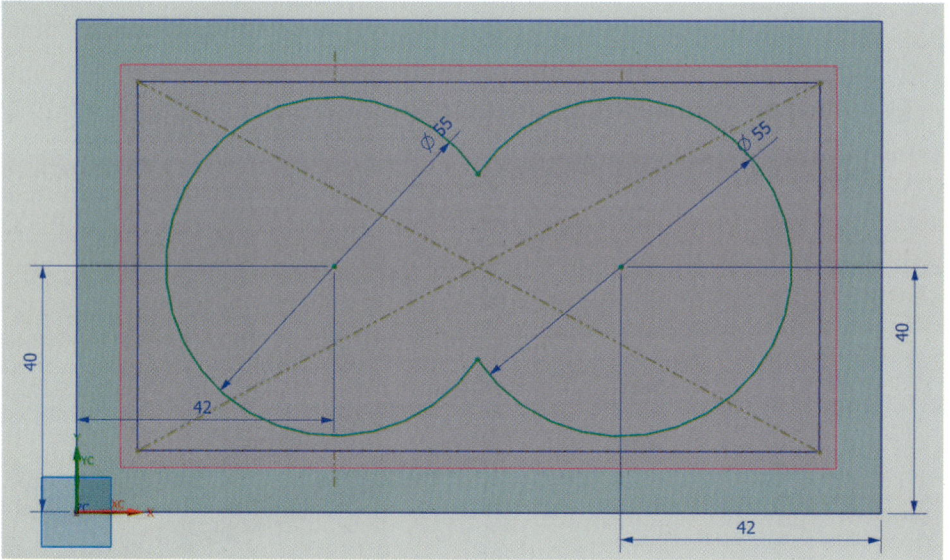

❹ 삽입의 곡선에서 /선(L)...을 클릭한다. 시작 점을 선택하고(스냅 끝점을 선택), 끝점을 클릭(스냅 중간 점을 선택)한 후 확인한다.

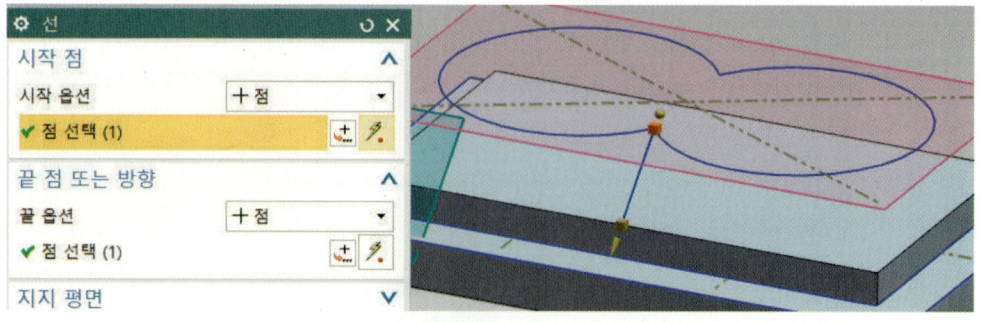

❺ 다시 삽입에서 곡선의 선 아이콘을 이용하여 시작 점을 선택(스냅 교차점을 선택)하고, 끝점을 클릭(스냅 끝점 을 선택)하고 확인한다.

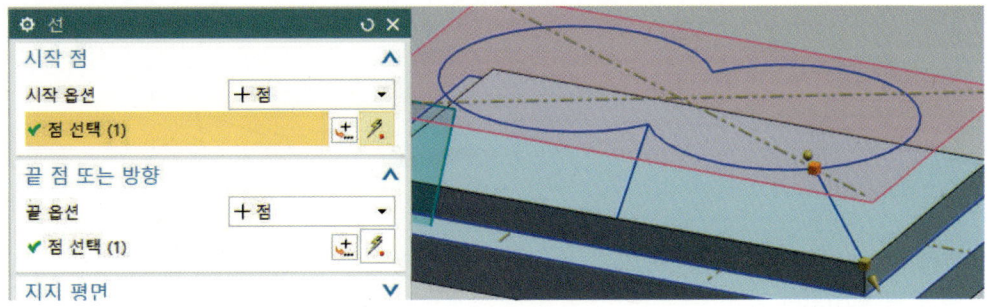

❻ 위와 같은 방법으로 다음 그림처럼 선을 연결한다.

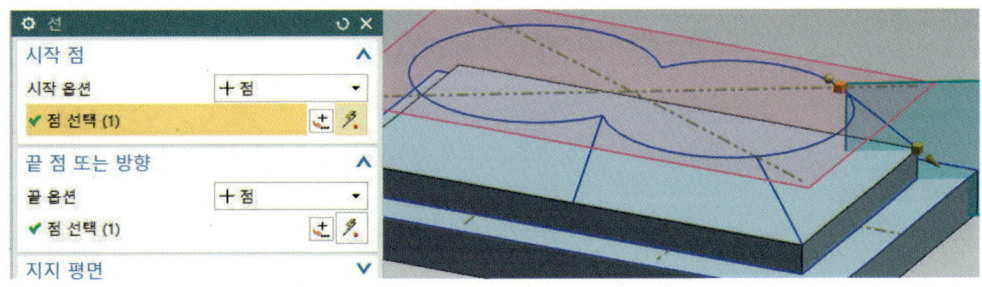

❼ 위와 같은 방법으로 다음 그림처럼 선을 연결한다.

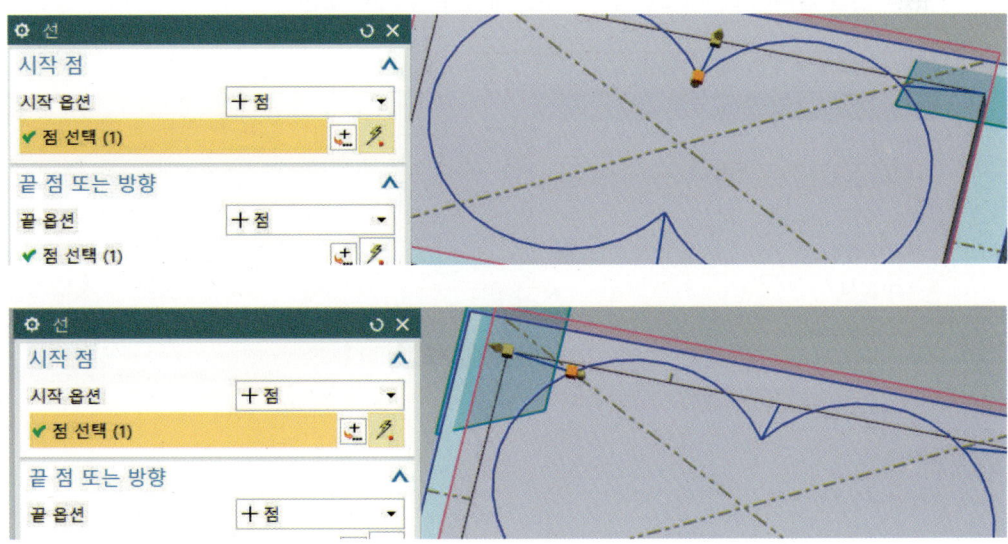

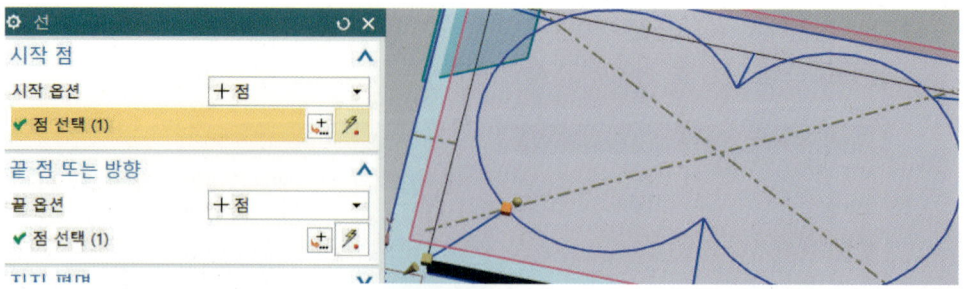

❽ 삽입의 곡선에서 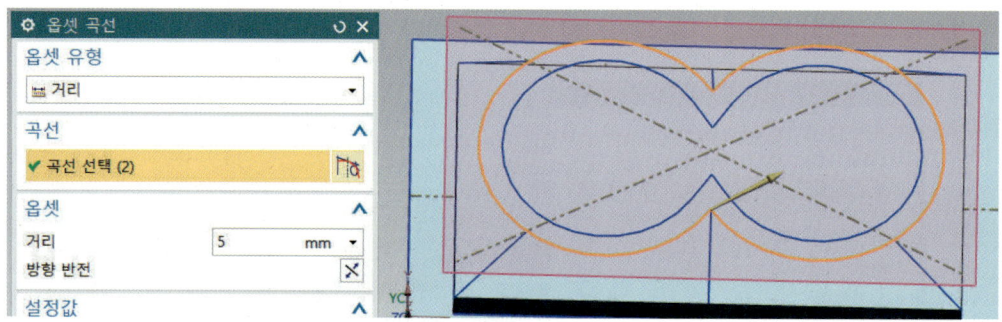 옵셋(O) 을 선택한다. 곡선은 곡선 선택을 하고, 옵셋은 거리 5를 입력한 후 확인한다.

❾ 삽입의 메시 곡면에서 곡선 통과 메시(M) 를 선택하거나, 곡선 통과 메시 아이콘을 클릭한다. 기본 곡선을 클릭하고, MB2를 클릭(또는 세 세트 추가클릭)한다.

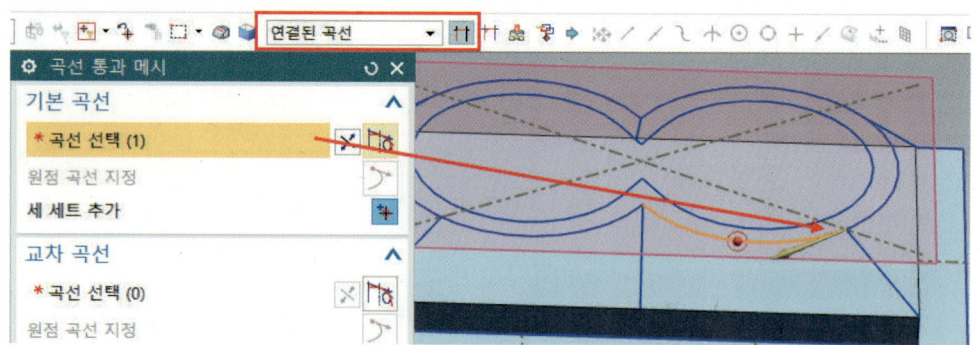

PART Ⅳ 서피스(Surface) 모델링

❿ 다시 기본 곡선을 클릭한 다음 MB2를 클릭(또는 세 세트 추가클릭)한다.

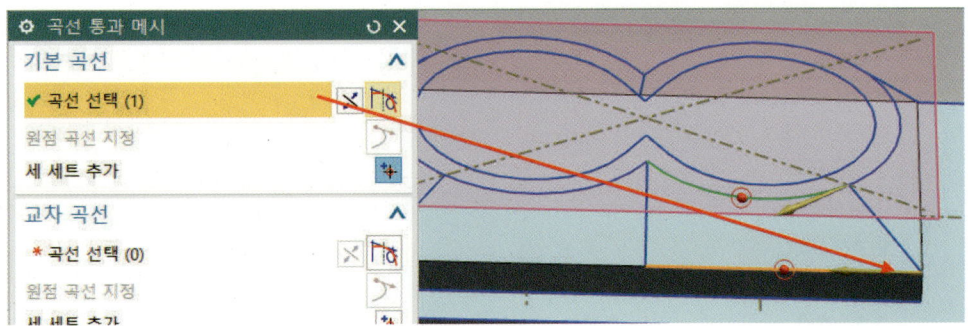

⓫ 교차 곡선에서 선을 클릭한 다음 MB2를 클릭(또는 세 세트 추가클릭)한다.

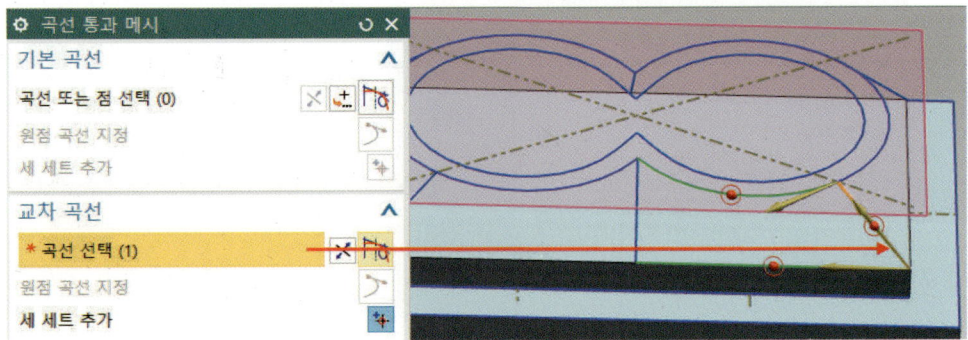

⓬ 교차 곡선을 클릭한 다음 MB2를 클릭하고 확인한다.

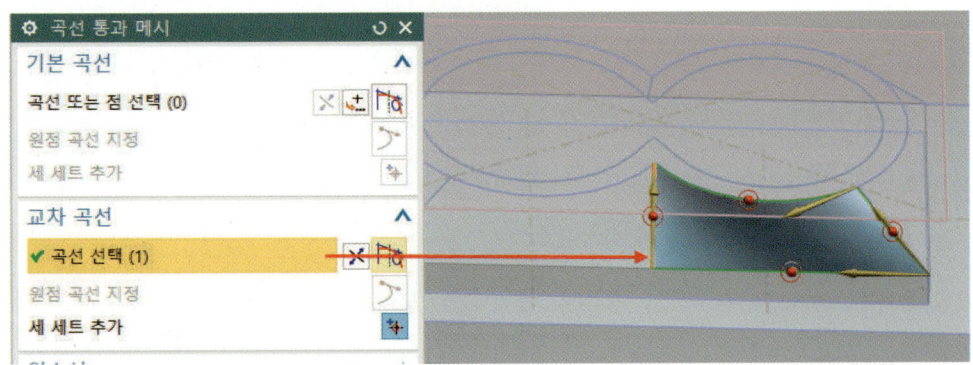

⑬ 다음과 같은 방법으로 설정한 후 확인한다.

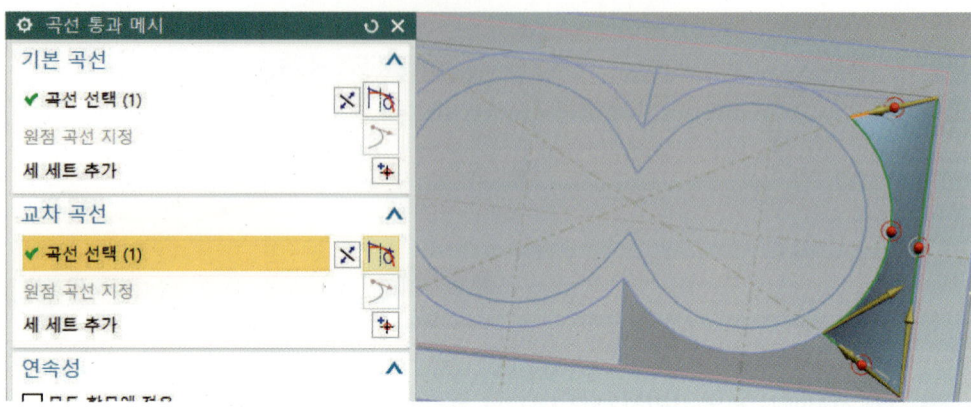

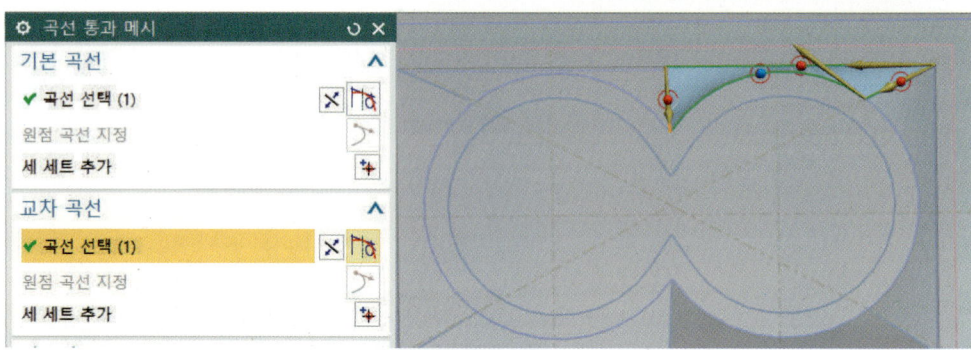

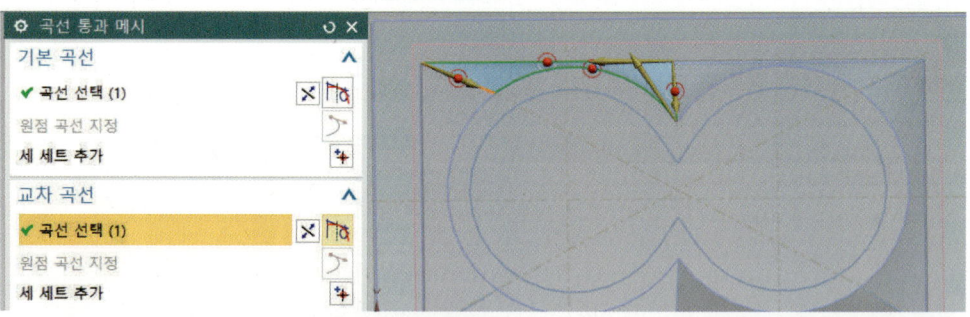

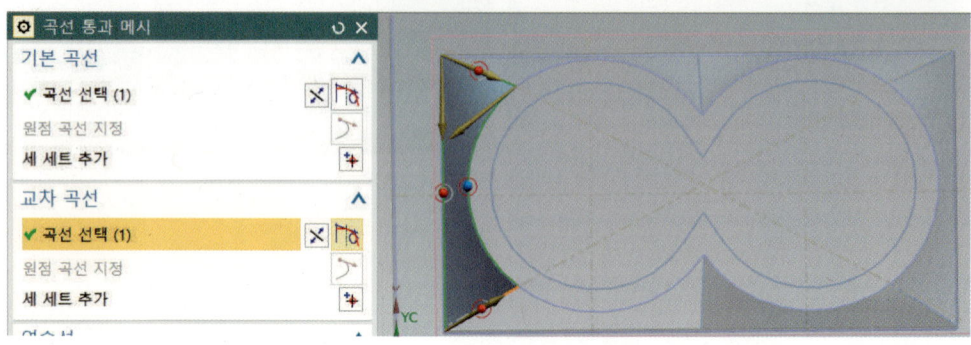

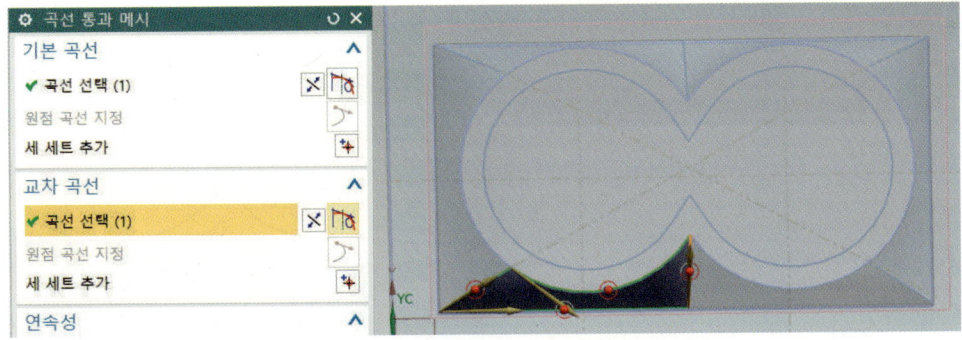

⓮ 작업 평면을 선택하고, MB3 버튼을 이용하여 숨기기를 클릭한다.

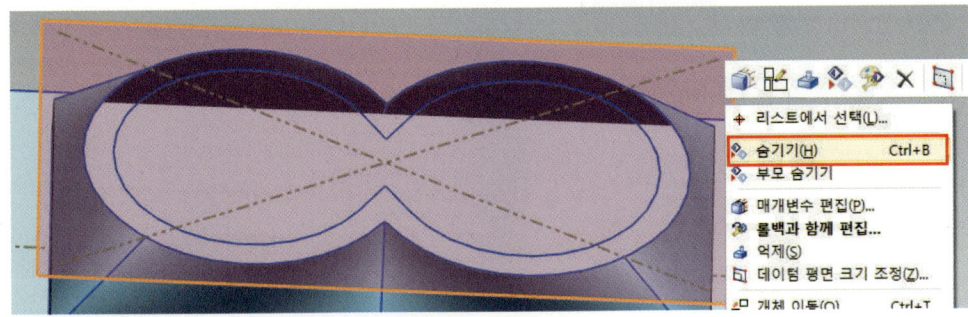

⓯ 삽입의 곡면에서 경계 평면(B)... 을 선택하고, 곡선을 클릭한 후 확인한다.

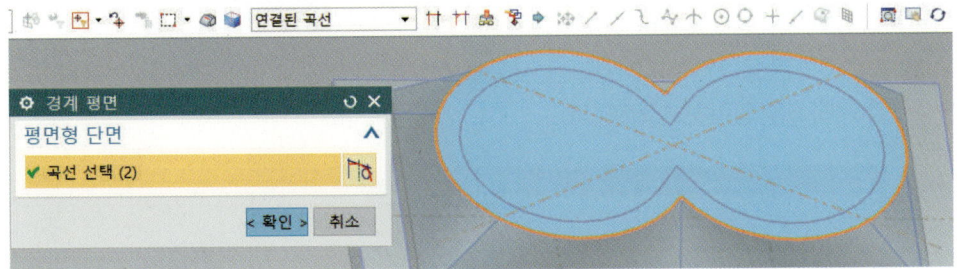

⓰ 삽입의 결합에서 잇기를 선택하고, 타겟과 나머지 모든 공구 면을 선택한 후 확인한다.

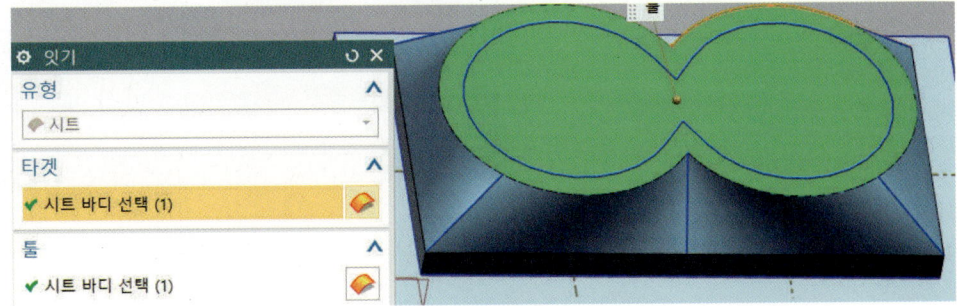

⑰ 삽입의 결합에서 잇기를 선택하고, 타겟과 나머지 모든 공구면을 선택한 후 확인한다.

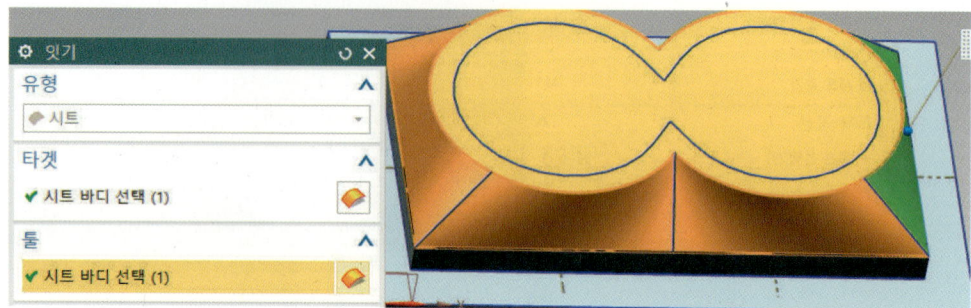

⑱ 삽입의 결합에서 패치(C)를 선택하고, 타겟과 나머지 모든 공구면을 선택한 후 확인한다.

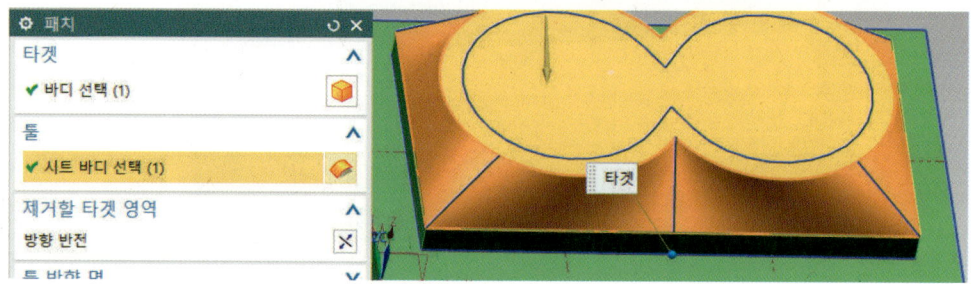

4 돌출 작성하기

❶ 돌출 아이콘을 선택한다. 연결된 곡선을 선택한 상태에서 단면 곡선을 선택하고, 한계는 끝 값 거리 6을 입력하고 확인한다.

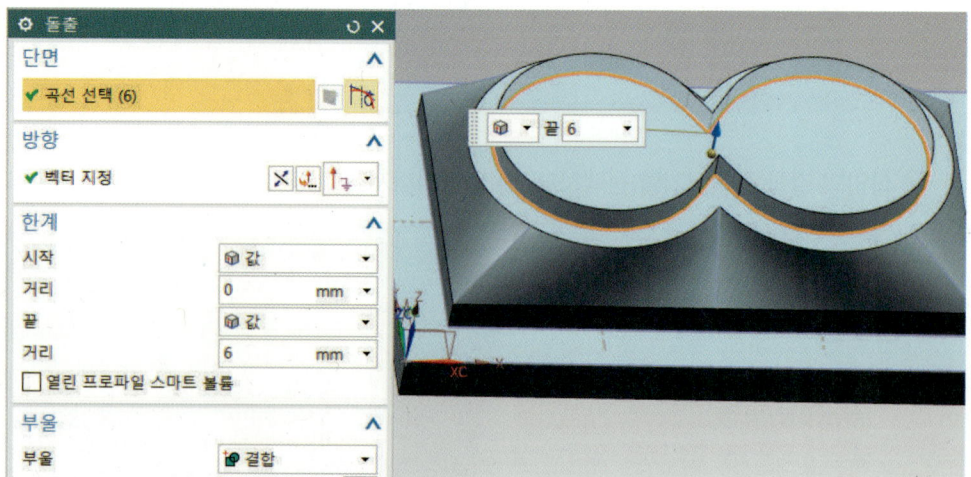

PART Ⅳ 서피스(Surface) 모델링

❷ 삽입에서 를 선택한다. 유형은 평면 상에서, 스케치 면은 기존 평면을 선택한 후 확인한다.

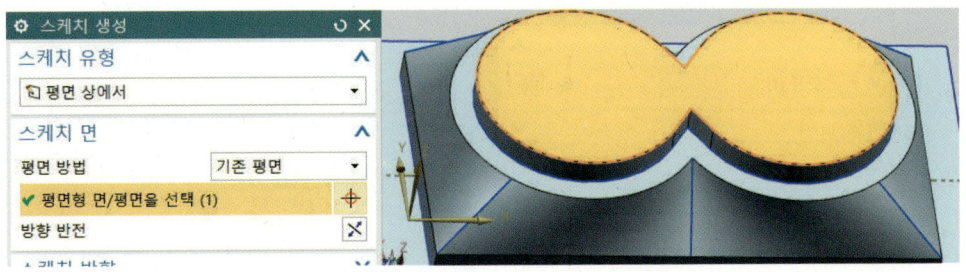

❸ 원 아이콘을 선택하여 아래 그림처럼 원을 생성한 후 구속조건을 클릭하고, X축 좌표계 중심과 원의 중심을 곡선상의 점( )에서 중심 선을 확인한다. 원의 크기 동심원을 맞추고 치수기입 후 종료한다.

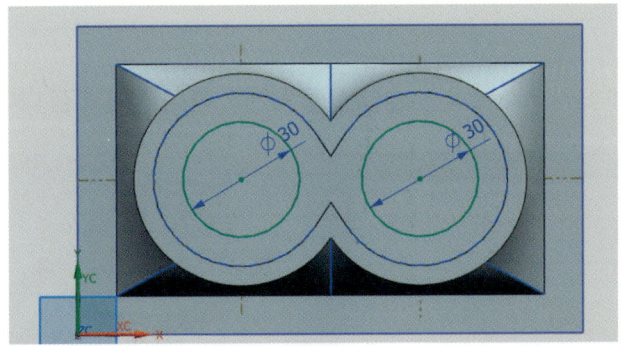

❹ 돌출 아이콘을 선택한다. 단면에서 곡선 선택을 하고, 한계는 끝값 거리 −12를 입력하고 확인한다. 부울에서 빼기로 하고, 구배는 시작한계로부터 −10을 입력하고 확인한다.

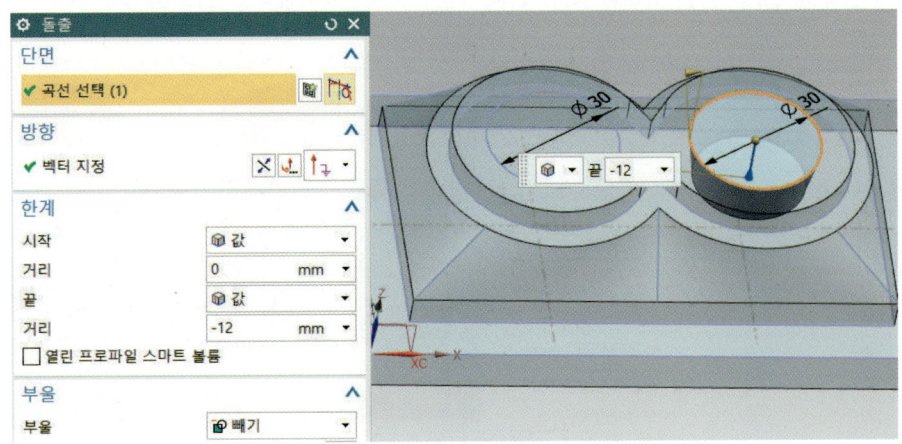

❺ 돌출에서 단면은 곡선 선택을 하고, -15만큼 입력하고 확인한다. 부울에서 빼기로 하고, 구 배는 시작한계로부터 -15를 입력하고 확인한다.

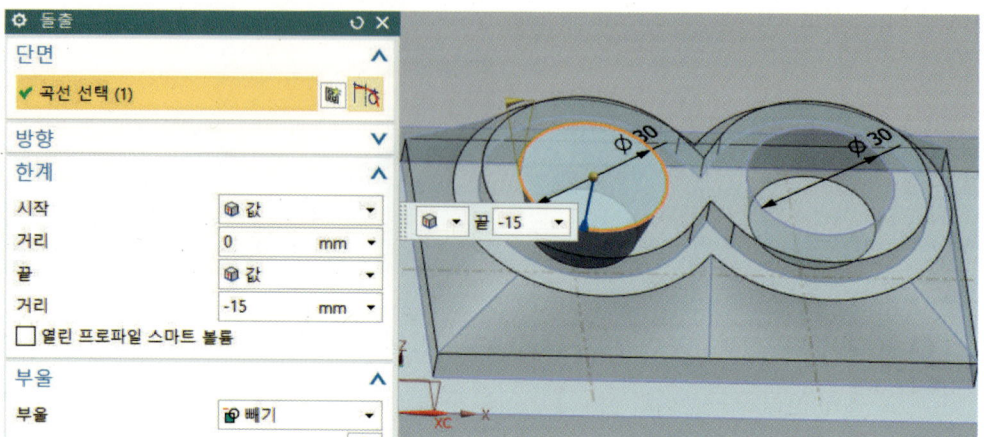

5 구 작성하기

❶ 삽입의 특징형상설계에서 구(S)... 를 클릭한다. 중심 점에서 점 다이얼로그를 클릭한다.

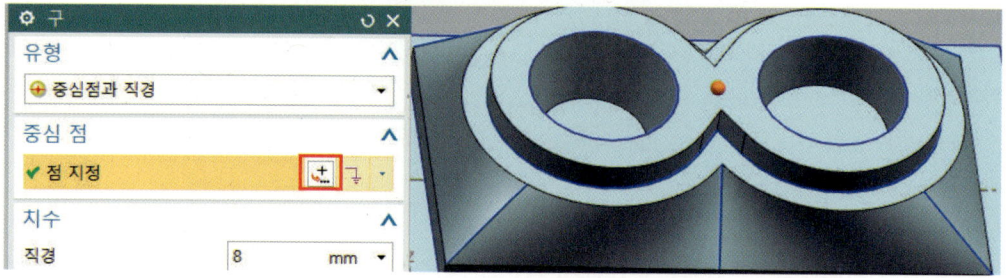

❷ 좌표를 절대-작업 파트로 하고 X65, Y40, Z28을 입력한 후 확인한다.

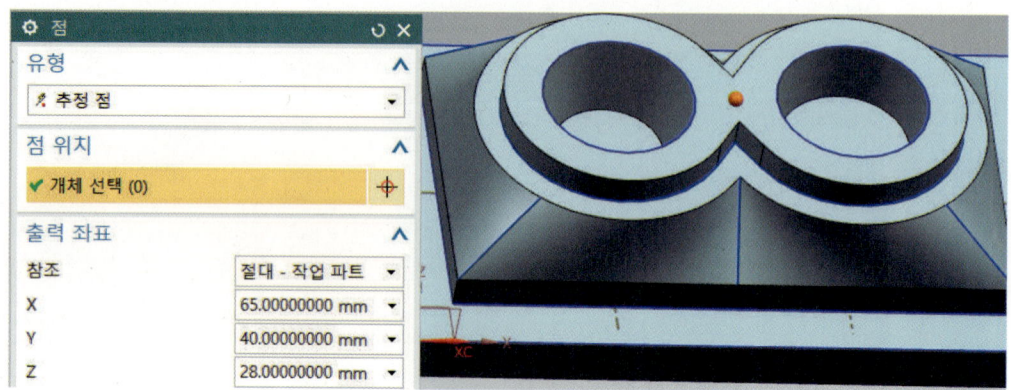

❸ 치수는 직경 8, 부울은 결합으로 하고, 바디 선택을 한 후 확인한다.

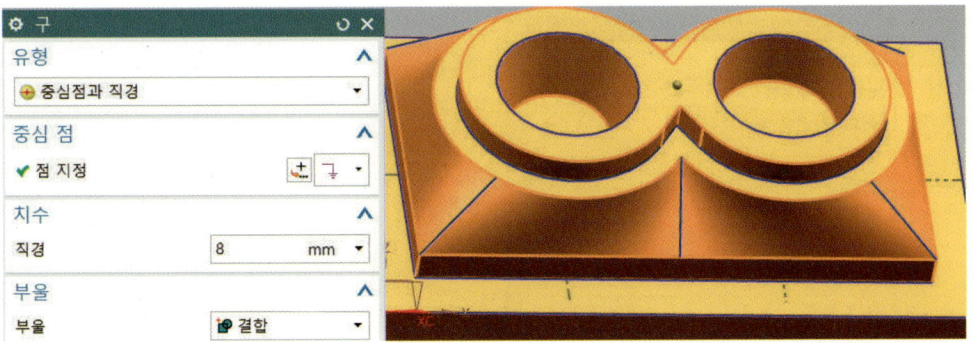

6 표시 및 숨기기

❶ 표시 및 숨기기 아이콘을 클릭한다. 유형은 모두에서 숨기기(-)를 선택하고, 솔리드 바디는 표시(+)를 선택한다.

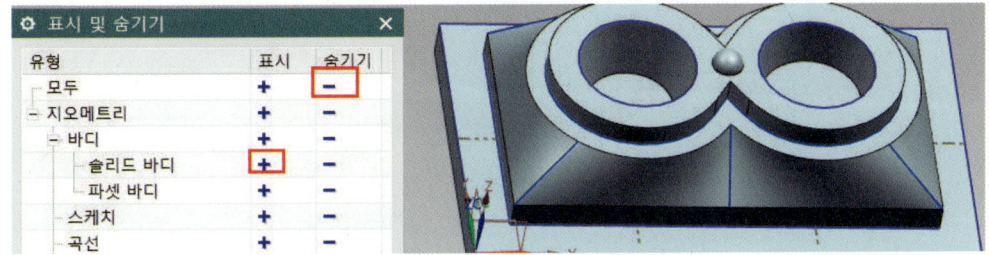

7 필렛(라운드) 작성하기

❶ 모서리 블렌드 아이콘을 클릭한다. 접하는 곡선으로 하고, 반경 값 15를 입력 후 모서리를 클릭하고 적용한다. 반대쪽에도 같은 방법으로 필렛 작업을 한다.

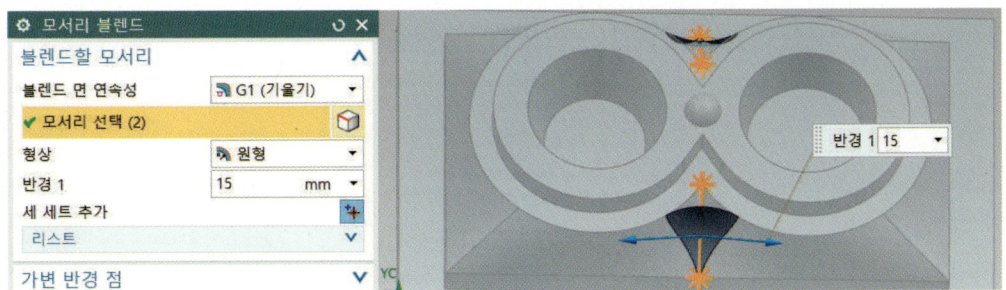

❷ 반경 값 5를 입력 후 블렌드 모서리를 클릭하고 적용한다.

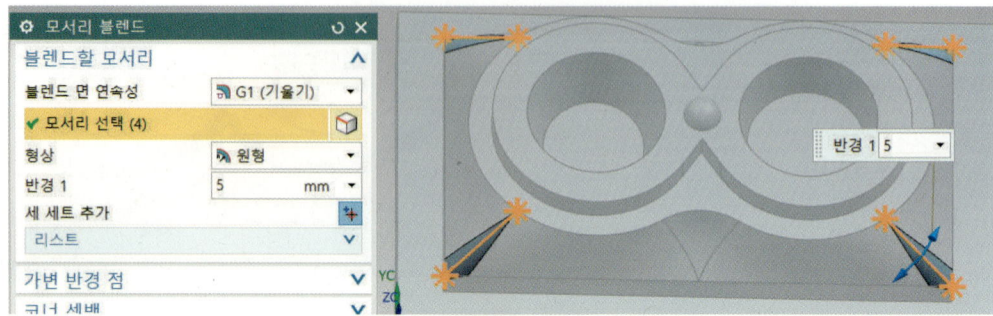

❸ 아래 그림처럼 나머지 필렛 부분도 주어 모델링을 완성한다.

제9절 Surface 메시 곡면에 의한 브라켓 모델링 따라 하기

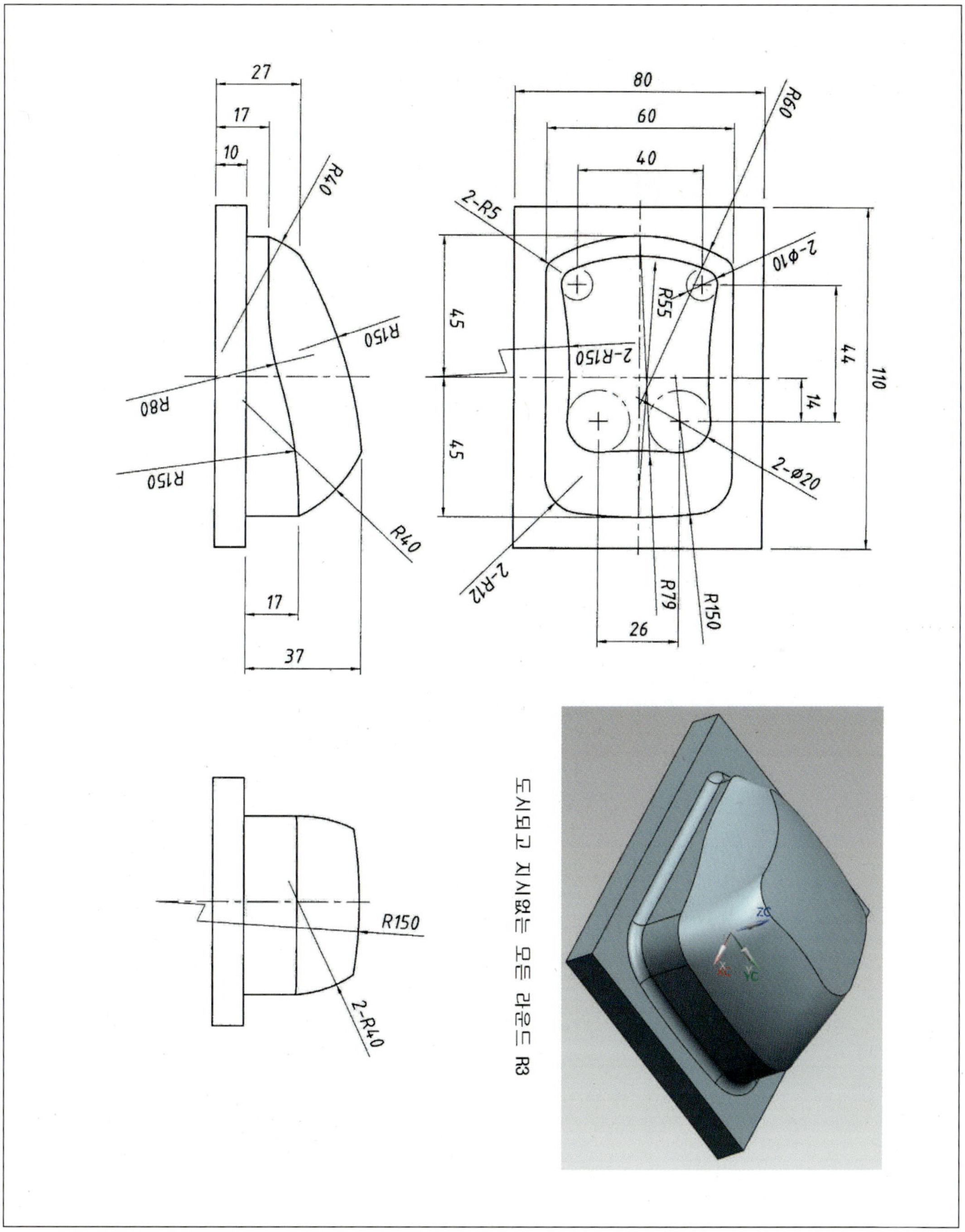

1 평면도(XY 평면) 스케치 작성하기

❶ 새로 만들기( ), Ctrl + N)를 실행한다. 모델을 선택하고 파일 이름과 저장할 폴더를 입력한 다음 확인을 클릭한다.

❷ 메뉴의 삽입에서 [타스크 환경의 스케치(S)...]를 선택하거나, 스케치 아이콘을 선택한다.

❸ 유형은 평면 상에서, 스케치 면은 평면도(XY 평면)를 선택 확인한 후 스케치 모드로 들어간다.

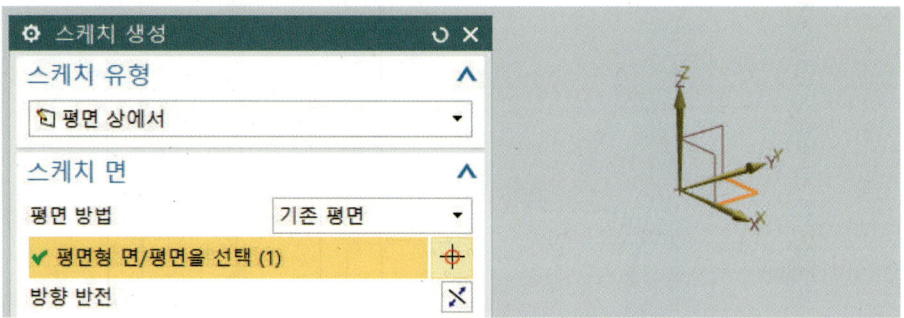

❹ 그림처럼 스케치를 작성하고 치수기입을 한다. 도면의 표시 부분은 중앙 중심 곡선상의 점 구속조건을 완성하고 스케치를 종료한다.

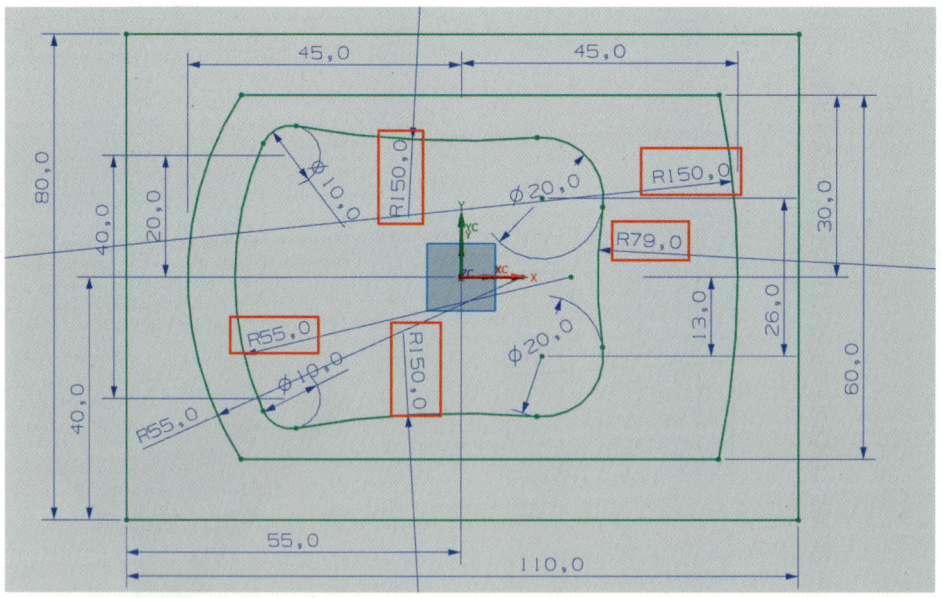

2 정면도(XZ) 스케치 작성하기

❶ 타스크 스케치 아이콘을 선택한다. 유형은 평면 상에서, 스케치 면은 기존 평면에서 XZ 평면을 선택한 후 확인한다.

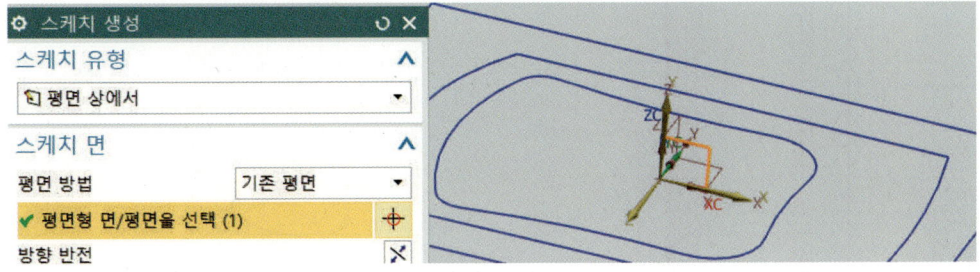

❷ 그림처럼 스케치를 확인하고, 스케치를 종료한다.

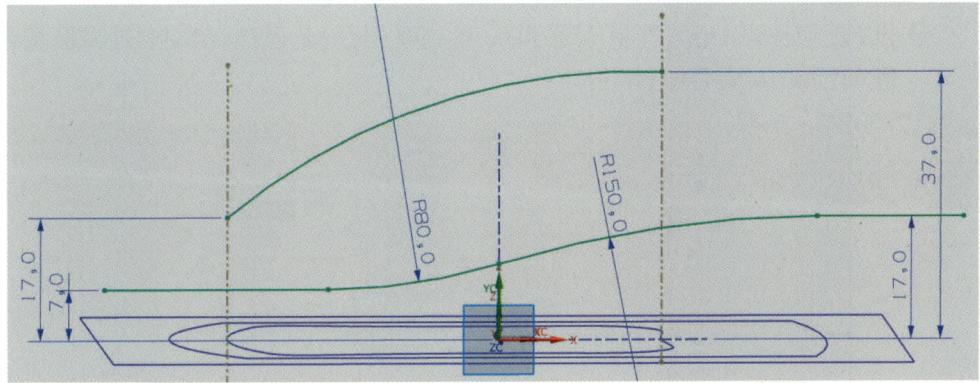

3 우측면도(YZ) 스케치 작성하기

❶ 타스크 스케치 아이콘을 선택한다. 유형은 경로 상에서 경로를 선택하고, 원호 길이는 0을 입력한 후 확인한다.

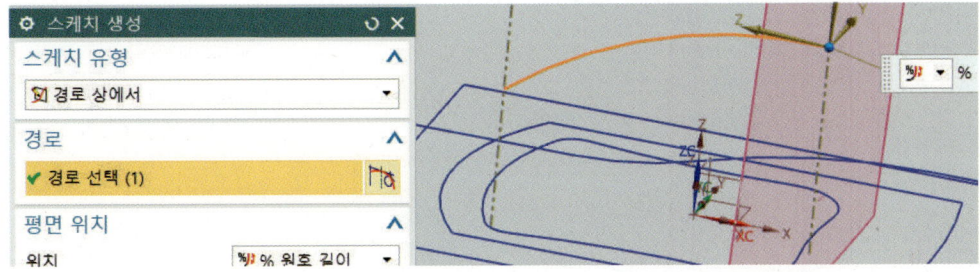

❷ MB2 버튼을 이용하여 아래 그림처럼 설정한다.

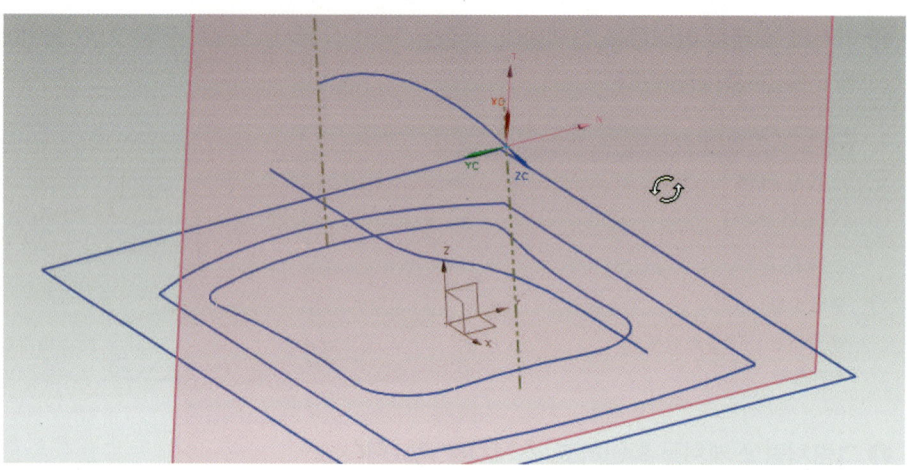

❸ 원호를 이용하여 임의의 두 점을 찍고, 세 번째 점은 XZ 평면에서 생성한 호를 끝점에 스냅을 확인하면서 끝점을 연결한다.

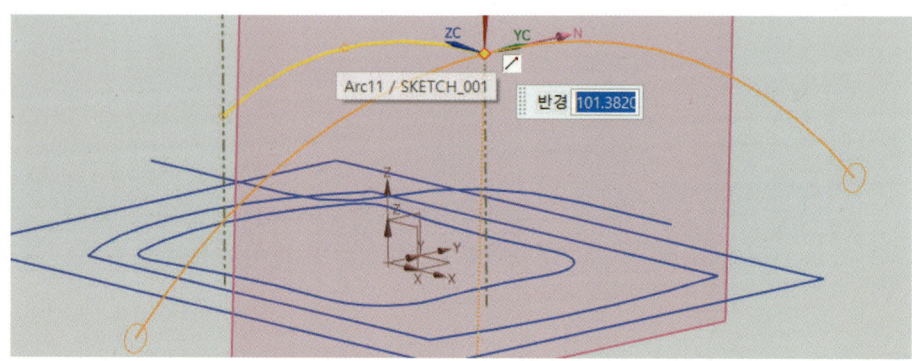

❹ 그림처럼 우측면도( )를 클릭한다. Z축 중심 거리에 40을 입력하고, 반경은 150을 입력한다.

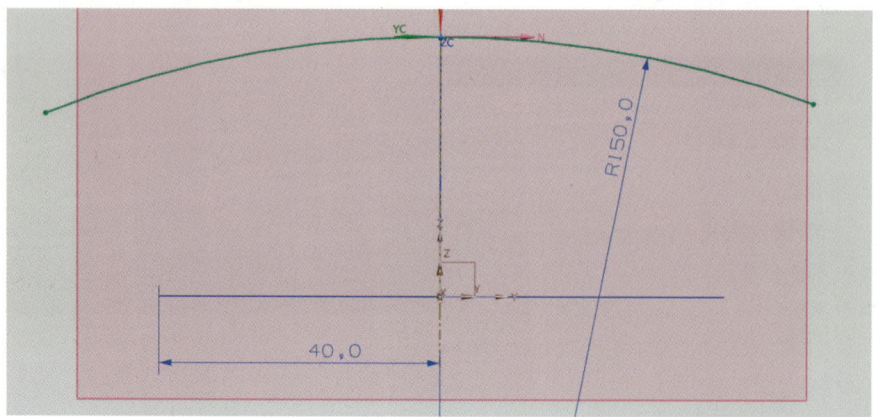

4 스윕 작성하기

❶ 삽입의 스위핑에서 가이드를 따라 스위핑(G) 을 클릭한다. 단면 곡선을 선택한 후 가이드 곡선을 클릭하고 확인한다.

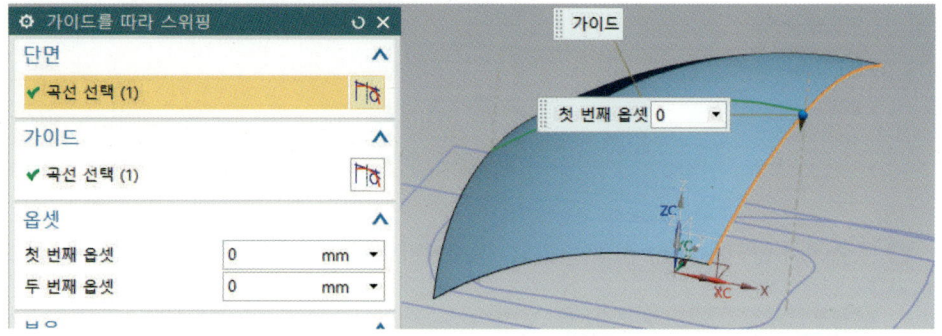

5 돌출 작성하기

❶ 돌출 아이콘을 클릭한 후 연결된 곡선을 확인하고, 단면 곡선을 클릭한다. 한계에서 끝값 거리는 -10을 입력하고 적용한다.

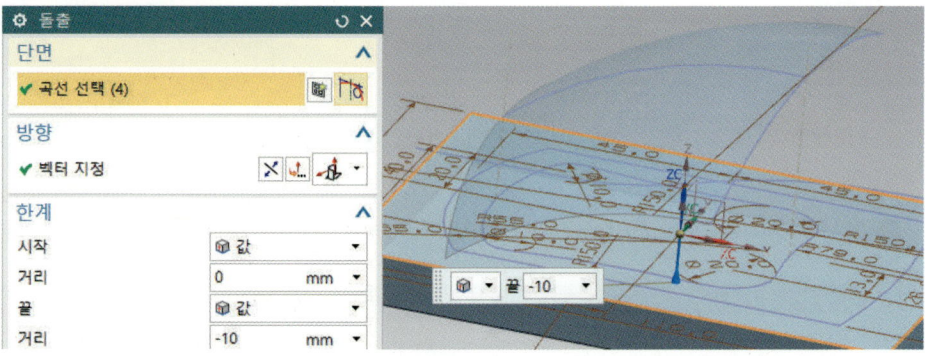

❷ 돌출에서 단면 곡선을 선택한 후 바디 유형은 시트로 하여 그림처럼 한계를 설정하고 확인한다.

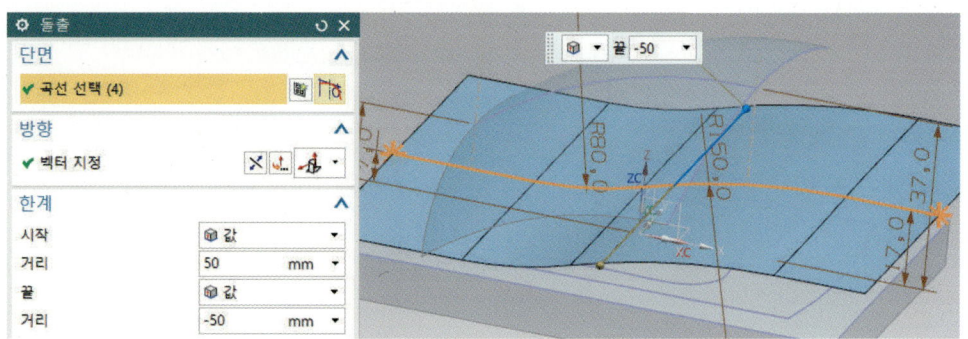

❸ 트리밍 및 연장 아이콘을 선택하고, 유형은 거리로 모서리를 선택한 다음 확인한다.

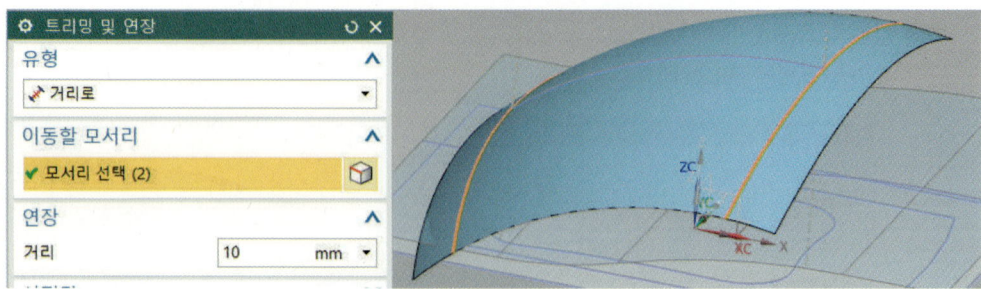

❹ 돌출에서 단면은 곡선 선택을 하고, 한계에서 시작 값 거리 0을 선택하고 적용한다.

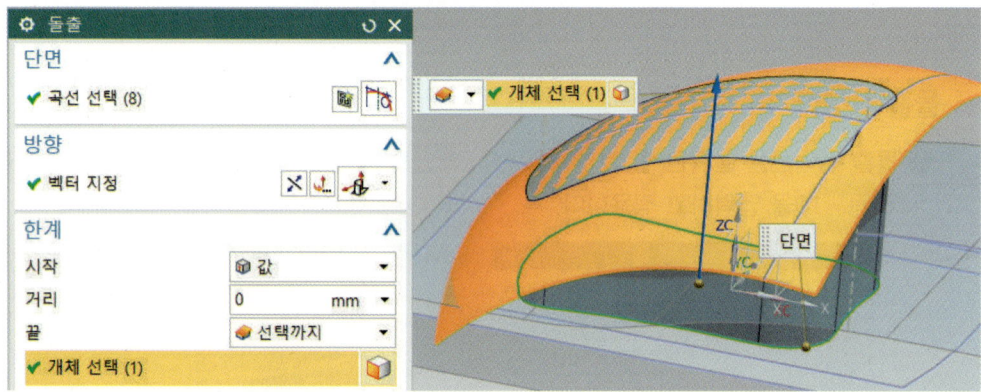

❺ 다시 돌출에서 한계 거리 끝값을 선택까지로 하고, 면을 차례대로 클릭하고 확인한다.

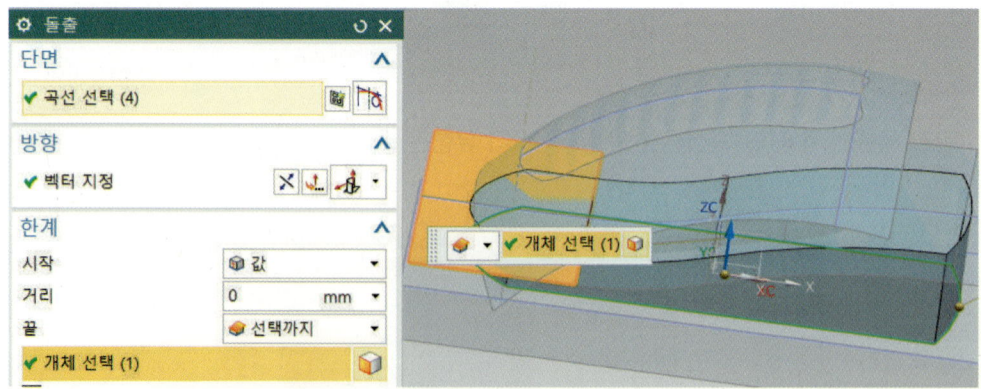

❻ 표시 및 숨기기 아이콘을 클릭한다. 유형은 모두에서 숨기기(–)를 선택하고, 솔리드 바디는 표시(+)를 선택한다.

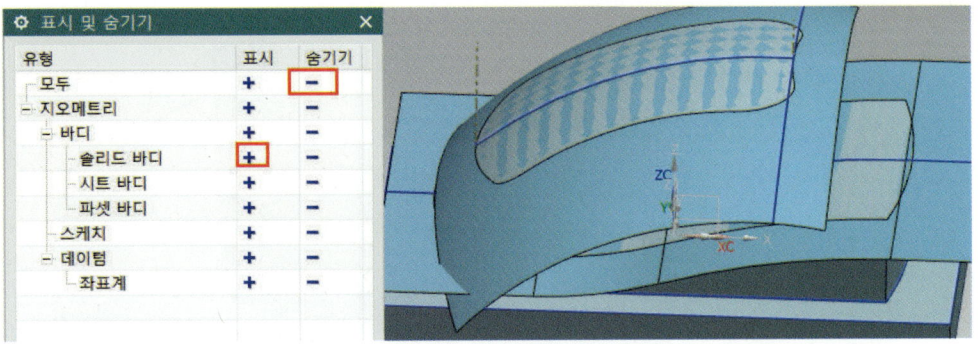

6 메시 곡면 작성하기

❶ 타스크 스케치 아이콘을 선택하고, 유형은 평면 상에서, 스케치 면은 정면도(XZ 평면)를 선택하고 확인한다.

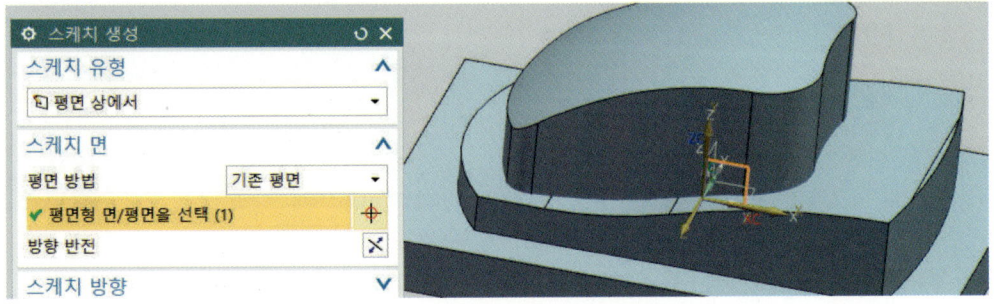

❷ 삽입의 곡선에서 교차 점(N)을 클릭한다. 그림처럼 곡선을 선택하고 적용한다.

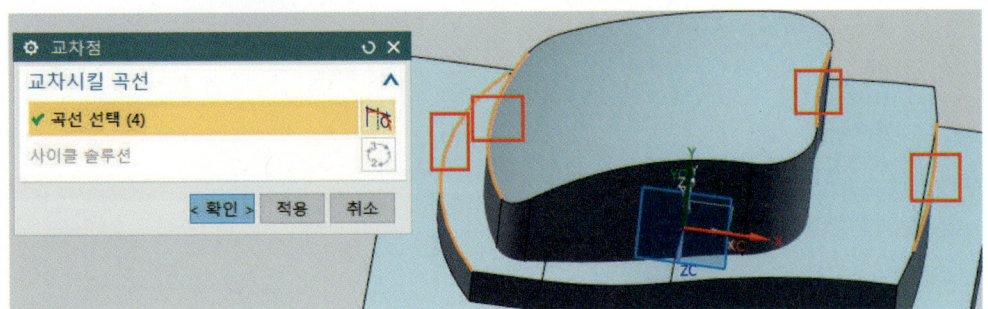

❸ 호 아이콘을 선택하고, 스냅 기존 점을 확인하면서 그림처럼 스케치하고, 치수기입한 후 스케치를 종료한다.

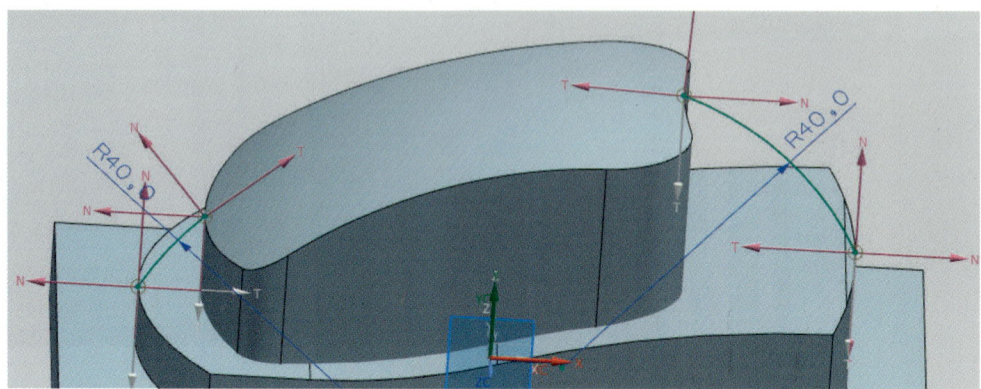

❹ 모서리 블렌드 아이콘을 이용하여 반경 12를 입력한 후 모서리 2군데를 선택하고 적용한다.

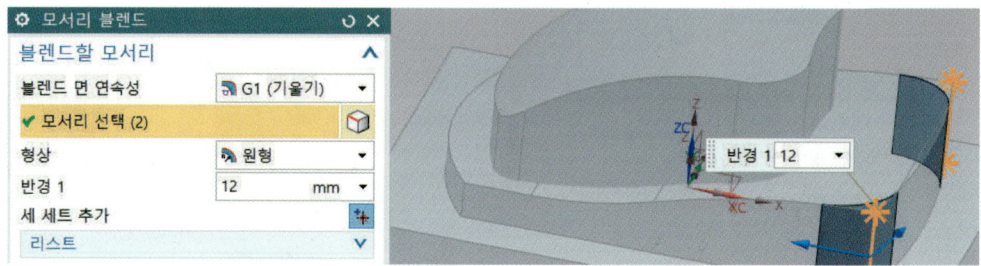

❺ 같은 방법으로 반경 5를 입력하고, 모서리 2군데를 선택하고 적용한다.

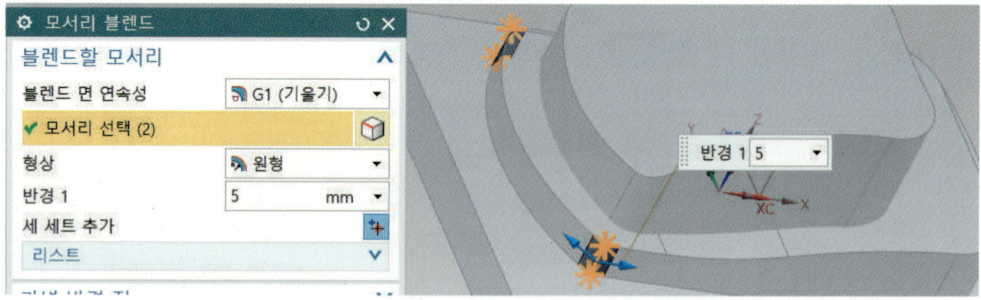

❻ 삽입의 메시 곡면에서 [곡선 통과 메시(M)...] 를 클릭한다. 접하는 곡선으로 하고, 기본 곡선에서 곡선을 선택하고 MB2를 클릭한다.

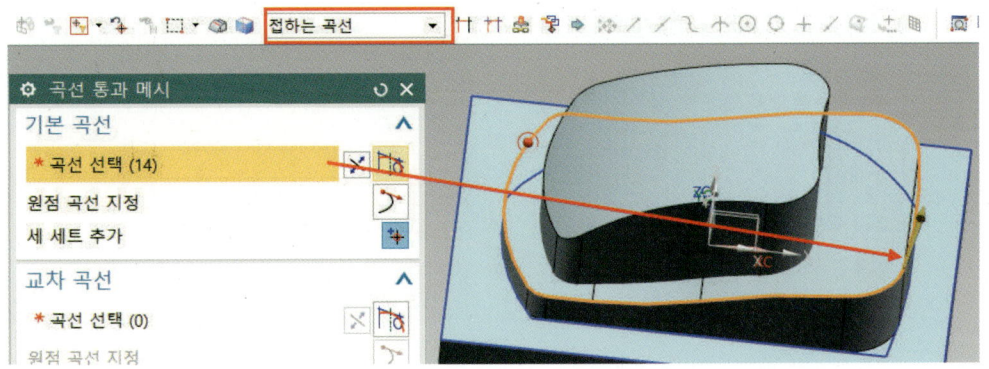

❼ 기본 곡선에서 곡선을 선택하고, MB2를 클릭한다. 화살표 방향이 맞지 않으면 방향 반전을 클릭한다.

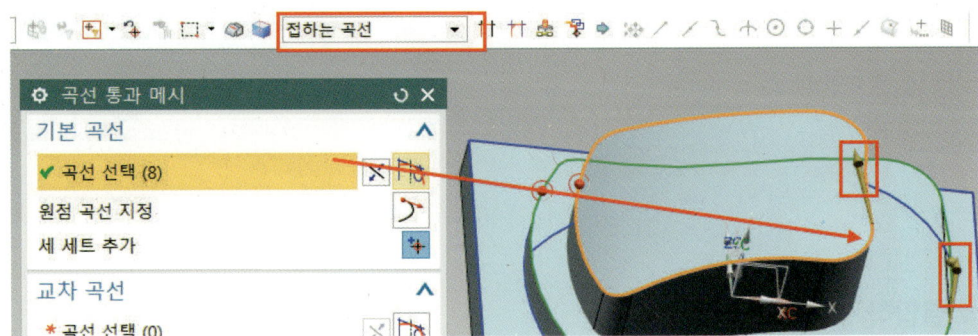

❽ 탭을 교차 곡선으로 하고, 곡선 선택을 한 후 MB2를 클릭한다. 화살표 방향이 맞지 않으면 방향 반전을 클릭한다.

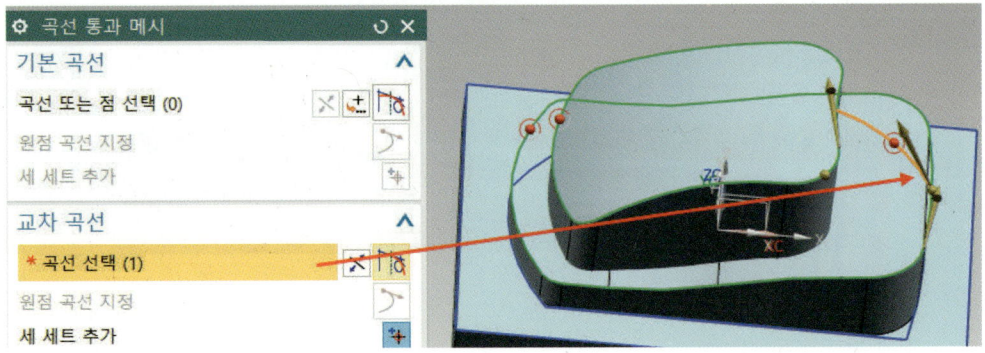

❾ 다시 교차 곡선에서 곡선 선택을 하고, MB2를 클릭한다. 화살표 방향이 맞지 않으면 방향 반전을 클릭한다.

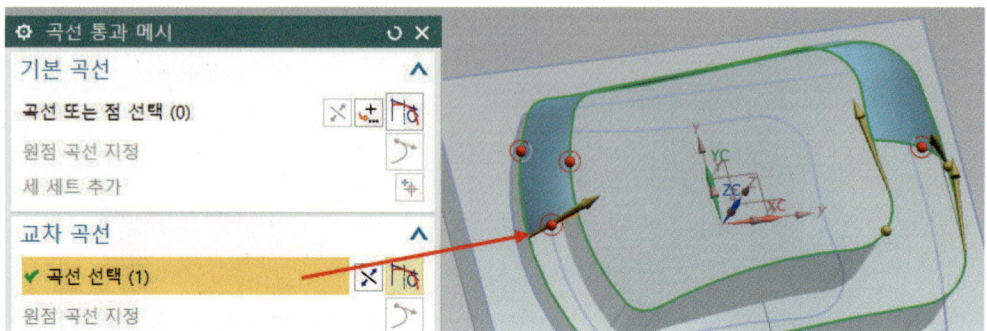

❿ 다시 교차 곡선에서 곡선 선택을 하고 MB2를 클릭한다.

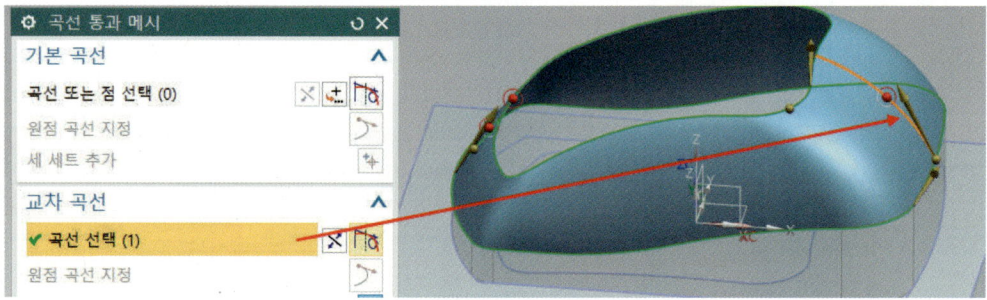

7 결합하기

❶ 결합하기 아이콘을 클릭한 다음 타겟 바디를 선택하고, 공구에서 바디 선택을 클릭하고 확인한다.

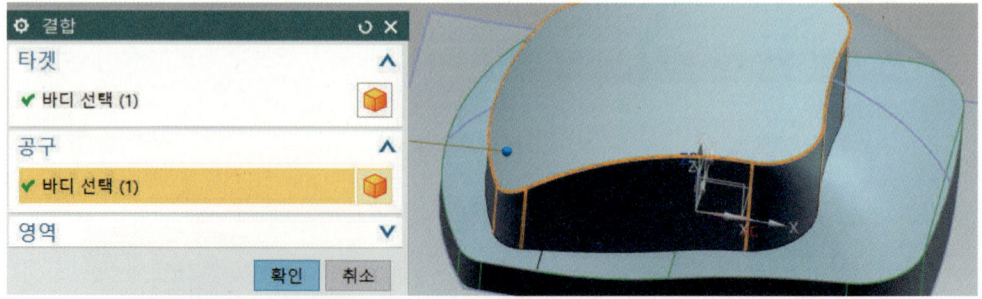

❷ 삽입의 결합에서 를 선택하고, 그림처럼 설정한 후 확인한다.

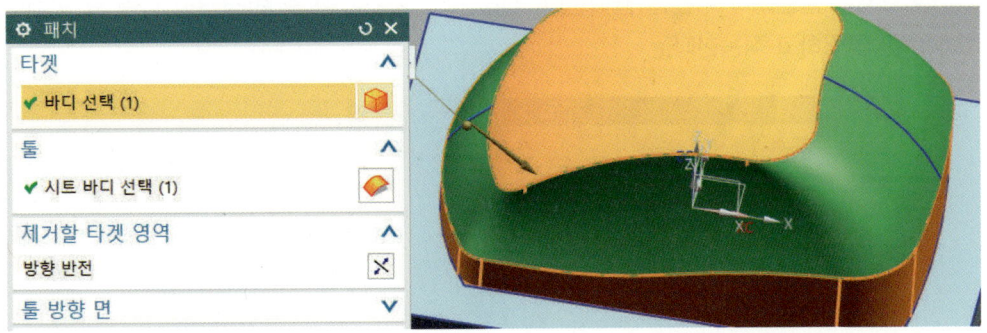

8 표시 및 숨기기 및 결합하기

❶ 표시 및 숨기기 아이콘을 클릭한다. 유형은 모두에서 숨기기(-)를 선택하고, 바디에서 솔리드 바디는 표시(+)를 선택한다.

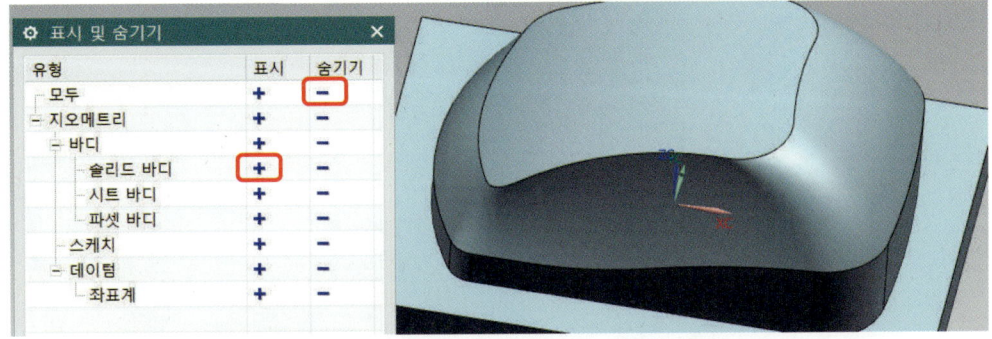

❷ 결합하기 아이콘을 클릭하고, 타겟 바디를 선택하고, 공구에서 바디 선택을 클릭한 후 확인한다.

9 필렛(라운드) 작성하기

❶ 모서리 블렌드 아이콘을 클릭한다. 접하는 곡선으로 한 후 반경 3을 입력 후 블렌드 모서리를 클릭하고 적용한다.

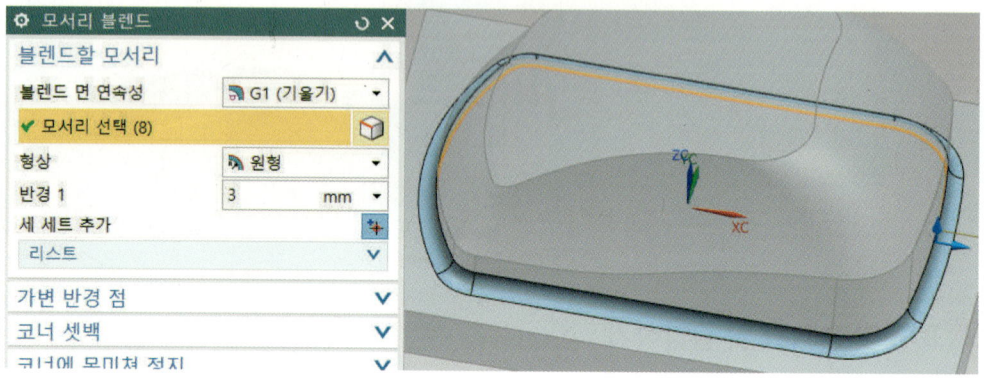

❷ 아래 그림은 완성된 모델링 그림이다.

제10절 Surface 컵 모델링 따라 하기

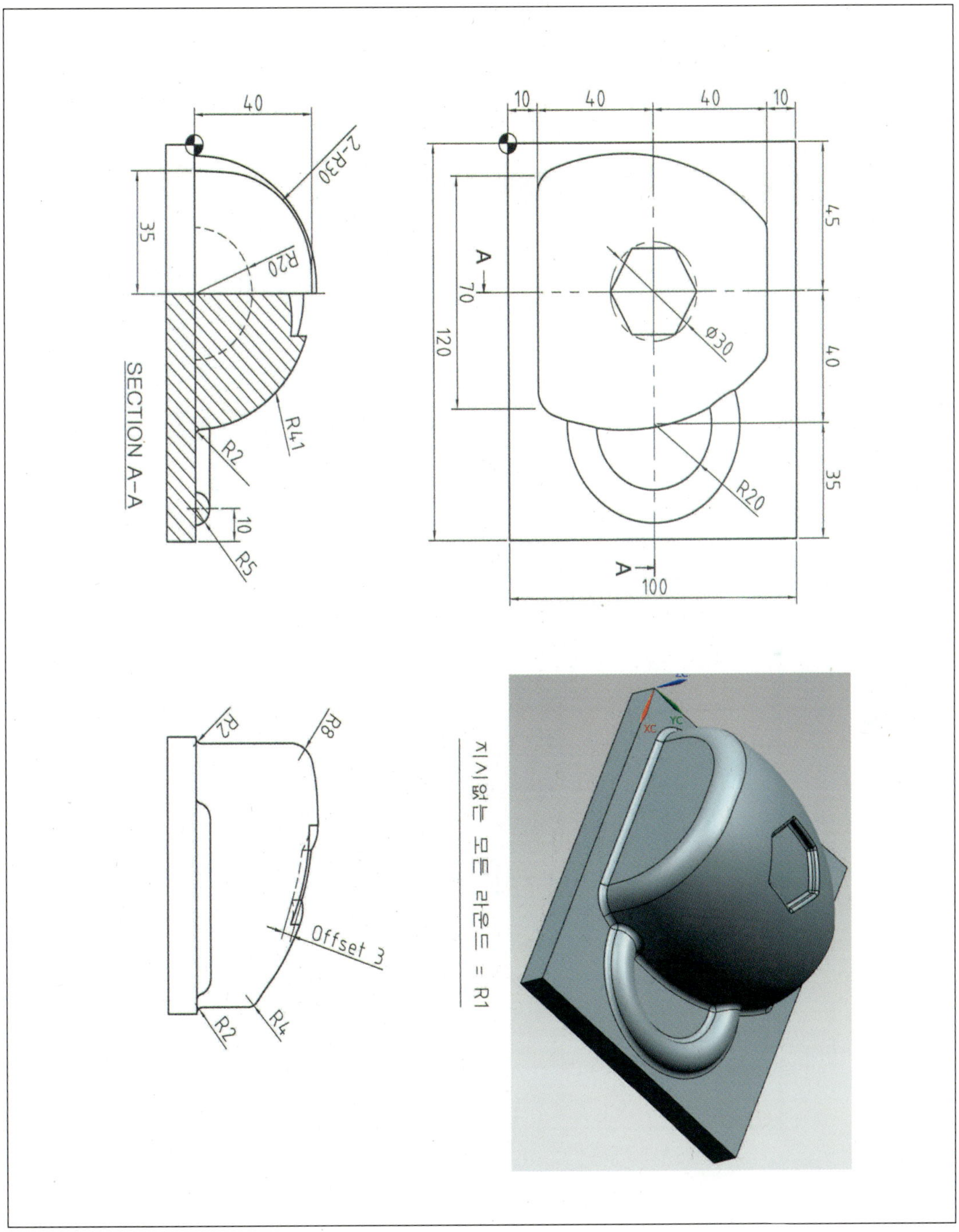

1 평면도(XY 평면) 스케치 작성하기

① 새로 만들기( ), Ctrl + N)를 실행한다. 모델을 선택하고 파일 이름과 저장할 폴더를 입력한 다음 확인을 클릭한다.

② 메뉴의 삽입에서 타스크 환경의 스케치(S)...를 선택하거나, 스케치 아이콘을 선택한다.

③ 유형은 평면 상에서, 스케치 면은 평면도(XY 평면)를 선택한 후 확인하고, 스케치 모드로 들어간다.

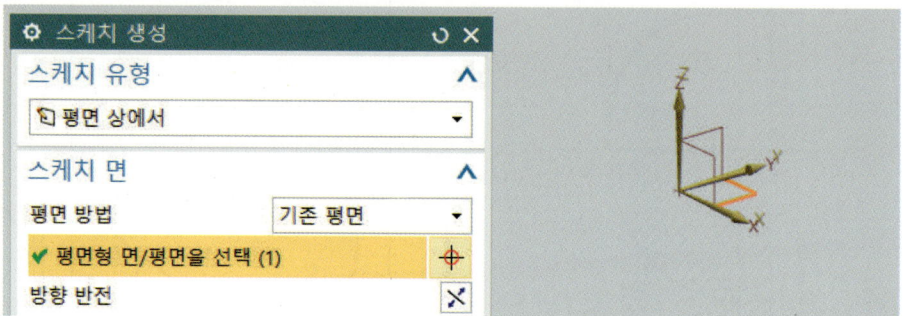

④ 아래 그림과 같이 스케치를 작성하고, 치수 아이콘을 이용하여 치수기입을 하고 종료한다.

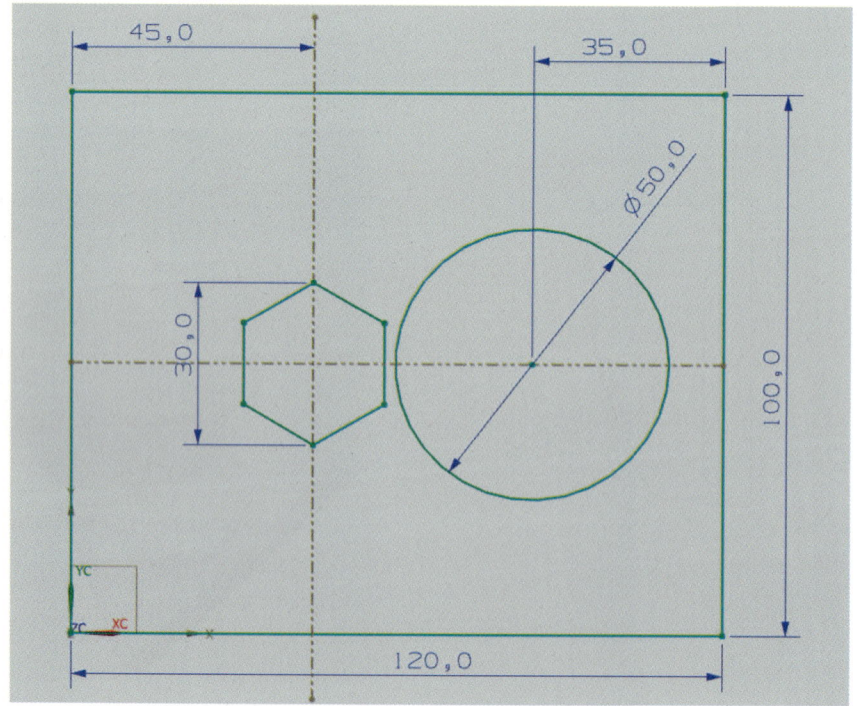

PART Ⅳ 서피스(Surface) 모델링

2 돌출 작성하기

❶ 돌출 아이콘을 선택하고 연결된 곡선으로 한다. 단면은 곡선을 선택하고 한계에서 끝값 거리 −10을 입력하고 확인한다.

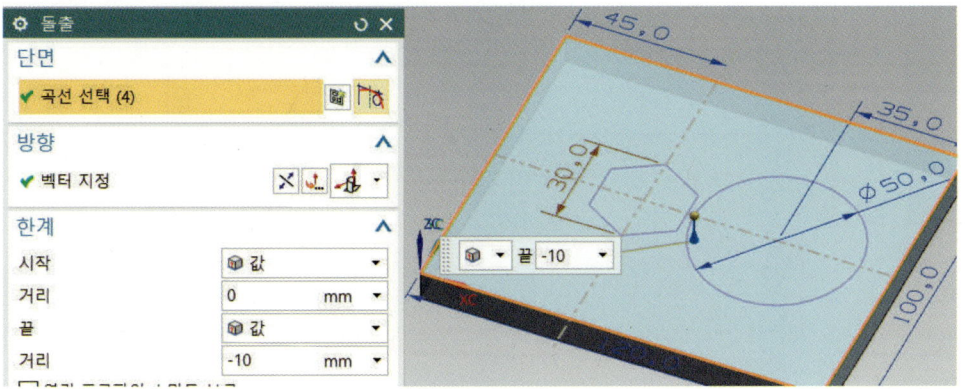

3 메시 곡면 작성하기

❶ 데이텀 평면을 클릭하고 유형은 거리로 하고, 그림과 같이 평면형 참조에서 개체 선택한 후 선택하고 옵셋은 거리 −10을 입력하고 적용한다. 평면참조 선택하고 옵셋 거리 −50을 입력하고 적용한다. 평면형 참조에서 개체 선택하고, 옵셋은 거리 −90을 입력하고 확인한다.

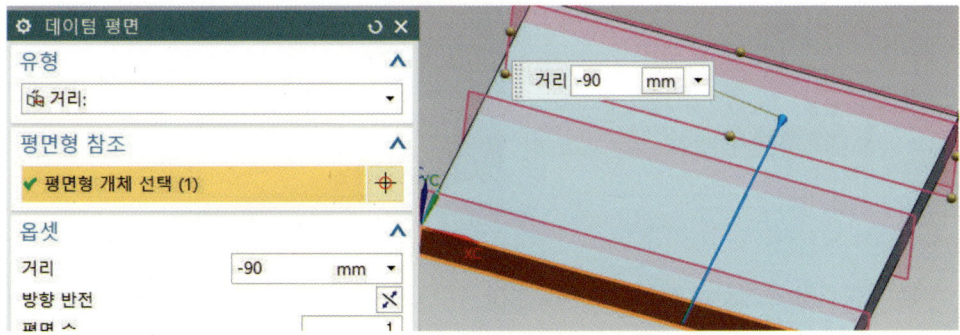

❷ 타스크 스케치를 클릭하고, 유형은 평면 상에서, 스케치 면은 데이텀 평면을 클릭하고 확인한다.

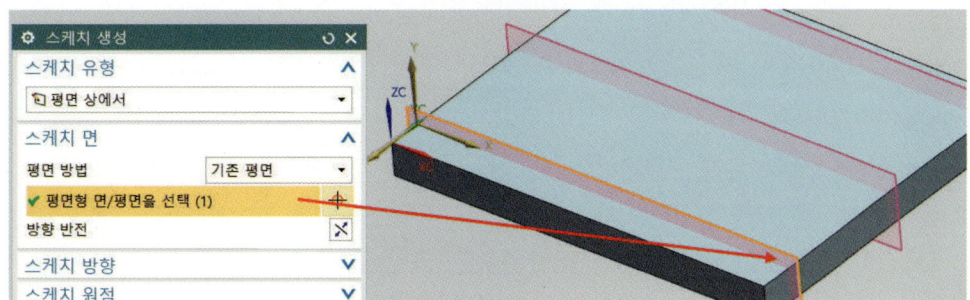

❸ 직사각형을 이용하여 스냅 곡선상의 점이 표시될 때 모서리를 선택하여 그림과 같이 스케치를 생성한다. 그림처럼 치수를 기입하고, 필렛 아이콘 이용하여 반경 30을 입력하고 양쪽 모서리를 필렛한 후 스케치를 종료한다.

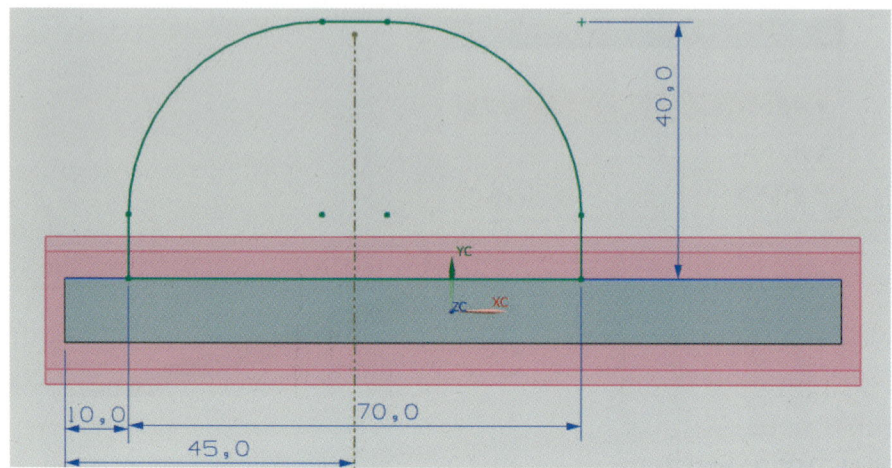

❹ 타스크 스케치를 클릭하고, 유형은 평면 상에서, 스케치 면은 데이텀 평면을 클릭하고 확인한다.

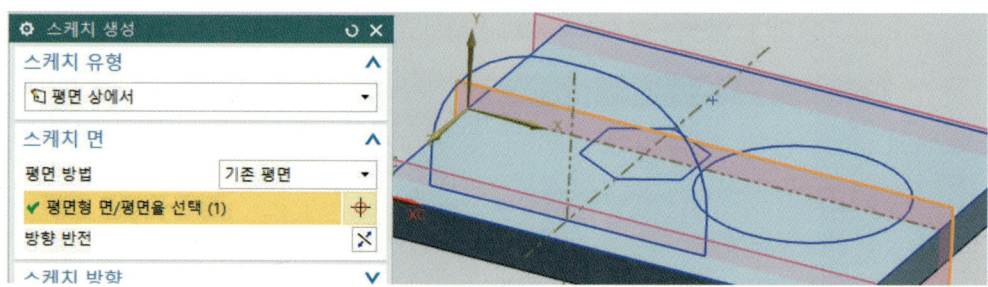

❺ 그림처럼 스케치를 작성하고 종료한다.

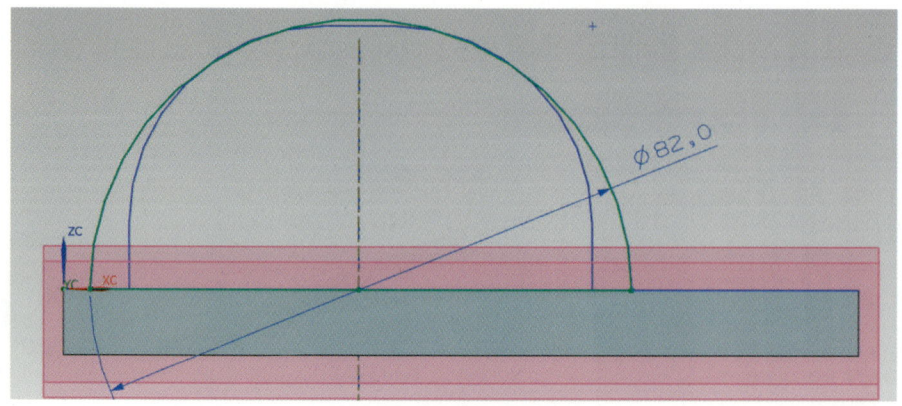

❻ 타스크 스케치를 클릭하고, 유형은 평면 상에서, 스케치 면은 데이텀 평면을 클릭하고 확인한다.

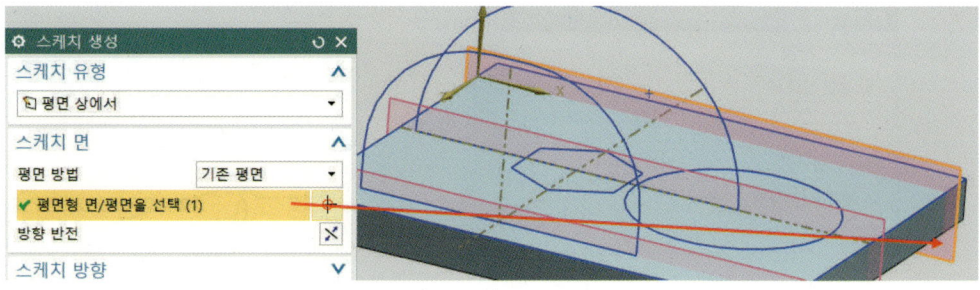

❼ 그림처럼 스케치 작성하고 종료한다.

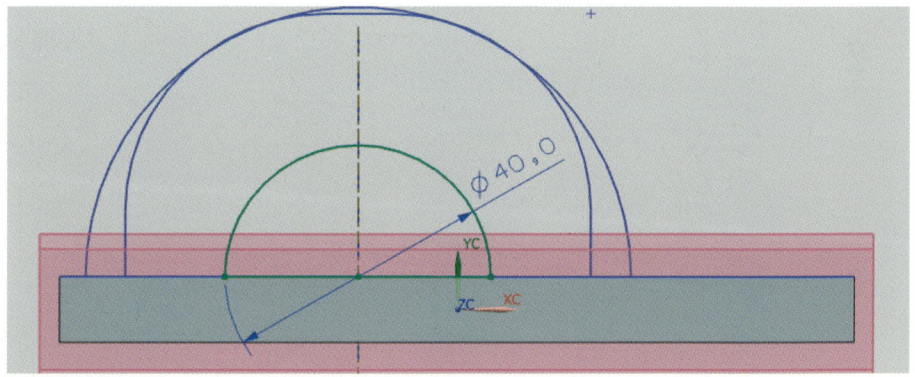

❽ 그림처럼 데이텀 평면을 클릭하고, MB3을 클릭하여 숨기기 한다.

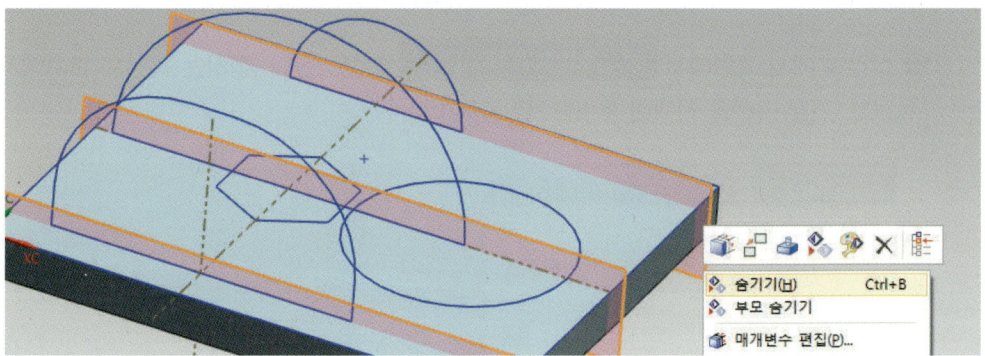

❾ 타스크 스케치를 클릭하고, 유형은 평면 상에서, 스케치 면은 바닥 평면을 클릭하고 확인한다.

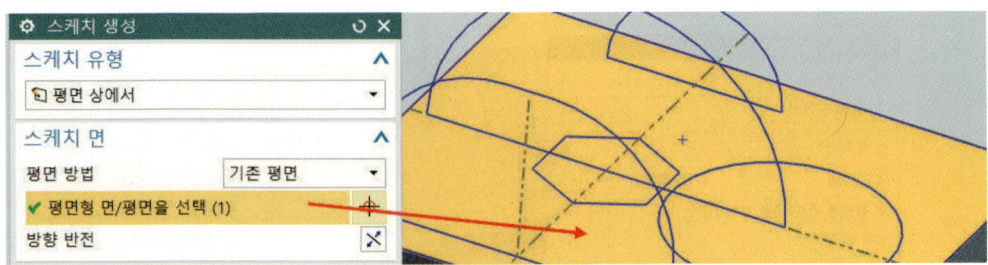

❿ 원호 아이콘을 이용하여 스냅 끝점을 이용하여 곡선을 연결한다.

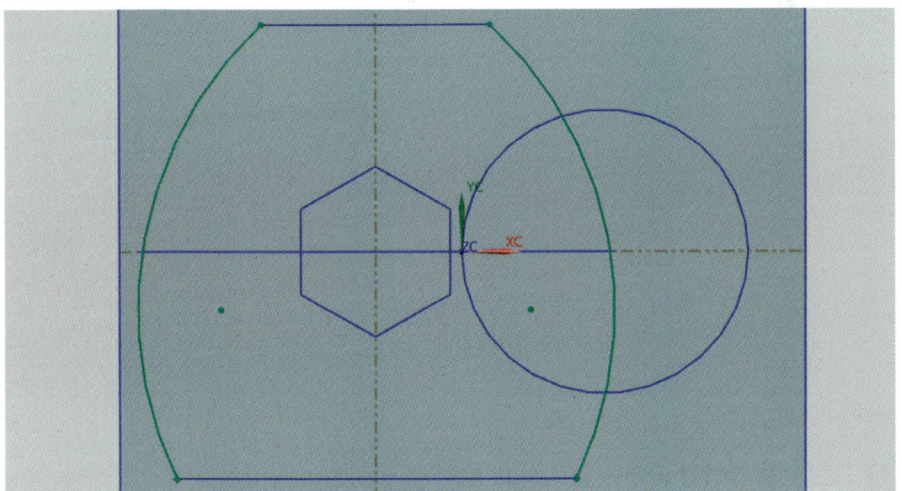

⓫ 삽입의 메시 곡면에서 곡선 통과 메시(M)... 를 클릭한다. 접하는 곡선은 교차에서 정지로 하고, 기본 곡선을 선택한 후 MB2를 클릭한다.

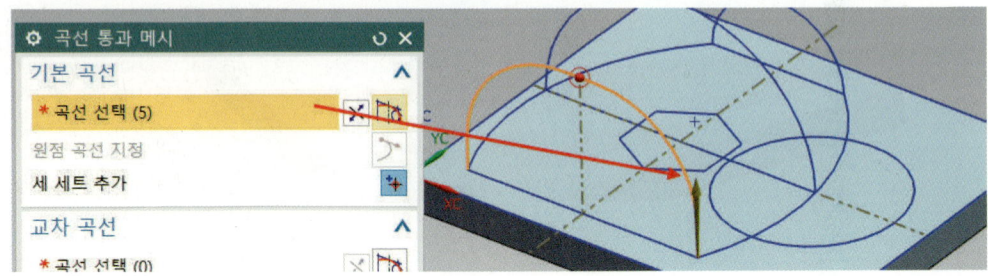

⓬ 기본 곡선을 선택하고, MB2를 클릭한다. 여기서 방향은 같은 방향으로 확인한다.

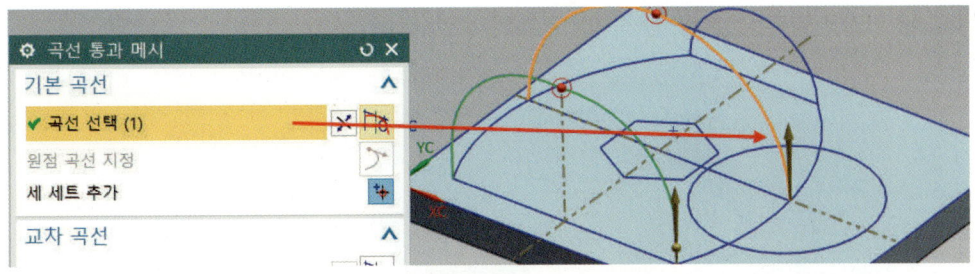

⓭ 다시 기본 곡선을 선택하고 MB2를 클릭한다. 여기서 방향은 같은 방향으로 확인한다.

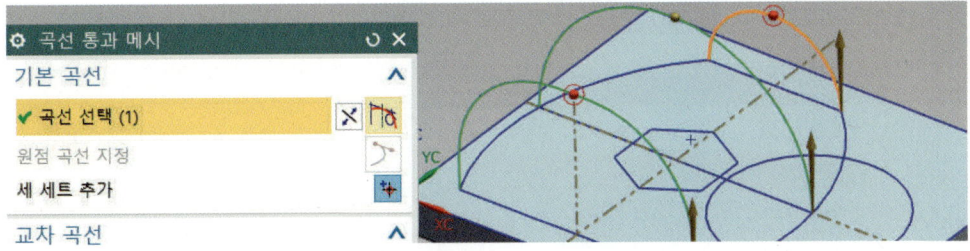

⓮ 교차 곡선으로 탭을 선택하고, 곡선 선택을 하고 MB2를 클릭한다.

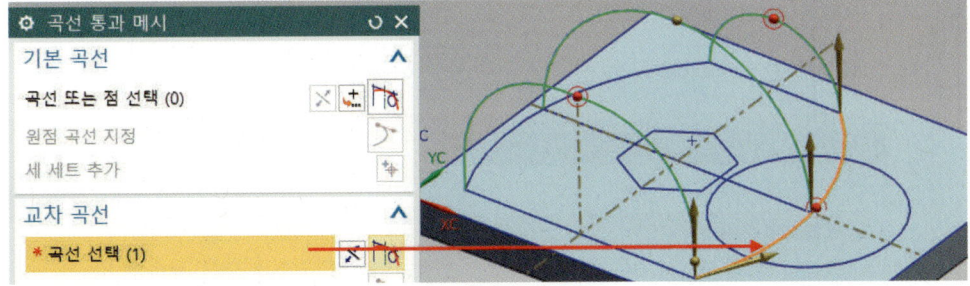

⓯ 다시 교차 곡선에서 곡선을 선택하고 MB2를 클릭한다. 여기서 방향은 같은 방향으로 확인한다.

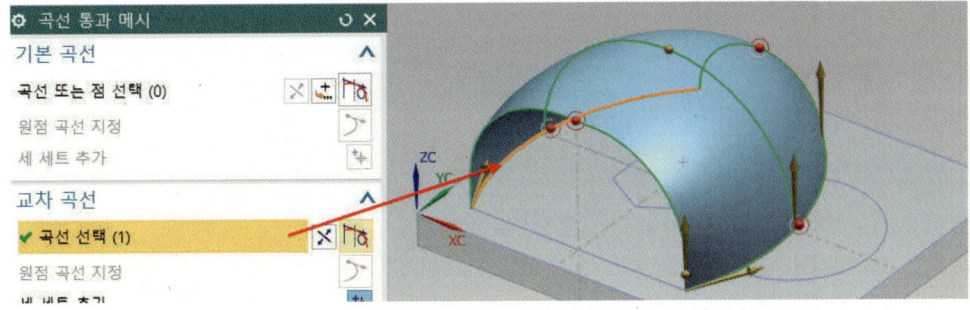

4 경계평면 작성하기

❶ 베이스 면을 클릭하고, MB3을 클릭하여 숨기기 한다.

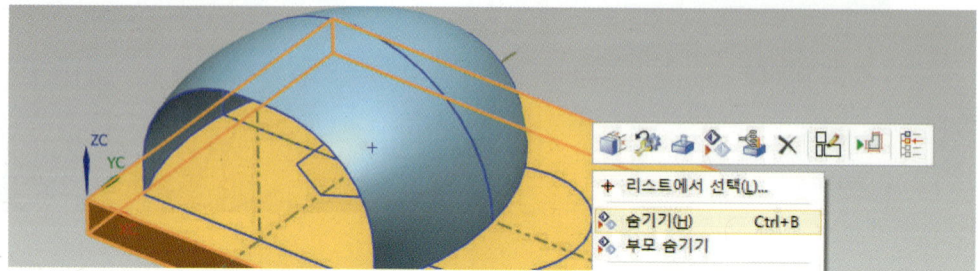

❷ 삽입의 곡면에서 경계 평면(B)... 을 클릭한다. 평면형 단면에서 곡선 선택을 클릭하고 적용한다.

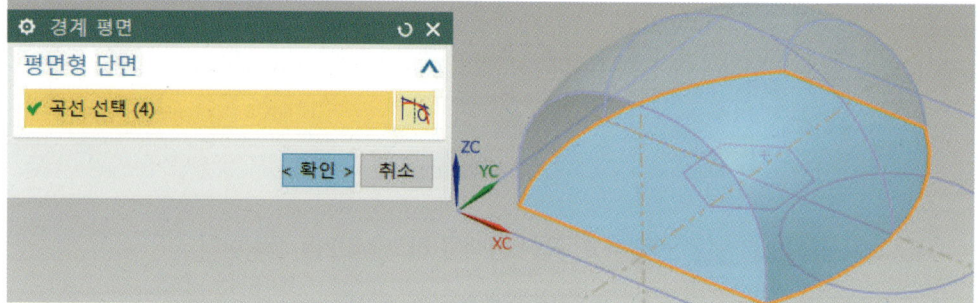

❸ 다시 평면형 단면에서 곡선 선택을 클릭하고 적용한다.

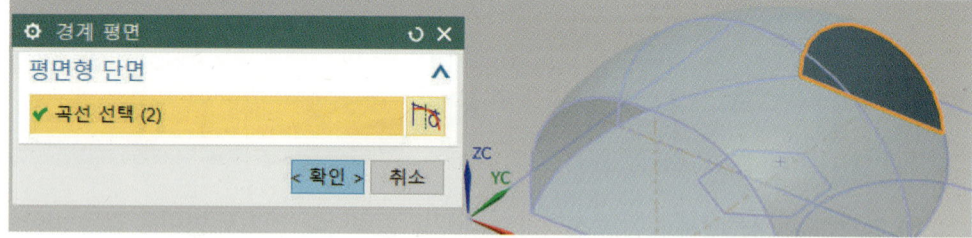

❹ 다시 단면 곡선을 클릭하고 적용한다.

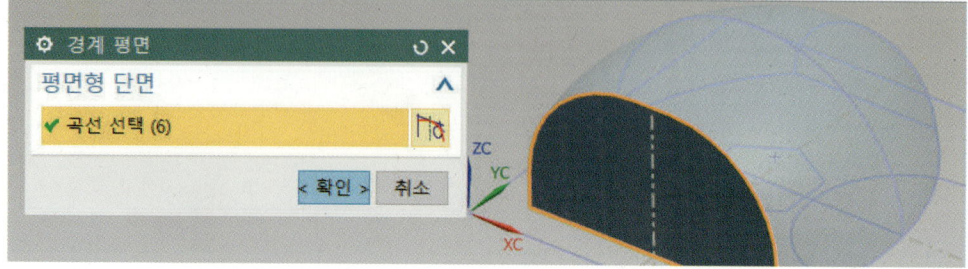

❺ 삽입의 결합에서 잇기를 클릭한다. 타겟 바디를 선택하고, 공구에서 시트 바디 전체를 선택하고 확인한다.

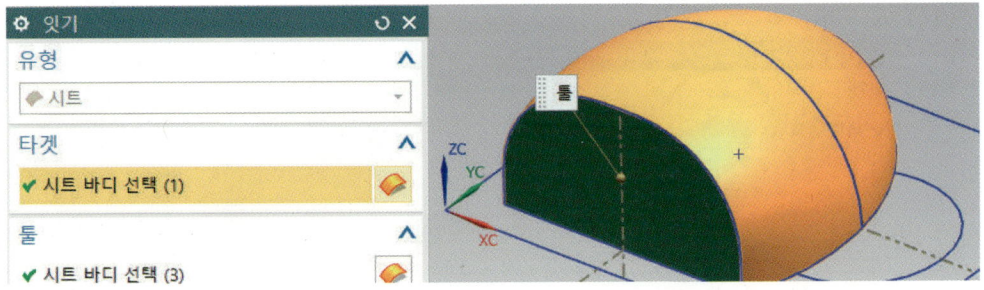

❻ 표시 및 숨기기 아이콘을 클릭한다. 유형은 모두에서 숨기기(-)를 선택하고, 솔리드 바디와 스케치는 표시(+)를 선택한다.

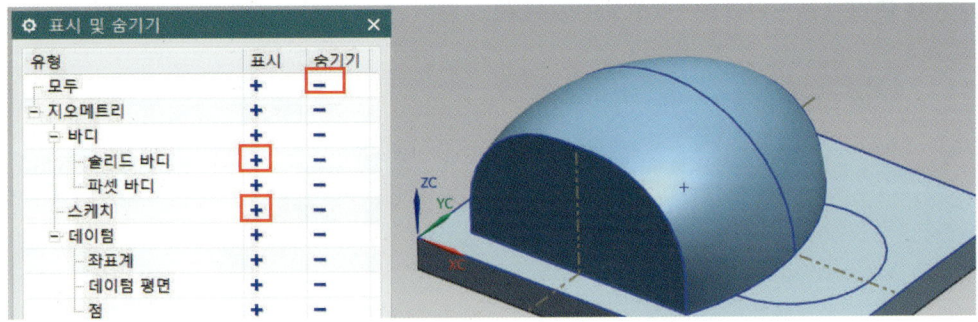

5 튜브 작성하기

❶ 삽입의 스위핑에서 튜브①... 를 클릭한다. 단면에서 외경 10mm을 입력 후 경로는 곡선을 클릭하고 확인한다.

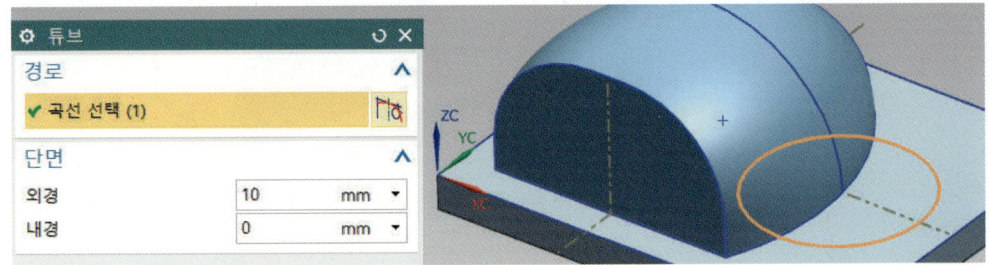

6 결합하기

❶ 결합 아이콘을 클릭하고, 타겟에서 바디를 선택하고, 공구에서 바디를 선택한 후 확인한다.

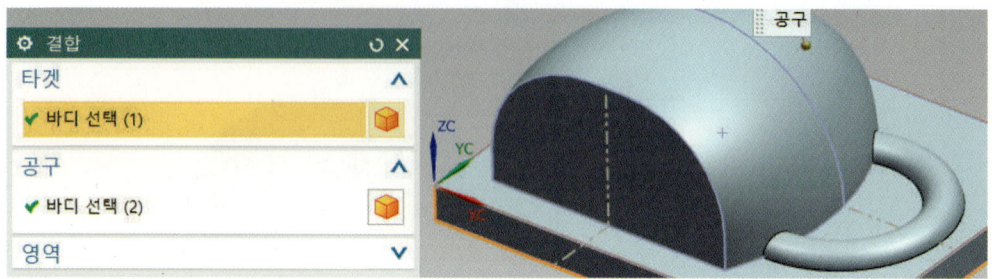

7 포켓 작업하기

❶ 삽입의 특징형상설계에서 포켓(P)...을 클릭한다. 일반을 클릭하고 확인한다.

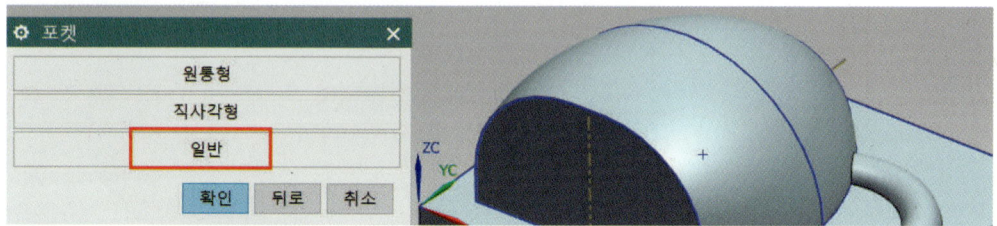

❷ 선택 단계에서 첫 번째 배치 면( )을 선택한 후 면을 선택한다.

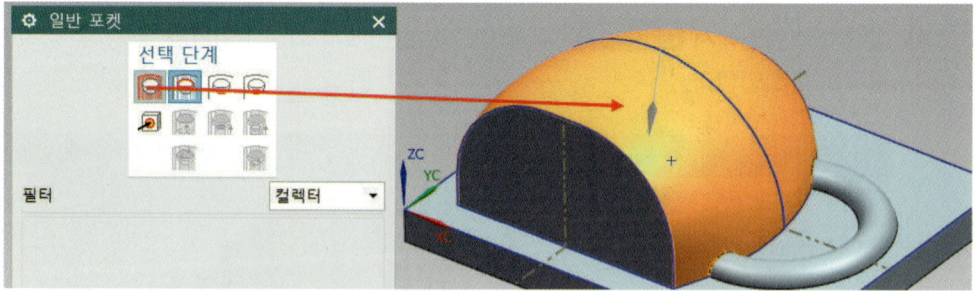

❸ 선택 단계에서 두 번째 배치 외곽선()을 선택한다.

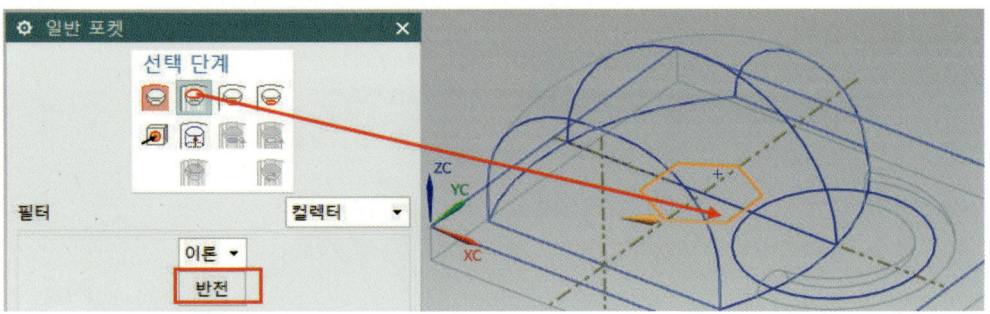

❹ 선택 단계의 세 번째 바닥 면( )에서 옵셋 값을 배치에서 3, 선택 단계의 네 번째 바닥 외곽선( )에서 테이퍼 각도는 0을 입력한 후 일정으로 하고 확인한다.

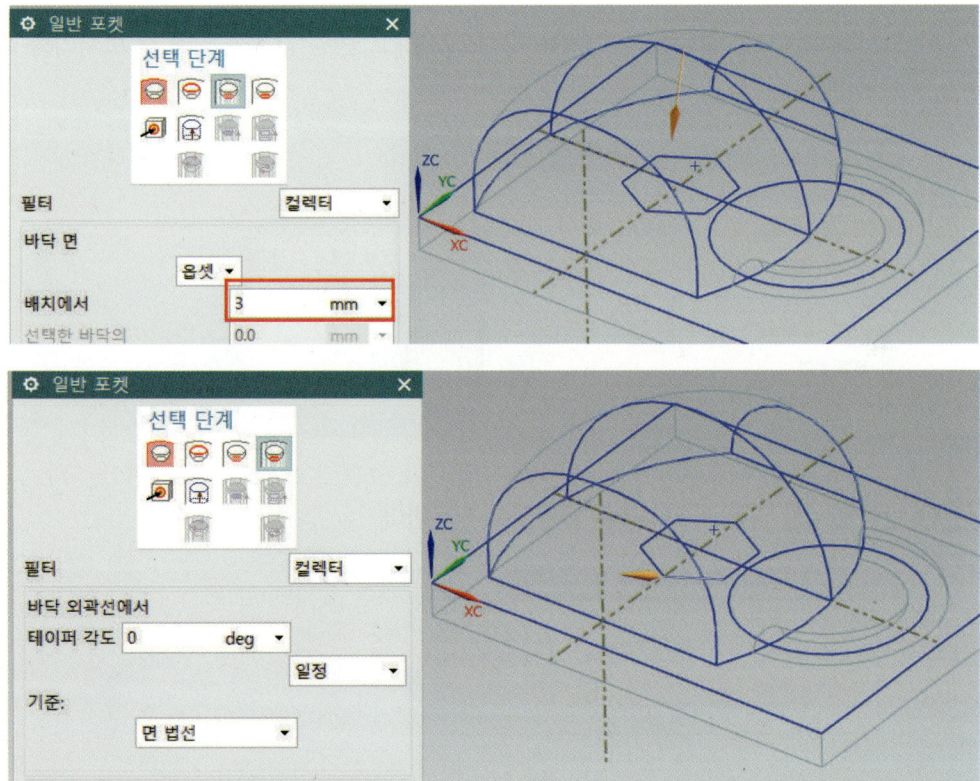

8 표시 및 숨기기

❶ 표시 및 숨기기를 클릭한다. 유형은 모두에서 숨기기(-)를 선택하고, 솔리드 바디는 표시(+)를 선택한다.

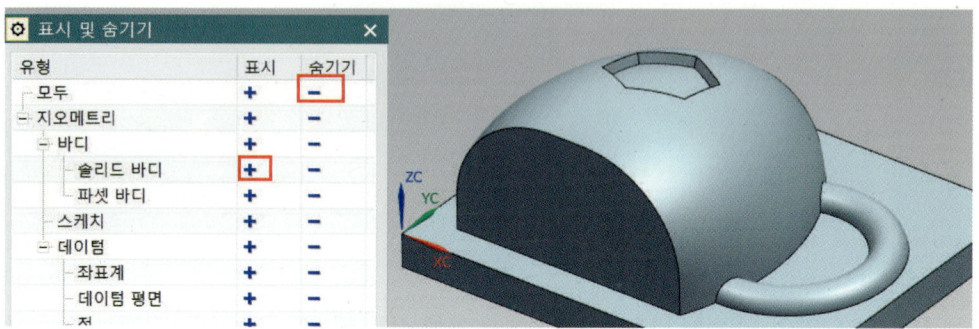

9 필렛(라운드) 작성하기

❶ 모서리 블렌드를 클릭한다. 접하는 곡선으로 하고, 반경 값 8을 입력 후 모서리를 클릭하고 적용한다.

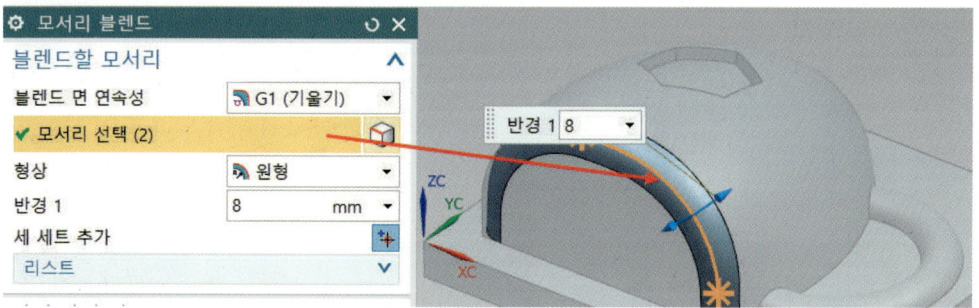

❷ 반경 값 4를 입력 후 모서리를 클릭하고 적용한다.

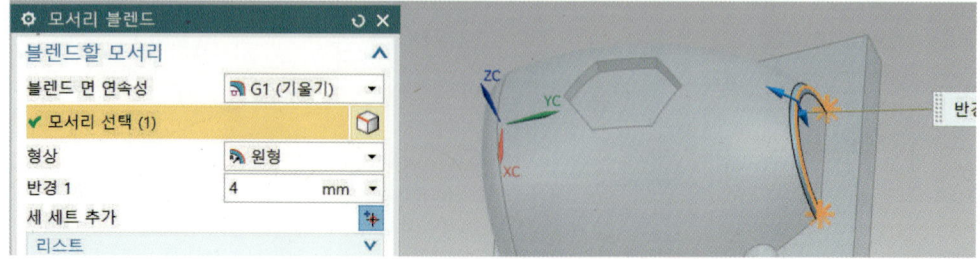

NX10 3D 모델링 및 CAD/CAM

❸ 반경 값 2를 입력 후 그림처럼 모서리를 클릭하고 적용한다.

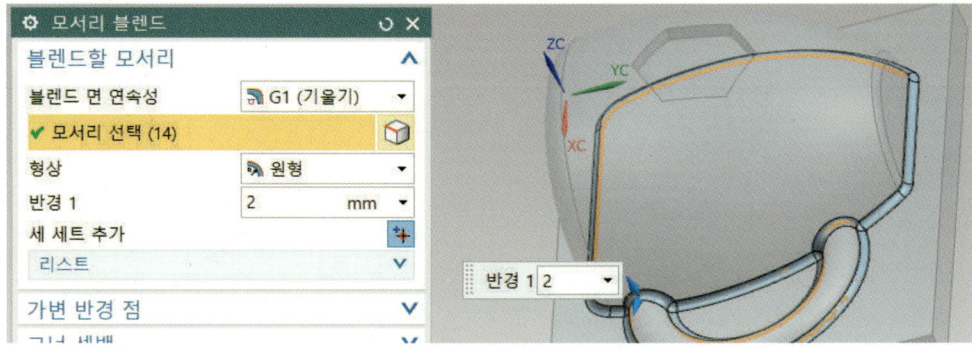

❹ 반경 값 1을 입력 후 그림처럼 모서리를 클릭하고 적용한다.

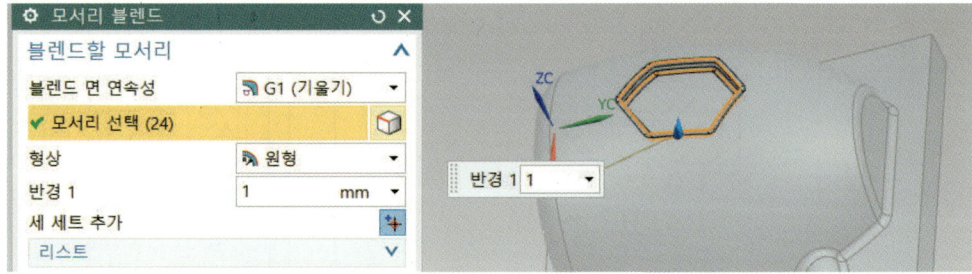

❺ 아래 그림은 완성된 모델링이다.

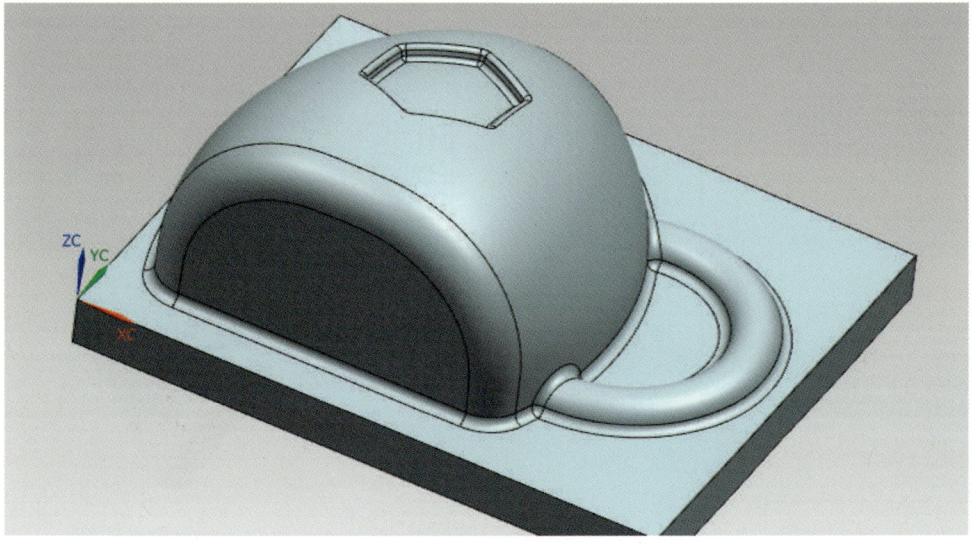

Chapter 04 | Surface Exercise

제11절 Surface 핸드폰충전기 모델링 따라 하기

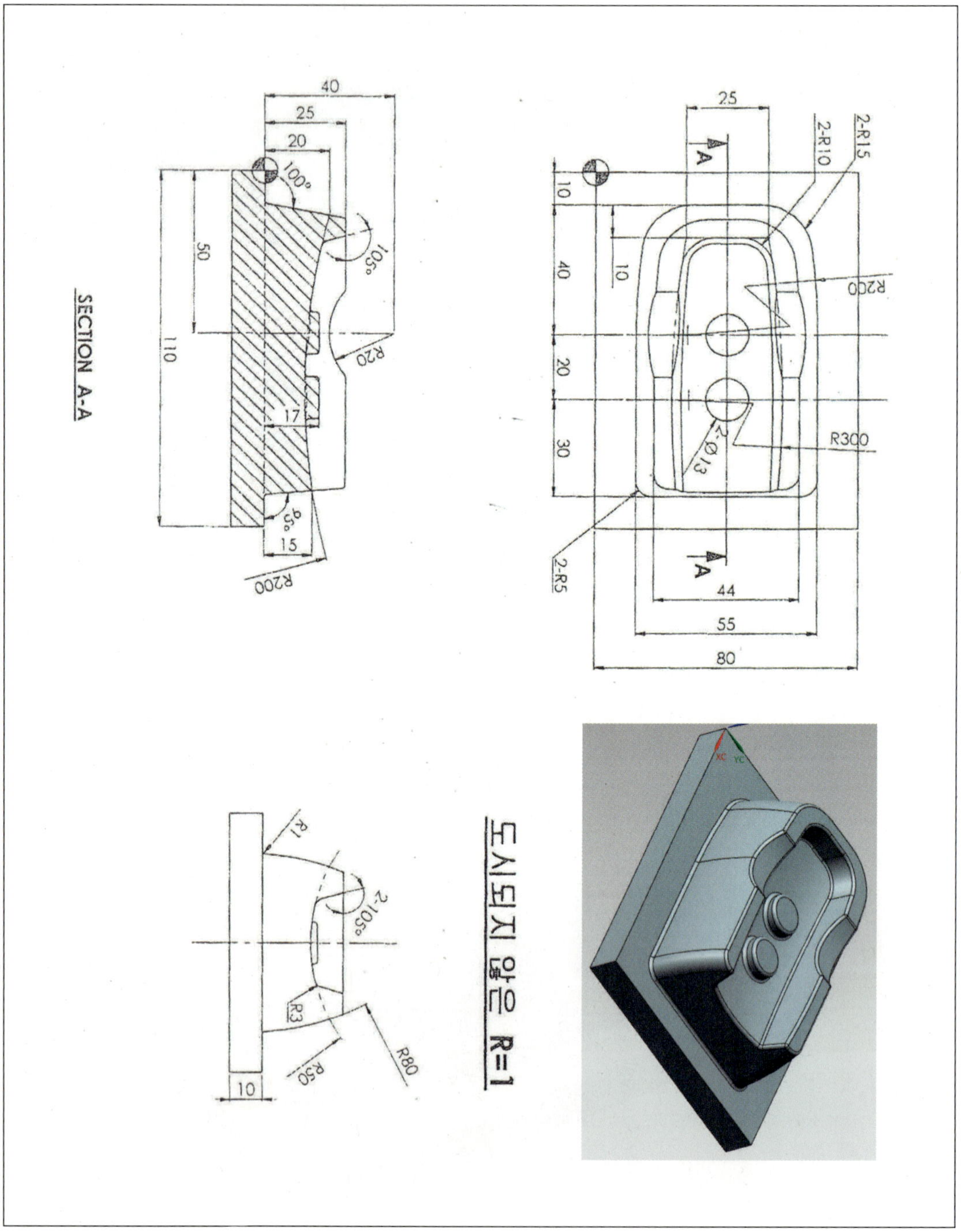

1 평면도(XY 평면) 스케치 작성하기

❶ 새로 만들기(, Ctrl + N)를 실행한다. 모델을 선택하고 파일 이름과 저장할 폴더를 입력한 다음 확인하고, 메뉴 삽입에서 타스크 환경의 스케치(S)... 를 선택한다.

❷ 유형은 평면 상에서, 스케치 면은 기존 평면에 XY 평면을 선택 확인하고, 스케치 모드로 들어간다.

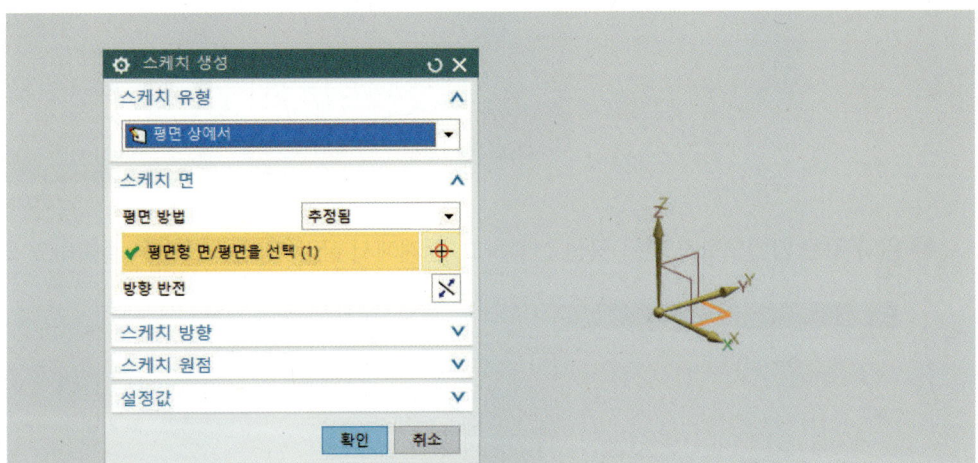

❸ 선과 원호를 이용하여 그림처럼 스케치하고, 치수기입 아이콘을 선택한 후 그림과 같이 치수를 생성한다. R300과 20, R200과 50의 수직선과 곡선상의 구속을 확인한다.

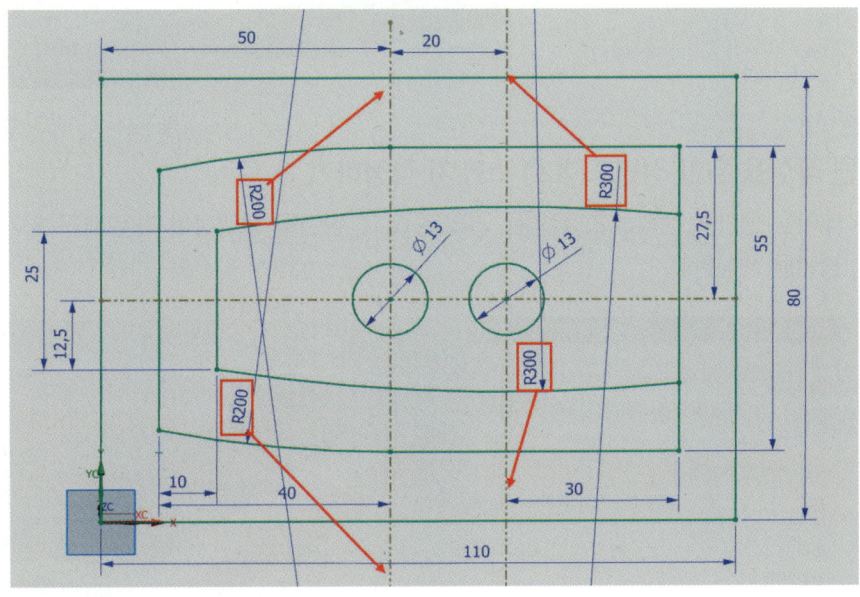

Chapter 04 | Surface Exercise 405

2 돌출 작성하기

❶ 돌출 아이콘을 선택한다. 연결된 곡선에서 곡선을 선택하고, 한계에서 끝값 거리는 -10만큼 돌출하고 적용한다.

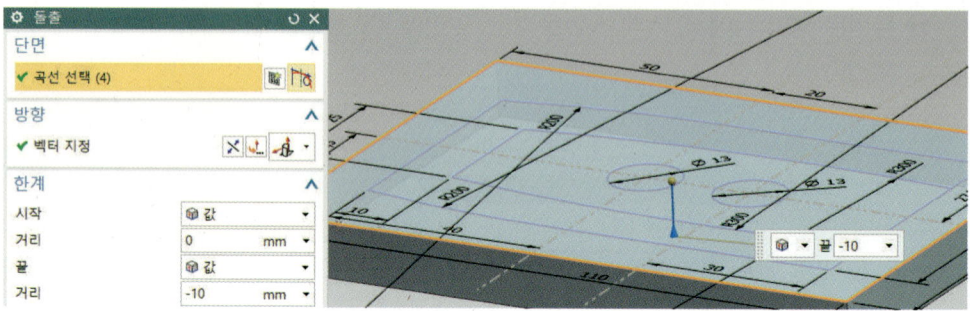

❷ 위와 같은 방법으로 단면은 곡선 선택하고, 한계에서 끝값 거리는 25만큼 돌출하고 확인한다.

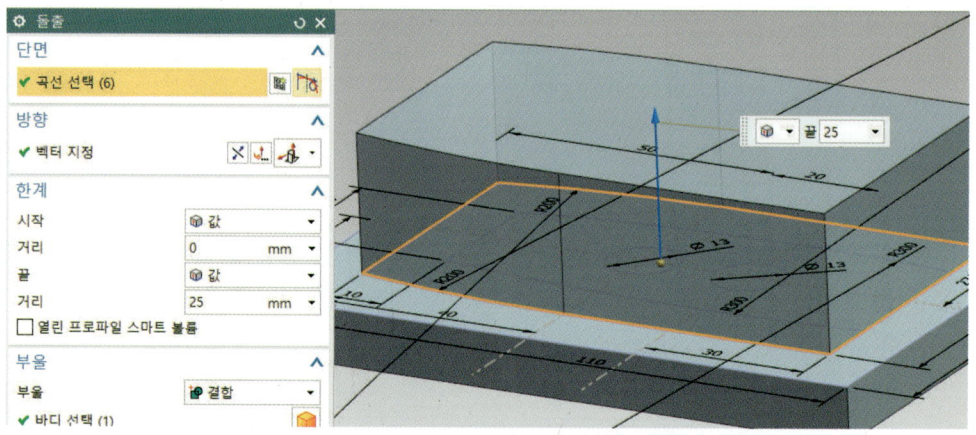

3 스윕 작성을 위한 정면도(XZ) 스케치 작성하기

❶ 데이텀 평면을 선택하고, 유형은 거리로 하고, 평면을 선택하여 가운데(옵셋 거리는 -40)에 평면을 생성한다.

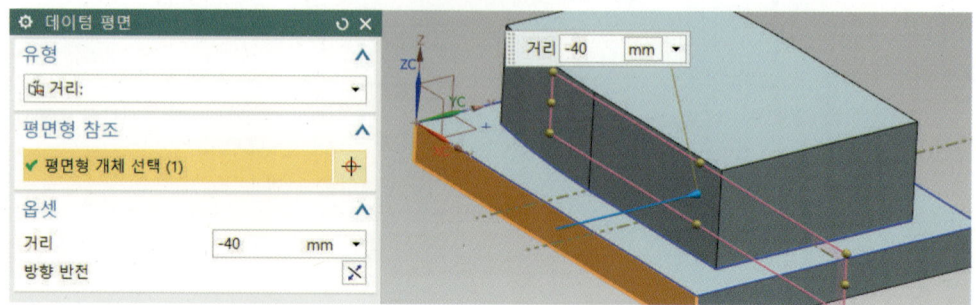

NX10 3D 모델링 및 CAD/CAM

❷ 타스크 스케치를 선택하여 유형은 평면 상에서, 데이텀 평면을 선택하고 확인한다.

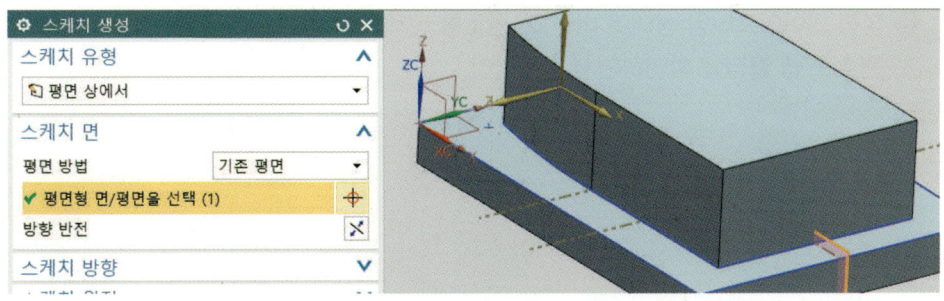

❸ 스냅 끝점을 선택하고, 선 아이콘을 이용하여 그림처럼 선을 생성한 다음 치수 아이콘을 클릭하고 치수기입한다. 다시 원 아이콘과 호 아이콘을 이용하여 그림처럼 스케치하고 치수기입 후 스케치 종료한다.

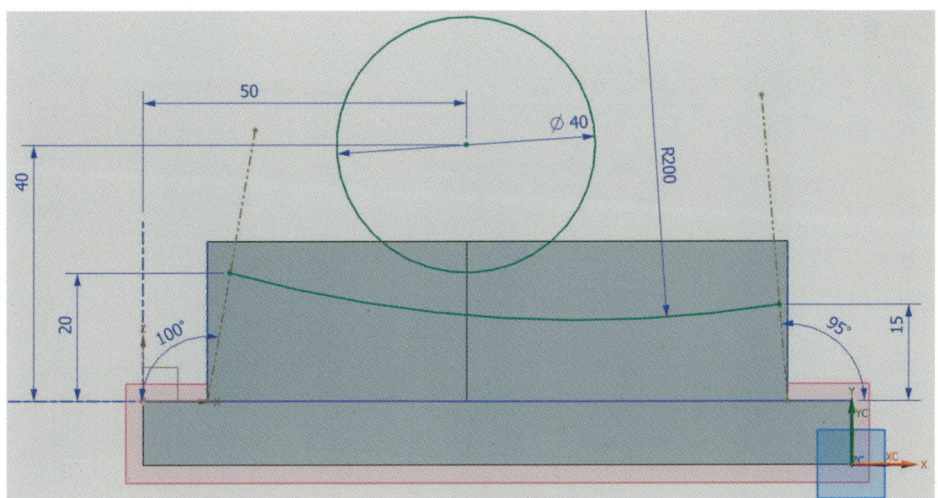

❹ 스윕 형상 작성하기 위한 우측면도(YZ) 스케치 작성하기

❶ 타스크 스케치를 선택하여 유형은 경로 상에서 앞의 정면도에서 작성한 호를 선택하고, 원호 길이 값을 0을 입력하고 확인한다.

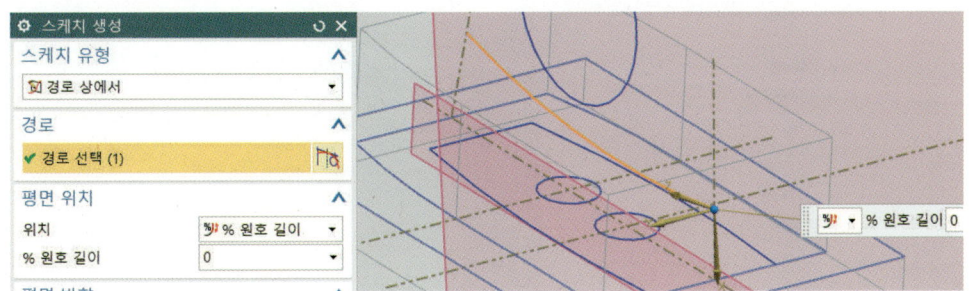

Chapter 04 | Surface Exercise

❷ 회전( ) 아이콘 또는 마우스 가운데 휠 버튼을 선택하여 아래 그림처럼 방향을 조절한다.
❸ 정적 와이어프레임 상태로 바꾸고, 원호를 선택하여 원호를 그린 후 점을 정면도에서 생성한 원호 스냅 끝점을 확인하면서 클릭한다.

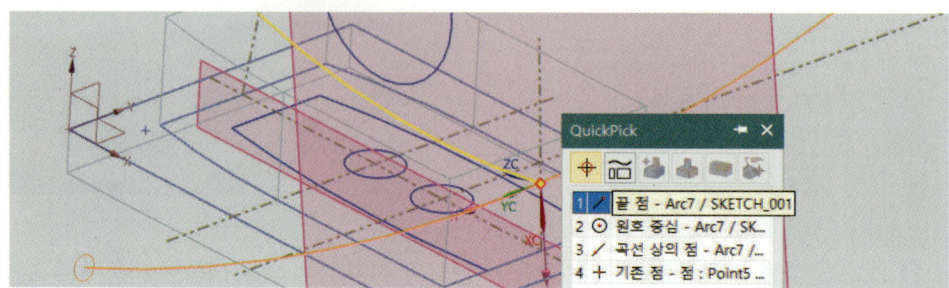

❹ 우측면도를 선택하고, 치수 아이콘을 클릭하여 아래 그림처럼 치수기입을 한 다음 스케치를 종료한다.

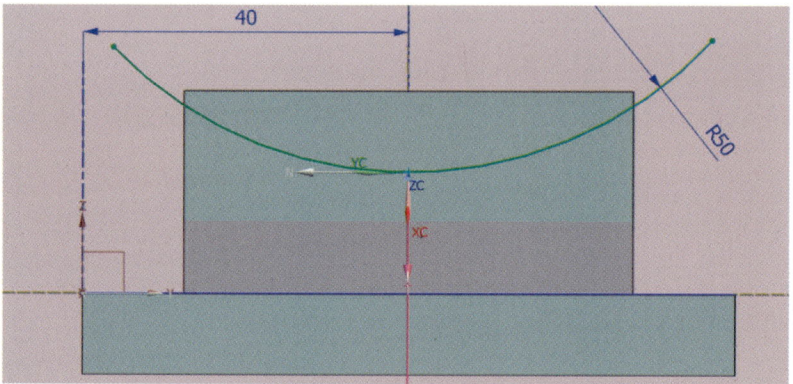

❺ 스윕 형상 작성하기

❶ 삽입의 스위핑에서 [가이드를 따라 스위핑(G)...] 을 클릭한다. 단면은 곡선을 선택을 하고, 가이드에서 곡선 선택을 클릭하여 확인한다.

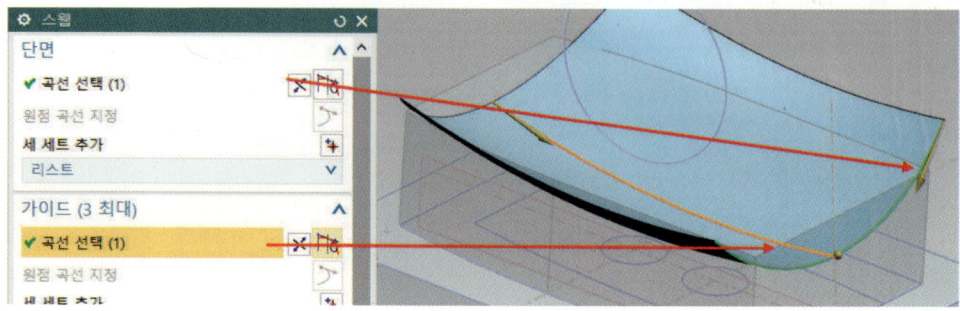

6 구배 작성하기

❶ 구배 아이콘을 선택하여 유형을 평면 상으로 구배 방향은 Z축으로 설정하고, 고정 평면을 선택한 후 구배할 면에서 선택한 후 구배 값 각도 5를 입력하고 적용한다.

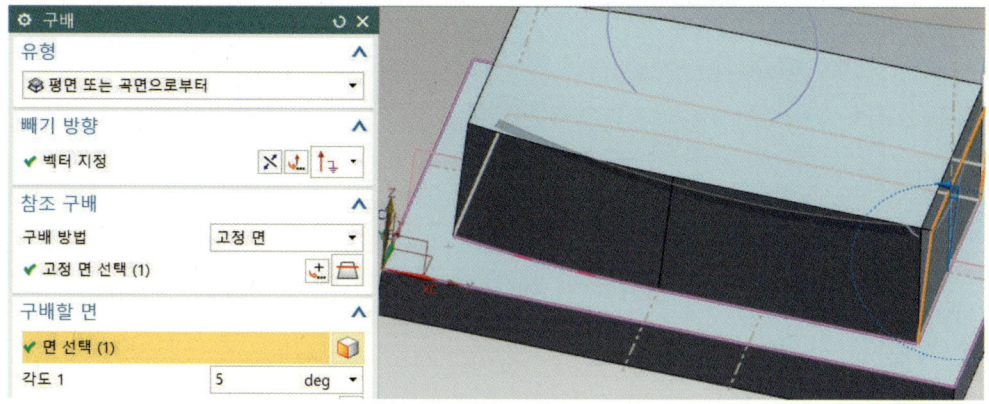

❷ 반대쪽에도 같은 방법으로 구배 각도 10을 입력한 후 확인한다.

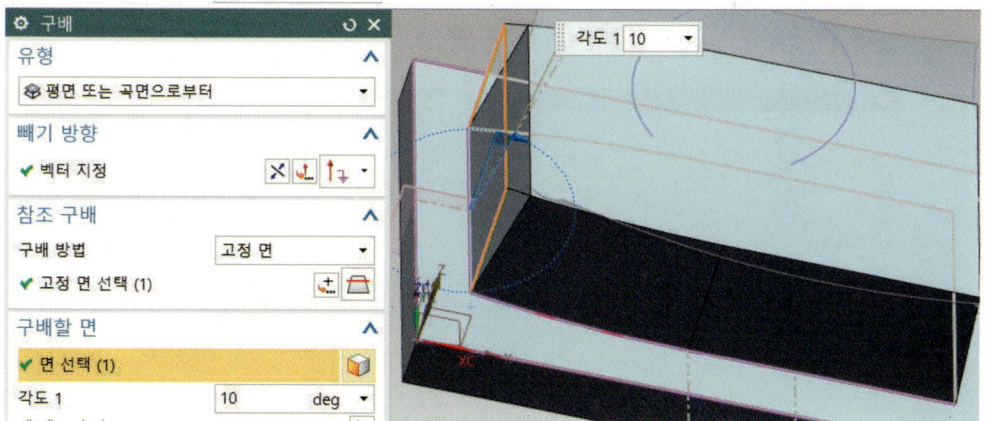

7 곡면 연장하기

❶ 그림처럼 삽입의 트리밍에서 시트연장을 클릭한다. 유형을 거리로 설정하고 이동할 모서리를 선택하고 확인한다.

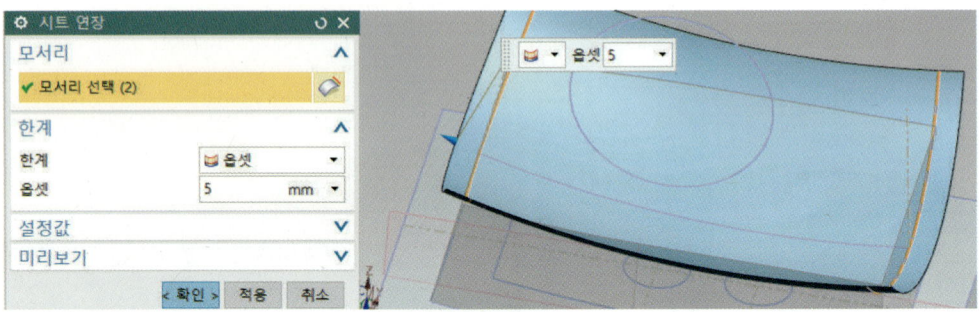

8 돌출형상 작성하기

❶ 마우스 오른쪽(MB3) 버튼을 길게 눌러 와이어 프레임 상태로 변경하고 연결된 곡선으로 선택하고 교차에서 정지를 선택한다. 단면은 곡선 선택을 한다.
❷ 한계에서 시작을 선택까지로 설정하고 끝값 거리는 25를 입력하고, 스웹 면을 선택한다. 부울은 빼기로 설정하고 바디를 선택하고 확인한다.

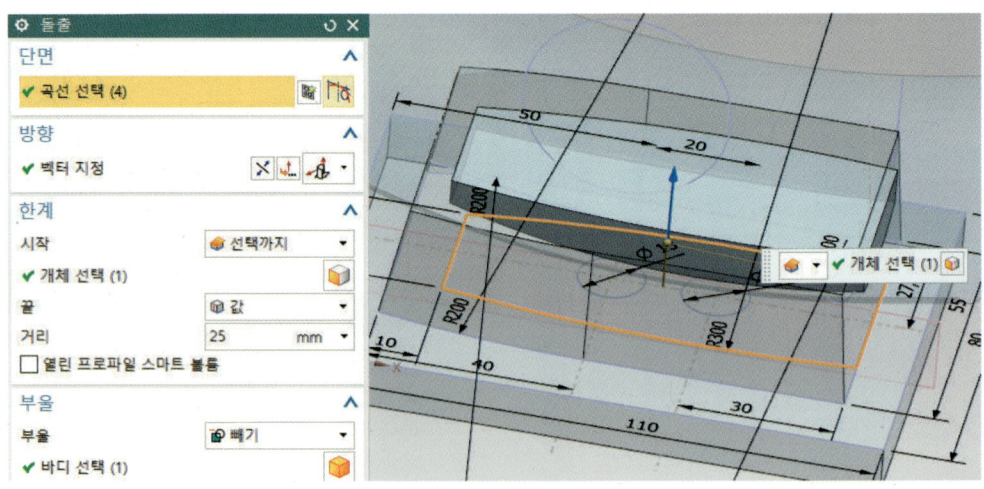

PART Ⅳ 서피스(Surface) 모델링

NX10 3D 모델링 및 CAD/CAM

9 가시성 표시 및 숨기기

❶ 표시 및 숨기기를 클릭한다. 유형은 모두에서 숨기기(−)를 선택하고, 솔리드 바디는 표시(+)를 선택한다.

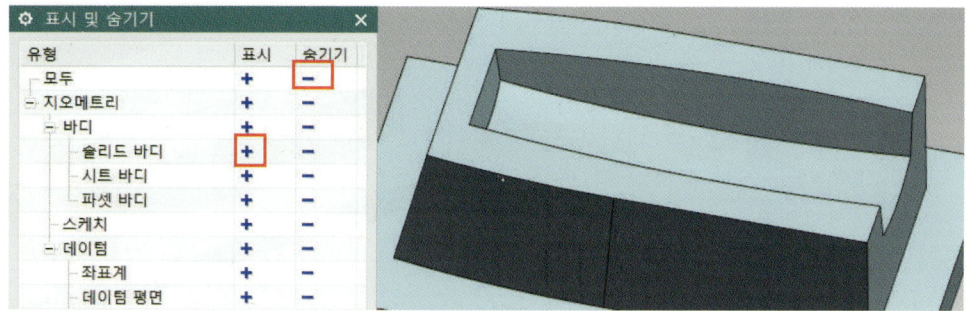

10 구배 작성하기

❶ 구배 아이콘을 선택한다. 유형은 평면 또는 곡면으로부터로 설정하고, 구배 방향은 −Z로 하고, 고정 평면을 설정하고, 구배할 면을 선택한 후 구배 각도 −15를 입력하고 확인한다.

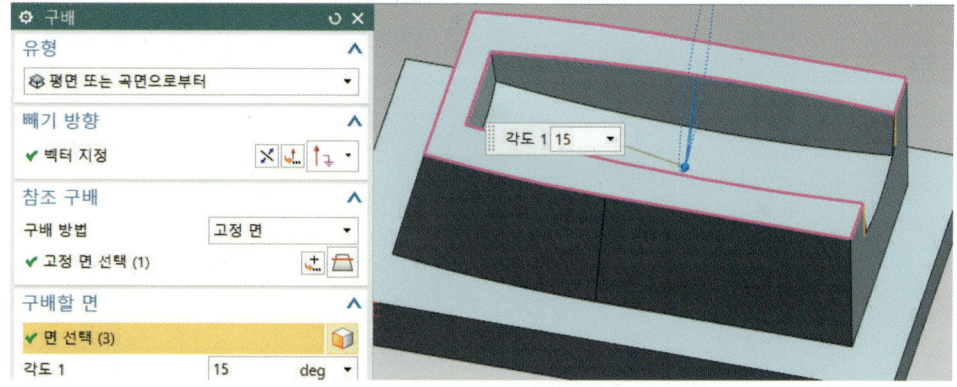

11 스웹을 위한 우측면도 스케치 작성하기

❶ 참조 평면을 선택하고 유형을 거리로 설정하고, 옵션에서 거리 −10을 입력하고 확인한다.

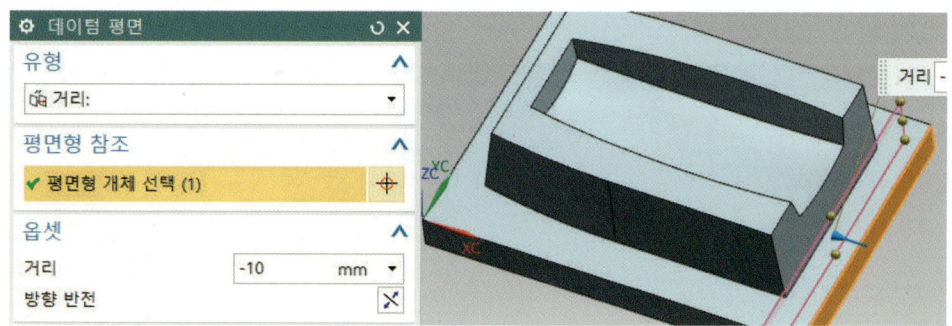

Chapter 04 | Surface Exercise

❷ 타스크 스케치를 선택하여 유형은 평면 상에서, 스케치 면은 평면 옵션을 선택하고 확인한다.

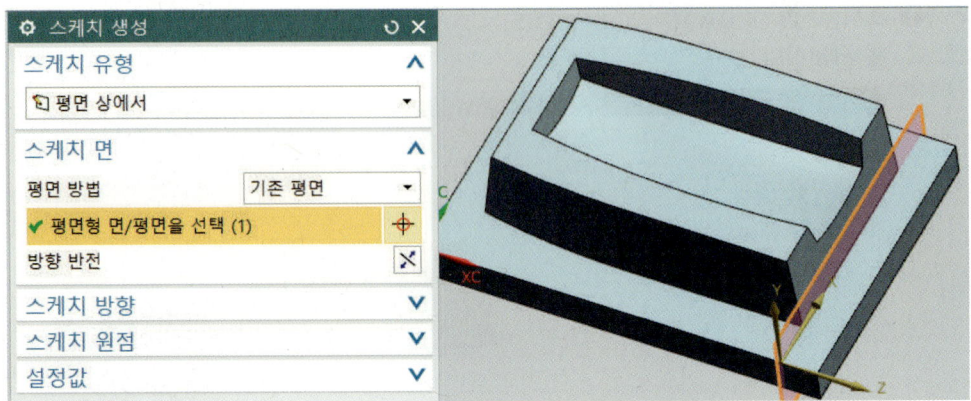

❸ 원호 아이콘을 선택하고, 스냅을 확인한 후 끝점과 곡선상의 점을 선택하여 그림처럼 원호를 그린 후 치수 아이콘을 선택하여 치수기입을 하고 스케치를 종료한다.

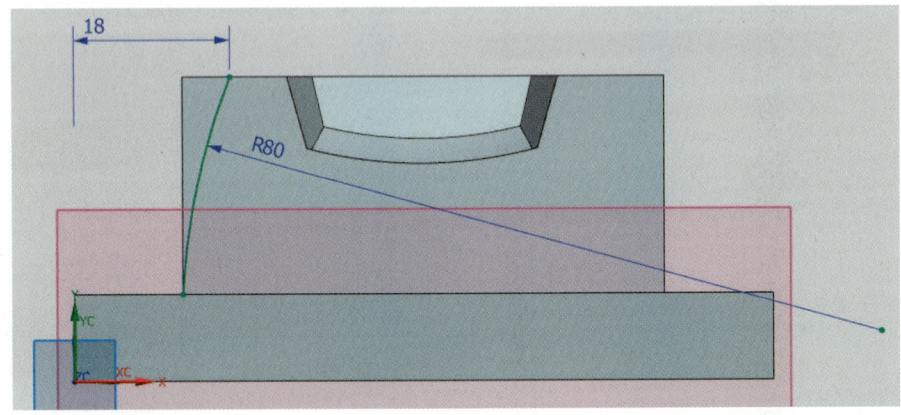

12 스위핑 형상 작성하기

❶ 삽입의 스위핑에서 <img 가이드를 따라 스위핑(G)...> 을 클릭하고, 단면에서 곡선 선택을 하고, 가이드는 곡선 선택을 클릭한다.

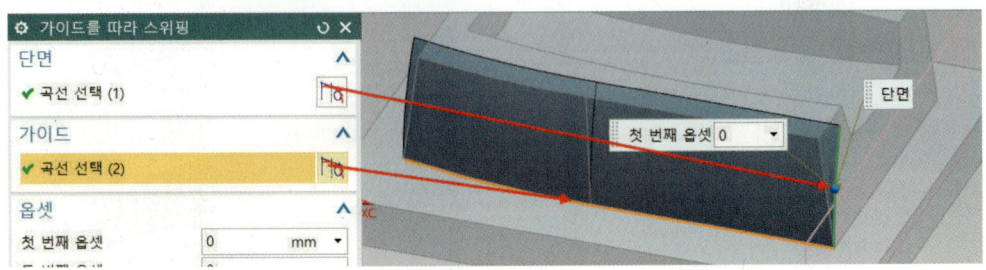

13 곡면 연장하기

① 삽입의 트리밍에서 시트 연장을 클릭한다. 유형은 거리로 하고 모서리 선택을 하고, 한곗값은 옵셋 5를 입력한다. 반대쪽에서 같은 방법으로 연장하고 확인한다.

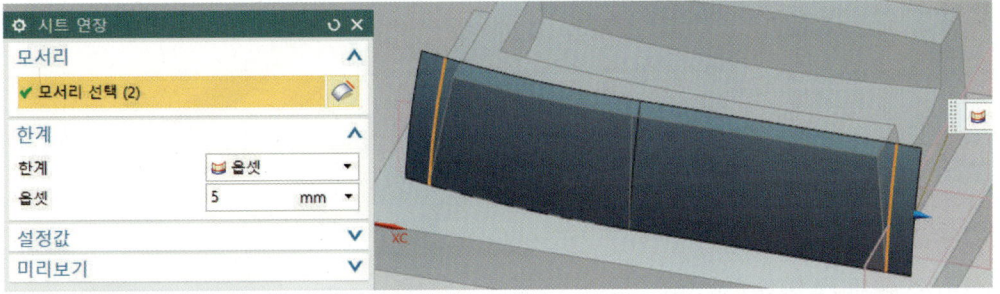

14 대칭형상 작성하기

① 표시 및 숨기기( ) 아이콘을 선택하여 데이텀 평면 표시를 클릭하고 삽입에 연관 복사에서 대칭 특징형상(M)을 선택한다. 특징형상 선택을 한 다음 대칭 평면에서 클릭하고 확인한다.

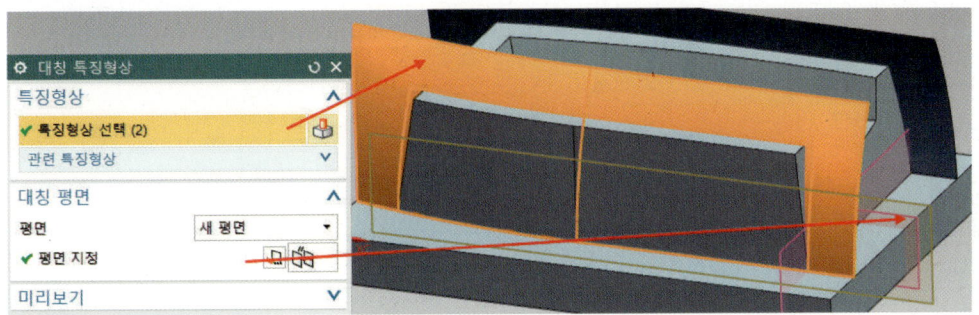

15 바디 트리밍하기

① 바디 트리밍 아이콘을 선택한다. 타겟 바디를 선택하고, 공구면을 선택하고 적용한다. 같은 방법으로 반대쪽에도 바디 트리밍을 하고 확인한다.

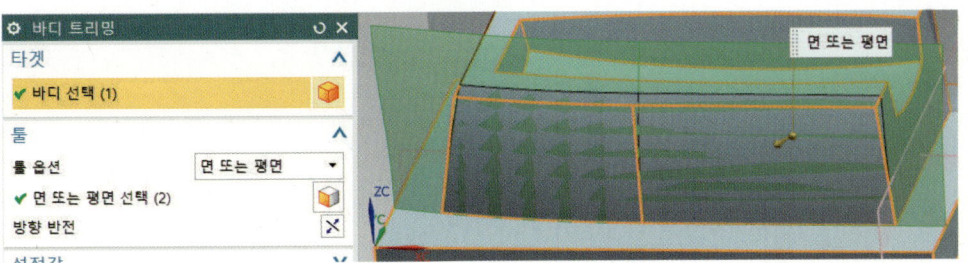

16 돌출 작성하기

❶ 표시 및 숨기기(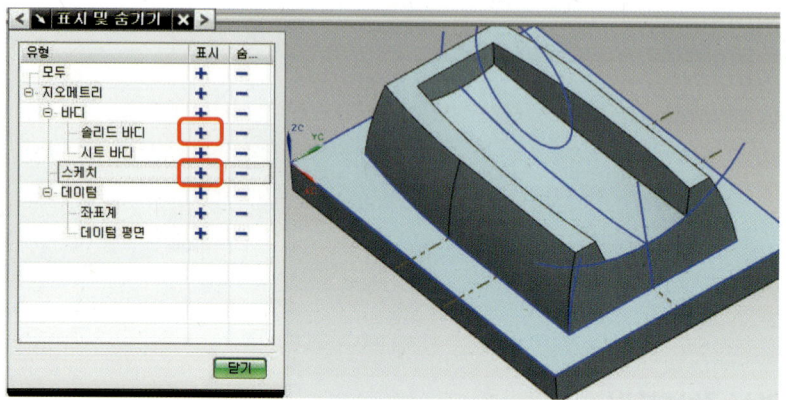) 아이콘을 클릭한다. 유형에서 솔리드 바디와 스케치에서 표시(+)를 선택한다.

❷ 마우스 오른쪽(MB3) 버튼을 길게 누른 후 와이어프레임으로 변경하고, 돌출 아이콘을 선택하고 단면 곡선을 클릭한다. 한계에서 시작 값은 0, 끝값은 17을 입력하고 적용한다.

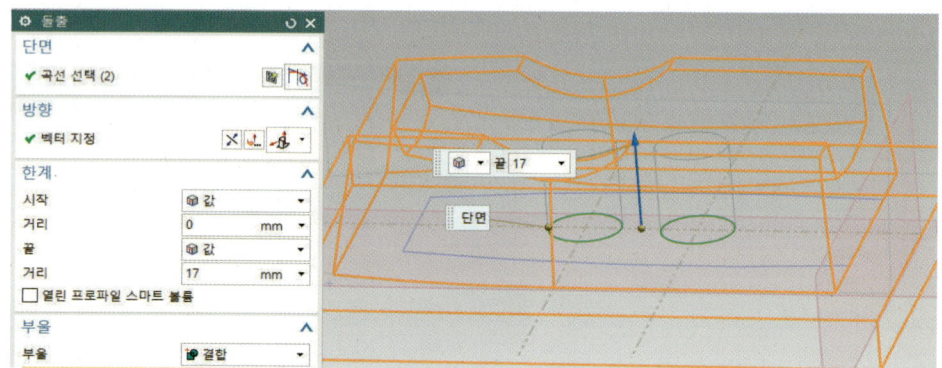

❸ 다시 돌출에서 단면 곡선을 선택하고, 한계에서 시작 값은 -52, 끝값은 53을 입력하고 확인한다. 부울은 빼기에서 바디를 선택하고 확인한다.

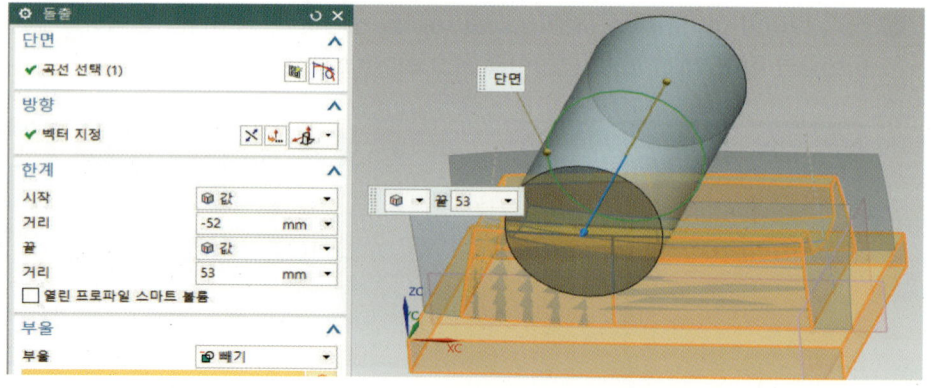

17 전체 결합하기

❶ 표시 및 숨기기 아이콘( )을 클릭한다. 유형은 모두에서 숨기기(−)를 선택하고, 솔리드 바디는 표시(+)를 선택한다.

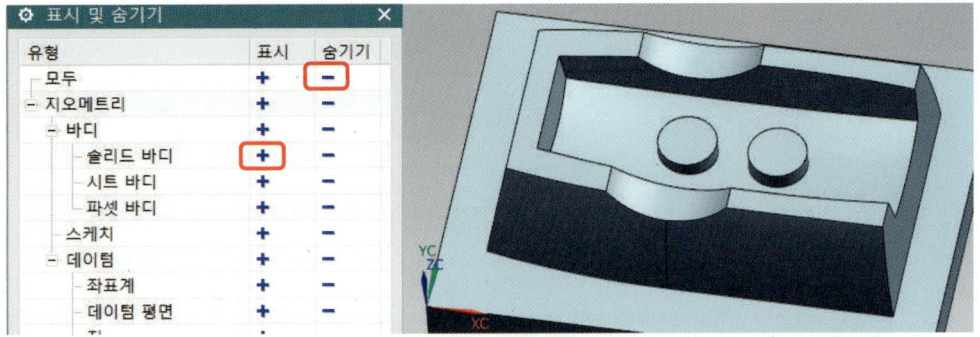

❷ 결합하기를 클릭하고 전체를 클릭한 후 확인한다.

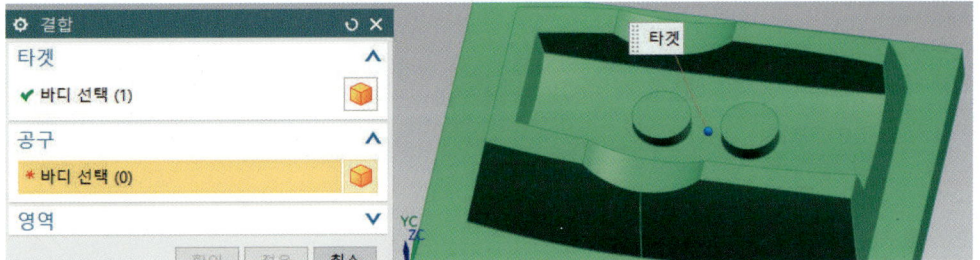

18 모서리 블렌드(필렛) 작성하기

❶ 모서리 블렌드 아이콘을 선택하고 모서리를 클릭하고 반경 값 15를 입력 후 적용한다.

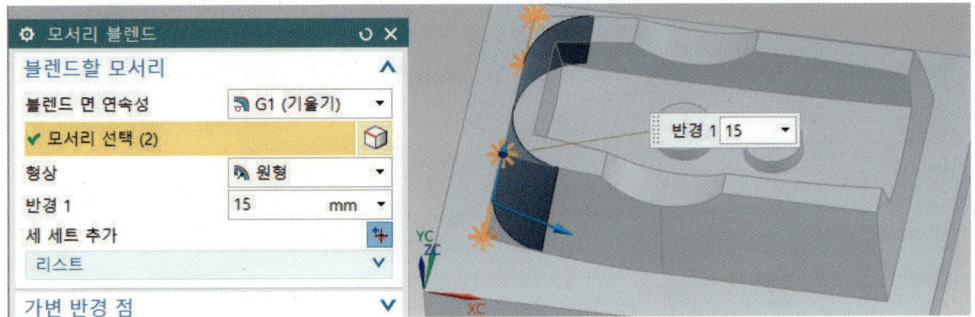

❷ 같은 방법으로 반경 값 10을 입력 후 적용한다.

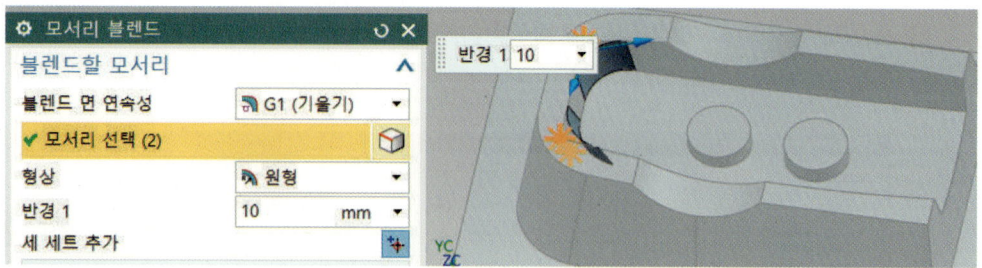

❸ 같은 방법으로 반경 값 5를 입력 후 적용한다. 나머지 부분도 같은 방법으로 반경 값 1을 입력 후 확인한다.

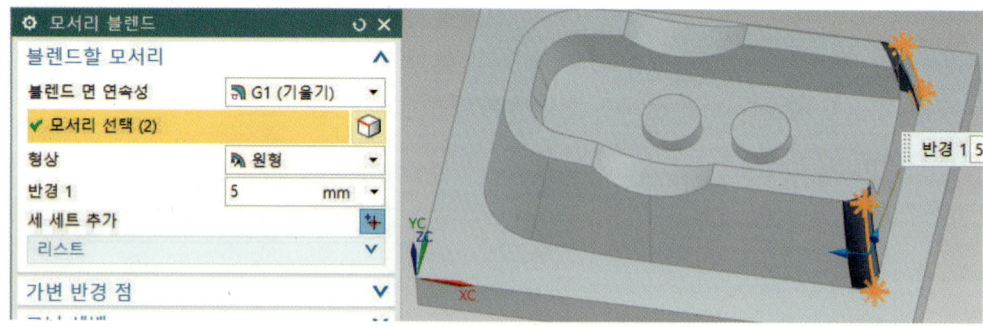

❹ 아래 그림은 완성된 모델링이다.

제12절 Surface 리모컨 모델링 따라 하기

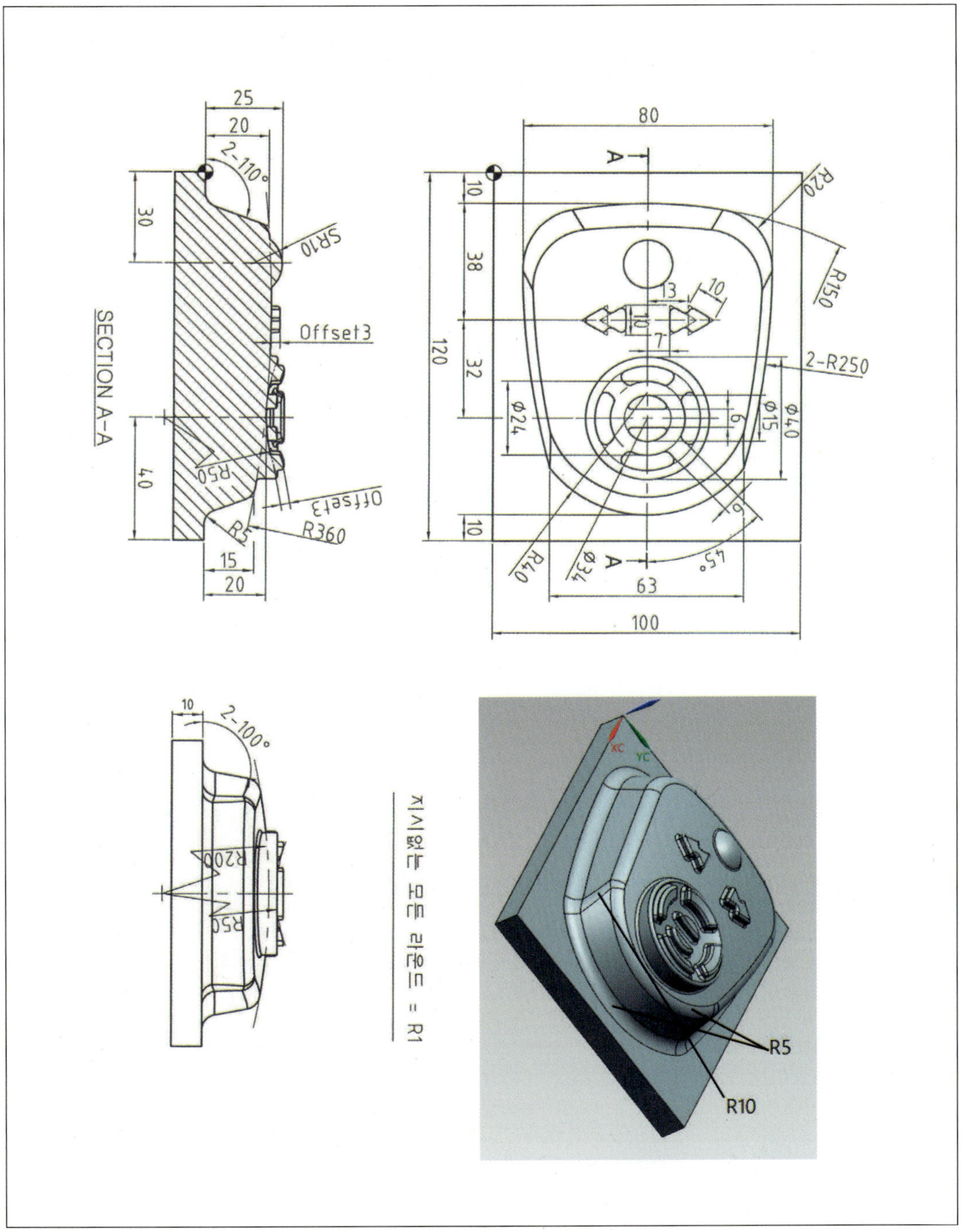

1 평면도(XY 평면) 스케치 작성하기

❶ 새로 만들기( ), Ctrl + N)를 실행한다. 모델을 선택하고 파일 이름과 저장할 폴더를 입력한 다음 확인하고, 메뉴 삽입에서 타스크 환경의 스케치(S)... 를 선택한다.

❷ 유형은 평면 상에서, 스케치 면은 기존 평면에 XY 평면을 선택 확인하고, 스케치 모드로 들어간다.

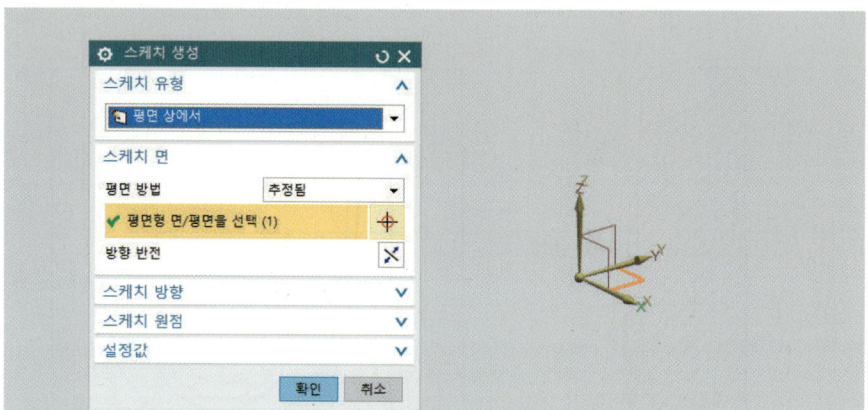

❸ 구속조건 아이콘을 선택하여 R40과 R150은 곡선 상의 점을 선택한다. 반대쪽 호도 같은 방법으로 곡선 상의 점을 선택한다. 치수 아이콘을 이용하여 그림처럼 치수기입을 한다. 거리 치수부터 입력하고, 호 치수를 입력한다.

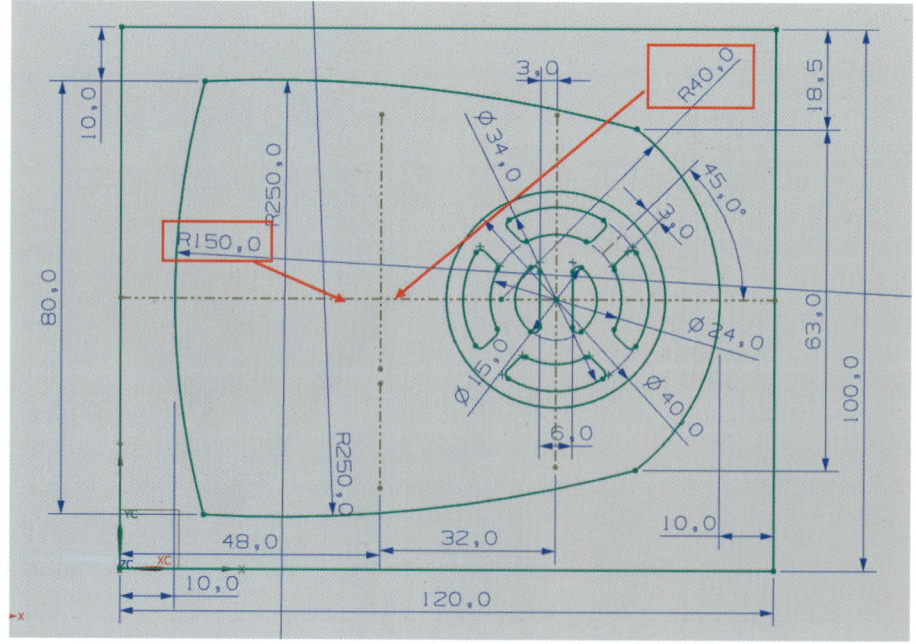

PART Ⅳ 서피스(Surface) 모델링

❹ 표시 및 숨기기 아이콘을 클릭한 후 치수 숨기기를 클릭한다.

❺ 다각형 아이콘을 선택한다. 중심점 지정에서 곡선상의 점으로 설정하고, 변수는 3, 크기는 변의 길이로 길이 10, 회전 270을 입력한 후 그림처럼 삼각형을 참조선에 클릭한다.

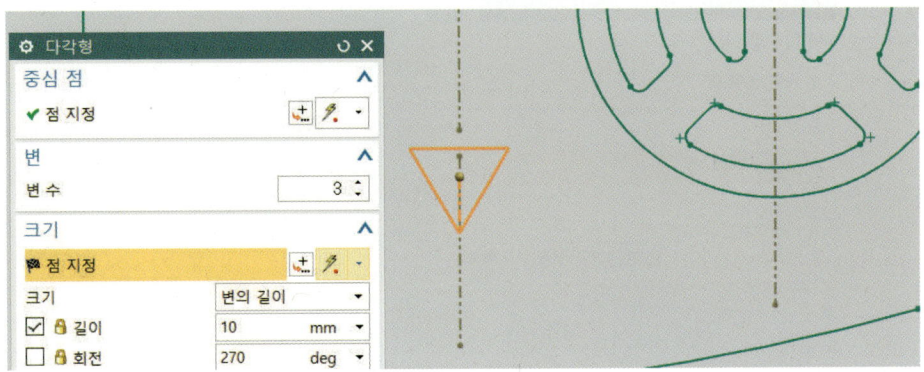

❻ 다시 점이나 교차점을 체크하고 그림처럼 교차점이 생성될 때 클릭한다.

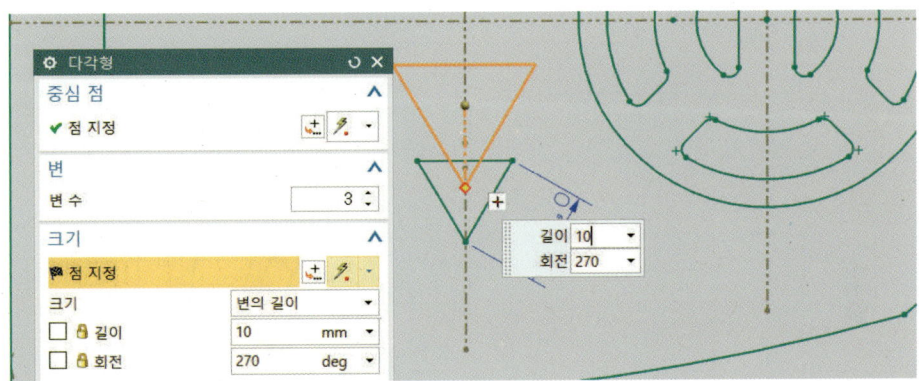

❼ 그림처럼 치수기입 후 구속조건을 클릭하고, 참조선과 선을 선택하여 곡선상의 점을 클릭한다.

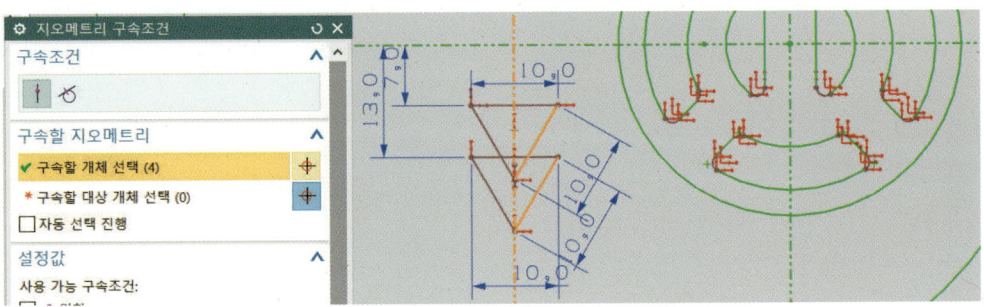

❽ 대칭 곡선을 클릭하여 대칭 중심선을 선택하고, 대칭시킬 곡선을 선택하고 확인한다.

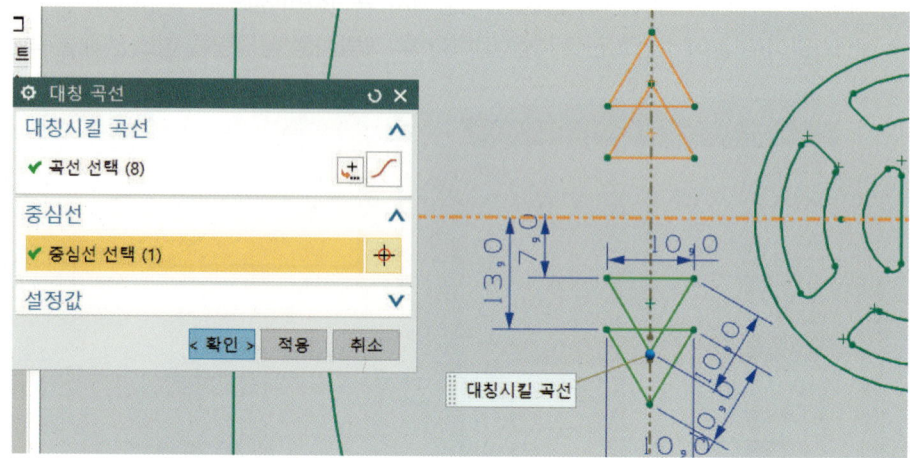

❾ 아래 그림처럼 확인하고, 스케치를 마친다.

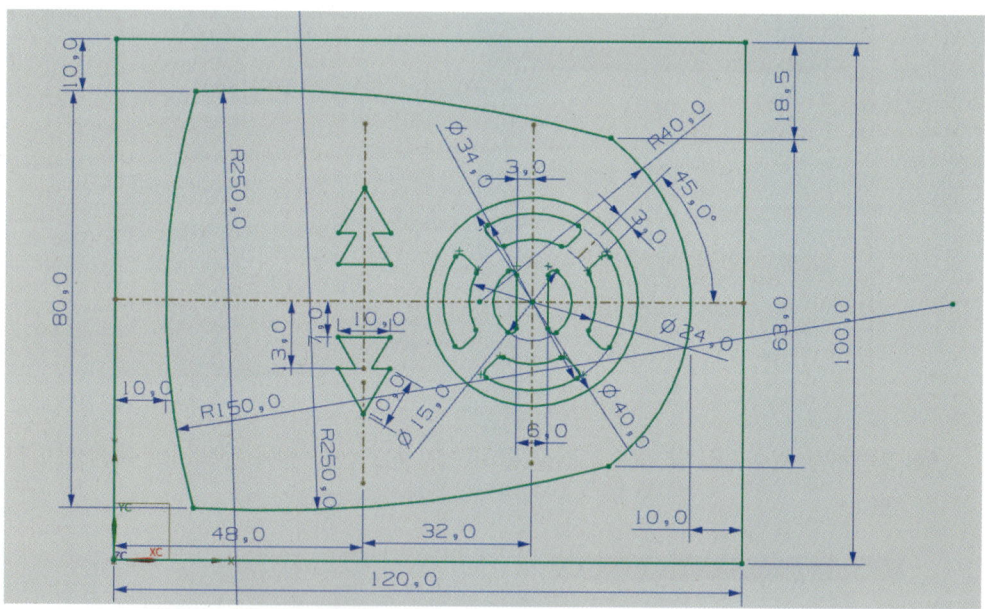

NX10 3D 모델링 및 CAD/CAM

❷ 돌출 피쳐 작성하기

❶ 돌출을 선택하여 연결된 곡선을 클릭한 상태에서 곡선을 선택하고, 한계에서 끝값 거리는 −10만큼 돌출하고 적용한다.

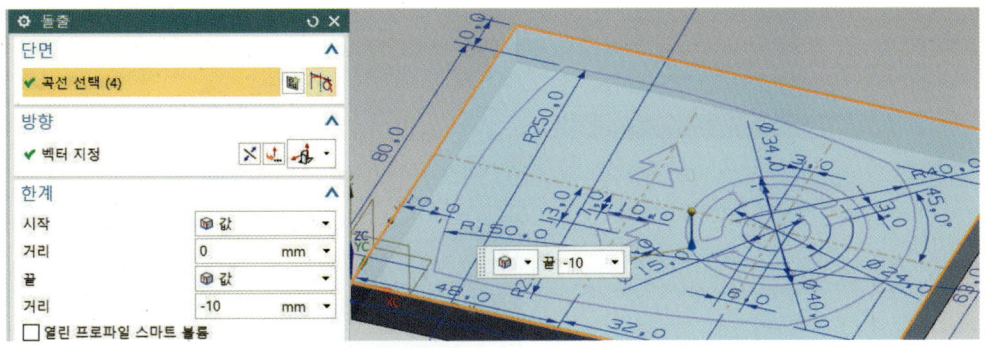

❷ 위와 같은 방법으로 단면은 곡선 선택하고, 끝값 거리를 35만큼 돌출하고 확인한다.

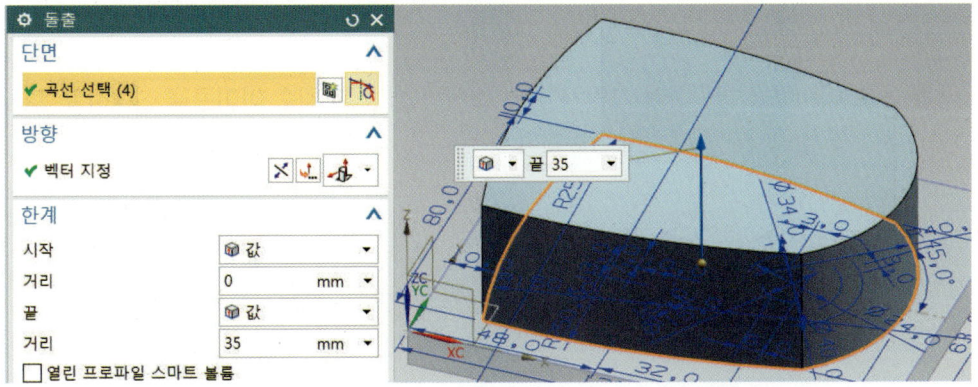

Chapter 04 | Surface Exercise

3 정면도(XZ) 스케치 작성하기

❶ 타스크 스케치를 선택한다. 유형은 평면 상에서, 스케치 면의 평면 옵션에서 평면 생성을 선택한 후 평면 지정에서 아래 그림과 같이 설정하고, 거리를 선택한 후 거리 값 −50을 입력하고 확인한다.

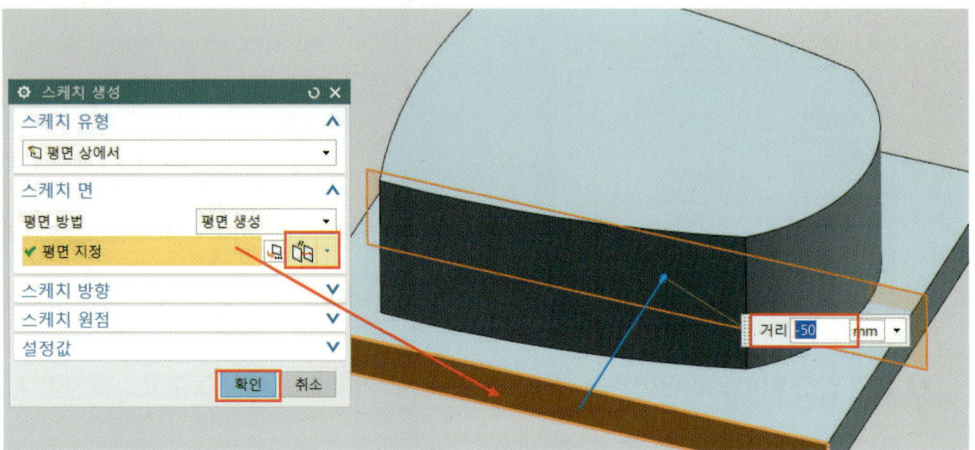

❷ 원호 아이콘을 클릭하여 그림처럼 호 스케치 생성 후 치수 아이콘을 선택하고, 그림과 같이 치수를 입력하고 스케치를 종료한다.

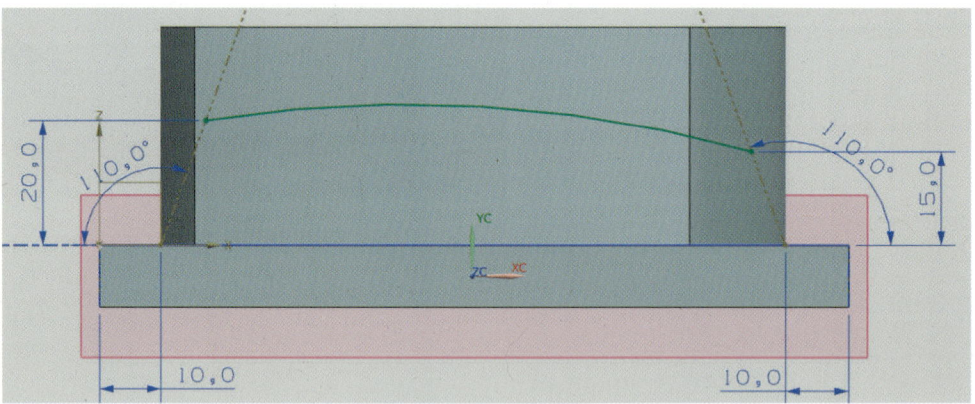

4 우측면도(YZ) 스케치 작성하기

❶ 타스크 스케치를 선택한다. 유형은 경로 상에서 경로는 경로 선택을 하고, 원호 길이는 0을 입력하고 확인한다.

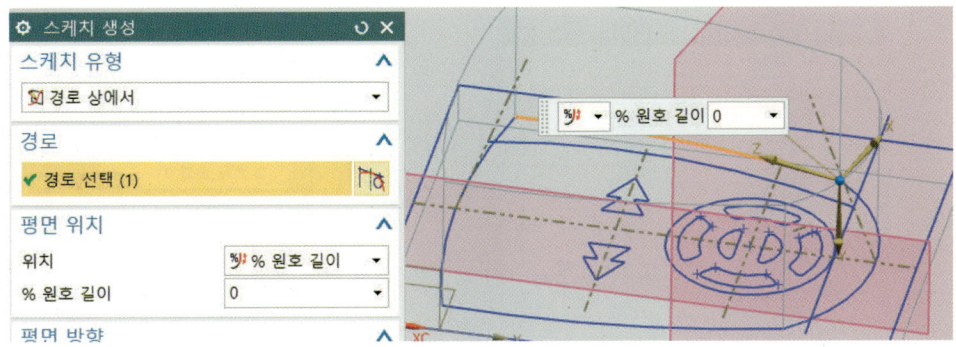

❷ 원호를 이용하여 임의의 첫 번째 점과 두 번째 점을 클릭하고, 세 번째 점을 XZ 평면에서 생성한 선 스냅 끝점을 확인하면서 찍는다.

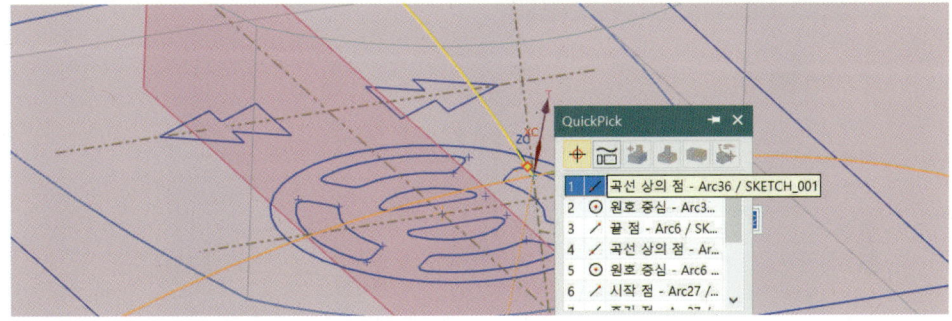

❸ 그림처럼 우측면도로 선택한 후 Z축 중심거리는 50을 입력하고, R200을 입력한다.

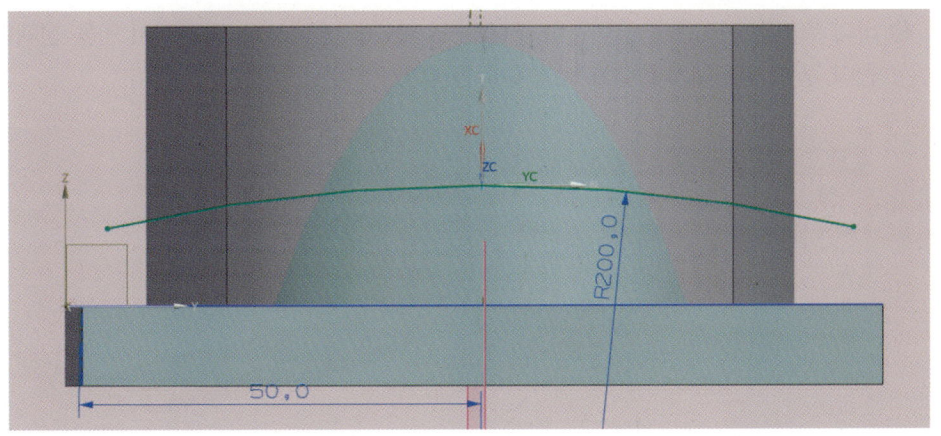

5 스위핑 형상 작성하기

❶ 삽입의 스위핑에서 가이드를 따라 스위핑(G)...을 클릭한다. 단면은 곡선을 선택하고, 가이드는 곡선 선택을 클릭한 후 확인한다.

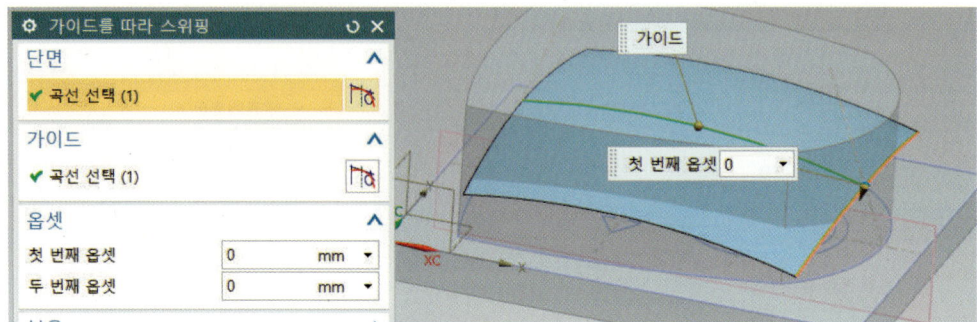

❷ 삽입의 트리밍에서 시트 연장을 클릭하고, 그림처럼 설정한 후 이동할 양쪽 모서리를 선택하고 확인한다.

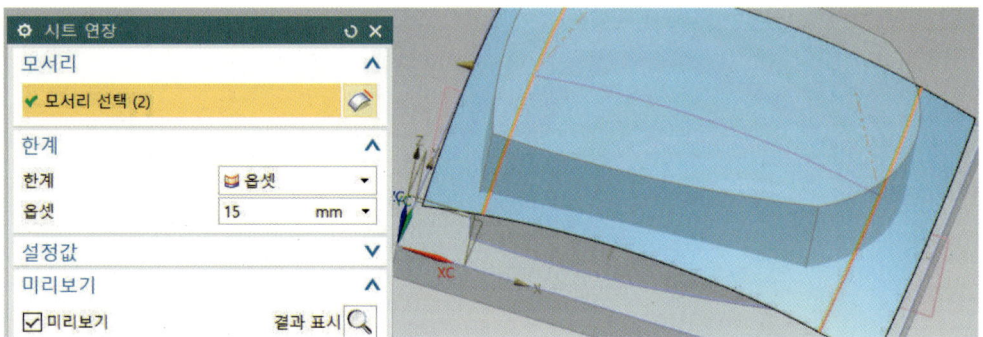

6 바디 트리밍하기

❶ 바디 트리밍 아이콘을 클릭한다. 타겟에서 바디를 선택하고, 공구에서 면을 선택한 후 확인한다. 방향 반전에서 화살표 방향을 확인한다.

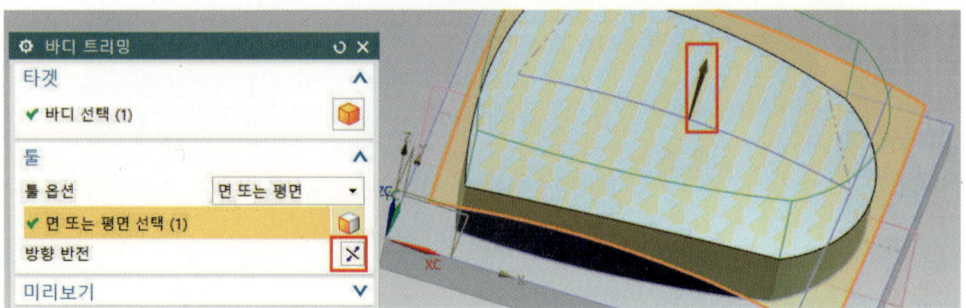

7 돌출 및 스윕 작성하기

❶ 곡면을 클릭한 후 MB3을 클릭하여 숨기기 한다.

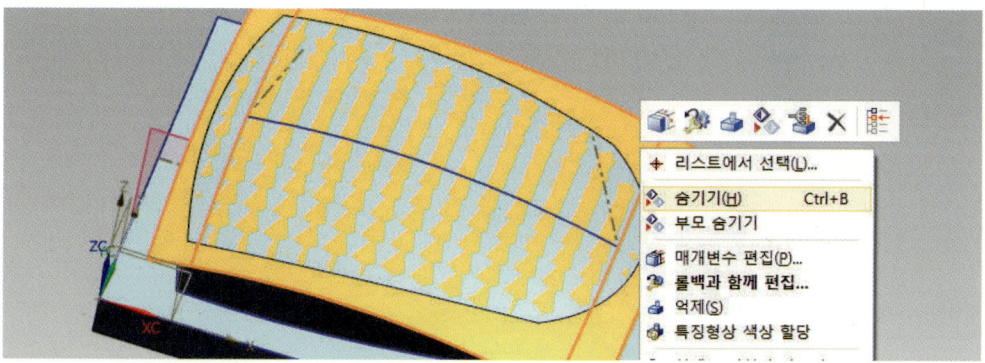

❷ 돌출 아이콘을 클릭한다. 단면 곡선을 선택하고, 끝값 35를 입력한 후 돌출하고 확인한다.

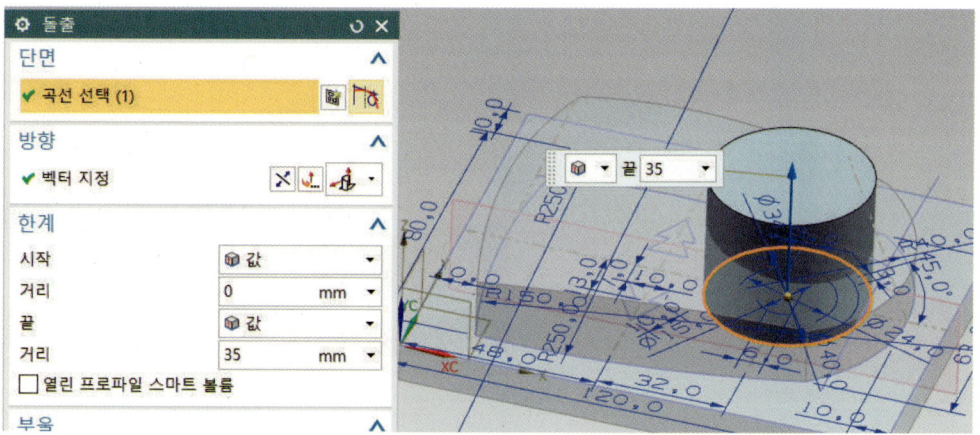

❸ 타스크 스케치를 선택하여 유형은 평면 상에서, 스케치 면은 데이텀 평면을 선택하고 확인한다.

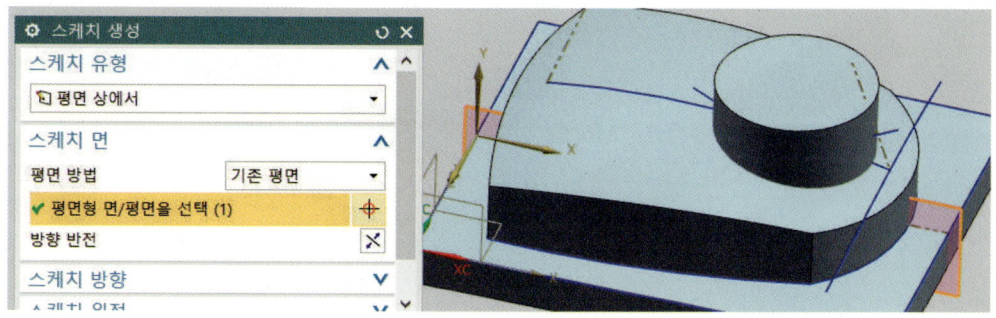

❹ 원호 아이콘을 클릭하여 그림처럼 호를 생성한 후 치수 아이콘을 이용하여 치수기입을 하고 종료한다.

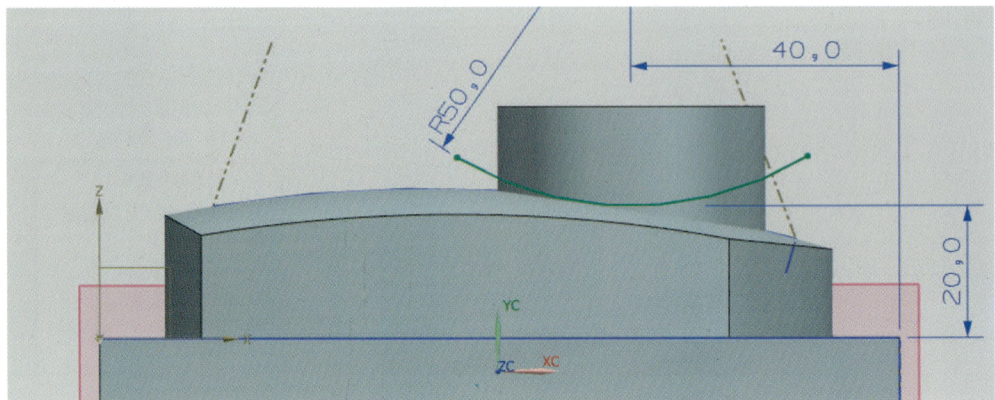

❺ 타스크 스케치를 선택하여 유형은 경로 상에서 앞의 정면도에서 작성한 호를 선택한 후 원호 길이 값 0을 입력하고 확인한다.

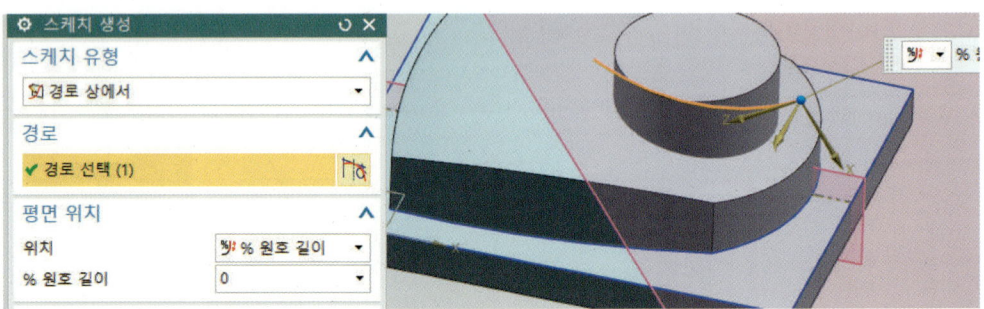

❻ 정적 와이어프레임 상태로 바꾸고, 원호 아이콘을 선택하여 원호를 그린 후 세 번째 점을 정면도에서 생성한 원호 스냅 끝점을 확인하면서 클릭한다.

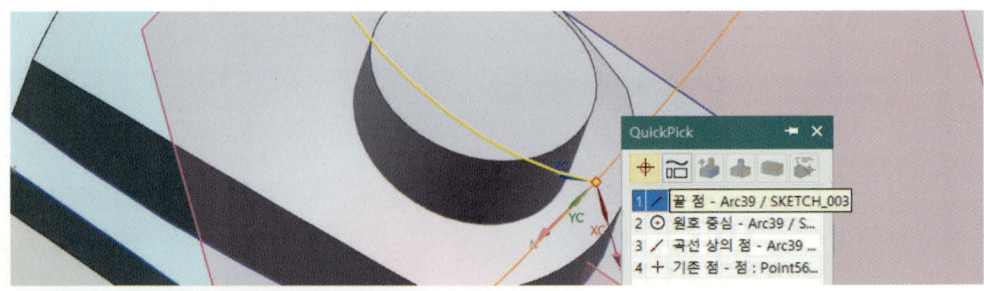

NX10 3D 모델링 및 CAD/CAM

❼ 우측면도 상태에서 추정 치수를 클릭하여 아래 그림처럼 치수기입을 하고, 스케치를 종료한다.

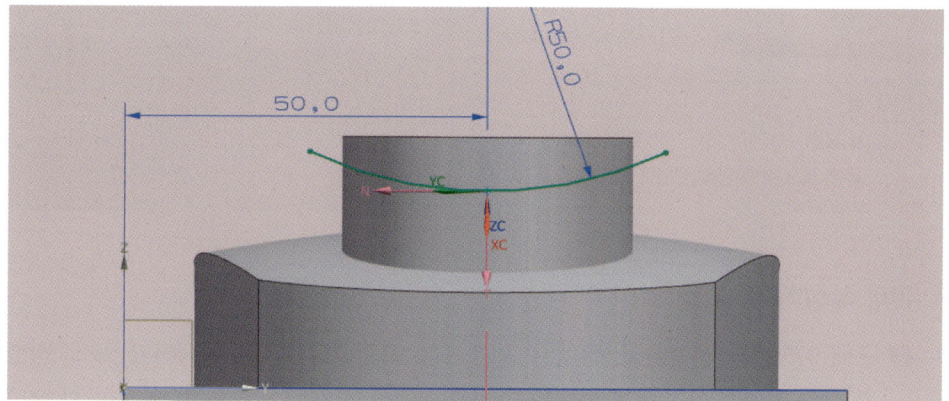

❽ 삽입의 스위핑에서 가이드를 따라 스위핑(G)... 을 클릭하고, 단면에서 곡선 선택 후 가이드 곡선을 클릭한 후 확인한다.

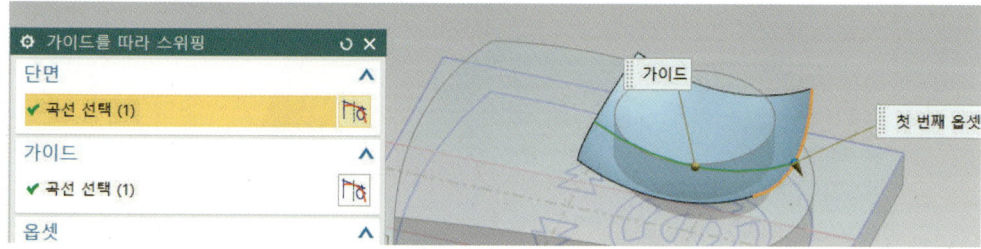

❽ 바디 트리밍하기

❶ 화면의 표시 및 숨기기( ) 아이콘을 클릭하고, 바디에서 시트 바디의 표시(+)를 선택한다.

Chapter 04 | Surface Exercise

❷ 바디 트리밍 아이콘을 선택한다. 타겟 바디를 선택하고, 공구에서 면을 선택하고 적용한다.

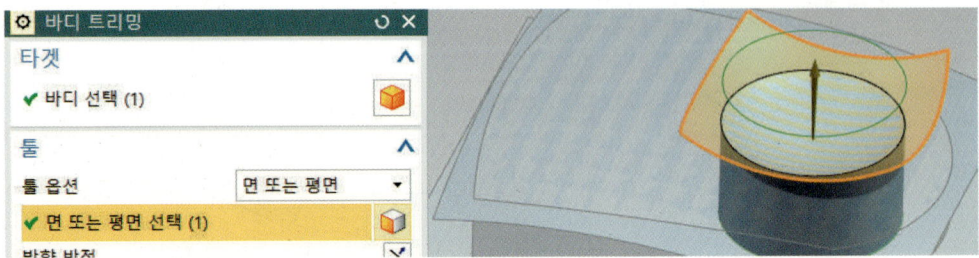

❾ 구배 작성하기

❶ 구배 아이콘을 선택한다. 유형은 평면 또는 곡면으로부터로 설정하고, 구배 방향은 Z로 한 후 고정 평면을 설정한다. 구배할 면에서 선택하고, 구배 각도는 10을 입력한 후 적용한다.

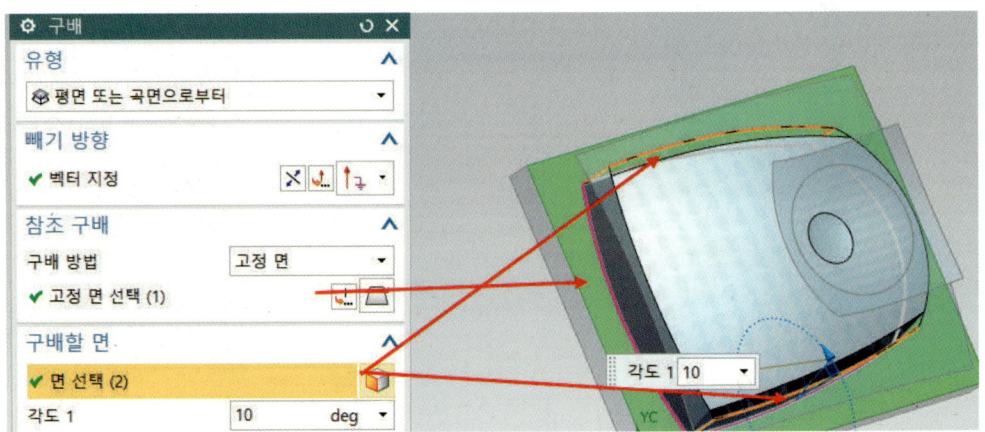

❷ 같은 방법으로 유형은 평면 또는 곡면으로부터로 설정하고, 구배 방향은 Z로 하고, 고정 평면을 설정한다. 구배할 면에서 면을 선택하고, 구배 각도 20을 입력한 다음 확인한다.

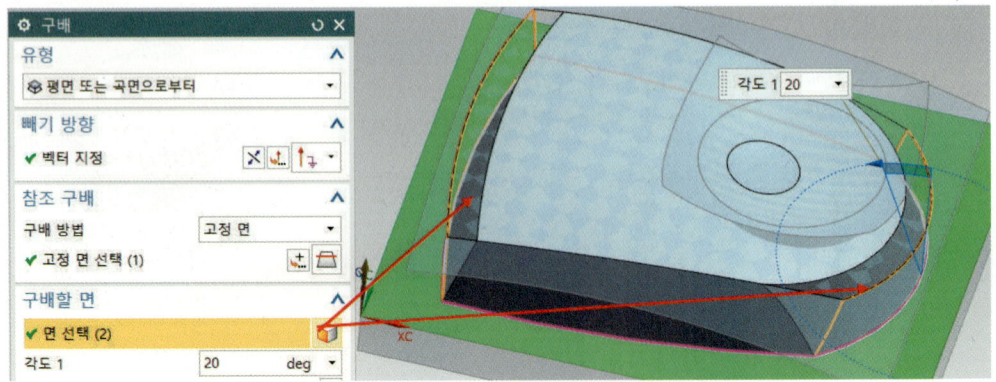

🔟 결합하기

① 결합 아이콘을 클릭하고 타겟에서 바디를 선택하고, 공구에서 바디 선택한 다음 확인한다.

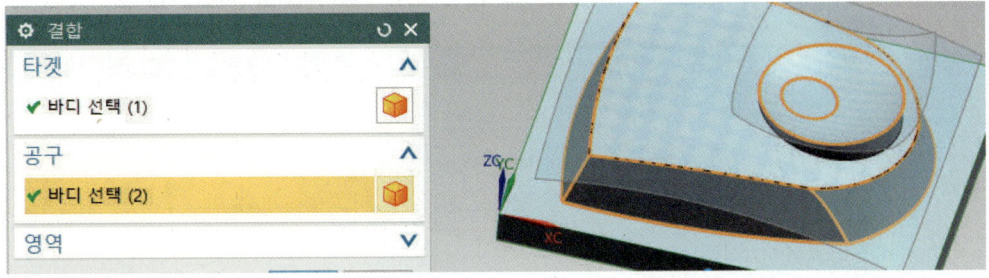

1️⃣1️⃣ 곡면 옵셋

① 삽입의 옵셋/배율에서 옵셋 곡면(O)을 클릭하고, 옵셋 거리 3을 입력 후 옵셋할 면을 선택한 다음 확인한다.

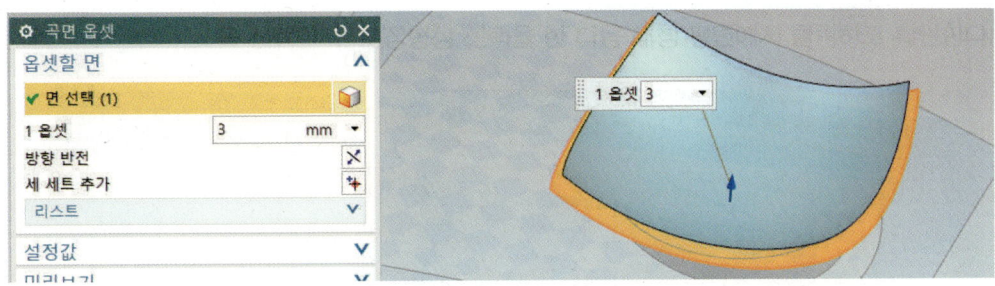

② 위와 같은 방법으로 옵셋하고 확인한다.

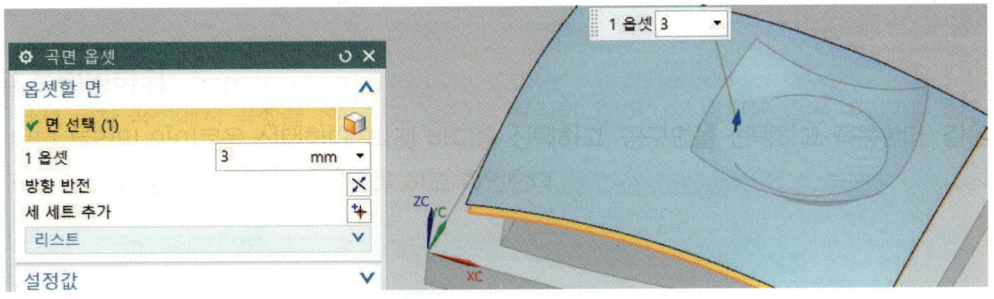

12 돌출 작성하기

❶ 정적 와이어프레임을 클릭한 다음 돌출 아이콘을 선택하고, 단면에서 곡선을 선택하고, 한계에서 시작을 선택까지 선택하고, 끝도 선택까지 선택한 다음 적용한다.

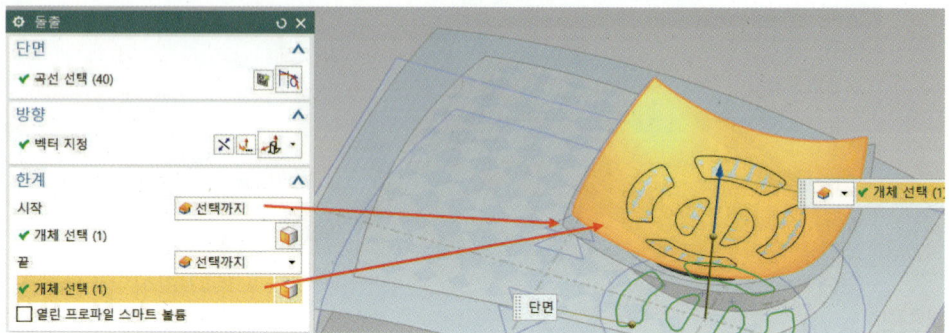

❷ 같은 방법으로 단면 곡선을 클릭하고, 한계는 시작을 선택까지 클릭하고, 끝도 선택까지 클릭하고 확인한다.

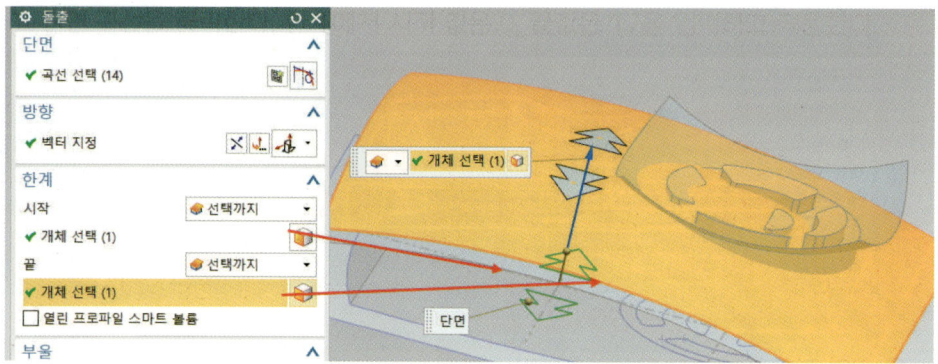

13 표시 및 숨기기

❶ 표시 및 숨기기 아이콘( )을 클릭한다. 유형은 모두에서 숨기기(−)를 선택하고, 솔리드 바디와 좌표계는 표시(+)를 선택한다.

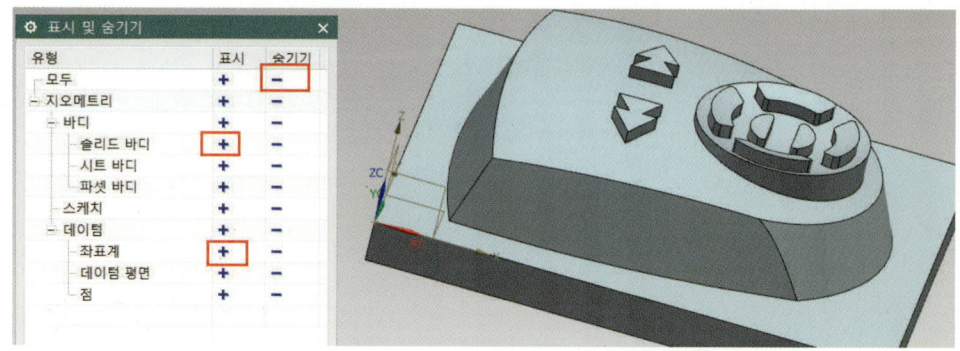

NX10 3D 모델링 및 CAD/CAM

14 특징형상 구 작성하기

❶ 삽입의 특징형상 설계에서 구(S)... 를 클릭한다. 유형에서 중심 점과 직경을 선택한 후 중심 점에서 점 다이얼로그 클릭한다.

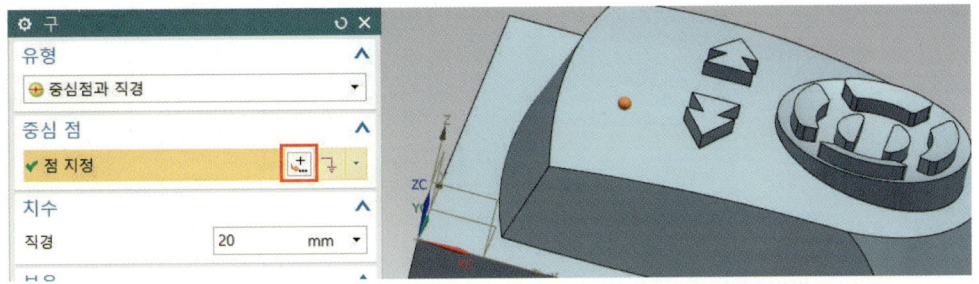

❷ 추정 점을 선택한 후 도면을 보고 절댓값으로 좌푯값 X30, Y50, Z15를 입력하고 확인한다.

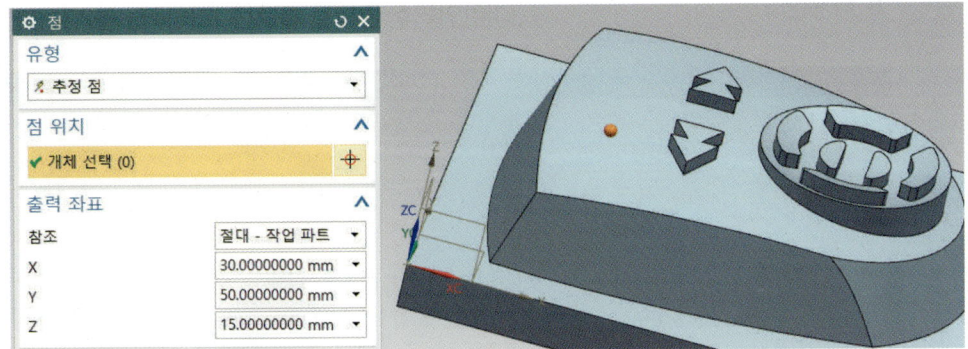

❸ 구 아이콘을 클릭한 후 치수는 직경 값으로 20을 입력한 후 확인한다.

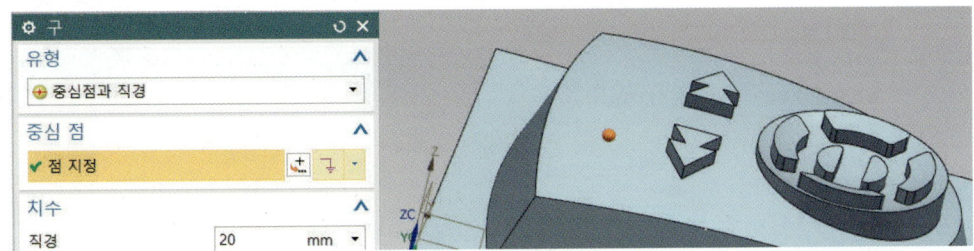

15 결합하기

❶ 결합 아이콘을 클릭하고 타겟 바디를 선택한 후 공구 바디 전체를 클릭하고 확인한다.

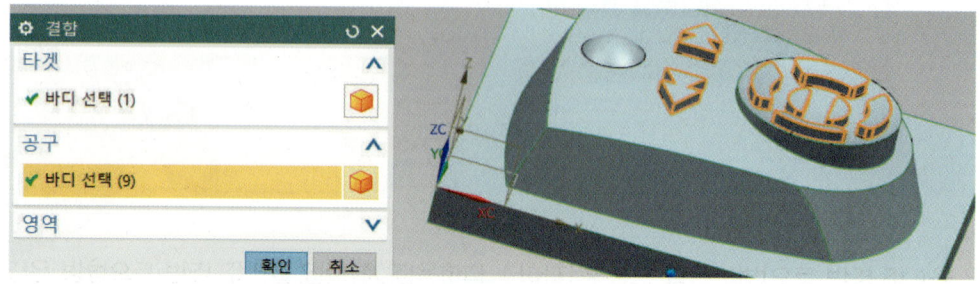

16 필렛(라운드) 작성하기

❶ 모서리 블렌드를 클릭한다. 접하는 곡선으로 하고, 반경 값 20을 입력한 후 모서리를 선택하고 적용한다.

❷ 반경 값 10을 입력 후 모서리를 클릭하고 적용한다.

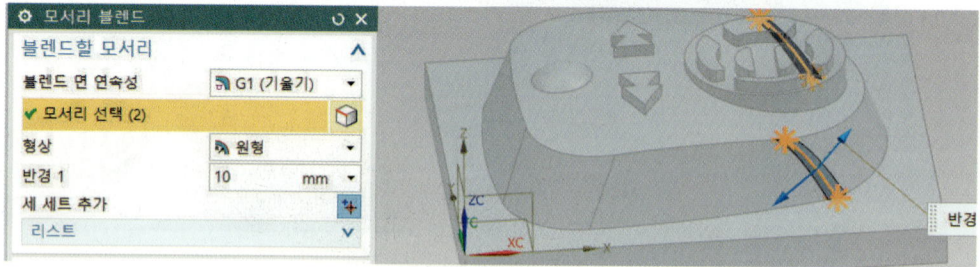

PART Ⅳ 서피스(Surface) 모델링

❸ 반경 값 5를 입력 후 모서리를 클릭하고 적용한다.

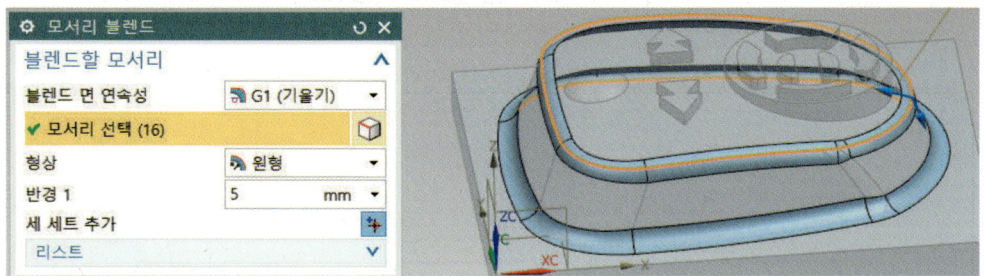

❹ 반경 값 1을 입력 후 그림처럼 모서리를 클릭하고 적용한다. 나머지 모서리 전체를 클릭하고 확인한다.

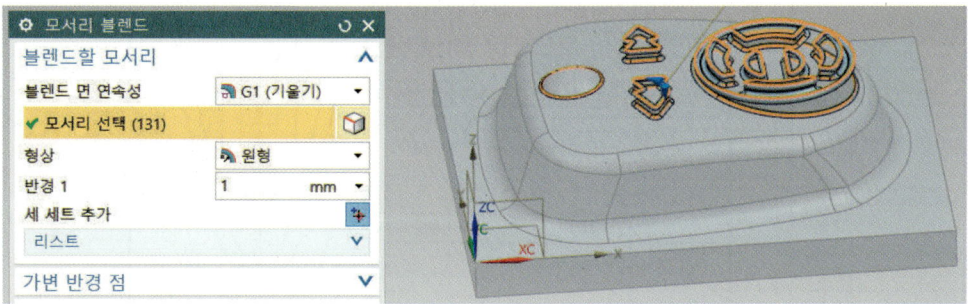

❺ 아래 그림은 완성된 모델링이다.

제13절 Surface 인주함 모델링 따라 하기

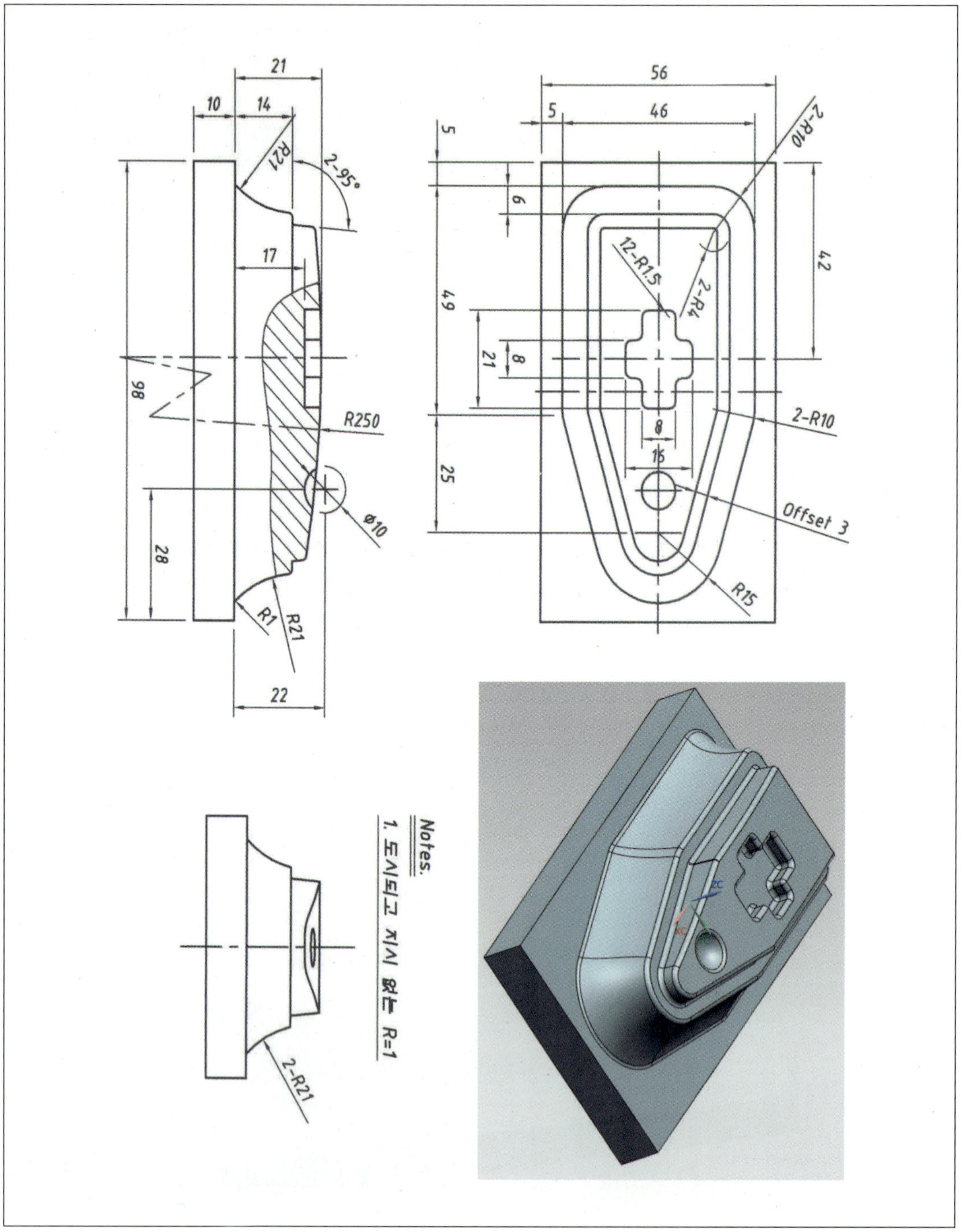

PART IV 서피스(Surface) 모델링

❶ 새로 만들기( ), Ctrl + N)를 실행한다. 모델을 선택하고 파일 이름과 저장할 폴더를 입력한 다음 확인을 클릭한다.

❷ 삽입의 를 선택하거나, 위에서 생성된 타스크 환경의 스케치 아이콘을 선택한다.

❸ 유형은 평면 상에서, 스케치 면은 기존 평면에서 XY 평면을 선택하고, 확인 후 스케치 모드로 들어간다.

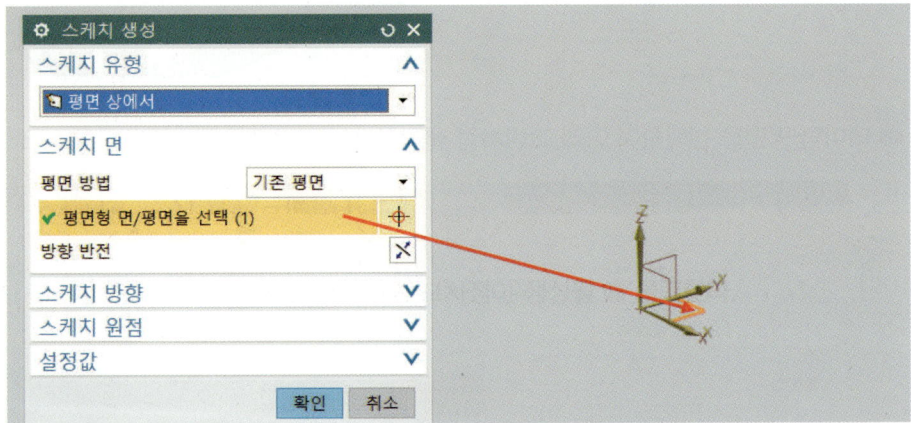

❹ 도면을 참조하여 아래 그림과 같이 직사각형, 선, 참조선, 치수 등 아이콘을 이용하여 스케치한다.

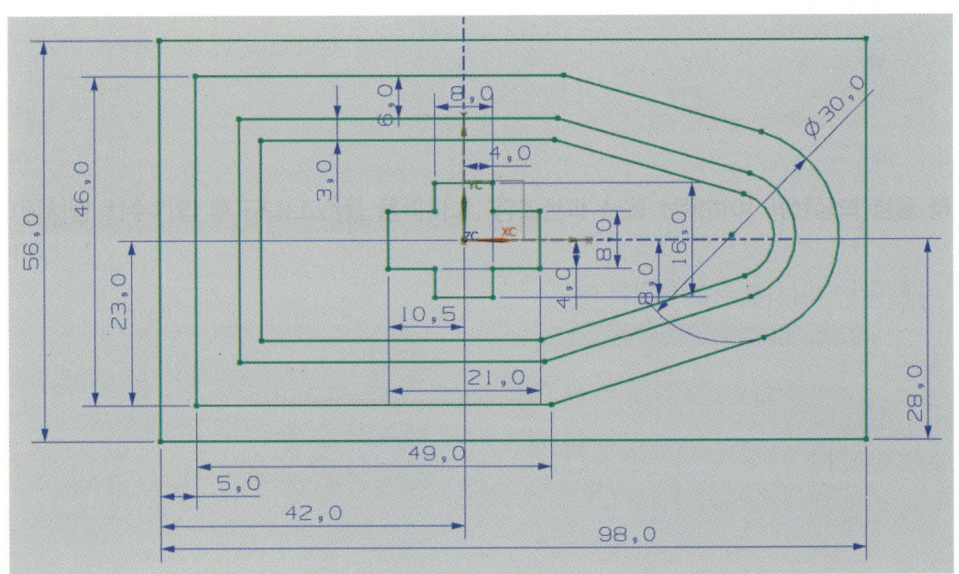

❺ 돌출 아이콘을 클릭하고, 아래 그림처럼 설정한 다음 적용한다.

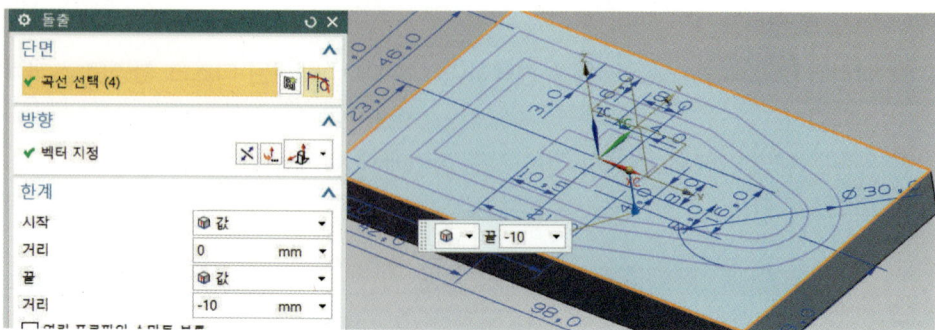

❻ 데이텀 평면을 선택하여 아래 그림처럼 설정한다.

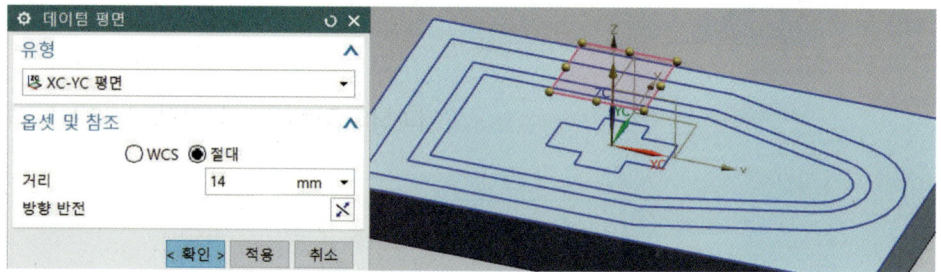

❼ 타스크 환경의 스케치를 선택하여 아래 그림처럼 평면을 선택한다.

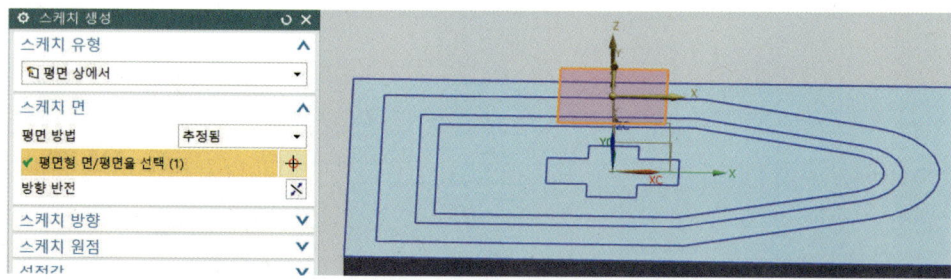

❽ 아래 그림처럼 곡선 투영을 한다.

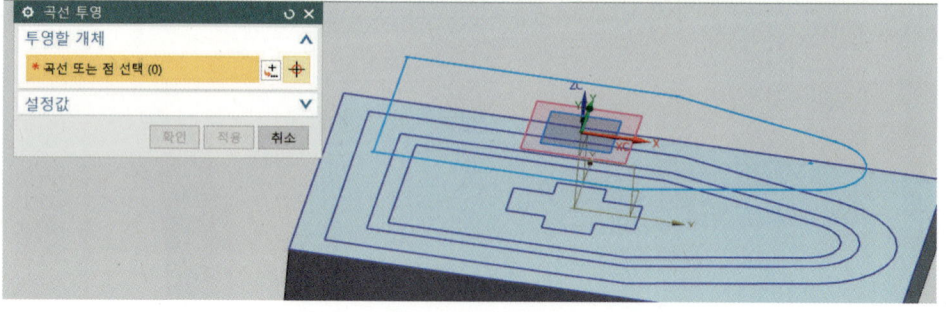

❾ 데이텀 평면을 선택하여 아래 그림처럼 정면도 스케치를 설정한다.

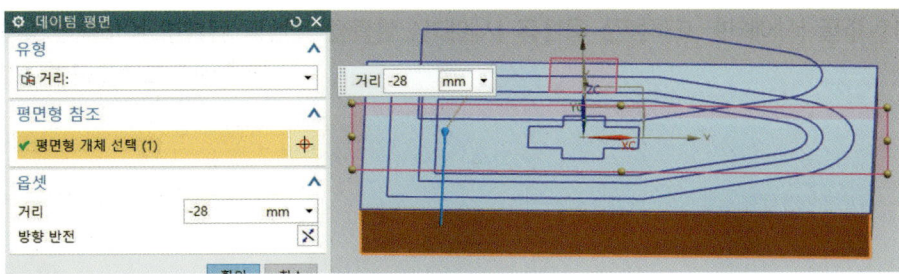

❿ 아래 그림처럼 스케치한 후 종료한다.

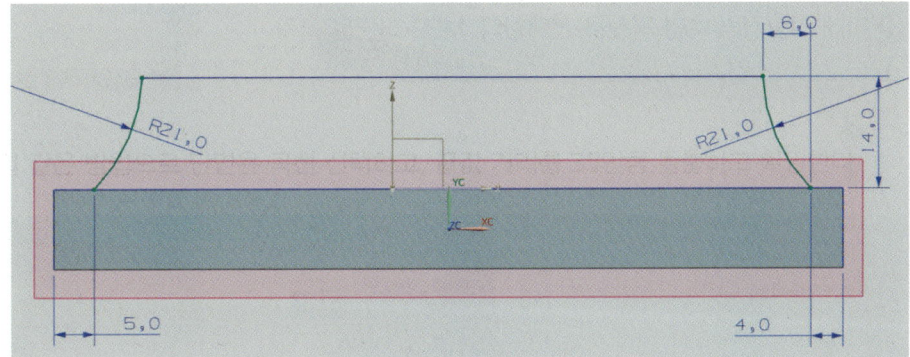

⓫ 스웹 아이콘을 선택하여 연결된 곡선으로 하고, 단면에서 곡선 선택을 한다. MB2 버튼을 클릭한다.

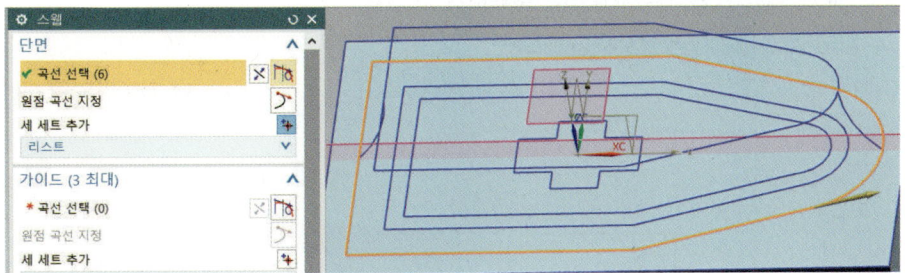

⓬ 아래 그림처럼 단면에서 곡선 선택을 한다. MB2 버튼을 클릭한다.

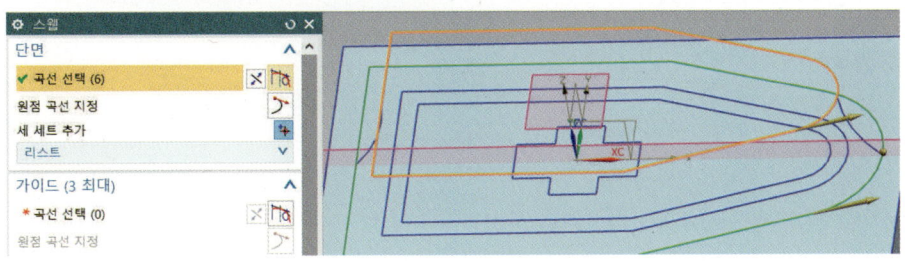

⑬ 가이드 탭을 선택한 다음 곡선 선택에서 측면 곡선을 선택한다. MB2 버튼을 클릭한다.

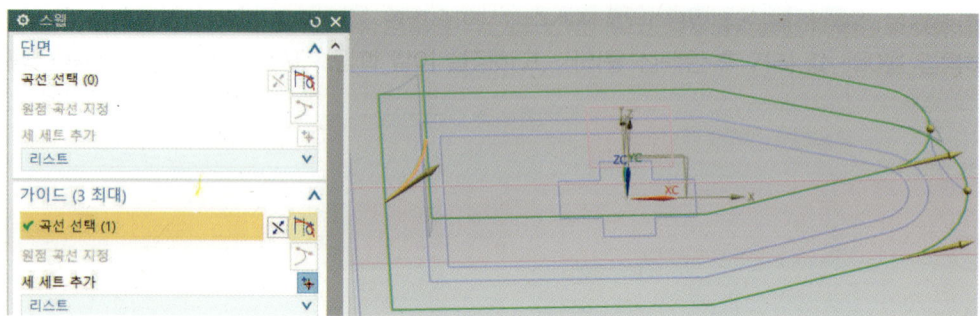

⑭ 아래 그림처럼 측면 곡선을 선택한다. MB2 버튼을 클릭한다.

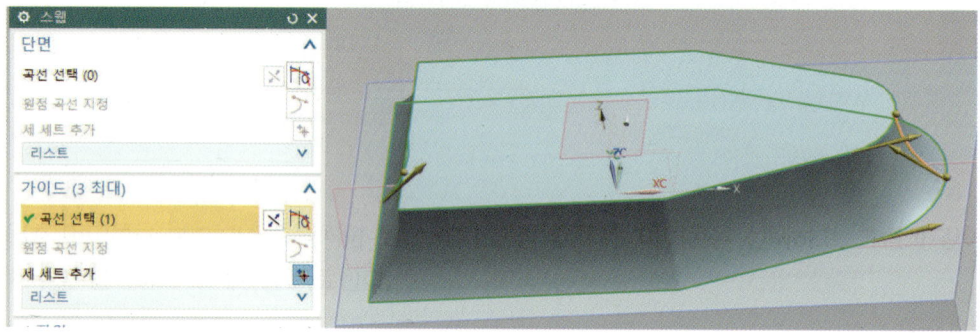

⑮ 아래 그림처럼 돌출한다.

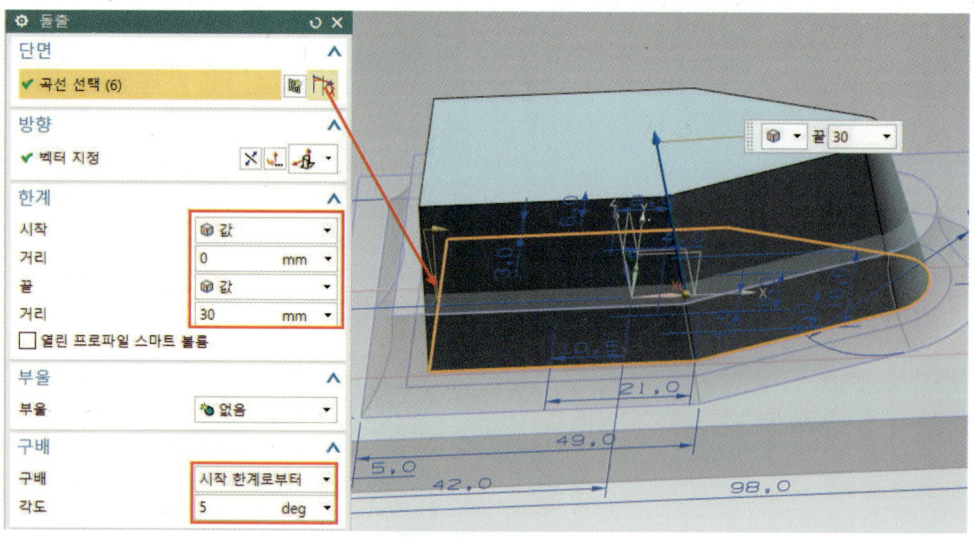

NX10 3D 모델링 및 CAD/CAM

⑯ 삽입의 타스크 환경의 스케치(S)...를 선택한 다음 데이텀 평면을 선택 후 확인한다.

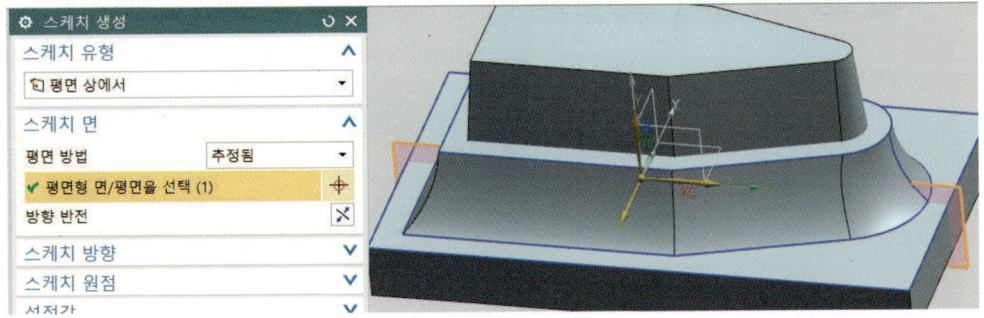

⑰ 아래 그림처럼 스케치하고 종료한다.

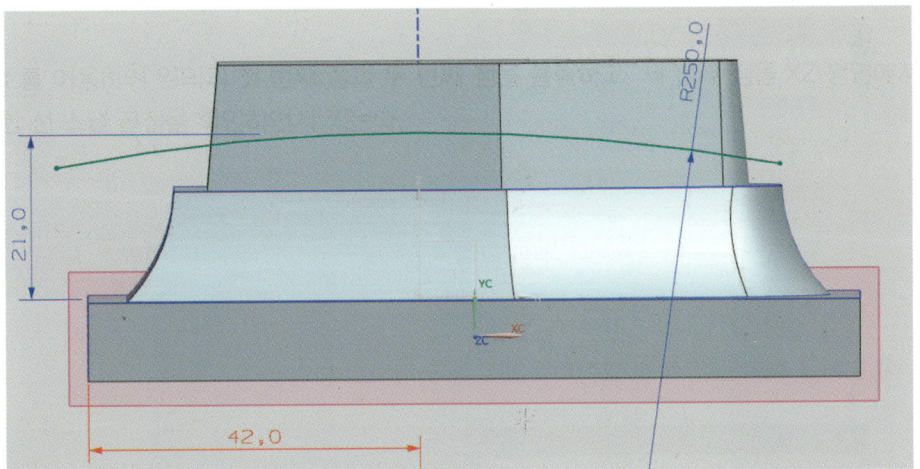

⑱ 돌출 아이콘을 클릭하고, 아래 그림처럼 단면에서 곡선을 설정하고 확인한다.

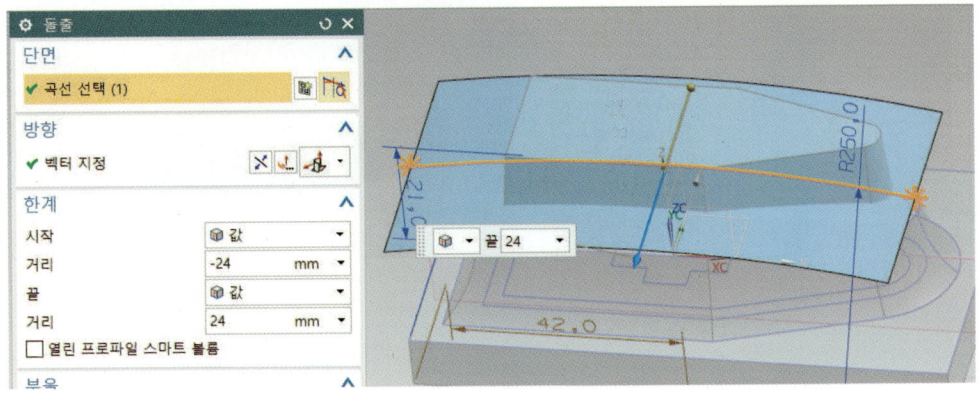

Chapter 04 | Surface Exercise

⓳ 아래 그림처럼 바디를 트리밍하고 확인한다.

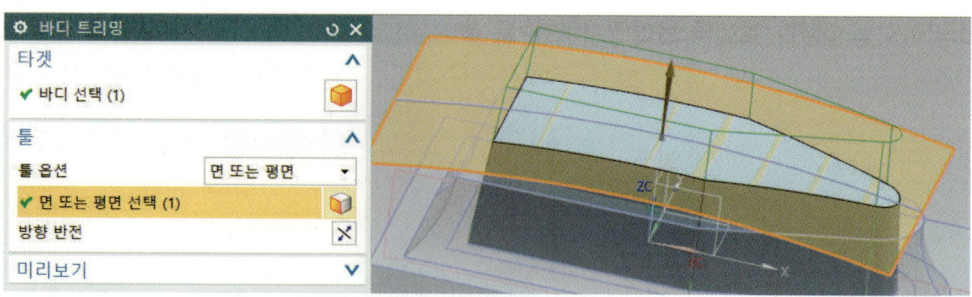

⓴ 삽입의 특징형상설계에서 구(S)...를 클릭한다. 점 지정에서 점 다이얼로그 아이콘을 클릭한다.

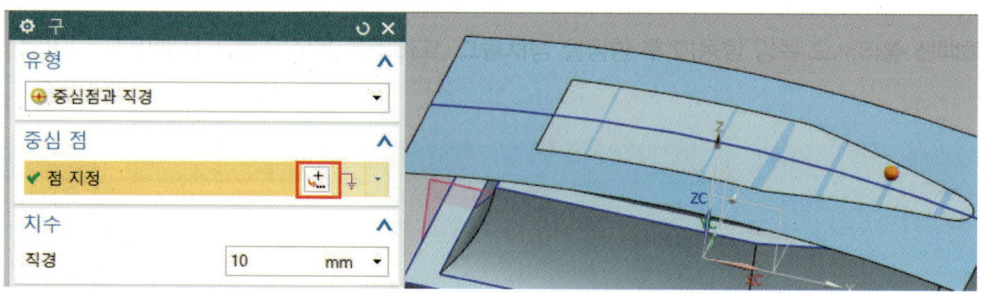

㉑ 도면을 확인하고, 아래 그림처럼 좌표를 입력하고 확인한다.

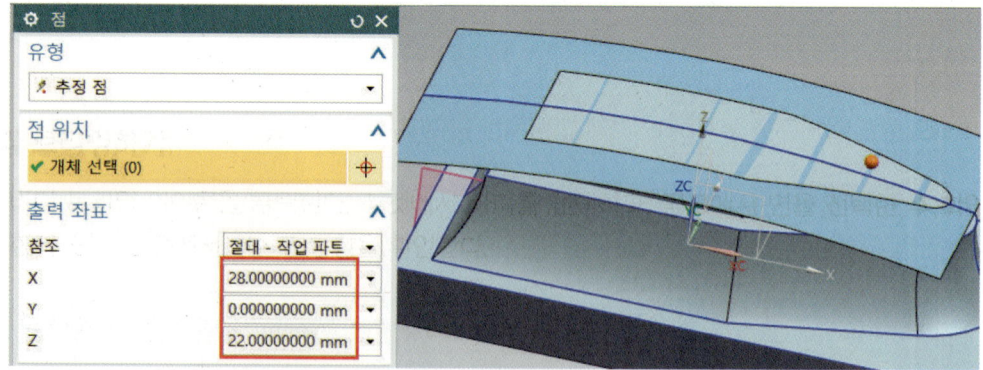

㉒ 직경 치수 10, 부울은 빼기로 설정하고 확인한다.

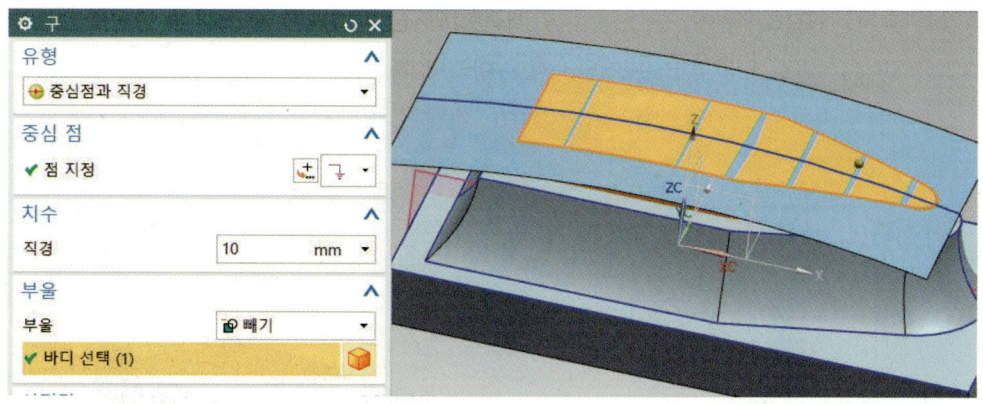

㉓ 아래 그림처럼 결합한다.

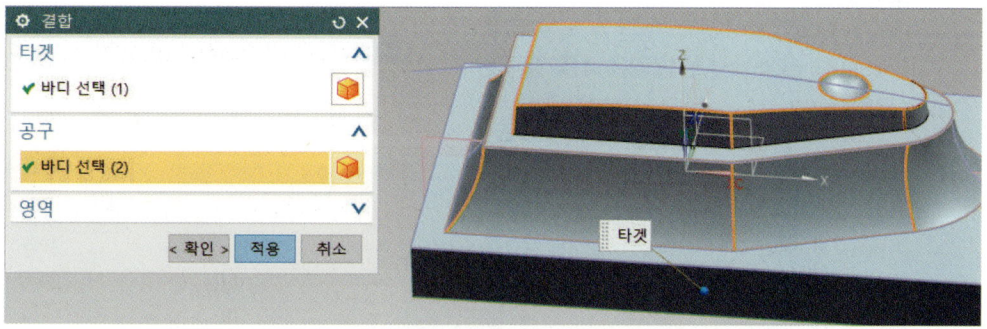

㉔ 돌출 아이콘을 클릭하고, 아래 그림처럼 설정한 후 확인한다.

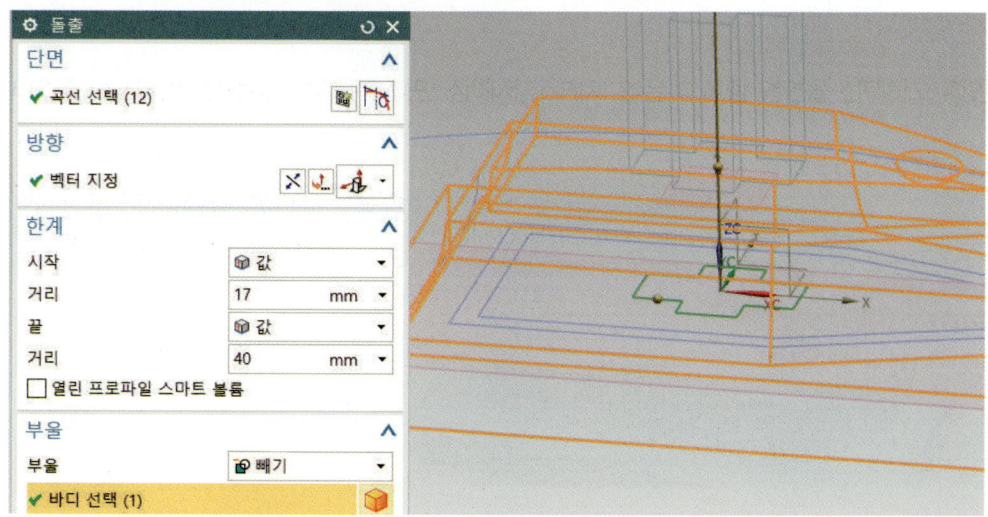

㉕ 표시 및 숨기기( ) 를 클릭한다. 유형은 모두에서 숨기기(−)를 선택하고, 솔리드 바디는 표시(+)를 선택한다.

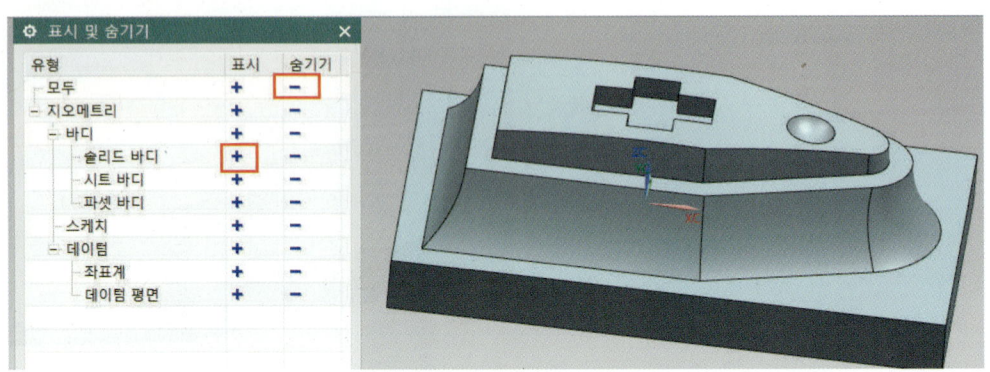

㉖ 모서리 블렌드를 클릭한다. 직경 값 10을 입력 후 모서리를 클릭하고, 다시 가변 반경 점에서 새 위치 지정은 스냅 끝점으로 한 후 아래쪽 모서리를 선택한다. 다시 가변 반경에서 새 위치 지정에서 V 반경은 4를 입력한 후 스냅 끝점으로 하고, 위쪽 모서리를 선택하고 적용한다.

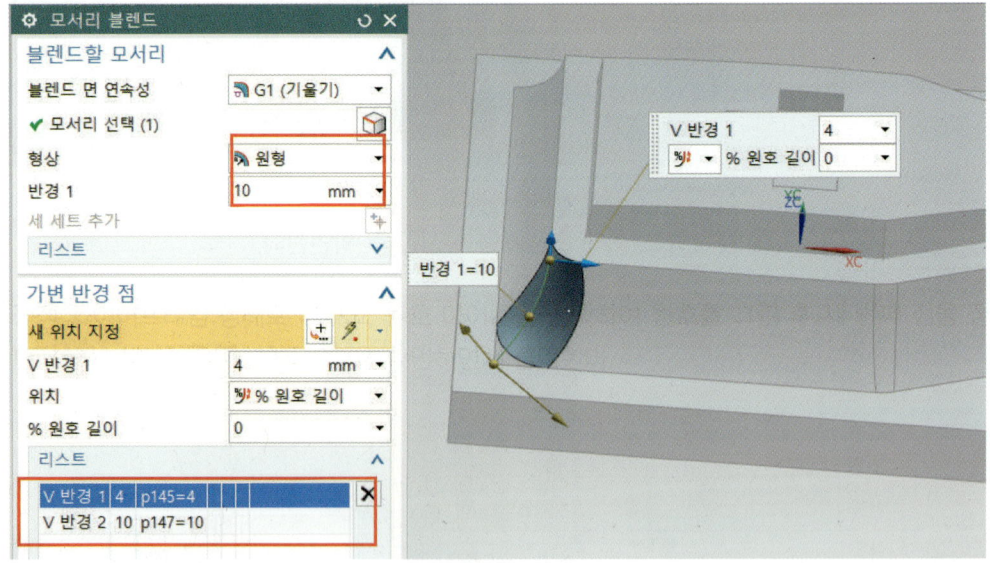

NX10 3D 모델링 및 CAD/CAM

㉗ 위와 같은 방법으로 설정하고 확인한다.

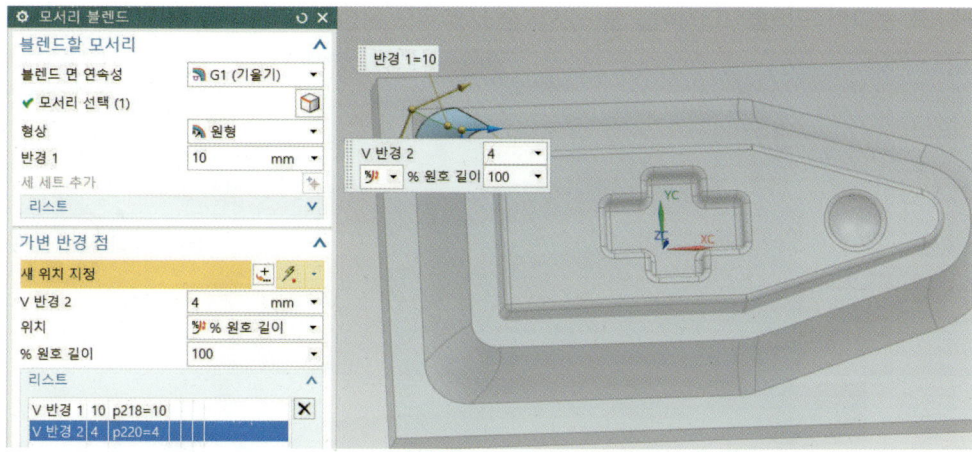

㉘ 반경 값 1을 입력 후 아래 그림처럼 나머지 모서리 전체를 클릭하고 적용한다.

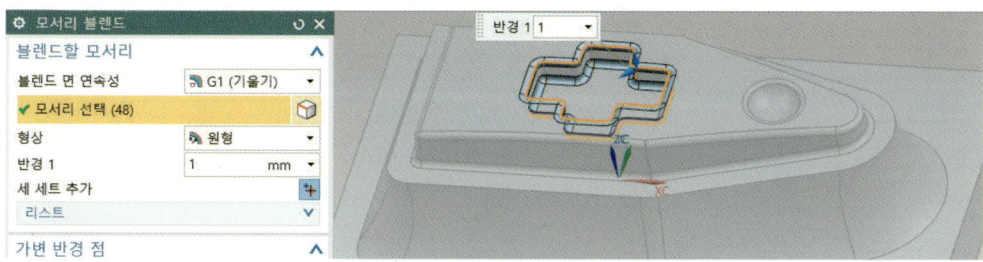

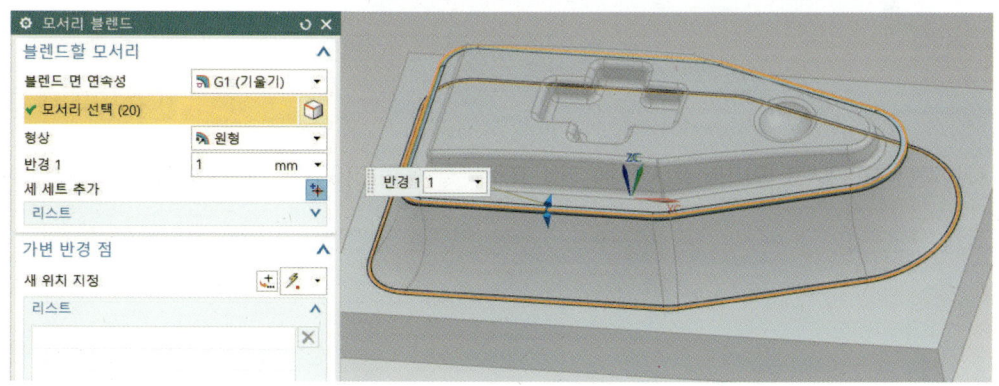

Chapter 04 | Surface Exercise 443

㉙ 아래 그림은 완성된 모델링이다.

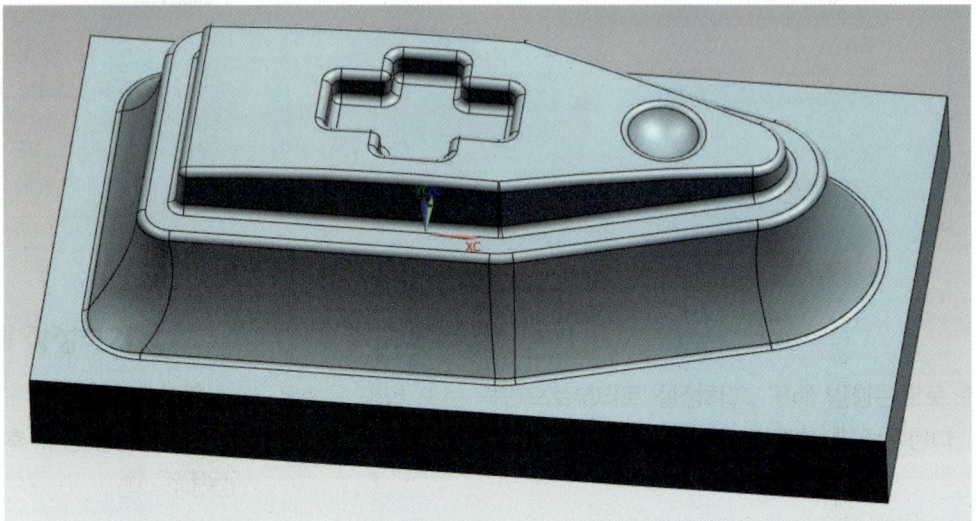

제14절 Surface 브라켓 모델링 따라 하기

 NX10 3D 모델링 및 CAD/CAM

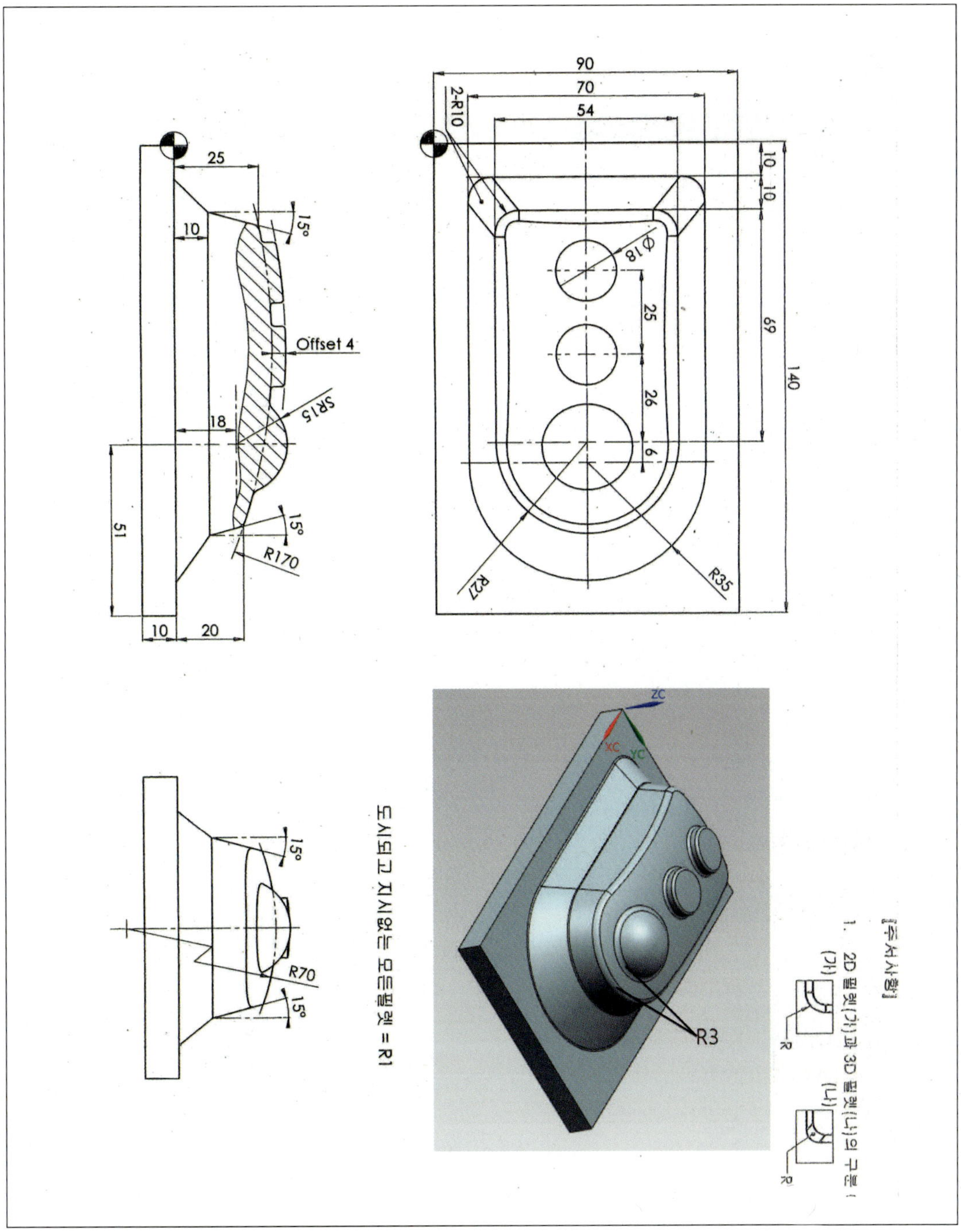

Chapter 04 | Surface Exercise

❶ 새로 만들기( ), Ctrl + N)를 실행한다. 모델을 선택하고 파일 이름과 저장할 폴더를 입력한 다음 확인을 클릭한다.

❷ 메뉴의 삽입에서 타스크 환경의 스케치(S)...를 선택하거나, 스케치 아이콘을 선택한다.

❸ 유형은 평면 상에서, 스케치 면은 평면도(XY 평면)를 선택 확인하고, 스케치 모드로 들어간다.

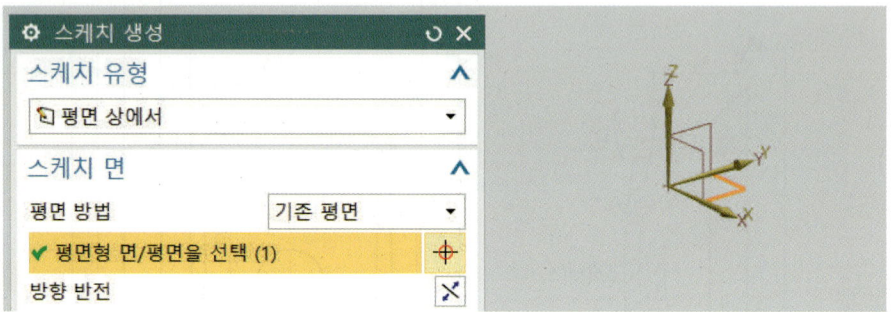

❹ 도면을 참조하여 아래 그림과 같이 스케치하고 종료한다. 직사각형, 원호, 원, 필렛, 참조선, 트리밍, 치수 등 아이콘을 이용하여 스케치한다.

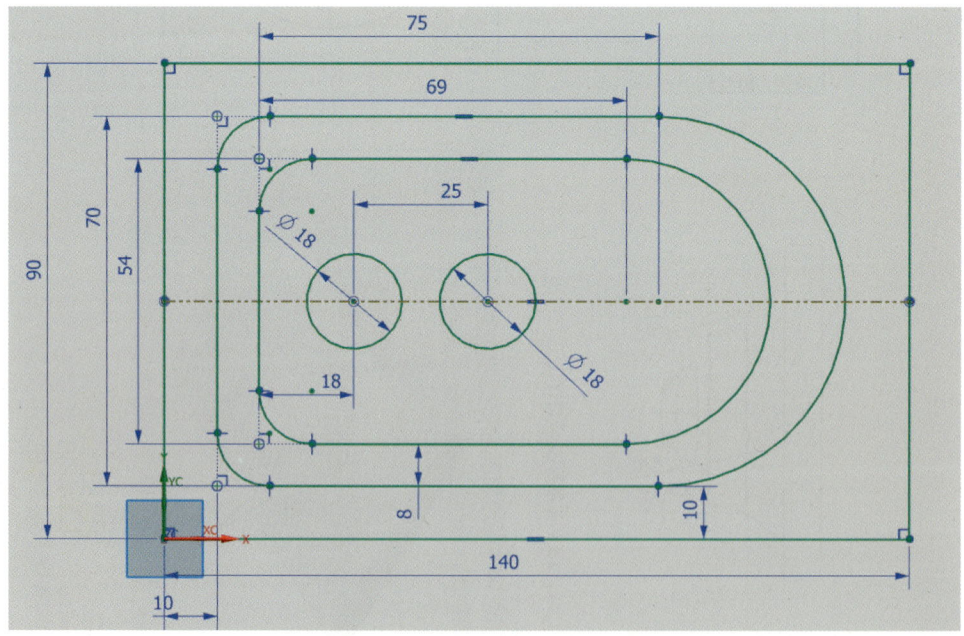

PART Ⅳ 서피스(Surface) 모델링

❺ 아래 그림처럼 돌출한다.

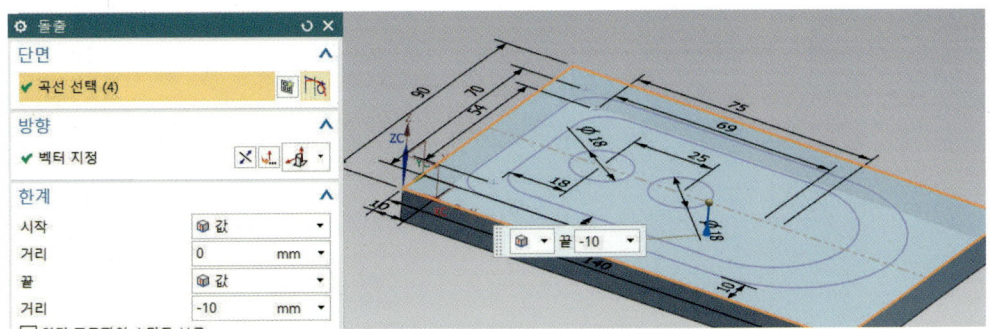

❻ 데이텀 평면 아이콘을 클릭하고 XZ 평면을 선택하고 거리 45를 입력하고 확인한다.

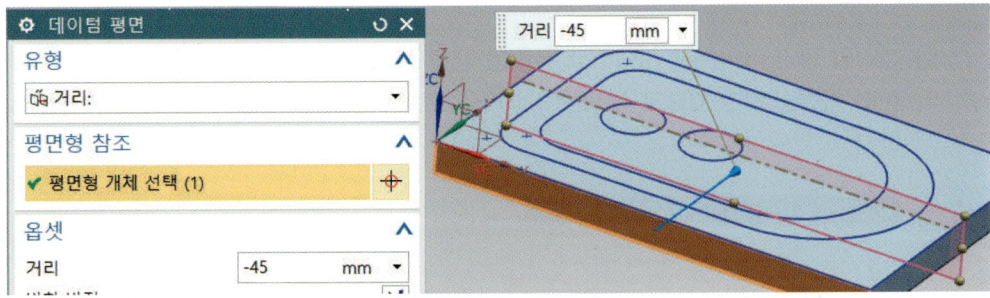

❼ 삽입에 타스크 환경의 스케치(S)... 선택한다. 위에서 생성된 작업 평면을 선택 확인하고, 스케치 모드로 들어간다.

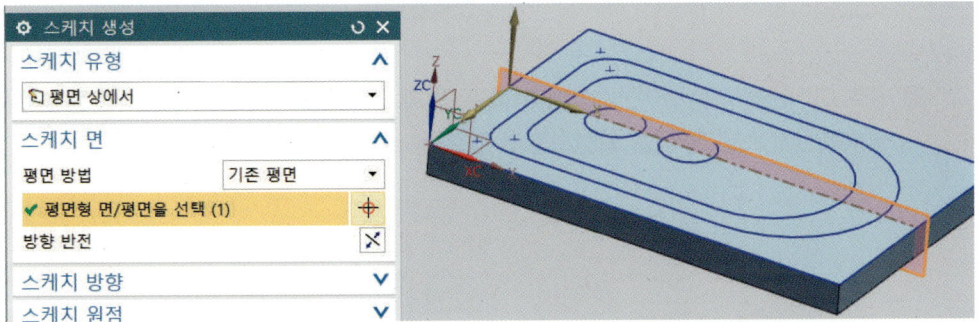

Chapter 04 | Surface Exercise

❽ 아래 그림과 같이 정면도를 스케치하고 종료한다. 선, 원호, 필렛, 참조선, 치수 등 아이콘을 이용하여 스케치한다.

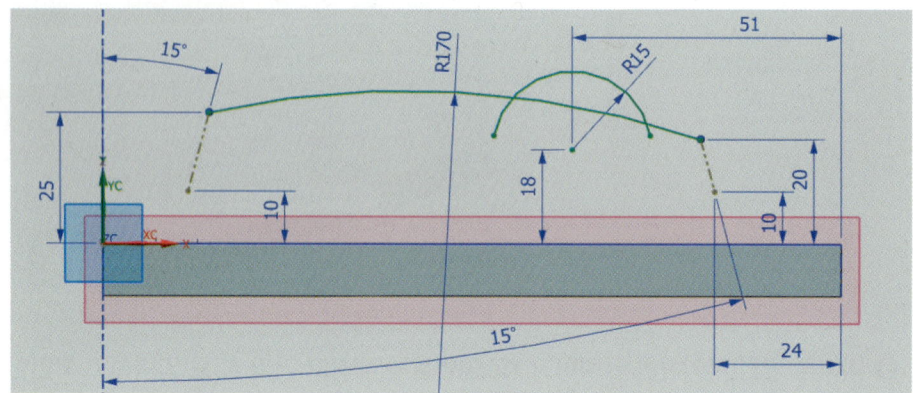

❾ 데이텀 평면 아이콘을 선택하고 유형은 곡선 상에서 경로선택에서 원호 선을 선택하고 확인한다. 원호 길이는 0으로 설정한다. 마우스 2번 버튼을 누르고 아래 그림처럼 방향을 설정한다.

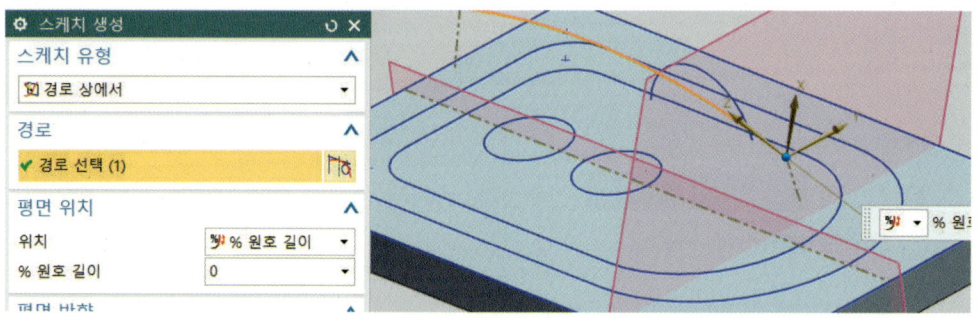

❿ 원호 아이콘을 이용하여 첫 번째 점과 두 번째 점을 찍고 세 번째 점을 XZ 평면에서 생성한 원호곡선에 스냅 끝 점을 확인하면서 연결한다.

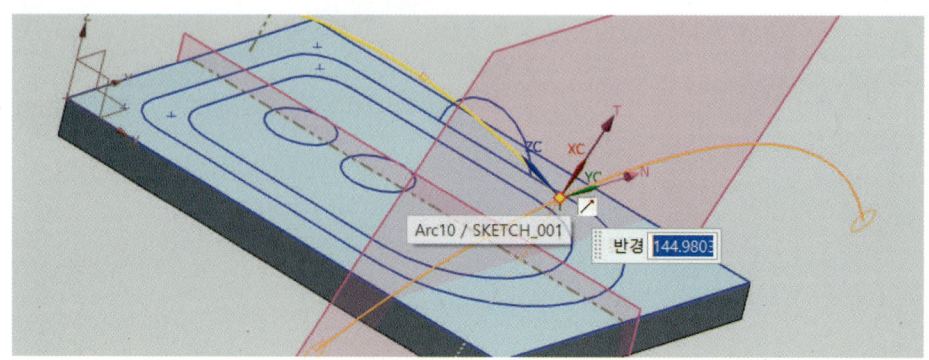

⓫ 우측면도() 방향으로 설정하고 아래 그림처럼 치수기입을 하고 스케치를 종료한다.

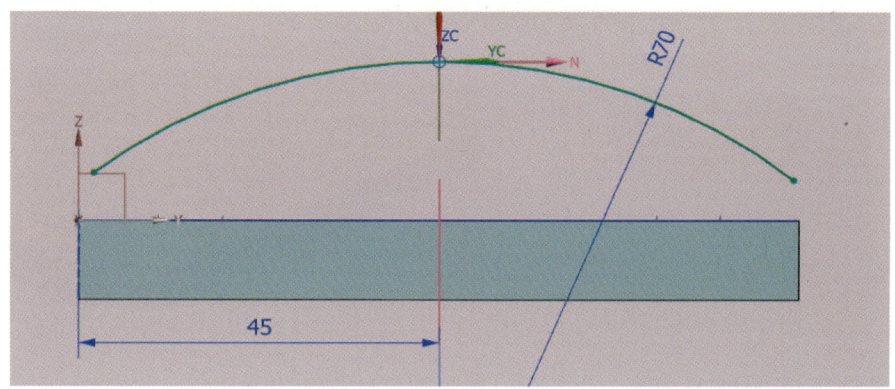

⓬ 돌출 아이콘을 클릭하고 아래 그림처럼 설정하고 확인한다.

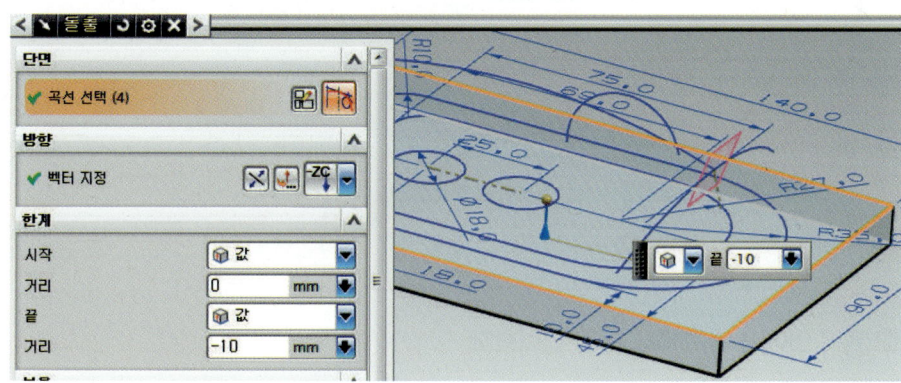

일반 패드 방법으로 작업할 경우

⓭ 삽입에 특징형상설계에 패드(A)...을 클릭하고 일반을 선택하고 확인한다.

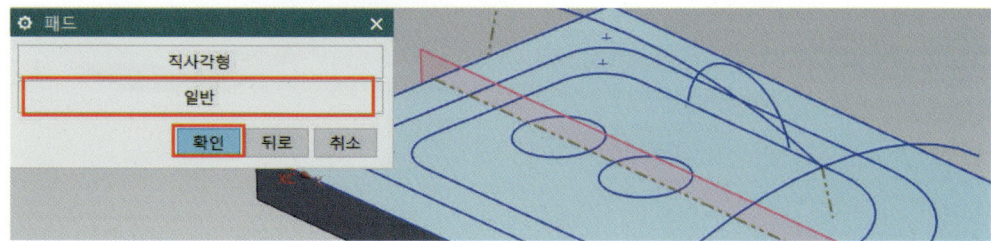

⓮ 배치 면에서 윗면을 선택한다.

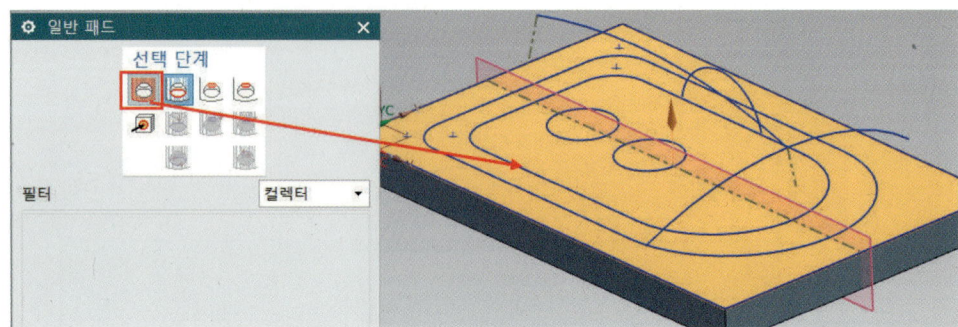

⓯ 배치 외곽선에서 아래 그림과 같이 바깥쪽 곡선을 클릭한다.

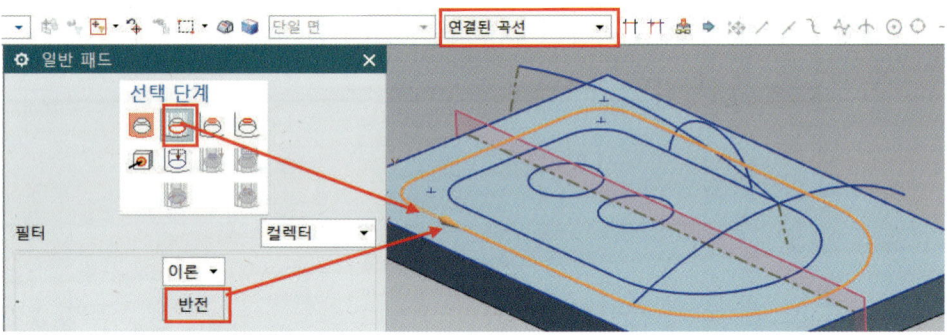

⓰ 위쪽 면에서 배치에서 10을 입력한다.

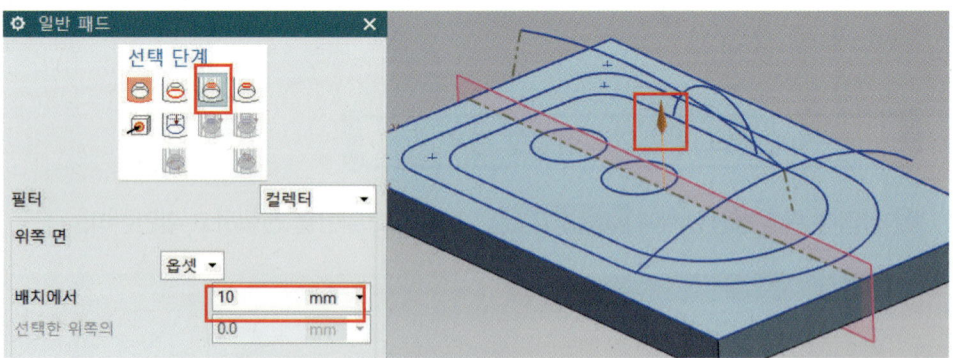

NX10 3D 모델링 및 CAD/CAM

⑰ 위쪽 외곽선에서 안쪽 곡선을 선택한다. 화살표 방향이 같은 방향으로 나올 수 있도록 선택하고 확인한다.

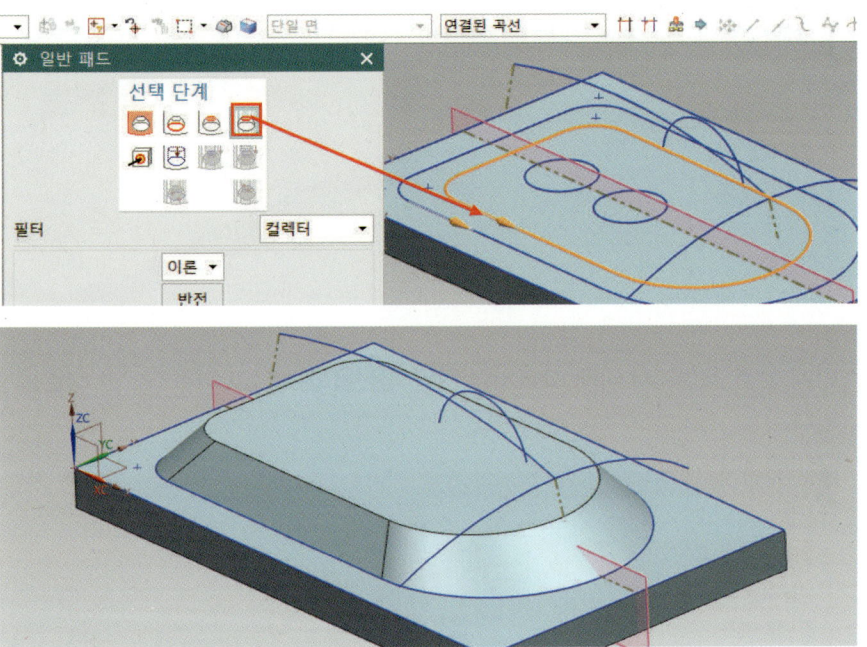

메시 곡면의 곡선통과 방법으로 작업할 경우

⑱ 삽입에 연관 복사에 대칭 지오메트리를 클릭한다. 아래 그림처럼 안쪽 곡선을 선택하고 평면 지정에서 거리를 5로 입력한다.

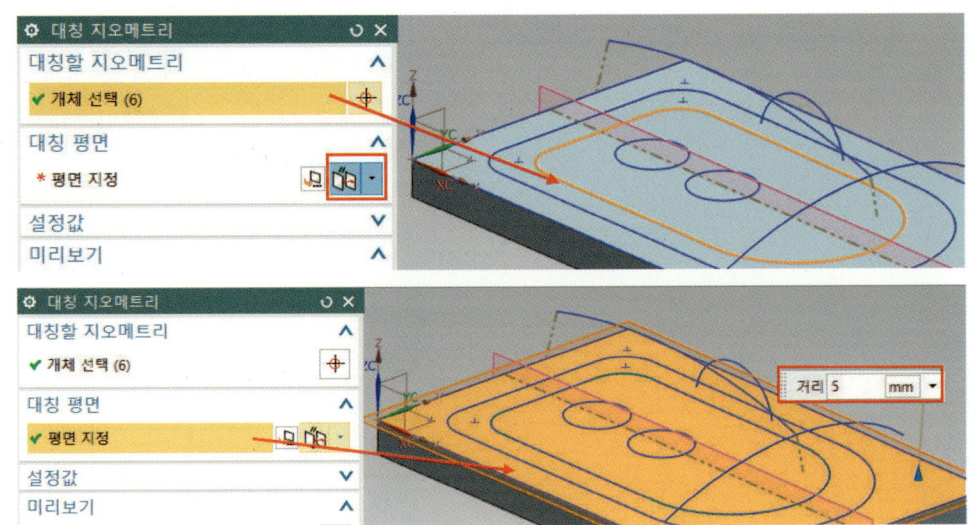

Chapter 04 | Surface Exercise 451

⑲ 삽입의 메시 곡면에서 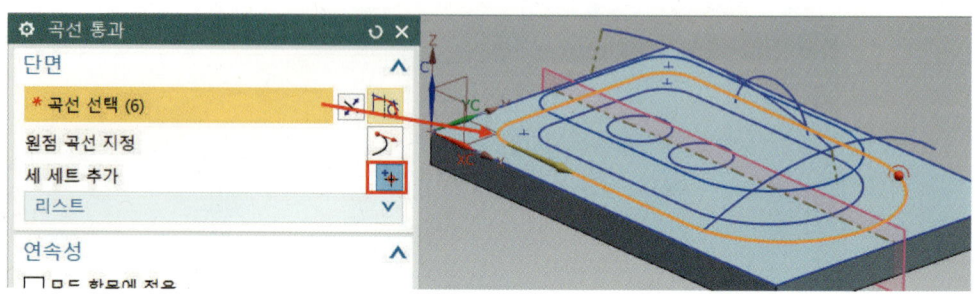 곡선 통과(T)...를 클릭한다. 아래 그림처럼 단면 곡선에서 바깥쪽 곡선을 선택하고 마우스 2번 버튼을 클릭한다. 또는 세 세트 추가 아이콘을 클릭한다.

⑳ 다시 단면 곡선에서 아래 그림처럼 안쪽 곡선을 선택하고 마우스 2번 버튼을 클릭하고 확인한다.

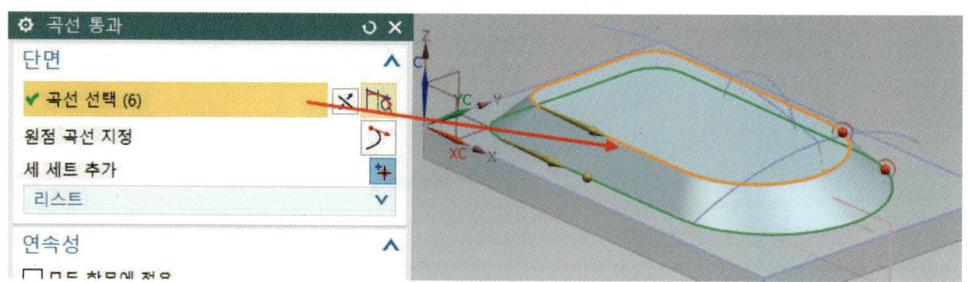

㉑ 삽입의 스위핑에서 가이드를 따라 스위핑(G)...을 클릭한다. 정적 와이어 프레임과 연결된 곡선으로 설정하고 아래 그림처럼 단면 곡선 선택을 선택하고 가이드 곡선을 클릭하고 확인한다.

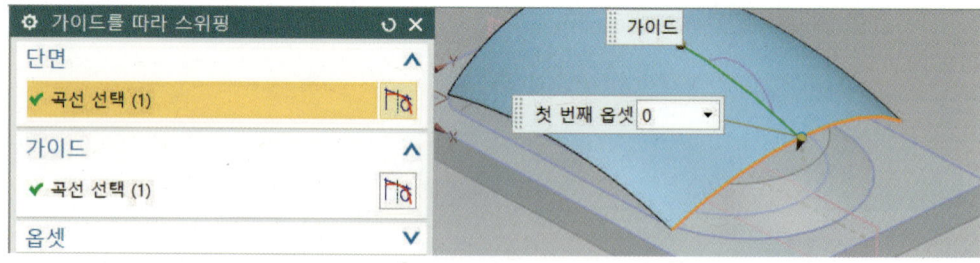

㉒ 시트 연장 아이콘을 클릭하여 아래 그림처럼 양쪽 끝선을 선택하여 10mm만큼 연장한다.

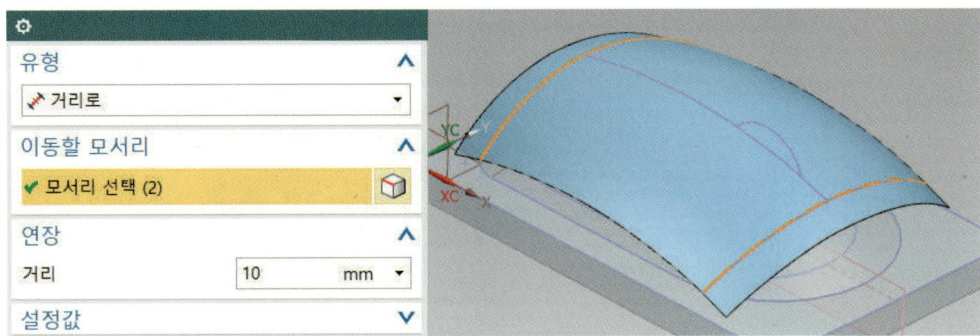

㉓ 돌출 아이콘을 클릭하고 아래 그림처럼 설정하고 확인한다.

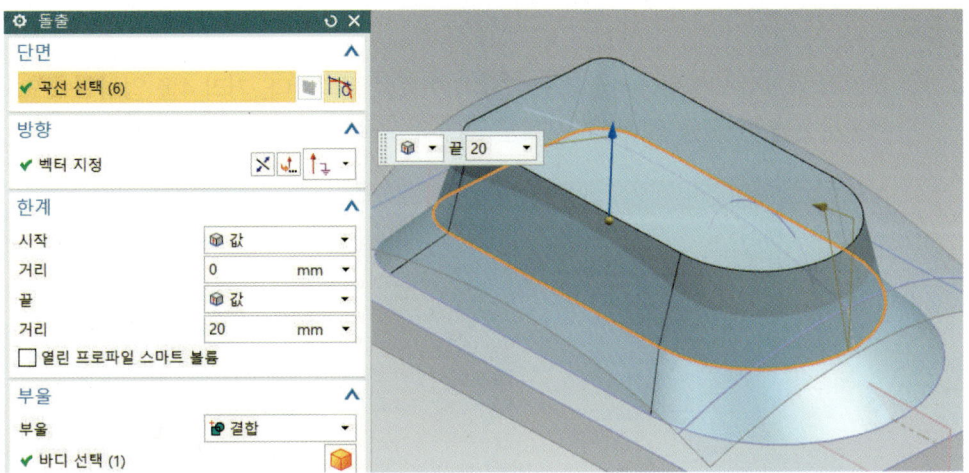

㉔ 삽입의 트리밍에서 바디 트리밍(T)을 클릭하거나 바디 트리밍 아이콘을 선택하고, 아래 그림처럼 타겟 바디 면을 클릭하고 도구 면을 클릭한다. 방향 반전으로 화살표 방향이 위쪽으로 향하게 하고 확인한다.

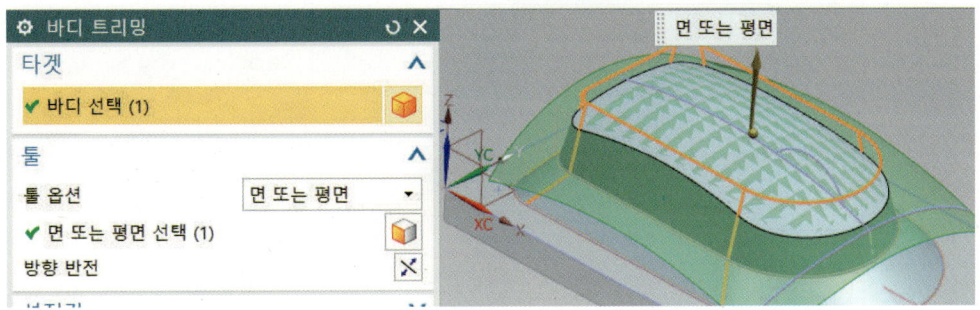

㉕ 돌출 아이콘을 클릭하고 아래 그림처럼 설정하고 확인한다.

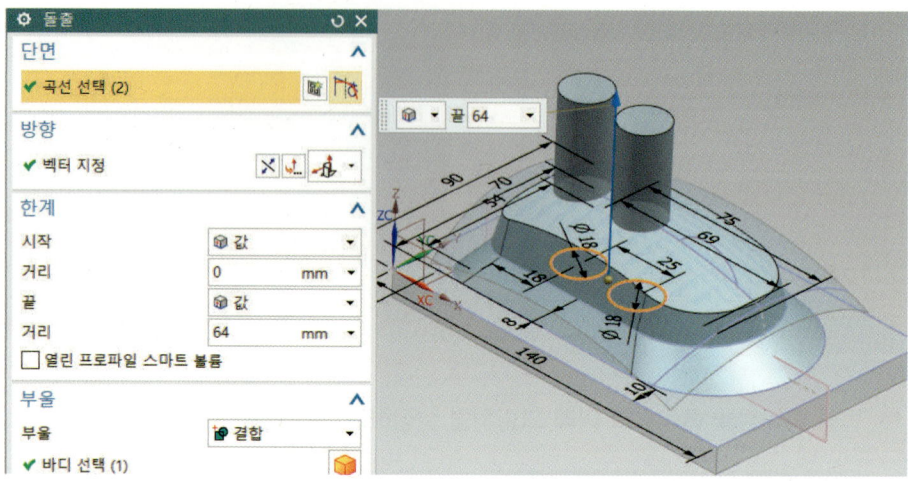

㉖ 삽입의 동기식 모델링에서 면 교체(R) 아이콘을 클릭한다. 거리 4를 입력하고 교체할 면을 위에서 돌출 끝 면을 선택하고 새로운 면에서 스웹 면을 선택하고 확인한다.

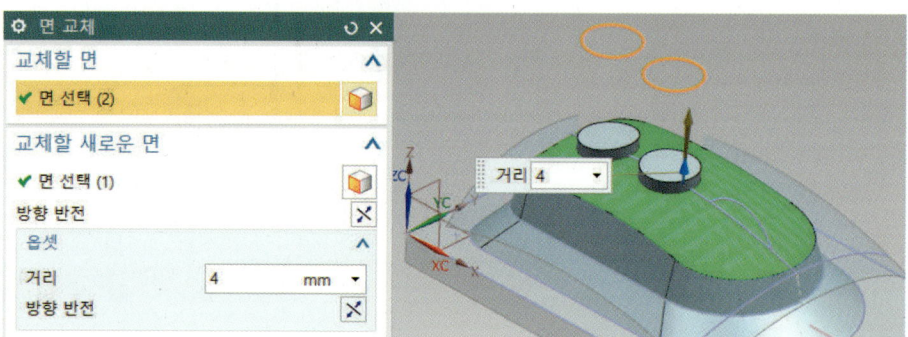

㉗ 삽입에 특징형상설계에 구(S)...을 클릭한다. 유형에서 원호로 설정하고 원호 선을 선택하고 부울을 결합으로 하고 확인한다.

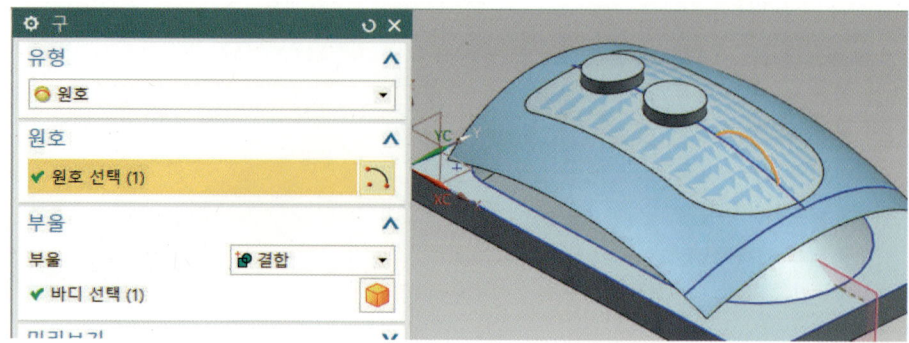

㉘ 표시 및 숨기기()을 클릭한다. 유형은 모두에서 숨기기(-)를 선택하고, 솔리드 바디는 표시(+)를 선택한다.

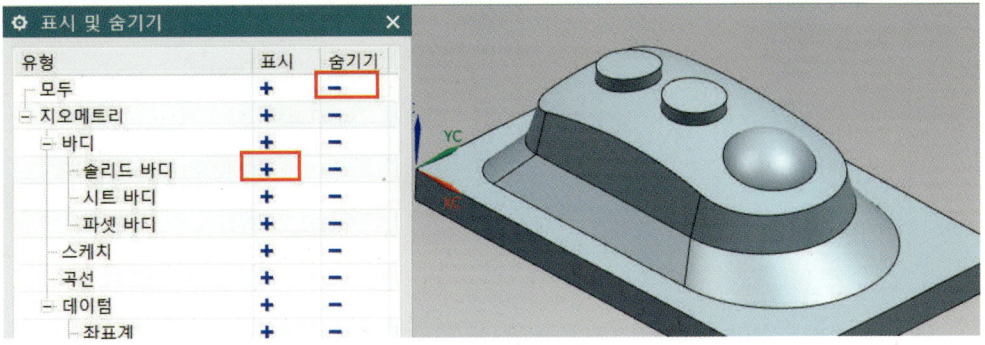

㉙ 모서리 블렌드( ) 아이콘을 클릭하고 반경 3을 입력하고 아래 그림처럼 모서리를 선택하고 적용한다.

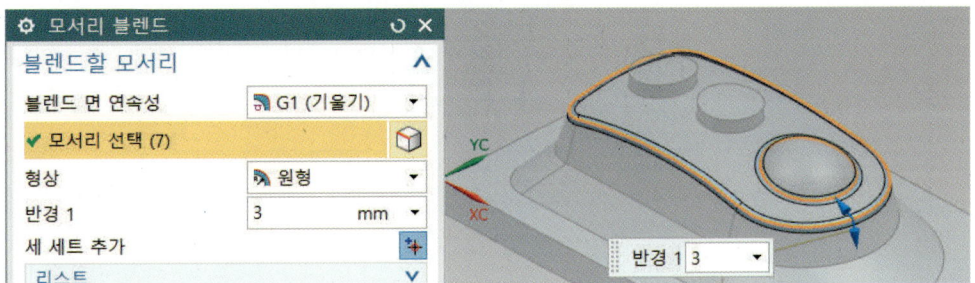

㉚ 반경 1을 입력하고 아래 그림처럼 모서리를 선택하고 적용한다.

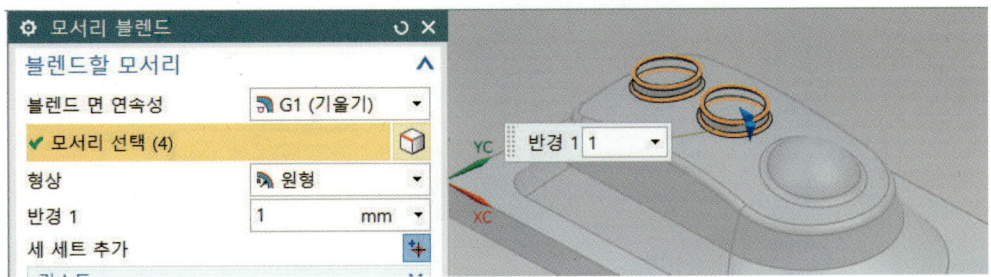

㉛ 아래 그림은 결합한다.

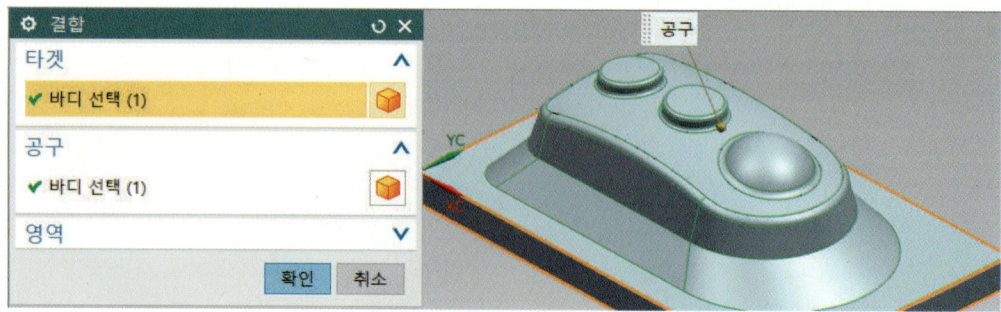

㉜ 반경 1을 입력한 후 아래 그림처럼 모서리를 선택하고 적용한다.

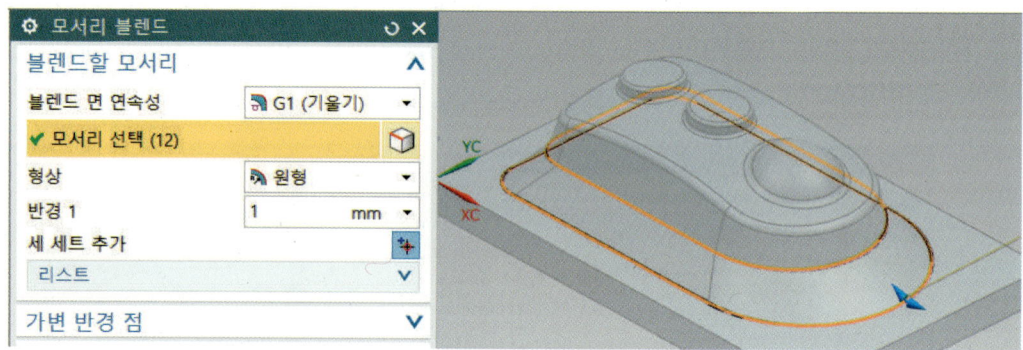

㉝ 아래 그림은 완성된 모델링이다.

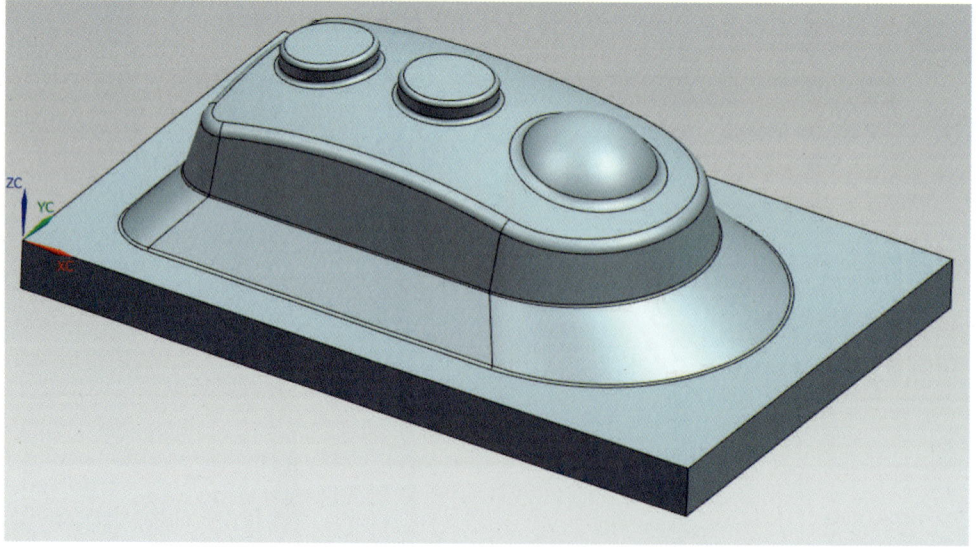

제15절 Surface 물통 모델링 따라 하기

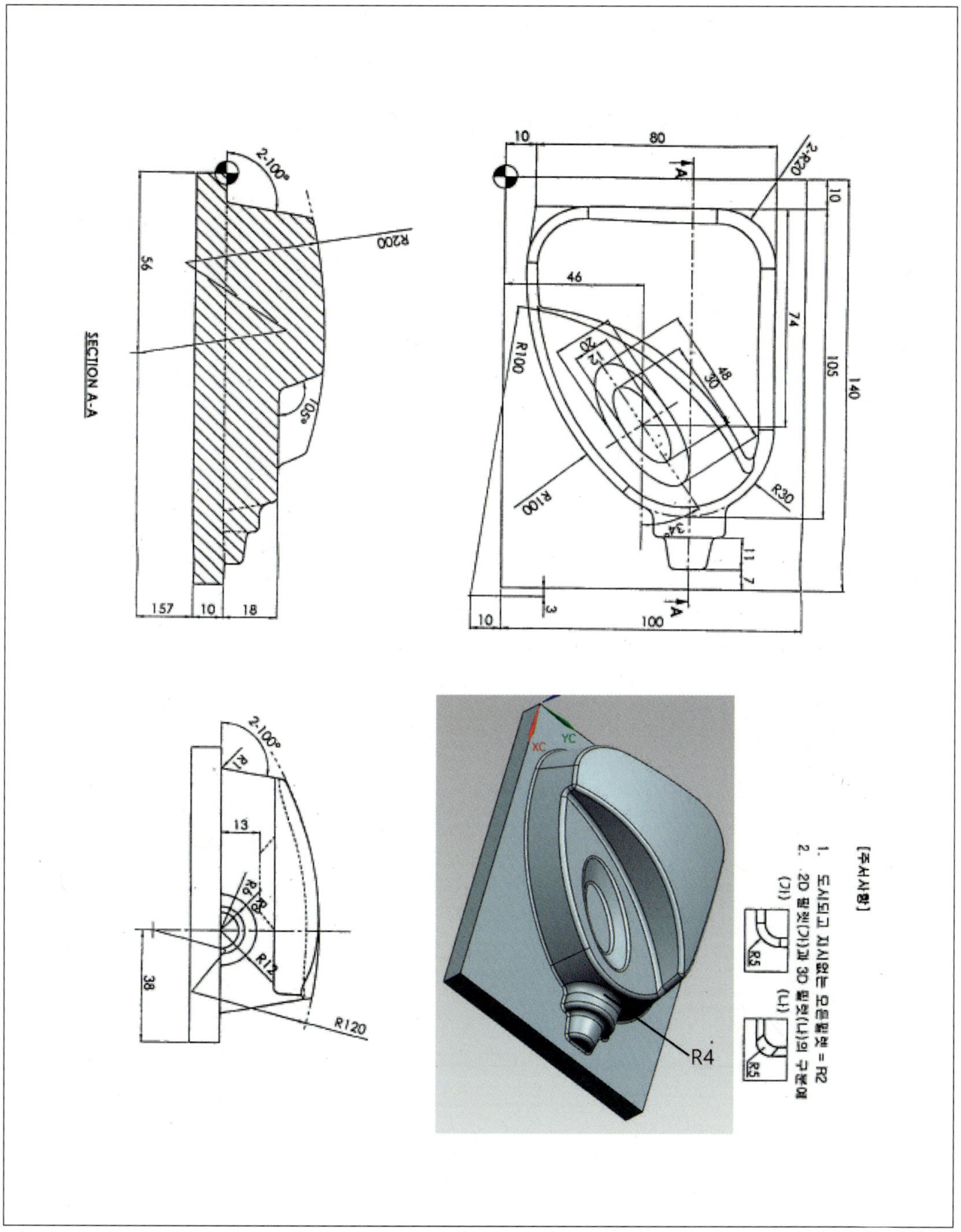

❶ 새로 만들기( ), Ctrl + N 를 실행한다. 모델을 선택하고 파일 이름과 저장할 폴더를 입력한 다음 확인을 클릭한다.

❷ 메뉴의 삽입에서 타스크 환경의 스케치(S)... 를 선택하거나, 스케치 아이콘을 선택한다.

❸ 유형은 평면 상에서, 스케치 면은 평면도(XY 평면)를 선택한 후 확인하고, 스케치 모드로 들어간다.

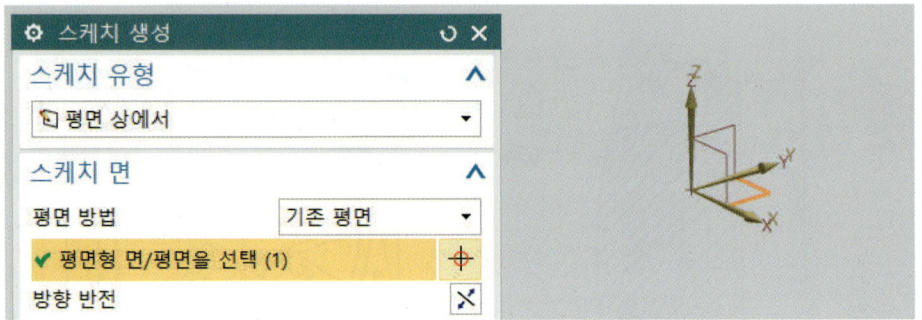

❹ 도면을 참조하여 아래 그림과 같이 스케치하고 종료한다. 직사각형, 선, 원호, 원, 필렛, 참조선, 트리밍, 치수 등 아이콘을 이용하여 스케치하고 종료한다.

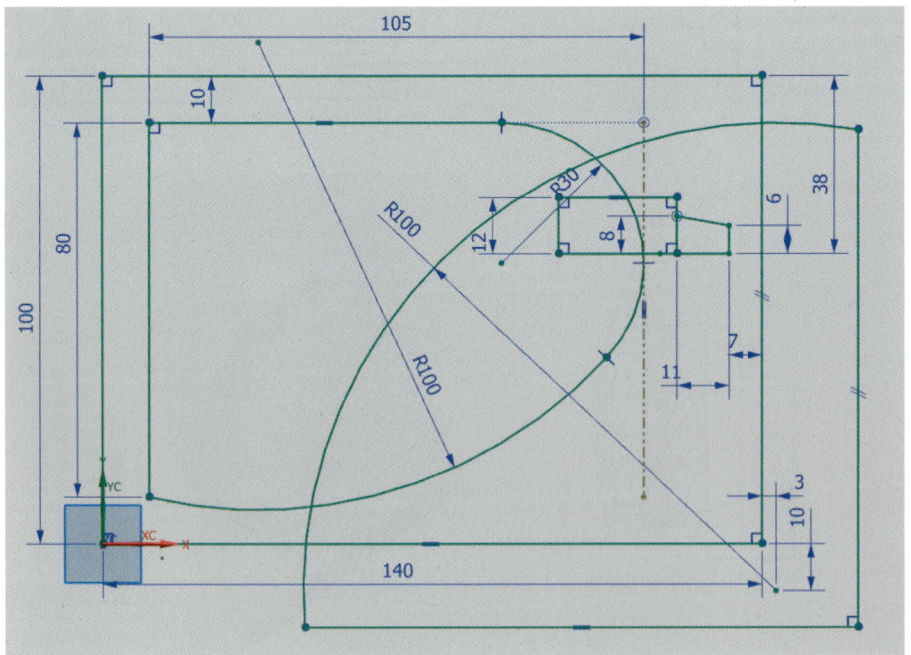

PART Ⅳ 서피스(Surface) 모델링

❺ 돌출()을 클릭하고 아래 그림처럼 설정하고 적용한다.

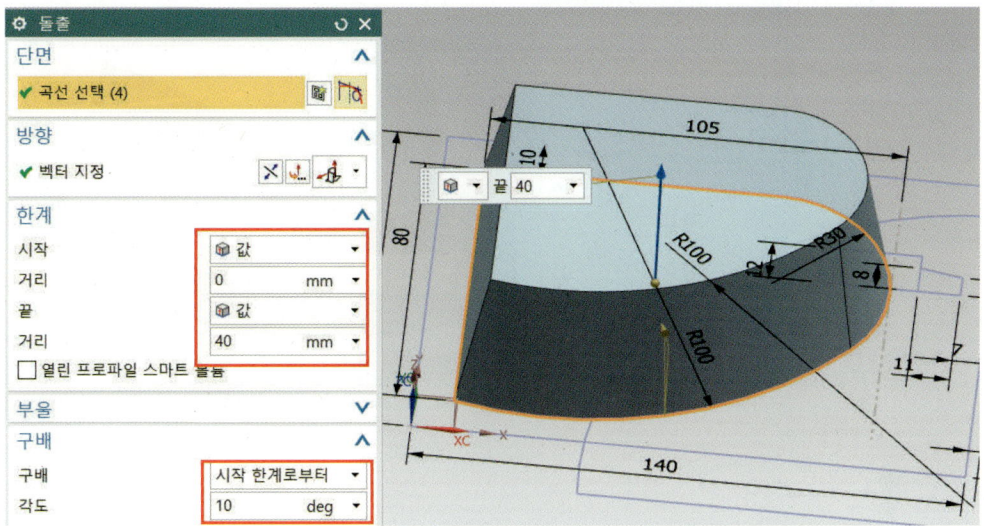

❻ 아래 그림처럼 설정하고 적용한다.

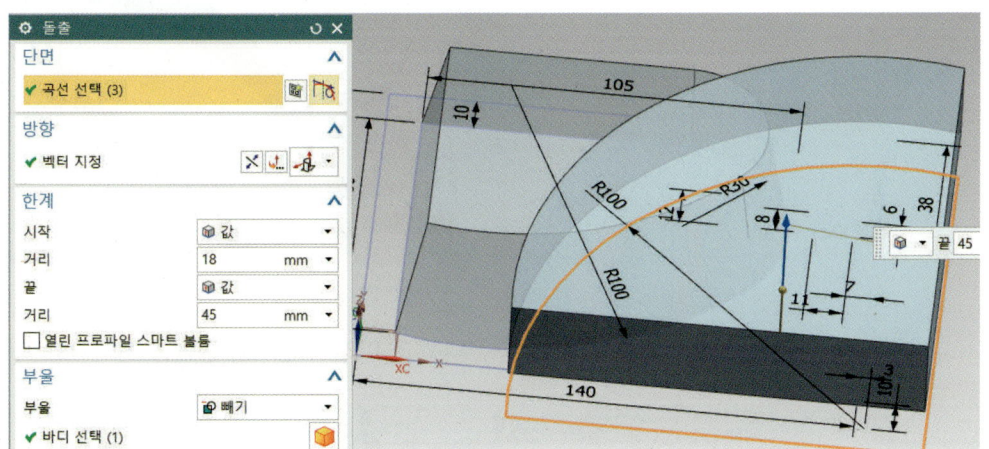

❼ 아래 그림처럼 설정하고 확인한다.

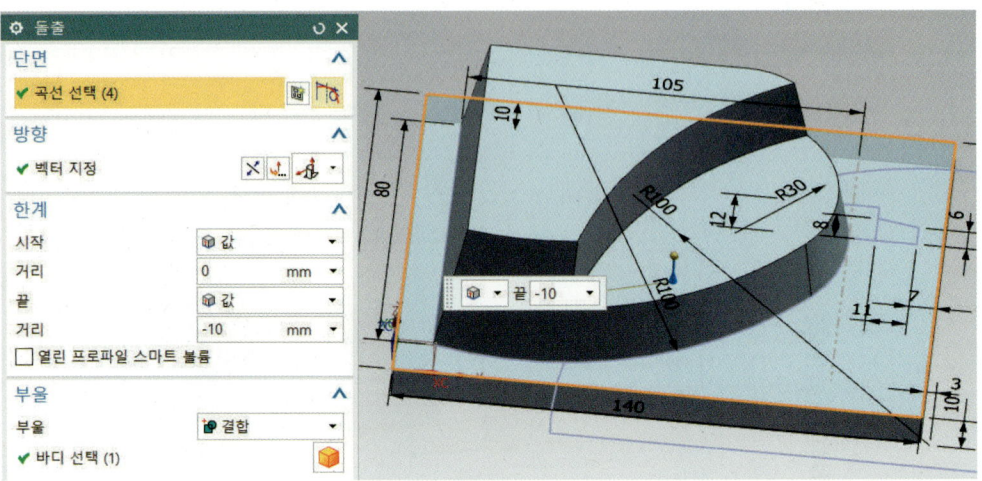

❽ 데이텀 평면 아이콘을 클릭하고, XZ 평면을 선택하고 거리 −50을 입력하고 확인한다.

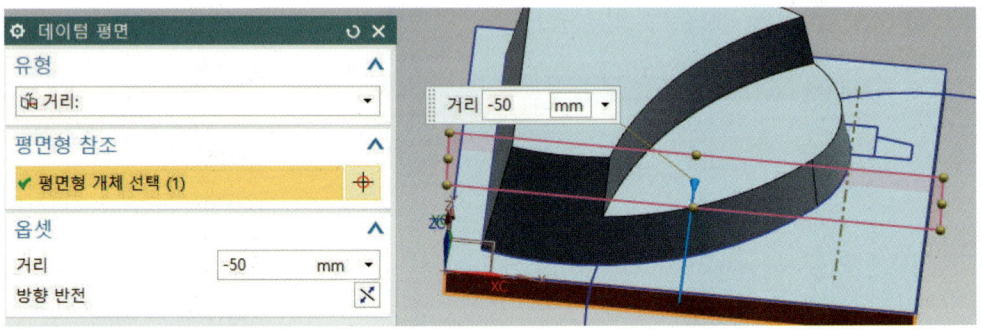

❾ 타스크 환경의 스케치( ) 아이콘을 선택하고, 아래 그림처럼 평면을 선택하고 확인한다.

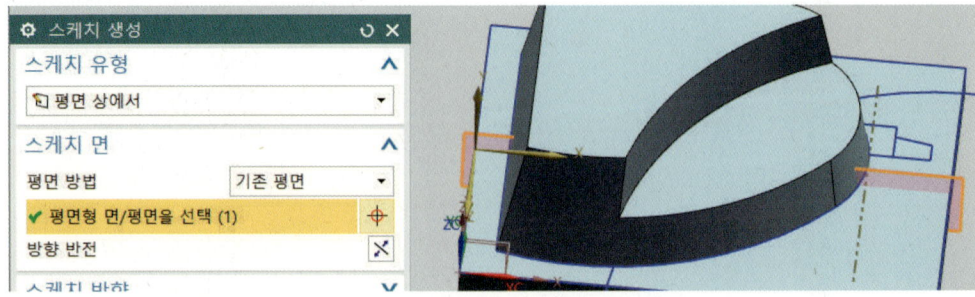

❿ 아래 그림처럼 치수기입하고 스케치를 종료한다.

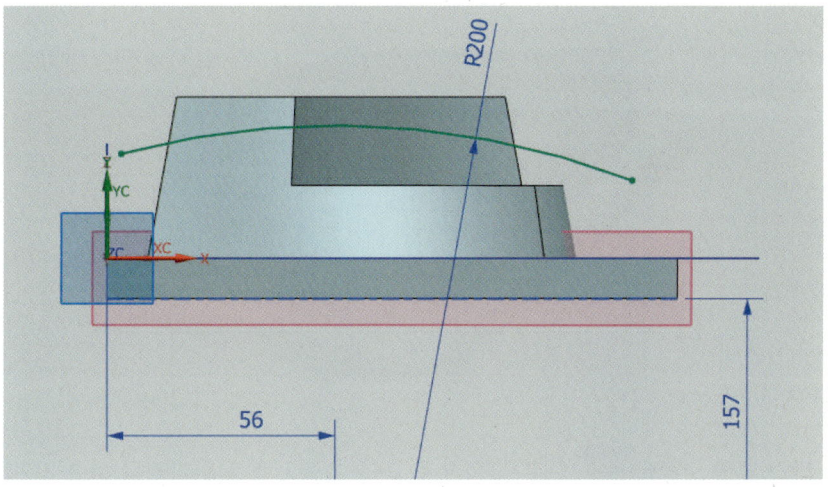

⓫ 삽입에서 를 선택한다. 아래 그림처럼 유형은 경로 상으로 설정하고, 경로 선택에서 위에서 생성된 호를 클릭한 후 원호 길이 0을 입력하고 확인한다. MB2(휠 버튼)를 이용하여 방향을 설정한다.

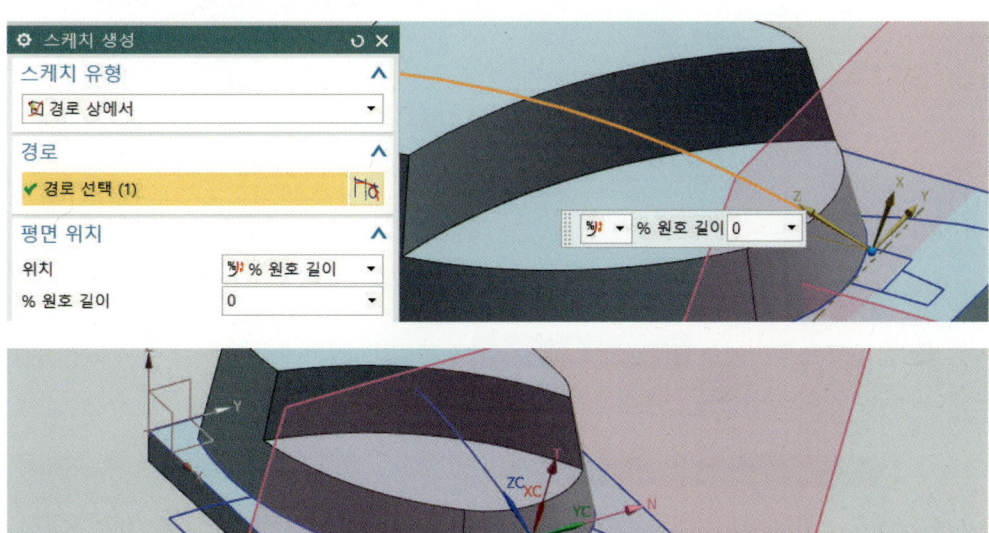

⓬ MB2를 이용하고 방향을 아래 그림처럼 설정하고, 원호 아이콘을 선택한 후 마지막 끝점에서 스냅 끝점을 이용하여 아래 그림처럼 원호 끝점에 원호를 클릭한다.

⓭ 작업 뷰를 오른쪽( )으로 설정한 후 아래 그림처럼 치수기입을 하고 스케치를 종료한다.

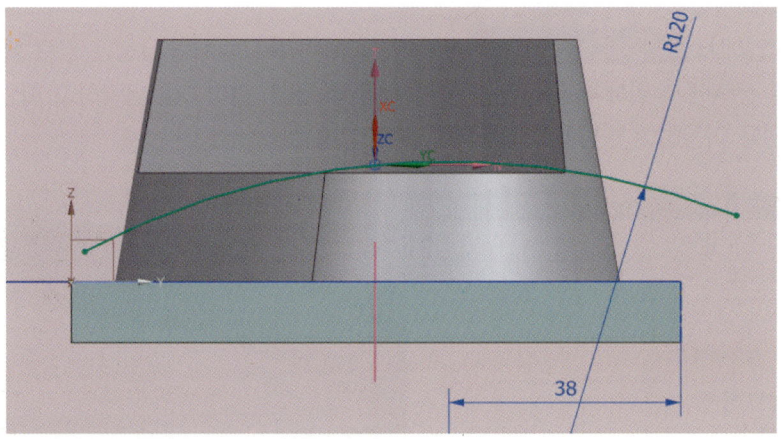

⓮ 삽입의 스위핑에서 [가이드를 따라 스위핑(G)]을 클릭한다. 아래 그림처럼 단면 곡선 원호를 선택하고 가이드 곡선을 선택하고 확인한다.

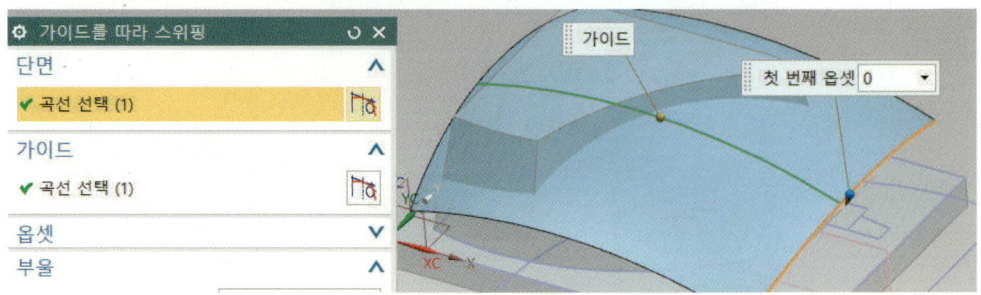

⓯ 바디 트리밍( )을 이용하여 아래 그림처럼 바디를 트리밍하고 적용한다. 방향 반전으로 그림처럼 화살표 방향 위쪽으로 설정한다.

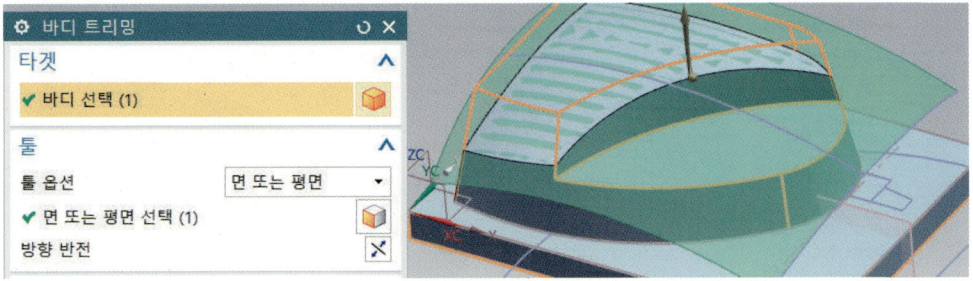

⓰ 아래 그림처럼 MB3 버튼을 이용하여 숨기기 한다.

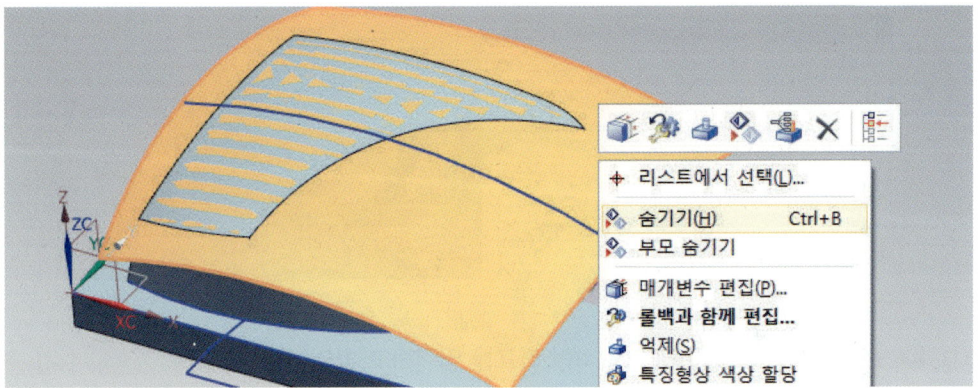

⓱ 데이텀 평면 아이콘을 클릭하고, 아래 그림처럼 평면을 선택한 후 옵셋의 거리 13을 입력하고 확인한다.

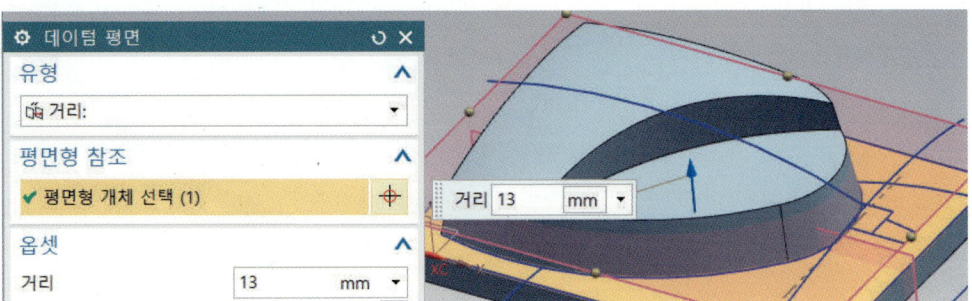

⑱ 타스크 환경의 스케치( ) 아이콘을 선택하고, 아래 그림처럼 데이텀 평면을 선택하고 확인한다.

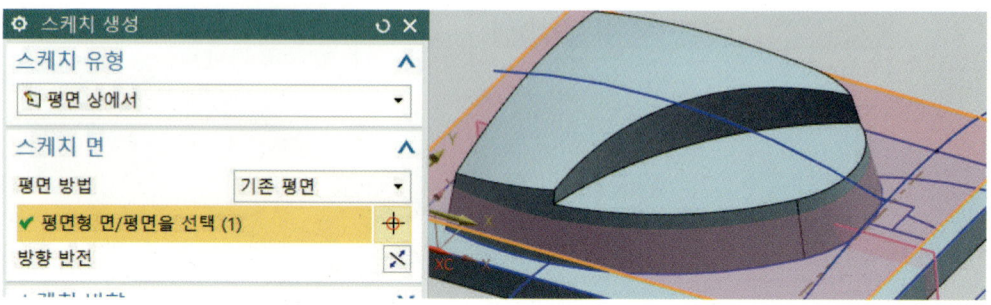

⑲ 타원 아이콘을 이용하여 중심의 점 지정에서 점 다이얼로그를 클릭한다.

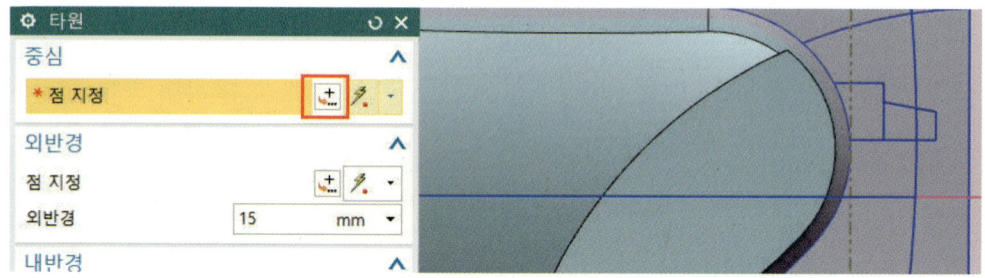

⑳ 도면을 확인하고, 아래 그림처럼 좌표를 입력하고 확인한다.

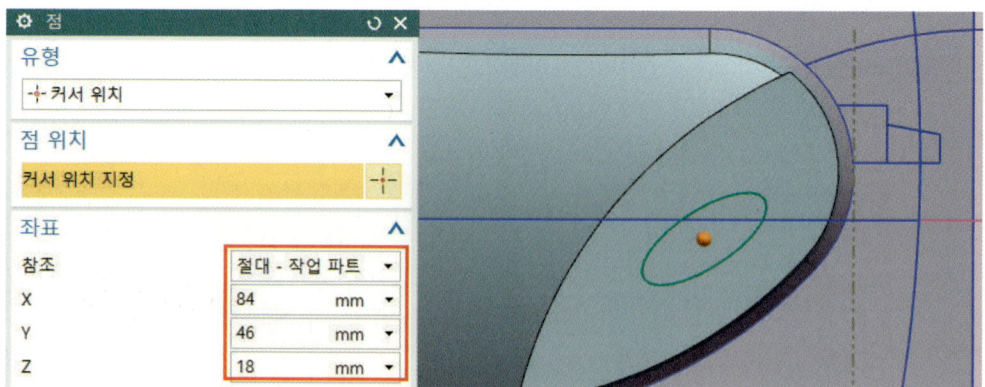

㉑ 아래 그림처럼 설정하고 적용한다.

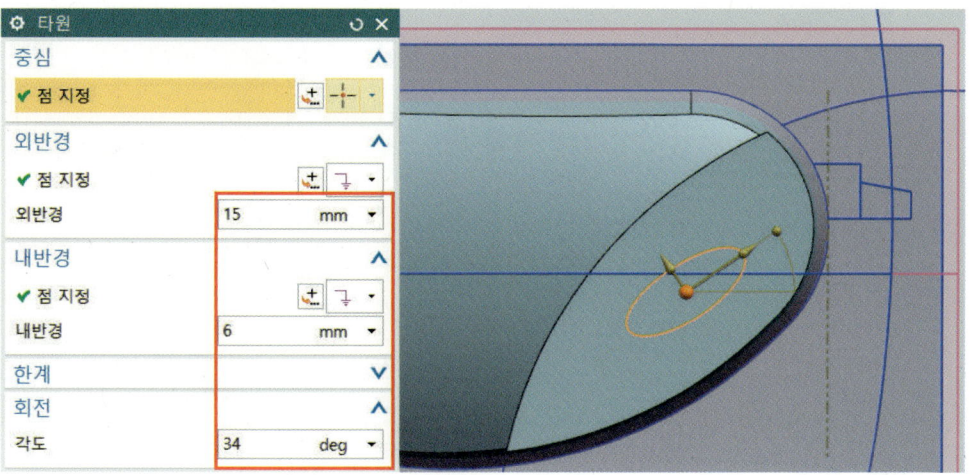

㉒ 다시 중심의 점 지정에서 점 다이얼로그를 클릭한다.

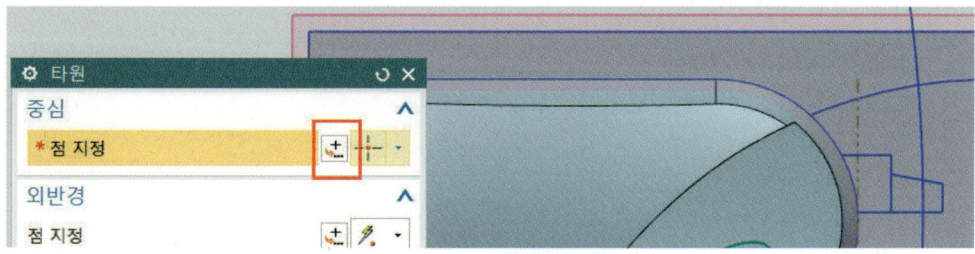

㉓ 도면을 확인하고, 아래 그림처럼 좌표를 입력하고 확인한다.

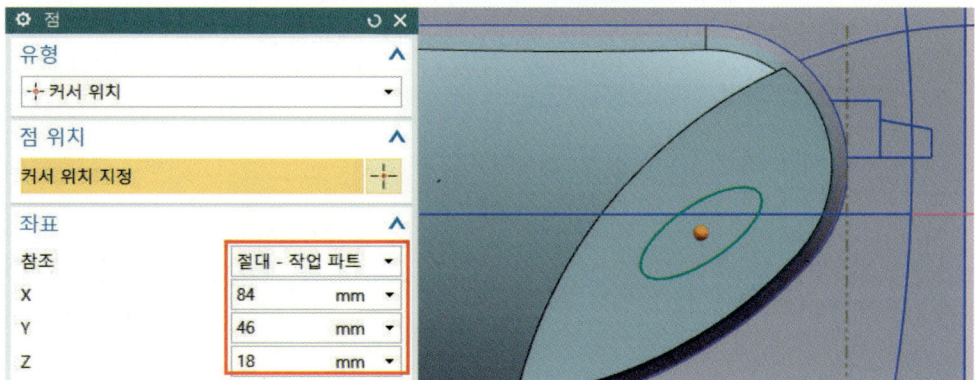

㉔ 아래 그림처럼 설정하고 확인한다.

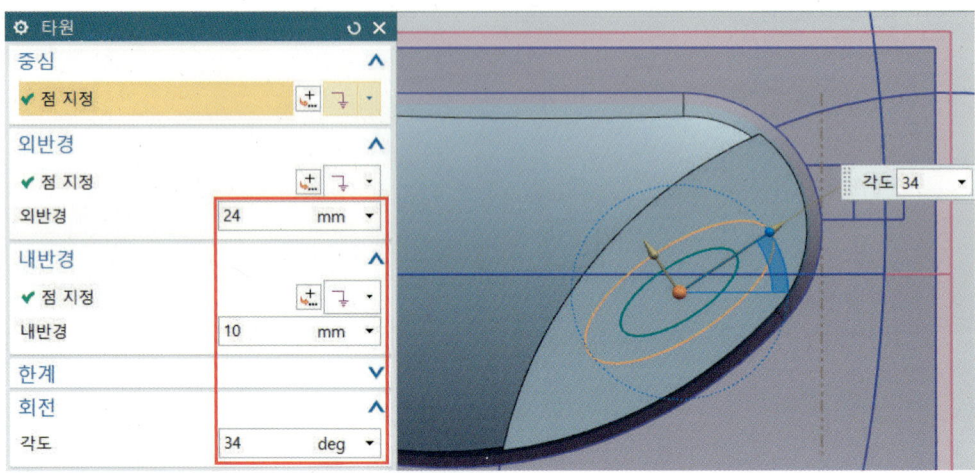

㉕ 삽입의 연관 복사에 대칭 지오메트리 클릭한다. 아래 그림처럼 개체 선택하고, 평면 지정(데이텀)한 후 거리를 5로 입력하고, 개체 선택에서 바깥쪽 타원 곡선을 선택하고 확인한다.

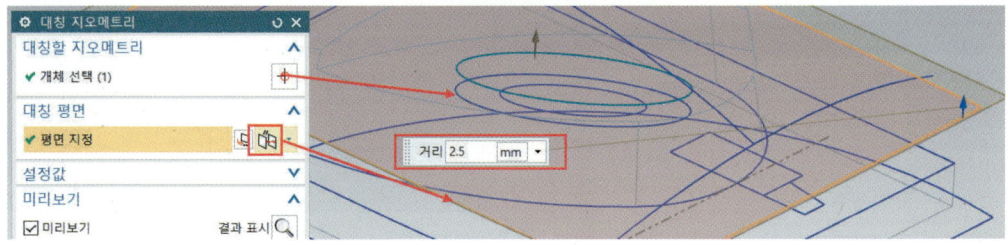

㉖ 삽입의 메시 곡면에 Ruled(R)를 클릭하고, 아래 그림처럼 단면 스트링 1 곡선을 선택하고, MB2를 클릭한다. 단면 스트링 2 곡선을 선택하고 MB2를 클릭한다.

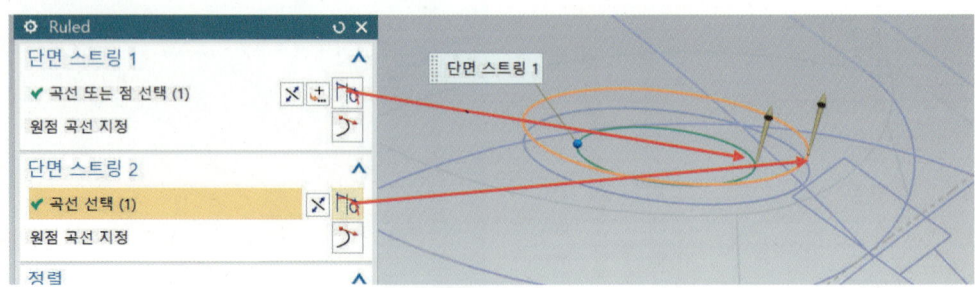

NX10 3D 모델링 및 CAD/CAM

㉗ 빼기 아이콘을 클릭한 후 아래 그림처럼 선택하고 확인한다.

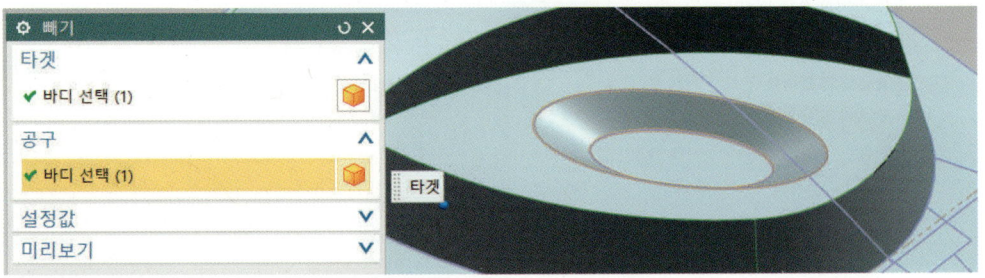

㉘ 회전 아이콘을 선택한 후 아래 그림처럼 설정하고 적용한다.

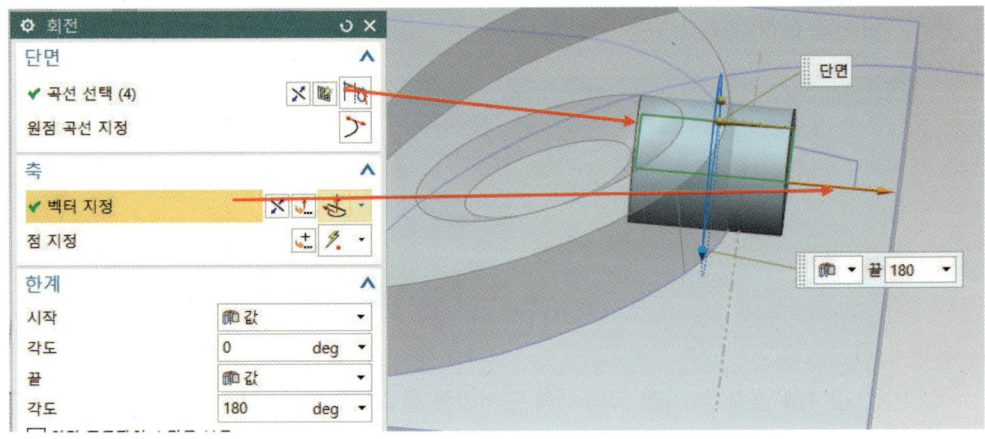

㉙ 다시 아래 그림처럼 설정하고 확인한다.

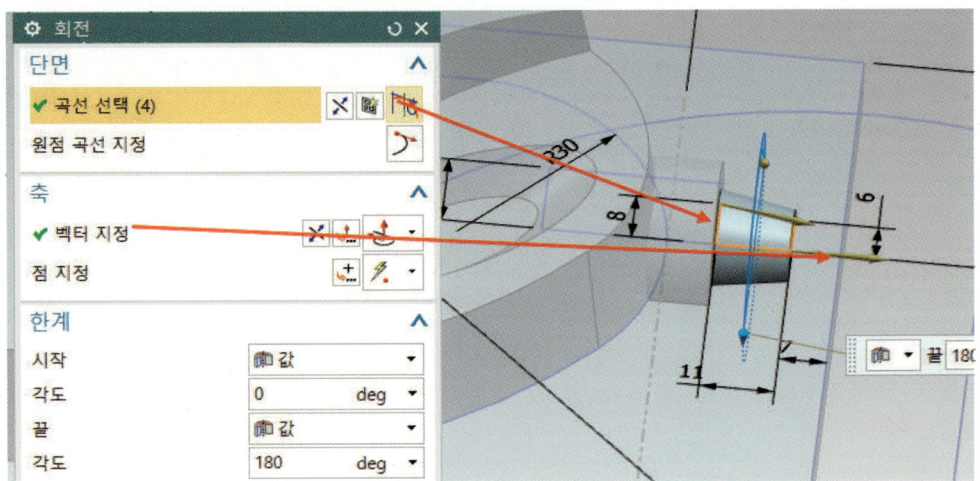

Chapter 04 | Surface Exercise

㉚ 모서리 블렌드를 이용하여 반경 값 20을 입력 후 아래 그림처럼 모서리를 클릭하고 적용한다.

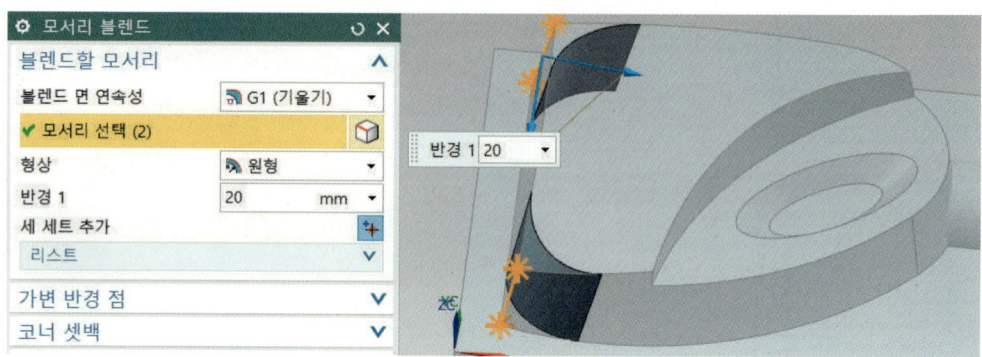

㉛ 그림처럼 결합한다.

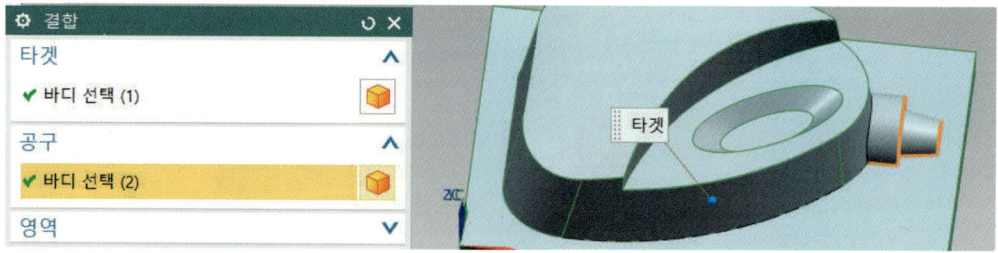

㉜ 반경 값 4를 입력 후 아래 그림처럼 모서리를 클릭하고 적용한다.

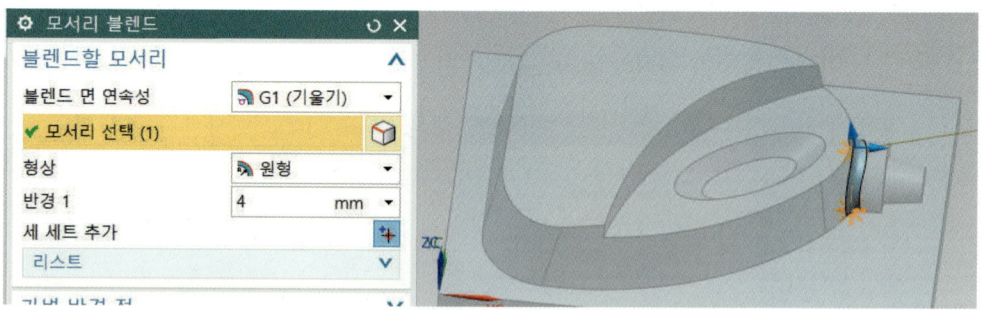

㉝ 아래 그림처럼 구배한다.

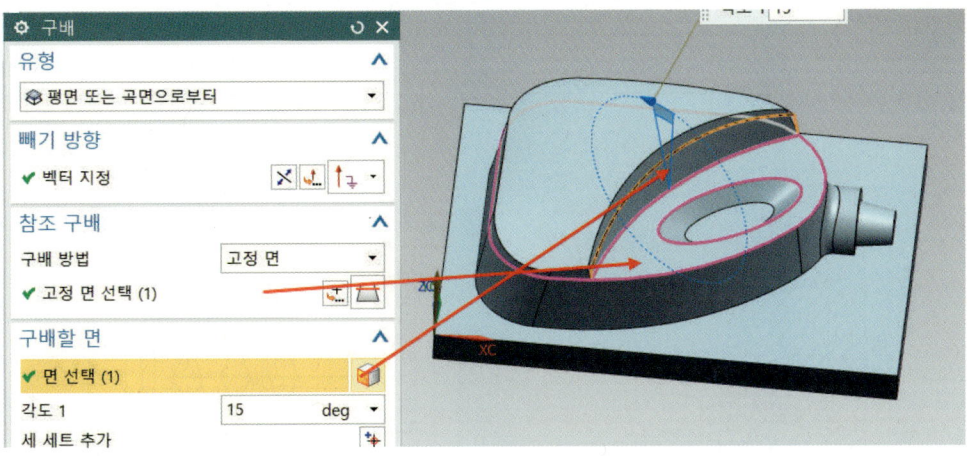

㉞ 직경 값 2, 직경 값 1을 입력 후 아래 그림처럼 모서리를 클릭하고 확인한다.

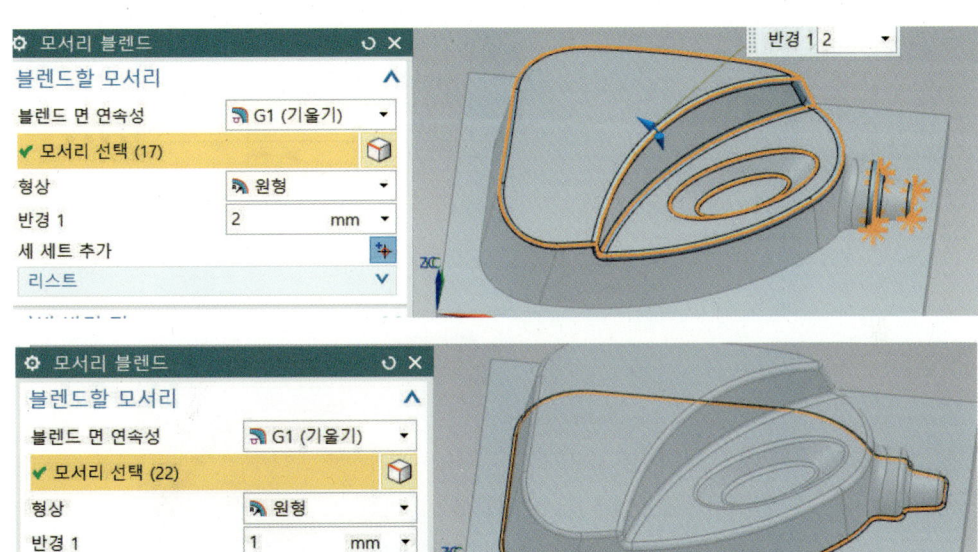

제16절 Surface 브라켓 모델링 따라 하기

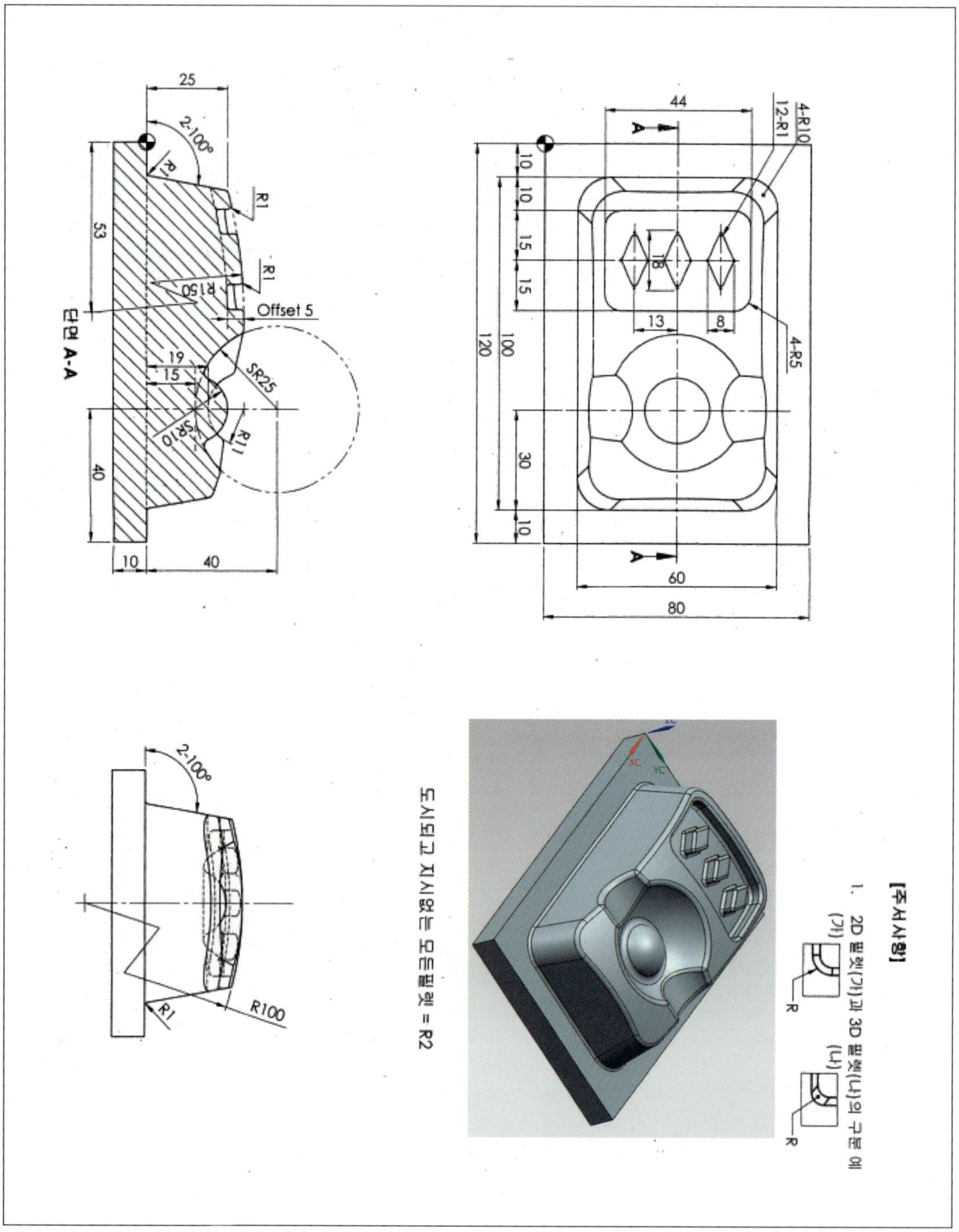

PART Ⅳ 서피스(Surface) 모델링

NX10 3D 모델링 및 CAD/CAM

1 평면도 스케치 작성하기

① 새로 만들기(, Ctrl + N)를 실행한다. 모델을 선택하고 파일 이름과 저장할 폴더를 입력한 다음 확인을 클릭한다.

② 메뉴의 삽입에서 를 선택하거나, 스케치 아이콘을 선택한다.

③ 유형은 평면 상에서, 스케치 면은 평면도(XY 평면)를 선택 후 확인한 다음 스케치 모드로 들어간다.

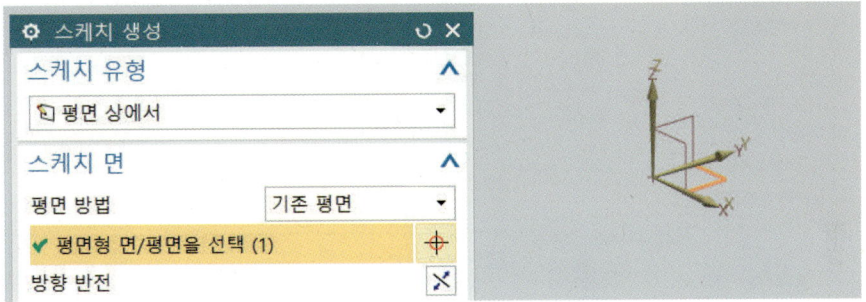

④ 도면을 참조하여 아래 그림과 같이 스케치하고 종료한다. 직사각형, 선, 참조선, 치수 등 아이콘을 이용하여 스케치한다.

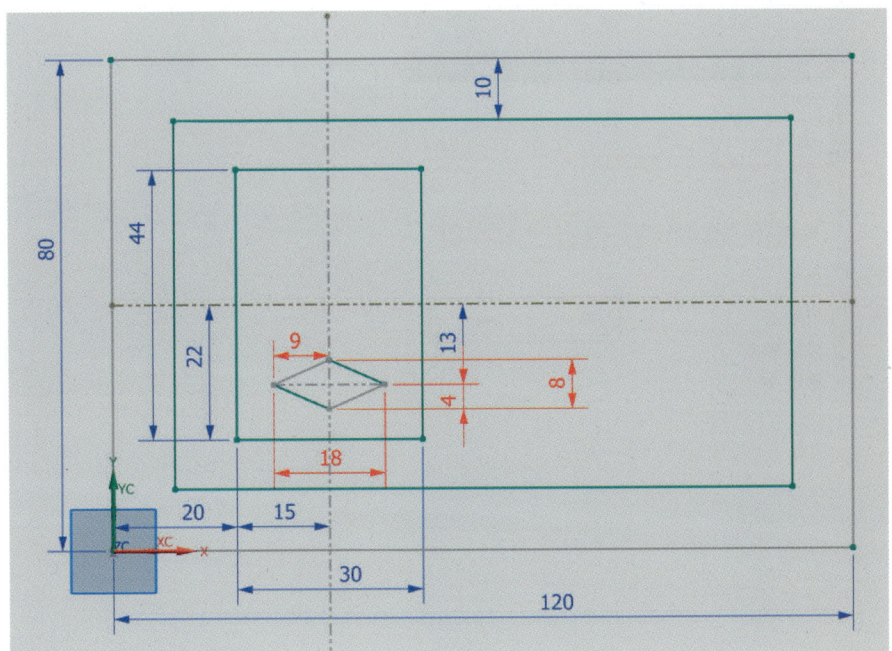

Chapter 04 | Surface Exercise

❺ 메뉴 삽입에 곡선에서의 곡선 패턴 곡선을 선택하고 아래와 같이 설정한다.

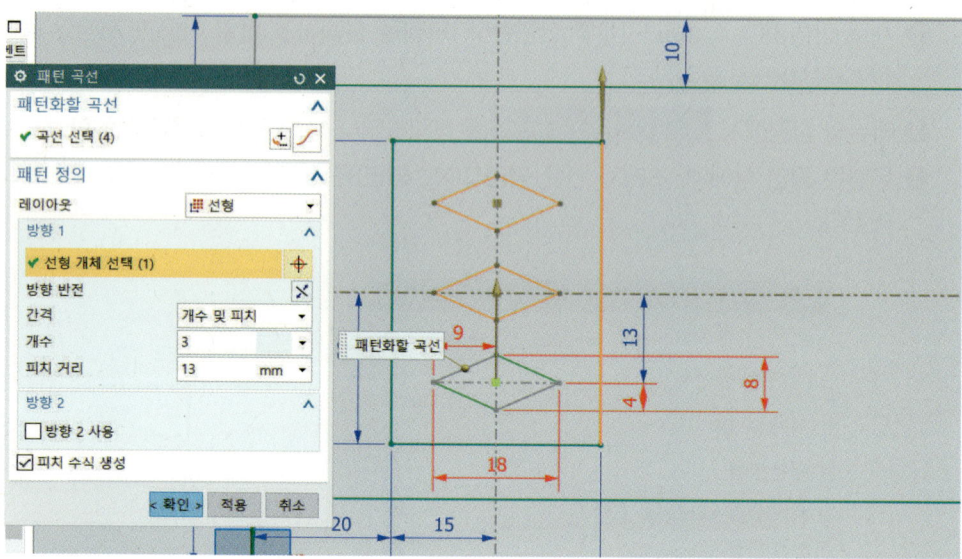

❻ 데이텀 평면 아이콘을 클릭하고, 평면형 참조에서 XZ 평면을 선택한 후 옵셋은 거리 40을 입력한 다음 확인한다.

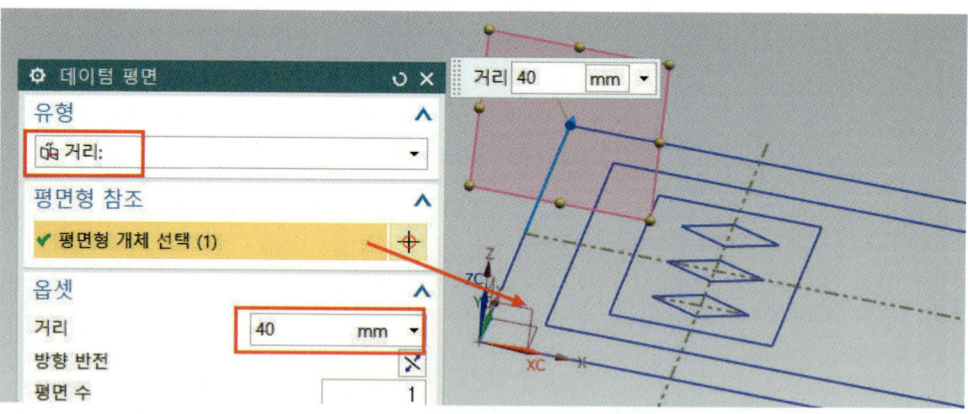

2 정면도 스케치 작성하기

❶ 태스크 환경의 스케치를 선택한다. 위에서 생성된 작업 평면을 선택 후 확인하고, 스케치 모드로 들어간다.

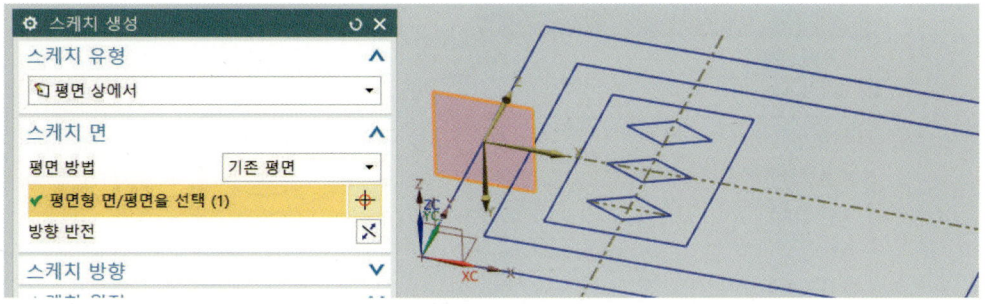

❷ 아래 그림과 같이 정면도를 스케치하고 종료한다. 선, 원호, 원, 치수 등 아이콘을 이용하여 스케치한다.

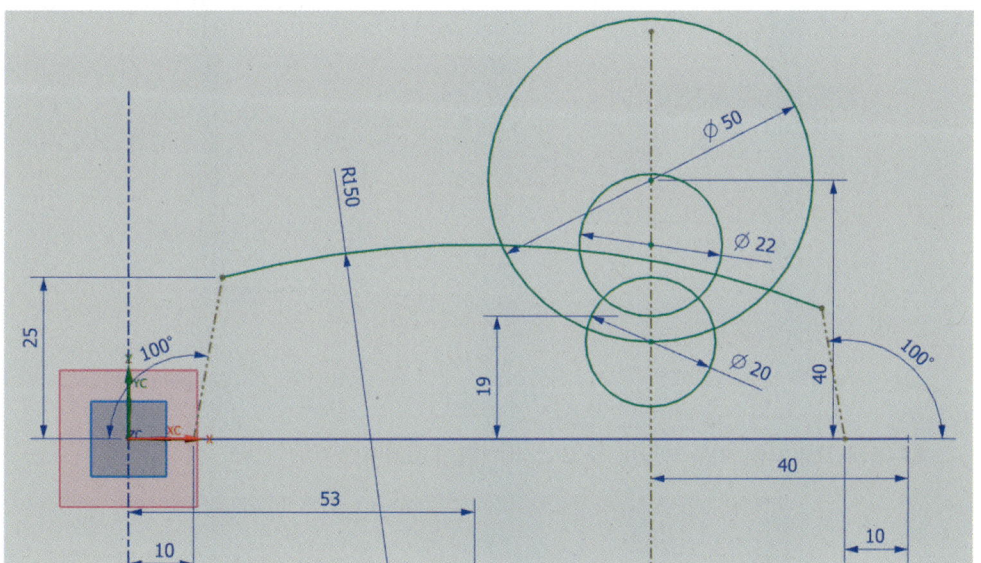

3 우측면도 스케치 작성하기

❶ 타스크 환경의 스케치를 선택한다. 아래 그림처럼 유형은 경로 상으로를 설정하고, 경로 선택에서 위에서 생성된 호를 선택한 다음 원호 길이 0을 입력하고 확인한다.

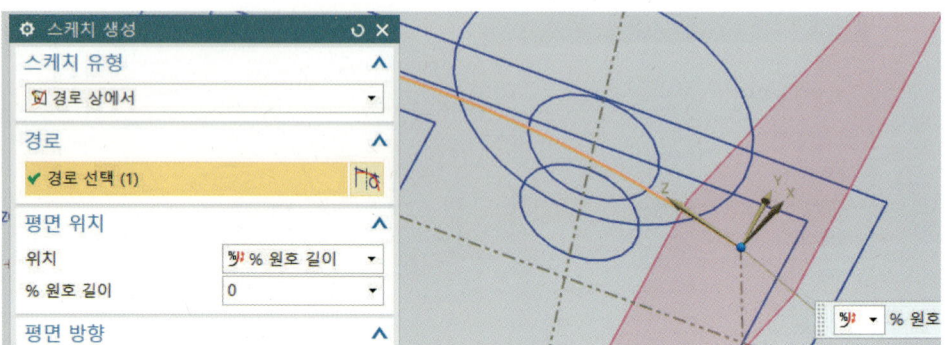

❷ MB2를 이용하고 방향을 아래 그림처럼 설정하고, 원호 아이콘을 선택한 다음 마지막 끝점에서 스냅 끝점을 이용하여 아래 그림처럼 원호 끝점에 원호를 클릭한다.

❸ 아래 그림처럼 치수기입을 하고 스케치를 종료한다.

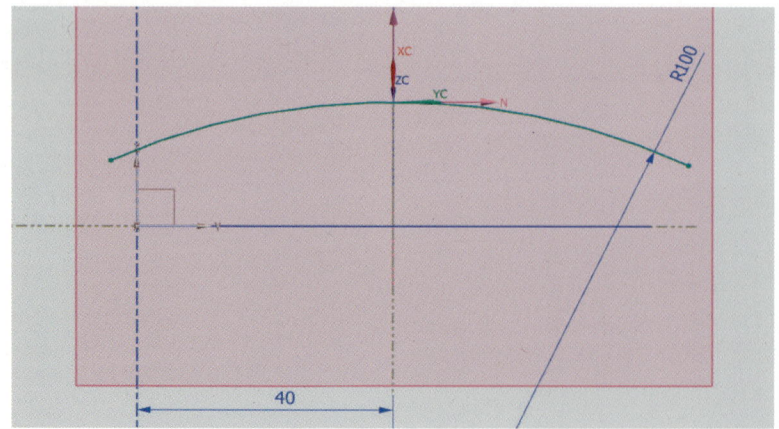

NX10 3D 모델링 및 CAD/CAM

4 돌출 및 스위핑 작성하기

❶ 돌출을 선택하여 아래 그림처럼 설정한다.

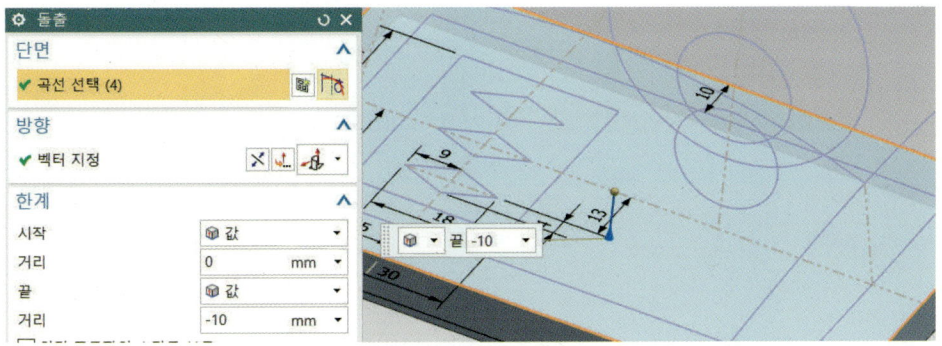

❷ 삽입의 스위핑에서 <kbd>가이드를 따라 스위핑(G)...</kbd> 을 선택한다. 아래 그림처럼 단면 곡선과 가이드 곡선을 클릭한 다음 확인한다.

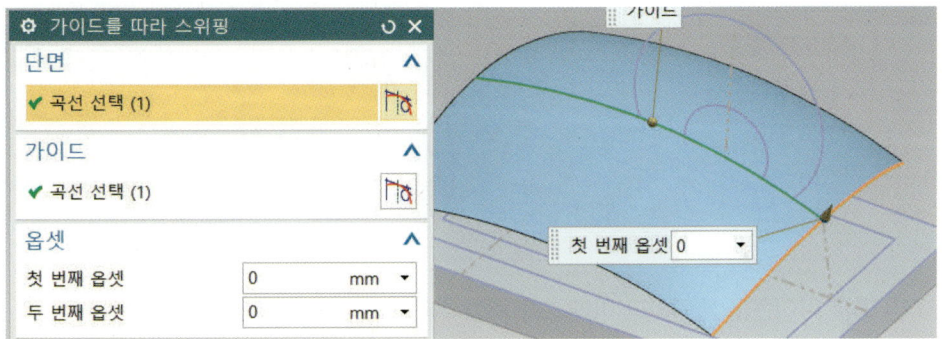

❸ 돌출 아이콘을 클릭하고 아래 그림처럼 설정한 다음 확인한다.

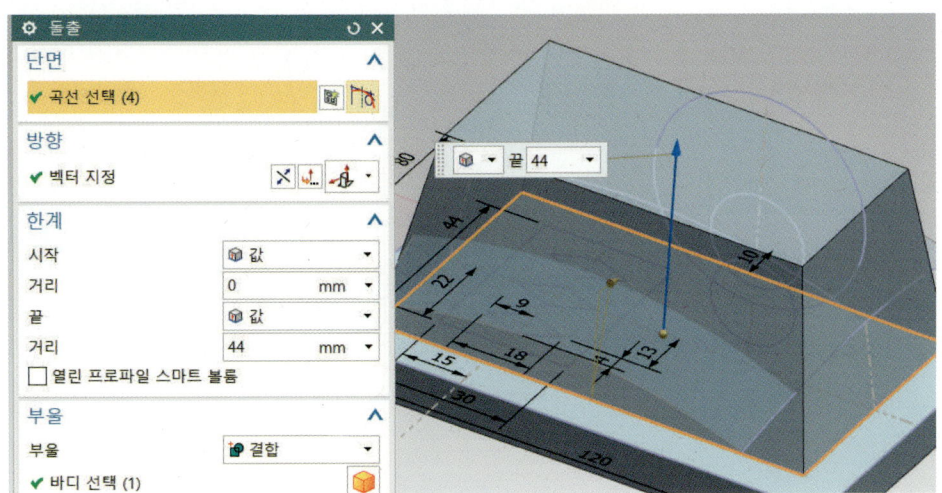

Chapter 04 | Surface Exercise

❹ 트리밍 및 연장을 선택하여 아래 그림처럼 연장한다.

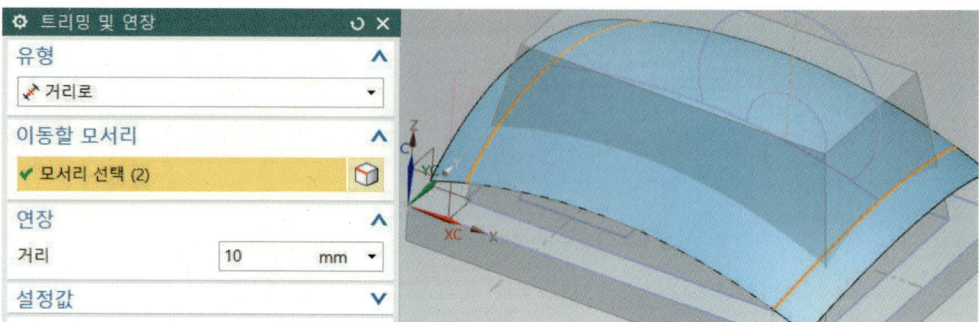

❺ 삽입의 동기식 모델링에서 면 교체(R)를 클릭한다. 교체할 면에서 돌출 위 끝 면을 선택한 다음 교체할 새로운 면에서 스웹 면을 선택하고 확인한다.

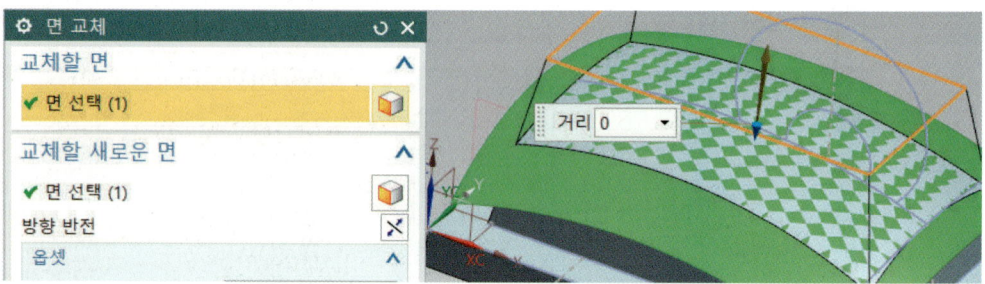

❻ 돌출 아이콘을 클릭하고 아래 그림처럼 설정하고 확인한다.

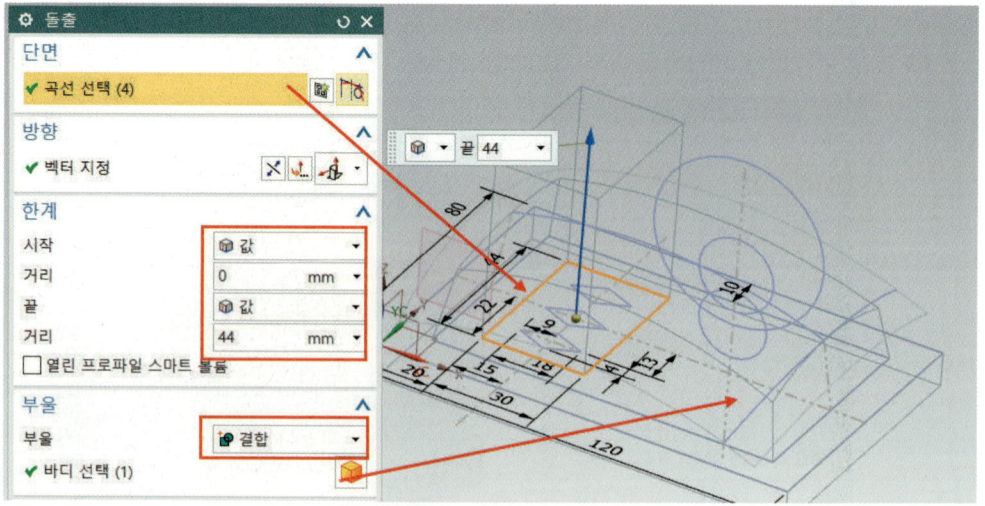

❼ 면 교체(R). 아이콘을 클릭하고, 아래 그림처럼 설정하고 확인한다.

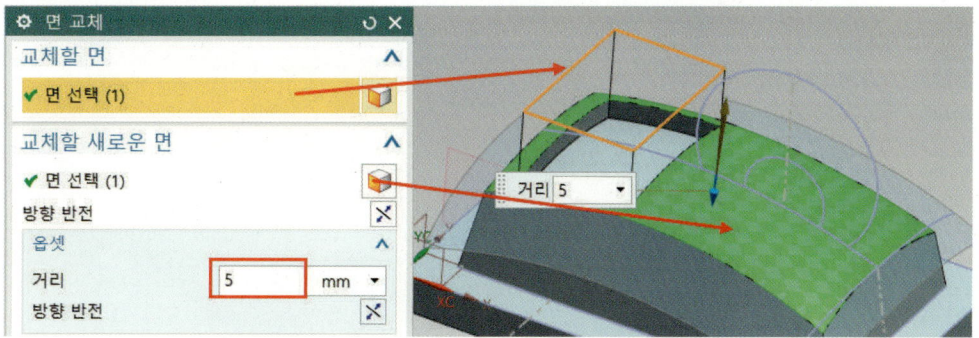

❽ 돌출 아이콘을 클릭하고, 아래 그림처럼 설정하고 확인한다.

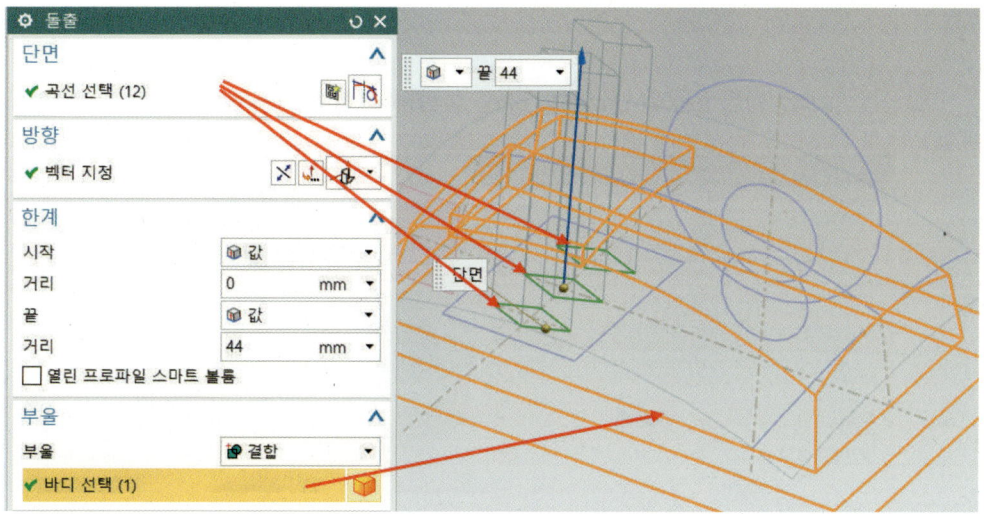

❾ 면 교체(R). 아이콘을 클릭하고, 아래 그림처럼 설정하고 확인한다.

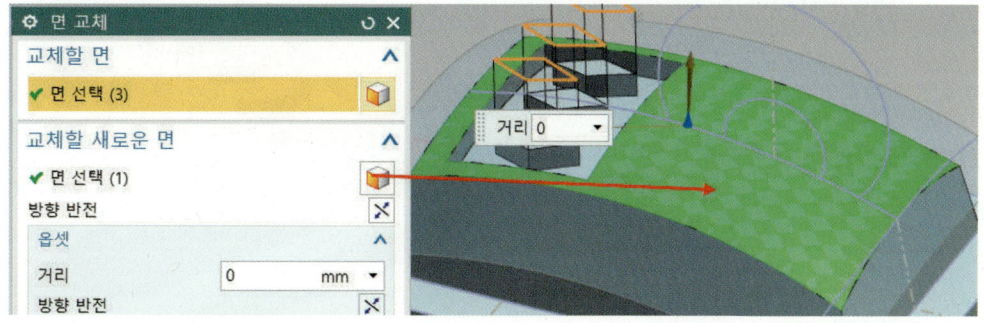

❿ 돌출 아이콘을 클릭하고, 아래 그림처럼 설정하고 확인한다.

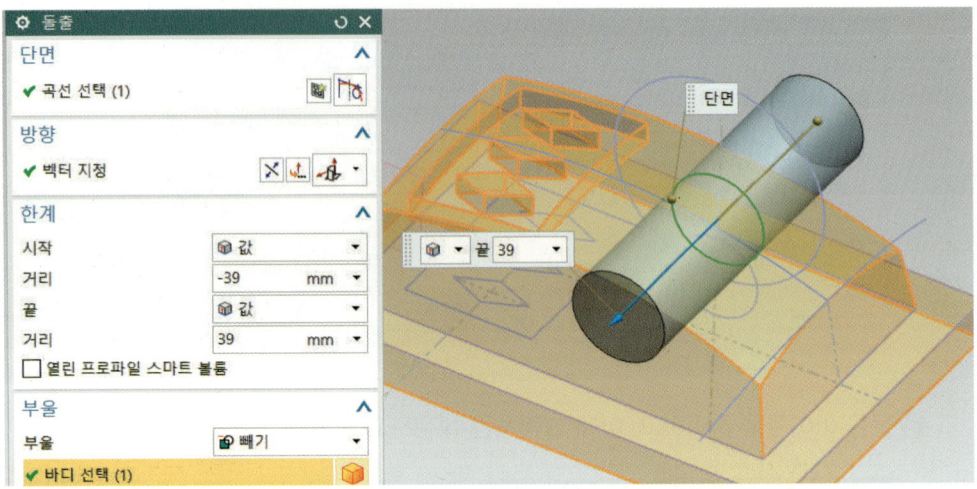

⓫ 삽입의 특징형상설계에서 구(S)...를 클릭한다. 아래 그림처럼 설정하고 확인한다.

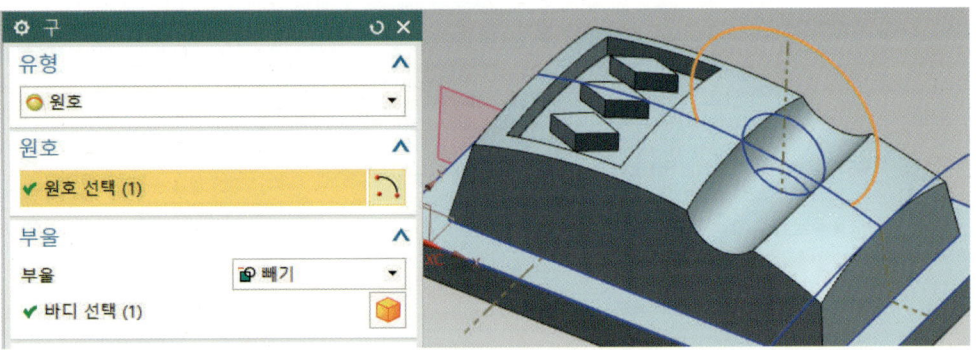

⓬ 다시 구(S)...를 선택하고, 아래 그림처럼 설정하고 확인한다.

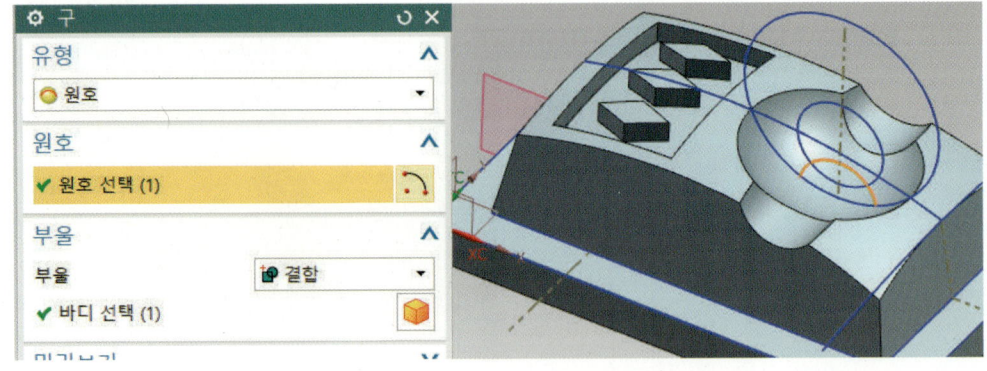

NX10 3D 모델링 및 CAD/CAM

⑬ 표시 및 숨기기 아이콘을 클릭한다. 유형은 모두에서 숨기기(−)를 선택하고, 솔리드 바디는 표시(+)를 선택한다.

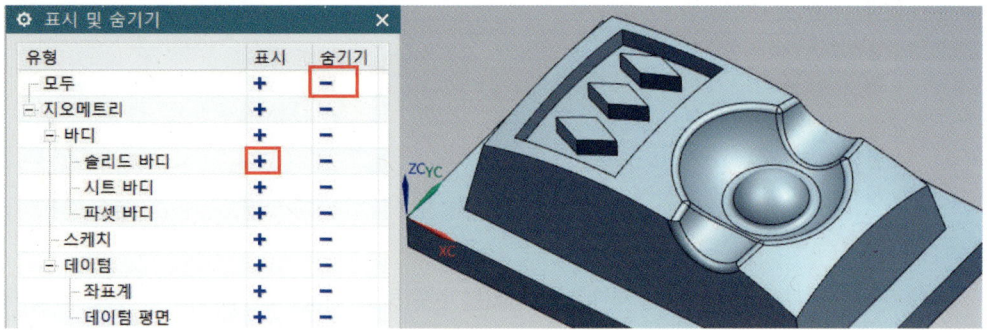

5 블렌드 작성하기

❶ 모서리 블렌드 아이콘을 클릭하고, 형상에서 반경 2를 입력한 다음 아래 그림처럼 모서리 4군데를 선택하고 적용한다.

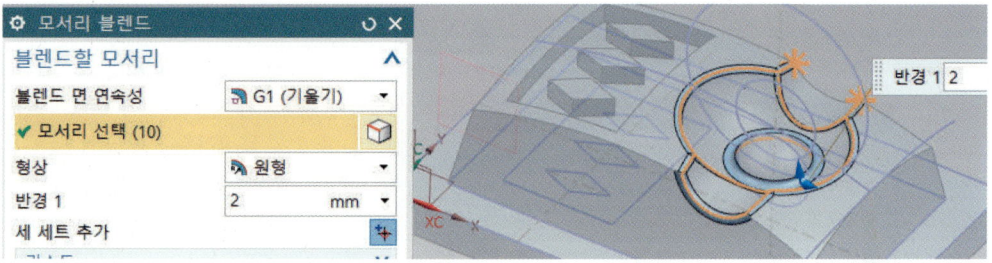

❷ 모서리 블렌드 아이콘을 클릭하고, 형상에서 반경 10을 입력한 다음 아래 그림처럼 모서리 4군데를 선택하고 적용한다.

Chapter 04 | Surface Exercise

❸ 반경 5를 입력하고, 아래 그림처럼 모서리 4군데를 선택하고 적용한다.

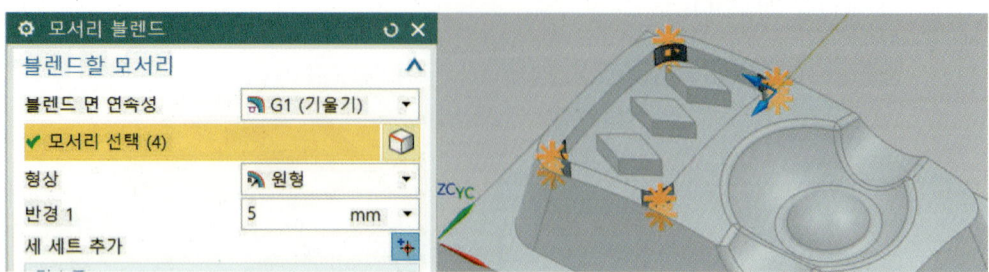

❹ 아래 그림처럼 형상의 반경 1로 모서리를 선택하고 적용한다. 나머지 부분도 완성한다.

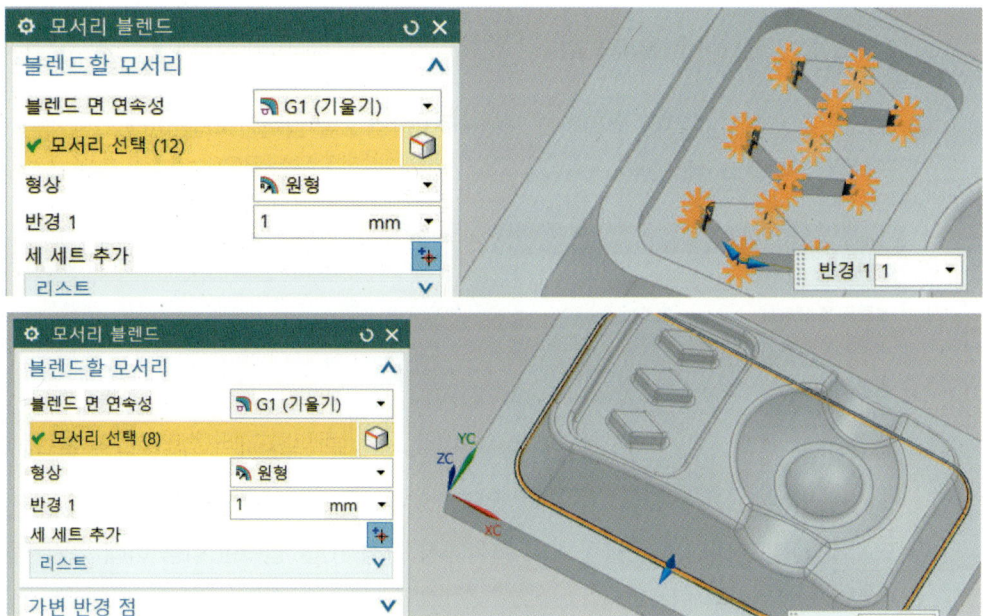

제17절 Surface 브라켓 모델링 따라 하기

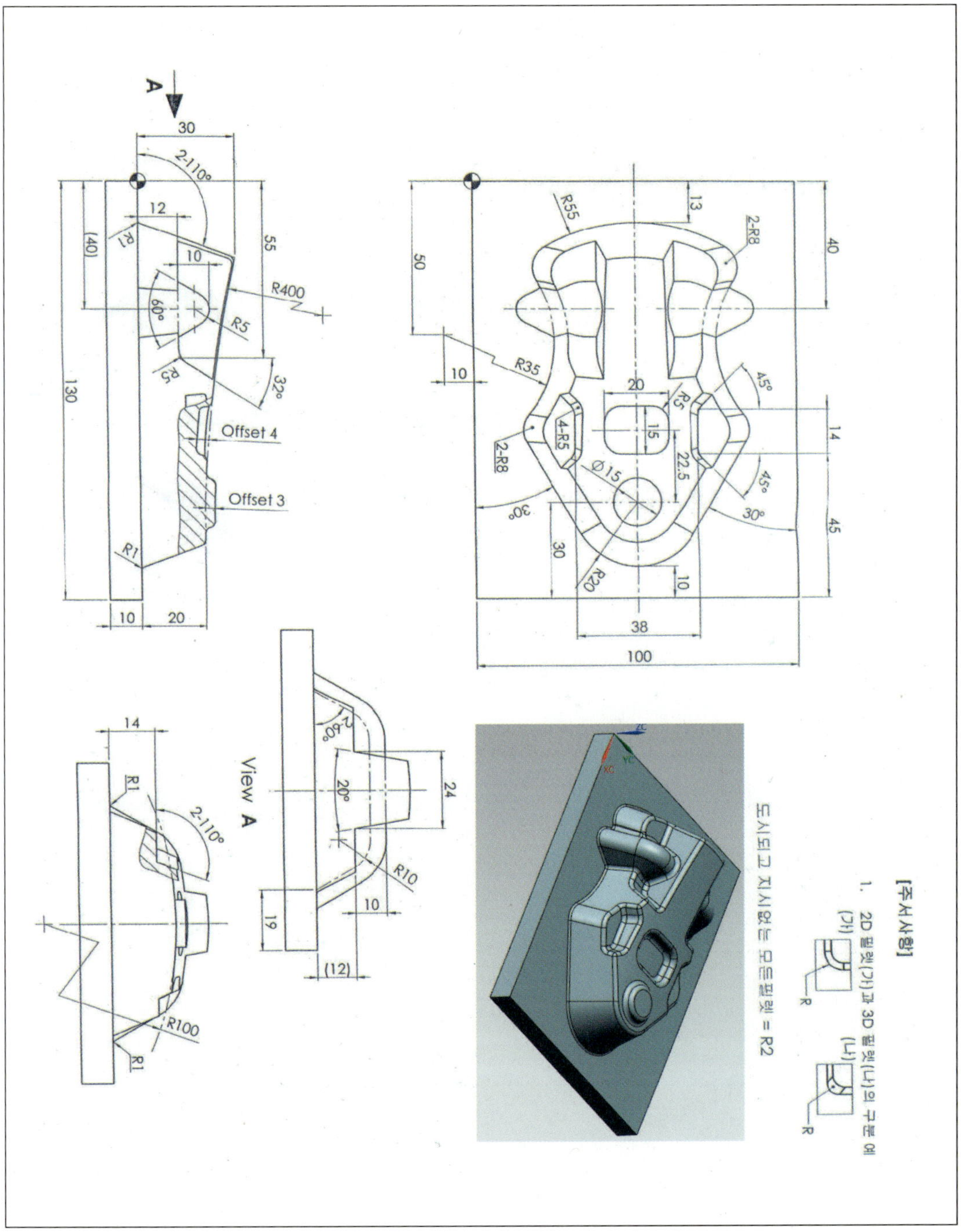

Chapter 04 | Surface Exercise

1 평면도 스케치 작성하기

❶ 새로 만들기(, Ctrl + N)를 실행한다. 모델을 선택하고 파일 이름과 저장할 폴더를 입력한 다음 확인을 클릭한다.

❷ 메뉴의 삽입에서 [타스크 환경의 스케치(S)...]를 선택하거나, 스케치 아이콘을 선택한다.

❸ 유형은 평면 상에서, 스케치 면에 평면도(XY 평면)를 선택한 후 확인하고, 스케치 모드로 들어간다.

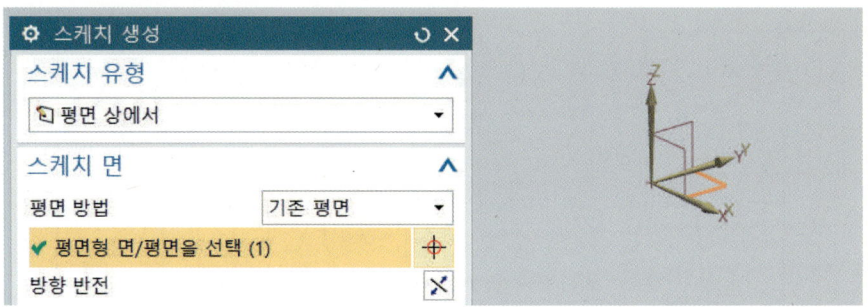

❹ 도면을 참조하여 아래 그림과 같이 스케치하고 종료한다. 직사각형, 원호, 원, 필렛, 대칭 곡선, 참조선, 트리밍, 치수 등 아이콘을 이용하여 스케치한다.

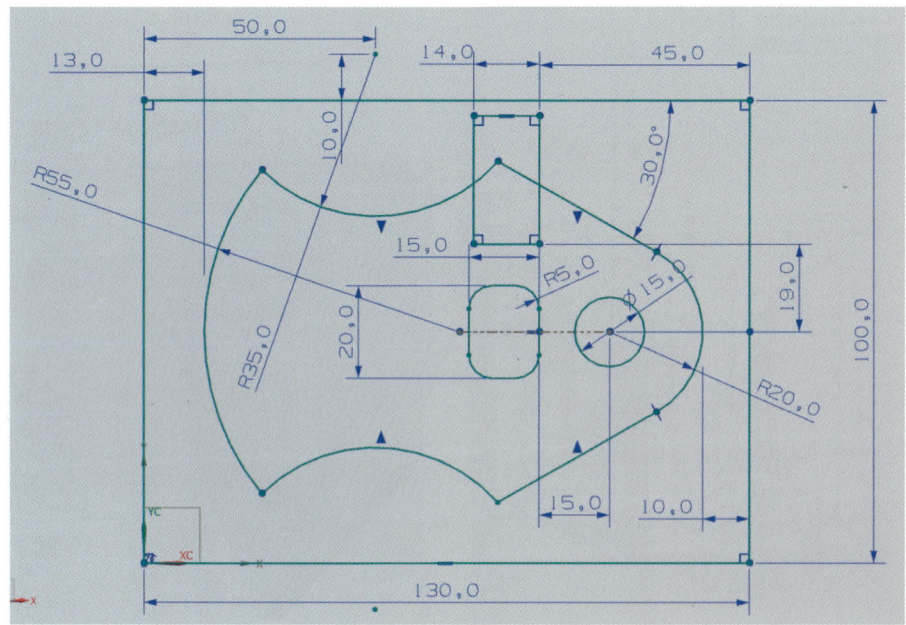

PART Ⅳ 서피스(Surface) 모델링

NX10 3D 모델링 및 CAD/CAM

2 정면도(XZ) 스케치하기

❶ 타스크 환경의 스케치를 클릭하고, 아래 그림처럼 XZ 평면을 선택한 다음 거리 50을 입력하고 확인한다.

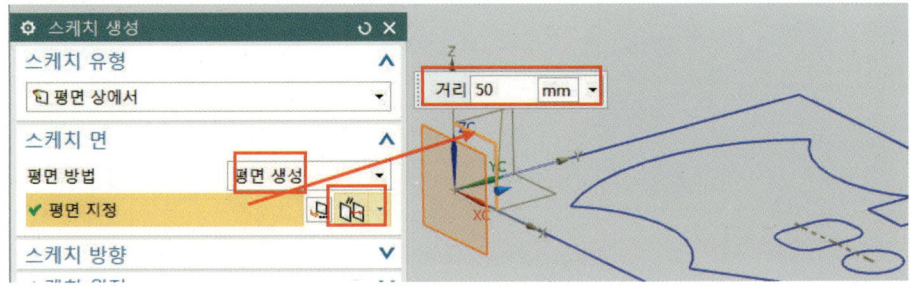

❷ 아래 그림과 같이 정면도를 스케치하고 종료한다. 선, 원호, 필렛, 트리밍, 치수 등 아이콘을 이용하여 스케치한다.

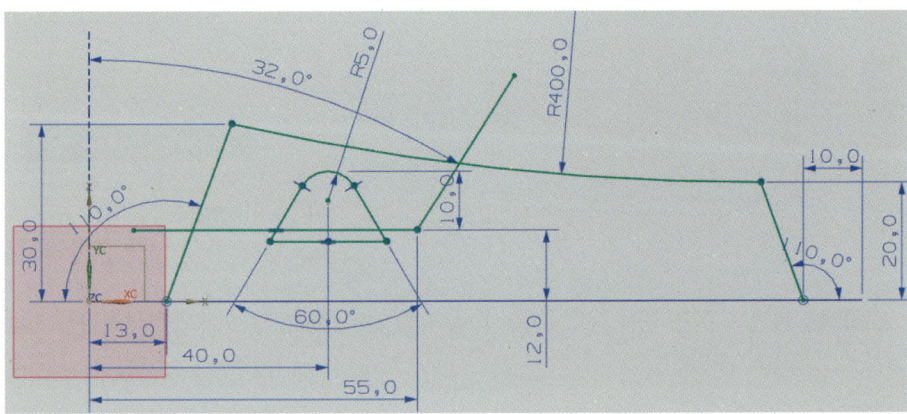

3 우측면도(YZ) 스케치하기

❶ 다스크 스케치 아이콘을 선택하고, 유형은 경로 상에서 경로 선택에서 원호 선을 선택한 다음 확인한다. 원호 길이는 0으로 설정한다.

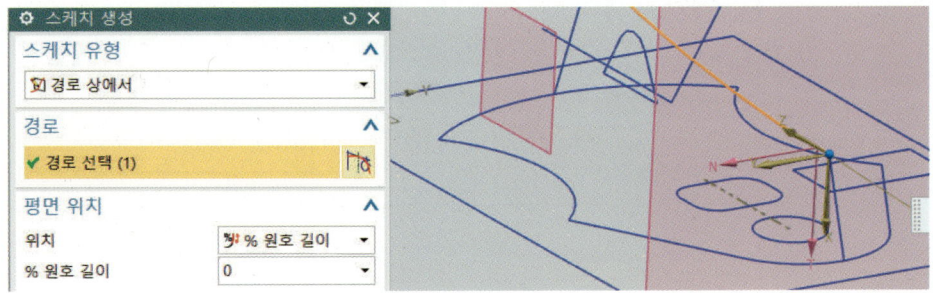

Chapter 04 | Surface Exercise

❷ 마우스 2번 버튼을 누르고 아래 그림처럼 방향을 설정한다.

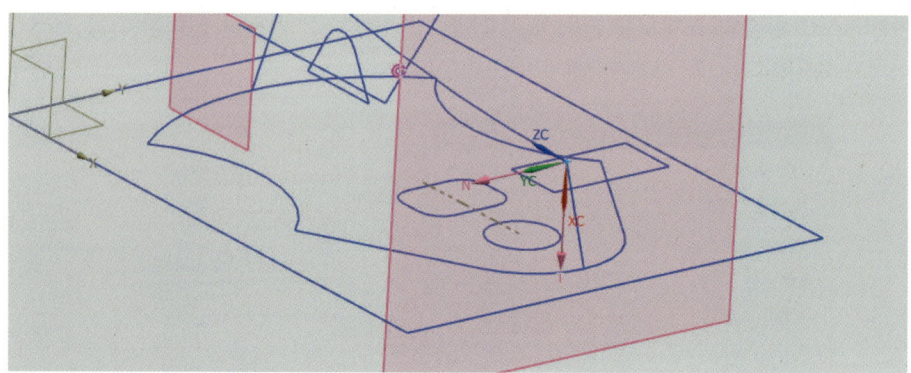

❸ 원호 아이콘을 이용하여 첫 번째 점과 두 번째 점을 찍고, 세 번째 점을 XZ 평면에서 생성한 선 스냅 끝점을 확인하면서 연결한다.

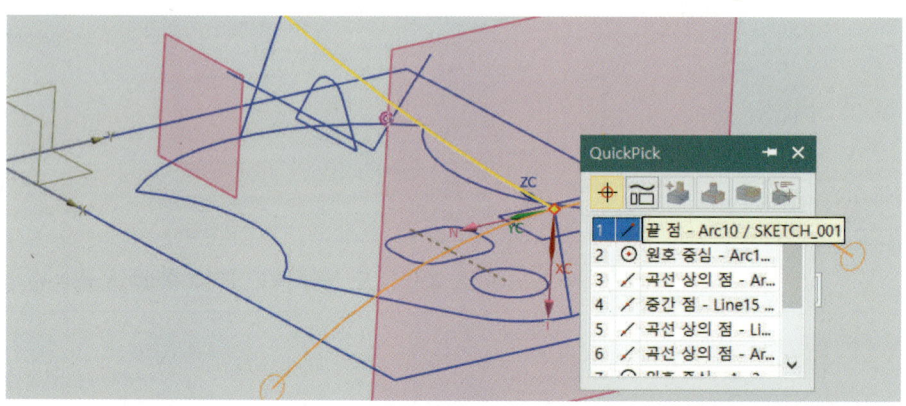

❹ 우측면도( ) 방향으로 설정하고 아래 그림처럼 치수기입을 하고 스케치를 종료한다.

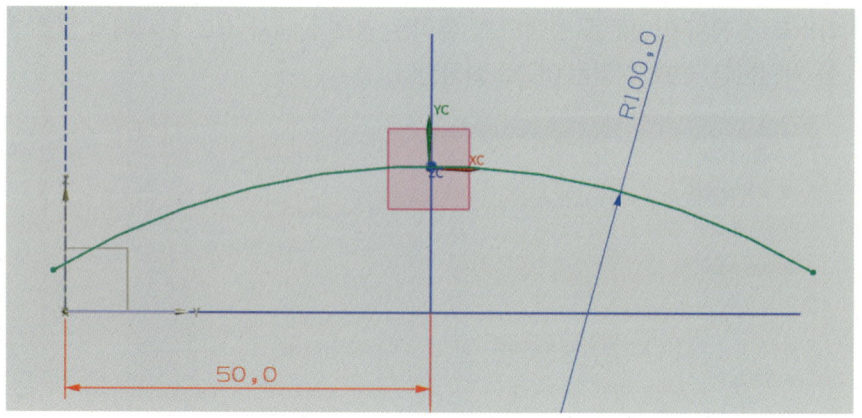

❺ 데이텀 평면( ) 아이콘을 클릭하고, 유형을 곡선 및 점으로 설정하고, 하위 유형에서는 평면 및 평면/면으로 설정한다. 점 지정에서 원호 중심으로 설정한 다음 아래 그림처럼 원호의 중심점을 클릭한다.

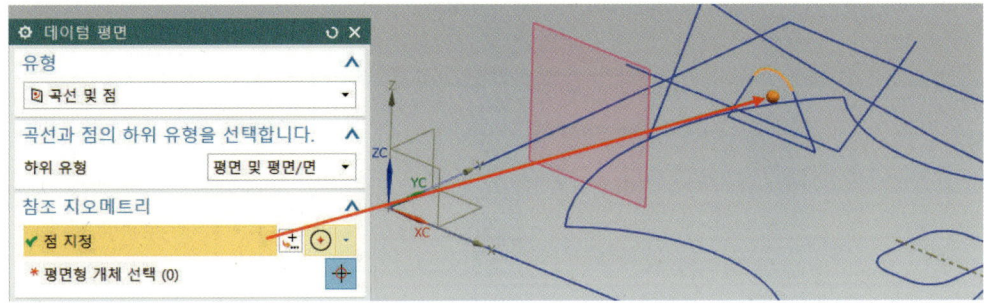

❻ 참조 지오메트리의 평면형 개체 선택에서 YZ 평면을 클릭하고 확인한다.

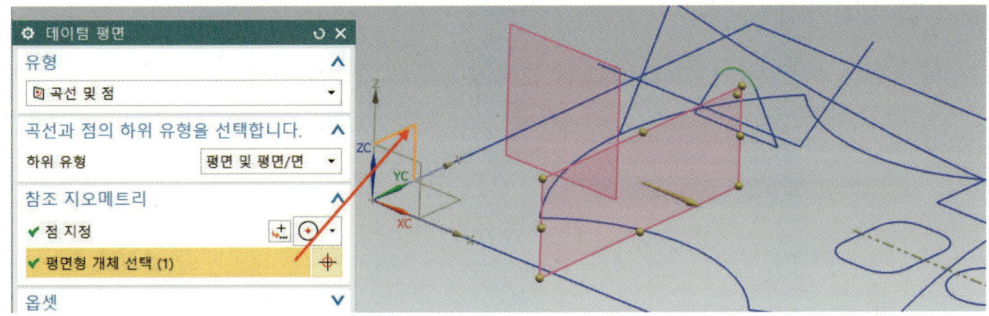

❼ 타스크 스케치 아이콘을 선택하고, 유형은 평면 상에서, 스케치 면은 데이터 평면을 선택하고 확인한다.

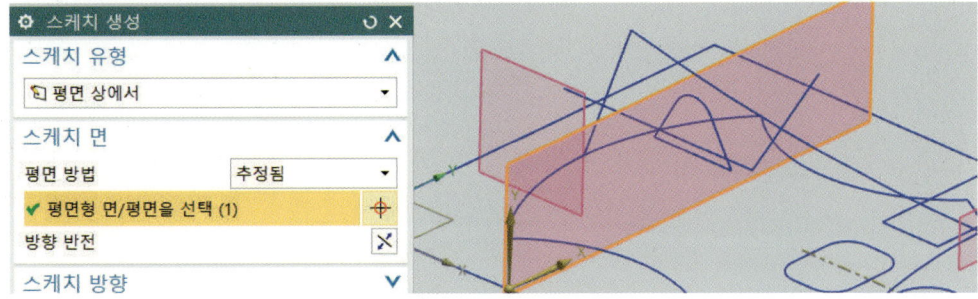

❽ 아래 그림처럼 스케치하고 종료한다. 끝점에 원호 중심으로 스냅 점을 연결한 다음 구속조건 접점을 연결한다.

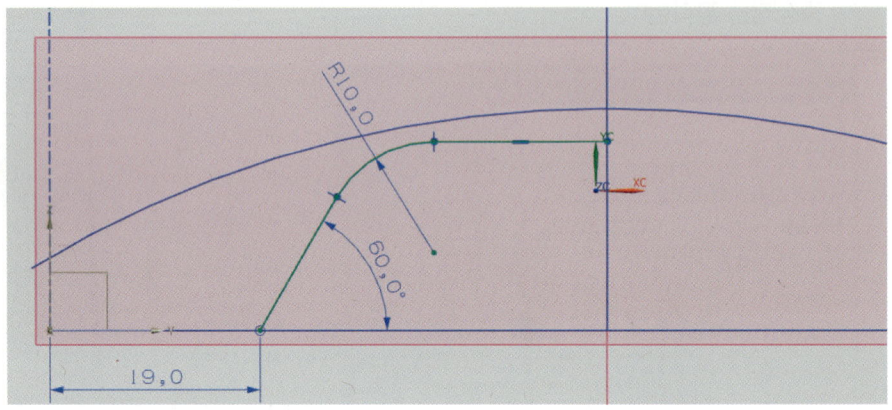

4 스웹 작업하기

❶ 삽입의 스위핑에서 스웹(S)...을 선택한다. 아래 그림처럼 단면 곡선과 가이드 곡선을 클릭하고 확인한다.

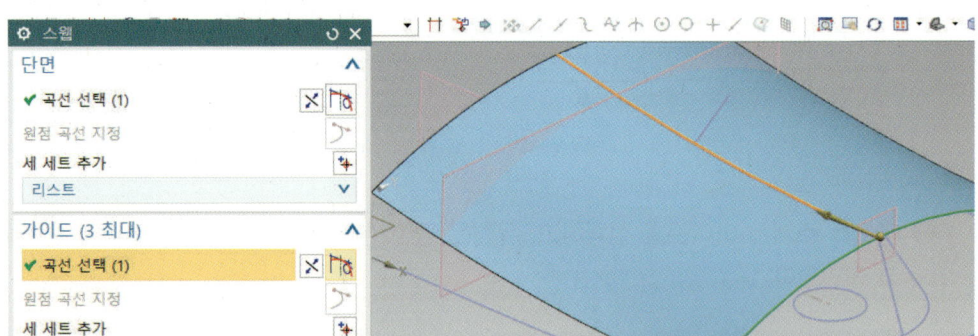

NX10 3D 모델링 및 CAD/CAM

5 돌출 및 구배 작업하기

❶ 돌출 아이콘을 클릭하고, 아래 그림처럼 설정한 다음 확인한다.

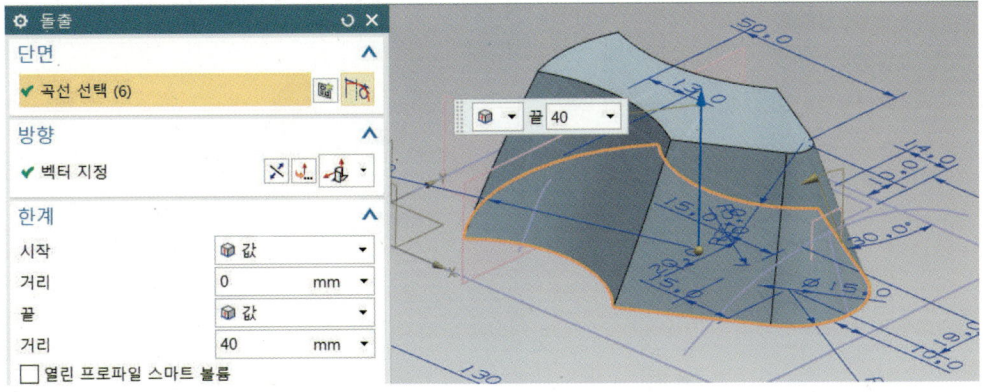

❷ 삽입의 동기식 모델링에서 면 교체(R) 아이콘을 클릭한다. 교체할 면에서 돌출 면을 선택하고, 교체할 새로운 면에서 스웹 면을 선택한 다음 확인한다.

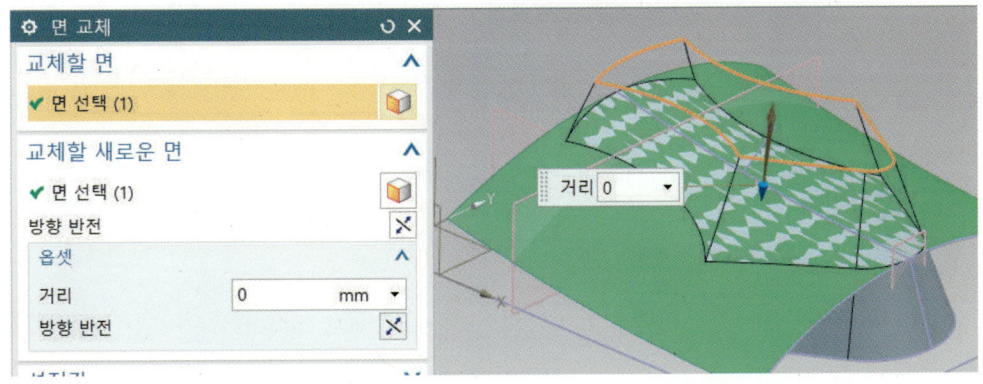

❸ 아래 그림처럼 MB3 버튼을 이용하여 숨기기 한다.

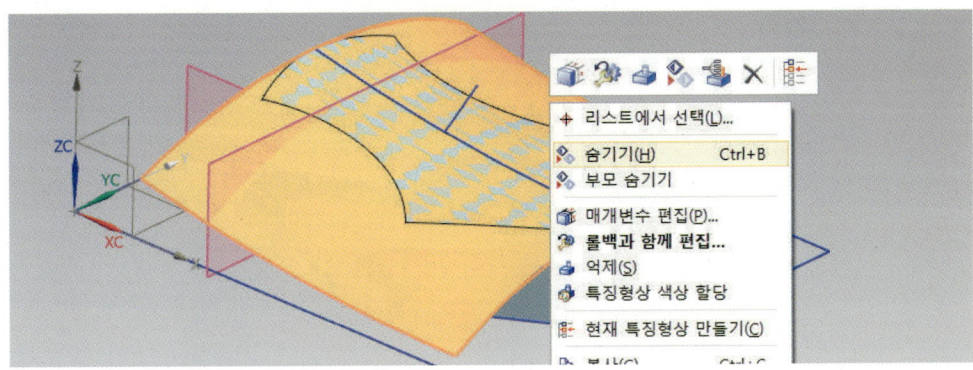

Chapter 04 | Surface Exercise 487

❹ 돌출 아이콘을 클릭하고, 아래 그림처럼 설정한 다음 적용한다.

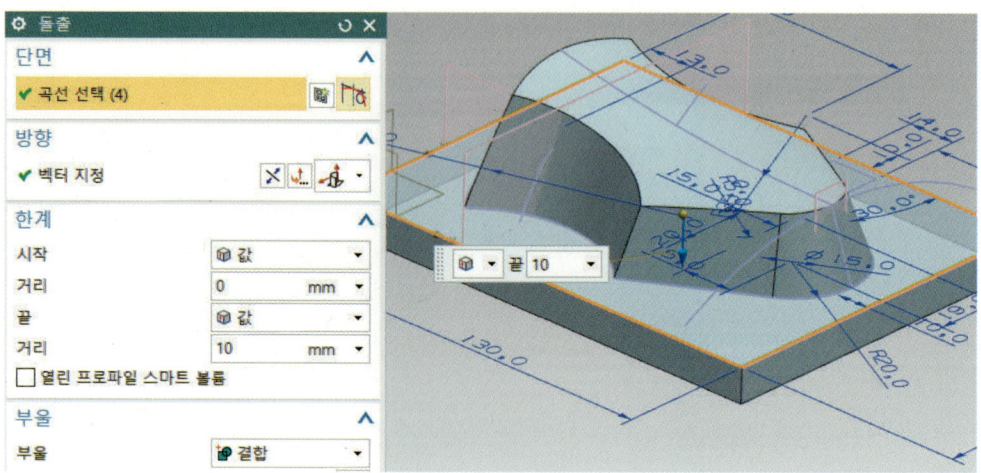

❺ 다시 아래 그림처럼 설정한 다음 확인한다.

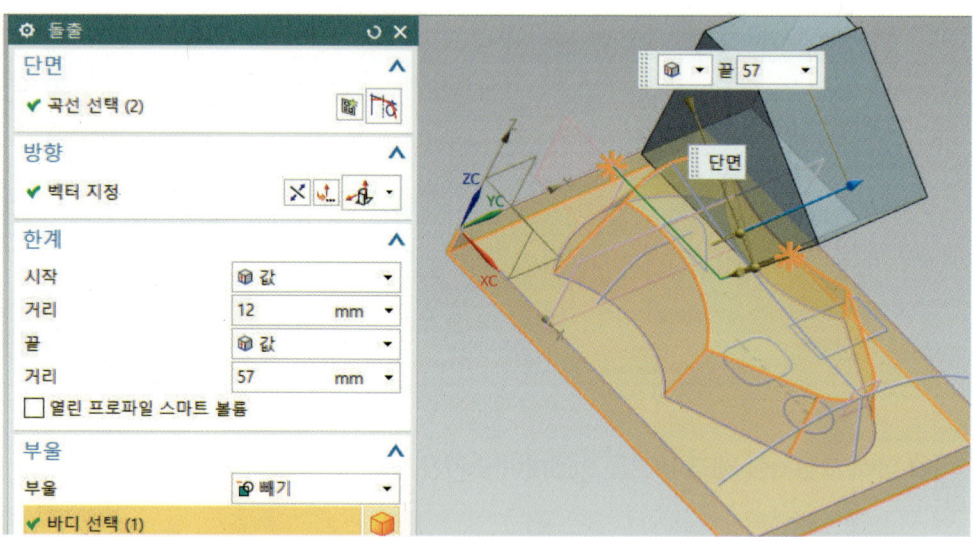

❻ 아래 그림처럼 설정한 다음 확인한다.

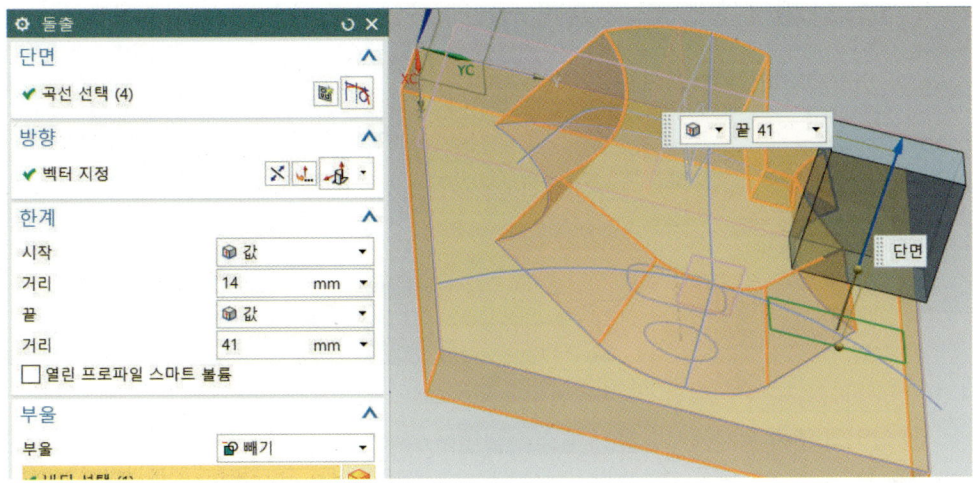

❼ 삽입의 상세 특징형상에서 구배ⓘ...를 클릭한다. 유형은 모서리로부터로를 설정하고, 아래 그림처럼 모서리 선택 2를 선택한 다음 각도를 45도로 설정한 후 적용한다.

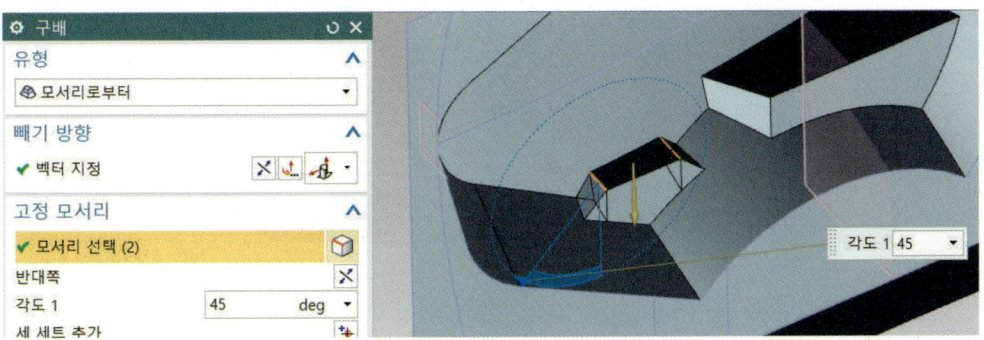

❽ 같은 방법으로 아래 그림처럼 모서리를 선택한 다음 각도 20으로 설정하고 적용한다.

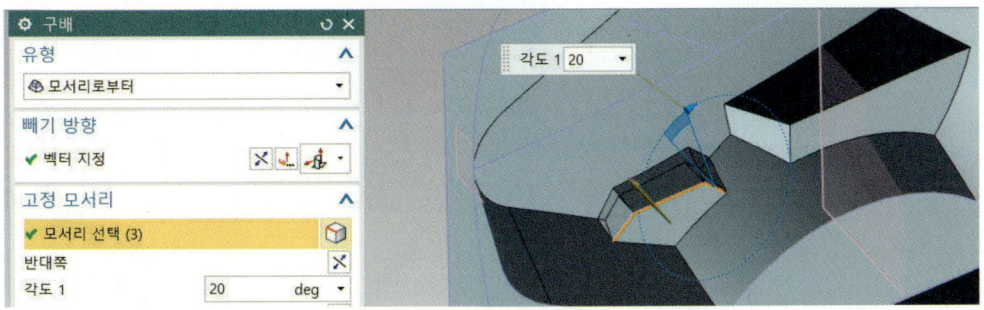

❾ 아래 그림처럼 구배할 면의 모서리를 선택한 다음 각도는 10을 입력하고 확인한다.

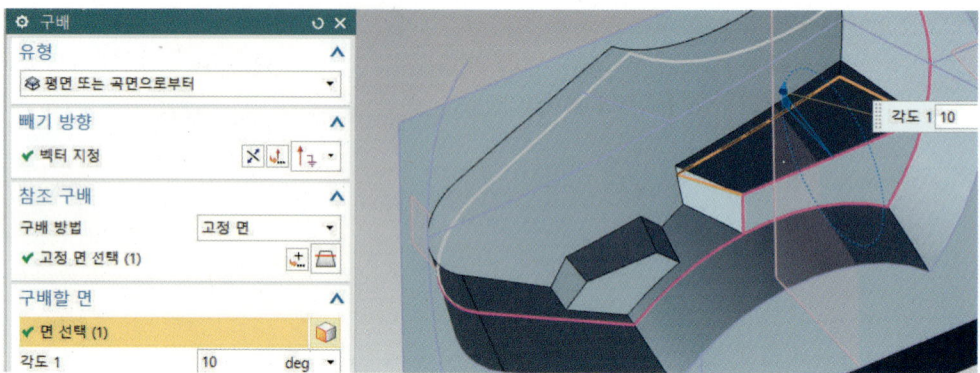

❿ 삽입의 연관 복사에서 대칭 특징형상(M)을 클릭한다. 아래 그림처럼 설정하고 확인한다.

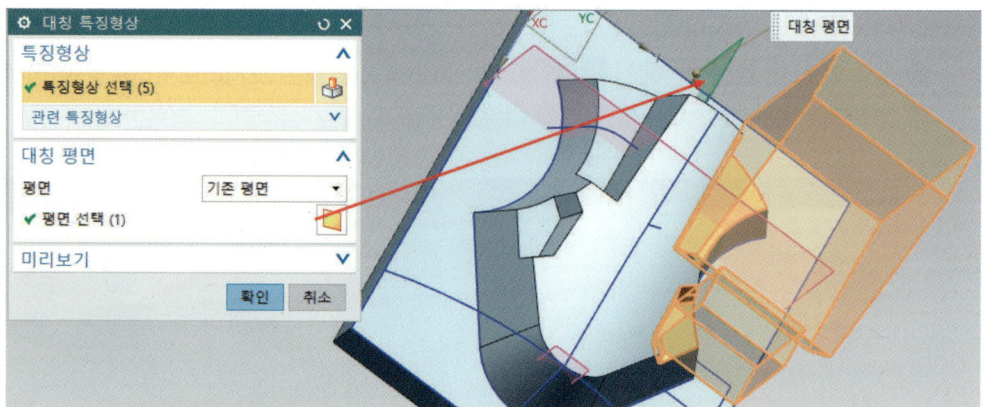

⓫ 돌출 아이콘을 클릭하고, 아래 그림처럼 설정하고 적용한다.

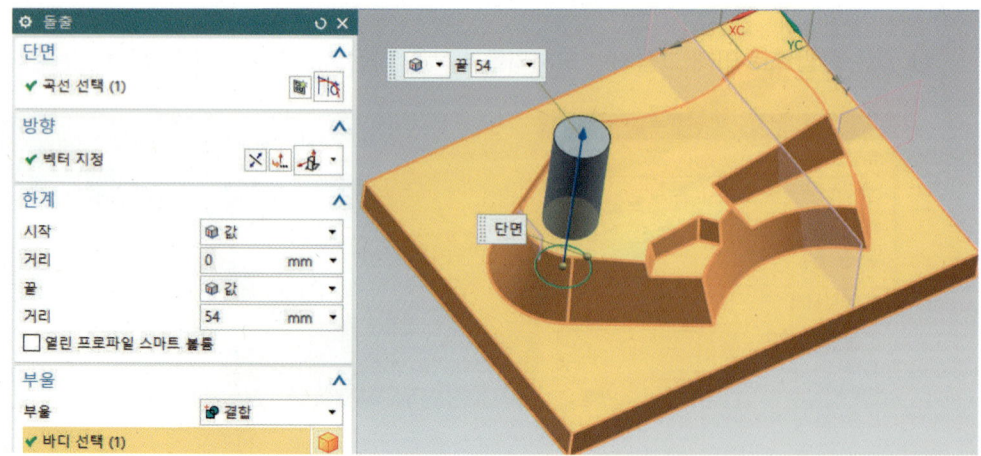

PART Ⅳ 서피스(Surface) 모델링

⑫ 아래 그림처럼 설정하고 확인한다.

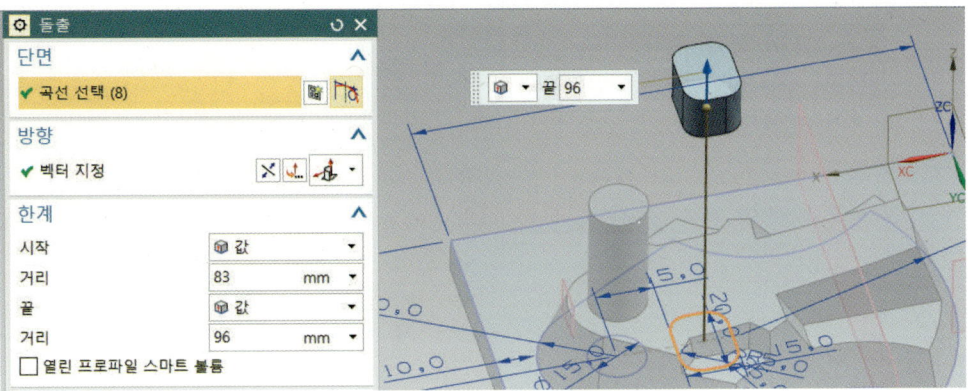

⑬ 삽입의 동기식 모델링에서 면 교체(R)를 클릭한다. 옵셋에서 거리를 3으로 하고, 교체할 면에서 돌출 끝 면을 선택한 다음 교체할 새로운 면에서 스웹 면을 선택하고 적용한다.

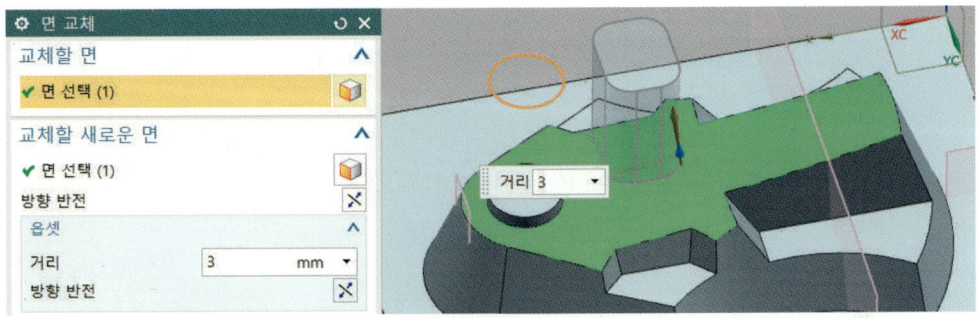

⑭ 옵셋 거리를 -4를 입력하고, 교체할 면에서 돌출 아래 끝 면(바닥 면)을 선택한 다음 교체할 새로운 면에서 스웹 면을 선택하고 적용한다.

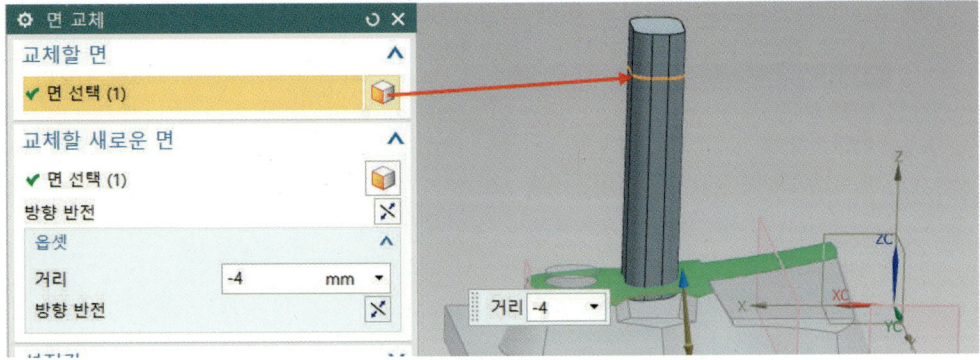

⑮ 　빼기　 아이콘을 클릭한 후 아래 그림처럼 선택하고 확인한다.

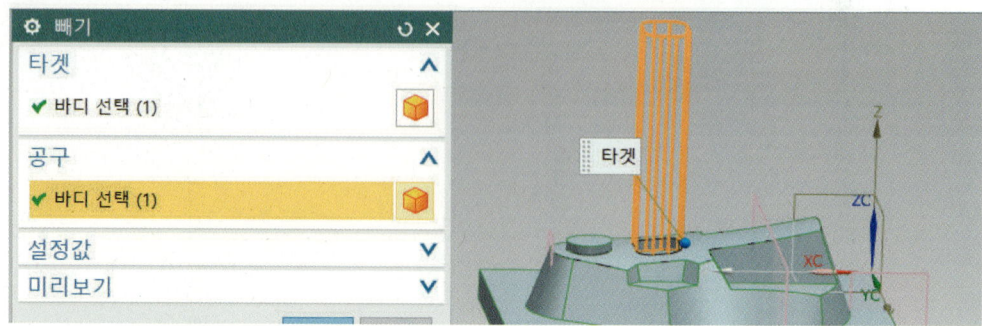

6 모서리 블렌드(라운드) 작업하기

❶ 모서리 블렌드( ) 아이콘을 클릭하고, 형상의 반경 8을 입력한 다음 아래 그림처럼 모서리 4군데를 선택하고 적용한다.

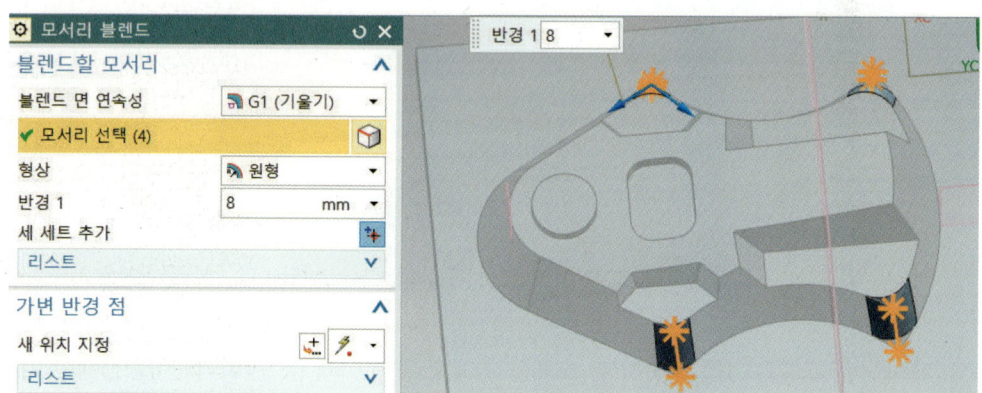

❷ 형상에서 반경 5를 입력하고, 아래 그림처럼 모서리 4군데를 선택한 다음 적용한다.

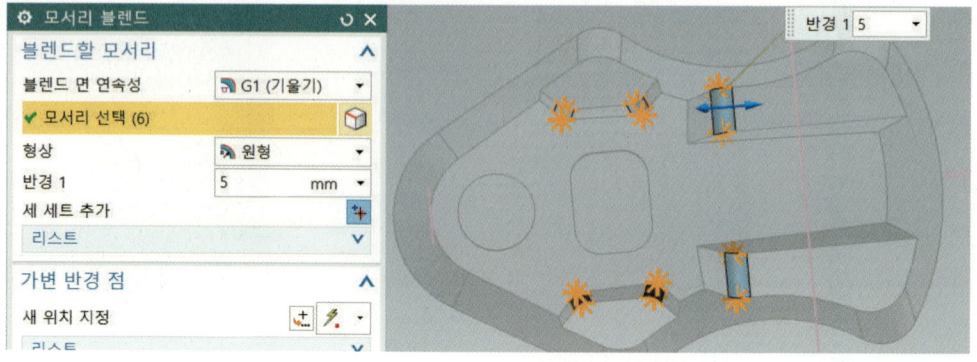

❸ 다시 형상에서 반경 2를 입력하고, 아래 그림처럼 모서리를 선택하고 적용한다.

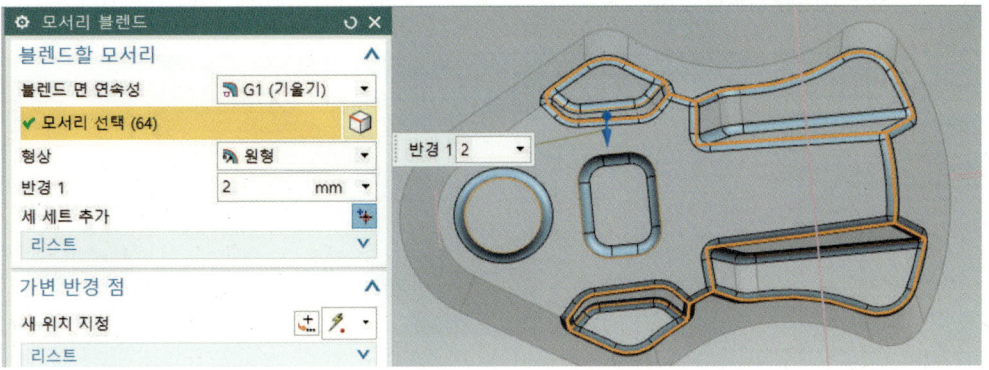

❹ 아래 그림처럼 모서리를 선택하고 적용한다.

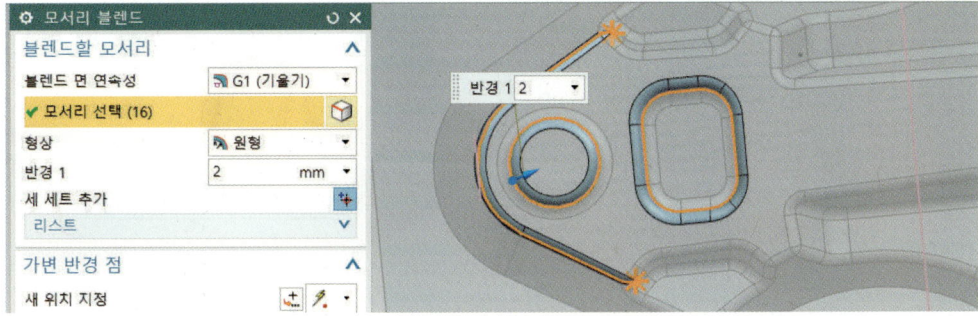

7 스웹 작업하기

❶ 삽입의 스위핑에서 스웹(S)...을 선택한다. 아래 그림처럼 단면 곡선과 가이드 곡선을 클릭하고 확인한다.

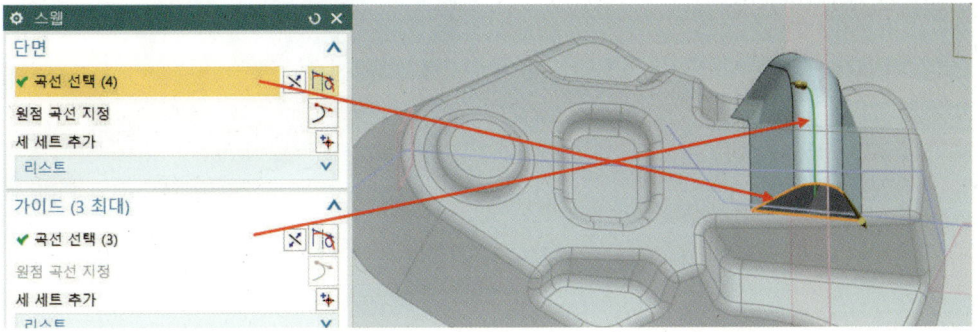

❷ 삽입의 동기식 모델링에서 면 교체(R)를 클릭한다. 옵셋의 거리를 0으로 입력하고, 교체할 면에서 스웹 끝 면을 선택하고, 교체할 새로운 면에서 바닥 면을 선택한 다음 확인한다.

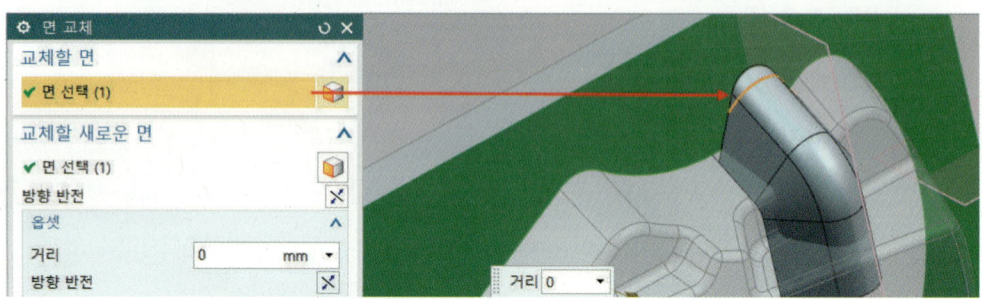

❸ 삽입의 연관 복사에서 대칭 바디(B)를 클릭한다. 아래 그림처럼 설정하고 확인한다.

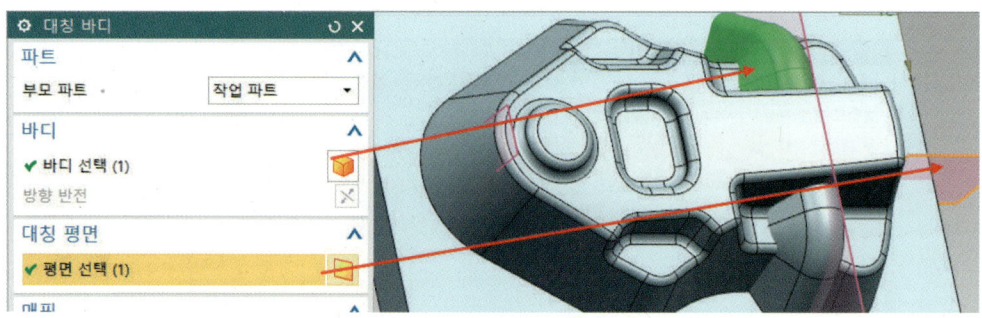

❹ 결합( ) 아이콘을 클릭한 다음 아래 그림처럼 선택하고 확인한다.

❺ 표시 및 숨기기()를 클릭한다. 유형은 모두에서 숨기기(−)를 선택하고, 솔리드 바디는 표시(+)를 선택한다.

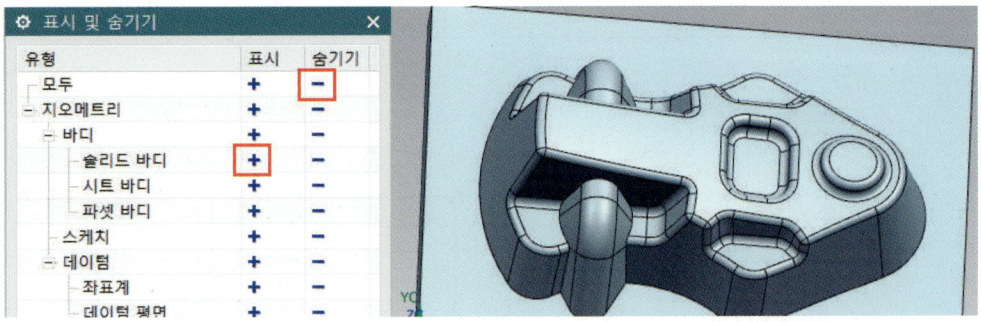

⑧ 모서리 블렌드(라운드) 작업하기

❶ 모서리 블렌드( ) 아이콘을 클릭하고, 형상은 반경 2를 입력한 다음 아래 그림처럼 모서리 2군데를 선택하고 적용한다.

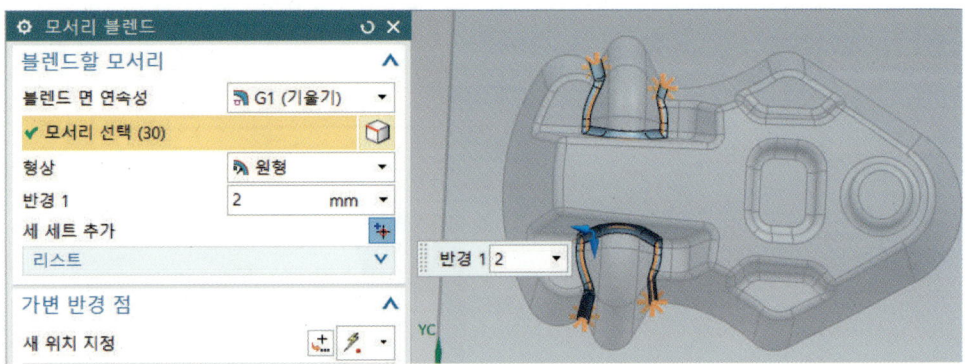

❷ 반경 1을 입력하고, 아래 그림처럼 모서리를 선택하고 적용한다.

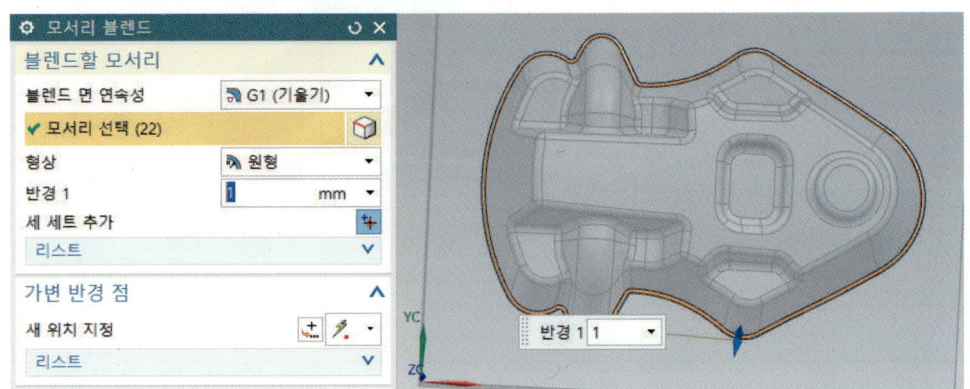

제18절 Surface 행거 모델링 따라 하기

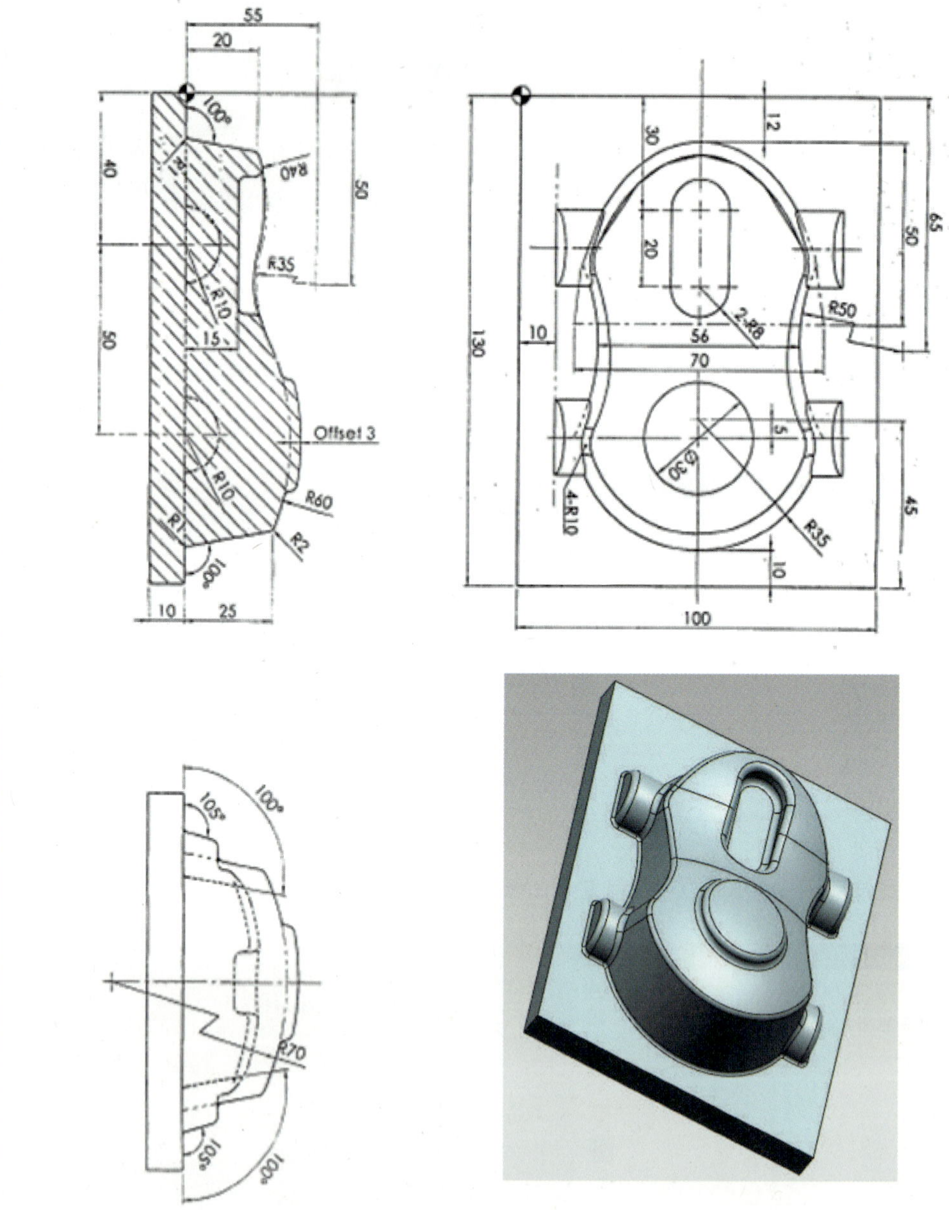

❶ 새로 만들기(, Ctrl + N)를 실행하고 모델을 선택한다. 파일 이름과 저장할 폴더를 입력한 다음 확인한 다음 메뉴 삽입에서 타스크 환경의 스케치(S)...를 선택한다.

❷ 유형은 평면 상에서, 스케치 면은 기존 평면서 XY 평면을 선택 후 확인한 다음 스케치 모드로 들어간다.

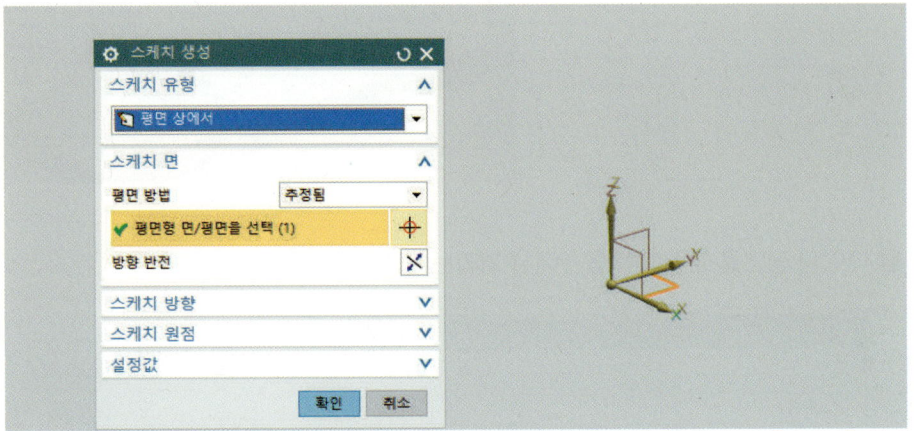

❸ 도면을 참조하여 아래 그림과 같이 스케치하고 종료한다. 직사각형, 원호, 원, 필렛, 참조선, 트리밍, 대칭 곡선, 치수 등 아이콘을 이용하여 스케치한다.

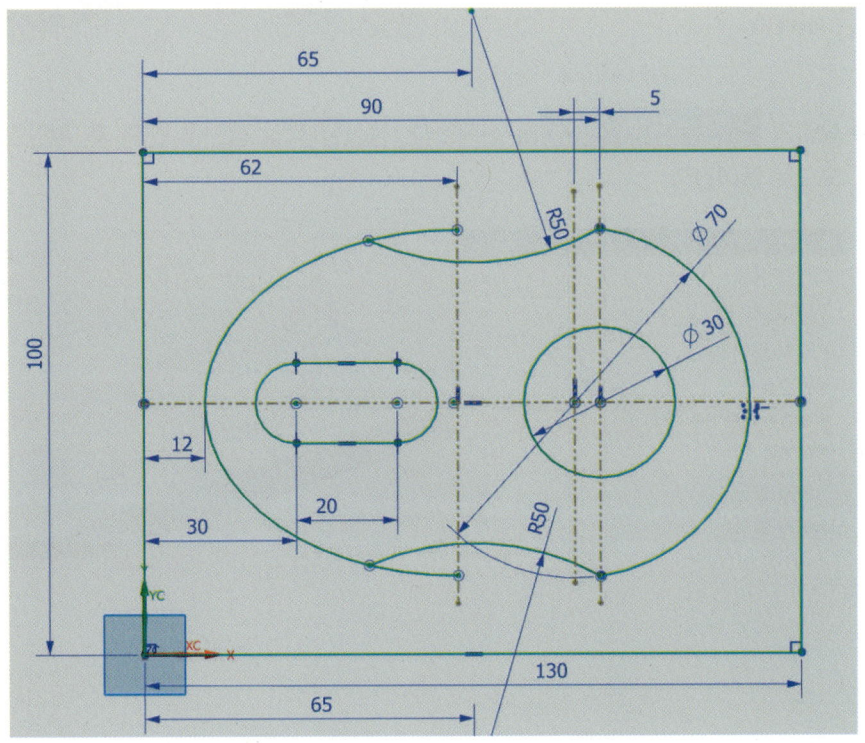

❹ 아래 그림과 같이 돌출한다.

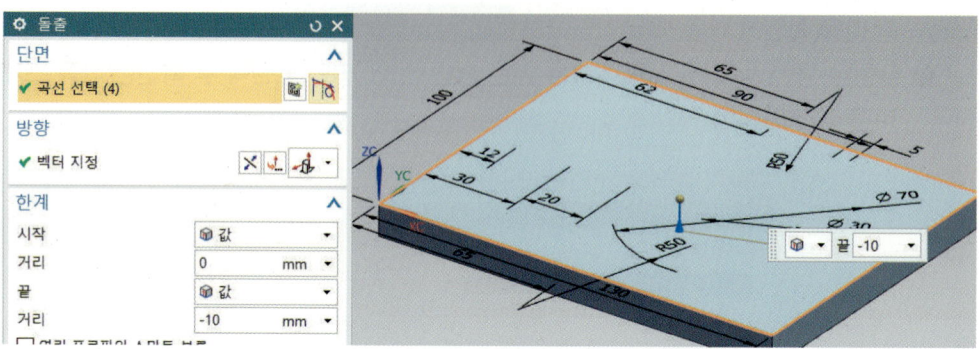

❺ 데이텀 평면을 클릭하여 옵셋에서 거리는 –50을 입력하고 확인한다.

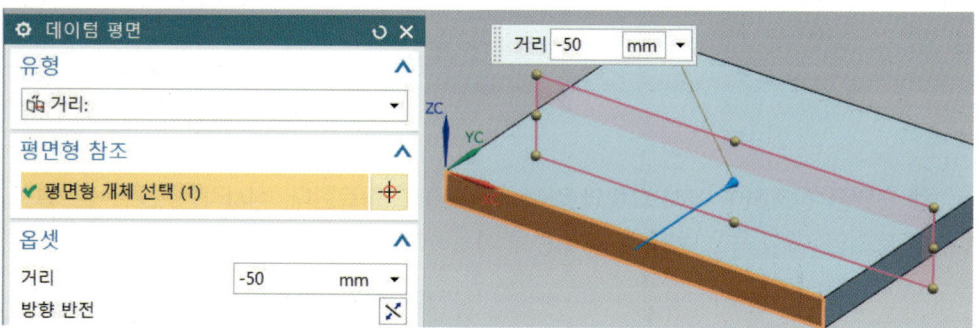

❻ 삽입의 <!-- 타스크 환경의 스케치(S)... --> 를 선택한다. 생성된 작업 평면을 선택 후 확인한 다음 스케치 모드로 들어간다.

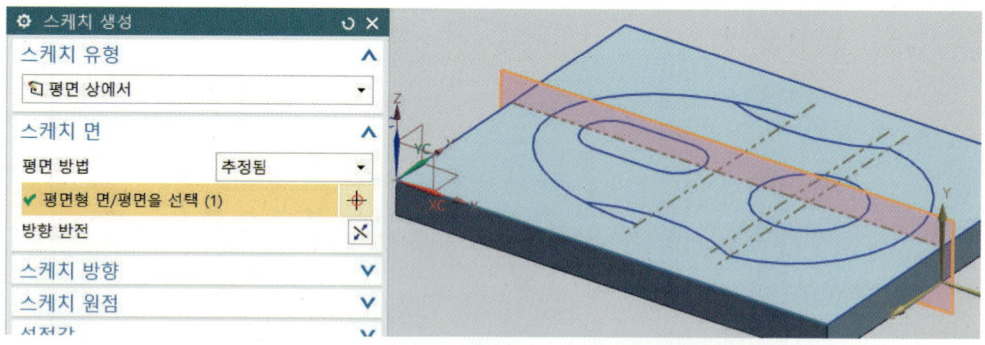

❼ 아래 그림과 같이 정면도를 스케치하고 종료한다. 선, 원호, 원, 참조선, 치수 등 아이콘을 이용하여 스케치한다.

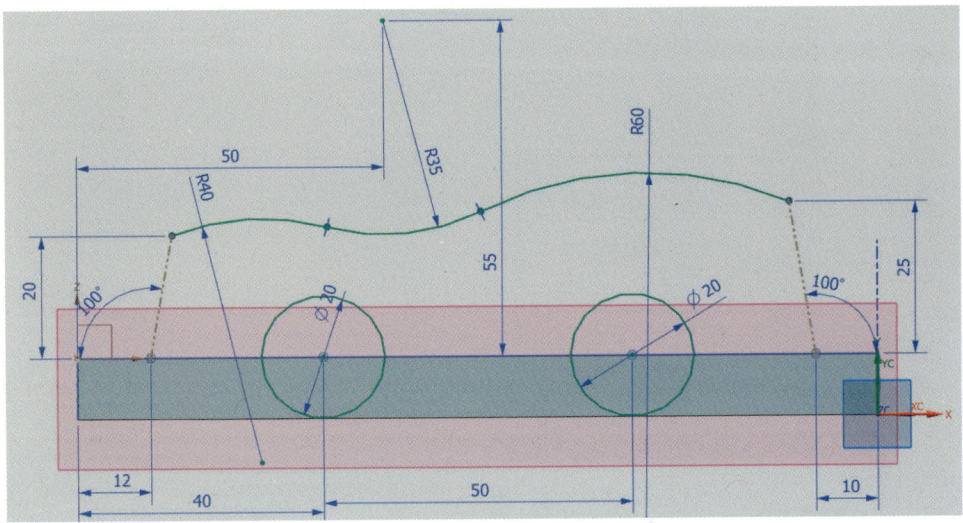

❽ 삽입에서 [타스크 환경의 스케치(S)]를 선택한다. 아래 그림처럼 유형은 경로 상으로를 설정하고, 경로 선택에서 위에서 생성된 호를 선택한 후 원호 길이는 0을 입력하고 확인한다.

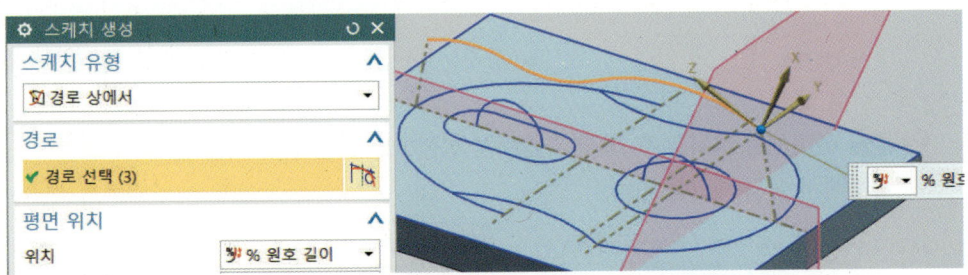

❾ 마우스 2번 버튼을 누르고 그림처럼 방향을 회전한다. 원호 아이콘을 선택하고 마지막 끝점에서 스냅 끝점을 이용하여 아래 그림처럼 원호 끝점에 원호를 클릭한다.

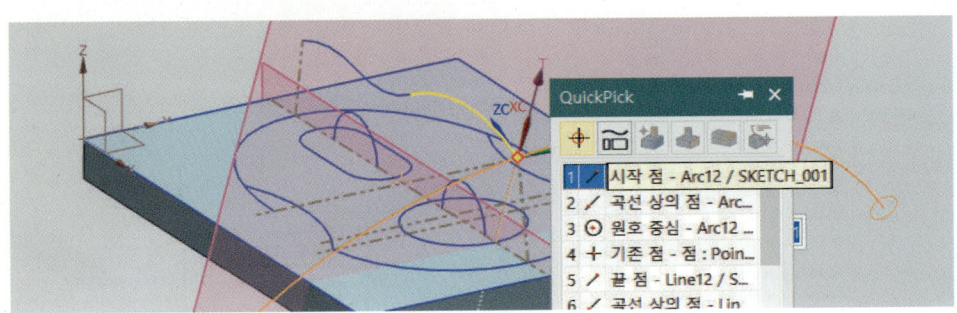

❿ 작업 뷰를 오른쪽()으로 설정하고, 아래 그림처럼 치수기입을 하고 스케치를 종료한다.

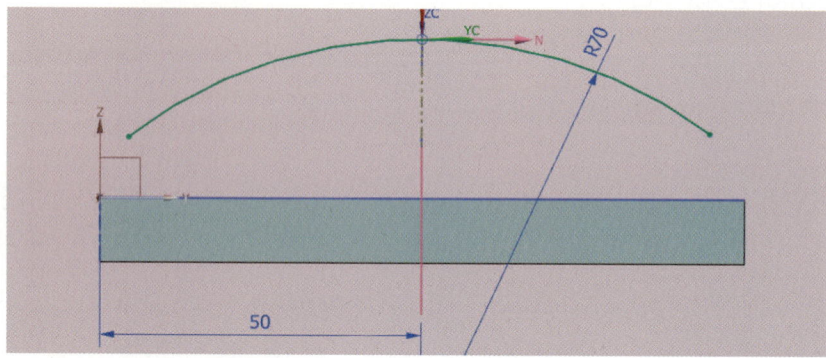

⓫ 삽입의 스위핑에서 스웹(S)... 을 클릭한다. 단면 곡선과 가이드 곡선을 선택하고 확인한다.

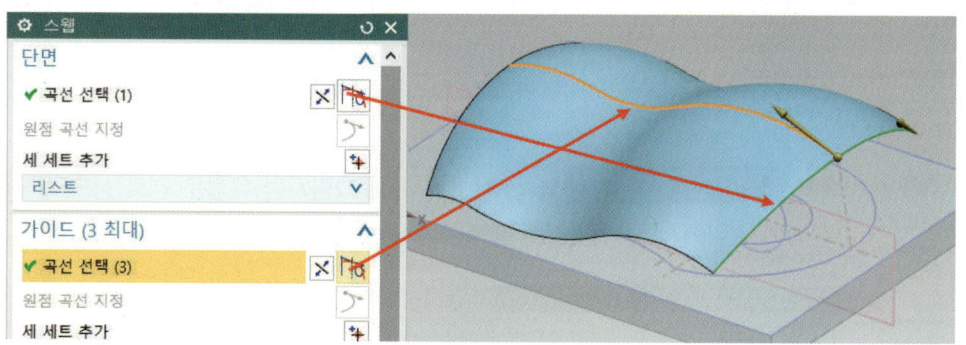

⓬ 돌출 아이콘을 클릭한 후 아래 그림처럼 설정하고 확인한다. 곡선 선택 시 교차에서 정지 체크를 한다.

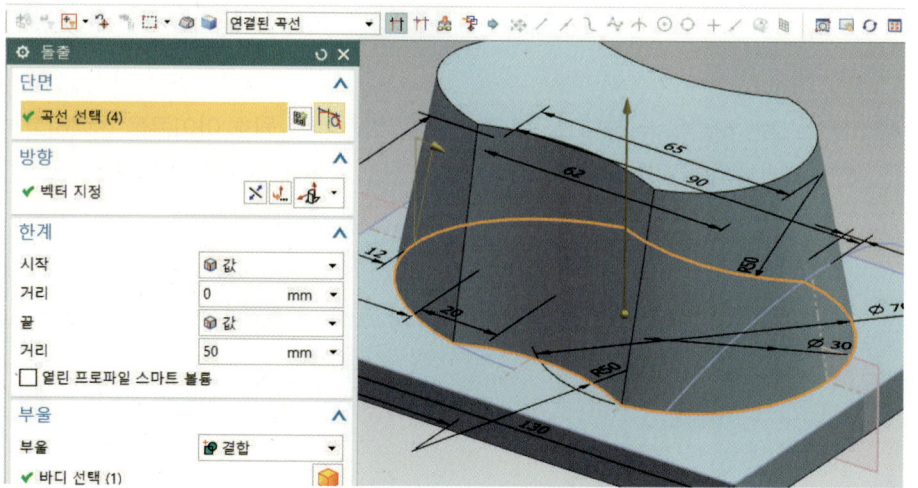

PART Ⅳ 서피스(Surface) 모델링

⓭ 삽입의 트리밍에서 시트 연장을 클릭하거나, 트리밍 및 연장 아이콘을 선택한 다음 아래 그림처럼 끝선을 클릭하고 확인한다.

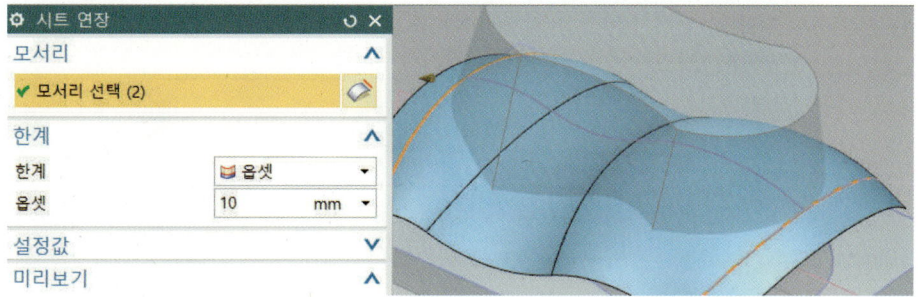

⓮ 바디 트리밍(T)...을 클릭하거나 바디 트리밍 아이콘을 선택하고 아래 그림처럼 타겟 바디 면을 클릭하고 도구 면을 클릭한다. 방향 반전으로 화살표 방향이 위쪽으로 향하게 한 다음 확인한다.

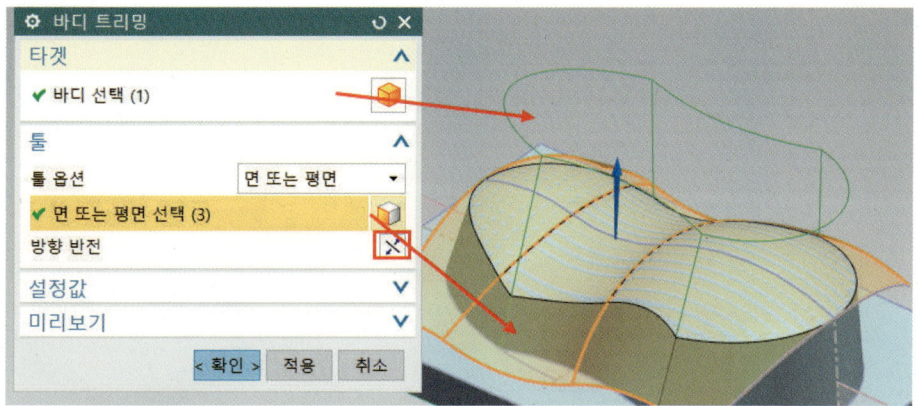

⓯ 돌출 아이콘을 클릭하고 아래 그림처럼 설정하고 적용한다.

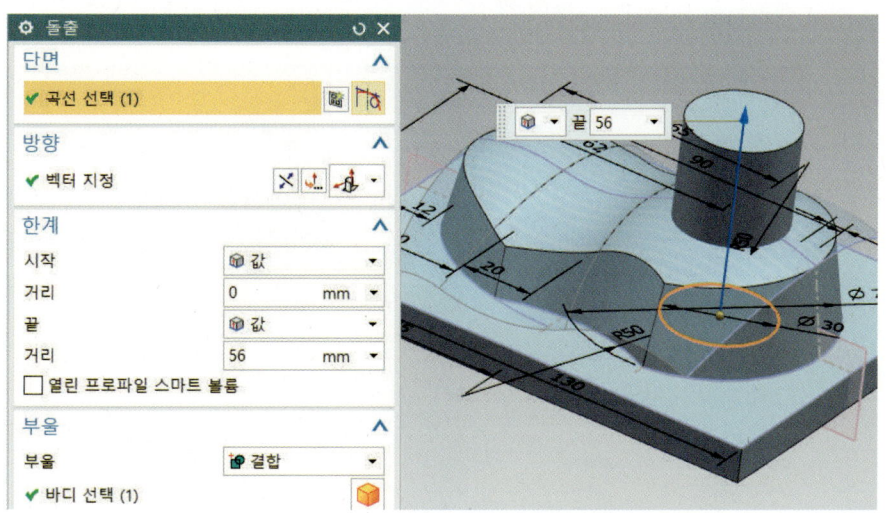

⓰ 면 교체를 선택하여 아래 그림처럼 설정하고 적용한다.

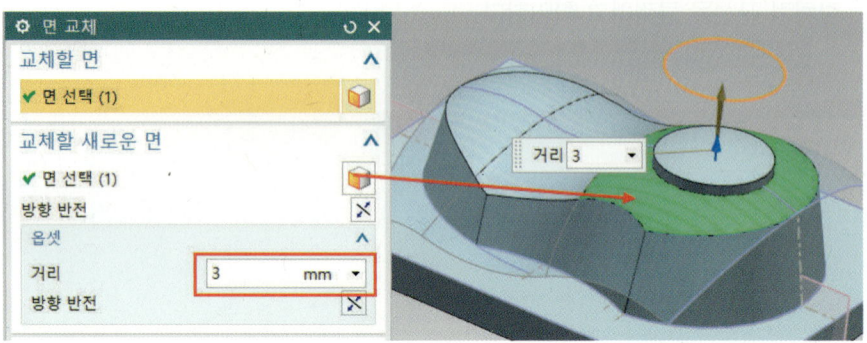

⓱ 돌출을 이용하여 아래 그림처럼 설정하고 적용한다.

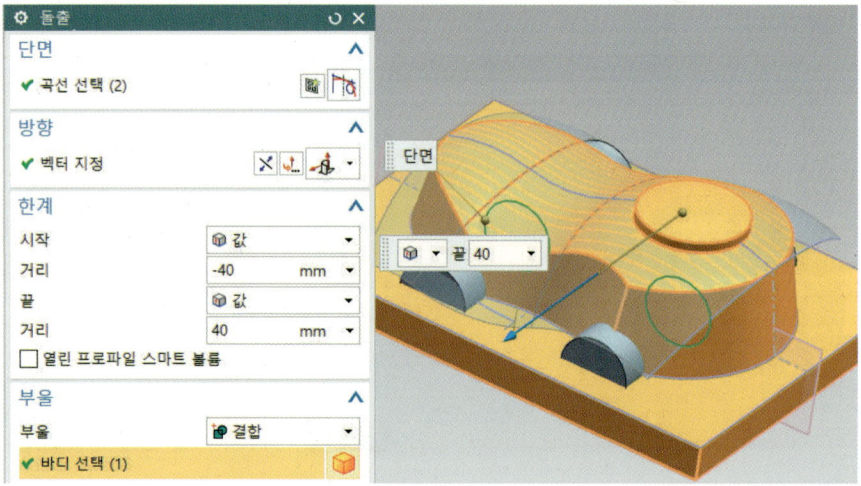

⓲ 아래 그림처럼 설정하고 확인한다.

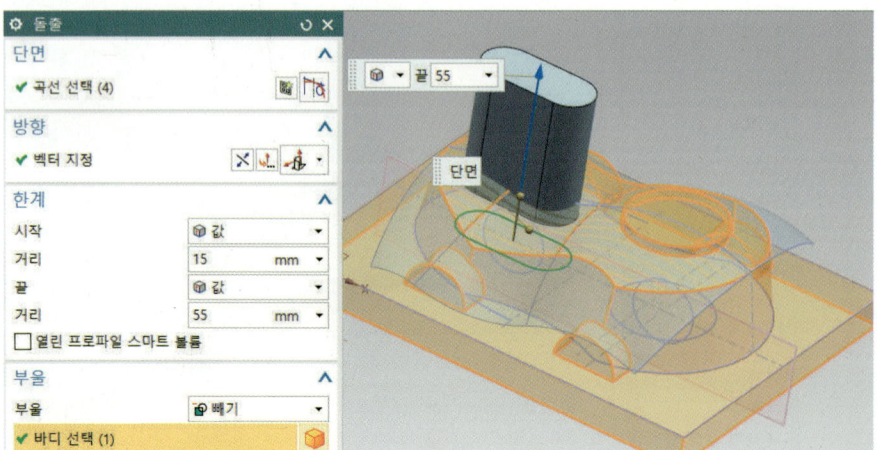

⑲ 표시 및 숨기기()을 클릭한다. 유형은 모두에서 숨기기(-)를 선택하고, 솔리드 바디는 표시(+)를 선택한다.

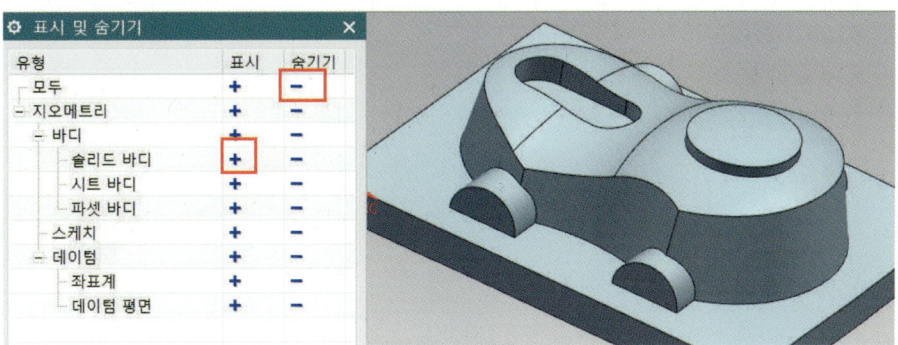

⑳ 구배를 이용하여 아래와 같이 설정하고 확인한다.

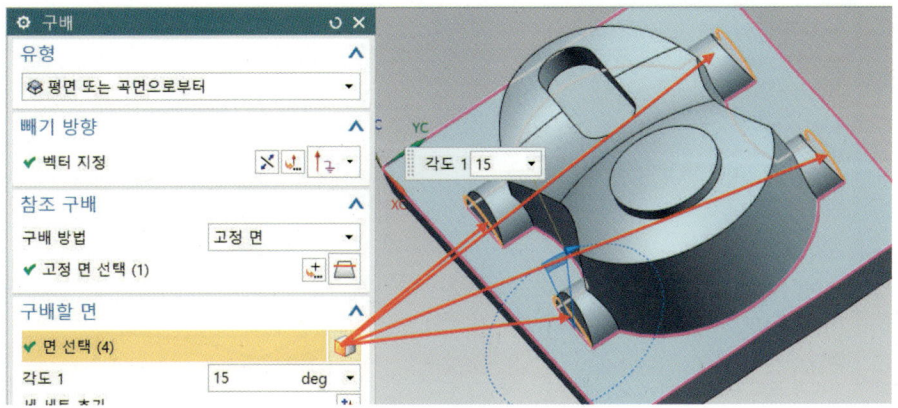

㉑ 모서리 블렌드( ) 아이콘을 클릭하고, 반경 1을 입력한 다음 아래 그림처럼 모서리를 4군데를 선택하고 적용한다.

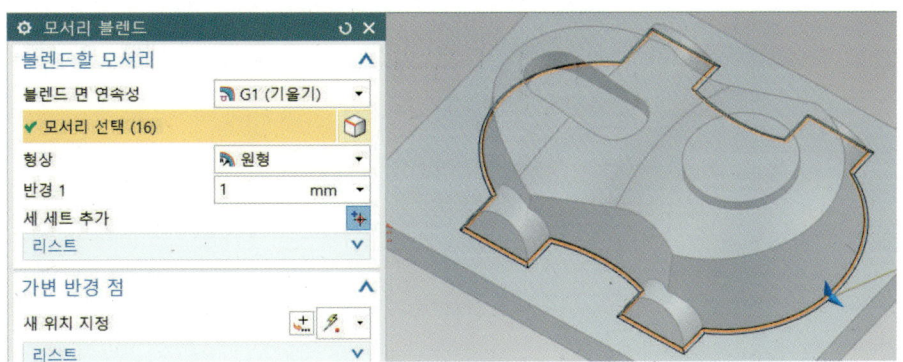

㉒ 반경 10을 입력한 다음 아래 그림처럼 모서리를 선택하고 적용한다.

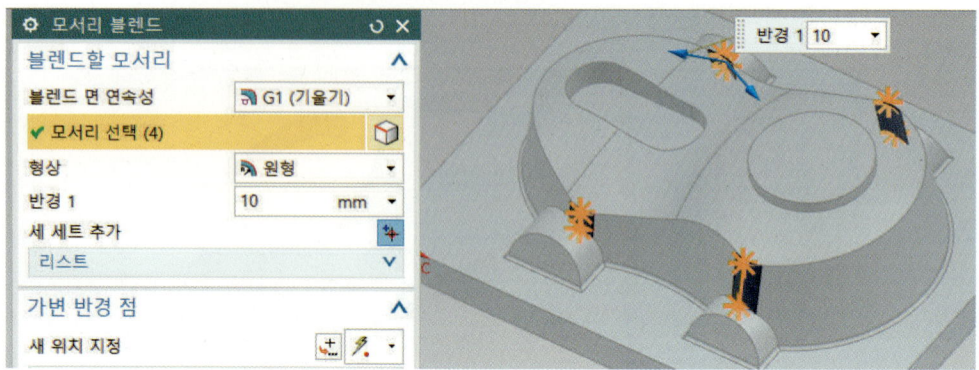

㉓ 반경 2를 입력한 다음 아래 그림처럼 모서리를 선택하고 확인한다.

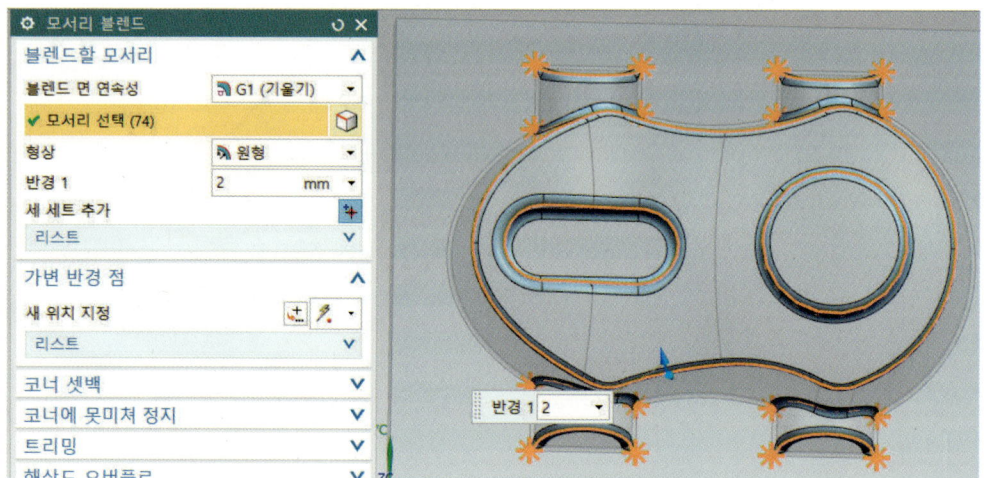

NX10 3D 모델링 및 CAD/CAM

제19절 Surface 행거 모델링 따라 하기

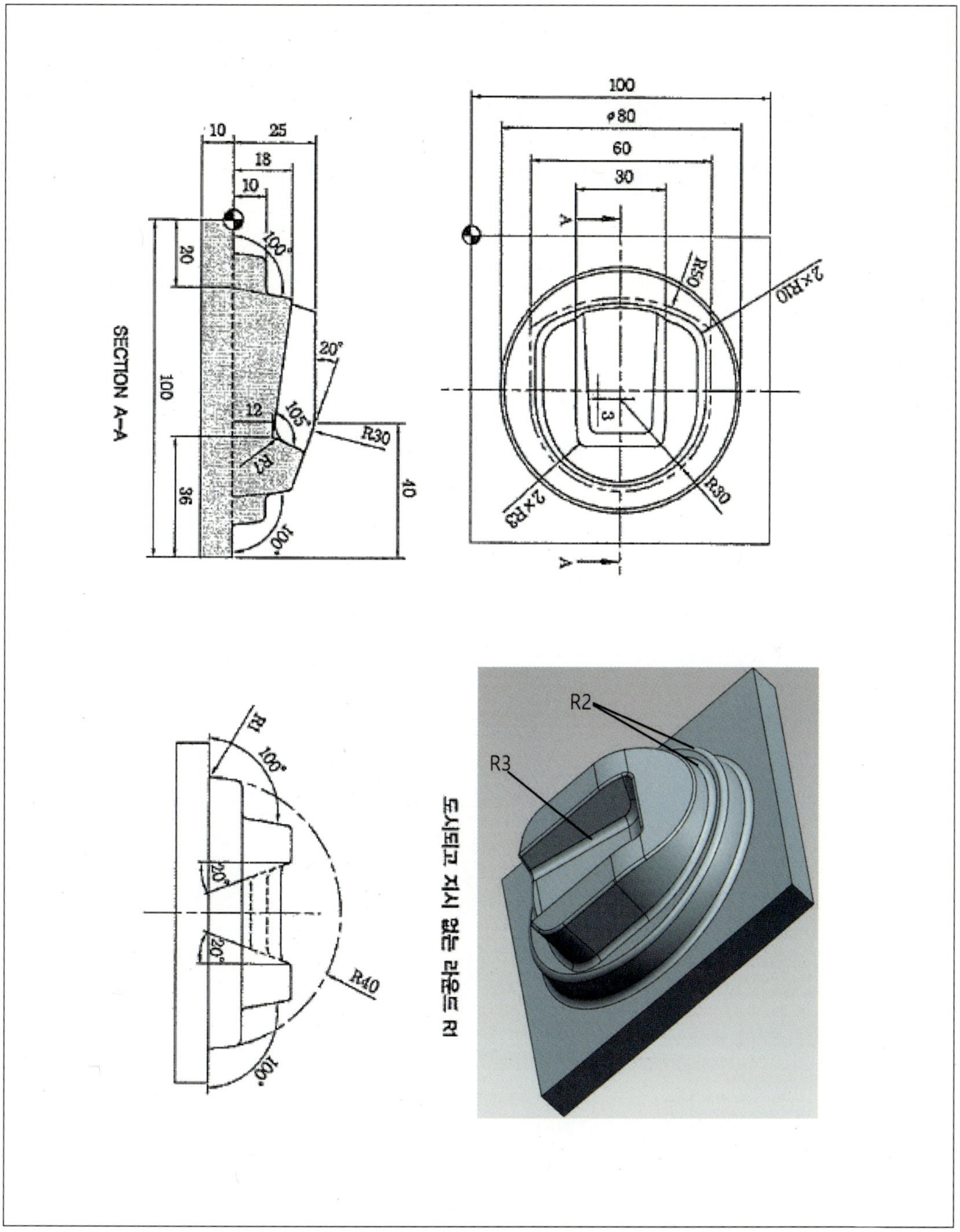

Chapter 04 | Surface Exercise

❶ 새로 만들기(, Ctrl + N)를 실행한다. 모델을 선택하고 파일 이름과 저장할 폴더를 입력한 다음 확인하고, 메뉴 삽입에서 타스크 환경의 스케치(S)... 를 선택한다.

❷ 유형은 평면 상에서, 스케치 면은 기존 평면에 XY 평면을 선택한 후 확인하고, 스케치 모드로 들어간다.

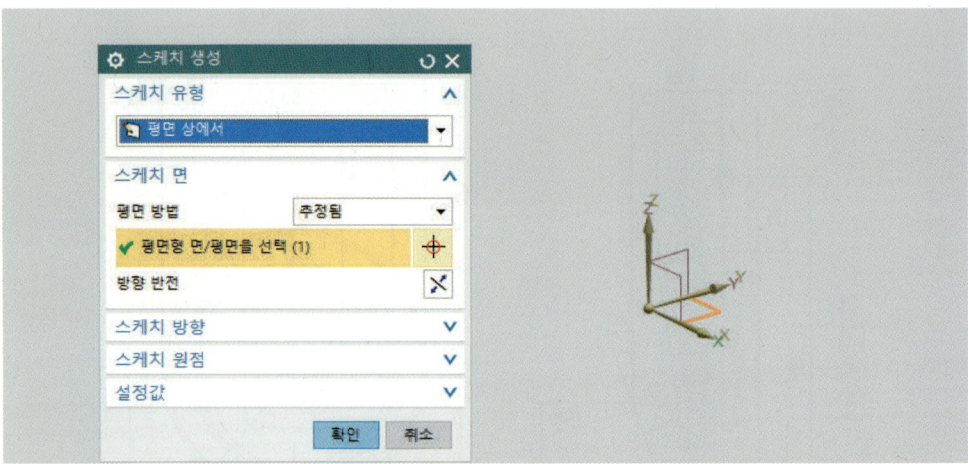

❸ 아래 그림과 같이 정면도를 스케치하고 종료한다. 선, 원호, 필렛, 트리밍, 치수 등 아이콘을 이용하여 스케치한다.

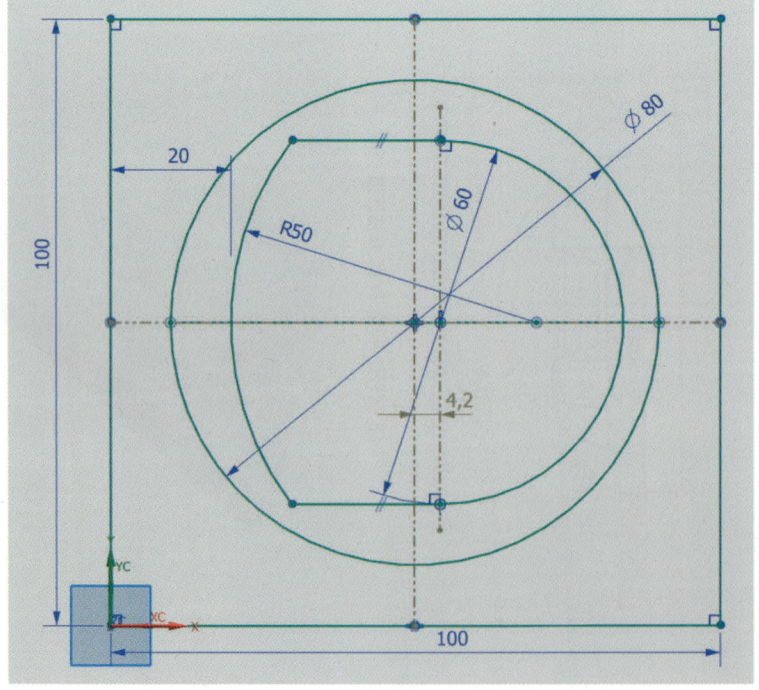

❹ 아래 그림과 같이 돌출한다.

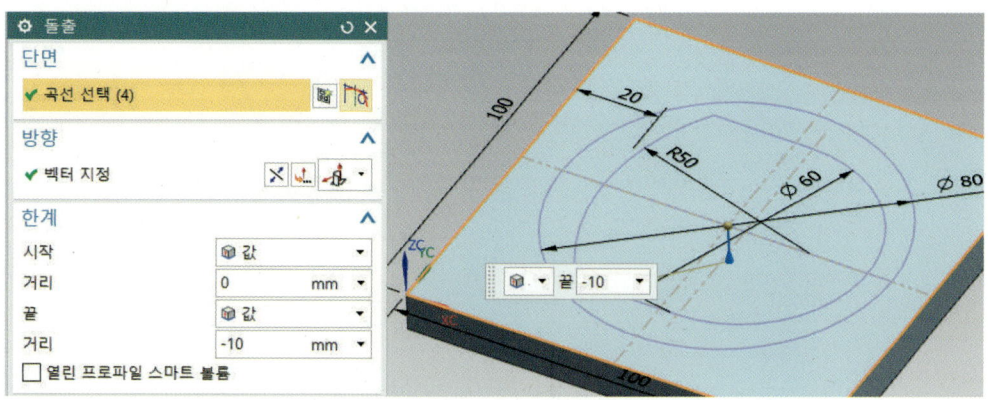

❺ 데이텀 평면을 이용하여 아래 그림과 같이 설정한다.

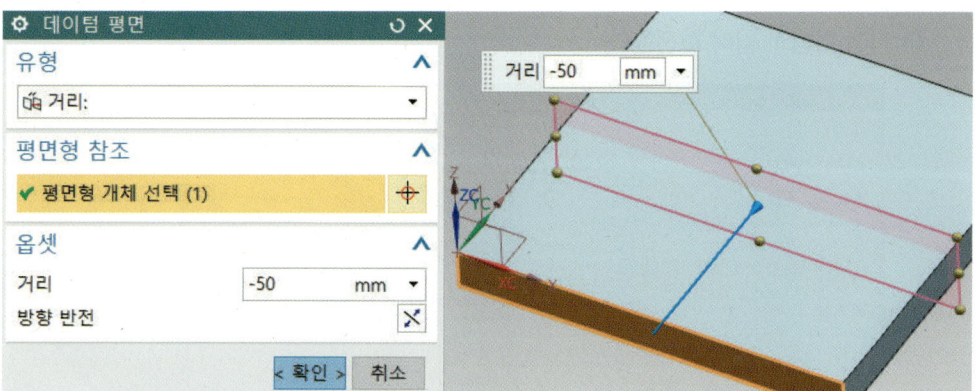

❻ 디스크 스케치 아이콘을 선택한 후 유형은 평면 상에서, 스케치 면은 데이텀 평면을 선택한 다음 확인한다.

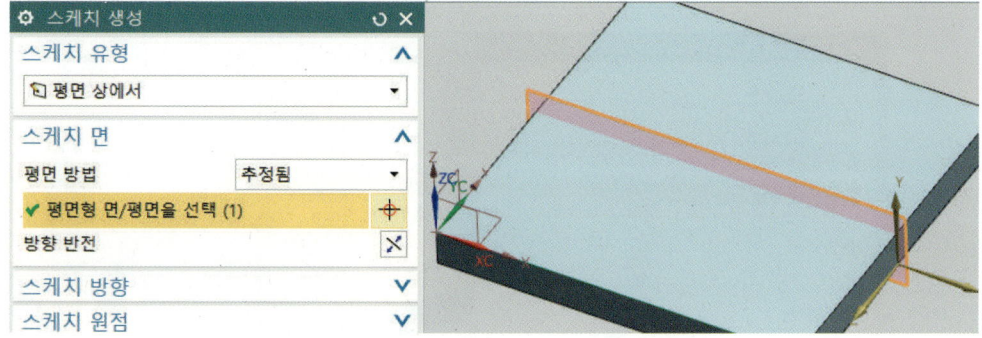

❼ 아래 그림과 같이 정면도를 스케치하고 종료한다.

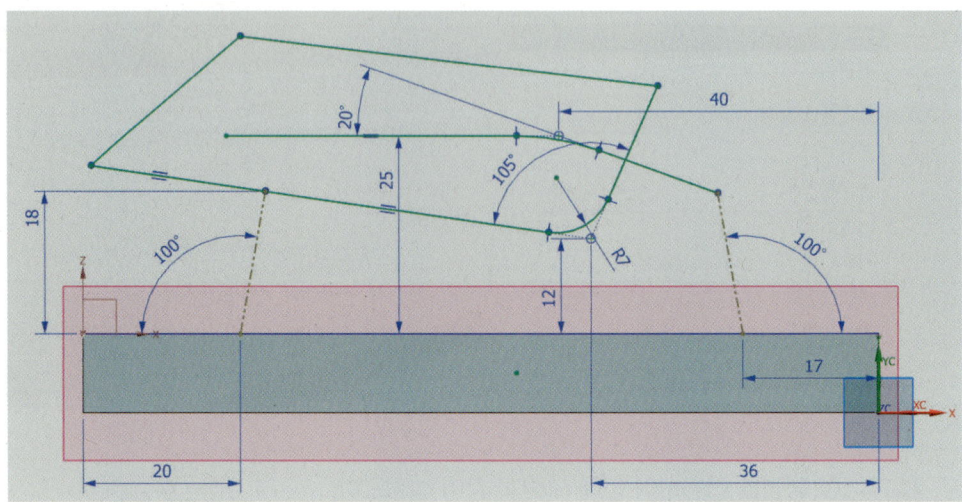

❽ 아래 그림과 같이 회전한다.

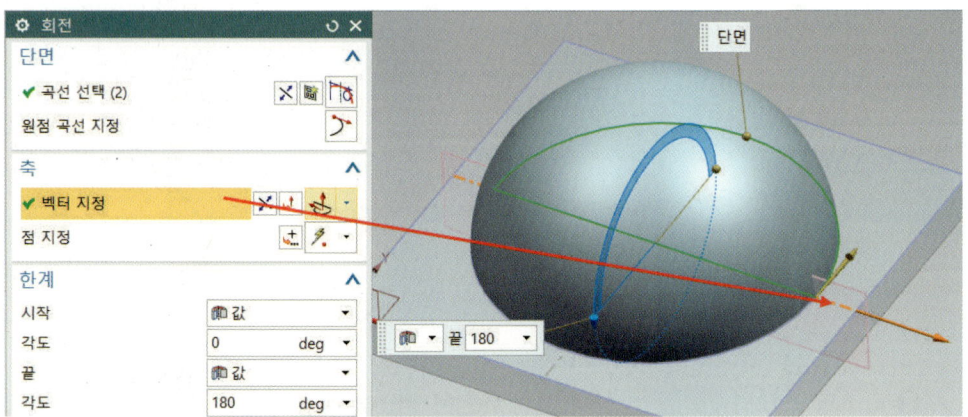

❾ 데이텀 평면을 이용하여 아래 그림과 같이 설정한다.

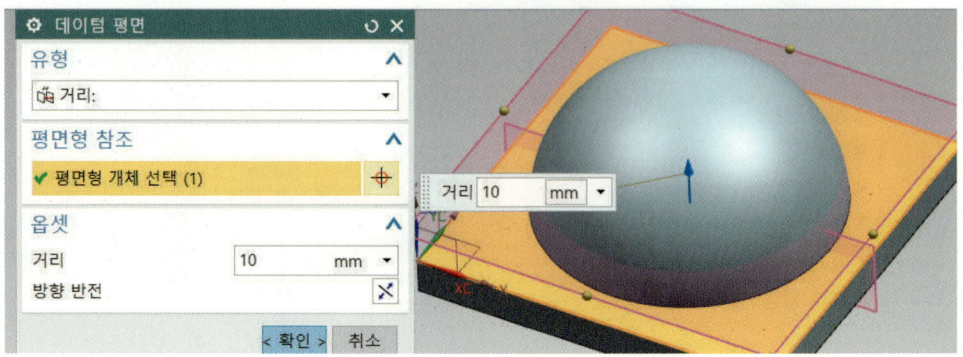

❿ 바디 트리밍을 이용하여 아래 그림과 같이 트림한다.

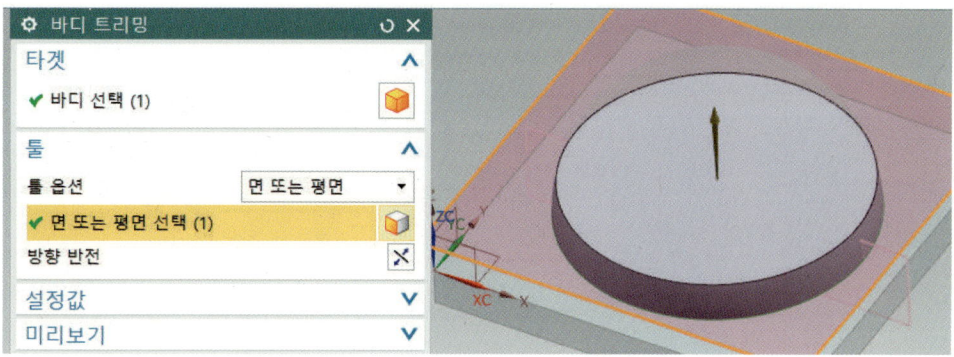

⓫ 돌출 아이콘을 이용하여 아래 그림과 같이 설정하고 적용한다.

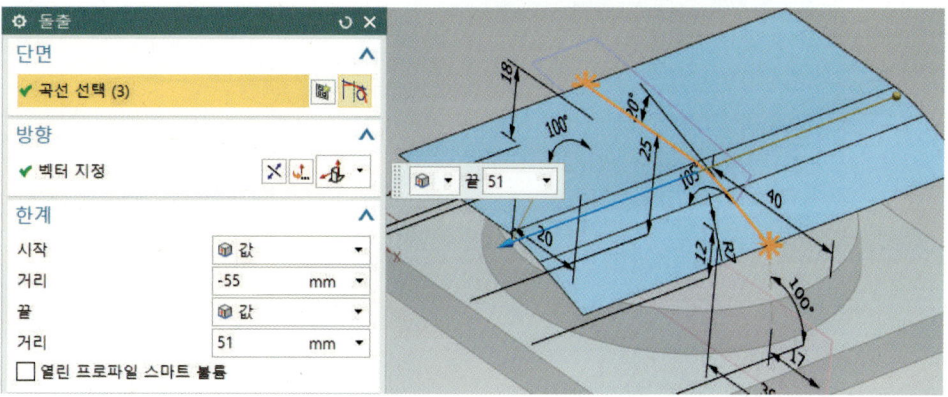

⓬ 다시 아래 그림과 같이 돌출하고 확인한다.

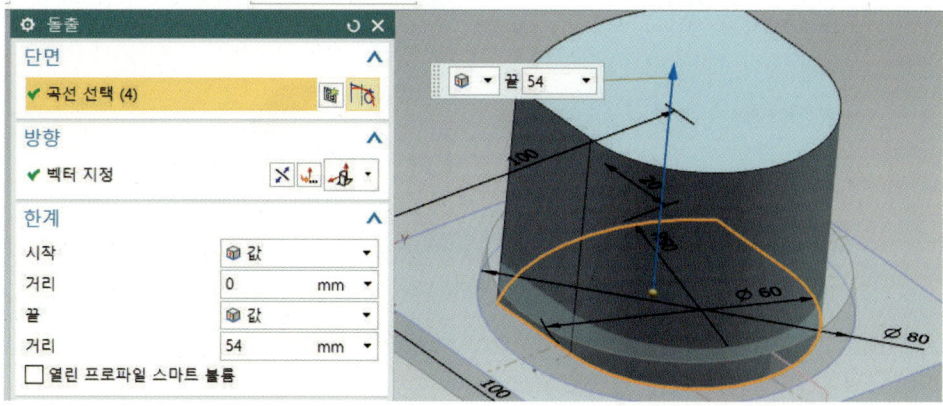

⑬ 아래 그림과 같이 시트 연장을 한다.(삽입 ➡ 트리밍 ➡ 시트 연장)

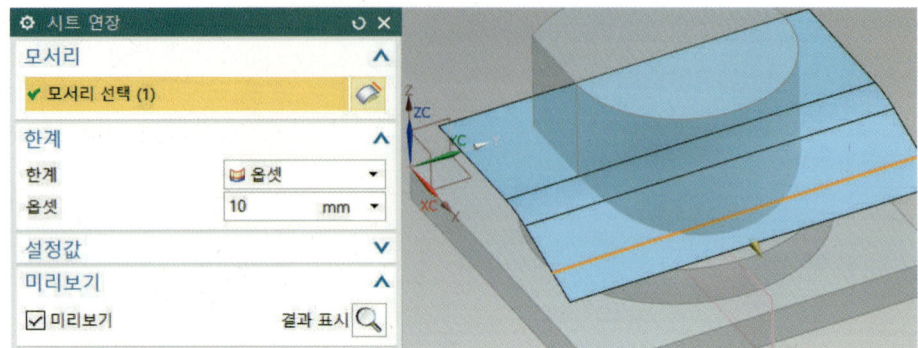

⑭ 아래 그림과 같이 면을 교체한다.(삽입 ➡ 동기식 모델링 ➡ 면 교체)

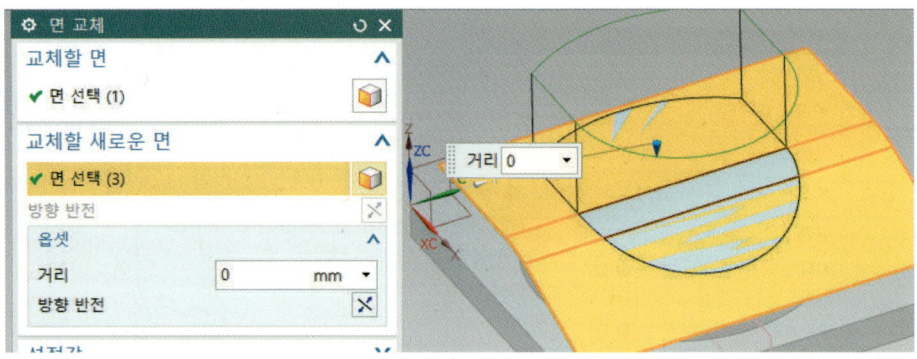

⑮ 아래 그림과 같이 돌출한다.

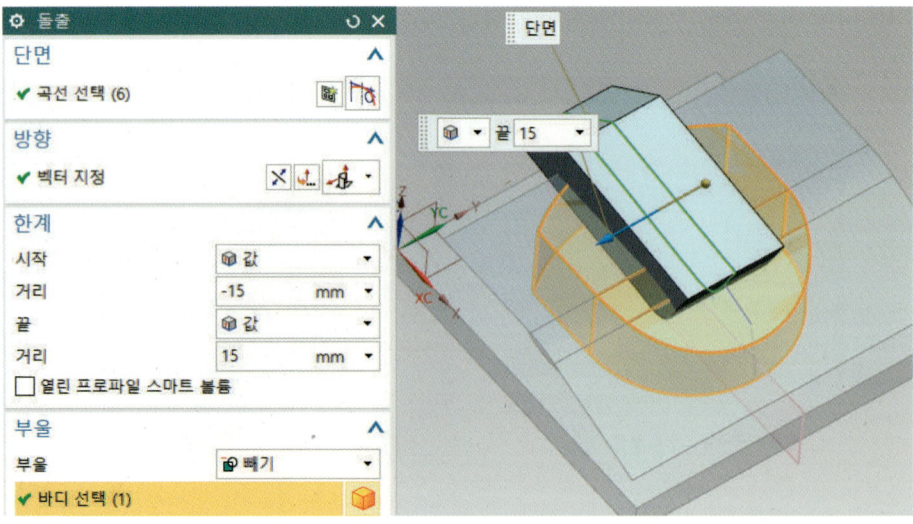

PART Ⅳ 서피스(Surface) 모델링

⑯ 표시 및 숨기기 아이콘을 클릭한다. 유형은 모두에서 숨기기(-)를 선택하고, 솔리드 바디는 표시(+)를 선택한다.

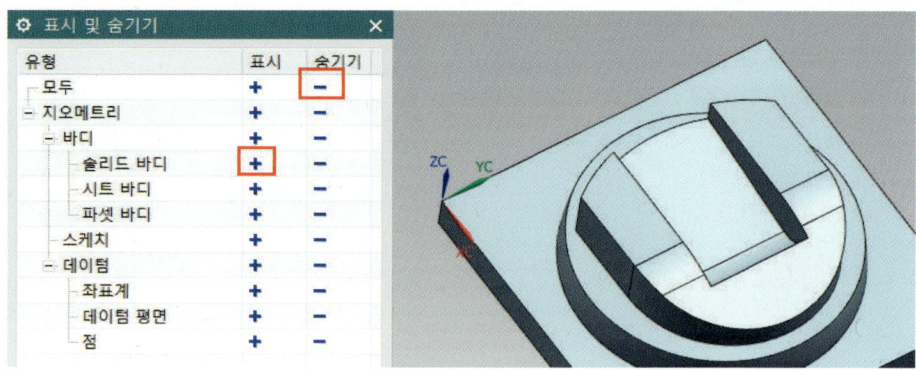

⑰ 아래 그림과 같이 구배한다.

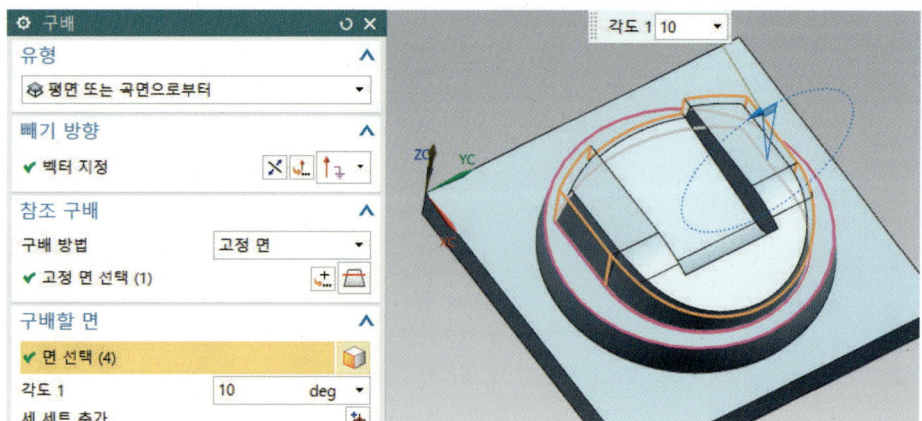

⑱ 아래 그림과 같이 구배한다.

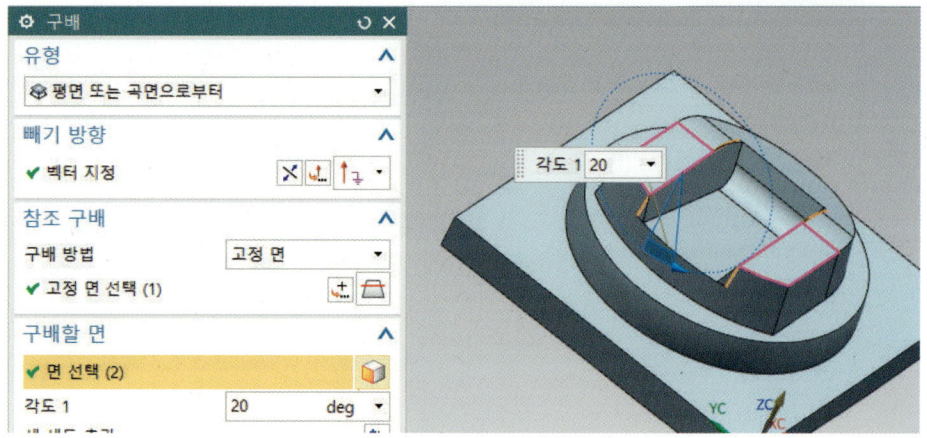

⓳ 아래 그림과 같이 블렌드한다.

⓴ 아래 그림과 같이 블렌드한다.

㉑ 아래 그림과 같이 블렌드한다.

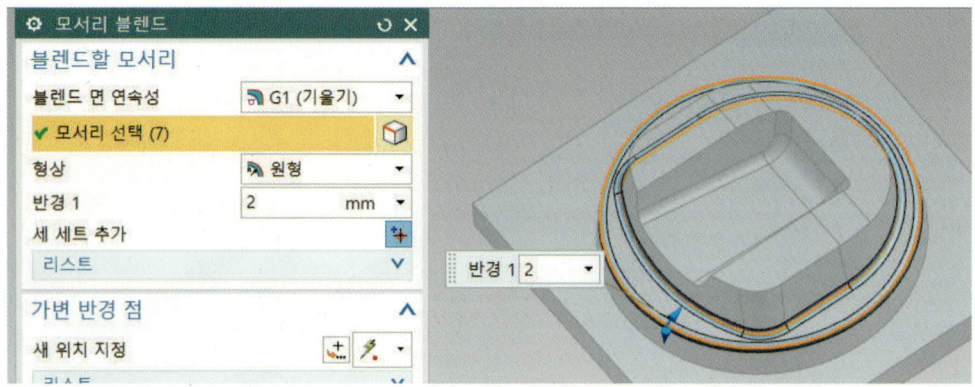

❷❷ 아래 그림과 같이 블렌드한다.

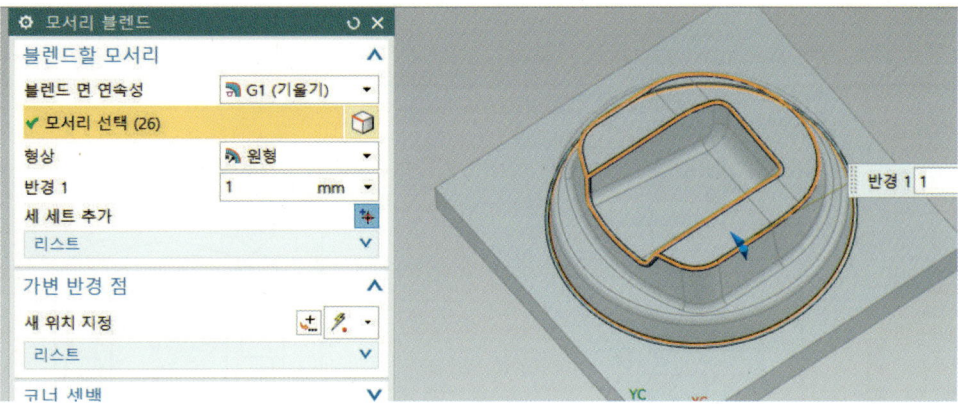

❷❸ 아래 그림은 완성된 모델링이다.

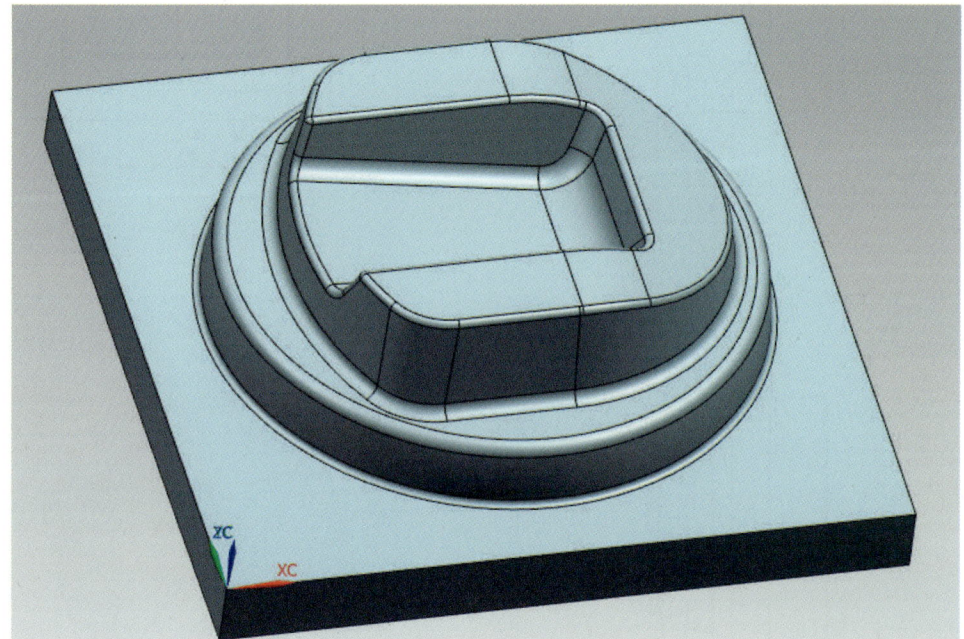

제20절 Surface 행거 모델링 따라 하기

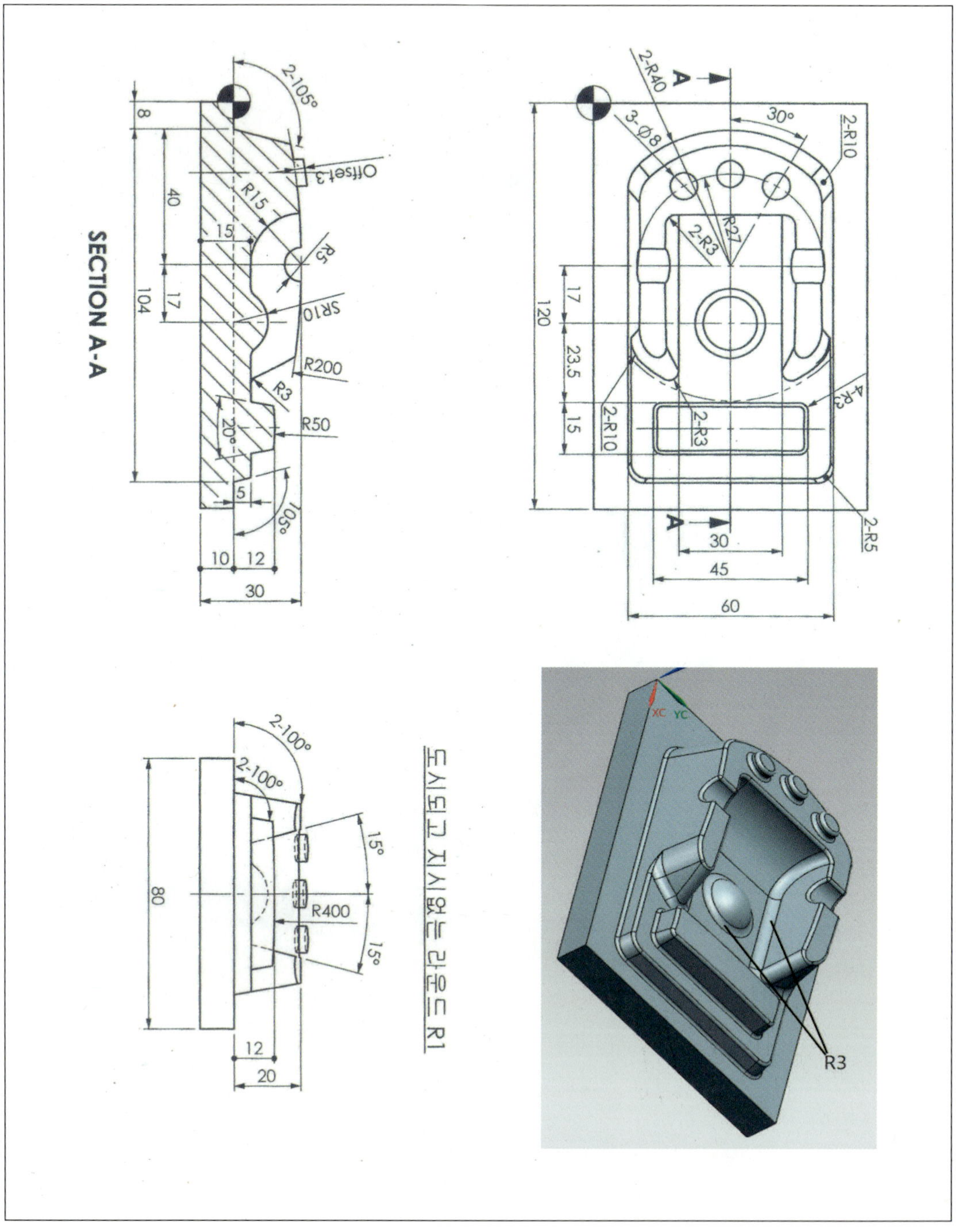

PART IV 서피스(Surface) 모델링

❶ 새로 만들기(, Ctrl + N)를 실행한다. 모델을 선택하고, 파일 이름과 저장할 폴더를 입력한 다음 확인하고, 메뉴 삽입에서 타스크 환경의 스케치(S)...를 선택한다.

❷ 유형은 평면 상에서, 스케치 면은 기존 평면에 XY 평면을 선택한 다음 확인하고, 스케치 모드로 들어간다.

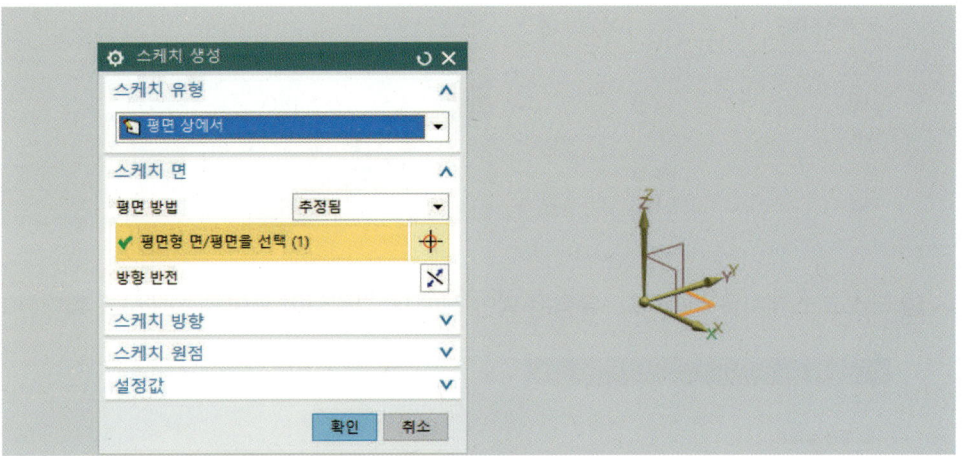

❸ 아래 그림과 같이 직사각형을 그리고 치수를 기입한다.

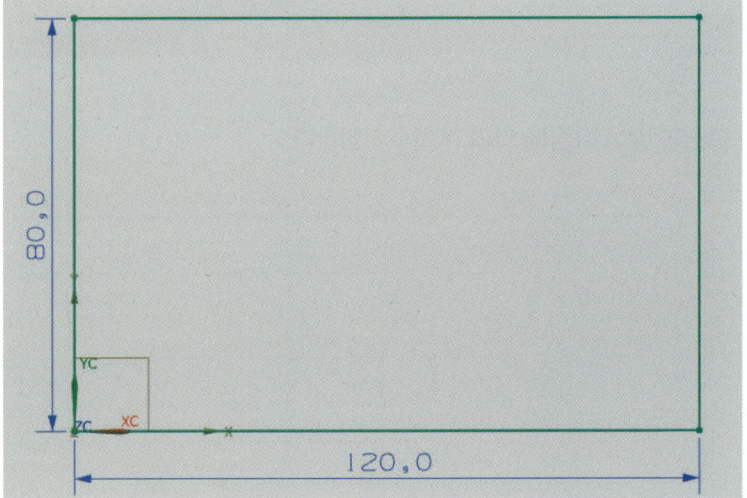

❹ 아래 그림과 같이 돌출한다.

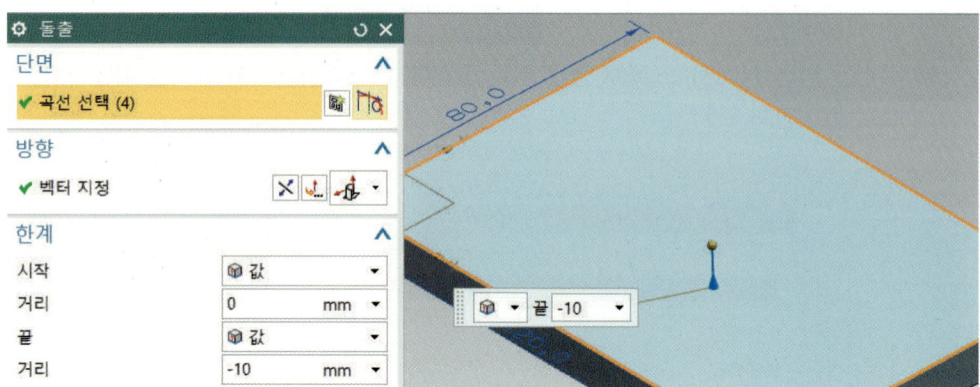

❺ 타스크 스케치를 선택하고, 유형은 평면 상에서, 그림처럼 평면을 선택하고 확인한다.

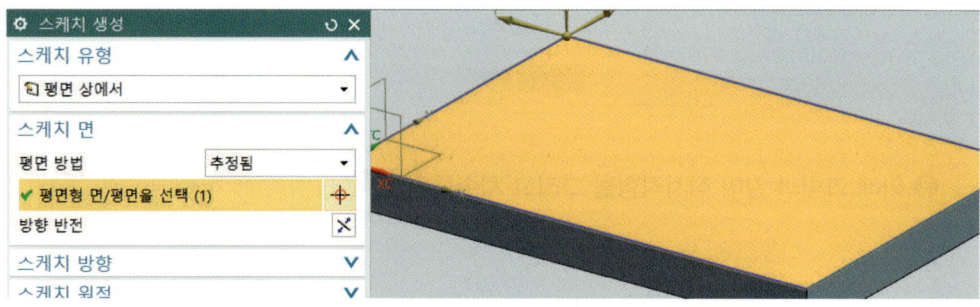

❻ 아래 그림과 같이 그림을 그리고 치수기입한다.

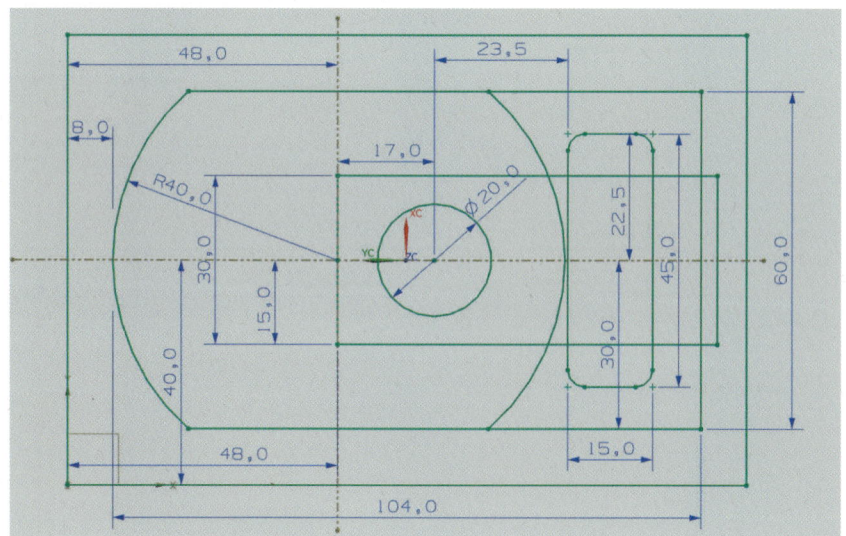

❼ 아래 그림과 같이 돌출한다.

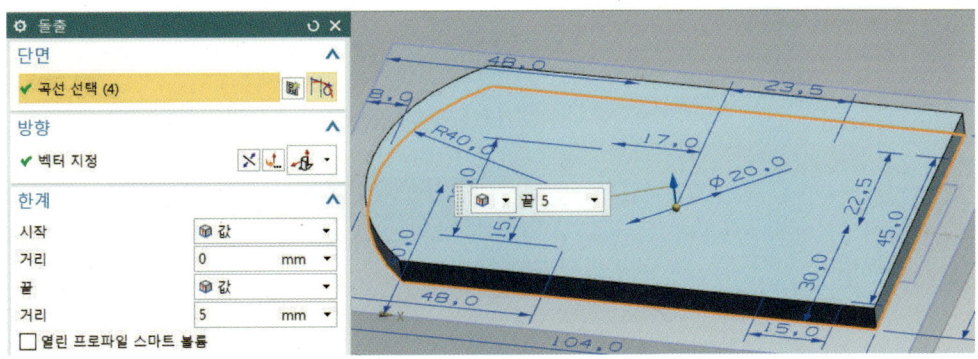

❽ 아래 그림과 같이 돌출한다.

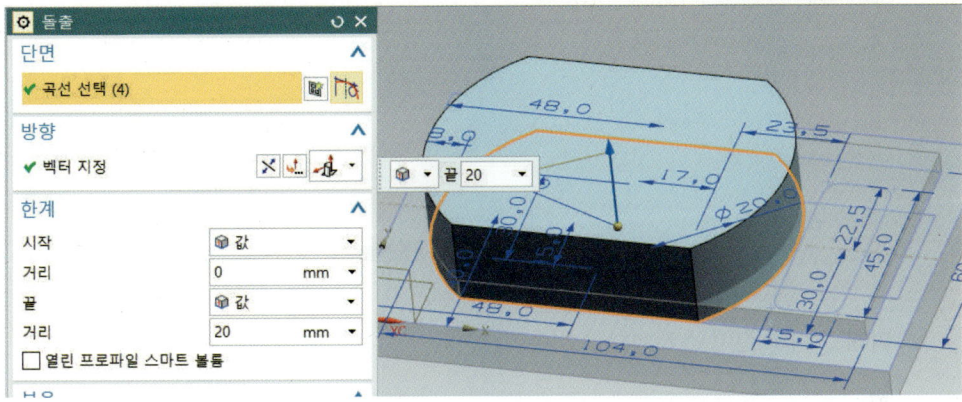

❾ 아래 그림과 같이 결합한다.

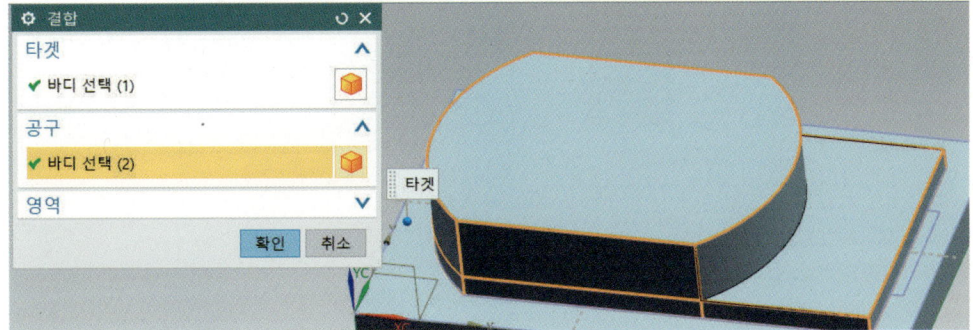

❿ 아래 그림과 같이 데이텀 평면을 선택하고 거리로 확인한다.

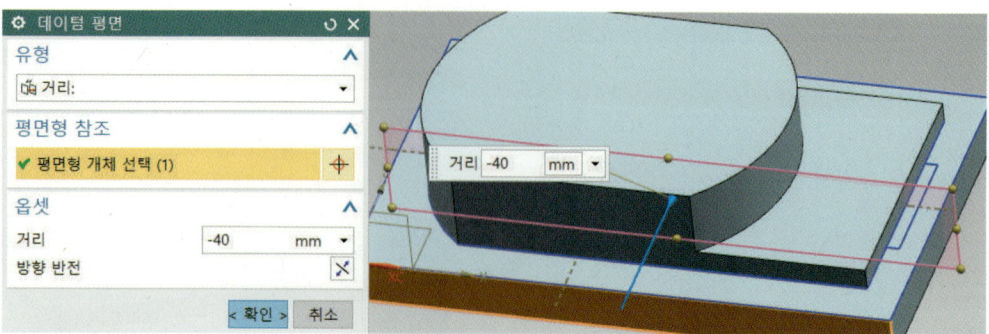

⓫ 타스크 스케치를 선택하고, 유형은 평면 상에서, 데이터 평면을 선택하고 확인한다.

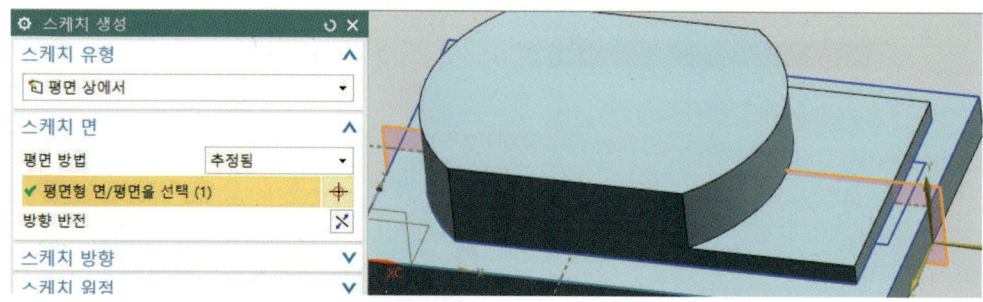

⓬ 아래 그림과 같이 스케치하고 치수기입한다.

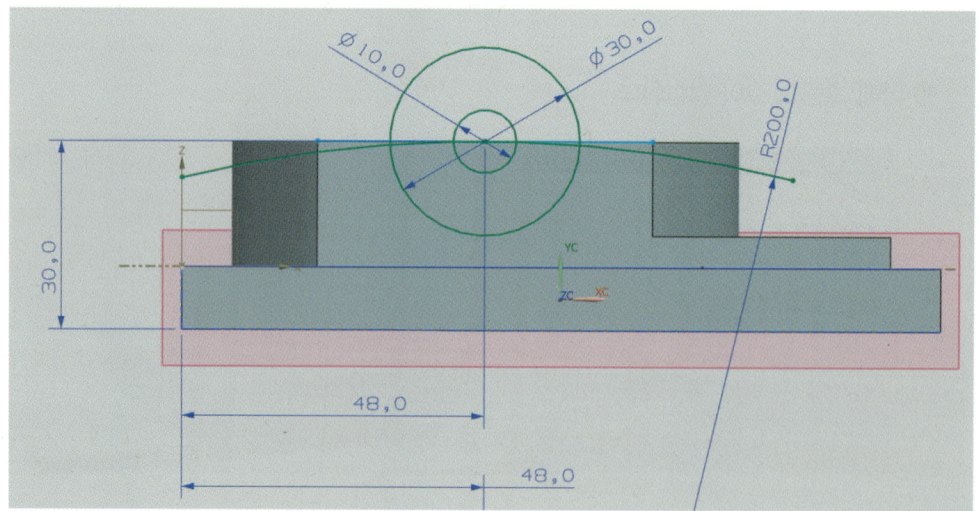

NX10 3D 모델링 및 CAD/CAM

⓭ 아래 그림과 같이 곡선을 돌출한다.

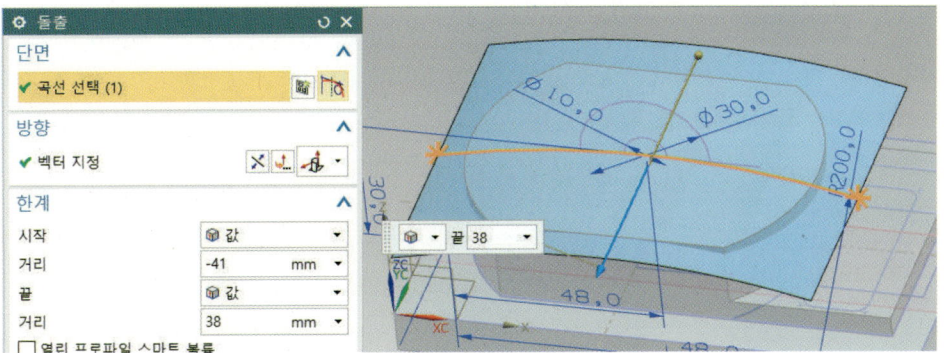

⓮ 아래 그림과 같이 돌출한다.

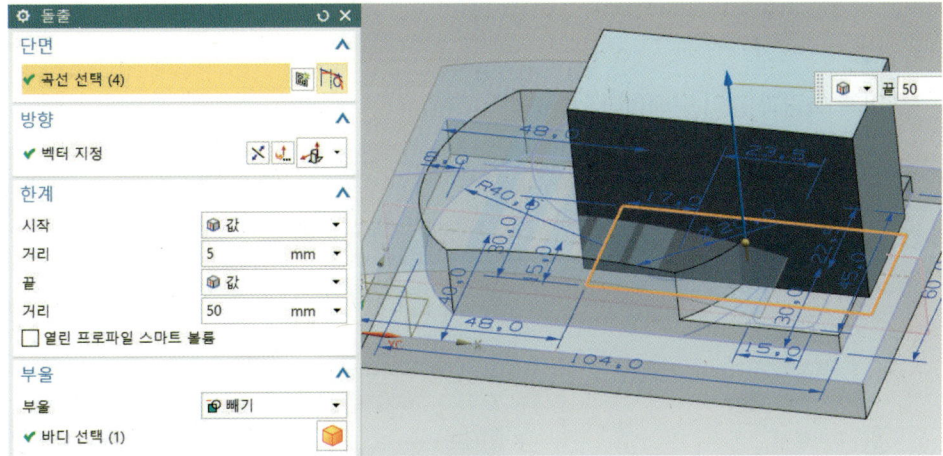

⓯ 아래 그림과 같이 돌출한다.

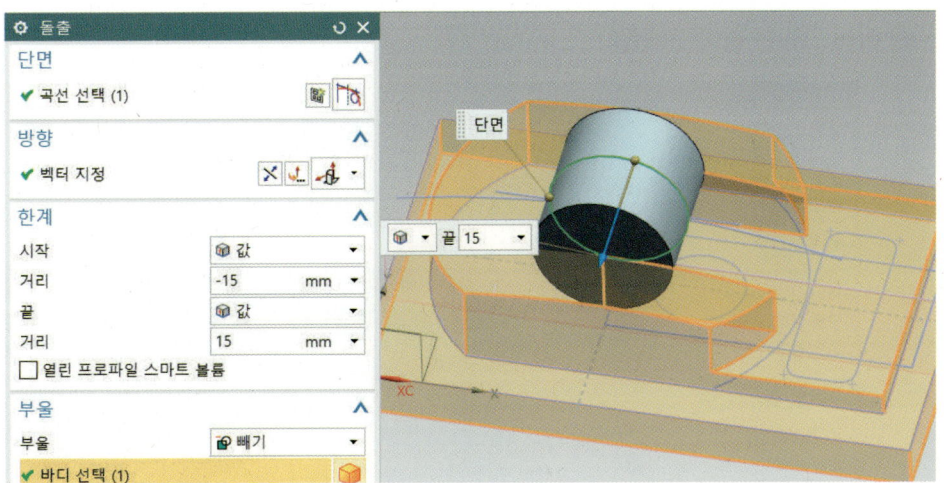

Chapter 04 | Surface Exercise

⓰ 아래 그림과 같이 돌출한다.

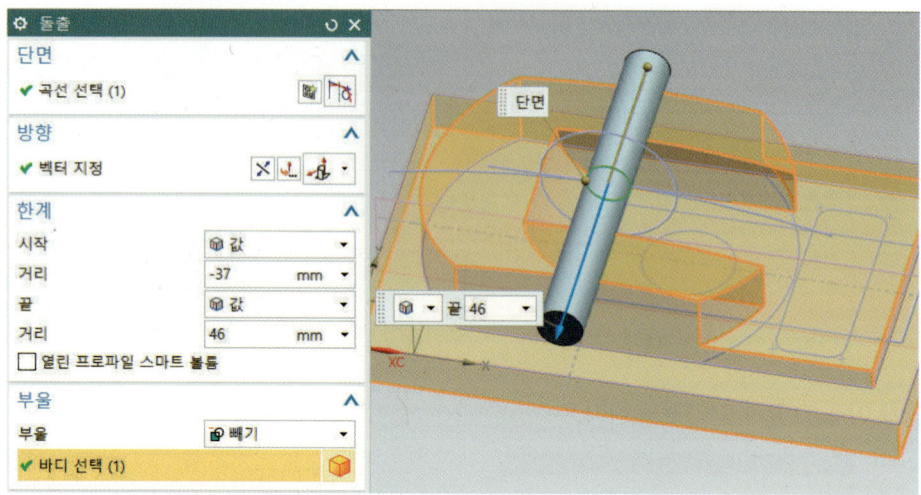

⓱ 아래 그림과 같이 구배한다.

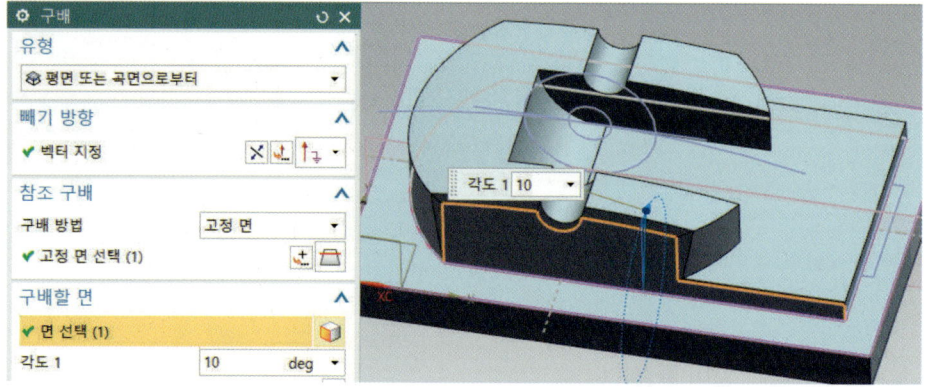

⓲ 아래 그림과 같이 구배한다.

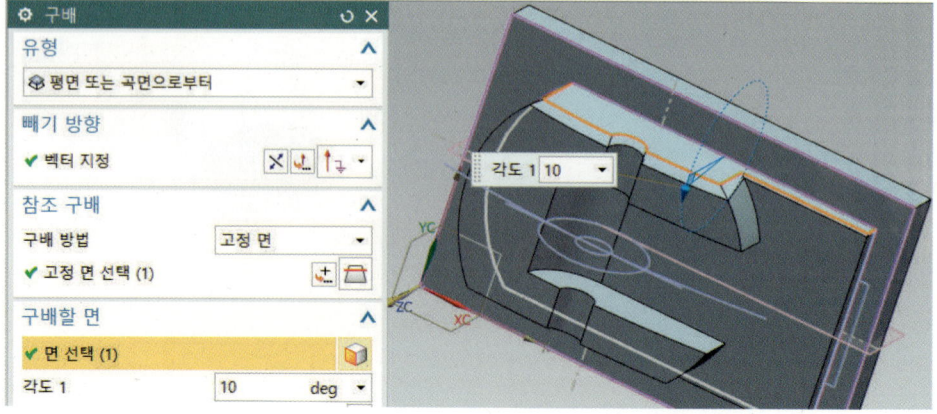

⑲ 아래 그림과 같이 구배한다.

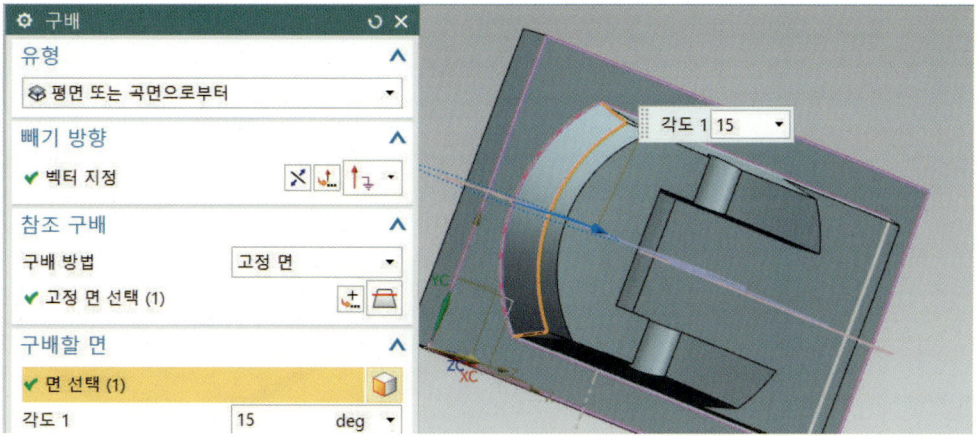

⑳ 아래 그림과 같이 구배한다.

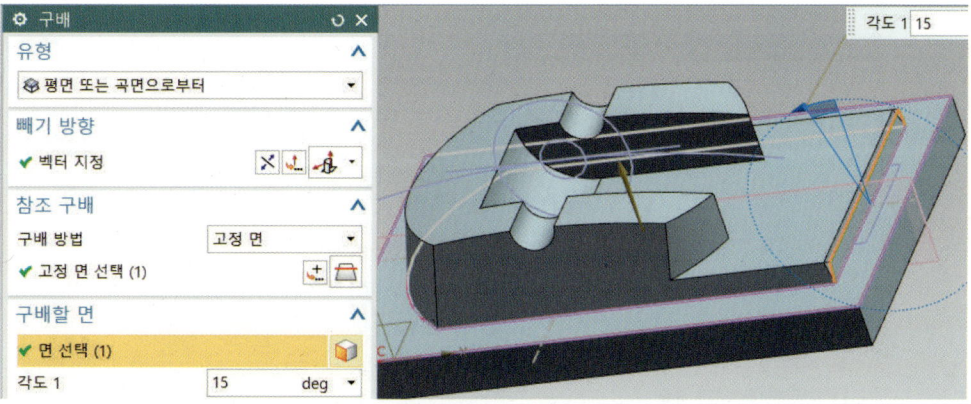

㉑ 아래 그림과 같이 구배한다.

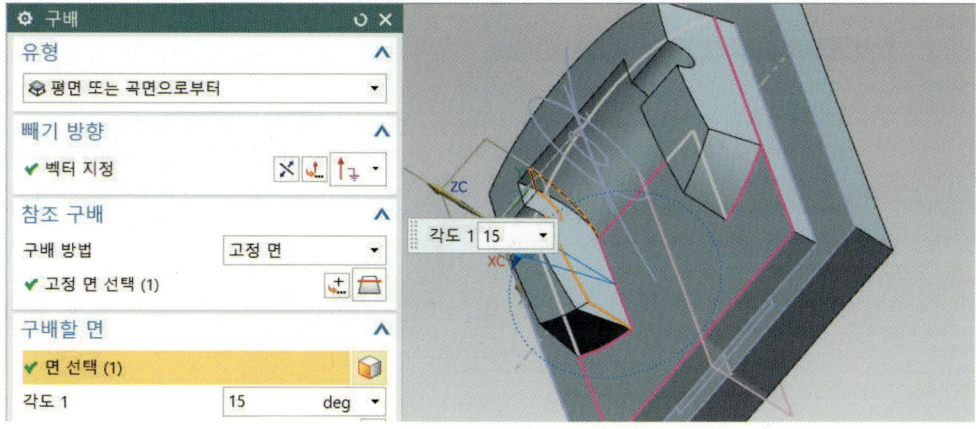

㉒ 아래 그림과 같이 구배한다.

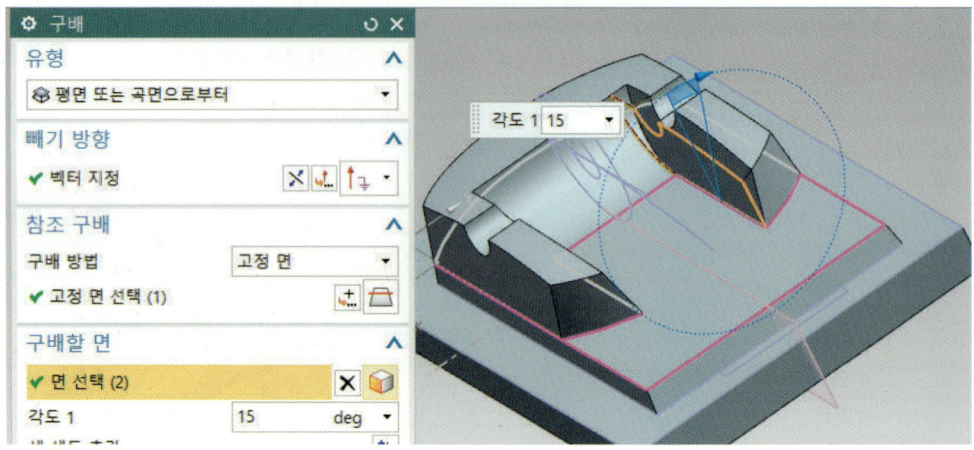

㉓ 아래 그림과 같이 돌출한다.

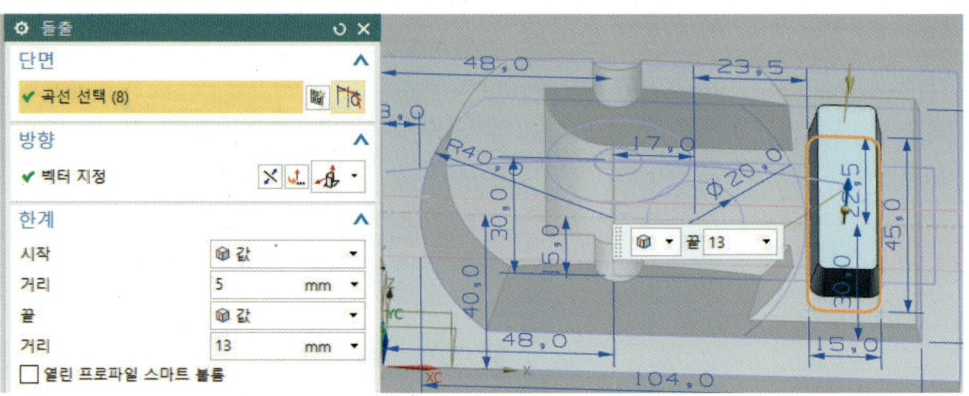

㉔ 구를 선택하고 아래 그림과 같이 점 지정은 점 다이얼로그를 선택한다.

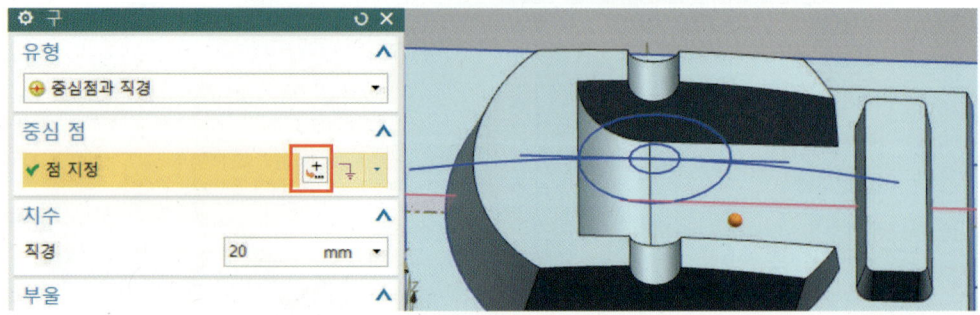

㉕ 도면을 확인한 다음 절대좌표로 X65, Y40, Z0을 입력한다.

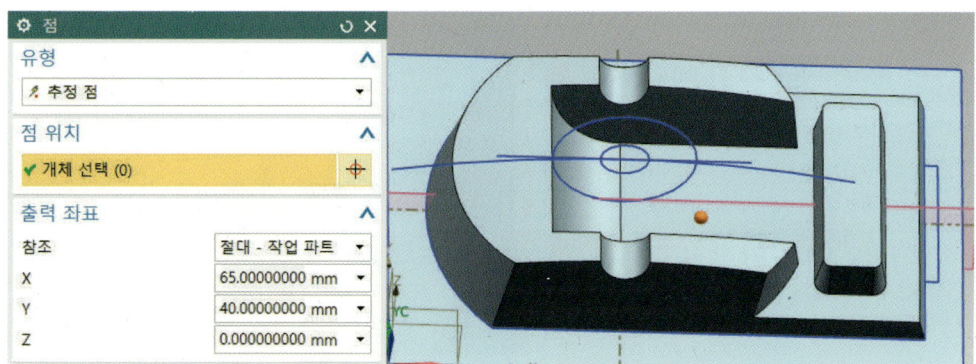

㉖ 아래 그림과 같이 결합한다.

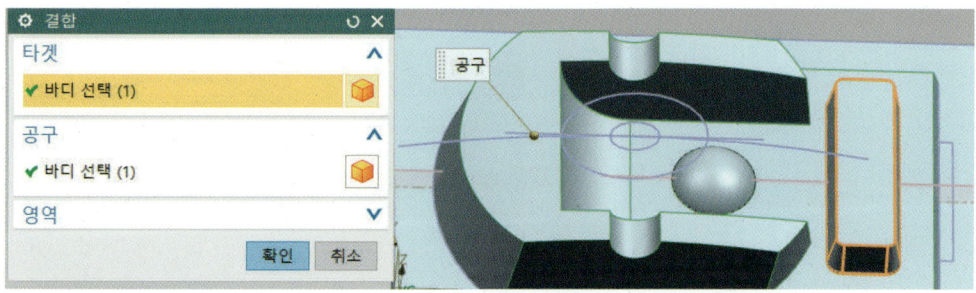

㉗ 데이텀 평면을 이용하여 아래 그림과 같이 밑면을 선택한다.

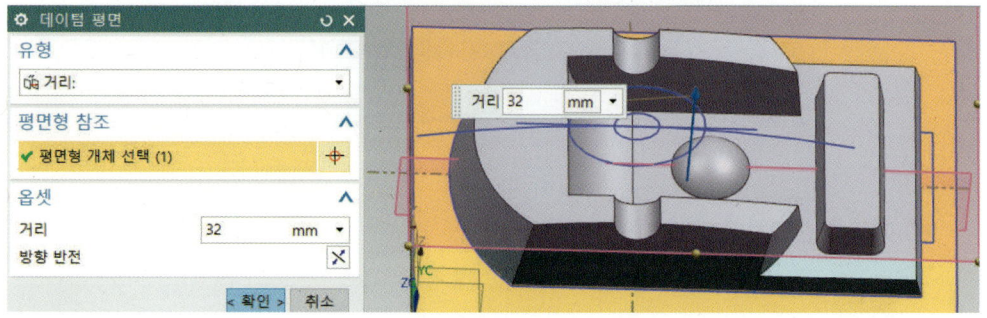

㉘ 타스크 스케치 아이콘을 선택하고, 유형은 평면 상에서, 스케치 면은 데이터 평면을 선택하고 확인한다.

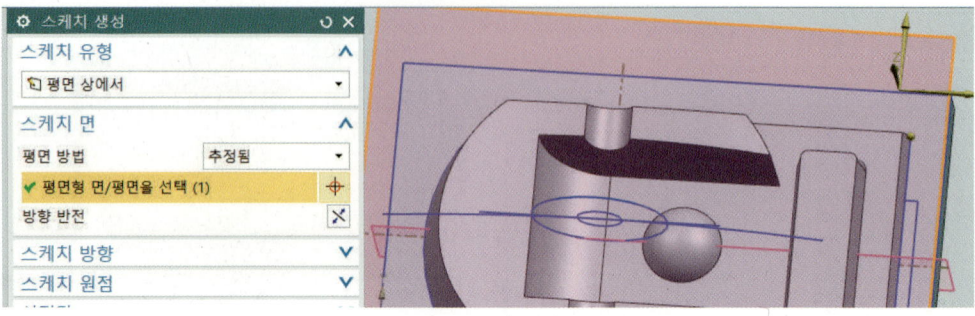

㉙ 아래 그림과 같이 스케치하고 치수기입한다.

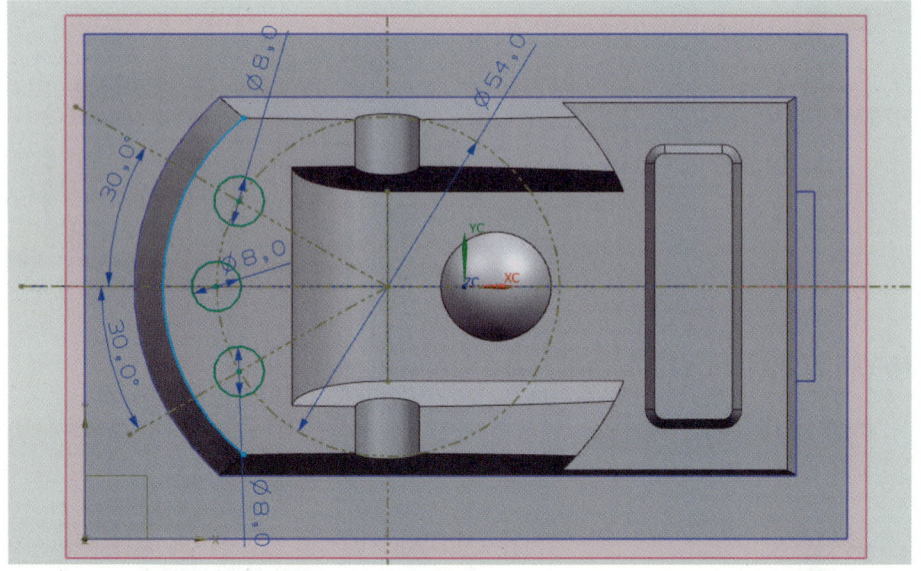

㉚ 패드를 선택하여 아래 그림처럼 설정한다.

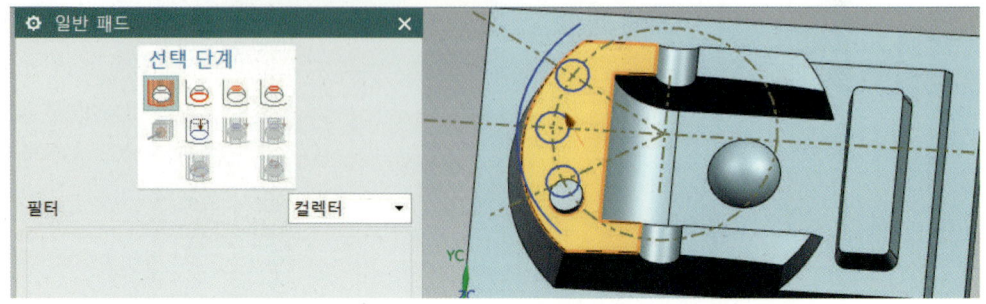

㉛ 두 번째 탭에서 아래 그림처럼 설정한다.

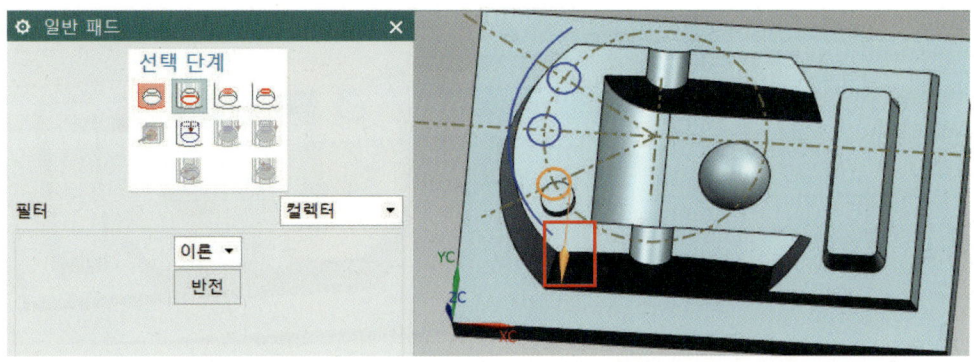

㉜ 세 번째 탭에서 아래 그림처럼 설정한다. 위쪽 면은 옵셋, 배치에서 3을 입력한다.

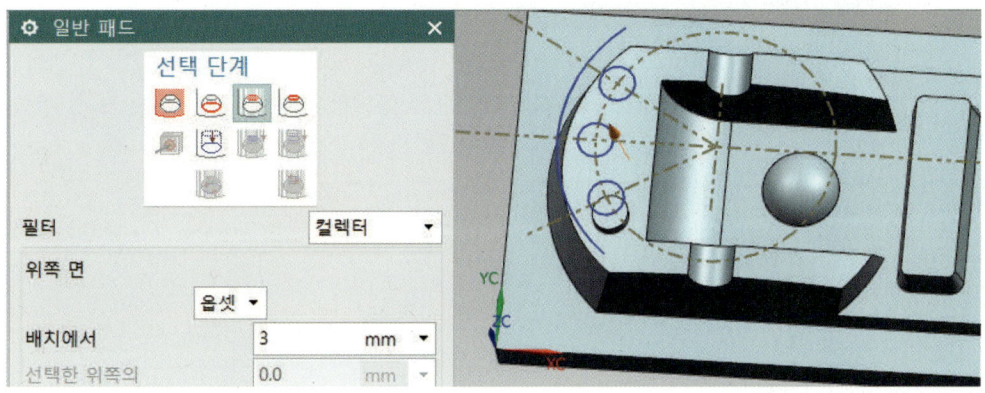

㉝ 네 번째 탭에서 아래 그림처럼 설정한다.

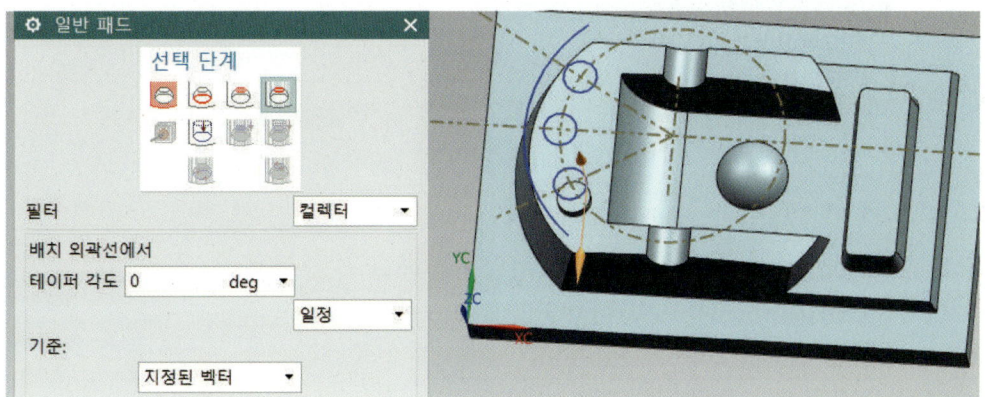

㉞ 아래 그림처럼 설정하고 확인한다.

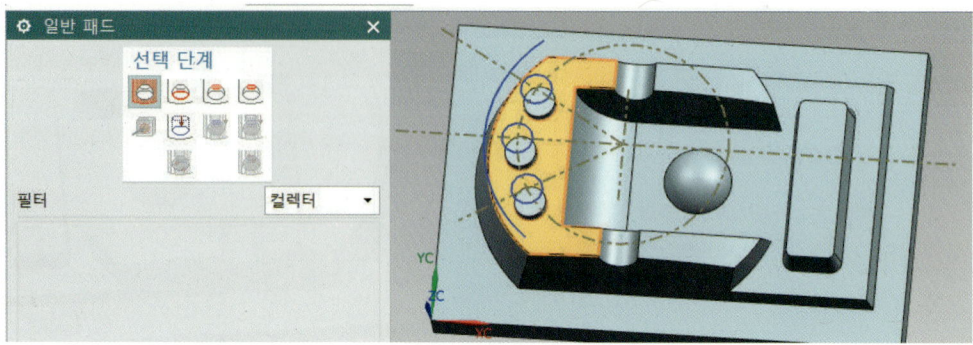

㉟ 모서리 블렌드를 선택하여 아래 그림처럼 반경 10을 입력하고 적용한다.

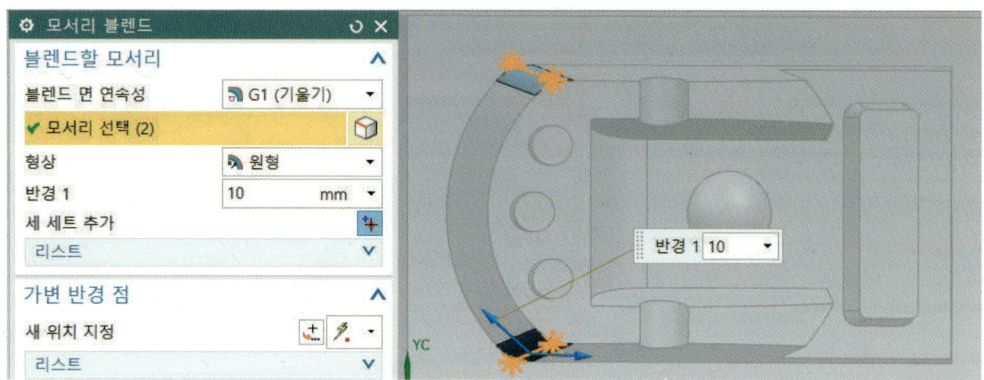

㊱ 아래 그림처럼 반경 5를 입력하고 적용한다.

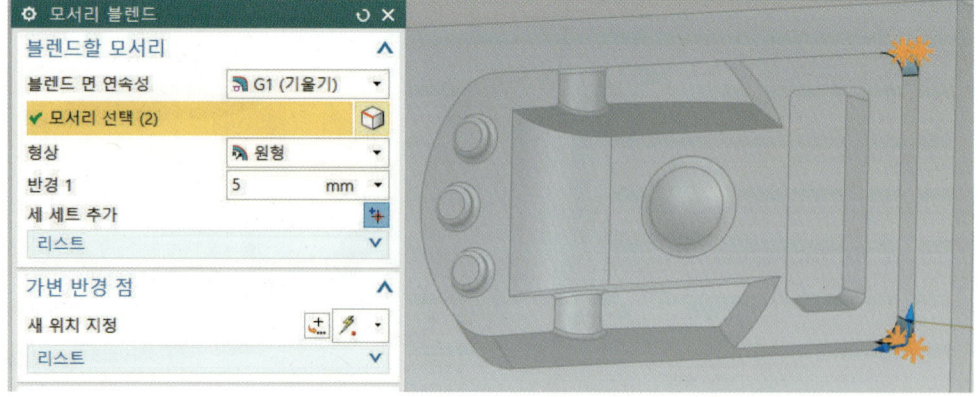

㊲ 아래 그림처럼 구배하고, 구배할 면의 각도 15를 입력한다.

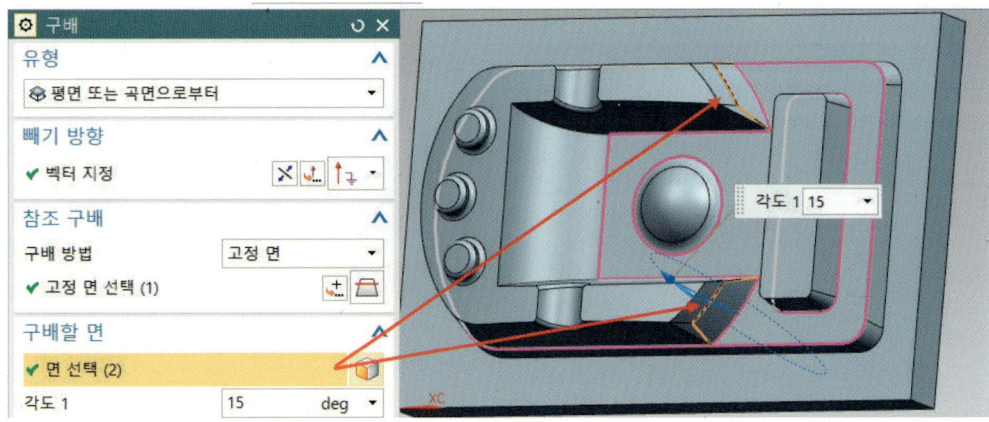

㊳ 아래 그림처럼 반경 10을 입력하고 적용한다.

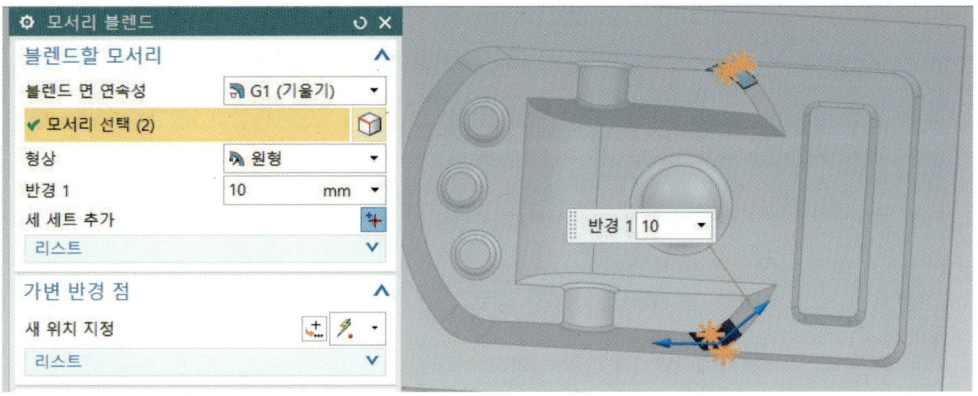

㊴ 아래 그림처럼 반경 3을 입력하고 적용한다.

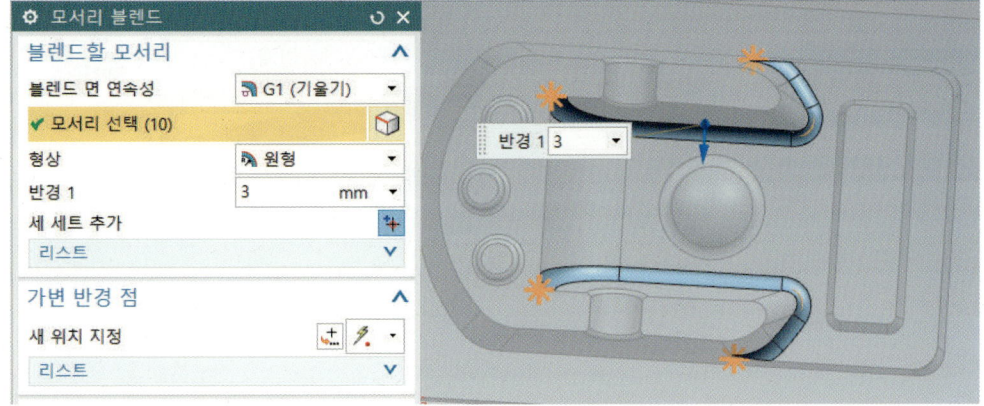

Chapter 04 | Surface Exercise 527

㊵ 타스크 스케치를 선택하고, 유형은 평면 상에서, 그림처럼 데이터 평면을 선택하고 확인한다.

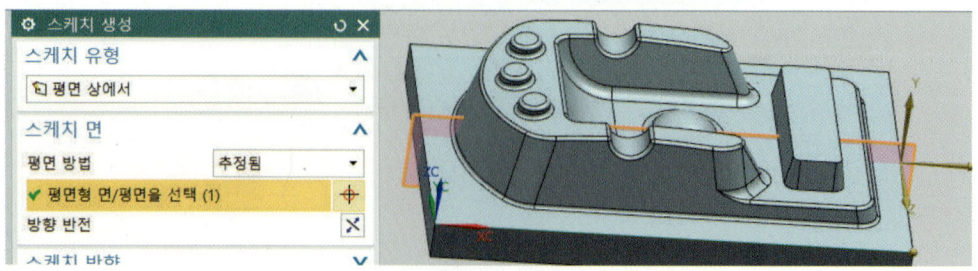

㊶ 그림처럼 스케치하고 확인한다.

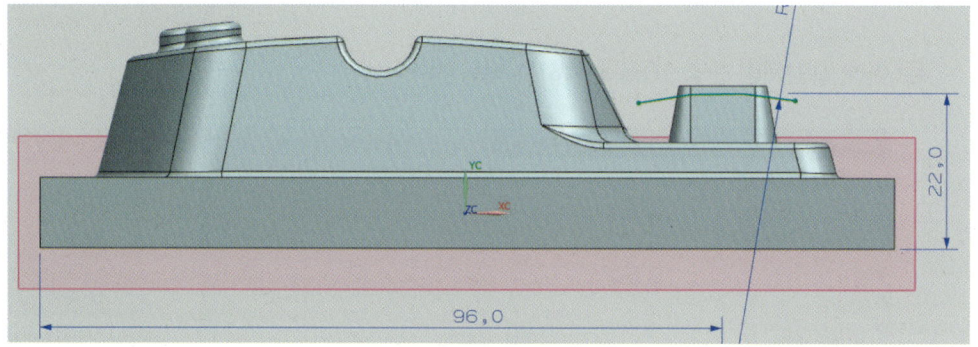

㊷ 타스크 스케치를 선택하고, 유형은 경로 상에서 그림처럼 곡선을 선택하고 확인한다.

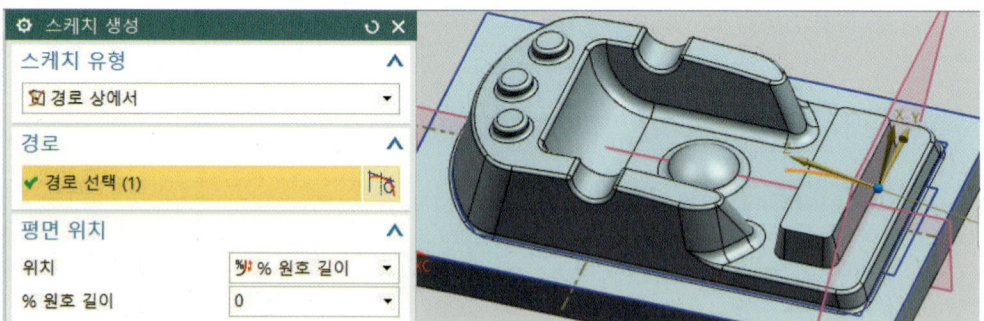

NX10 3D 모델링 및 CAD/CAM

㊸ 그림처럼 곡선의 스냅 시작 점을 선택하고 확인한다.

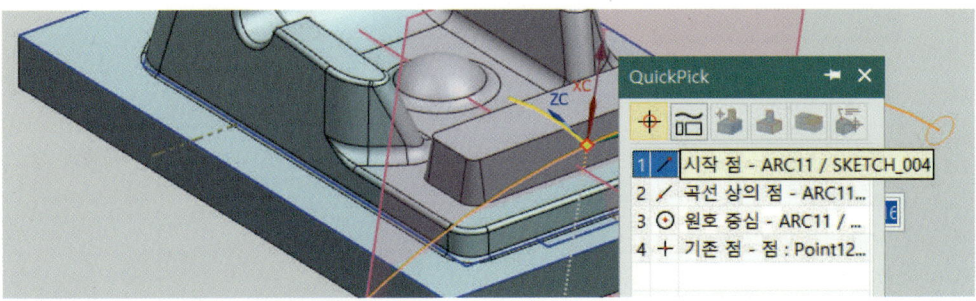

㊹ 그림처럼 스케치하고 확인한다.

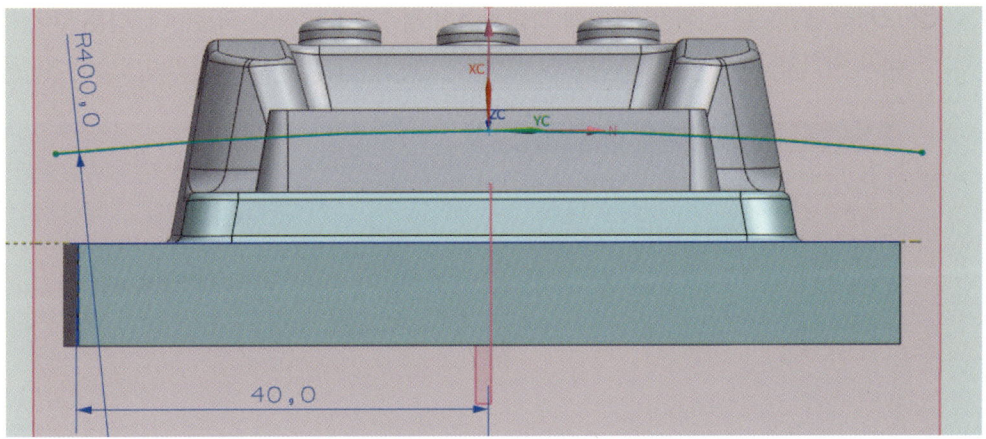

㊺ 가이드를 따라 스위핑을 선택하여 아래 그림처럼 설정한다.

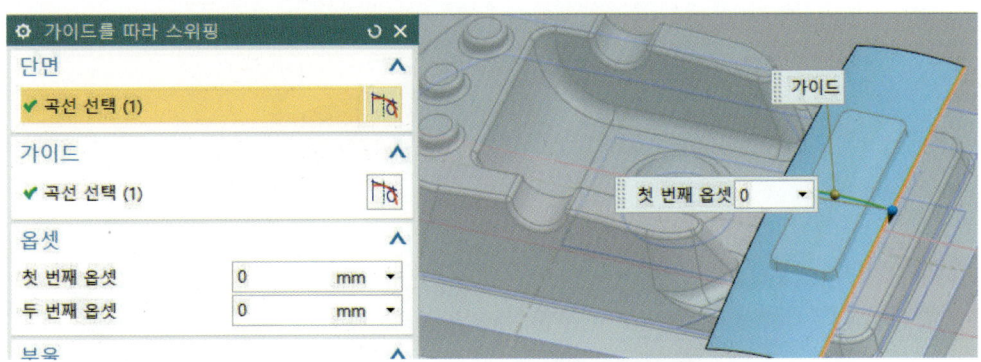

Chapter 04 | Surface Exercise

㊻ 그림처럼 바디 트림하고 확인한다.

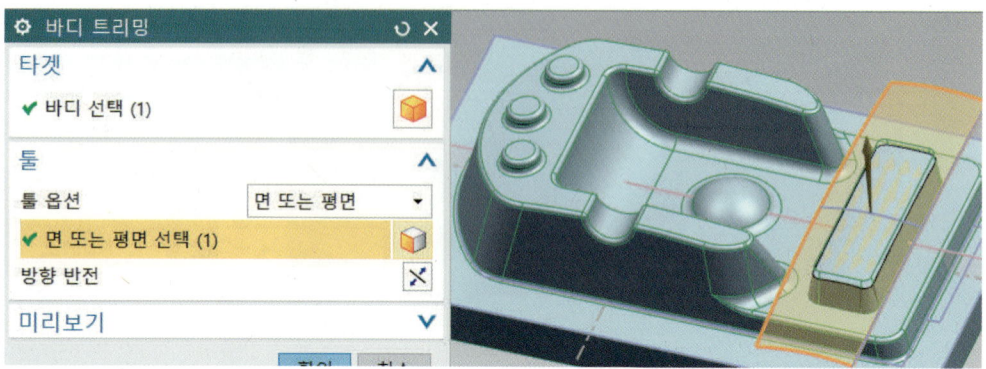

㊼ 모서리 블렌드를 선택한 후 아래 그림처럼 반경 1을 입력하고 적용한다. 다른 부위도 도면을 보고 확인한다.

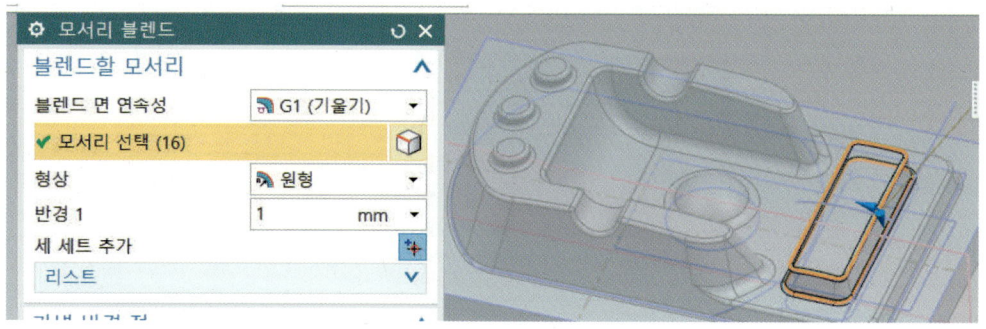

㊽ 아래 그림은 완성된 모델링이다.

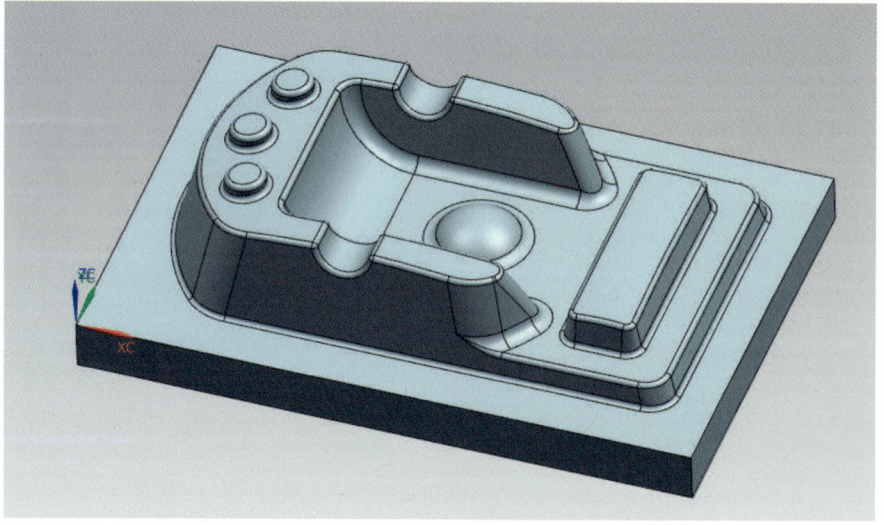

제21절 Surface 행거 모델링 따라 하기

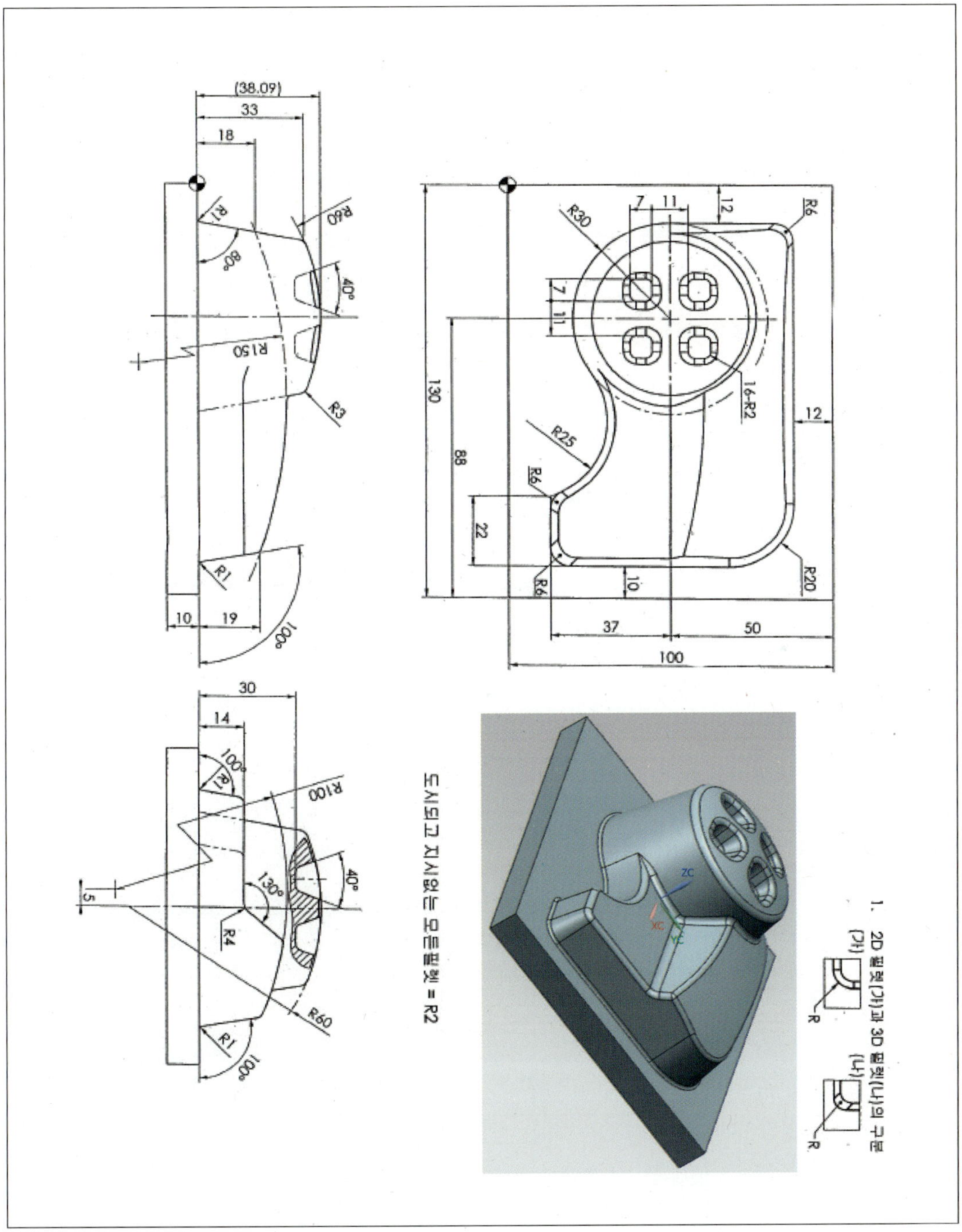

Chapter 04 | Surface Exercise

❶ 새로 만들기( ), Ctrl+N를 실행한다. 모델을 선택하고, 파일 이름과 저장할 폴더를 입력한 다음 확인을 클릭한다.

❷ 삽입에서 [타스크 환경의 스케치(S)]를 선택하거나, 위에서 생성된 타스크 환경의 스케치 아이콘을 선택한다.

❸ 유형은 평면 상에서, 스케치 면은 기존 평면에 XY 평면을 선택한 후 확인하고, 스케치 모드로 들어간다.

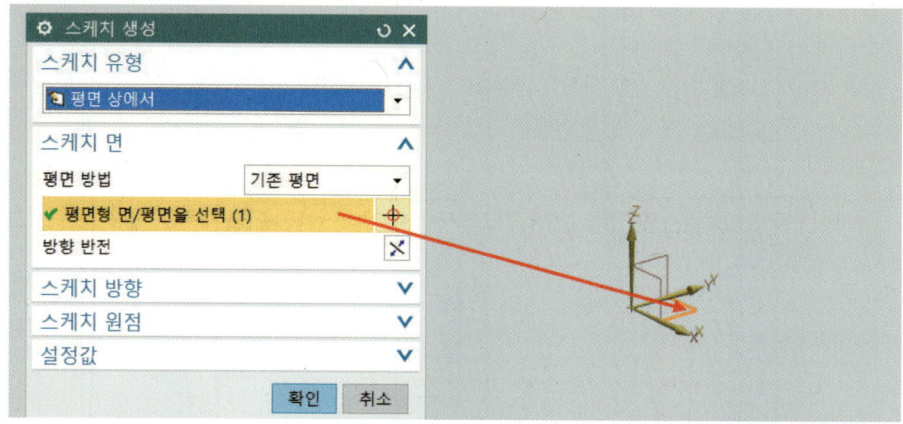

❹ 도면을 참조하여 아래 그림과 같이 스케치하고 종료한다. 직사각형, 선, 원호, 원, 필렛, 참조선, 트리밍, 치수 등 아이콘을 이용하여 스케치한다.

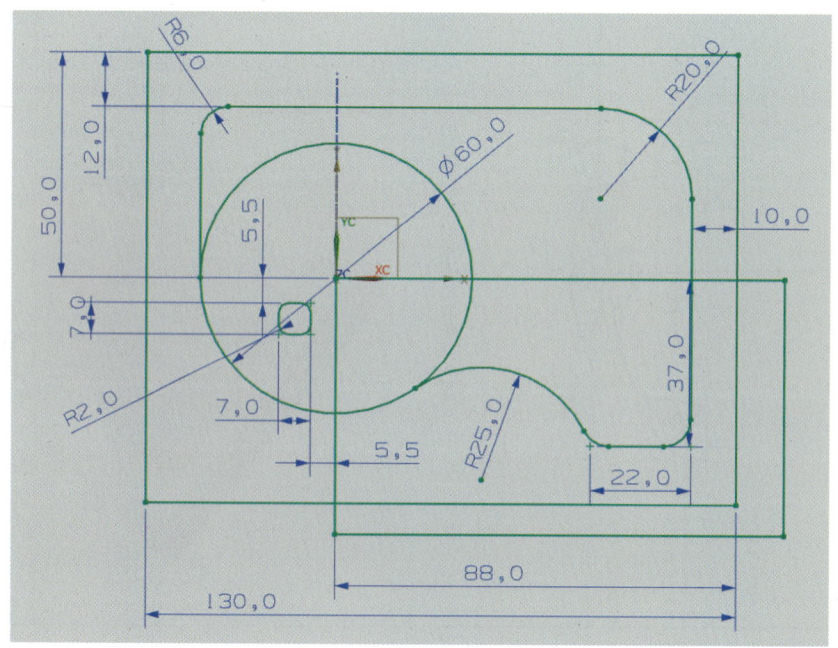

PART Ⅳ 서피스(Surface) 모델링

❺ 유형은 평면 상에서, 스케치 면은 기존 평면에 XZ 평면(정면도)을 선택한 후 확인하고, 스케치 모드로 들어간다.

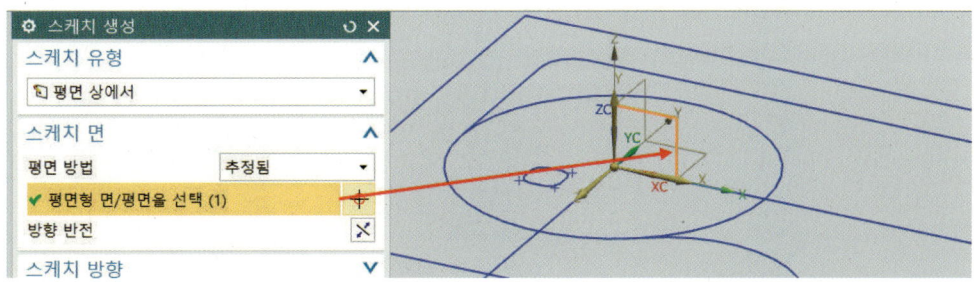

❻ 도면을 참조하여 아래 그림과 같이 스케치하고 종료한다. 선, 원호, 참조선, 치수 등 아이콘을 이용하여 스케치한다.

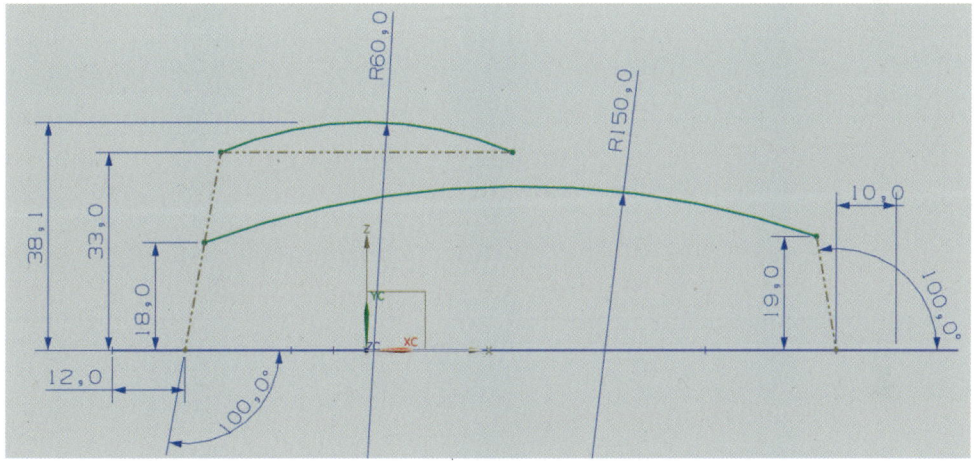

❼ 타스크 스케치 아이콘( )을 선택한다. 아래 그림처럼 유형은 경로 상으로 설정하고, 경로 선택에서 위에서 생성된 호를 선택하고 원호 길이는 0을 입력하고 확인한다.

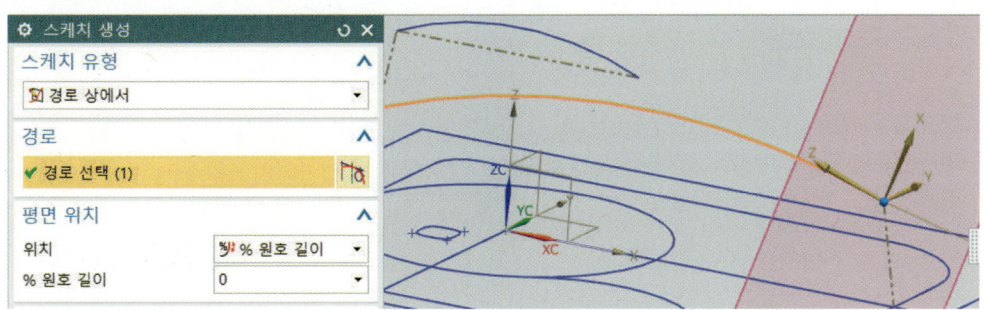

❽ 원호 아이콘을 이용하여 첫 번째 점과 두 번째 점을 찍고, 세 번째 점을 XZ 평면에서 생성한 원호 곡선에 스냅 끝점을 확인하면서 연결한다.

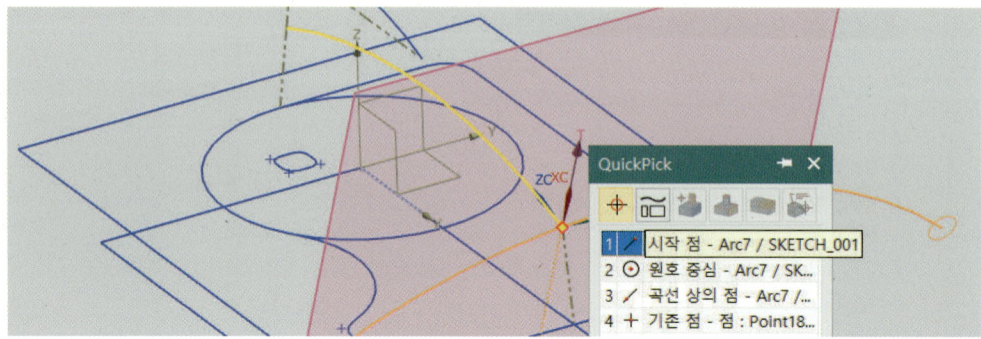

❾ 우측면도( ) 방향으로 설정하고, 아래 그림처럼 치수기입을 하고 스케치를 종료한다.

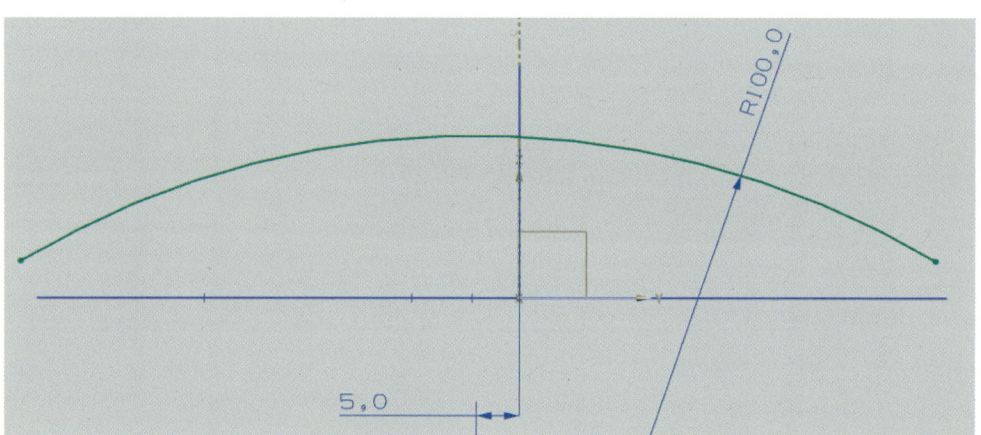

❿ 돌출 아이콘을 클릭하고, 아래 그림처럼 설정하고 적용한다.

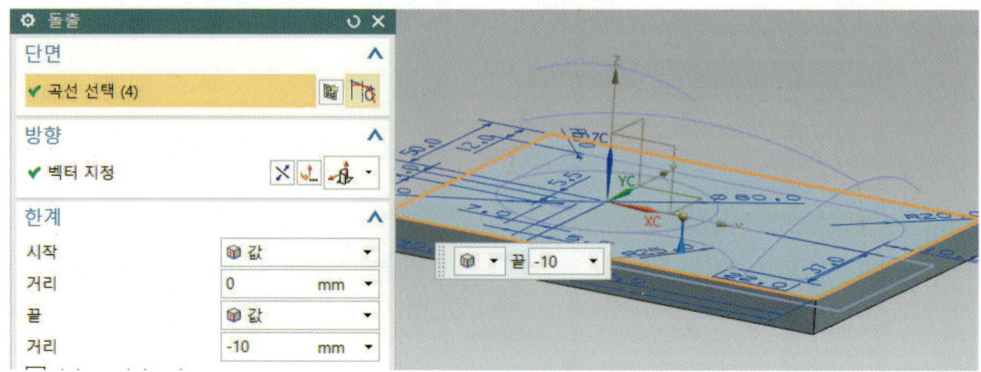

❶❶ 아래 그림처럼 단면 곡선을 선택하고, 한계 값과 구배를 입력 후 설정하고 적용한다.

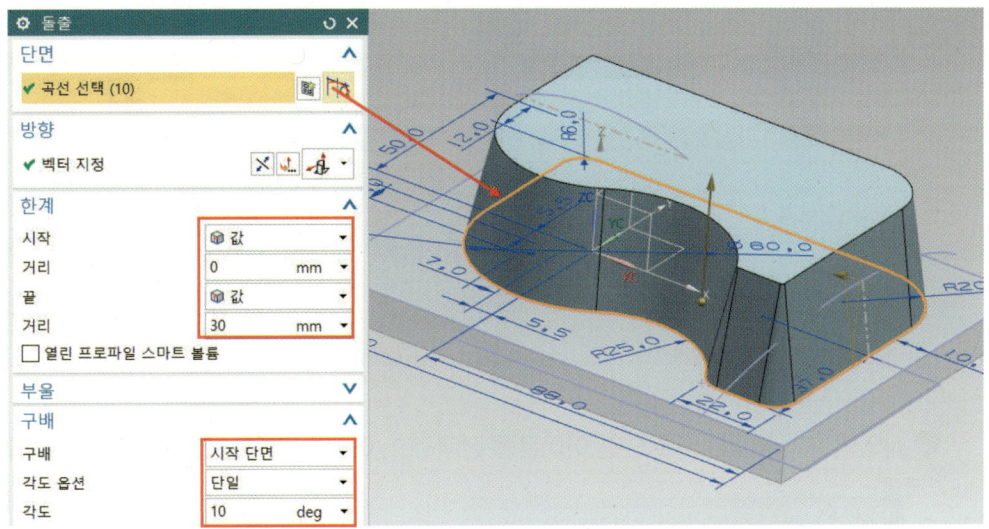

❶❷ 아래 그림처럼 단면 곡선을 선택하고 한계 값과 구배를 입력한 후 설정하고 확인한다.

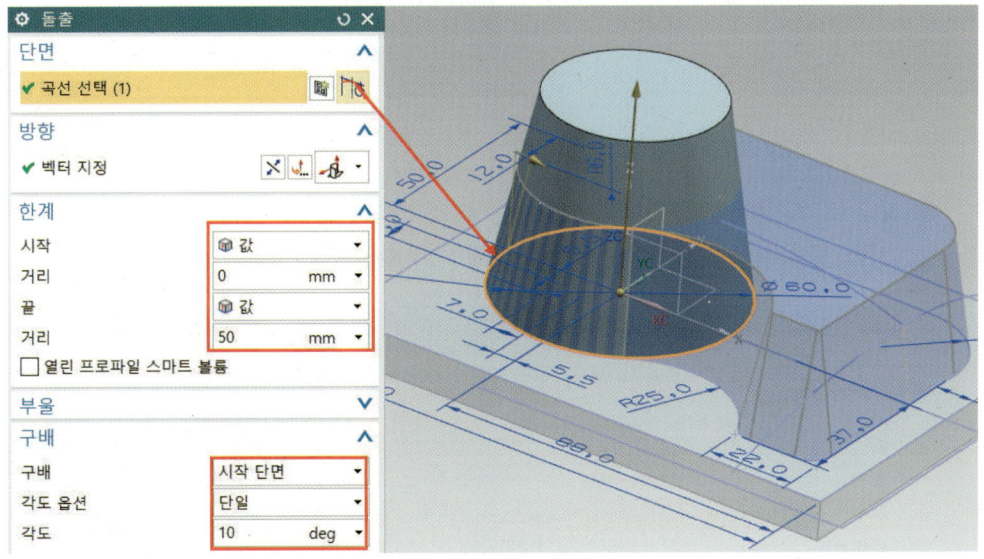

⑬ 가이드를 따라 스위핑을 클릭한다. 정적 와이어프레임과 연결된 곡선으로 설정하고, 아래 그림처럼 단면 곡선 선택을 선택한 다음 가이드 곡선을 클릭하고 확인한다.

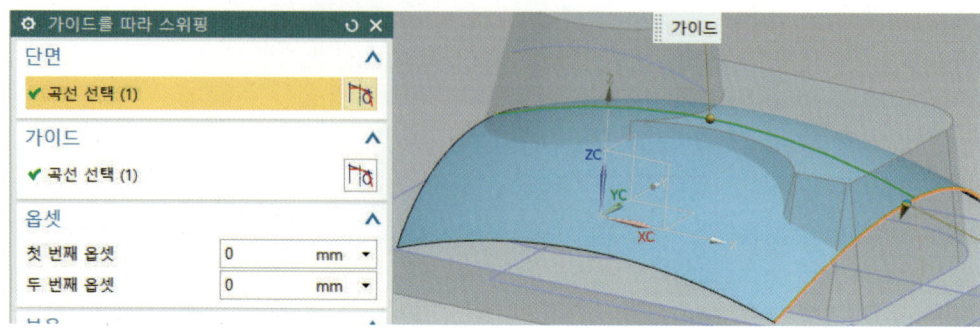

⑭ 삽입의 트리밍에서 시트 연장 아이콘을 선택하고, 아래 그림처럼 끝선을 클릭하고 확인한다.

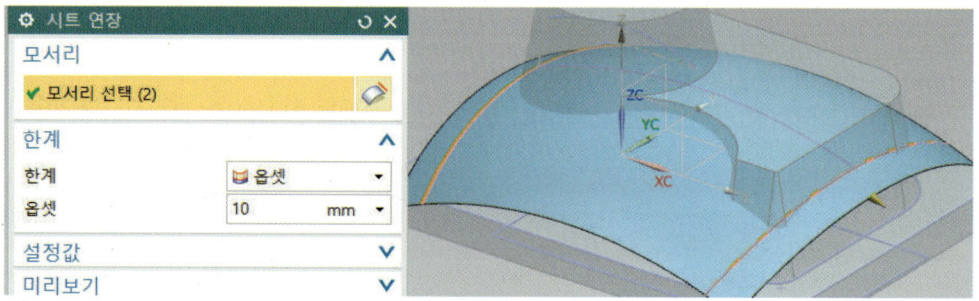

⑮ 바디 트리밍을 선택하고 아래 그림처럼 타겟 바디 면을 클릭하고, 도구 면을 클릭한다. 방향 반전으로 화살표 방향이 위쪽으로 향하게 하고 확인한다.

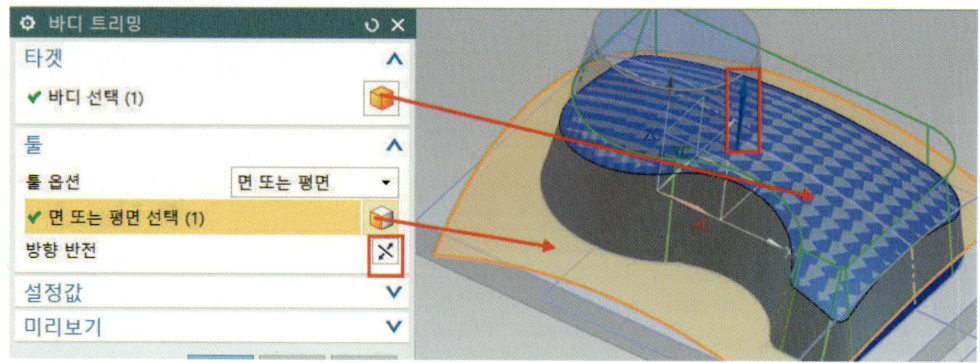

⑯ 삽입의 특징형상설계에서 구(S)...를 클릭한다. 유형에서 원호로 설정하고, 원호 선을 선택한다.

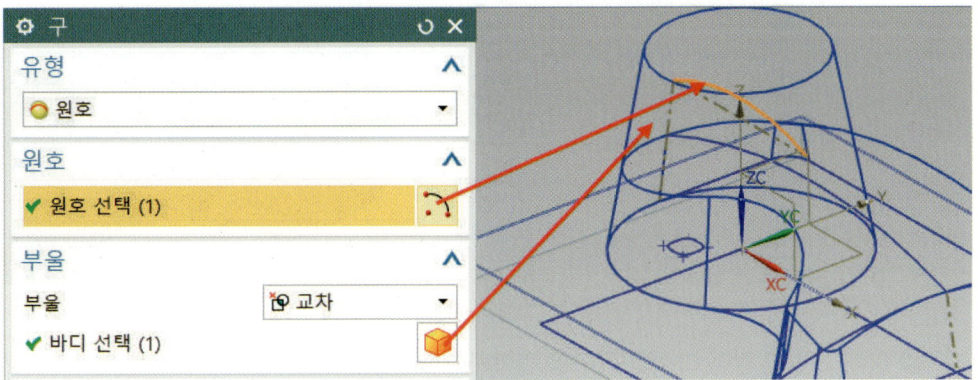

⑰ 돌출 아이콘을 이용하여 아래 그림처럼 설정하고 확인한다.

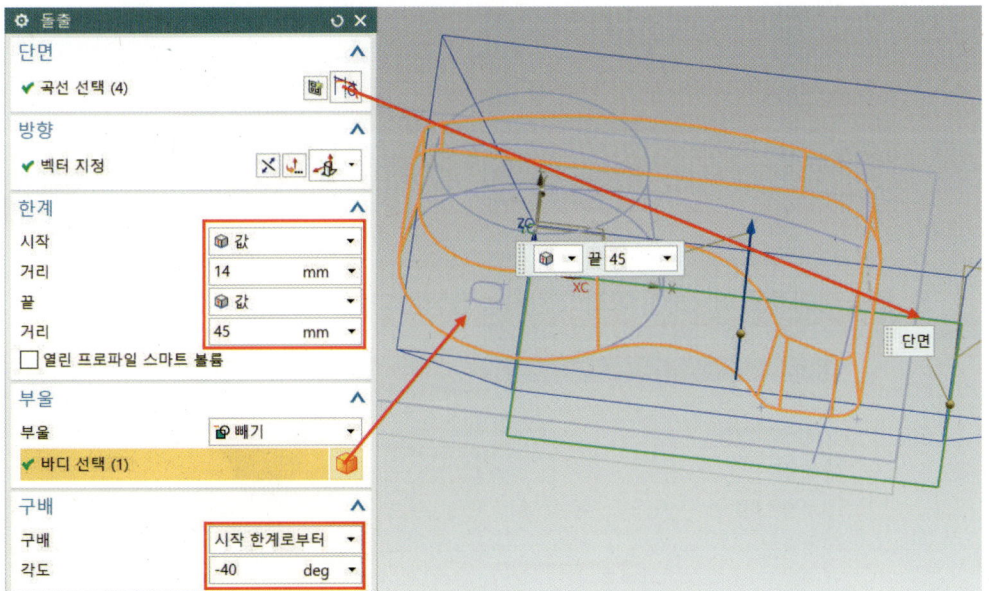

⑱ 결합( )을 선택하고, 그림과 같이 타겟과 공구를 결합하고 적용한다.

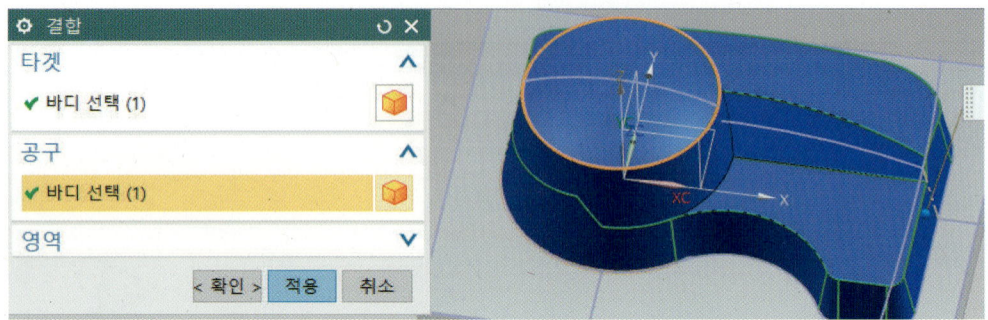

⑲ 아래 그림과 같이 타겟과 공구를 결합하고 확인한다.

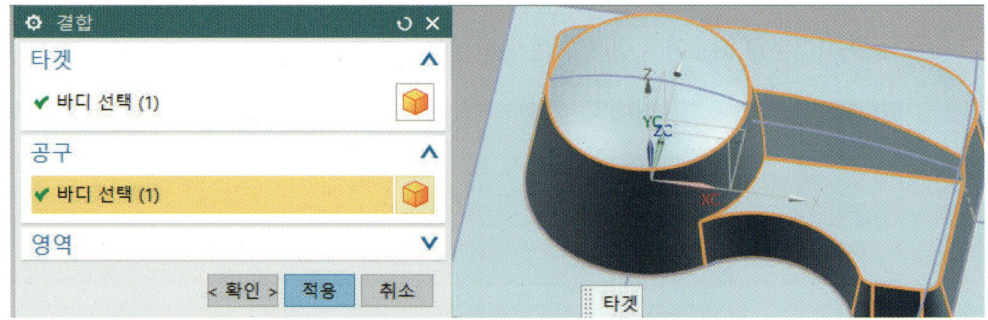

⑳ 돌출 아이콘을 이용하여 아래 그림처럼 설정한 다음 확인한다.

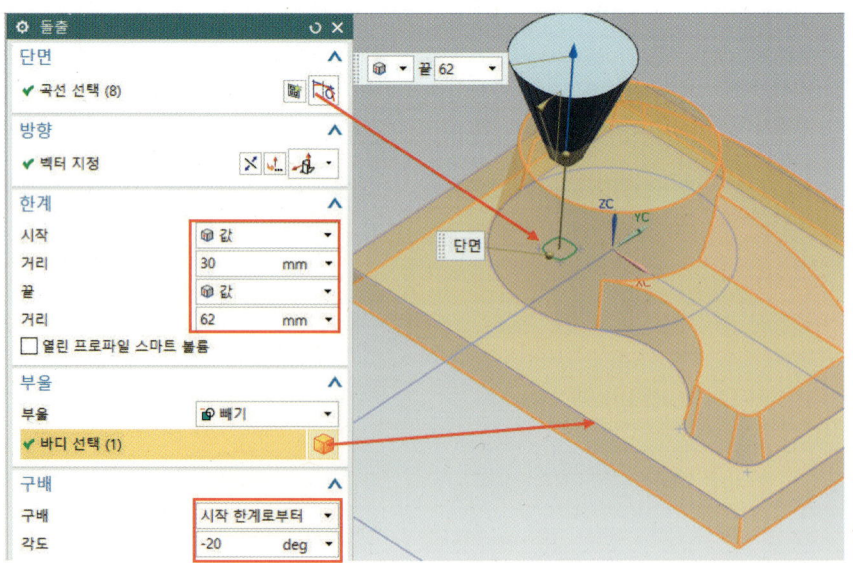

㉑ 삽입 동기식모델링의 재사용에서 패턴 면(F)..을 선택하고, 아래 그림처럼 설정한 후 면을 클릭한 다음 확인한다.

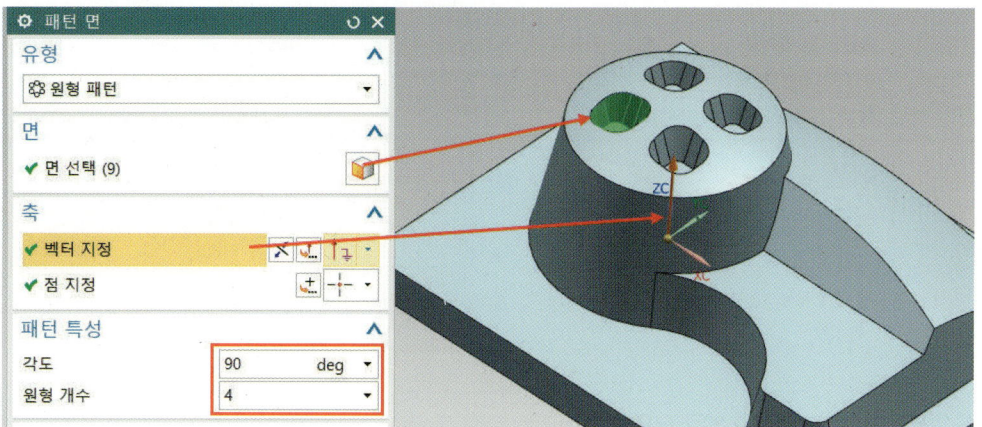

㉒ 모서리 블렌드 아이콘을 클릭한다. 접하는 곡선으로 하고, 반경 값 1을 입력 후 아래 그림처럼 모서리를 클릭하고 적용한다.

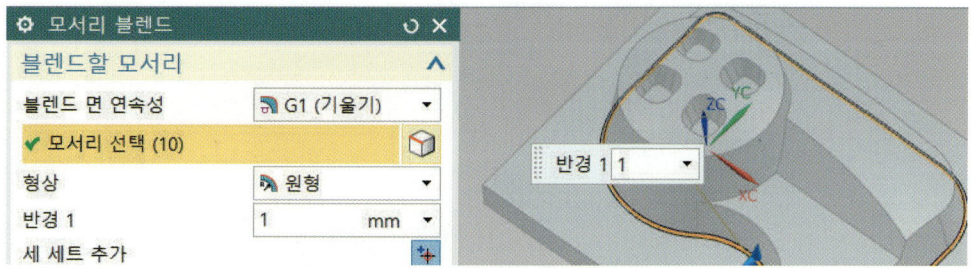

㉓ 아래 그림처럼 반경 1값에 4를 입력 후 모서리 클릭한 다음 적용하고, 다시 반경 값에 3을 입력하고 모서리를 클릭한 다음 적용한다.

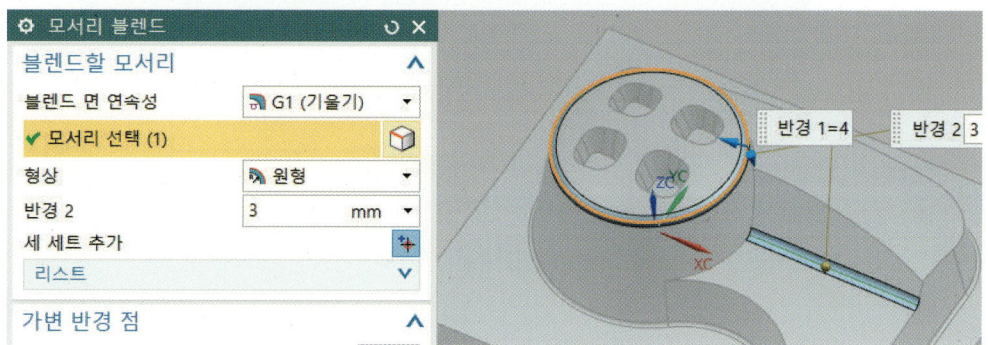

㉔ 다시 반경에 2를 입력 후 아래 그림처럼 모서리를 클릭하고 확인한다.

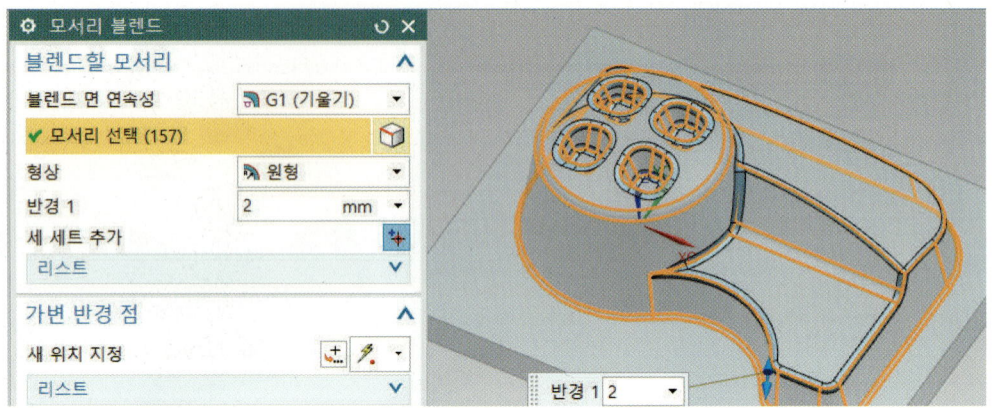

㉕ 아래 그림은 완성된 모델링이다.

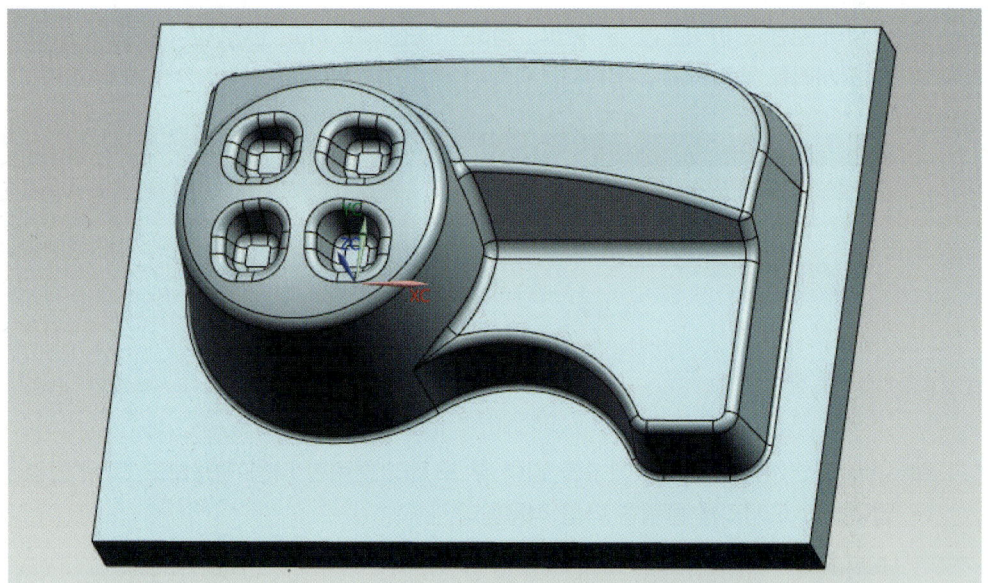

제22절 Surface 행거 모델링 따라 하기

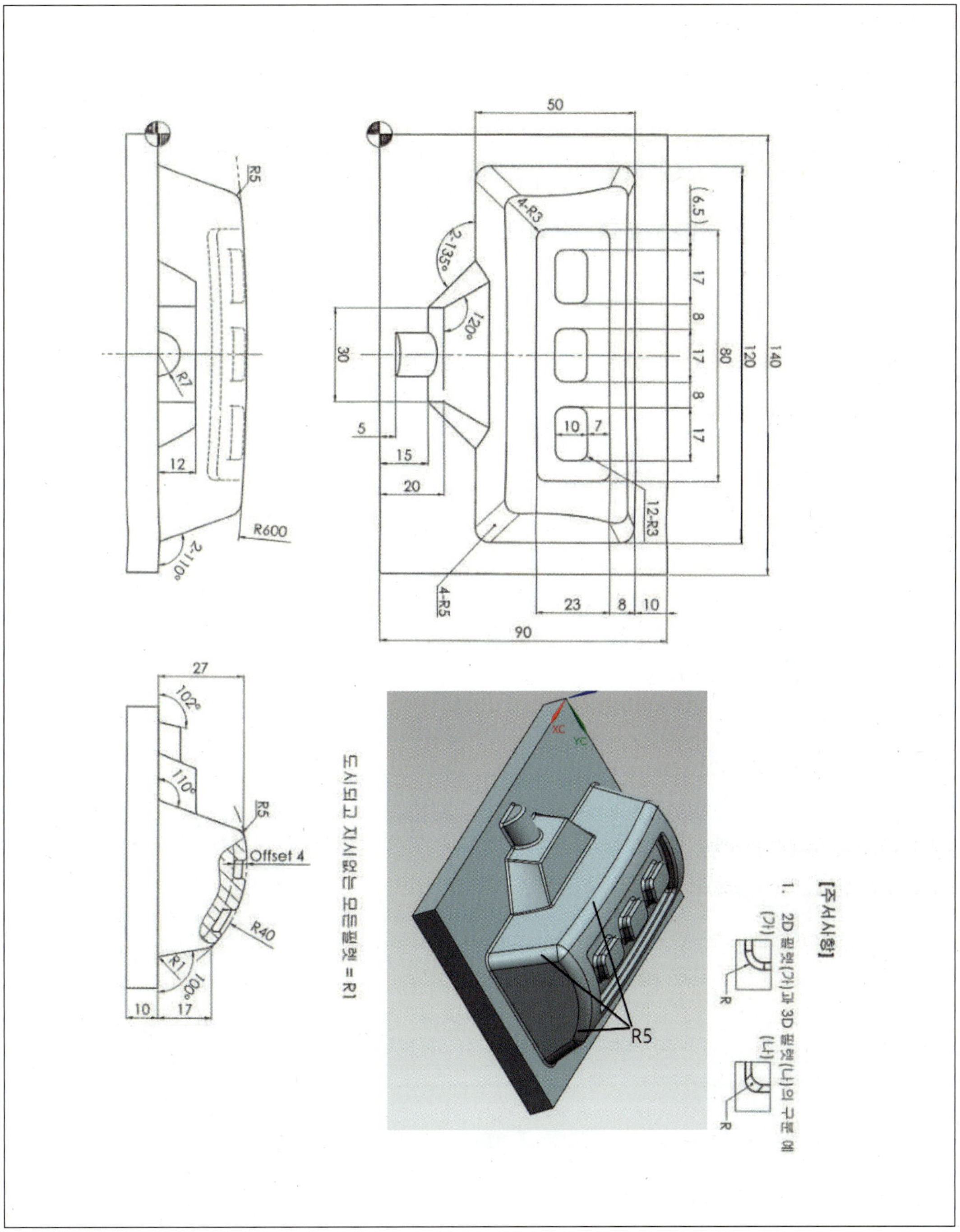

NX10 3D 모델링 및 CAD/CAM

Chapter 04 | Surface Exercise

1 평면도(XY 평면) 스케치 작성하기

❶ 새로 만들기(, Ctrl + N)를 실행한다. 모델을 선택하고 파일 이름과 저장할 폴더를 입력한 다음 확인하고, 메뉴 삽입에서 타스크 환경의 스케치(S)... 를 선택한다.

❷ 유형은 평면 상에서, 스케치 면은 기존 평면에 XY 평면을 선택한 후 확인하고, 스케치 모드로 들어간다.

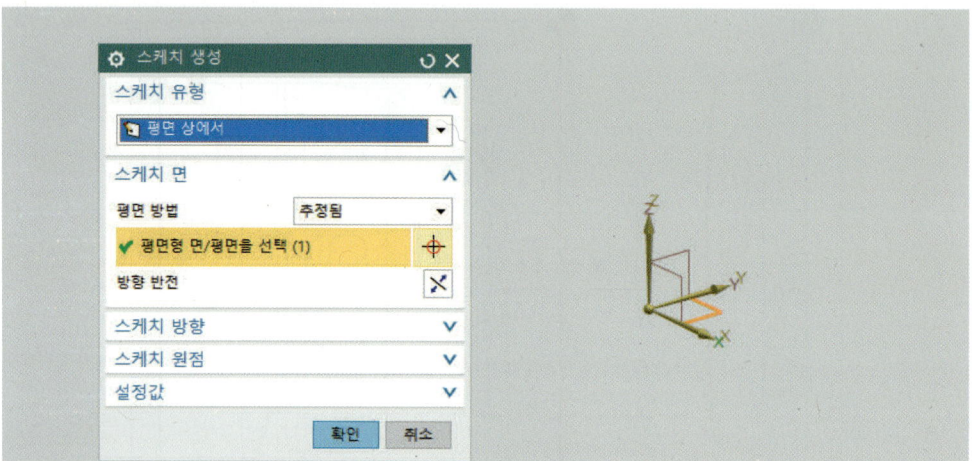

❸ 도면을 참조하여 아래 그림과 같이 스케치하고 종료한다. 직사각형, 선, 필렛, 트리밍, 참조선, 대칭 곡선, 치수 등 아이콘을 이용하여 스케치한다.

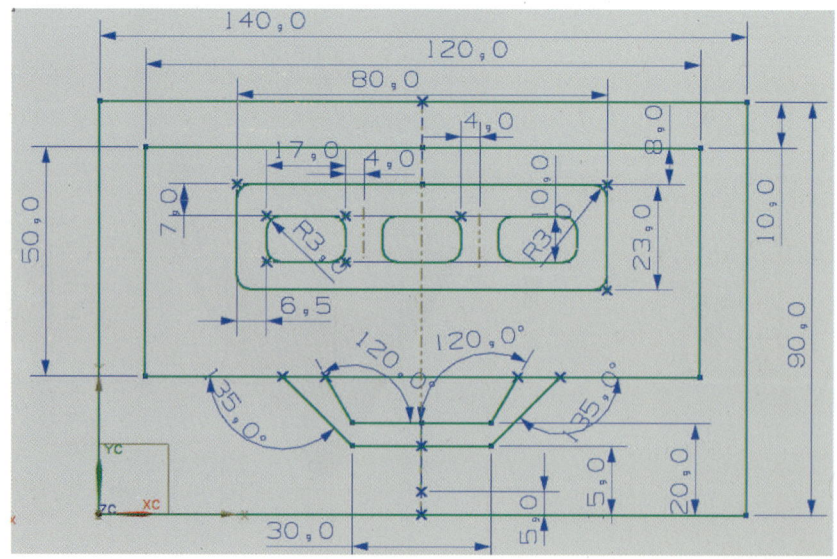

PART Ⅳ 서피스(Surface) 모델링

❷ 정면도(YZ 평면) 스케치 작성하기

❶ 데이텀 평면 아이콘을 클릭하고, YZ 평면을 선택한 다음 옵셋에서 거리 70을 입력하고 확인한다.

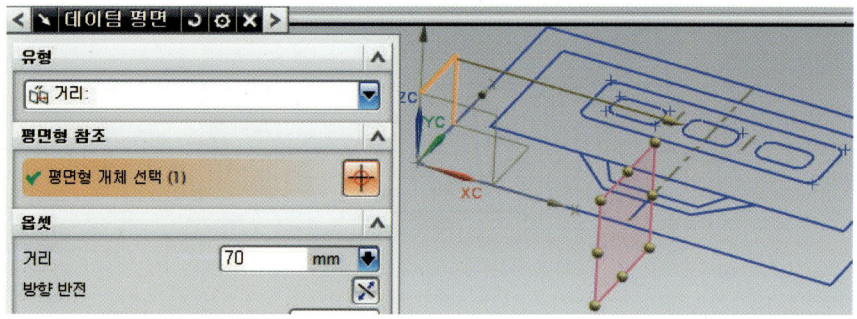

❷ 스케치를 선택하고, 위에서 생성된 작업 평면을 선택 확인한 다음 스케치 모드로 들어간다.

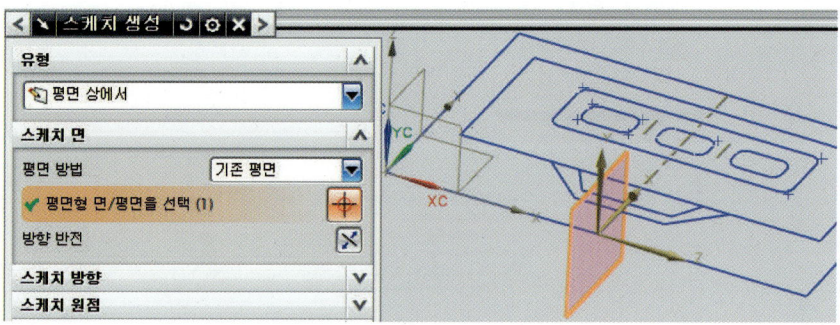

❸ 아래 그림과 같이 정면도를 스케치하고 종료한다. 선, 원호, 참조선, 치수 등 아이콘을 이용하여 스케치한다.

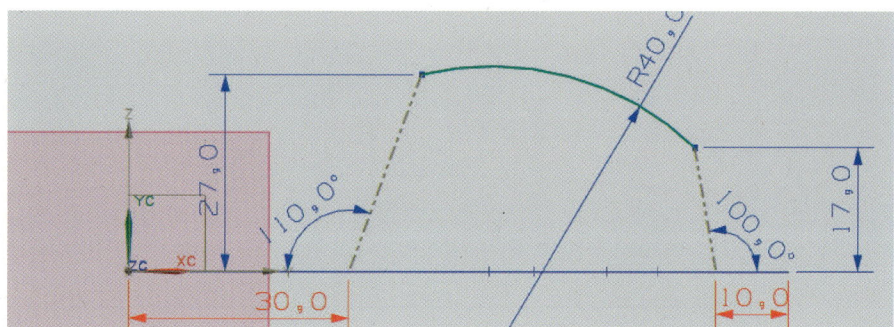

❹ 타스크 스케치 아이콘을 선택한다. 유형은 경로 상에서를 선택하고, 경로 선택은 원호 선을 선택한 다음 확인한다. 원호 길이는 0을 입력하여 설정한다.

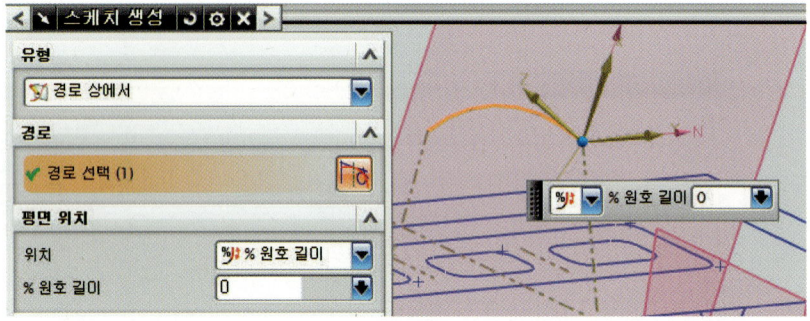

❺ 마우스 2번 버튼을 누르고 그림처럼 방향을 회전한다. 원호 아이콘을 선택하고, 마지막 끝점에서 스냅 끝점을 이용하여 아래 그림처럼 원호 끝점에 원호를 클릭한다.

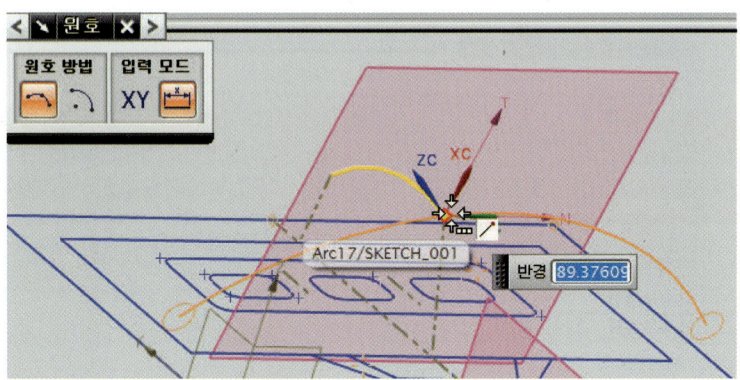

❻ 뷰 방향을 앞쪽(:정면도)으로 설정하고, 아래 그림처럼 치수기입을 하고 스케치를 종료한다.

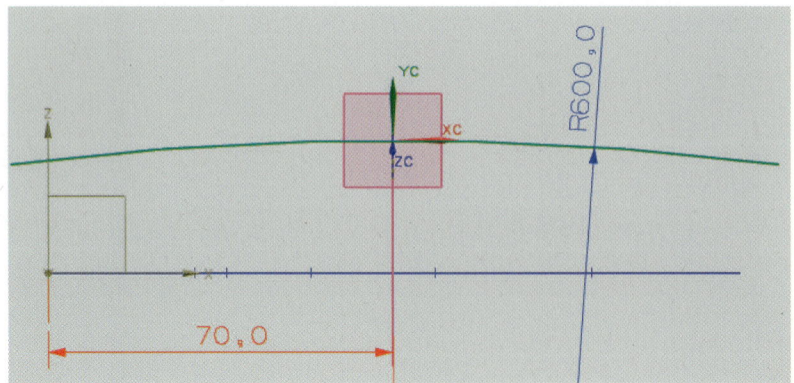

❼ 돌출 아이콘을 클릭하고, 아래 그림처럼 설정하고 적용한다.

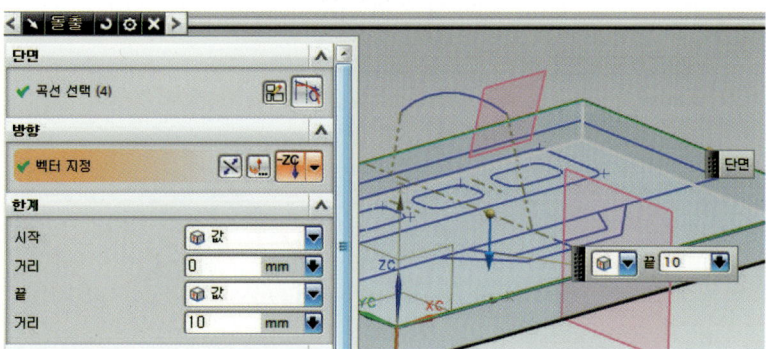

❽ 다시 아래 그림처럼 설정하고 확인한다.

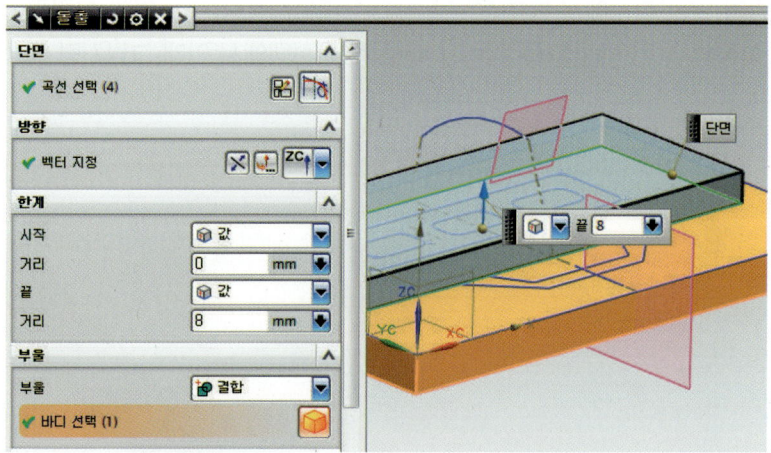

❾ 삽입의 스위핑에서 스웹(S)을 클릭한다. 아래 그림처럼 단면 곡선과 가이드 곡선을 선택하고 확인한다.

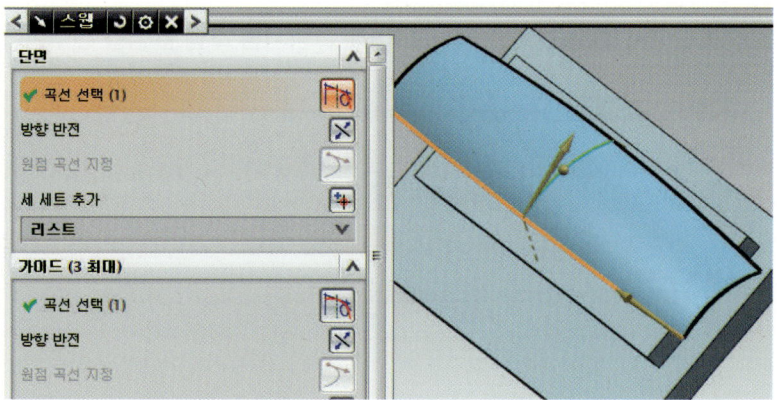

❿ 삽입의 동기식 모델링에서 면 교체(R)를 클릭한다. 교체할 면을 위에서 돌출 아래 끝면을 선택한 다음 교체할 새로운 면에서 스웹 면을 선택하고 확인한다.

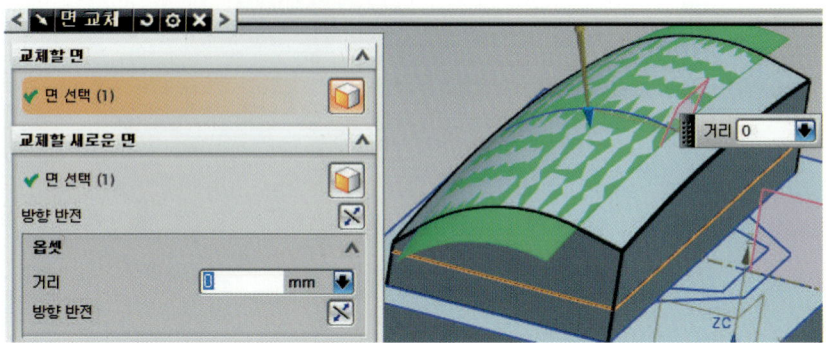

⓫ 삽입의 연관 복사에서 인스턴스 지오메트리(G)를 클릭한다. 아래 그림처럼 유형에서 이동으로 설정하고, 거리는 12를 입력한 다음 개체 선택에서 아래 그림처럼 곡선을 선택하고 확인한다.

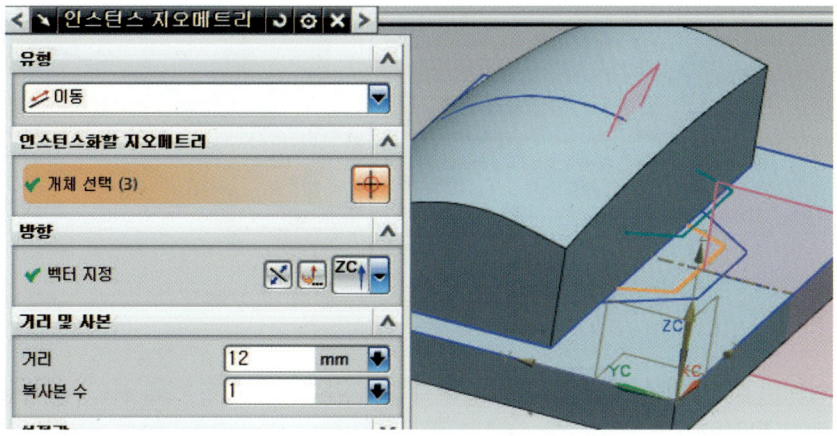

⓬ 삽입의 곡선에서 선(L)을 선택하고, 아래 그림처럼 스냅 끝점을 선택한다.

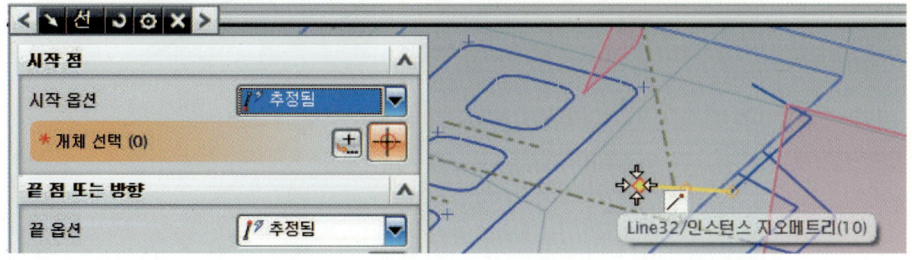

⑬ 아래 그림처럼 다시 스냅 끝점을 연결한다.

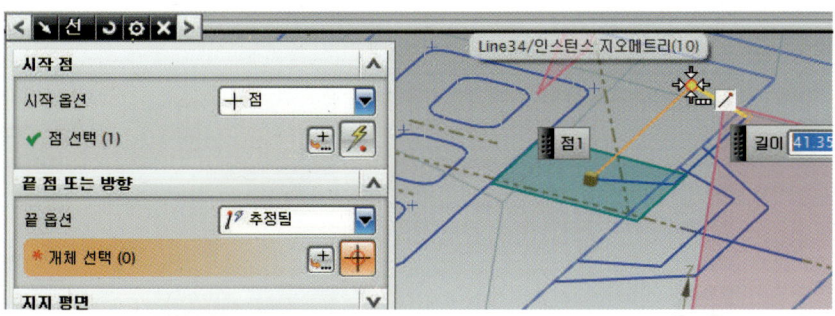

⑭ 아래 그림처럼 점 1, 점 2의 연결을 확인한다.

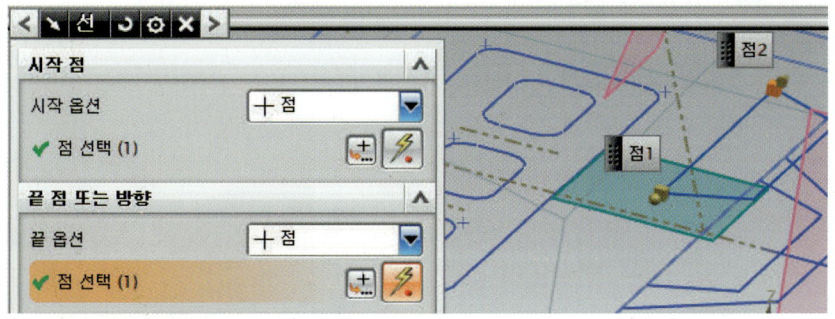

⑮ 곡선 통과( ) 아이콘을 클릭한다. 아래 그림처럼 단면 곡선에서 위쪽 곡선을 선택하고, MB2를 클릭한 다음 아래 곡선을 선택하고 MB2를 클릭한다.

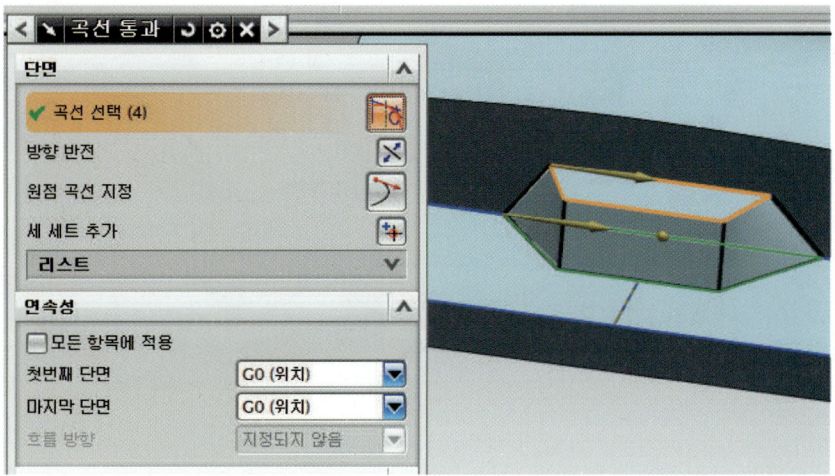

⓬ 삽입의 스위핑에서 튜브(T)...를 선택하고, 아래 그림처럼 설정하고 확인한다.

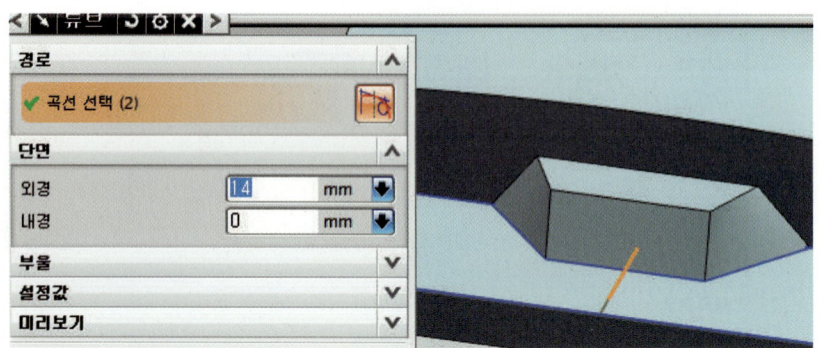

⓭ 결합( ) 아이콘을 클릭하고, 아래 그림처럼 선택하고 확인한다.

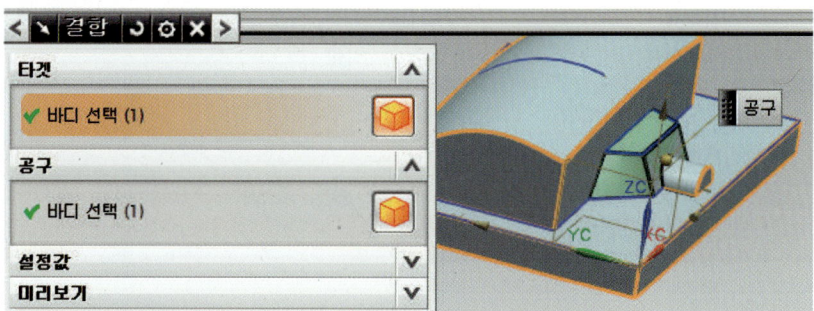

⓮ 구배(T)...를 클릭한다. 아래 그림처럼 설정한 후 적용한다.

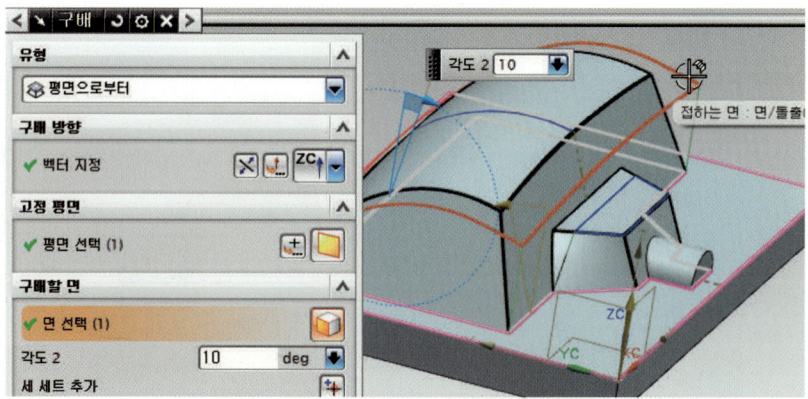

⑲ 아래 그림처럼 설정하고 확인한다.

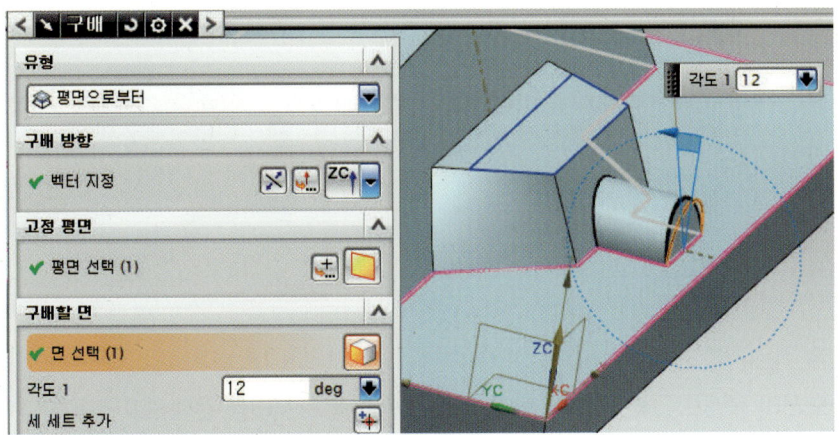

⑳ 돌출 아이콘을 클릭하고, 아래 그림처럼 설정하고 확인한다.

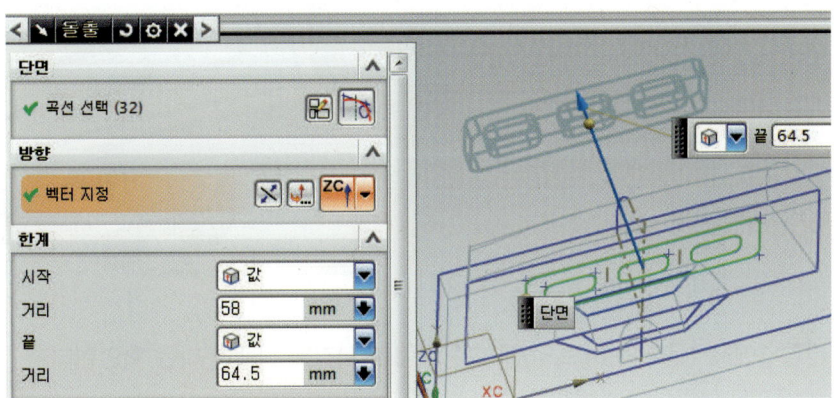

㉑ 면 교체(R) 아이콘을 클릭한다. 옵셋에서 거리를 -4를 입력하고, 교체할 면을 돌출 아래쪽 끝면을 선택한 다음 교체할 새로운 면에서 스웹 면을 선택하고 적용한다.

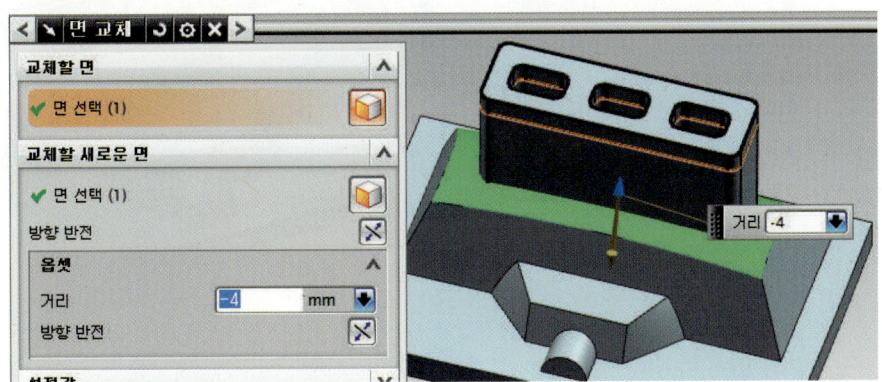

㉒ 빼기 아이콘을 클릭하고, 아래 그림처럼 선택하고 확인한다.

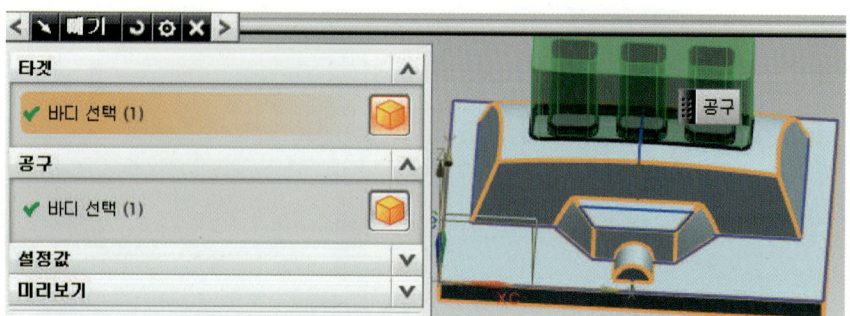

㉓ 모서리 블렌드( )를 이용하여 아래 그림처럼 모서리를 선택하고 적용한다.

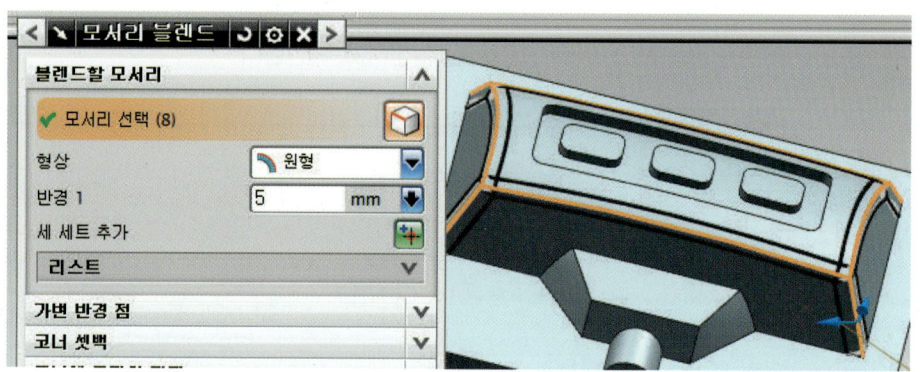

㉔ 반경 1에서 1을 입력하고, 아래 그림처럼 모서리를 선택한 다음 확인한다.

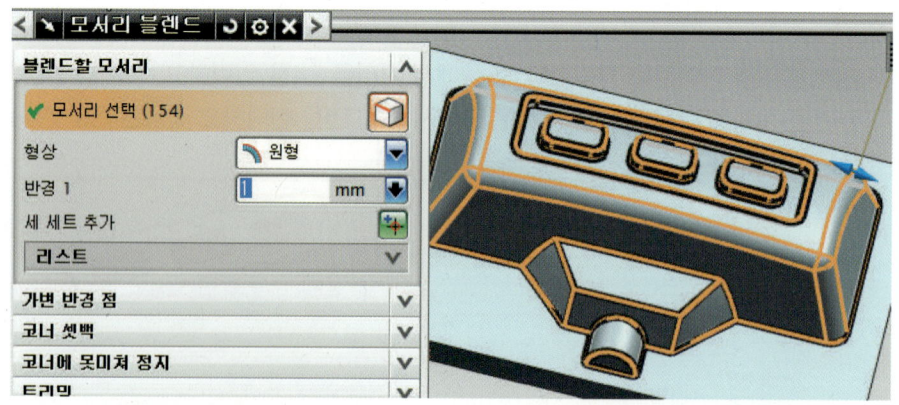

제23절 Surface 면도기 모델링 따라 하기

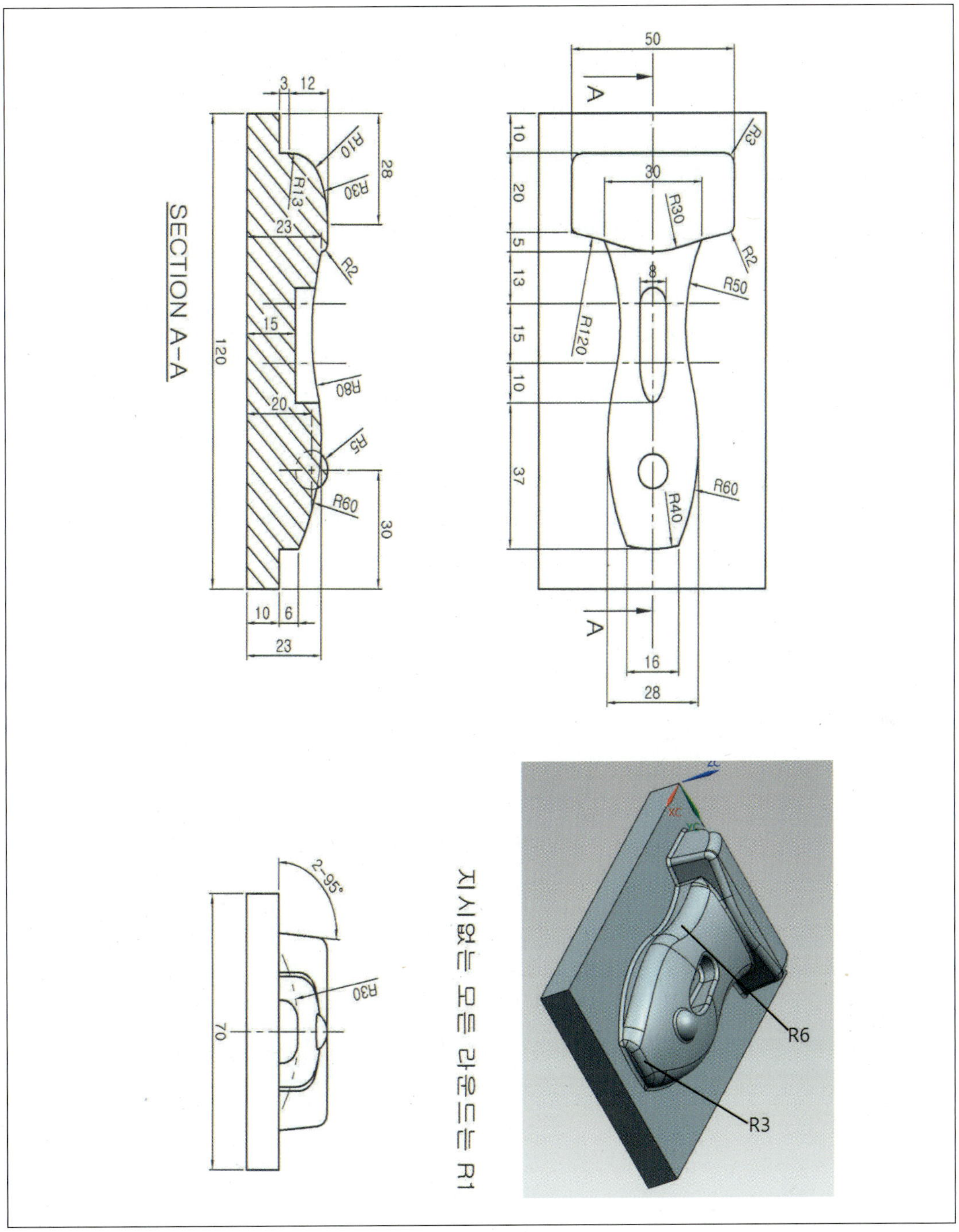

Chapter 04 | Surface Exercise

1 평면도(XY 평면) 스케치 작성하기

❶ 새로 만들기(▢ , Ctrl + N)를 실행한다. 모델을 선택하고, 파일 이름과 저장할 폴더를 입력한 다음 확인하고, 메뉴의 삽입에서 [타스크 환경의 스케치(S)] 를 선택한다.

❷ 유형은 평면 상에서, 스케치 면은 기존 평면에 XY 평면을 선택한 후 확인하고, 스케치 모드로 들어간다.

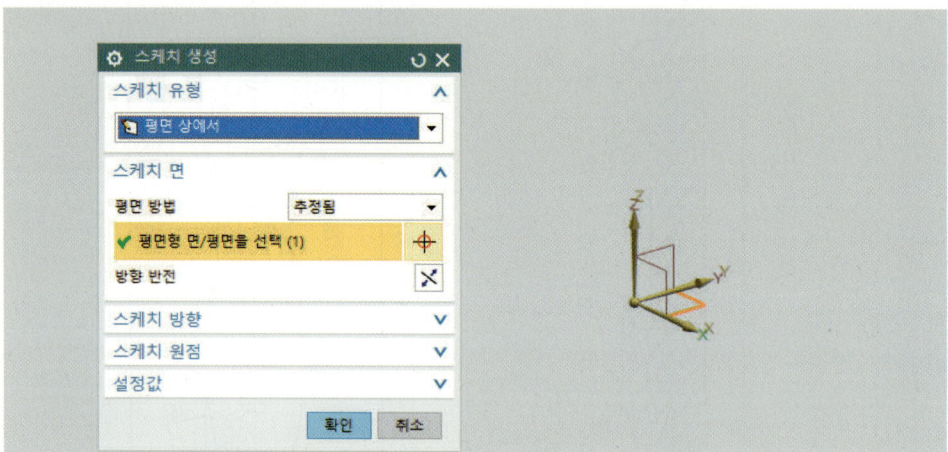

❸ 그림처럼 스케치를 생성하고, 도면을 보고 치수기입을 최종 확인하고, 스케치를 마친다.

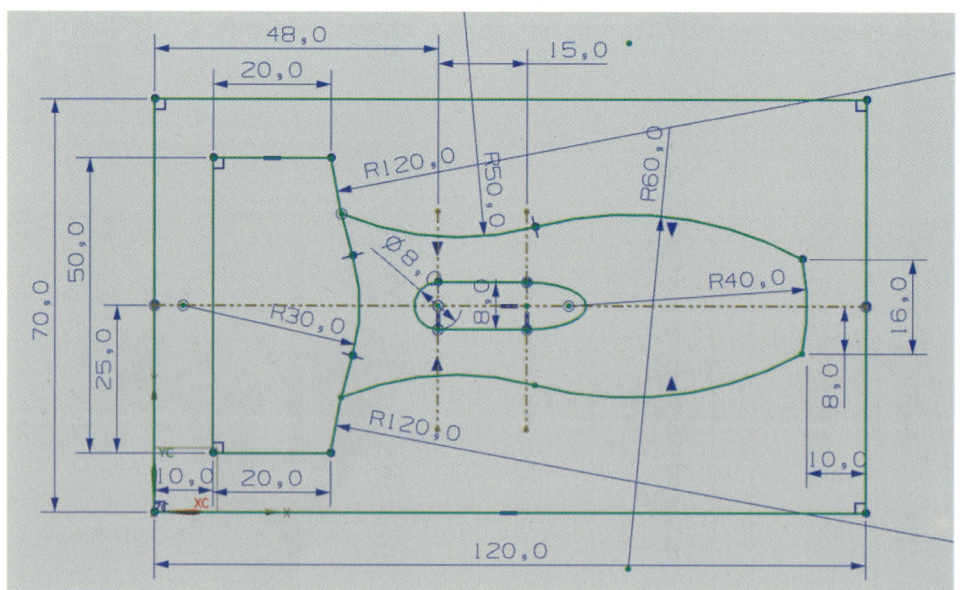

NX10 3D 모델링 및 CAD/CAM

2 돌출 작성하기

❶ 돌출 아이콘을 선택한다. 연결된 곡선에서 곡선을 선택하고, 한계의 끝값에서 거리 −10만큼 돌출하고 확인한다.

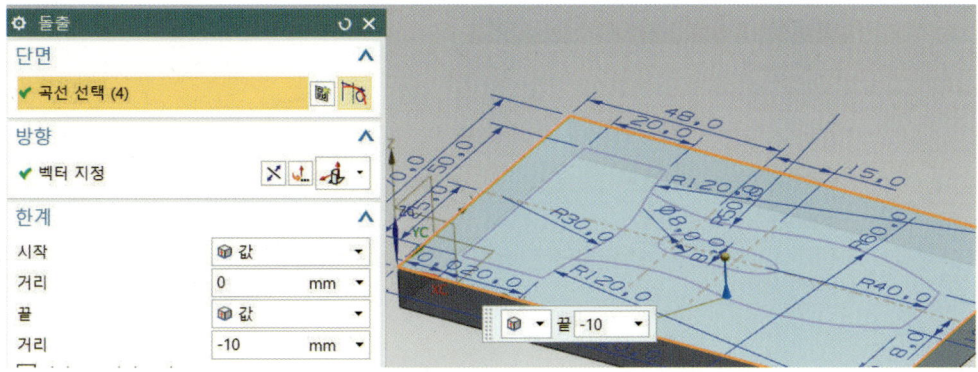

3 정면도(XZ) 스케치 작성하기

❶ 타스크 스케치 클릭하고, 평면 생성을 선택한 후 평면 지정에서 거리를 선택하고 거리 값 −35를 입력하고 확인한다.

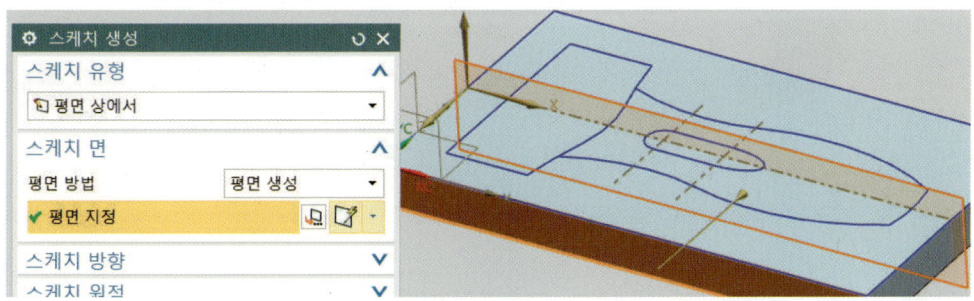

❷ 원호 아이콘과 선 아이콘을 이용하여 그림처럼 호와 선을 생성하고, 구속조건을 이용하여 호와 호를 선택한 다음 접선을 클릭한다. 스케치를 마친다.

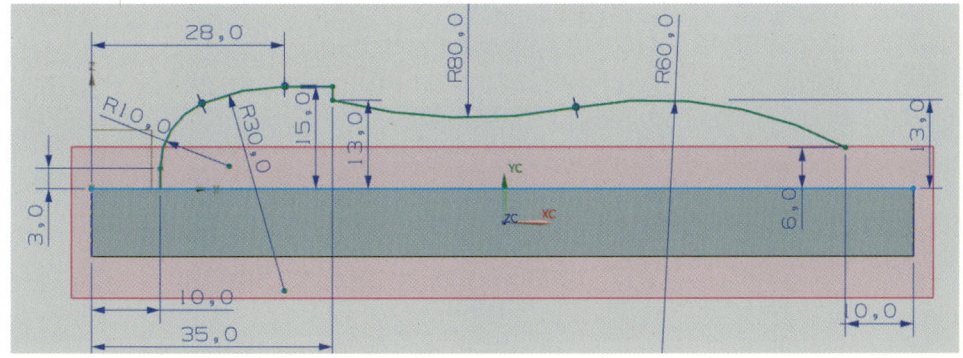

Chapter 04 | Surface Exercise

4 우측면도(YZ) 스케치 작성하기

❶ 타스크 스케치를 선택한다. 유형은 경로에서 경로 선택을 선택하고, 원호 길이는 0을 입력하고 확인한다.

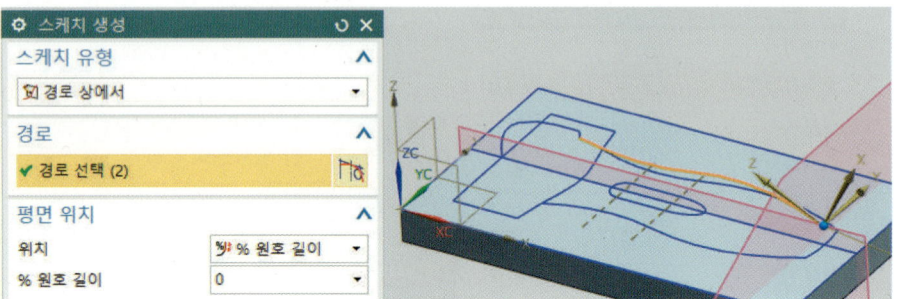

❷ 원호를 이용하여 임의의 첫 번째 점과 두 번째 점을 클릭하고, 세 번째 점을 XZ 평면에서 생성한 선 스냅 지작 점을 확인하면서 찍는다.

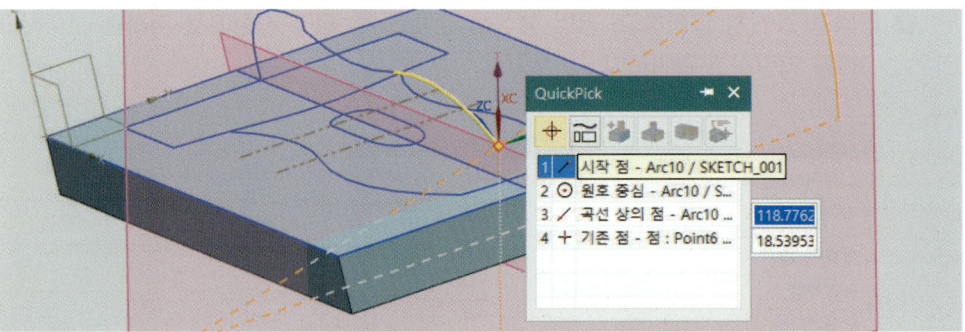

❸ 그림처럼 우측면도로 선택하고, 구속조건 아이콘을 클릭한 다음 호의 중심과 중심선을 클릭하여 곡선상의 점을 클릭하고 R30을 입력한 다음 종료한다.

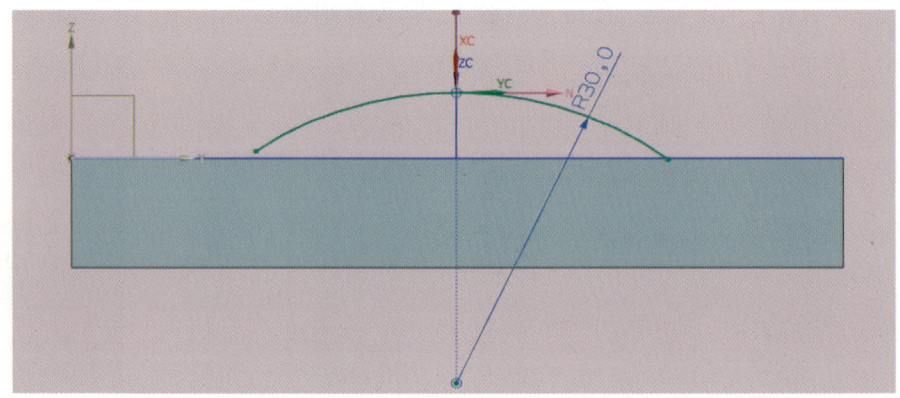

5 돌출 작성하기

❶ 돌출 아이콘을 이용하여 연결된 곡선에서 교차에서 정지를 선택한 상태에서 곡선을 클릭하고, 한계 거리 값에서 15를 입력한 다음 15만큼 돌출하고 확인한다.

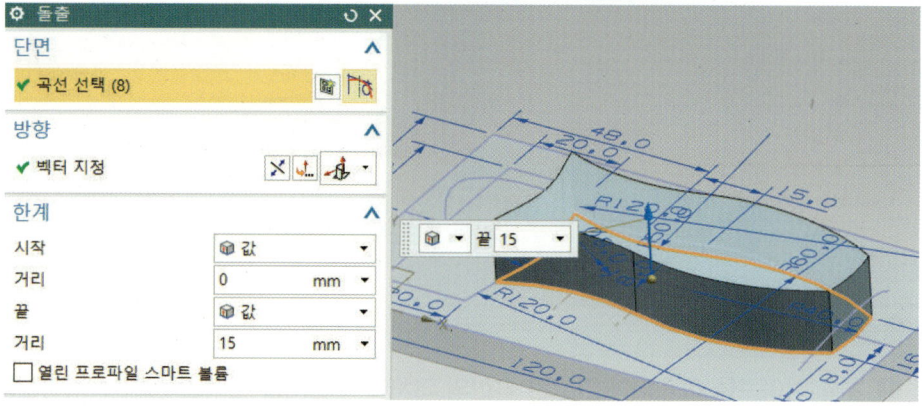

6 스위핑 형상 작성하기

❶ 삽입의 스위핑에서 가이드를 따라 스위핑(G)... 을 클릭한다. 단면 곡선을 선택하고, 가이드 곡선을 클릭하고 확인한다.

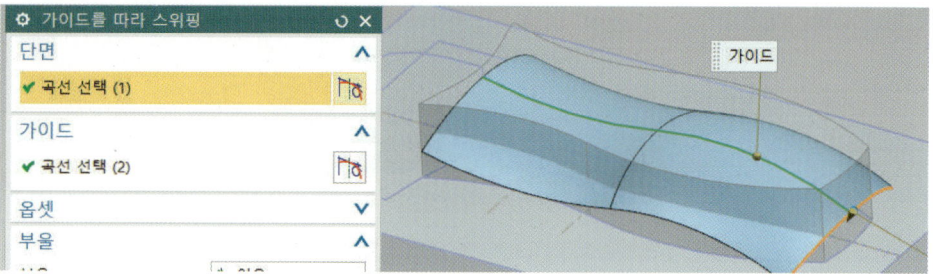

❷ 삽입의 트리밍에서 시트 연장을 클릭하고, 유형을 거리로 설정하고 이동할 모서리를 선택하고 확인한다.

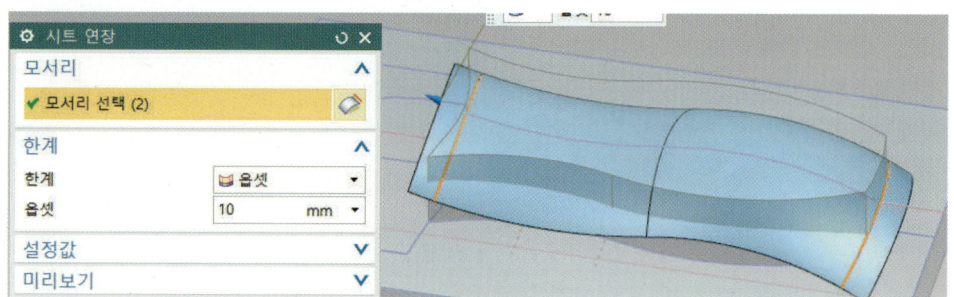

7 바디 트리밍하기

❶ 트리밍 아이콘을 클릭한다. 타겟에서 바디를 선택하고, 공구에서 면을 선택하고 확인한다.

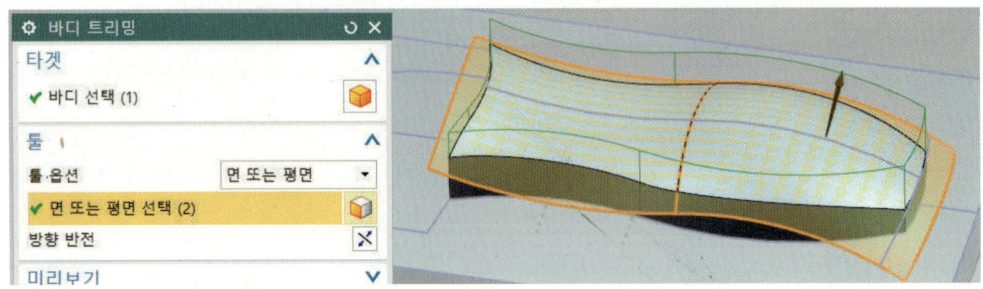

8 돌출 작성하기

❶ 돌출 아이콘을 이용하여 연결된 곡선의 교차에서 정지를 선택한 상태에서 곡선을 선택하고, 한계에서 끝값 거리는 15를 입력한 후 돌출하고 적용한다.

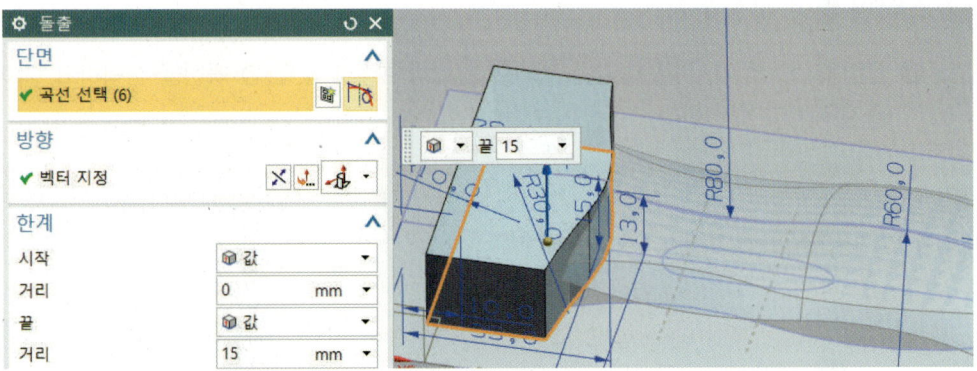

❷ 단일 곡선의 교차에서 정지를 선택한 상태에서 곡선을 선택하고, 한계에서 양쪽으로 여유 있게 시작 값 거리 −33, 끝값 거리 28을 입력하여 돌출하고 확인한다.

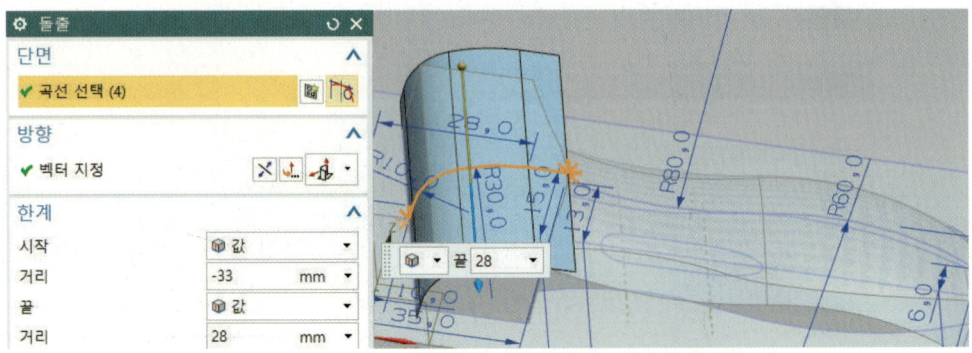

9 바디 트리밍하기

❶ 트리밍 아이콘을 클릭한다. 방향 화살표를 확인한다.

10 돌출 작성하기

❶ 돌출 아이콘을 선택한다. 연결된 곡선을 선택한 상태에서 곡선을 선택하고, 한계에서 시작 값 거리 5, 끝값 거리는 여유 있게 돌출하고, 부울은 빼기로 바디 선택하고 확인한다.

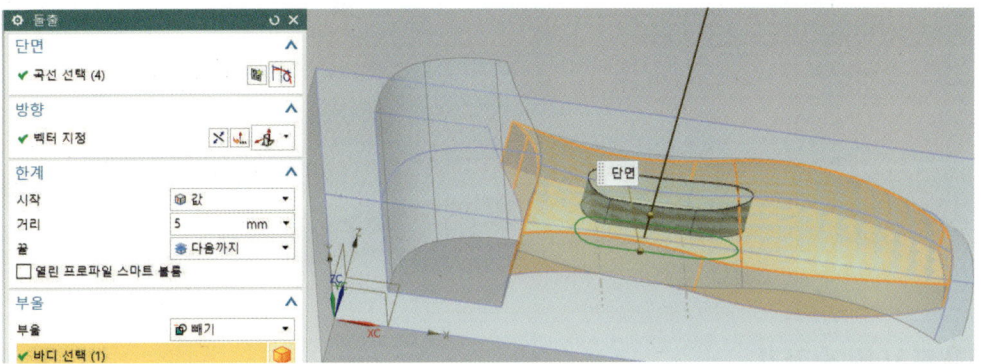

11 구 작성하기

❶ 삽입의 특징형상 설계에서 구(S)... 를 클릭한다. 유형에서 중심점과 직경을 선택하고, 중심 점에서 점 다이얼로그를 클릭한다.

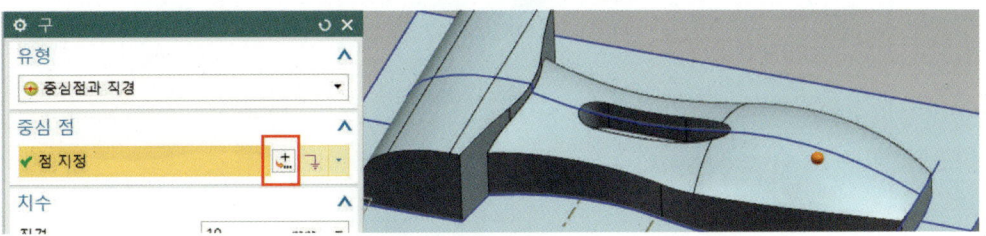

❷ 도면을 보고 출력 좌표의 절대-작업 파트에서 X90, Y35, Z10을 입력하고 확인한다.

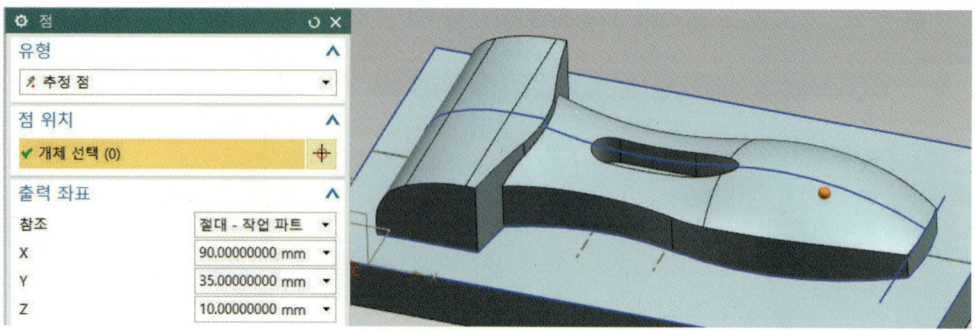

❸ 치수는 직경 값으로 10을 입력하고, 부울은 결합으로 한 후 바디 선택 후 확인한다.

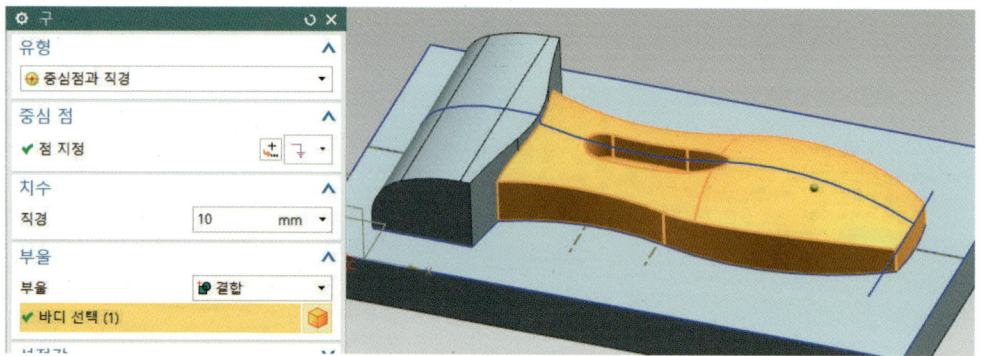

12 표시 및 숨기기

❶ 표시 및 숨기기 아이콘을 클릭한다. 유형은 모두에서 숨기기(-)를 선택하고, 솔리드 바디는 표시(+)를 선택한다.

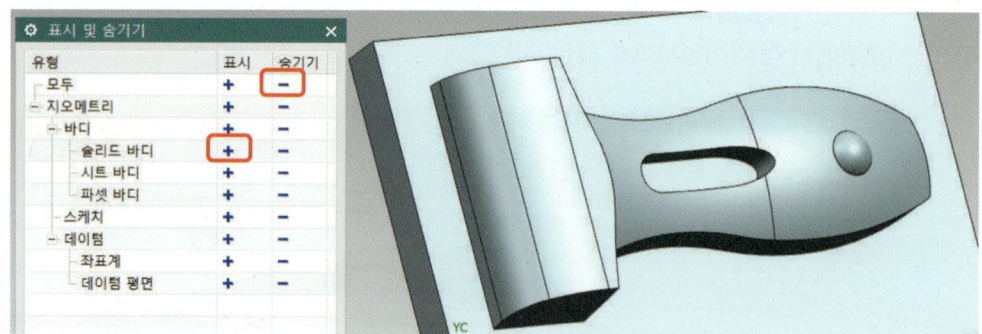

NX10 3D 모델링 및 CAD/CAM

13 구배 작성하기

❶ 구배 아이콘을 선택한다. 유형은 평면으로부터로 설정하고, 구배 방향은 Z로 하고, 고정 평면을 설정한 후 구배할 면을 선택하고, 구배 각도 5를 입력하고 확인한다.

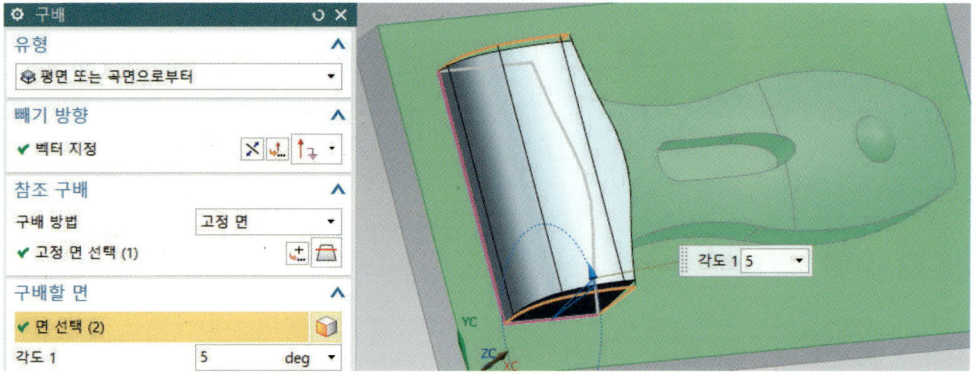

14 결합하기

❶ 결합 아이콘을 클릭하고 타겟 바디를 선택하고, 공구의 바디 선택에서 전체를 클릭하고 확인한다.

15 필렛(라운드) 작성하기

❶ 모서리 블렌드 아이콘을 클릭한다. 접하는 곡선으로 하고, 모서리 선택은 반경 값 3을 입력 후 모서리를 클릭한 후 적용한다.

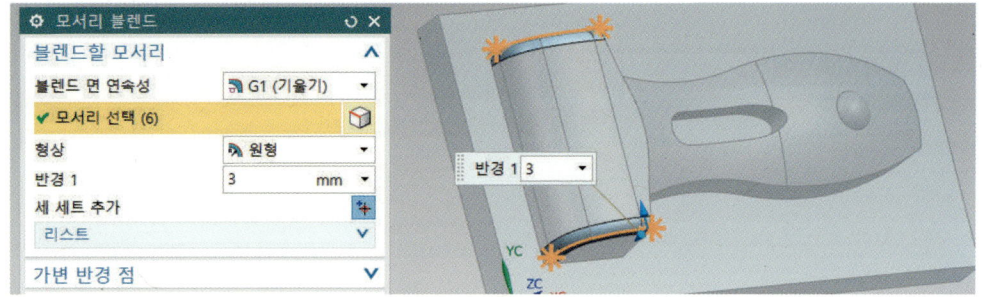

❷ 모서리 선택은 반경 2를 입력 후 모서리를 클릭하고 적용한다.

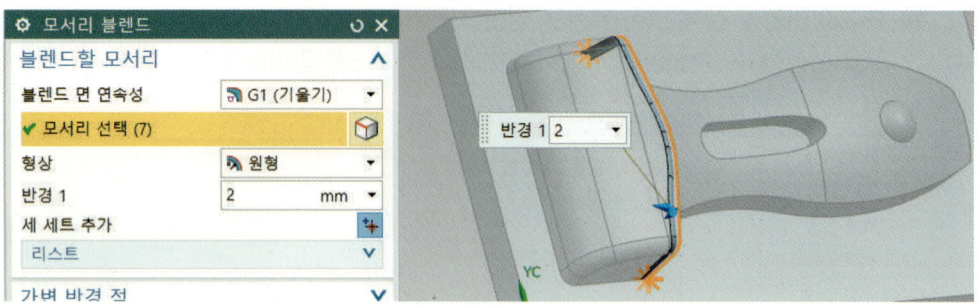

❸ 반지름 6을 입력 후 확인한다.

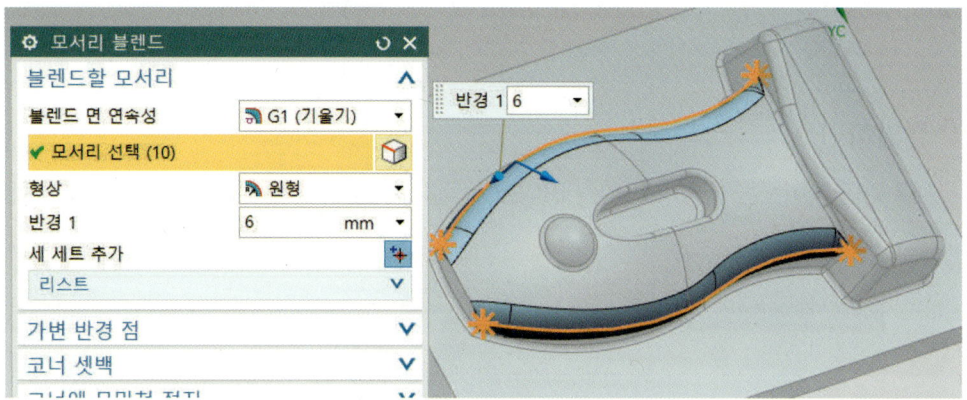

❹ 반지름 3을 입력 후 나머지 모서리 전체를 클릭하고 확인한다.

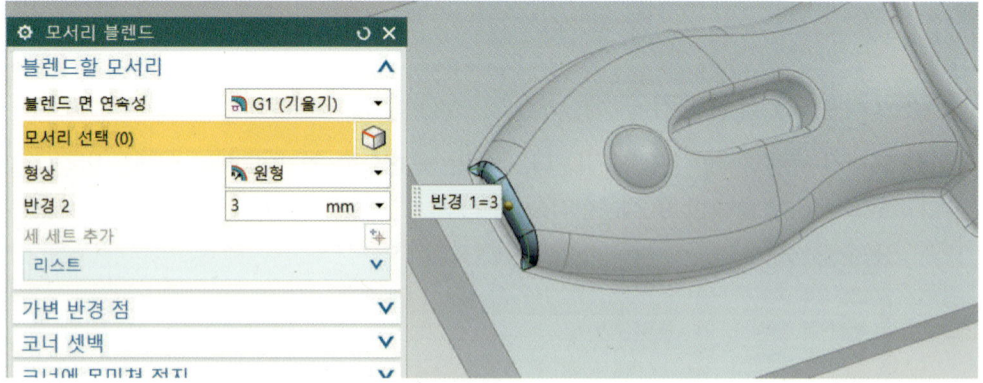

❺ 아래 그림은 완성된 모델링이다.

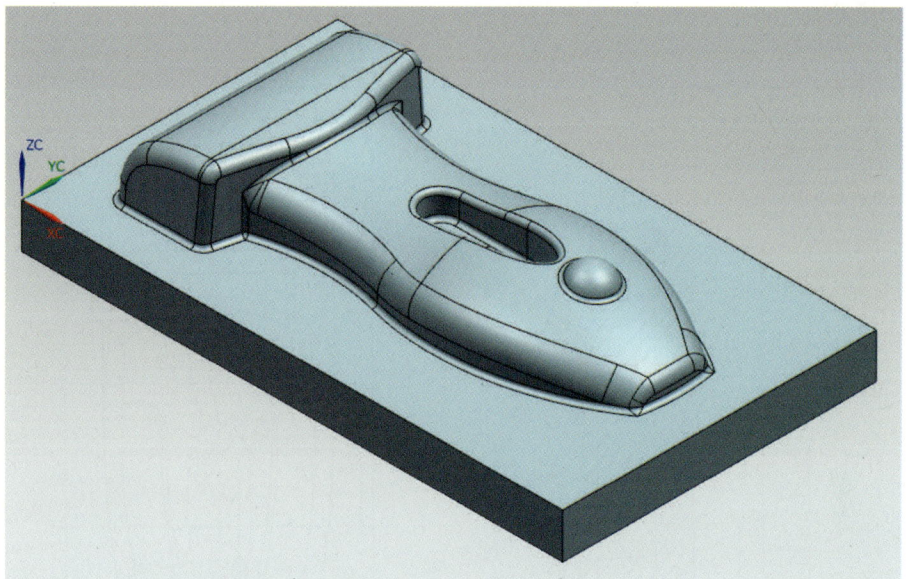

제24절 Surface 광마우스 모델링 따라 하기

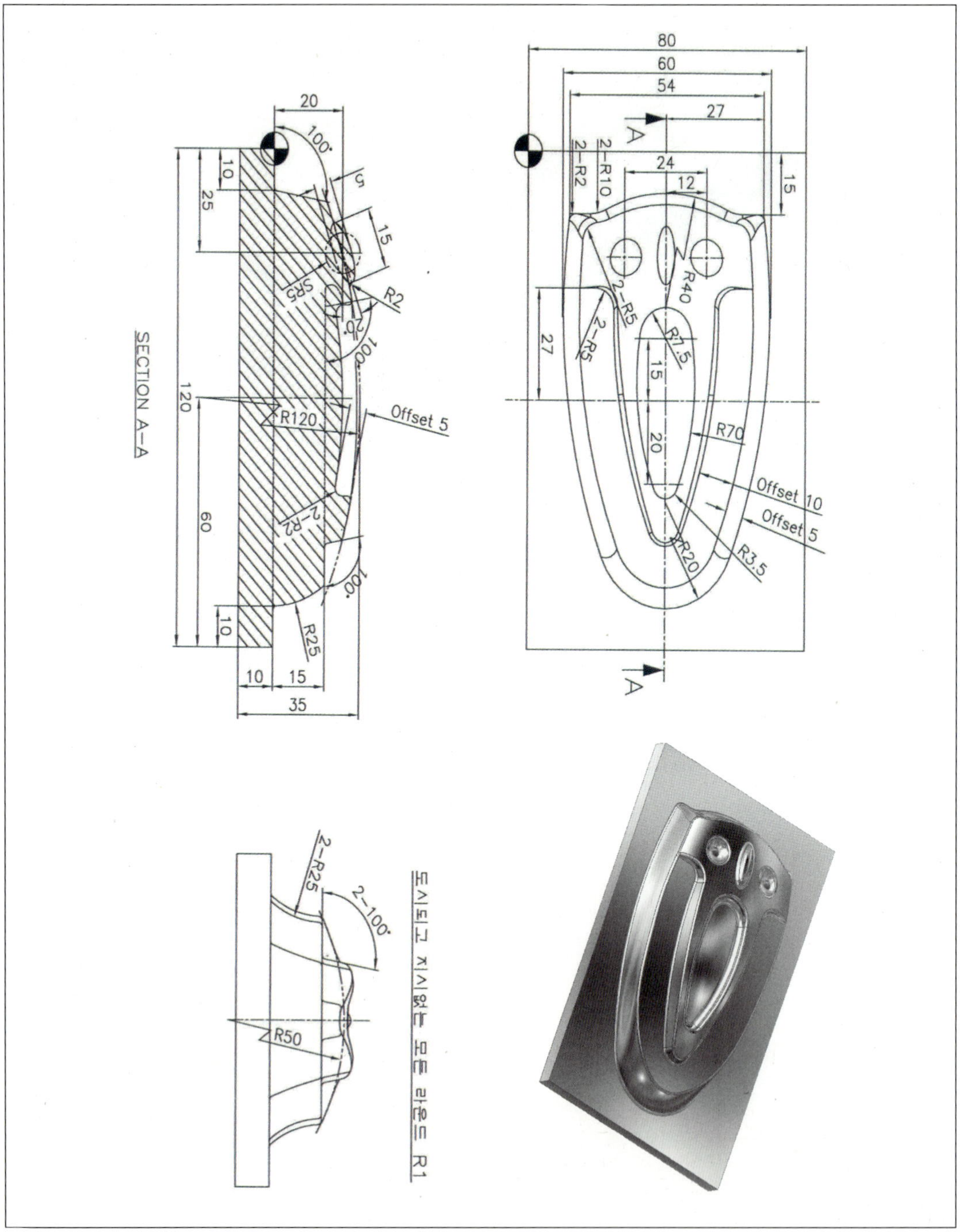

PART IV 서피스(Surface) 모델링

❶ 평면도(XY 평면) 스케치 작성하기

❶ 새로 만들기(, Ctrl + N)를 실행한다. 모델을 선택하고, 파일 이름과 저장할 폴더를 입력한 다음 확인하고, 메뉴의 삽입에서 를 선택한다.

❷ 유형은 평면 상에서, 스케치 면은 기존 평면에 XY 평면을 선택한 후 확인하고, 스케치 모드로 들어간다.

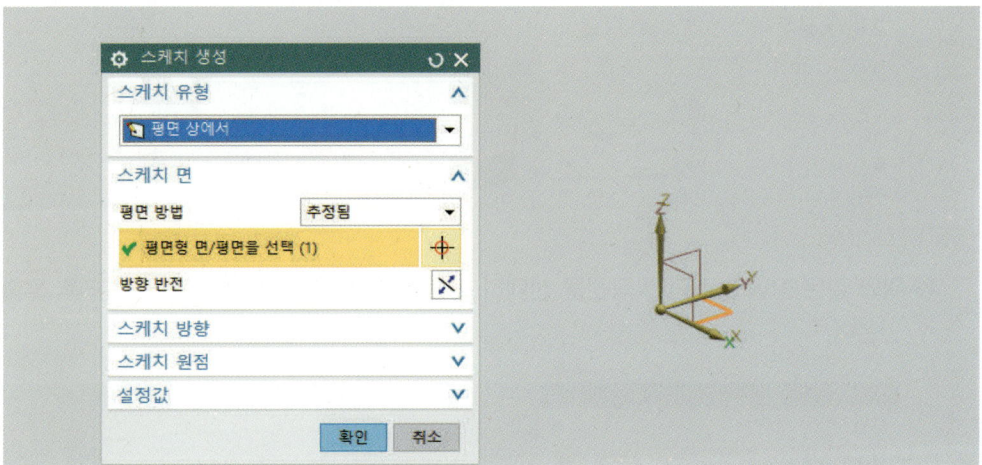

❸ 도면을 확인하여 아래와 같이 스케치 후 종료한다.

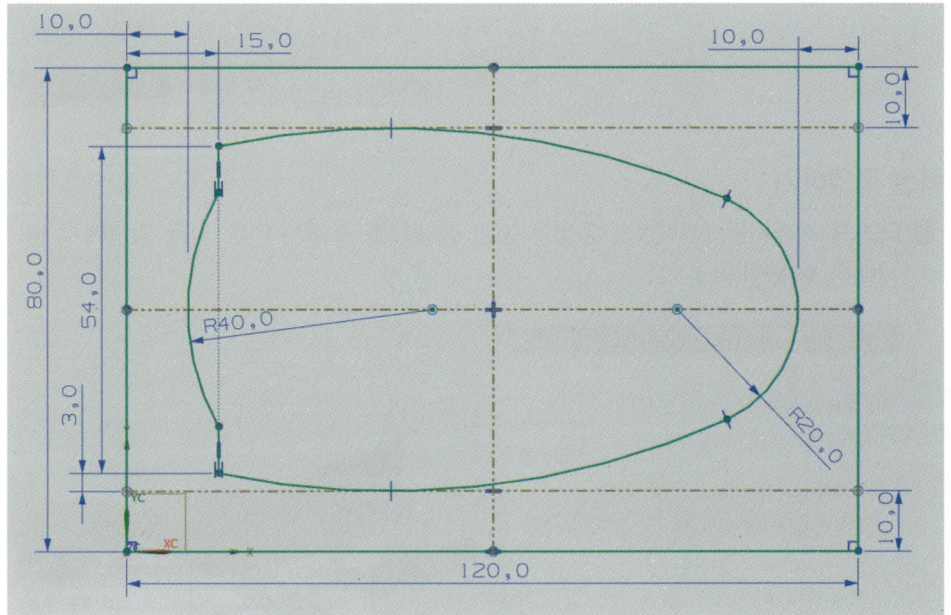

2 돌출 작성하기

❶ 돌출 아이콘을 선택하고, 연결된 곡선을 클릭한 상태에서 곡선 선택을 하고, 한계에서 끝값 거리는 –10을 입력한 후 돌출하고 적용한다.

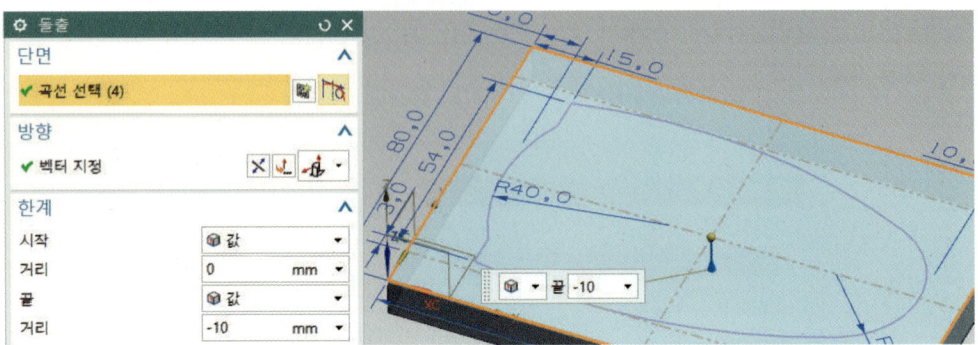

❷ 위와 같은 방법으로 단면 곡선을 선택하고, 한계의 끝값 거리를 30을 입력한 후 돌출하고 확인한다.

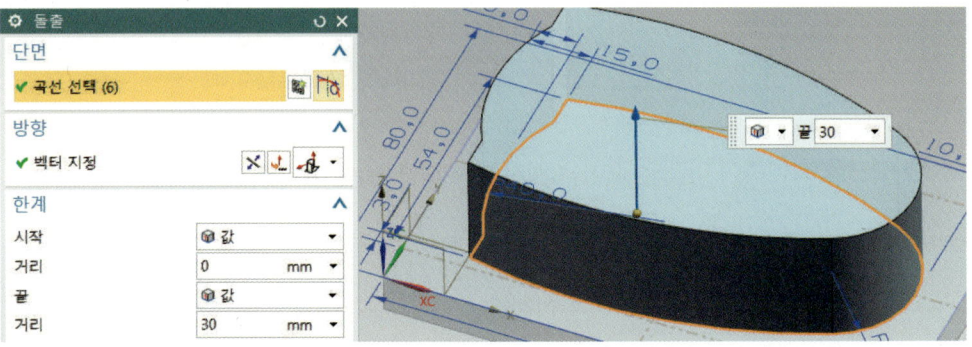

3 곡선 투영하기

❶ 타스크 스케치를 선택한다. 유형은 평면 상에서를 스케치 면은 기존 평면에서 평면 지정을 선택한 후 확인한다.

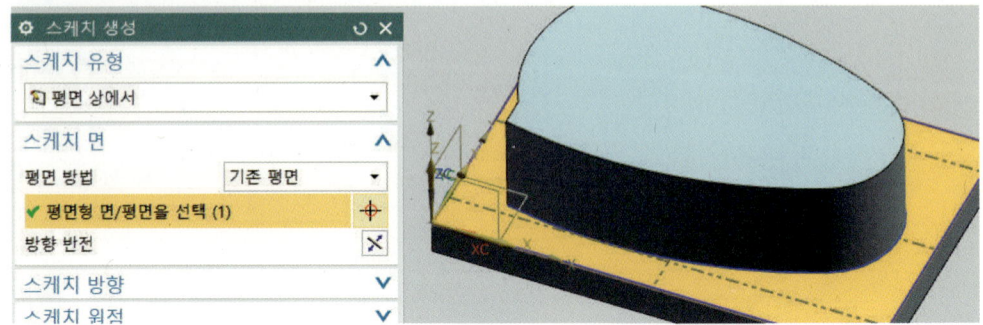

❷ 곡선 투영 아이콘을 클릭한 후 곡선을 선택하고 확인한 다음 치수 확인하고, 종료한다.

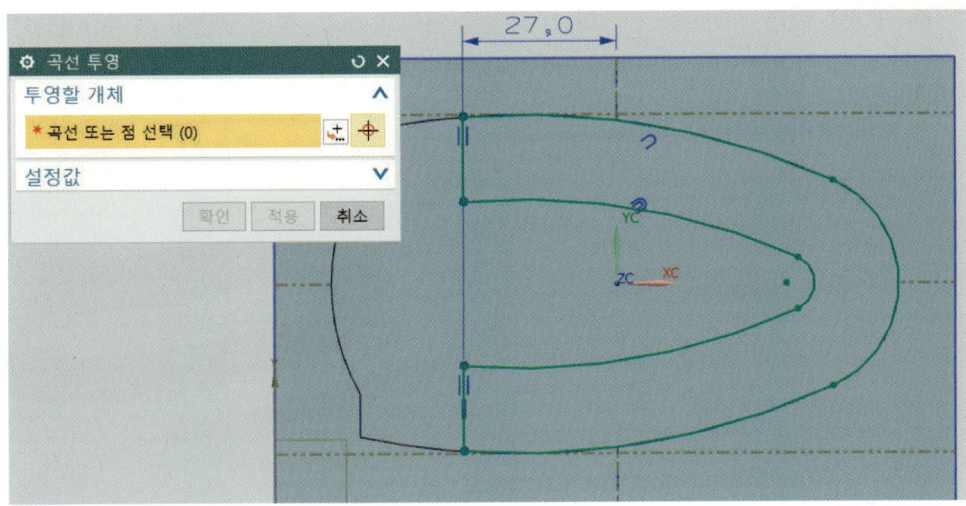

❹ 돌출 작성하기

❶ 돌출 아이콘을 선택하고, 연결된 곡선을 선택한 상태에서 곡선을 선택하고, 한계에서 시작 값 거리 15, 끝값 거리는 51을 입력하여 돌출하고, 부울은 빼기로 한 후 구배는 시작 한계에서 각도 -10을 입력 후 확인한다.

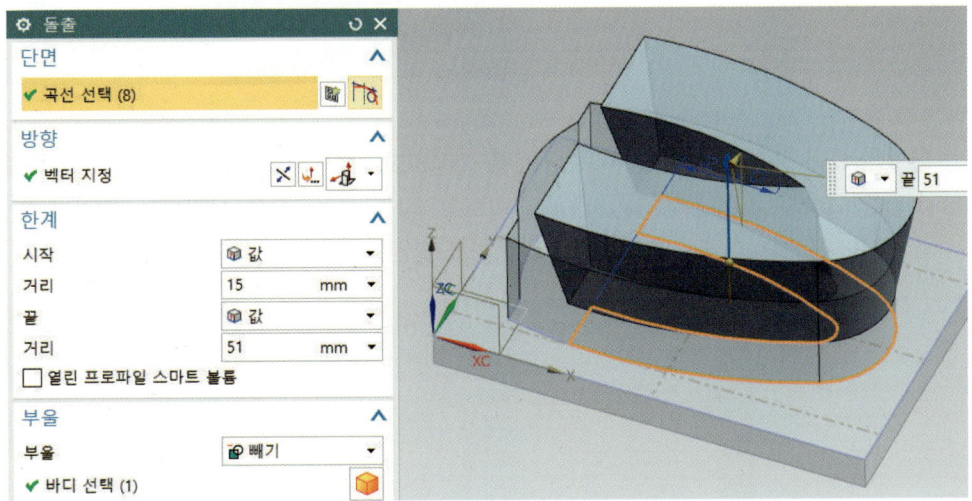

5 정면도(XZ) 스케치 작성하기

❶ 데이텀 평면 아이콘을 선택하고, 유형은 거리로 하고, 참조 평면을 선택하여 옵셋 거리는 −40을 입력해 가운데 평면을 생성하고 확인한다.

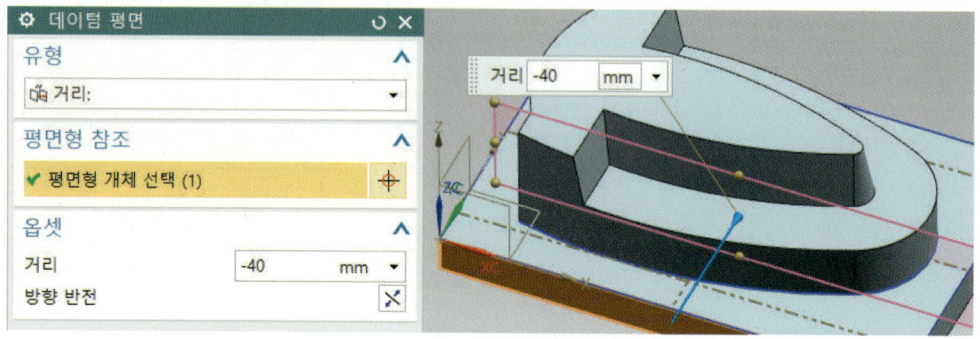

❷ 타스크 스케치를 선택한 후 유형은 평면 상에서, 데이텀 평면을 선택하고 확인한다.

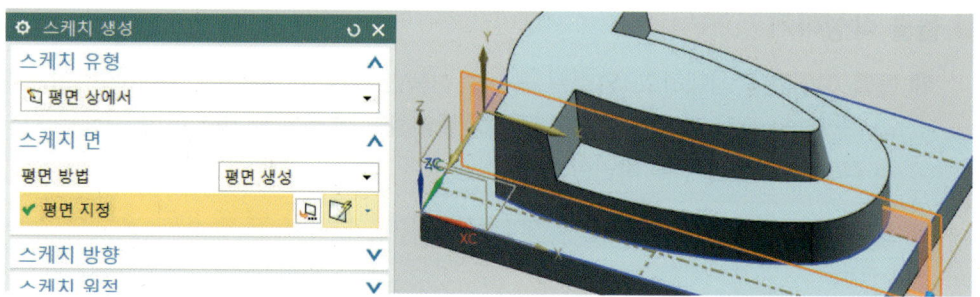

❸ 그림처럼 원호 아이콘을 이용하여 호를 생성하고 치수 아이콘을 활용하여 치수기입을 한다. 삽입의 데이텀/점(D) ▶ 점(P)...을 클릭하고, 점 다이얼로그를 선택한다. 출력 좌표를 절대-작업 파트에서 X25, Y40, Z20을 입력하고 확인한다.

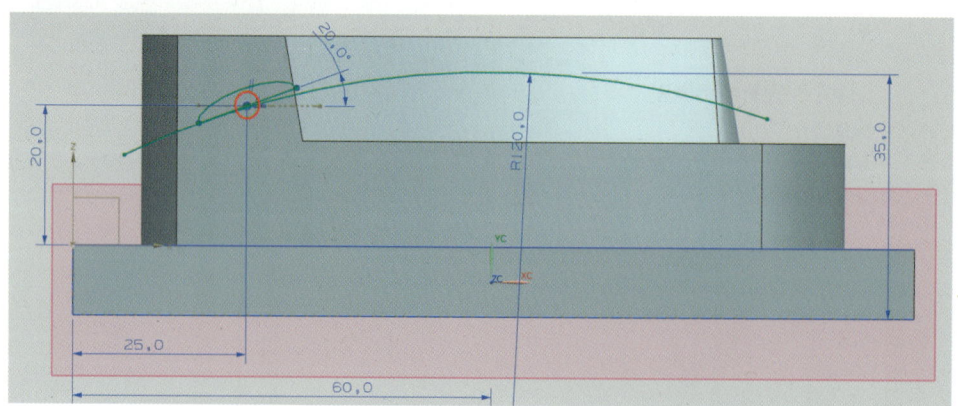

6 우측면도 스케치 작성하기

❶ 타스크 스케치를 선택한다. 유형은 경로 상에서 앞의 정면도에서 작성한 호를 선택하고 원호 길이 값을 0을 입력하고 확인한다.

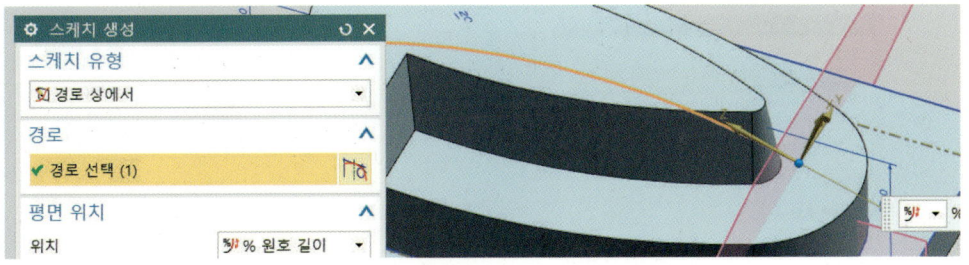

❷ 원호 아이콘을 선택하여 정적 와이어프레임 상태로 바꾸거나 또는 마우스 오른쪽 버튼을 길게 누른다. 스냅 끝점을 선택하여 원호를 그림처럼 그리고 세 번째 점을 정면도에서 생성한 원호 끝점의 스냅을 확인하면서 클릭한다.

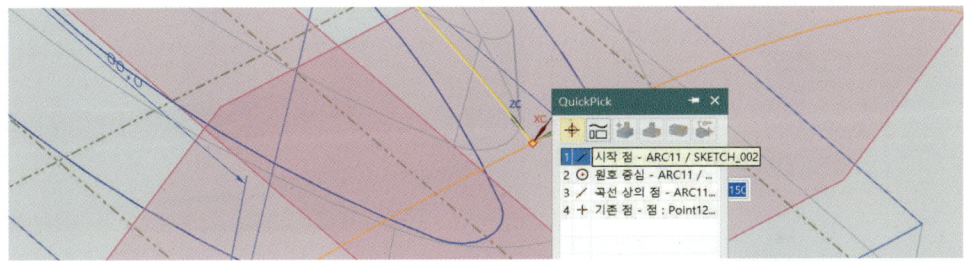

❸ 우측면도 상태에서 치수를 클릭하여 아래 그림처럼 치수기입을 하고 스케치를 종료한다.

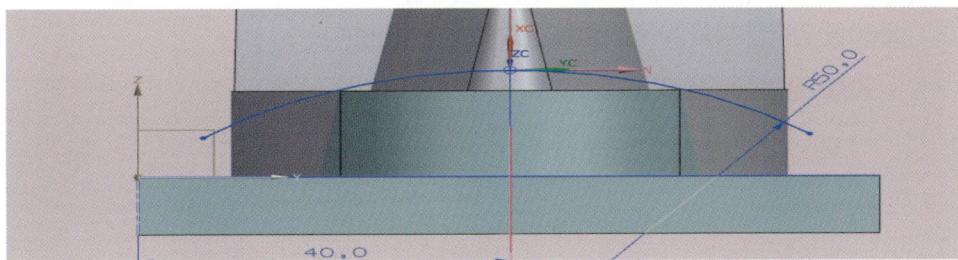

7 스위핑 형상 작성하기

❶ 삽입의 스위핑에서 `가이드를 따라 스위핑(G)...` 을 클릭하고, 단면 곡선을 선택한 후 가이드 곡선을 클릭하고 확인한다.

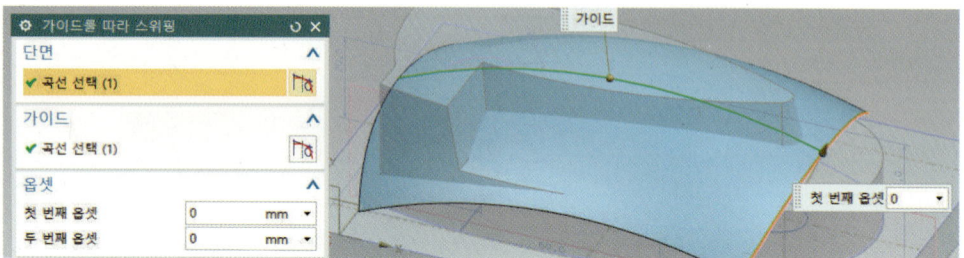

8 바디 트리밍하기

❶ 바디 트리밍 아이콘을 선택한다. 타겟 바디를 선택하고, 공구에서 면을 선택하고 확인한다.

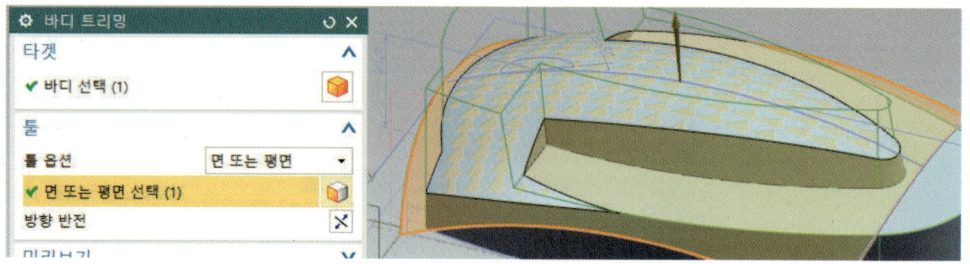

9 회전 형상 작성하기

❶ 회전 아이콘을 선택하고, 단면 곡선을 클릭한 후 축 벡터를 선택하고, 한계는 끝값 각도를 360을 입력한 다음 부울은 결합한 상태에서 확인한다.

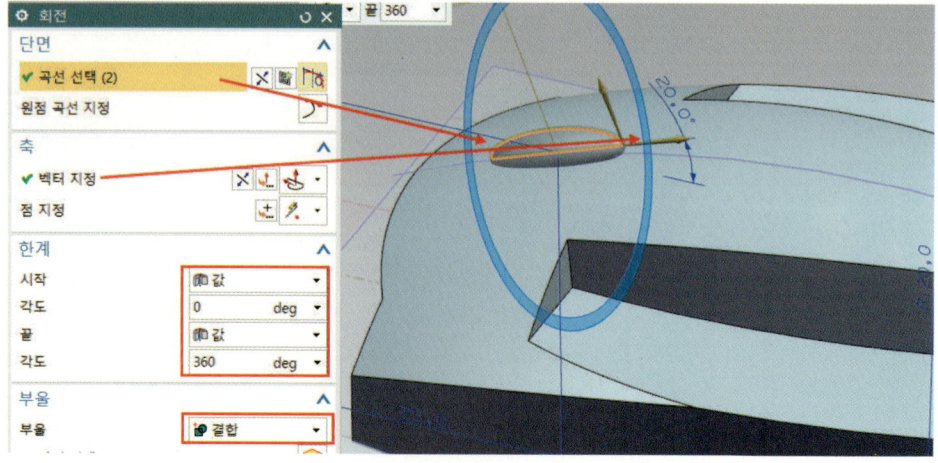

568 PART Ⅳ 서피스(Surface) 모델링

⑩ 표시 및 숨기기

❶ 표시 및 숨기기 아이콘을 클릭한다. 유형은 모두에서 숨기기(-)를 선택하고, 솔리드 바디는 표시(+)를 선택한다.

⑪ 스위핑 형상 작성하기

❶ 참조 평면을 선택한 후 유형은 거리로 설정하고, 평면 참조를 클릭하고, 옵션에서 거리 -15를 입력하고 확인한다.

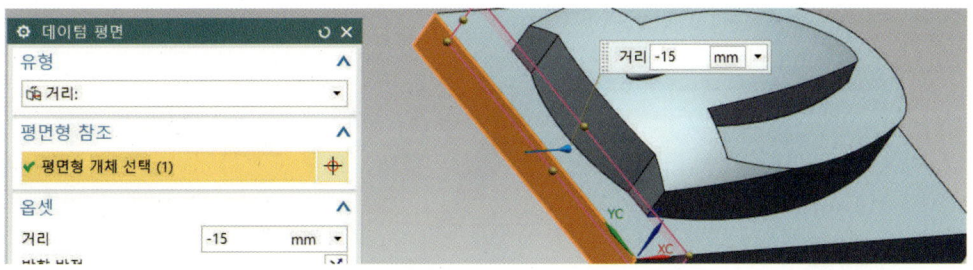

❷ 타스크 스케치를 선택하여 유형은 평면 상에서를 선택하고, 스케치 면은 평면 옵션을 선택하고 확인한다.

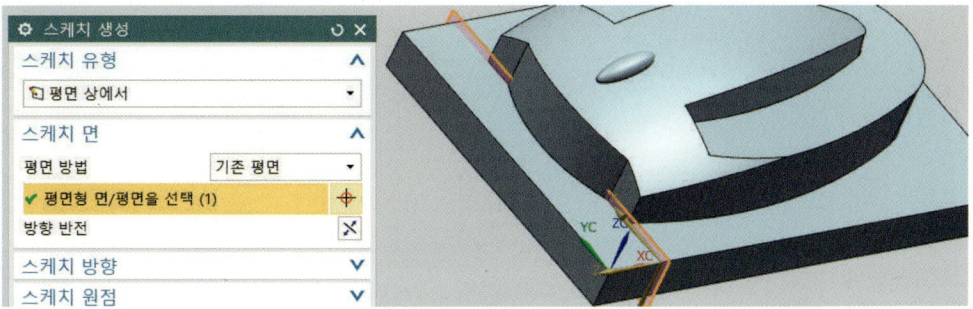

❸ 그림처럼 원호 아이콘을 이용하여 호를 생성하고, 치수 아이콘을 활용하여 치수기입을 한다.

❹ 대칭 곡선 아이콘을 이용하여 대칭 중심선을 선택하고, 대칭시킬 곡선을 선택한 후 확인하고, 스케치를 종료한다.

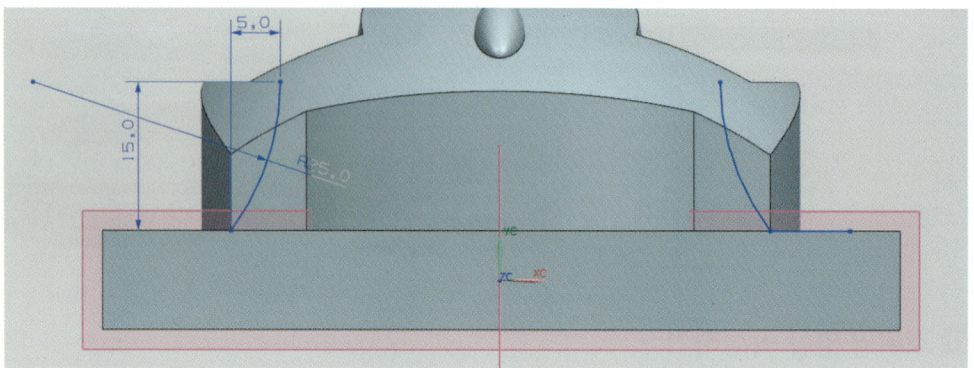

❺ 다시 타스크 스케치를 선택하고, 유형은 평면 상에서를 선택하고, 스케치 면은 평면 옵션을 선택한 후 확인한다.

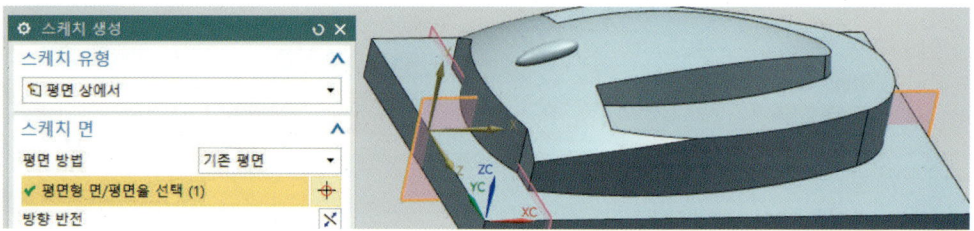

❻ 그림처럼 원호 아이콘을 이용하여 호를 생성하고, 치수 아이콘을 활용하여 치수기입을 한다.

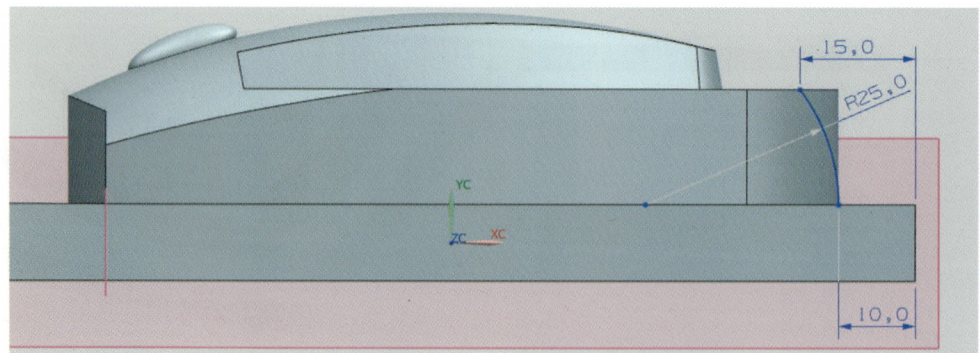

❼ 타스크 스케치를 선택하고, 유형은 평면 상에서를 선택하고, 스케치 면에서 평면 옵션을 선택하고 확인한다.

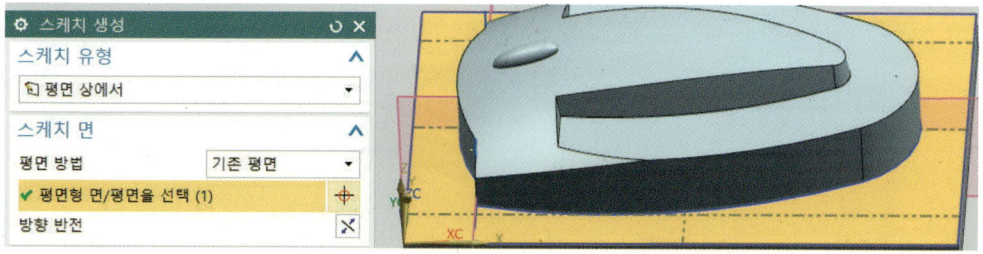

❽ 곡선 투영 아이콘을 클릭한 후 투영할 곡선을 선택하고 확인한다.

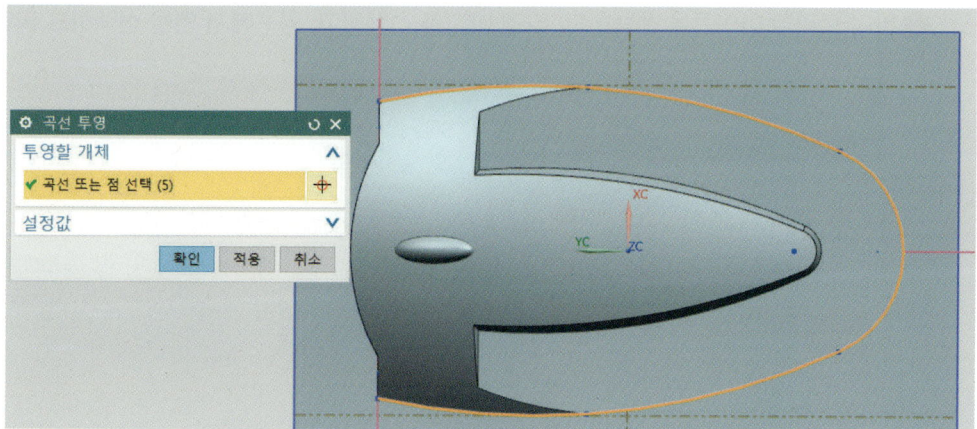

❾ 삽입의 스위핑에서 을 클릭한다. 순서대로 왼쪽 첫 번째 단면 곡선을 선택하고 MB2, 가운데 단면 곡선을 선택하고 MB2, 오른쪽 단면 곡선을 선택하고 MB2를 클릭한 다음 가이드 탭에서 곡선을 클릭하고 확인한다.(그림처럼 화살표 방향을 확인한다.)

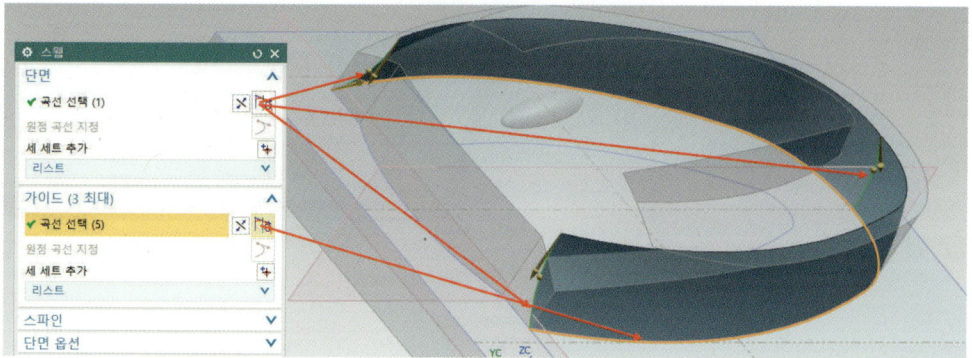

12 바디 트리밍하기

❶ 삽입의 트리밍에서 시트 연장을 클릭한 다음 유형은 거리로 하고, 모서리를 선택하고 확인한다.

❷ 바디 트리밍 아이콘을 선택한다. 타겟 바디를 선택하고, 공구에서 면을 선택하고 확인한다.

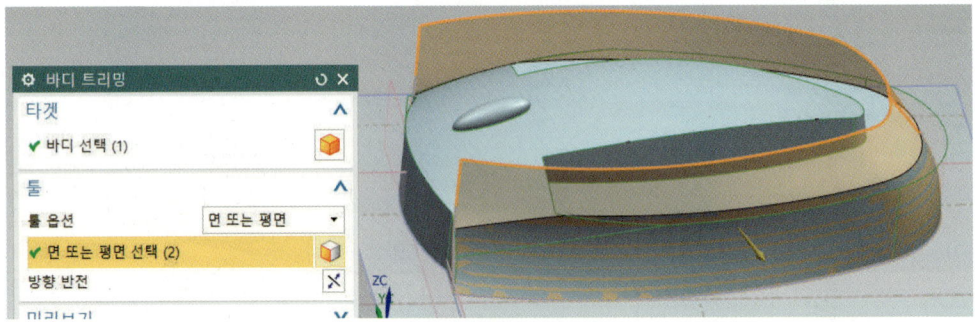

13 구배 작성하기

❶ 표시 및 숨기기 아이콘을 클릭한다. 유형은 모두에서 숨기기(-)를 선택하고, 솔리드 바디는 표시(+)를 선택한다.

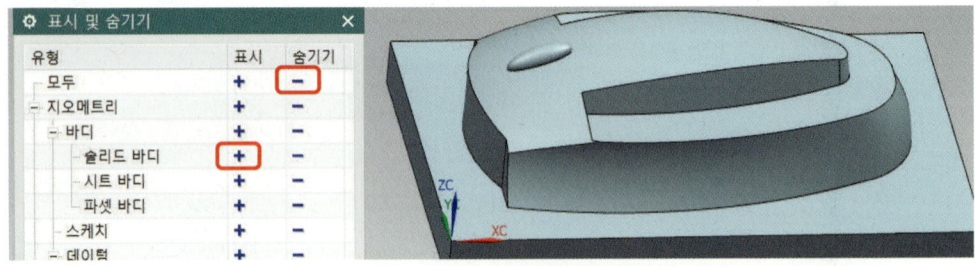

❷ 구배 아이콘을 선택한다. 유형은 평면으로부터로 설정하고, 구배 방향은 Z로 하고, 고정 평면을 설정하고, 구배할 면을 선택하고, 구배 각도 10을 입력하여 확인한 후 스케치를 종료한다.

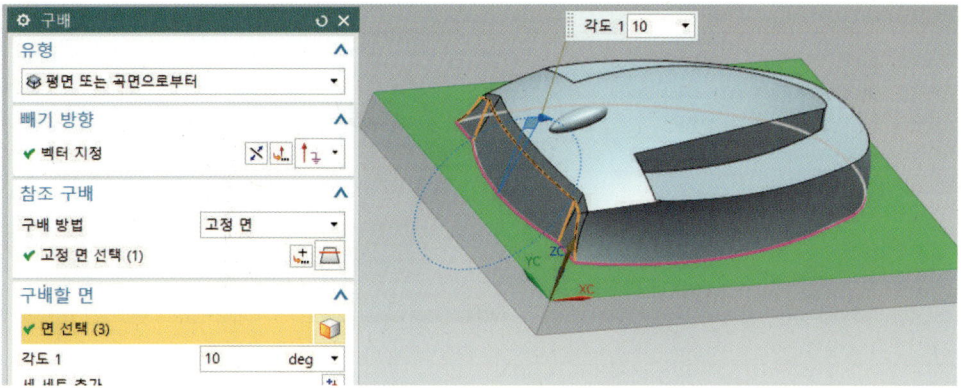

14 포켓 작성하기

❶ 타스크 스케치를 선택하여 유형은 평면 상에서를 선택하고, 스케치 면은 평면 옵션을 선택하고 확인한다.

❷ 그림처럼 원 아이콘과 원호 아이콘을 이용하여 원과 호를 생성하고, 치수 아이콘을 활용하여 치수기입을 한다.

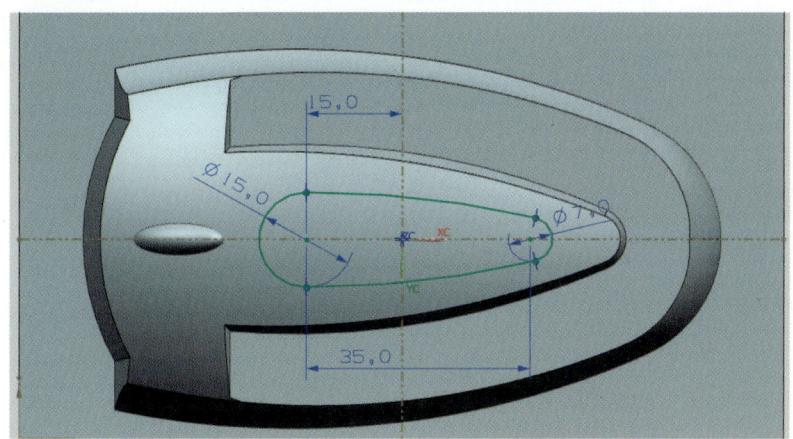

❸ 그림처럼 정적 와이어프레임 아이콘( )을 선택한다. 삽입의 특징 형상 설계에서 포켓(포켓(P))을 클릭하고, 포켓에서 일반을 선택하고 확인한다.

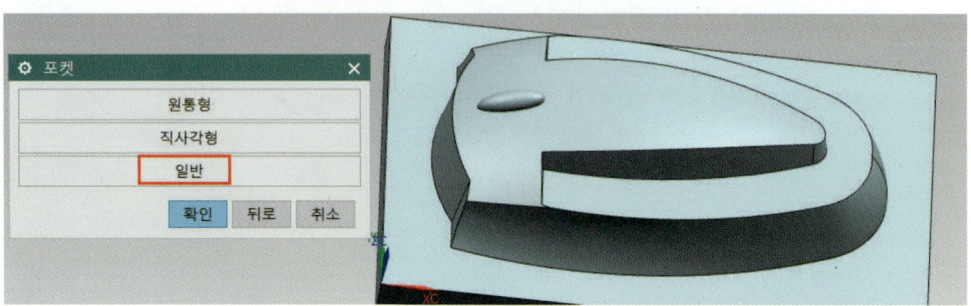

❹ 선택 단계 첫 번째 배치 면( )을 선택한 후 윗면을 선택한다.

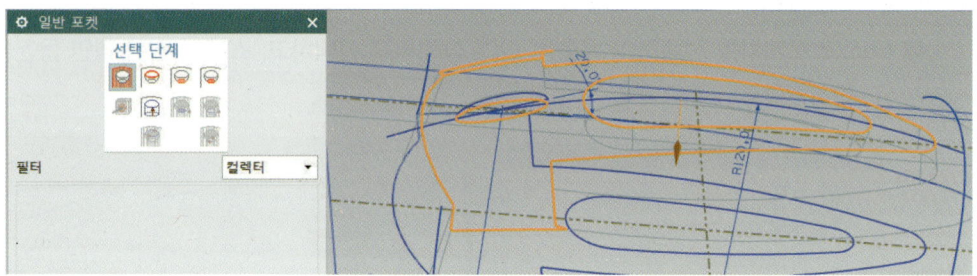

❺ 선택 단계 두 번째 배치 외곽선( )을 선택한 후 스케치 곡선을 클릭한다.

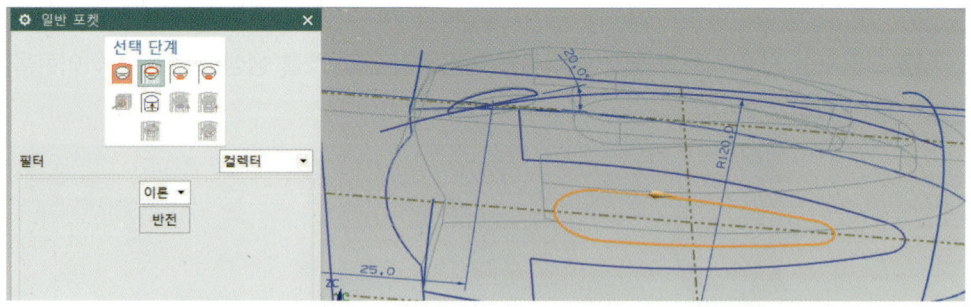

❻ 선택 단계 세 번째 바닥 면( )을 선택한 후 옵셋 값을 배치에서 5를 입력한다.

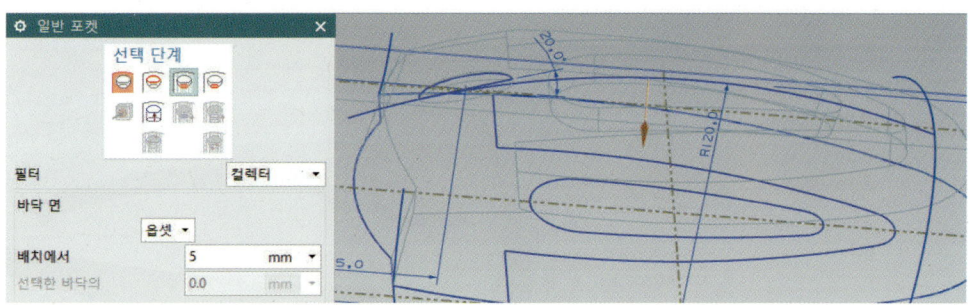

❼ 선택 단계 네 번째 바닥 외곽선( )을 선택한 후 테이퍼 각도는 0을 입력한 후 일정으로 하고 확인한다.

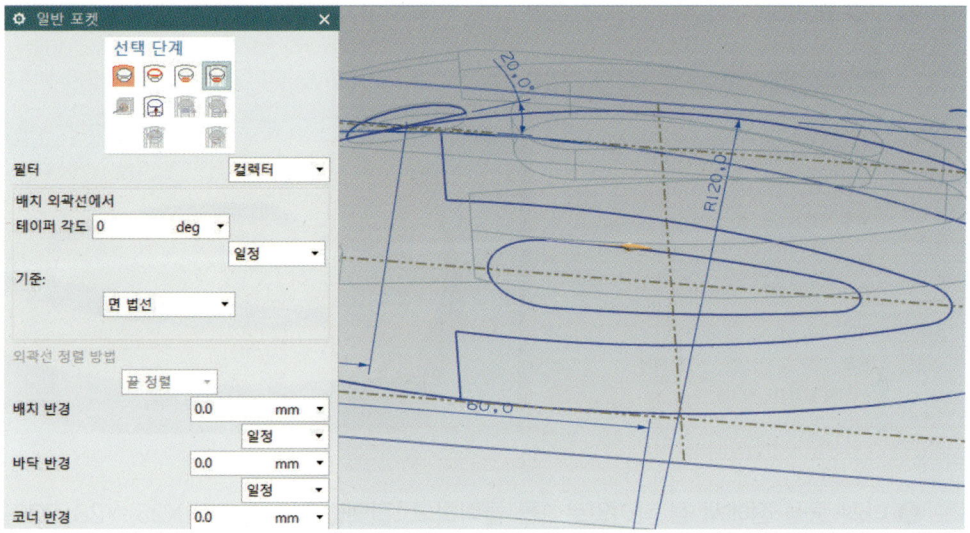

15 특징형상 구 작성하기

❶ 삽입의 특징형상 설계에서 구(S) 를 클릭한다. 유형에서 중심점과 직경을 선택하고, 중심 점에서 점 다이얼로그를 클릭한다.

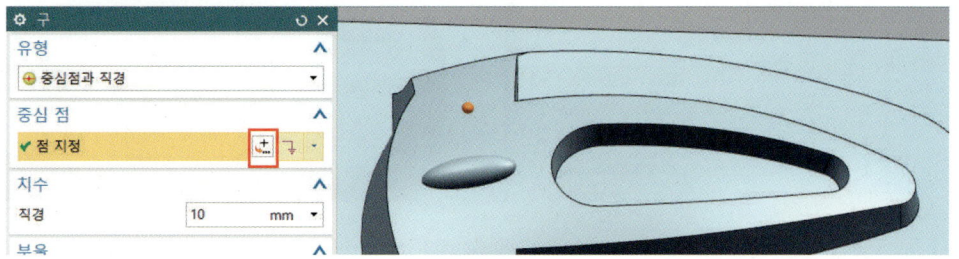

❷ 점 아이콘을 클릭한다. 유형에서 추정 점을 선택하고, 도면을 보고 절댓값으로 좌푯값 X25, Y52, Z20을 입력하고 확인한다.

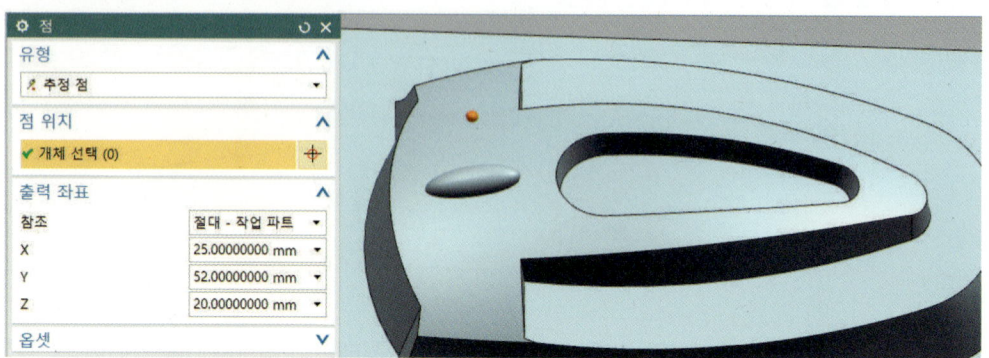

❸ 구를 클릭하여 치수는 직경 값으로 10을 입력하고, 부울은 빼기로 선택한 다음 적용한다.

❹ 다시 중심 점에서 점 다이얼로그를 클릭하고, 절댓값으로 좌푯값 X25, Y28, Z20을 입력한 다음 확인한다.

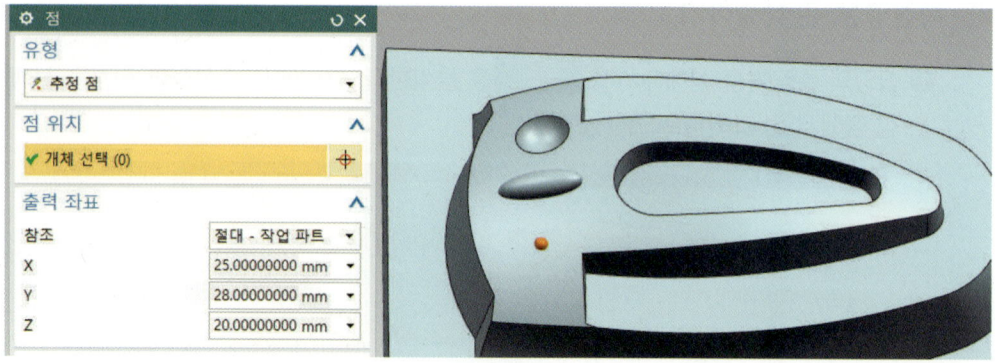

NX10 3D 모델링 및 CAD/CAM

❺ 다시 구의 아이콘을 클릭하고 치수는 직경 값으로 10을 입력하고, 부울은 빼기로 선택한 후 확인한다.

16 모서리 블렌드(필렛) 작성하기

❶ 모서리 블렌드 아이콘을 선택한다. 가변 변경 점에서 추정 점 중 끝점 윗쪽를 선택한 다음 모서리 아랫부분을 선택하고, 반경은 2를 입력하고 적용한다.

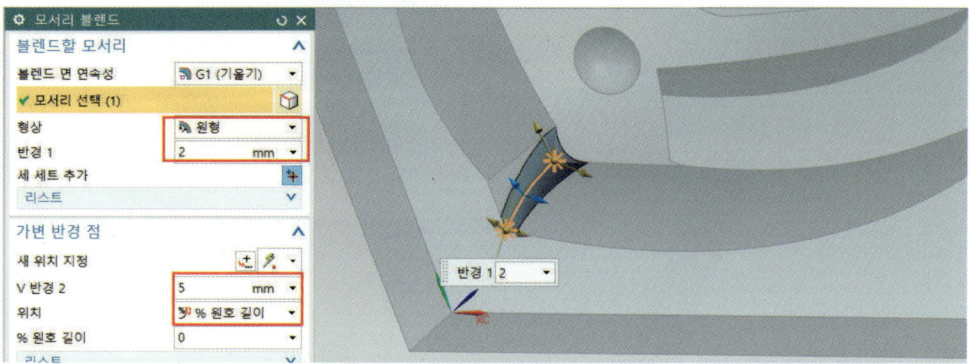

❷ 다시 모서리 윗부분을 선택하고, 반경에서 5를 입력하고 적용한다.

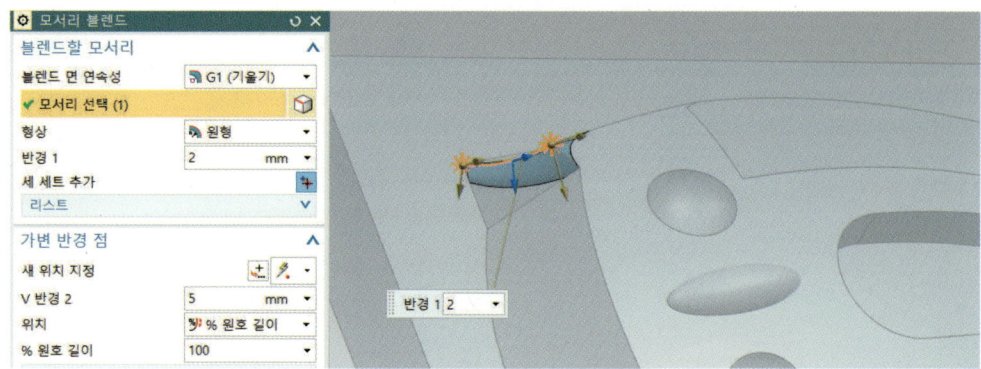

Chapter 04 | Surface Exercise   577

❸ 그림처럼 모서리를 클릭한 다음 반경 1을 입력 후 확인한다. 나머지도 모두 확인한다.

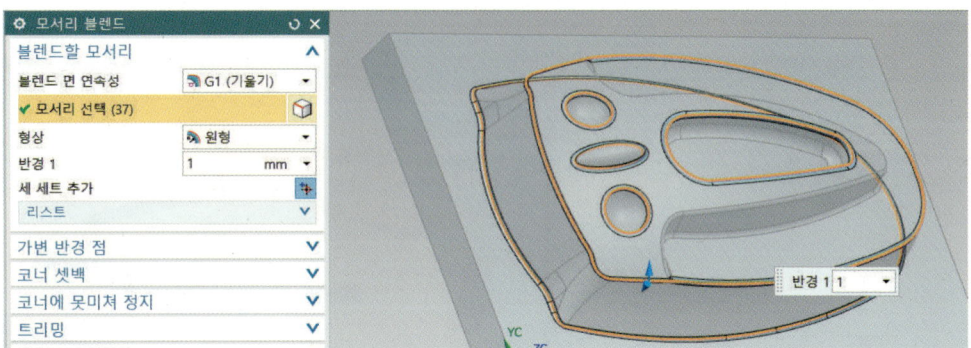

❹ 아래 그림은 완성된 모델링이다.

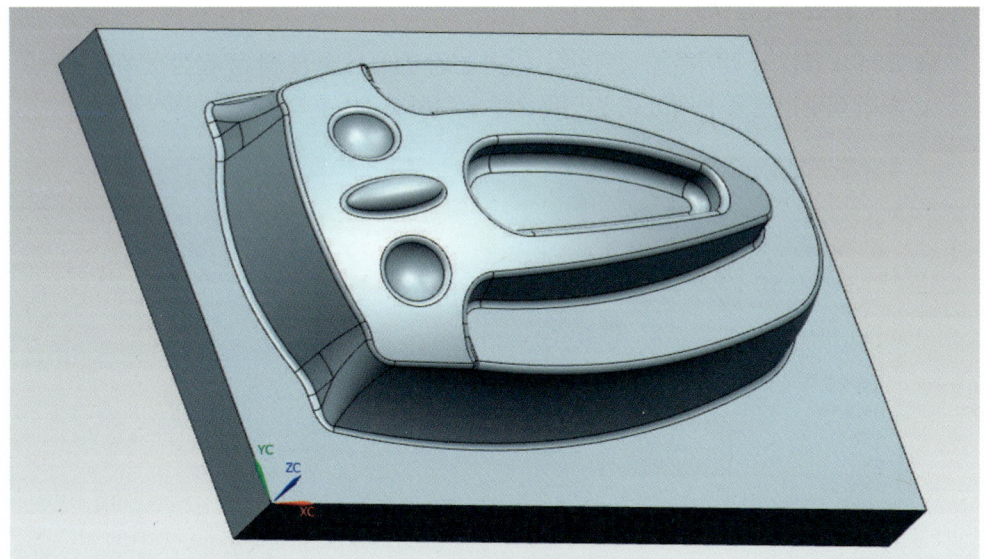

제25절 Surface 전화기 모델링 따라 하기

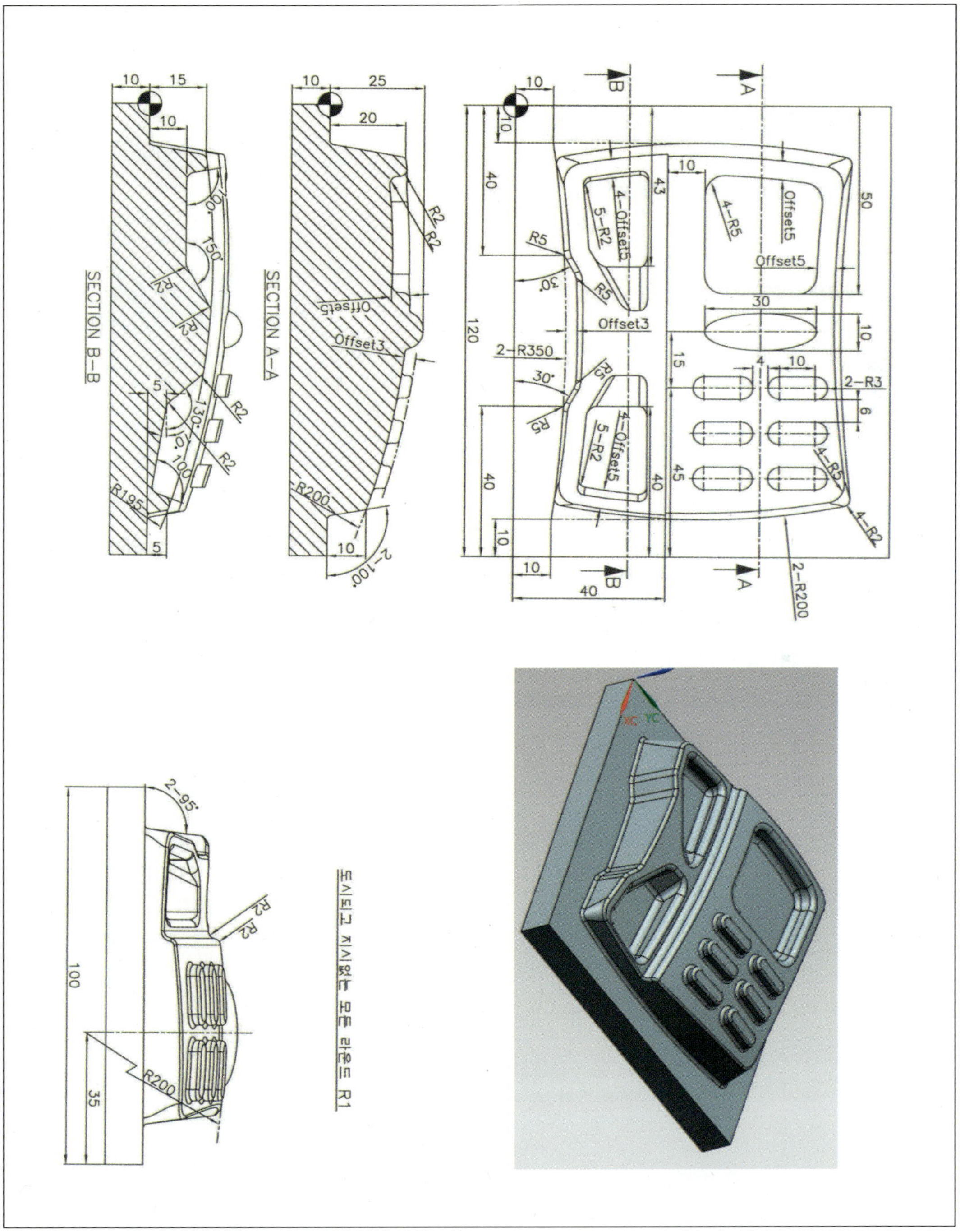

Chapter 04 | Surface Exercise

1 평면도(XY 평면) 스케치 작성하기

❶ 새로 만들기(, Ctrl + N)를 실행한다. 모델을 선택하고 파일 이름과 저장할 폴더를 입력한 다음 확인을 클릭한다.

❷ 삽입에서 타스크 환경의 스케치를 선택한다.

❸ 유형은 평면 상에서, 스케치 면은 평면도(XY 평면)를 선택한 후 스케치 모드로 들어간다.

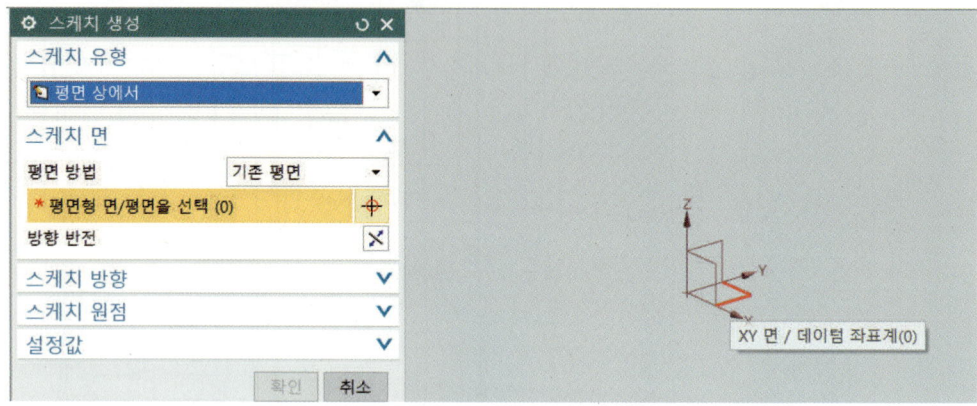

❹ 직사각형을 선택하여 그림에서와같이 2점으로 하여 원점(0,0)에서 시작하는 임의에 직사각형을 그린다. 그림처럼 R200, R350, 호의 구속조건을 클릭하여 수평 및 수직 중심선의 호의 중심을 선택하여 곡선상의 점을 클릭한다(좌우, 상하 동일하게 구속조건을 실행한다.). 그림처럼 완성하고 마친다.

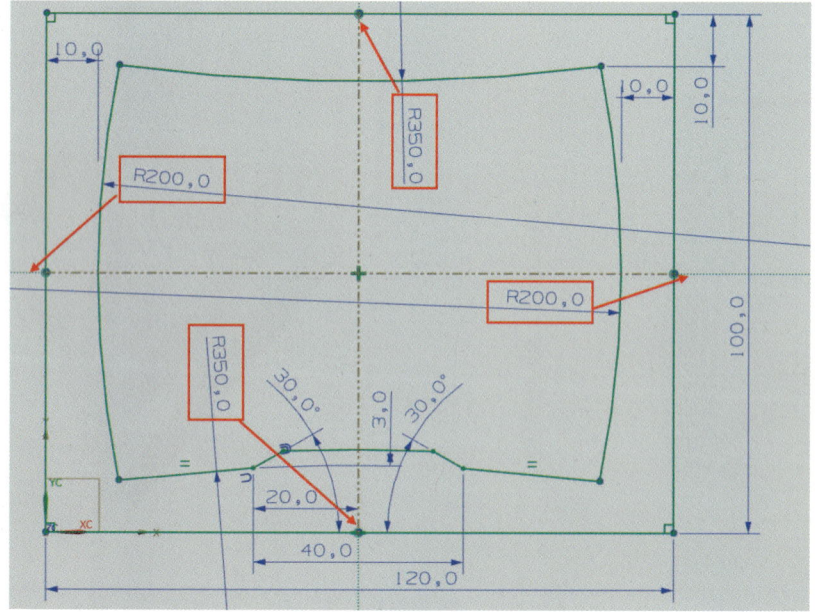

2 돌출 작성하기

❶ 돌출 아이콘을 선택한다. 연결된 곡선을 선택한 상태에서 곡선을 선택하고, 한계의 끝값 거리는 -10을 입력하여 돌출하고 적용한다.

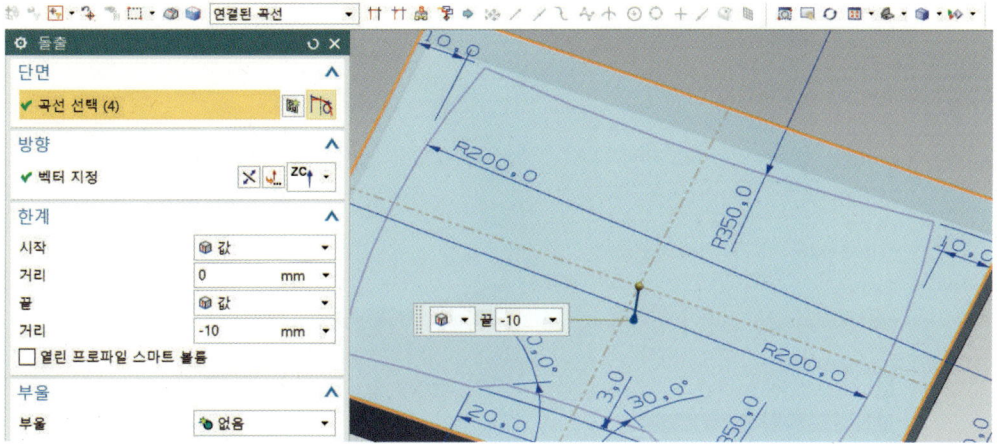

❷ 위와 같은 방법으로 단면 곡선을 선택하고, 한계의 끝값 거리는 30을 입력하여 돌출하고 확인한다.

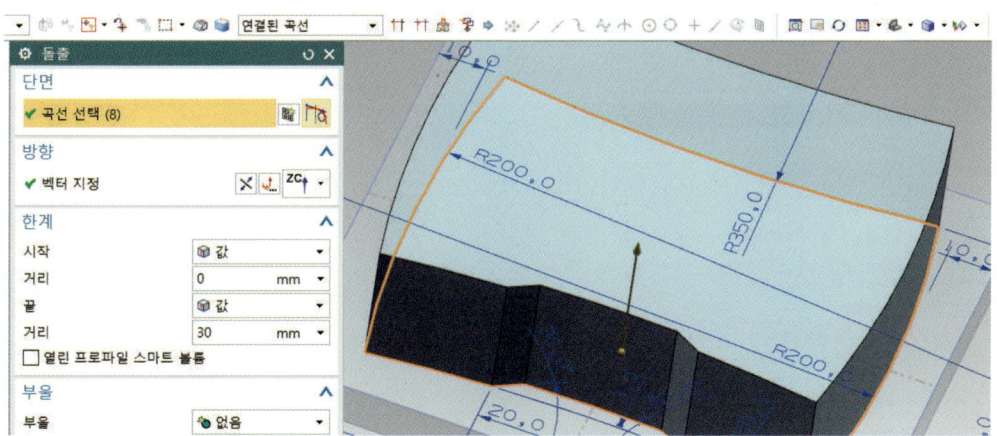

3 구배(Draft) 작성하기

❶ 구배 아이콘을 클릭하고, 유형을 평면으로 구배 방향을 Z축으로 고정 평면 바닥을 선택하고, 구배할 면 측면을 클릭하고, 구배할 면에서 각도 10을 입력하고 적용한다.

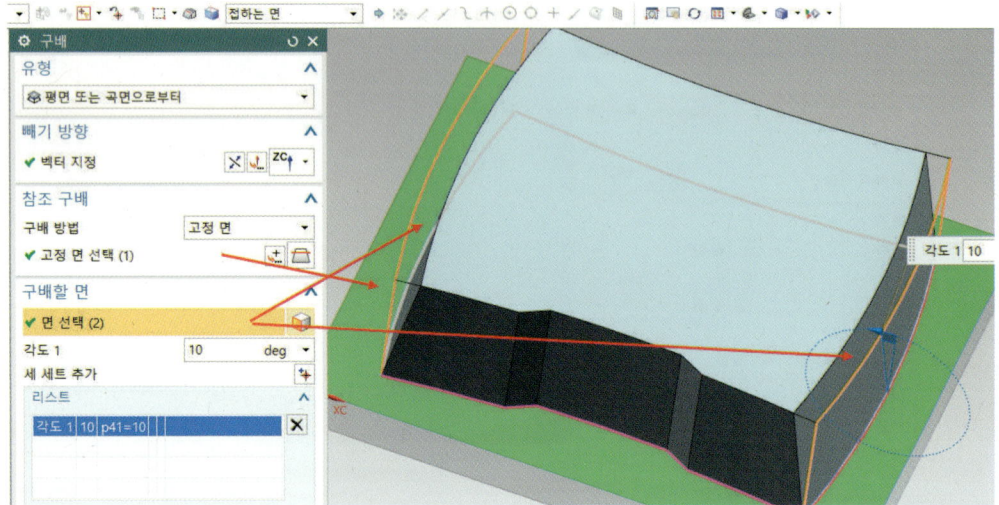

❷ 같은 방법으로 유형을 평면으로 구배 방향을 Z축으로 고정 평면을 선택하고, 구배할 면을 선택하고 구배할 면은 각도 5를 입력하고 적용한다.

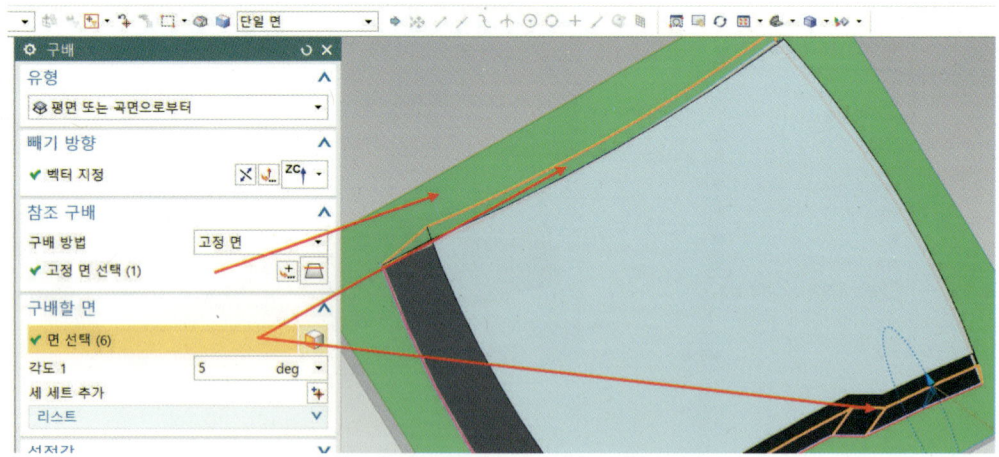

NX10 3D 모델링 및 CAD/CAM

❹ 정면도(XZ) 스케치 작성하기

❶ 타스크 스케치를 선택하여 평면 상에서 스케치면 옵션에서 평면 생성을 선택하고, 평면 지정을 클릭하고 옵셋에서 거리는 –40을 입력하여 가운데 평면을 생성하고 확인한다.

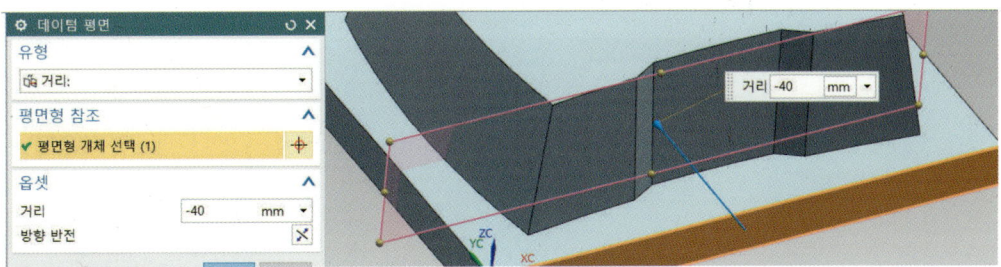

❷ 그림처럼 스케치 생성 후 치수를 이용하여 거리와 각도 치수를 기입한다. 점 생성을 위해 삽입에 데이텀/점에서 점을 선택하거나, 점 아이콘을 클릭한다. 경사수직선의 스냅 곡선상의 점에 적당한 위치 양쪽에 점을 클릭하고, 높이 치수 15, 5를 확인한다.
옵셋 곡선 아이콘을 클릭하고 옵셋할 곡선을 선택한 다음 옵셋에서 거리 값 3을 입력하고, 그림처럼 위쪽으로 확인한 다음 스케치를 마친다.

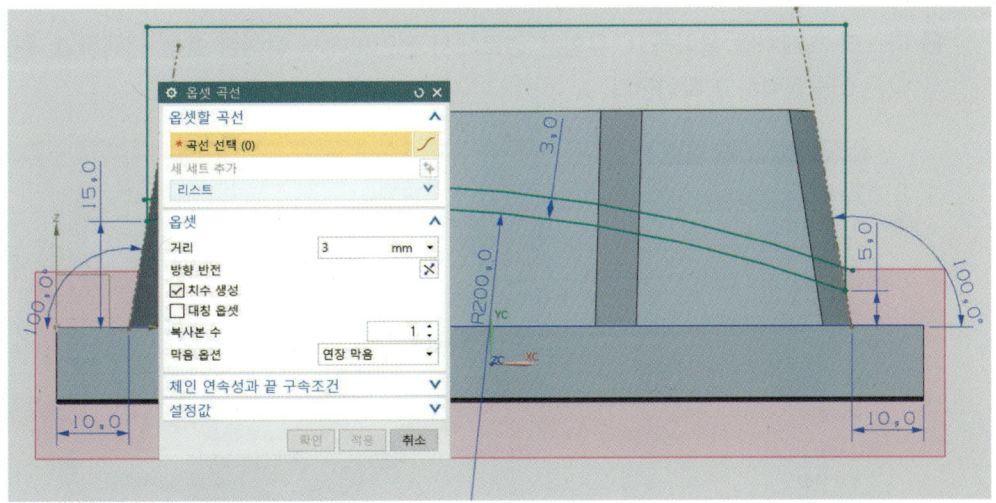

Chapter 04 | Surface Exercise

5 돌출 작성하기

❶ 돌출 아이콘을 선택한다. 위에서 스케치한 선을 선택하고, 한계에서 끝값 거리에 50을 입력하고, 부울에서 빼기로 설정한 다음 바디를 클릭하고 확인한다.

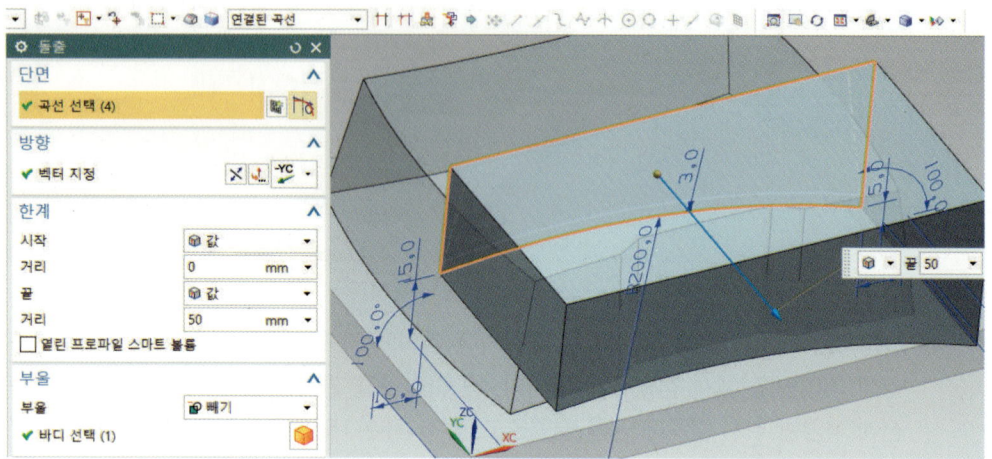

6 우측면도(YZ) 스케치 작성하기

❶ 다스크 스케치를 클릭하고, 유형은 경로에서 정면도에서 작성한 호를 선택하고, 원호 길이 값은 0을 입력하고 확인한다.

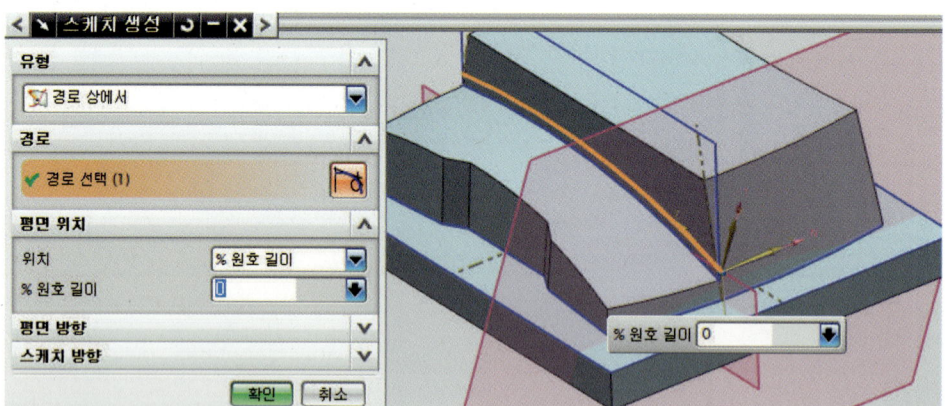

❷ 원호 아이콘을 선택한다. 그림처럼 호 세 번째 점을 정면도에서 생성한 원호 스냅 시작 점을 확인하면서 클릭한다.

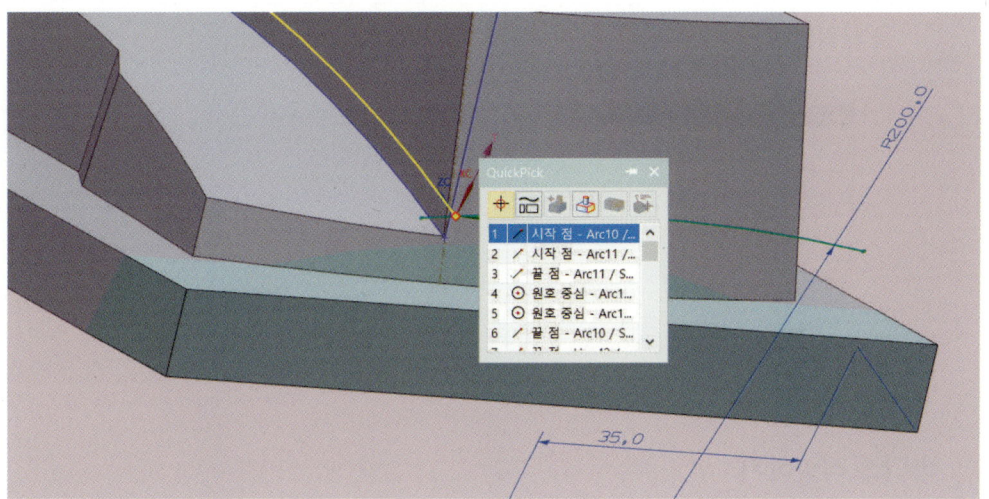

❸ 우측면도 상태에서 치수 아이콘을 클릭하여 아래 그림처럼 치수기입을 하고 스케치를 종료한다.

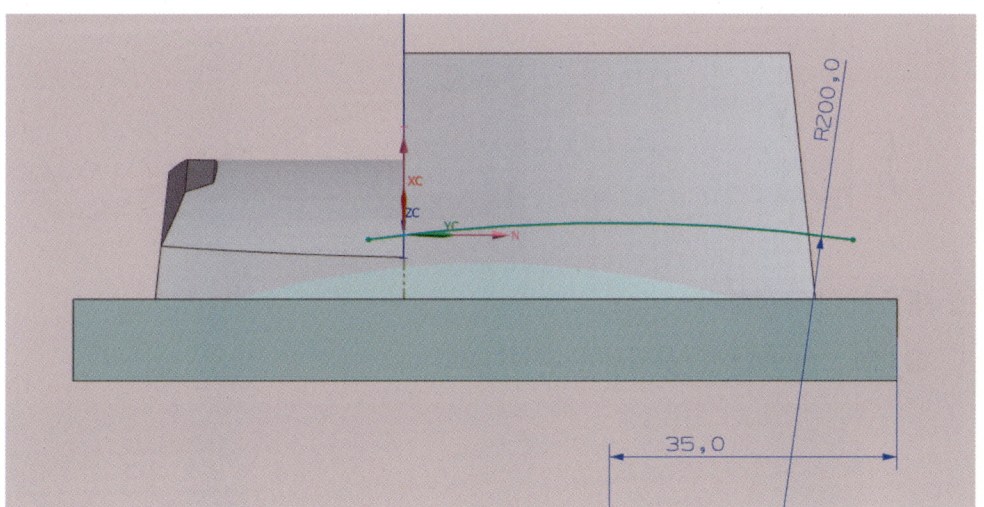

7 스위핑 형상 작성하기

❶ 삽입의 스위핑에서 [가이드를 따라 스위핑(G)...] 을 클릭한다. 단면 곡선을 선택하고 가이드 곡선을 클릭한 후 확인한다.

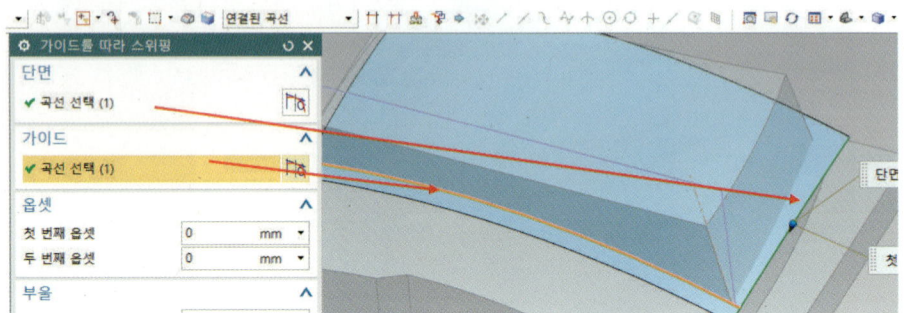

8 바디 트리밍하기

❶ 바디 트리밍 아이콘을 선택한다. 타겟 바디를 선택하고 공구에서 면을 선택하고 확인한다.

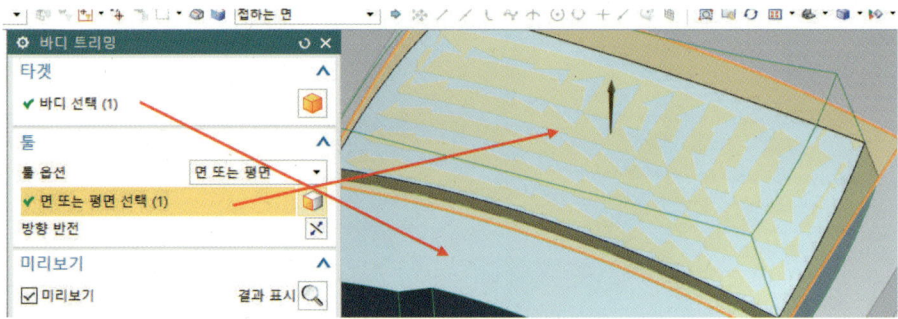

9 새 스케치 작성하기

❶ 아래 그림처럼 MB3 클릭하여 숨기기 클릭한다.

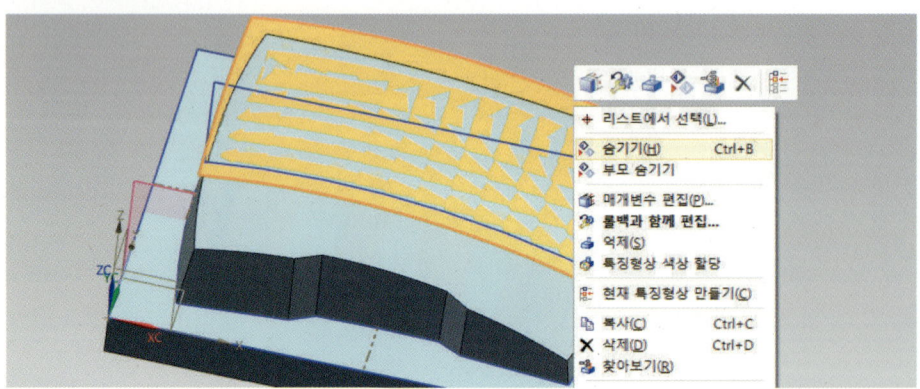

❷ 타스크 스케치 선택하여 평면 상에서, 베이스 평면을 선택한 다음 확인한다.

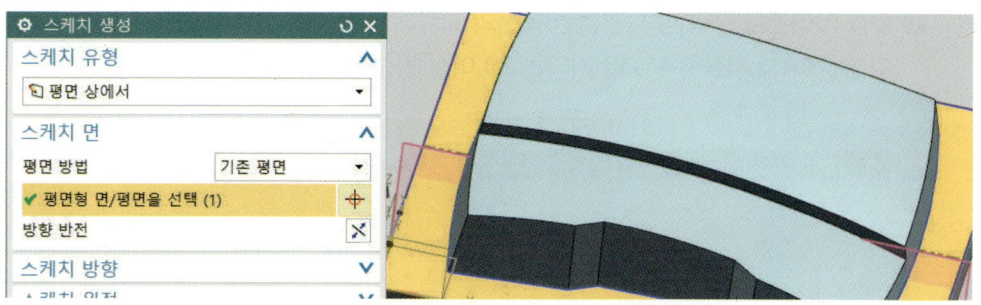

❸ 곡선 투영 아이콘을 활용하여 선을 투영하고 옵셋 곡선을 활용하여 5mm 안쪽으로 옵셋하고 확인한다. 대칭 곡선, 타원을 이용하여 중심점에서 점을 클릭하고 외반경 15, 내반경 5, 회전 90도를 입력하고 확인한다.

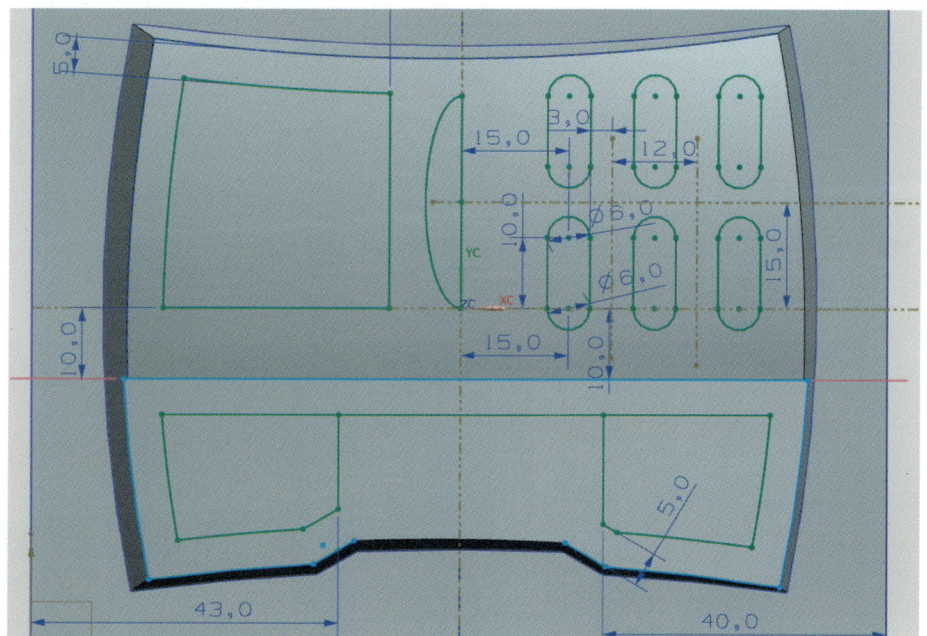

10 돌출 작성하기

❶ 돌출 아이콘을 클릭한다. 연결된 곡선의 교차에서 정지를 선택한 상태로 단면 곡선을 선택한다. 한계에서 시작은 10, 끝 거리는 50 이상 돌출한다. 부울은 빼기로 하고 적용한다.

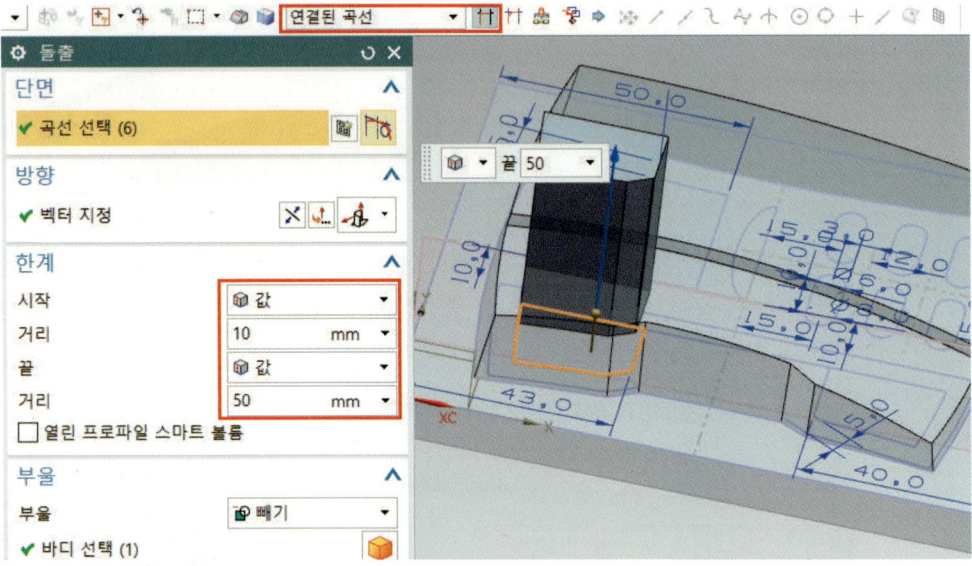

❷ 같은 방법으로 단면 곡선을 선택하고, 한계에서 시작 값 거리는 5, 끝값 거리는 50 이상 돌출한다. 부울은 빼기로 하고 확인한다.

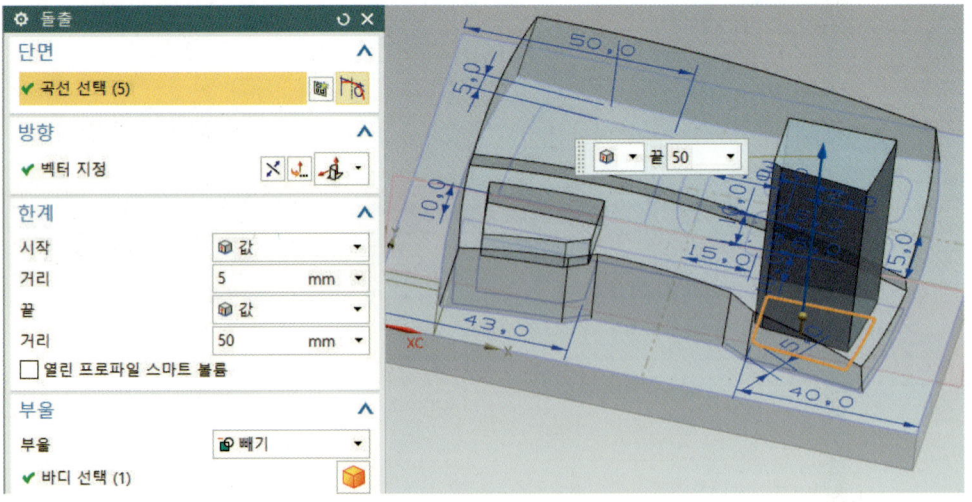

NX10 3D 모델링 및 CAD/CAM

11 포켓 작성하기

❶ 그림처럼 정적 와이어프레임 아이콘( )을 선택한다. 삽입 특징형상 설계에서 을 클릭하고, 포켓에서 일반을 선택한 다음 확인한다.

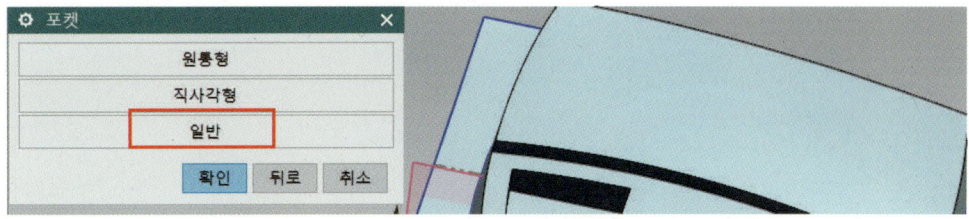

❷ 선택 단계 첫 번째 배치 면( )을 선택한 후 면을 선택한다.

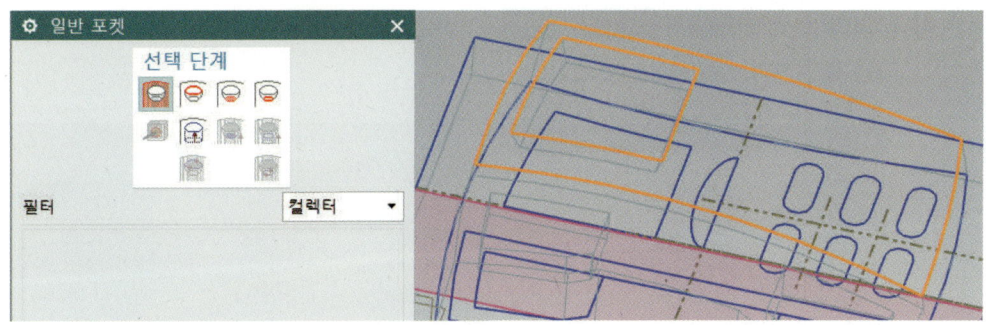

❸ 선택 단계 두 번째 배치 외곽선( )을 선택한다.

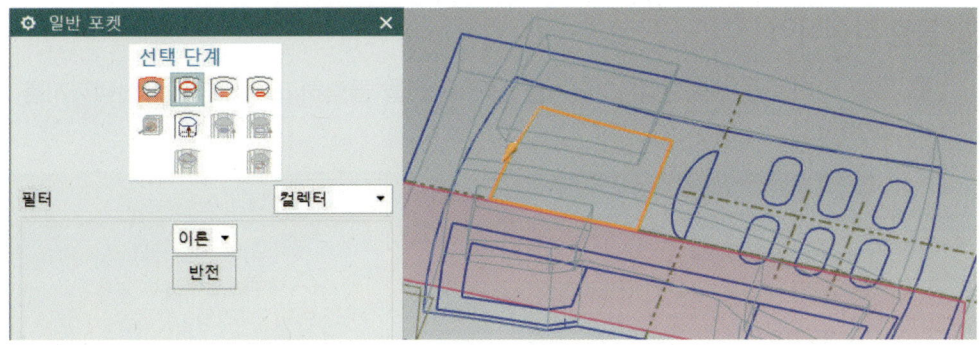

❹ 선택 단계 세 번째 바닥 면( )에서 옵셋 값을 배치에서 5를 입력하고, 선택 단계 네 번째 바닥 외곽선( )은 테이퍼 각도는 0을 입력한 후 일정으로 하고 확인한다.

Chapter 04 | Surface Exercise

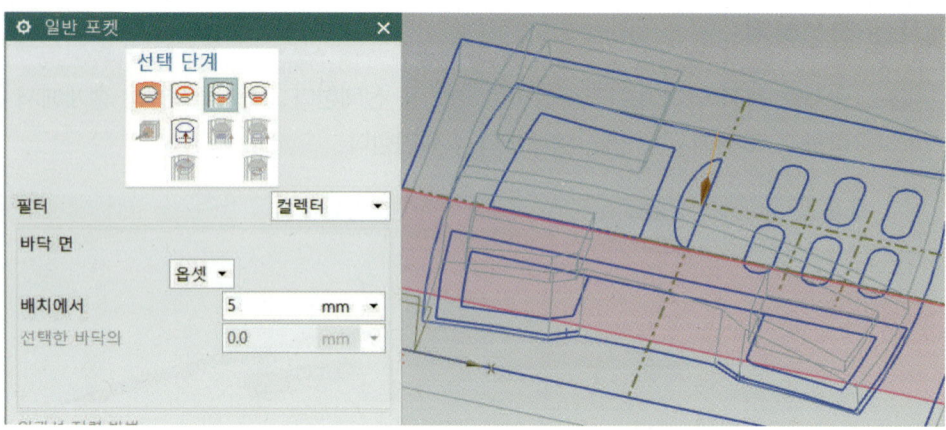

12 곡면 옵셋

❶ 삽입의 옵셋/배율에서 <kbd>옵셋 곡면(O)</kbd>을 클릭하고, 옵셋은 3을 입력 후 옵셋할 면을 선택한 다음 확인한다.

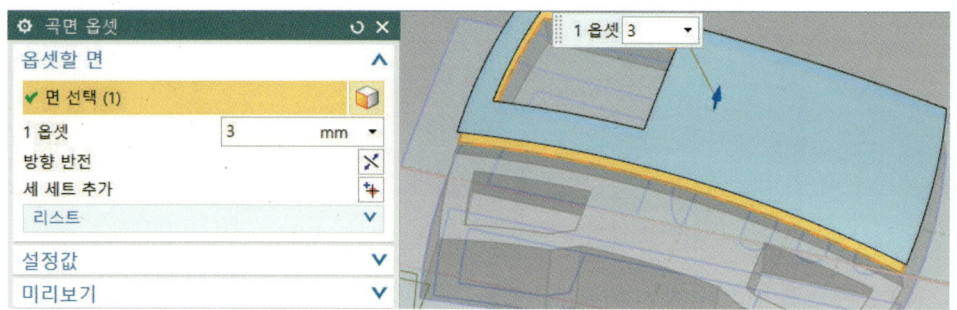

13 돌출 작성하기

❶ 돌출 아이콘을 선택한다. 그림처럼 단면 곡선을 클릭하고, 끝 거리는 선택까지를 선택하고 확인한다.

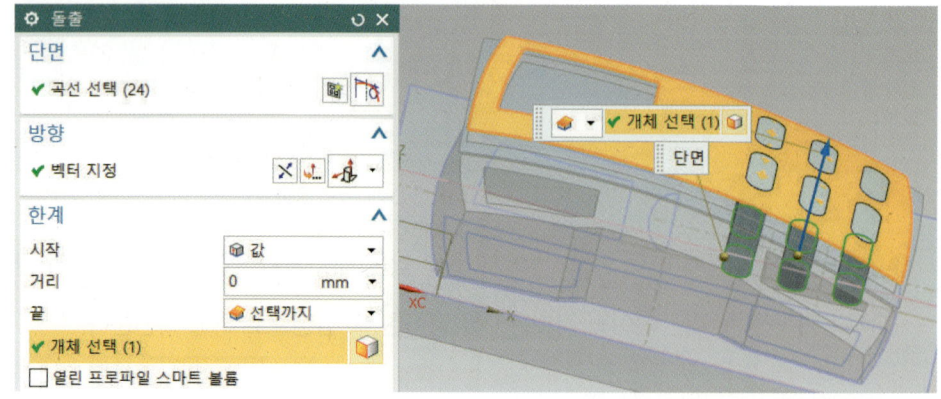

NX10 3D 모델링 및 CAD/CAM

14 표시 및 숨기기

❶ 표시 및 숨기기 아이콘을 클릭한다. 유형은 모두에서 숨기기(-)를 선택하고, 솔리드 바디는 표시(+)를 선택한다.

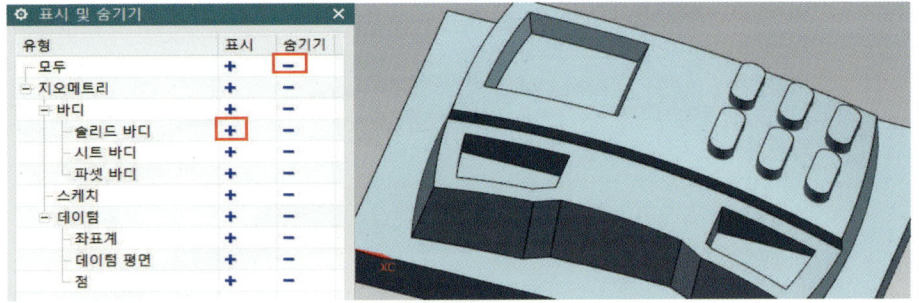

15 구배 작성하기

❶ 구배 아이콘을 선택한다. 유형은 평면으로부터로 설정하고, 구배 방향은 Z로, 고정 평면을 설정한다. 구배할 면을 선택한 후 구배할 면에서 각도는 60을 입력하고 적용한다.

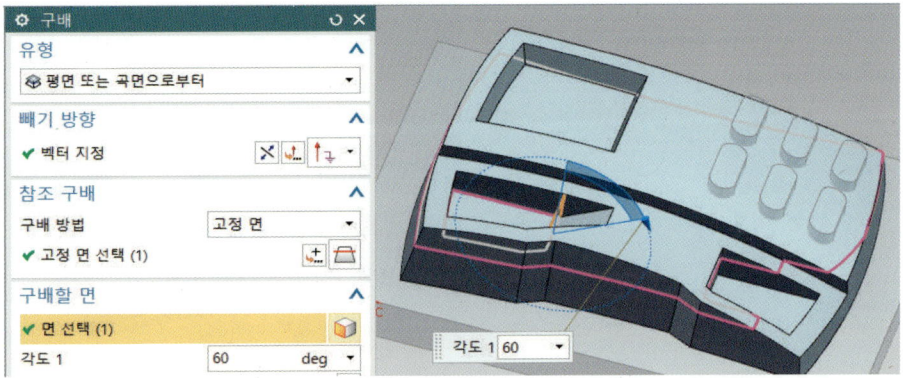

❷ 같은 방법으로 유형은 평면으로 부터로 설정하고, 구배 방향은 Z로 하고, 고정 평면을 설정하고, 구배할 면을 선택한 후 구배할 면에서 각도는 10을 입력하고 적용한다.

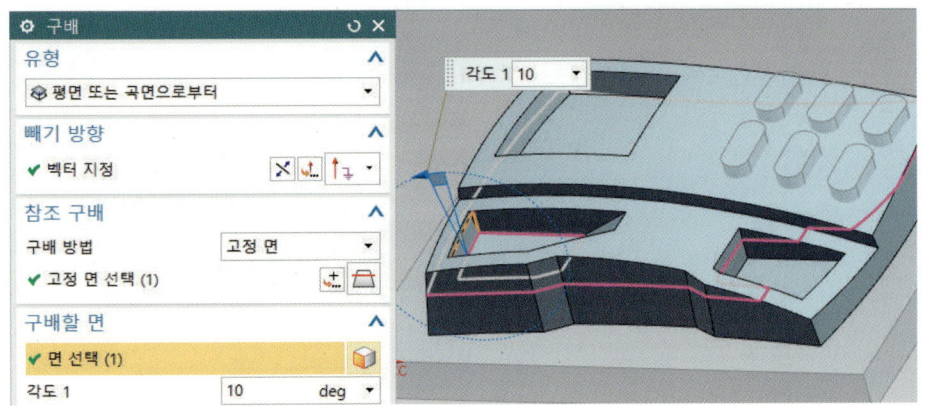

❸ 같은 방법으로 유형은 평면으로 부터로 설정하고, 구배 방향은 Z로 하고, 고정 평면을 설정하고, 구배할 면을 선택한 후 구배할 면에서 각도는 10을 입력하고 적용한다.

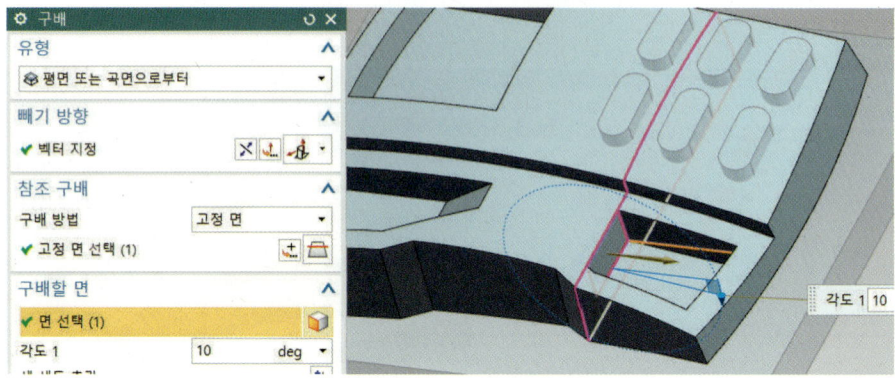

❹ 같은 방법으로 유형은 평면으로 부터로 설정하고, 구배 방향은 Z로 하고 고정 평면을 설정하고, 구배할 면을 선택한 후 구배할 면에서 각도는 40을 입력하고 적용한다.

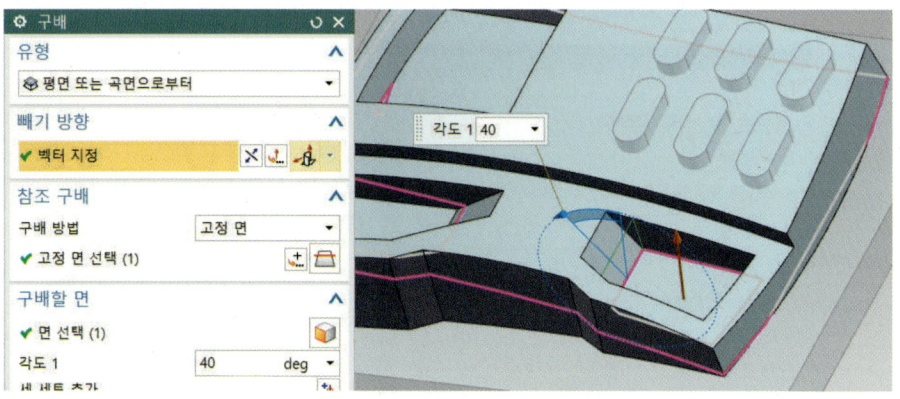

❺ 같은 방법으로 유형은 평면으로 부터로 설정하고, 구배 방향은 Z로 하고, 고정 평면을 설정하고, 구배할 면을 선택한 후 구배할 면에서 각도는 10을 입력하고 확인한다.

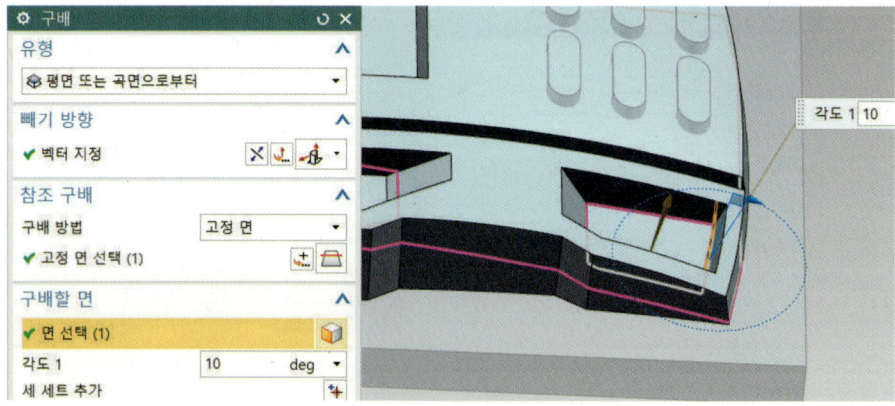

NX10 3D 모델링 및 CAD/CAM

16 전체 결합하기

❶ 결합하기를 클릭하고, 타겟 바디를 선택하고, 공구 바디 전체를 클릭한 다음 확인한다.

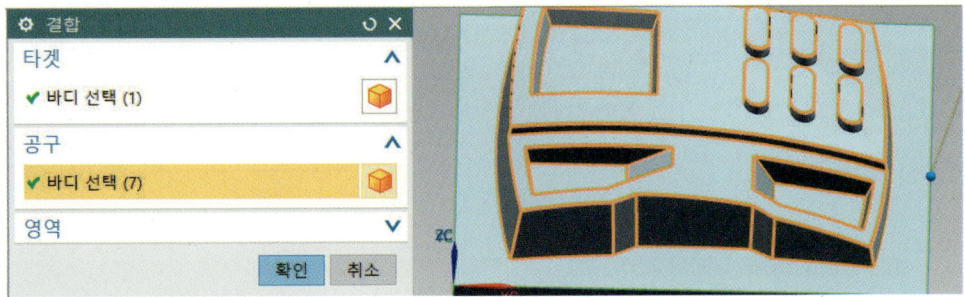

17 모서리 블렌드(필렛) 작성하기

❶ 모서리 블렌드를 선택하고, 가변 변경 점 추정 점 중 끝점을 선택하고, 모서리 아랫부분을 선택하고, 반지름 반경 값 2를 입력한다. 다시 모서리 윗부분을 선택하고 반경 값 5를 입력하고, 적용한다. 3군데도 같은 방법으로 필렛 작업을 하다.

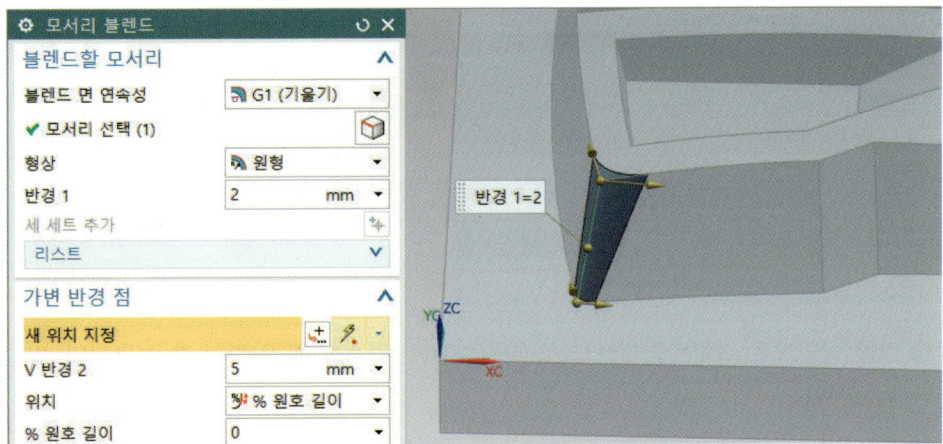

❷ 모서리를 클릭하고, 반경 값 2를 입력 후 적용한다.

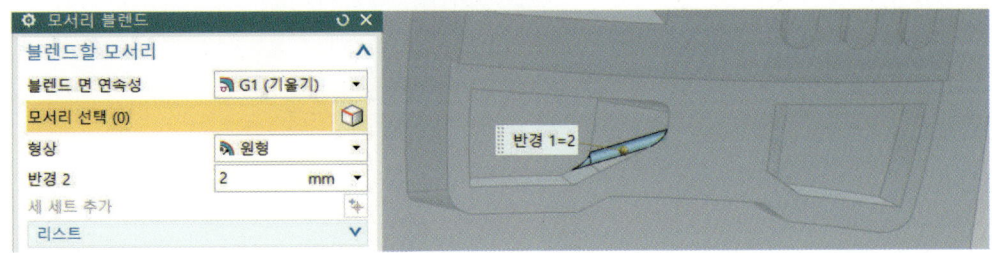

Chapter 04 | Surface Exercise

❸ 모서리를 클릭하고, 반경 값 2를 입력한 후 적용한다.

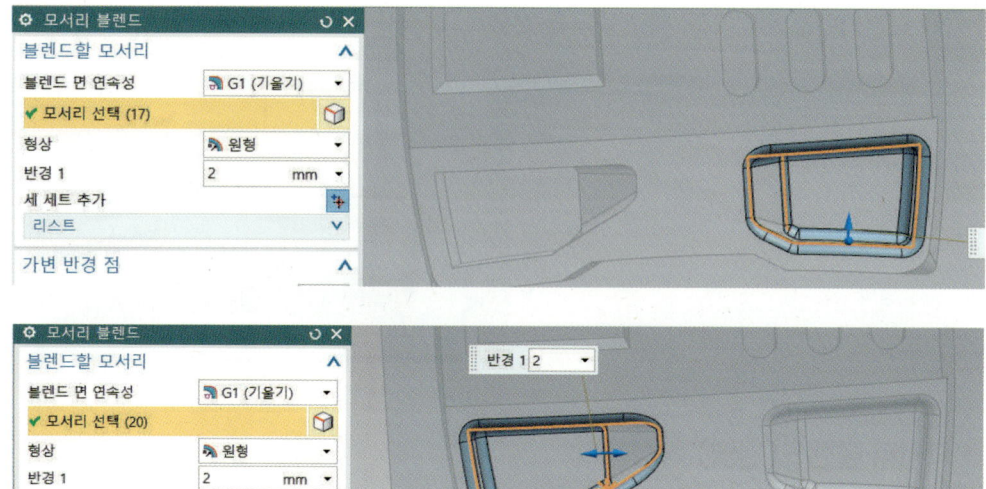

❹ 같은 방법으로 그림처럼 모서리를 클릭하고, 반경 값 5를 입력한 후 적용한다.

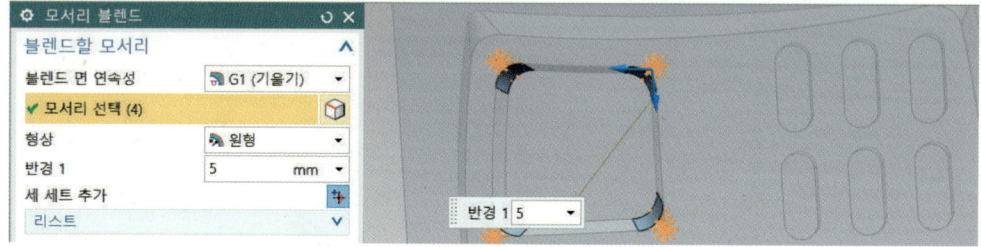

❺ 같은 방법으로 그림처럼 모서리를 클릭하고, 반경 값 2를 입력한 후 적용한다. 다른 부위도 확인한다.

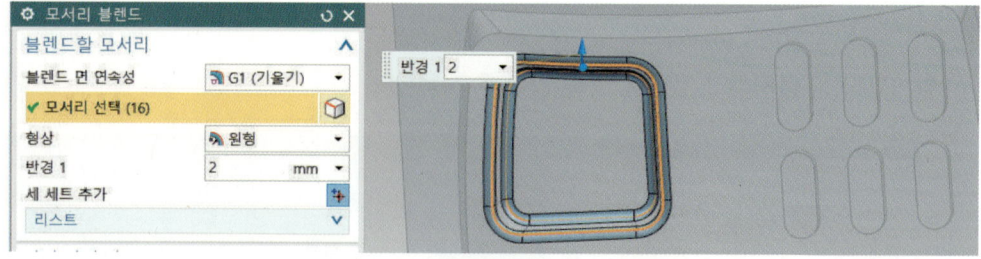

NX10 3D 모델링 및 CAD/CAM

18 회전 작성하기

① 작업 평면을 클릭하고, 유형은 거리로 하여 평면 참조 클릭한다. 옵셋의 거리는 20을 입력하고 확인한다.

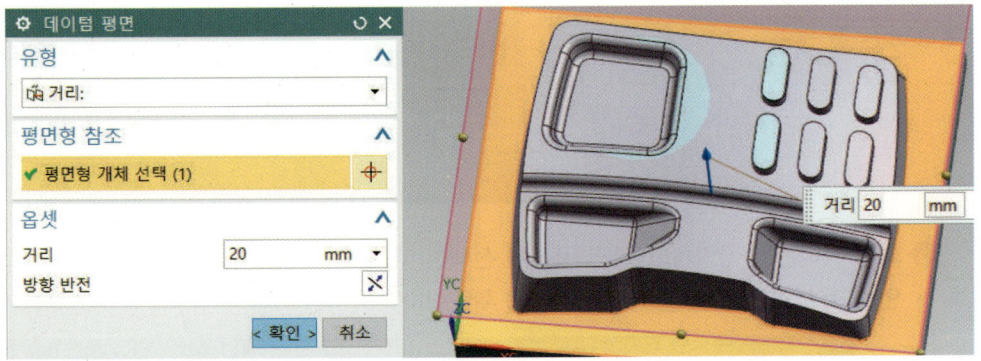

② 표시 및 숨기기 아이콘을 클릭한 후 스케치는 표시(+)를 선택한다.

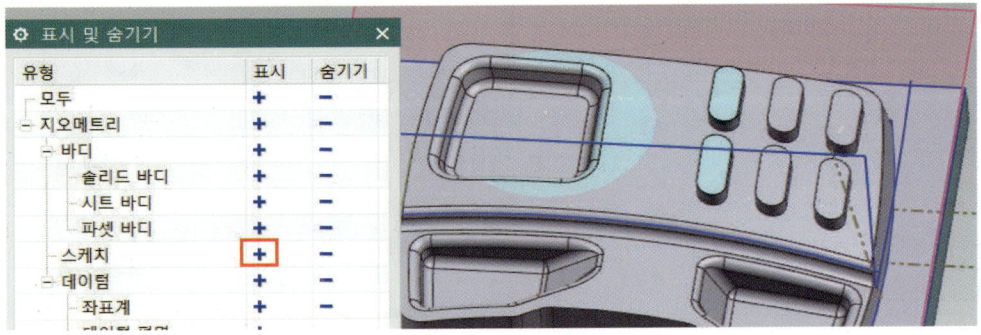

③ 태스크 스케치를 선택하여 평면 상에서, 데이텀 평면을 선택한 후 확인한다.

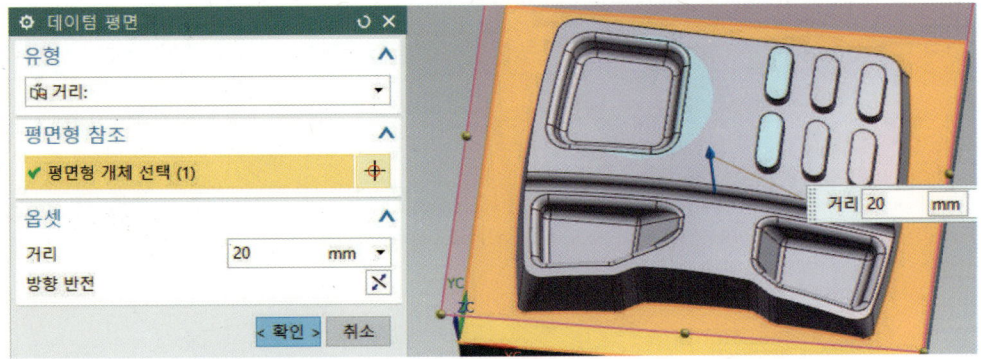

Chapter 04 | Surface Exercise

❹ 곡선 투영 아이콘을 클릭하고 곡선을 클릭한 후 확인한다.

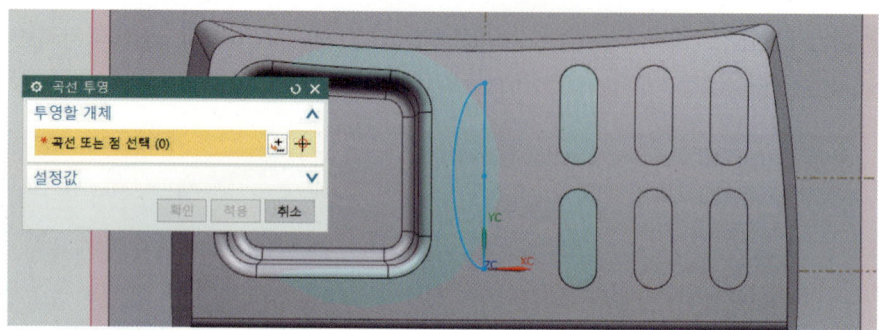

❺ 회전 아이콘을 클릭하고 단면 곡선을 선택한 다음 축 벡터를 클릭한다. 한계에서 각도를 확인하고, 부울은 결합으로 선택한 다음 확인한다.

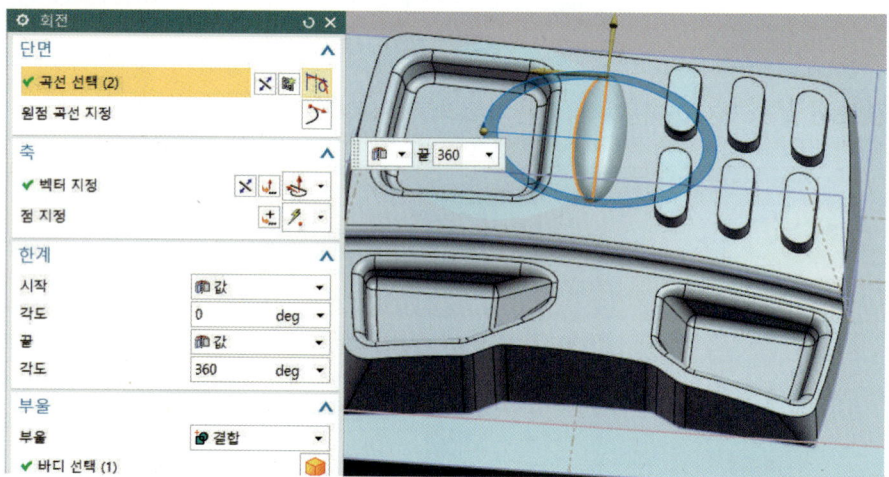

❻ 그림처럼 모서리 전체를 클릭하고, 반경 값은 1을 입력한 후 확인한다. 도면을 확인하여 완성한다.

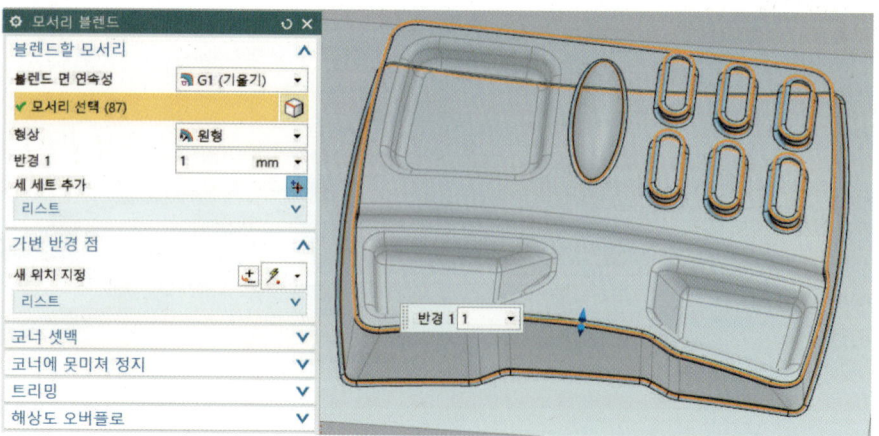

제26절 Surface 브라켓 모델링 따라 하기

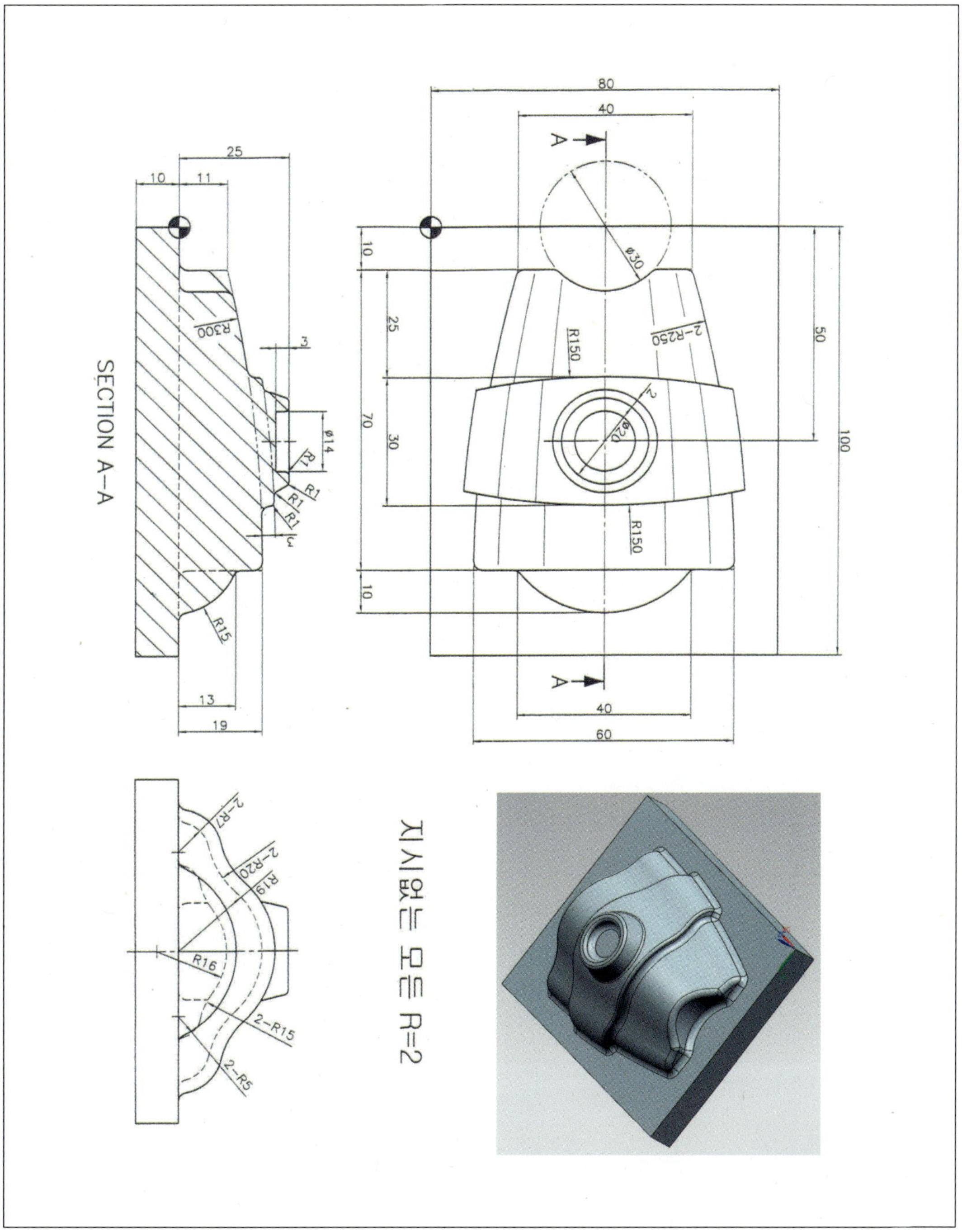

지시없는 모든 R=2

Chapter 04 | Surface Exercise

1 평면도(XY 평면) 스케치 작성하기

① 새로 만들기(▢ , Ctrl + N)를 실행한다. 모델을 선택하고 파일 이름과 저장할 폴더를 입력한 다음 확인을 클릭한다.

② 삽입에서 [타스크 환경의 스케치(S)] 를 선택한다.

③ 유형은 평면 상에서, 스케치 면은 평면도(XY 평면)를 선택한 후 확인하고, 스케치 모드로 들어간다.

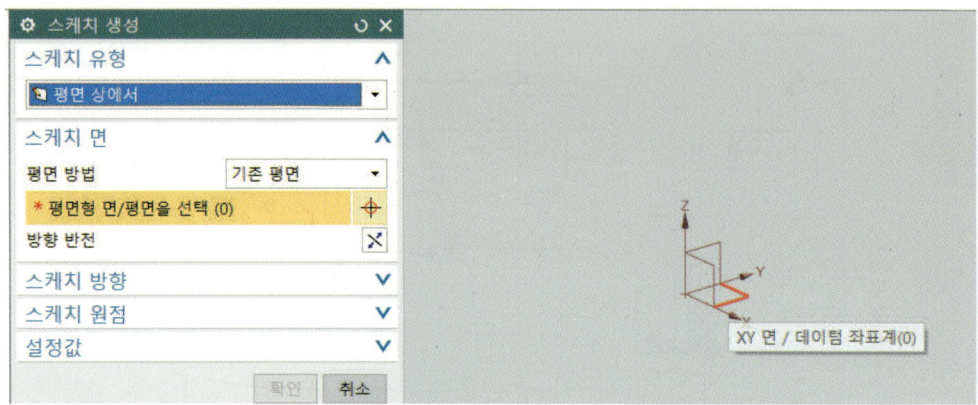

④ 그림처럼 선 아이콘과 원호를 이용하여 스케치를 생성하고 치수를 입력한다.

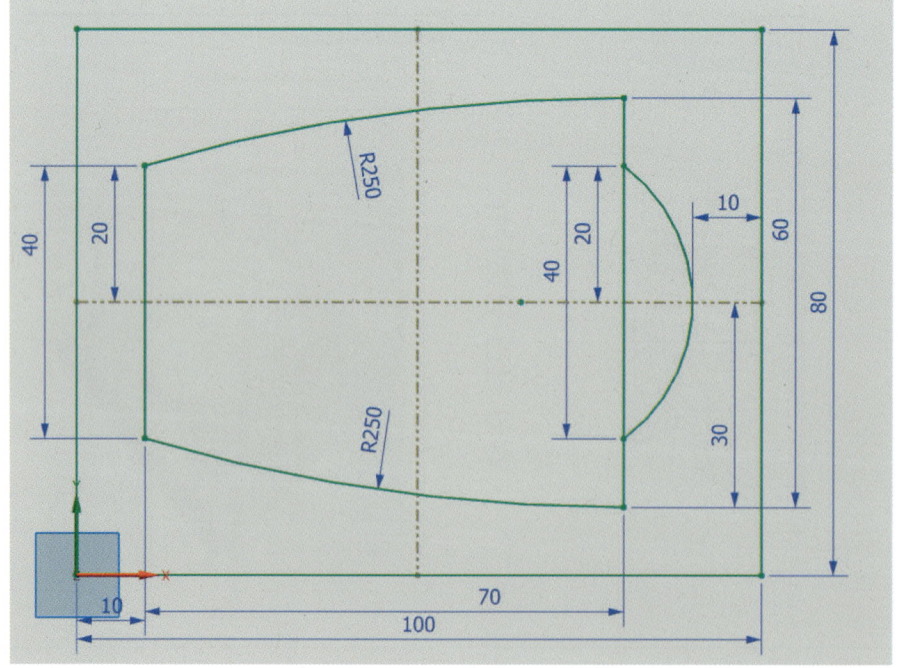

❺ 표시 및 숨기기 아이콘을 클릭한 후 치수를 숨기기(-)를 선택한다.

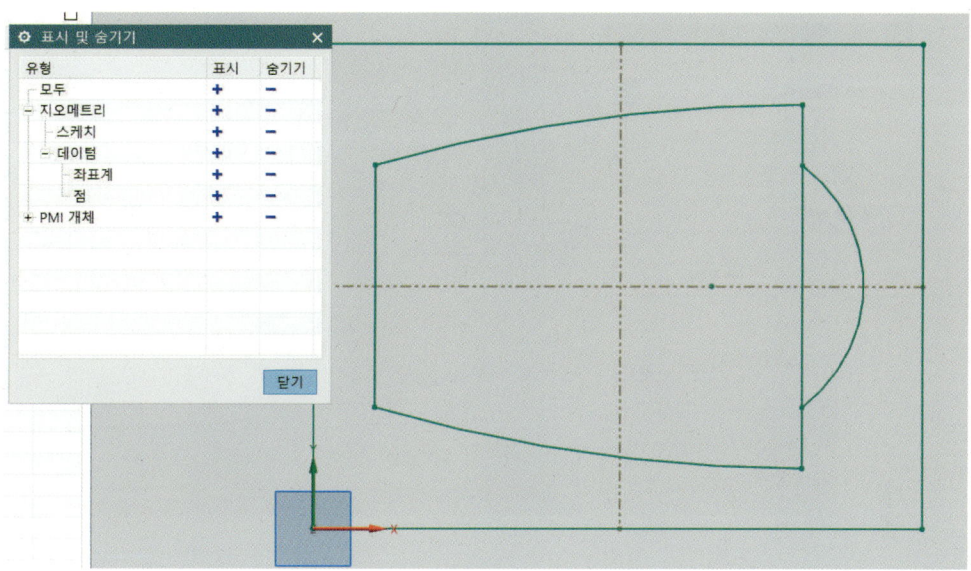

❻ 그림처럼 원 아이콘을 이용하여 스냅 교차점을 확인하면서, 아래 그림처럼 원 스케치를 생성한다.

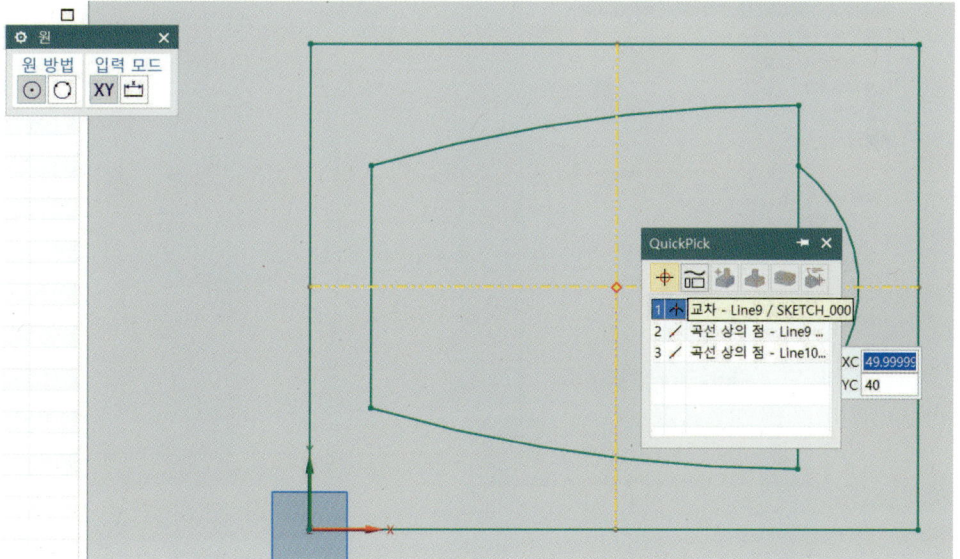

❼ 그림처럼 치수 아이콘을 클릭한 다음 치수를 입력한다.

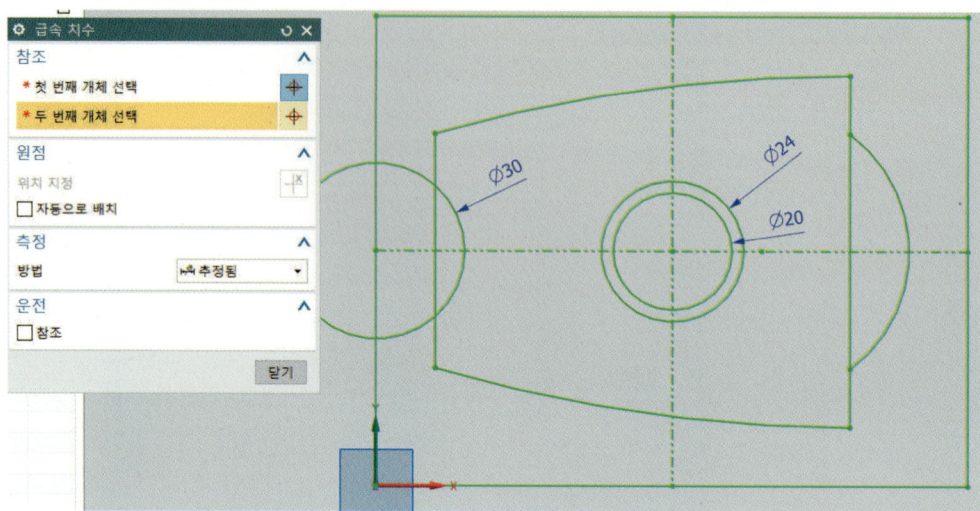

❽ 그림처럼 호를 생성하고, 옵셋 곡선을 이용하여 5mm 바깥 방향으로 곡선을 옵셋하고, 치수 기입을 한 다음 확인한다.

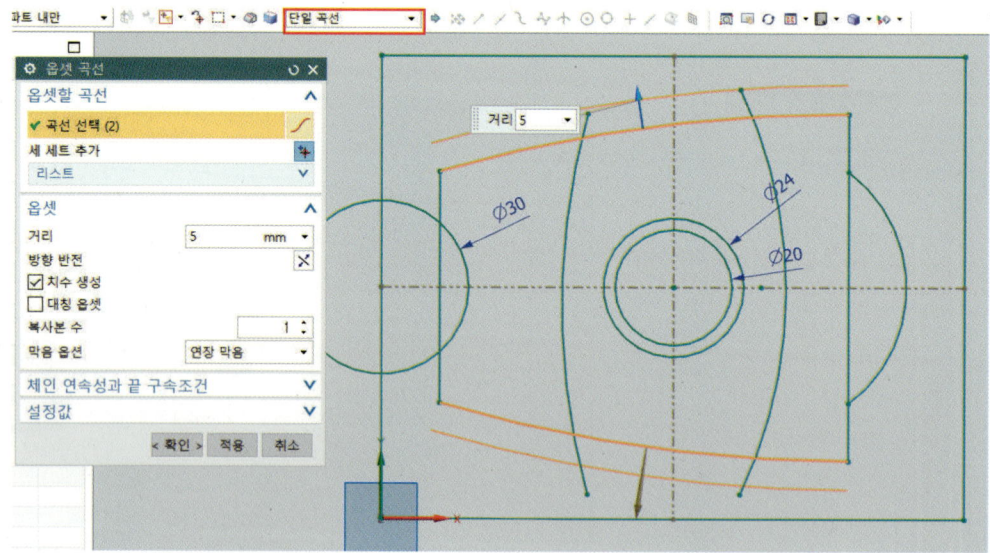

PART Ⅳ 서피스(Surface) 모델링

❾ 그림처럼 빠른 트리밍 아이콘을 활용하여 트림한다.

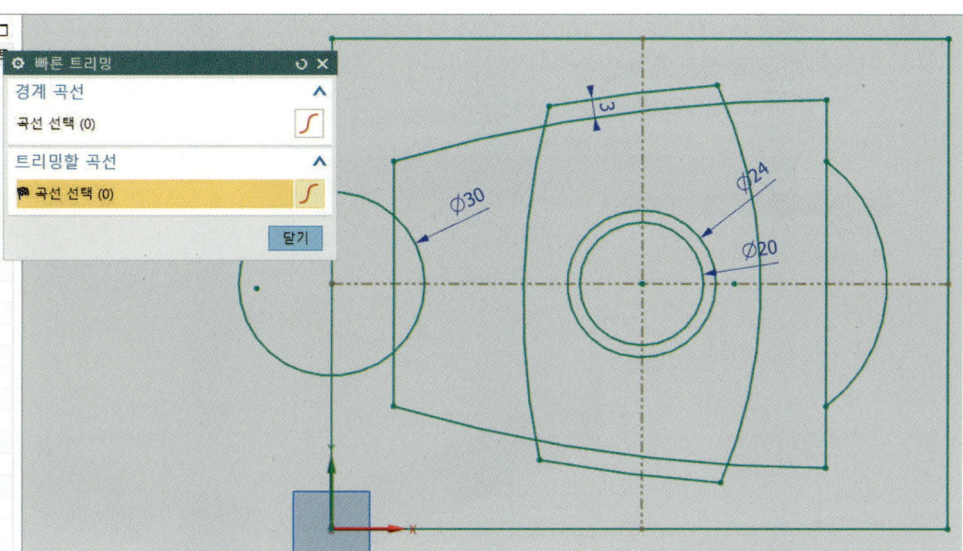

❿ 치수기입 아이콘을 이용하여 그림처럼 치수를 기입하고 스케치를 종료한다.

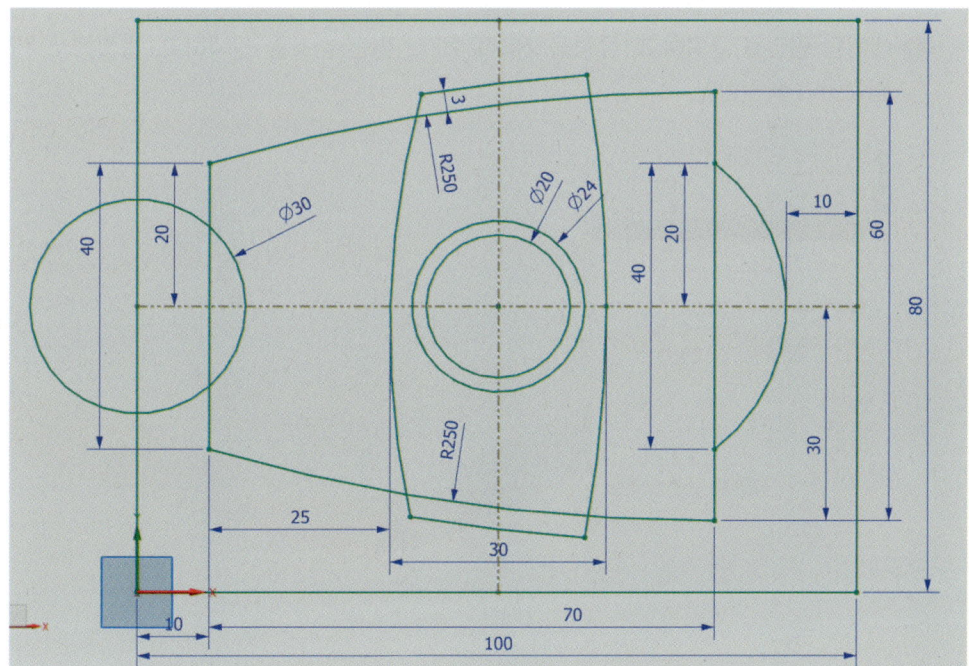

2 돌출 작성하기

❶ 돌출 아이콘을 선택한다. 연결된 곡선에서 곡선을 선택하고, 한계에서 끝값 거리는 -10을 입력한 다음 돌출하고 확인한다.

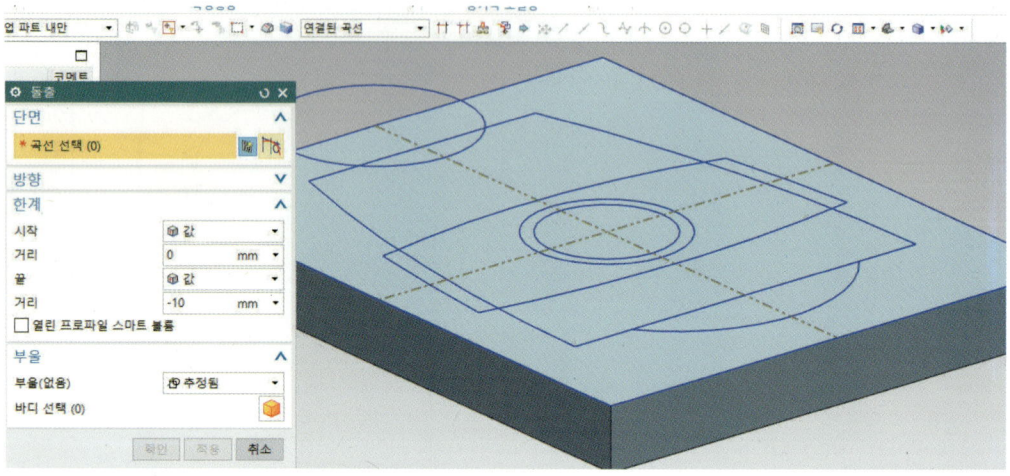

3 메시 곡면 작성하기

❶ 데이텀 평면을 클릭하고, 유형을 거리로 하고, 평면 참조를 선택하고, 옵셋에서 거리 -20을 입력하고 확인한다.

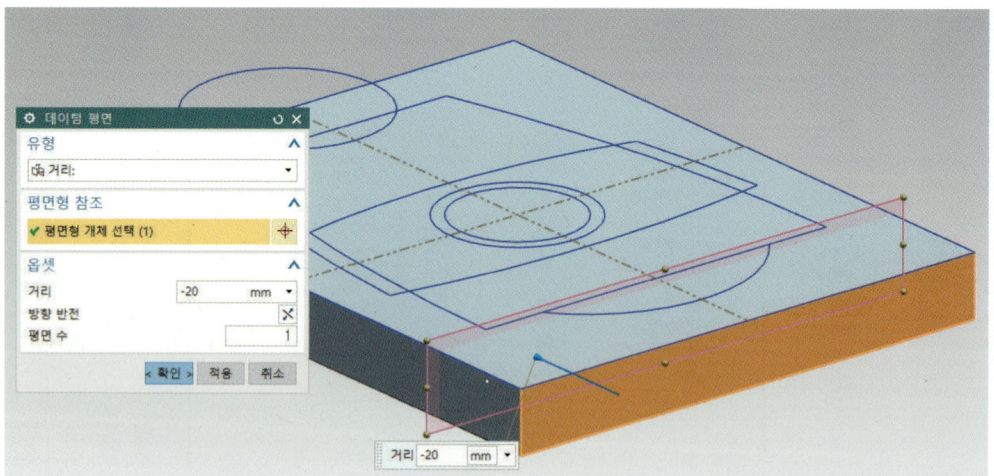

❷ 타스크 스케치를 클릭한다. 유형은 평면 상에서를 스케치 면은 데이텀 평면을 클릭한 다음 확인한다.

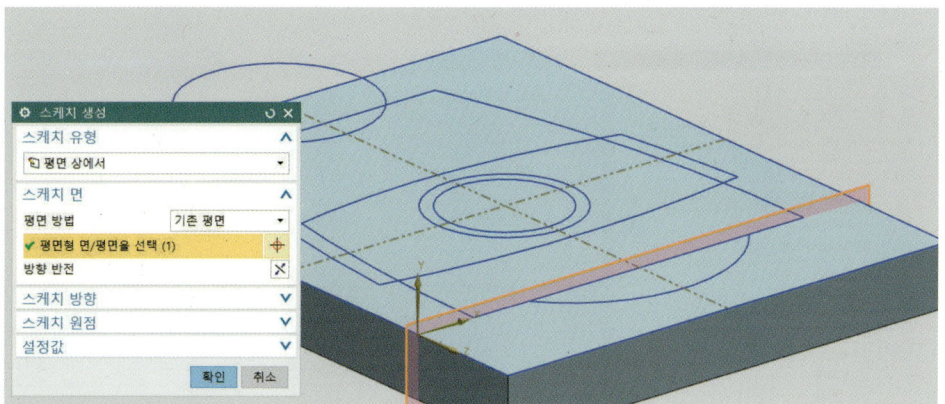

❸ 그림처럼 원호 아이콘을 이용하여 스케치를 생성하고, 구속조건을 클릭하여 호의 중심과 중심 선을 선택한 다음 곡선상의 점을 클릭한다.

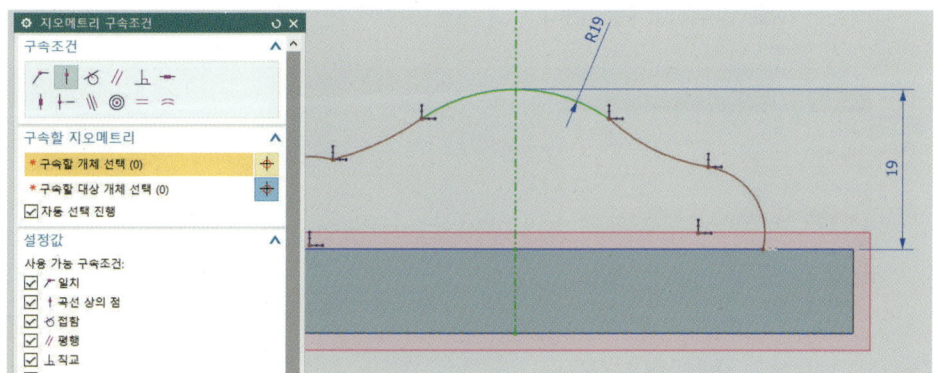

❹ 그림처럼 호와 호의 접선구속을 생성한다.

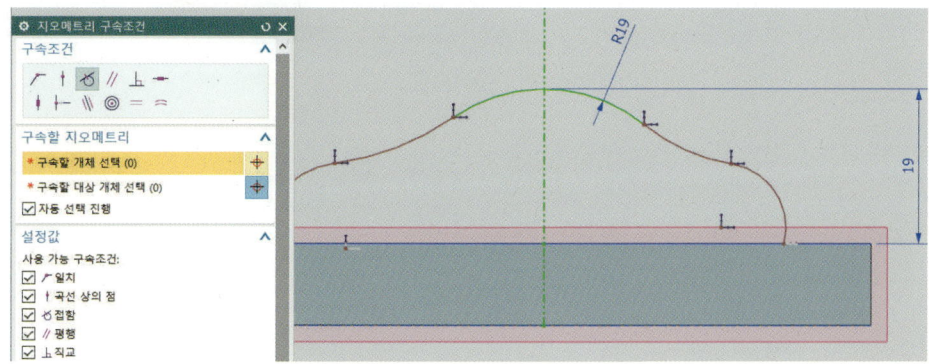

❺ 그림처럼 치수 아이콘을 선택한다. 치수를 입력하고(높이 19mm를 먼저 입력), 구속조건을 선택한 후 모서리 호의 중심과 기준선을 선택하고, 곡선상의 점을 클릭한다.(반대쪽에도 같은 방법으로 실행한다.)

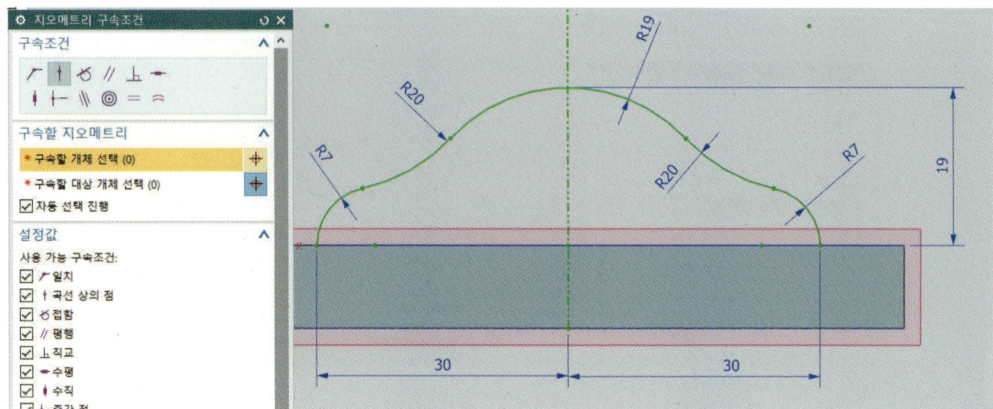

❻ 데이텀 평면의 아이콘을 클릭한다. 유형을 거리로 하고, 평면 참조를 선택한 후 옵셋에서 거리는 -10을 입력하고 확인한다.

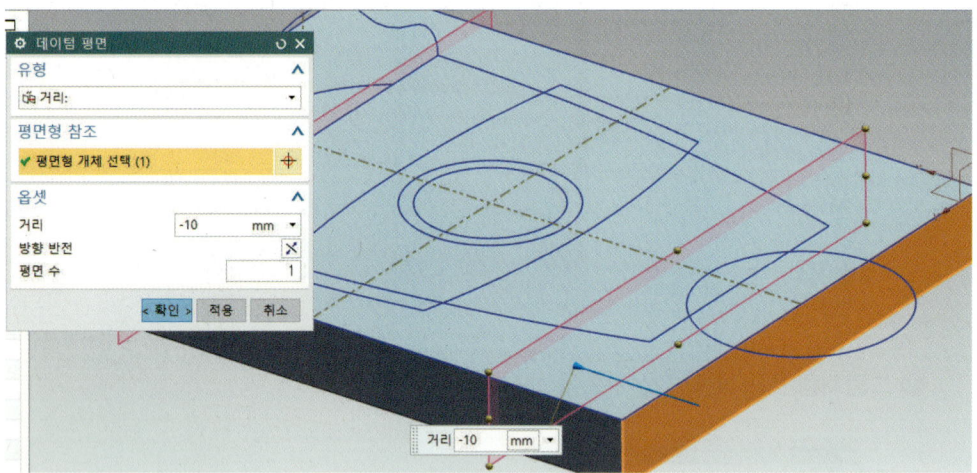

PART Ⅳ 서피스(Surface) 모델링

NX10 3D 모델링 및 CAD/CAM

❼ 타스크 스케치를 클릭하고, 유형은 평면 상에서를 스케치 면은 데이텀 평면을 클릭하고 확인한다.

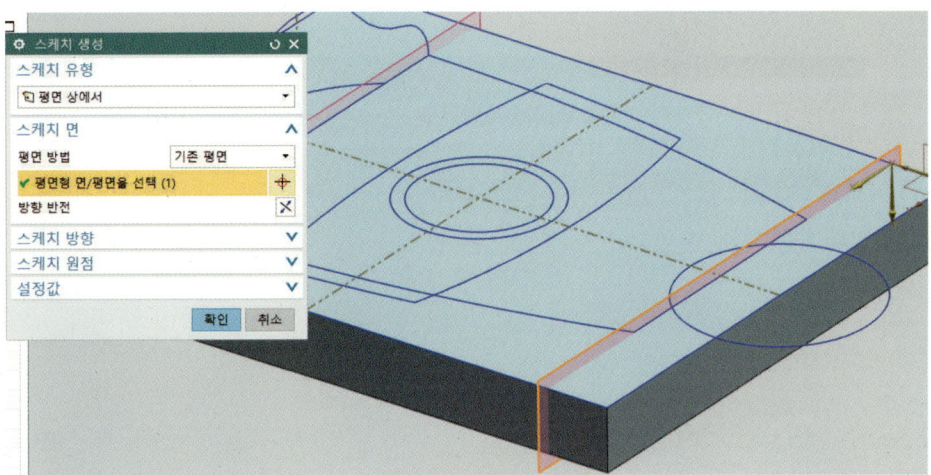

❽ 그림처럼 원호 아이콘을 이용하여 앞에서와 같은 방법으로 호를 생성하고, 구속조건(곡선 상의 점, 호와 호의 접선 등)을 주고, 치수를 입력(높이 11mm 먼저 입력)한 다음 스케치 종료를 한다.

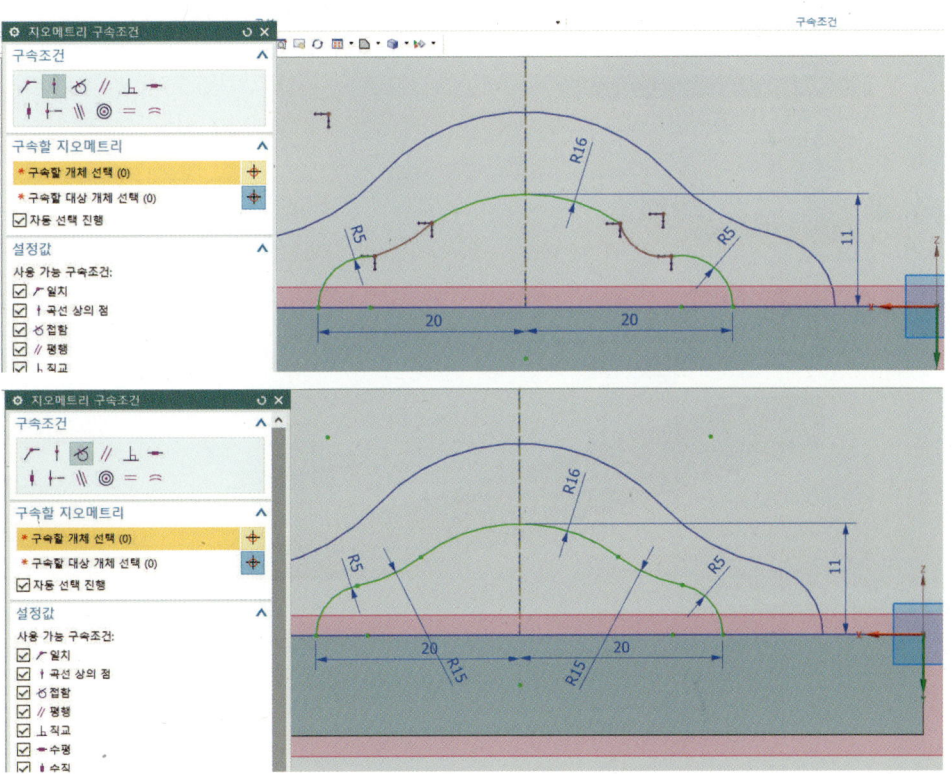

Chapter 04 | Surface Exercise

❾ 데이텀 평면 아이콘을 클릭한다. 유형을 거리로 하고, 평면 참조를 선택한 다음 옵셋에서 거리는 −40을 입력하고 확인한다.

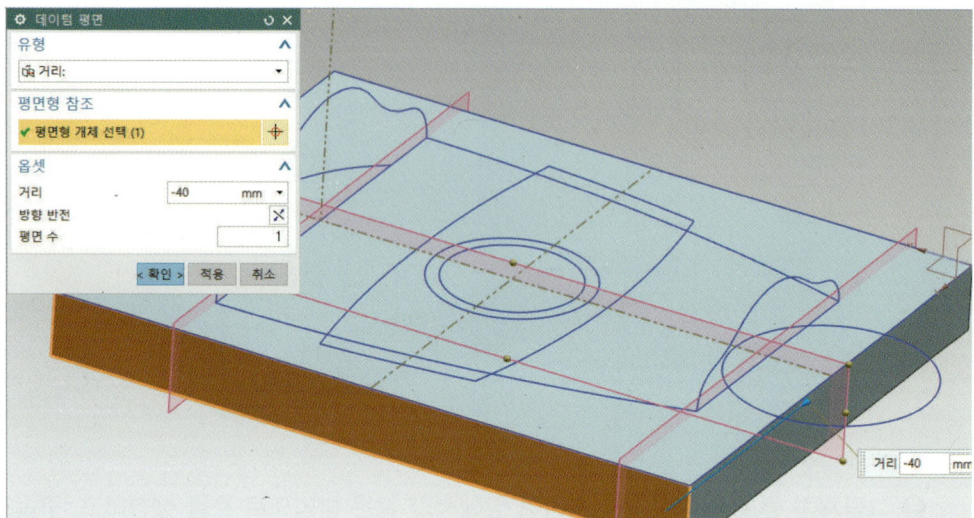

❿ 타스크 스케치 클릭하고, 유형은 평면 상에서를 스케치 면은 데이텀 평면을 클릭한 다음 확인한다.

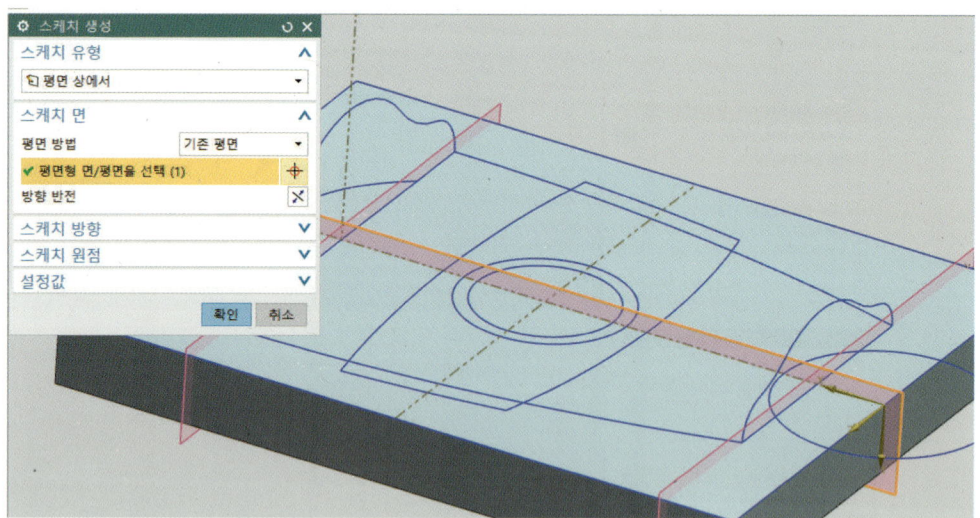

⓫ 그림처럼 원호 아이콘을 이용하여 스케치를 생성하고, 치수 아이콘을 선택하고, 치수를 입력을 완료한 다음 스케치 종료를 한다.

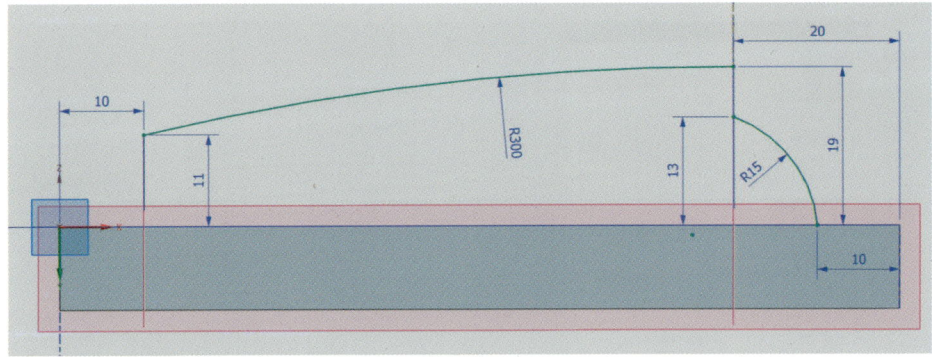

⓬ 아래 그림은 스케치가 완료된 상태이다.

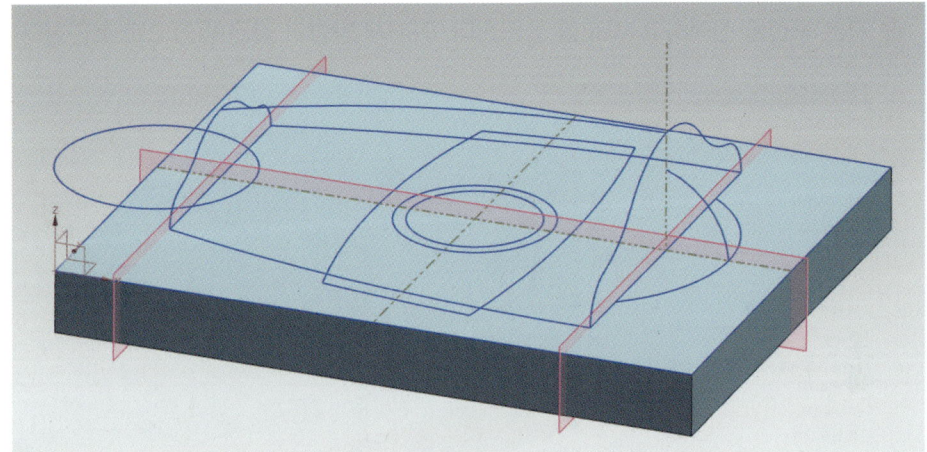

⓭ 표시 및 숨기기 아이콘을 클릭한 후 데이텀 평면은 숨기기(-)를 선택한다.

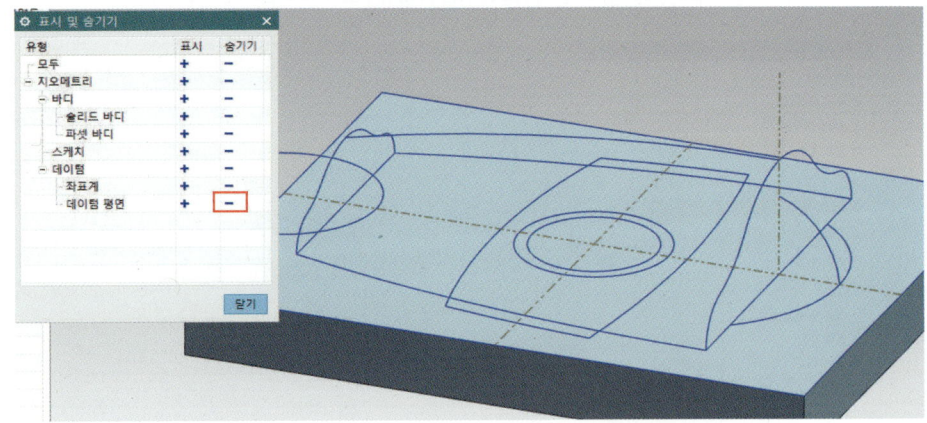

⓮ 삽입의 메시 곡면에서 [곡선 통과 메시(M)...] 를 클릭한다. 기본 곡선을 선택하고 MB2를 클릭하거나, 세 세트 추가를 선택한다.

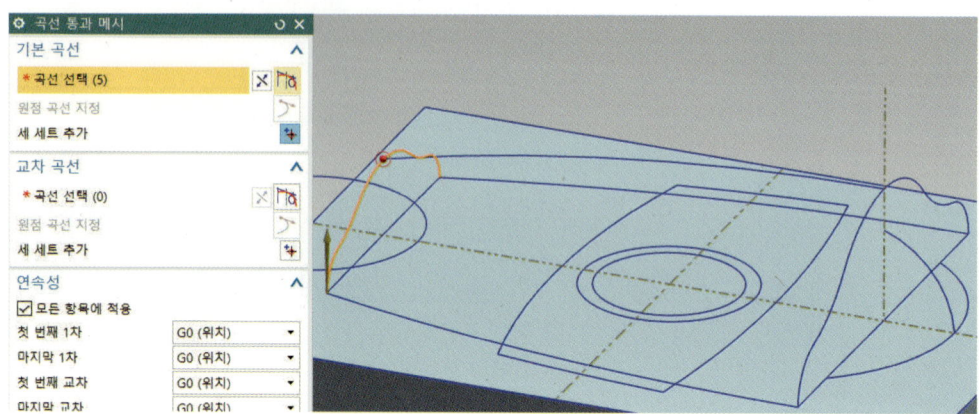

⓯ 기본 곡선을 선택하고 MB2를 클릭한다. 여기서 방향이 같은 방향으로 확인한다.

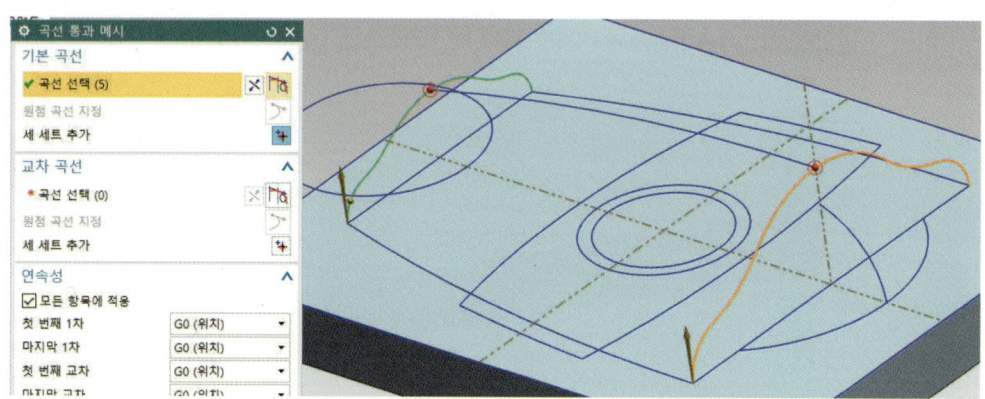

⓰ 교차 곡선에서 탭을 선택하고, 곡선을 선택한 다음 MB2를 클릭한다.

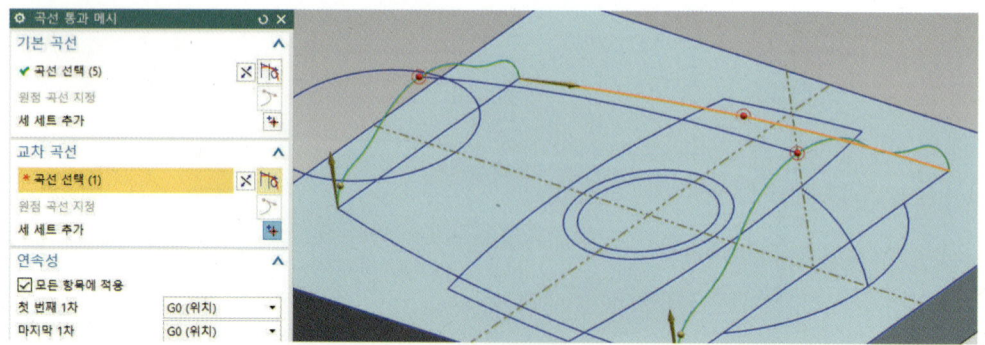

⑰ 다시 곡선을 선택하고 MB2를 클릭한다. 여기서 방향은 같은 방향으로 확인한다.

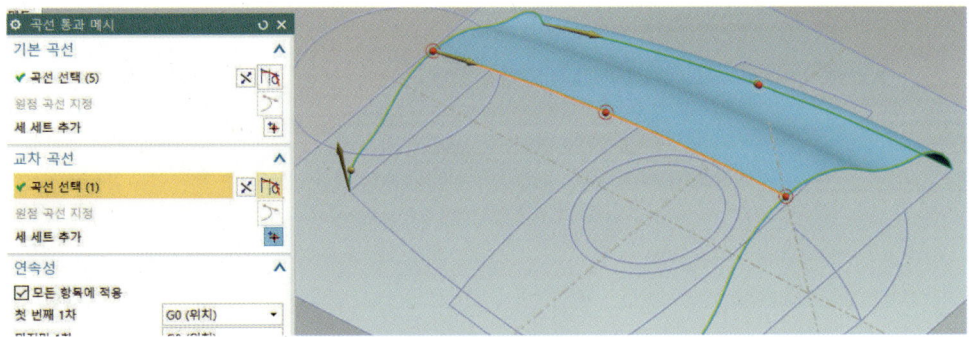

⑱ 다시 곡선을 선택하고 MB2를 클릭한다. 여기서 방향은 같은 방향으로 확인한다.

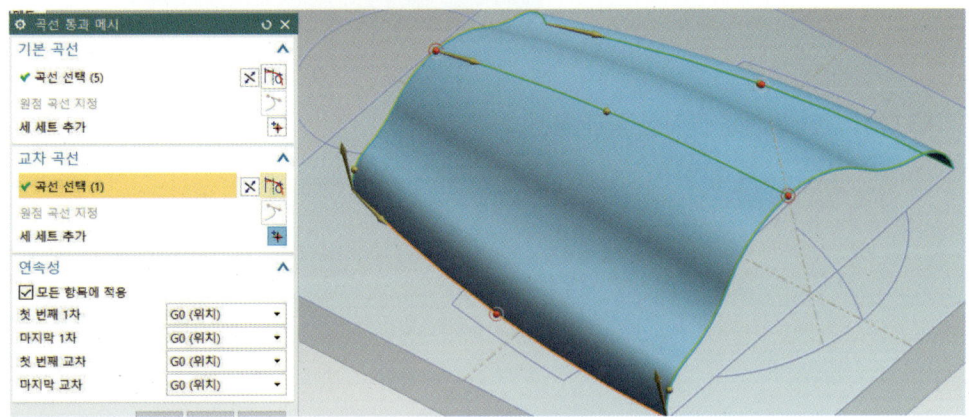

4 경계평면 작성하기

❶ 그림처럼 베이스를 선택하고, MB3 버튼을 이용하여 숨기기를 클릭한다.

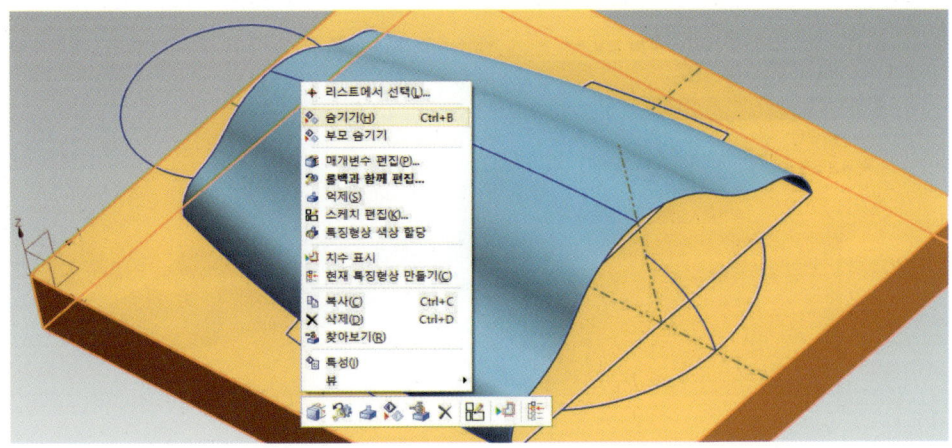

❷ 삽입의 곡면에서 경계 평면(B)... 을 클릭한다. 단면 곡선을 클릭한 후 적용한다.

❸ 다시 단면 곡선을 클릭한 후 적용한다.

❹ 다시 단면 곡선을 클릭한 후 확인한다.

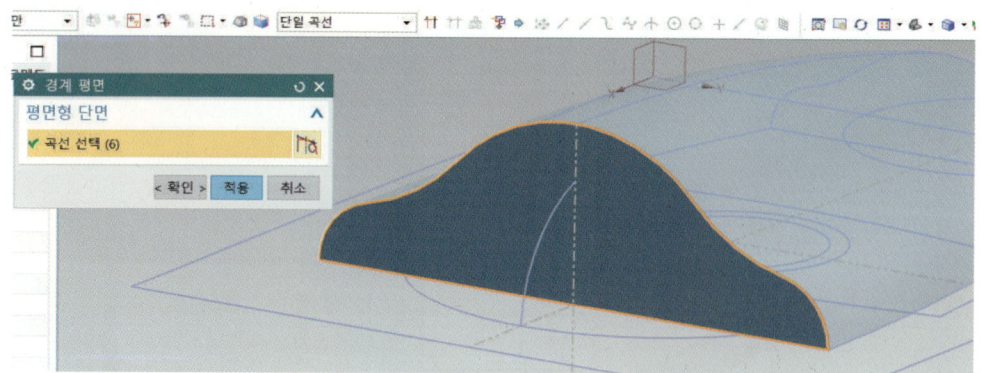

❺ 삽입의 곡면에서 바디 결합은 잇기 아이콘을 클릭한다. 타겟 바디를 선택하고, 공구 바디를 선택한 다음 확인한다.

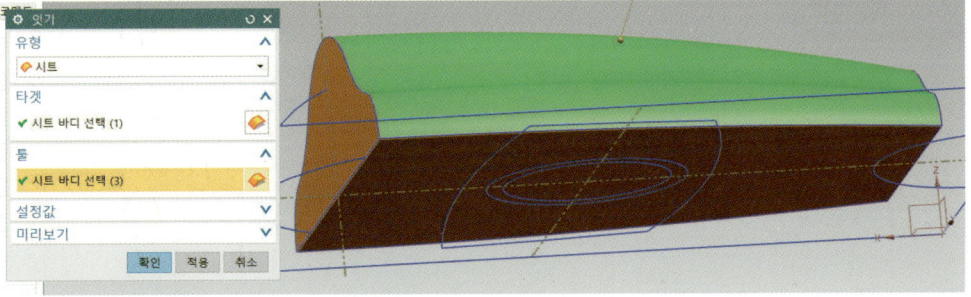

5 곡면 옵셋 작성하기

❶ 삽입의 옵셋/배율에서 옵셋 곡면(O)을 클릭한다. 옵셋할 면의 옵셋에서 3을 입력한 후 옵셋할 면을 선택한 다음 확인한다.

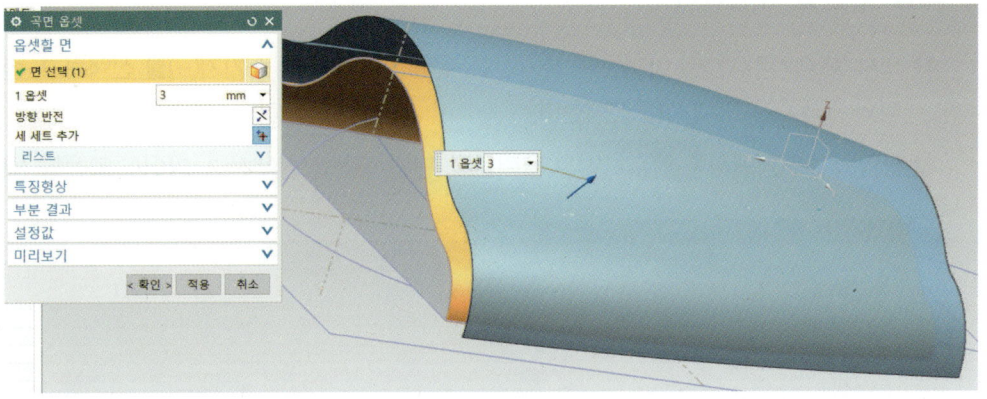

❷ 삽입의 트리밍에서 시트 연장을 클릭한다. 모서리를 선택하고 확인한다.

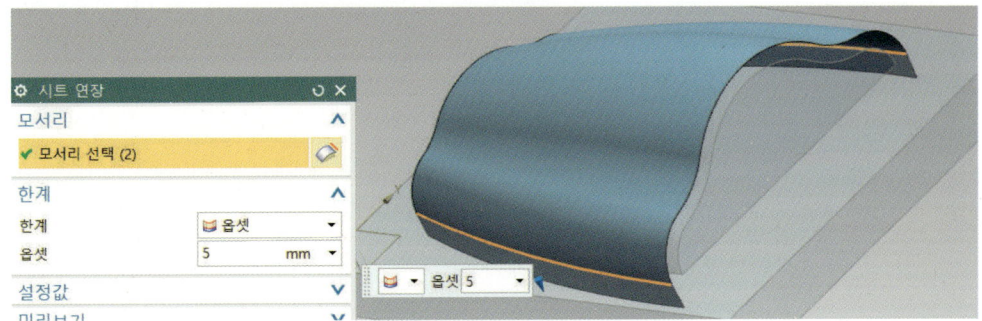

6 돌출 작성하기

❶ 돌출 아이콘을 클릭하고 단면 곡선을 선택한다. 한계에서 끝 거리를 선택까지로 선택한 후 확인한다.

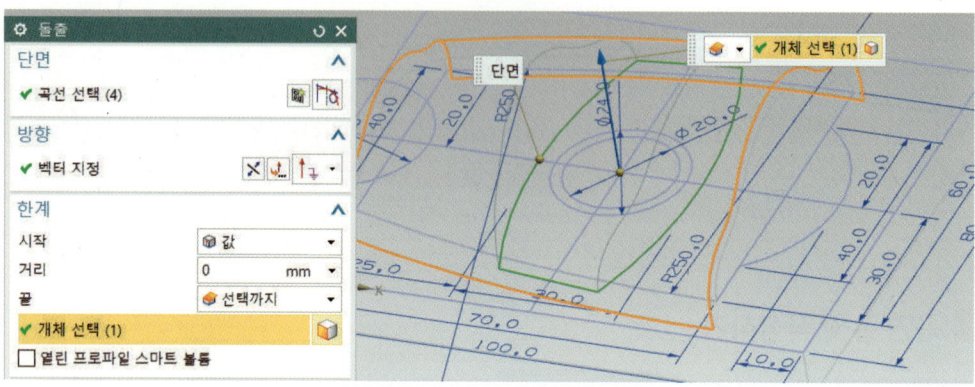

7 스윕 및 돌출 작성하기

❶ 표시 및 숨기기( ) 아이콘을 클릭한다. 유형은 모두에서 숨기기(−)를 선택하고, 솔리드 바디와 스케치는 표시(+)를 선택한다.

❷ 삽입의 스위핑에서 스윕(S)... 을 클릭한다. 단면 곡선을 선택하고, 가이드 곡선을 선택한다.

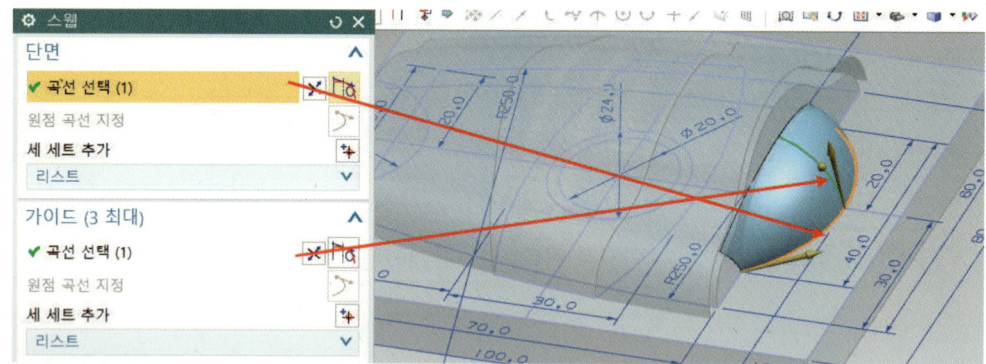

NX10 3D 모델링 및 CAD/CAM

❸ 돌출 아이콘을 클릭한다. 단면 곡선을 선택하고, 한계에서 끝 거리는 선택까지로 선택한다.

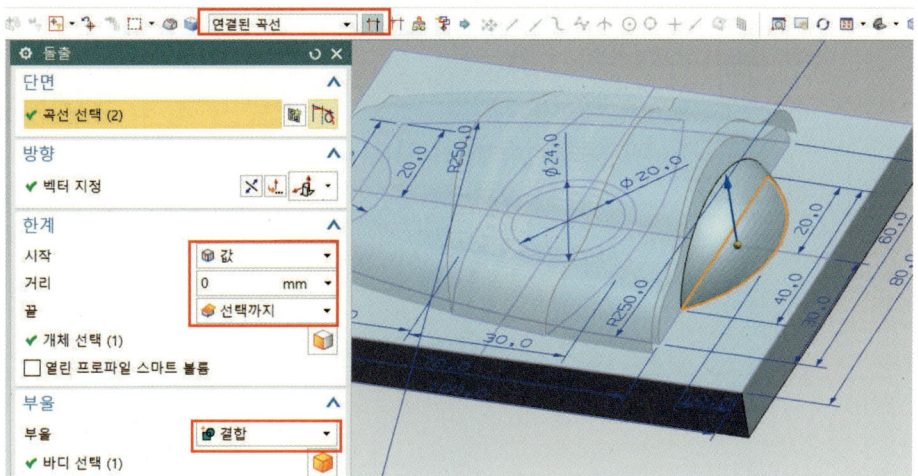

❹ 다시 단면 곡선을 선택하고, 끝부분까지 돌출하고, 부울은 빼기로 하고 확인한다.

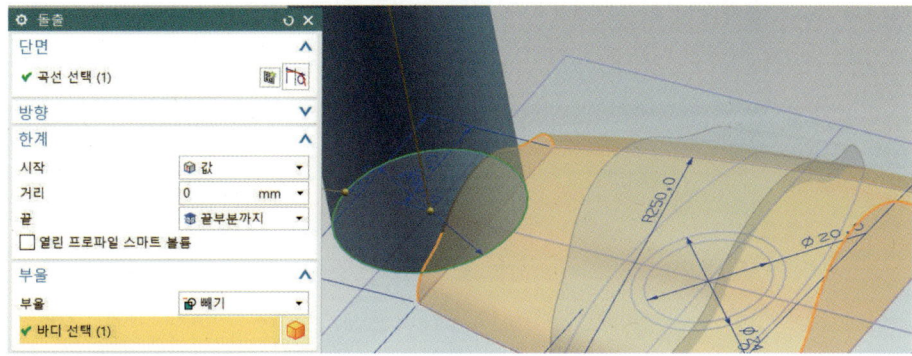

8 메시 곡면 작성하기

❶ 그림처럼 파트 탐색기에서 첫 번째 스케치를 클릭하고, MB3 롤백과 함께 편집을 클릭한다.

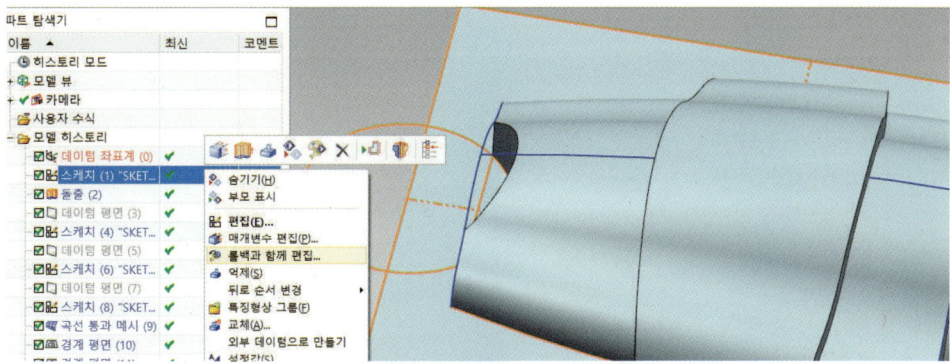

Chapter 04 | Surface Exercise 613

❷ 중심 센터 참조선을 선택하여 활성에 클릭한 후 확인한다.

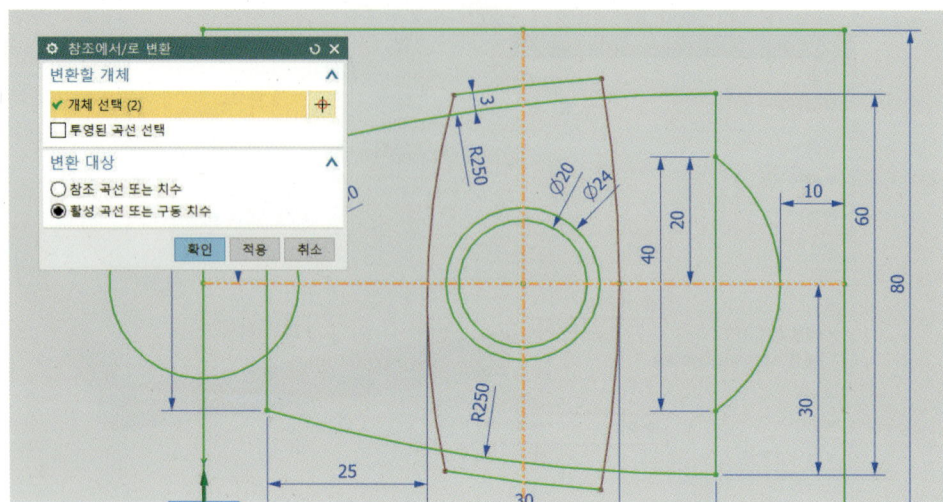

❸ 데이텀 평면 아이콘을 클릭한다. 유형은 거리로 하고, 평면 참조를 선택하고, 옵셋에서 거리 값은 25를 입력한 다음 확인한다.

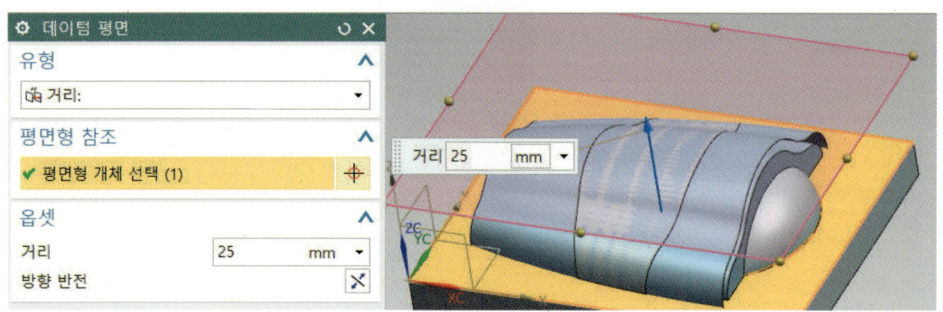

❹ 삽입의 곡선에서 투영(투영(P))을 클릭한다. 투영할 곡선을 클릭하고, 투영할 개체를 선택한다.

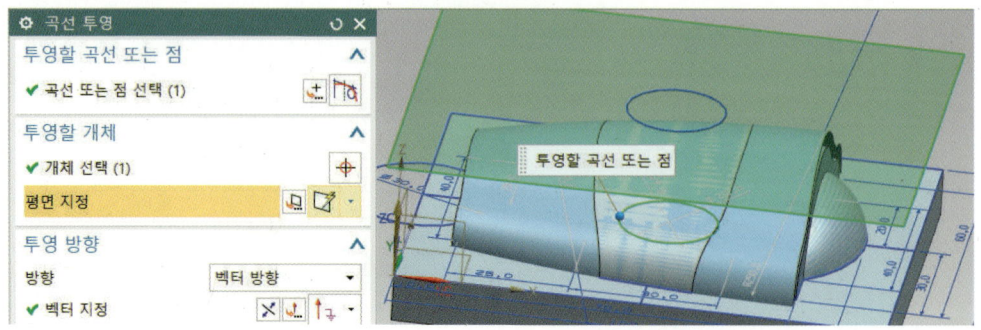

❺ 작업 평면을 선택하고, MB3 버튼을 이용하여 숨기기를 클릭한다.

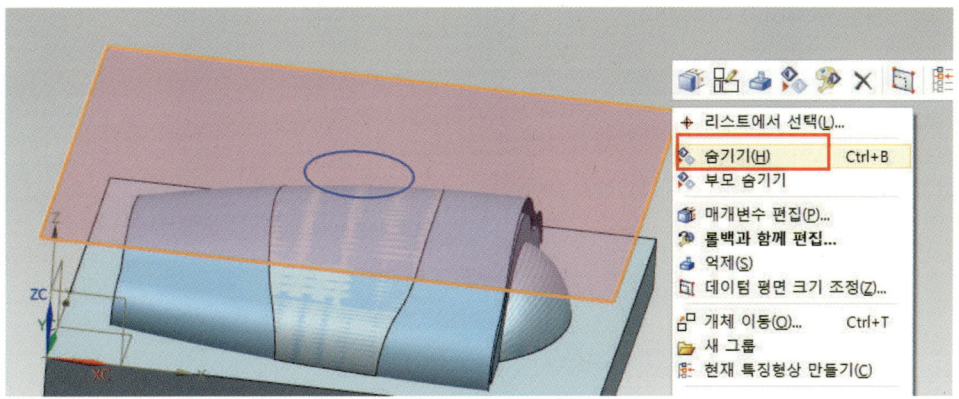

❻ 다시 투영할 곡선을 클릭한다.

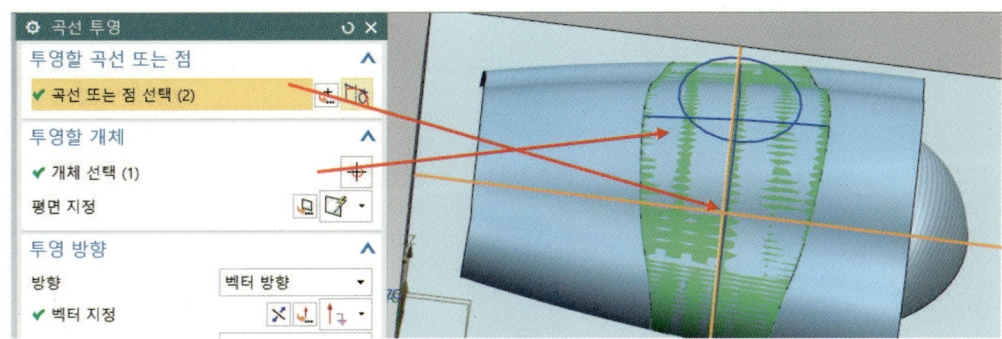

❼ 투영할 객체를 선택한다. 투영 방향은 Z 방향으로 설정한 후 확인한다.

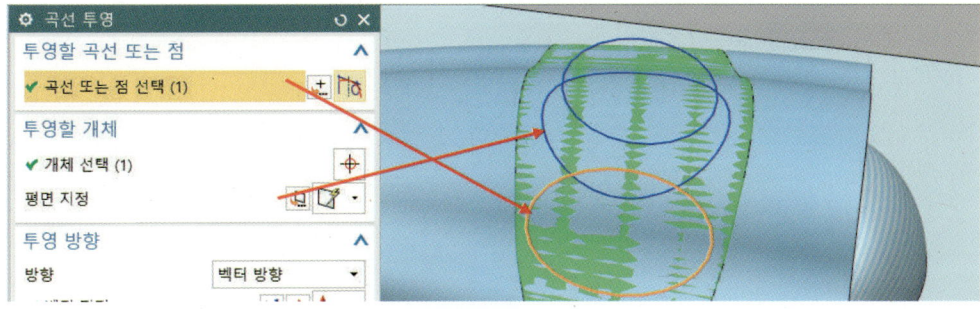

❽ 삽입의 데이텀/점에서 ＋ 점(P)... 을 선택한다. 유형은 사분 점을 설정하고, 점 위치에서 개체 원을 클릭하고 적용한다.

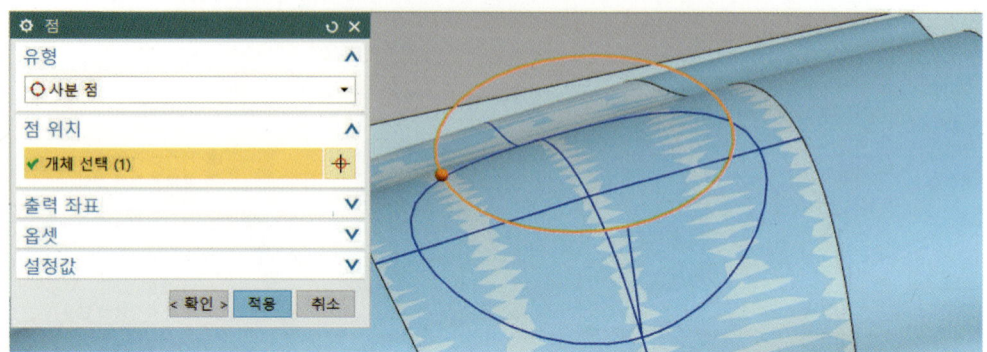

❾ 다시 유형은 교차 점으로 설정하고, 곡선은 개체를 선택하고, 교차 곡선을 클릭한 다음 적용한다.

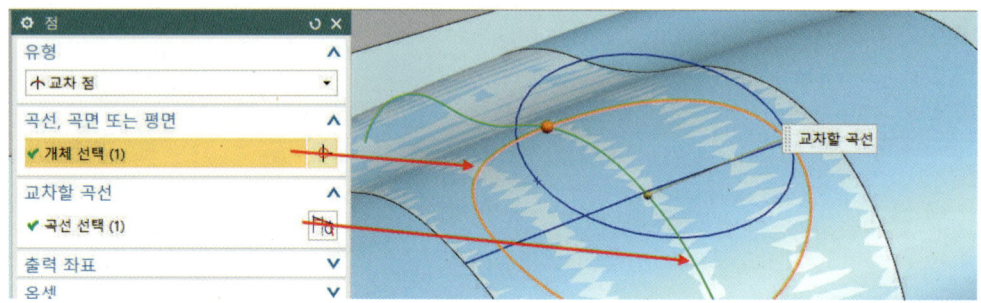

❿ 다시 유형은 사분 점을 설정하고, 점 위치에서 개체 원을 클릭하고 적용한다.

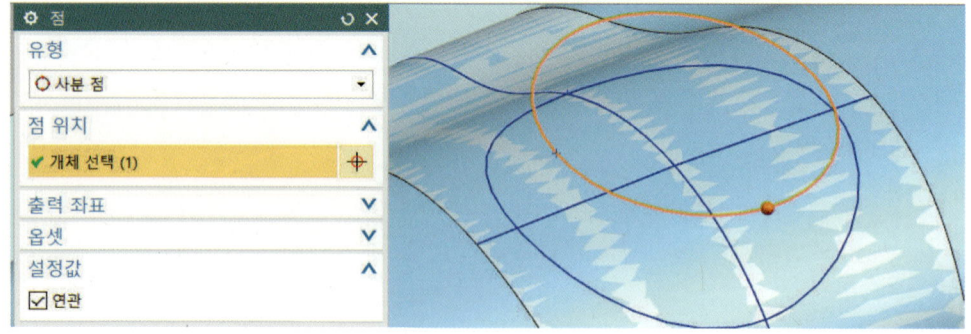

⑪ 다시 유형은 교차 점으로 설정하고, 곡선에서 개체 선택하고 교차 곡선을 클릭하고 적용한다.

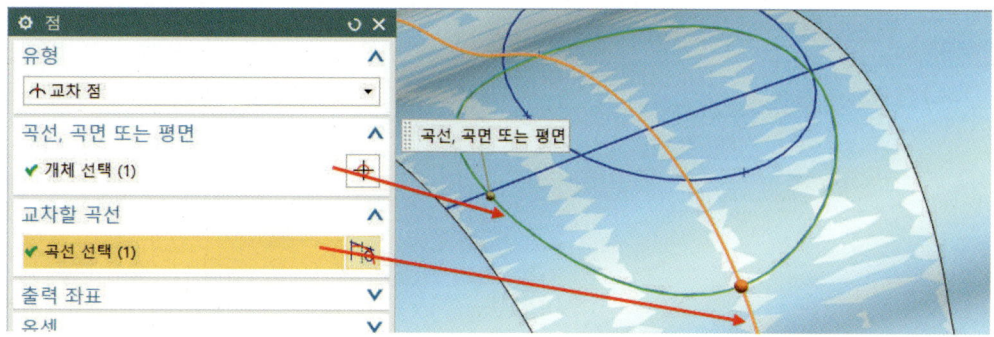

⑫ 다시 유형은 사분 점을 설정하고, 점 위치에서 개체 원을 클릭한 다음 적용한다.

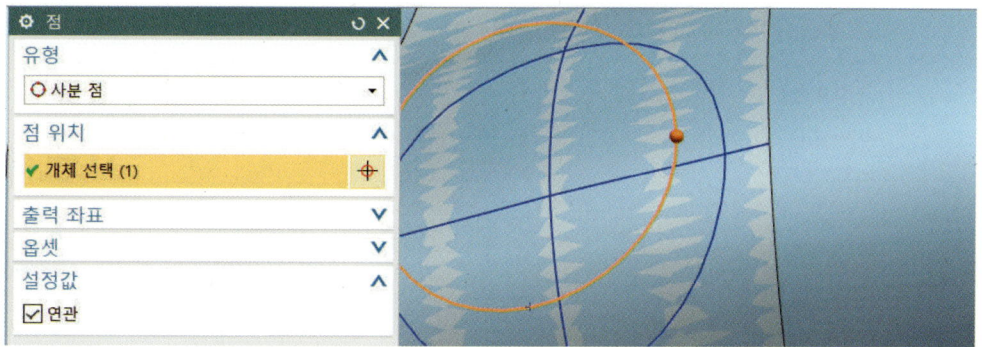

⑬ 다시 유형은 교차 점으로 설정하고, 곡선에서 개체 선택을 한 후 교차 곡선을 클릭하고 적용한다.

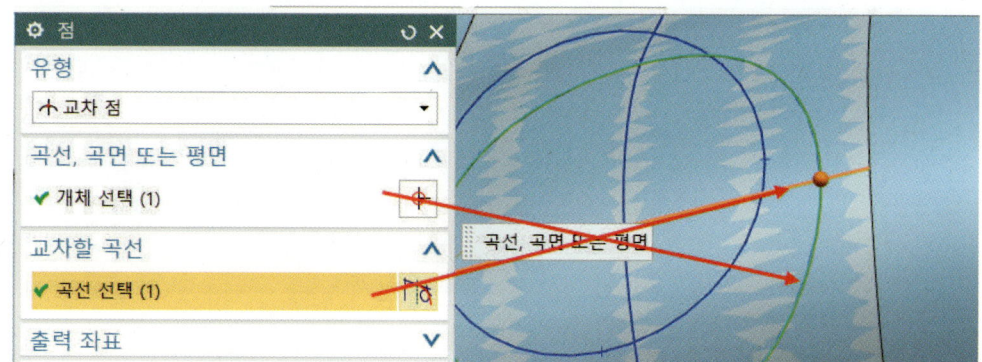

⓮ 다시 유형은 사분 점을 설정하고, 점 위치에서 개체 원을 클릭하고 적용한다.

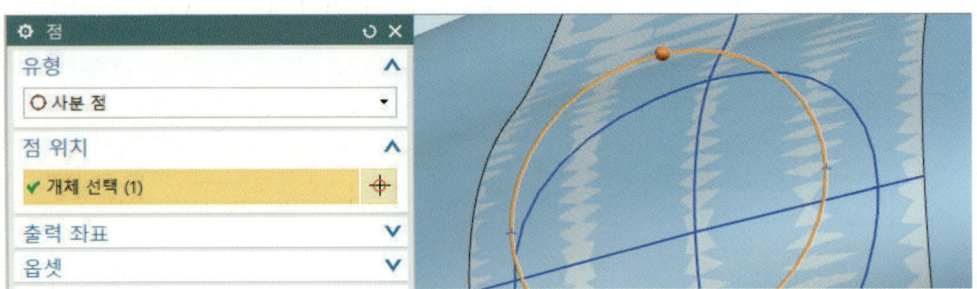

⓯ 다시 유형은 교차 점으로 설정하고, 곡선에서 개체를 선택을 한 다음 교차 곡선을 클릭하고 적용한다.

⓰ 삽입의 곡선에서 선 아이콘을 클릭한다. 첫 번째 스냅 기존 점을 선택하고, 기존 점을 클릭한다. 두 번째도 스냅 점을 선택하고, 기존 점을 클릭한 후 적용한다.

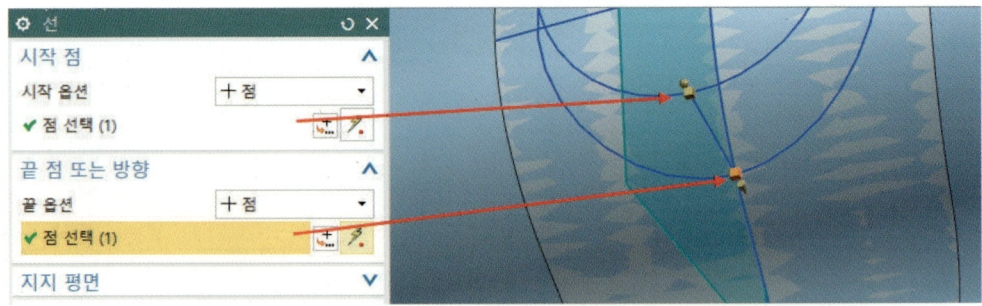

NX10 3D 모델링 및 CAD/CAM

⓱ 같은 방법으로 시작 점을 찍고(스냅 기존 점), 끝점을 클릭(스냅 기존 점)한 다음 적용한다.

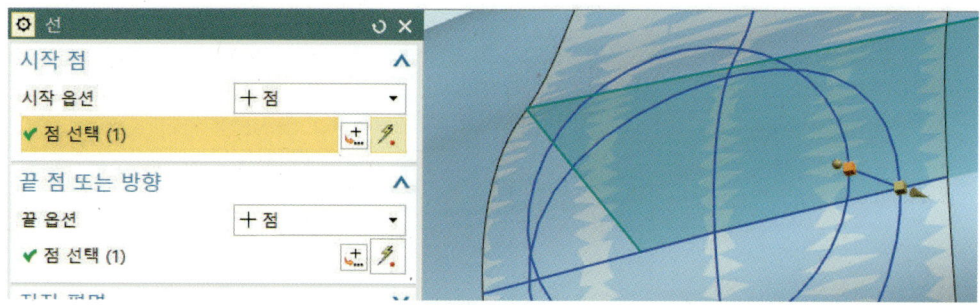

⓲ 위와 같은 방법으로 다음처럼 확인한다.

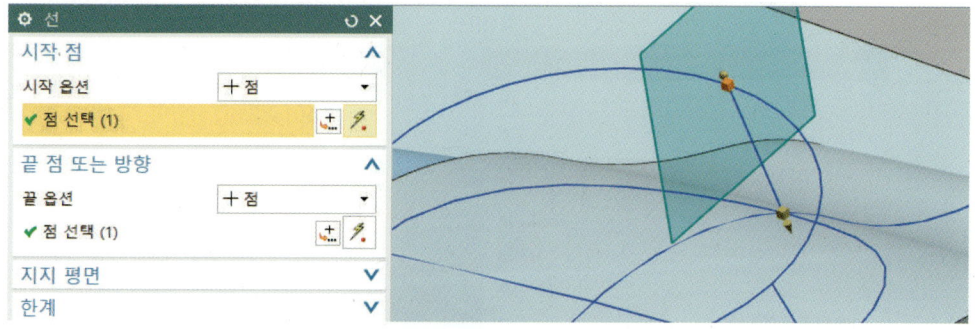

⓳ 삽입의 메시 곡면에서 ![곡선 통과 메시(M)...] 을 클릭한다. 기본 곡선을 선택하고, MB2를 클릭한다.

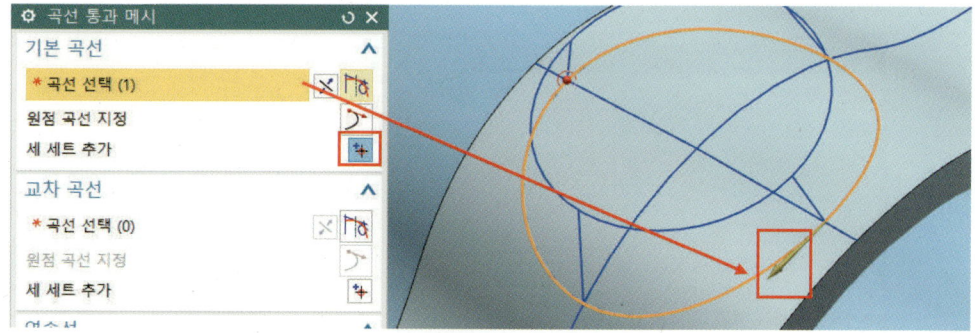

Chapter 04 | Surface Exercise

❷⓪ 다시 기본 곡선을 선택하고, MB2를 클릭한다.(화살표 방향이 같은 방향으로)

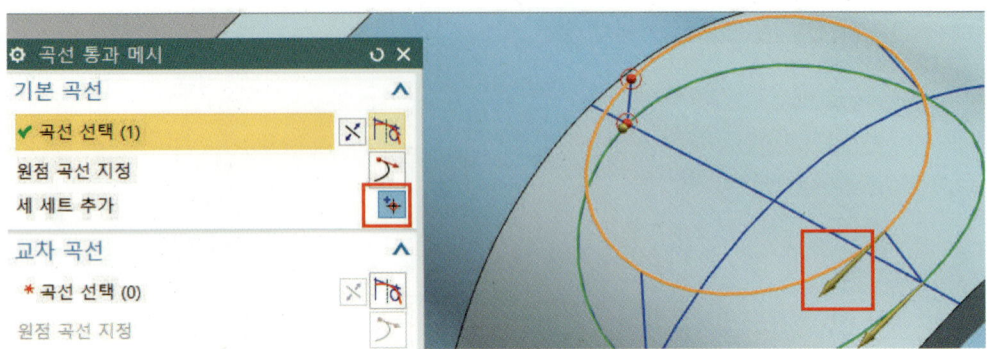

❷① 교차 곡선으로 탭을 선택하고, 곡선을 선택한 다음 MB2 클릭을 선택하고, MB2를 클릭한다.

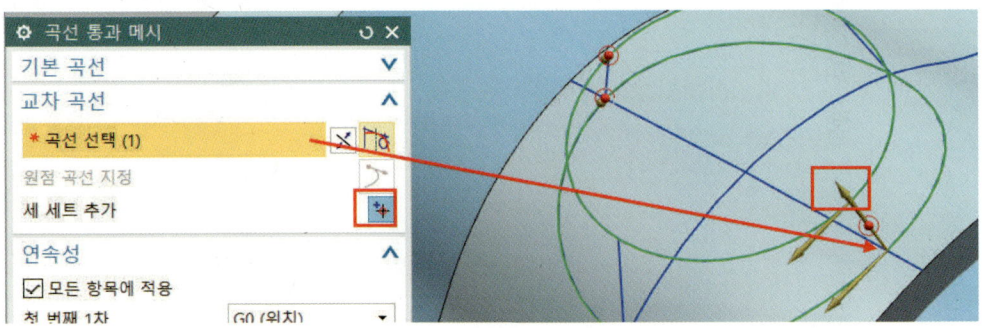

❷② 다시 교차 곡선으로 탭을 선택하고, 곡선을 차례대로 선택하면서 MB2를 클릭한다. 같은 방법으로 완성한다.

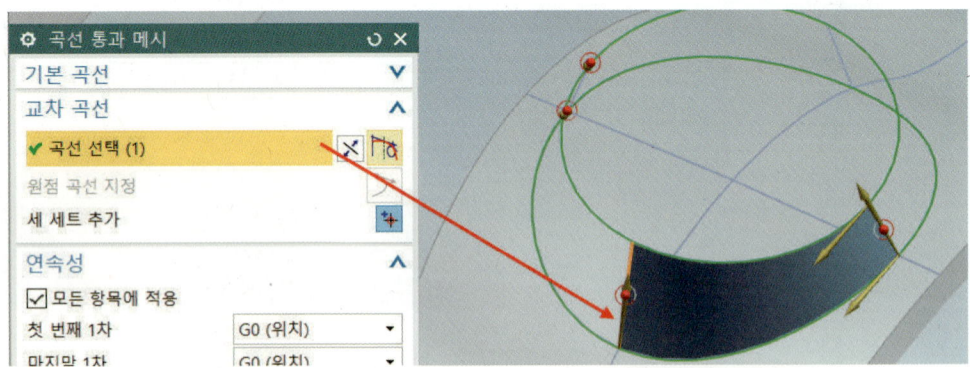

PART Ⅳ 서피스(Surface) 모델링

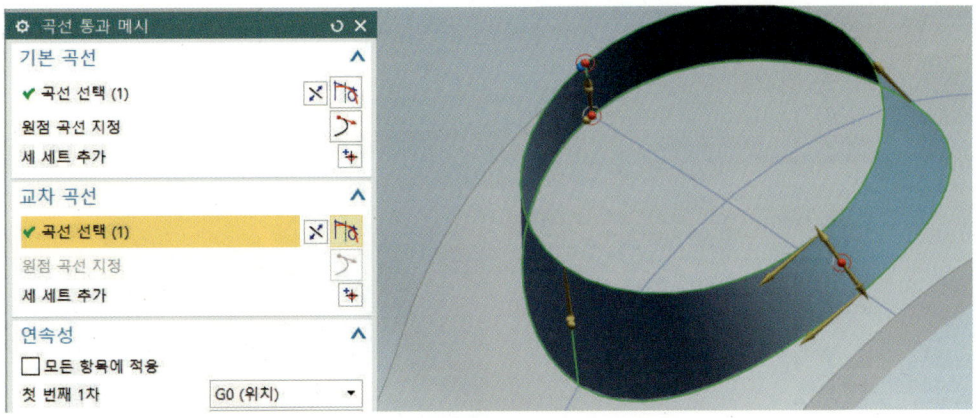

㉓ 삽입의 곡면에서 을 클릭한다. 단면 곡선을 클릭하고 적용한다.

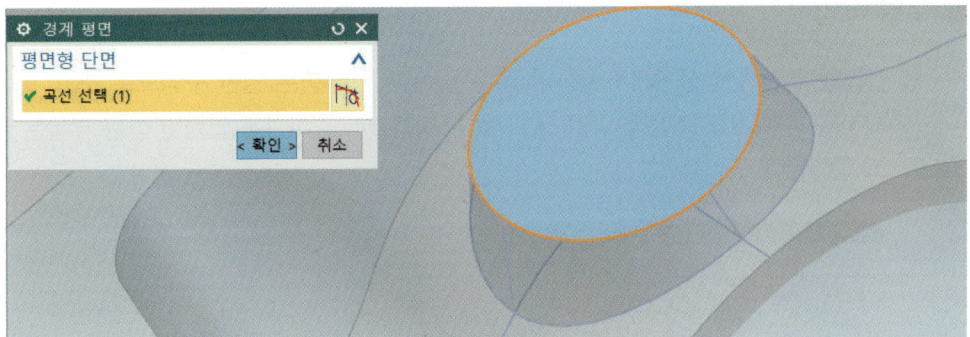

㉔ 삽입의 결합에서 잇기 아이콘을 클릭한다. 타겟에서 시트 바디를 선택하고, 공구의 바디를 선택한 다음 확인한다.

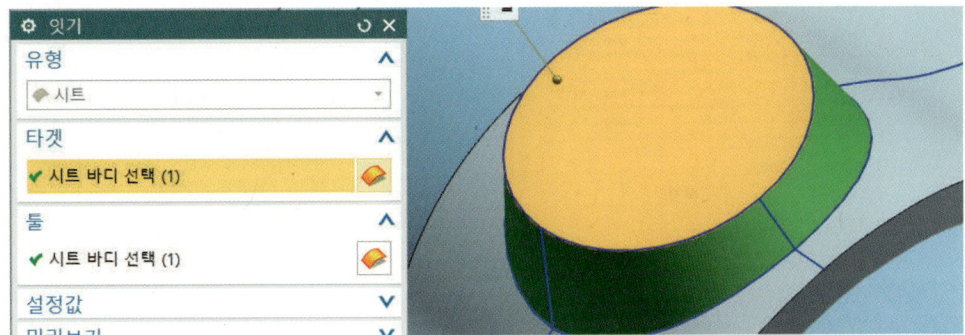

㉕ 삽입의 결합에서 패치(C)...를 클릭한다. 타겟에서 바디 선택을 하고, 공구에서 바디를 선택한 후 확인한다.

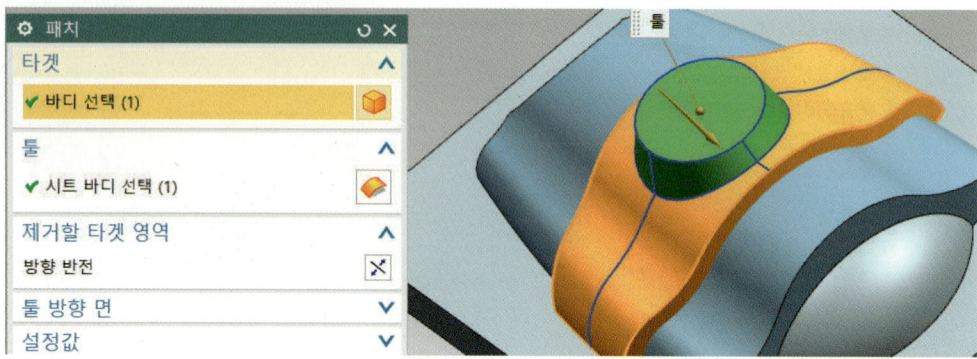

9 구멍 작업하기

❶ 삽입의 특징 형상설계에서 구멍(H)...을 클릭한다. 유형은 일반 구멍으로 하고, 위치에서 점 지정을 선택(스냅 중심점 확인)하고, 치수 직경 14, 깊이 3을 입력한 다음 부울은 빼기로 하고 확인한다.

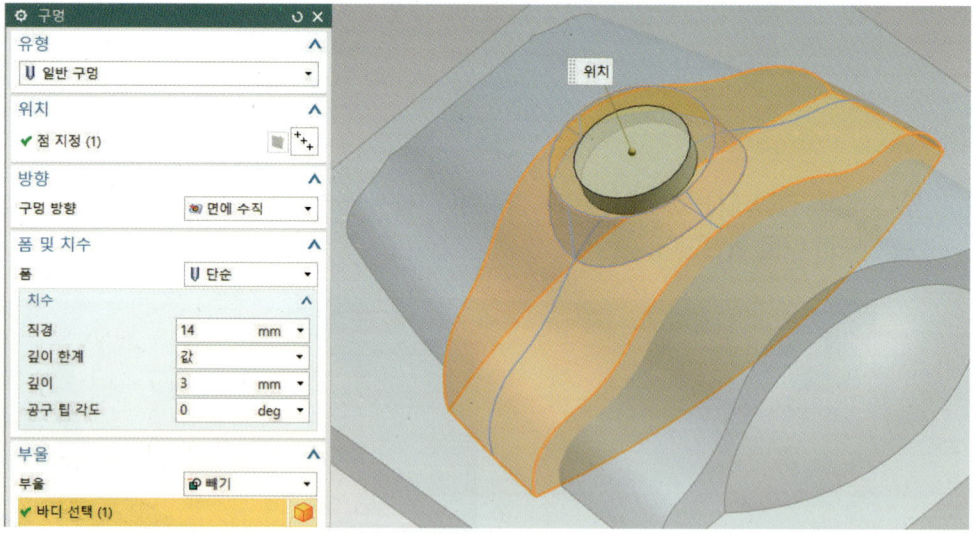

⑩ 표시 및 숨기기

❶ 표시 및 숨기기를 클릭한다. 유형은 모두에서 숨기기(-)를 선택하고, 솔리드 바디는 표시(+)를 클릭한다.

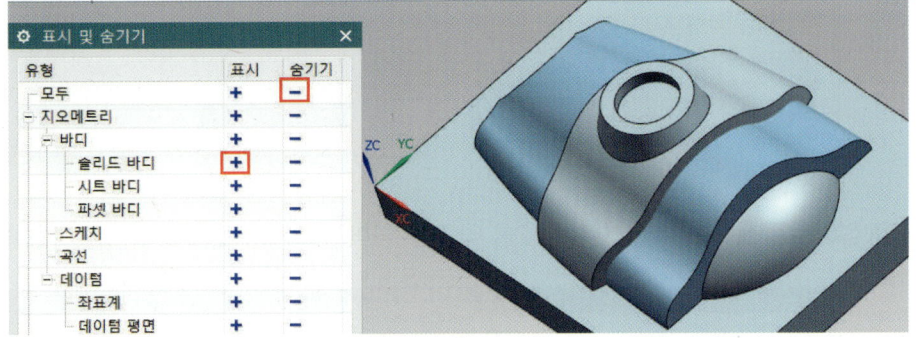

⑪ 결합하기

❶ 결합을 선택하고, 타겟 바디를 클릭한 후 공구에서 바디 선택을 하고 확인한다.

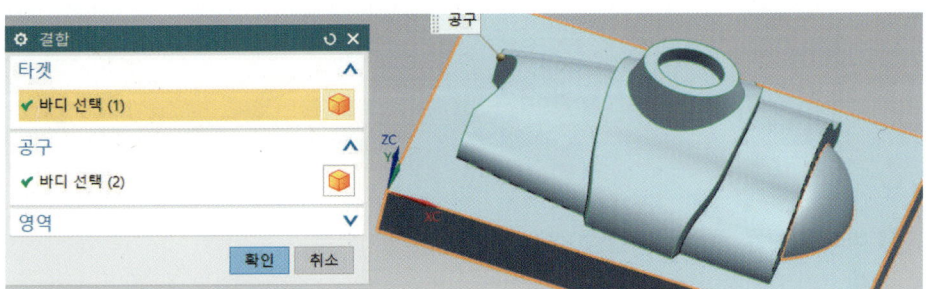

⑫ 필렛(라운드) 작성하기

❶ 모서리 블렌드를 클릭한다. 접하는 곡선으로 하고, 반경 값은 1을 입력 후 그림처럼 모서리를 클릭하고 적용한다.

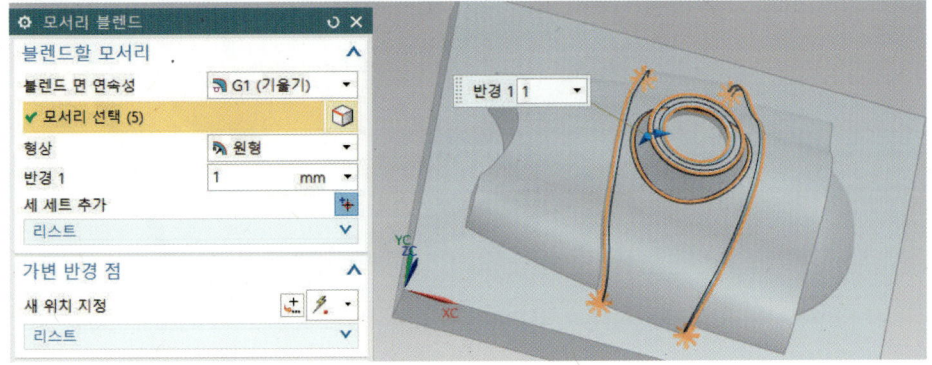

Chapter 04 | Surface Exercise

❷ 접하는 곡선으로 하고, 반경 값은 2를 입력한 후 그림처럼 모서리를 클릭하고 적용한다.

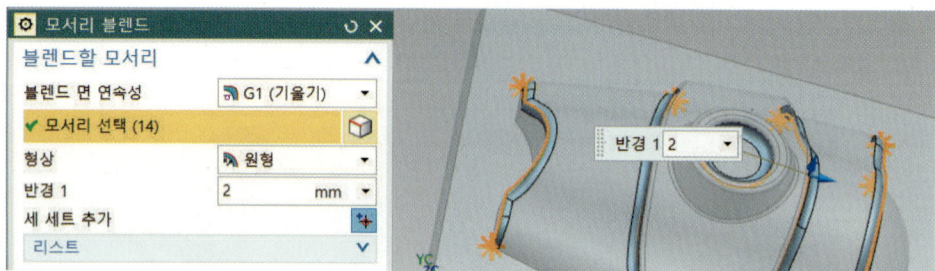

❸ 접하는 곡선으로 하고, 반경 값 2를 입력 후 나머지 모서리 전체를 클릭한 다음 확인한다.

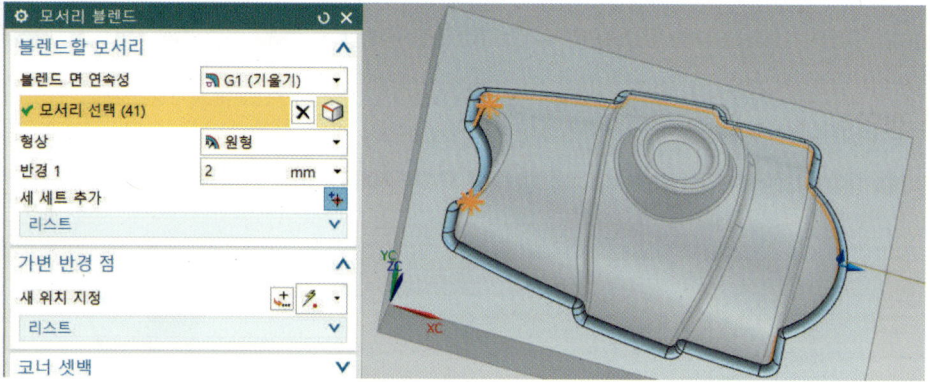

❹ 아래 그림은 완성된 모델링이다.

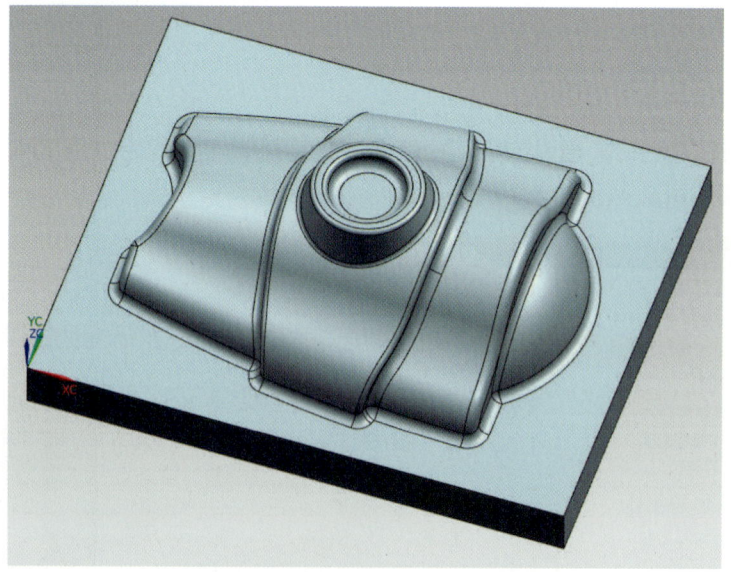

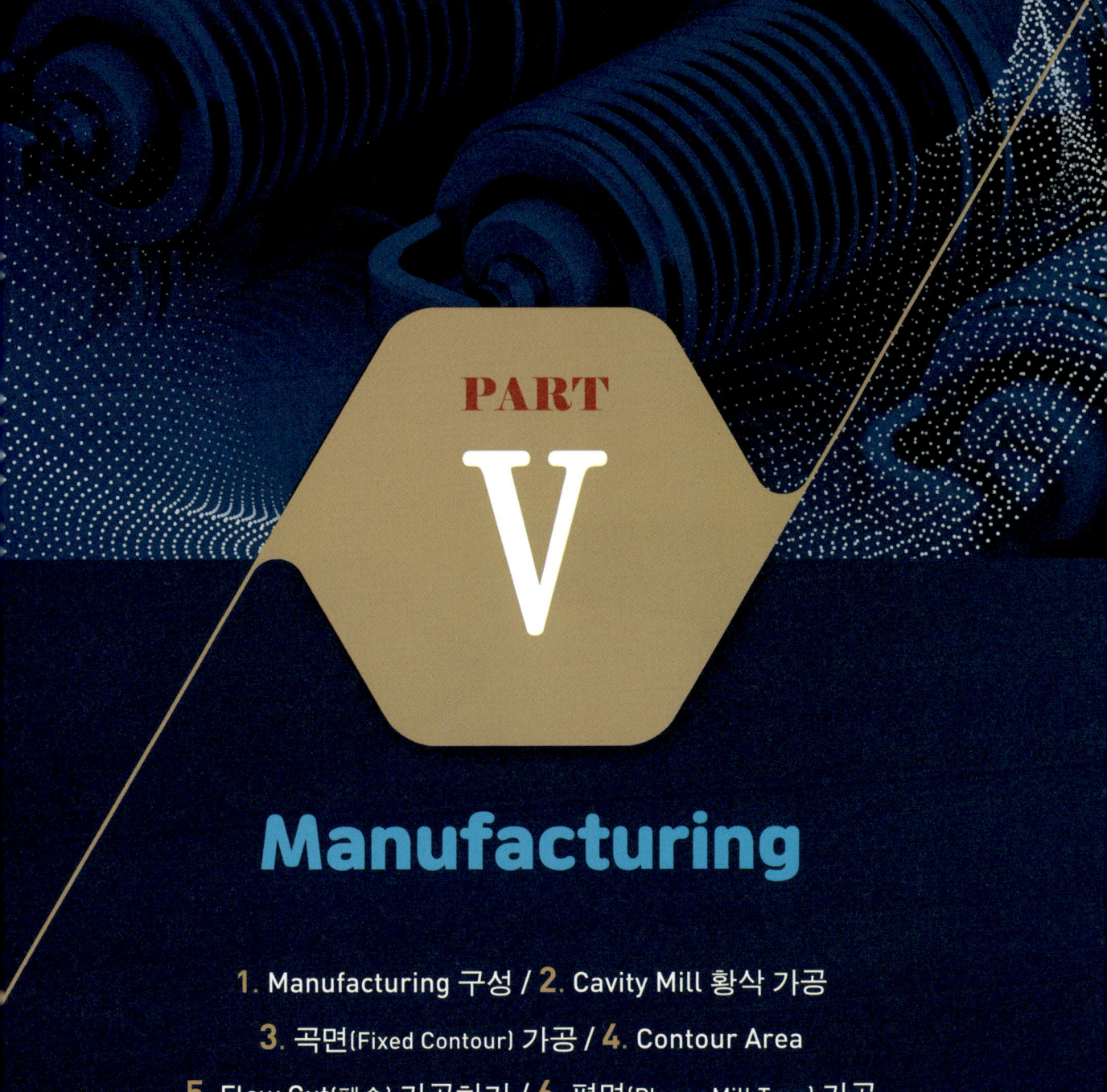

CHAPTER 01 Manufacturing 구성

CNC 공작 기계의 작업을 이해하고 응용 프로그램에서의 NX10 CAM의 역할과 모델링과의 연관적인 작업에 대하여 이해하고 CAM의 환경, 화면 구성, 환경 구성 및 가공 공정에 대하여 알아본다.

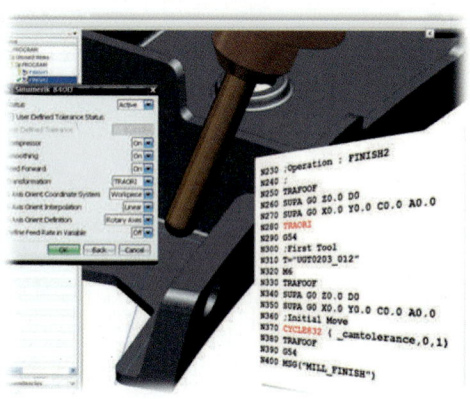
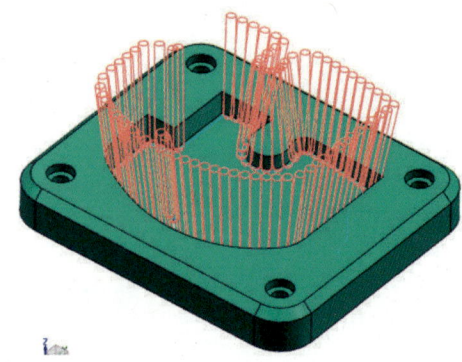

제1절 CAM 환경

1 CAM 시작하기

CAM을 시작하기 위해서는 먼저 모델링을 완성하고 응용 프로그램에 Manufacturing을 클릭하고 나서 작업환경을 선택하며, CAM 작업을 시작할 수 있다. 아래 그림과 같이 시작 메뉴에서 작업을 선택할 수 있고, 응용 프로그램 메뉴에서도 작업을 선택할 수 있다.

Manufacturing을 시작하기 위해서 모델링을 오픈한 상태에서 그림과 같이 File ➜ Application ➜ Manufacturing을 선택한다.

NX10 3D 모델링 및 CAD/CAM

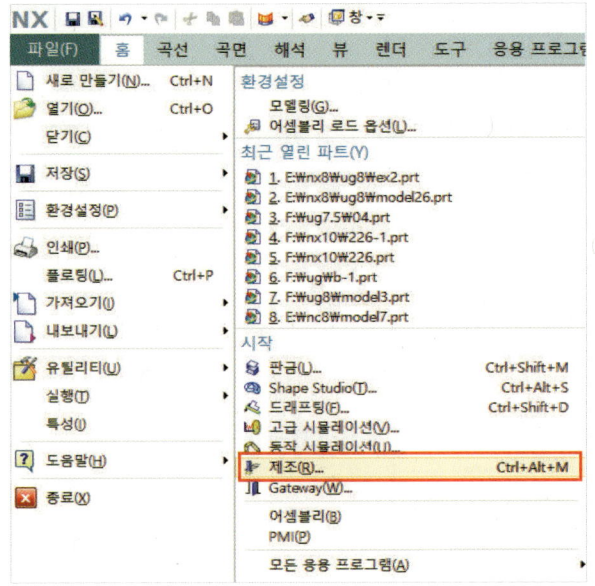

❷ CAM 환경 설정

CAM 가공 환경에서 사용자가 가공하고자 하는 생성할 CAM 설정을 선택하고 확인한다. Manufacturing을 선택하게 되면 그림과 같이 Machining Environment 창이 나타나며, 가공 환경을 설정해 주어야 한다.

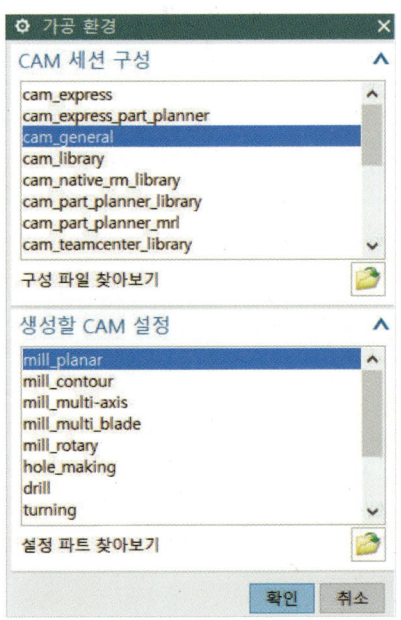

　　CAM Setup에서 사용자가 하고자 하는 작업을 선택하고 OK한다.

◀ Mill_planar: 2D 평면 가공
◀ Mill_contour: 3D 3축 가공
◀ Mill_ multi-axis: 다축 가공
◀ Drill: 드릴 가공
◀ Hole_making: 홀 가공
◀ Turning: 선반 가공
◀ Wire_edm: 와이어 컷 가공

※ CAM 환경에 들어가서 변경이 가능하다.

Chapter 01 | Manufacturing 구성　627

③ CAM의 화면 구성

NX10 CAM의 화면 구성은 상단에 메뉴 표시줄이 있으며, 상단에 단축 아이콘이 배열되어 있다. 그리고 왼쪽에 탐색기가 있으며, 탐색기는 작업이 기록되는 곳으로서 CAM 작업을 항상 확인하면서 작업을 한다. 그리고 탐색기와 단축 아이콘은 작업자가 원하는 위치에 놓아서 작업할 수 있다.

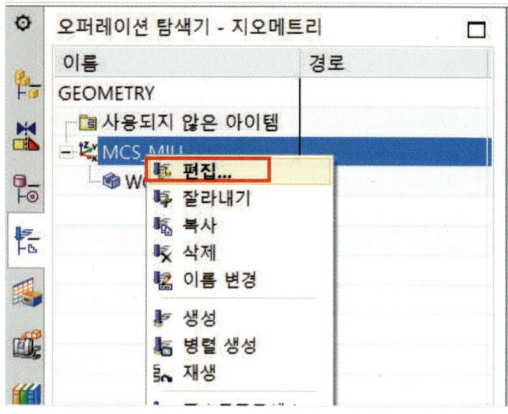

변경된 Operation Navigator에서 MCS_MILL에 마우스 우측 버튼을 클릭한다.

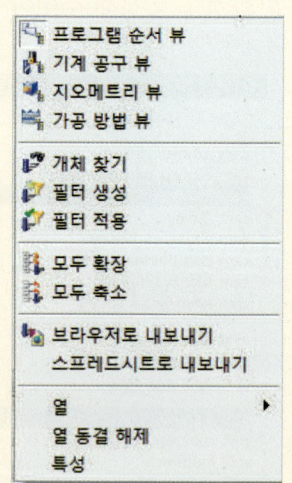

> **참고** 탐색기 내에서 MB3 버튼에 의한 옵션
>
> - 프로그램 순서 뷰: 이 옵션은 오퍼레이션 탐색기의 뷰를 프로그램 순서 뷰로 변경한다.
> - 기계 공구 뷰: 이 옵션은 오퍼레이션 탐색기의 뷰를 기계 공구 뷰로 변경한다.
> - 지오메트리 뷰: 이 옵션은 오퍼레이션 탐색기의 뷰를 지오메트리 뷰로 변경한다.
> - 가공 방법 뷰: 이 옵션은 오퍼레이션 탐색기의 뷰를 가공 공구 뷰로 변경한다.
> - 개체 찾기: 이 옵션을 사용하면 오퍼레이션 탐색기에 열거된 개체를 검색할 수 있다. 이 기능은 오퍼레이션 탐색기에 많은 개체가 있을 때 개체를 찾는 데 유용하다. 개체 찾기 대화상자에 대·소문자를 구분하여 원하는 개체의 전체 이름을 입력하거나, 이름의 일부와 별표(*)를 입력한다. 개체를 찾으면 강조하여 표시된다.
> - 필터 생성: 이 옵션은 오퍼레이션 필터 대화상자를 표시된다. 이 대화상자에서는 오퍼레이션 탐색기의 현재 파트에 포함된 모든 오퍼레이션의 하위 세트만 표시하는 데 사용할 필터링 기준을 선택할 수 있다.
> - 필터 적용: 이 옵션은 오퍼레이션 필터 적용 대화상자를 표시된다.
> - 모두 확장: 오퍼레이션 탐색기에서 축소된 부모 그룹을 모두 확장하여 모든 오퍼레이션을 표시한다.
> - 모두 축소: 오퍼레이션 탐색기의 모든 부모 그룹을 축소한다.

❹ CAM의 환경 구성

Manufacturing 모듈을 사용하여 밀링, 드릴링, 선반, 와이어 EDM 공구 경로를 생성하고, 경로에 따른 가공 검증을 시뮬레이션을 통하여 확인할 수 있다. 또한 검증된 Data를 통하여 가공 NC Data를 생성 출력하여 실제 형상을 가공할 수 있다. 가공 적용 범위는 2축, 2.5축, 3축, 5축 평면 및 곡면 가공, 드릴 가공, 선반 가공, Wire EDM 가공 등에 적용할 수 있다.

(1) CAM 가공 공정

부품 모델링 → 가공 라이브러리 선택 → CAM 가공 종류 선택 → 가공 형태에 따른 가공 Type 설정 → 가공 조건 설정(공구 설정, 가공 방법 등) → 공구 경로 생성(Tool Path) → 가공 시뮬레이션을 통한 검증 → Postprocess를 이용한 NC Data를 생성한다.

(2) NX10 CAM 환경 구성

① WCS(Work Coordinate System): 기본적으로 화면상에 Display되는 좌표로서 주로 모델링을 할 때의 작업 좌표계이다.

② MCS(Machine Coordinate System): CAM 작업을 할 때 기준이 되는 가공 좌표계로 사용된다.

③ RCS(Reference Coordinate System): 참조 좌표계이다.

④ CLSF(Cutter Location Source File): 공구 위치 데이터로서 이 데이터를 보고 NC Data의 블록별 공구의 위치를 확인할 수 있다.

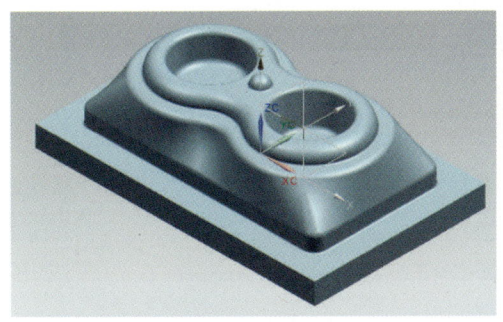
❋ WCS 좌표계

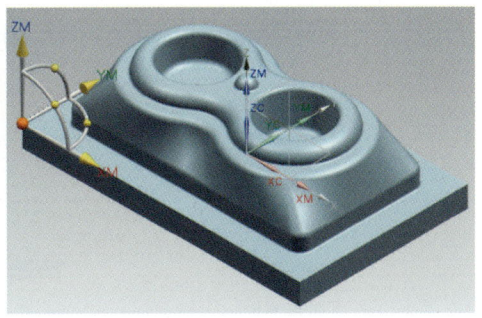
❋ MCS 좌표계 생성

❋ MCS 좌표계 설정 확인

참고 MCS 좌표계 이동 방법

① 탐색기(Navigator) 아이콘 바에서 지오메트리 뷰 아이콘을 선택한다.
② 오퍼레이션 탐색기 창에서 MCS_MILL을 선택하고, MB3 버튼을 클릭하여 편집을 선택한다.

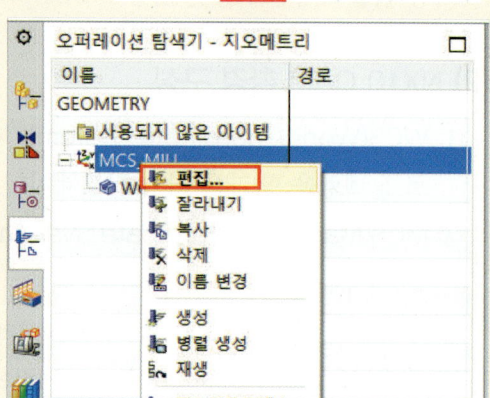

③ MCS 지정에서 좌표계(CSYS) 다이얼로그를 클릭한다.
④ 원하는 기준 시작점을 선택하고 확인한다.

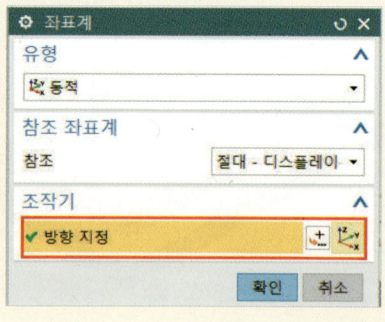

630 PART Ⅴ Manufacturing

제2절 Manufacturing 생성 및 탐색기 설정하기

Manufacturing 생성 및 오퍼레이션 탐색기 메뉴의 역할과 환경을 설정하고, NX10 CAM 작업을 할 수 있다.

1 Manufacturing 생성

NX10 CAM에서 다양한 가공 환경을 생성 및 설정할 수 있는 기능이다.

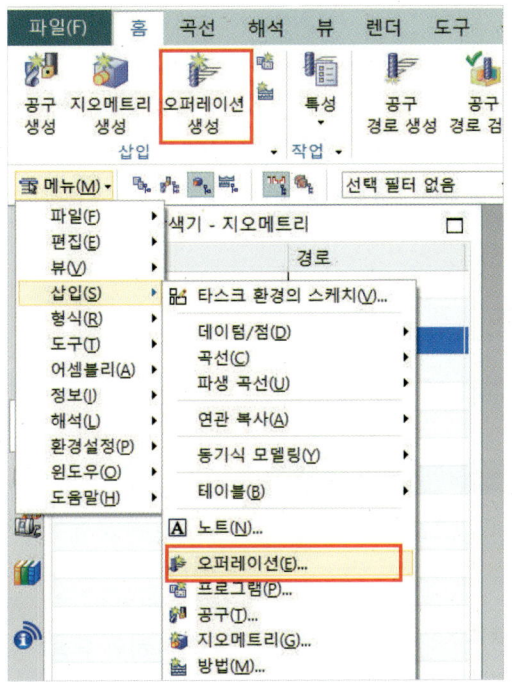

아이콘	명칭	설명
	프로그램 생성	프로그램 폴더를 생성하고 CL Data를 저장하는 곳이다.
	공구 생성	공구를 생성하고 등록할 수 있다.
	지오메트리 생성	가공하고자 하는 형상의 조건(가공 좌표 및 가공 소재 등)을 생성하여 설정 지정하여 등록한다.
	생성 방법	황삭, 정삭, 잔삭 등을 구별하여 가공 방법을 설정할 수 있다.
	오퍼레이션 생성	설정된 가공 환경에서 공구 경로(Tool Path)를 생성하거나, 편집 기능을 설정할 수 있다.

(1) 프로그램 생성()

공구 경로(Tool Path)를 저장하는 폴더의 개념으로서 기본적으로 Program이라는 폴더가 생성되어 있으며, 추가적으로 생성이 가능하다.

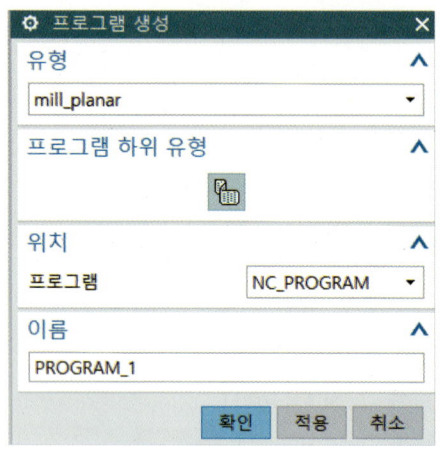

다음을 설정하고 확인하면 생성된다.
- 유형: 가공 타입을 선택한다.
- 위치: 생성되는 위치를 지정한다.
- 이름: 생성되는 프로그램 폴더의 이름을 지정한다.

(2) 공구 생성( )

가공에 필요한 공구를 생성할 수 있다.

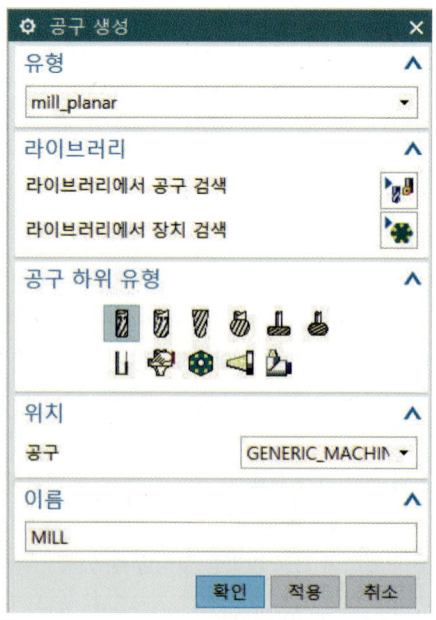

다음을 설정하고 확인하면 생성된다.
- 유형: 가공 유형을 선택한다. 유형에 따라 여러 유형의 다른 공구가 나타난다.
- 라이브러리: 공구를 불러올 수 있다.
- 공구 하위 유형: 생성할 공구의 종류를 선택한다.
- 위치: 공구가 생성되는 위치를 지정한다.
- 이름: 공구의 이름을 입력한다.

참고 라이브러리()

미리 만들어진 기본 데이터(Data Base)를 통하여 공구가 결정된다.

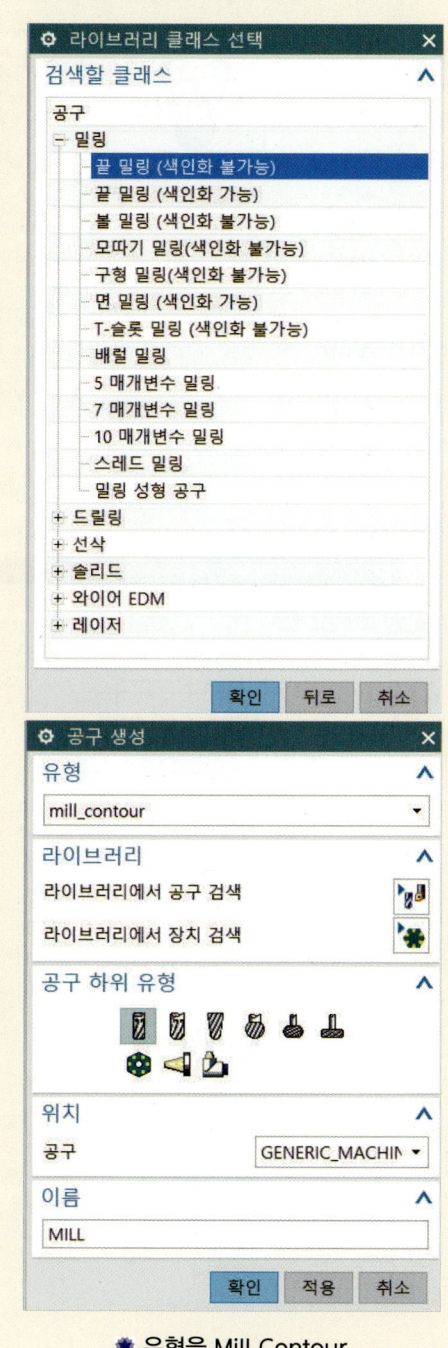

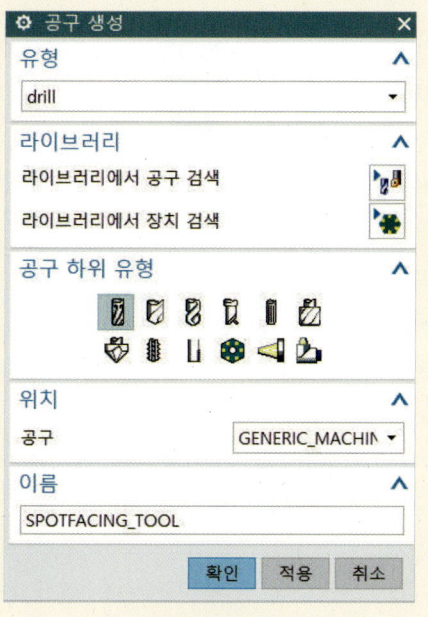

❋ 유형을 Mill Contour   ❋ 유형을 Dill

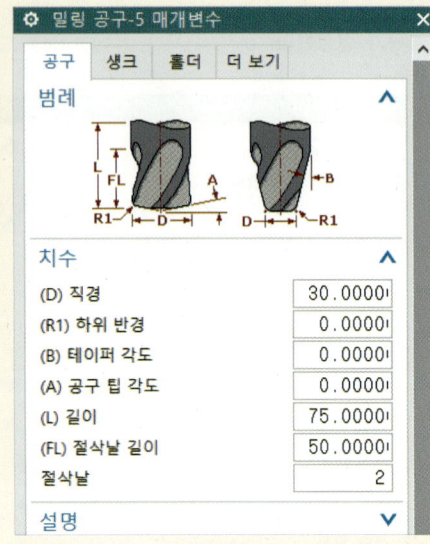
❋ Mill 선택

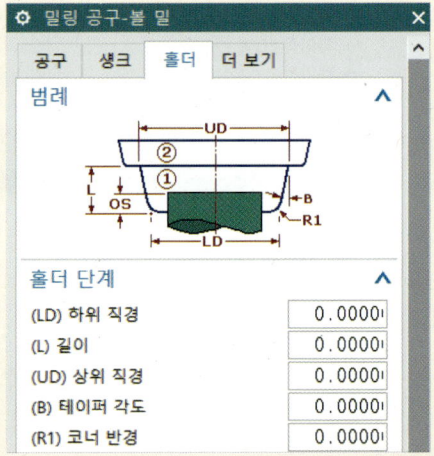
❋ Ball_Mill 선택

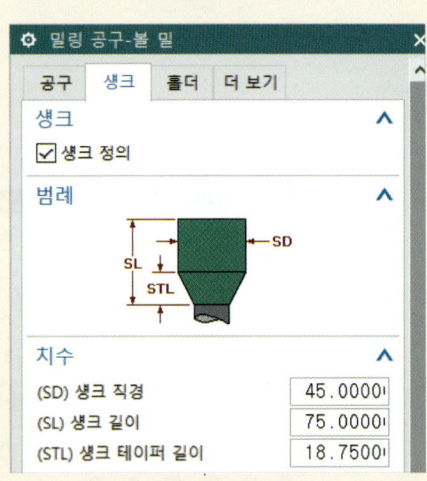
❋ 생크(Shank)

❋ 홀더(Holder)

(3) 지오메트리 생성( )

생성하고자 하는 형상의 조건들을 추가적으로 생성할 수 있으며, 가공물의 MCS는 기본적으로 생성된다.

다음을 설정하고 확인하면 생성된다.
◀ 유형: 가공 유형을 선택한다. 유형에 따라 여러 가지 유형이 다르게 나타난다.
◀ 지오메트리 하위 유형: 생성할 지오메트리의 종류를 선택한다.
◀ 위치: 지오메트리가 생성되는 위치를 지정한다.
◀ 이름: 지오메트리의 이름이 나타난다.

아이콘	명칭	설명
	MCS	MCS 및 RCS, 간격, 하안 평면 등을 설정한다. 사용자 좌표계(G54 등)를 사용할 때 이용할 수 있다.
	WORKPIECE	파트, 블랭크, 체크, 파트 옵셋 등을 설정한다.
	MILL_AREA	파트, 체크, 절삭 영역 등을 설정한다.
	MILL_BND	파트 경계 지정, 블랭크 경계 지정, 체크 경계 지정, 트리밍 경계 지정 등을 설정한다.
	MILL_TEXT	Planar_text, Contour_text에서 사용할 수 있는 글자를 지정한다.
	HOLE_BOSS_GEOM	구멍, 보스, 나사보스, 나사 구멍을 설정한다.
	MILL_GEOM	파트, 블랭크, 체크, 파트 옵셋 등을 지정한다.

1) MCS()

가공 좌표계로서 추가로 생성할 수 있다.

- ◀ 기계 좌표계: 좌표계 다이얼로그를 통해 기계 좌표계를 지정할 수 있다.
- ◀ 참조 좌표계: 참조 좌표계를 지정할 수 있다.
- ◀ 간격: 자동 또는 평면으로 안전높이를 지정할 수 있다.
- ◀ 하한 평면: 하한 평면을 지정할 수 있다.
- ◀ 회피: 공구의 시작점, 복귀 점, Gohome 점 등을 지정할 수 있다.
- ◀ 레이아웃 및 레이어: 레이아웃 및 레이어를 지정할 수 있다.

2) 가공물( )

가공 소재 공작물을 설정한다. 기본적으로 지오메트리만 설정하면 가공물을 이용하여 공구 경로(Tool Path)를 쉽고 빠르게 생성된다.

- ◀ 지오메트리: 가공에 필요한 형상을 설정한다.
- ◀ 옵셋: 파트에 대한 옵셋 값을 지정한다.
- ◀ 설명: 가공 소재의 재질을 선택한다.
- ◀ 레이아웃 및 레이어: 레이아웃 및 레이어를 지정할 수 있다.

① 파트 지정(): 가공한 후 남는 형상으로 모델링을 설정한다.

② 블랭크(): 가공 소재의 형상을 설정하는 것으로 가공 소재의 설정 유형은 지오메트리, 파트에서 옵셋, 경계 블록, 경계 원통, 파트 외곽선, 파트 볼록 껍질, IPW-처리 중인 가공물이 있다. 여기서 직접 모델링하여 형상을 지오메트리로 선택할 수 있다.

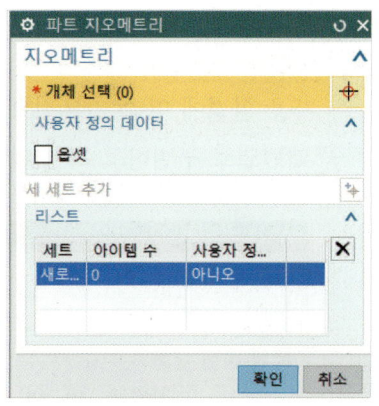

❋ 파트 메뉴

❋ 블랭크 메뉴

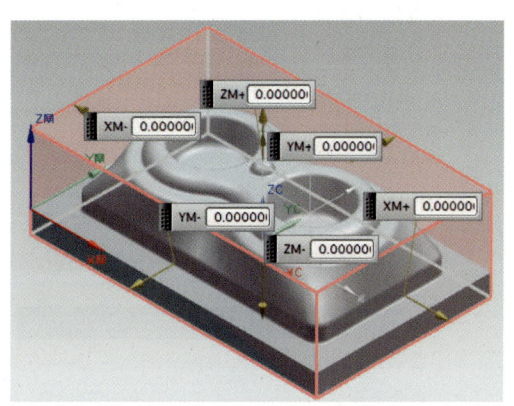

❋ 경계 블록에 의한 블랭크

③ 체크(): 클램프 등으로 가공하지 말아야 할 부분의 형상을 설정한다.

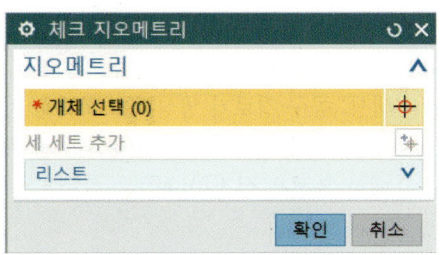

※체크할 부분은 직접 모델링한다.

❋ 체크 지오메트리

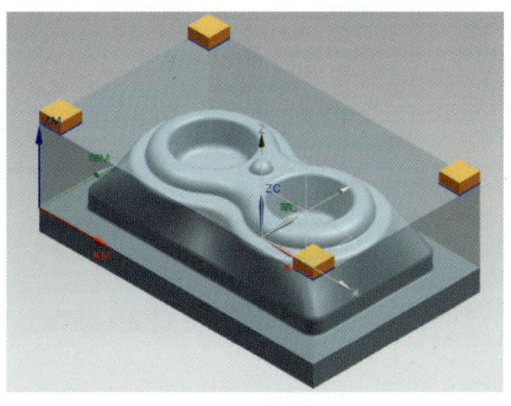

❋ 체크 바디 선택

(4) 생성 방법( )

가공 환경에 따라 기본적으로 가공 방법이 생성되어 있으며, 사용자가 공구 경로를 가공 패턴별로 구별하고 그에 따른 환경을 설정할 수 있다.

◀ 유형: 가공 유형을 선택한다. 방법에 따라 하위 유형이 다르게 나타난다.
◀ 방법 하위 유형: 가공 방법의 종류를 선택한다.
◀ 위치: 위치 방법이 생성되는 경로를 지정한다.
◀ 이름: 생성 방법의 이름을 입력한다.

1) 밀링 방법(Mill_Method)( )

◀ 스톡: 가공 여유를 설정할 수 있다.
◀ 공차: 정밀도를 설정할 수 있다.
  • Intol: 안쪽 정밀도
  • Outtol: 바깥쪽 정밀도
◀ 경로 설정값
  • 절삭 방법: 공구의 절삭 방법을 정의한다.
  • 이송: 공구의 이송속도를 설정한다.
◀ 옵션
  • 색상: 공구 경로가 생성되는 색깔을 정의한다.
  • 화면 표시 편집: 화면 표시되는 공구 경로에 대한 옵션을 설정한다.

(5) 오퍼레이션 생성( )

공구 경로를 생성한다.

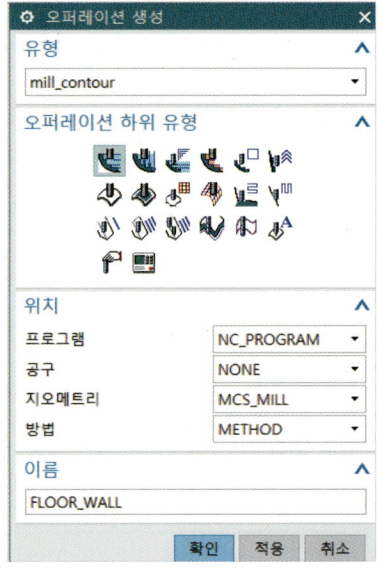

- ▲ 유형: 가공 유형을 선택한다. 유형에 따라 생성할 수 있는 공구 경로가 다르게 나타난다.
- ▲ 오퍼레이션 하위 유형: 공구 경로 및 가공 방법의 종류를 선택한다.
- ▲ 위치
  - 프로그램: 공구 경로를 저장할 프로그램 폴더를 지정한다.
  - 공구: 공구 경로를 생성할 공구를 지정한다.
  - 지오메트리: 좌표계 및 가공 소재를 지정한다.
- ▲ 이름: 공구 경로의 이름을 지정한다.
- ▲ 설정하고 확인한다.

▼ Mill Contour 황삭 가공 오퍼레이션 유형

아이콘	명칭	명령어 설명
	CAVITY_MILL	평면형 절삭의 여러 절삭 패턴을 사용하여 재료의 볼륨을 제거하는 데 사용하며, 일반적으로 황삭에 주로 사용된다.
	PLUNGE_MILLING	긴 공구가 필요한 깊은 영역에서 가장 많이 사용되며, Z축을 따라 위아래로 가공하는 공구 경로(Tool path)를 생성한다.
	CORNER_ROUGH	직경과 코너 반경 때문에 이전 공구가 도달할 수 없는 코너의 나머지 부분을 절삭한다. Follow Part 가공 패턴을 이용하여 황삭 가공에 필요한 윤곽 부위의 가공경로를 작성한다.
	REST_MILLING	IPW를 기반으로 하여 이전 공구가 절삭하지 못한 영역을 가공한다.
	ZLEVEL_PROFILE	평면형 절삭으로 영역을 절삭하거나, 파트의 영역을 그리는 데 사용하는 기본적인 Z단계 밀링이다. 파트(Part) 또는 평면 절삭(Cut Area)상을 Contour 가공 패턴을 이용하여 가공할 수 있는 Z Level 평삭을 지원한다.
	ZLEVEL_CORNER	직경과 코너 반경 때문에 이전에 사용한 공구가 가공하지 못한 영역을 가공한다.

▼ Mill Contour 정삭 가공 오퍼레이션 유형

아이콘	명칭	설명
	FIXED_CONTOUR	윤곽 형상의 패턴 절삭(Cut Pattern)을 사용하여 파트(Part)나 절삭 영역의 윤곽을 가공하는 공구 경로(Tool path)로 생성된다. 주로 중삭, 정삭 가공으로 사용되며, 가공 영역을 경계(Boundary) 형식으로 선택하여 가공한다.
	CONTOUR_AREA	선택된 면이나 절삭 영역을 절삭하는 공구 경로(Tool path)로 생성된다. 주로 중삭, 정삭 가공으로 사용되며, 가공 영역을 면으로 선택하여 가공한다.
	CONTOUR_SURFACE_AREA	곡면 영역을 절삭하는 방법으로서 면의 U, V 방향으로 가공하는 공구 경로(Tool Path)를 생성한다.
	STREAMLINE	자동 및 사용자 정의에 따라 유동 곡선(Flow Curve) 및 교차 곡선(Cross Curve)을 따라 면을 절삭하는 공구 경로(Tool Path)를 생성한다.
	CONTOUR_AREA_NON_STEEP	Contour_Area와 동일하지만 급경사가 아닌 영역만을 가공한다.
	CONTOUR_AREA_DIR_STEEP	절삭 방향을 기준으로 특정 각도 이상인 영역만 가공하는 공구 경로(Tool Path)를 생성한다. 주로 특정 각도에 의해 미삭량이 많이 발생하는 부분에서 사용한다.

▼ Mill Contour 잔삭 가공 오퍼레이션 유형

아이콘	명칭	설명
	FLOW CUT_SINGLE	코너 모서리 부분이나 골을 잔삭 가공하고 완화하는 데 사용되며, Pencil Data이며 한번 회전한다.
	FLOW CUT_MULTIPLE	코너 부분이나 골을 잔삭 가공하고 완화하는 데 사용되며, 펜슬 데이터(Pencil Data)를 옵셋(offset)하여 여러 번의 회전으로 가공 경로를 생성한다.
	FLOW CUT_REF_TOOL	코너 부분이나 골을 잔삭 가공하고 완화하는 데 사용되며, 이전의 사용공구에서 가공하지 못한 영역만 가공한다.
	FLOW CUT_SMOOTH	코너 부분이나 골을 잔삭 가공하고 완화하는 데 사용되며, 진출과 이동이 매끄럽게 진행된다.
	SOLID_PROFILE_3D	솔리드(Solid)를 이용하여 측벽이 있는 3D 프로파일(Profile)을 절삭하는 공구 경로(Tool Path)를 생성한다.
	PROFILE_3D	3D상에서 곡선(Curve)나 모서리(Edge)를 이용하여 경계에 의해 상승된 Tool Path나 모서리를 따라가는 공구 경로(Tool Path)를 생성한다. (모깎기에 주로 이용)
	CONTOUR_TEXT	WCS상에서 작성된 글자(TEXT)를 법선 방향의 곡면에 각인하는 가공 경로를 생성한다.
	MILL_USER	NX10 열기(Open) 프로그램을 이용하여 오퍼레이션(Operation)을 생성한다.
	MILL_CONTROL	기계 컨트롤(Machine Control; User Defined Events)만 사용하여 오퍼레이션(Operation)을 생성한다.

▼ Mill_planar 오퍼레이션 유형

아이콘	명칭	설명
	Face_Milling_Area	주로 평면 가공에 사용되며, 선택된 면 영역을 가공하는 방법이다.
	Face_Milling	주로 평면 가공에 사용되며, 솔리드 바디의 평면을 절삭하기 위한 기본적인 면 밀링이다.
	Face_Milling_Manual	주로 평면 가공에 사용되며, 각 면의 서로 다른 패턴이 혼합된 절삭 패턴으로서 절삭 패턴 중 하나는 수동이므로 사용자가 원하는 정확한 위치에 공구 위치를 지정할 수 있다.
	Planar Mill	주로 평면 바닥 가공에 사용되며, 가공 영역을 커브나 Edge로 선택한다. 2D의 커브만 있어도 가능하다.
	Planar_Profile	가공 재료를 정의하지 않고, 프로 파일링하는 데 사용하는 특별한 2D 프로 파일 절삭 종류이다.
	Rough_Follow	파트 따르기 절삭 방법을 사용한 평면 밀링이다.
	Rough_Zigzag	지그재그 절삭 방법을 사용한 밀링 방법이다.
	Rough_Zig	윤곽이 그려지는 지그 절삭 밀링 방법이다.
	Cleanup_Corners	파트 따르기 절삭 종류가 포함된 평면 밀링으로 일반적으로 이전 공구를 통해서 재료가 미절삭된 코너를 다듬질한다.
	Finish_Walls	바닥에 가공 여유를 남기는 평면 밀링이다.
	Finish_Floor	벽면에 가공 여유를 남기는 평면 밀링이다.
	Hole_Milling	구멍을 가공하는 밀링 가공이다.
	Thread_Milling	구멍에 나사를 가공하는 밀링 가공이다.
	Planar_Text	평면에 글자를 새기는 밀링작업이다.
	Mill_Control	기계 컨트롤(Machine Control; User Defined Events)만 사용하여 오퍼레이션(Operation)을 생성한다.
	MILL_USER	NX10 열기(Open) 프로그램을 이용하여 오퍼레이션(Operation)을 생성한다.

▼ Drill 오퍼레이션 유형

아이콘	명칭	설명
	Spot_Drilling	드릴 작업 전에 중심을 정확하게 잡아주는 작업으로서 생략할 수도 있다.
	Peck_Drilling	구멍 가공에 사용되며 지정된 값만큼 진입하고 진입 높이까지 퇴각하는 반복적인 공정으로 구멍을 가공한다.
	Breakchip_Drilling	구멍 가공에 사용되며 지정된 값만큼 진입했다가 지정된 값만큼 퇴각하는 반복적인 공정으로 구멍을 가공한다.
	Tapping	구멍에 탭(나사)을 가공하는 공정이다.

❷ 오퍼레이션 탐색기

 Manufacturing 생성에서 생성된 설정을 탐색기 창에서 확인할 수 있는 기능으로 탐색기 아이콘을 선택하여 사용자가 원하는 뷰를 보면서 작업할 수 있으며, 생성되어 있는 것들을 이용하여 작업할 수 있다. 탐색기 창에서 사용된 공구, 공구 번호, 지오메트리, 방법 등을 모두 확인할 수 있으며 작업 시간도 확인할 수 있다.

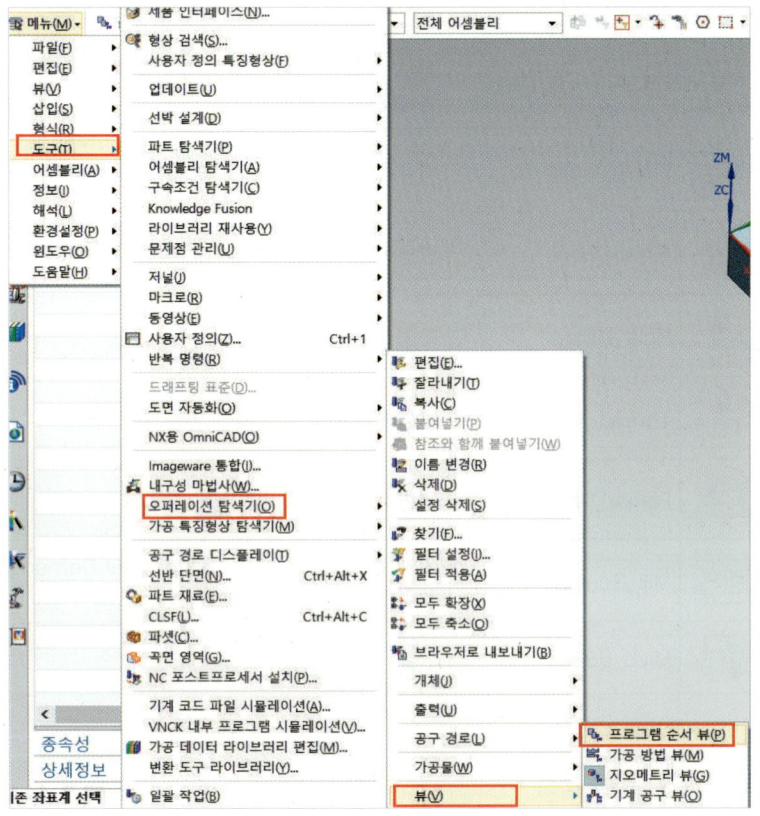

(1) 프로그램 순서 뷰( ): 탐색기 화면을 프로그램으로 바꾸어 준다.

프로그램 폴더를 기준으로 표현하며, 기본적으로 PROGRAM이라는 폴더가 생성된다. 생성된 오퍼레이션의 위치와 순서는 드래그를 통해서 원하는 곳으로 이동이 가능하다. 아래쪽에 위치한 스크롤 바를 이용하거나 아래 그림처럼 창을 크게 하여 볼 수 있다.

이름	공구 변경	경로	공구	공구 번호	시간	지오메트리	방법
NC_PROGRAM					05:30:14		
사용되지 않은 아이템					00:00:00		
PROGRAM					05:30:14		
CAVITY_MILL		✓	MILL_12	1	02:20:45	WORKPIECE	MILL_ROUGH
CONTOUR_AREA		✓	BALL_4	2	02:58:10	WORKPIECE	MILL_FINISH
FLOWCUT_SINGLE		✓	BALL_2	3	00:10:43	WORKPIECE	---

참고

Program은 C/L Data을 관리하는 영역으로서 폴더의 역할을 한다. 폴더는 상위 폴더가 존재하고 프로그램별로 작업을 저장할 수 있고, 기본적으로 CAM을 시작하면 그 하위 프로그램으로 사용하지 않은 아이템과 Program이라는 하위 프로그램이 존재한다. 새로운 프로그램을 추가하여 작업할 수 있고, 프로그램 안에 새로운 작업을 할 수 있다.

이름	공구 변경
NC_PROGRAM	
사용되지 않은 아이템	
PROGRAM	

(2) 기계 공구 뷰( ): 탐색기 화면을 공구(Toll)로 바꾸어 준다.

사용하는 공구를 기준으로 표현하며 공구를 더블 클릭하거나 MB3 버튼을 클릭하여 편집으로 들어가서 공구를 확인 및 수정할 수 있다. 생성된 오퍼레이션의 위치도 드래그를 통해서 이동이 가능하다. 아래쪽에 위치한 스크롤바를 이용하거나 아래 그림처럼 창을 크게 하여 볼 수 있다.

이름	경로	공구	설명	공구 번호	지오메트리	방법	프로그램 그룹
GENERIC_MACHINE			일반 기계				
사용되지 않은 아이템			mill_contour				
MILL_12			밀링 공구-5 매개변수	1			
CAVITY_MILL	✓	MILL_12	CAVITY_MILL	1	WORKPIECE	MILL_ROUGH	PROGRAM
BALL_4			밀링 공구-볼 밀	2			
CONTOUR_AREA	✓	BALL_4	CONTOUR_AREA	2	WORKPIECE	MILL_FINISH	PROGRAM
BALL_2			밀링 공구-볼 밀	3			
FLOWCUT_SINGLE	✓	BALL_2	FLOWCUT_SINGLE	3	WORKPIECE	---	PROGRAM

(3) 지오메트리 뷰(　　): 탐색기 화면을 지오메트리로 바꾸어 준다.

　지오메트리를 기준으로 가공 좌표계(MCS_MILL)와 가공 소재가 생성되어 있다. 필요 시 새롭게 지오메트리를 추가하여 오퍼레이션 작업에 이용할 수 있다.

　기본적으로 생성되어 있는 좌표계와 가공 소재를 더블 클릭하거나, MB3 버튼을 클릭하여 편집에 들어가서 설정하여 오퍼레이션 작업에 이용할 수 있다.

이름	경로	공구	지오메트리	방법
GEOMETRY				
사용되지 않은 아이템				
MCS_MILL				
WORKPIECE				
CAVITY_MILL	✓	MILL_12	WORKPIECE	MILL_ROUGH
CONTOUR_AREA	✓	BALL_4	WORKPIECE	MILL_FINISH
FLOWCUT_SINGLE	✓	BALL_2	WORKPIECE	---

(4) 가공 방법 뷰(　　): 탐색기 화면을 가공 방법으로 바꾸어 준다.

　방법을 기준으로 표현하며 가공 환경을 Mill_Contour로 선택하였을 때 기본적으로 4가지 방법이 생성되어 있다. 기본적으로 생성되어 있는 방법을 더블 클릭하거나, MB3 버튼을 클릭하여 편집에 들어가서 설정값을 변경하여 오퍼레이션 작업에 이용할 수 있다. 가공 방법을 이용하여 황삭, 정삭, 잔삭 등의 가공 패턴을 정의할 수 있고 가공 여유와 가공공차, 이송, 공구 경로 옵션 등을 설정할 수 있다.

이름	경로	공구	지오메트리	프로그램 그룹
METHOD				
사용되지 않은 아이템				
MILL_ROUGH				
CAVITY_MILL	✓	MILL_12	WORKPIECE	PROGRAM
MILL_SEMI_FINISH				
MILL_FINISH				
CONTOUR_AREA	✓	BALL_4	WORKPIECE	PROGRAM
DRILL_METHOD				

Cavity Mill 황삭 가공

Cavity Mill의 정의 및 자세한 옵션과 기능에 대하여 공부하고 따라 하기를 통하여 Cavity Mill CAM 가공을 할 수 있다.

1 Cavity Mill의 정의 및 시작하기

Cavity Mill 오퍼레이션은 평면 레이어에서 재료의 볼륨(가공 부위)을 제거하는 공구 경로를 생성하며, 황삭 가공의 3축 가공을 하는 데 일반적으로 사용된다. 평면 밀링은 2축 가공이고, Cavity Mill은 3축 가공에서 사용되는 평면 밀링이다. 유형은 mill_contour를 선택한다.

(1) Cavity Mill 시작

오퍼레이션 생성( )을 클릭한다. 또는 삽입에 오퍼레이션을 선택한다.

(2) Cavity Mill 실행

유형에서 mill_contour를 선택하고 오퍼레이션 하위 유형에서 CAVITY_MILL을 선택한 다음 위치에서 아래 그림처럼 설정하고 확인한다.

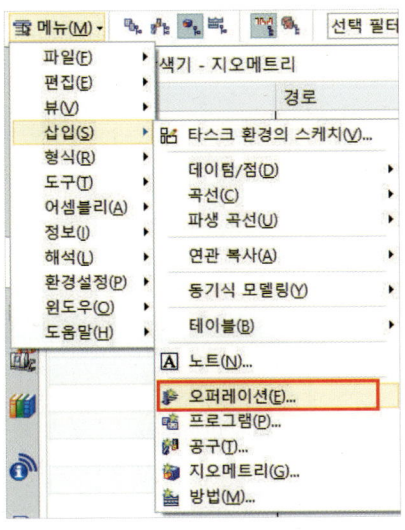

CAVITY_MILL 창에서 확인하면 오퍼레이션 탐색기에 CAVITY_MILL이 생성되어 있는 것을 확인할 수 있다.

❷ CAVITY MILL 옵션

오른쪽 그림과 같이 하나의 창에 표현이 되어 있고 아이콘이 간편화되어 있다. 크게 지오메트리, 공구, 공구 축, 경로 설정값, 기계 제어, 프로그램, 설명, 옵션, 작업으로 나누어져 있고, 옵션을 접었다 펼쳤다 할 수 있게 되어 있다.

(1) 지오메트리

모델링, 가공 소재, 가공 영역 등의 지오메트리를 설정 및 재설정할 수 있다.

① 아래 그림과 같이 기본 지오메트리 설정을 쉽게 변경할 수 있다.

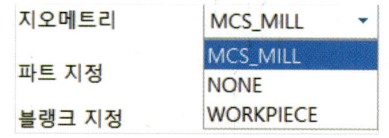

㉠ 새로 지정( ): 지오메트리를 새로 만든다.

㉡ 편집( ): 현재 설정된 지오메트리를 수정한다.

② 파트 지정( ): 가공 후 완성된 형상으로 모델링을 의미한다. 파트 지정 아이콘을 클릭하면 아래와 같이 창이 생성되며 모델링을 선택하고 확인한다.

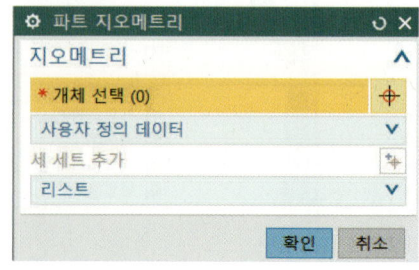

③ 블랭크 지정(): 가공 소재를 의미하며 블랭크 지정 아이콘을 선택하면 아래 그림과 같이 창이 뜬다.

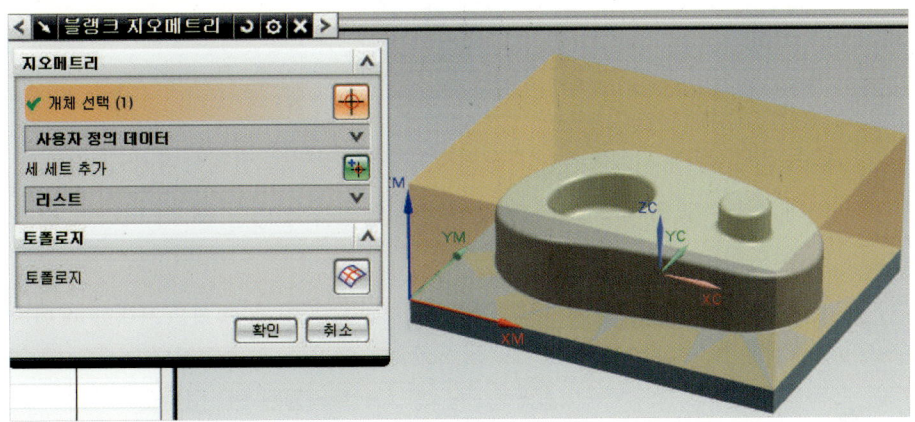

④ 체크 지정( ): 공구 경로를 생성할 때 공구가 지나가지 말아야 할 클램프 자리 등을 회피하기 위해서 설정한다. 가공 소재를 직접 스케치 및 모델링하여 설정하고 확인한다.

⑤ 절삭 영역 지정( ): 가공 영역을 말하며 사용자가 가공하고자 하는 부분만 선택하여 가공할 수 있다. 다음 그림처럼 마우스를 이용하여 윈도우하여 설정한다.

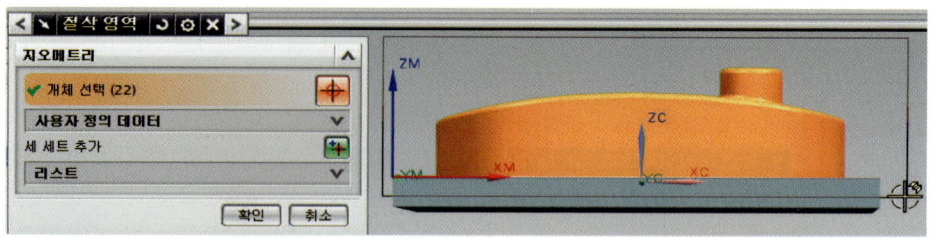

⑥ 트리밍 경계 지정( ): 작업자가 직접 영역을 선택하여 공구 경로가 지나가지 않게 할 수 있으며, 체크와 비슷하지만 영역을 선택할 때 더 다양한 방법으로 선택할 수 있다.

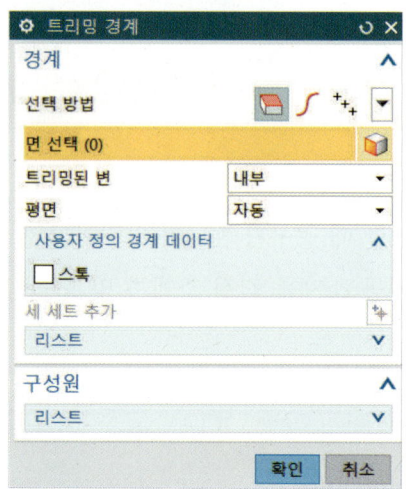

- 선택 방법: 영역을 선택할 때 면이나, 곡선, 점 등을 이용해서 선택할 수 있다.
- 트리밍된 변: 영역을 선택할 때 선택한 영역의 안쪽인지 바깥쪽인지를 설정한다.
- 평면: 트림할 영역을 원하는 평면으로 투영하여 표시할 수 있다.

(2) 공구(Tool)

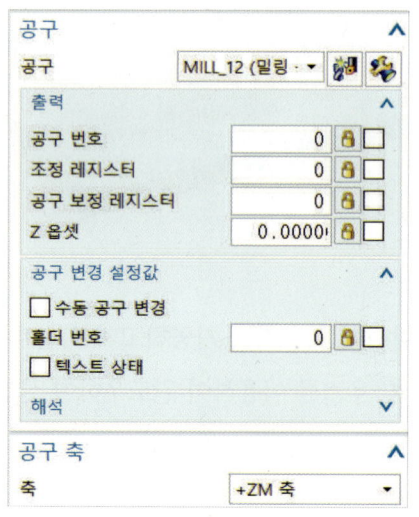

- 공구: 공구를 선택할 수 있다.
- 새로 생성: 새로운 공구를 생성할 수 있다.
- 편집/표시: 현재 선택된 공구를 화면상에 표시하고 수정할 수 있다.
- 출력: 공구에 관련된 옵션
- 공구 변경 설정값: 공구 교환 옵션
- 해석: 공구에 대한 해석

(3) 경로 설정값

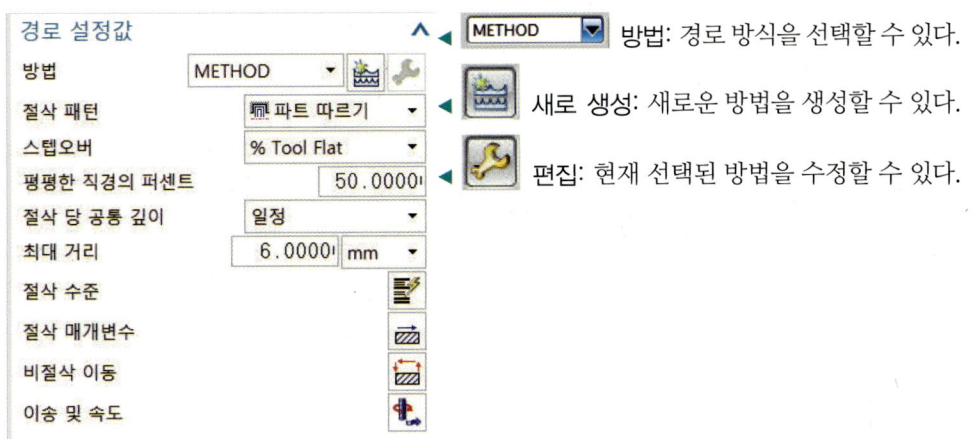

- **방법**: 경로 방식을 선택할 수 있다.
- **새로 생성**: 새로운 방법을 생성할 수 있다.
- **편집**: 현재 선택된 방법을 수정할 수 있다.

1) 절삭 패턴

① 파트 따르기( ): 모델링을 윤곽에 따라 가공하는 방식으로 아이콘 모양의 형태로서 가공이 되며, 바깥쪽에서 안쪽으로 가공이 된다.
  ㉠ 파트 지오메트리(Part Geometry)로부터 같은 값으로 옵셋(Offset)하여서 공구 경로(Tool Path)를 생성한다.
  ㉡ 블랭크 지오메트리(Bank Geometry)로부터 옵셋할 경우에는 파트 지오메트리에서는 정의할 수 없다.

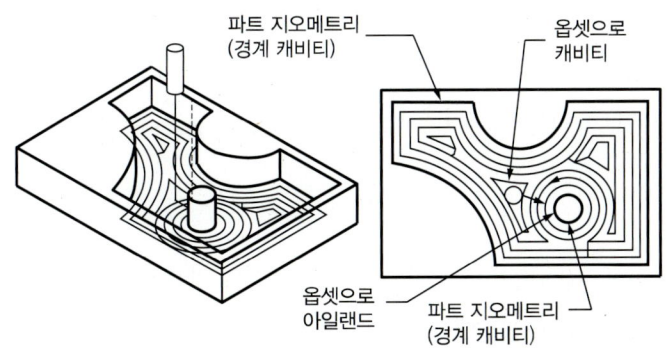

② 외곽 따르기( ): 모델링을 윤곽에 따라 가공하는 방식으로 아이콘 모양의 형태로서 가공이 되며, 안쪽에서 바깥쪽으로 가공하거나, 바깥쪽에서 안쪽으로도 가공이 가능하다.

㉠ 중심이 같은 공구 경로(Tool Path)를 생성한다.
㉡ 안쪽(Inward)과 바깥쪽(Outward)로 방향을 정의한다.

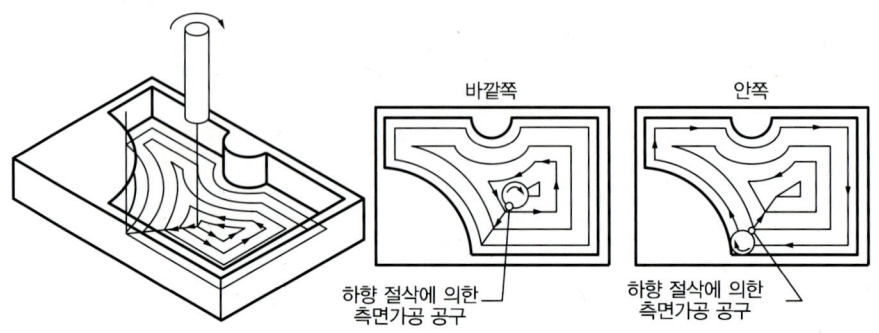

③ 프로파일( ): 모델링 형상의 윤곽을 따라 한 번만 가공하는 방법으로 잔삭에 이용된다.

㉠ 소재의 측벽부와 관련하여 한 번 통과(Single Pass)를 생성하여 가공한다.

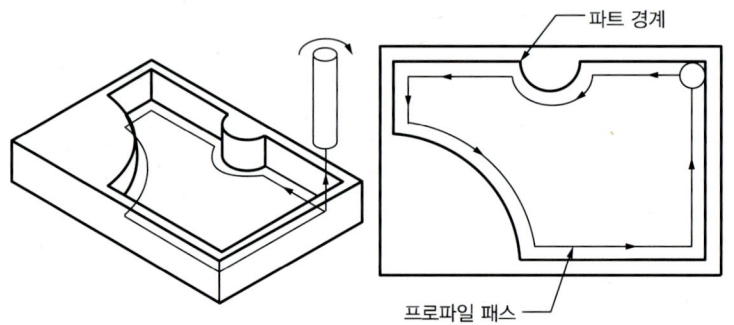

㉡ 프로파일일 때 추가 패스(Additional Passes)를 활성화된다.

㉢ 디폴트(Default) 값이 0으로 되어있을 경우 소재의 측벽부에 하나의 공구 경로(Tool Path)를 생성한다.
㉣ 값을 주게 되면 넣은 값만큼 소재의 측벽부에 Offset하게 공구 경로(Tool Path)를 생성한다.

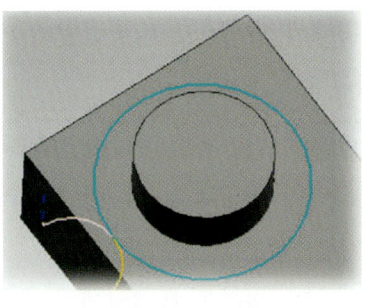 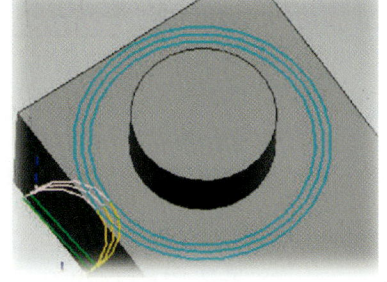

❇ 추가패스가 0일 때   ❇ 추가패스가 2일 때

④ 트로코이드(): 모델링 형상의 윤곽을 따라 가공하는 방법으로 부품 따르기와 비슷한 모양으로 가공이 된다.
　㉠ 공구의 안정성을 최대한으로 살려서 가공이 가능하다. 스텝오버(Step Over), 경로 간격(Path Width) 값을 정의한다.

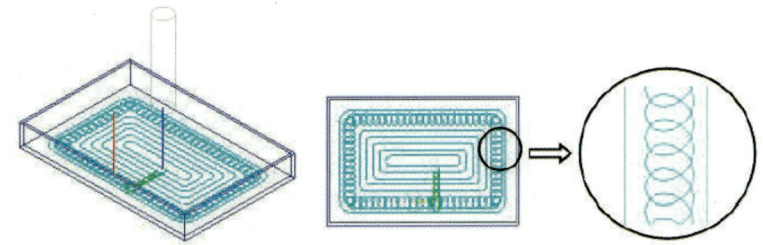

⑤ 지그( ): 공구가 갈 때 가공되고, 올 때는 사용자가 지정한 안전높이까지 급속이송하여 다시 가공이 시작된다.
　㉠ 공구 경로(Tool path)가 정의한 한 방향(one-way)으로 이송하여 가공한다.

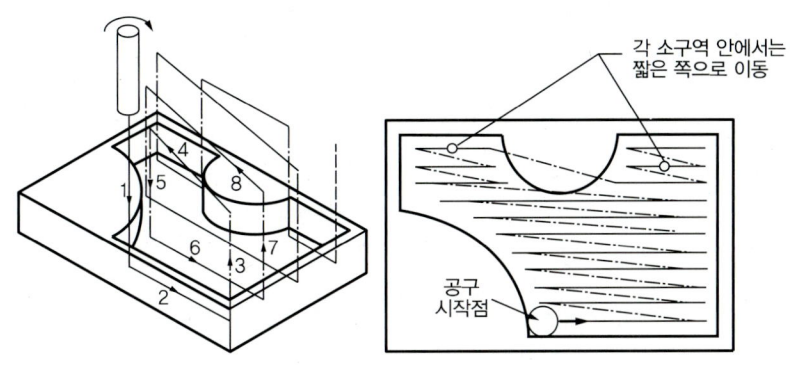

⑥ 지그재그(☐ 지그재그 ▼): 공구가 왕복으로 이동하면서 가공하는 방법으로서 갈 때 한 번 올 때 한 번, 2번 가공된다.

⑦ 윤곽이 있는 지그(☐ 윤곽이 있는 지그 ▼): 일반적으로 많이 사용되는 가공 방법으로서 지그 방법으로 가공이 되면서 윤곽의 형태로 가공하여 기계와 공작물 및 공구 사이에 과부하를 줄일 수 있다.

㉠ 공구 경로(Tool Path)가 정의한 방향으로 평행하게 이송하여 가공할 때, 스텝 오버(Stepover) 사이를 가공한다.

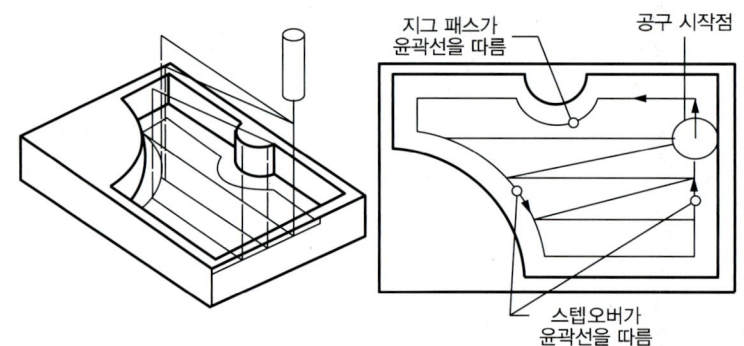

2) 스텝오버

공구가 한 번 가공하고 난 후, 다음 가공에 들어갈 때 측면으로 이동하는 값을 의미한다.

① 일정(Constant)(☐ 일정 ▼): 고정된 임의의 피치(Pitch) 값 입력한다.

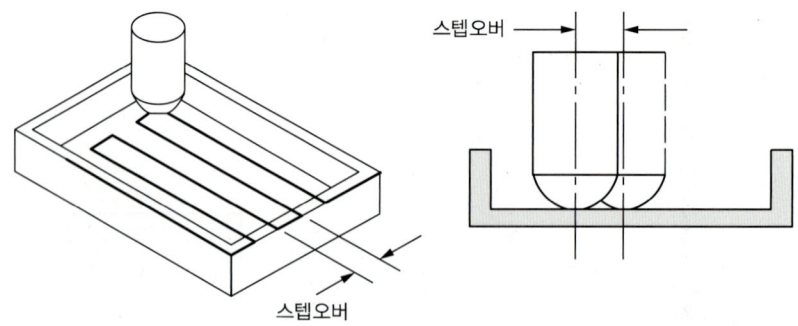

② 스캘럽(Scallop)(☐ 스캘럽 ▼): 엔드밀(End Mill)을 가공하고 다음 피치(Pitch)로 이동한 후 남은 영역의 높이 값이다.

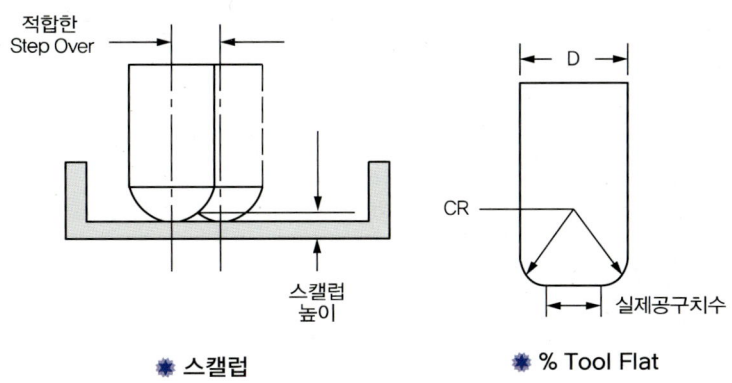

③ % Tool Flat(% Tool Flat): 공구의 직경에 대한 백분율(Percent) 값이며, 주로 황삭 가공에 사용한다.

④ 복수(Multiple)(복수): 절삭 곡선마다 임의의 다른 값을 입력 가능하다.

3) 절삭 당 공동 깊이

한 번 가공할 때 공구 축 방향의 절삭 깊이를 의미하며, Z축 방향의 깊이 값을 의미한다. 절삭 당 깊이를 설정하며 지정된 값을 초과하지 않는 균일한 절삭 단계를 계산한다. 아래 그림에서는 0.25로 지정된 절삭 당 전역 깊이 값을 조정하는 과정을 보여준다.

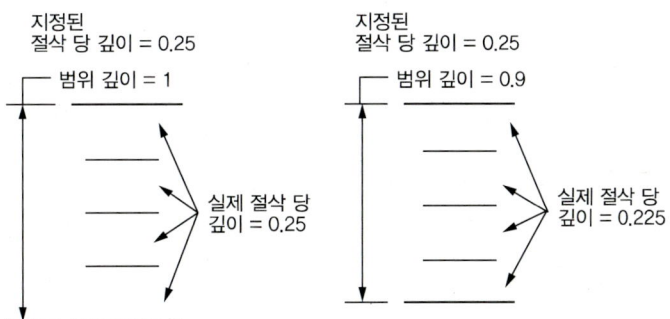

4) 절삭 수준

캐비티(Cavity) 및 Z단계 밀링의 경우 재료를 제거하기 위해 얼마나 깊게 절삭하게 될지 결정하는 절삭 평면을 지정할 수 있다. 다음 Z단계로 이동하기 전에 일정한 Z단계에서 절삭을 완료하는 수평 절삭 오퍼레이션이다. 공구가 절삭 가공 시에 Z축으로 정의한 값만큼 절삭 수준으로 가공이 끝난 후 공구의 처음 진입 위치로 정렬한다.

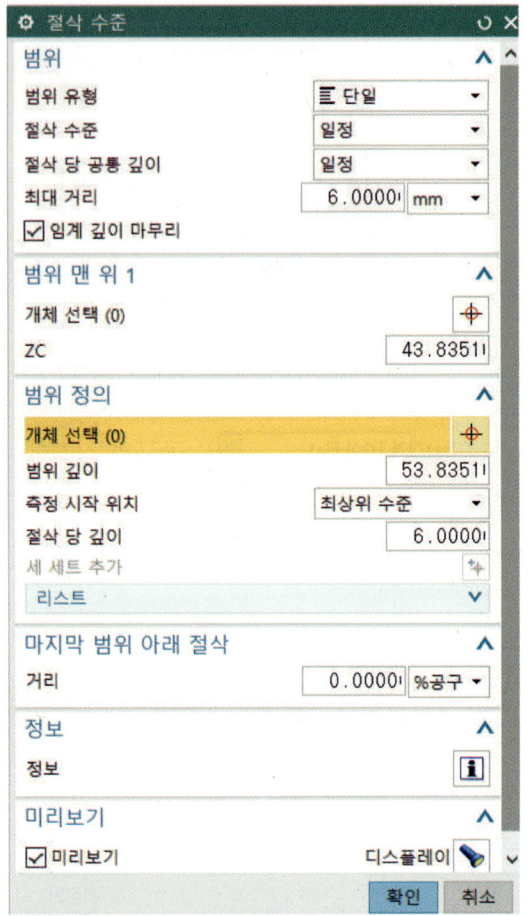

① **자동**( ): 임의의 평면형 수평면에 정렬되도록 범위를 설정하며 이는 부품의 중요 깊이이다. 국소부위 범위를 추가하거나 주정하지 않는 한 절삭 단계는 부품과의 연관성을 유지한다. 부품의 새 수평 곡면을 감지하고 여기에 단계를 추가한다.

② **사용자 정의**( ): 사용자가 직접 절삭 깊이를 정의할 수 있으며, 이 기능을 사용할 때는 자동으로 새로운 수평 곡면을 감지할 수 있다.

③ **단일**( ): 부품과 가공재료 지오메트리를 기반으로 절삭 범위를 설정한다.

> **참고**
> - 최상위 단계와 최하위 단계만 수정할 수 있다.
> - 어느 한쪽 단계를 수정하면 다음 오퍼레이션을 진행할 때 동일한 값이 사용되며, 기본값을 사용하면 부품에 대한 연관성이 유지된다.
> - 한 범위를 분할하는 데는 절삭 당 공동 깊이 값이 적용된다.

④ 절삭 당 공동 깊이: 한 번 절삭할 때 Z축으로 가공되는 절삭 깊이를 입력하는 옵션이다.

⑤ : 단일 범위 종류에서만 사용할 수 있다. 이 옵션은 수평 곡면 아래의 첫 번째 절삭 직후에 각 중요 수평 곡면 깊이를 마무리 절삭하는 데 사용하는 옵션이다.

⑥ 범위 맨 위 1: 위쪽 Z축 방향으로 범위 깊이에 해당 범위의 현재 값이 표시된다.

⑦ 범위 정의에서 측정 시작 위치: 범위 깊이 측정 방법을 설정하는 옵션이다.

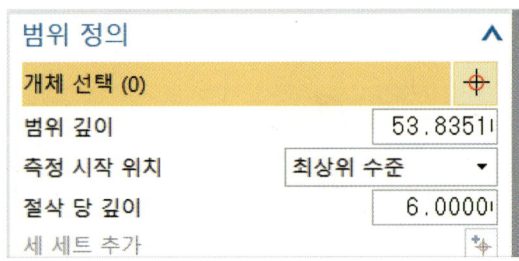

㉠ 최상위 수준: 첫 번째 절삭 영역의 최상위에서 범위 깊이를 참조한다.
㉡ 현재 최상위 범위: 현재 강조 표시된 영역의 최상위에서 범위 깊이를 참조한다.
㉢ 현재 최하위 범위: 현재 강조 표시된 영역의 최하위에서 범위 깊이를 참조한다.
㉣ WCS 원점: WCS 원점에서 범위 깊이를 참조한다.

⑧ 범위 깊이 및 절삭 당 깊이: 범위 깊이 값 및 현재 범위의 절삭 깊이 값을 정의한다.

5) 절삭 매개변수( )

부품 재료에 절삭을 연결하는 옵션을 설정할 수 있으며, 이러한 절삭 매개변수는 대부분은 프로세서에서 공유하는 옵션이다.

① 전략(Strategy): 가장 일반적으로 사용되는 매개변수나 주요 매개변수를 정의하는 옵션이다.

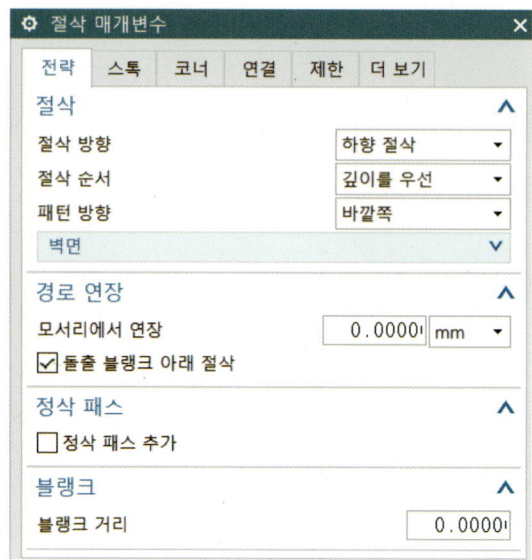

㉠ 절삭 방향: 상향, 하향 가공 방식을 설정한다.

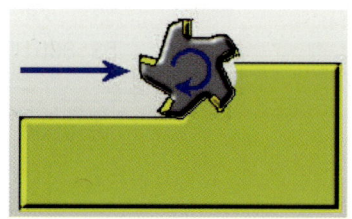

❋ 하향 절삭

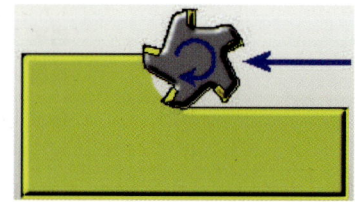

❋ 상향 절삭

㉡ 절삭 순서
- 수준을 우선: 단계별 우선 가공으로서 수준별로 가공하는 방식이다. 단계별로 가공이 이루어지므로 G00(급속이송)으로 떠서 이동하는 구간이 많다.

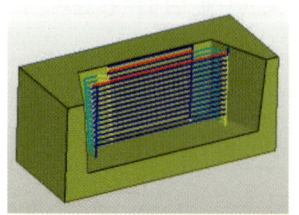

❋ 수준을 우선

- 깊이를 우선: 깊이를 우선 가공으로 깊이별(구멍별)로 가공하는 방식이다. G00(급속이송)으로 떠서 이동하는 구간이 적다.

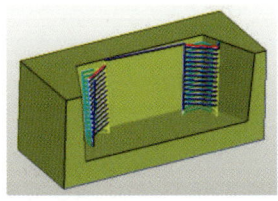

❋ 깊이를 우선

- 절삭 각도: 절삭 패턴을 [지그재그], [지그], [윤곽이 있는 지그]로 설정할 때 생성한다.
  - 자동: 자동 지정
  - 지정: 사용자가 직접 각도 입력
  - 가장 긴 모서리: 가장 긴 선에 평행한 방향으로 가공

❋ 자동 　　　　❋ 지정 　　　　❋ 가장 긴 모서리

ⓒ 패턴 방향: 이 설정은 절삭 패턴에서 [외곽 따르기]와 [트로코이드]를 선택했을 때 나타난다.
  - 바깥쪽: 안쪽에서 바깥쪽으로 절삭 가공하는 방식이다.
  - 안쪽: 바깥쪽에서 안쪽으로 절삭 가공하는 방식이다.

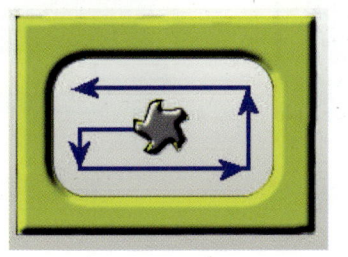　　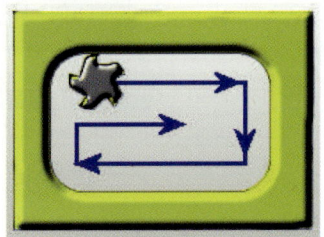

❋ 바깥쪽 　　　　　　　　❋ 안쪽

> **참고** 트로코이드(Trochoid) 선택 시

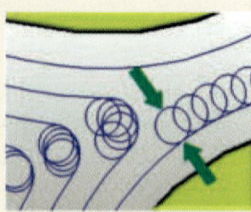

◀ 트로코이드 폭: 경로 중심선에서 측정되는 트로코이드 원의 직경
- 최솟값: 0
- 최댓값: 제한 없음.

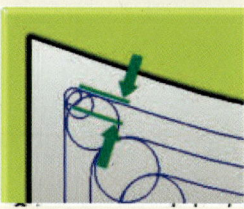

◀ 최소 트로코이드 폭: 트로코이드의 최소 직경 값으로 코너(Coner) 또는 폭이 좁은 장공(Slot) 형상일 때 직경의 최소 변화량을 정의한다.
- 최솟값: 0보다 크다.
- 최댓값: 트로코이드 폭보다 작다.

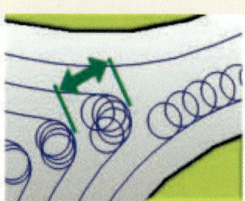

◀ 스텝오버 한계 %: 스텝오버의 한계치를 제한하며 입력한 값보다 오버하는 구간에서 루프(Loop)를 추가 생성한다.
- 최솟값: 100%
- 최댓값: 200%

◀ 트로코이드 다음 단계: 트로코이드의 루프(Loop)가 진행 방향으로 이송하는 피치(Pitch)값을 정의한다.
- 최솟값: 0보다 크다.
- 최댓값: 스텝오버보다 작거나 같다.

- 벽면 아일랜드 클린업: 영역 내부에 돌출 부위에 대한 외곽 처리가 가능하다.

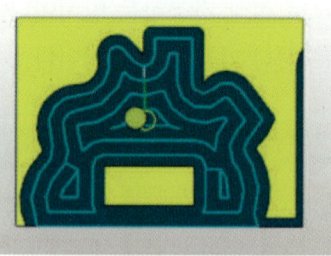
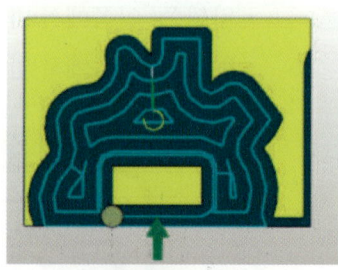

- 벽면 클린업: 측면의 가공 여부를 지정한다.
  - 없음: 가공하지 않음
  - 시작에서: 측면을 먼저 가공
  - 끝에서: 측면을 나중에 가공
  - 자동: 자동으로 설정(외곽 따르기일 때)

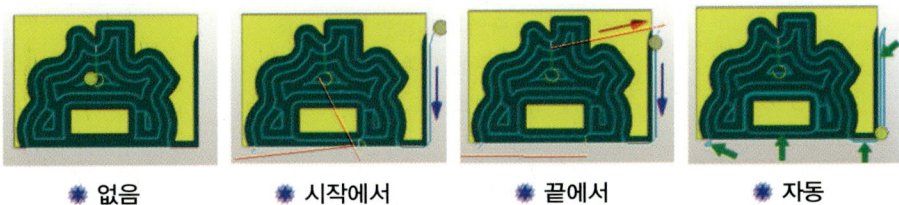

ㄹ 경로 연장: 열린 포켓의 경로를 가공 재료의 끝 부분에서 접선으로 연장한다.
  - 모서리에서 연장: mm(길이로 제어), %Tool (공구의 지름으로 제어)

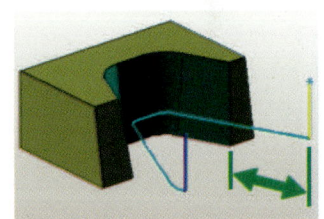

ㅁ 정삭 패스: 외곽 영역을 마지막으로 한 번 더 추가 처리하는 기능

ㅂ 블랭크 거리: 부품 경계나 부품 지오메트리에 옵셋 거리를 적용하여 가공재료 지오메트리를 생성한다. 즉 기존의 블랭크에서 입력한 거리 값만큼 블랭크를 정의한다.

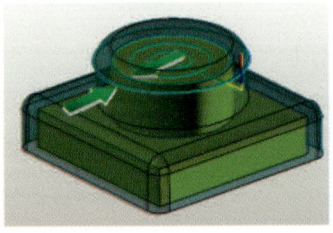

② 스톡: 스톡 옵션은 현재 오퍼레이션(가공) 후에 부품에 남는 재료의 여유량을 결정한다.

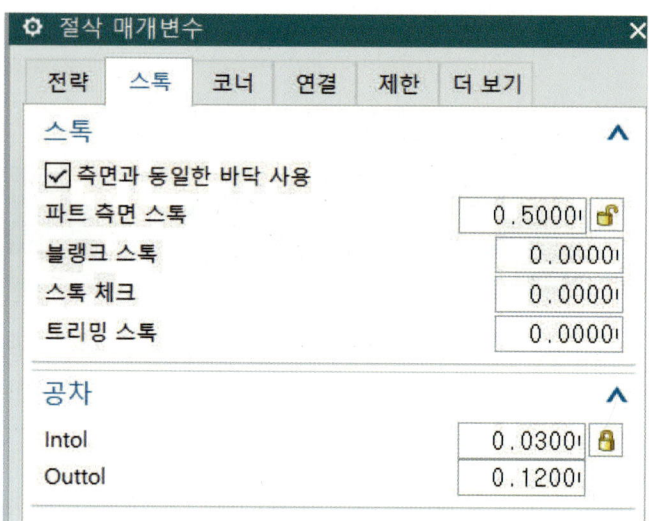

㉠ 측면과 동일한 바닥 사용: 재료의 바닥 면과 측면의 가공 여유를 동일하게 남기고자 할 때 체크하며, 이 옵션을 체크하면 부품 측면 스톡이 비활성화되어 부품 측면과 바닥 스톡이 동일하게 적용된다.

㉡ 파트 측면 스톡
- 부품 측면 스톡: 부품의 측면 가공 여유를 뜻하며, 측면과 동일한 바닥 사용 체크시에는 측면과 바닥 전체의 가공 여유를 말한다.

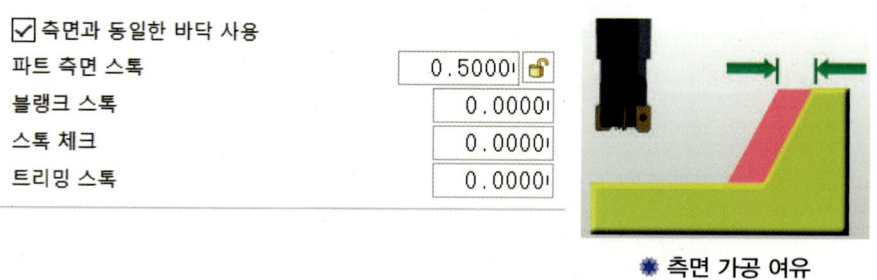

❋ 측면 가공 여유

  – 로컬: 특정한 값을 입력할 수 있다.
  – 상속됨: 가공방법의 스톡 값을 정의한다.
- 부품 바닥 스톡: 부품의 바닥 가공 여유를 말한다.

ⓒ 블랭크 스톡: 지오메트리에서의 블랭크의 가공 여유이다.

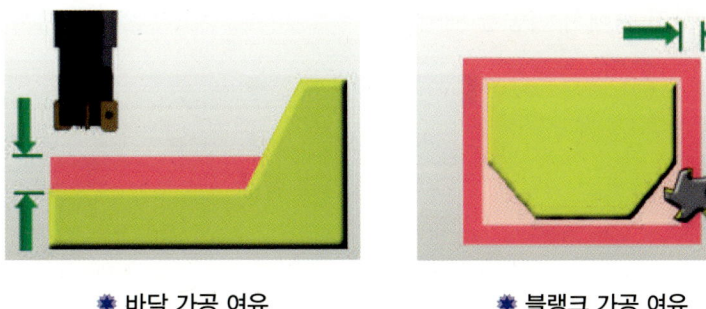

❋ 바닥 가공 여유　　　　❋ 블랭크 가공 여유

ⓓ 스톡 체크: 지오메트리에서의 체크의 가공 여유이다.
ⓔ 트리밍 체크: 지오메트리에서의 트리밍의 가공 여유이다.

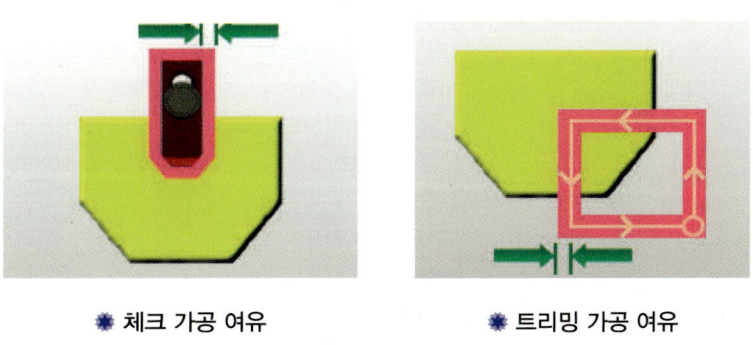

❋ 체크 가공 여유　　　　❋ 트리밍 가공 여유

ⓕ 공차: 실제 부품 곡면에서 공구가 이탈하는 데 사용할 수 있는 허용 가능한 안쪽 및 바깥쪽 공차를 정의한다. 값이 작을수록 정확한 절삭이 된다.
　• Intol: 툴 패스(Tool Path)가 생성될 때 가공 부위 안쪽의 공차 값
　• Outtol: 툴 패스(Tool Path)가 생성될 때 가공 부위 바깥쪽의 공차 값

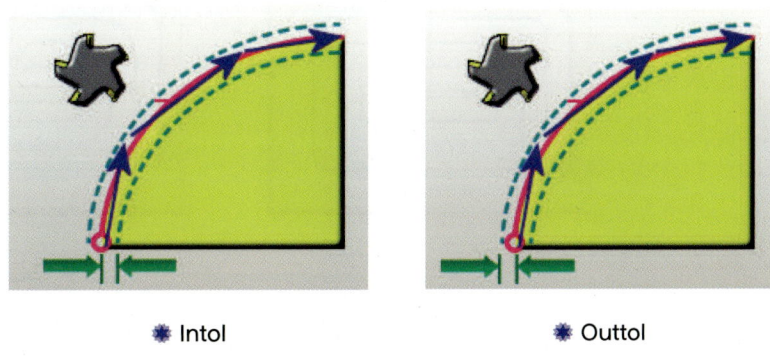

❋ Intol　　　　❋ Outtol

③ 코너: 절삭 공구(Tool)가 코너를 회전할 때 공구의 휨이나 과절삭하는 것을 방지하기 위해서 이송을 제어한다.

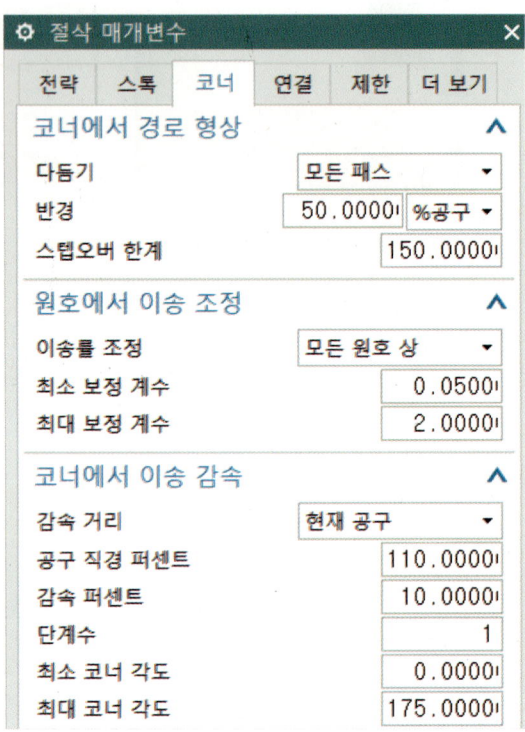

㉠ 다듬기: 툴 패스(Tool Path)에 원호를 추가하는 옵션을 제공한다.
- 없음: 반경과 스텝오버 한곗값을 지정하지 않는다.
- 모든 패스: 코너 부분의 모든 패스에 라운드를 주는 기능으로 반경과 스텝오버 한곗값을 지정할 수 있다.

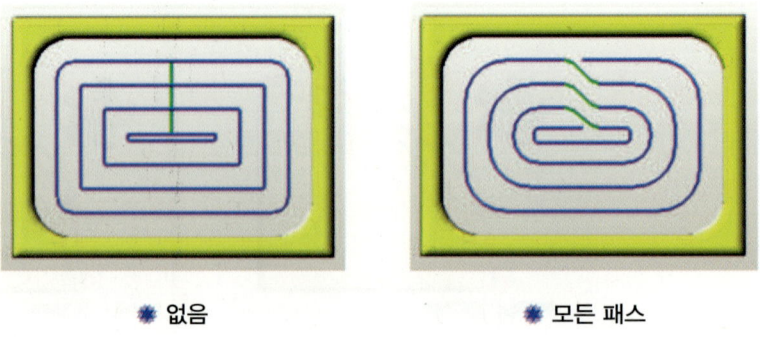

　　　　　❋ 없음　　　　　　　　　　❋ 모든 패스

ⓒ 반경: 원호의 반지름값을 입력한다.
ⓒ 스텝오버 한계: 최소 100%와 최대 300% 사이의 값을 이용하여 비절삭 영역을 절삭한다.

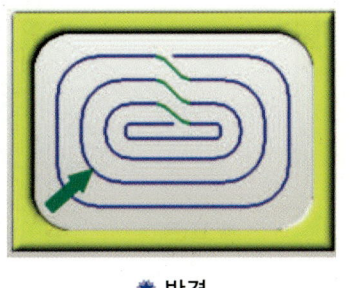
❋ 반경

❋ 스텝오버 한계

ⓔ 이송률 조정: 원호에서의 이송속도를 제어한다.
• 없음: 이송속도 값을 조정하지 않는다.
• 모든 원호상: 이 옵션은 모든 원호에서 이송률을 조정하여 커터의 중심이 아닌 가장자리에서 이송률을 유지하며, 부품 블록 코너의 외부 둘레를 절삭할 때는 이송률이 증가하고, 오목 코너의 내부를 절삭할 때는 감소한다. 이 두 가지 값은 원호 둘레의 이송률과 곱해져서 보정 계수의 크기를 제한한다.

ⓜ 최소 보정 계수: 이송속도 최솟값을 정의하며, 안쪽 코너에 적용이 된다.
ⓗ 최대 보정 계수: 이송속도 최댓값을 정의하며, 바깥쪽 코너에 적용이 된다.
ⓢ 감속 거리: 코너 속도에서 감속을 사용하여 감속 거리, 시작 위치 및 비율을 설정한다.
• 없음: 감속 거리를 조정하지 않는다.
• 현재 공구: 현재 공구에서 직경의 백분율 %를 감속 거리로 사용하며 감속은 공구 직경과 부품 지오메트리가 접하는 점에서 시작하고 끝난다.
• 이전 공구: 이전 공구에서 직경을 감속 거리로 사용하며, 감속은 공구 직경과 부품 지오메트리가 접하는 점에서 시작하고 끝난다.

④ 연결: 절삭 이동상의 모든 이동 연결을 정의하는 옵션이다.

㉠ 영역 순서 지정
- 표준: 절삭 영역의 가공 순서를 프로세스에서 결정한다.

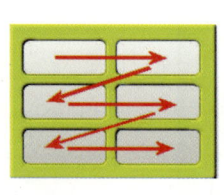
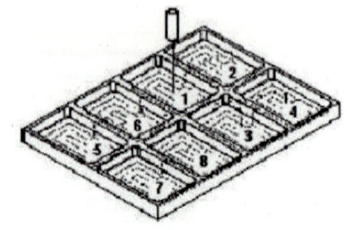

❋ 표준

- 최적화: 가장 효율적인 가공시간을 기준으로 가공순서를 지정한다.

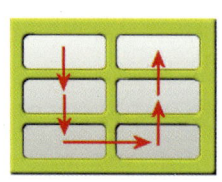
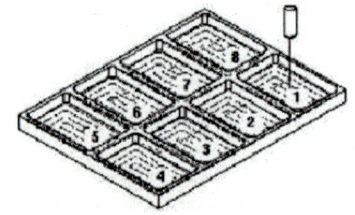

❋ 최적화

- 시작점 따르기: 절삭 영역의 시작점을 지정한 순서에 따라 절삭 영역의 가공 순서를 지정한다.

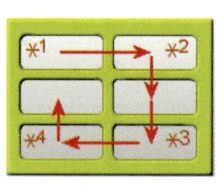
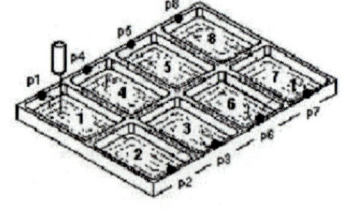

❋ 시작점 따르기

- 사전 드릴 점 따르기: 절삭 영역의 시작점을 지정한 순서에 따라 절삭 영역의 가공순서를 지정한다.

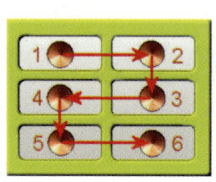
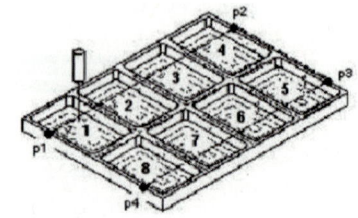

❋ 사전 드릴 점 따르기

⑤ 제한

㉠ 트리밍 기준: 선택된 부품 지오메트리의 외부 윤곽 모서리에서 가공재료 지오메트리를 생성한다.

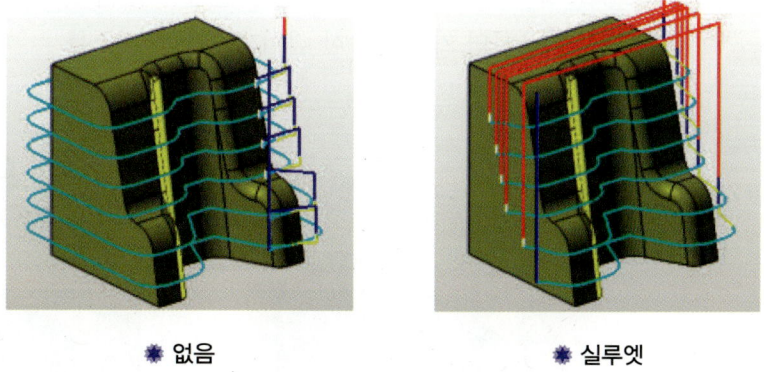

● 없음   ● 실루엣

㉡ 처리 중인 가공물: 오퍼레이션(가공) 후에 남는 재료를 지정하는 절삭 매개변수이다.
• 없음: 기존의 가공 재료 지오메트리를 사용하거나 전체 캐비티를 절삭할 때 사용한다.

- 3D 사용: 동일한 지오메트리 그룹에서 이전의 오퍼레이션(가공)에서 생성된 3D IPW(나머지 재료) 지오메트리를 사용한다.
- 수준 기준 사용: 동일한 지오메트리 그룹에서 이전에 캐비티 밀링 및 Z단계 오퍼레이션의 절삭 영역을 사용한다. 현재 캐비티 밀링에서만 사용이 가능하며 면이 매끄럽다.

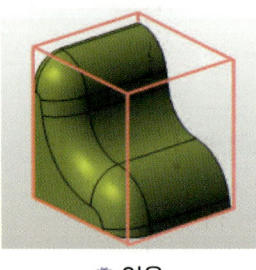 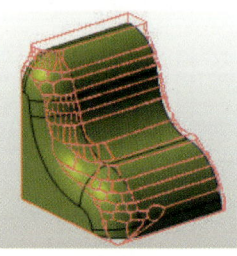 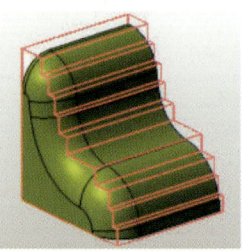

❋ 없음　　　❋ 3D 사용　　　❋ 수준 기준 사용

- 최소 재료 제거: 지정하는 잔량에 대해서는 가공을 하지 않는다.(3D 사용 및 수준 기준 사용에서 활성화된다.)

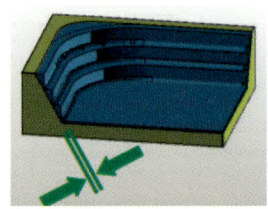

❋ 최소 재료 제거

ⓒ 공구 및 홀더 체크: 공구 홀더와 공작물 사이에 충돌이 발생할 경우 수행할 동작을 제어한다. 툴 패스를 생성할 때 공구 홀더의 사용유무를 선택한다. 공구 홀더를 사용하면 가공 가능한 깊이까지만 툴 패스를 생성한다.

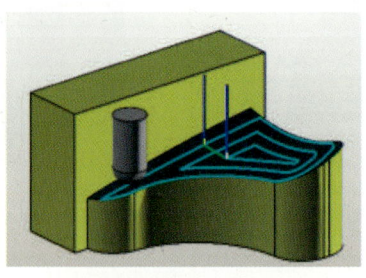 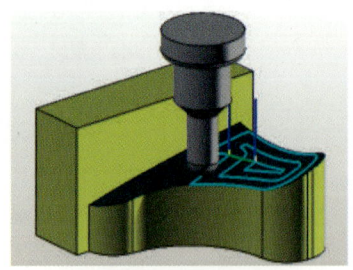

ⓓ IPW(In Process Workpiece; 나머지 재료) 충돌 체크: 툴 홀더를 사용할 때 IPW(나머지 재료) 충돌 체크에 사용된다.

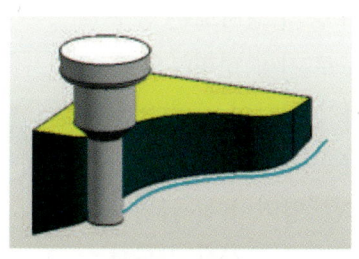
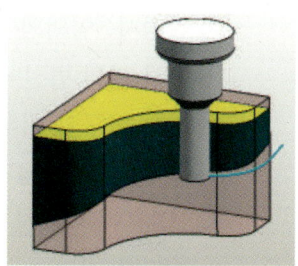

㉤ 최소보다 작으면 경로 억제
- 최소 볼륨 %: 툴 패스를 출력하기 위하여 오퍼레이션에서 절약해야 할 나머지 재료의 양을 결정한다.

㉥ 작은 닫힌 영역: 작은 지역의 홈 부분의 처리 유무를 선택한다.
- 영역 크기: 가공하지 않을 때 홀더 최대 크기를 지정한다.

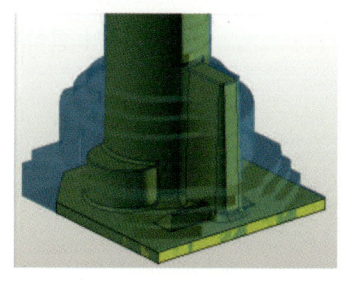

❋ 최소 볼륨 %

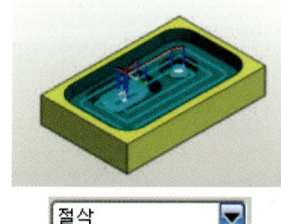
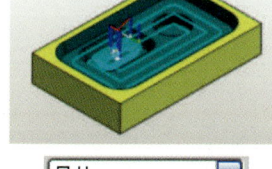
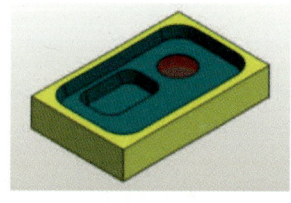

❋ 영역 크기

㉦ 참조 공구: 3D IPW(나머지 재료): 생성할 때 기준이 되는 공구를 설정한다. 이전의 공구에서 처리하지 못한 코너의 나머지 재료를 가공할 때 사용한다.

㉧ 겹침 거리: 참조(Reference) 공구와 현재의 오퍼레이션에서 정의한 공구와의 중첩되는 영역을 거리 값으로 정의한다.

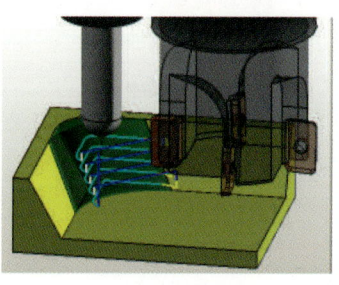
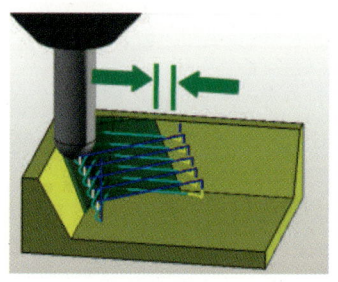

❋ 참조 공구　　　　　　　　　❋ 겹침 거리

ⓒ 급경사: 임의의 지점에서 부품의 경사도는 공구 축과 면의 법선 사이의 각도로 가공 성형부의 접점과 공구가 이루는 각도를 정의하여 가공 영역을 설정한다. 급경사 영역은 지정된 급경사 각도보다 부품의 경사도가 더 큰 영역이다. 급경사 각도가 커지면 경사도가 지정된 급경사 각도보다 크거나 같은 부품 영역만 절삭된다. 급경사 각도를 끄면 부품 지오메트리와 임의의 제한 절삭 영역 지오메트리로 정의된 부품이 절삭된다.

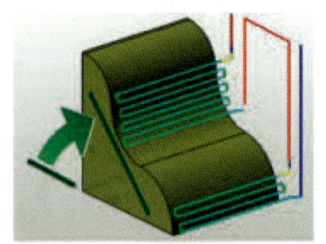

✽ 급경사

⑥ 더 보기

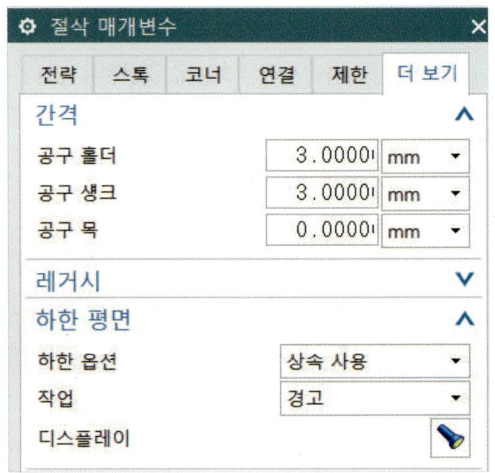

㉠ 간격
- 공구 홀더: 공구 홀더와 부품 간의 안전거리 여유 간격
- 공구 섕크: 공구 섕크와 부품 간의 안전거리 여유 간격
- 공구 목: 공구 목과 부품 간의 안전거리 여유 간격

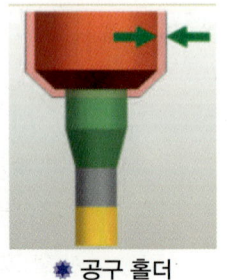

✽ 공구 홀더

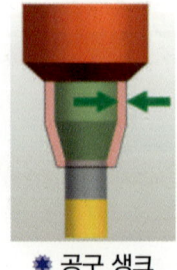

✽ 공구 섕크

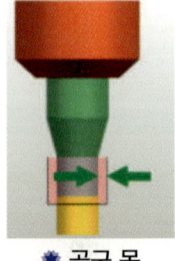

✽ 공구 목

ⓒ 영역 연결: 2군데의 홈 가공 영역을 연결하여 가공한다.

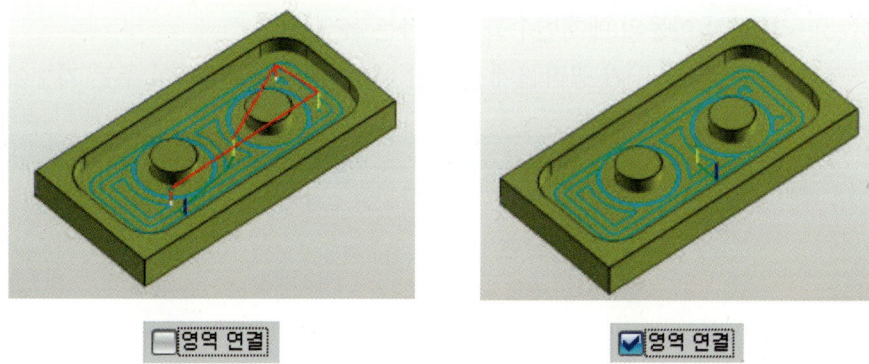

ⓒ 경계 근사: 스플라인 형식의 경계(boundary) 툴 패스를 일정 공차 내에 툴 패스는 원호와 선으로 바꿔주며, 나머지 툴 패스는 선으로 된다. 처리 시간을 줄이고 공구와 경로를 단축시킬 수 있는 이점이 있으며, 절삭 패턴에서 파트 따르기, 외곽 따르기 에서만 나타난다.

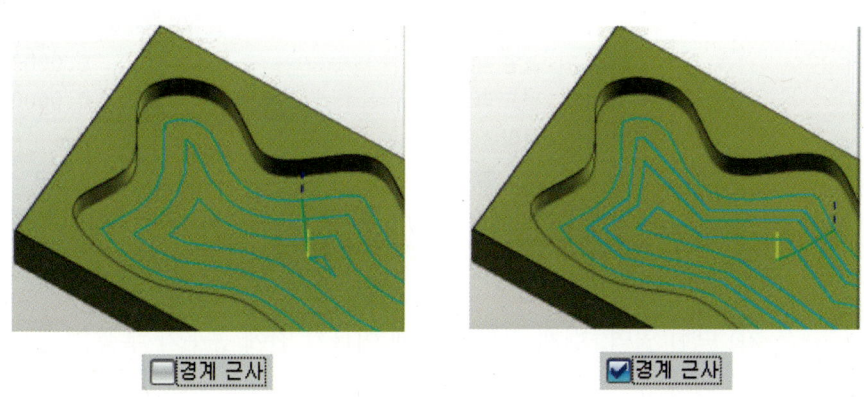

ⓔ 하한 평면: 하한 평면을 설정 여부를 지정한다.

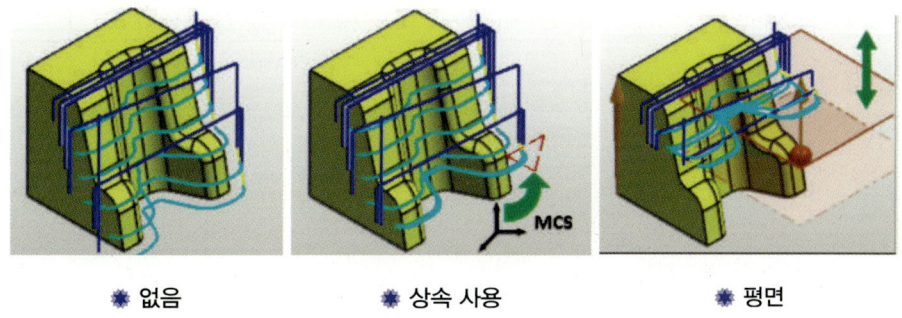

6) 비절삭 이동()

비절삭 이동의 매개변수를 정의하는 옵션이다.

① 진입: 공구가 공작물에 진입할 때의 방법을 설정하여 주는 기능이다.

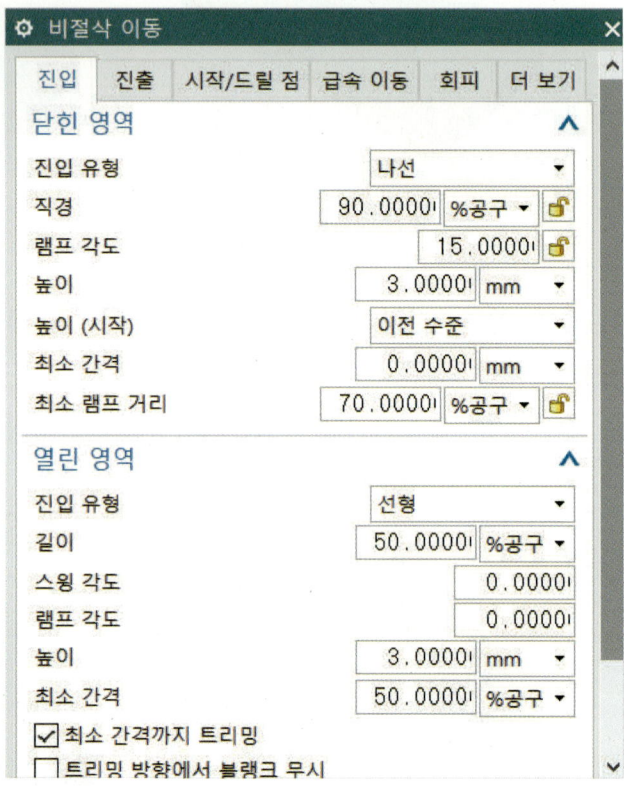

가) 닫힌 영역: 현재 절삭 단계에 이르기 전에 공구가 부품을 절삭하여야 하는 영역이다.

  ㉠ 진입 유형 → 나선: 나선형을 그리면서 공구가 진입한다.

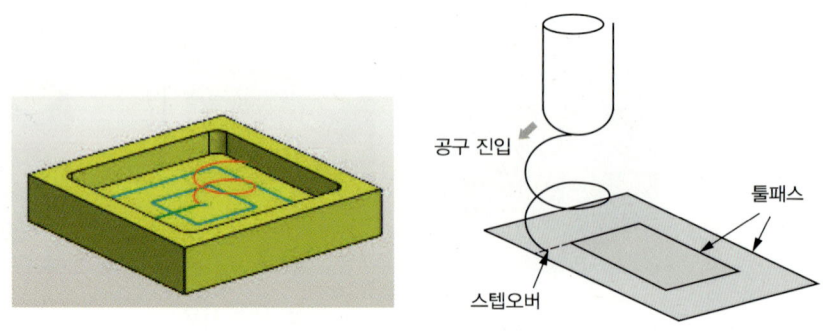

ⓒ 직경: 나선형으로 진입할 때 지름을 지정한다.
ⓒ 램프 각도: 공구가 진입할 때 Z 방향의 램프(절입) 각도를 입력한다.

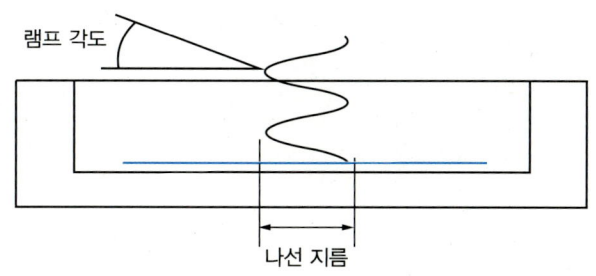

ⓔ 높이(시작): 진입을 시작할 때 절삭 단계의 높이 거리를 지정한다.
ⓜ 최소 간격: 가공하지 않을 부품의 영역으로부터 공구의 간격 거리를 지정한다.

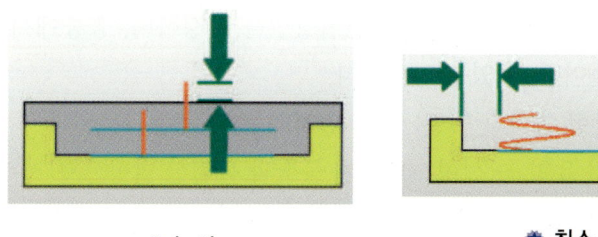

❋ 높이　　　　　　　　❋ 최소 간격

ⓗ 최소 램프 거리: 재료 방향으로 램프하는 자동 약속을 위한 최소 램프 직경거리이다. 공구 중심 아래의 재료가 미가공 영역이 발생하지 않도록 한다.

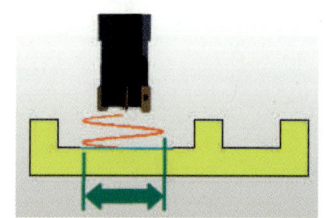

- 형상 위 램프: 첫 번째 절삭 동작의 방향을 따르면서 공구가 진입한다.
- 최대 거리: 램프의 전체 크기를 지정한다.

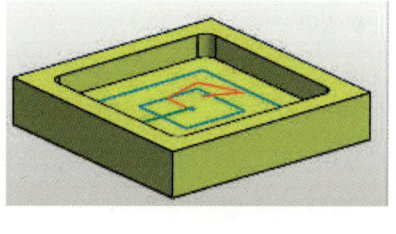
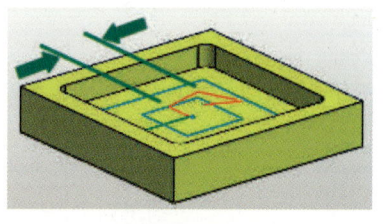

❋ 형상 위 램프　　　　　　　　❋ 최대 거리

- 플런지: 지정된 높이에서 부품으로 직접 진입한다.
- 높이: 공구 진입 높이를 지정한다.

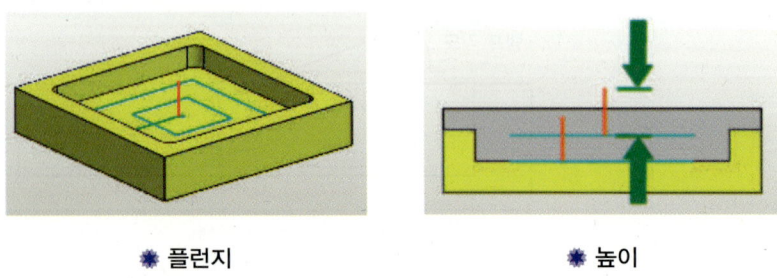

❋ 플런지　　　　　　　　❋ 높이

- 없음: 진입 이동이 출력되지 않고 툴 패스의 시작과 끝에서 해당 접근 이동이 제거된다.

나) 열린 영역: 열린 영역의 진입방법을 설정하며, 공중에서 현재 절삭 단계로 공구가 들어갈 수 있는 영역이다.
- 닫힌 영역과 동일: 열린 영역의 기본값이 사용된다.

㉠ 진입 유형 → 선형: 첫 번째 동작과 동일한 방향으로 지정된 거리만큼 진입한다.
㉡ 길이: 진입 이동의 길이를 지정한다.
㉢ 스윙 각도: 첫 번째 접촉점에서 부품 곡면에 접하는 평면을 측정한다. 각도를 양수로 입력하면 공구가 이동되어 부품 면으로부터 스윙된다.

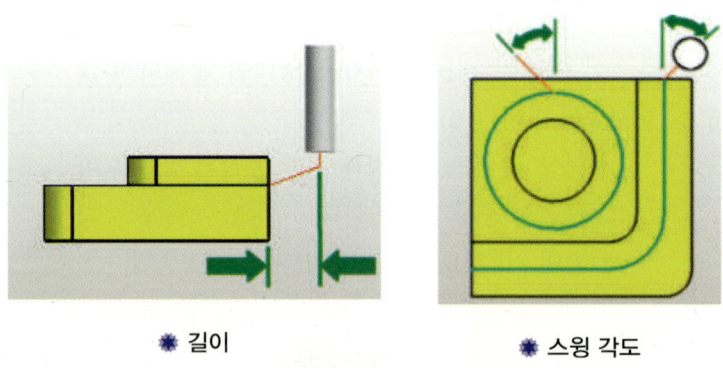

❋ 길이　　　　　　　　❋ 스윙 각도

㉣ 램프 각도: 공구가 절삭되는 기울기를 지정하며 부품 곡면에 수직인 평면에서 측정이 된다. 각도는 0°보다 크고 90°보다 작아야 한다. 절삭할 영역이 공구의 반경보다 작으면 램핑이 발생하지 않는다.
㉤ 높이: 공구가 진입할 때 절삭단계의 거리를 지정한다.

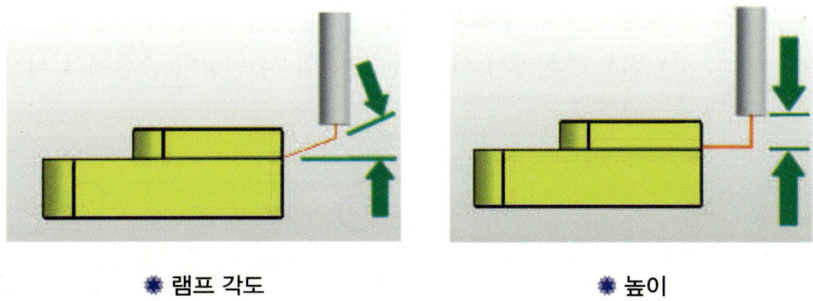

* 램프 각도
* 높이

ⓗ 최소 간격: 가공하지 않을 부품 영역으로부터 공구의 거리를 지정한다.
  • 최소 간격까지 트리밍: 지정된 최소 간격 값을 초과하여 확장되어 진입을 절삭한다.

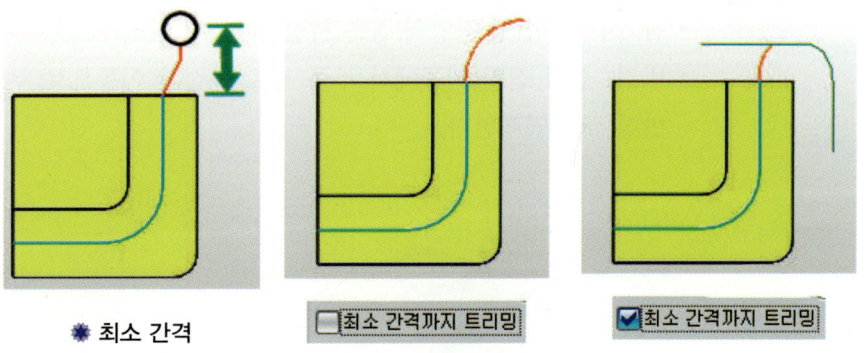

* 최소 간격
* 최소 간격까지 트리밍
* 최소 간격까지 트리밍

  • 원호: 가능한 경우 절삭 이동의 시작에 접하면서 원호 진입한다.
  • 반경: 원호의 반지름을 지정한다.

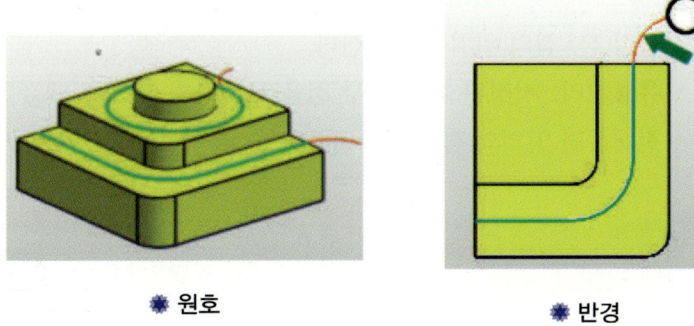

* 원호
* 반경

- 원호 각도: 원호의 시작 각도를 지정한다.
- 원호 중심에서 시작: 원호 진입 시 원형의 중심에서 시작할지 여부를 선택 결정한다.

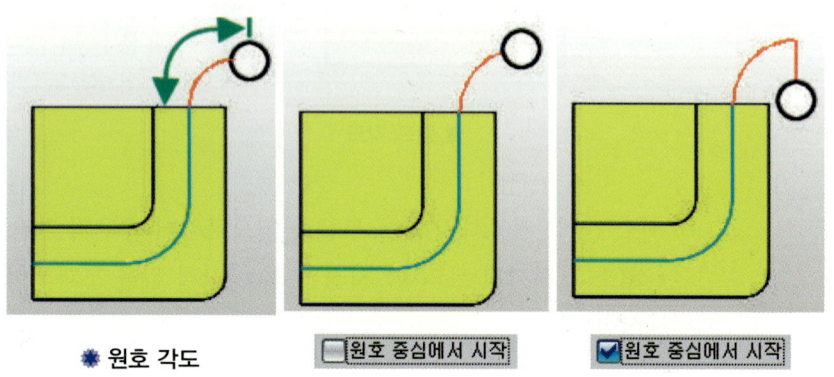

- 점: 시작할 선형 진입의 점을 지정한다.
- 반경: 선형 진입 이동에서 부품 재료의 절삭 이동으로 부드럽게 이동하려면 반경 값을 입력한다.

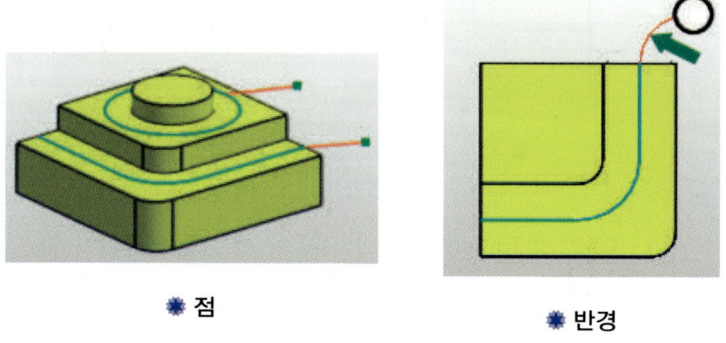

- 진입 점: 점의 위치를 지정한다.
- 유효거리: 지정된 거리 외부 점을 무시하기 위해 최댓값을 입력한다. 없음을 선택하면 임의의 점이 사용된다.

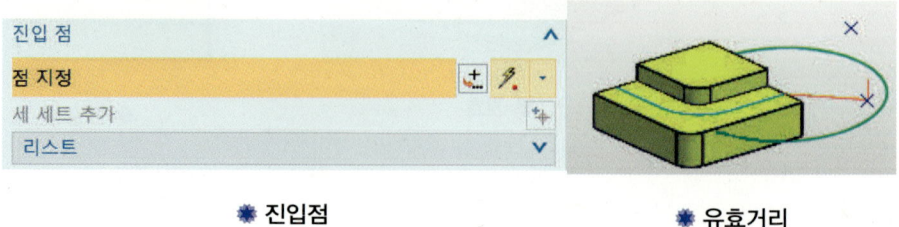

다) 초기 닫힌 영역: 닫힌 영역에서 공구가 맨 처음 진입하는 방법을 정의한다.
라) 초기 열린 영역: 열린 영역에서 공구가 맨 처음 진입하는 방법을 정의한다.
　㉠ 선형-벡터 방향: 선형-벡터 방향을 이용하여 진입 방향을 지정한다.
　㉡ 각도-각도 평면: 두 각도와 한 평면으로 진입을 지정한다.

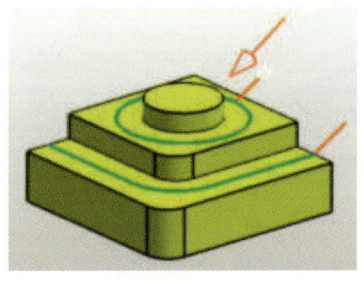

❋ 선형-벡터 방향　　　　　　❋ 각도-각도 평면

　㉢ 벡터 평면: 벡터 및 평면을 통하여 진입을 지정한다. 벡터는 진입의 방향을 결정하고 평면은 진입 시작점을 결정한다.

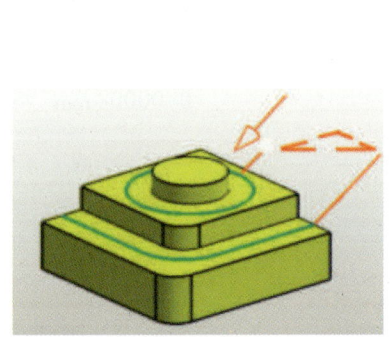
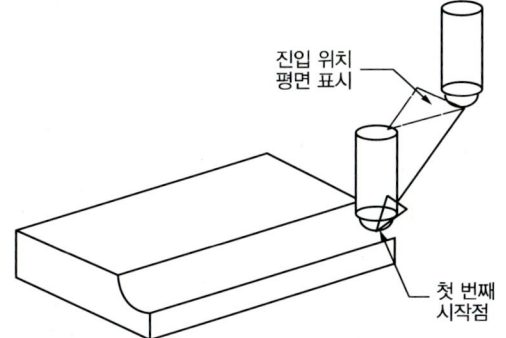

② 진출: 공구의 진출방법을 설정하여 주는 기능이다.

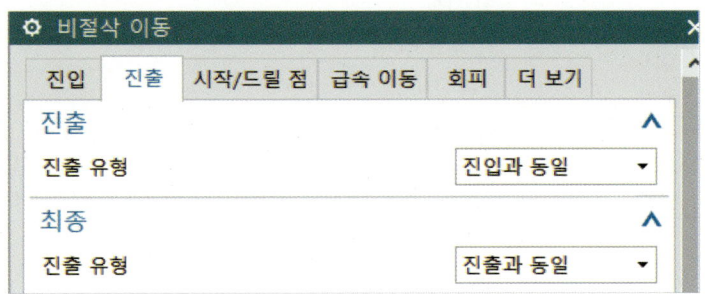

가) 진출 → 진출 유형: 진입과 동일한 방법으로 지정한다.

㉠ 리프트: 절삭 동작의 끝에 수직으로 진출을 지정한다.

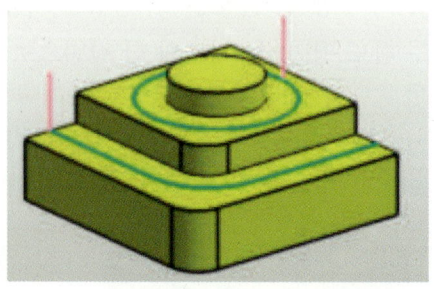

✹ 리프트

나) 최종 → 진출 유형: 진출, 진입과 동일한 방법으로 지정한다.

③ 시작/드릴 점: 공구의 시작점을 설정하여 주는 기능이다.

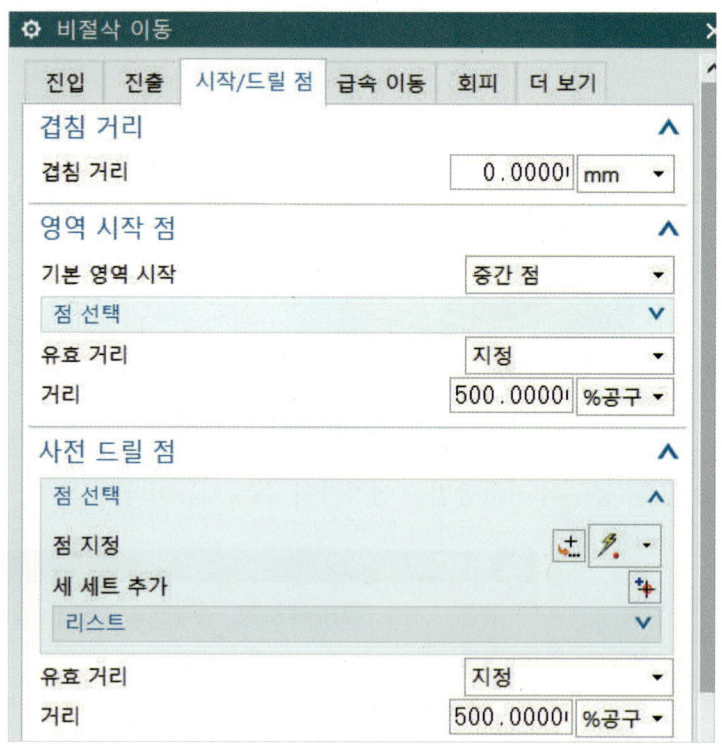

가) 겹침 거리: 진입과 진출의 절삭 끝이 얼마나 겹치게(교차의 양) 할지를 지정한다.

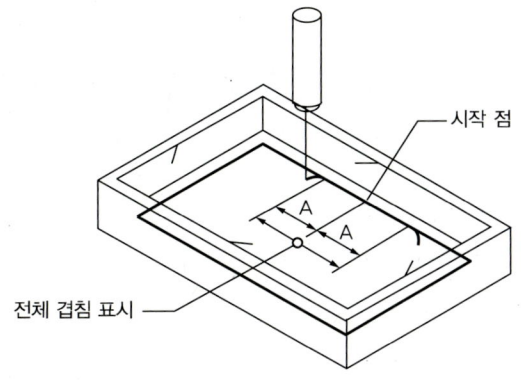

나) 영역 시작 점: 가공을 시작할 위치를 지정하여 공구의 진입 위치와 스텝오버 방향을 정의한다.
  ㉠ 기본 영역 시작
   • 중간 점: 가장 긴 부분에서 중간 점을 시작점으로 설정한다.
   • 코너: 모서리 코너를 시작점으로 설정한다.
   • 점 지정: 지정된 거리 외부의 점을 무시하기 위해 최댓값을 입력한다.

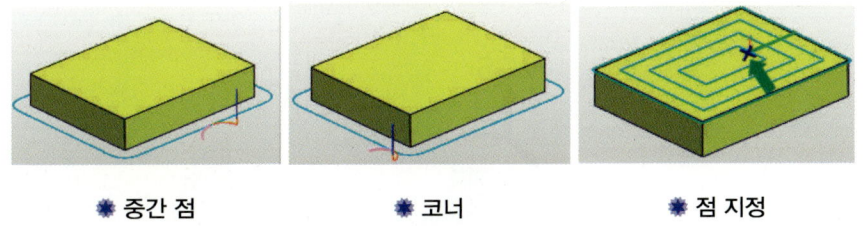

❊ 중간 점   ❊ 코너   ❊ 점 지정

다) 사전 드릴 점: 이전에 드릴링 한 구멍이나 빈 공간 안에 진입 위치를 지정하며, 특수한 진입 없이 가공을 시작한다.

④ 급속 이동: 공구가 작업 전후에 이동하는 방법 및 급속이송 방법을 설정하여 주는 옵션으로 한 툴 패스가 다른 툴 패스로 이동하는 방법을 지정한다.

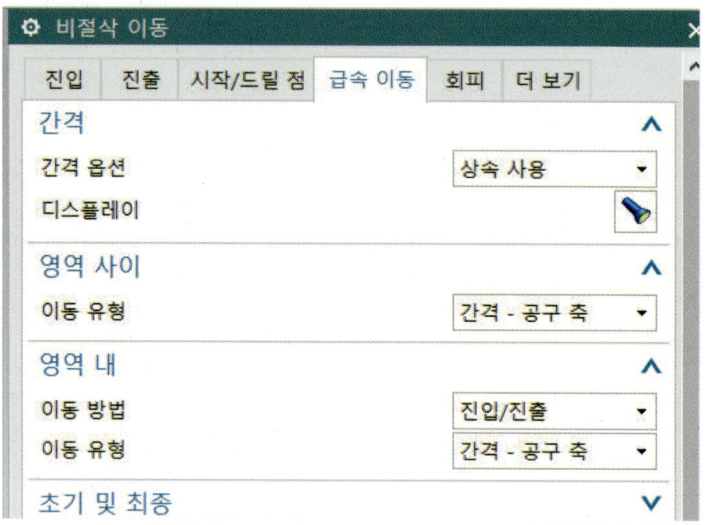

가) 간격 옵션: 공구가 작업 전과 후에 이동하는 안전한 높이를 정의한다.
  ㉠ 상속 사용: MCS에서 지정된 평면 간격을 사용한다.
  ㉡ 없음: 평면 간격을 사용하지 않는다.

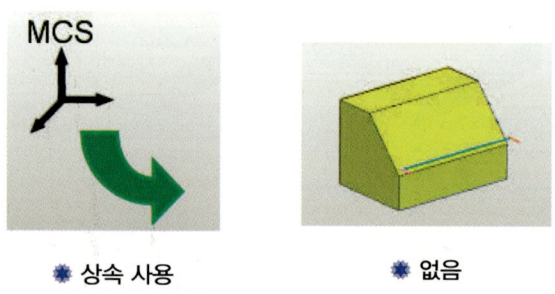

  ㉢ 자동 평면: 부품 높이에 안전 간격 거리를 더한 값을 사용한다.

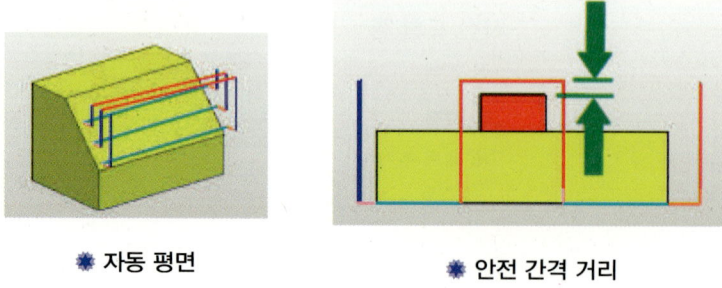

ㄹ) 평면: 평면 지정을 이용하여 평면 간격을 지정한다. 일반적으로 가장 많이 사용되는 방법으로 평면 지정에서 다이얼로그 버튼을 클릭한다.

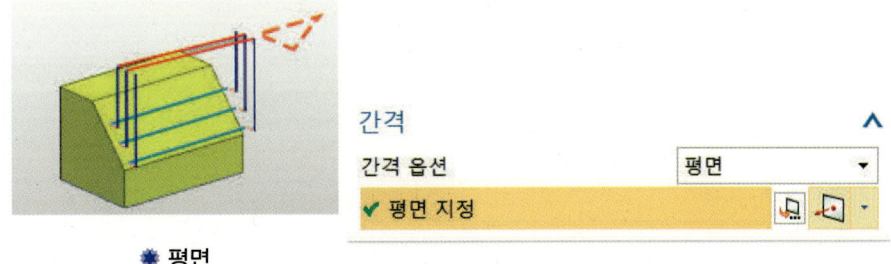

* 평면

> **참고** 평면 지정방법
>
> 높이 값을 지정하고 확인한다. 높이 값은 절대좌표로 선택하고, 기준면 선택 후 거리 값을 입력한다.

나) 영역 사이: 영역과 영역 사이의 이동 유형을 정의한다.
  ㄱ) 간격-공구 축: 공구 축 평면 간격을 이용하여 이동한다.
  ㄴ) 간격-가장 짧은 거리: 가장 짧은 거리 평면 간격을 이용하여 이동한다.

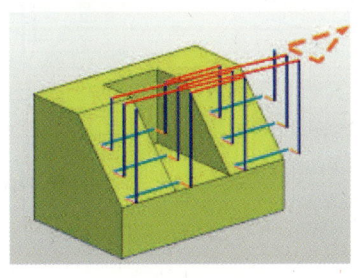 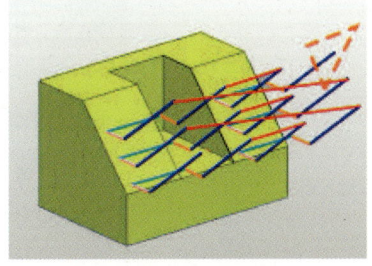

* 간격-공구 축   * 간격-가장 짧은 거리

ⓒ 간격-절단면: 절단면 평면 간격을 이용하여 이동한다.

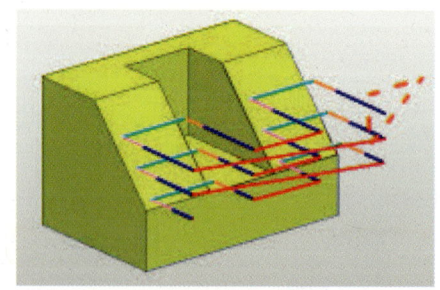

❋ 간격-절단면

ⓔ 직접: 장애물을 지우기 위하여 이동을 추가하지 않고 다음 영역으로 바로 이동한다.

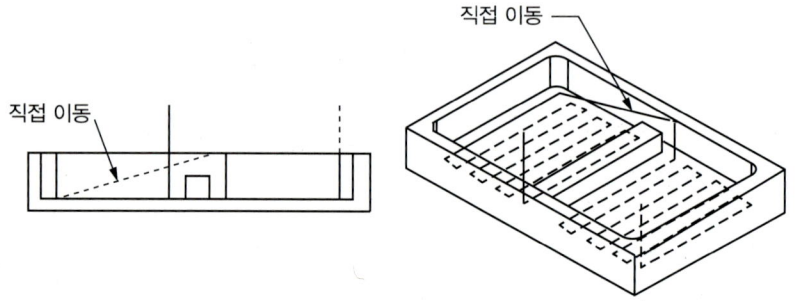

ⓜ 최소 안전 Z: 홈, 구멍 등이 없는 경우 직접 이동을 우선으로 적용하며, 그렇지 않다면 이전의 안전 평면을 사용한다.

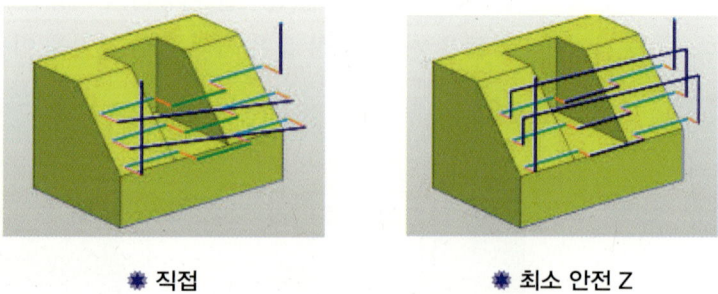

❋ 직접   ❋ 최소 안전 Z

ㅂ) 이전 평면: 새로운 절단면으로 이동할 때 이전의 절단면의 평면을 따라 공구가 들어 올려진 상태로 이동한다.

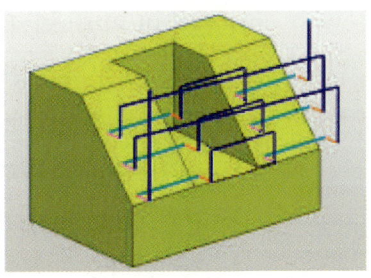

❋ 이전 평면

참고

현재 위치와 다음 진입의 시작 지점 위쪽을 연결하는 이동이 부품과 체크(클램프)에 간섭을 받는 경우 평면 간격이 활성화된 경우나 추정할 수 있는 평면 간격을 따라 공구가 진출입한다.
1=영역1, 2=영역2, 3=영역3,
a=첫 번째 절삭 단계, b=첫 번째 절삭 단계, c=이동, d=최소 간격

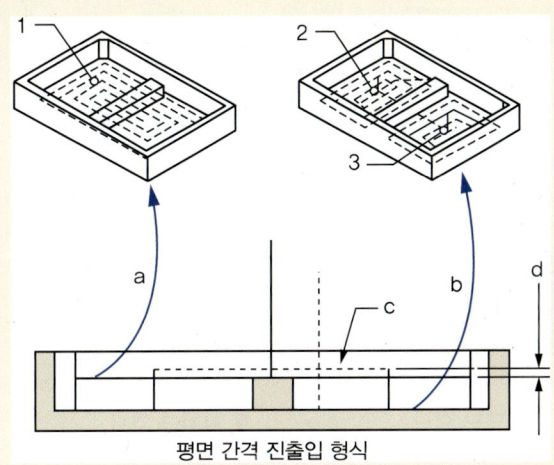

평면 간격 진출입 형식

다) 영역 내: 이동 방법과 이동 유형을 정의한다.
  ㉠ 진입/진출: 수평 이동을 추가한다.
  ㉡ 리프트 및 플런지: 수직 이동으로 움직인다.

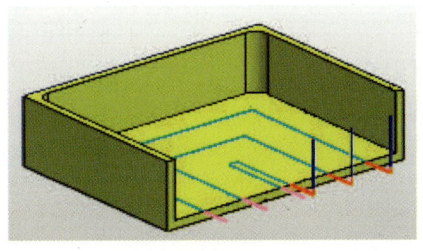

❋ 진입/진출

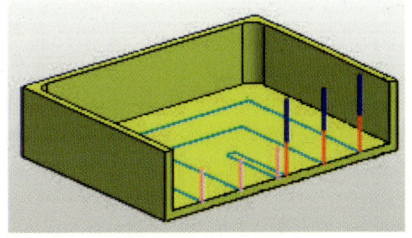

❋ 리프트 및 플런지

라) 초기 및 최종: 퇴거 유형과 접근 유형은 동일하다.
  ㉠ 간격-공구 축: 평면에서 진입이 시작된다.
  ㉡ 간격-가장 짧은 거리: 평면에서 진입이 시작된다.
  ㉢ 간격-절단면: 평면에서 진입이 시작된다.
  ㉣ 관련 평면: 초기 진입 부분에서 상대적인 거리를 지정하여 진입 시작의 높이를 지정한다.
  ㉤ 플랭크 평면: 플랭크 평면에서 진입이 시작된다.
  ㉥ 없음: 진입 부분의 안전 높이를 지정하지 않는다.

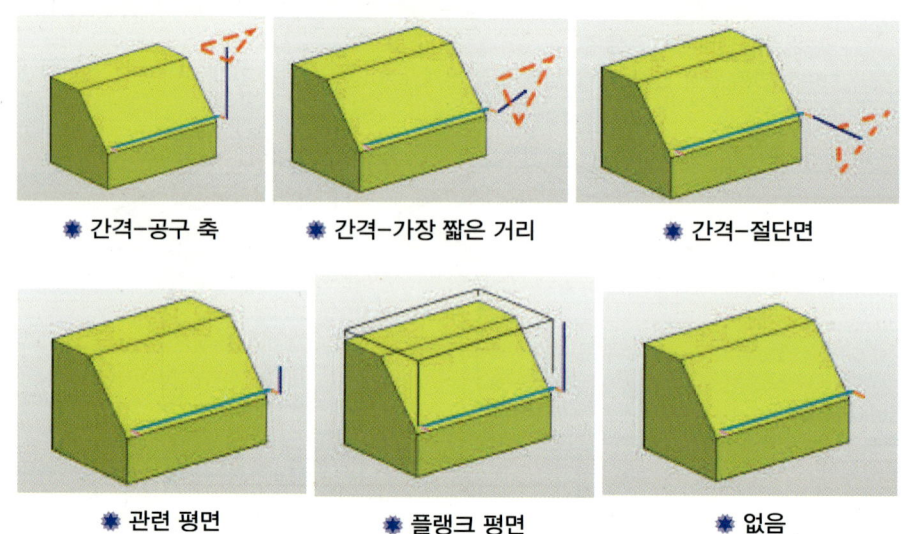

⑤ 회피: 공구 경로 전 또는 후의 비절삭 이동에 사용되는 점을 지정하는 것으로 공구의 시작과 끝의 위치를 지정한다.

NX10 3D 모델링 및 CAD/CAM

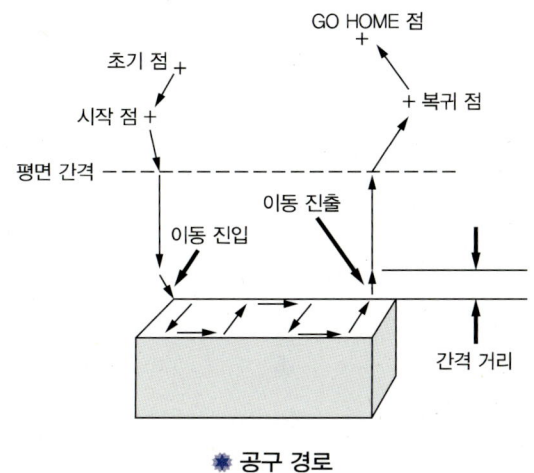

❋ 공구 경로

가) 시작 점(초기 점): 새로운 툴 패스의 최초의 공구 위치를 지정한다.
  ㉠ 점 지정: 초기 점을 지정한다.
  ㉡ 공구 축: 공구의 축을 지정한다.

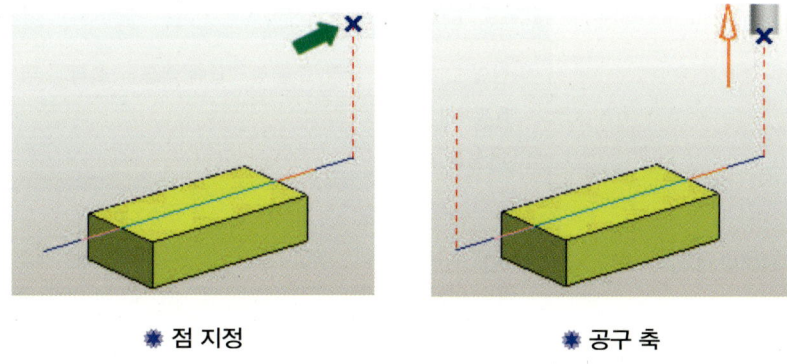

❋ 점 지정   ❋ 공구 축

나) 시작 점: 절삭 순서가 시작될 때의 공구의 위치를 지정하는 점으로서 지오메트리나 클램프 부위를 회피하는 점이다.

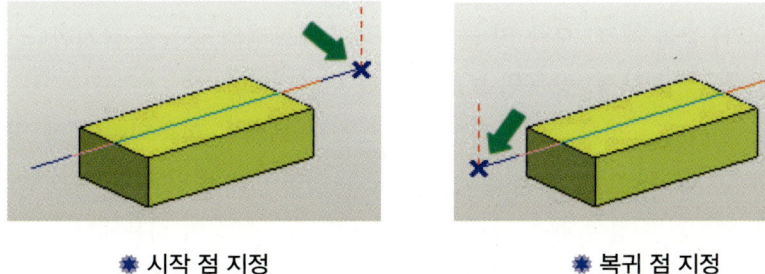

❋ 시작 점 지정   ❋ 복귀 점 지정

다) 복귀 점: 절삭순서가 끝날 때 부품에서 공구의 위치를 지정한다.
라) GOHOME 점: 최종 공구의 위치를 지정한다.
　㉠ 시작과 동일: 시작점과 동일하다.
　㉡ GOHOME-점 없음: 점은 지정하지 않고 공구의 방향만 지정한다.
　㉢ 지정: 점 및 공구 축을 지정한다.
　㉣ 없음: 지정하지 않는다.

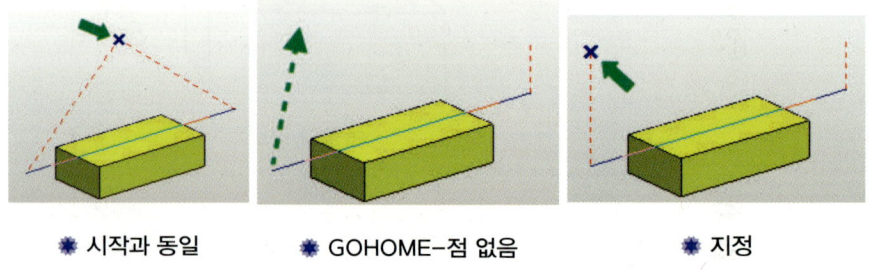

❋ 시작과 동일　　　❋ GOHOME-점 없음　　　❋ 지정

⑥ 더 보기

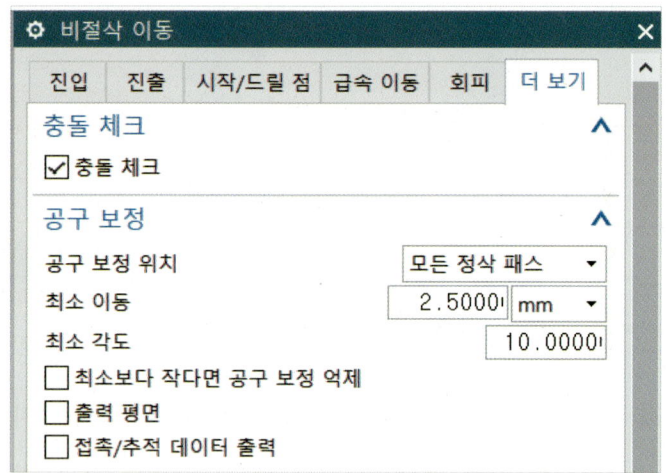

가) 충돌 체크: 부품 및 클램프나 지오메트리의 충돌을 감지한다.
나) 공구 보정: 공구의 보정 여부를 나타낸다.
　㉠ 모든 정삭 패스: 자동적으로 공구 보정이 적용되며 왼쪽 및 오른쪽 매개변수, 최소 이동, 최소 각도 값이 모두 자동으로 정의된다.
　㉡ 최종 정삭 패스: 최종 정삭부분만 공구보정이 적용된다.
　㉢ 없음: 공구 보정이 적용되지 않는다.

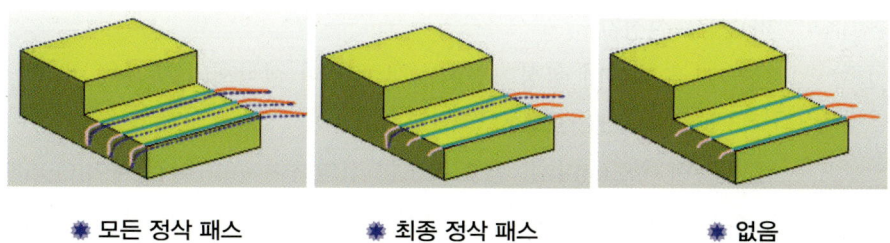

✳ 모든 정삭 패스　　　✳ 최종 정삭 패스　　　✳ 없음

다) 최소 각도
  ㉠ 최소보다 작으면 공구 보정 억제: 움직이는 거리가 최솟값보다 작으면 공구 보정을 취소한다.
  ㉡ 출력 평면: 공구 보정을 평면 데이터에 포함시켜 공구 보정이 적용된다.
  ㉢ 접촉/추적 데이터 출력: 모든 절삭 동작에 대하여 공구 중심 끝의 위치 대신 공구가 부품과 접촉하는 위치를 출력한다.

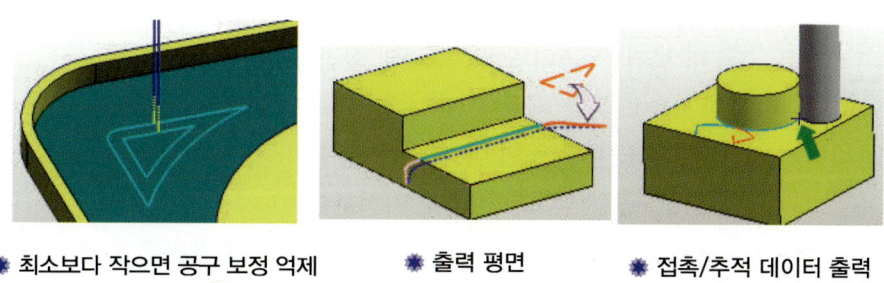

✳ 최소보다 작으면 공구 보정 억제　　✳ 출력 평면　　✳ 접촉/추적 데이터 출력

7) 이송 및 속도: 공구의 회전속도 및 이송속도를 제어하는 옵션이다.

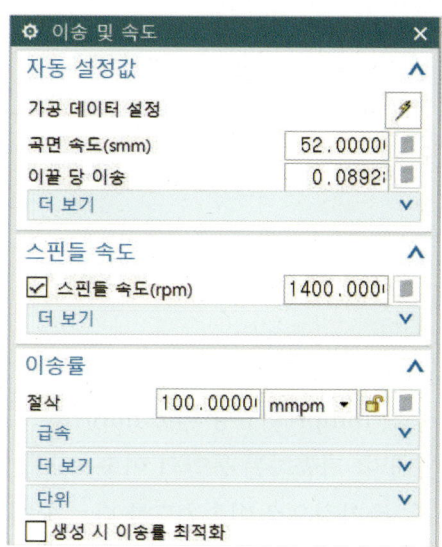

가) 자동 설정값
- ㉠ 가공 데이터 설정: 공구의 재질과 피 절삭재의 재질을 비교하여 라이브러리에서 자동으로 설정한다.
- ㉡ 곡면 속도(smm): 원주 속도를 정의하여 주속 일정 제어(G96)에 이용한다.
- ㉢ 이끝 당 이송: 설정된 공구 회전당 이송 거리(G95)로서 이송속도를 정의한다.
- ㉣ 더 보기 → 테이블에서 재설정: 설정된 공구의 초깃값을 라이브러리에서 가져온다.

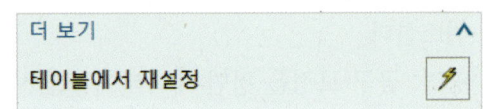

나) 스핀들 속도
- ㉠ 스핀들 속도: 주축의 분당 회전수를 입력한다.
- ㉡ 더 보기 → 출력 모드: 주축의 회전방법을 설정한다.
    - RPM: 분당 회전수, SFM: 분당 곡면 이송(feet 단위)
    - SMM: 분당 곡면 이송(mm 단위)
- ㉢ 방향: 공구의 회전 방향을 지정한다.
    - CLW: 시계방향 회전(G02), CCLW: 반시계방향 회전(G03)
- ㉣ 범위 상태: 주축에 속도 범위를 체크박스를 이용하여 입력하며 저속, 중속, 고속 범위는 숫자를 이용하여 설정한다.

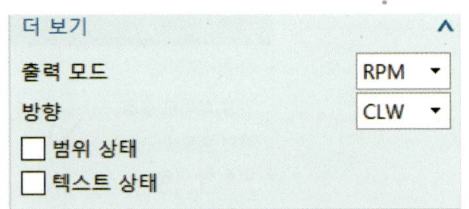

다) 이송률: 가공 경로의 이송속도를 설정한다.
- ㉠ 절삭
    - 이송 단위: mmpm(분당 이송mm/min; G94) 밀링에서 주로 사용, mmpr(회전당 이송 mm/rev; G95) 선반에서 주로 사용한다.
    - 잘라 내기: 가공하는 동안의 이송속도를 입력한다.
- ㉡ 더 보기: 추가적으로 이송속도를 다르게 입력할 수 있다.

- 로컬( ): 현재 입력한 값을 사용한다.
- 상속됨( ): 방법(Method)에서 입력한 값을 사용한다.

ⓒ 단위
- 비절삭 단위 설정: 비절삭 이송에 대한 이송 단위를 동시에 설정할 수 있다.
- 절삭 단위 설정: 절삭 이송에 대한 이송 단위를 동시에 설정할 수 있다.

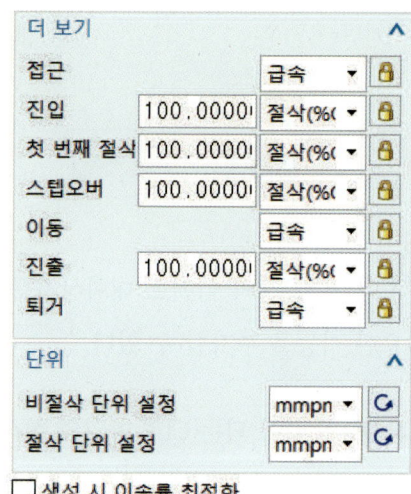

(4) 기계 제어

현재 작성된 NC 코드 공정의 출력 형식 및 보조 기능 등 추가 작업 기능을 수행할 수 있다.

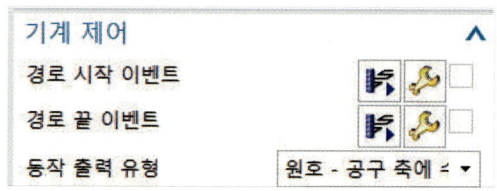

1) 경로 시작 이벤트/경로 끝 이벤트

가공 경로의 시작 및 끝에 보조 기능, 주축 기능, 전개 번호 등을 추가할 수 있다.

① 복사 원본 위치( ): 다른 오퍼레이션 또는 오퍼레이션 템플릿에서 특수 포스트를 복사하여 사용할 수 있다.

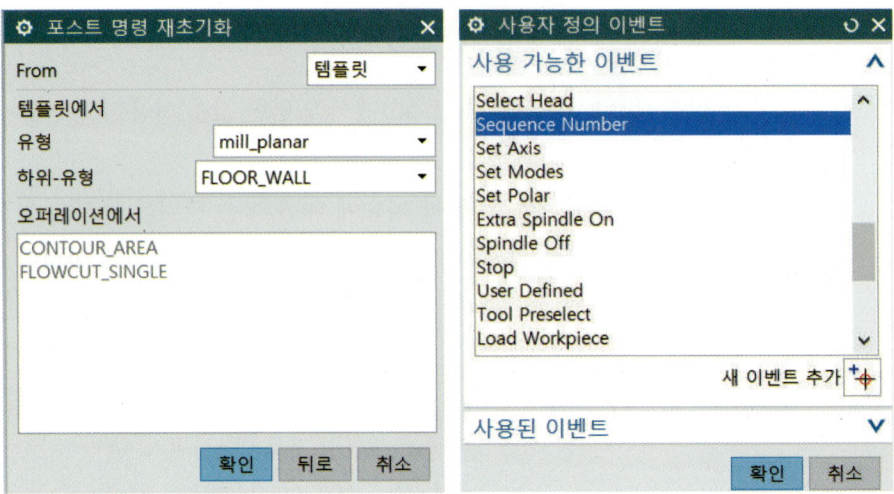

② 편집(　): 사용자 정의 이벤트 대화상자를 이용하여 보조기능과 주축기능 등의 가공에 필요한 기능을 추가할 수 있다.

2) 동작 출력 유형: 출력이 되는 CLF 파일의 형식을 정의한다.

① 선: CLF의 데이터가 점과 점에 의한 선형 가공 경로(G01)만 출력한다.

② 원호-공구 축에 수직: 공구 축에 수직인 평면에 대하여 원호 보간(G02, G03)으로 출력한다.

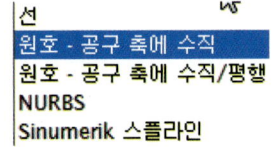

③ 원호-공구 축에 수직/평행: 공구 축에 수직이거나 수평인 평면에 대하여 원호 보간(G02, G03)으로 출력한다.

④ NURBS: 비선형 B-SPLINE 곡선을 따라 공구가 이동하는 경우에 사용된다. 고정된 가공 축을 이용하는 고속가공 장비에서 매끄럽고 정밀한 표면을 얻을 수 있다.

⑤ Sinumerik 스플라인: B-SPLINE 곡선을 따라 공구가 이동하는 경우에 사용된다.

(5) 프로그램

Create 프로그램에서 생성된 프로그램을 선택하거나 편집할 수 있다.

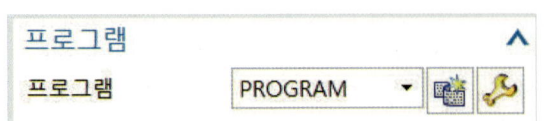

(6) 옵션

툴 패스의 형상을 변경하거나 메뉴를 변경시킬 때 사용된다.

1) 사전 드릴 점 검증

Planar Mill 및 Cavity Mill에서 지정된 드릴 점을 나열한 후 재표시한다.

2) 디스플레이 편집

공구화면 표시 색상 및 유형 같은 공구 경로 화면 표시 옵션을 제어할 수 있다.

3) 디스플레이 옵션

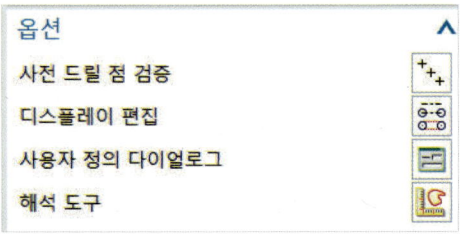

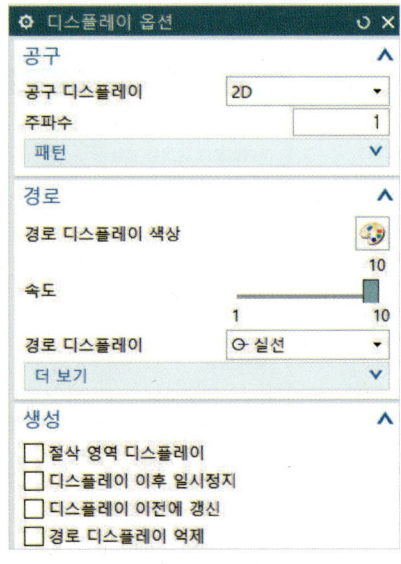

가) 공구

ㄱ) 공구 디스플레이

- 없음: 절삭 공구가 표시되지 않고 공구 경로의 중심선만 표시한다.
- 2D: 공구 경로가 표시될 때 공구의 2차원 표시가 생성된다.
- 3D: 공구 경로가 표시될 때 공구의 3차원 표시가 생성된다.

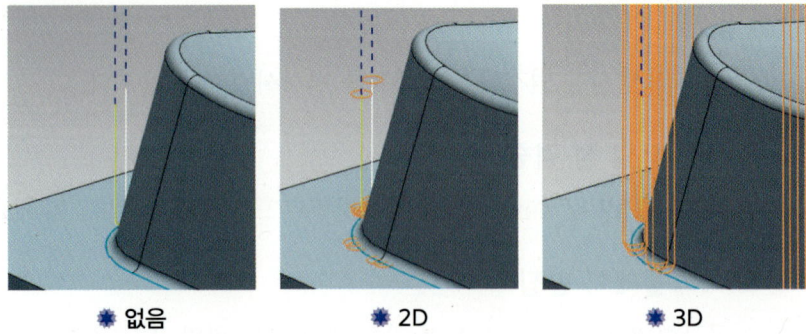

| 없음 | 2D | 3D |

ⓒ 주파수: 화면에 표시되는 공구의 빈도를 나타내며 공구 디스플레이에서 '없음'으로 설정하면 보이지 않는다.

나) 경로 디스플레이

㉠ 경로 디스플레이 색상: 공구 경로 색상을 변경할 수 있다.

ⓒ 속도: 화면상에 공구 경로가 생성되는 속도를 조절할 수 있다.

ⓒ 경로 디스플레이: 실선, 파선, 실루엣, 채우기, 실루엣 채우기로 표시할 수 있다.

4) 사용자 정의 다이얼로그

다이얼로그에 나타나는 매개변수를 지정할 수 있다.

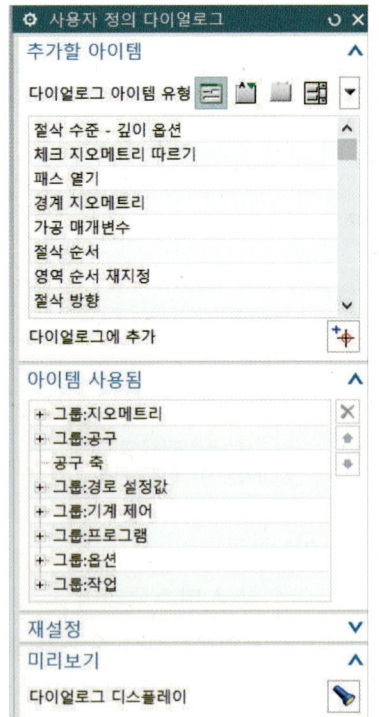

5) 해석도구

Planar Mill 및 Cavity Mill에서 공구 경로의 절삭 영역에 이상이 있는지를 시각적으로 확인할 수 있는 해석도구이다.

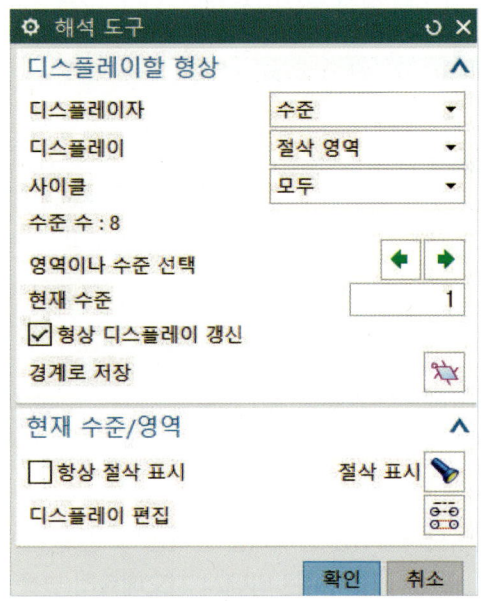

(7) 작업

원하는 형태로 설정하고 공구 경로를 생성하거나 생성된 공구 경로를 수정 및 검증할 수 있다.

① 생성( ): 설정된 값을 조건으로 공구 경로를 생성한다. 설정을 변경할 때마다 생성을 하여야 한다.

② 재생( ): 공구 경로 생성과정을 수행하는 것이 아니라 기존에 수행한 공구 경로를 화면상에 재생성하여 표시한다.

③ 검증( ): 모의 가공을 확인할 수 있다.

④ 리스트( ): 리스트를 확인할 수 있다.

③ Cavity Mill CAM 따라 하기

Cavity Mill 가공 따라 하기 파일을 열어서 정삭 작업을 이어서 한다.

❶ CAM 작업을 하기 위하여 시작 메뉴에서 Manufacturing을 클릭한다.
❷ 가공 환경에서 CAM 설정 부분에서 mill_contour를 선택하고 확인한다.

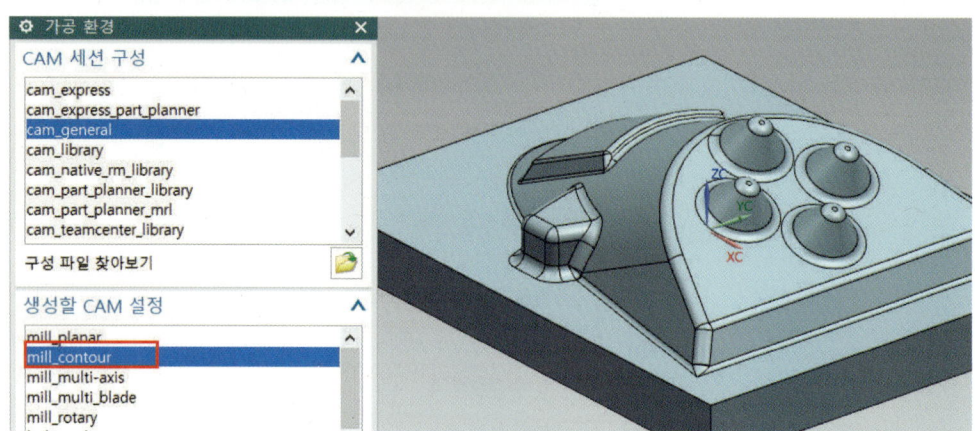

❸ 리소스 바에서 오퍼레이션 탐색기를 선택한 후 빈 공간에서 MB3을 클릭하고 지오메트리 뷰를 선택한다. 또는 삽입 아이콘 바에서 지오메트리 뷰를 클릭한다.

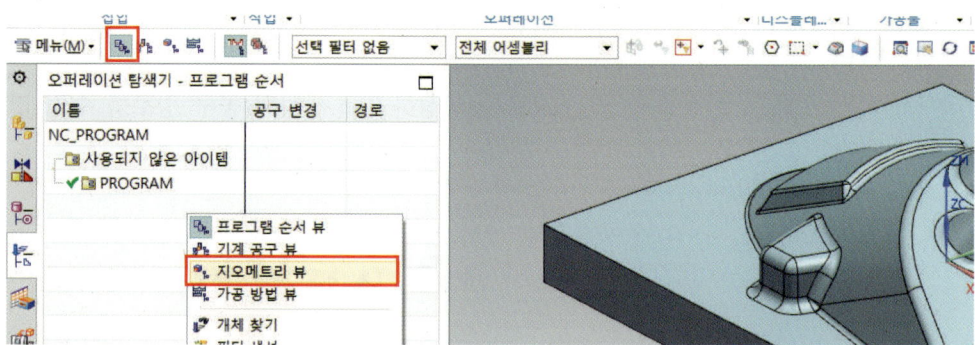

❹ 지오메트리 뷰에서 MCS_Mill을 선택한 후 MB3을 클릭하여 편집을 선택한다.

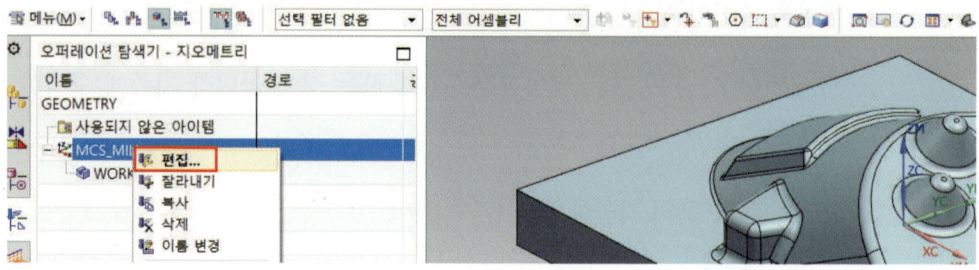

NX10 3D 모델링 및 CAD/CAM

❺ Mill Orient 창에서 좌표계(CSYS) 다이얼로그()를 클릭한다.

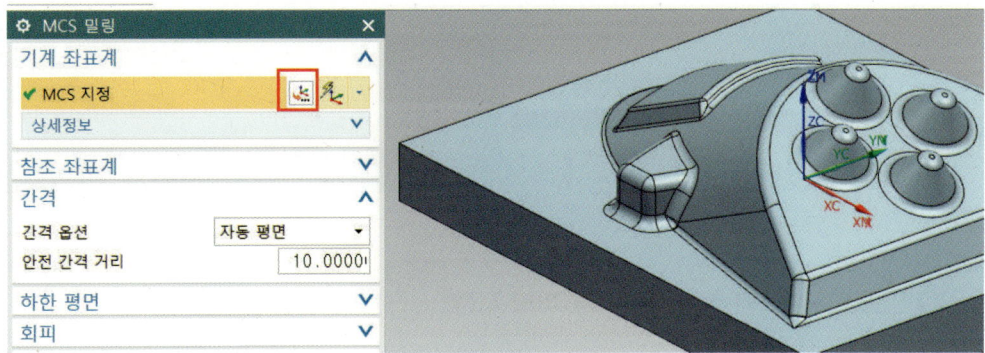

❻ 아래 그림에서 모델링 원점 왼쪽 코너 모서리 부분을 클릭하고 확인한다.

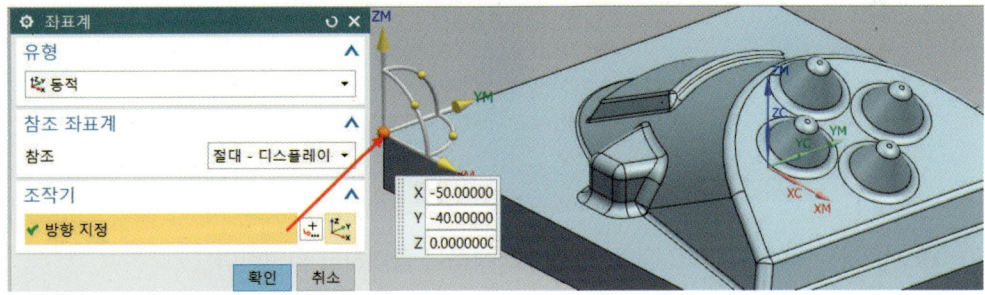

❼ 그림과 같이 가공 좌표계를 원점을 확인할 수 있다. 안전 높이를 위해서 평면에 다이얼로그를 클릭한다. 안전 높이 50mm를 준다.

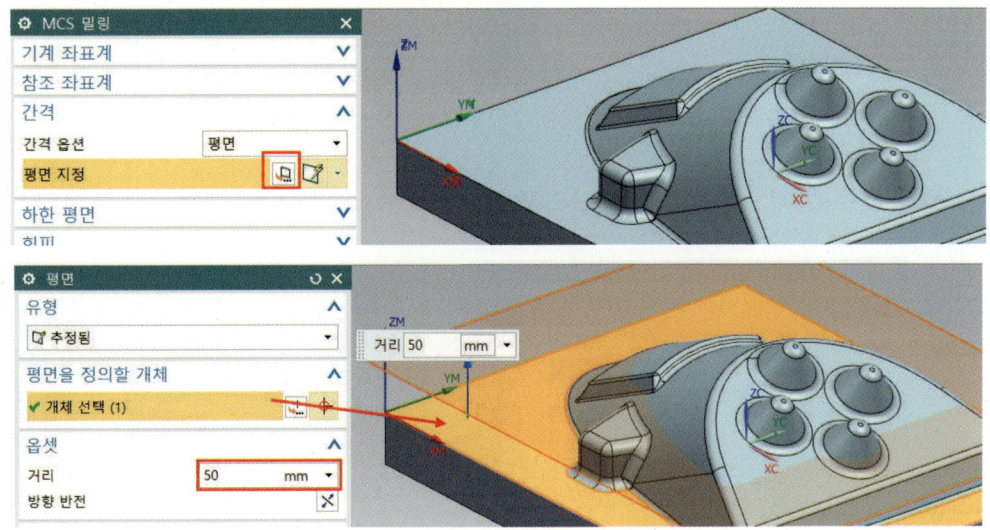

Chapter 02 | Cavity Mill 황삭 가공

❽ MCS_MiLL 앞부분의 +를 클릭하면 WORKPIECE가 나타나고, 마우스로 선택하여 MB3 버튼을 클릭한 후 편집을 선택한다.

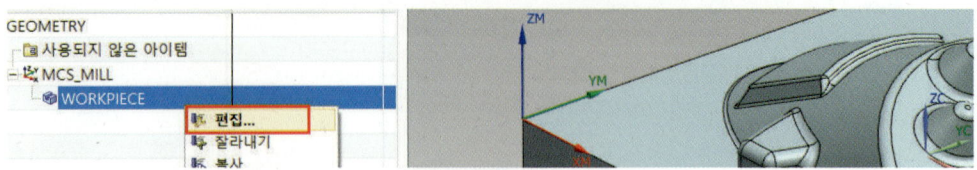

❾ 밀링 지오메트리 창이 나타난다. 파트 지정( ) 아이콘을 클릭한다.

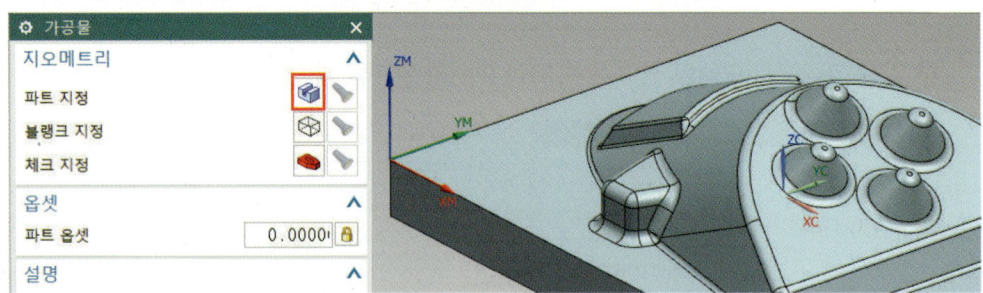

❿ 지오메트리에서 개체 선택을 선택하고 부품을 클릭하고 확인한다.

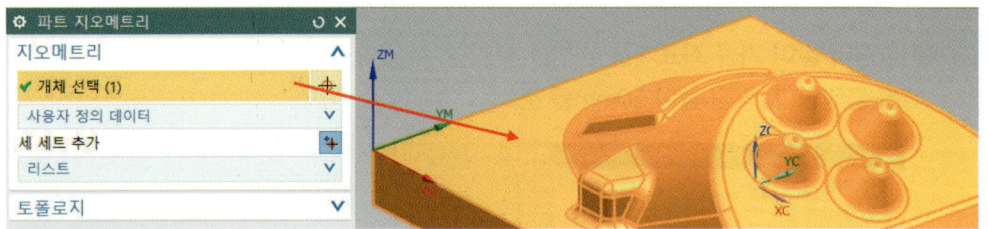

⓫ 블랭크 지정( ) 아이콘을 클릭한다.

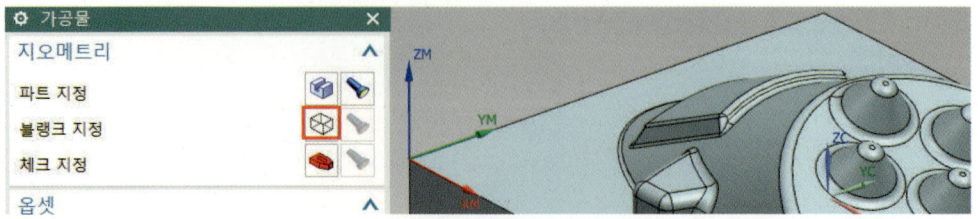

⑫ 유형에서 경계 블록을 선택하고, 한계에서 ZM+에 10을 입력한 후 확인한다.

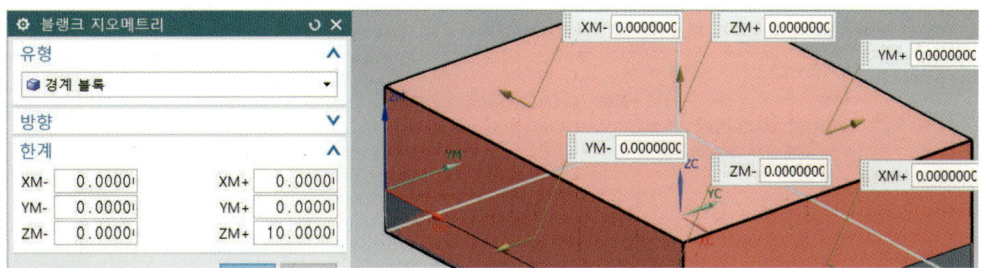

⑬ 삽입 아이콘 바에서 공구 생성( ) 아이콘을 클릭한다.

⑭ 공구 생성에서 이름 MILL _10을 입력한 후 확인한다.

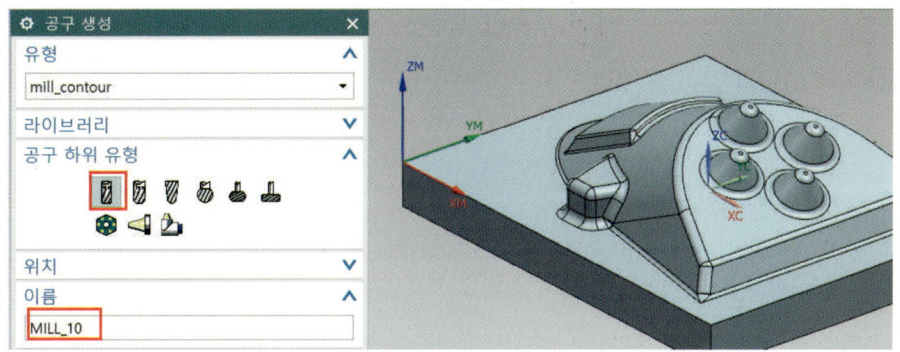

⑮ 그림처럼 치수 직경 10, 공구 번호 1을 입력한 후 확인한다.

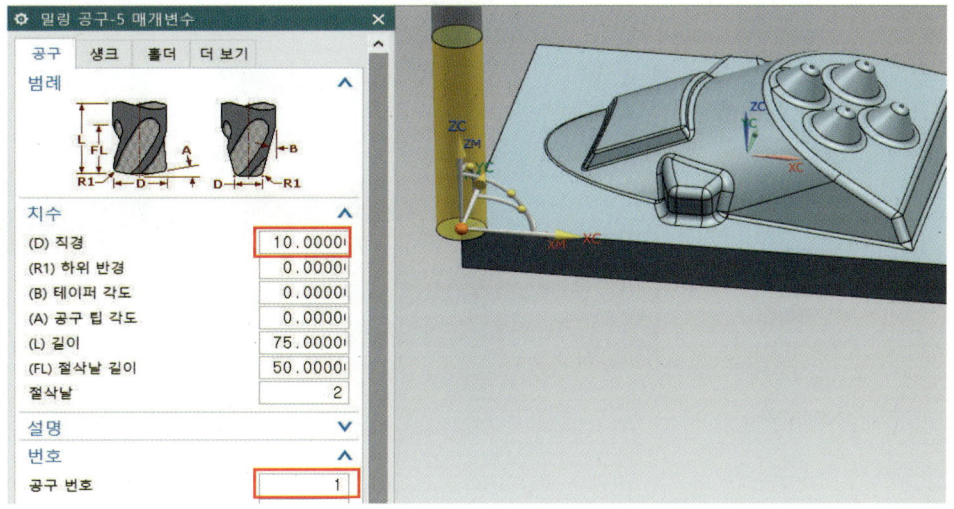

⑯ 하단에 기계공구 뷰를 클릭하면 MILL_10이 생성된 것을 확인할 수 있다.

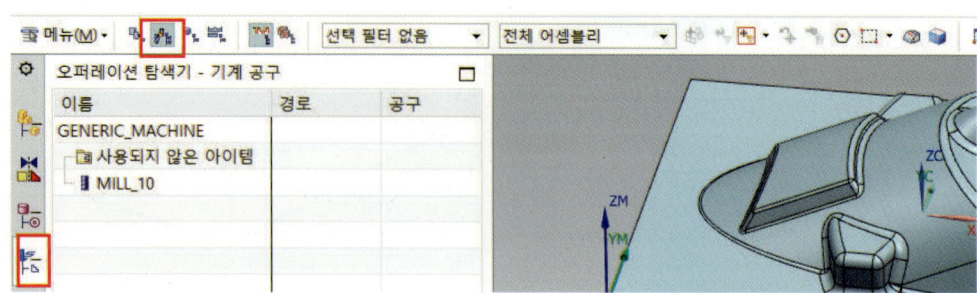

⑰ 삽입 아이콘에서 오퍼레이션 생성 아이콘을 클릭한다.

⑱ 아래 그림과 같이 설정한다.
- 유형: mill_contour
- 오퍼레이션 하위 유형: Cavity_Mil
- 프로그램: PROGRAM
- 공구: MILL_10(밀링 공구)
- 지오메트리: WORKPIECE
- 방법: METHOD

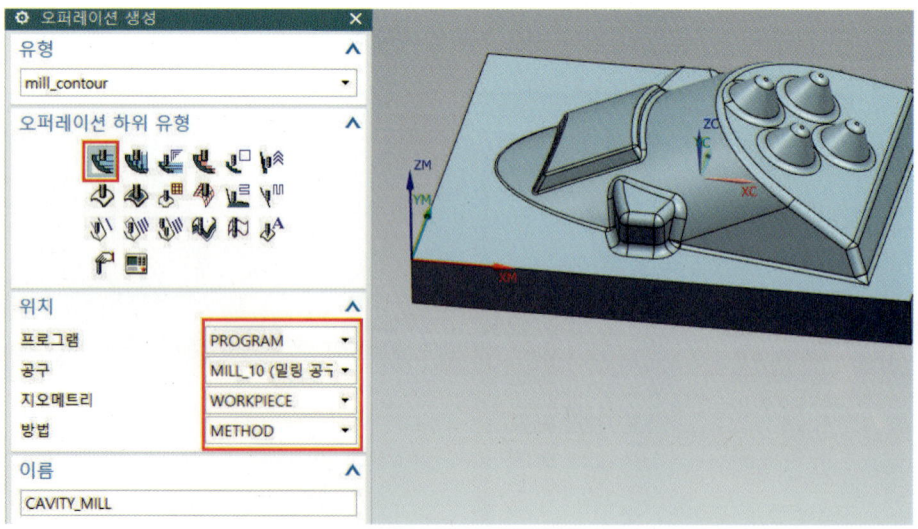

⑲ 아래 그림처럼 경로 설정값을 설정한다.

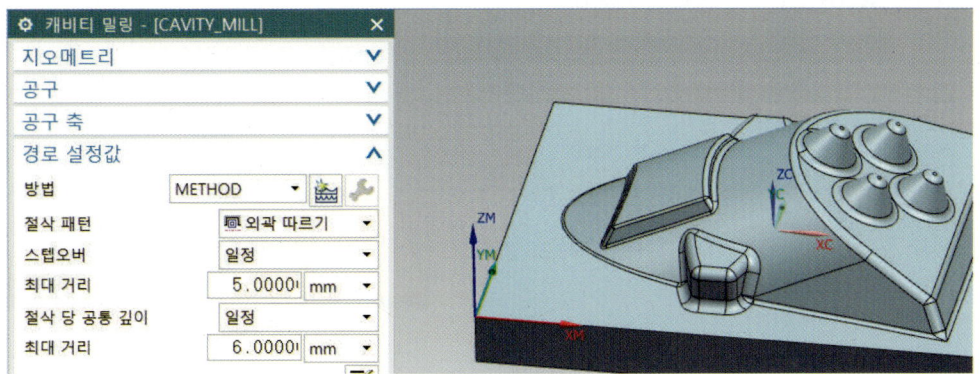

⑳ 절삭 매개변수 을 클릭한다.

㉑ 아래 그림과 같이 전략을 설정한다.

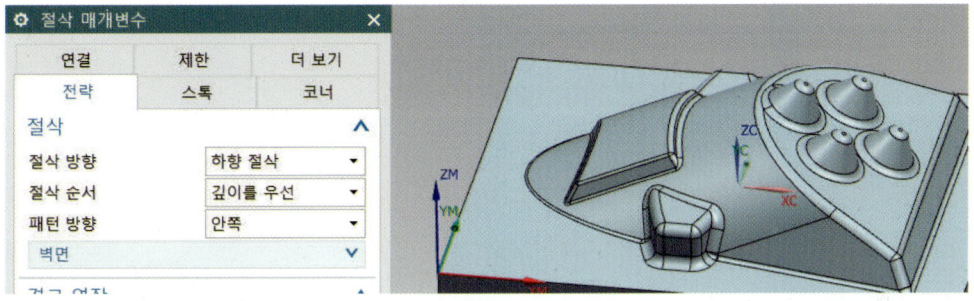

㉒ 스톡(가공 여유)에서 파드 측면 스톡은 0.5mm를 입력한다.

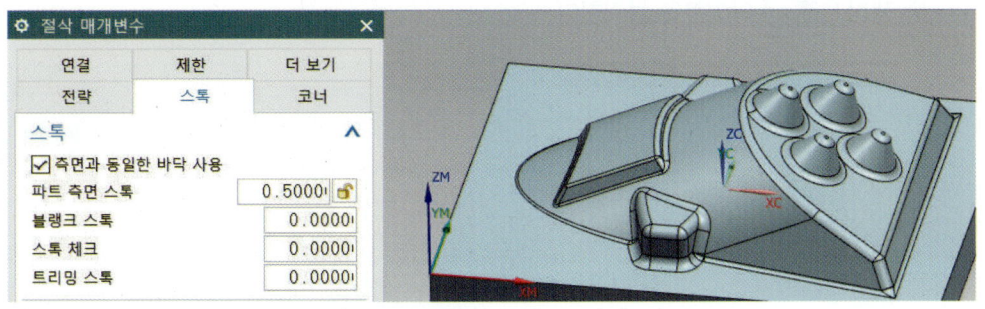

㉓ 비절삭 이동 아이콘을 클릭한다.

㉔ 간격 옵션에서 평면을 선택하고, 평면지정에서 평면 다이얼로그 아이콘을 클릭한다.(앞에서 설정하였으므로 생략이 가능하다.)

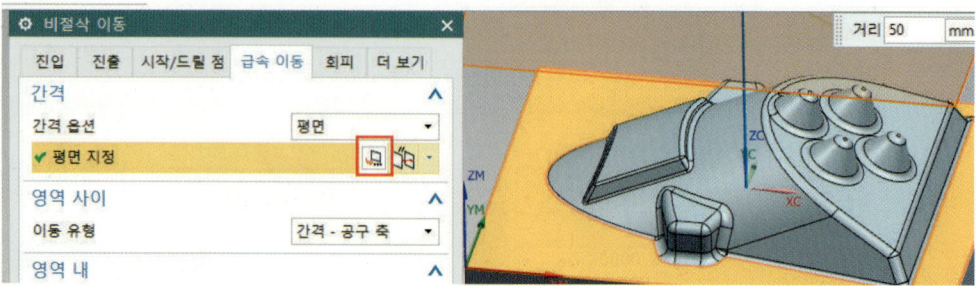

㉕ 추정 유형으로 하고 개체 선택에서 평면윗면을 선택한 후 옵셋 거리(안전 높이) 50mm를 입력하고 확인한다.

㉖ 이송 및 속도( ) 아이콘을 클릭한다.

㉗ 회전수 및 이송속도를 아래와 같이 입력한 후 확인한다.

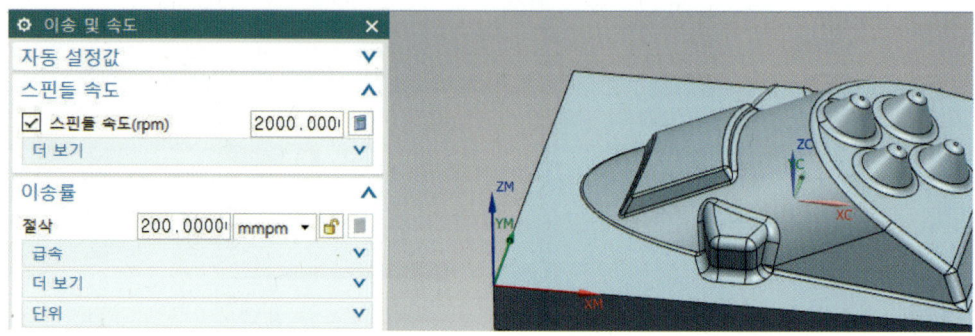

㉘ 생성 ( ) 아이콘을 클릭한다.

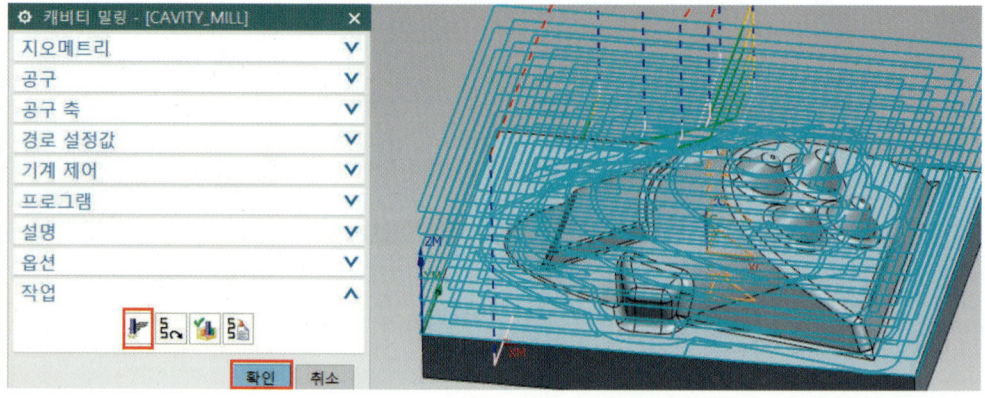

PART V　Manufacturing

㉙ 검증() 아이콘을 클릭하여 검증을 확인한다.

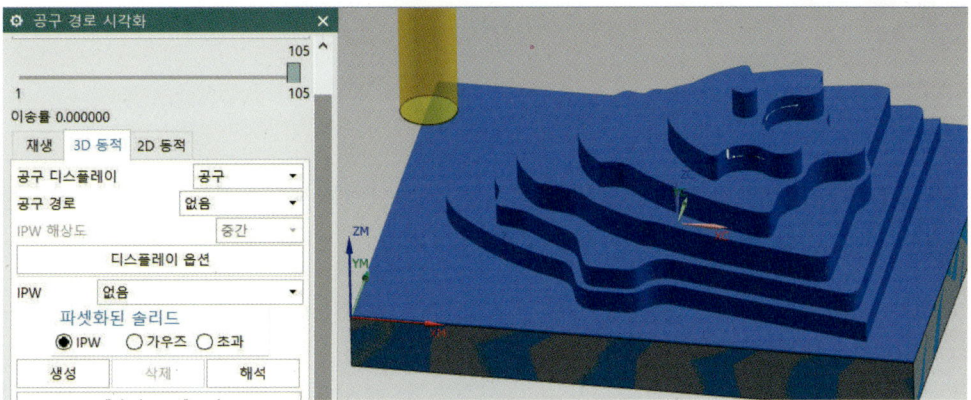

㉚ 아래 그림과 같이 CAVITY_MILL이 생성된 것을 확인한다.

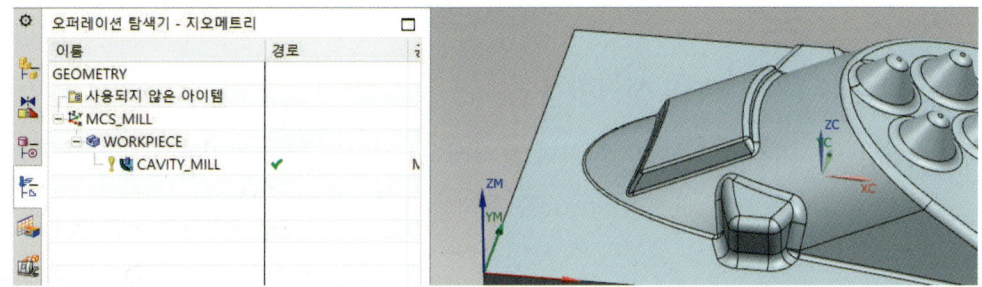

CHAPTER 03 곡면(Fixed Contour) 가공

Fixed Contour의 정의 및 자세한 옵션과 기능에 대하여 공부하고, 따라 하기를 통하여 Fixed Contour CAM 가공을 할 수 있다.

❶ Fixed Contour 정의 및 시작

일반적으로 여러 가지 곡면재료의 패턴가공을 사용하여 부품의 절삭 영역의 윤곽이 있는 곡면으로 형성된 정삭 가공하는 공구 경로를 생성한다. 영역을 생성하는 방식은 경계선(Boundary) 방식이다. 중삭, 정삭 가공에 일반적으로 사용되며, 잔삭 가공도 가능하다.

(1) Fixed Contour의 시작하기

삽입에 오퍼레이션을 선택하거나 오퍼레이션 생성( ) 아이콘을 클릭한다. 오퍼레이션 생성에서 유형은 mill_contour를 선택하고, 하위 유형에서 Fixed Contour 아이콘을 선택한다. 위치 옵션을 설정한 후 확인한다.

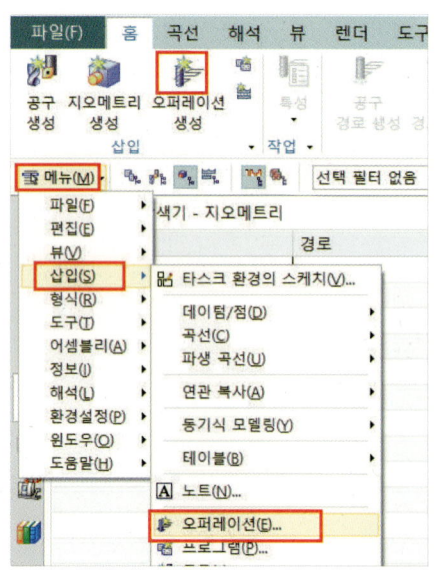
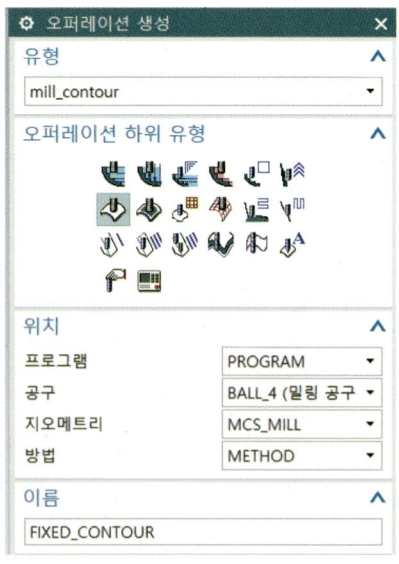

❷ Fixed Contour 옵션

옵션은 크게 분류하면 지오메트리, 드라이브 방법, 투영 벡터, 공구, 공구 축, 경로 설정값, 기계 제어, 프로그램, 옵션, 작업 등으로 나누어져 있으며, 옵션을 접거나 펼칠 수 있게 되어 있다.

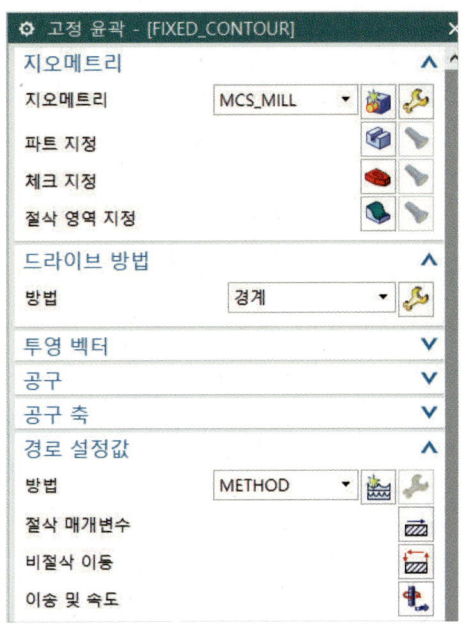

(1) 지오메트리

Fixed_Contour의 지오메트리는 기본적으로 Cavity_Mill에서의 지오메트리와 비슷하며, 기본적으로 지오메트리가 설정되어야 한다. 체크 지정은 필요 시에만 설정하면 되며, 지오메트리를 Workpiece에서 설정한 부분은 비활성화된다.

1) 지오메트리

그림과 같이 기본 지오메트리를 쉽게 변경할 수 있다.

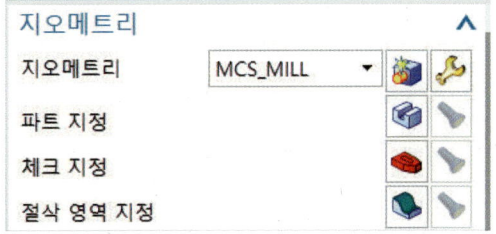

2) 파트지정( )

가공 후 완성된 부품으로 모델링을 의미한다.

3) 체크 지정( )

공구 경로를 지정할 때 공구가 절삭하지 말아야 할 부분을 설정하는 것으로, 보통 클램프 자리를 회피하기 위하여 모델링한 클램프 형상을 설정하는 것이다. Cavity_Mill 내용을 참고한다.

(2) 드라이브 방법

선택하는 종류에 따라 영역설정 방법이 다르며 기본적으로 경계가 설정되어 있다.

드라이브 방법을 사용하면 공구 경로를 생성하는 데 필요한 드라이브 점을 정의할 수 있다. 어떠한 드라이브 방법을 사용하는지에 따라 선택한 곡면이나 경계 내에서 드라이브 점의 배열을 생성하거나, 곡선을 따라 드라이브 점의 스트링을 생성할 수 있다. 정의된 드라이브 점은 공구 경로를 생성하는 데 사용된다. 파트 지오메트리를 선택하지 않으면 드라이브 점에서 직접 공구 경로가 생성된다. 그렇지 않으면 파트 곡면에 투영된 드라이브 점을 사용하여 공구 경로가 생성된다.

적절한 드라이브 방법을 선택할 때는 가공하려는 곡면의 형상과 복잡한 정도를 비롯하여 공구 축과 투영 벡터 요구사항을 고려해야 한다. 선택된 드라이브 방법은 선택할 수 있는 드라이브 지오메트리의 종류를 결정하고, 사용 가능한 투영 벡터, 공구 축과 절삭 종류를 결정한다.

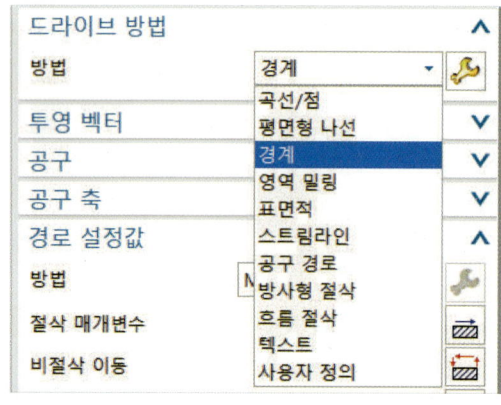
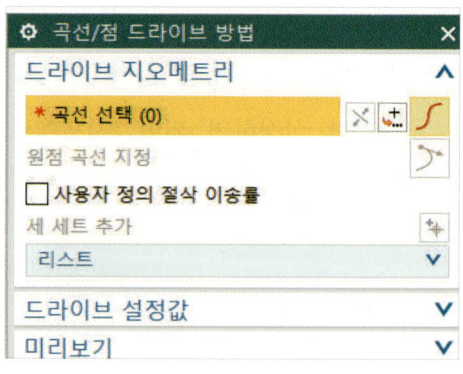

1) 곡선/점: 곡선 또는 점을 지정하여 드라이브 지오메트리를 지정한다.

　곡선/점 드라이브 방법을 사용하면 점을 지정하거나 곡선을 선택하여 드라이브 지오메트리를 정의할 수 있다. 점으로 지정하면 지정된 점 사이의 선형 세그먼트로 드라이브 경로가 생성된다. 곡선을 지정하면 선택한 곡선을 따라 드라이브 점이 생성된다. 두 경우 모두 드라이브 지오메트리가 파트 곡면에 투영되고 이 곡면에서 공구 경로가 생성된다. 곡선은 열린 상태이거나 닫힌 상태일 수 있고, 연속적이거나 비연속적일 수 있고, 평면형이거나 평면형이 아닐 수 있다. 점을 사용하여 드라이브 지오메트리를 정의하는 경우 커터는 점이 지정된 순서에 따라 한 점에서 다음 점으로 공구 경로를 따라 이동한다. 점이 연속 순서로 정의되지 않은 경우 동일한 점을 여러 번 사용할 수도 있다. 예를 들어, 동일한 점을 순서의 첫 번째 점과 마지막 점으로 정의하여 닫힌 드라이브 경로를 생성할 수 있다.

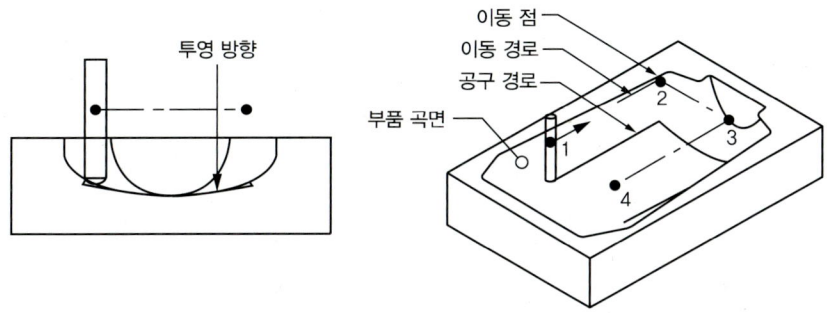

　곡선을 사용하여 드라이브 지오메트리를 정의하는 경우 커터는 곡선이 지정된 순서에 따라 한 곡선에서 다음 곡선으로 공구 경로를 따라 이동한다. 선택한 곡선은 연속적이거나 연속적이지 않을 수 있다.

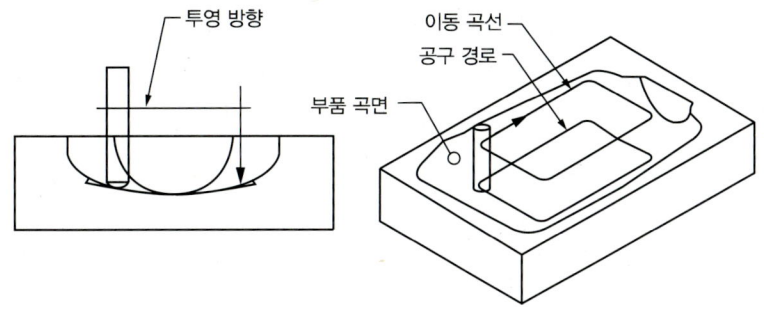

① 곡선 선택: 곡선이나 점을 선택한다.
② 방향 반전: 곡선의 방향을 반전시킨다.

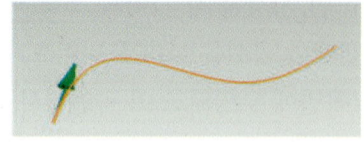 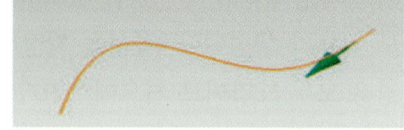

❋ 방향 반전

③ 원점 곡선 지정: 닫힌 곡선에서 시작되는 원점을 지정한다.
　㉠ 사용자 정의 절삭 이송률: 곡선에 대한 이송속도 값을 지정할 수 있다.

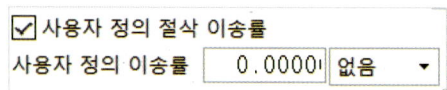

④ 드라이브 설정값

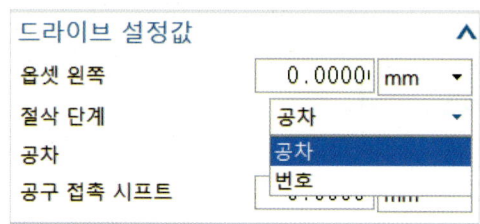

　㉠ 절삭 단계: 번호/공차 중에 선택한다. 가공 경로 제어 점을 지정한다.
　㉡ 번호: 드라이브 곡선에 따라 생성할 점의 최소수를 지정한다.
　㉢ 공차: 두 개의 연속적인 드라이브 점 사이의 연장하는 선과 드라이브 곡선 사이의 허용 가능한 최대 법선 거리를 지정한다.

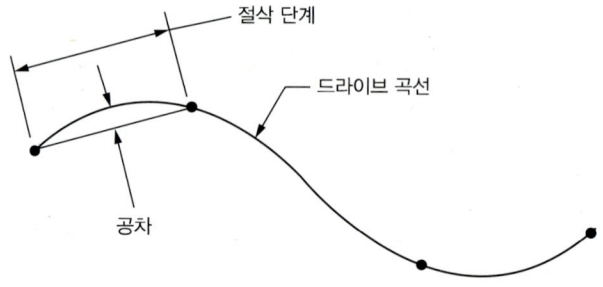

2) 평면형 나선

지정된 파트 지오메트리상의 나선 중심선을 이용하여 나선 형태의 가공 패턴으로 가공 공구 경로를 지정한다.

가) 나사선 드라이브 방법을 사용하면 지정된 중심점에서 바깥쪽으로 나선 회전하는 드라이브 점을 정의할 수 있다. 드라이브 점은 중심점을 포함하여 투영 벡터에 법선인 평면 안에 생성된다. 그런 다음 선택된 파트 곡면에 투영 벡터를 따라 드라이브 점이 투영된다.

나) 다음 절삭 패스까지 스텝오버하기 위해 방향을 급격하게 변경해야 하는 다른 드라이브 방법과는 달리 나사선 드라이브 방법 스텝오버는 바깥쪽으로 매끄럽고 일정하게 이동한다. 이 드라이브 방법은 일정한 절삭 속도와 매끄러운 동작을 유지하므로 고속 가공 응용 프로그램에 유용하게 사용할 수 있다.

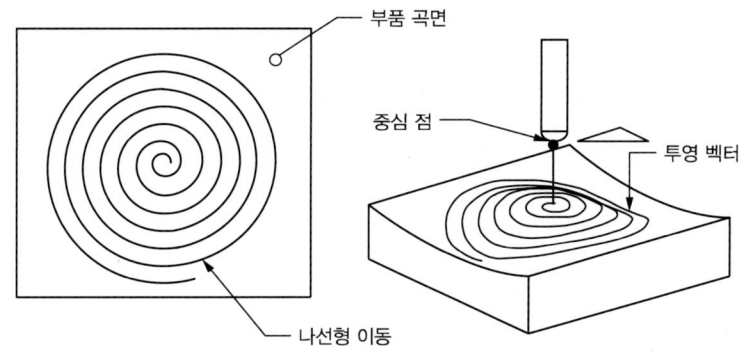

다) 중심점은 나사선의 중심을 정의하고 공구 절삭을 시작하는 위치로 사용된다. 중심점을 지정하지 않으면 절대 좌표계의 0,0,0이 사용된다. 중심점이 파트 곡면에 없으면 파트 곡면에 대해 정의된 투영 벡터를 따른다. 나사선의 방향(시계방향 및 반시계방향)은 하향 또는 상향 절삭 방향으로 제어한다.

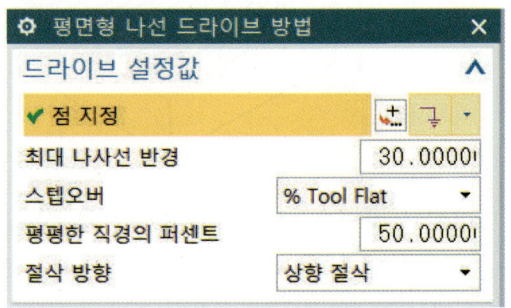

① 드라이브 설정값
  ㉠ 점 지정: 나선형의 중심점을 지정한다.
  ㉡ 최대 나선형 반경: 최대 반경을 지정하여 가공할 영역을 지정한다.
  ㉢ 스텝오버: 공구가 한 번 가공하고 난 후 다음 가공에 들어갈 때 측면으로 이동하는 값

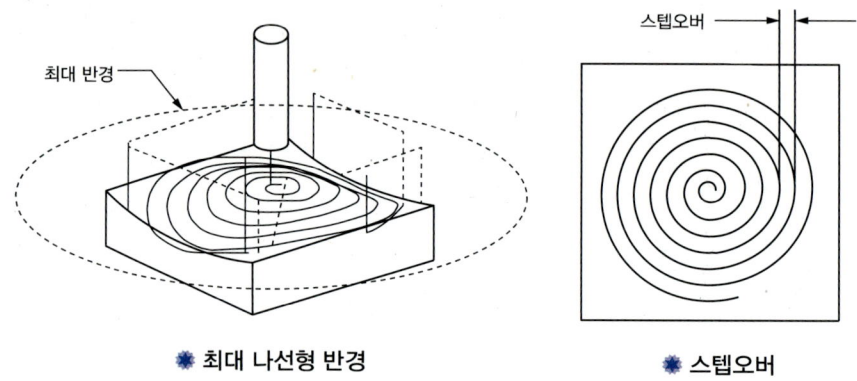

❋ 최대 나선형 반경　　❋ 스텝오버

  ㉣ 일정: 고정된 거리 값을 지정한다.
  ㉤ % Tool Flat: 공구의 직경에 대한 백분율(Percent) 값을 지정한다.
  ㉥ 절삭 방향: 나선의 회전 방향(상향/하향)을 지정한다.

3) 경계

가공할 영역을 지정하여 가공 경로를 지정할 수 있으며 파트 곡면의 형상이나 크기에 종속되지 않는 반면에 루프는 외부 파트 곡면 모서리에 일치하여야 한다.

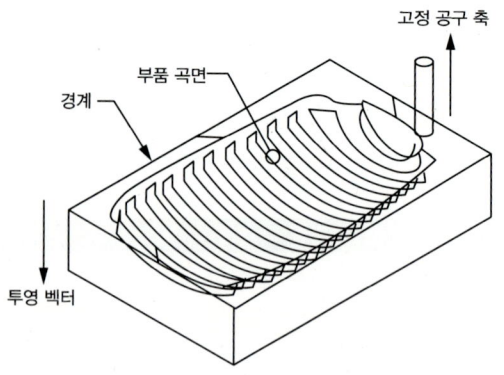

Boundary 드라이브 방법을 사용하면 경계와 루프를 지정하여 절삭 영역을 정의할 수 있다. Boundary는 파트 곡면이 형상이나 크기에 종속되지 않는 반면 루프는 외부 파트 곡면 모서리에 일치해야 한다. 절삭 영역은 경계나 루프 또는 경계와 루프 모두를

사용하여 정의한다. 공구 경로는 정의된 절삭 영역에서 파트 곡면으로 지정된 투영 벡터의 방향에 따라 드라이브 점을 투영하여 생성된다. Boundary 드라이브 방법은 공구 축과 투영 벡터를 가능한 한 제어하지 않으면서 파트 곡면을 가공하는 데 유용하다.

경계 드라이브 방법은 평면 밀링과 매우 유사한 방식으로 작동한다. 그러나 평면 밀링과는 달리 경계 드라이브 방법은 정삭 오퍼레이션을 생성하여 공구가 복잡한 곡면 윤곽선을 따라 이동할 수 있도록 하기 위한 것이다.

곡면 영역 드라이브 방법과 마찬가지로 Boundary 드라이브 방법을 사용하면 영역 내에 포함된 드라이브 점의 배열이 생성된다. 일반적으로 경계 내에서 드라이브 점을 정의하는 것이 드라이브 곡면을 선택하는 것보다 쉽고 빠르다. 그러나 Boundary 드라이브 방법을 사용할 때는 드라이브 곡면을 기준으로 투영 벡터나 공구 축을 제어할 수 없다. 예를 들어, 다음 그림에서와 같이 공구 축을 제어하거나 드라이브 점을 균일하게 배치하기 위해 평면 경계로 복잡한 파트 곡면 주위를 둘러쌀 수 없다.

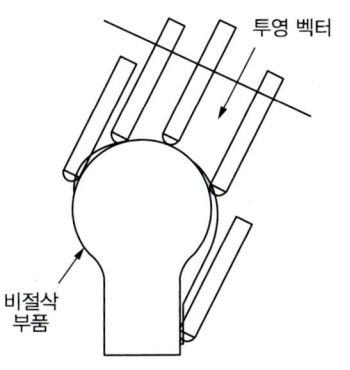
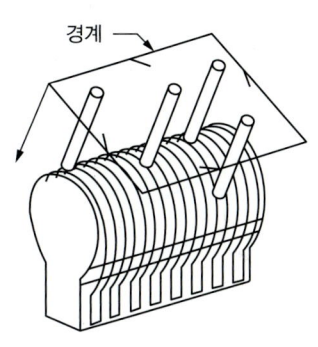

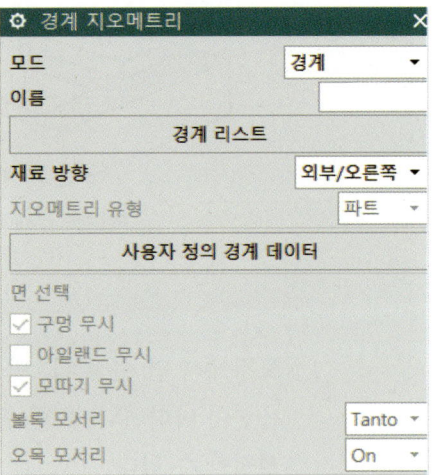

① 경계/면 지오메트리

모두	경계를 정의하는 방법을 선택(곡선/모서리, 경계, 면, 점)한다.
이름	경계의 이름을 입력한다.
경계 리스트	이전에 생성된 경계의 이름 리스트
재료 방향	재료의 경계면을 지정한다.
지오메트리 유형	경계를 표시할 지오메트리의 종류를 지정(파트, 블랭크, 체크, 트림)한다.
사용자 정의경계 데이터	선택한 경계와 연관된 공차를 설정한다.
구멍 무시	경계를 정의할 때 선택된 면에 있는 구멍을 무시한다.
아일랜드 무시	경계를 정의할 때 선택된 면에 있는 아일랜드를 무시한다.
모따기 무시	선택된 면에서 경계를 생성할 때 인접한 모따기, 라운드, 모서리를 인식할지 여부를 지정한다.
볼록 모서리	선택한 면의 볼록 모서리를 따라 생성된 경계에 대한 공구 위치를 제어한다.
오목 모서리	선택한 면의 오목 모서리를 따라 생성된 경계에 대한 공구 위치를 제어한다.
마지막 제거	이전에 정의 된 경계를 제거한다.

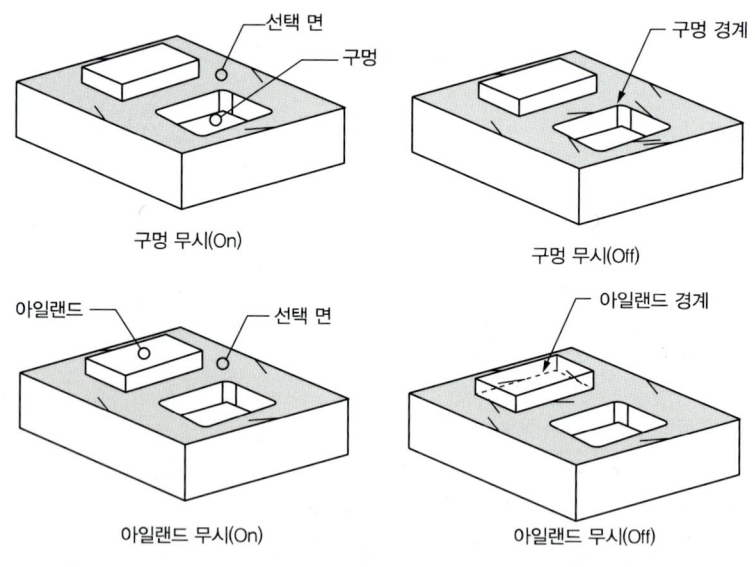

❈ 구멍/아일랜드 On/Off

㉠ 모두에서 면 설정 시: 면을 선택하면 구멍, 아일랜드, 모따기를 무시할 수 있는 옵션이 나타난다. 또한 볼록, 오목 부분의 모서리를 가공할 때 Tanto, On으로 설정할 수 있다.

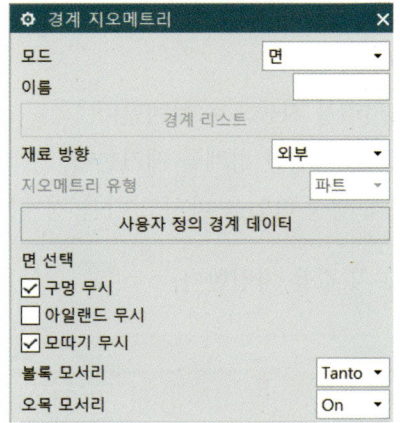 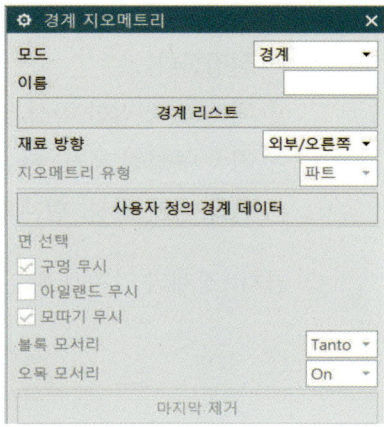

② 경계 생성 옵션: 모두에서 곡선/모서리 설정할 때 나타난다.
　㉠ 유형
　　• 닫힘: 닫힌 형태의 곡선을 설정하는 방식이다.
　　• 열기: 열린 형태의 곡선을 설정하는 방식이다.
　㉡ 평면: 경계 평면은 선택한 지오메트리를 투영하고, 경계를 생성할 평면을 지정하며 가공시작 높이를 지정한다.
　　• 자동: 자동으로 설정한다.
　　• 사용자 정의: 사용자가 지정 높이 값을 지정한다.
　㉢ 재료 방향: 재료의 위치를 지정한다.
　　• 외부: 선택한 영역의 바깥쪽을 가공하지 않는다.
　　• 내부: 선택한 영역의 안쪽을 가공하지 않는다.
　㉣ 공구 위치: 공구가 경계로 접근할 때 공구의 배치 방법을 결정하는 것으로 접촉 공구의 위치를 지정한다.

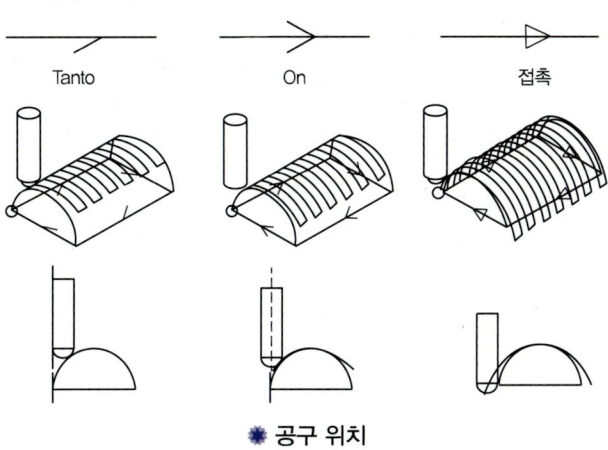

✹ 공구 위치

ⓜ 사용자 정의 구성원 데이터: 결별 경계에 대하여 공차, 스톡, 이송속도 값 등을 설정한다.

ⓗ 체이닝: 인접한 곡선 및 모서리를 자동으로 선택한다.

ⓢ 최종 구성원 제거: 마지막으로 생성한 경계를 제거한다.

ⓞ 다음 경계 생성: 현재의 경계 생성 작업을 마치고 다음 경계를 생성한다.

③ **공차**: 경계의 안쪽과 바깥쪽 공차 값을 지정한다.

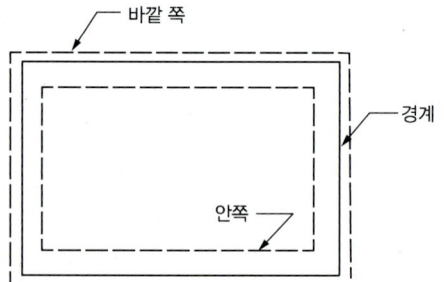

④ **제한**

㉠ 파트 제한: 선택된 곡면 영역과 파트 곡면의 외부 모서리를 따라 루프를 생성하여 절삭 영역을 정의한다.

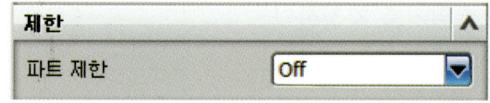

⑤ **절삭 패턴**

㉠ 표준 드라이브 [표준 드라이브] : 절삭 영역의 둘레를 따르는 프로파일 절삭 패턴과 유사하나 공구 경로가 자체 교차하는 것을 막거나 부품 표준(Part Gauge) 가공을 방지하기 위해 공구 경로를 수정하지 않는다.

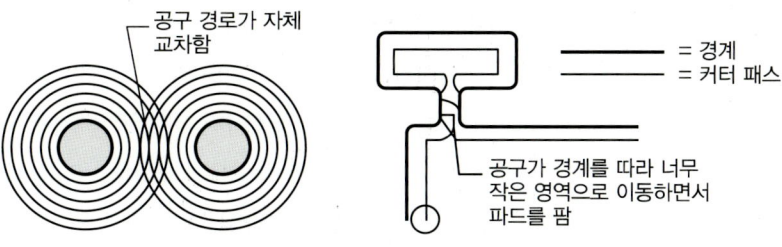

❋ 표준 드라이브

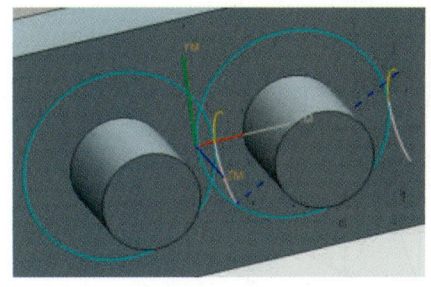

❋ 표준 드라이브

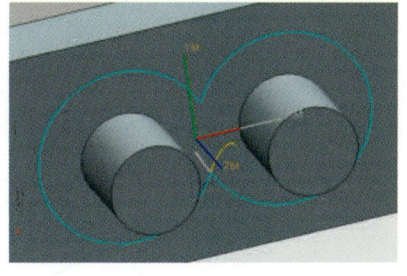

❋ 프로파일

ⓒ 동심 가공: 사용자가 지정하거나 자동으로 계산된 최적의 중심점에서 점점 커지거나 점점 작아지는 원형 절삭 패턴을 생성한다. 이 절삭 패턴을 사용하면 절삭 종류와 패턴 중심을 지정할 수 있고 포켓 방법으로 안쪽이나 바깥쪽을 지정할 수 있다. 전체 원형 패턴이 연장될 수 없는 코너 같은 영역에서는 절삭 이동을 다음 코너로 이동하여 계속 절삭하기 전에 지정된 절삭 종류로 동심 원호가 생성 및 연결된다.

◎ 동심 지그
◎ 동심 지그재그
◎ 윤곽이 있는 동심 지그
◎ 스텝오버로 동심 지그

❋ 방사형 지그
❋ 방사형 지그재그
❋ 윤곽이 있는 방사형 지그
❋ 스텝오버로 방사형 지그

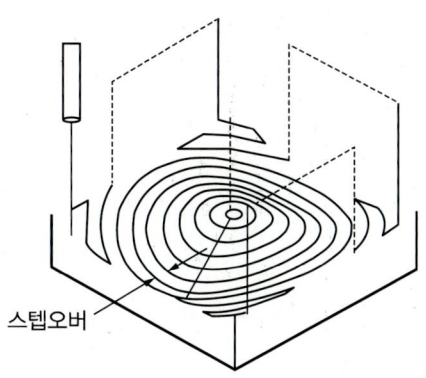

❋ 절삭 종류가 지그재그이고, 포켓 방향이 안쪽으로 동심 원호 가공

ⓒ 방사상 가공: 사용자가 지정하거나 자동으로 계산된 최적의 중심에서 연장되는 선형 절삭 패턴을 생성한다. 이 절삭 패턴을 사용하면 절삭 종류와 패턴 중심을 지정할 수 있고, 포켓 방법으로 안쪽이나 바깥쪽을 지정할 수 있다. 이 옵션을 선택하면 이 절삭 패턴에 고유한 각도 스텝오버를 지정할 수도 있다. 이 절삭 패턴의 스텝오버 거리는 중심에서 가장 먼 경계점을 기준으로 원호 길이를 따라 측정된다.

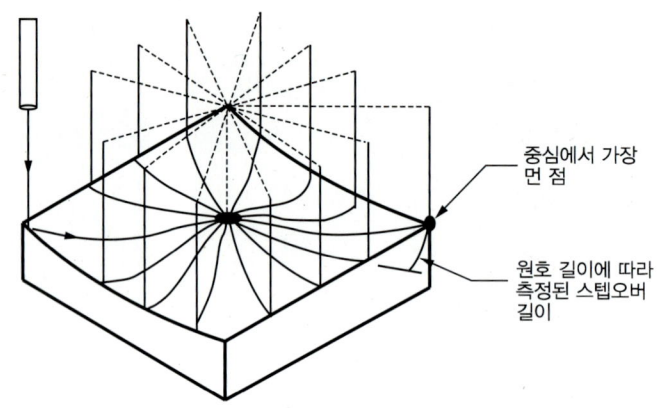

✱ 절삭 유형이 지그이고 포켓 방향이 안쪽인 방사선형

4) 영역 밀링(Area Milling)

드라이브 방법을 사용하면 절삭 영역을 지정하고 원하는 경우 급경사 제한과 트리밍 경계 구속조건을 추가하여 고정 축 곡면 윤곽선 오퍼레이션을 정의할 수 있다. 이 드라이브 방법은 경계(Boundary) 드라이브 방법과 유사하지만, 드라이브 지오메트리가 필요하지 않으며, 충돌을 방지하기 위한 강력하고 자동화된 계산 방식이 사용된다. 이 방법은 고정 축 곡면 윤곽선 오퍼레이션에만 사용할 수 있으며, 드라이브 지오메트리가 필요하지 않는다. 따라서 가능한 한 경계(Boundary) 드라이브 방법 대신 영역 밀링 드라이브 방법을 사용해야 한다.

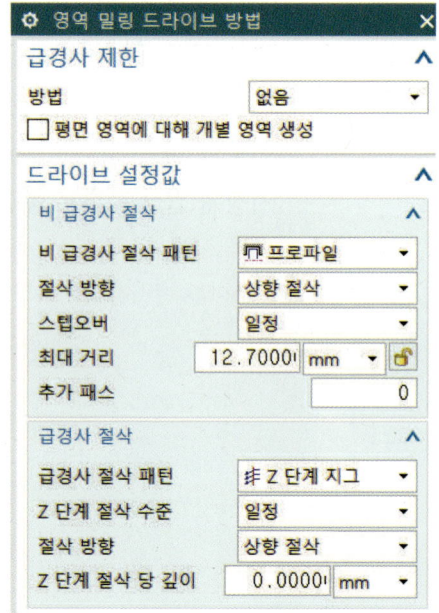

① 급경사 제한: 공구 경로상의 경사면에 대한 가공을 제한한다.
　㉠ 없음: 경사도에 관련된 어떠한 제한 없이 전체 영역을 가공한다.
　㉡ 비 급경사: 지정한 각도 값보다 작은 절삭 영역에 대하여서만 가공한다.
　㉢ 방향 급경사: 지정한 각도 값보다 큰 절삭 영역에 대하여서만 가공한다.

❋ 없음　　　　　❋ 비 급경사　　　　　❋ 방향 급경사

5) 공구 경로

　공구 경로 드라이브 방법을 사용하면 CLSF(커터 위치 원본 파일)의 공구 경로를 따라 드라이브 점을 정의하여 현재 오퍼레이션에서 유사한 곡면 윤곽선 공구 경로를 생성할 수 있다. 드라이브 점은 기존의 공구 경로를 따라 생성된 다음 선택한 파트 곡면에 투영된다. 그 결과로 곡면 윤곽선을 따르는 새 공구 경로가 생성된다. 파트 곡면에 드라이브 점을 투영하는 데 사용되는 방향은 투영 벡터로 결정된다.

　다음 그림에서는 평면 밀링, 프로파일 절삭 종류를 사용하여 공구 경로를 생성했다. 이 공구 경로를 공구 경로 드라이브 방법 오퍼레이션에 사용하는 파트 곡면의 윤곽선을 따르는 새 공구 경로를 생성할 수 있다.

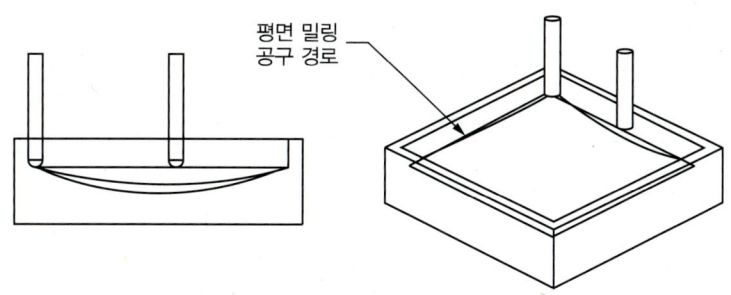

다음 그림에서는 공구 경로 드라이브 방법을 사용한 결과를 보여준다. 평면 밀링 오퍼레이션에서 생성된 공구 경로를 윤곽선이 있는 파트 곡면에 투영 벡터 방향으로 투영하여 곡면 윤곽선 공구 경로를 생성한다.

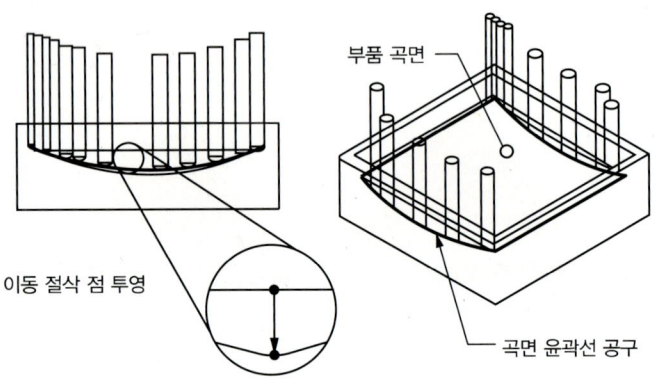

드라이브 방법으로 공구 경로를 선택하면 현재 디렉터리에 있는 절삭 위치 원본 파일의 리스트가 CLSF 명세 대화상자에 표시된다. 원하는 공구 경로가 포함된 CLSF를 선택하고 확인을 눌러 내용을 적용한다. CLSF는 하나만 선택할 수 있다.

6) 방사형 절삭

파트 지오메트리(Part Geometry)상에 선택된 이동 경로(Drive Path)와 수직한 방향의 공구 경로(Tool Path)를 생성한다. 방사형 절삭(Redial Cut) 방법을 사용하면 지정된 스텝오버 거리, 대역폭과 절삭 종류를 통해 지정된 경계를 수직으로 따르는 이동 절삭 경로를 생성할 수 있다. 방사형 절삭(Radial Cut)의 경우 잔삭 가공에 유용하게 사용된다.

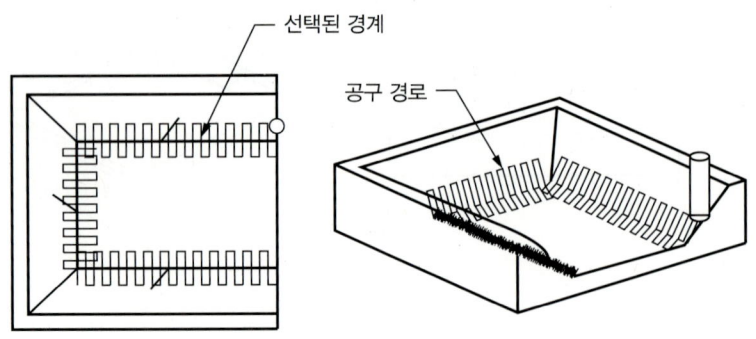

① 드라이브 지오메트리: 법선 방향으로 가공할 중심 곡선(Curve)을 지정한다.
② 드라이브 설정값
   ㉠ 절삭 방향(Cut Direction): 스핀들(Spindle) 회전을 기준으로 절삭 방향을 정의한다.

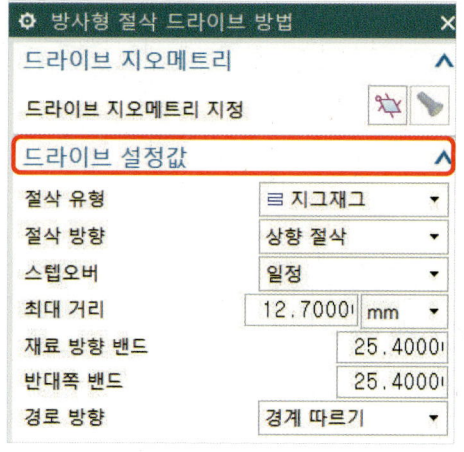

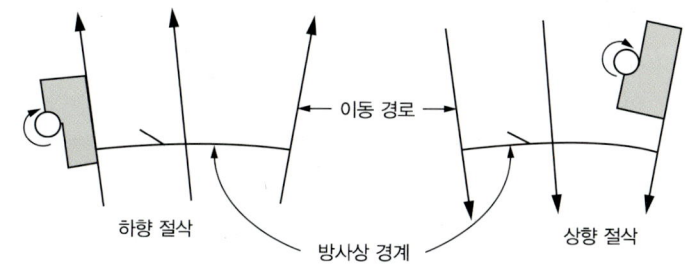

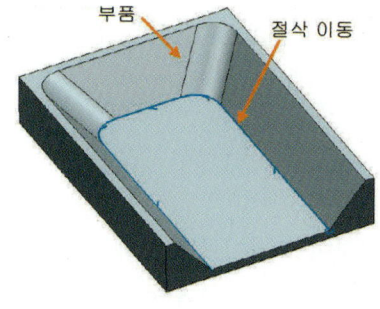
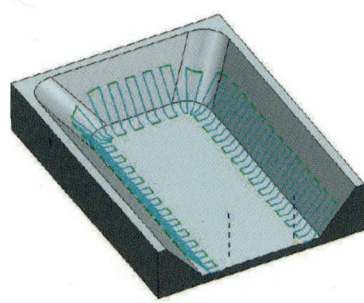

   ㉡ 재료 방향 밴드: 경계 표시자의 방향을 바라볼 때 경계의 오른쪽 측면이다.
   ㉢ 반대쪽 밴드: 경계의 왼쪽 측면. 재료 방향(Material Side)과 반대쪽 방향(Opposite Side)의 합계는 0이 될 수 없다.

㉣ 경로 방향(Path Direction): 공구 경로(Tool Path)의 진행 방향을 정의한다.

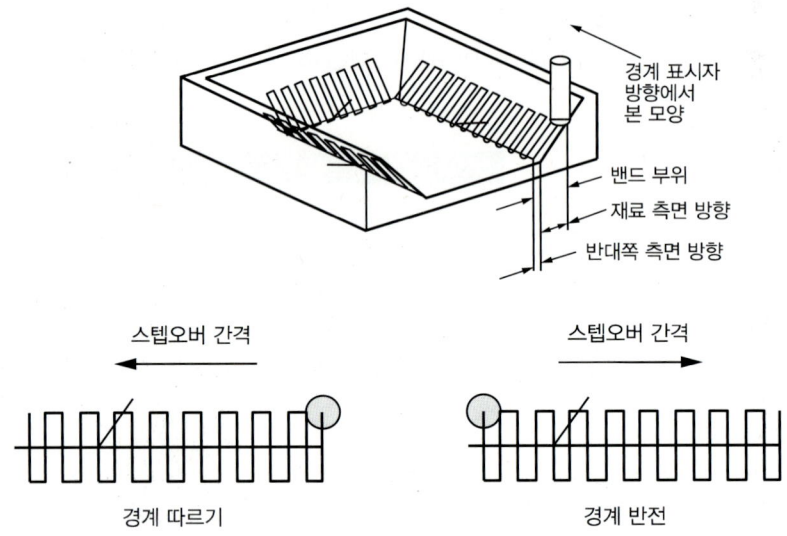

7) 표면적(Surface Area)

곡면 영역의 절삭 방법을 사용하면 이동 곡면의 그리드에 놓인 이동점의 배열을 생성할 수 있다. 이 절삭 방법은 가변 공구 축이 필요한 매우 복잡한 곡면을 가공하는 데 유용하다. 이 방법을 사용하면 공구 축과 투영 벡터를 모두 추가로 제어할 수 있다.

① 드라이브 지오메트리: 면을 선택하여 드라이브 지오메트리를 정의한다. 선택은 드라이브 지오메트리를 초기에 정의할 수 있는 드라이브 지오메트리 대화상자를 연다. 재선택을 사용하면 지오메트리를 다시 정의할 수 있다. 드라이브 지오메트리 대화상자의 옵션은 파트 지오메트리, 체크 지오메트리, 가공 재료 지오메트리 대화상자의 옵션과 유사하지만 이러한 옵션의 대부분은 드라이브 지오메트리를 정의할 때 사용할 수 없다.

② 스텝오버(Stepover): 스텝오버는 연속적인 절삭 패스 사이의 거리를 제어한다. 스텝오버의 총수나 스캘럽 크기로 스텝오버를 지정할 수 있다. 스텝오버 옵션은 사용되는 절삭 종류에 따라 달라질 수 있다.

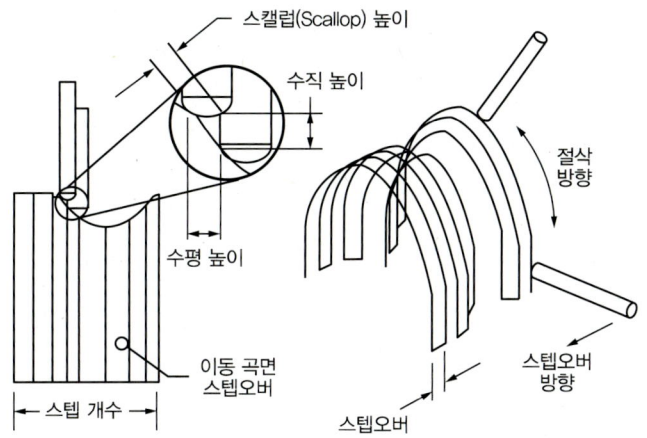

8) 흐름 절삭(Flow Cut)

프로세서는 최적의 가공 방법을 기반으로 특정 규칙을 사용하여 흐름 절삭(Flow Cut)의 방향과 순서를 자동 결정한다. 공구 경로의 결과는 공구가 가능한 한 파트와 계속 접촉을 유지한 상태로 비절삭 이동을 최소화할 수 있도록 최적화된다. 대부분의 상황에서는 프로세서로 자동 결정된 흐름 절삭(Flow Cut) 순서를 무리 없이 사용할 수 있지만, 이 절삭 방법에서는 사용자가 직접 수동 어셈블리 도구를 사용하여 순서를 수정할 수도 있다. 흐름 절삭(Flow Cut) 방법은 고속 가공에 특히 유용하게 사용되며, 각 끝에서 원형으로 회전하거나 표준 방식으로 회전하여 여러 흐름 절삭(Flow Cut) 또는 RTO(참조 공구 옵셋) 흐름 절삭(Flow Cut)의 두 측면을 절삭하는 옵션을 제공하고, 급경사 측면에서 비 급경사 측면으로 절삭하는 옵션을 제공한다. 그 결과 절삭 파트의 절삭 로드가 더 일정하게 지정되고, 비절삭 이동 거리를 줄일 수 있다.(자세한 내용은 Flow Cut(펜슬) 가공 단원을 참조하시기 바란다.)

① 드라이브 지오메트리

　㉠ 최대 오목(Max Concavity): 코너(Corner)를 가공할 최대 각도를 정의 최대 각 이상인 경우는 공구 경로(Tool Path)가 생성되지 않는다.

　㉡ 최소 절삭 길이(Minimum Cut Length): 공구 경로(Tool Path)의 최소 길이를 정의하여 그 이하의 길이의 공구 경로(Tool Path)를 생성하지 않는다.

　㉢ 연결 거리(Hookup Distance): 공구 경로(Tool Path) 간의 거리가 지정한 길이 내에 있으면 서로 연결하여 생성한다.

② 드라이브 설정값

　㉠ 플로우컷 유형(단일 패스): 릴리즈 코너(Relieve Corner)와 골짜기(Valley) 곡선을 따라 공구의 절삭 경로(Path)를 하나 생성한다.

　㉡ 플로우컷 유형(다중 패스): 옵셋(Offset)수와 옵셋(Offset)상의 스텝오버(Stepover) 거리를 지정하여 가운데 흐름 절삭(Flow Cut)의 한쪽 측면에 여러 절삭 경로(Path) 생성한다.

　㉢ 플로우컷 유형(참조 공구 옵셋): 가공할 영역의 전체 폭을 Reference Tool의 직경으로 정의하고 내부 경로(Path)를 정의하는 스텝오버(Stepover) 거리를 지정하여 가운데 흐름 절삭(Flow Cut)의 한쪽 측면에 여러 절삭 경로(Path)를 생성한다.

(3) 공구 축

공구의 축 방향을 설정할 수 있다. 기본적으로 Z 축 방향으로 설정되어 있다.

(4) 경로 설정값

- 방법: 방법을 설정한다.
- 새로 생성: 방법을 새로 생성할 수 있다.
- 편집: 현재 선택된 방법을 수정할 수 있다.

1) 절삭 매개변수()

부품 재료에 절삭을 연결하는 옵션을 설정할 수 있다.

(가) 전략

가장 일반적으로 사용되는 매개변수나 주요 매개변수를 정의하는 옵션이다.

① 절삭 방향

㉠ 하향 절삭: 하향식 절삭 방법이다.
㉡ 상향 절삭: 상향식 절삭 방법이다.
㉢ 혼합 절삭: 하향식 및 상향식 혼합 절삭 방법이다.

② 경로 연장

㉠ 블록 코너에서 연장: 절삭 영역의 외부 모서리를 모두 접선으로 연장하여 가공할 수 있다. 블록 코너에서 연장 체크를 해제하면 아래 그림처럼 접선으로 라운드로 가공되고, 연장 체크하면 각으로 가공된다.

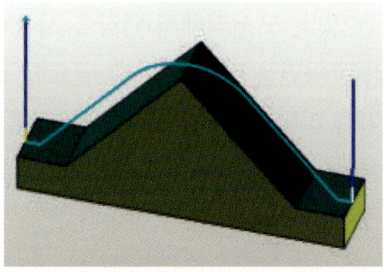
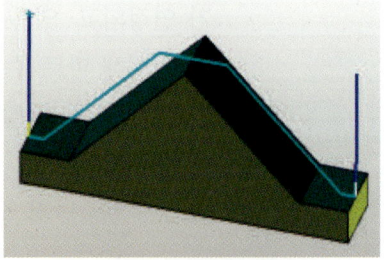

ⓒ 모서리에서 연장: 모서리에서 연장을 체크하면 거리 값을 입력하여 모서리에서 연장 가공할 수 있다.

> **참고** 윤곽 밀링과 Z단계에 적용되는 절삭 매개변수이다.
>
> 모서리 추적(모서리 롤)은 일반적으로 드라이브 경로가 파트 곡면의 모서리를 벗어나 연장되는 경우에 발생할 수 있는 원치 않는 조건이다. 파트 곡면의 모서리에 대한 공구 롤이 있으면 파트가 파질 수 있다. 모서리에서 연장을 사용하면 모서리 추적 발생 여부를 제어할 수 있다.
> 모서리 추적 제거 버튼은 켜짐과 꺼짐 간에 전환된다. 이 버튼을 꺼짐으로 설정하면 아래 그림과 같이 모서리 추적이 발생할 수 있다. 아래 그림에서는 경계가 파트 곡면을 벗어나 연장되므로 모서리 추적이 발생한다. 공구가 파트 곡면과 접촉을 유지한 채 경계에 도달하려 시도하는 과정에서 모서리를 롤 오버한다. 모서리 추적은 다음과 같은 조건에서만 발생한다. 드라이브 경로가 파트 곡면의 모서리를 벗어나 연장되는 경우와 고정 축 오퍼레이션에서와 같이 공구 축이 파트 곡면 법선에 의존하지 않는 경우이다.
>
>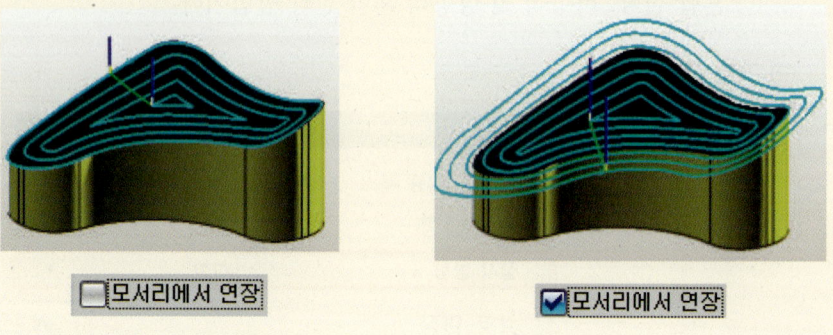

- 모서리에서 연장을 사용하면 공구가 파트와 매끄럽게 연결되도록 이 기능을 사용하여 공구 경로 패스의 시작과 끝에 절삭 이동을 추가할 수도 있다. Flow Cut, 영역 밀링, Z단계 프로파일 오퍼레이션에 대해 절삭 매개변수 대화상자를 통해 모서리에서 연장을 설정할 수 있다. 그림과 같이 공구 경로는 절삭 영역의 외부 모서리를 모두 접선으로 통과하여 연장된다.
- 위 그림에서는 공구 경로의 시작과 끝을 비롯하여 파트의 측면을 따라 모서리가 연정되고 있음을 알 수 있다. 모서리에서 연장을 사용하면 동일한 기능을 얻기 위해 파트 주변에 리본 곡면을 생성하는 데 필요한 노력과 시간을 줄일 수 있다. 선택된 절삭 영역을 기반으로 모서리 위치가 자동으로 결정된다. 따라서 절삭 영역이 없는 솔리드를 선택하면 모서리가 연장되지 않는다. 아래 그림에서는 면적 밀링 공구 경로의 결과를 보여준다.

✱ 모서리에서 연장 사용

(나) 다중 패스

윤곽 밀링에서 적용되는 가공으로 다중 패스 옵션을 설정할 수 있다.

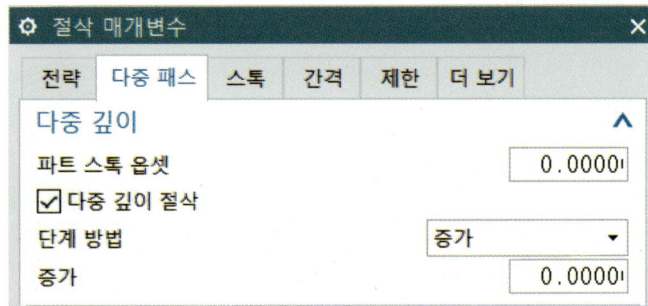

① **파트 스톡 옵셋**: 오퍼레이션 과정에서 제거되는 재료의 양으로 파트 스톡은 오퍼레이션을 마친 후에 남는 재료의 양이다. 따라서 파트 스톡 옵셋과 파트 스톡을 더한 값은 오퍼레이션을 시작하기 전의 재료 양으로 파트 스톡 옵션은 파트 스톡에 더하여지는 추가 스톡이다. 즉, 파트 스톡 옵셋과 파트 스톡을 더한 값은 오퍼레이션을 시작하기 전의 재료 양이다.

> 초기 스톡 = 파트 스톡 + 파트 스톡 옵셋

따라서 파트 스톡 옵셋은 파트 스톡에 더해지는 추가 스톡이다. 이 값은 0보다 크거나 같아야 한다. 이동에 대한 충돌 체크 과정에서 공구와 공구 홀더 모두에 파트 스톡 옵셋이 사용된다. 파트 스톡 옵셋은 자동 진입/진출 거리를 결정하기 위해 비절삭 이동에도 사용된다. 또한, 파트 스톡 옵셋은 다중 깊이 절삭 옵션을 사용할 때 공구로 절삭을 시작할 위치를 정의하는 데 사용된다.

② 다중 깊이 절삭: 이 옵션을 체크하면 다중 패스 기능이 적용된다. 파트 스톡 옵셋 값이 0 보다 크거나 같은 경우에만 사용할 수 있다.

다중 깊이 절삭을 사용하면 파트 지오메트리를 향해 한 번에 한 단계씩 점진적으로 절삭 가공하여 재료의 볼륨을 제거할 수 있다. 다중 깊이 절삭은 파트 지오메트리를 사용하는 오퍼레이션에 대해서만 생성할 수 있다. 파트 지오메트리를 선택하지 않은 경우 드라이브 지오메트리에 공구 경로가 하나만 생성된다. 각 절삭 단계의 공구 경로는 파트 지오메트리에 법선인 접촉점의 옵셋으로 따로 계산된다. 이 공구 경로는 첫 번째 공구 경로의 단순한 이동 복사본이 아니다. 공구 경로 윤곽선이 파트 지오메트리에서 더 멀리 이탈할수록 형상이 변경될 수 있으므로 각 절삭 단계의 공구 경로를 개별적으로 계산해야 한다.

※ 2를 입력하면 2번에 나누어서 가공하고 3을 입력하면 3번에 나누어서 가공된다.

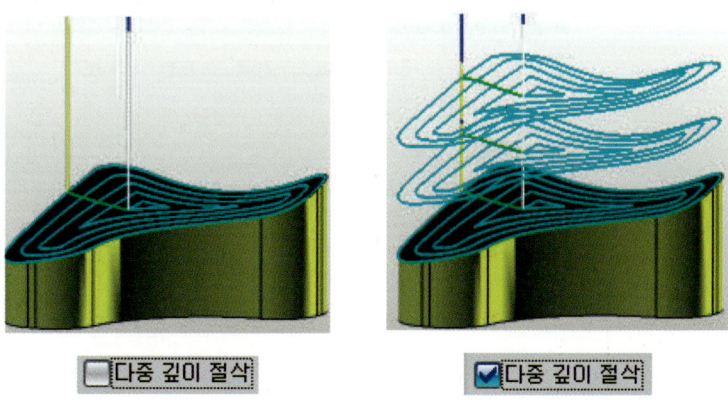

③ 단계 방법
- 증가: 나누어 가공하는 양을 지정하면 다중패스 방식이다.
- 패스: 나누어 가공하는 횟수를 지정하면 다중패스 방식이다.

(다) 스톡

① 스톡: 가공 여유를 입력한다. 체크 스톡을 사용하면 체크 지오메트리 주위에서 공구로 파낼 수 없는 재료의 가공 여유(Envelope)를 설명할 수 있다. 여기에서 지정한 스톡은 기본 스톡 옵션이 설정된 체크에만 적용된다. 공구 코너 반경보다 큰 음수 스톡 체크 값을 지정하는 경우에는 신뢰할 만한 결과를 얻을 수 없다.

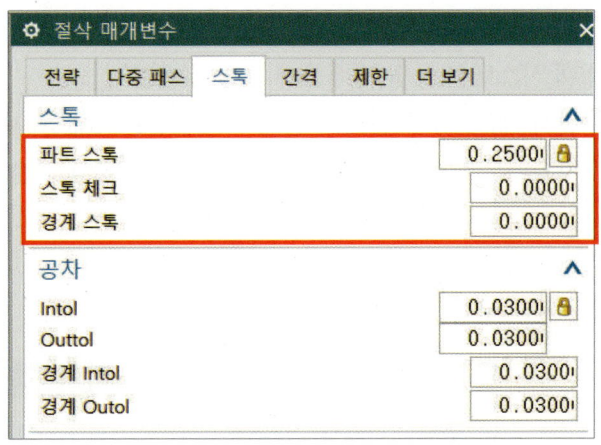

② **공차**: 절삭 공구(Tool)가 코너를 회전할 때 공구의 휨이나 과절삭하는 것을 방지하기 위해서 이송을 제어한다.

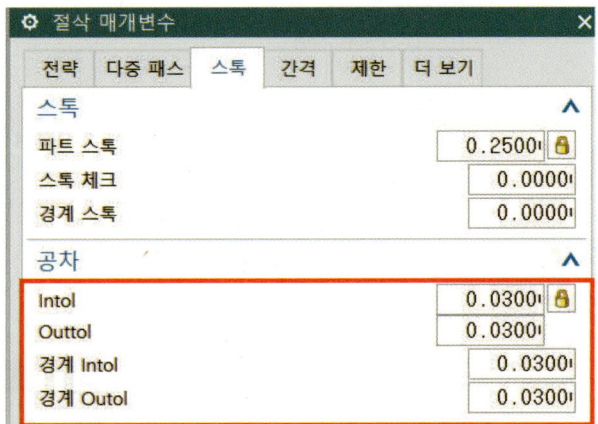

(라) 간격

지오메트리를 안전하게 회피하는 방법을 지정한다.

- 가우즈 발생: 가우즈(구멍, 홈) 발생을 사용하면 이동 경로에서 공구가 이동 곡면을 파낼 때 시스템의 응답 방식을 지정할 수 있다.
- 안전 간격 체크: 공구 홀더와 클램프의 안전거리 값을 지정한다.
- 파트 지오메트리: 공구 홀더, 공구 생크, 공구 목의 안전거리 값을 지정한다.

(마) 제한

Cavity Mill 가공 참조한다.

(바) 더 보기

추가적인 매개변수를 정의한다.

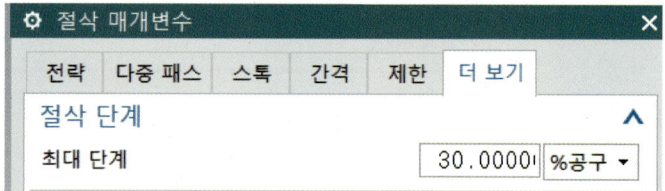

① 절삭 단계: 절삭 방향으로 파트 지오메트리에서 공구 위치 점 사이의 직선거리를 제어하며, 단계가 작을수록 공구 경로가 지오메트리의 윤곽선을 더욱 정확하게 따른다. 절삭 단계에 입력한 값은 안쪽과 바깥쪽 값을 위반하지 않는 범위 내에서 적용된다.

NX10 3D 모델링 및 CAD/CAM

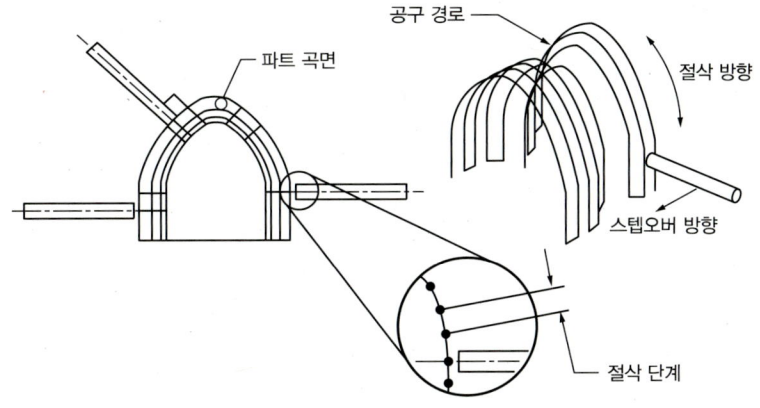

② 램핑 각도: 위쪽과 아래쪽으로 이동하는 각도의 한계를 지정할 수 있다.

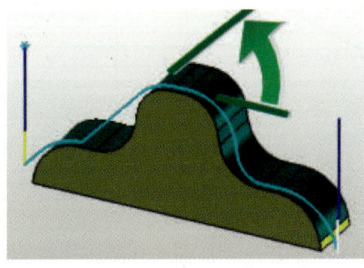

❋ 상향 램프 각도

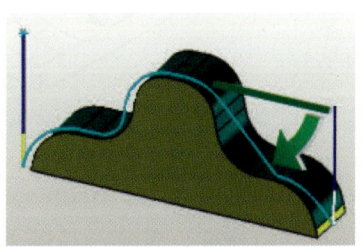

❋ 하향 램프 각도

　　상향 램프 각도와 하향 램프 각도는 윤곽 밀링에 적용되는 절삭 매개변수이다. 상향 램프 각도와 하향 램프 각도를 사용하면 공구가 위쪽과 아래쪽으로 이동하는 각도의 한계를 지정할 수 있다. 이 각도는 공구 축에 직교하는 평면에서 측정한다. 이러한 옵션은 모든 드라이브 방법에 대해 고정 축 오퍼레이션에만 사용할 수 있다. 상향 램프 각도를 사용하려면 0°에서 90° 사이의 값을 입력해야 한다.

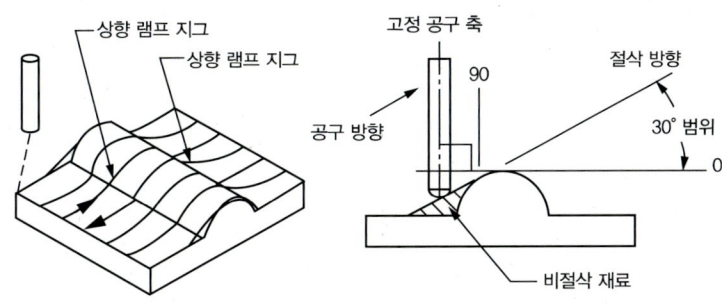

❋ 상향 램프 각도

Chapter 03 | 곡면(Fixed Contour) 가공

하향 램프 각도의 경우에도 0°에서 90° 사이의 값을 입력해야 한다. 입력한 값은 0°(고정 공구 축에 수직인 평면)와 지정된 값 사이의 범위 내에서 공구를 아래쪽으로 램핑 하는 데 사용된다.

상향 램프와 하향 램프의 기본 값은 모두 90°이다. 값을 90°로 지정하면 공구 이동에 아무런 제한이 없으므로 이 기본 값은 본질적으로 이 기능을 비활성화하는 결과를 가져온다.

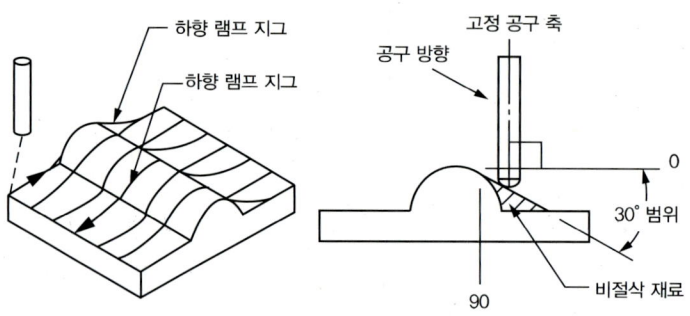

❋ 하향 램프 각도

지그재그 절삭 정류의 경우 공구 방향은 각 패스에서 반전되므로 아래 그림에서와 같이 상향 램프 각도와 하향 램프 각도가 각 패스의 측면에서 반전된다.

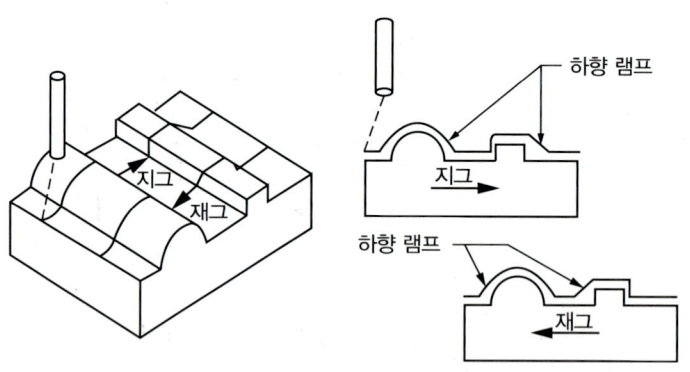

❋ 하향 램프 각도

하향 램프 각도는 안전하게 제거할 수 있는 재료의 양이 파트 윤곽선과 공구 형상으로 제한되는 경우에 유용하다. 즉, 별도의 정삭 패스가 필요한 작은 캐비티로 공구가 떨어지지 않도록 방지하는 데 이 옵션을 사용할 수 있다.

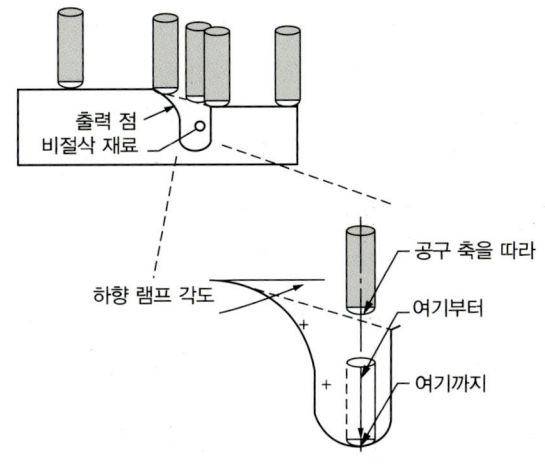

③ **경로 최적화**: 경로 최적화는 윤곽 밀링에 적용되는 절삭 매개변수이다.

이 옵션을 선택하면 지그나 지그재그와 함께 상향 램프 각도 및 하향 램프 각도를 사용할 때 공구 경로가 최적화된다. 여기에서 최적화란 패스 사이의 비절삭 이동을 최소화하고 가능한 많은 파트와 공구가 계속 접촉을 유지하는 방식으로 공구 경로가 계산되는 것을 의미한다. 이 기능은 상향 램프가 각도가 90°이고 하향 램프 각도가 0°에서 10° 사이이거나, 상향 램프 각도가 0°에서 10° 사이이고 하향 램프 각도가 90°인 경우에만 사용할 수 있다. 예를 들어, 위쪽 램핑만 허용되는 지그의 경우 시스템은 두 단계로 공구 경로를 생성하여 공구 경로를 최적화한다. 첫 번째 단계에서는 지그 방향으로 모든 상향 패스를 거치며 이동한다. 두 번째 단계에서는 지그 반대 방향으로 모든 상향 패스를 거치며 이동한다.

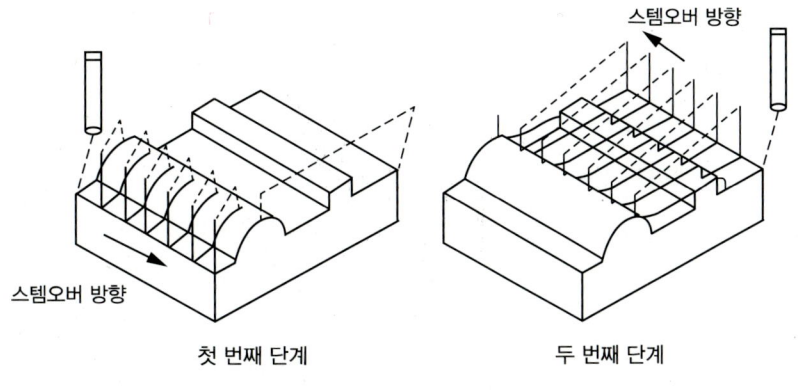

❋ 경로 최적화

앞의 그림은 0°에서 10° 사이의 하향 램프 각도와 90°의 상향 램프 각도를 사용하여 최적화된 지그를 보여 준다. 하향 램프 각도가 0°이면 아래쪽 방향에 대한 공구 절삭이 발생하지 않는다. 따라서 시스템은 첫 번째 단계에서 파트의 한쪽 측면에 대해 모든 위쪽 절삭을 생성하고 파트의 반대쪽으로 이동한 다음, 두 번째 단계에서 파트의 다른 쪽 측면에 대해 모든 위쪽 절삭을 생성한다. 공구 경로를 더 최적화하기 위해 두 번째 단계에서 스텝오버 방향이 반전된 것을 확인할 수 있다.

④ 스텝오버에서 적용: 스텝오버에서 적용은 윤곽 밀링에 적용되는 절삭 매개변수이다. 스텝오버에서 적용은 상향 램프 각도 및 하향 램프 각도 옵션과 함께 사용된다. 이 옵션은 지정된 램프 각도를 스텝오버에 적용하는 데 사용할 수 있는 On/Off 토글이다. 아래 그림은 스텝오버에서 적용이 지그재그 공구 경로에 미치는 영향을 보여준다. 하향 램프 각도는 45°로 설정되어 있고 상향 램프 각도는 90°로 설정되어 있다. 스텝오버에서 적용을 사용하도록 설정하면 이러한 값이 지그재그 패스를 비롯하여 스텝오버에도 적용된다. 아래쪽 램프 패스와 스텝오버는 모두 0°에서 45° 범위의 각도로 제한된다.

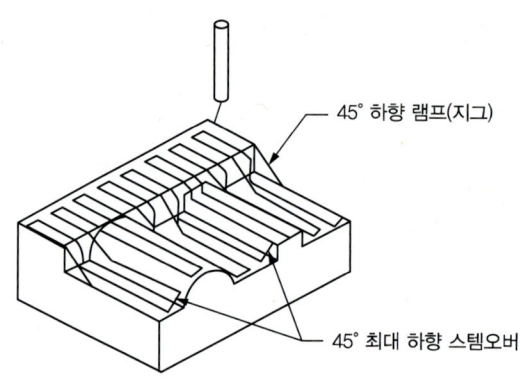

✱ 스텝오버에서 적용

⑤ 경계까지 연장: 경계까지 연장은 '위로만' 절삭이나 '아래로만' 절삭을 생성할 때 파트 경계까지 절삭 패스의 끝을 연장한다. '위로만'(예: 하향 램프 각도 = 0) 절삭에 대해 OFF로 설정하면 파트의 윗면에서 각 패스의 절삭이 중지된다.('A' 참조). '위로만' 절삭에 대해 ON으로 설정하면 절삭 방향으로 파트 경계까지 각 패스가 연장된다('B' 참조). '아래로만'(예: 상향 램프 각도 = 0) 절삭에 대해 OFF로 설정하면 파트의 윗면에서 각 패스가 시작된다('C' 참조). '아래로만' 절삭에 대해 ON으로 설정하면 각 절삭의 시작 지점에서 각 패스가 경계까지 연장된다('D' 참조).

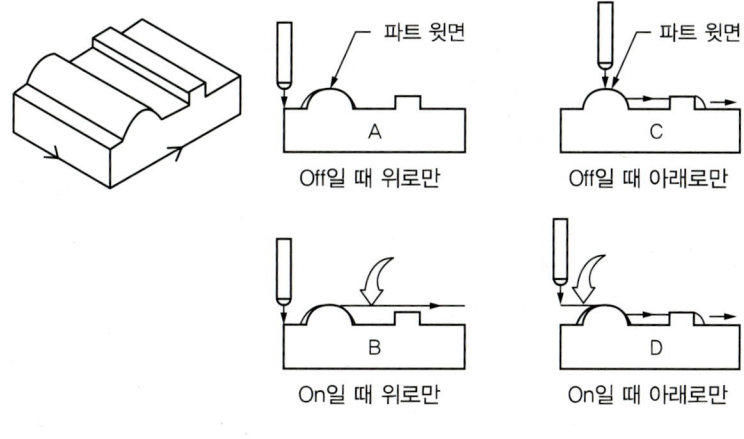
❋ 경계까지 연장

⑥ 클린업 지오메트리: 클린업 지오메트리는 가공 후에 비절삭 재료가 남는 골과 급경사 곡면을 식별하는 점이나 경계와 곡선(이후에는 간단히 경계라고 표현)을 생성한다. 클린업 지오메트리는 나머지 재료를 제거하기 위해 이후의 정삭 오퍼레이션에 사용할 수 있다.

클린업 지오메트리를 계산하려면 클린업 지오메트리 대화상자에서 클린업 설정과 클린업 출력 제어 매개변수를 지정해야 한다. 클린업 지오메트리를 임시 화면 표시 요소나 영구 엔티티로 생성할 수도 있다. 클린업 지오메트리를 Flow Cut을 제외한 모든 드라이브 방법에 대해 고정 및 가변 축 곡면 윤곽선에서 모드를 사용할 수 있다.

클린업 지오메트리는 WCS 원점을 포함하고 투영 벡터에 법선인 평면에 투영된 접촉점에서 생성된다. 투영 방향은 공구 축으로 결정된다. 다음 그림의 경우 접촉점은 고정된 공구 축(Z축)을 따라 XC-YC 평면에 투영되고 여기에서 클린업 경계가 생성된다.

클린업 경계는 비절삭 영역의 둘레를 정의한다. 경계는 여러 개가 생성될 수 있다. 일부 경계는 주 경계를 나타내고 다른 경계는 아일랜드를 나타낸다. 경계는 영구과 닫힘으로 생성되고, 접촉 조건으로 기본 설정되어 있다.

참고로 작은 영역을 둘러싸고 있는 경계는 클린업 점(요청된 경우)이더라도 곡면 윤곽 오퍼레이션에 대해 생성되지 않는다.

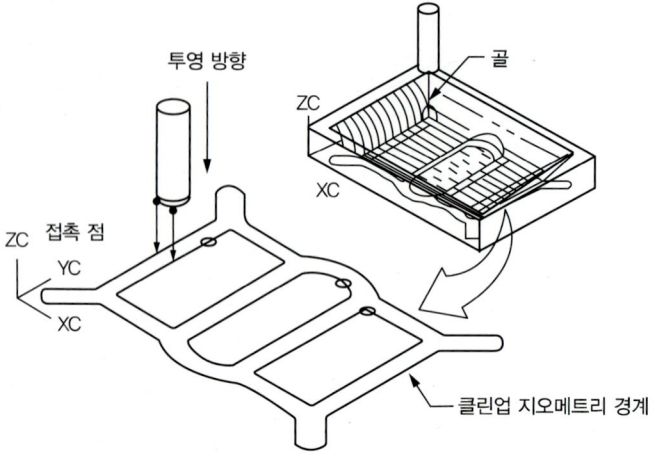

⑦ 골: 골은 비절삭 영역을 나타내는 접촉 조건 닫힌 경계를 생성한다. 골을 사용하면 상향 램프 각도나 하향 램프 각도로 공구가 재료를 제거하지 못하는 영역과 이중 접촉점으로 인해 남겨지는 비절삭 재료를 인식할 수 있다. 지그재그 절삭 패턴을 사용하는 경우 절삭 방향과 스텝오버 크기 때문에 시스템에서 코너와 골을 인식하지 못할 수도 있다. 이러한 경우 추가 교차 드라이브를 사용하면 지그재그에 직각으로 추가 교차 드라이브를 생성하여 골과 램프 각도를 모두 인식할 수 있다.

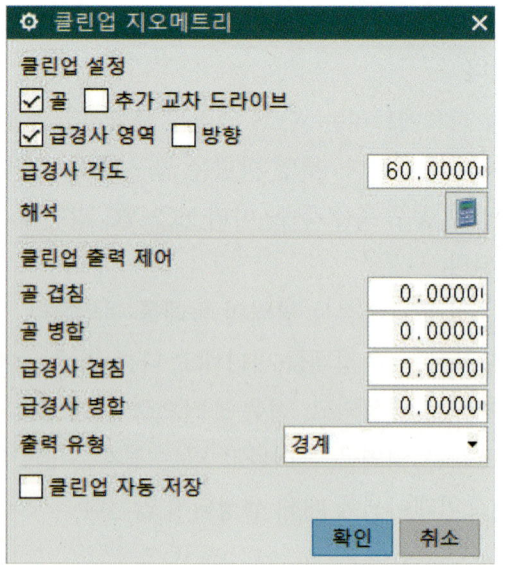

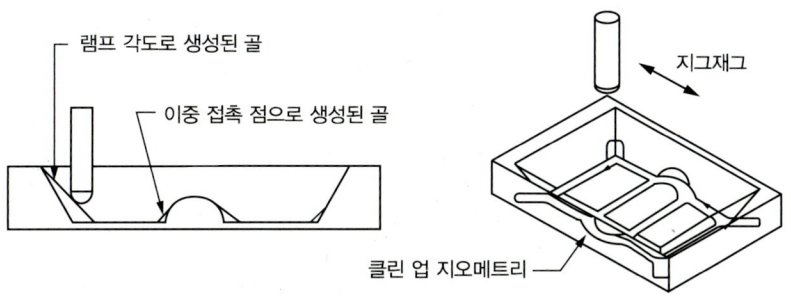

⑧ **추가 교차 드라이브**: 추가 교차 드라이브는 경계 드라이브 방법에 지그재그 절삭 패턴을 사용할 때 골에 대한 추가 클린업 엔티티를 생성하는 토글이다. 이 옵션은 스텝오버 방향 때문에 이중 접촉점을 생성하는 데 실패하는 경우에 유용하다. 이 옵션을 사용하면 절삭 방향에 직각으로 추가 교차 드라이브를 생성하여 이중 접촉점을 추가로 생성할 수 있다. 추가 교차 드라이브는 절삭 패턴에 수직이고 추가 접촉점만 생성하는 수학적 추가 지그재그로 간주할 수 있다. 이 추가 교차 드라이브는 공구 경로로 저장되지 않으며, 이중 접촉점을 계산하는 용도로만 사용된다.

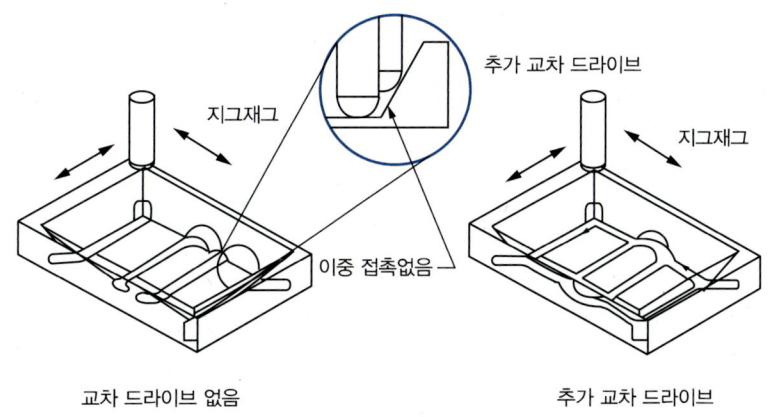

⑨ **급경사 영역**: 급경사 영역을 사용하면 지정된 급경사 각도를 초과하는 파트 곡면의 비절삭 재료를 인식할 수 있다. 이 옵션은 곡면 각도가 사용자 지정 급경사 각도를 초과할 때마다 비절삭 영역을 나타내는 접촉 조건 닫힌 경계를 생성한다. 이 버튼을 선택하면 방향, 급경사 각도, 급경사 겹침, 급경사 병합 필드가 활성화된다.

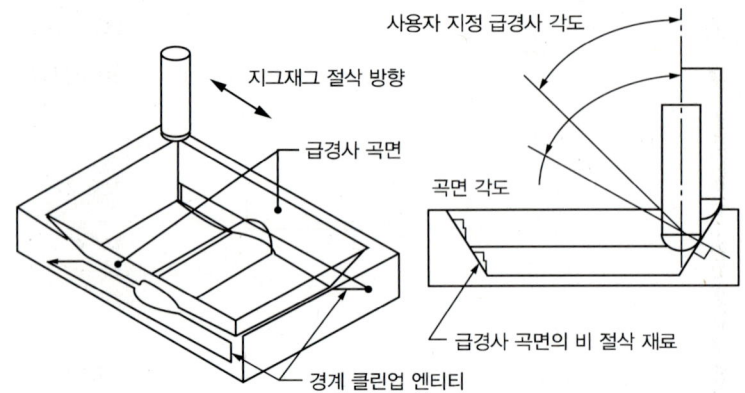

⑩ **급경사 각도**: 급경사 각도를 사용하면 파트 곡면을 급경사로 인식하는 조건을 결정할 수 있다. 이 피드를 활성화하려면 급경사 영역 버튼을 사용한다. 각 접촉점에서 파트 곡면 각도를 계산한 다음 그 결과를 사용자가 지정한 급경사 각도와 비교한다. 실제 곡면 각도가 사용자 지정 급경사 각도를 초과할 때마다 곡면이 급경사로 인식된다. 공구 경로를 생성할 때 위 그림과 같이 사용자가 지정한 급경사 각도를 초과하는 곡면에서 접촉 조건 닫힌 경계 클린업 엔티티가 생성된다.

⑪ **방향**: 방향을 사용하면 클린업 지오메트리를 생성하는 데 사용되는 급경사 영역을 결정할 때 절삭 방향에 평행인 파트 곡면만 인식할지 모든 파트 곡면으로 인식할지 여부를 지정할 수 있다. 이 옵션을 사용하도록 설정하면 시스템은 절삭 방향에 평행인 곡면만 급경사 영역이 될 수 있는 것으로 인식한다. 이 옵션을 사용하지 않는 경우 시스템은 모든 곡면이 급경사 영역이 될 수 있는 것으로 인식한다, 그런 다음 시스템에서는 인식된 곡면의 각도를 지저된 급경사 각도와 비교하고 공구 경로를 생성할 때 급경사 각도를 초과하는 모든 곡면에 대해 클린업 지오메트리를 생성한다. 이 기능은 급경사 영역을 사용하도록 설정한 경우에 활성화되고, 경계 드라이브 방법 및 평행 절삭 패턴(지그, 지그재그, Zig With Contour)에서만 사용할 수 있다.

⑫ **해석**: 이 옵션은 급경사 영역 감지에만 사용할 수 있으며, 클린업 지오메트리 출력을 평가하기 위해 공구 경로를 생성할 필요가 없다. 급경사 영역, 방향, 급경사 각도 설정을 기반으로 평가할 경계가 생성된다. 클린업 출력 제어의 겹침이나 병합 필드에 새 값을 입력하여 경계를 쉽게 수정할 수 있다. 클린업 출력 제어 대화상자에서 화면 표시를 저장하고 오퍼레이션을 저장(확인)하여 경계를 작업 레이어에 영구 저장할 수 있다. 비절삭 재료 경계를 확인할 용도로만 클린업 지오메트리를

사용하는 경우에는 공구 경로를 유지할 필요가 없다. 사용자가 닫기 전까지는 클린업 지오메트리 대화상자가 계속 열려 있으므로 해석을 실행할 때 클린업 자동 저장 옵션을 별도로 선택할 필요가 없다.

(사) 비절삭 이동()

비절삭 이동의 매개변수를 정의 하는 옵션으로 자세한 내용은 Cavity Mill 가공을 참조한다.

① **진입**: 공구가 공작물에 이동할 때의 방법을 설정하여 주는 옵션이다.
② **진출**: 공구의 공작물에서 빠지는 진출 방법을 설정하여 주는 기능이다.
③ **급속 이동**: 공구가 작업 전이나 작업 후에 이동하는 방법 및 급속이송 방법을 설정해주는 옵션이다.
④ **회피**: 공구 경로 전 또는 후의 비절삭 이동에 사용되는 점을 지정하는 것으로 공구의 시작과 끝의 위치를 지정한다.

(아) 이송 및 속도(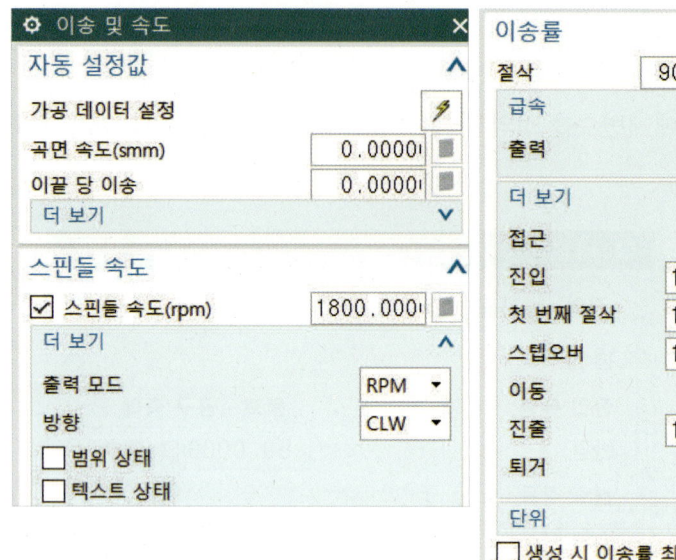 **)**

공구의 회전속도 및 이송속도를 제어하는 옵션이다.

① 자동 설정값
  ㉠ 가공 데이터 설정: 공구의 재질과 피 절삭재의 재질을 비교하여 라이브러리에서 자동으로 설정한다.
  ㉡ 곡면 속도(smm): 원주 속도를 정의하여 주속 일정 제어(G96)에 이용한다.
  ㉢ 이끝 당 이송: 설정된 공구 회전당 이송거리(G95)로 이송속도를 정의한다.

② 스핀들 속도
  ㉠ 스핀들 속도: 주축의 분당 회전수를 입력한다.
  ㉡ 출력 모드: 주축의 회전 방법을 설정한다.
    • RPM: 분당 회전수
    • SFM: 분당 곡면 이송(feet 단위)
    • SMM: 분당 곡면 이송(mm 단위)
  ㉢ 방향: 공구의 회전 방향을 지정한다.
    • CLW: 시계 방향 회전(G02)
    • CCLW: 반시계 방향 회전(G03)
  ㉣ 범위 상태: 주축에 속도 범위를 체크박스를 이용하여 입력하며 저속, 중속, 고속범위를 숫자를 이용하여 설정한다.

③ 이송률: 가공 경로의 이송속도를 설정한다.
  ㉠ 이송 단위
   • mmpm(분당 이송 mm/min; G94) 밀링에서 주로 사용
   • mmpr(회전당 이송 mm/rev; G95) 선반에서 주로 사용한다.
  ㉡ 잘라내기: 가공하는 동안의 이송속도를 입력한다.
  ㉢ 더 보기: 추가적으로 이송속도를 다르게 입력할 수 있다.
  ㉣ 출력, 접근, 이동, 퇴거: 급속이송(G00)으로 움직인다.
  ㉤ 진입: 진입 위치에서 초기 절삭의 공구 이송에 대한 이송속도이다.
  ㉥ 첫 번째 절삭: 초기 절삭 패스에 대한 이송속도이다.
  ㉦ 스텝오버: 다음 평행 절삭 패스로 이동할 때에 이송속도이다.
  ㉧ 진출: 공구가 복귀점으로 이동하기 위한 이송속도이다.

3 곡면(FIXED CONTOUR) CAM 따라 하기

Cavity Mill 가공 따라 하기 파일을 열어서 중삭 작업을 이어서 한다.

❶ 삽입 아이콘 바에서 공구 생성을 클릭한다.

❷ 공구 하위 유형에서 BALL_MILL을 선택하고, 공구의 이름을 BALL_6을 입력한 후 확인한다.

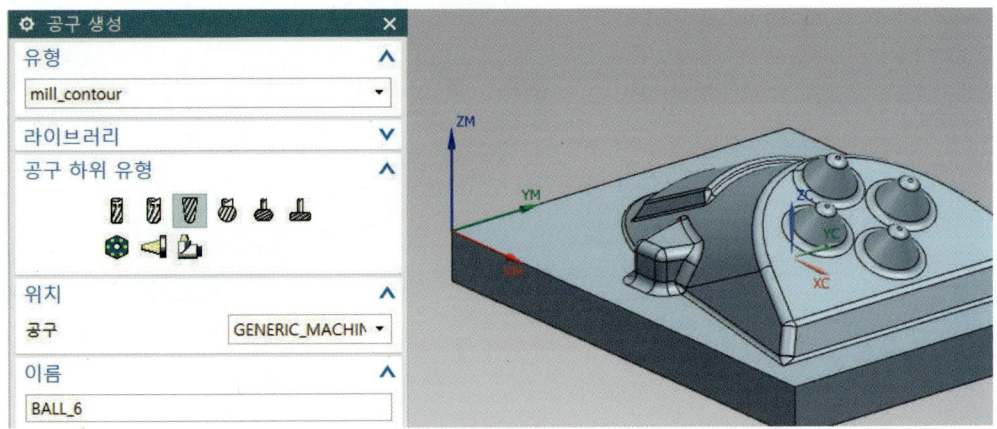

❸ 공구의 지름 6, 공구 번호 2를 입력하고 확인한다.

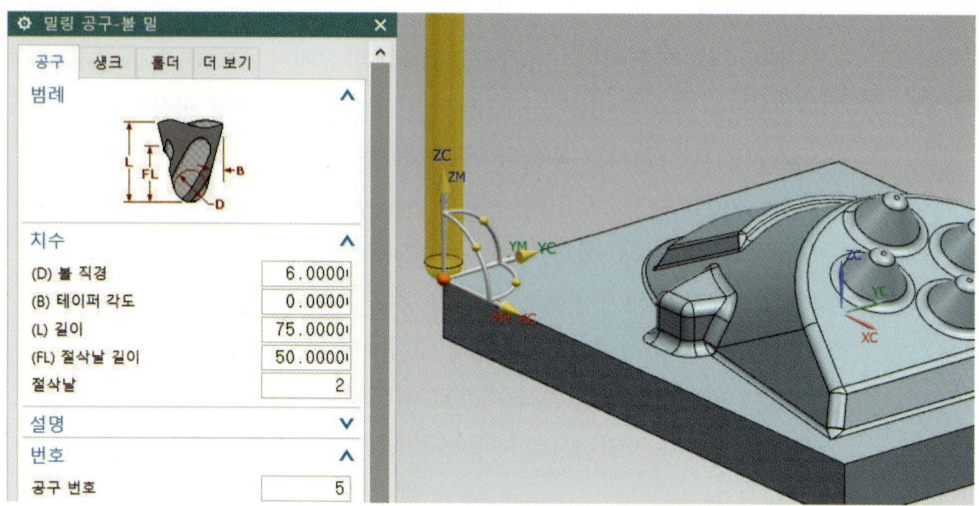

❹ 삽입 아이콘 바에서 오퍼레이션 생성을 클릭한다.

❺ 아래 그림과 같이 설정하고 확인한다.

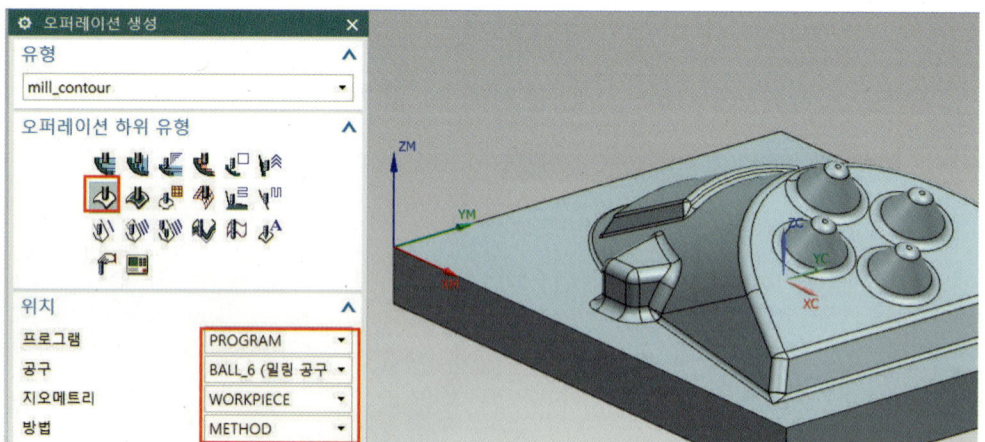

❻ 드라이브 방법 ➜ 경계에서 편집 아이콘을 클릭한다.

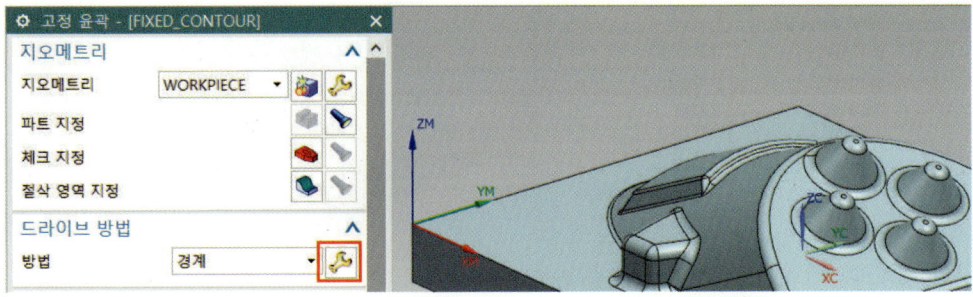

❼ 드라이브 지오메트리 지정 아이콘을 클릭한다.

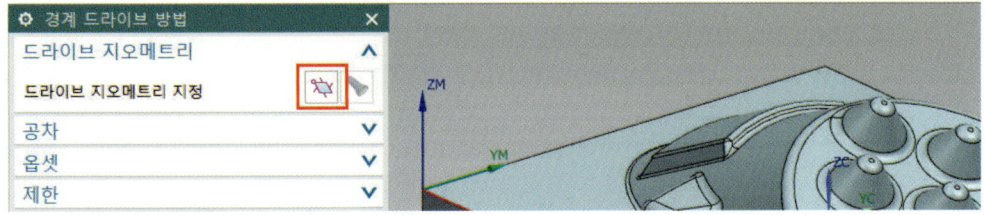

❽ 경계 지오메트리 경계에서 곡선/모서리를 선택한다.

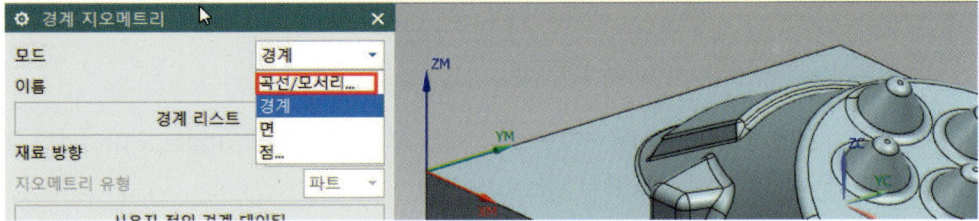

❾ 경계 생성 창이 나타나면 그림과 같이 모서리 4군데를 선택하고 확인한다. 그리고 경계 지오메트리 창에서 확인하고 빠져 나간다.

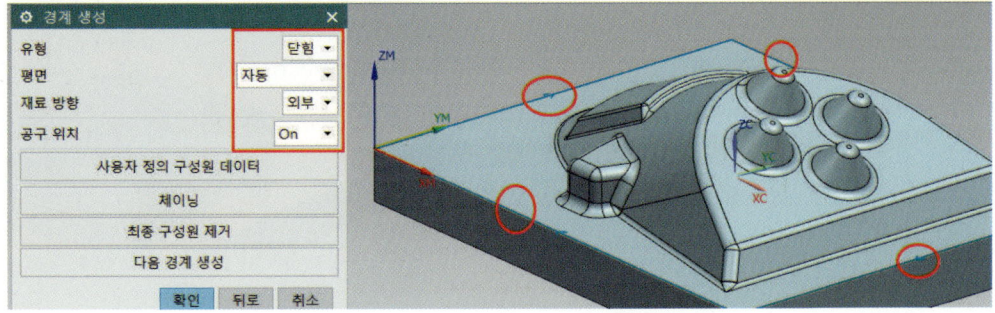

❿ 아래 그림과 같이 설정하고 확인한다.

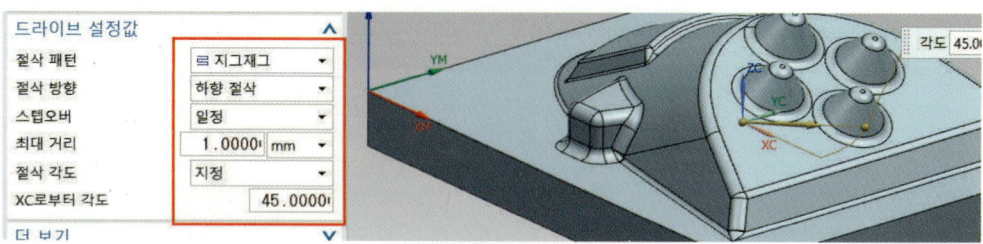

⓫ 절삭 매개변수( ) 아이콘을 클릭한다.
⓬ 스톡 탭에서 파트 스톡(여유량) 0.3을 입력하고 확인한다.

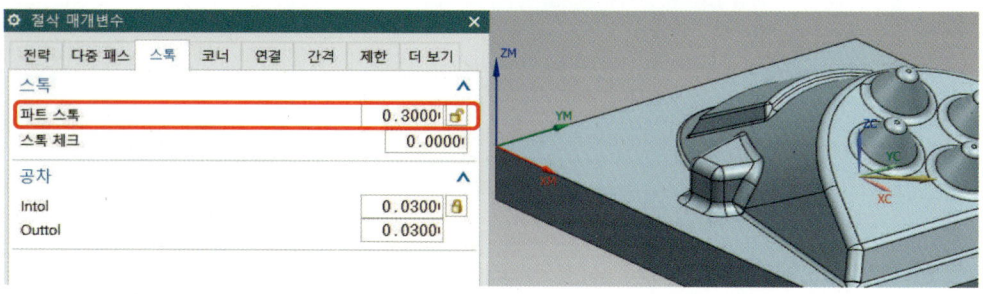

⓭ 비절삭 이동( ) 아이콘을 클릭한다.

⓮ 급속 이동에서 간격 옵션을 평면으로 선택한 후 평면 지정 다이얼로그 아이콘을 클릭한다.
 (좌표계 MCS를 지정하면 생략 가능)

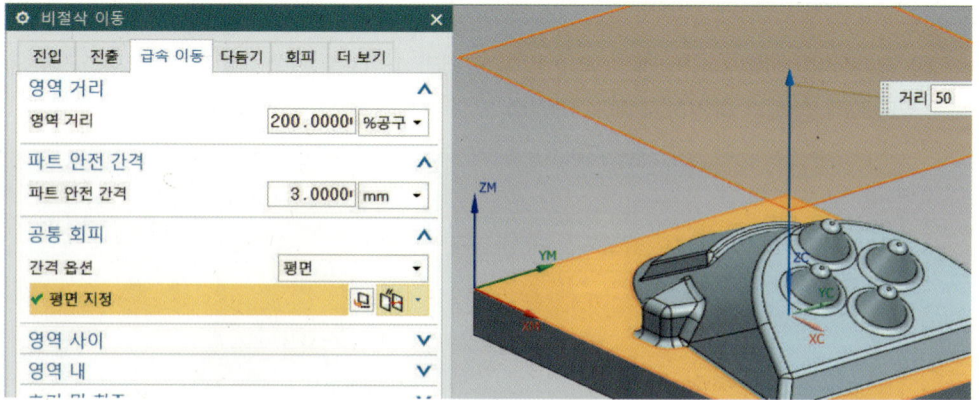

⑮ 이송 및 속도() 아이콘을 클릭한다.

⑯ 스핀들 속도(회전수)와 이송률에서 절삭(이송속도)을 아래와 같이 설정하고 확인한다. 기타 진입·진출 등의 이송속도는 더 보기 옵션에서 추가로 설정할 수 있다.

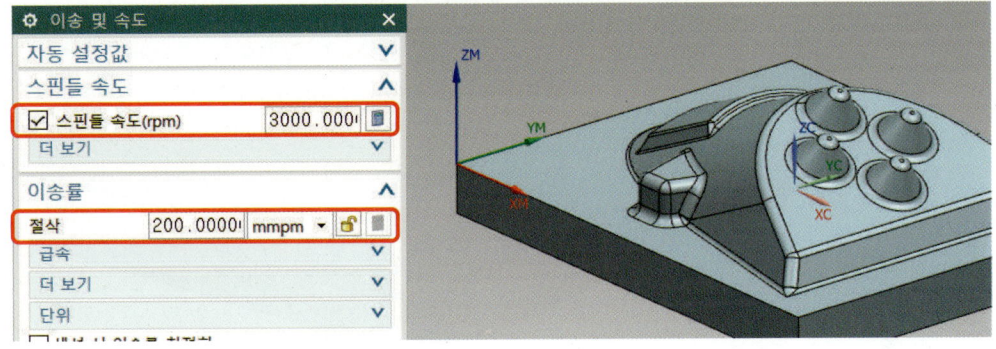

⑰ 작업에서 생성 아이콘을 클릭한다.

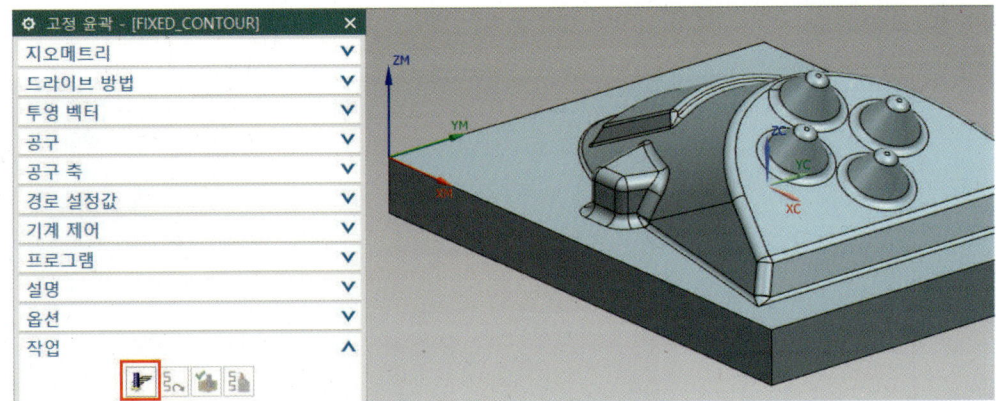

Chapter 03 | 곡면(Fixed Contour) 가공

❶❽ 아래 그림처럼 공구 경로의 생성을 확인한다.

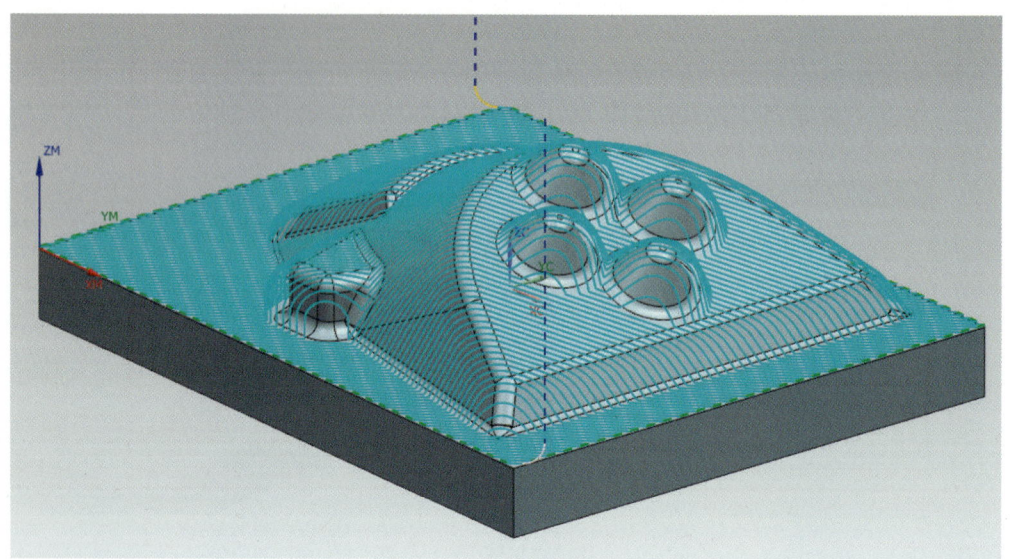

❶❾ 검증( ) 아이콘을 클릭하여 검증을 확인한다.

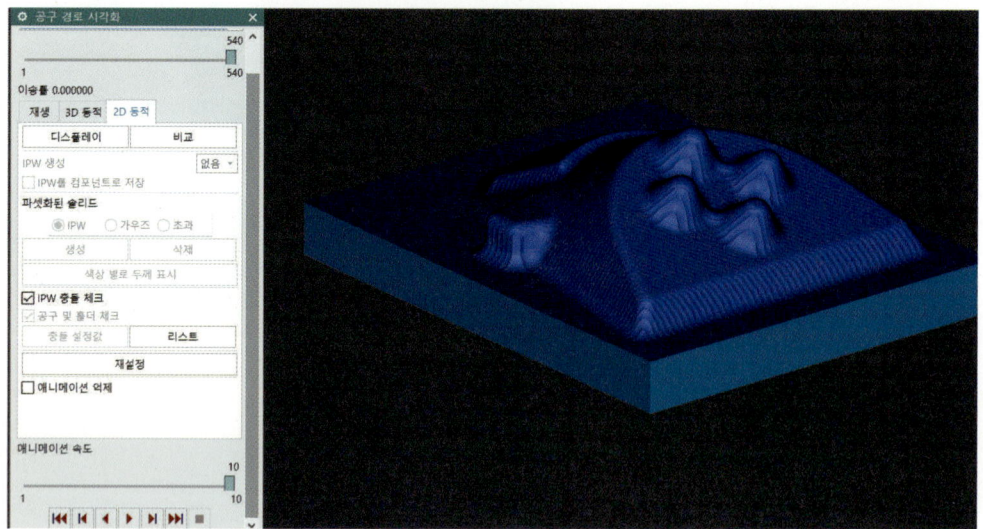

Contour Area

Contour Area의 정의 및 자세한 옵션과 기능에 대하여 공부하고, 따라 하기를 통하여 Contour Area CAM 가공을 할 수 있다.

1 Contour Area의 정의 및 시작

윤곽이 있는 곡면으로 형성된 영역을 정삭 가공하며, 사용되는 가공 방법으로서 Fixed Contour와 거의 동일한 가공 영역을 설정하는 방식이다. 면(Face)을 선택하여 절삭 영역을 절삭하는 방식이며, 중삭 및 정삭 모두 가능하다.

(1) Contour Area의 시작

삽입에 오퍼레이션을 선택하거나 Manufacturing의 삽입 아이콘 바에서 오퍼레이션 생성 아이콘을 선택한다.

(2) Contour Area 실행

오퍼레이션 하위 유형에서 Contour Area 아이콘을 선택하고 확인한다.

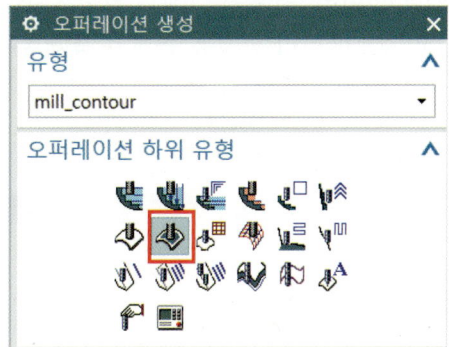

❷ Contour Area 옵션

Fixed Contour와 거의 동일한 옵션으로서 가공 영역의 설정 방식이 가공하고자 하는 면을 선택하는 방식이다.

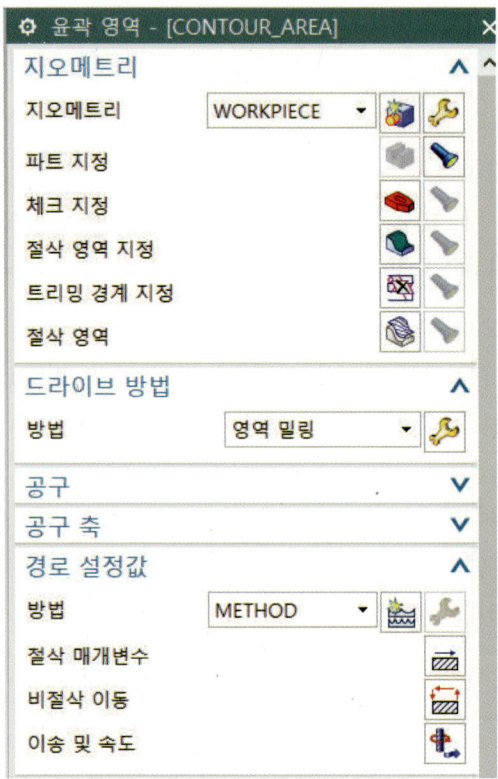

(1) 지오메트리

모델링, 가공 소재, 가공 영역 등의 지오메트리를 설정 및 재설정할 수 있다. Cavity Mill 설정방법과 거의 유사하며, 환경의 자세한 설정방법은 Cavity Mill을 참고한다.

① 그림과 같이 기본 지오메트리 설정을 쉽게 변경할 수 있다.

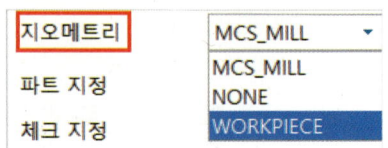

② 파트 지정( ): 가공 후 완성된 형상으로 모델링을 의미한다. 파트 지정 아이콘을 클릭하면 다음과 같이 창이 생성되며, 모델링을 선택하고 확인한다.

PART V Manufacturing

③ 체크 지정(): 공구 경로를 생성할 때 공구가 지나가지 말아야 할 클램프 자리 등을 회피하기 위해서 설정한다. 가공 소재를 직접 스케치 및 모델링하여 설정하고 확인 한다.

④ 절삭 영역 지정(): 가공 영역을 말하며, 사용자가 가공하고자 하는 부분만 선택하여 가공할 수 있다.

⑤ 트리밍 경계 지정(): 작업자가 직접 영역을 선택하여 공구 경로가 지나가지 않게 할 수 있으며, 체크와 비슷하지만 영역을 선택할 때 더 다양한 방법으로 선택할 수 있다.

(2) 드라이브 방법

선택하는 종류에 따라 영역 설정 방법이 다르며, 기본적으로 영역 밀링으로 설정되어 있다. 선택하는 방법의 종류에 따라 메뉴 환경이 바뀌게 된다.

자세한 내용은 Fixed Contour 드라이브 방법을 참조한다.

① 편집(): 경계 구성원 및 경계 구성원에 연관된 매개변수를 추가하거나 제거하는 데 사용할 수 있는 경계 지오메트리 편집 대화 상자를 확인한다.

- 급경사 제한: 급경사를 제한하는 옵션이다.
- 절삭 패턴: 공구 경로 형상을 정의한다. 자세한 내용은 Fixed Contour 절삭 패턴을 참조한다.
- 스텝오버: 공구가 한 번 가공하고 난 후 다음 가공에 들어갈 때 측면으로 이동하는 값을 정의한다.
- 절삭 각도: 가공되는 방향의 각도를 지정한다.

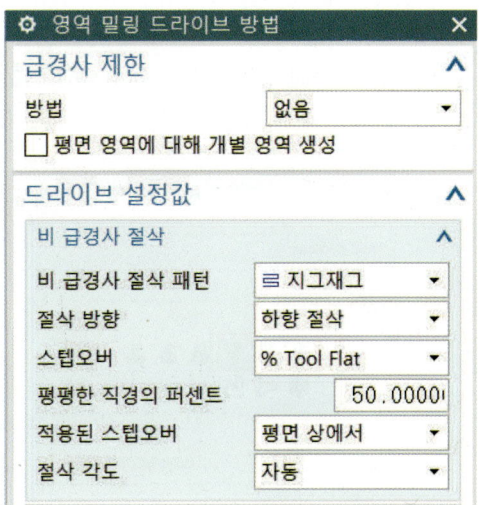

(3) 경로 설정값

자세한 내용은 Fixed Contour 경로 설정값 방법을 참조한다.
① 방법: 가공 방법의 종류를 선택할 수 있다.

② 절삭 매개변수( ): 파트 재료에 절삭을 연결하는 옵션을 설정할 수 있다.

③ 비절삭 이동( ): 비절삭 이동의 매개변수를 정의하는 옵션이다.

④ 이송 및 속도( ): 공구의 회전 속도 및 이송속도를 제어하는 옵션이다.

❸ Contour Area CAM 따라 하기

Chapter 03. 곡면(Fixed Contour)가공 따라 하기 파일을 열어서 정삭 작업을 이어서 한다.

❶ 삽입 아이콘 바에서 공구 생성을 클릭한다.
❷ 공구 하위 유형에서 BALL_MILL을 선택한 후 공구의 이름을 BALL_4를 입력하고 확인한다.

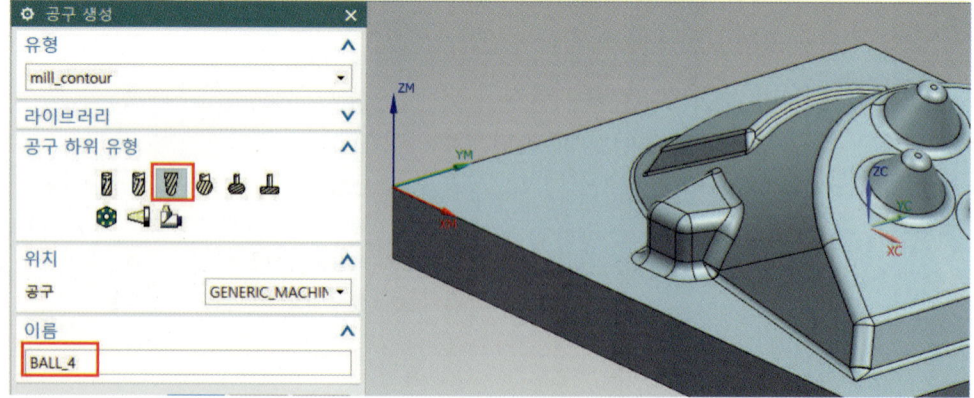

NX10 3D 모델링 및 CAD/CAM

❸ 공구의 볼 직경 4, 공구 번호 6을 입력하고 확인한다.

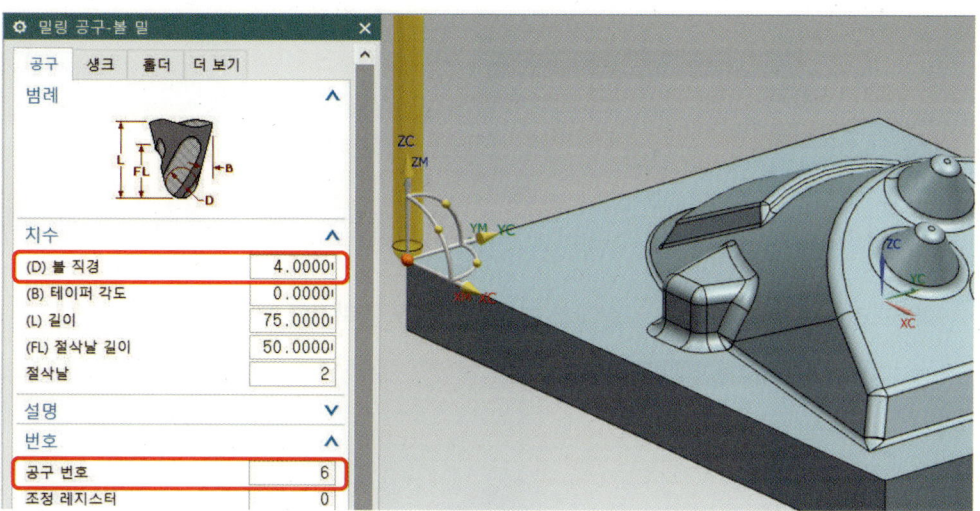

❹ 삽입 아이콘 바에서 오퍼레이션 생성을 클릭한다.

❺ 아래 그림과 같이 설정하고 확인한다.

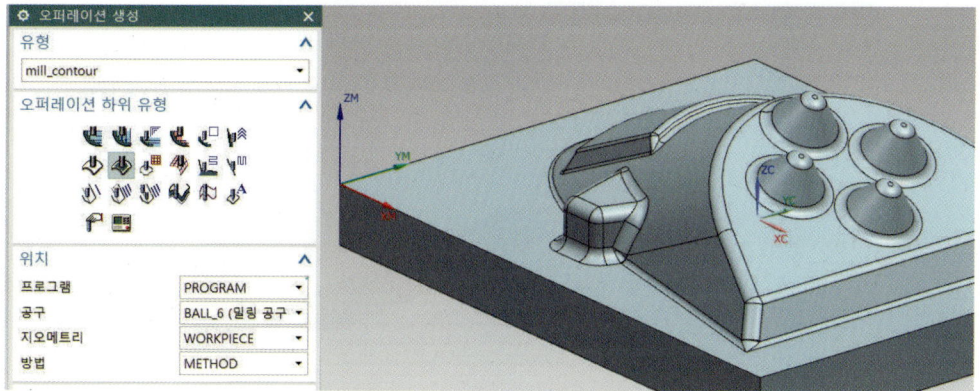

❻ 절삭 영역 지정 아이콘을 클릭한다.

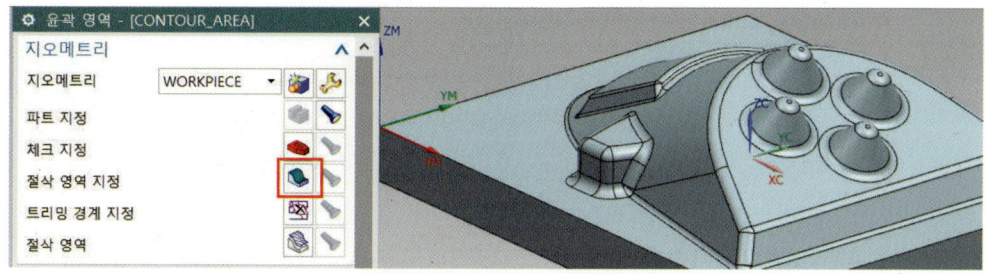

❼ 아래 그림처럼 마우스로 드래그하여 설정한다.

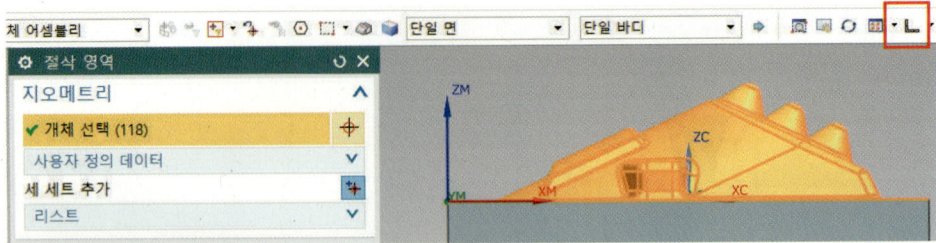

❽ 드라이브 방법 ➡ 영역 밀링에서 편집 아이콘을 클릭한다.

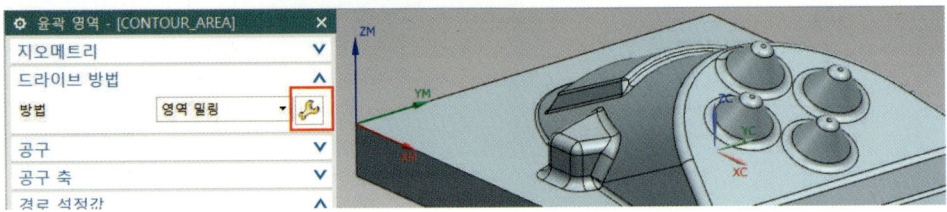

❾ 아래 그림과 같이 설정하고 확인한다.

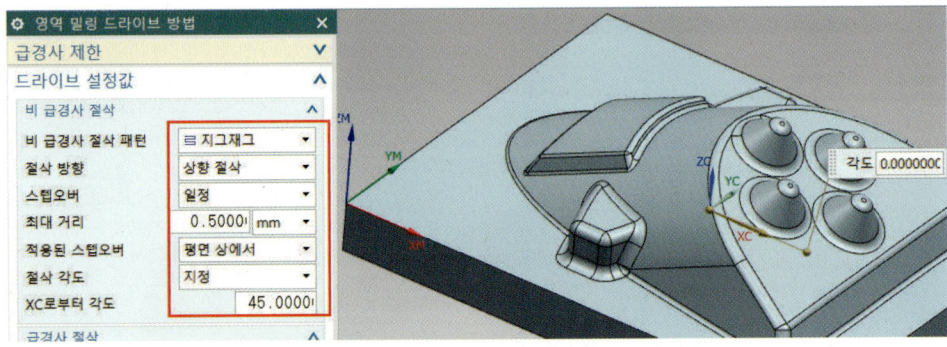

❿ 절삭 매개변수(▱) 아이콘을 클릭한다.

⓫ 스톡 탭에서 파트 스톡(여유량) 0.0, 공차 0.01을 입력하고 확인한다.

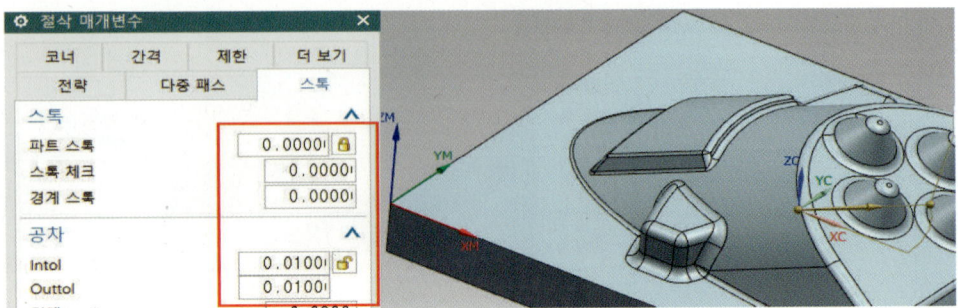

❷ 이송 및 속도() 아이콘을 클릭한다.

❸ 스핀들 속도(회전수)와 이송률에서 절삭(이송속도)을 아래와 같이 설정하고 확인한다. 기타 진입·진출 등의 이송속도는 더 보기 옵션에서 추가로 설정할 수 있다.

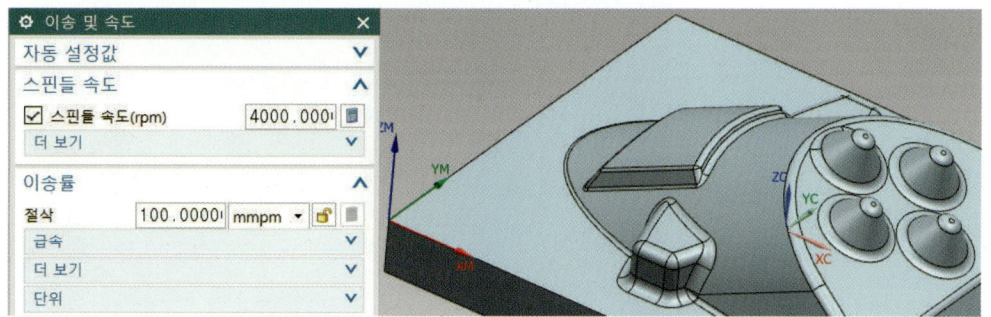

❹ 작업에서 생성 아이콘( )을 클릭한 다음 그림처럼 공구 경로 생성을 확인한다.

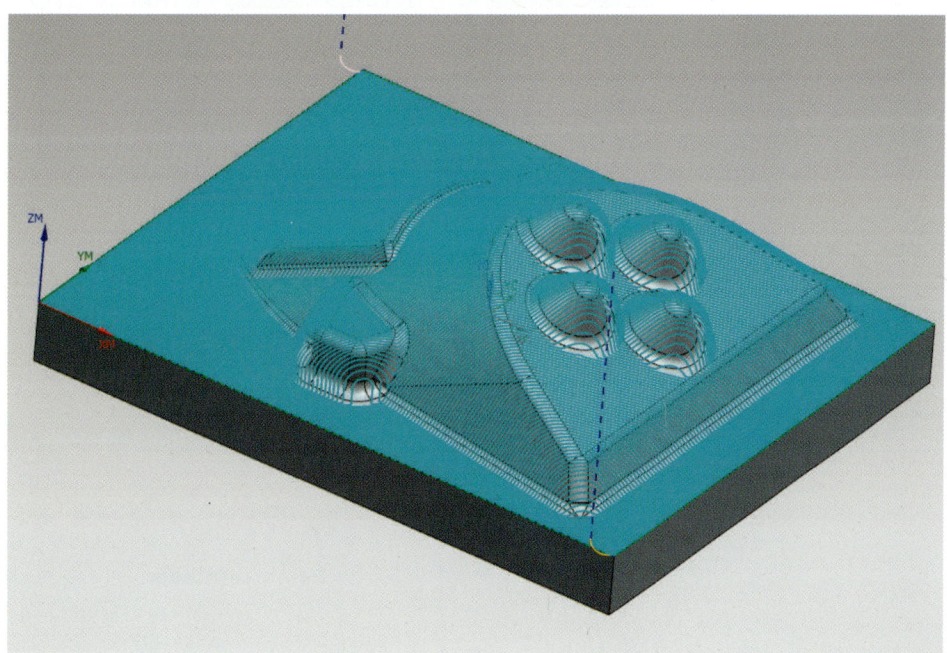

❶❺ 검증() 아이콘을 클릭하여 검증을 확인한다.

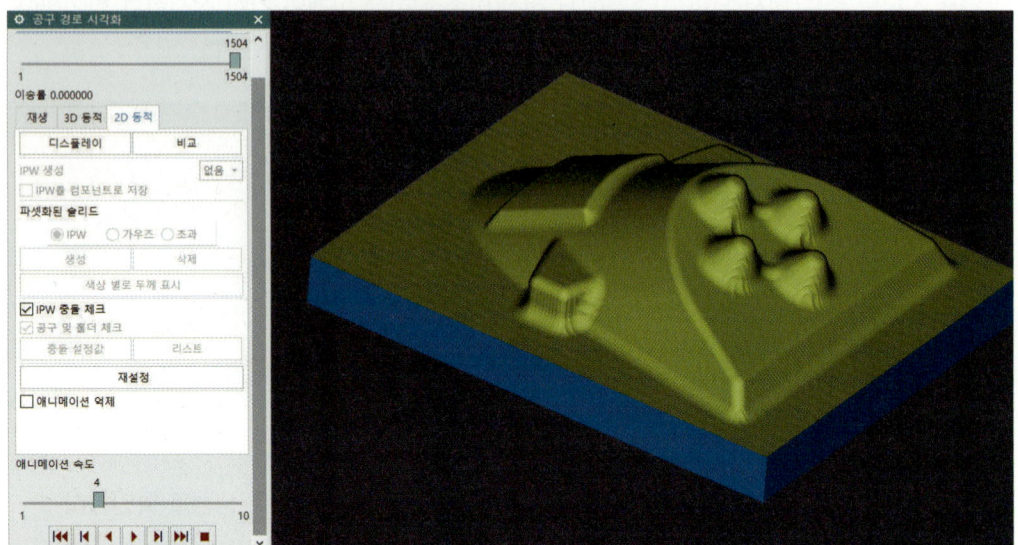

Flow Cut(펜슬) 가공하기

Flow Cut의 정의 및 자세한 옵션과 기능에 대해 공부하고, 따라 하기를 통하여 Flow Cut(펜슬) CAM 가공을 할 수 있다.

1 Flow Cut 정의 및 시작하기

파트 곡면에서 생성된 오목 코너와 골을 따라 공구 경로를 생성할 수 있으며, 기본적으로 가공 영역을 선택하지 않아도 모델링을 인식하여 자동으로 생성하여 주며, 잔삭 가공 또는 펜슬 가공이라고 한다. Flow Cut 오퍼레이션은 윤곽 밀링에서 Flow Cut single, Flow Cut multiple, Flow Cut Reference Tool를 선택하여 Flow Cut 오퍼레이션을 생성할 수도 있다.

프로세서는 최적의 가공 방법을 기반으로 특정 규칙을 사용하여 Flow Cut의 방향과 순서를 자동 결정한다. 공구 경로의 결과는 공구가 가능한 한 파트와 계속 접촉을 유지한 상태로 비절삭 이동을 최소화할 수 있도록 최적화된다. 대부분의 상황에서는 프로세서로 자동 결정된 Flow Cut 순서를 무리 없이 사용할 수 있지만, 이 드라이브 방법에서는 사용자가 직접 수동 어셈블리 도구를 사용하여 순서를 수정할 수도 있다. Flow Cut은 고정 윤곽선 오퍼레이션에만 사용할 수 있다.

> **참고** Flow Cut의 사용 시 이점
> ① Flow Cut은 지그재그 절삭 패턴으로 가공하기 전에 코너를 조정하는 데 사용할 수 있다.
> ② Flow Cut은 이전의 더 큰 볼 커터로 절삭한 후에 절삭되지 않고 남은 재료를 제거한다.
> ③ Flow Cut 경로는 고정된 절삭 각도나 U자형, V자형 방향 대신 골과 코너를 따른다.
> ④ Flow Cut을 사용하면 한 측면에서 다른 측면으로 이동할 때 공구가 포함되지 않는다.
> ⑤ 비절삭 이동의 총 거리를 최소화할 수 있고, 비절삭 이동 모듈에서 제공하는 옵션을 사용하여 각 끝에서 매끄럽게 회전하거나 표준 방식으로 회전할 수 있다.
> ⑥ Flow Cut은 스텝오버 과정에서 공구가 계속하여 맞물린 상태를 유지하도록 하여 절삭 이동을 최대화할 수 있다.
> ⑦ Flow Cut은 한 번에 한 단계씩 특정 지오메트리 종류를 가공하고, 각 끝에서 원형으로 회전하거나 표준 방식으로 회전하여 여러 Flow Cut 또는 RTO(참조 공구 옵셋) Flow Cut의 두 측면을 절삭하는 옵션을 제공하고, 급경사 측면에서 비 급경사 측면으로 절삭하는 옵션을 제공한다. 그 결과 절삭 파트의 절삭 로드가 더 일정하게 지정되고, 비절삭 이동 거리를 줄일 수 있다.

(1) Flow Cut 가공 시작

삽입에 오퍼레이션을 선택하거나 Manufacturing에서 삽입 아이콘 바에서 오퍼레이션 삽입 아이콘( )을 선택한다.

(2) Flow Cut 가공 실행

오퍼레이션 하위 유형에서 Flow Cut 아이콘을 선택하고 확인한다.

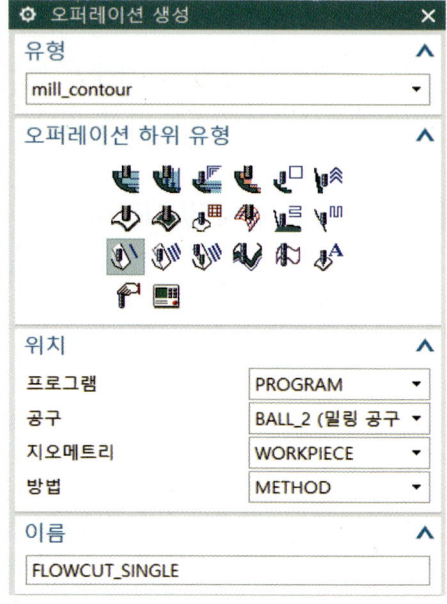

❷ Flow Cut single 옵션

파트 곡면으로 생성된 오목 코너와 골을 따라 한 번 가공되는 경로를 생성할 수 있다.

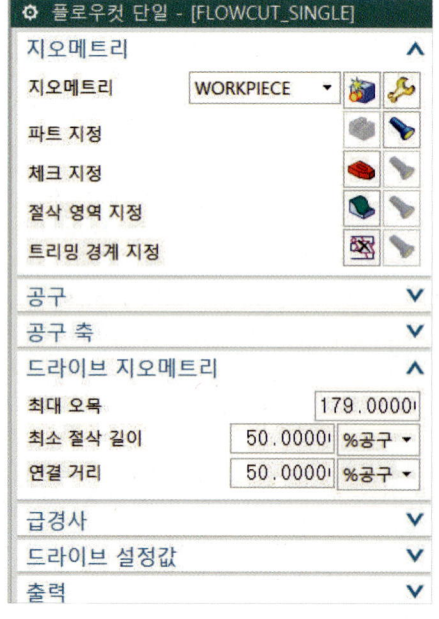

(1) 지오메트리

모델링, 가공 소재 파트지정, 절삭 영역지정, 트리밍 경계 지정을 지오메트리를 설정 및 재설정할 수 있다. 지오메트리를 workpiece로 설정하면 설정된 부분은 선택이 비활성화된다.

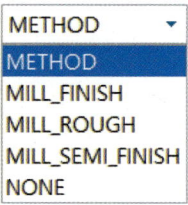

① 지오메트리: 기본적으로 지오메트리 설정을 쉽게 변경할 수 있다.

② 파트 지정(): 가공 후 완성된 형상으로 모델링을 의미한다. 파트 지정 아이콘을 클릭하면 창이 생성되며 모델링을 선택하고 확인한다.

③ 체크 지정( ): 공구 경로를 생성할 때 공구가 지나가지 말아야 할 클램프 자리 등을 회피하기 위해서 설정한다. 가공 소재를 직접 스케치 및 모델링하여 설정하고 확인한다.

④ 절삭 영역 지정( ): 가공 영역을 말하며 사용자가 가공하고자 하는 부분만 선택하여 가공할 수 있다.

⑤ 트리밍 경계 지정( ): 작업자가 직접 영역을 선택하여 공구 경로가 지나가지 않게 할 수 있으며, 체크와 비슷하지만 영역을 선택할 때 더 다양한 방법으로 선택할 수 있다.

(2) 드라이브 지오메트리

① 최대 오목(Max Concavity): 최대 오목 면을 사용하면 절삭할 날카로운 코너와 깊은 골을 쉽게 결정할 수 있다. 예를 들어, 그림과 같은 파트를 가공하는 경우 처음 몇 번

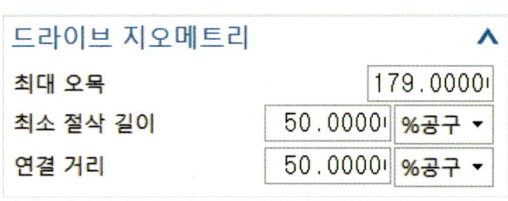

의 오퍼레이션만으로도 160° 골에는 재료가 남지 않는다. 골이 얕고 평평하기 때문이다. 그러나 각각 110°와 70°인 두 번째와 세 번째 골의 재료를 모두 가공하기란 불가능하다. 이와 같이 골이나 날카로운 코너에는 더 많은 재료가 남는다. 이전 패스에서 누락된 깊은 골을 다시 가공하려는 경우 이러한 깊은 골만 가공하고 이전 패스에서 이미 가공된 얕은 골은 건너뛰는 것이 더 효율적이다. 최대 오목 면을 사용하면 무시할 각도를 지정하여 이러한 오퍼레이션을 수행할 수 있다. 예를 들어, 다음 그림

에서는 최대 오목 면 각도가 120°로 설정되어 있으므로 110°와 70° 골이 가공되지만 160° 골은 가공되지 않는다.

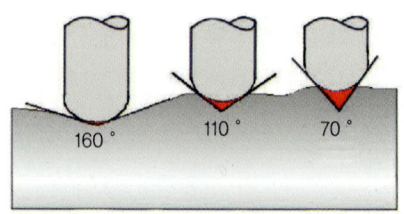

아래 그림에서는 최대 오목 면이 179°로 설정되어 있다. 179°보다 작거나 같은 모든 각도가 가공되므로 실제로 모든 골이 절삭되는 결과를 낳는다.

위의 오른쪽 그림에서는 최대 오목 면이 160°로 설정되어 있다. 160°보다 작거나 같은 각도가 모두 가공된다.

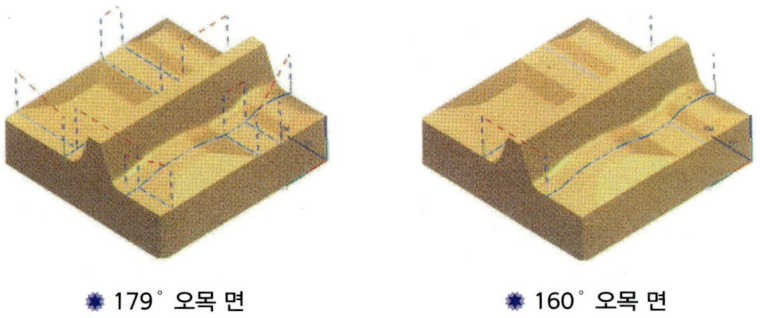

❋ 179° 오목 면 　　　　　❋ 160° 오목 면

② 최소 절삭 길이(Min Cut Length): 최소 절삭 길이를 사용하면 파트의 고립된 영역에서 발생할 수 있는 짧은 공구 경로 세그먼트를 제거할 수 있다. 이 값보다 짧은 절삭 이동은 생성되지 않는다. 예를 들어 이 옵션은 아래 그림과 같이 필렛의 교차 지점에서 발생할 수 있는 매우 짧은 절삭 이동을 제거하는 데 특히 유용하다.

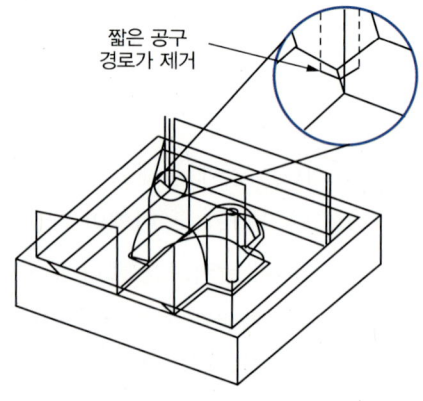

❋ 작고 고립된 부위 절삭이동 가능

③ 연결 거리(Hookup Distance): 연결 거리를 사용하면 끊어진 절삭 동작을 연결하여 공구 경로에서 작은 단속성이나 원하지 않는 갭을 제거할 수 있다. 이러한 단속성은 공구가 파트 곡면에서 복귀할 때 발생하고 지정된 최대 오목 면 각도를 초과하는 오목 면 각도의 변화나 곡면 사이의 갭으로 인해 발생할 수 있다. 사용자가 입력한 값은 절삭 동작의 끝점을 연결하기 위해 공구가 미치는 거리를 결정한다. 시스템에서는 파트가 파이지 않도록 두 경로를 직선으로 연장하여 두 점을 연결한다.

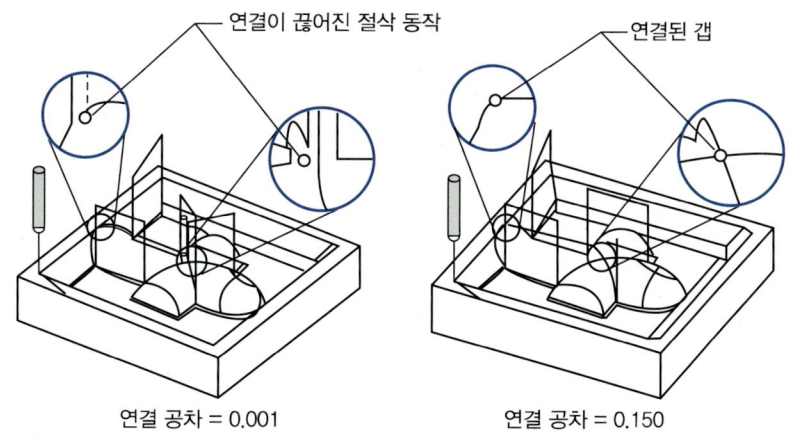

❋ 오목 면 각도의 변화로 인한 끊어진 절삭 동작

(3) 드라이브 설정값(플로우컷 유형)

① 단일 패스: 단일 패스는 오목 코너와 골을 따라 공구의 절삭 패스 하나를 생성한다. 이 옵션을 선택한 경우 Flow Cut 대화상자의 다른 추가 공구 출력 매개변수 옵션은 활성화되지 않는다.

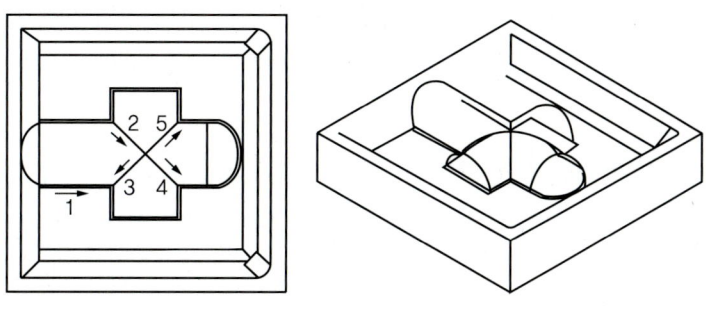

❋ 단일 패스

② 다중 패스: 다중 옵셋을 선택하면 옵셋의 수와 옵셋 사이의 스텝오버 거리를 지정하여 가운데 Flow Cut의 한쪽 측면에 여러 절삭 패스를 생성할 수 있다. 이 옵션을 사용하면 아래에서 설명하는 절삭 종류, 스텝오버 거리, 순서 지정, 옵셋 수 옵션이 활성화된다.

③ 참조 공구 옵셋: 참조 공구 옵셋을 선택하면 가공할 영역의 전체 폭을 정의하는 참조 공구 직경과 내부 패스를 정의하는 스텝오버 거리를 지정하여 가운데 Flow Cut

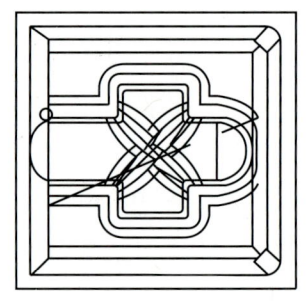
❈ 다중 패스

의 한쪽 측면에 여러 절삭 패스를 생성할 수 있다. 이 옵션은 큰 공구를 사용하여 영역을 황삭한 후의 클린업 가공에 유용하다. 이 옵션을 사용하면 대화상자의 절삭 종류, 스텝오버 거리, 순서 지정, 참조 공구 직경, 겹침 거리 필드가 활성화된다.

(4) 급경사 제한

급경사 제한을 사용하면 입력된 경사도를 기반으로 한 오퍼레이션의 절삭 영역을 제어할 수 있다. 허용되는 급경사 각도 값의 범위는 0°에서 90° 사이이다.

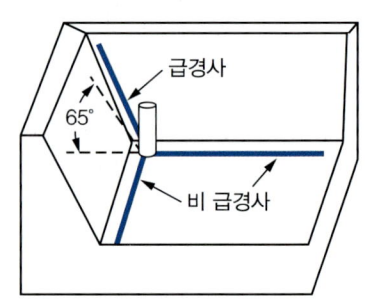

(5) 비 급경사 절삭순서 지정

순서 지정을 사용하면 지그재그나 리프트가 포함된 지그재그 절삭 패스를 실행하는 순서를 결정할 수 있다. 순서 지정은 다중 옵셋이나 참조 공구 옵셋을 지정한 경우에만 사용할 수 있다. 각 순서 지정 옵션에 대한 설명은 아래에 나와 있다.

① 내부에서 밖으로 ⧉내부에서 밖으로▼ : 공구가 가운데 Flow Cut에서 시작하여 바깥쪽 패스 중 하나를 향해 이동한다. 그런 다음 공구가 다시 가운데 절삭으로 이동하여 바깥쪽을 향해 이동한다. 순서 지정을 시작할 가운데 Flow Cut의 한쪽 측면을 선택할 수 있다.

② 외부에서 안으로 ⧉외부에서 안으로▼ : 공구가 바깥쪽 패스 중 하나에서 시작하여 가운데 Flow Cut으로 이동한다. 그런 다음 공구가 다른 쪽의 외부 절삭을 선택하고 다시 가운데 절삭을 향해 이동한다. 순서 지정을 시작할 가운데 Flow Cut의 한쪽 측면을 선택할 수 있다.

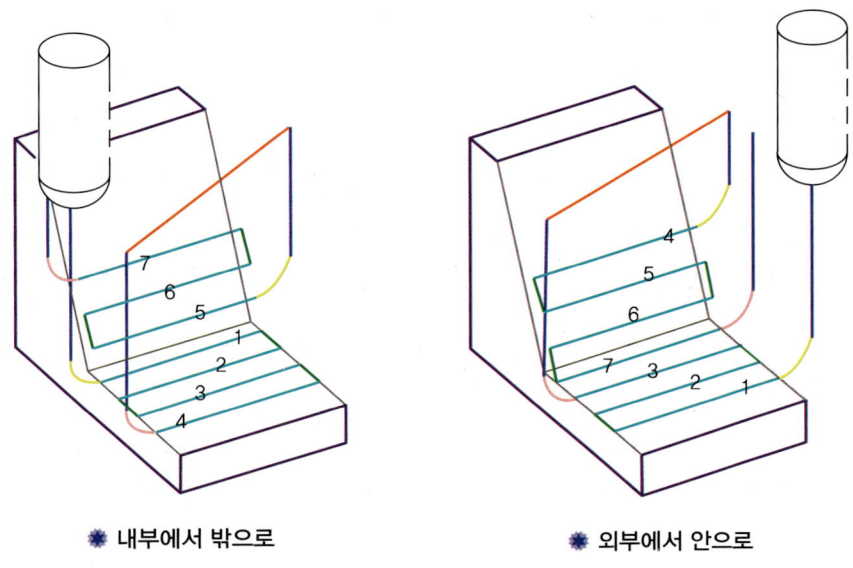

❋ 내부에서 밖으로　　　　　　❋ 외부에서 안으로

③ 급경사 마지막 : 비 급경사에서 급경사로 Flow Cut 골을 가공할 수 있다.

④ 급경사 첫 번째 : 항상 급경사 측면의 바깥쪽 패스에서 비 급경사 측면의 바깥쪽 패스까지 한 방향으로 가공할 수 있다. 즉, 바깥쪽 옵셋에서 안쪽으로 급경사 측면의 패스가 출력된 다음 필요한 경우 가운데 Flow Cut을 출력하고, 마지막으로 안쪽 옵셋에서 바깥쪽으로 비 급경사 측면의 패스를 출력한다. Steep First는 지그, 지그재그, 리플트가 포함된 지그재그 패턴에 사용할 수 있다.

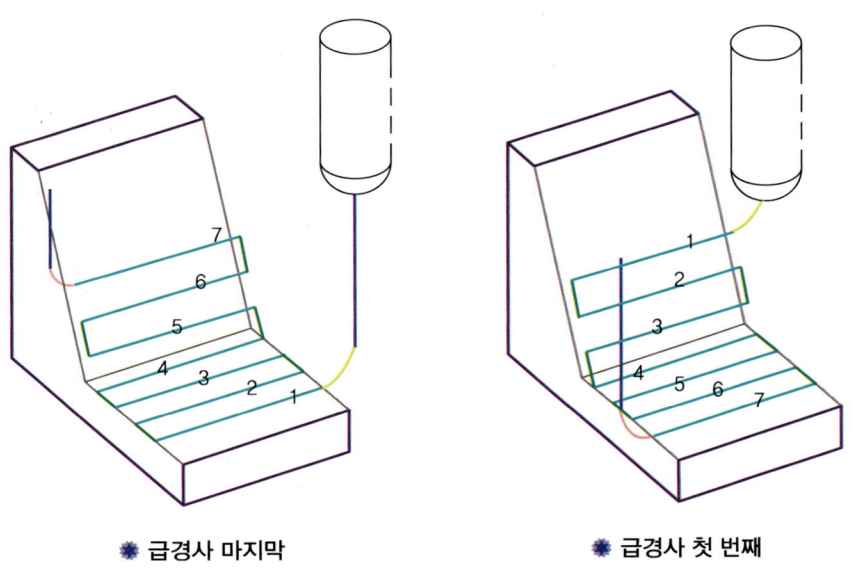

❋ 급경사 마지막　　　　　　❋ 급경사 첫 번째

⑤ 내부에서 밖으로 대체 [내부에서 밖으로▼] : 항상 가운데 Flow Cut 패스에서 Flow Cut 골을 가공한다. 오퍼레이션에서 이 순서를 지정하면 커터가 가운데 패스에서 시작하여 안쪽 패스로 이동한 다음 다른 쪽 측면의 다른 안쪽 패스로 이동한다. 그런 다음 커터가 첫 번째 측면의 다음 쌍에 있는 패스로 이동한 후 두 번째 측면의 동일한 쌍에 있는 패스로 이동한다. 한 측면에 추가 옵셋 패스가 있으면 양쪽 측면의 쌍에 있는 패스를 가공한 후에 해당 측면에 있는 추가 패스를 모두 가공한다. 내부에서 밖으로 대체 순서는 지그, 지그재그, 리프트가 포함된 지그재그 패턴에서 생성할 수 있다.

⑥ 외부에서 안으로 대체 [외부에서 안으로▼] : 이 옵션도 두 측면 중 한쪽을 선택하여 패스를 가공할지 또는 한쪽을 완료한 다음 다른 쪽으로 전환할지 여부를 제어한다. 이 옵션을 사용하면 골의 한쪽 측면에서 다른 쪽으로 전환되는 패스를 완전히 가공할 수 있다. 각 패스 쌍에서 한 방향을 사용하여 한쪽 끝까지 Flow Cut 골의 한쪽 측면을 가공한 후 파트에 접촉하거나, 떨어진 상태로 다른 쪽 측면에 원형으로 회전하거나, 표준 방식으로 회전하여 반대 방향을 사용하여 다른 쪽 끝까지 다른 측면을 가공할 수 있다. 여기까지의 작업이 끝나면 다시 다음 쌍까지 원형으로 회전하거나, 표준 방식으로 회전할 수 있다. 이와 같은 방식을 사용하면 스텝오버 과정에서 공구가 계속하여 맞물린 상태를 유지하여 특히 긴 Flow Cut에 대해 비절삭 이동의 전체 거리를 크게 주릴 수 있으므로 절삭 이동을 최대화할 수 있다. 그림에서 알 수 있듯이 외부에서 안으로 대체는 항상 바깥쪽 쌍의 패스에서 안쪽 쌍으로 Flow Cut 골을 가공한 다음 필요에 따라 가운데 Flow Cut 패스로 이동한다. 이 순서를 지정하면 커터가 바깥쪽 패스 하나에서 시작하여 다른 측면의 다른 바깥쪽 패스로 이동한다. 그런 다음 커터가 첫 번째 측면의 다음 쌍에 있는 패스로 이동한 후에 두 번째 측면의 동일한 쌍에 있는 패스로 이동한다. 안쪽 쌍의 패스를 정삭한 후 커터는 필요에 따라 가운데 Flow Cut 패스로 이동한다. 한 측면에 추가 옵셋 패스가 있으면 먼저 양쪽 측면의 쌍에 있는 패스를 가공한 후에 해당 측면에 있는 추가 패스를 가공한다. 외부에서 안으로 대체는 지그, 지그재그, 리프트가 포함된 지그재그 패턴에서 생성할 수 있다. 양쪽 접합 접촉점의 접촉 법선을 기준으로 골의 한쪽 측면을 급경사 측면으로 분류하고, 다른 측면을 비 급경사 측면으로 분류할 수 있다. 공구 뷰에서 급경사 측면은 일반적으로 비 급경사 측면보다 높다.

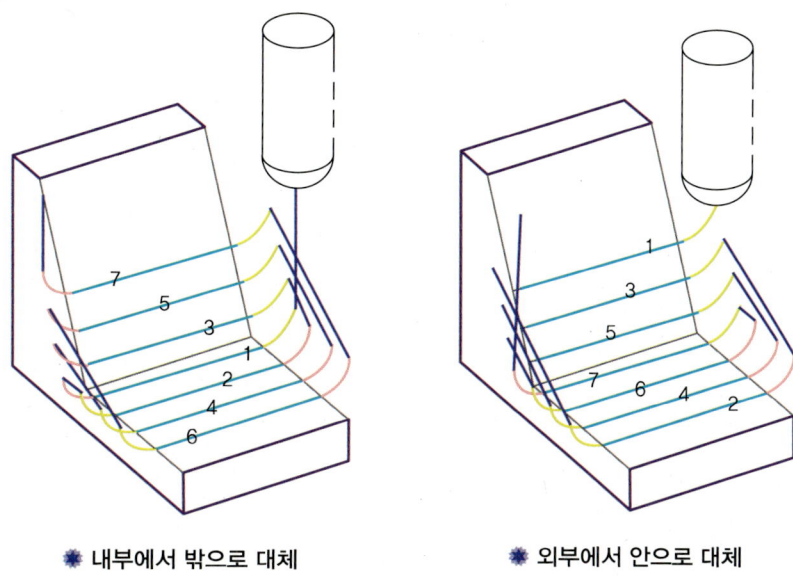

❋ 내부에서 밖으로 대체 ❋ 외부에서 안으로 대체

(6) 급경사 절삭 방향

① 상향식 [상향식 ▼] : 스텝 각도(Steep Angle) 값이 0인 경우 가공 객체의 상부에서 하부 방향으로 가공 경로가 결정. 스텝 각도가 0이 아닌 경우 스텝 각도 범위 이외의 가공경로에 한하여 적용한다. 아래 그림에서는 상향식 절삭 방향을 사용하여 급경사 영역을 절삭하고 있다. 이 방향은 공구 경로의 아래쪽에 파란색 화살표로 표시되어 있다.

② 하향식 [하향식 ▼] : 스텝 각도 값이 0인 경우 가공 객체의 하부에서 상부 방향으로 가공 경로가 결정한다. 스텝 각도가 0이 아닌 경우 스텝 각도 범위 이외의 가공 경로에 한하여 적용한다. 아래 그림에서는 하향식 절삭 방향을 사용하여 급경사 영역을 절삭하고 있다. 이 방향은 공구 경로의 위쪽에 파란색 화살표로 표시되어 있다.

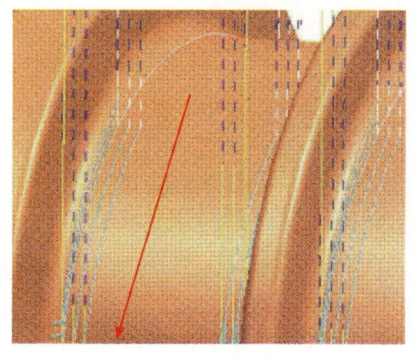
❋ 상향식

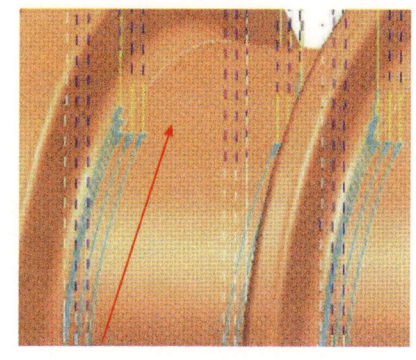
❋ 하향식

③ 혼합 : 상향식 또는 하향식 방향으로 가공 방향을 프로그램이 결정한다. 위 그림에서 혼합 절삭 방향을 사용하여 급경사 영역을 절삭하고 있다. 이 방향은 공구 경로의 위쪽과 아래쪽에 파란색 화살표로 표시되어 있다.

④ 비 급경사를 사용하면 공구 경로의 비 급경사 섹션만 출력되고 이러한 섹션에 비 급경사 절삭 방향이 적용된다.

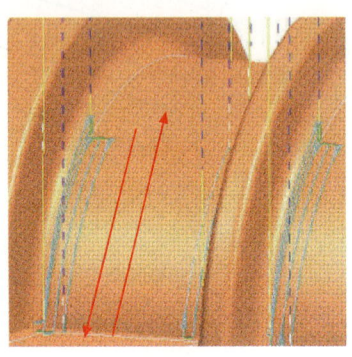
❋ 혼합

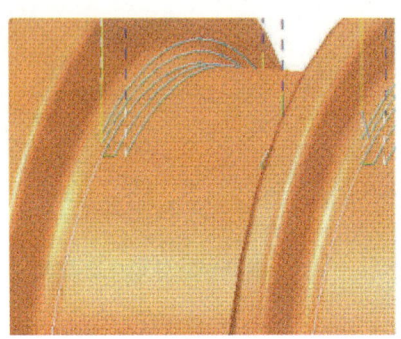
❋ 비 급경사

(7) 참조 공구

황삭 볼 엔드밀의 직경을 기반으로 정삭 절삭 영역의 폭을 지정한다.(Flow Cut 유형에서 참조 공구 직경을 선택하여야 활성화 됨.)

① 참조 공구 직경: 참조 공구의 직경을 입력한다.
② 겹침 거리: 참조 공구의 접촉점(Contact Point)상 가상의 공구 경로(Tool Path)와 생성하고자 하는 공구 경로의 중첩량을 설정한다.

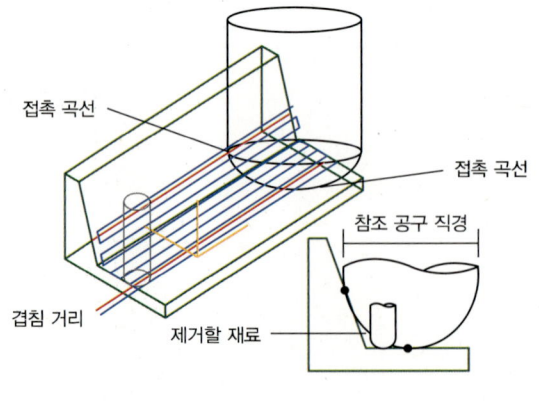
❋ 참조 공구 직경

NX10 3D 모델링 및 CAD/CAM

3 Flow Cut CAM 따라 하기

Contour Area 가공 따라 하기 파일을 열어서 잔삭 작업을 이어서 한다.

❶ 삽입 아이콘 바에서 공구 생성( )을 클릭한다.

❷ 공구 하위 유형에서 BALL_MILL을 선택한 후 공구의 이름을 BALL_2로 입력하고 확인한다.

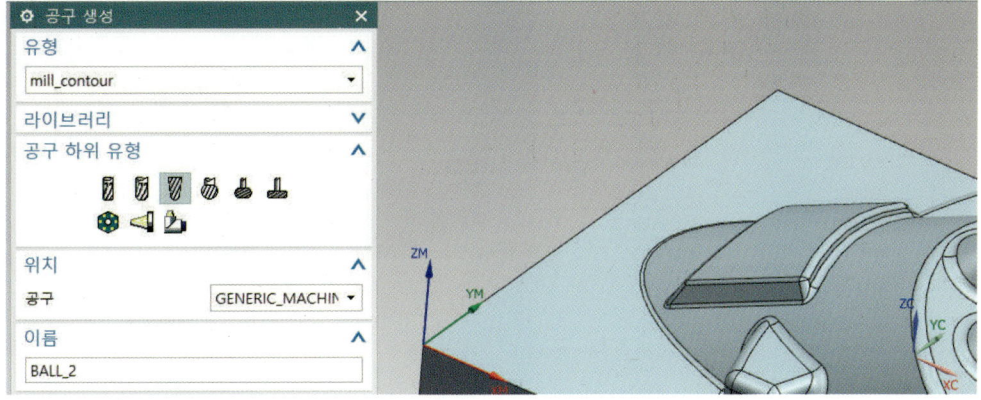

❸ 공구의 지름 2, 공구 번호 4를 입력하고 확인한다.

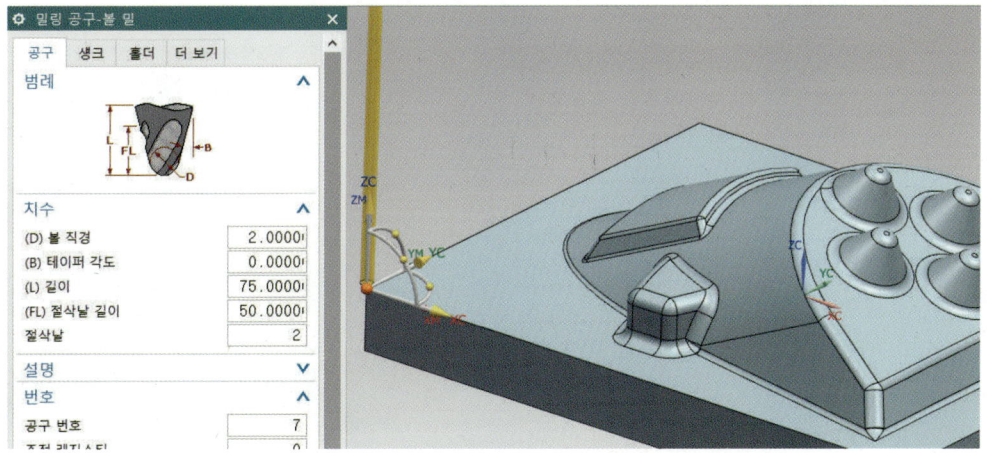

❹ 삽입 아이콘 바에서 오퍼레이션 생성을 클릭한다.

❺ 아래 그림과 같이 설정하고 확인한다.

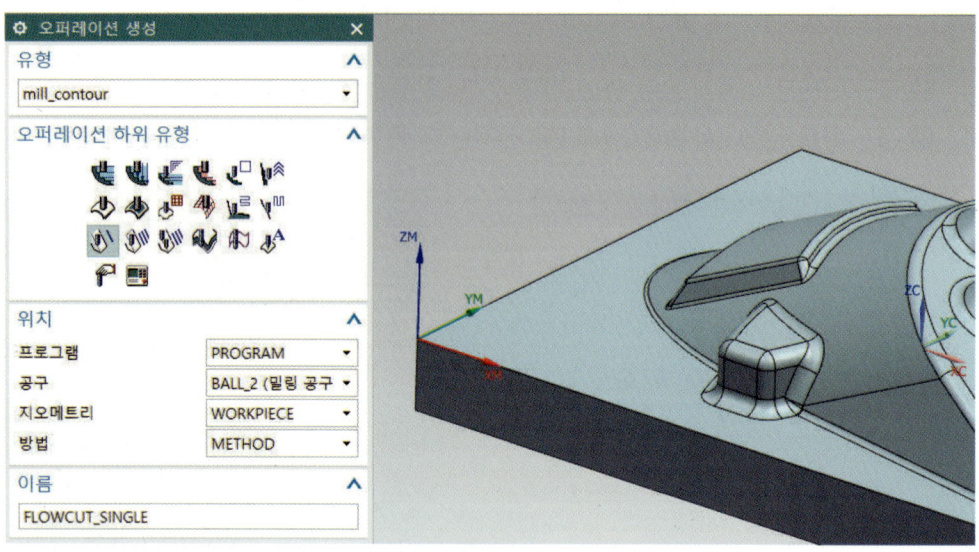

❻ 절삭 매개변수( ) 아이콘을 클릭한다.
❼ 스톡 탭에서 파트 스톡(여유량) 0.0, 공차 0.01을 입력하고 확인한다.

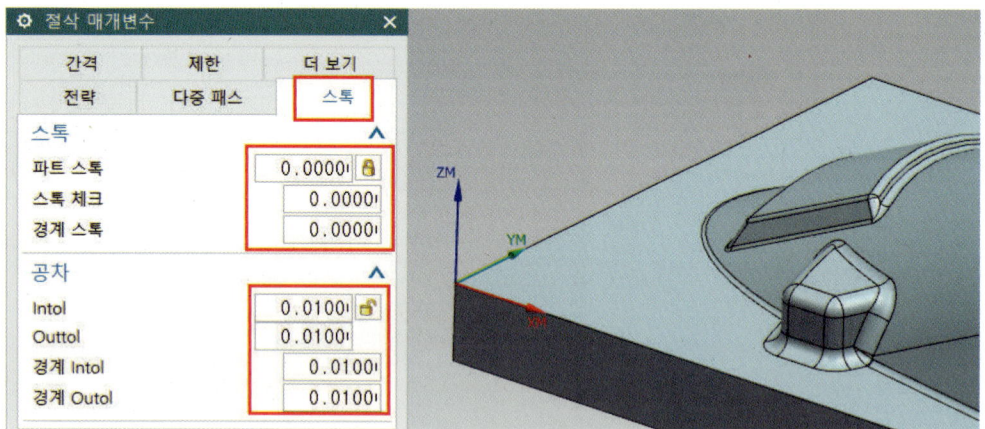

❽ 이송 및 속도() 아이콘을 클릭한다.

❾ 스핀들 속도(회전수)와 이송률에서 절삭(이송속도)을 아래와 같이 설정하고 확인한다. 기타 진입·진출 등의 이송속도는 더 보기 옵션에서 추가로 설정할 수 있다.

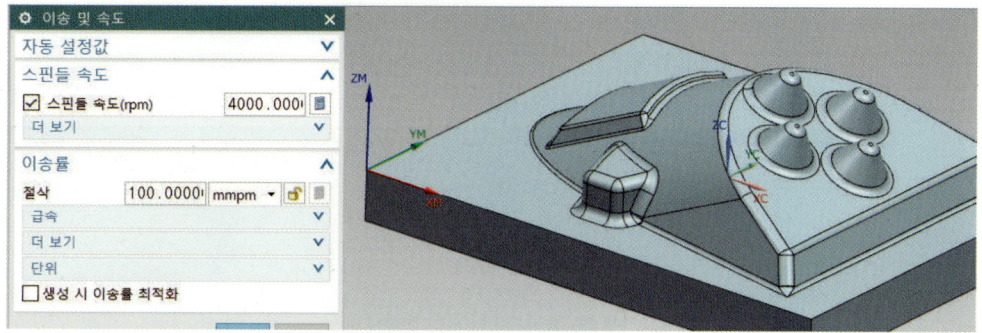

❿ 작업에서 생성 ( ) 아이콘을 클릭한다.
아래 그림처럼 공구 경로 생성을 확인한다.

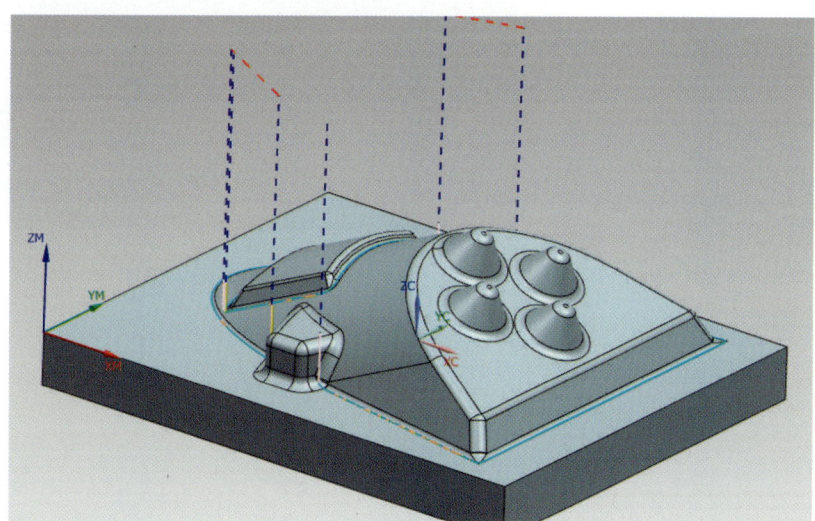

⓫ 검증 아이콘을 클릭하여 검증을 확인한다.

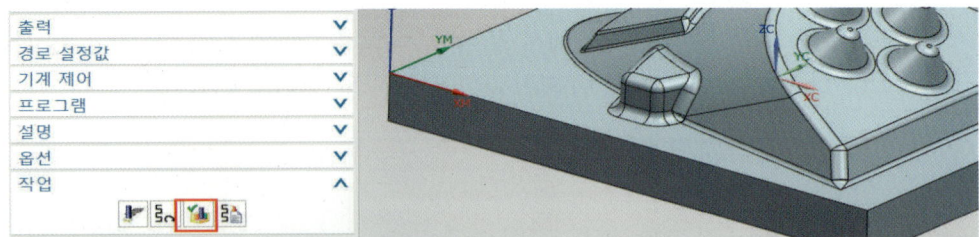

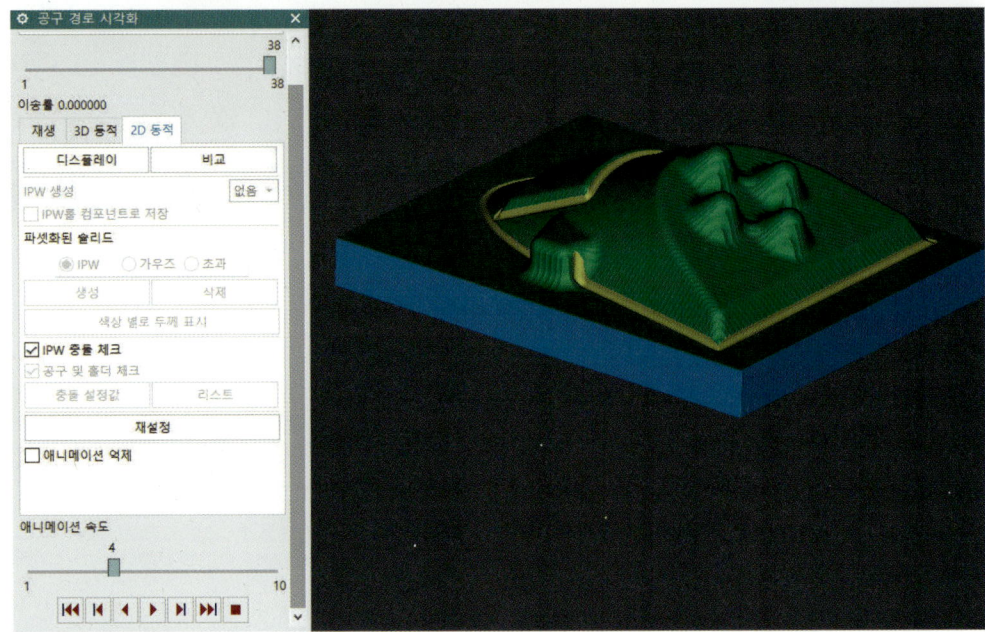

평면형(Planar Mill Type) 가공

1 평면 밀링(Planar Mill)의 정의 및 시작하기

Planar Mill 오퍼레이션은 평면 레이어에서 재료의 볼륨을 제거하는 공구 경로를 생성한다. Planar Mill은 2D 곡선의 형상만으로도 작업할 수 있다. 이 종류의 오퍼레이션은 정삭 오퍼레이션을 준비하기 위해 재료를 황삭하는 데 가장 일반적으로 사용된다. Planar Mill은 작업 결과를 얻는 방법에서는 Cavity Mill과 동일하다. 즉 같은 평면 밀링 오퍼레이션으로써 황삭 작업에 많이 사용되지만 사용하는 방법은 다르다. 지오메트리(Geometry)는 Planar Mill Type 가공에서 사용하는 지오메트리를 사용해야 한다.

(1) Planar Mill의 시작

① 모델링을 완성한 다음에 시작에서 Manufacturing을 클릭한다. 생성할 CAM 설정에서 mill_planar을 선택하고 확인한다.

② 삽입에서 오퍼레이션을 선택하거나, 오른쪽 그림처럼 오퍼레이션 생성 ( ) 아이콘을 클릭한다. 오퍼레이션 생성의 유형에서 2축 가공 작업에 해당되는 mill_planar을 선택하고, 하위 유형에서 Planar_Mill의 종류를 선택한 후 위치 옵션을 설정하고 확인한다.

2 Planar Mill 옵션

(1) 지오메트리

모델링, 가공 소재, 가공 영역 등의 지오메트리를 설정할 수 있다. 지오메트리를 Workpiece로 설정하면 Workpiece에서 설정한 부분은 선택이 비활성화된다. 세 가지의 유형은 지오메트리(Geometry)의 차이가 있다.

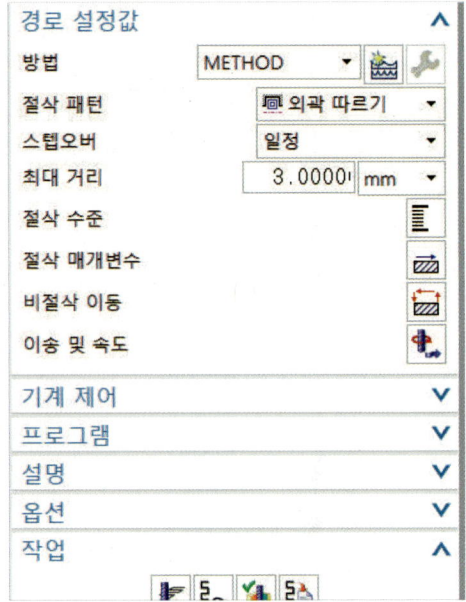

1) 지오메트리

기본 지오메트리 설정을 쉽게 변경할 수 있다. Planar Mill의 지오메트리는 경계방식으로 설정한다. 모델링의 면을 이용하거나 2D 커브를 이용하여 지오메트리를 설정할 수 있다.

2) 파트 경계 지정( )

가공 영역을 선택하거나 가공하지 말아야 할 부분을 선택하는 기능이다. 내부 옵션을 이용하여 가공하지 말아야 할 부분을 선택하거나, 외부 옵션을 이용하여 가공할 부분을 선택할 수 있다.

① 모드(Mode): 영역을 선택할 때 여러 방법으로 선택할 수 있는 옵션이다. 기본적으로 면을 선택하여 영역을 선택하지만, 면이 선택하기 어려울 때는 모서리 등을 이용하여 선택할 수 있다.

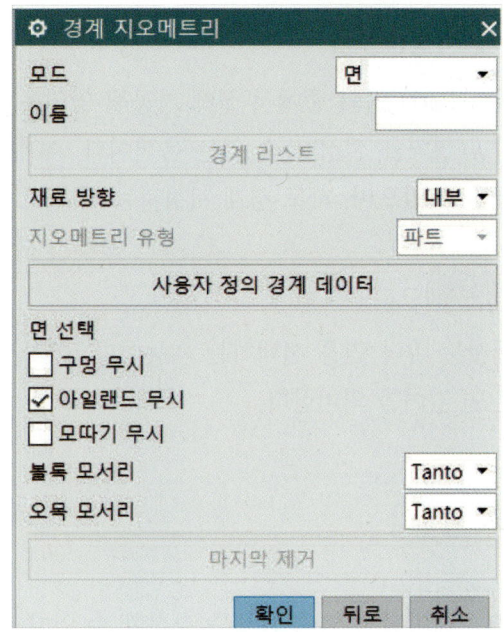

② 재료 방향
- 내부: 영역의 안쪽을 가공하지 않는다.
- 외부: 영역의 바깥쪽을 가공하지 않는다.

③ 면 선택(Face Selection): 선택한 영역에 대한 추가적인 옵션을 적용할 수 있다. 선택한 면에 대한 구멍이나, 기둥, 모따기(Chamfer) 등을 무시하고 공구 경로를 생성하는 기능이다.

3) 블랭크 경계 지정( )

재료의 크기와 높이를 지정한다. 가공 재료를 사용하면 절삭하려는 원래 재료를 나타내는 지오메트리를 지정할 수 있다. 가공재료 경계는 최종 파트를 의미하지 않으며, 직접 잘라 내거나 붙여 넣을 수 있다. 사용하는 방법은 파트(Part)를 설정하는 방법과 동일하다. 가공 재료의 경계를 면이나 모서리 등을 이용하여 선택할 수 있다.

4) 체크 경계 지정( )

공구 경로가 지나가지 말아야 할 영역을 면이나 모서리 등을 이용하여 선택할 수 있는 옵션이다. 즉 파트를 고정시키는 클램프와 같은 영역을 선택하여 침범하지 않도록 정의 할 수 있다.

5) 트리밍 경계 지정(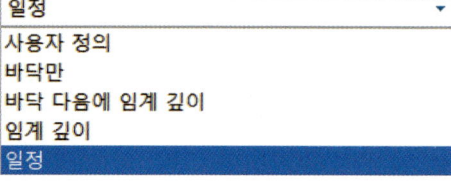)

가공되는 파트(Part) 영역 중에서 실제 가공될 영역을 따로 지정할 수 있다. 즉 좀 더 세부적으로 가공 영역을 설정할 수 있는 옵션이다. 여기서는 내부와 외부 등의 옵션을 이용하여 설정할 수 있으며, 파트 경계 지정과는 반대로 선택한다.

6) 바닥 지정( )

가공 영역에서는 바닥 면을 선택하는 기능이다. 여기서 말하는 바닥 면은 실제 가공이 이루어지는 면 깊이를 의미한다.

(2) 경로 설정값

1) 절삭 수준

다중 깊이 오퍼레이션의 절삭 단계를 결정할 수 있다. 절삭 깊이는 직접 값을 입력하거나 아일랜드 윗면과 바닥 평면을 사용하여 지정할 수 있다.

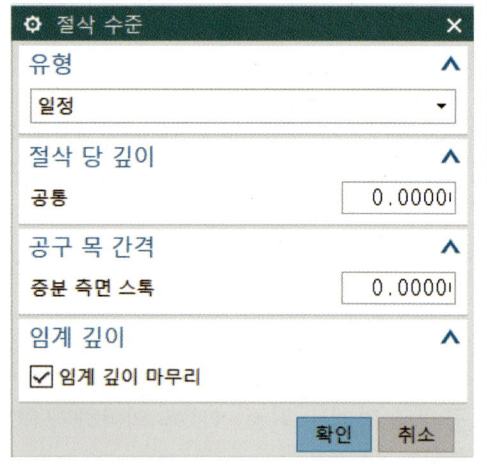

① 유형: 유형을 사용하면 절삭 깊이를 정의하는 데 사용되는 방법을 지정할 수 있다. 어떠한 방법을 선택하는지에 따라 위 대화상자에 입력할 수 있는 숫자 값이 달라진다. 따라서 사용자가 선택하는 방법과 상관없이 바닥에서는 항상 절삭 단계가 생성된다.

㉠ 사용자 정의(User Defined): 사용자 정의를 선택하면 숫자 값을 입력하는 것만으로 절삭 깊이를 지정할 수 있다. 이 옵션을 사용하면 최대, 최소, 초기, 최

종, 증분 측면 스톡 필드가 활성화된다.

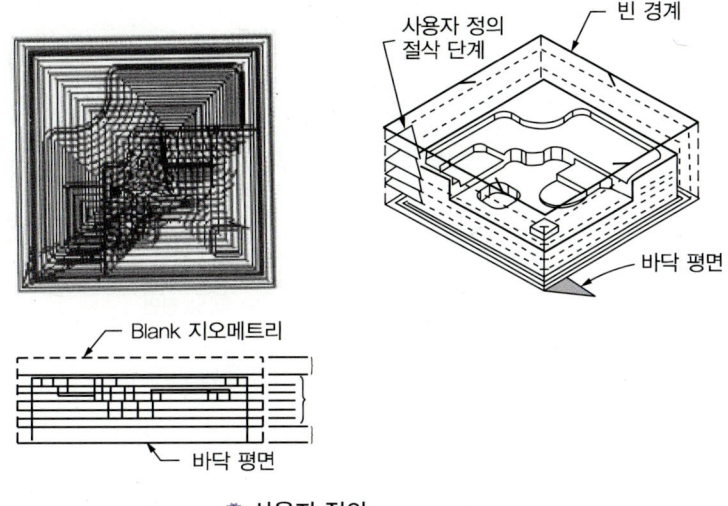

🌸 사용자 정의

ⓛ 바닥 면(Floor Only): 바닥만은 아래 그림과 같이 바닥 평면에서 절삭 단계 하나를 생성한다.

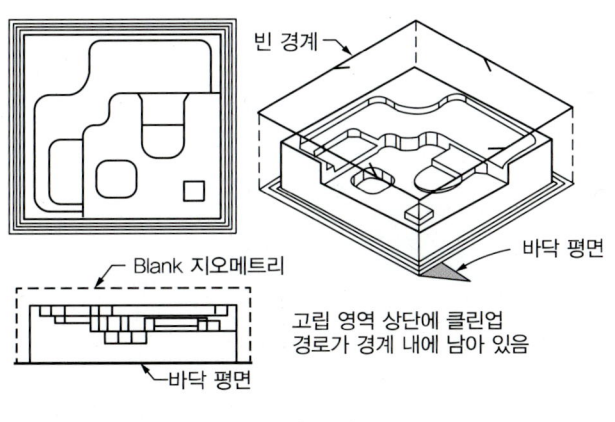

🌸 바닥 면

ⓒ 바닥 다음에 임계 깊이(Floor & Island Tops): 각 임계 상단에서 클린업 경로로 이어지는 절삭 단계를 하나를 바닥 평면에 생성된다.

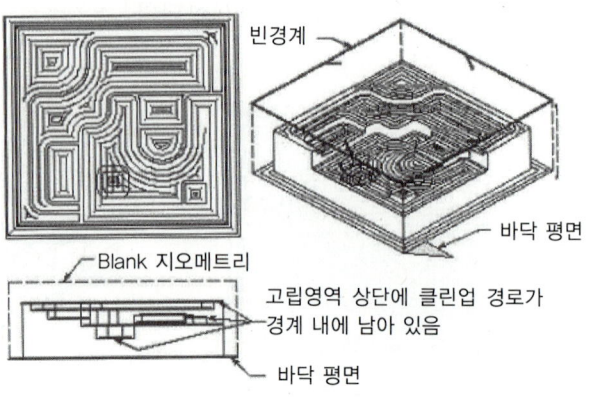

※ 바닥 다음에 임계 깊이

ㄹ) 임계 깊이(Level at Island Tops): 바닥 평면에서 절삭 단계 하나로 이어지는 평면형 절삭 단계를 각 아일랜드의 윗면에 생성한다. 아일랜드 경계의 바깥쪽을 절삭하지 않는 클린업 경로와 달리 이 절삭 단계는 각 평면 단계 내에서 모든 가공재료를 완전히 제거하는 공구 경로를 생성한다. 아래 윗면 뷰 그림에서는 윗면의 공구 경로가 서로 겹치고 있음을 확인할 수 있다. 이 옵션을 선택하면 초기, 최종, 증분 측면 스톡 필드가 활성화된다.

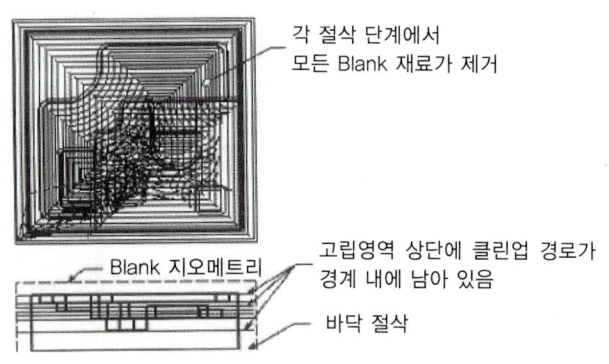

※ 임계 깊이

ㅁ) 일정(Fixed Depth): 일정한 깊이로 여러 절삭 단계를 생성한다. 절삭 깊이를 지정하는 데는 최대가 사용된다. 증분 측면 스톡 값을 지정할 수도 있다. 아일랜드 상단 가공을 사용하여 절삭 단계와 일치하지 않는 아일랜드 윗면의 추가 클린업 경로를 정의할 수도 있다.

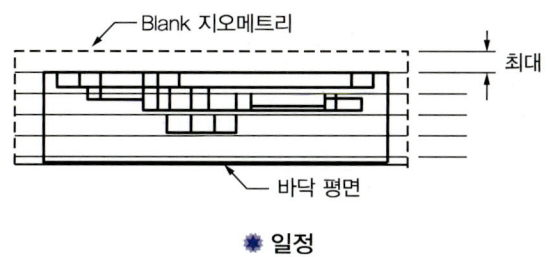

❋ 일정

② 절삭당 깊이: 절삭당 깊이를 입력한다.
③ 증분 측면 스톡: 각 절삭 단계 측면 스톡(여유량) 값을 추가한다. 증분 측면 스톡은 다중 단계 황삭 공구 경로에서 이어지는 각 절삭 단계에 측면 스톡 값을 추가한다. 증분 측면 스톡을 추가하면 커터와 벽 사이에 측면 간격이 유지되고 커터가 절삭 단계를 더 깊게 절삭할 때 부하를 줄일 수 있다. 절삭 단계 1에는 파트 스톡 값이 적용된다. 절삭 단계 2에는 지정된 증분 측면 스톡 값과 동일한 측면 스톡 값이 적용된다. 절삭 단계 3에는 지정된 증분 측면 스톡의 두 배에 해당하는 측면 스톡이 적용된다. 이러한 과정이 이후의 단계에도 반복된다. 다음 그림은 증분 벽 스톡이 적용되는 방식을 보여 준다.

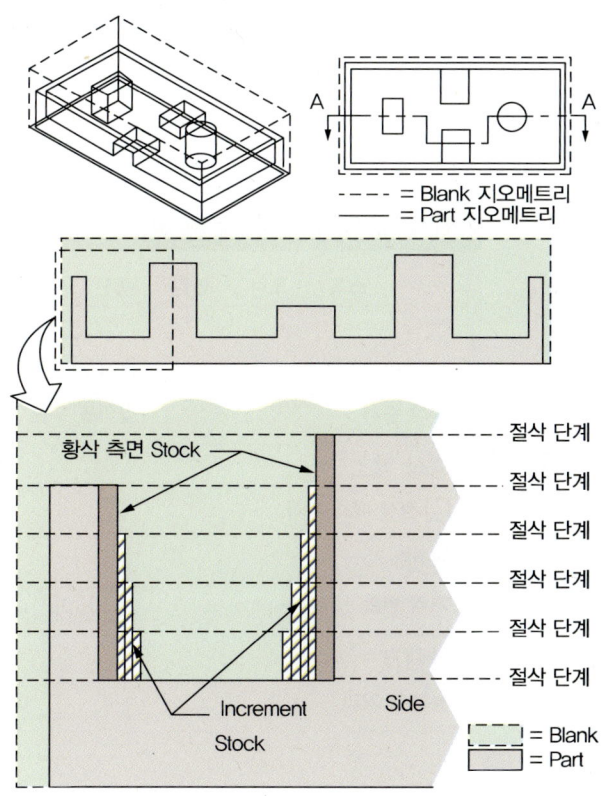

④ 임계 깊이 마무리(Top Off Island): 이 옵션을 체크 해제한 경우에는 프로세서가 절삭 단계 하나로 처음에 제거할 수 없는 각 임계의 윗면에서 개별 경로가 생성된다. 이러한 상황은 최소깊이의 절삭 값이 임계의 윗면과 이전 절삭 단계 사이의 거리보다 커서 이후의 절삭 단계로 아일랜드 윗면의 아래를 절삭한 경우에 발생할 수 있다.

외곽 따르기나 파트 따르기 가공 방법을 사용하는 경우 임계 상단 가공을 사용하면 항상 영역이 연결된 외곽 따르기 공구 경로가 생성된다. 지그재그 또는 윤곽이 있는 지그를 사용하는 경우 임계의 윗면은 항상 지그재그 공구 경로로 클린업 된다. 프로 파일이나 표준 드라이브 종류의 절삭에서는 그와 같은 클린업 패스가 생성되지 않는다.

프로세서는 설정할 수 있는 어떠한 진입 방법도 고려하지 않은 채 파트의 어떠한 벽도 파내지 않고 임계의 바깥쪽에서 임계의 위쪽 곡면으로 진입할 공구에 대한 안전 점을 찾는다. 절삭 단계 중 하나로 임계의 위쪽 곡면이 절삭된 경우에는 이 매개변수가 공구 경로 결과에 아무런 영향도 주지 않는다. 임계 상단 가공을 사용하도록 설정한 경우라 해도 필요한 경우에만 임계의 위쪽에 떨어진 개별 클린업 경로만 생성된다.

2) 절삭 매개변수(　)

① 전략: 내용은 Cavity Mill에서의 기능과 동일하다.

② 스톡: 최종 바닥 스톡-현재 오퍼레이션으로 생성되는 공구 경로를 완성한 후 포켓 가공에서 바닥에 남는 재료의 양을 지정할 수 있다.

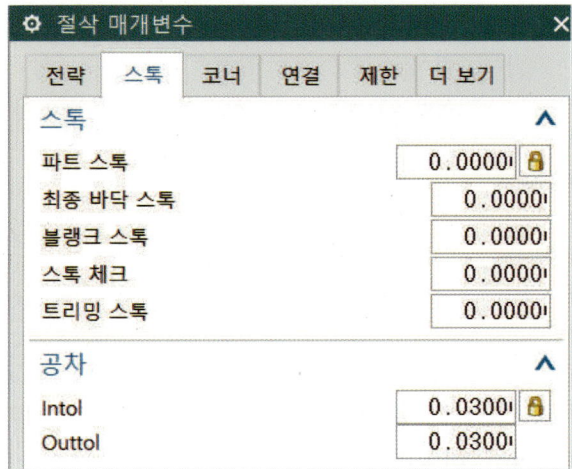

③ 코너

④ 연결

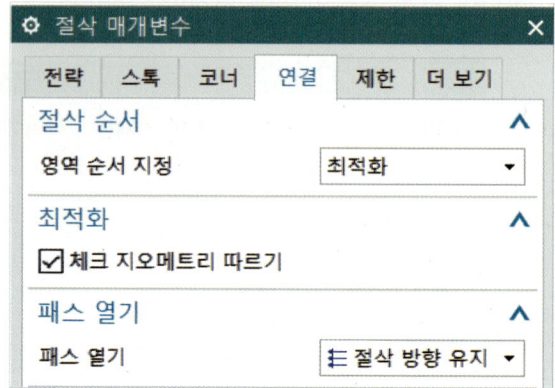

⑤ 제한: 평면 밀링에 적용되는 절삭 매개변수이다. 이 매개변수는 경계를 식별하기 위한 방법이며, 더 이상 사용되지 않는다. 이 방법 대신 2D IPW저장을 사용해야 한다. 평면 밀링에서 공구가 도달하지 못하여 절삭되지 않고 남는 재료는 파트 지오메트리와 체크 지오메트리에서 생성된 경계를 통해 식별할 수 있다. 모든 비절삭 영역 경계는 공구 위치가 Tanto인 닫힌 경계로 출력된다. 이러한 경계를 이후의 정삭 오퍼레이션에 사용되는 가공 재료 지오메트리로 선택하여 나머지 재료를 클린아웃할 수 있다. 경계를 생성하려면 아래에서 설명하는 경계 자동 저장 옵션을 활성화해야 한다. 경계 종류와 겹침 거리는 경계의 특성을 결정한다.

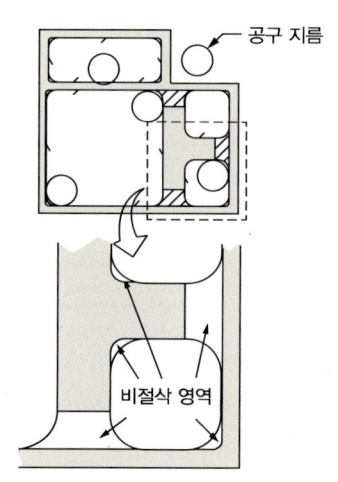

❋ 비절삭 영역

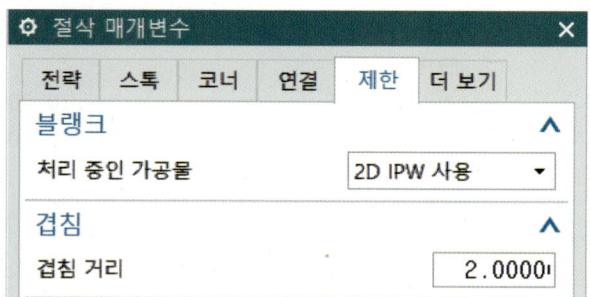

NX10 3D 모델링 및 CAD/CAM

③ 평면형(Planar Mill Type) 가공 따라 하기

❶ 파일에서 제조(Manufacturing)를 선택한다.

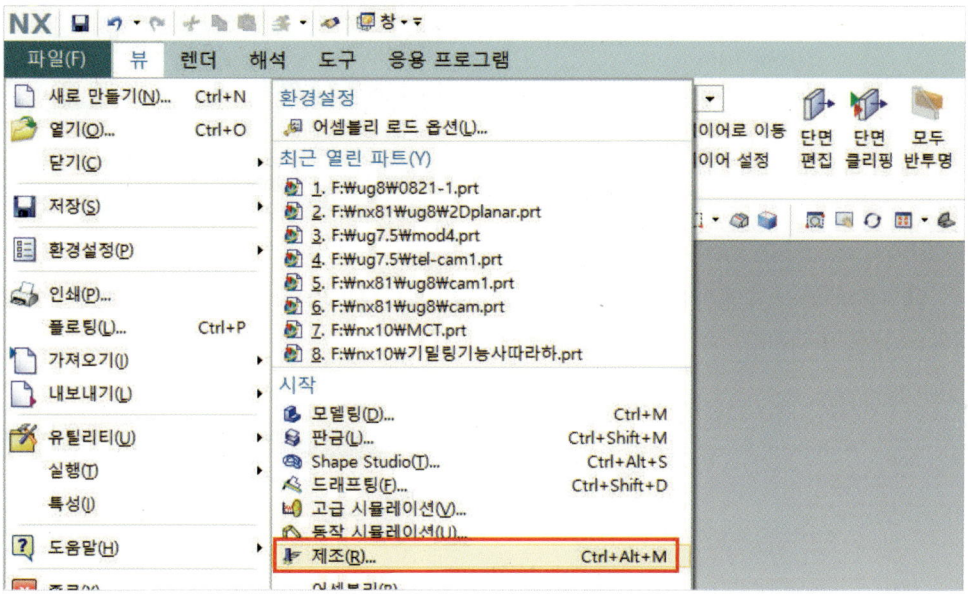

❷ 생성할 CAM 구성에서 mill_planar를 선택한다.

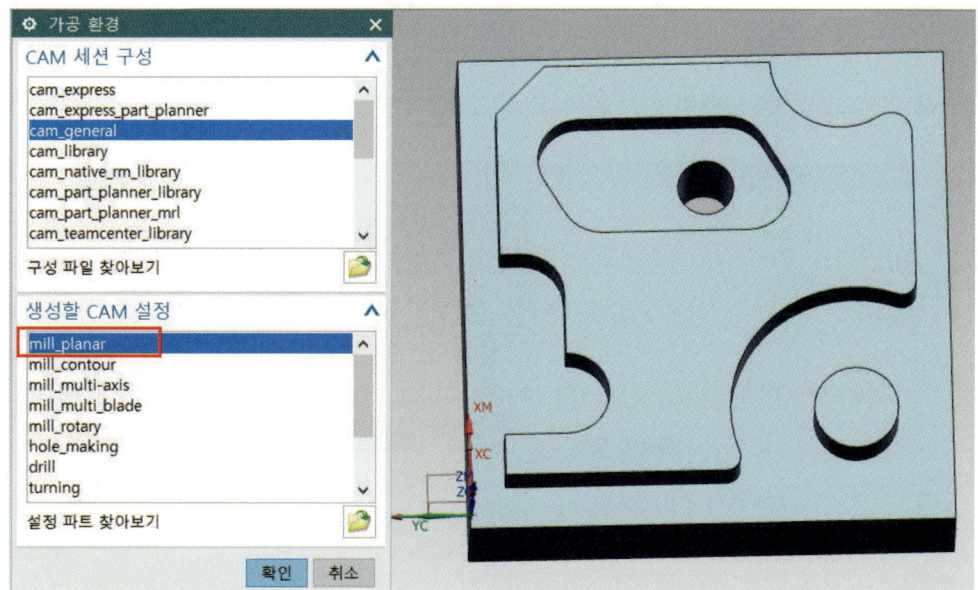

❸ 리소스 바에서 오퍼레이션 탐색기를 열어서 MB3을 클릭한 후 지오메트리 뷰를 선택한다.

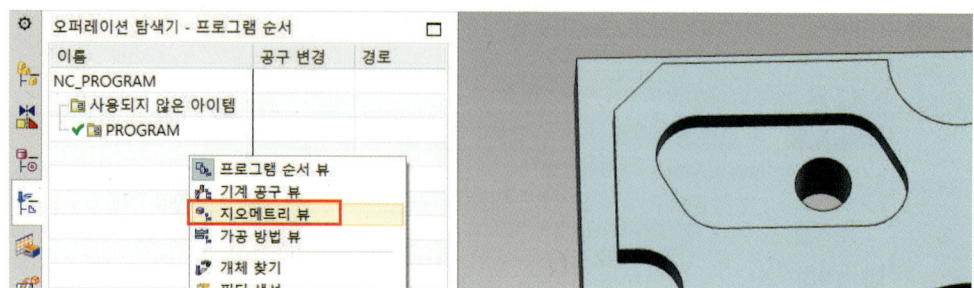

❹ 지오메트리 뷰에서 MCS_Mill을 더블 클릭한다. Mill Orient 창에서 좌표계(CSYS) 다이얼로그를 클릭한다.

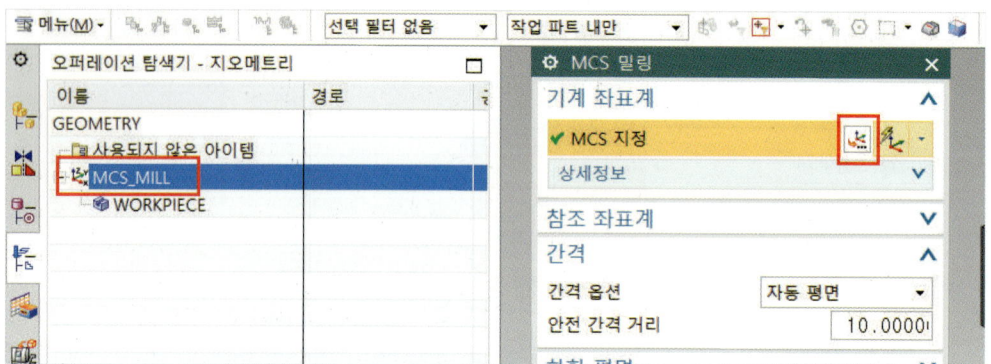

❺ 아래 그림처럼 모델링 원점 왼쪽 코너 모서리 부분을 클릭하고 확인한다.

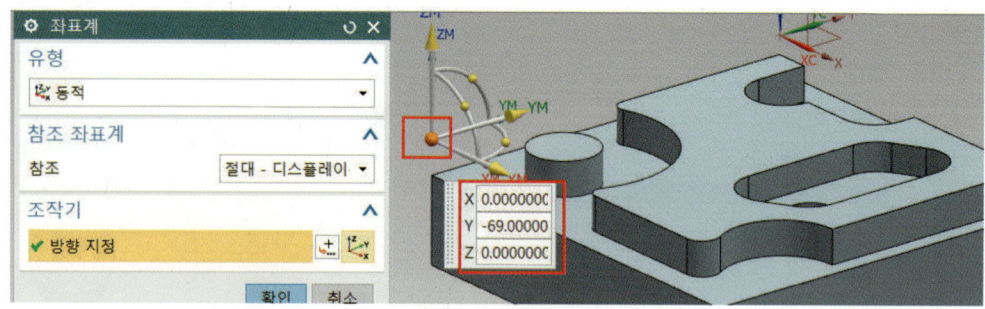

❻ 평면으로 한 다음 점 다이얼로그를 클릭한다.

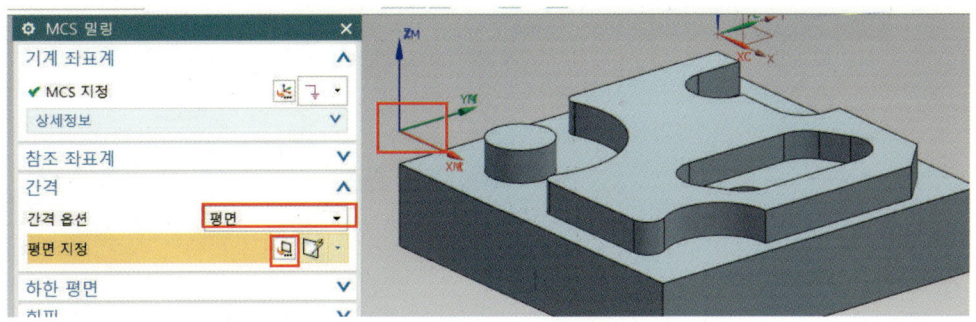

❼ 윗면을 선택하여 안전높이는 옵셋에서 거리 값 10mm를 준다.

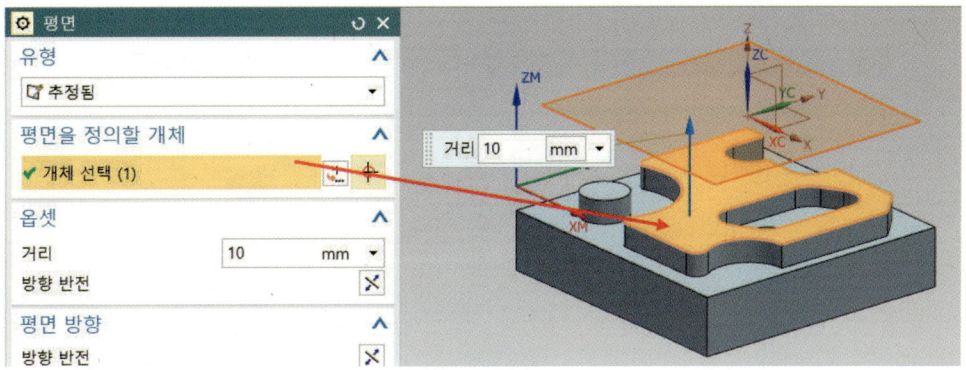

❽ MCS_MILL 앞부분의 +를 누른 다음 WORKPIECE를 선택하고, MB3 버튼을 클릭하여 편집을 선택한다.

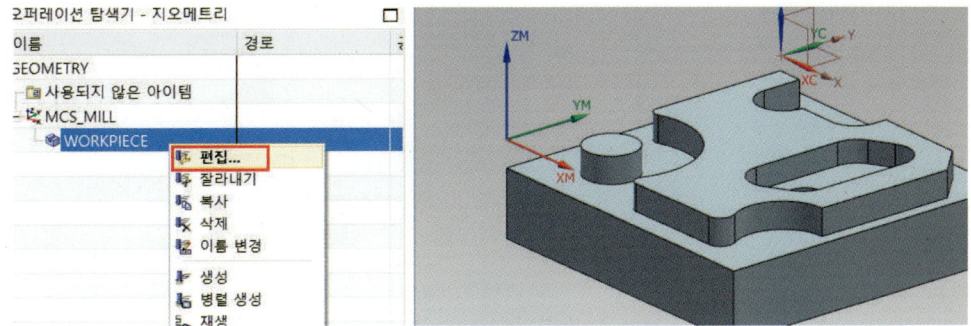

❾ 파트 지정 아이콘을 클릭한다.

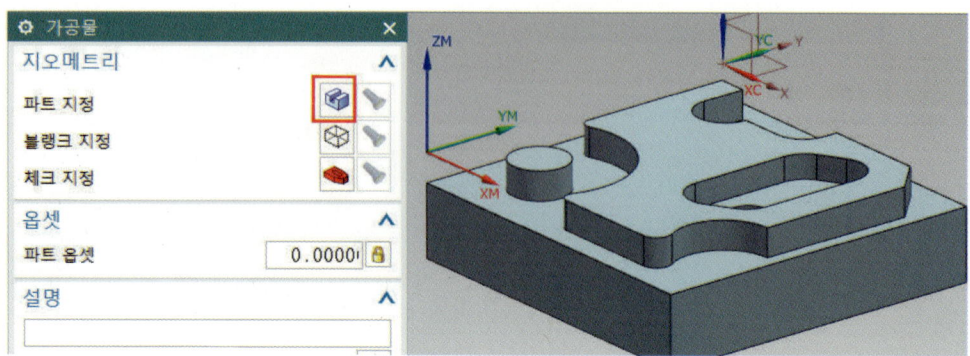

❿ 아래 그림처럼 모델링을 선택한 다음 확인한다.

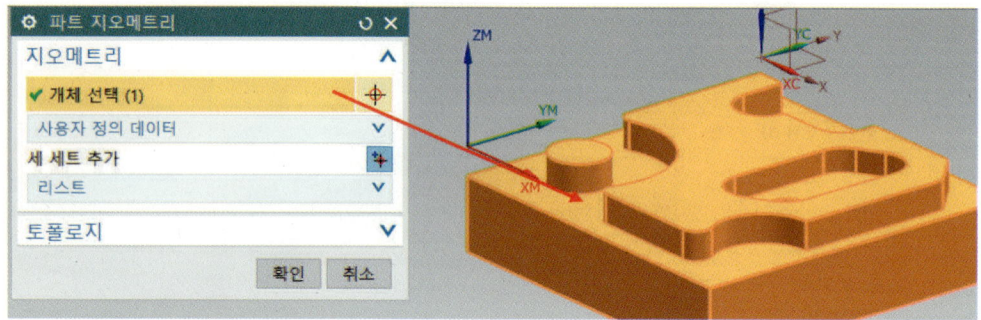

⓫ 블랭크 지정 아이콘을 클릭한다.

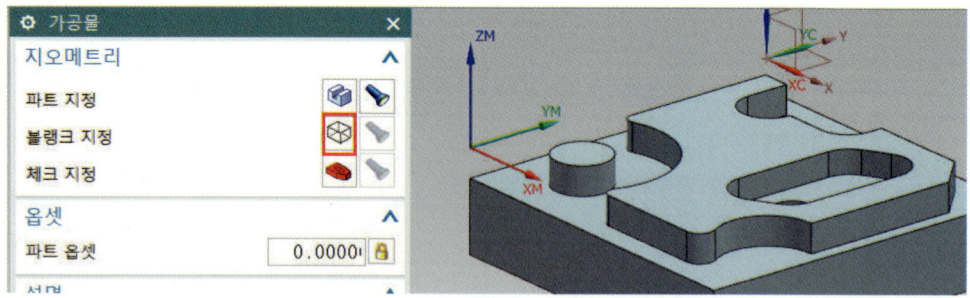

❿ 유형에서 경계블록을 선택하고 확인한다.

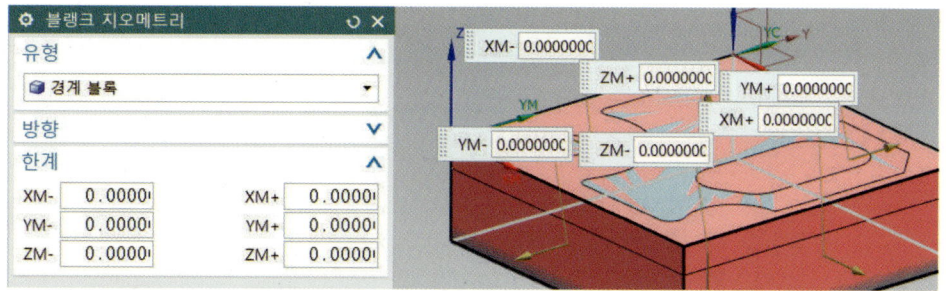

⓭ 공구 생성()을 클릭한다. 아래 그림처럼 설정하고 확인한다.

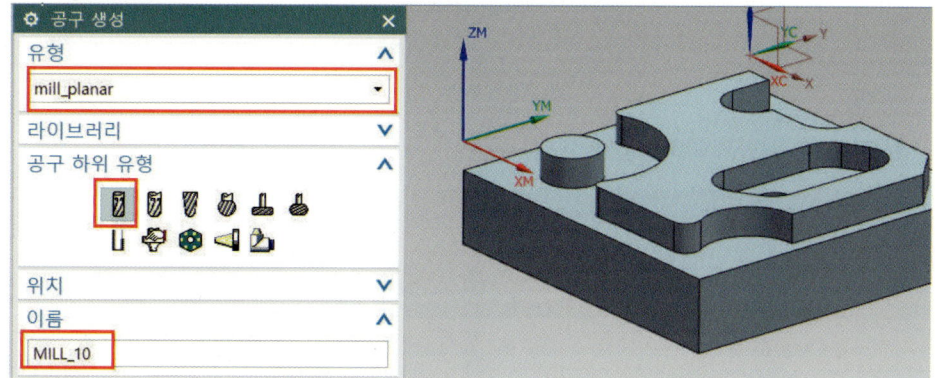

⓮ 아래 그림처럼 공구 치수의 직경 10, 공구 번호 1, 좌표계 원점을 클릭하고 확인한다.

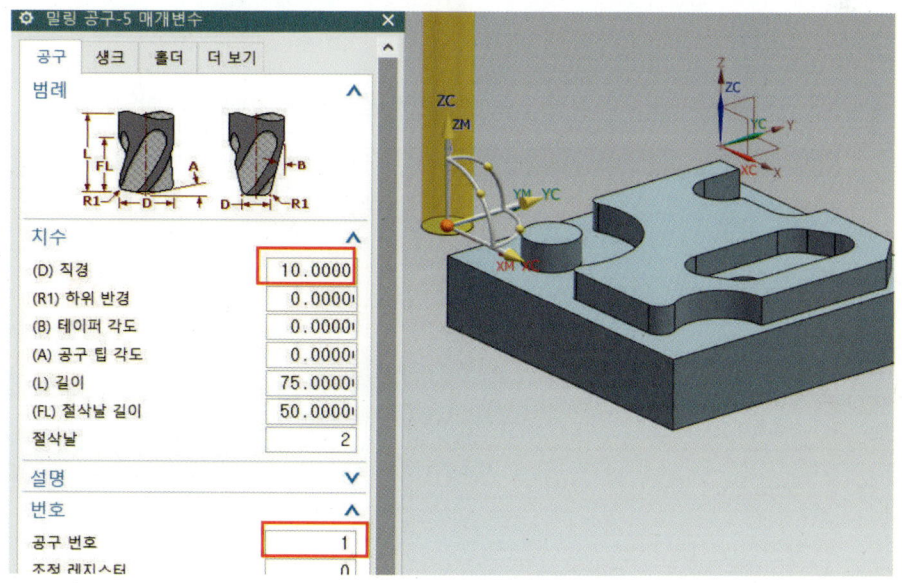

Chapter 06 | 평면형(Planar Mill Type) 가공

⑮ 오퍼레이션 생성( )을 클릭한 후 아래 그림처럼 설정하고 확인한다.

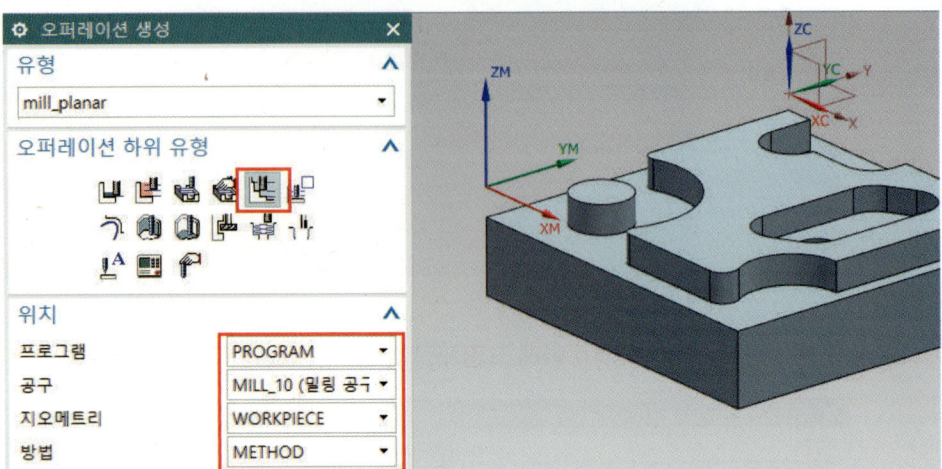

⑯ 파트 경계 지정 아이콘을 클릭한다.

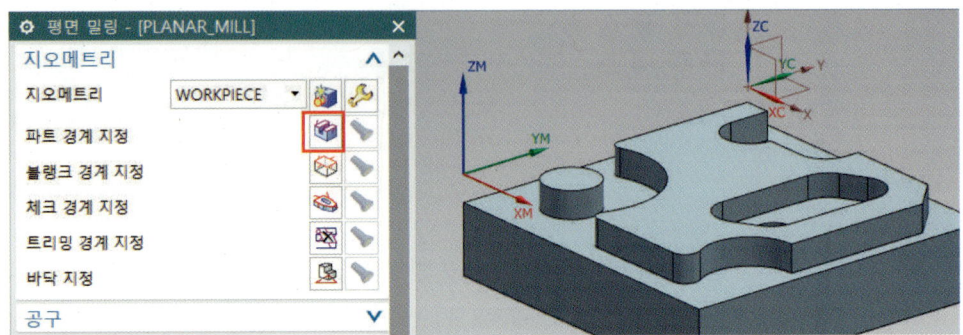

⑰ 아래 그림과 같이 모드에서 면으로 설정한 다음 윗면을 선택하고 확인한다.

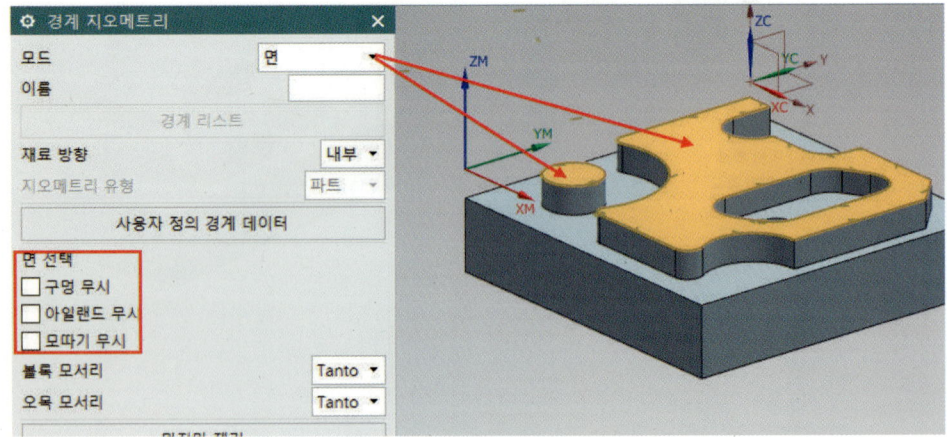

NX10 3D 모델링 및 CAD/CAM

⓳ 블랭크 경계 지정 아이콘을 선택한다.

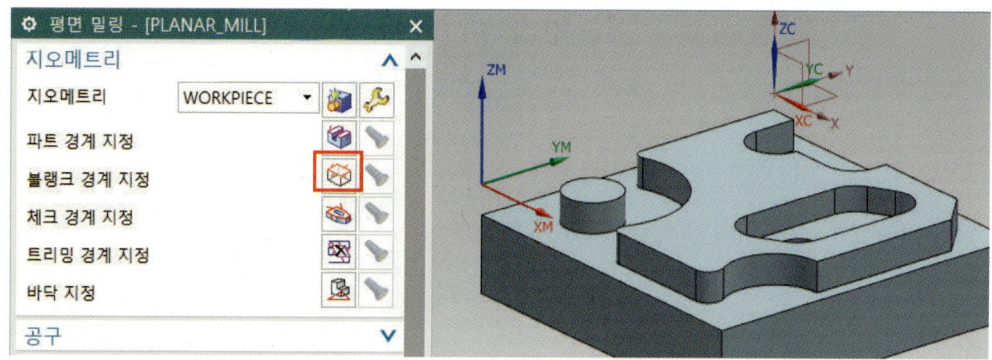

⓳ 모드에서 곡선/모서리를 선택한다.

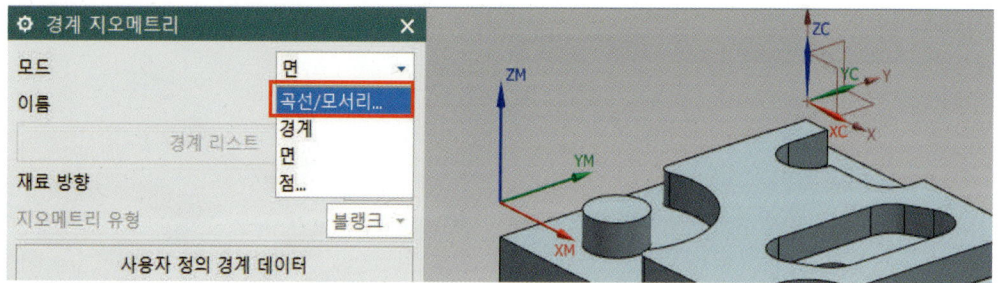

⓴ 평면에서 사용자 정의를 설정한다.

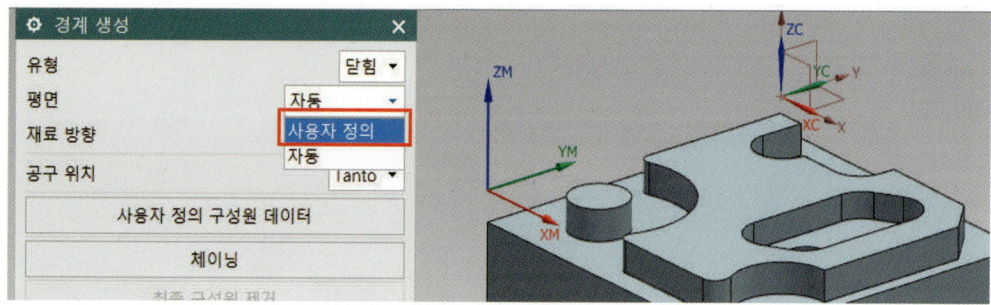

Chapter 06 | 평면형(Planar Mill Type) 가공

㉑ 아래 그림과 같이 외곽의 모서리 선 4군데 모서리를 클릭하고 확인한다.

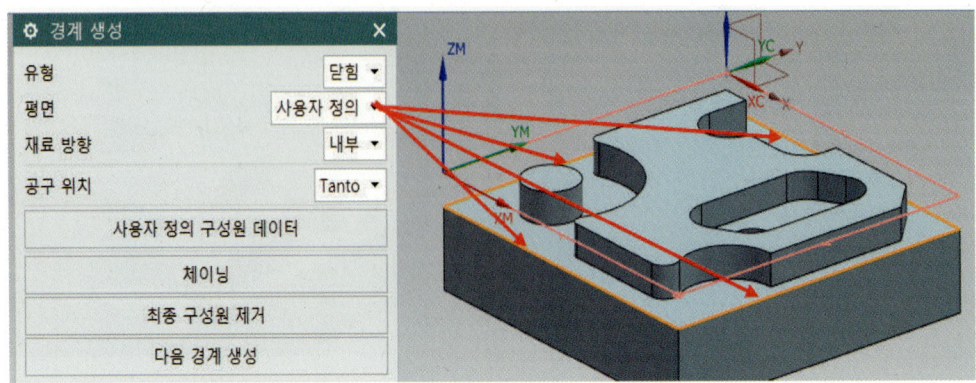

㉒ 아래 그림과 같이 영역이 설정된 것을 확인하고 빠져 나간다.

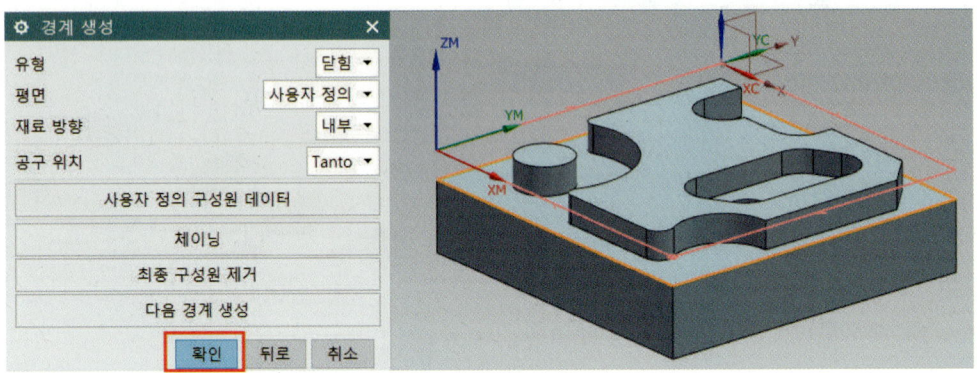

㉓ 체크 경계 지정 아이콘을 선택한다.

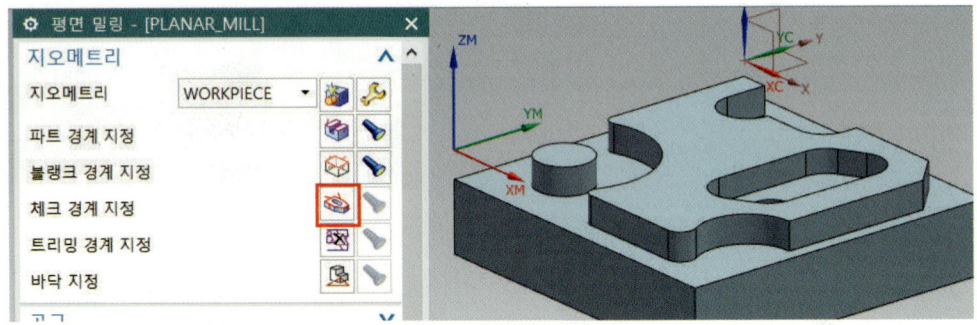

㉔ 모드를 면으로 하고 아래 그림과 같이 바닥 면을 선택한 다음 확인한다.

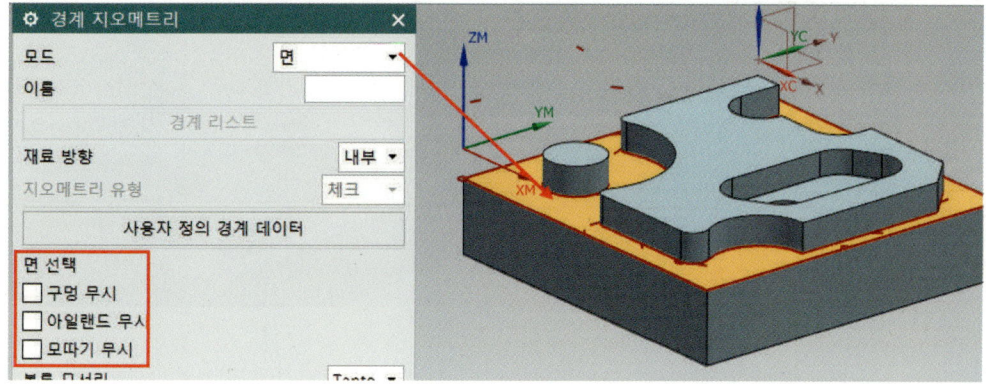

㉕ 바닥 지정 아이콘을 클릭한다.

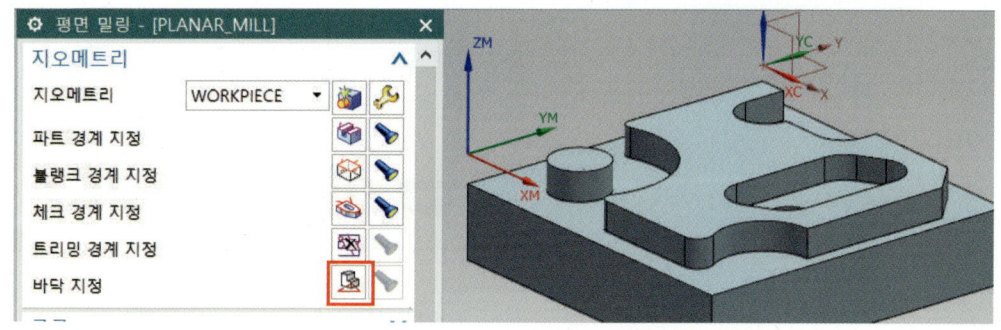

㉖ 아래 그림처럼 가운데 홈 바닥을 선택하고 확인한다.

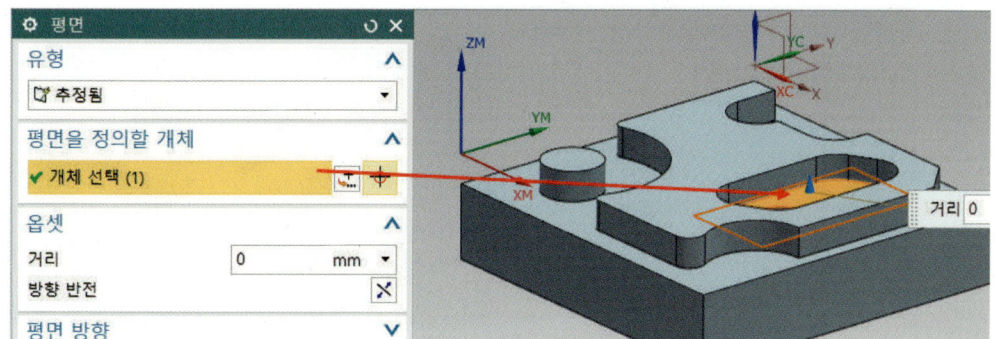

㉗ 아래 그림과 같이 설정한다.

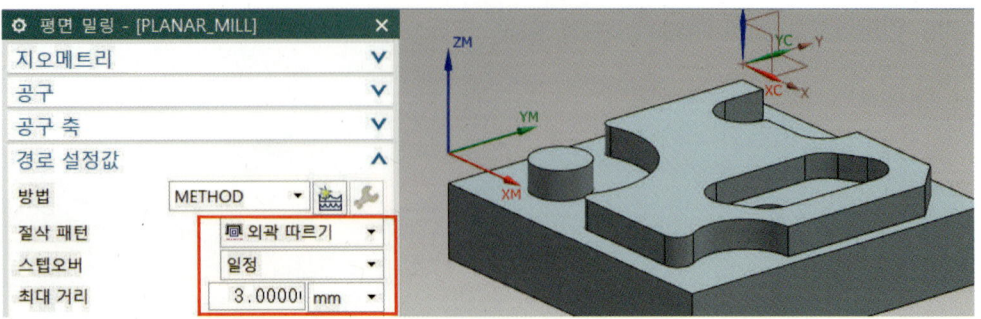

㉘ 절삭 수준( ) 아이콘을 선택한다.
㉙ 유형은 일정으로 하고 절삭당 깊이 4mm를 입력하고 확인한다.

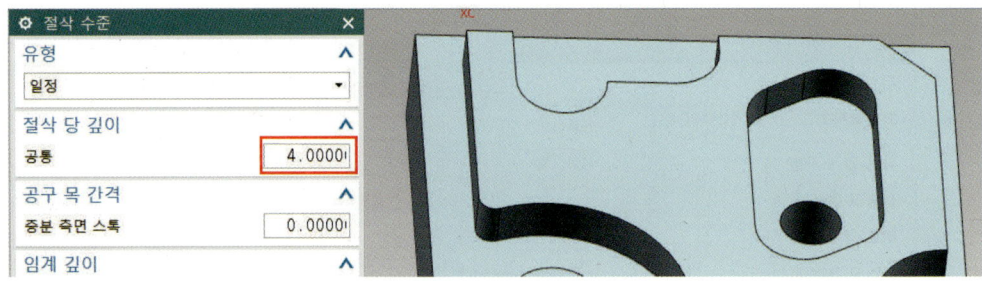

㉚ 절삭 매개변수( ) 아이콘을 클릭한다.
㉛ 아래 그림과 같이 설정한다.

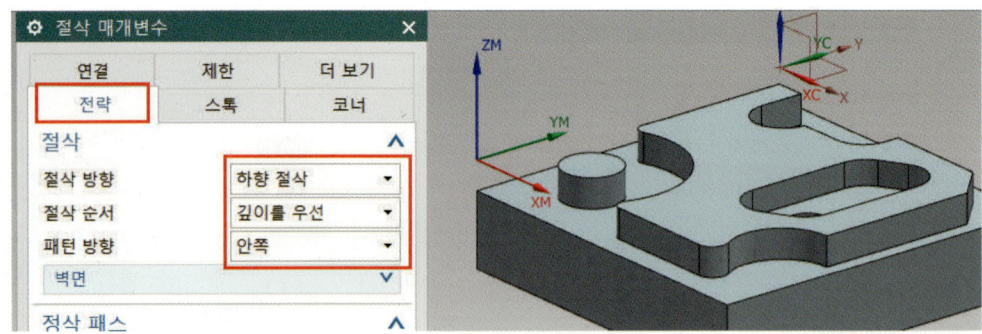

㉜ 스톡 탭에서 파트 스톡(가공 여유)을 0으로 설정한다.

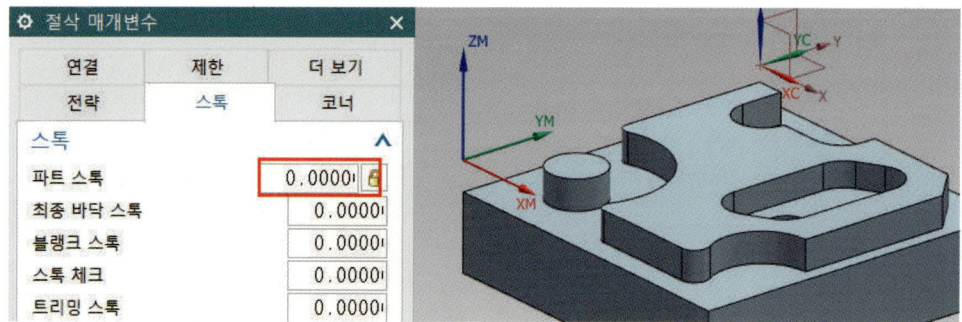

㉝ 연결에서 사전 드릴 점 따르기를 선택한다.

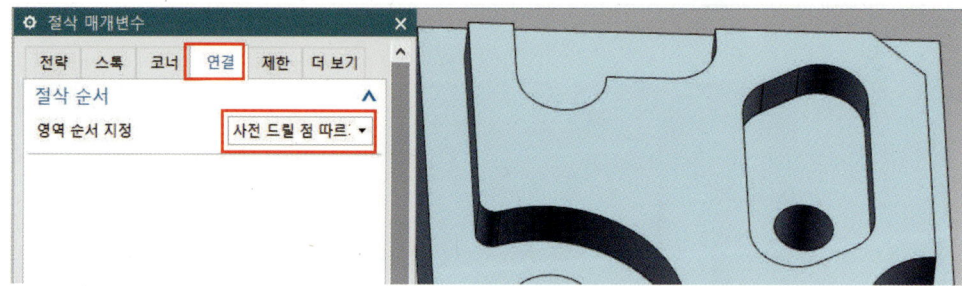

㉞ 제한 탭의 블랭크에서 처리 중인 가공물은 2D IPW 사용 선택한 후 확인한다.

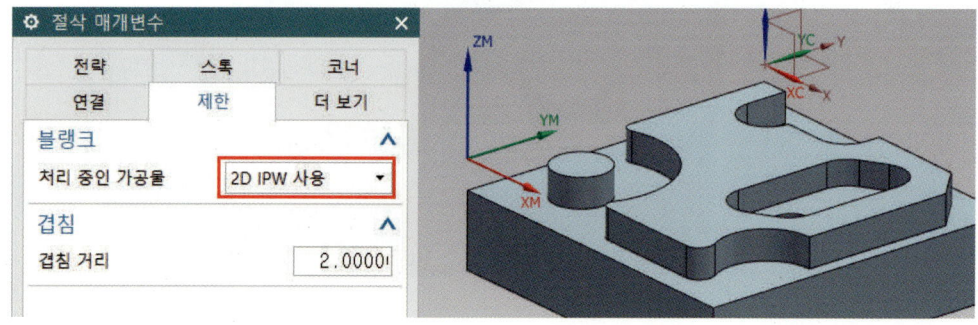

㉟ 이송 및 속도() 아이콘을 클릭한다.

㊱ 스핀들 속도(rpm), 절삭(mmpm) 속도를 아래와 같이 입력하고 확인한다.

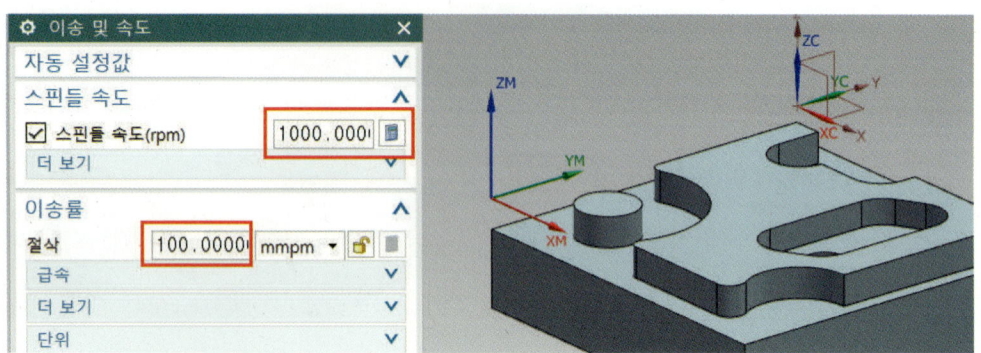

㊲ 작업에서 생성( ) 아이콘을 클릭한다.

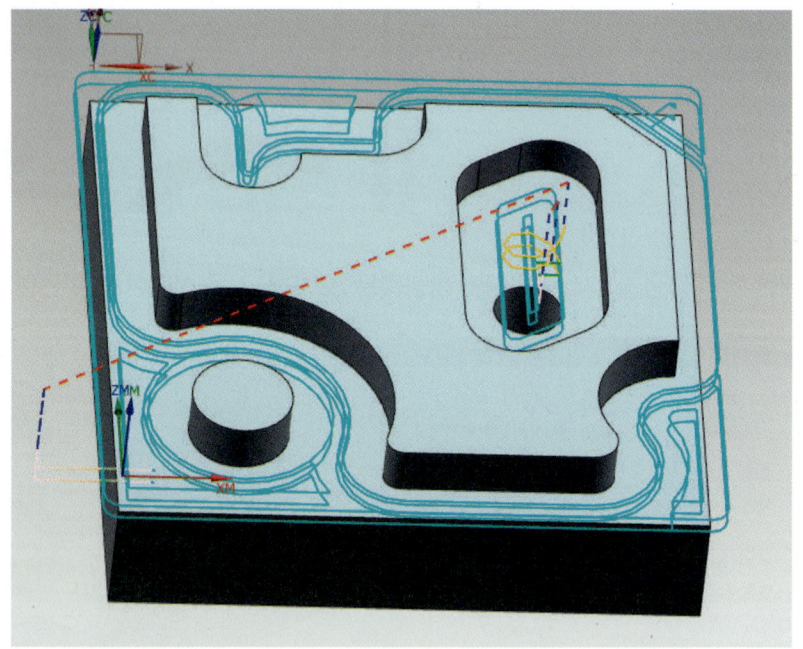

㊳ 검증( ) 아이콘을 클릭한다.

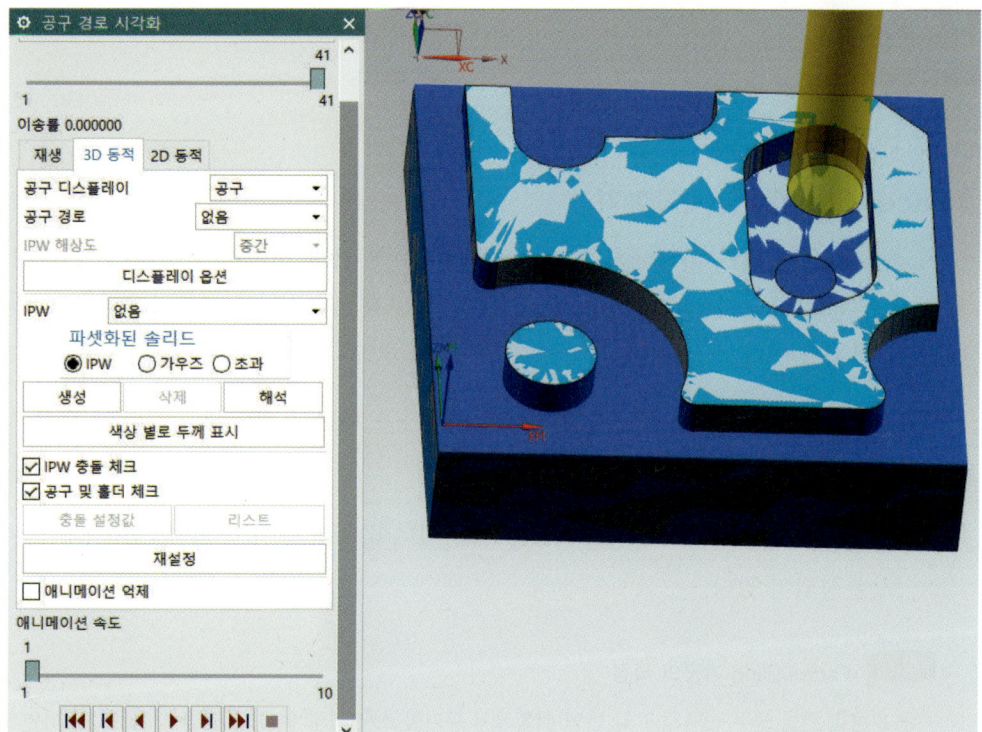

CHAPTER 07 Face Milling 가공

1 Face Mill 정의 및 시작하기

Face Mill은 솔리드 바디에서 평면을 절삭하는 데 가장 적합하다. 면을 선택하면 파트의 나머지 부분을 파내지 않도록 자동으로 설정된다. Face Mill 오퍼레이션을 생성하는 데는 다음 세 가지가 있다.

① Face Milling( ): 파트 지오메트리, 면(가공 재료 경계), 체크 경계와 체크 지오메트리가 있다.

② Face Milling Manual( ): 모든 지오메트리 종류가 포함되며, 절삭 패턴은 블렌드로 설정되어 있다.

> **참고** Face Milling 가공의 특징
> ① 가공할 면을 모두 선택하고 각 면의 위쪽에서 제거할 스톡(가공 여유)의 양을 지정하기만 하면 되므로 작업이 매우 간단하다.
> ② 영역이 서로 가까이 있고 높이가 동일한 경우 이러한 영역을 함께 가공할 수 있으므로 진입과 진출 이동에 필요한 시간을 약간 절약할 수 있다. 영역을 결합하여 가장 효율적인 공구 경로를 생성할 수도 있다. 커터가 절삭 영역 사이에서 멀리 이동할 필요가 없기 때문이다.
> ③ 면 밀링을 사용하면 선택된 면의 위쪽에서 제거해야 할 스톡을 빠르고 쉽게 설명할 수 있다. 위쪽이 아래를 향하게 하는 대신 위쪽이 그대로 위를 향하게 하여 스톡을 모델링할 수 있다.
> ④ 면 밀링을 사용하면 주사에 일반적으로 쓰이는 스탠딩 패드 같은 평면형 면을 솔리드에서 쉽게 가공할 수 있다.
> ⑤ 영역을 생성할 때 면이 배치된 솔리드 파트 지오메트리로 인식된다. 솔리드 바디를 파트로 선택하면 가우즈(구멍, 홈 부위) 체크를 사용하여 파트가 파이는 경우를 방지할 수 있다.
> ⑥ 커터를 이동시키기 위해 교육 모드를 사용하는 수동 절삭 패턴을 비롯하여 서로 다른 절삭 패턴을 가공할 각 면에 사용할 수 있다.
> ⑦ 커터가 스탠딩 패드에서 런 오프하여 공구를 들어올리기 전에 파트를 완전히 지운다.
> ⑧ 빈 공간을 가로질러 절삭할 때 커터를 들어 올리지 않고 계속 절삭할 수 있다.

(1) Face Milling의 시작

① 모델링을 완성하고 시작에서 Manufacturing을 클릭한다. 생성할 CAM 설정에서 mill_planar을 선택하고 확인한다.

② 삽입에 오퍼레이션을 선택하거나 오퍼레이션 생성() 아이콘을 클릭한다. 오퍼레이션 생성에서 유형은 2축 가공작업에 해당되는 mill_planar을 선택하고, 하위 유형에서 Face Milling의 종류를 선택한다. 위치 옵션을 설정하고 확인한다.

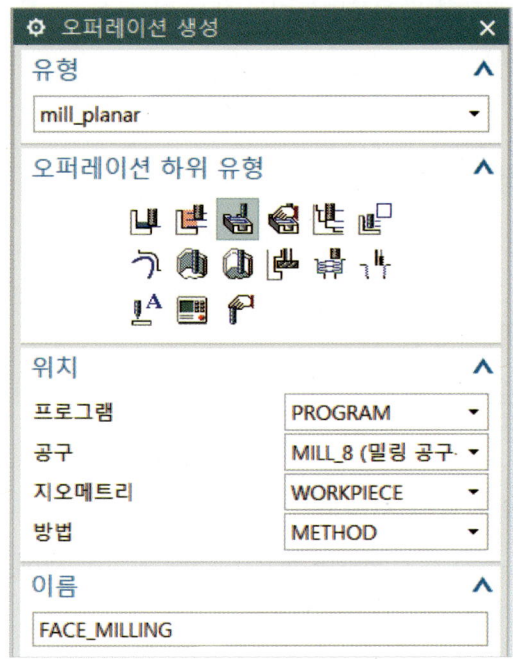

❷ Face Milling 옵션

(1) 지오메트리

모델링, 가공 소재, 가공 영역 등의 지오메트리를 설정할 수 있다. 지오메트리를 Workpiece로 설정하면 Workpiece에서 설정한 부분은 선택이 비활성화된다. 유형은 지오메트리(Geometry)의 차이가 있다.

1) 지오메트리

아래 그림과 같이 기본 지오메트리 설정을 쉽게 변경할 수 있다.

- 새로 지정(　): 지오메트리를 새로 만든다.
- 편집(　): 현재 설정된 지오메트리를 수정한다.

2) 파트 지정(　)

가공 후 완성된 형상으로 모델링을 의미한다.

3) 절삭 영역 지정(　)

가공 영역을 말하며 사용자가 가공하고자 하는 부분만 선택하여 가공할 수 있다.

4) 벽면 지오메트리 지정(　)

벽면 스톡과 함께 사용하면 파트 바디에서 가공 면에 관련된 벽에 대하여 전체 파트 스톡을 재정의한다.

5) 체크 지정(　)

공구 경로를 생성할 때 공구가 지나가지 말아야 할 클램프 자리 등을 회피하기 위해서 설정한다. 가공 소재를 직접 스케치 및 모델링하여 설정하고 확인한다.

6) 면 경계 지정(　)

면 경계 영역을 설정한다. 구멍이 있는 면을 선택 시 구멍을 무시한다. 해당 내부 재료가 가공할 영역을 나타내는 닫힌 경계로 구성된다.

7) 체크 경계 지정(　)

체크 지정과 비슷하지만 면이나 모서리, 점 등을 선택한다.

(2) 경로 설정값

1) 방법: 가공방법을 선택할 수 있다.

2) 절삭 패턴: 가공 패턴을 선택할 수 있다.

① **파트 따르기**: 모델링의 파트 윤곽을 따라 가공하는 방법으로 ㄷ자 형태로 가공이 되며 바깥쪽에서 안쪽으로 가공이 된다.

② **외곽 따르기**: 모델링의 외곽 윤곽을 따라 가공하는 방법으로 안쪽에서 바깥쪽으로 가공하거나 바깥쪽에서 안쪽으로도 가공이 가능하다.

③ **혼합**: 서로 다른 영역에 각각 다른 절삭 패턴을 설정할 수 있다.

④ **프로파일**: 모델링 형상의 윤곽을 따라 한 번만 가공하는 방법으로 잔삭에 이용된다.

⑤ **트로코이드**: 모델링 형상의 윤곽을 따라 가공하는 방법으로 파트 따르기와 비슷한 모양으로 가공이 된다.

⑥ **지그**: 공구가 갈 때 가공되고 올 때는 사용자가 지정한 안전높이까지 이동하여 급속이송하여 다시 가공이 시작된다.

⑦ **지그재그**: 공구가 왕복으로 이동하면서 가공하는 방법으로 갈 때 한 번, 올 때 한 번, 2번 가공된다.

⑧ **윤곽이 있는 지그**: 일반적으로 많이 사용되는 가공방법으로 지그방법으로 가공이 되면서 윤곽의 형태로 가공하여 기계와 공작물 및 공구 사이에 과부하를 줄일 수 있다.

3) 스텝오버

공구가 한 번 가공하고 난 후 다음 가공에 들어갈 때 측면으로 이동하는 값을 설정한다.

① **일정(Constant)**: 고정된 임의의 피치(pitch) 값을 입력한다.

② **스캘럽(Scallop)**: 엔드 밀(End mill)이 가공하고, 다음 피치(pitch)로 이동한 후 남은 영역의 높이 값이다.

③ **공구 지름(% Tool Flat)**: 공구의 직경에 대한 백분율(percent) 값이며, 주로 황삭 가공에 사용한다.

④ **복수(Multiple)**: 절삭 곡선마다 임의의 다른 값을 입력가능하다.

4) 블랭크 거리(Blank Distance)

블랭크 거리는 제거할 재료의 총두께를 정의한다. 이 두께는 선택한 면 지오메트리의 평면 위에서 공구 축을 따라 측정된다. 이 옵션은 제거할 재료의 실제 두께를 결정하기 위해 최종 바닥 스톡(Final Floor Stock)과 함께 사용된다. 이 옵션을 절삭 깊이와 함께 사용하면 각 면에서 생성되는 절삭 깊이의 수를 결정할 수 있다.

5) 절삭 당 깊이(Depth Per Cut)

한 번에 가공되는 양을 의미하며, Face Milling에서 절삭 단계는 선택된 각 면에 대해 다음과 같이 계산된다.

> 절삭 단계 = (블랭크 거리 - 바닥 스톡) / 절삭 당 깊이

6) 최종 바닥 스톡(Final Floor Stock)

최종 바닥 스톡은 면 밀링과 평면 밀링에 적용되는 절삭 매개변수이다. Face Milling에서 최종 바닥 스톡은 면 지오메트리 위에 절삭하지 않은 채 남길 재료의 두께를 정의한다. 제거할 재료의 총 두께는 가공 재료 거리와 최종 바닥 스톡 사이의 거리이다.

7) 절삭 매개변수( )

파트 재료에 절삭을 연결하는 옵션을 설정할 수 있으며, Face Milling에서만 적용되는 기능에 대해서만 설명하겠다. 다른 기능은 Cavity Mill이나 Planar Mill에서의 Cutting을 참고한다.

① 전략
  ㉠ 형상 단순화: 복잡한 면을 가공 시 단순화시켜 공구 경로를 생성할 수 있다.

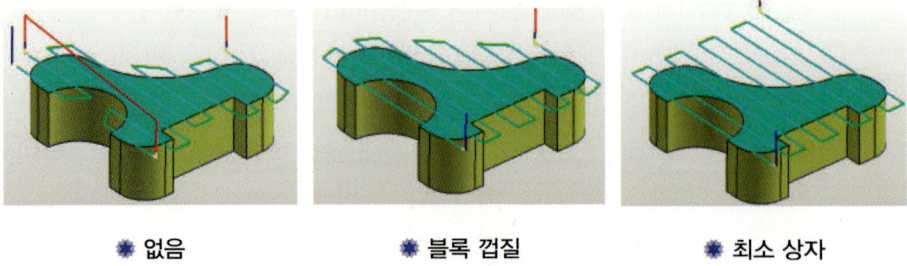

❋ 없음　　　　　❋ 블록 껍질　　　　　❋ 최소 상자

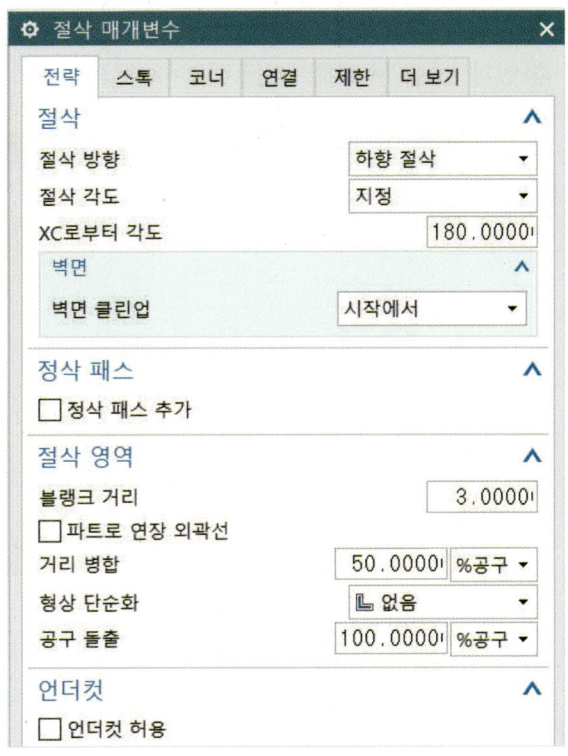

ⓒ 언더컷 허용(Prevent Undercutting): 언더컷 허용은 공구 경로를 생성할 때 언더컷 지오메트리를 고려하여 파트 지오메트리에 대해 생크가 마찰을 일으키지 않도록 한다. Face Milling에 대해 언더컷 방지를 설정하면 최소 회피 간격이 공구 생크에 적용된다. 수평 및 수직 간격은 진입/진출이 절삭 영역 외부로 연장되어야 하는 거리를 결정하는 데 사용된다. 언더컷 방지를 사용하면 처리 속도가 느려진다. 의도적인 언더컷 영역이 없으면 이 옵션을 해제하여 처리 속도를 높이는 것이 좋다. 언더컷 방지를 해제하면 언더컷 지오메트리가 고려되지 않는다. 따라서 수직 벽을 처리할 때 공차가 더 느슨해진다.

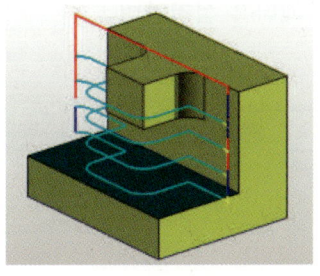

❋ 언더컷 허용 체크 해제

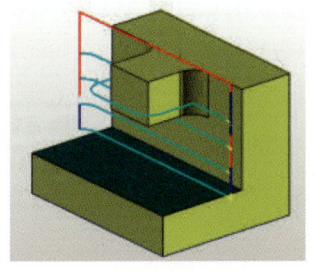

❋ 언더컷 허용 체크

② 벽면 스톡(Wall Stock): 이 옵션을 이용하면 지오메트리의 벽면 지오메트리를 사용할 수 있다. 벽면 지오메트리를 설정하면 벽면 스톡 값 만큼 적용된다.

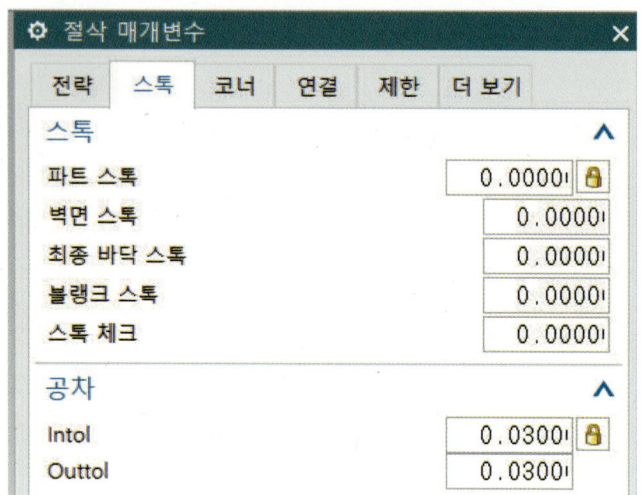

(3) 혼합 가공

절삭 패턴에서 혼합을 선택하고 서로 다른 영역에 각각 다른 절삭 패턴을 설정할 수 있고 수동 절삭 패턴을 편집한다.

각각의 절삭 단계(Cut Level)별로 작업자가 원하는 가공 패턴을 지정할 수 있다. 즉 한 가지의 가공 패턴이 아닌, 절삭 깊이에 따라 다르게 가공 패턴을 부여할 수 있다.

1) 사용 방법

사용하는 방법은 우선은 혼합의 가공 패턴을 선택한다. 그런 다음 작업에서 생성(Generate) 아이콘을 클릭하면 영역 절삭 패턴(Region Cut Patterns) 대화상자가 열린다. 대화상자에는 각각의 절삭 단계(Cut Level)별로 리스트가 기록이 되어 있으며, 리스트를 이용하여 절삭 단계별 가공 패턴을 설정하면 된다.

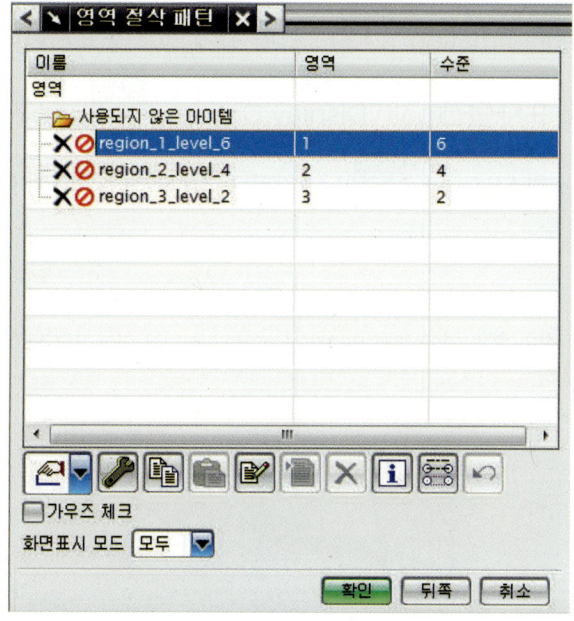

2) 옵션

① 절삭 패턴 선택( ): 강조 표시된 영역의 절삭 패턴을 선택한다. 즉 리스트에서 선택된 영역에 대한 절삭 패턴을 설정할 수 있다. 오퍼레이션(Operation) 창에서의 절삭 방법(Cut Method)의 절삭 패턴과 동일하게 선택할 수 있다.

② 편집(Edit,): 절삭 패턴에 관한 내용을 수정할 수 있다. 자동 절삭 패턴의 절삭 매개변수에 액세스하거나 수동 절삭 패턴을 생성 및 편집할 수 있다.

③ 복사(Copy,): 수정된 패턴을 복사할 수 있다.

④ 붙여넣기(Paste,): 복사된 패턴을 다른 영역에 적용할 수 있게 붙여넣기를 할 수 있다.

⑤ 이름 변경(Rename,) : 선택된 영역의 이름을 바꿀 수 있다.

⑥ 삽입(Insert,): 기존의 패턴에 추가 동작을 삽입한다. 자동 패턴으로 영역에 절삭 매개변수를 삽입한다.

⑦ 삭제(Delete,): 수동 패턴이나 절삭 매개변수를 삭제한다.

⑧ 정보(Information, ⓘ) : 팝업 창에 정보를 표시한다.

⑨ 경로 표시 옵션(path Display Options, ▦): 공구 경로 표시 옵션을 설정한다.

⑩ 실행 취소(Undo, ↶): 마지막 동작(삭제, 붙여넣기 등)을 취소한다.

> **참고**
>
> 다음 그림과 같이 영역 절삭 패턴(Region Cut Patterns)을 이용하여 단계(Level)별 가공 패턴을 다르게 설정할 수 있다.

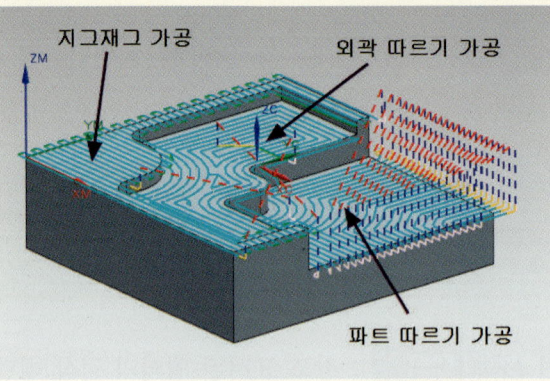

③ Face Mill 가공 따라 하기

❶ 파일에서 Manufacturing을 선택한다.
❷ 생성할 CAM 구성에서 mill_planar을 선택하고 확인한다.

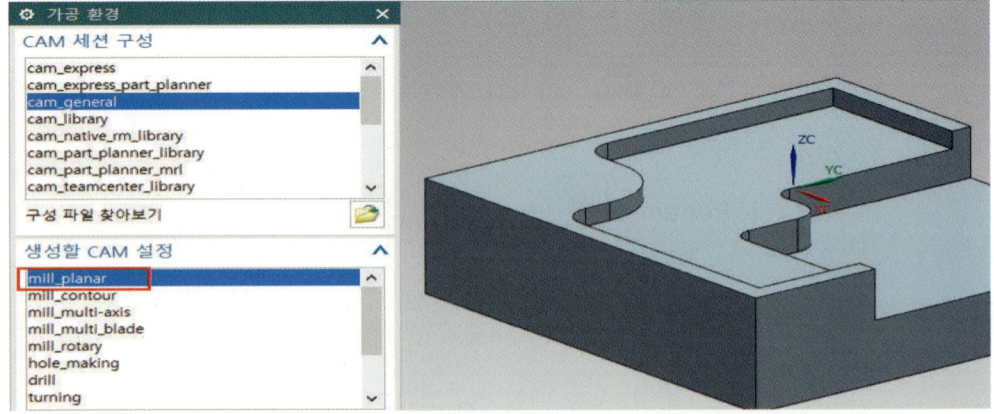

❸ 리소스 바에서 오퍼레이션 탐색기를 열어서 MB3을 클릭하고 지오메트리 뷰를 선택한다.

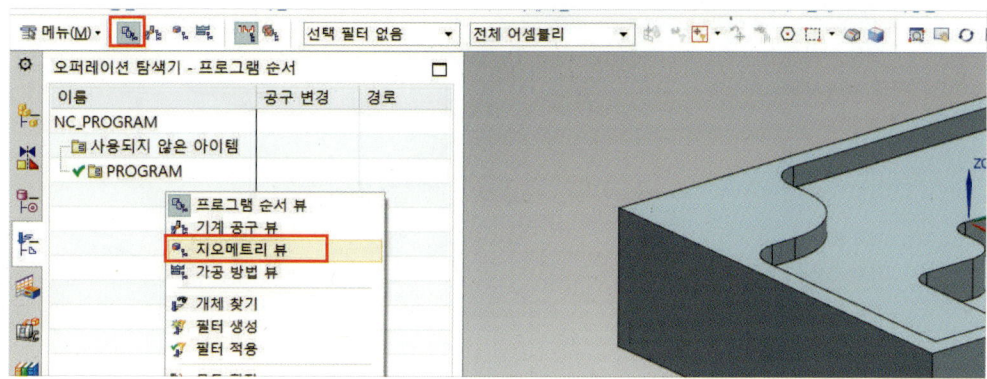

❹ MCS_MILL을 더블 클릭하고 좌표계 다이얼로그( ) 아이콘을 클릭한다.

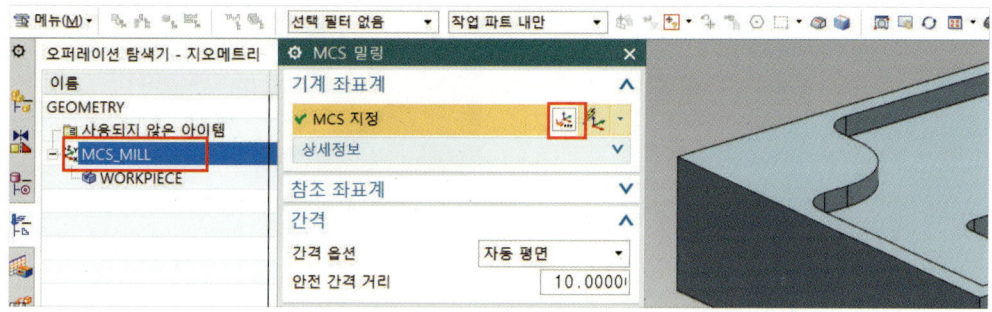

❺ MB1 버튼을 이용하여 아래 그림처럼 가공 원점을 클릭하고 확인한다.

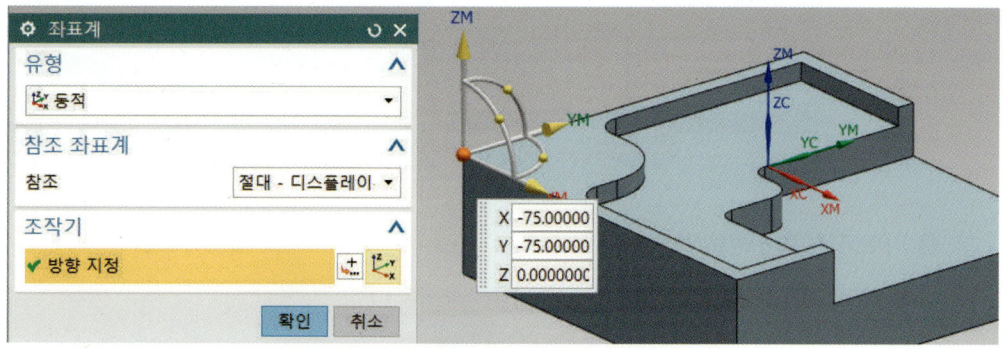

Chapter 07 | Face Milling 가공

❻ 평면으로 하고 점 다이얼로그를 클릭한다.

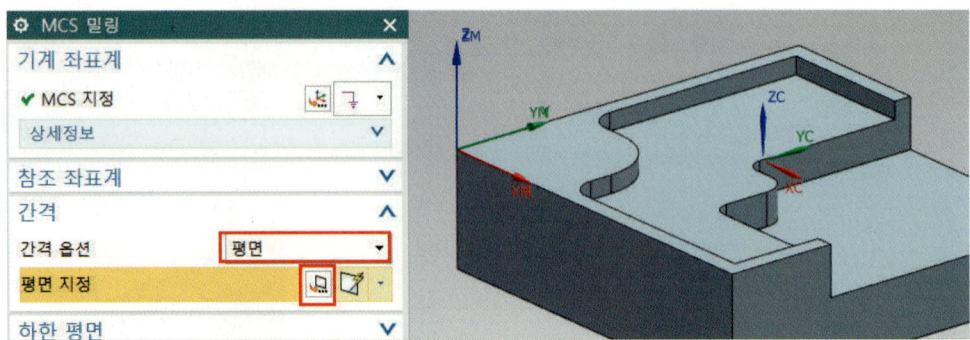

❼ 윗면을 선택한 다음 안전높이는 옵셋에서 거리 값 10mm를 준다.

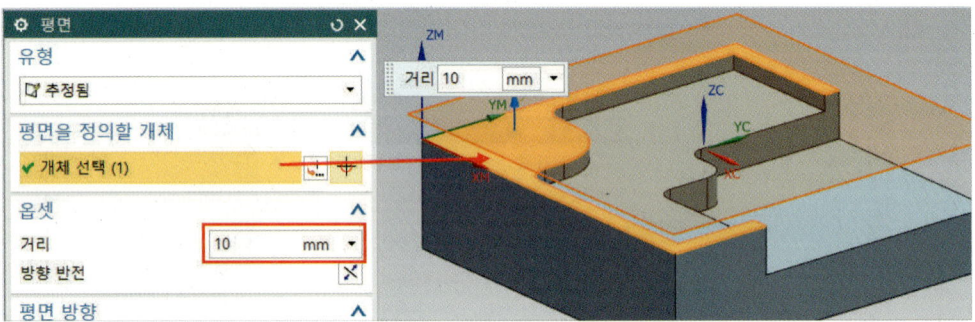

❽ MCS_MILL 앞부분의 +를 누르고 WORKPIECE를 선택하고 MB3 버튼을 클릭하여 편집을 선택한다.

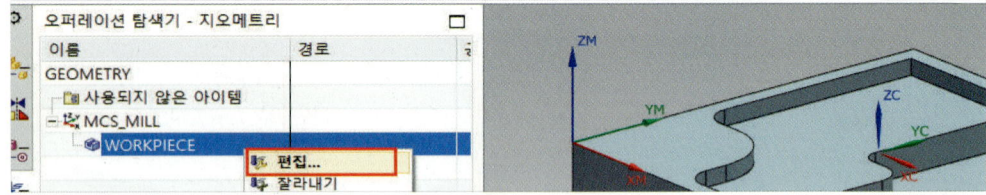

❾ 파트 지정 아이콘을 클릭한다.

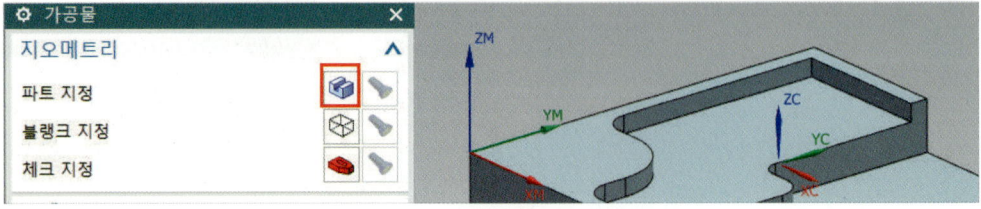

❿ 아래 그림처럼 모델링을 선택하고 확인한다.

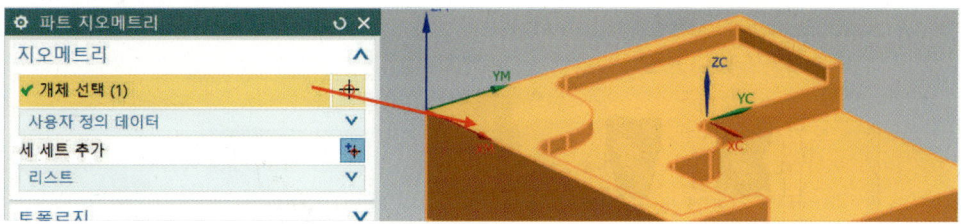

⓫ 블랭크 지정 아이콘을 클릭한다.

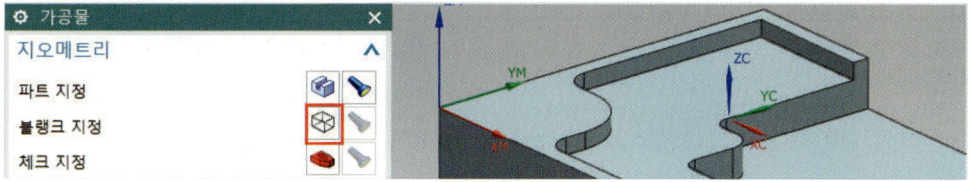

⓬ 유형에서 경계블록을 선택한다.

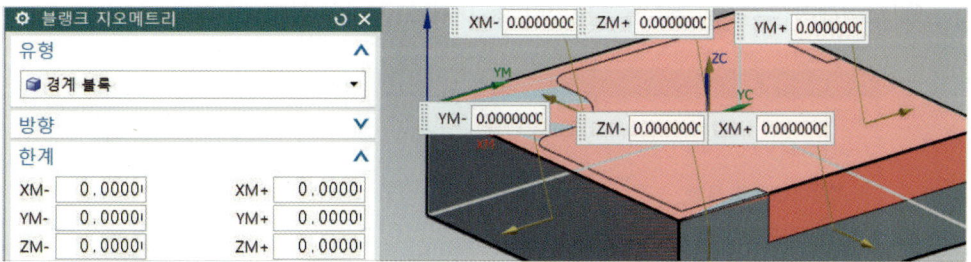

⓭ 공구 생성( )을 클릭한 다음 아래 그림처럼 설정하고 확인한다.

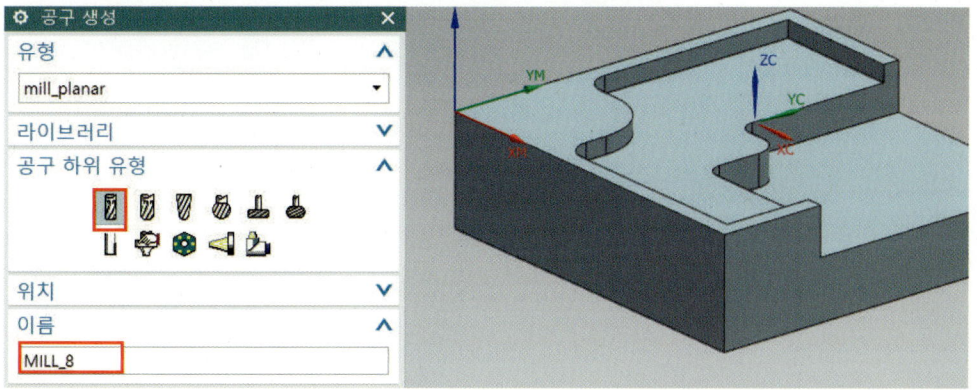

⑭ 아래 그림처럼 공구 지름 8, 공구 번호 1, 좌표계 원점을 클릭하고 확인한다.

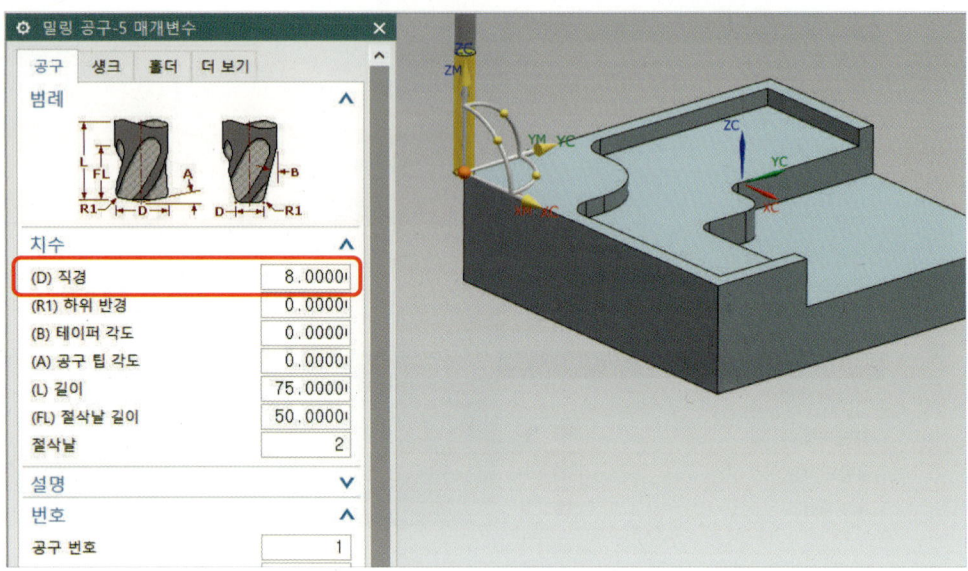

⑮ 오퍼레이션 생성( )을 클릭한 다음 아래 그림처럼 설정하고 확인한다.

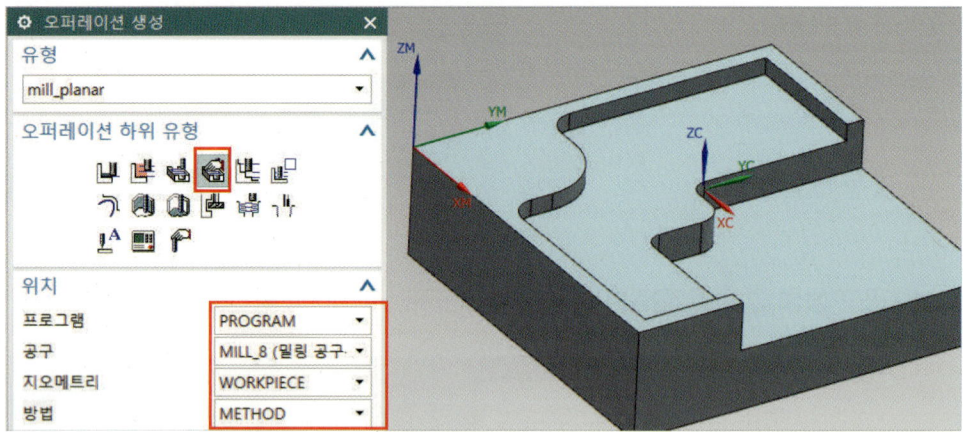

⓰ 절삭 영역 지정 아이콘을 클릭한다.

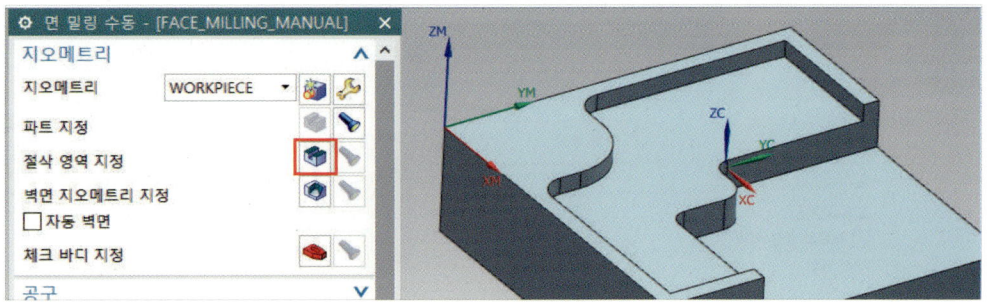

⓱ 아래 그림처럼 노란색으로 표시된 형상의 면을 연속적으로 선택하고 확인한다.

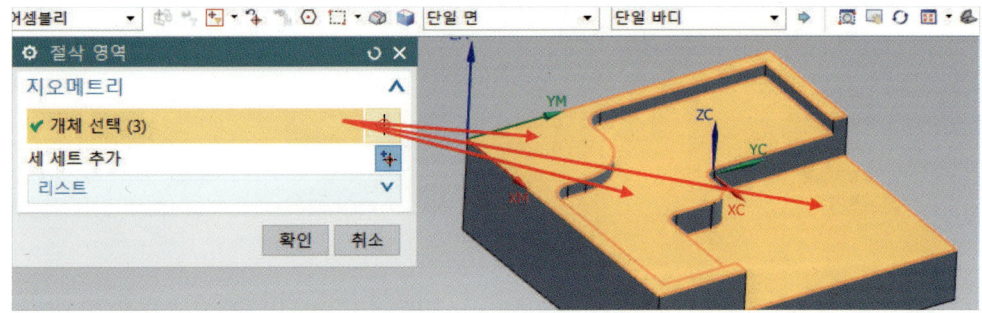

⓲ 자동 벽면을 체크하고, 아래 그림처럼 경로 설정값을 입력한다.

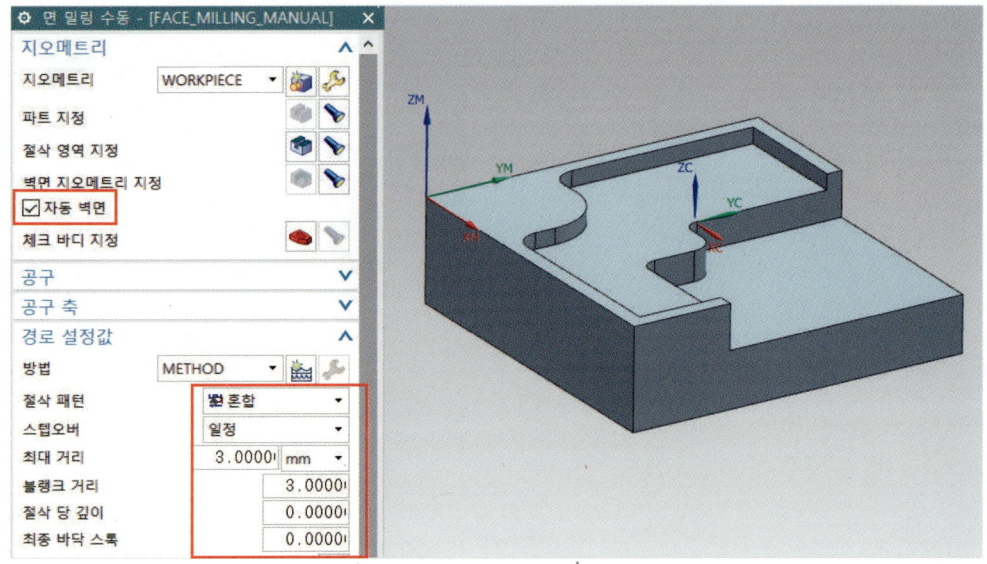

⓳ 절삭 매개변수( ) 아이콘을 클릭하여 전략에서 하향 절삭으로 한다.

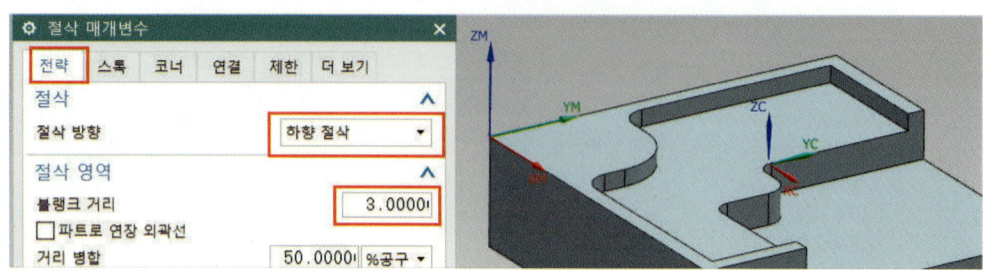

⓴ 스톡에서 파트 스톡(여유량) 0을 확인한다.

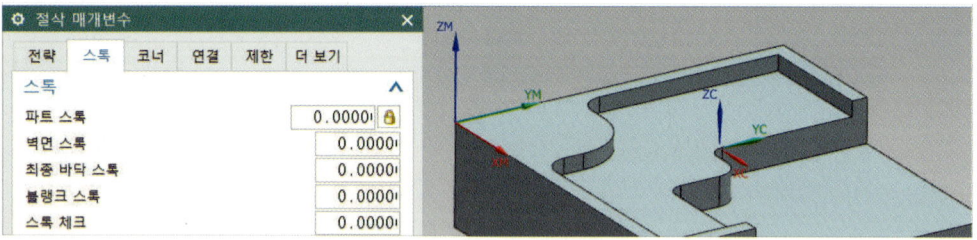

㉑ 이송 및 속도( ) 아이콘을 클릭한다. 스핀들 속도 회전수, 절삭 속도를 아래와 같이 입력하고 확인한다.

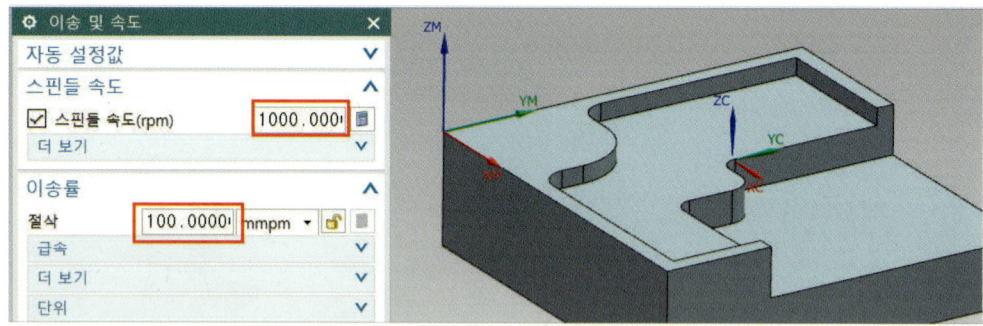

㉒ 작업에서 생성 아이콘을 클릭한다.

㉓ 아래 그림처럼 level_1을 선택한 후 절삭 패턴에서 ZigZig을 선택한다.

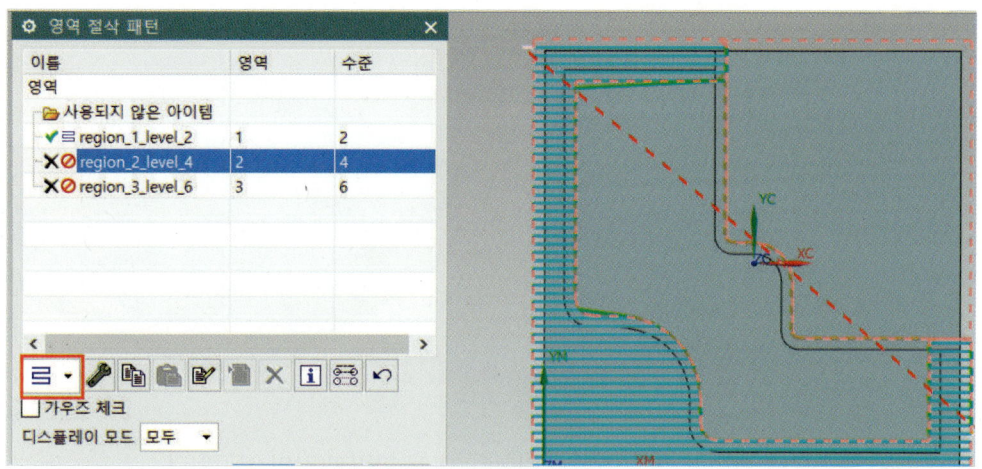

㉔ 아래와 같이 level_2를 선택하고, 절삭 패턴에서 윤곽이 있는 파트 따르기를 선택한다. level_6은 절삭 패턴에서 외곽 따르기를 선택하고 확인한다.

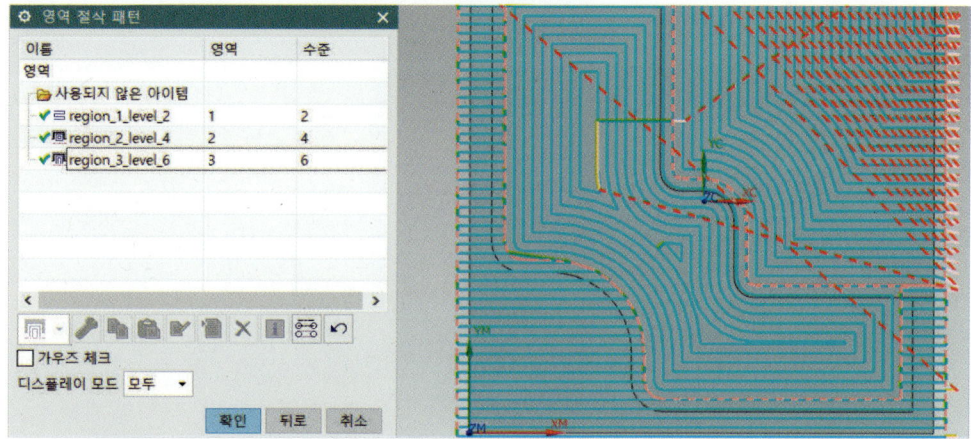

㉕ 검증( ) 아이콘을 클릭한다.

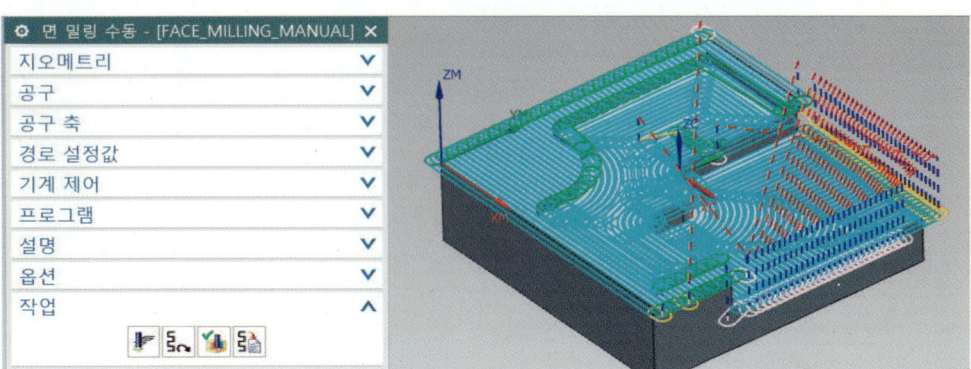

㉖ 2D 동적으로 선택한 후 실행을 클릭한다. 아래 그림과 같이 가공된다.

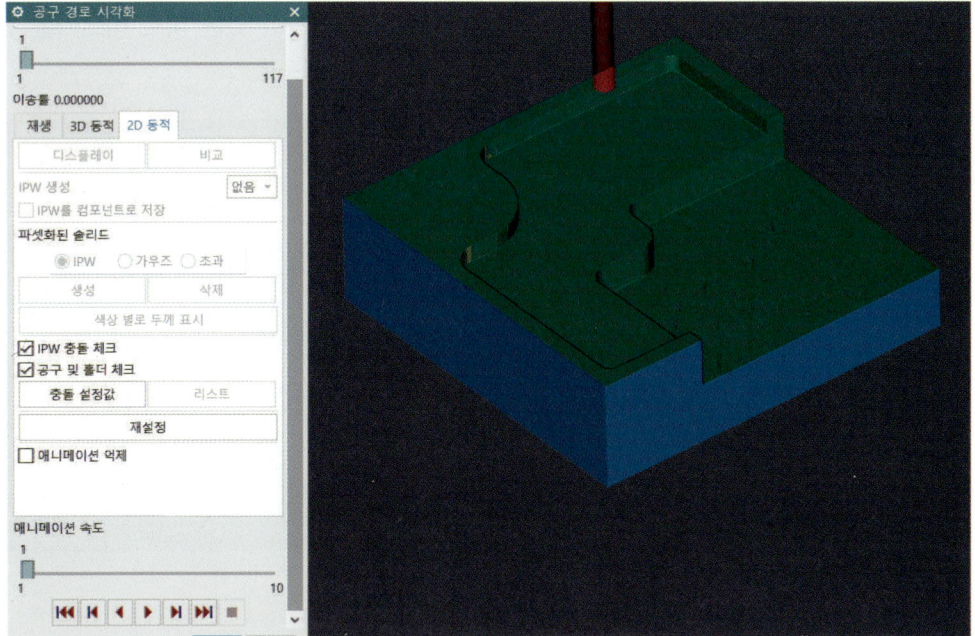

CHAPTER 08 Plunge Milling 가공

1 Plunge Milling 정의

플런지 밀링은 긴 공구가 필요한 깊은 영역 및 깊은 코너, 깊은 슬롯가공에서 가장 많이 사용되는 밀링 가공 오퍼레이션이다. 연속적인 플런지 동작에는 공구가 Z축을 따라 이동할 때 향상된 강성률을 사용하여 크고 깊은 볼륨의 가공 재료를 효과적으로 황삭한다. 반경을 줄이면 길고 가는 공구를 사용할 재료를 고속으로 제거할 수 있다. 플런지 밀링은 길고 가는 공구 어셈블리를 사용하여 도달하기 힘든 깊은 벽면을 정삭 하는 데 효과적이다.

 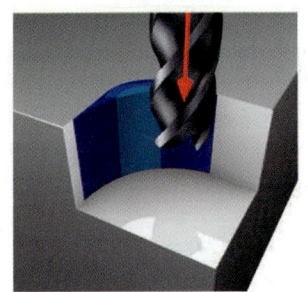

❋ 플런지 밀링 가공

> **참고** Plunge Milling 가공의 특징
> ① 수평 밀링에서 칩 도피가 용이하다.
> ② 아래쪽으로 밀링을 시작하므로 가공을 최대한 작동할 수 있다.
> ③ 칩 배출을 원활하게 하기 위하여 절삭유 또는 압축 공기를 절삭 가공에 사용한다.
> ④ 일반적인 가공 방법과 비교에서, 플런지 밀링은 한날 당 이송을 필요로 한다.
> ⑤ 두 개 이상의 절삭 날이 필요하다.
> ⑥ 진동과 흔들림을 방지하기 위하여 좌우 이송 레버를 고정하여야 한다.

(1) 플런지 영역

대부분의 Z단계 오퍼레이션은 하향식으로 절삭한다. 플런지 밀링은 가장 깊은 플런지 깊이에서 시작된다. 그러면 각 연속 영역에서 이전 영역을 무시한다. 캐비티 하나에 여러 영역이 있는 경우 해당 영역을 그룹으로 분류하여 순서대로 절삭한다.

(2) 하향식 절삭

플런지 밀링은 상향식 오퍼레이션이기 때문에 하향식으로 절삭하려면 이전 오퍼레이션의 아래에 다음 오퍼레이션의 범위를 지정하는 방식으로 여러 오퍼레이션을 생성해야 한다. 첫 번째 오퍼레이션 범위를 파트의 맨 위에서부터 중간 정도 단계가지로 지정하고 그 아래에 다음 오퍼레이션의 범위를 지정하는 방식을 사용한다. 각 오퍼레이션에서 절삭은 상향식으로 유지된다.

(3) 오퍼레이션 매개변수

플런지 밀링 오퍼레이션에는 캐비티 밀링과 비슷한 황삭 옵션이다. 플런지 밀링에서는 정삭에 프로파일 절삭 방법을 사용하고 옵션이 Z단계 프로파일 오퍼레이션과 비슷하다. 다음 단계 및 최대절삭 폭과 같은 몇 가지 추가 매개변수가 지원된다.

❷ Plunge Milling 옵션

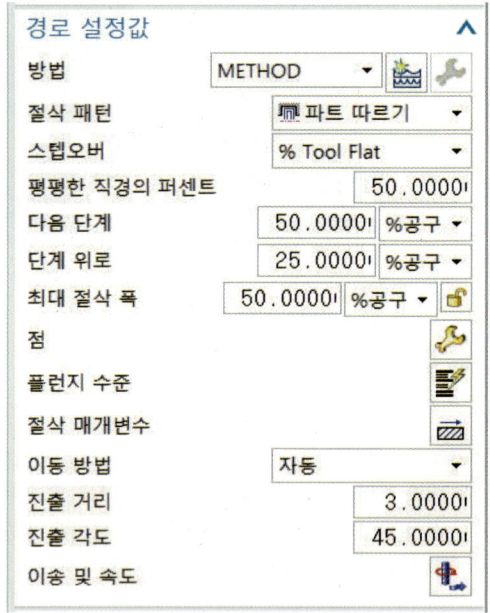

(1) 지오메트리(Geometry)

Plunge Mill에서의 지오메트리는 Cavity Mill에서의 지오메트리와 동일하다. 기본적으로 파트 지오메트리와 블랭크 지오메트리를 설정해야 하며, 부가적으로 체크 지정과 트리밍 경계 지정을 설정하여 작업을 수행한다.

(2) 절삭 방법(Cut Method)

지그재그, 지그, 윤곽이 있는 지그, 외곽 따르기 및 파트 따르기는 황삭을 위한 것이고, 프로파일(Profile)은 정삭을 위한 것이다. 파트 따르기에는 황삭을 위한 특정 개선 사항이 있다. 프로파일에는 정삭을 위한 특정 개선 사항이 있다.

(3) 최대절삭 폭(Max Cut Width)

최대절삭 폭은 공구 축을 아래로 향하게 하여 공구가 절삭할 수 있는 최대 폭이다. 이 값은 일반적으로 공구 제조업체에서 삽입 크기를 기준으로 제공한다. 이 값이 공구 반경보다 작은 경우 공구 아래쪽의 중심에 비절삭 부분이 생긴다. 이 매개변수에 따라 플런지 밀링 오퍼레이션에 대한 공구 종류가 결정된다. 최대절삭 폭은 공구의 비절삭 부분이 솔리드 재료에 플런지되는 것을 금지하지 못하도록 스텝오버와 다음 단계를 제한할 수 있다. 절삭 양을 최대하려면 중심 절삭 공구에 대한 최대절삭 폭을 50% 정도로 설정하고 비 중심 절삭 공구의 경우 최대절삭 폭을 50% 이하로 설정한다.

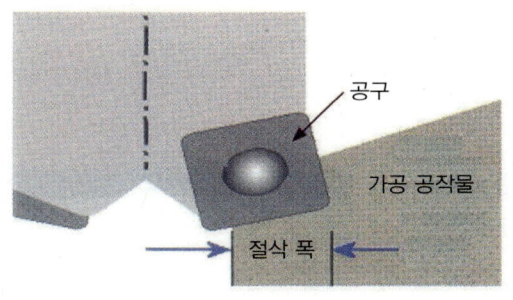

※ Plunge Milling 공구

(4) 플런지 수준(Plunge Level)

각 플런지 밀링 오퍼레이션에는 하나의 플런지 범위가 있다. 플런지 단계 대화상자를 사용하면 범위의 최상위 단계와 최하위 단계를 정의할 수 있다.

플런지 수준에서는 범위 유형(Range Type)은 단일(Single)만 활성화된다. 자세한 기능 설명은 Cavity Mill에서의 단계 절삭(Cut Level)을 참고한다.

3 Plunge Milling으로 황삭

플런지 밀링에는 캐비티 밀링과 비슷한 황삭 옵션이 있다.

(1) 지오메트리

황삭을 위한 플런지 밀링 지오메트리는 캐비티 밀링과 매우 비슷하다.

① 파트, 가공 재료, 체크, 절삭 영역 및 트리밍 지오메트리를 지원한다.

② 지정된 절삭 영역, 절삭 영역 위의 가공 재료 볼륨 및 절삭 영역 연장을 사용하여 절삭할 볼륨을 결정한다.

③ 절삭 단계(단일 범위)와 비슷한 플런지 단계 대화상자를 사용하여 플런지 단계를 식별한다.

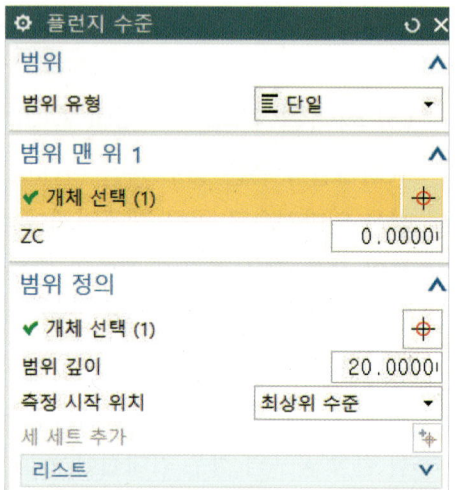

> **참고**
> 가공 재료가 황삭 오퍼레이션에 선호되지만 필수적이지는 않다. 캐비티가 닫혀 있고 가공 재료가 없는 경우 플런지는 가정된 가공 재료의 위쪽에서 시작된다. 정의된 가공 재료는 정삭 오퍼레이션(프로파일 절삭 방법)에 대해 무시되고 옵션을 사용할 수 없다.

(2) 절삭 방법

플런지 밀링의 황삭 절삭 패턴은 캐비티 밀링과 동일하다. 다음은 정삭을 위한 플런지 밀링 공구 경로를 최적화하도록 프로파일 패턴에 적용되는 규칙이다.

① 상향식 절삭 영역 식별에서는 캐비티의 맨 아래 영역이 먼저 절삭되는지 확인한다.

② 각 식별된 영역에서 일반 파트 따르기 순서는 파트 벽에서 떨어진 위치에서 시작되어 파트 벽 쪽으로 이동한다.

③ 비 중심 절삭 공구의 경우 플런지 점이 현재 절삭 단계로 제한된다. 그러면 공구가 이전 플런지보다 더 깊이 플런지하지 않는다.

❹ Plunge Milling으로 정삭

플런지 밀링으로 정삭할 경우 프로파일 절삭 패턴을 사용하고 절삭 영역 지오메트리를 지정한다.

※ 플런지 프로파일 밀링 가공

(1) 프로파일

플런지 밀링에는 Z단계 프로파일링과 비슷한 정삭 옵션이 있다. 다음은 정삭을 위한 플런지 밀링 공구 경로를 최적화하도록 프로파일 패턴에 적용되는 규칙이다.
① 가공 재료를 무시한다.
② 모서리에서 연장 옵션을 추가한다.
③ 단일 단계에서 위쪽과 아래쪽을 절삭할 수 있다.

(2) 가공 재료

플런지 밀링을 통한 정삭에서는 가공 재료 지오메트리, 제조 공정에 있는 가공물 또는 최소 재료 두께를 사용하지 않는다. 따라서 지오메트리 그룹에 포함된 가공 재료와 IPW 지오메트리가 무시된다.

프로파일 절삭 패턴에서는 이러한 옵션을 사용할 수 없다. 다른 플런지 밀링 절삭 패턴으로 변경하면 이러한 옵션을 다시 사용할 수 있다.

플런지 이동은 현재 플런지 위치에 있는 절삭 영역의 위쪽에서 시작된다. 플런지는 하향/상향 절삭 순서를 기준으로 순서가 지정된다. 비 중심 절삭 공구를 사용하면 절삭 폭이 패스 하나로 전체 가공 재료를 지울 수 있을 만큼 큰 것으로 간주된다.

⑤ Plunge Milling 가공 따라 하기

❶ 파일에서 Manufacturing을 선택한다.

❷ 생성할 CAM 구성에서 mill_contour를 선택하고 확인한다.

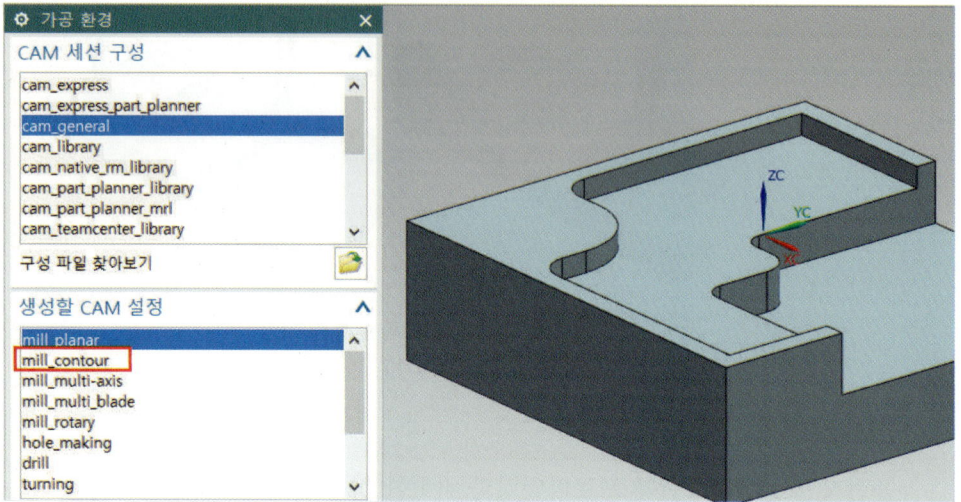

❸ 리소스 바에서 오퍼레이션 탐색기를 열어서 MB3을 클릭하고 지오메트리 뷰를 선택한다.

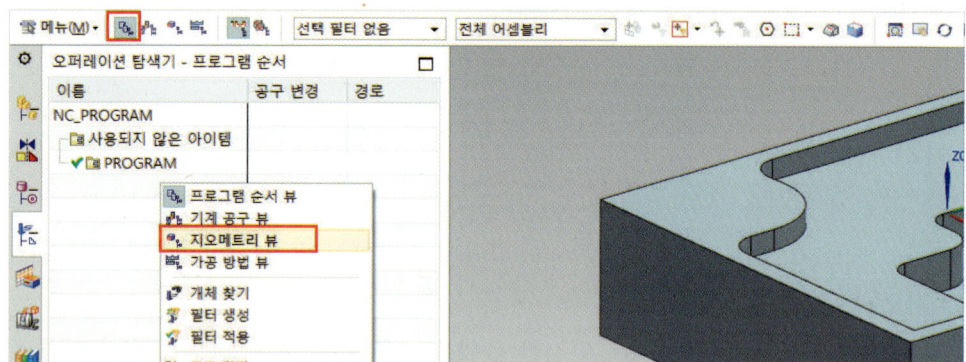

PART V Manufacturing

❹ MCS_MILL을 더블 클릭하고 좌표계 다이얼로그() 아이콘을 클릭한다.

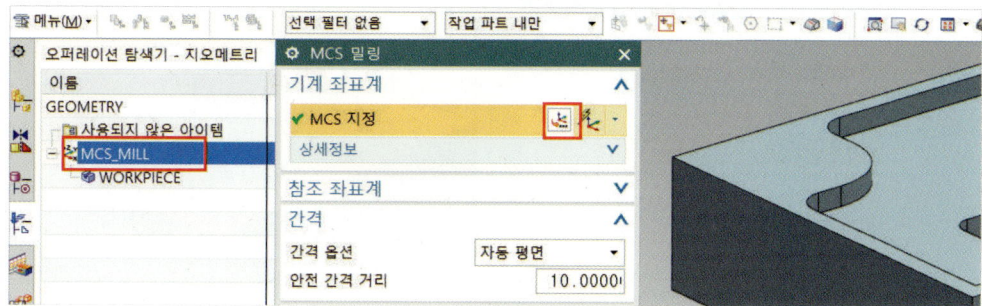

❺ MB1 버튼을 이용하여 아래 그림처럼 가공 원점을 클릭하고 확인한다.

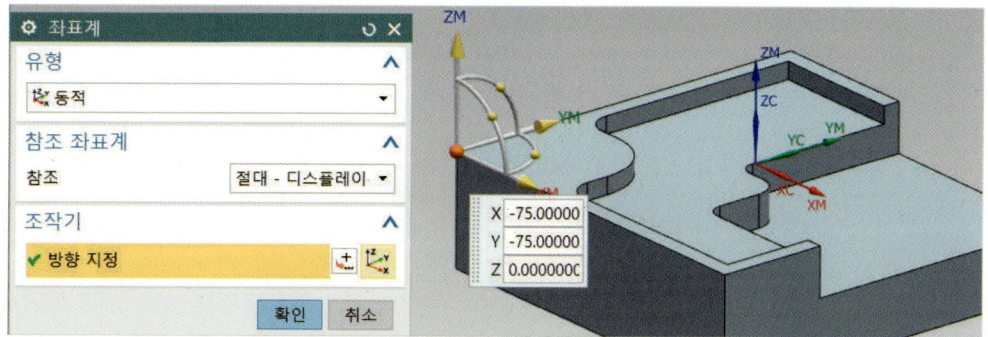

❻ 평면으로 한 다음 점 다이얼로그를 클릭한다.

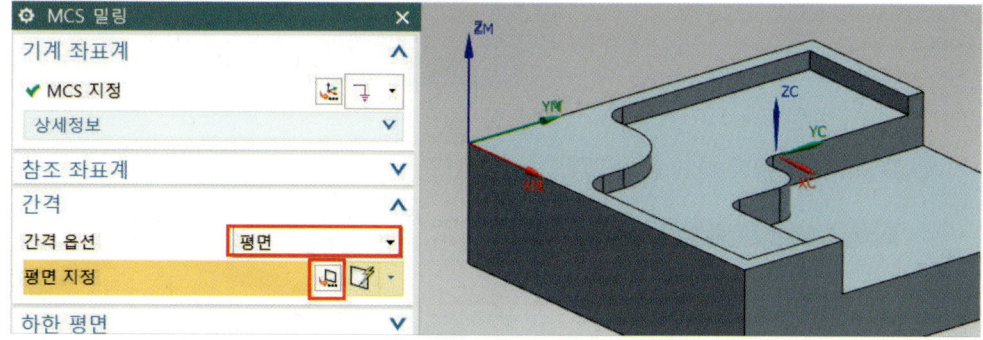

❼ 윗면을 선택하여 안전높이는 옵셋에서 거리 값 10mm를 준다.

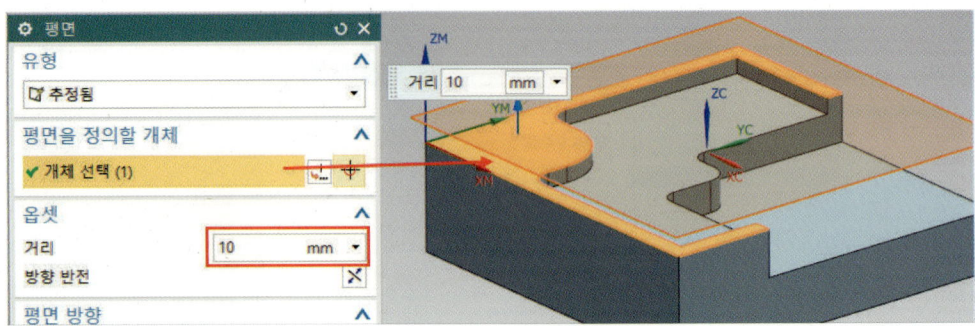

❽ 파트 지정 아이콘을 클릭한다.

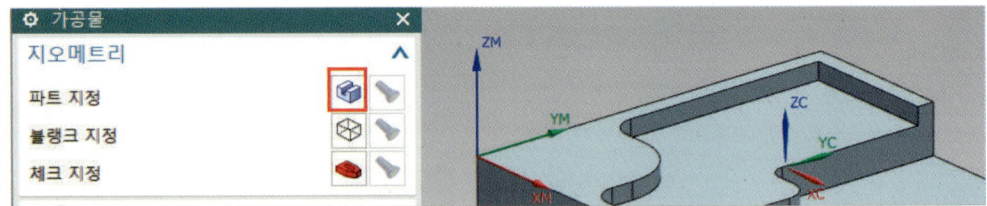

❾ 아래 그림처럼 모델링을 선택한 다음 확인한다.

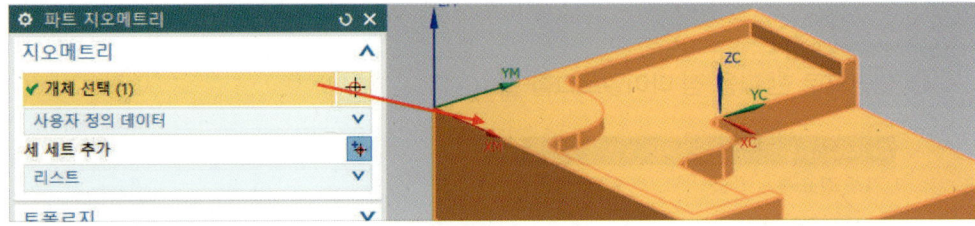

❿ 블랭크 지정 아이콘을 클릭한다.

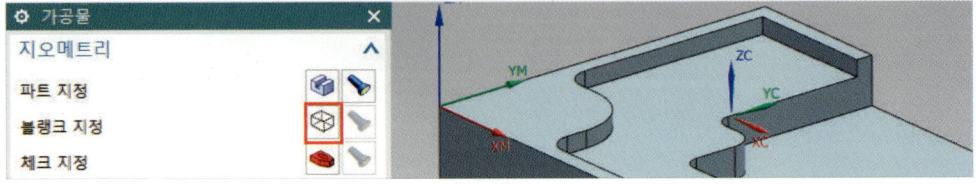

⓫ 유형에서 경계블록을 선택한다.

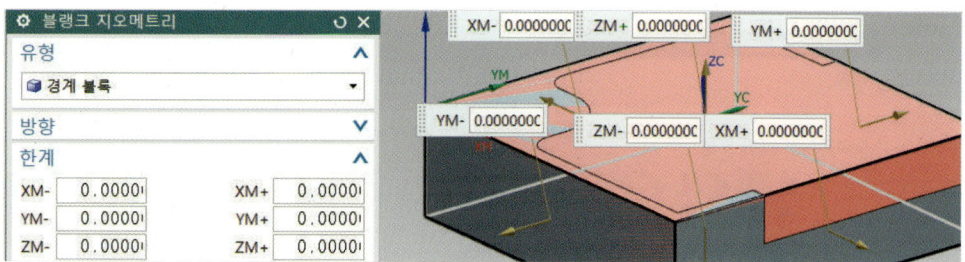

⓬ 공구 생성()을 클릭한다. 아래 그림처럼 설정하고 확인한다.

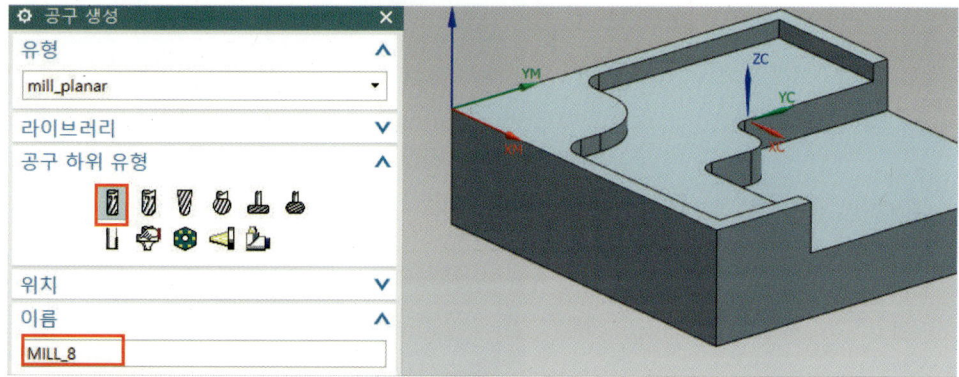

⓭ 아래 그림처럼 공구 치수의 직경 8, 공구 번호 1, 좌표계 원점을 클릭하고 확인한다.

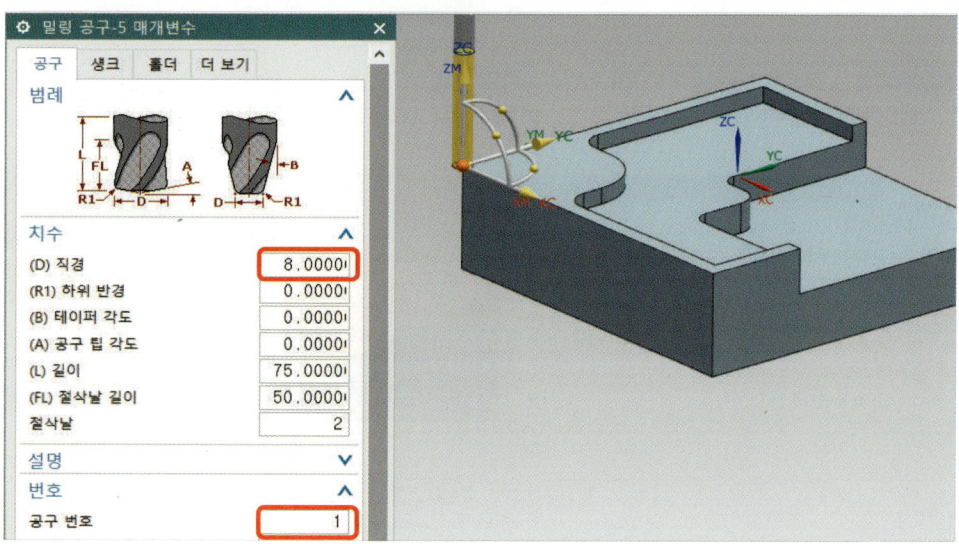

⓮ 오퍼레이션 생성( )을 클릭한 후 아래 그림처럼 설정하고 확인한다.

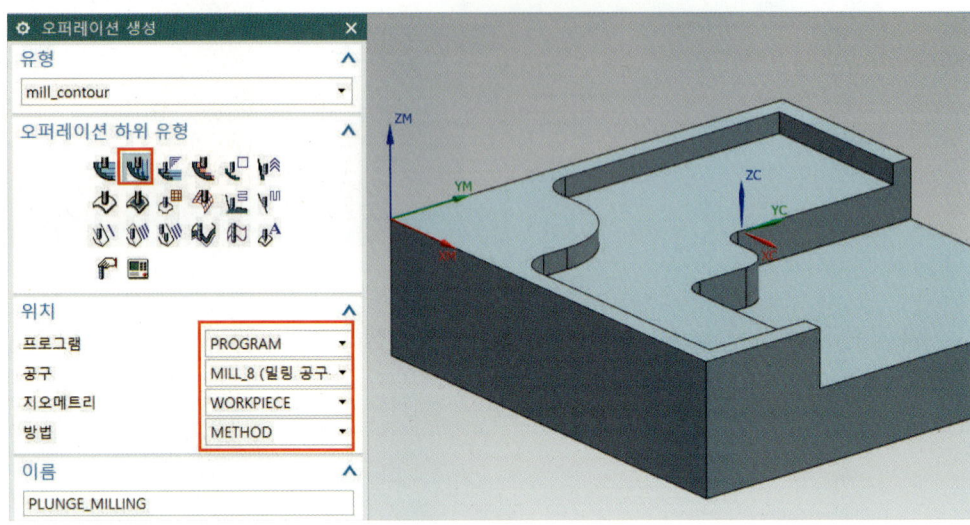

⓯ 경로 설정값을 아래 그림과 같이 설정한다.

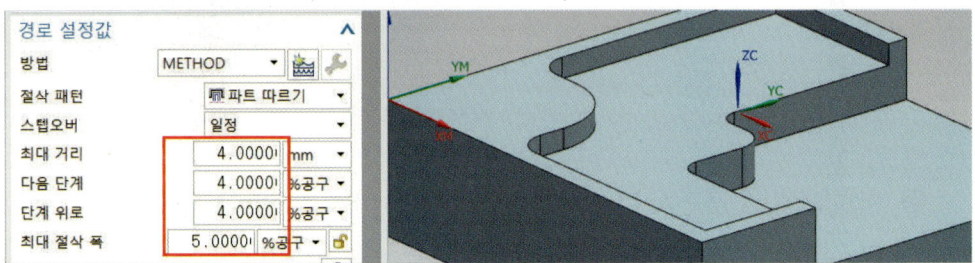

⓰ 플런지 수준( )을 클릭하고, 범위 맨 위 1의 개체 선택에서 윗면을 선택한다.

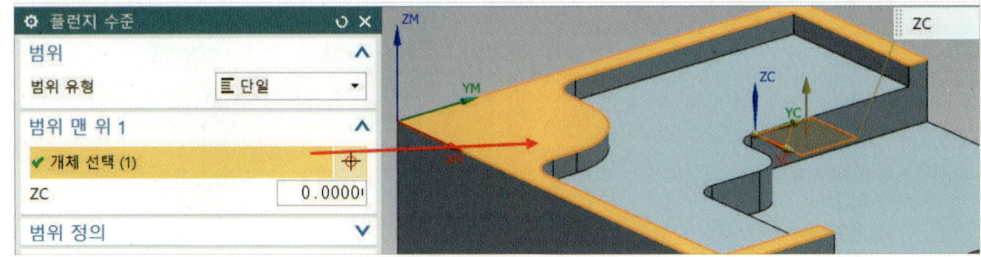

⑰ 범위 정의의 개체 선택에서 맨 아랫면을 선택하고 확인한다.

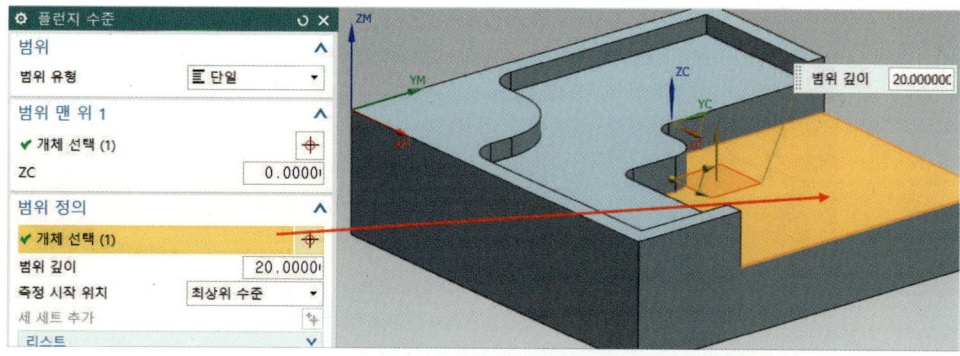

⑱ 절삭 매개변수( )를 클릭, 파트 측면 스톡에서 가공 여유 0.5를 입력한 후 확인한다.

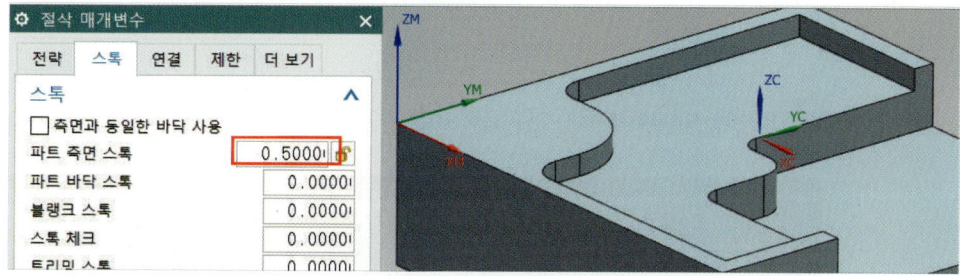

⑲ 이동 방법은 자동을 선택하고, 진출 거리 3, 진출 각도는 45로 입력한다.

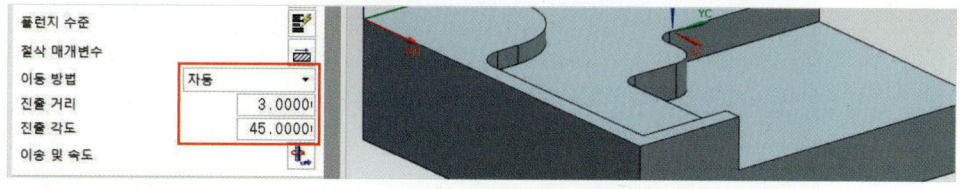

⑳ 이송 및 속도( )를 클릭한 후 아래 그림처럼 설정한다.

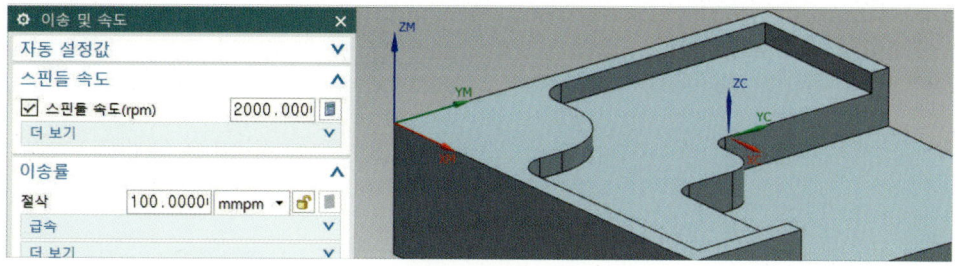

㉑ 작업에서 생성()를 클릭한 후 공구 경로를 확인한다.

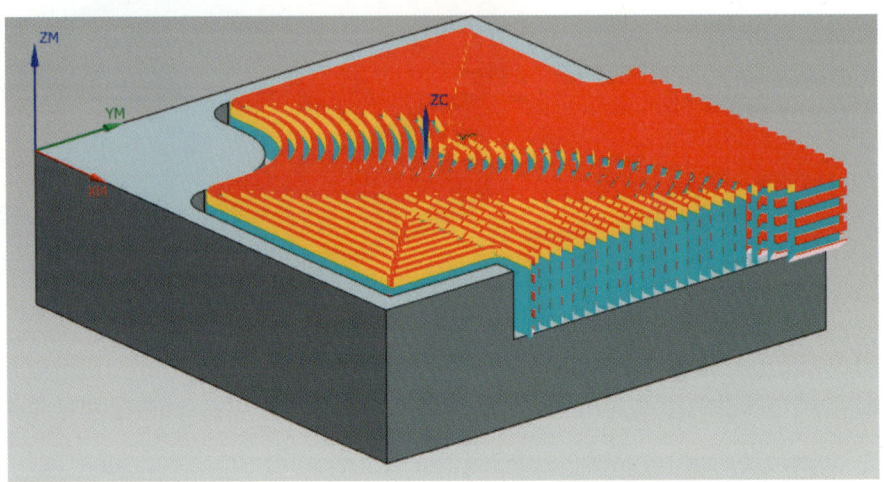

㉒ 검증( ) 아이콘을 클릭한다. 2D 동적으로 가공된 상태이다.

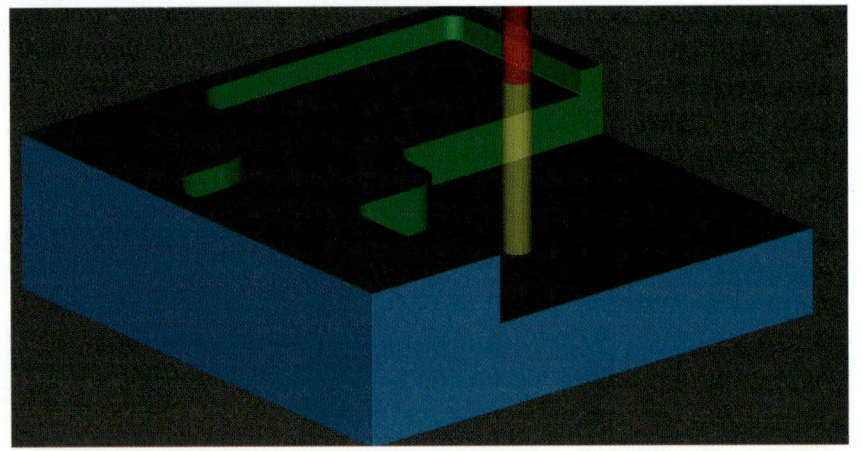

❷❸ 다시 오퍼레이션 생성() 아이콘을 클릭하고, 정삭 가공을 위해서 아래 그림처럼 설정하고 확인한다.

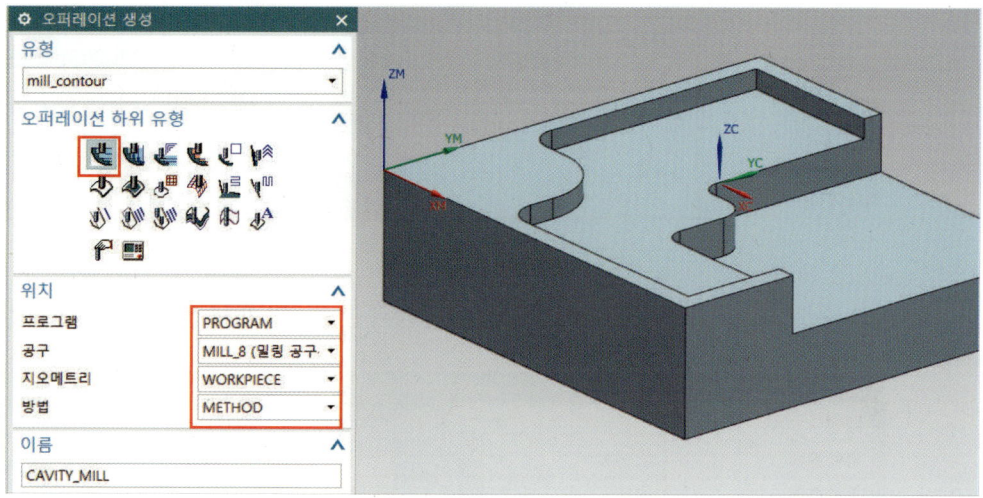

❷❹ 절삭 영역 지정을 클릭한다.

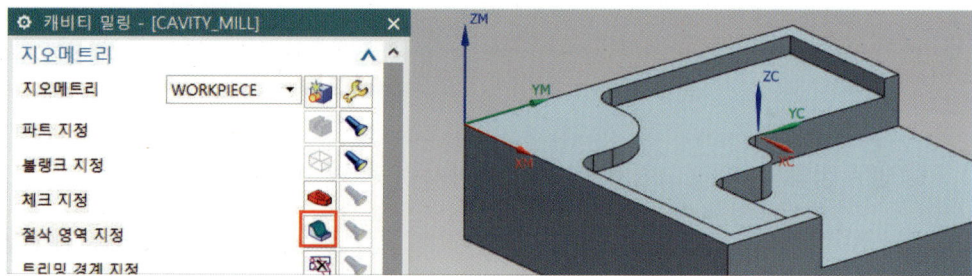

❷❺ 아래 그림처럼 정삭 가공부위를 MB1 버튼을 이용하여 개체 선택을 한다.

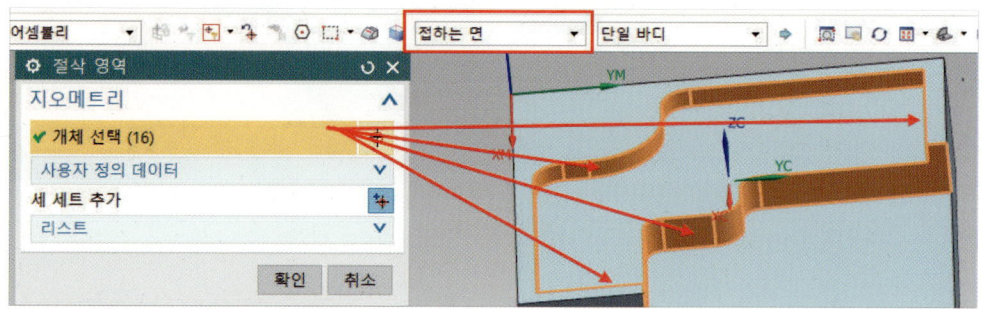

㉖ 경로 설정값을 아래와 같이 설정한다.

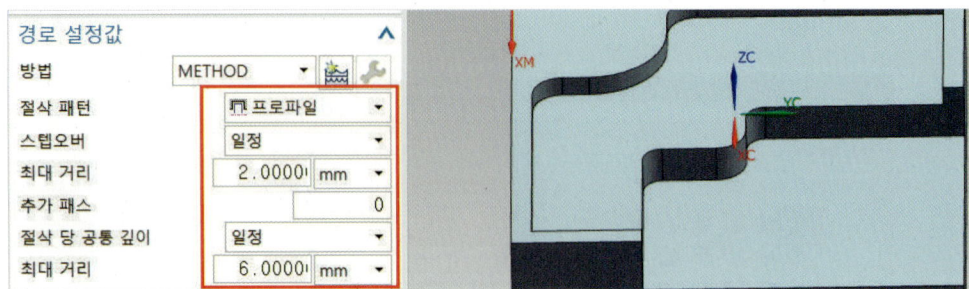

㉗ 절삭 수준( )을 클릭하고, 아래 그림처럼 범위 맨 위1의 개체 선택에서 윗면을 선택한다.

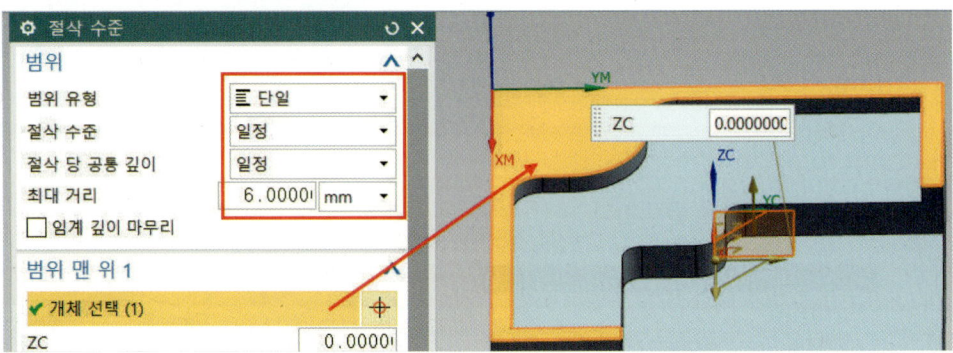

㉘ 범위 정의에서 아래 그림처럼 개체 선택에서 아랫면을 선택한 후 확인한다.

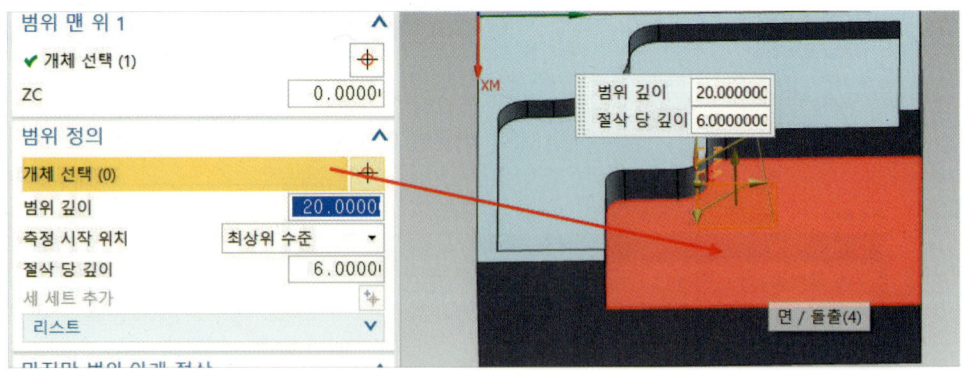

PART V　Manufacturing

㉙ 이송 및 속도에서 스핀들 속도(rpm) 회전수 2000, 이송률 절삭은 이송속도 100을 입력하고 확인한다.

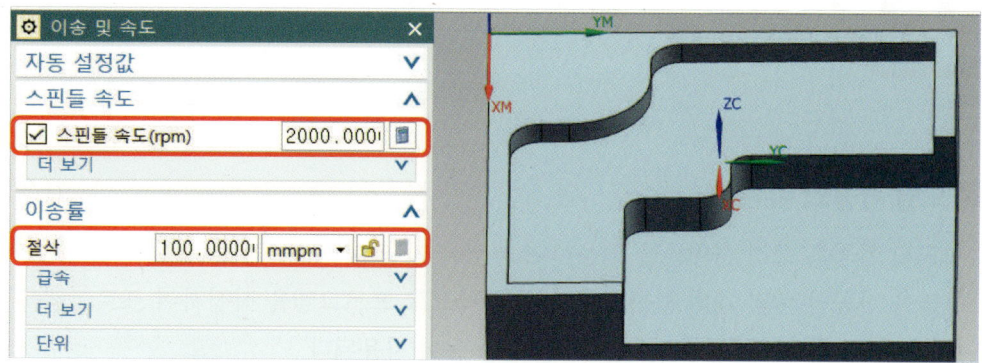

㉚ 작업에서 생성( ) 아이콘을 클릭한다.

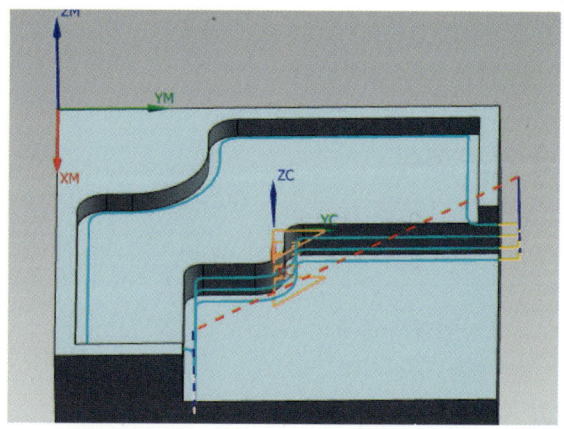

㉛ 검증( ) 아이콘을 클릭한다.

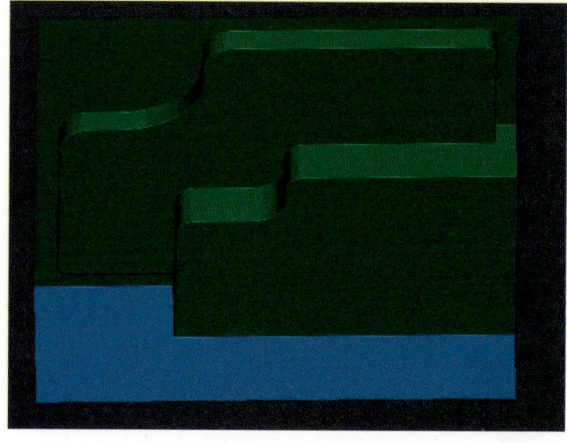

Drilling 가공

1 드릴 가공의 이해

드릴 가공은 고정 사이클을 이용하여 공작물 가공 시 프로그램을 간단하게 하는 기능으로 구멍을 가공하는 몇 개의 블록을 하나의 블록으로 프로그램을 작성하여 프로그램을 쉽게 할 수 있다. 고정 사이클은 드릴, 탭, 보링 기능 등이 사용된다.

(1) 고정 사이클 기능의 기본동작 방법

기본동작은 아래 그림과 같이 6개의 동작으로 구분하고, 동작하는 방법에 따라서 여러 종류의 고정 사이클 기능으로 결정된다.

(2) 고정 사이클 기본 형식

지령방법:	G73~G89	G90 G98 G91 G99	X__Y__Z__R__Q__P__F__L(K)__;

- G73~G89: 고정 사이클의 종류
- G90, G91: 절대지령, 증분지령
- G98: 초기점 복귀
- G99: R점 복귀
- X, Y: 구멍 위치 좌푯값
- Z: 구멍 가공 최종깊이를 지령한다.
- R: 구멍 가공 후 R점(구멍 가공 시작점)을 지령
- Q: 1회 절입량 또는 Shift량을 지령
- P: 구멍 바닥에서의 드웰(Dwell, 정지) 시간
- F: 이송속도(구멍 가공 이송속도)
- L(K): 고정 사이클의 반복 횟수를 지령

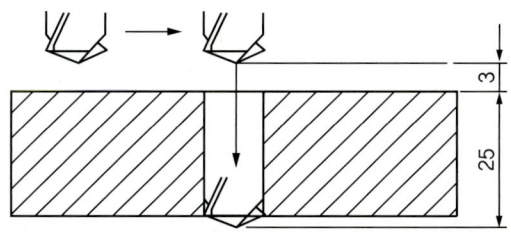

고정 사이클 프로그램(1블록)	일반 프로그램(4블록)
↓ G81 G90 G99 X20. Y30. Z-25. R3. F50. ; ↓	↓ G00 G90 X20. Y30. ; Z3. ; G01 Z-25. F50. ; G00 Z3. ; ↓

❋ 고정 사이클 및 일반 프로그램의 예

(3) 고정 사이클의 동작

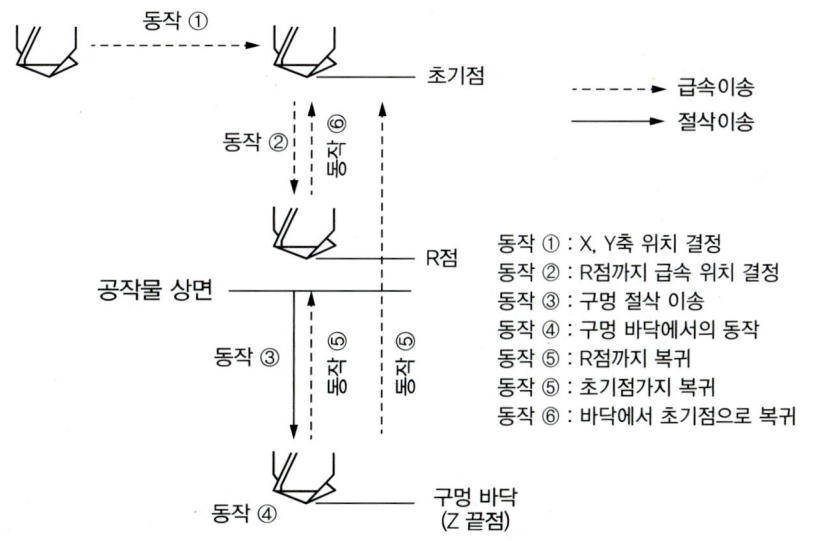

동작 ① : X, Y축 위치 결정
동작 ② : R점까지 급속 위치 결정
동작 ③ : 구멍 절삭 이송
동작 ④ : 구멍 바닥에서의 동작
동작 ⑤ : R점까지 복귀
동작 ⑤ : 초기점까지 복귀
동작 ⑥ : 바닥에서 초기점으로 복귀

❋ 고정 사이클의 기본동작 구성

G-코드	용도	드릴링 동작 (-Z 방향)	구멍바닥에서의 동작	구멍에서 나오는 동작(+Z방향)
G73	고속 심공 드릴 사이클	간헐 절삭이송	-	급속이송
G74	역탭핑 사이클	절삭이송	주축 정회전	절삭이송
G76	정밀 보링 사이클	절삭이송	주축 정위치 정지	급속이송
G80	고정 사이클 취소	-	-	-
G81	드릴 사이클	절삭이송	-	급속이송
G82	카운터 보링 사이클	절삭이송	드웰(Dwell)	급속이송
G83	심공 드릴 사이클	간헐 절삭이송	-	급속이송
G84	탭핑 사이클	절삭이송	주축 역회전	절삭이송
G85	보링 사이클	절삭이송	-	절삭이송
G86	보링 사이클	절삭이송	주축정지	급속이송
G87	백보링 사이클	절삭이송	주축 정위치정지	급속이송
G88	보링 사이클	절삭이송	드웰, 주축정지	수동 또는 급속이송
G89	보링 사이클	절삭이송	드웰(Dwell)	절삭이송

✹ 고정 사이클 일람표

(4) 초기점 복귀(G98)와 R점 복귀(G99)

초기점 복귀와 R점 복귀는 고정 사이클 기능과 같이 선택하여 명령하고 현재의 구멍 가공이 끝난 후 Z축이 복귀하는 위치를 결정하는 기능이다.

드릴에서 사용되는 G90, G91은 절대좌표, 증분좌표를 사용함으로써 가공길이 및 R의 값이 틀려지므로 매우 중요한 기능을 가진다.

> **지령방법:** G98 (초기점 복귀)
> G99 (R점 복귀_)

G90, G91은 드릴 작업 후 복귀 위치를 지정하는 코드로 다음 그림에서 확인할 수 있다.

> G00 Z10.
> G87 G90 G98 ~ Z-10. R3;
> 초기점인 Z10으로 이송
>
> G00 Z10.
> G87 G90 G99 ~ Z-10. R3;
> R3의 위치인 Z3으로 이송

NX10 3D 모델링 및 CAD/CAM

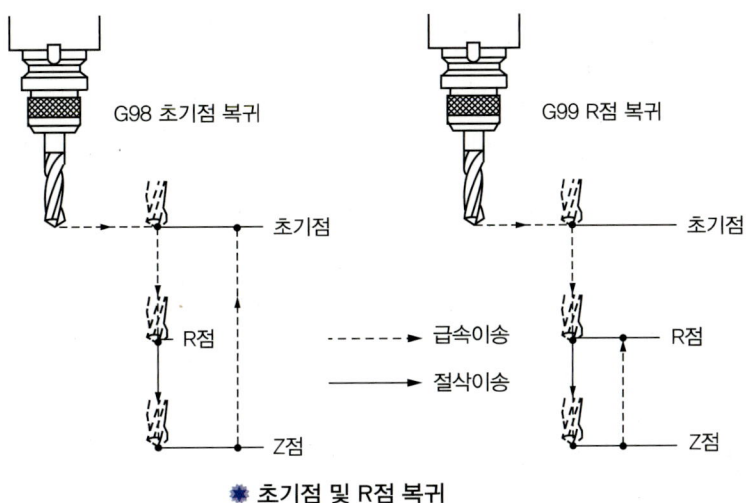

❋ 초기점 및 R점 복귀

❷ 고정 사이클의 종류

(1) 드릴 사이클(G81)

일반적인 드릴 가공 및 센터 드릴(Center Drilling)과 스폿 드릴링(Spot Drilling) 작업에 사용되며 칩(Chip) 배출이 용이하다. 공구는 R점에서부터 Z축 지령 종점까지 한 번에 절삭이송하고 초기점이나 R점으로 복귀한다.

지령방법:	G81	G90 G98 G91 G99	X__Y__Z__R__F__L(K)__;

- X, Y : 구멍 가공의 위치
- Z : 구멍 가공의 깊이
- R : R점의 좌푯값
- F, L(K) : 절삭이송속도 및 반복 횟수

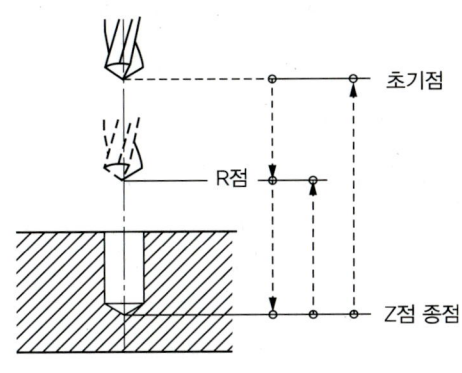

❋ 드릴 사이클(G81)의 동작

Chapter 09 | Drilling 가공

(2) 고속 심공 드릴 사이클(G73)

드릴 직경의 3배 이상인 깊은 구멍은 간헐 이송하여 Chip을 끊어 배출하며 가공하는 기능이다. "Q"량만큼 1회 절입하고, "d"량만큼 후퇴를 반복하면서 Z종점까지 이동하고 공구가 도피를 한다.

| 지령방법: | G73 | G90 G98
G91 G99 | X__Y__Z__R__Q__F__L(K)__; |

- X, Y: 구멍 가공의 위치
- Z: 구멍 가공의 깊이
- R: R점의 좌푯값
- Q: 매회 절입량("d" 값은 후퇴량을 나타내며 파라미터에 설정한다)
- F, L(K): 절삭이송속도 및 반복 횟수

일반적 가공에서는 G81보다는 Q 값만큼 가공하고 이송 후퇴하여 다시 Q 값만큼 절삭하여 내려오는 방식으로서 가공 시 열을 식히거나 칩의 배출이 잘 되도록 하여 일반적으로 많이 사용하는 기능이다.

G73 G90 G98 X_ Y_ Z-10. R2. Q2. F150

Z2.부터 Z-10까지 2mm씩 전진하여 구멍을 가공하고, 후퇴량은 파라미터에서 지정한 길이만큼 후퇴한다. 주로 0.5~1mm씩 후퇴한다.

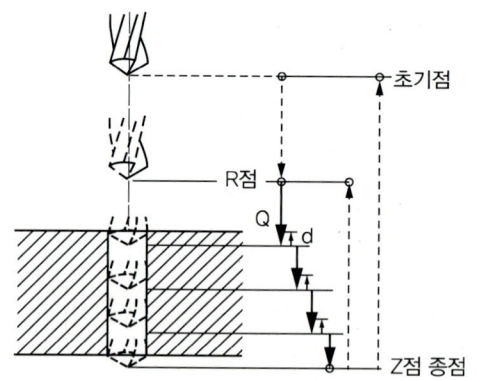

✱ 고속심공 드릴 사이클(G73)의 동작

(3) 심공 드릴 사이클(G83)

직경이 작고 깊은 구멍을 가공할 때 칩(Chip) 배출 및 절삭유 공급이 원활하게 공구의 일정주기로 동작하며 절삭하는 기능으로서 "Q"량만큼 1회 절입하고, "R"점까지 복귀하여 복귀하기 직전의 위치에서 "d"값만큼 위쪽까지 급속 이동하고, 다시 "Q"량만큼 절삭하는 동작을 종점까지 반복하며 공구가 도피하는 기능이다.

지령방법:	G83	G90 G98 G91 G99	X__Y__Z__R__Q__F__L(K)__ ;

- X, Y : 구명 가공의 위치
- Z : 구명 가공의 깊이
- R : R점의 좌푯값
- Q : 매회 절입량("d" 값은 후퇴량을 나타내며 파라미터에 설정한다.)
- F : 절삭이송속도
- L(K) : 반복 횟수

G73에 비해 많이 사용되지는 않지만 깊은 구멍 가공 시에 사용이 되며, 가공 시간이 오래 걸리지만 상대적으로 칩의 배출이 우수하고 열 온도를 낮추는 것도 우수하여 깊은 구멍에 사용된다.

G83 G90 G98 X_. T_. Z-10. R2. Q2. F100 Z2.에서 Z-10.까지 2mm씩 전진하고 구멍을 가공하며, 후퇴량은 G98 초깃점으로 이동한다.

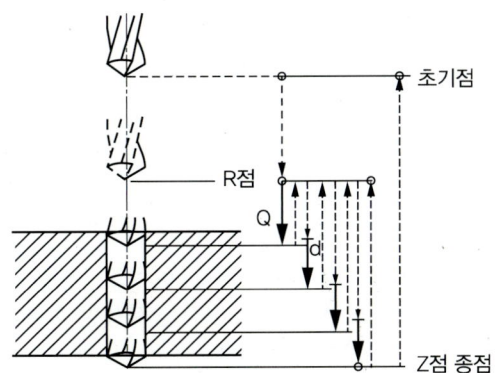

❋ 고속심공 드릴 사이클(G83)의 동작

(4) 카운터 보링 사이클(G82)

구멍 바닥 면을 좋게 하기 위하여 구멍 바닥에서 드웰(Dwell) 지령을 할 수 있다. 카운트 보링이나 카운트 싱킹 작업등 구멍 바닥 면을 정밀하게 가공하여야 할 때 주로 이용되며 드릴 작업에서도 사용된다.

| 지령방법: | G82 | G90 G98
G91 G99 | X__Y__Z__R__P__F__L(K)__ ; |

- X, Y : 구멍 가공의 위치
- Z : 구멍 가공의 깊이
- R : R점의 좌푯값

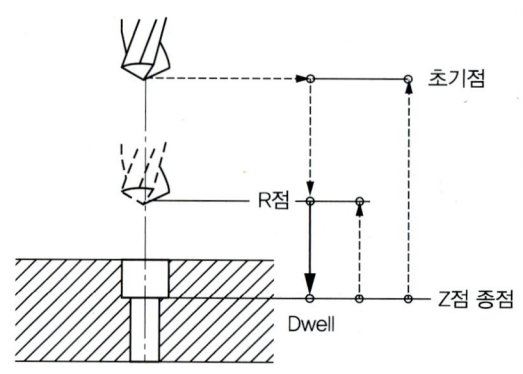

❋ 카운터 보링 사이클(G82)의 동작

- P : 드웰 지령(지정 시간만큼 구멍 가공 종점에서 프로그램의 진행을 정지)
- F : 절삭이송속도
- L(K) : 반복 횟수

지령 예

G82 G90 G98 X30. Y25. Z-16. R3. P2000 F60 ;
(구멍 바닥 면에서 2초 동안 드웰 지령, 소수점을 사용할 수 없다.)

(5) 정밀 보링 사이클(G76)

정밀 보링(Fine Boring) 기능은 Z축 종점에 도달하면 주축 한 방향 정지(M19: Spindle Orientation) 후 다음 그림의 "q"와 같이 보링 바이트 반대 방향으로 Shift하여 Z축으로 복귀하는 기능으로 특히 정밀도가 필요한 가공에 사용한다.

지령방법:	G76	G90 G98 G91 G99	X__Y__Z__R__Q__F__L(K)__;

- X, Y: 구멍 가공의 위치
- Z: 구멍 가공의 깊이
- R: R점의 좌푯값
- Q: Shift 량
- F: 절삭이송속도
- L(K): 반복 횟수

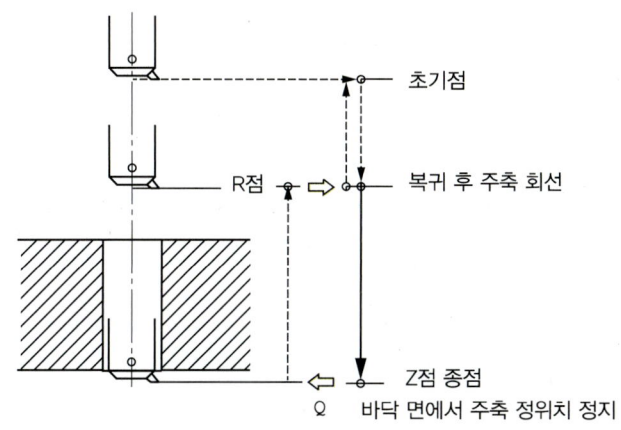

※ 정밀 보링 사이클(G76) 동작

(6) 보링 사이클(G85)

이미 구멍이 가공된 부분을 넓히는 작업으로 일반적인 보링 기능과 달리 절입할 때와 복귀할 때 절삭 가공으로 동작한다. 보통 리이밍(Reaming) 가공 기능으로 많이 사용된다. Shift하여 Z축으로 복귀하는 기능으로 특히 정밀도가 필요한 가공에 사용한다.

지령방법:	G85	G90 G98 G91 G99	X__Y__Z__R__P__F__L(K)__;

- X, Y: 구멍 가공의 위치
- Z: 보링 가공의 깊이
- R: R점의 좌푯값
- F: 절삭이송속도
- L(K): 반복 횟수

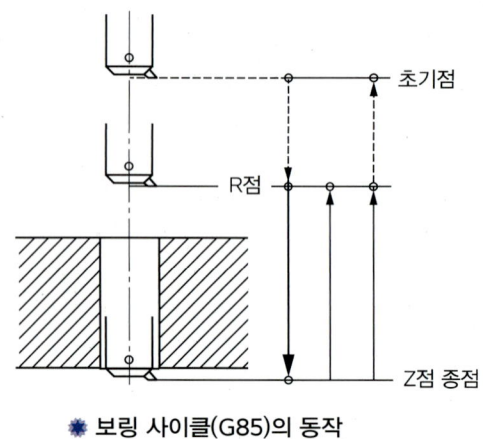

❋ 보링 사이클(G85)의 동작

(7) 보링 사이클(G86)

보링 사이클(G85) 기능과 사이클 동작은 같지만, 절삭 공구가 구멍 바닥 면에서 주축이 정지한 상태로 급속이송으로 후퇴하기 때문에 가공 시간은 단축되나 가공 면의 정밀도가 떨어진다.

| 지령방법: | G86 | G90 G98
G91 G99 | X__Y__Z__R__P__F__L(K)__; |

- X, Y: 구멍 가공의 위치
- Z: 보링 가공의 깊이
- R: R점의 좌푯값
- F: 절삭이송속도
- L(K): 반복 횟수

(8) 백 보링 사이클(G87)

일반 보링 사이클과는 달리 아래쪽에서 위쪽으로 올라오면서 보링하는 기능을 말한다.

| 지령방법: | G86 | G90 G98
G91 G99 | X__Y__Z__R__Q__F__L(K)__; |

- X, Y: 구멍 가공의 위치
- Z: 보링 가공의 깊이
- R: R점의 좌푯값
- Q: Shift량
- F: 절삭이송속도
- L(K): 반복 횟수

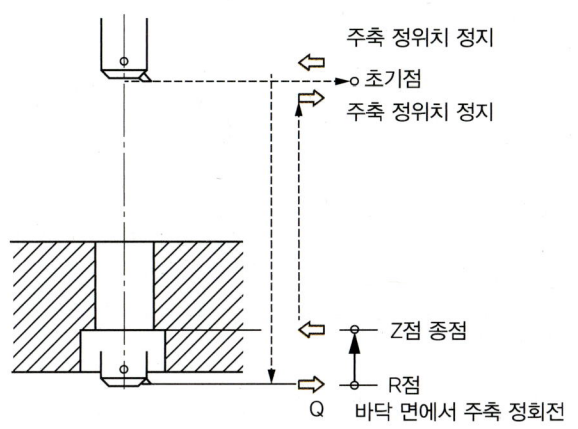

★ 백 보링 사이클(G87)의 동작

(9) 보링 사이클(G88)

구멍 바닥까지 가공한 후 수동 모드로 바꾸어 공구를 임의로 수동 이동할 수 있는 기능으로 대형 기계에서 절삭 상태를 확인할 때 주로 사용한다. 수동 이동한 다음 다시 자동 개시를 하면 정상적으로 복귀한다.

지령방법:	G88	G90 G98 G91 G99	X__Y__Z__R__P__F__L(K)__;

- X, Y: 보링 가공의 위치
- Z: 보링 가공의 깊이
- R: R점의 좌표를 지령
- P: 드웰 지령
- F, L(K): 이송속도 및 반복 횟수 지령

(10) 보링 사이클(G89)

G85 보링 사이클에 Z축 종점에서 드웰 지령이 추가된 기능이다.

지령방법:	G89	G90 G98 G91 G99	X__Y__Z__R__P__F__L(K)__;

- X, Y: 보링 가공의 위치
- Z: 보링 가공의 깊이
- R: R점의 좌표를 지령
- P: 드웰 지령
- F, L(K): 이송속도 및 반복 횟수 지령

(11) 태핑 사이클(G84)

이 기능은 오른 나사 탭 공구를 이용하여 가공을 하는 것으로서 다음 그림과 같이 Z점(가공 바닥 면)까지 정회전으로 탭 가공을 한 후에 역회전으로 R점까지 복귀하고 다시 동일한 반복 작업을 하는 기능이다.

| 지령방법: | G84 | G90 G98
G91 G99 | X__Y__Z__R__P__F__L(K)__; |

- X, Y: 탭 가공의 위치
- Z: 탭 가공의 깊이
- R: R점의 좌표를 지령
- F: 탭 가공 이송속도
- K: 이송속도 및 반복 횟수 지령

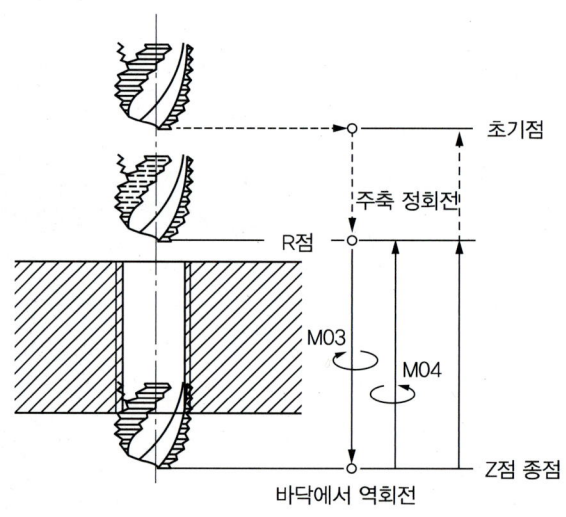

❋ 태핑 사이클(G84)의 동작

> **참고** 탭 가공의 이송속도
>
> F = N(회전수) × p(피치)
> 여기서, F: 탭 가공 이송속도(mm/min), N: 주축 회전수(Rpm), p: 탭 피치(mm)
>
> **예제** M12×p2의 탭 가공을 회전수 500으로 가공할 때 이송속도는?
> F = 500×2 = 1000이므로, 프로그램은 G84 G90 G99 X50. Y50. Z-25. R3. F1000 ;으로 지령한다.

(12) 고정 사이클 취소 기능(G80)

고정 사이클을 취소하는 기능이다

❸ Peck Drilling(G83) 가공의 기능

Peck Drilling은 구멍 가공에서 지정된 값만큼 진입 가공을 하고, 최소 간격의 높이까지 퇴각하는 반복적인 공정으로 가공이 된다.

(1) Peck Drilling의 시작

삽입에 오퍼레이션을 선택하거나 생성 아이콘 바에서 오퍼레이션 생성( ) 아이콘을 선택한다. 아래 그림과 같이 유형에서 drill과 이름에서 PECK DRILLING을 선택하고 확인한다.

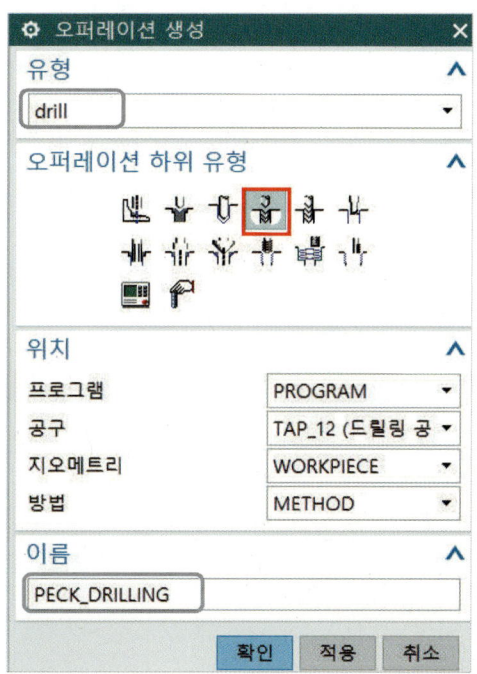

(2) Peck Drilling의 옵션

1) 지오메트리

지오메트리를 변경할 수 있다.
- 새로 생성: 지오메트리를 새로 생성할 수 있다.
- 편집: 현재 설정된 지오메트리를 수정한다.

2) 구멍 지정()

드릴 가공할 구멍을 선택하며, 이동하는 높이를 구간별로 지정할 수도 있다.

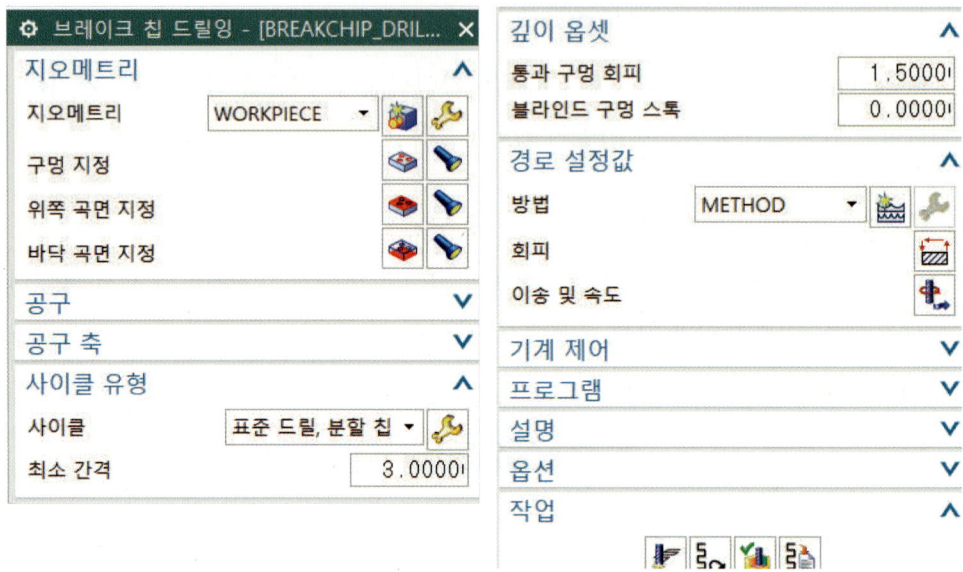

> **참고** 구멍 지정 설정방법
>
> 구멍 지정 아이콘 클릭 → 선택 → 일반 점 선택 → 면의 전체 구멍을 선택한 후 확인한다. 곡선/모서리는 바로 선택이 가능하며, 점 선택 시 선택한 순서가 가공순서이다.

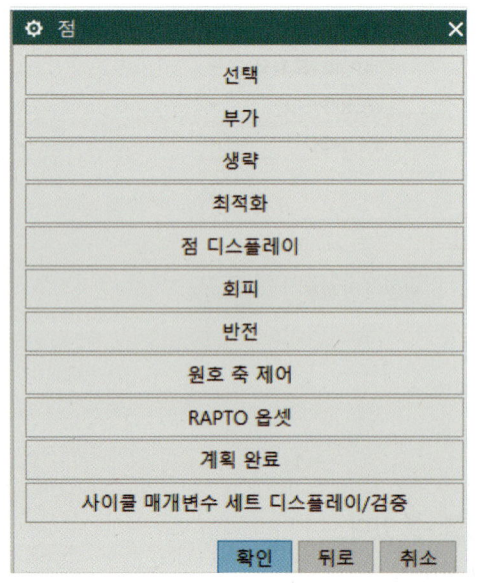
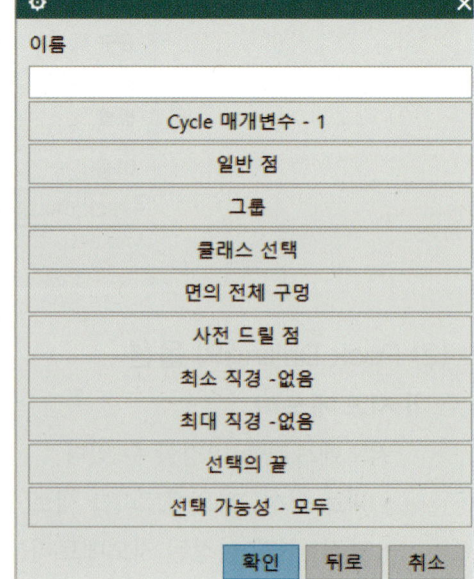

NX10 3D 모델링 및 CAD/CAM

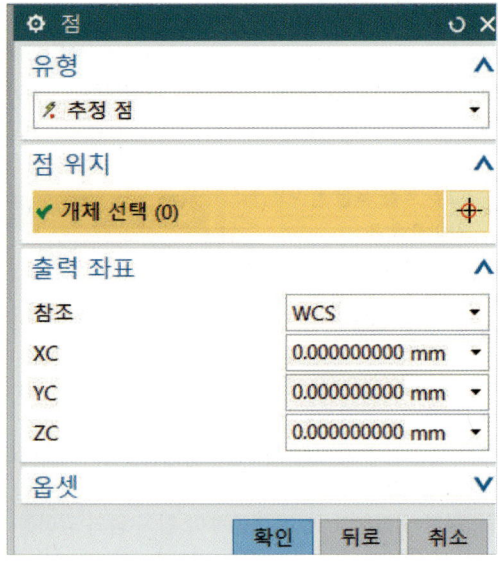

※ 면의 전체 구멍 선택

3) 위쪽 곡면 지정( )

상단 면 높이(시작 높이)를 지정한다. 구멍 선택에서 높이가 지정되므로 설정하지 않아도 무방하다.

> **참고** 위쪽 곡면 지정 설정 방법
>
> 구멍의 상단 면을 선택하고 확인한다. 높이를 직접 정의하고자 한다면, ZC 평면이나 지오메트리 평면을 선택하여 높이를 지정한다.

4) 바닥 곡면 지정( )

바닥 깊이로 드릴 하단 면을 지정한다.

> **참고** 바닥 곡면 지정 설정 방법
>
> 구멍의 하단 면을 선택하고 확인한다. 높이를 직접 정의하고자 한다면, ZC 평면이나 지오메트리 평면을 선택하여 높이를 지정한다.

5) 사이클 유형

드릴의 종류와 관련된 옵션을 설정한다.
- 최소 간격: 드릴의 진입 및 퇴각 높이를 지정한다.

참고 Peck Drill의 사이클 유형 설정 방법

① 펙 드릴을 선택하고 매개변수 편집( ) 아이콘을 클릭한다.

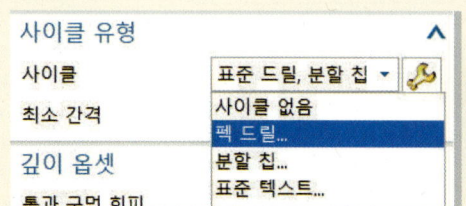 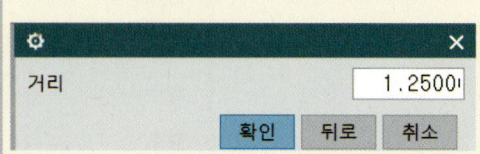

② 거리: 가공 직전의 높이 값을 지정하고 확인한다. 전 사이클에서 가공된 깊이를 기준으로 입력된 값의 높이만큼 진입한다.
③ 개수 지정: 확인한다. 각 구간의 사이클 횟수를 지정하는 것이므로 지정하지 않는다.
④ Depth: 모델 깊이를 클릭한다.
⑤ 공구 팁 깊이를 클릭하고 지정한다. 실제 가공해야 할 구멍의 깊이를 양수로 입력하고 확인한다.

【깊이의 종류】
- 공구 팁 깊이: 원추 높이를 포함한 드릴 끝단까지 거리를 지정한다.
- 공구 숄더 깊이: 드릴 끝단(원추 높이)을 뺀 거리를 지정한다.
- 바닥 곡면으로: 바닥 면까지 지정한다.
- 바닥 곡면을 통해: 바닥 면까지 지정된 거리에서 드릴, 탭 끝단(원추 높이)을 뺀 거리까지 지정한다.
- 선택된 점으로: 점(Point)을 선택하여 지정한다.

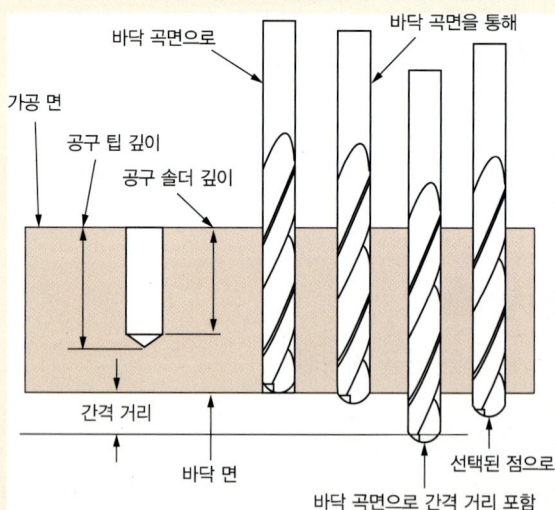

⑥ 이송률을 클릭한 후 이송속도 값을 지정하고 확인한다.
⑦ Dwell(휴지; 몇 초간 정지 기능)을 선택한 후 off를 클릭한다. 즉, Dwell을 사용하지 않는다.
⑧ Increment를 선택한다. 지정하지 않으면 구멍이 지정된 깊이만큼 한 번에 가공된다. 상수를 클릭한다.
⑨ 한 번에 가공되는 양을 지정하고 확인한다.
⑩ 확인하여 완료한다.

> **참고** 표준 Drill의 사이클 유형 설정 방법

① 표준 드릴을 선택하고 매개변수 편집() 아이콘을 클릭한다.

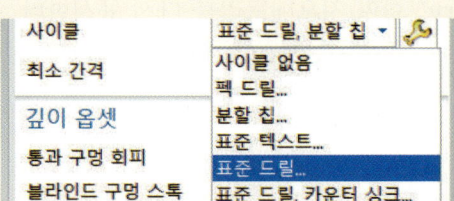 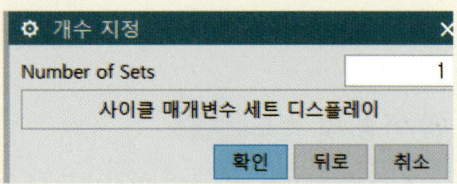

② 개수 지정을 확인한다. 각 구간의 사이클 횟수를 지정하는 것이므로 지정하지 않는다.
③ Depth-모델 깊이를 클릭한다.
④ 공구 팁 깊이를 클릭하고 지정한다. 실제 가공해야 할 구멍의 깊이를 양수로 입력하고 확인한다.
⑤ 이송률을 클릭하고 이송속도 값을 지정하고 확인한다.
⑥ Dwell(휴지; 몇 초간 정지 기능)을 선택한 후 Off를 클릭한다.
⑦ Dwell을 사용하지 않는다.
⑧ Rtrcto를 클릭한다. 후퇴 값을 지정하는 명령어로 후퇴 값은 거리, 자동, 없음으로 설정한다. 거리는 R값에서 옵셋되는 값을 입력하면 된다. 자동은 자동으로 입력이 된다.
⑨ Step 값을 클릭한다.
⑩ Step 값에 2를 입력하고 확인한다.
⑪ 확인하고 완료한다.

6) 깊이 옵셋

이 옵션은 사이클 파라미터 설정에서 설정한 깊이에 사용되는데, 이 경우 옵셋은 모델 깊이에 해당한다.

- 통과 구멍 회피: 드릴의 관통 구멍의 분기점을 통과하는 거리를 정의하며, 필요시 지정한다.
- 블라인드 구멍 스톡: 이 옵션은 공구의 팁을 사용하며 한쪽으로 막힌 구멍 하단 위에 남아 있는 재질의 여유 양을 정의한다.

7) 경로 설정값

- 방법: 방법을 선택, 생성, 수정할 수 있다.
- 회피( )
  - From 점: 최초의 공구 위치를 지정한다.
  - Start Point: 공구시작 순서에서의 공구 위치를 지정한다.
  - Return Point: 절삭순서가 끝날 때 공구 위치를 지정한다.

- Gohome 점: 최종 공구의 위치를 지정한다.
- Clearance Plane: 작업 전과 후에 공구가 이동하는 안전한 높이를 지정한다.
- Lower Limit Plane: 공구가 위반하는 것에 대한 경고를 출력한다.
- Redisplay Avoidance Geometry: 회피 지오메트리를 다시 표시한다. 활성 회피 기하학(지점과 평면기호) 및 참조 좌표 시스템(RCS)을 표시한다.

8) 이송 및 속도( )

- 스핀들 속도: 공구의 회전속도를 입력한다.
- 이송률: 가공할 공구의 이송속도를 입력한다.
- 더 보기: 다른 부분의 상세한 이송속도를 지정할 수 있다.

❹ Break chip Drilling(G73) 가공의 기능

Break Chip Drilling 가공은 많은 구멍 가공에서 사용하며 지정된 값만큼 진입했다가 지정된 값만큼 퇴각하는 반복적인 공정으로 가공이 이루어진다.

(1) Break chip Drilling의 시작

삽입에 오퍼레이션을 선택하거나 생성 아이콘 바에서 오퍼레이션 생성( ) 아이콘을 선택한다. 유형에서 drill과 Break Chip Drilling을 선택하고 확인한다.

(2) Break chip Drilling 옵션

1) 지오메트리

지오메트리를 변경할 수 있다.
- 새로 생성: 지오메트리를 새로 생성할 수 있다.
- 편집: 현재 설정된 지오메트리를 수정한다.

2) 구멍 지정( )

드릴 가공할 구멍을 선택하며 이동하는 높이를 구간별로 지정할 수도 있다.

3) 위쪽 곡면 지정( )

상단 면 높이(시작 높이)를 지정한다. 구멍 선택에서 높이가 지정되므로 설정하지 않아도 무방하다.

4) 바닥 곡면 지정( )

바닥 깊이로 드릴 하단 면을 지정한다.

5) 사이클 유형

드릴의 종류와 관련된 옵션을 설정한다.
- 최소 간격: 드릴의 진입높이를 지정한다.

> **참고** Break Chip Drilling의 사이클 유형 설정 방법
>
> ① 분할 칩 드릴을 선택하고 매개변수 편집( ) 아이콘을 클릭한다.
> ② 거리: 후퇴량을 지정하고 확인한다. Break chip Drilling에서는 후퇴량으로 지정하는 값만큼 후퇴한다.
> ③ 개수 지정: 그냥 확인한다. 각 구간의 사이클 회수를 지정하는 것이므로 지정하지 않는다.
> ④ Depth: 모델 깊이를 클릭한다.
> ⑤ 공구 팁 깊이를 클릭하고 지정한다. 실제 가공해야 할 구멍의 깊이를 양수로 입력하고 확인한다.
> ⑥ 이송률을 클릭하고 이송속도 값을 지정하고 확인한다.
> ⑦ Dwell(휴지: 몇 초간 정지 기능)을 선택한 후 Off를 클릭한다. 즉, Dwell을 사용하지 않는다.
> ⑧ Increment를 선택한다. 지정하지 않으면 구멍이 지정된 깊이만큼 한 번에 가공된다. 상수를 클릭한다.
> ⑨ 한 번에 가공되는 양을 지정하고 확인한다.
> ⑩ 확인하여 완료한다.

6) 깊이 옵셋

이 옵션은 사이클 파라미터 설정에서 설정한 깊이에 사용되는데, 이 경우 옵셋은 모델 깊이에 해당된다.

- 통과 구멍 회피: 드릴의 관동 구멍의 분기점을 통과하는 거리를 정의하며, 필요시 지정한다.
- 블라인드 구멍 스톡: 이 옵션은 공구의 팁을 사용하며 한쪽으로 막힌 구멍 하단 위에 남아 있는 재질의 여유량을 정의한다.

7) 경로 설정값

- 방법: 방법을 선택, 생성, 수정할 수 있다.
- 회피( )
    - From 점: 최초의 공구 위치를 지정한다.
    - Start Point: 공구 시작순서에서의 공구 위치를 지정한다.
    - Return Point: 절삭순서가 끝날 때 공구 위치를 지정한다.
    - Gohome 점: 최종 공구의 위치를 지정한다.
    - Clearance Plane: 작업 전과 후에 공구가 이동하는 안전한 높이를 지정한다.
    - Lower Limit Plane: 공구가 위반하는 것에 대한 경고를 출력한다.
    - Redisplay Avoidance Geometry: 회피 지오메트리를 다시 표시한다. 활성 회피 기하학(지점과 평면 기호) 및 참조 좌표 시스템(RCS)을 표시한다.

8) 이송 및 속도( )

- 스핀들 속도: 공구의 회전속도를 입력한다.
- 이송률: 가공할 공구의 이송속도를 입력한다.
- 더 보기: 다른 부분의 상세한 이송속도를 지정할 수 있다.

5 Tapping(G84) 가공의 기능

Tapping 가공은 구멍에 나사산을 만드는 가공으로 드릴 가공과 거의 흡사하나 가장 큰 차이는 이송속도 값은 회전수 × 피치로 주어야 한다.

(1) Tapping의 시작

삽입에 오퍼레이션을 선택하거나 생성 아이콘 바에서 오퍼레이션 생성( ) 아이콘을 선택한다. 유형에서 drill과 Tapping을 선택하고 확인한다.

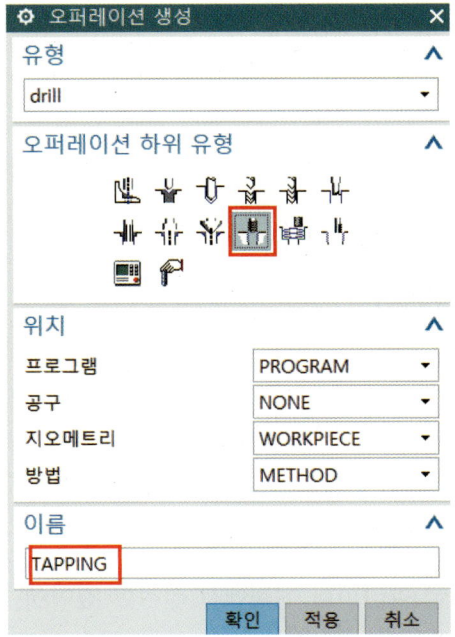

(2) Tapping 옵션

1) 지오메트리

지오메트리를 변경할 수 있다.
- 새로 생성: 지오메트리를 새로 생성할 수 있다.
- 편집: 현재 설정된 지오메트리를 수정한다.

2) 구멍 지정( )

탭 가공할 구멍을 선택하며, 이동하는 높이를 구간별로 지정할 수도 있다.

3) 위쪽 곡면 지정( )

상단 면 높이(시작 높이)를 지정한다. 구멍 선택에서 높이가 지정되므로 설정하지 않아도 무방하다.

4) 바닥 곡면 지정( )

바닥 깊이로 드릴 하단 면을 지정한다.

5) 사이클 유형

탭과 관련된 옵션을 설정한다.
- 최소 간격: 탭의 진입높이를 지정한다.

> **참고** Tapping의 사이클 유형 설정 방법
>
> ① 표준 탭을 선택하고 매개변수 편집( ) 아이콘을 클릭한다.
> ② 개수 지정: 확인한다.
> ③ Depth: 모델 깊이를 클릭한다.
> ④ 깊이의 종류에서 한 가지를 선택하여 클릭하고 지정한다. 종류는 Peck Drilling에서 참고한다.
> ⑤ 깊이로 양수 값으로 설정하고 확인한다.
> ⑥ 이송률을 클릭하고 이송속도 값을 지정하고 확인한다.
>   나사피치 × 회전수(RPM) = 이송속도
> ⑦ Rtrcto를 클릭한 후 값을 입력하고 확인한다.
>   값을 주면 G99(R점 복귀)이며, 값을 넣지 않고 자동으로 두면 G98(시작점 복귀)로 나온다. 일반적으로 값을 1 이상으로 입력하여 G99로 설정한다.

6) 깊이 옵셋

이 옵션은 사이클 파라미터 설정에서 설정한 깊이에 사용되는데, 이 경우 옵셋은 모델 깊이에 해당한다.

- 통과 구멍 회피: 탭의 관동 구멍의 분기점을 통과하는 거리를 정의한다. 필요시 지정한다.
- 블라인드 구멍 스톡: 이 옵션은 공구의 팁을 사용하며 한쪽으로 막힌 구멍 하단 위에 남아 있는 재질의 여유량을 정의한다.

7) 경로 설정값

- 방법: 방법을 선택, 생성, 수정할 수 있다.
- 회피( )
  - From 점: 최초의 공구 위치를 지정한다.
  - Start Point: 공구 시작 순서에서의 공구 위치를 지정한다.
  - Return Point: 절삭순서가 끝날 때 공구 위치를 지정한다.
  - Gohome 점: 최종 공구의 위치를 지정한다.
  - Clearance Plane: 작업 전과 후에 공구가 이동하는 안전한 높이를 지정한다.
  - Lower Limit Plane: 공구가 위반하는 것에 대한 경고를 출력한다.
  - Redisplay Avoidance Geometry: 회피 지오메트리를 다시 표시한다. 활성 회피 기하학(지점과 평면 기호) 및 참조 좌표 시스템(RCS)을 표시한다.

8) 이송 및 속도( )

- 스핀들 속도: 공구의 회전 속도를 입력한다.
- 이송률: 가공할 공구의 이송속도를 입력한다.
- 더 보기: 다른 부분의 상세한 이송속도를 지정할 수 있다.

6 Drilling 가공 따라 하기

❶ 아래 그림과 같이 모델링한다.

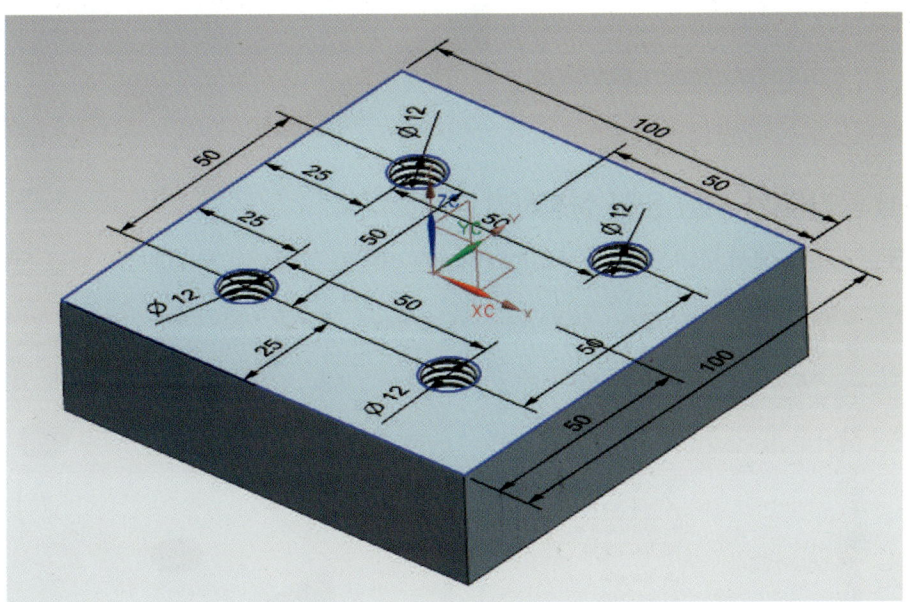

❷ 아래 그림처럼 시작에서 제조(Manufacturing)를 선택한다.

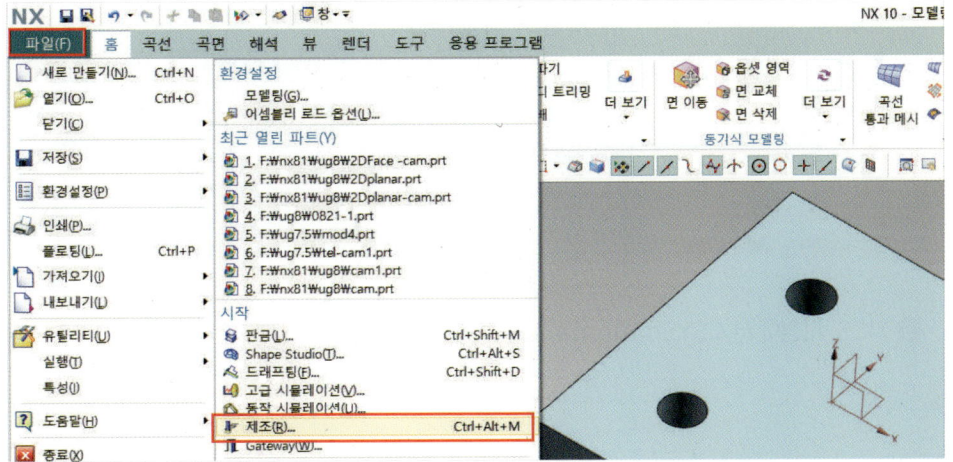

❸ 생성할 CAM 설정에서 drill을 선택하고 확인한다.

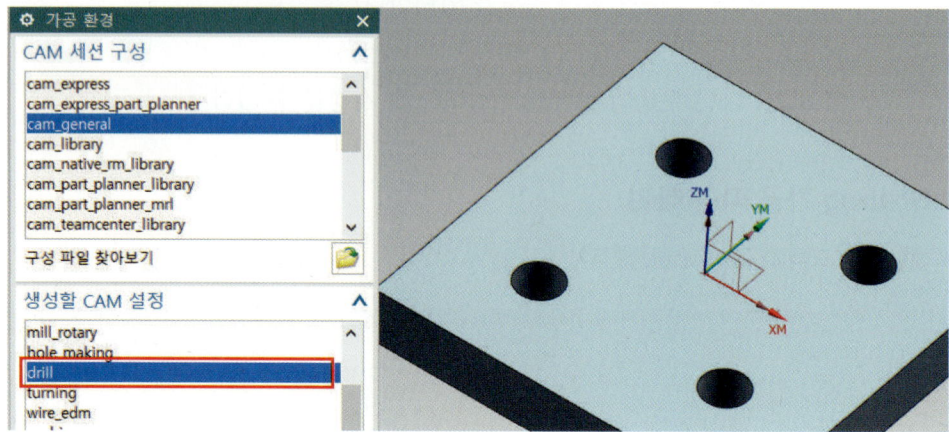

(1) 공작물(가공물) 원점 설정하기

❶ 리소스 바에서 오퍼레이션 탐색기에서 MB3 버튼을 클릭하여 지오메트리 뷰를 선택한다.

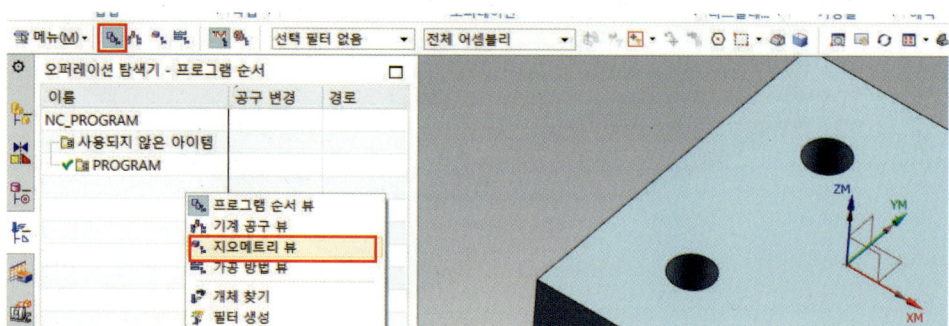

❷ MCS_MILL을 선택하고 MB3을 클릭하여 편집을 선택한다.

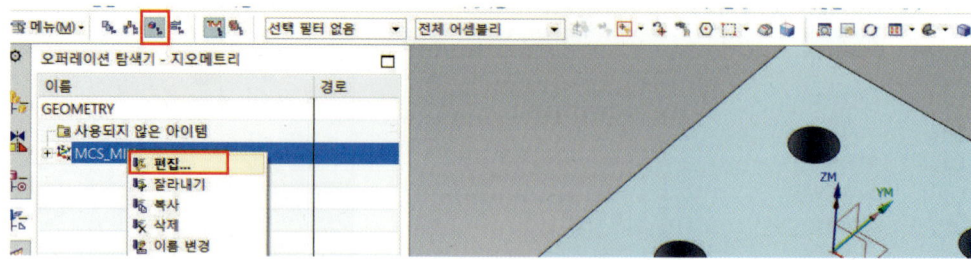

❸ MCS 지정에서 CSYS 다이얼로그를 클릭한다.

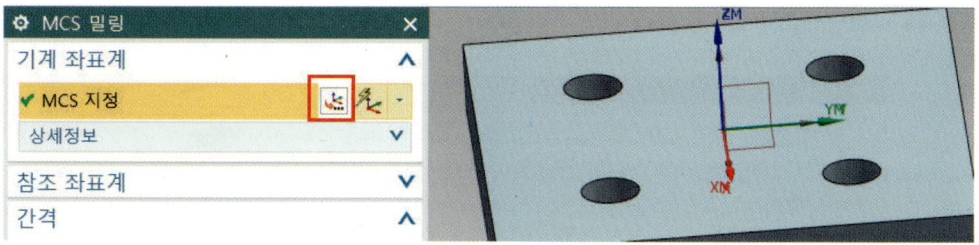

❹ MB1 버튼을 이용하여 아래 그림처럼 가공원점을 클릭하고 확인한다.

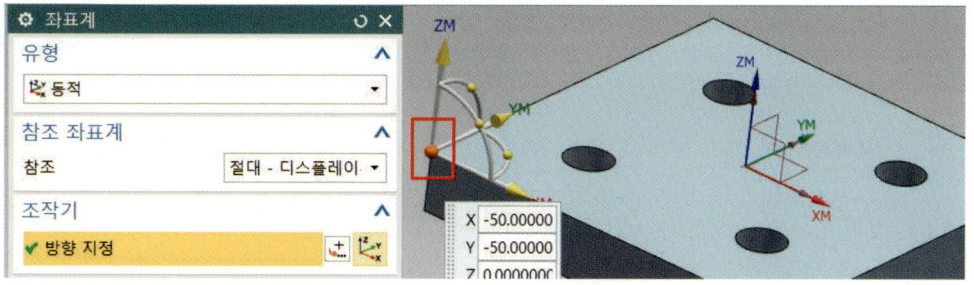

❺ MCS_MILL 앞부분의 +를 누르고 WORKPIECE를 선택한 후 MB3 버튼을 클릭하여 편집을 선택한다.

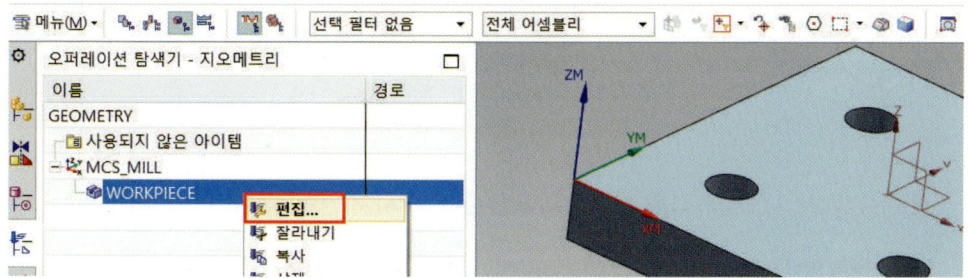

❻ 파트 지정 아이콘을 클릭한다.

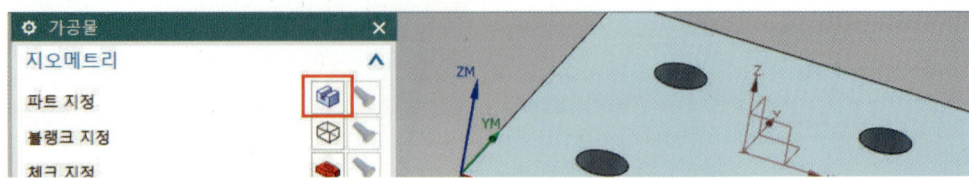

❼ 아래 그림처럼 모델링을 선택한 후 확인한다.

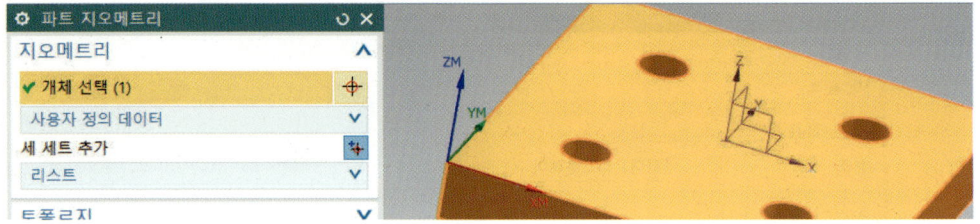

❽ 블랭크 지정 아이콘을 클릭한다.

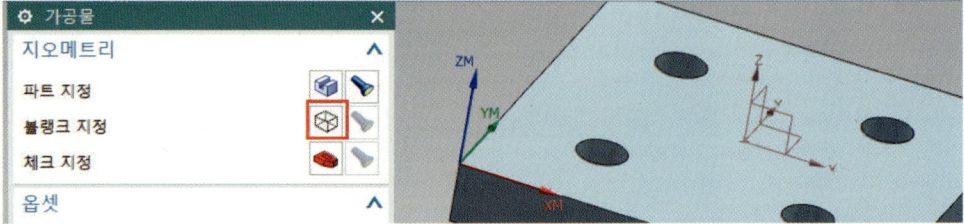

❾ 유형에서 지오메트리를 선택하고 확인한다. 다시 확인한 후 빠져 나간다.

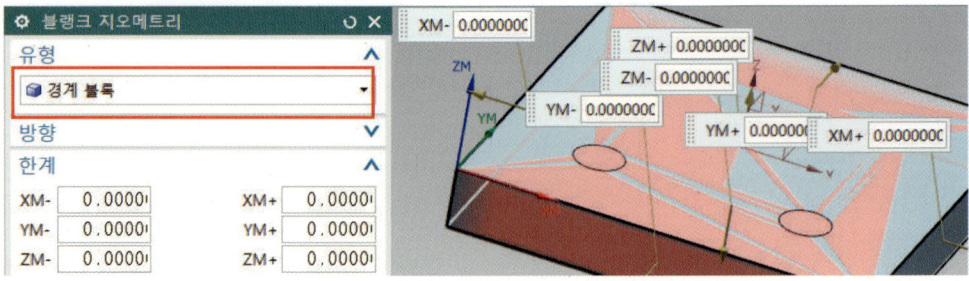

(2) 공구 생성하기

❶ drill에서 공구 유형은 SPOTDRILLING_3을 입력하고 적용한다.

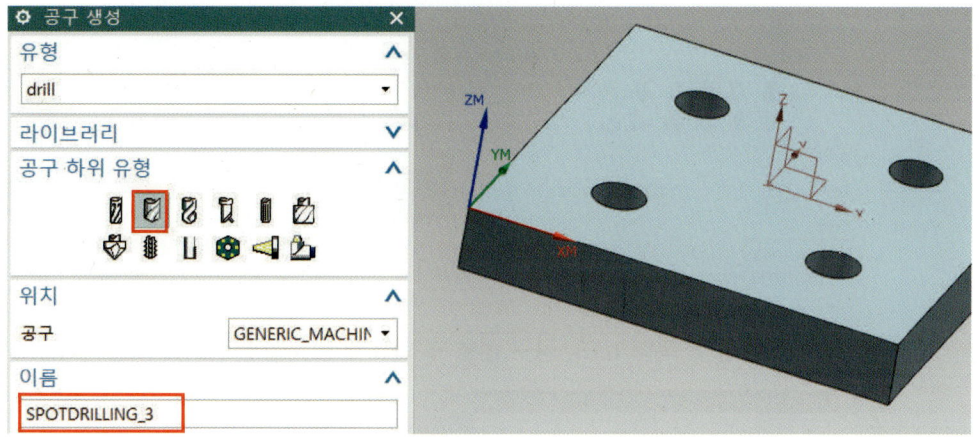

❷ 공구 직경 3, 공구 번호 2를 입력하고 확인한다.

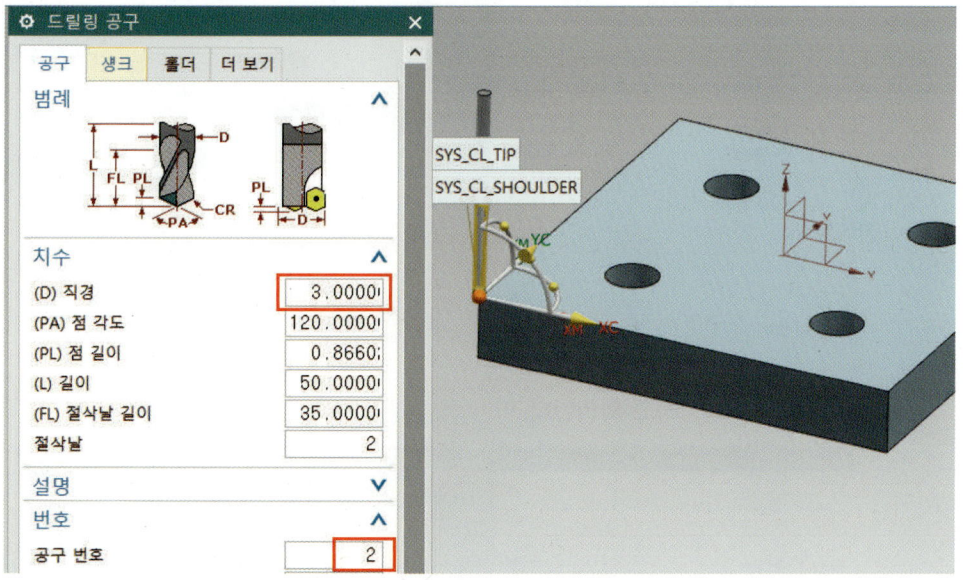

❸ 아래 그림처럼 설정하고 적용한다.

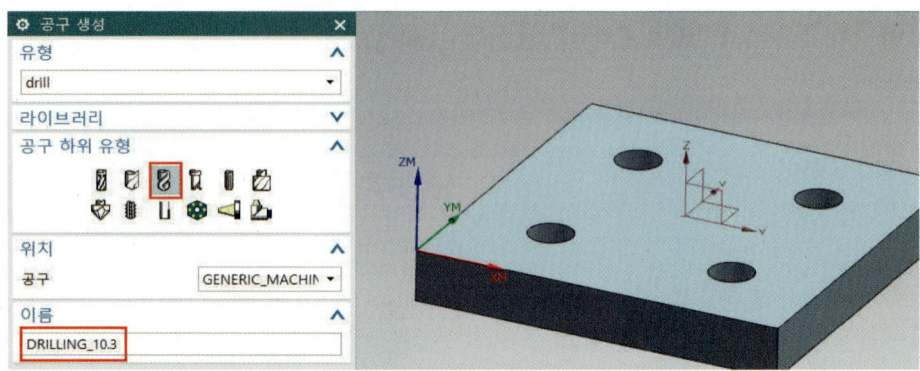

❹ 아래 그림처럼 공구 직경 10.3, 공구 번호 3, 좌표계 원점을 클릭하고 확인한다.

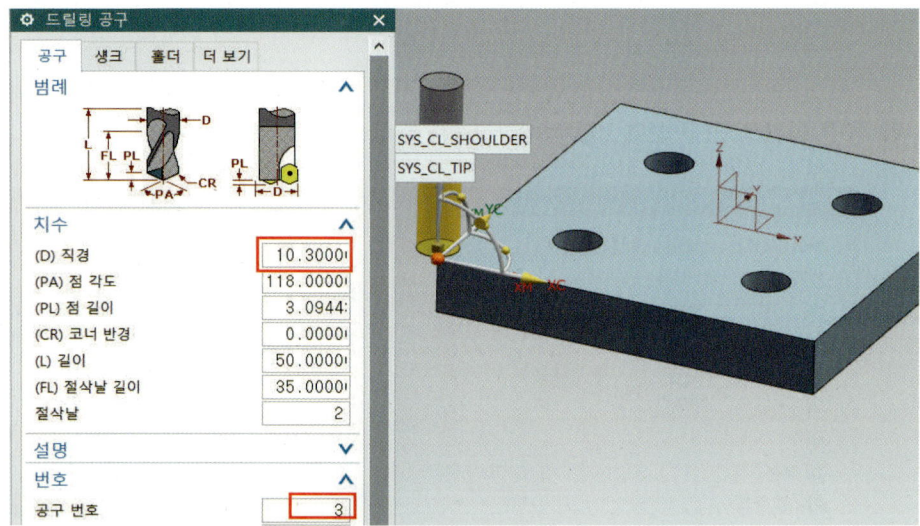

❺ 아래 그림처럼 설정하고 확인한다.

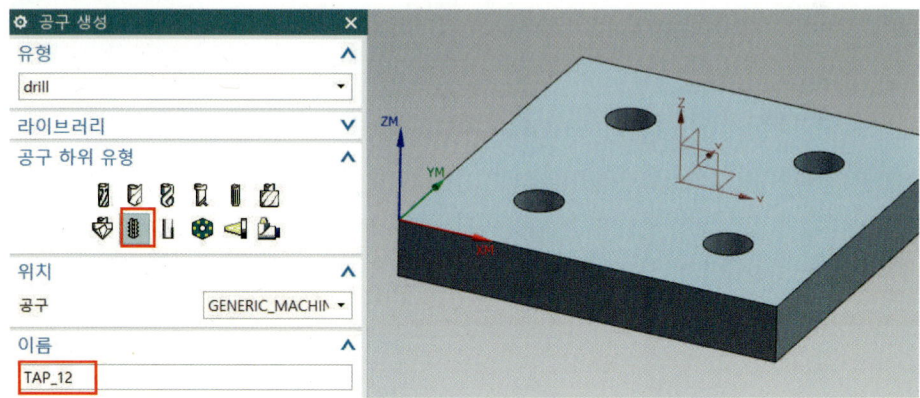

❻ 아래 그림처럼 공구 직경 12, 공구 번호 4, 좌표계 원점을 클릭하고 확인한다.

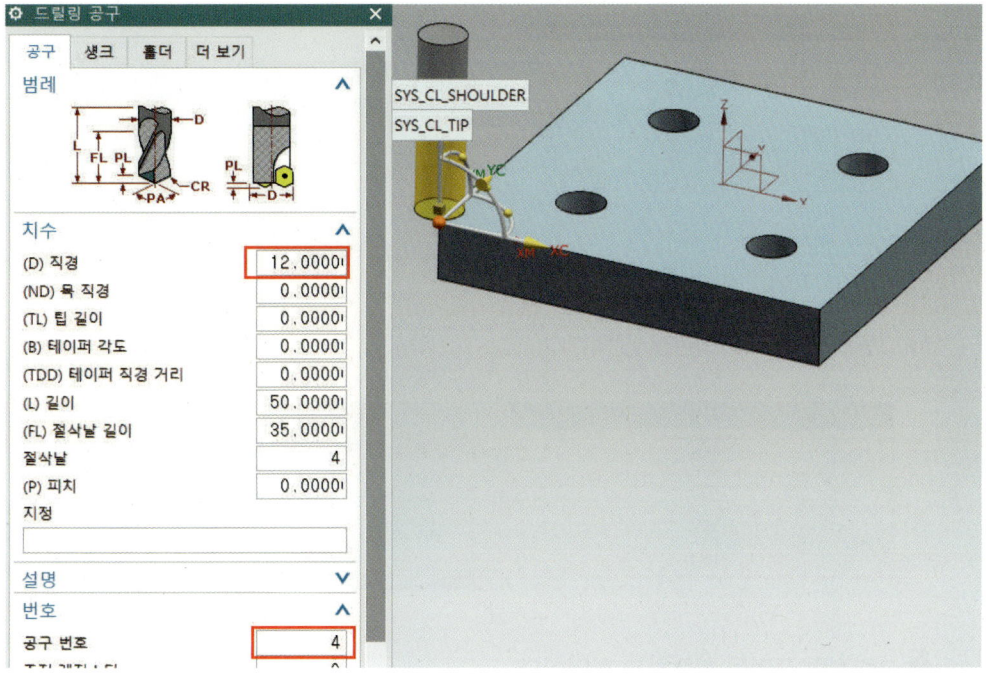

(3) 센터 드릴 작업하기

SPOT_DRILLING(센터 드릴) 작업은 드릴 작업 전에 중심을 정확하게 잡아주는 작업으로서 생략할 수도 있다.

❶ 삽입에 오퍼레이션을 선택한다. 또는 그림처럼 오퍼레이션 생성( ) 아이콘을 선택한다. 하위유형은 drill, 프로그램은 PROGRAM, 지오메트리 사용은 WORKPIECE, 방법 사용은 METHOD로 바꾼 다음 적용 버튼을 클릭한다.

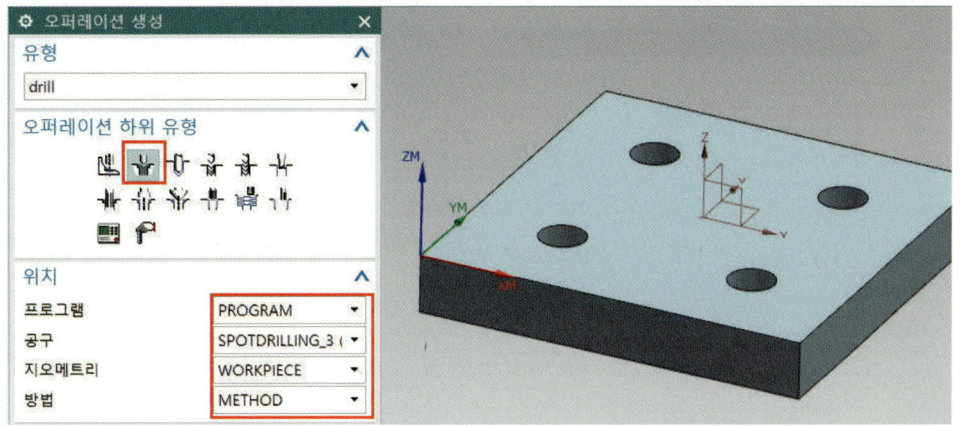

❷ 그림처럼 구멍 지정 아이콘을 선택한다.

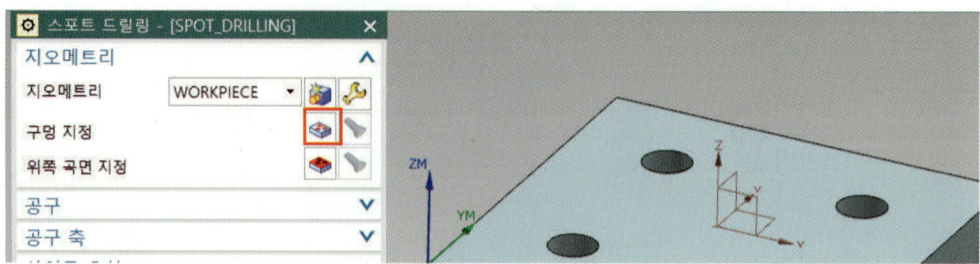

❸ 그림처럼 선택 아이콘을 선택한다.

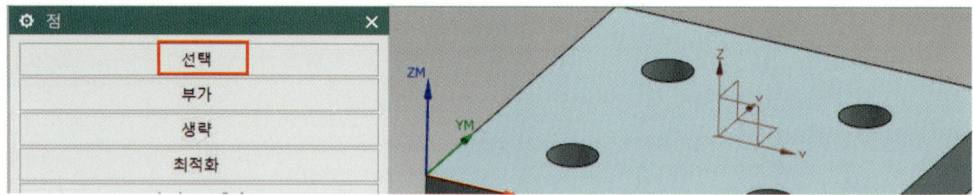

❹ 그림처럼 구멍을 선택하고 확인한다.

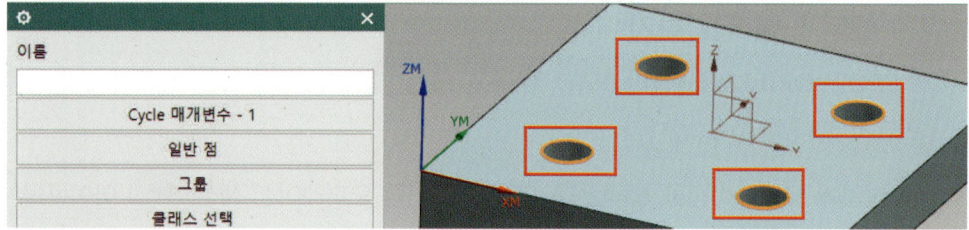

❺ 그림처럼 위쪽 곡면 지정 아이콘을 선택한다.

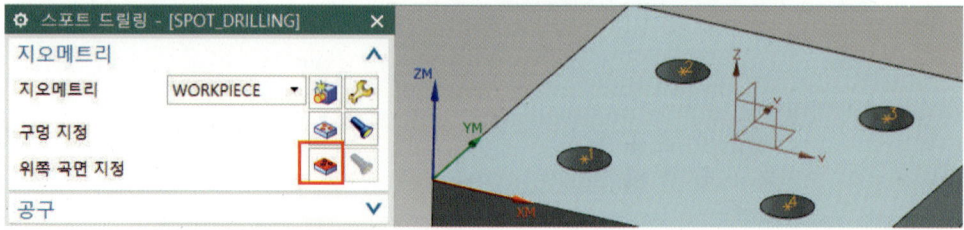

❻ 그림에서 위쪽을 면으로 설정하고 윗면을 선택하고 확인한다.

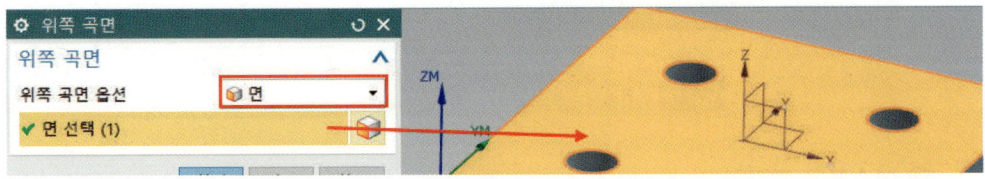

❼ 사이클 유형에서 매개변수 편집을 클릭한다.

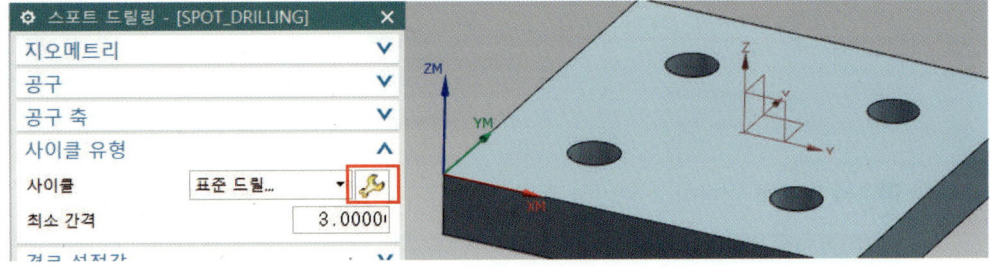

❽ 그림처럼 개수 지정에서 확인한다.

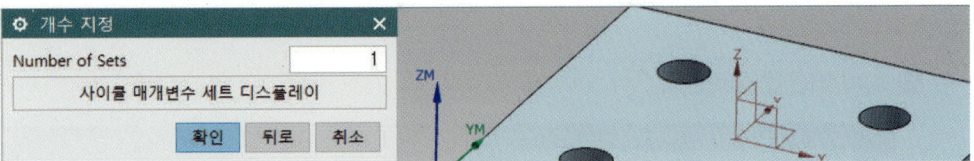

❾ Depth를 클릭한다.

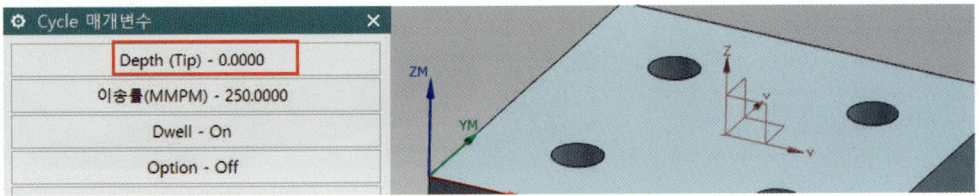

❿ 공구 팁 깊이를 클릭한다.

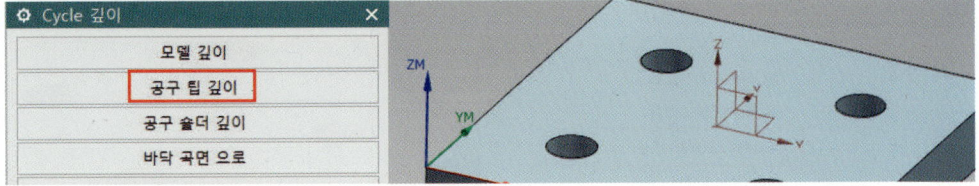

⓫ 깊이는 3을 입력하고 확인한다.

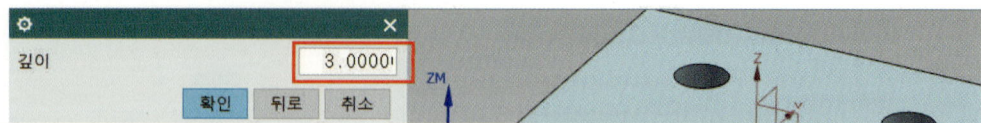

⓬ 이송률을 클릭한다.

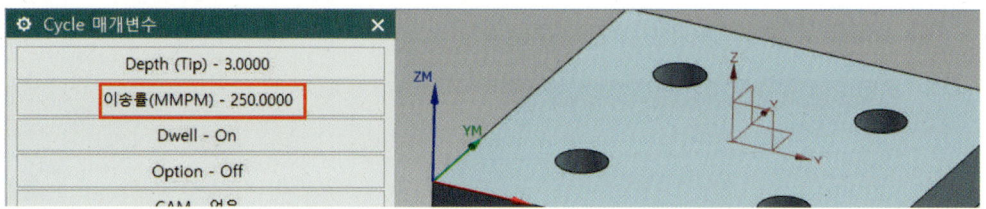

⓭ 이송률 100을 입력하고 확인하고 취소한다.

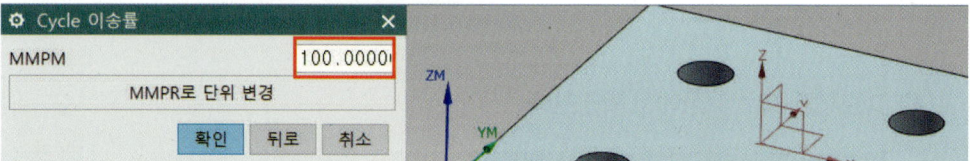

⓮ 회피 버튼을 클릭한다.

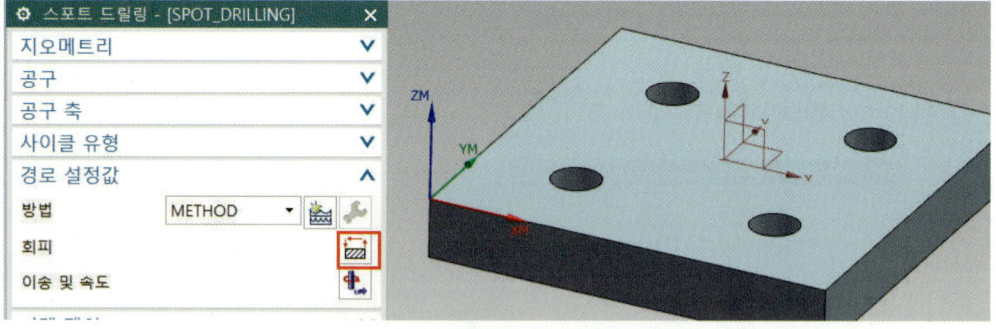

⓯ Clearance Plane – 없음을 클릭한다.

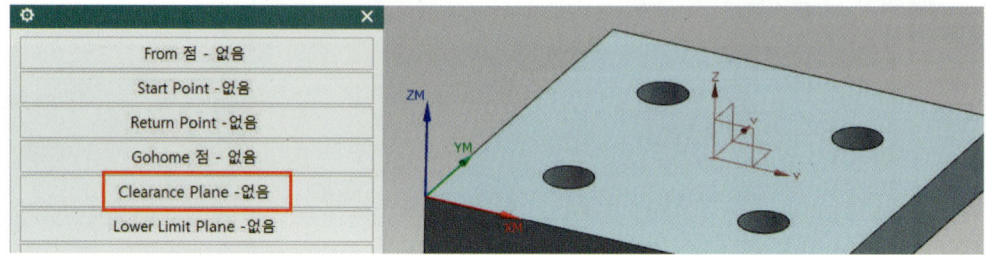

PART V Manufacturing

⑯ 그림처럼 지정을 클릭한다.

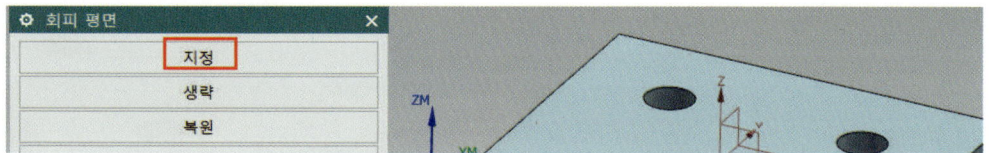

⑰ 평면의 개체 선택에서 윗면을 선택하고 옵셋 거리 10을 입력한 후 확인한다.

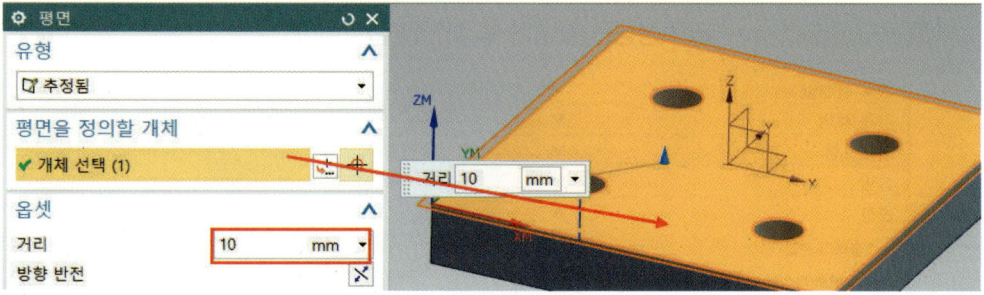

⑱ 이송 및 속도를 클릭한다.

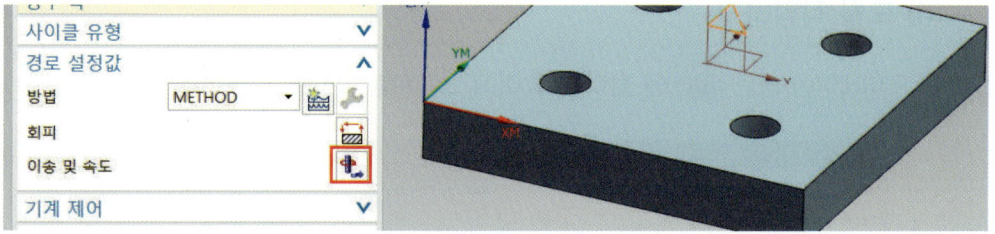

⑲ 스핀들 속도 1000, 이송률에서 절삭 100을 입력하고 확인한다.

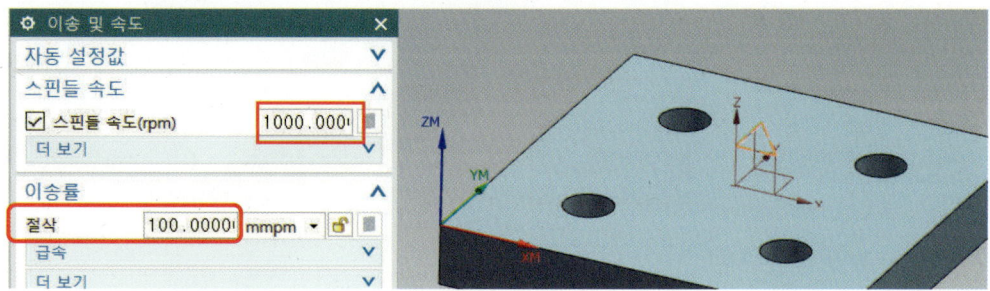

⑳ 작업에서 생성을 클릭한다.

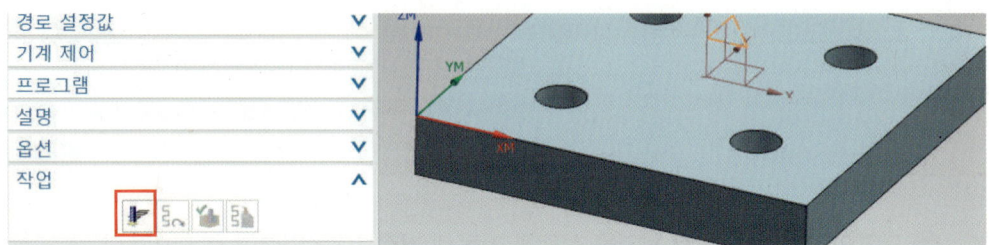

㉑ 공구 경로(Tool Path) 생성을 확인한 후 확인을 클릭한다.

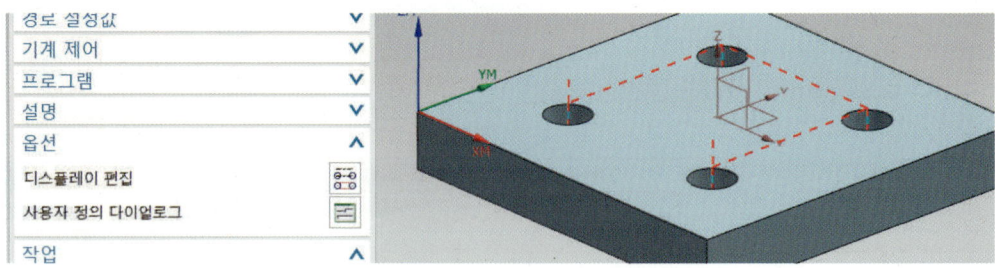

(4) 드릴 작업하기

❶ 오퍼레이션 생성( )을 클릭한 후 아래 그림처럼 설정하고 확인한다.

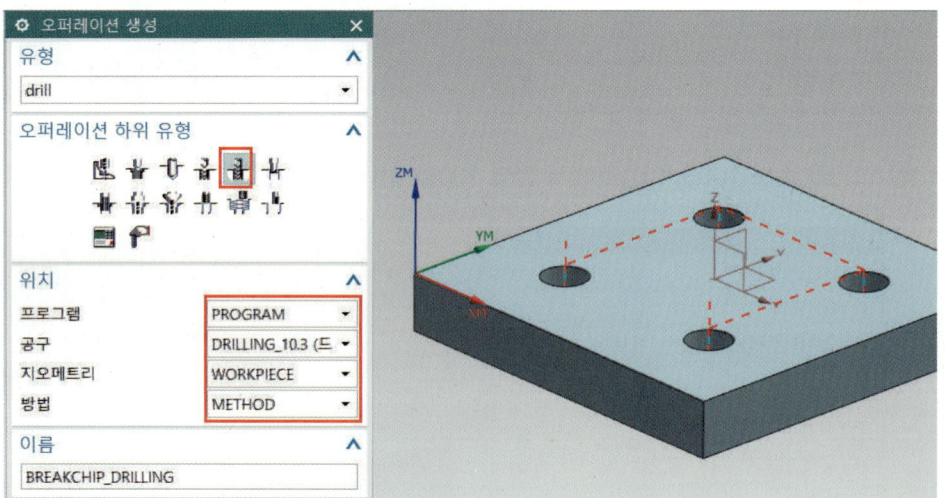

❷ 그림처럼 구멍지정( ) 아이콘을 선택한다.

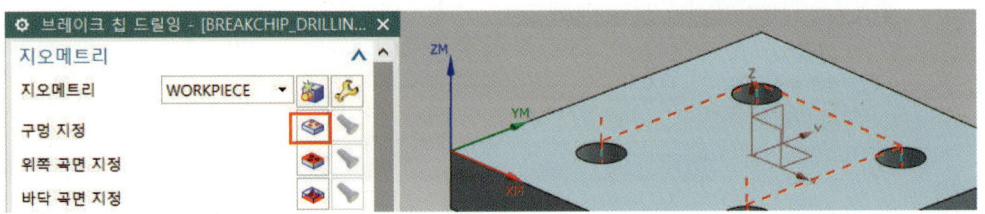

❸ 그림처럼 선택 아이콘을 선택한다.

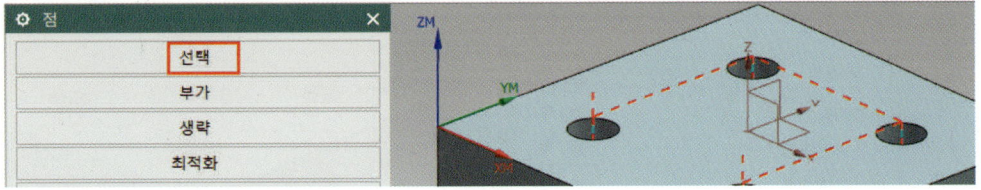

❹ 아래 그림처럼 구멍을 순서대로 4군데 선택하고 확인한다. 다시 확인하고 빠져 나간다.

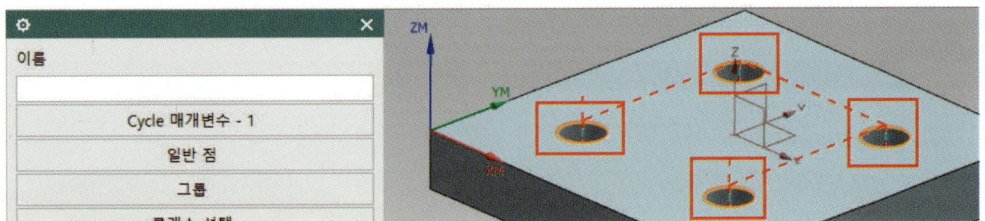

❺ 그림처럼 위쪽 곡면 지정( ) 아이콘을 선택한다.

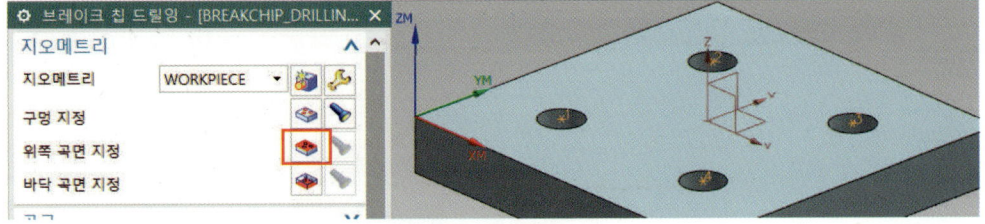

❻ 위쪽 곡면 옵션에서 면을 선택하고, 면 선택에서 윗면을 MB1로 클릭하고 확인한다.

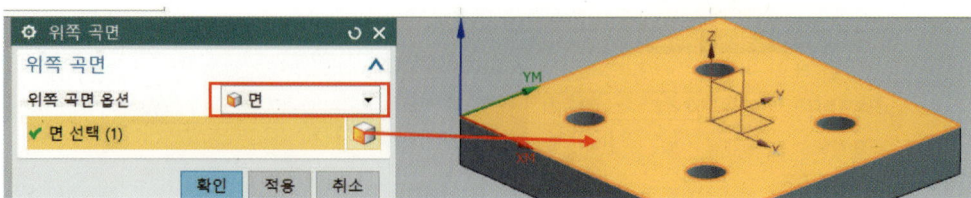

❼ 그림처럼 바닥 곡면 지정( ) 아이콘을 선택한다.

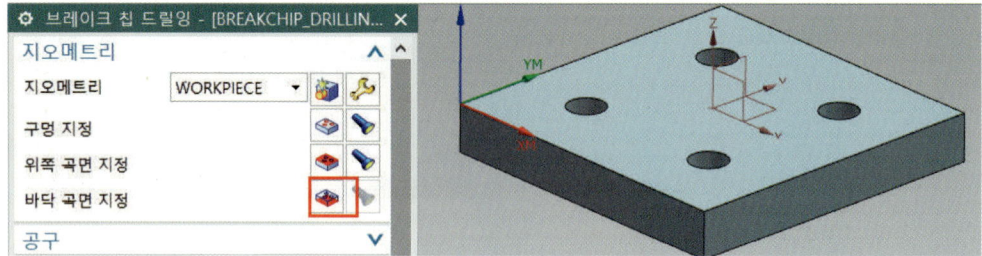

❽ 바닥 곡면 옵션에서 면을 선택하고, 평면 지정에서 아랫면을 MB1로 클릭하고 확인한다.

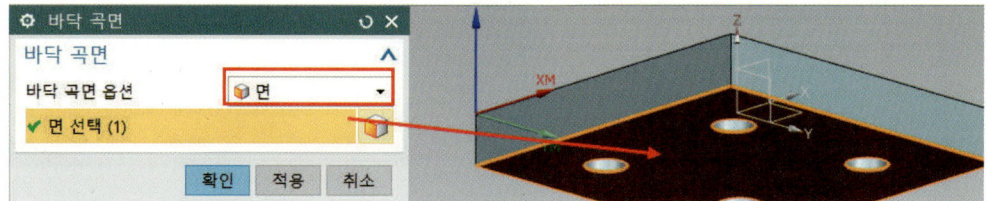

❾ 사이클 유형에서 분할 칩을 선택하고, 매개변수 편집을 선택한다.

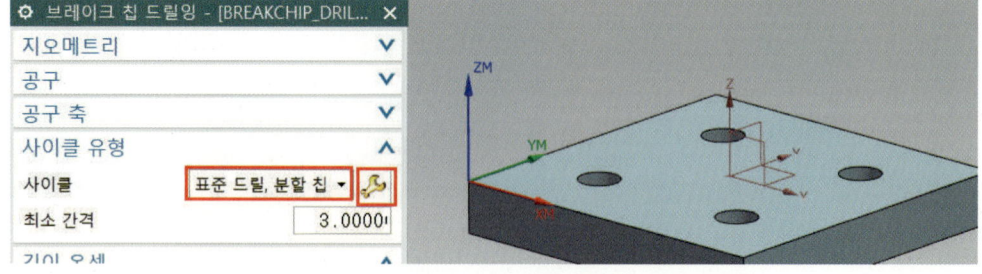

❿ 확인을 클릭한다.

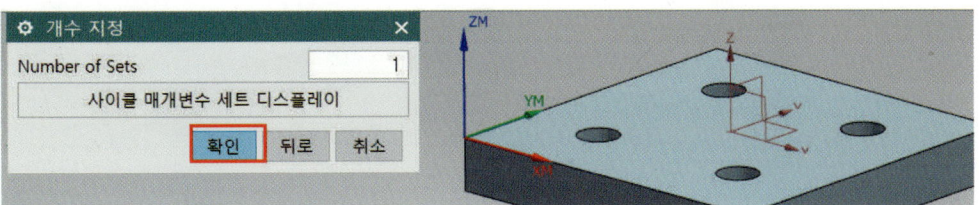

⓫ Depth-모델 깊이를 클릭한다.

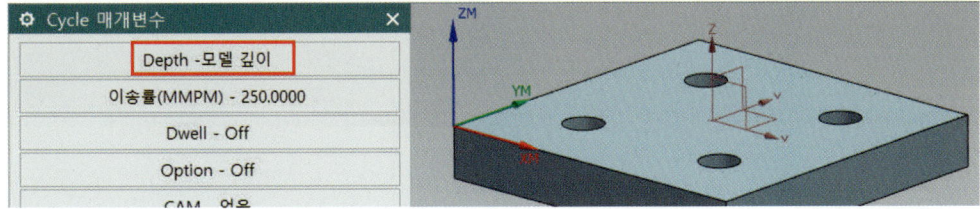

⓬ 바닥 곡면을 통해를 클릭한다.

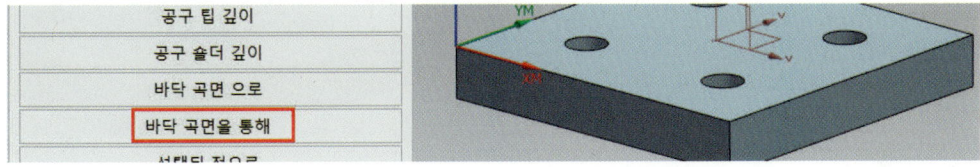

⓭ 이송률을 클릭한다.

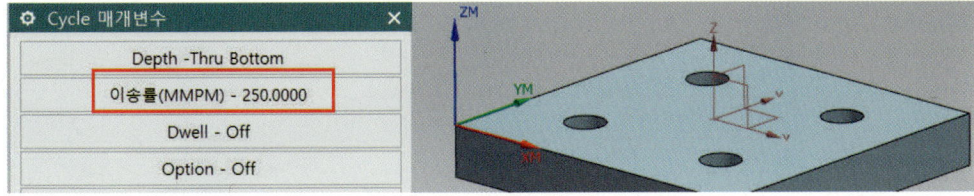

⓮ 그림처럼 90을 입력하고 확인한다.

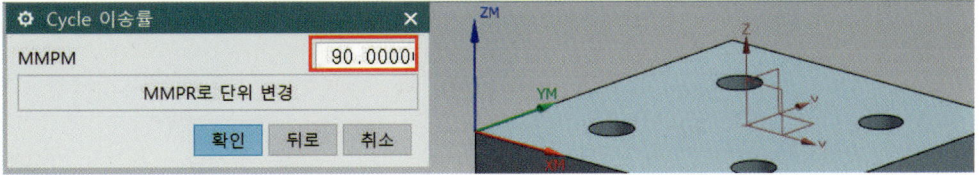

⑮ Step 값 – 미정의를 클릭한다.

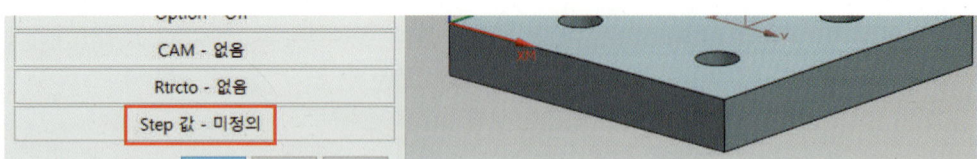

⑯ 그림처럼 2~3을 입력한다.(첫 번째 스텝에만 입력)

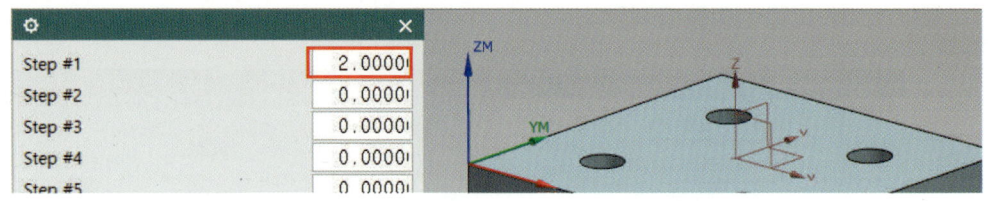

⑰ 회피( ) 아이콘을 클릭한다.

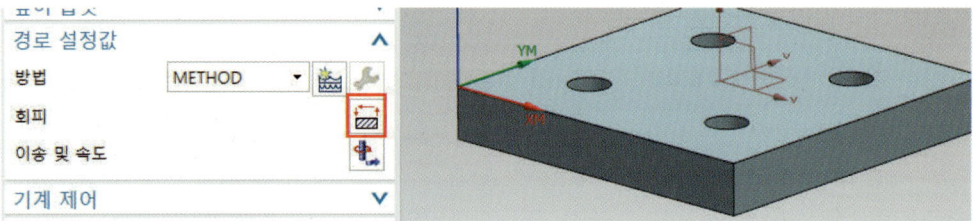

⑱ Clearance Plane – 없음을 클릭한다.

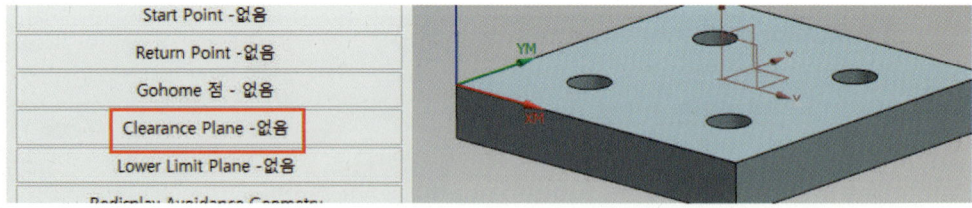

⑲ 지정을 클릭한다.

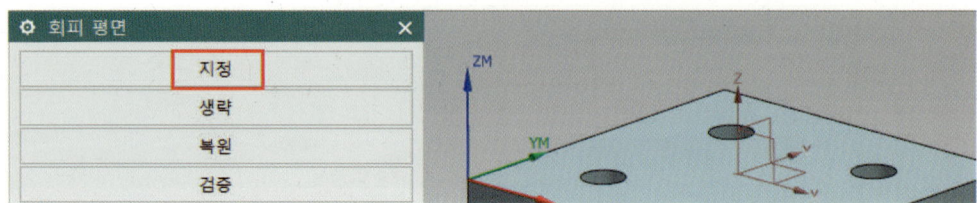

❷⓿ 개체 선택에서 윗면을 선택하고, 거리 10을 입력하고 확인한다. 계속 확인하고 빠져 나간다.

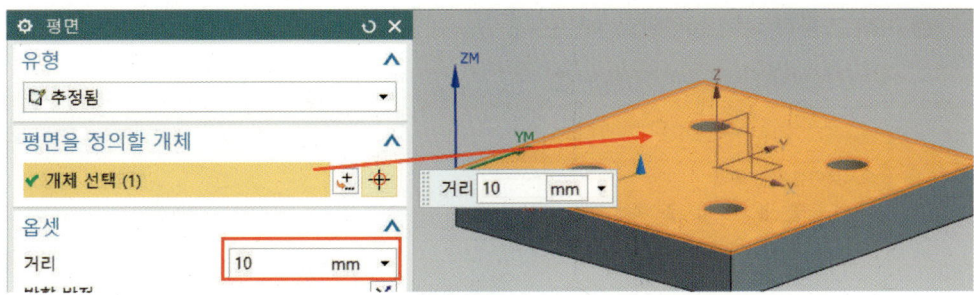

❷❶ 이송 및 속도( ) 아이콘을 클릭한다. 스핀들 속도 1000, 이송속도는 절삭에서 90을 입력하고 확인한다.

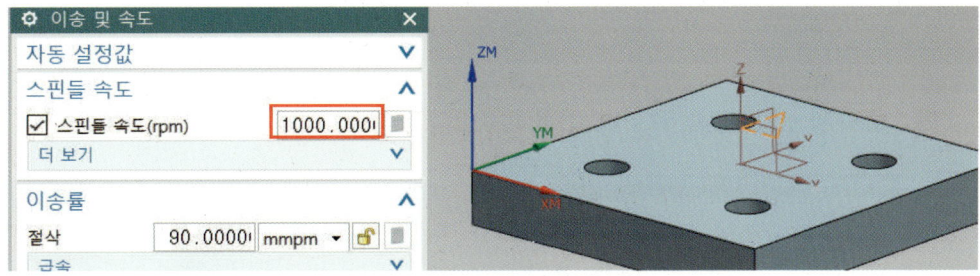

❷❷ 작업에서 생성( ) 아이콘을 클릭한다.
❷❸ Tool Path 생성을 확인한 후 확인을 클릭한다.

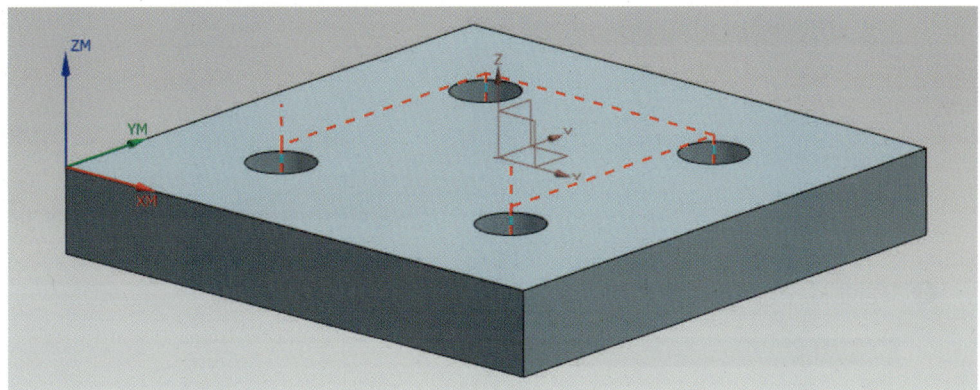

(5) Tapping 가공 따라 하기

❶ 아래 그림과 같이 설정하고 확인한다.

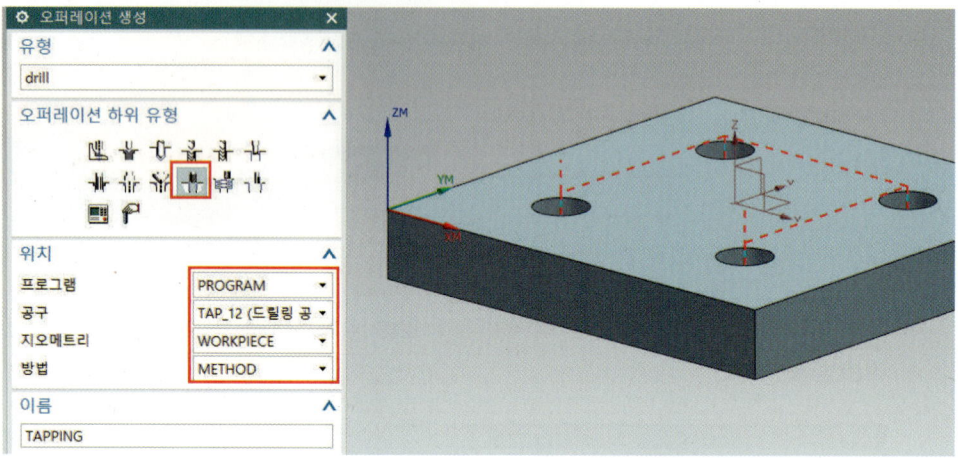

❷ 그림에서 구멍 지정( ) 아이콘을 클릭한다.

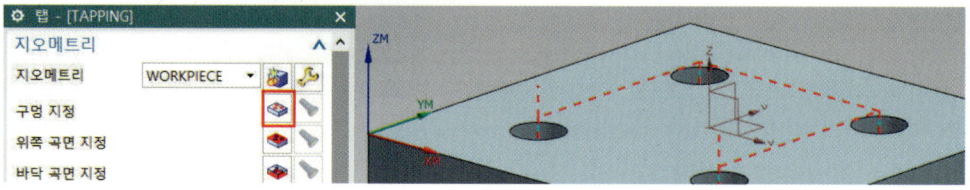

❸ 선택 아이콘을 클릭한다.

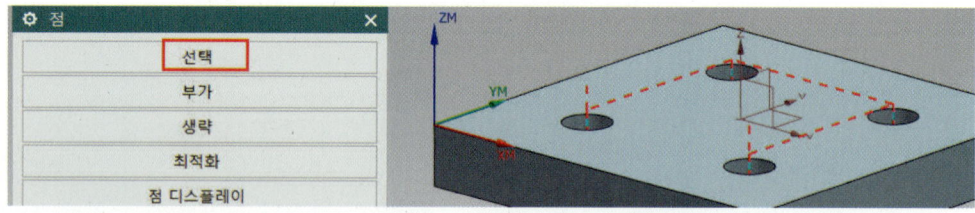

❹ 그림에서 구멍 4군데를 차례대로 클릭한 후 확인하고 빠져나온다.

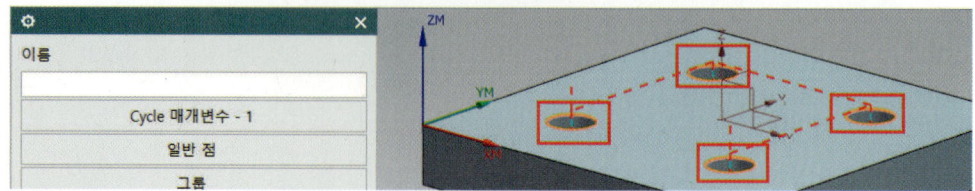

❺ 윗면 곡면 지정( ) 아이콘을 클릭한다. 위쪽 곡면 옵션에서 면을 설정한 후 윗면을 클릭하고 확인한다.

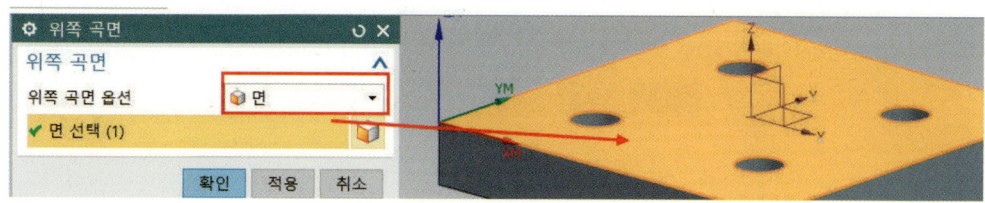

❻ 바닥 곡면 지정( ) 아이콘을 클릭한다.

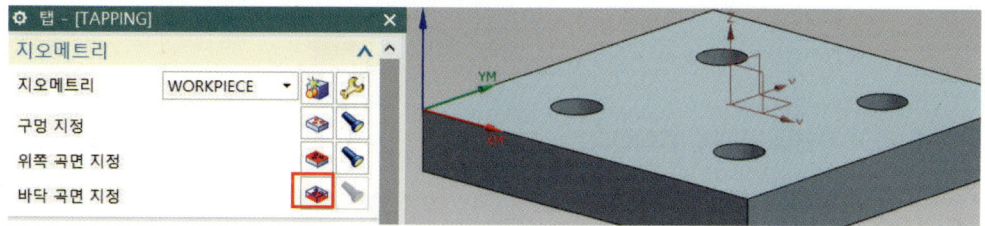

❼ 바닥 곡면 옵션에서 면을 설정한 후 바닥 면을 클릭하고 확인한다.

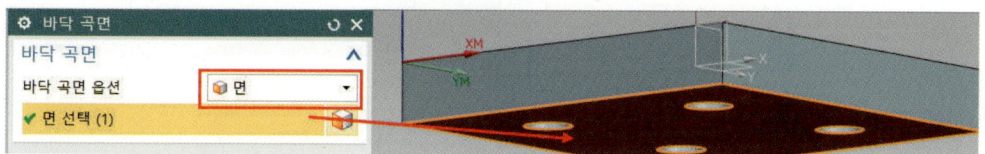

❽ 사이클 유형에서 매개변수( ) 아이콘을 클릭한다.

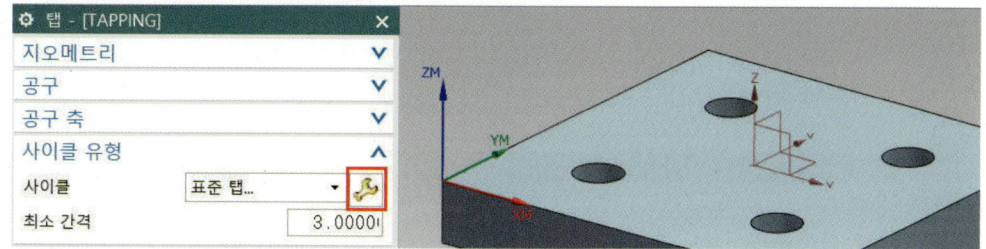

❾ 개수 지정에서 확인한다.

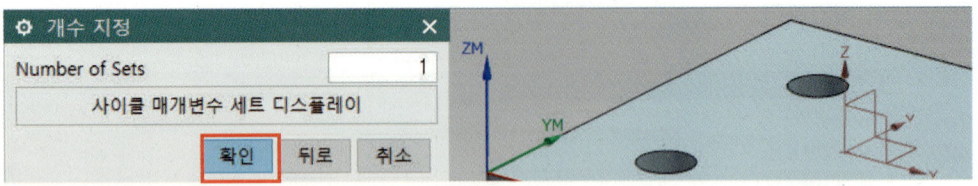

❿ Depth를 확인한다.

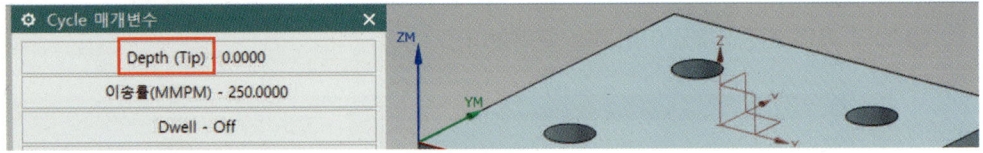

⓫ 바닥 곡면을 통해를 클릭한다.

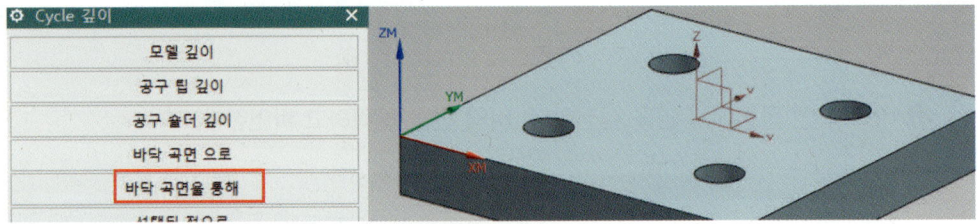

⓬ Rtrcto를 클릭한다.

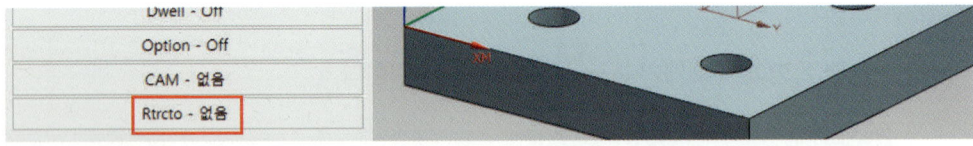

⓭ 거리를 클릭한다.

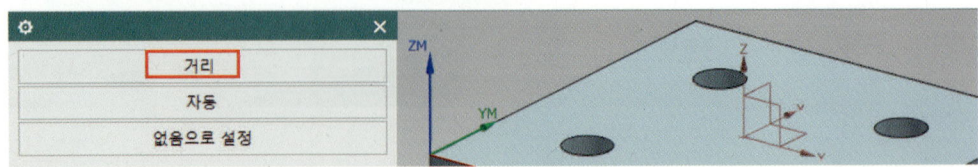

⑭ 1을 입력하고 확인한다.

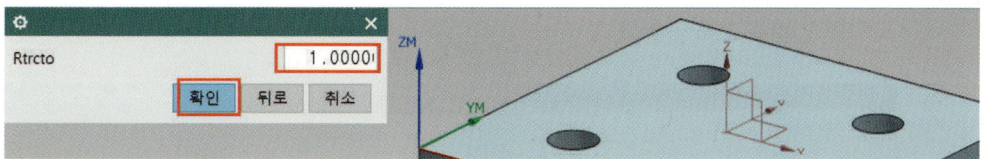

⑮ 확인을 클릭하고 빠져 나간다.

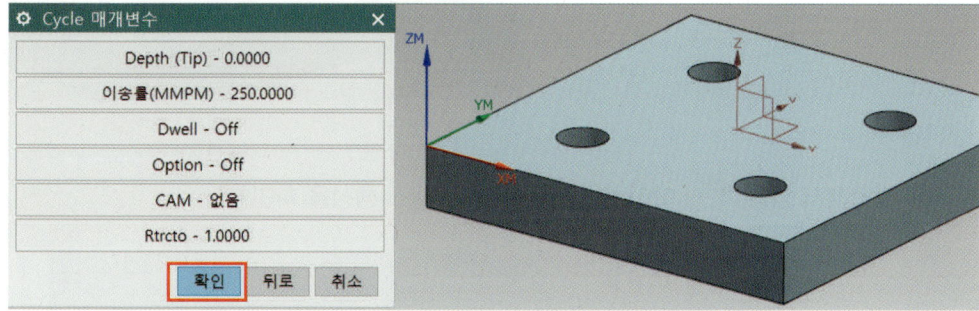

⑯ 회피 버튼( ) 아이콘을 클릭한다. Clearance Plane – 없음을 클릭한다.

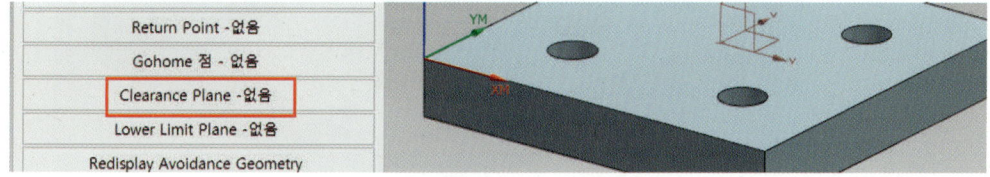

⑰ 그림처럼 지정을 클릭한다.

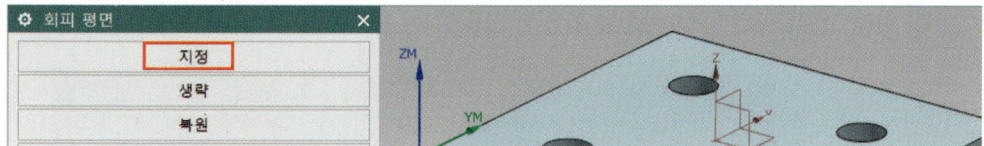

⑱ 모델 윗면을 선택하고, 옵셋에서 거리 10을 입력 후 확인한다. 계속 확인하고 빠져 나온다.

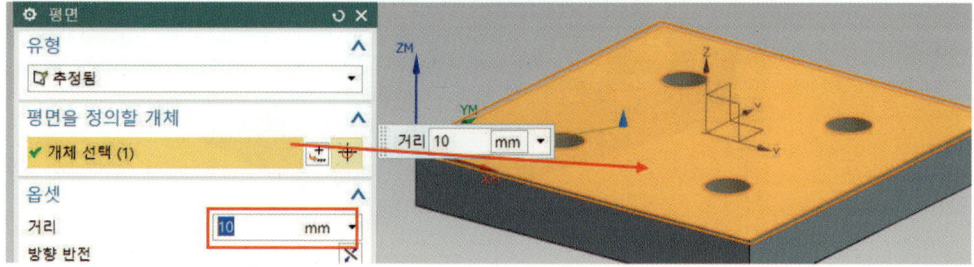

⓳ 이송 및 속도( ) 아이콘을 클릭한다. 스핀들 속도를 입력한고 이송은 스핀들 속도(RPM)× 피치를 입력하고 확인한다.

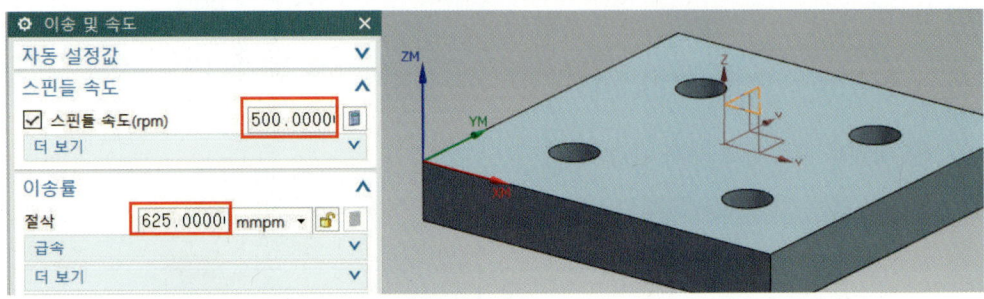

⓴ 작업에서 생성( ) 아이콘을 클릭하고 툴 패스 생성을 확인한다.

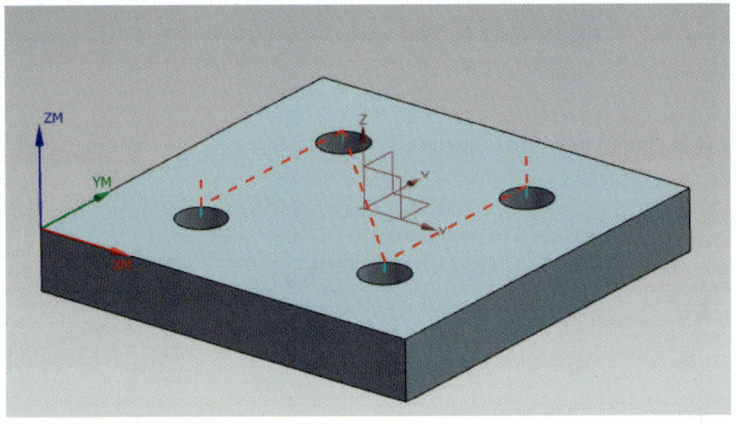

㉑ 아래 그림은 3D 동적 검증을 확인한 그림이다.

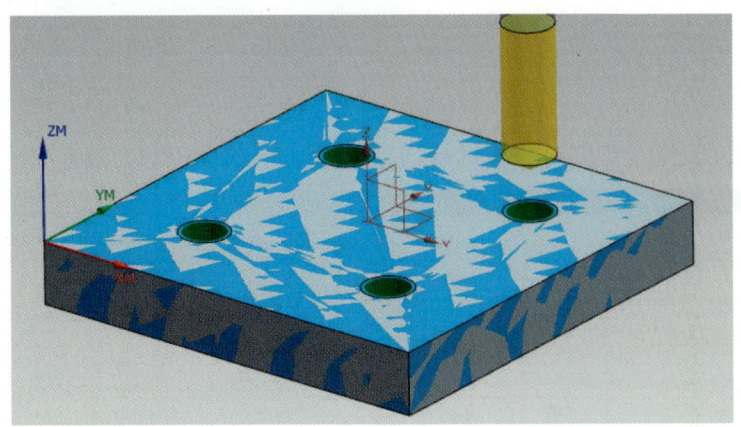

CHAPTER 10

CNC 선반(Turning) 가공

1 CNC 선반 CAM 따라 하기

아래 도면을 참조하여 따라 하기를 연습하여 본다.

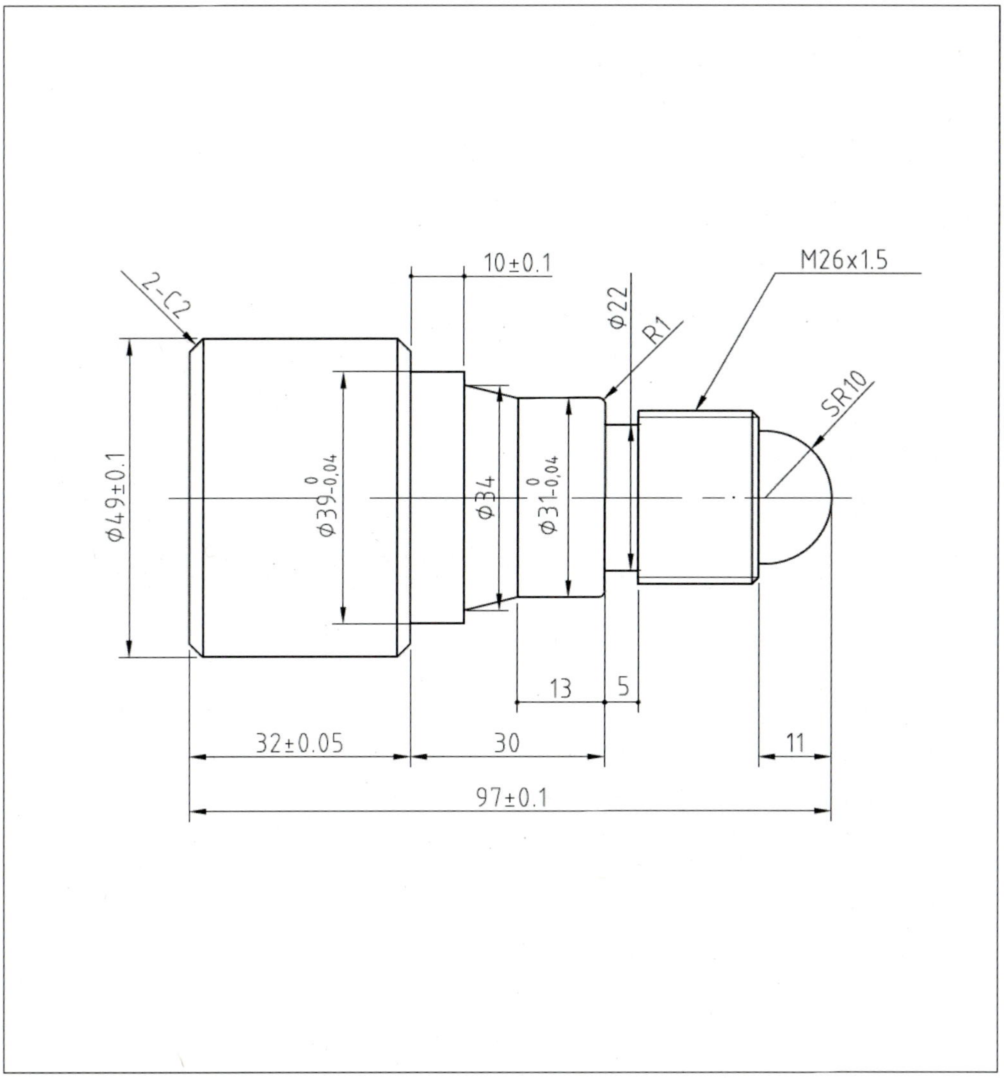

(1) 모델링 작업하기

❶ 타스크 스케치( ) 아이콘을 선택하고 평면상에서 XY 평면을 선택한 다음 아래 그림과 같이 선, 호, 치수기입 아이콘을 이용하여 스케치한다.

❷ 회전 아이콘을 이용하여 단면 곡선을 선택한 후 축에서 XC 축을 선택하고 확인한다.

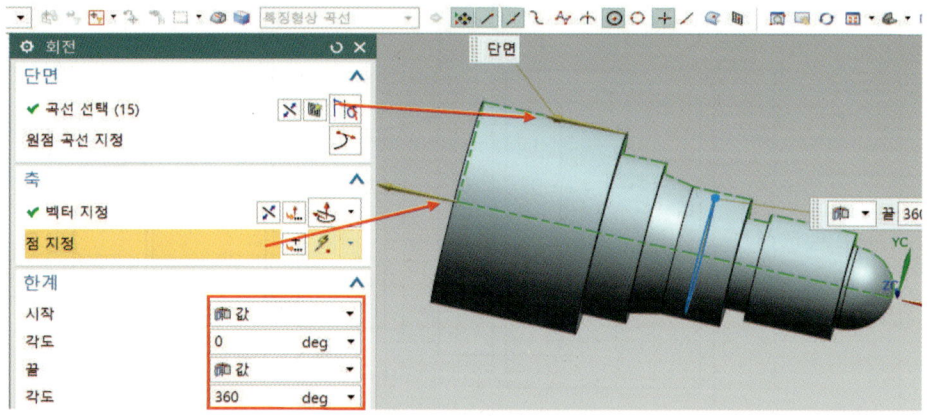

❸ 모따기 아이콘을 이용하여 거리 값 2를 입력한 후 모서리 2군데를 선택하고 확인한다.

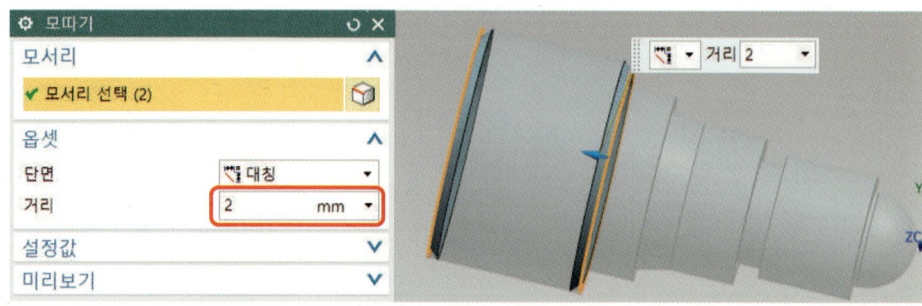

❹ 모서리 블렌드 아이콘을 이용하여 반경 값 1을 입력한 후 모서리를 선택하고 확인한다.

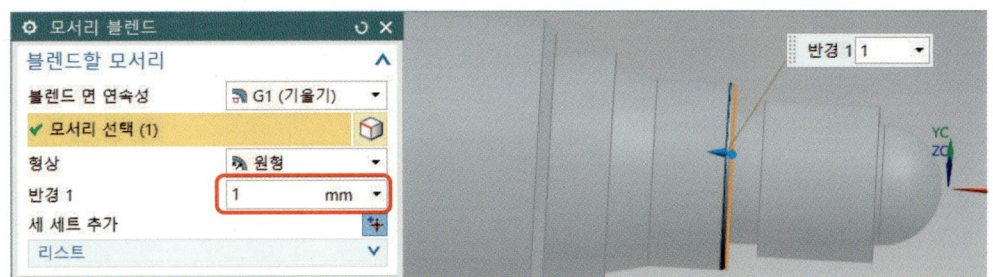

❺ 가공소재를 만들기 위해서 다시 타스크 스케치( ) 아이콘을 선택하고, 평면상에서 XY 평면을 선택한 후 확인한다.

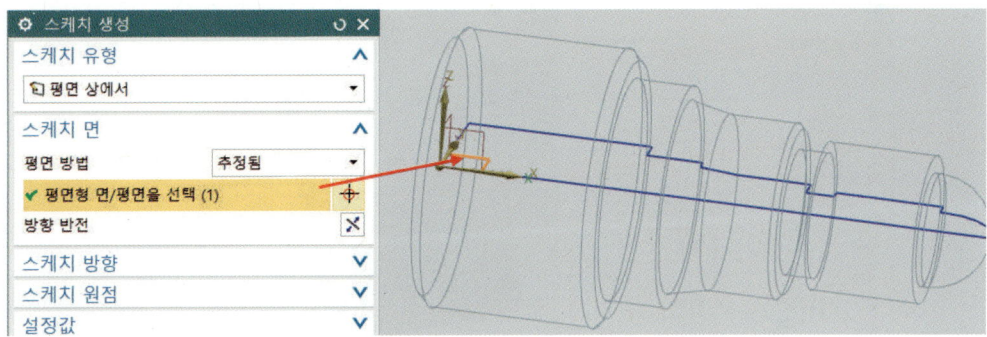

❻ 아래 그림과 같이 스케치 및 치수기입을 한다.

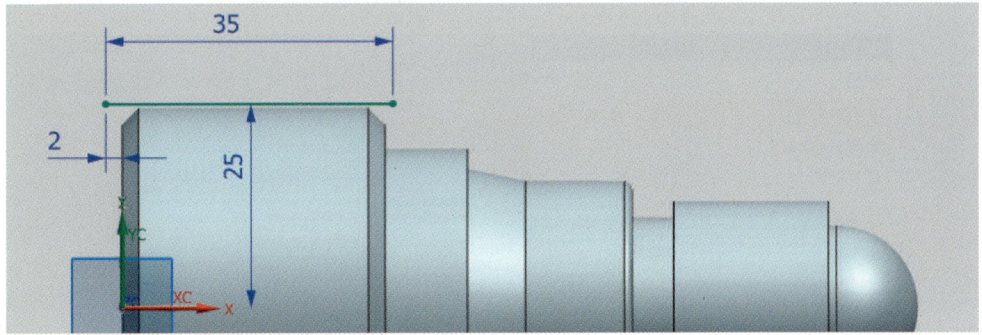

❼ 같은 방법으로 아래 그림과 같이 스케치 및 치수기입을 한다.

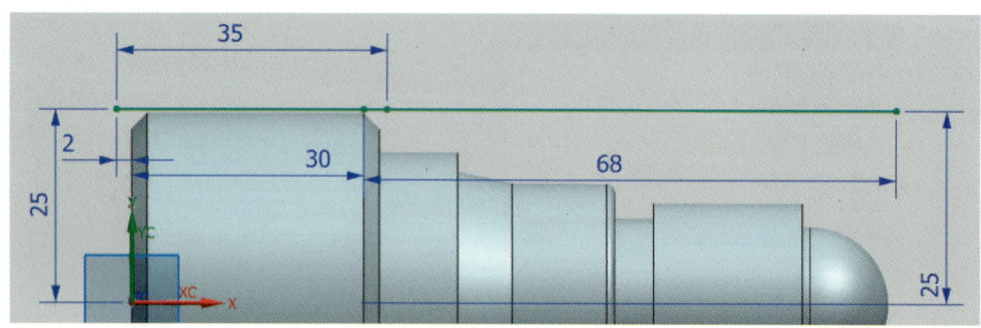

❽ 회전 아이콘을 이용하여 아래 그림과 같이 회전하고 적용한다.

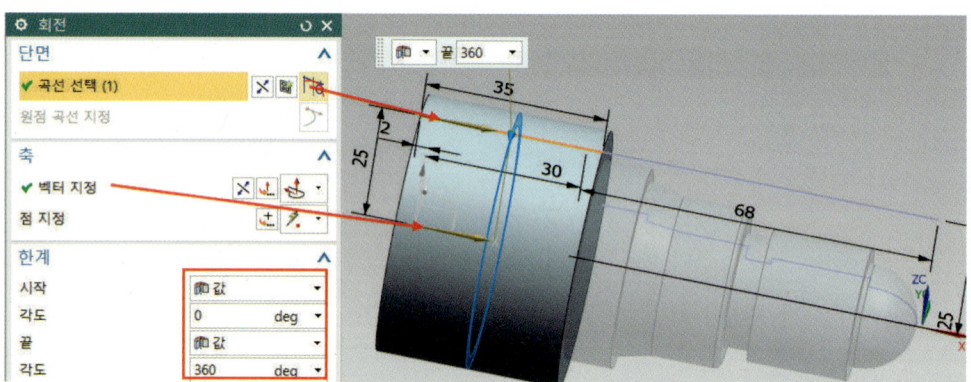

❾ 같은 방법으로 아래 그림과 같이 회전하고 확인한다.

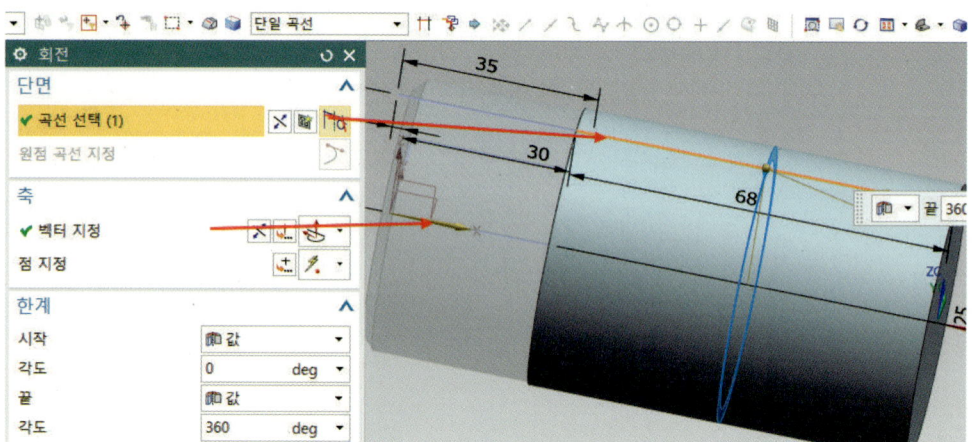

PART Ⅴ Manufacturing

NX10 3D 모델링 및 CAD/CAM

(2) 공작물 및 좌표계 설정하기

❶ 시작 단추를 클릭하여 제조(Manufacturing)를 실행한다.

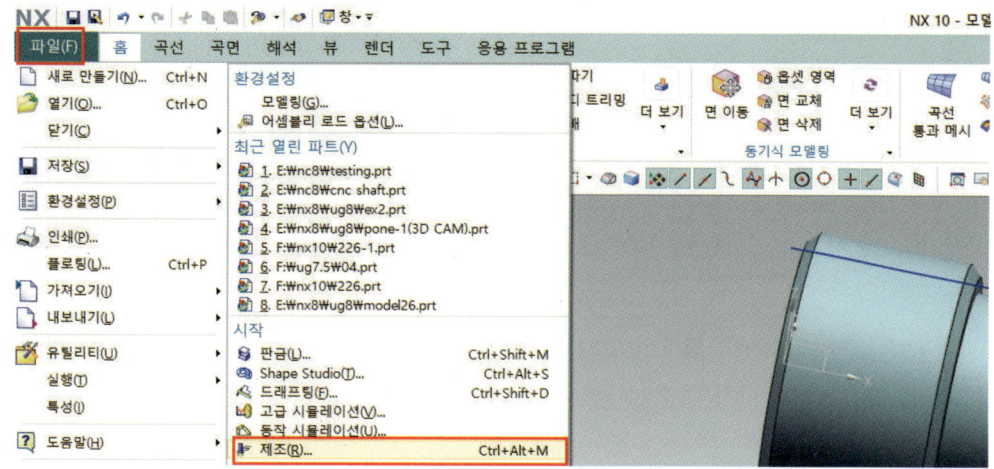

❷ CAM_General과 Turning을 선택하고 확인한다.

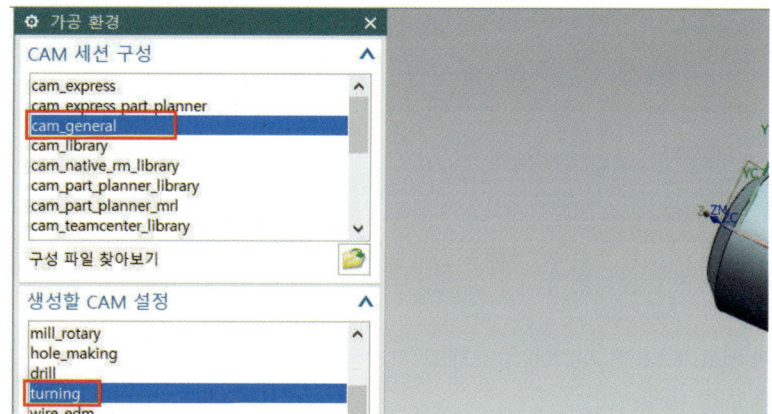

❸ 아래 그림처럼 MB3 버튼을 이용하여 숨기기 한다.

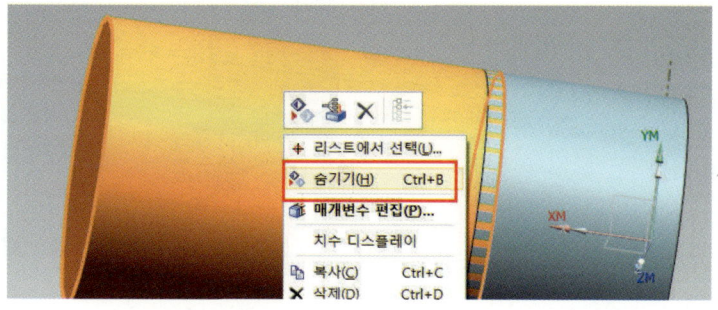

Chapter 10 | CNC 선반(turning) 가공

❹ MCS_SPINDLE을 선택한 MB3 다음 버튼을 누르고 삭제한다.

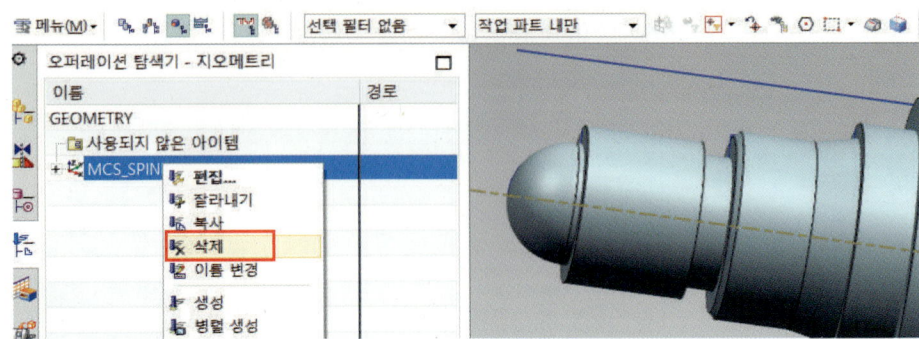

❺ 지오메트리 생성( ) 아이콘을 클릭하고 유형을 turning을 설정한다. 지오메트리 하위 유형에서 MCS_SPINDLE을 선택한 다음 이름에서 MCS_SPINDLE_FRONT으로 입력하고 확인한다.

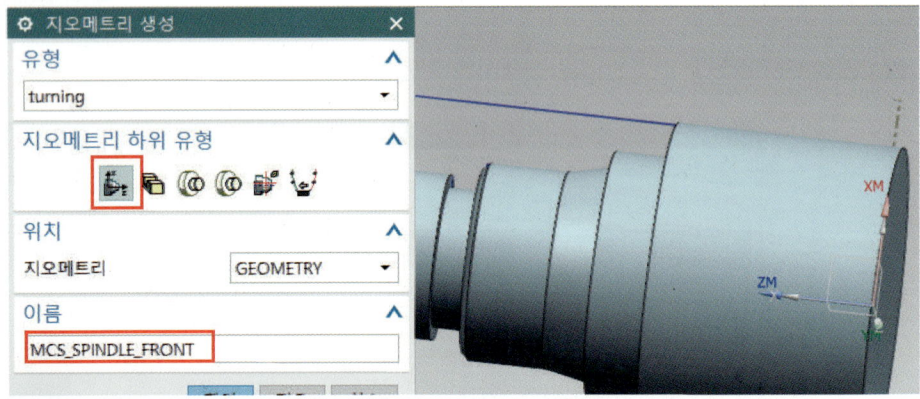

❻ 기계 좌표계 MCS 지정에서 소재의 시작점을 입력하기 위해 좌표 방향을 설정한다. 방향 변경은 더블 클릭한다.

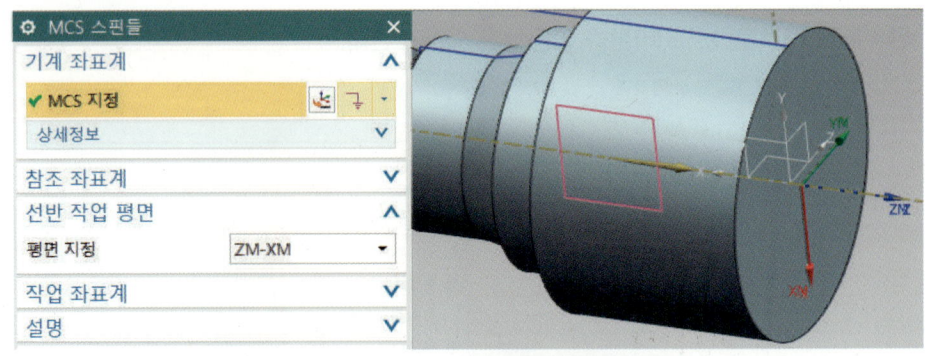

NX10 3D 모델링 및 CAD/CAM

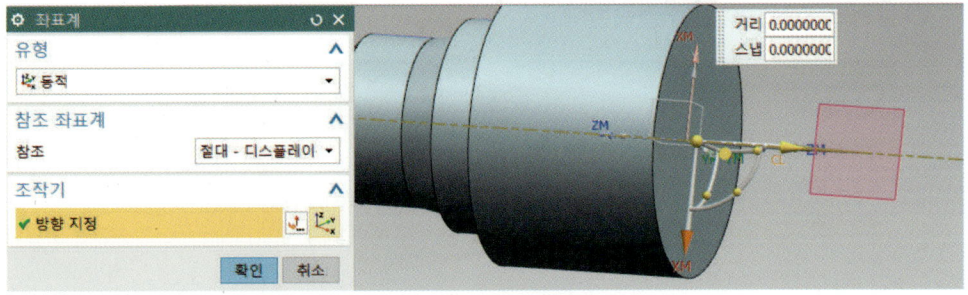

❼ Work Piece를 더블 선택하거나, MB3 버튼을 클릭하여 편집을 선택한다.

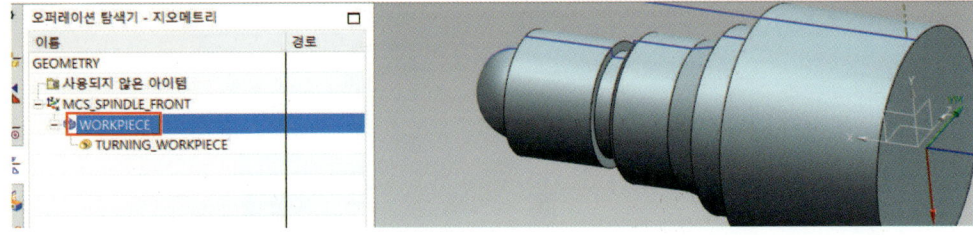

❽ 파트 지정 아이콘을 클릭한다.

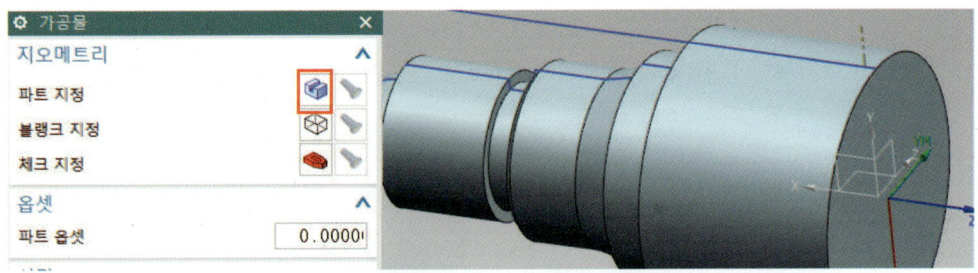

❾ 아래 그림과 같이 개체를 선택하고 확인한다.

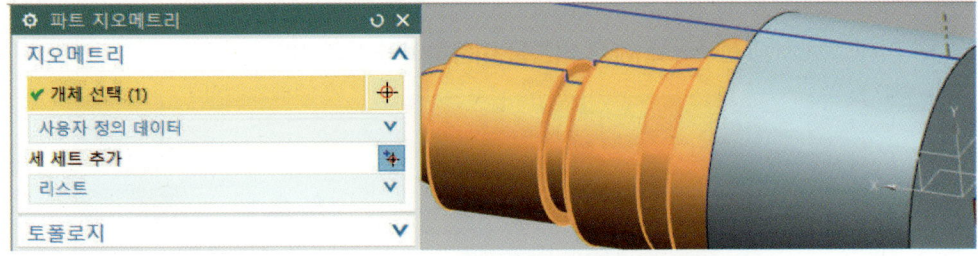

Chapter 10 | CNC 선반(turning) 가공

❿ 블랭크 지정 아이콘을 클릭한다.

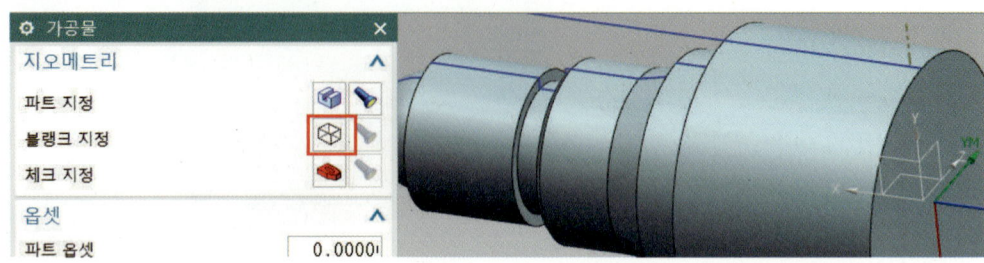

⓫ 유형에서 지오메트리로 설정하고 아래 그림처럼 개체를 선택한 후 확인한다.

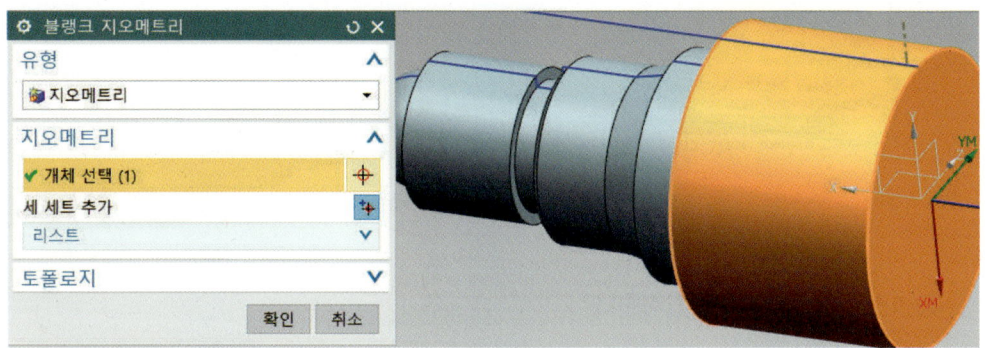

⓬ 아래 그림처럼 TURNING_WORKPIECE을 선택한다.

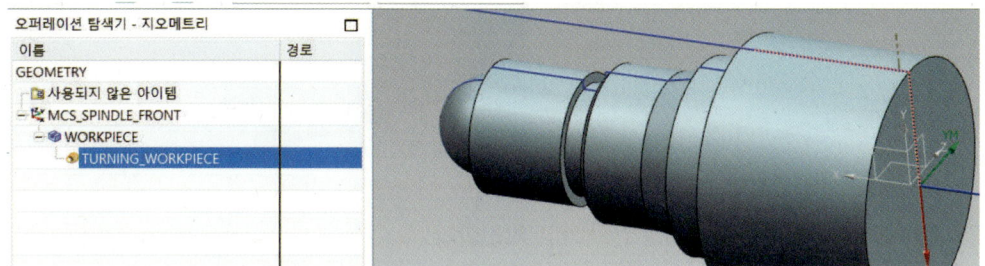

⓭ 아래 그림처럼 선택하고 MB3 버튼을 이용하여 숨기기 한다.

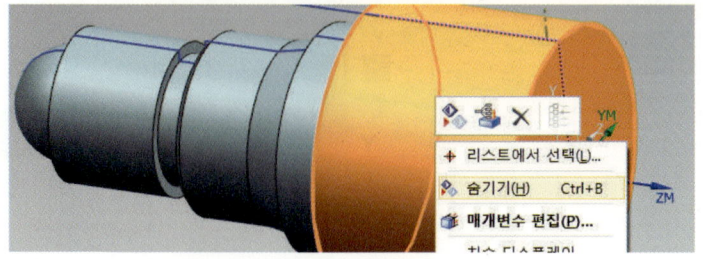

⑭ 같은 방법으로 모델링을 선택한 다음 MB3 버튼을 이용하여 숨기기 한다.

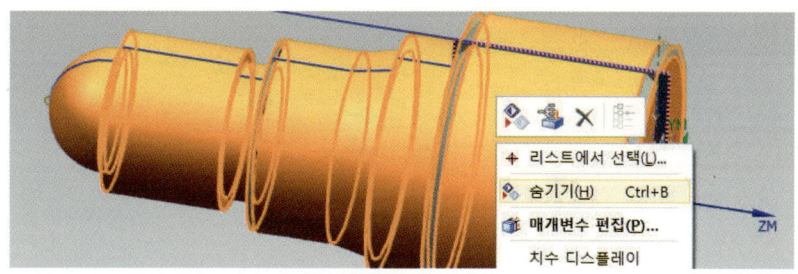

(3) 공구 설정하기

❶ 공구 생성() 아이콘을 클릭한 다음 유형은 Turning으로 설정한 후 황삭 바이트는 "OD_80_L"을 선택하고 확인한다.

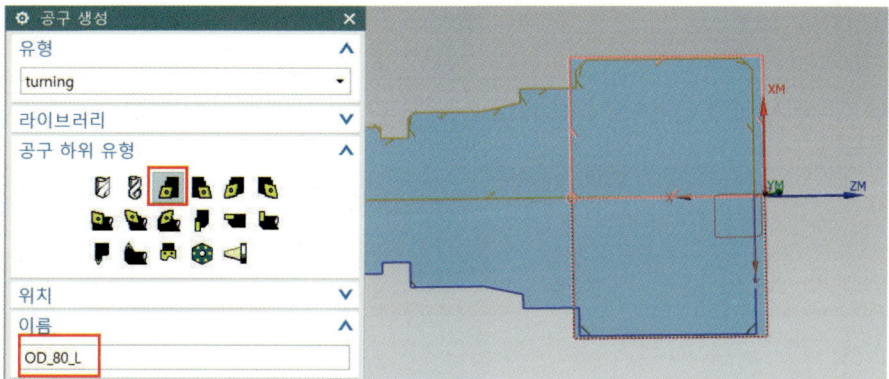

❷ 노우즈 반경: 0.8, 방향 각도: 5를 확인, 공구 번호 1을 입력하고 확인한다.

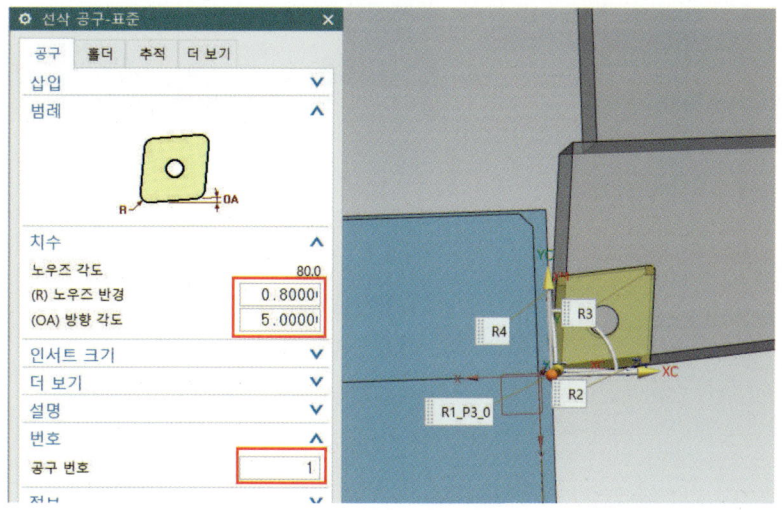

❸ 회전 홀더 사용을 체크한다.

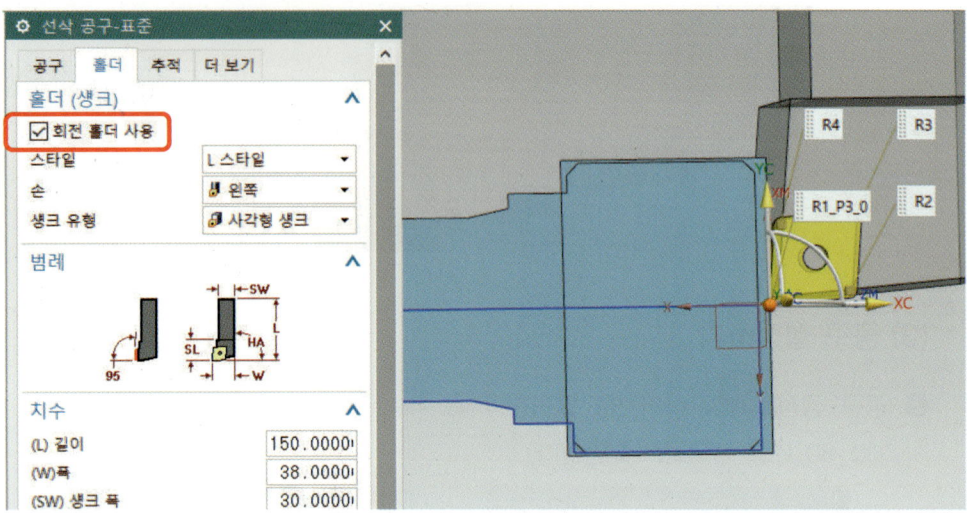

❹ 추적에서 아래 그림처럼 공구 끝점을 선택한다.

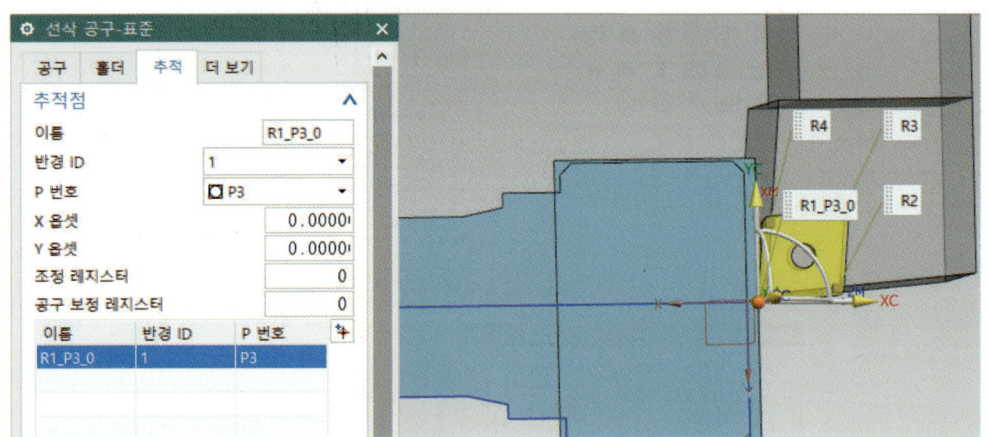

(4) 척에 고정부위 가공 단면 황삭 가공하기

❶ 오퍼레이션 생성( ) 아이콘을 클릭한다. 아래 그림과 같이 설정하고 적용한다.(척에 고정 부위 가공)

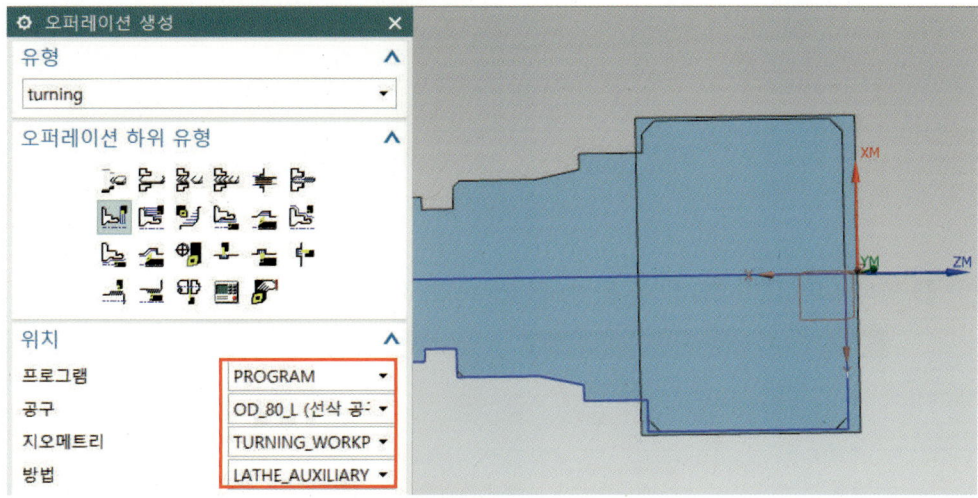

❷ 아래와 같이 설정하고 절삭 매개변수( ) 아이콘을 클릭한다.

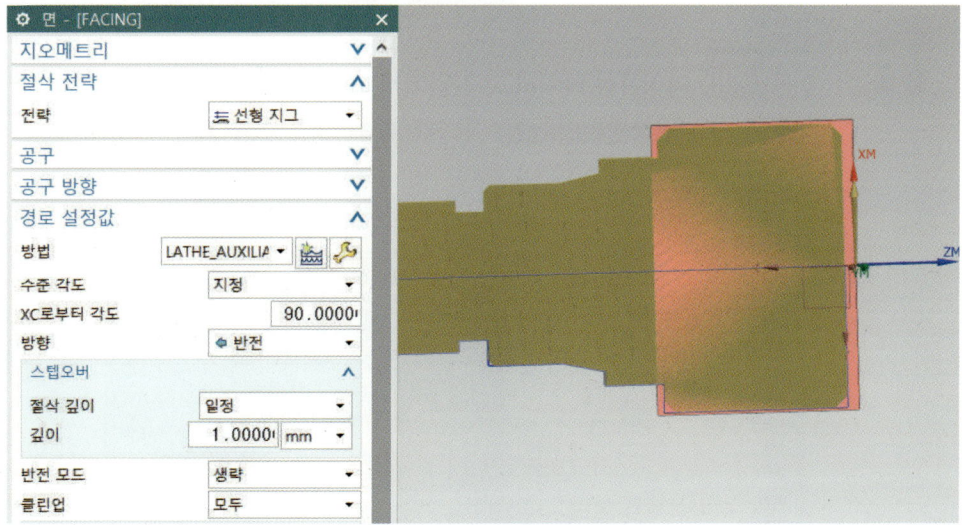

❸ 언더컷 허용을 체크 해제한다.

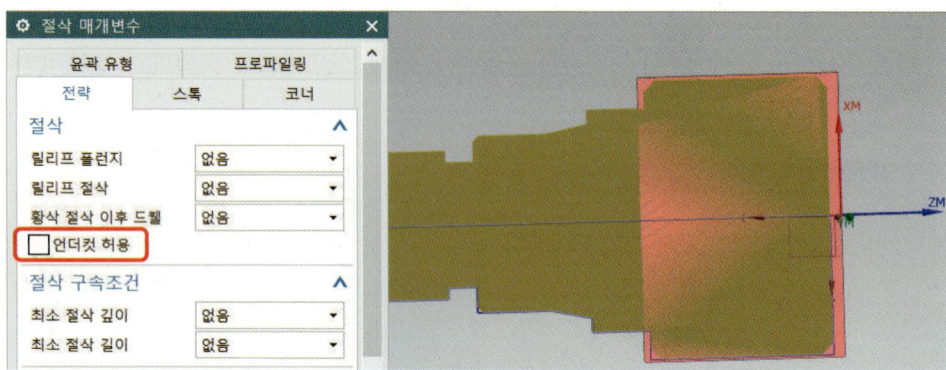

❹ 황삭 스톡의 일정에서 여유량 0.5를 입력하고 확인한다.

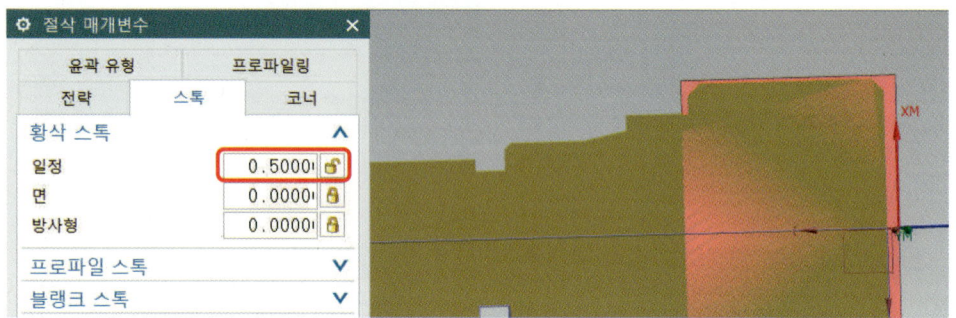

❺ 비절삭 이동( ) 아이콘을 클릭하고, 진입에서 아래 그림처럼 설정한다.

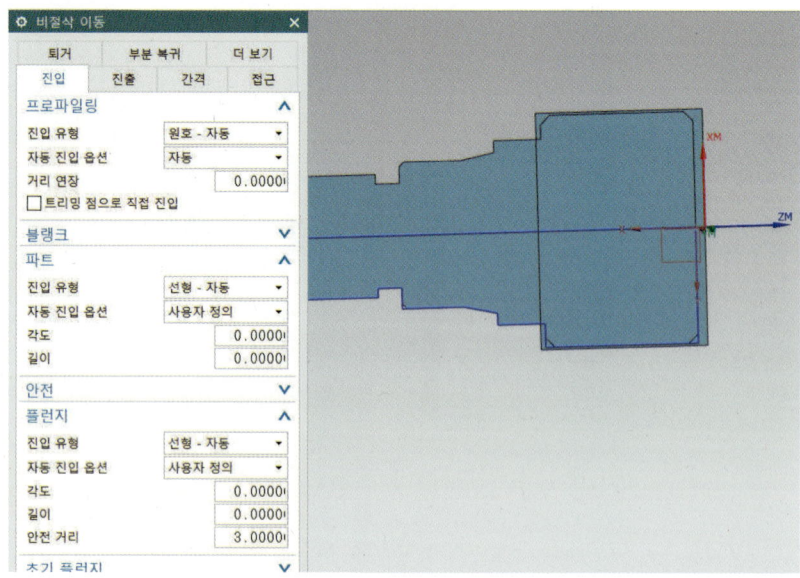

❻ 가공물 간격에서 3을 입력한 후 확인한다.

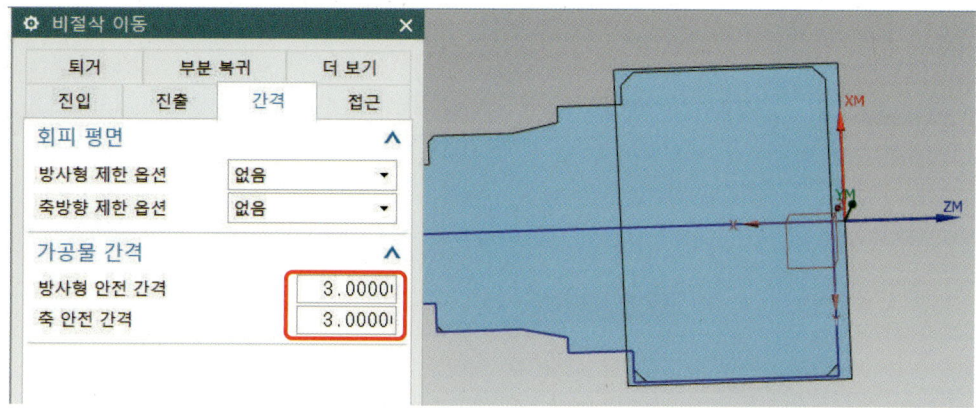

❼ 점 다이얼로그를 클릭한다.

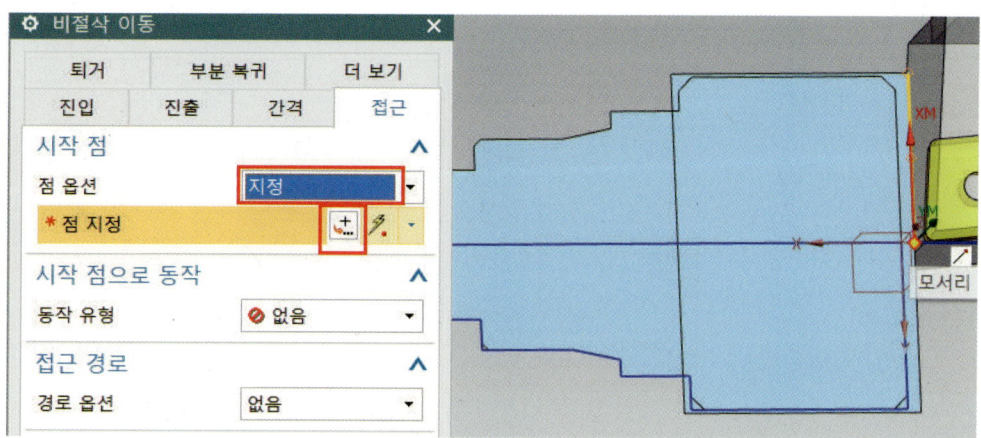

❽ 좌푯값 X150, Y150을 입력하고 확인한다.

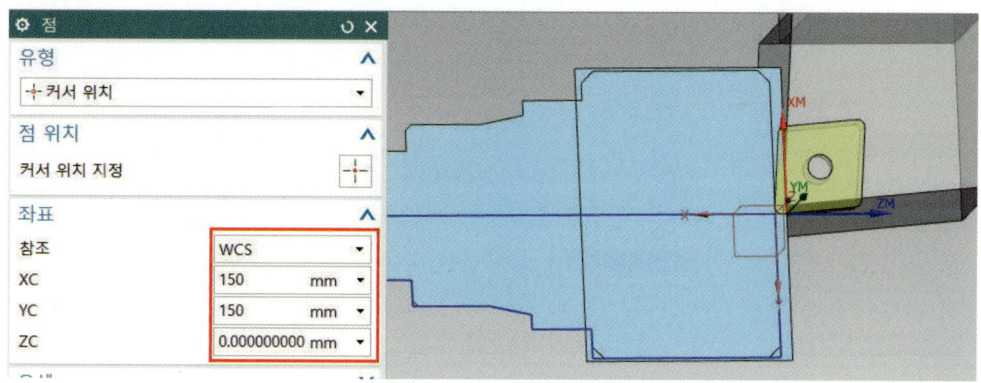

Chapter 10 | CNC 선반(turning) 가공

❾ 시작점으로 동작에서 직접으로 설정하고, 점 다이얼로그를 클릭한다.

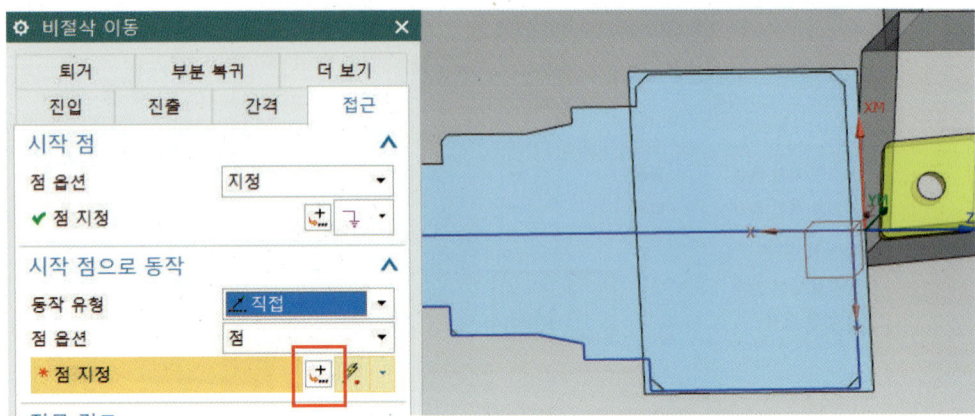

❿ 좌푯값 X10, Y55를 입력하고 확인한다.

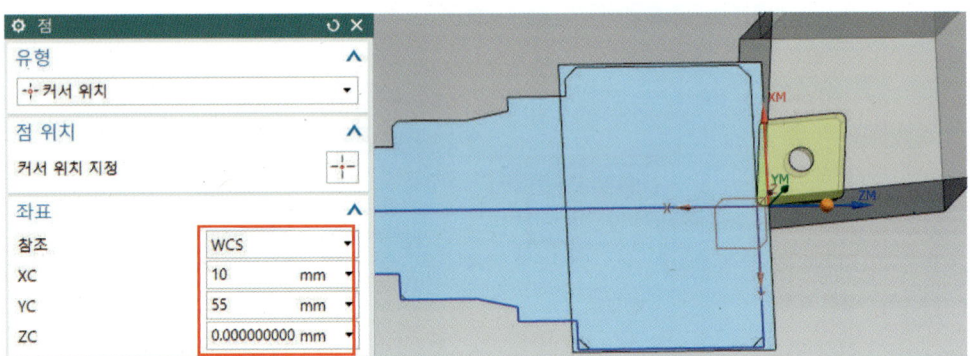

⓫ 진입 시작으로 동작에서 직접으로 설정한다.

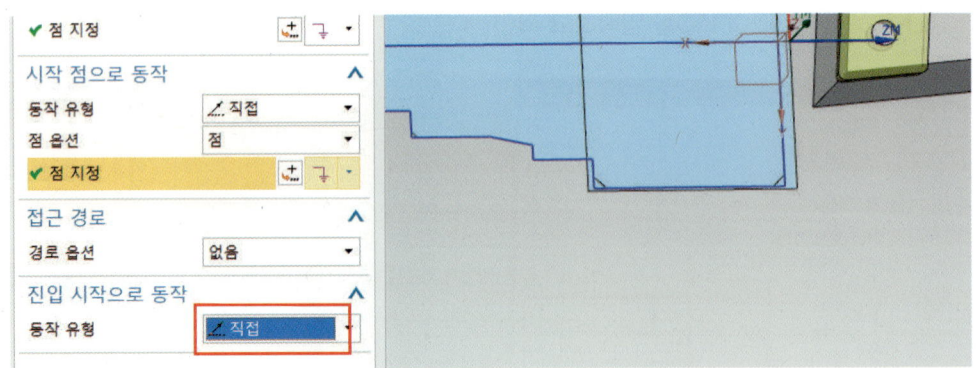

NX10 3D 모델링 및 CAD/CAM

⓬ 퇴거 탭의 GOHOME 점으로 동작에서 직접으로 설정하고, 점 다이얼로그를 클릭한다.

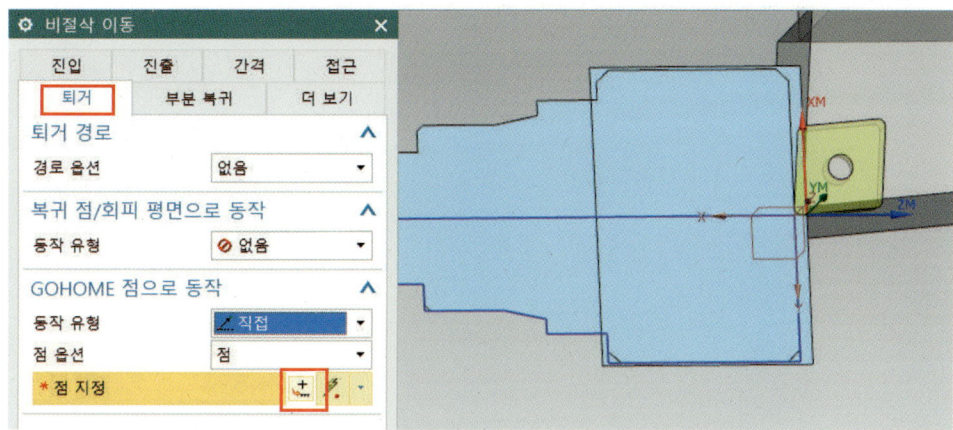

⓭ 좌푯값 X150, Y150을 입력하고 확인한다.

⓮ 이송 및 속도( )를 클릭한다. 아래 그림과 같이 스핀들 속도에서 출력 모드를 설정하고, 이송률 절삭 속도를 입력한 후 확인한다.(G96: SMM, G97: RPM)

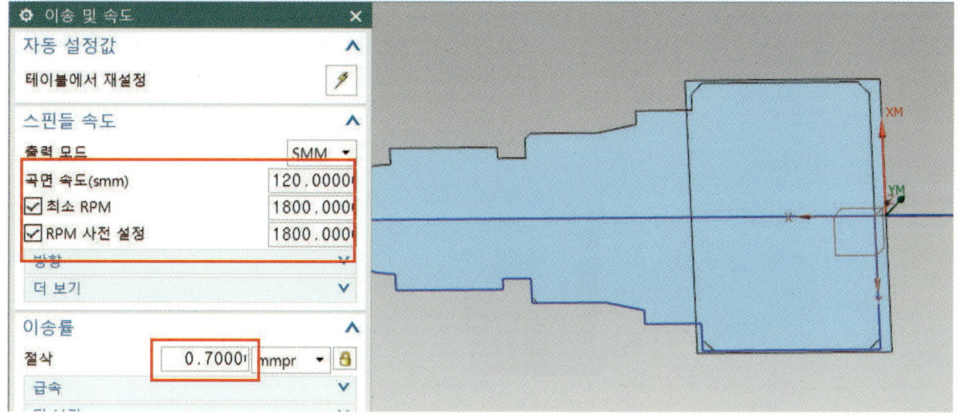

Chapter 10 | CNC 선반(turning) 가공

⓯ 작업에서 생성( )을 클릭하고, 공구 경로를 확인한다.

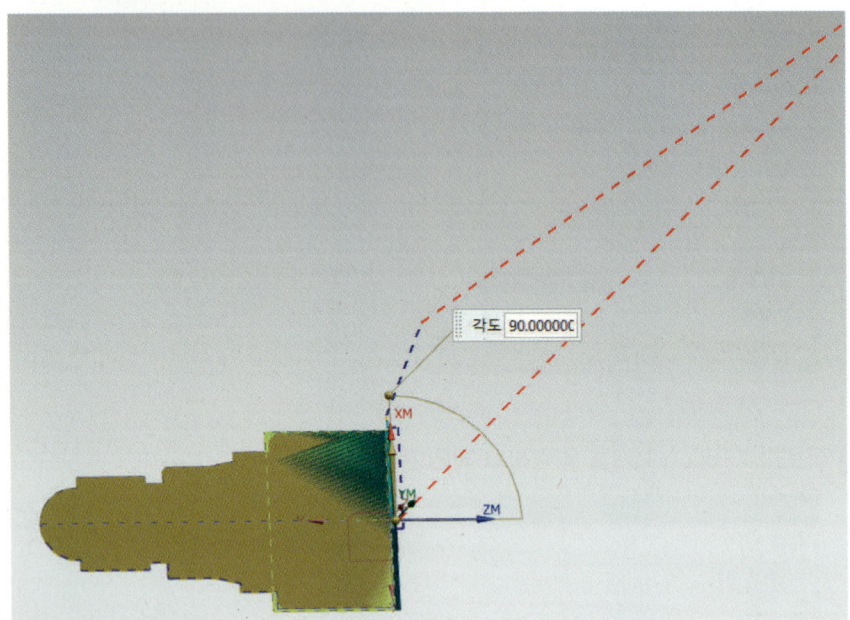

⓰ 검증( )을 클릭하고, 가공을 확인한다.

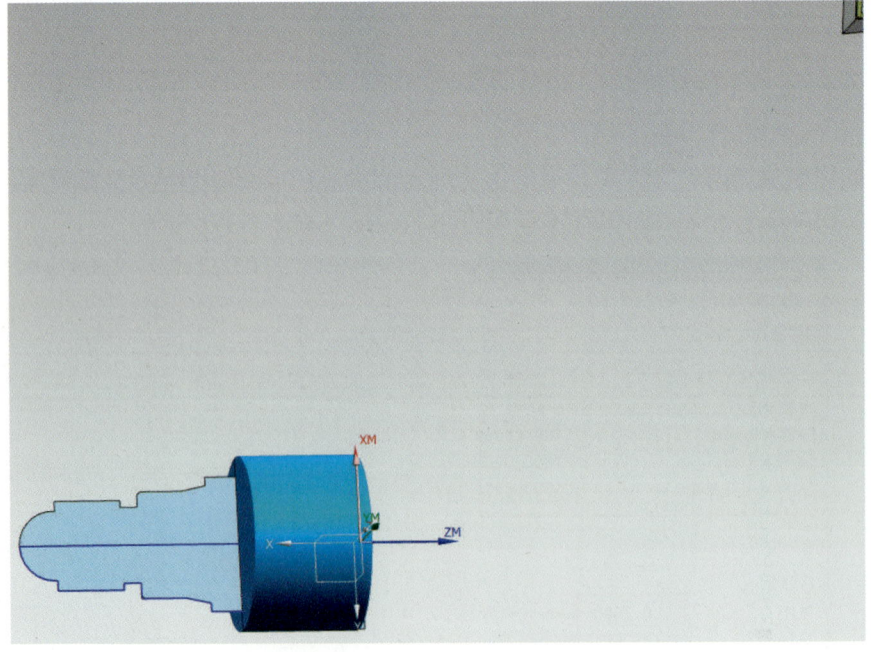

(5) 척에 고정 부위 가공 정삭 가공하기

❶ 오퍼레이션 생성( ) 아이콘을 클릭한다. 아래와 같이 설정하고 확인한다.

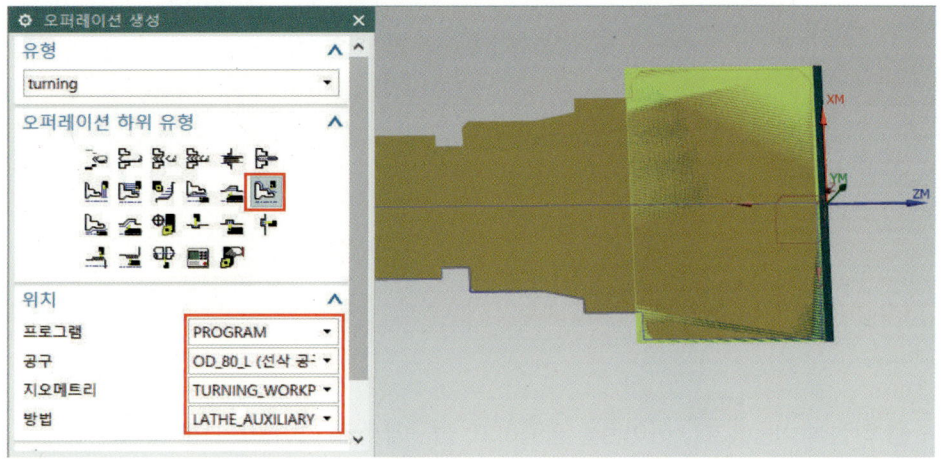

❷ 아래와 같이 설정한 후 절삭 매개변수( ) 아이콘을 클릭한다.

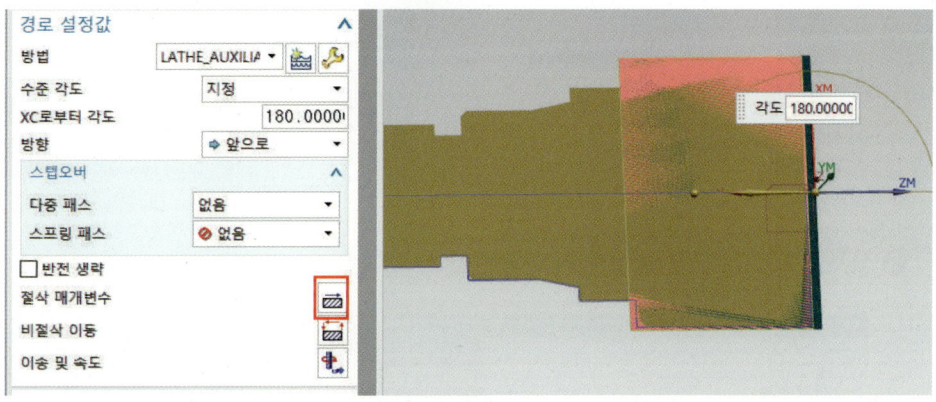

❸ 언더컷 허용을 체크 해제한다.

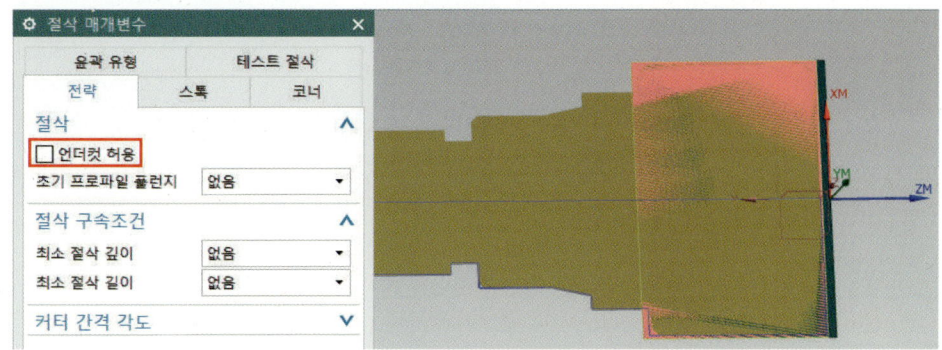

❹ 정삭 여유량 0을 확인하고, 공차는 0.01로 입력한다.

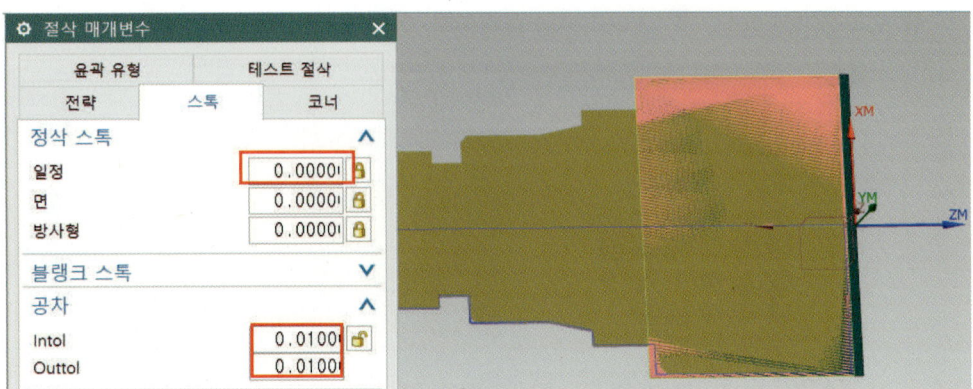

❺ 비절삭 이동( ) 아이콘을 클릭하고, 접근에서 점 다이얼로그를 클릭한다.

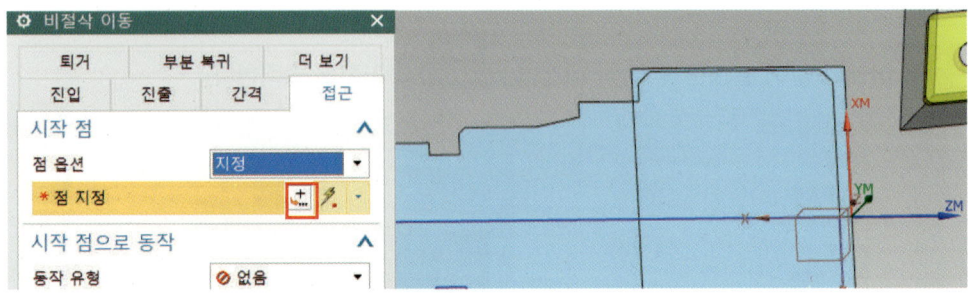

❻ 좌푯값 X150, Y150을 입력하고 확인한다.

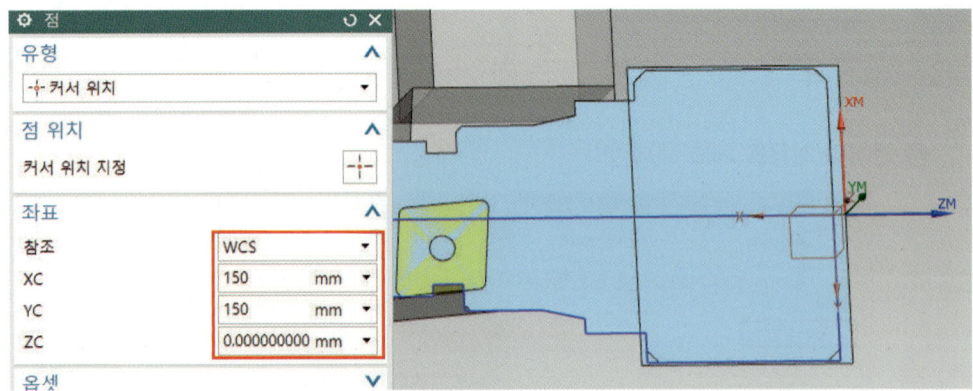

❼ 시작점으로 동작에서 동작 유형을 직접으로 설정하고, 점 다이얼로그를 클릭한다.

❽ 좌푯값 X30, Z0을 입력한다.

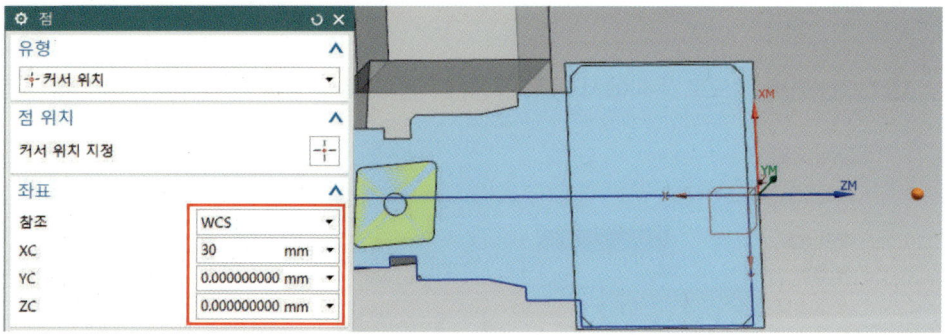

❾ 진입 시작으로 동작에서 동작 유형은 직접으로 설정한다.

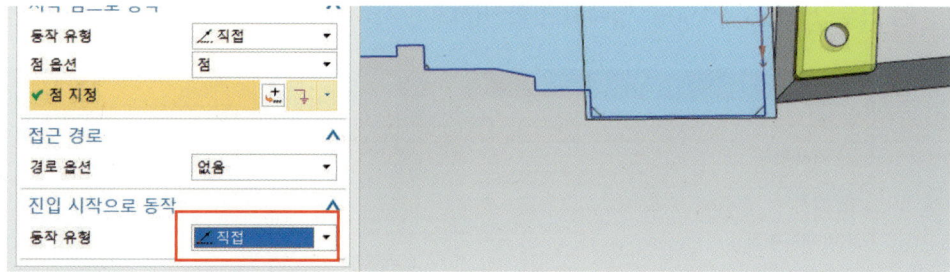

❿ 퇴거 탭에서 복귀 점/회피 평면으로 동작에서 동작 유형은 직접으로 설정하고, 점 다이얼로 그를 클릭한다.

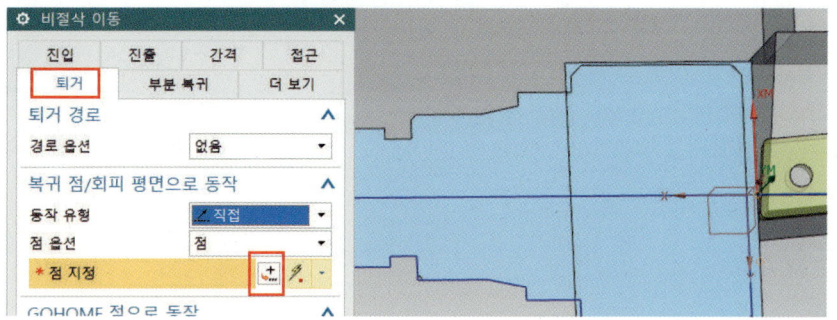

⓫ 좌푯값 X-32, Y55를 입력하고 확인한다.

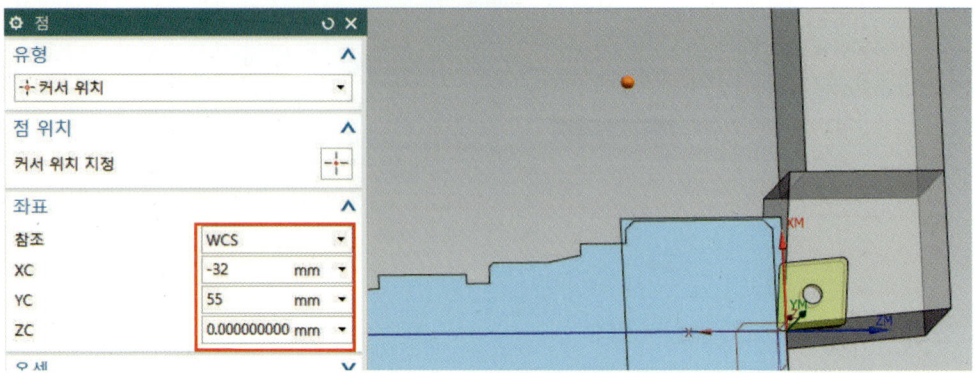

⓬ GOHOME 점으로 동작에서 동작 유형은 직접으로 설정하고, 점 다이얼로그를 클릭한다.

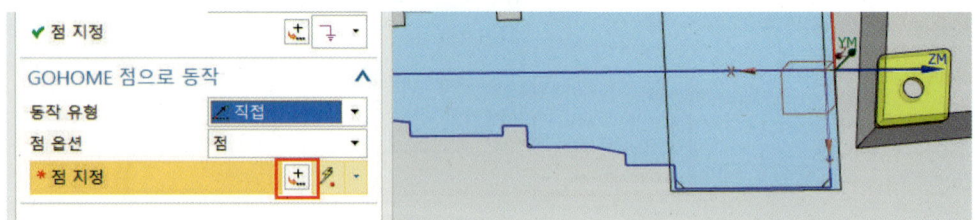

⓭ 좌푯값 X150, Y150을 입력하고 확인한다.

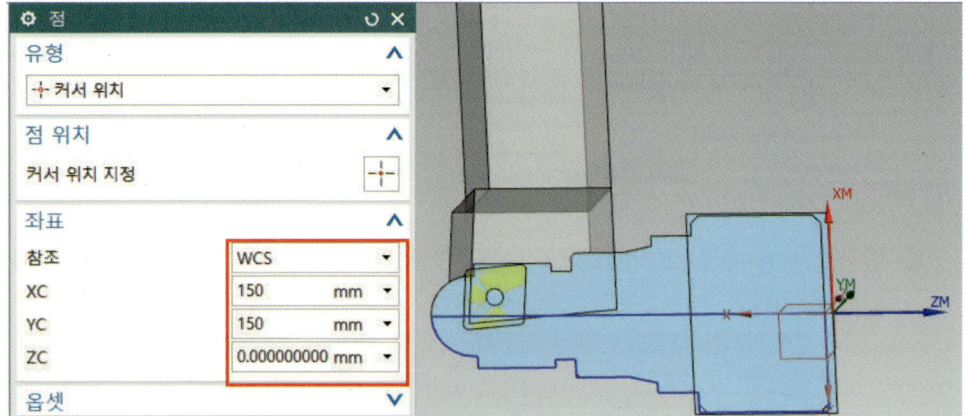

⑭ 이송 및 속도()를 클릭한다. 아래 그림과 같이 설정하고 확인한다.

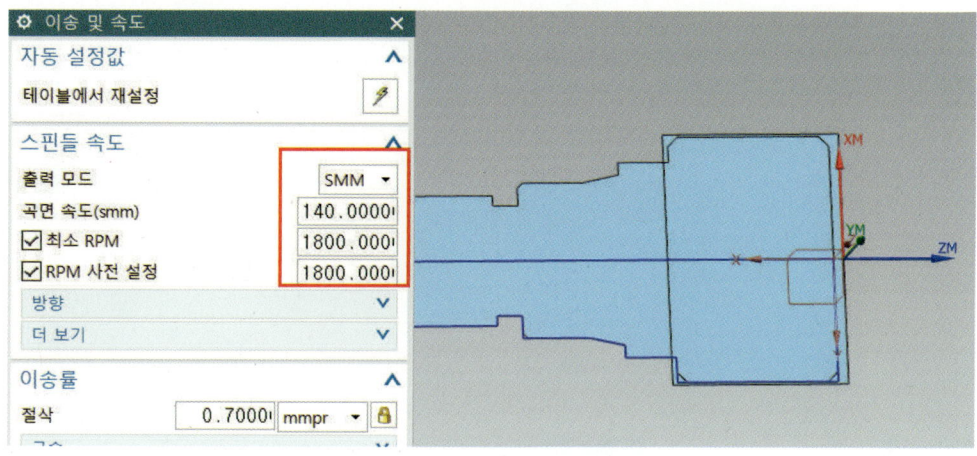

⑮ 작업에서 생성( )을 클릭하고, 공구 경로를 확인한다.

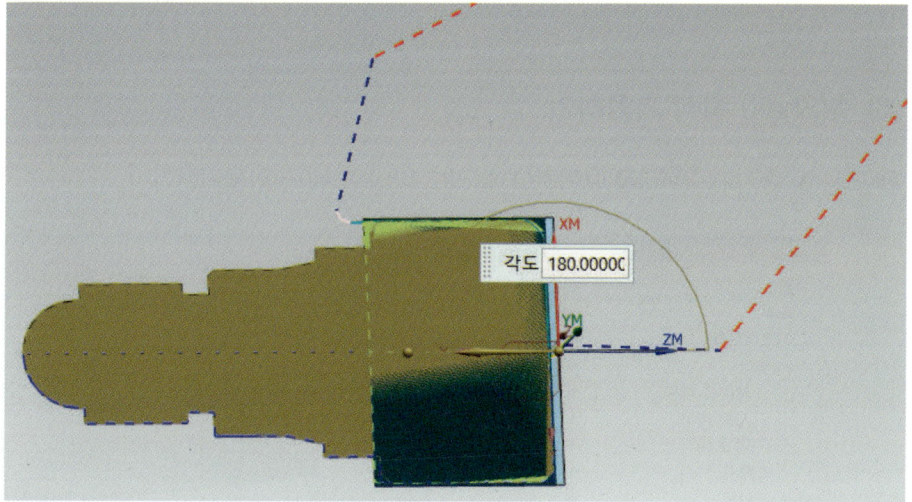

❶ 검증( )을 클릭하고 가공을 확인한다.

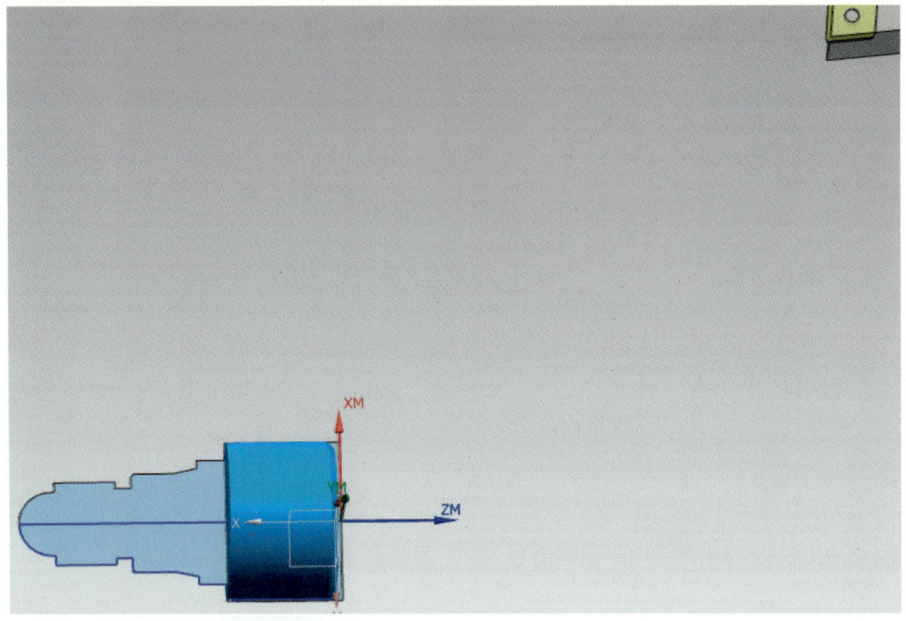

(6) 축(Shaft) 황삭 가공하기

❶ 표시 및 숨기기( )를 클릭하고, 솔리드 바디 표시(+)를 클릭한다.

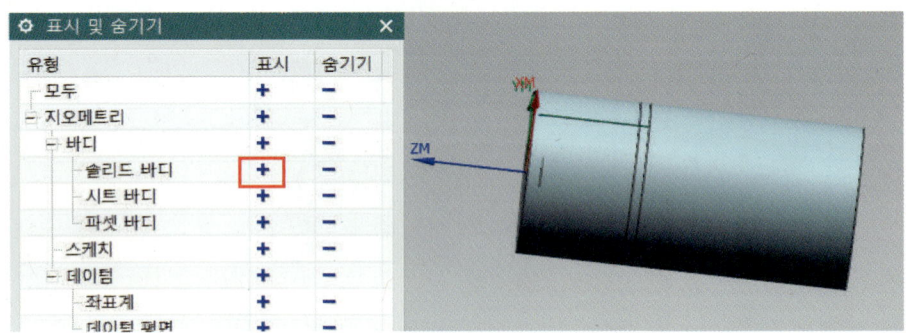

PART V Manufacturing

❷ 아래 그림처럼 MB3 버튼을 이용하여 숨기기한다.

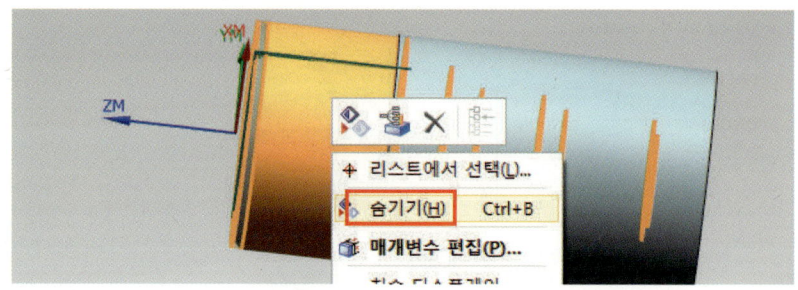

❸ 지오메트리 생성( ) 아이콘을 클릭한 다음 아래와 같이 설정한다.

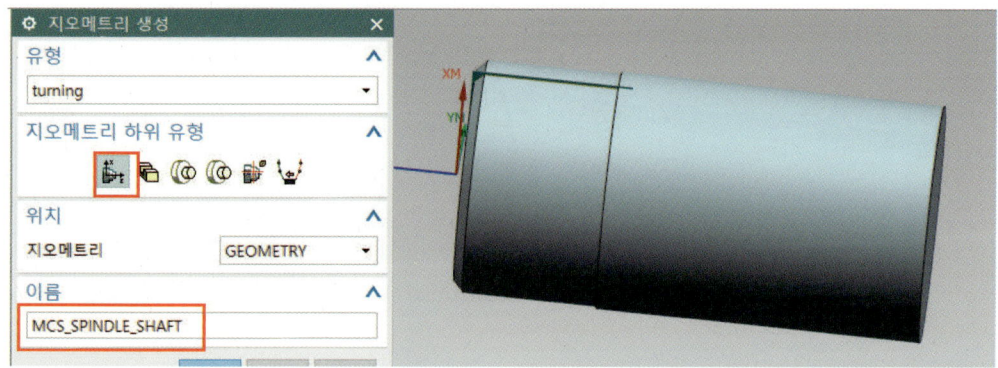

❹ 좌측 단면에서 모서리를 클릭하고 확인한다.

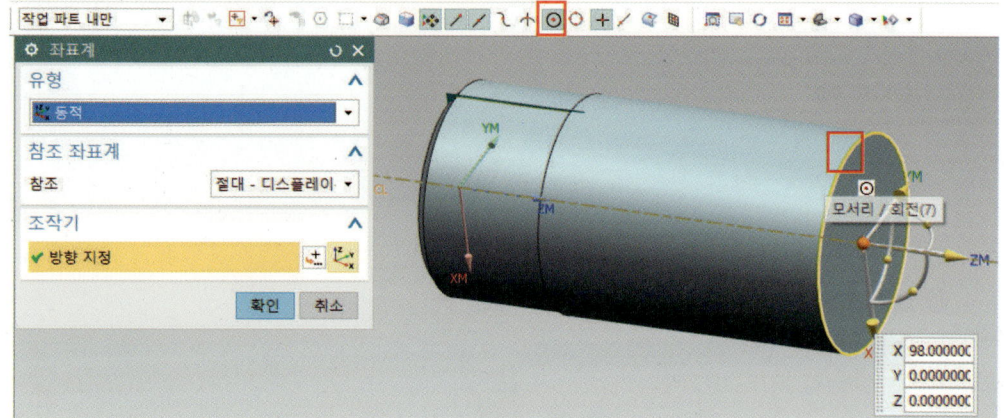

❺ Work Piece를 더블 선택하거나, MB3 클릭하여 편집을 선택한다.

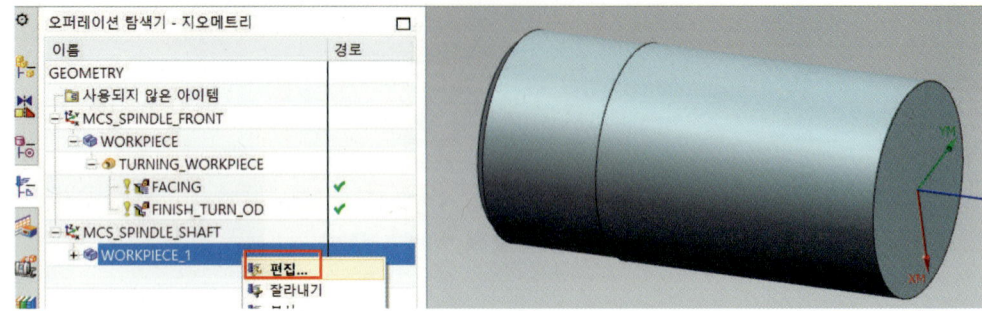

❻ 파트 지정 아이콘을 클릭한다.

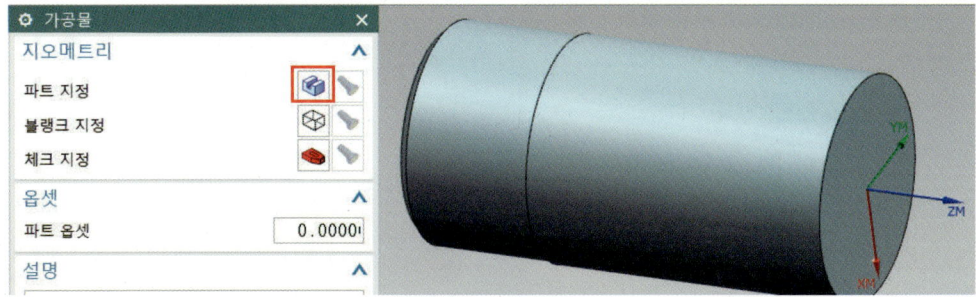

❼ 아래 그림과 같이 개체를 선택하고 확인한다.

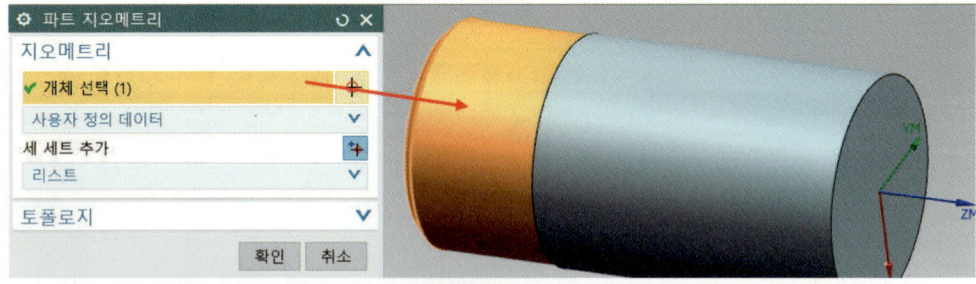

❽ 블랭크 지정 아이콘을 클릭한다.

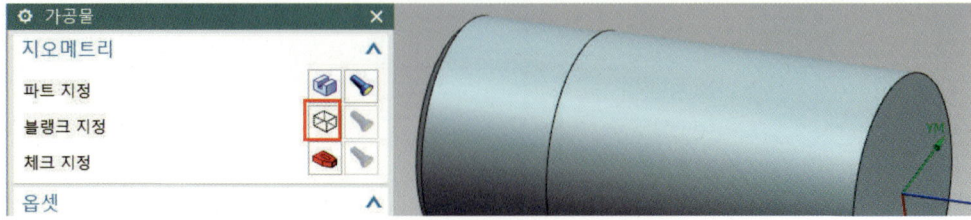

PART V Manufacturing

❾ 유형에서 지오메트리로 설정하고, 아래 그림처럼 개체를 선택한 후 확인한다.

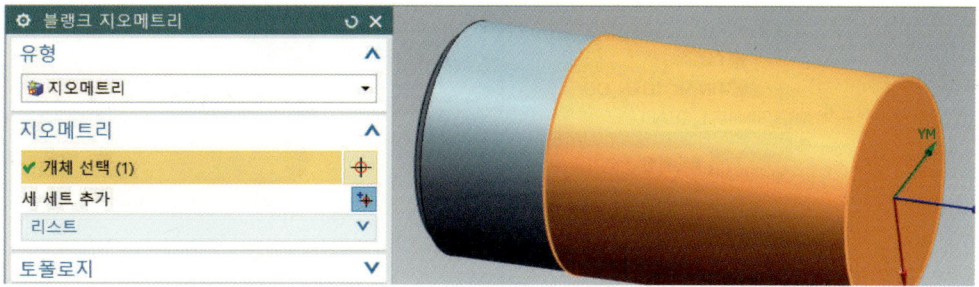

❿ 아래 그림처럼 TURNING_WORKPIECE을 선택한다.

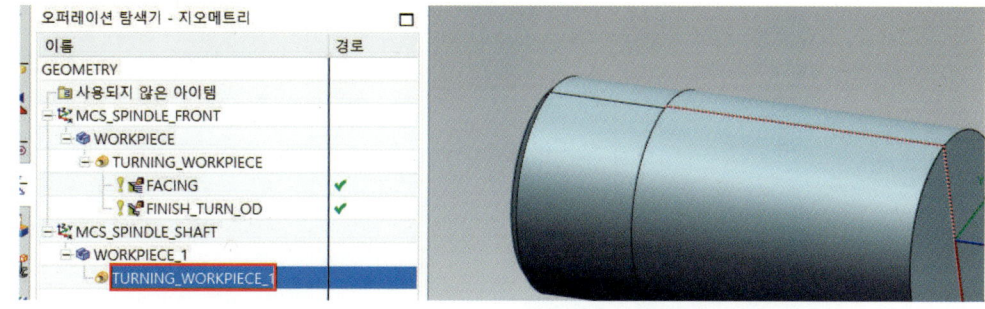

⓫ 아래 그림처럼 선택하고 MB3 버튼을 이용하여 숨기기 한다.

⓬ 같은 방법으로 모델링을 선택한 다음 MB3 버튼을 이용하여 숨기기 한다.

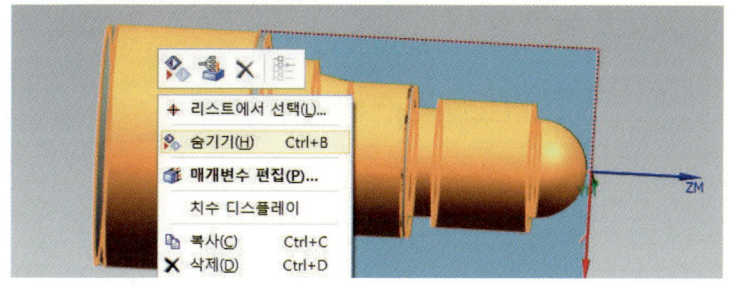

⑬ WORKPIECE_1을 MB3 버튼을 이용하여 이름 변경을 클릭한다.

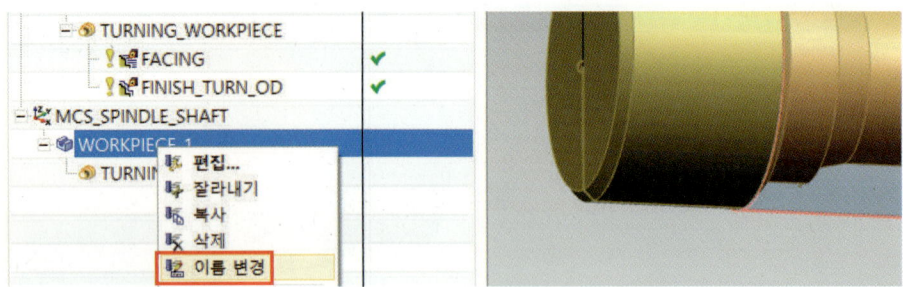

⑭ WORKPIECE_SHAFT으로 변경한다.

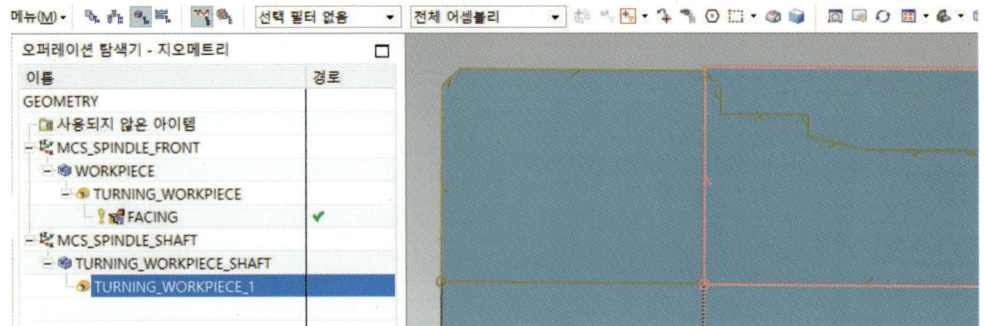

⑮ 공구 생성( ) 아이콘을 클릭하고, 유형은 Turning으로 설정하고 황삭 바이트 "OD_80_L"를 선택하고 확인한다.

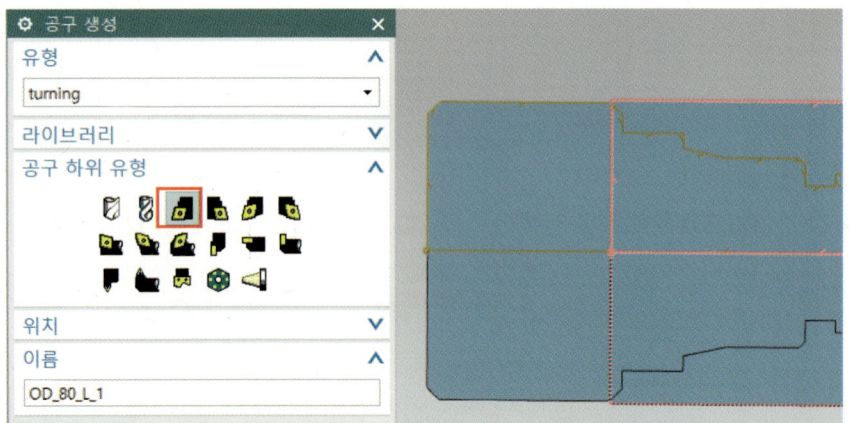

⓰ 회전 홀더 사용을 체크하고, 홀더 각도는 270을 입력한다.

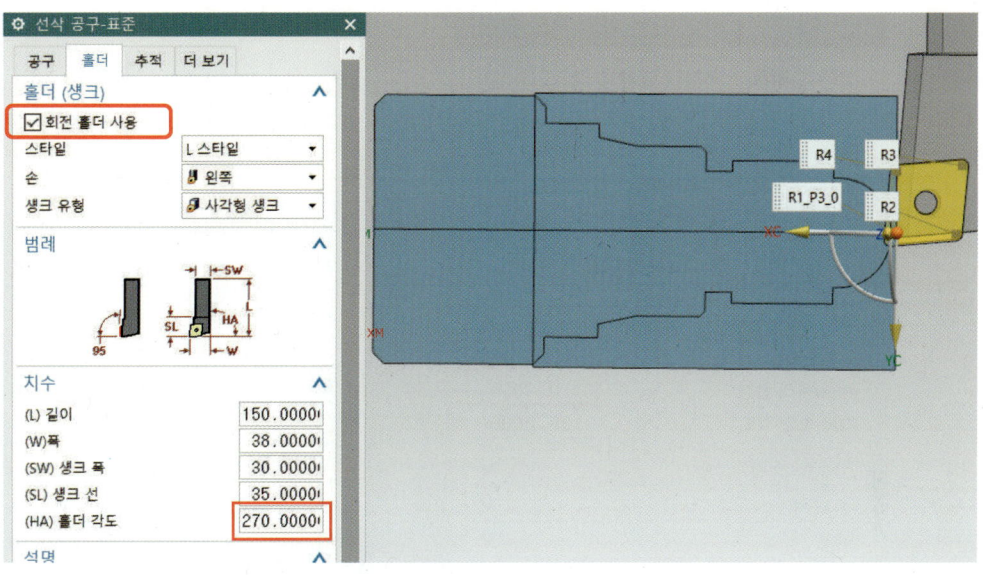

⓱ 추적에서 아래 그림처럼 공구 끝점을 선택한다.

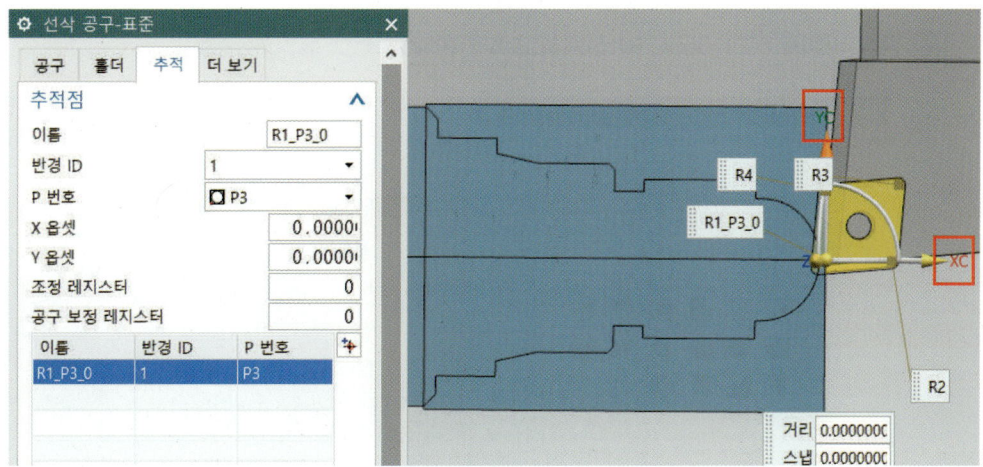

⑱ 노우즈 반경: 0.8 확인, 공구 번호 1을 입력하고 확인한다.

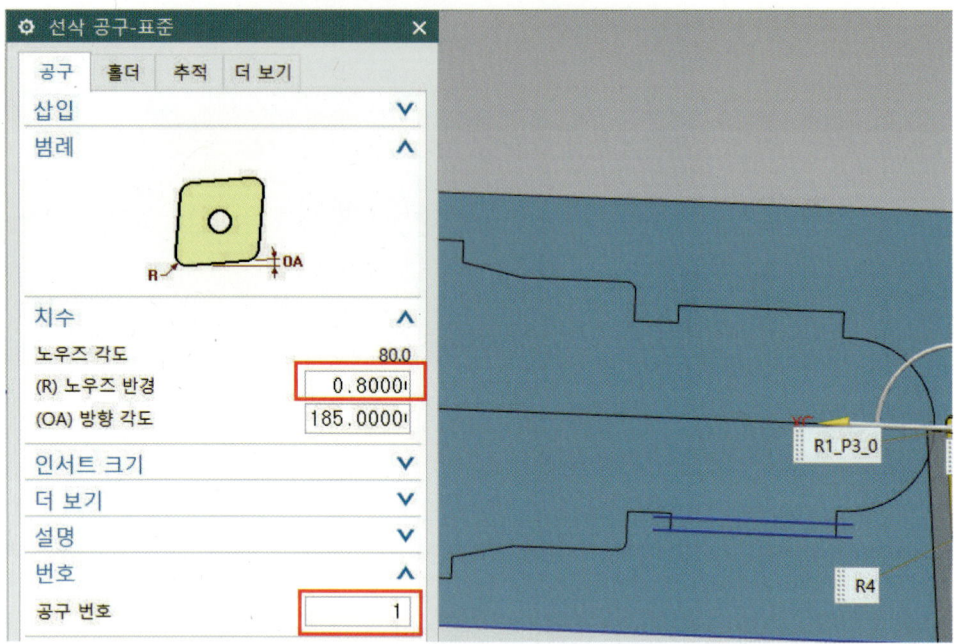

⑲ 정삭 바이트 "OD_55_L"을 선택하고 확인한다.

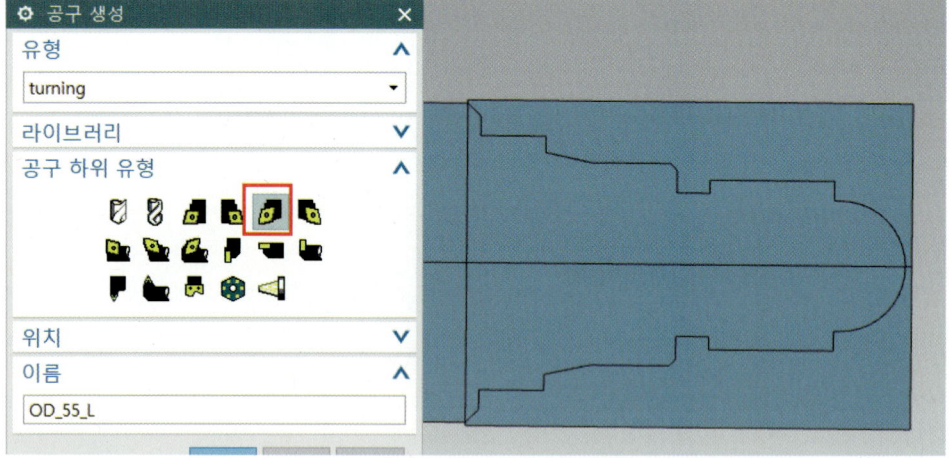

NX10 3D 모델링 및 CAD/CAM

⓴ 회전 홀더 사용을 체크하고, 홀더 각도 270을 입력한 후 방향을 그림과 같이 설정한다.

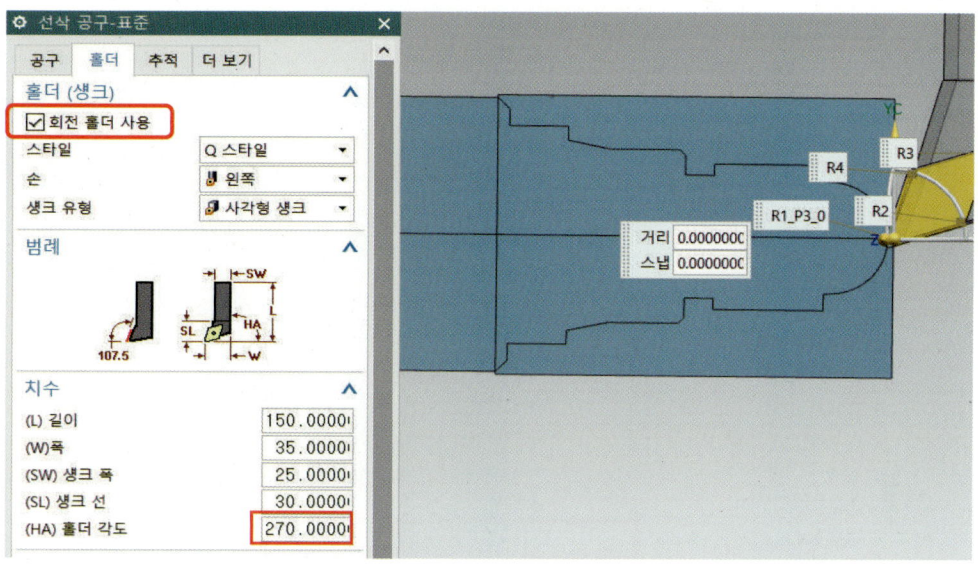

㉑ 추적에서 아래 그림처럼 공구 끝점을 선택한다.

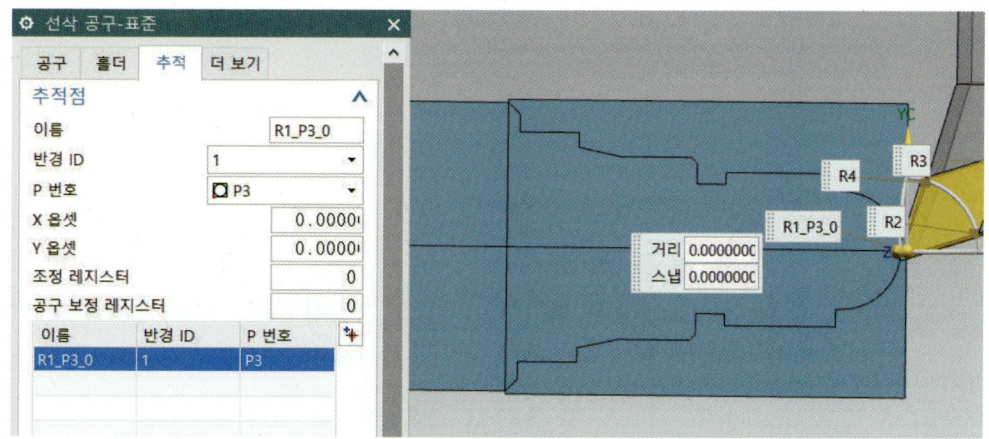

Chapter 10 | CNC 선반(turning) 가공

㉒ 노우즈 반경: 0.5 확인하고, 공구 번호 2를 입력 후 확인한다.

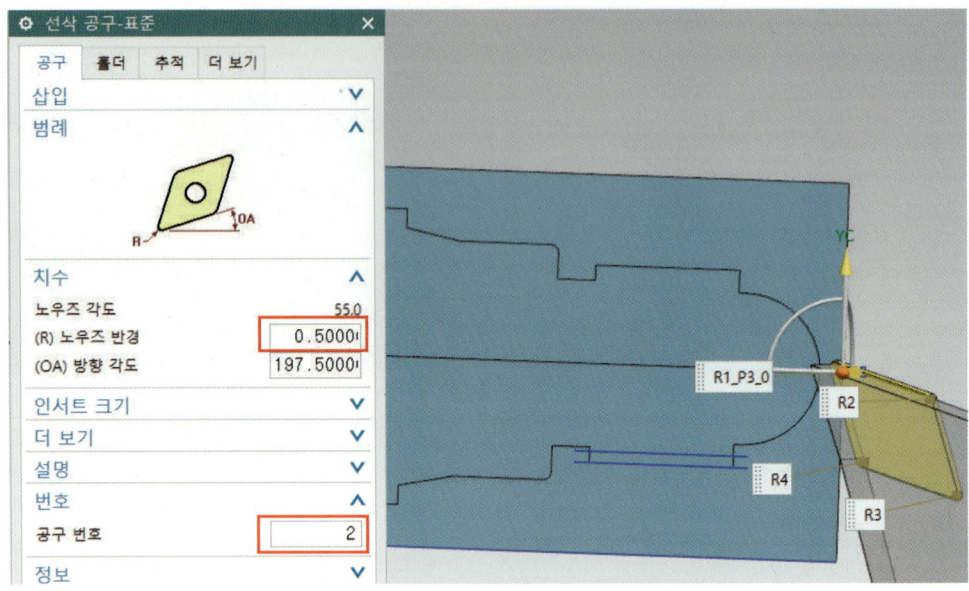

㉓ 유형은 Turning으로 선택하고 홈 바이트 "OD_GROOVE_L"을 선택하고 확인한다.

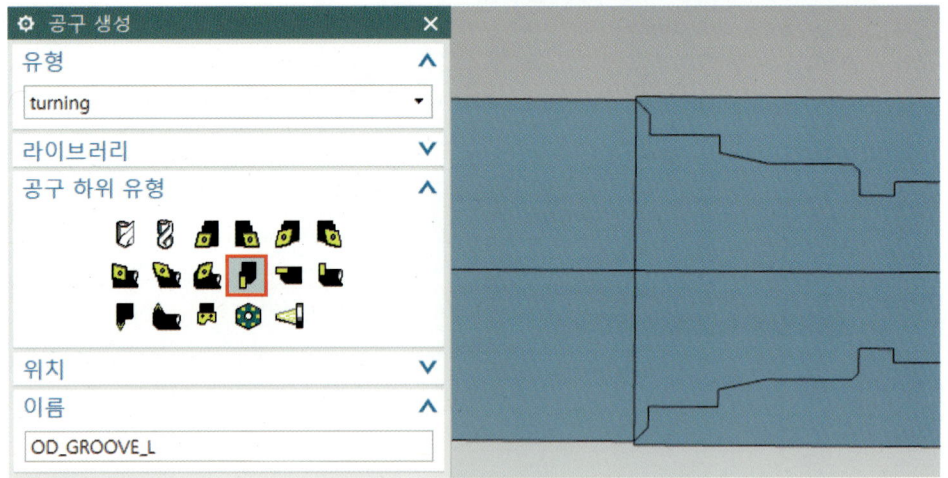

24 회전 홀더 사용을 체크하고, 홀더 각도 270을 입력한다.

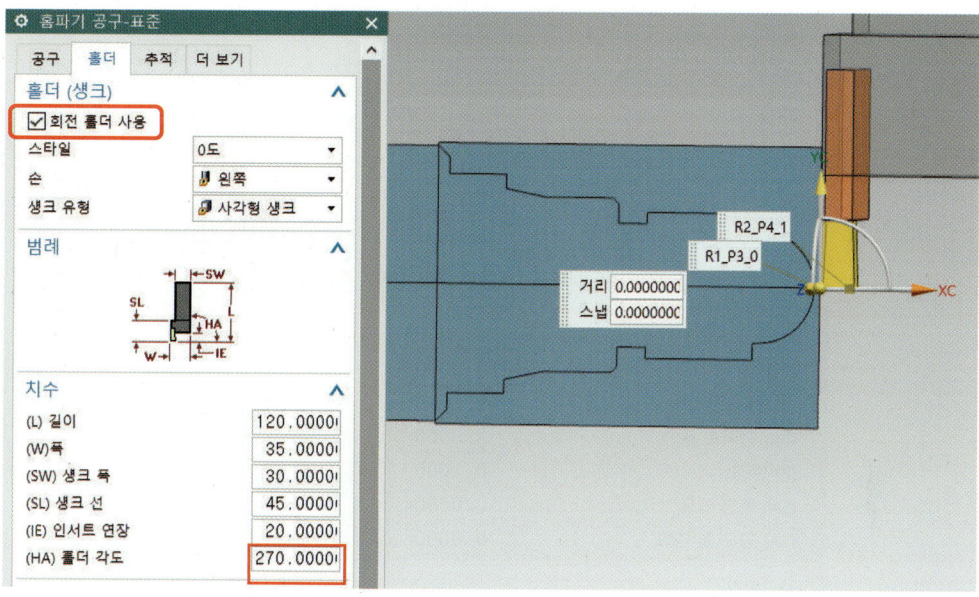

25 추적 탭에서 아래 그림처럼 공구 끝점을 선택한다.

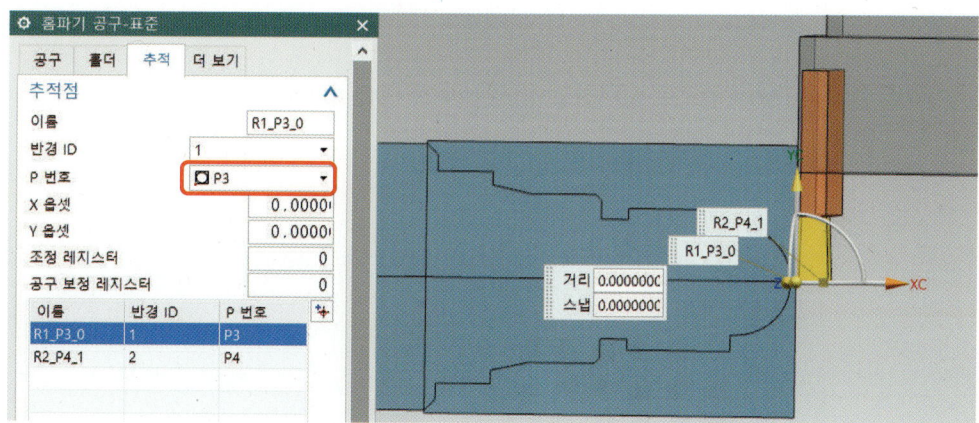

㉖ 공구 번호는 3을 입력 후 확인한다.

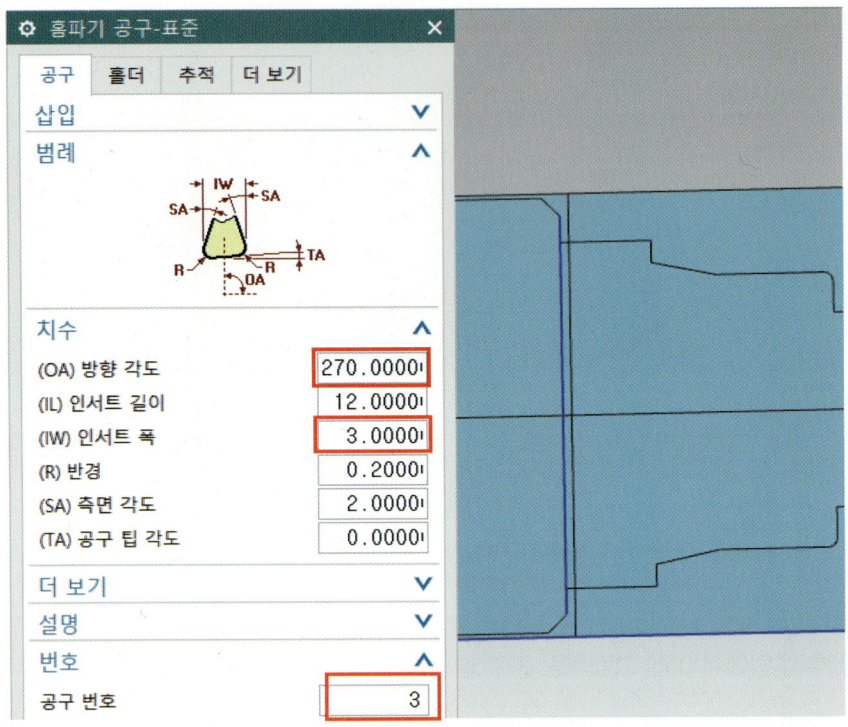

㉗ 유형에서 Turning으로 선택하고, 나사 바이트 "OD_THREAD_L"을 선택한다.

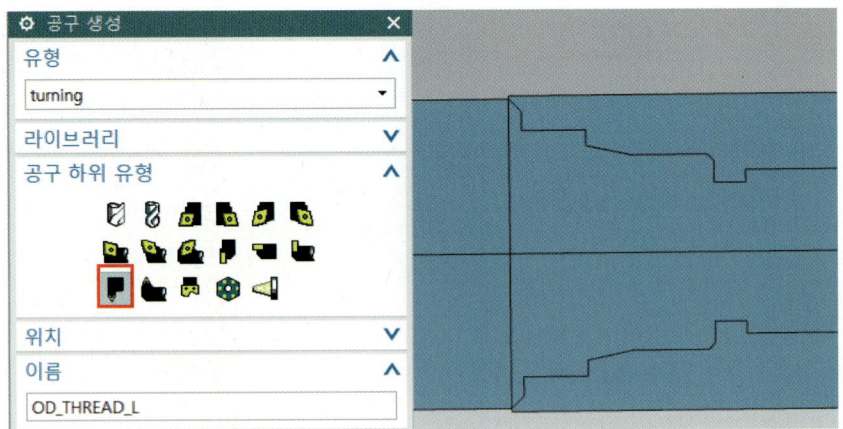

NX10 3D 모델링 및 CAD/CAM

㉘ 방향 각도 270, 공구 번호는 4를 입력 후 확인한다.

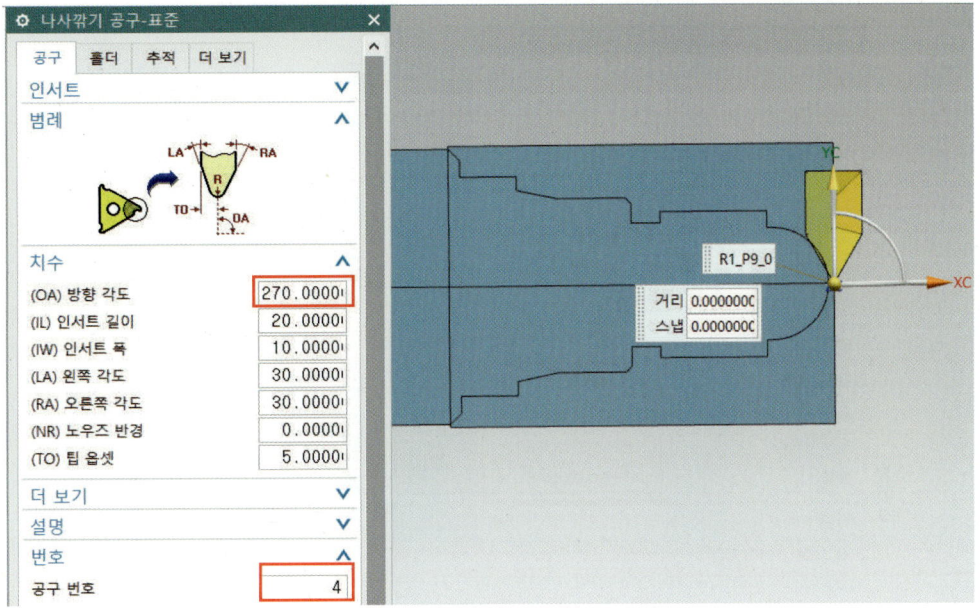

㉙ 추적 탭에서 아래 그림처럼 공구 끝점을 선택한다.

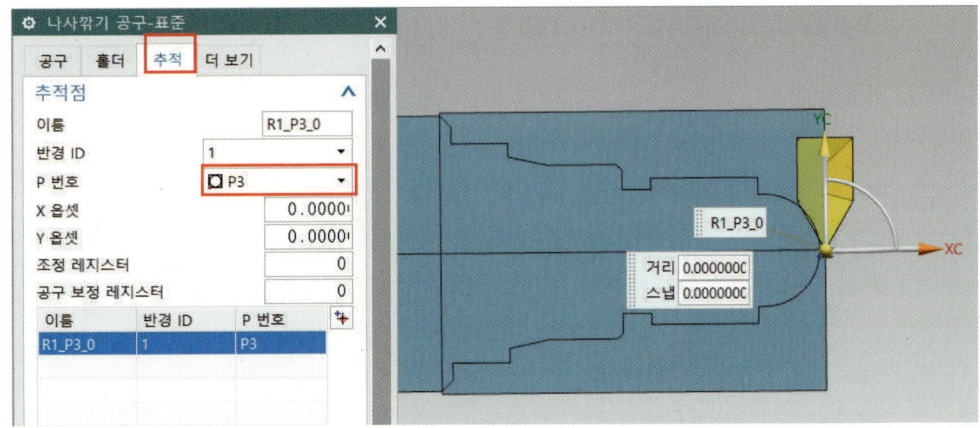

Chapter 10 | CNC 선반(turning) 가공

㉚ 오퍼레이션 생성( ) 아이콘을 클릭한 다음 아래 그림과 같이 설정하고 적용한다.

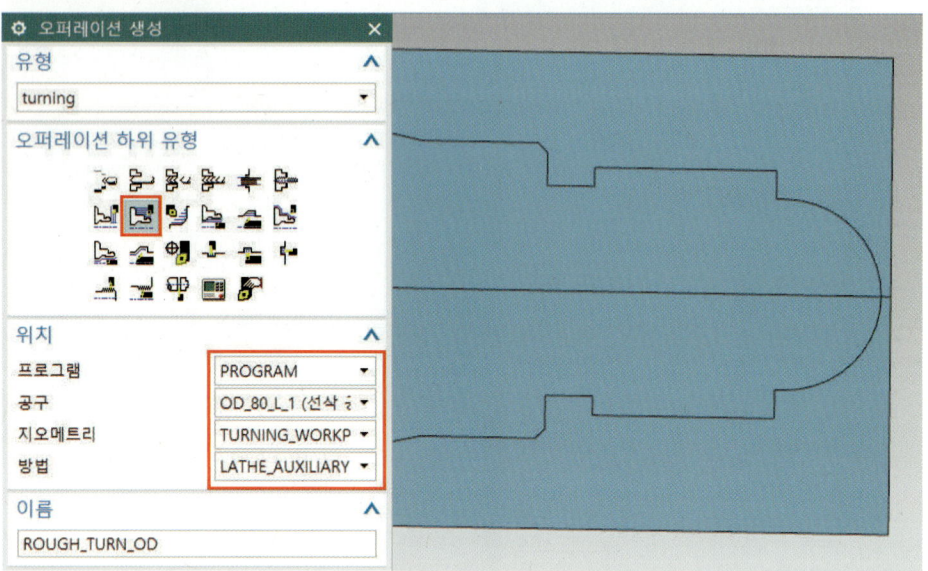

㉛ 아래와 같이 설정하고, 절삭 매개변수( ) 아이콘을 클릭한다.

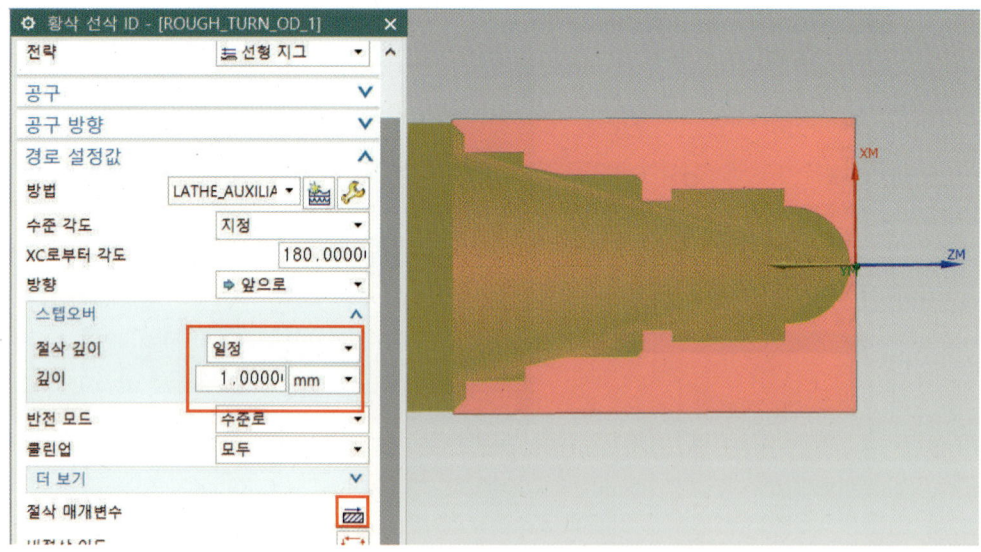

㉜ 언더컷 허용을 체크 해제한다.

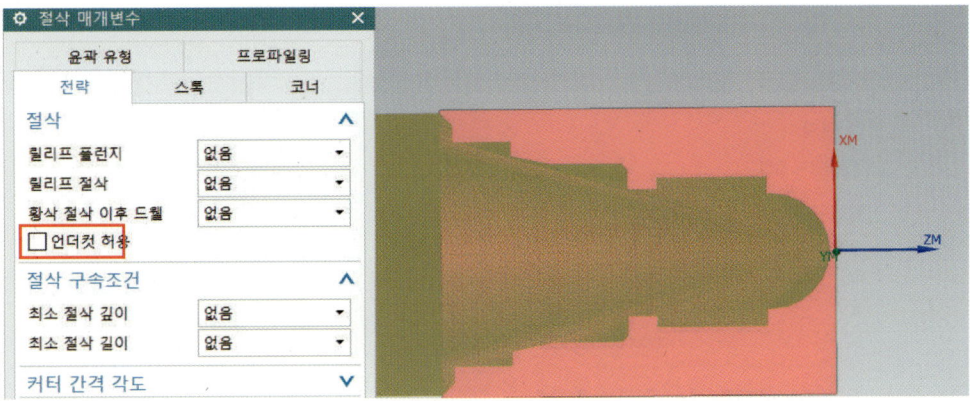

㉝ 황삭 스톡의 일정에서 여유량은 0.5를 입력하고 확인한다.

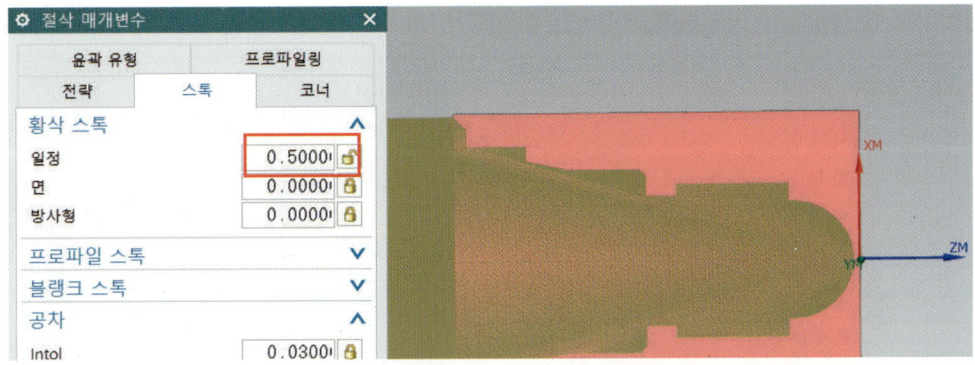

㉞ 비절삭 이동( ) 아이콘을 클릭하고, 접근에서 점 다이얼로그를 클릭한다.

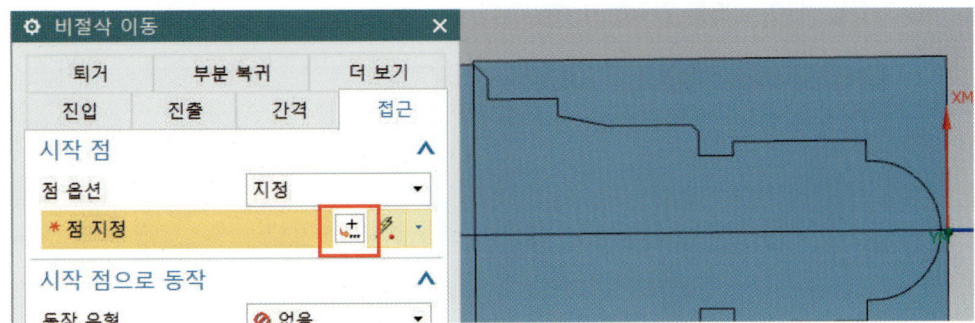

㉟ 좌푯값 X150, Y150을 입력하고 확인한다.

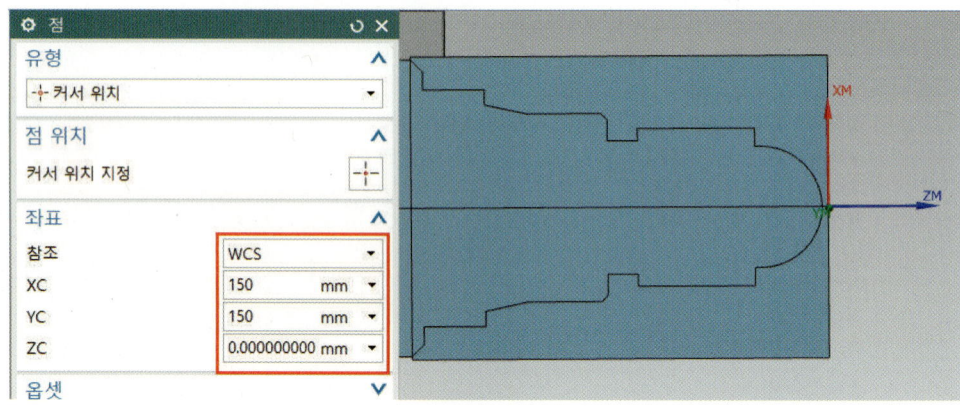

㊱ 시작점으로 동작에서 동작 유형을 직접으로 설정하고, 점 다이얼로그를 클릭한다.

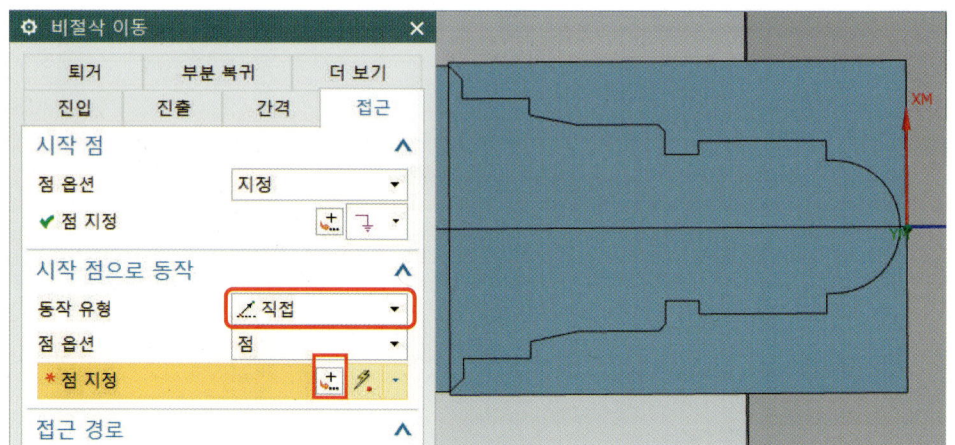

㊲ 좌푯값 X30, Y25를 입력하고 확인한다.

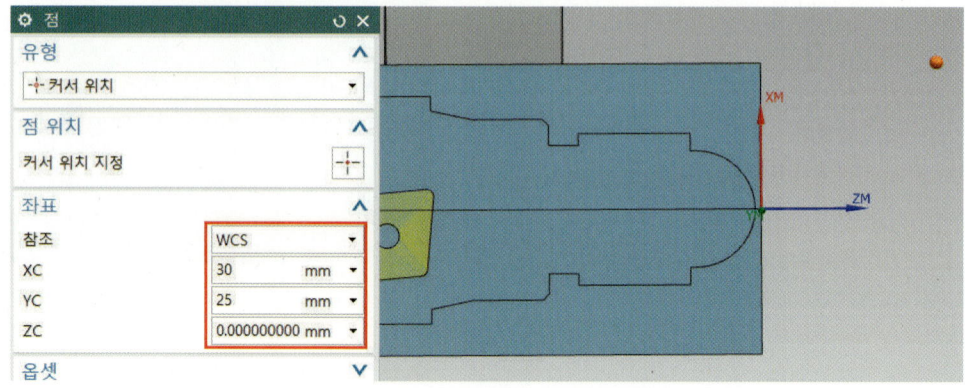

㊳ 진입 시작으로 동작에서 동작 유형을 직접으로 설정한다.

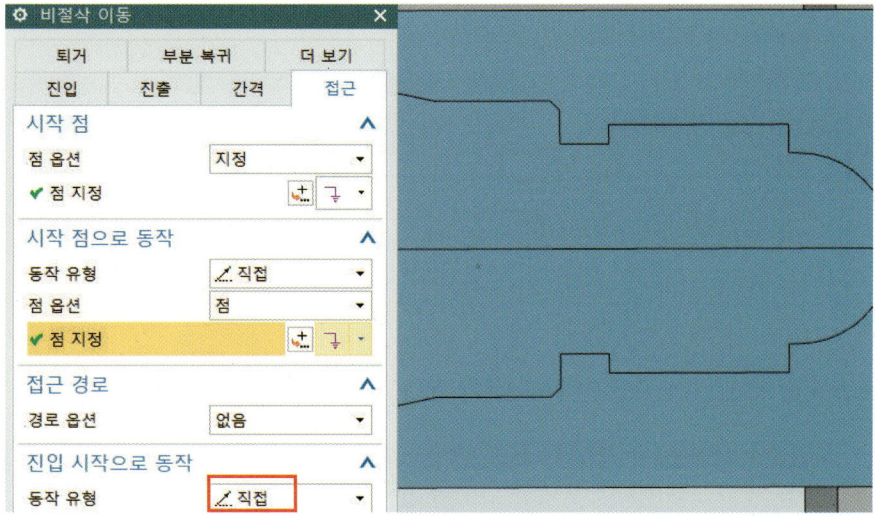

㊴ 복귀 점/회피 평면으로 동작에서 직접으로 설정하고, 점 다이얼로그를 클릭한다.

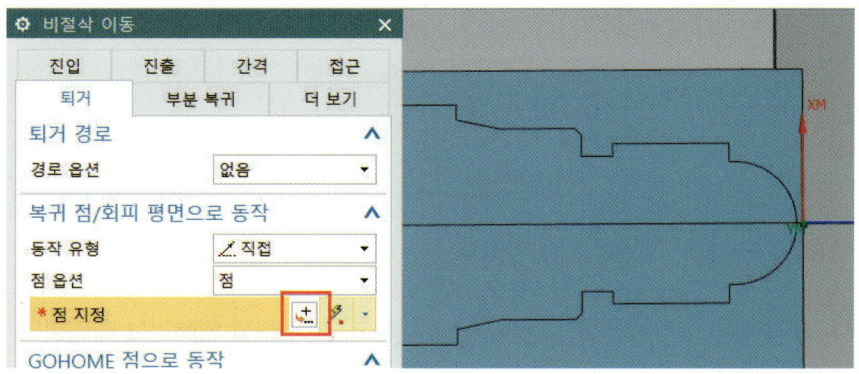

㊵ 좌푯값 X30, Y20을 입력하고 확인한다.

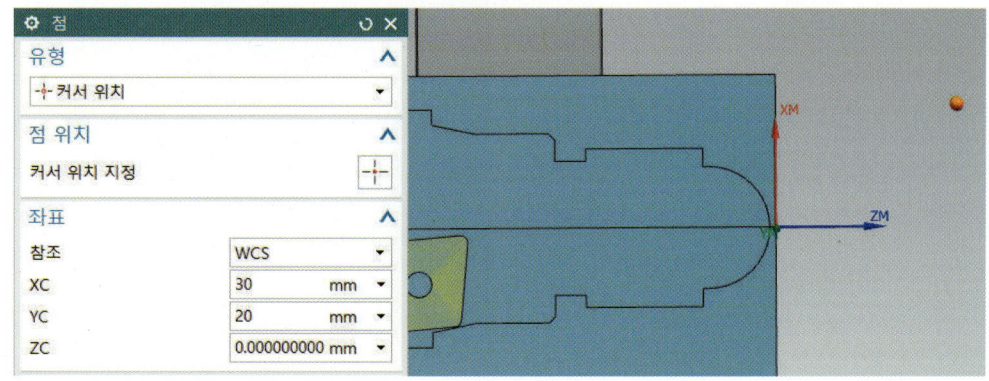

㊶ GOHOME 점으로 동작에서 동작 유형을 직접으로 설정하고 점 다이얼로그를 클릭한다.

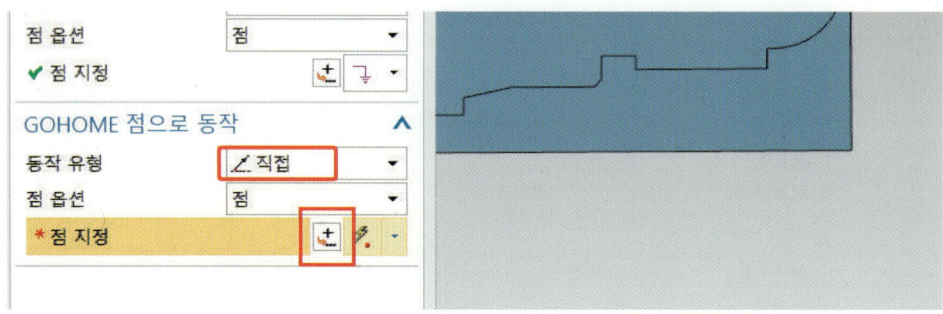

㊷ 좌푯값 X150, Y150을 입력하고 확인한다.

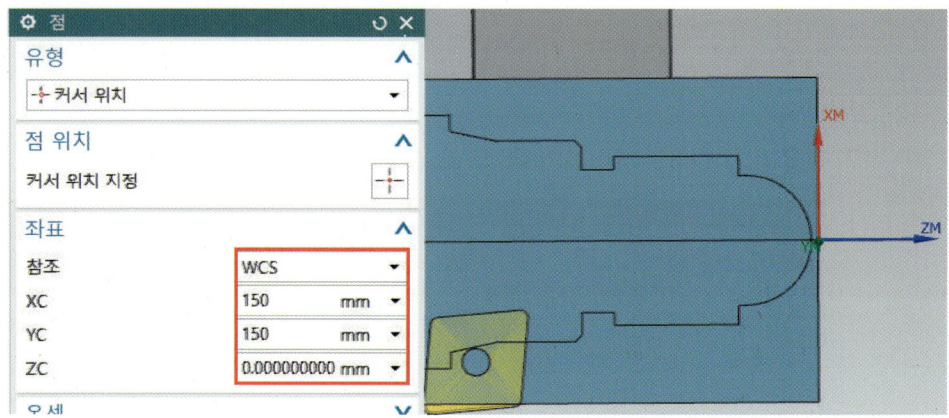

㊸ 이송 및 속도( )를 클릭한다. 아래 그림과 같이 설정 입력하고 확인한다. (G96: SMM, G97: RPM)

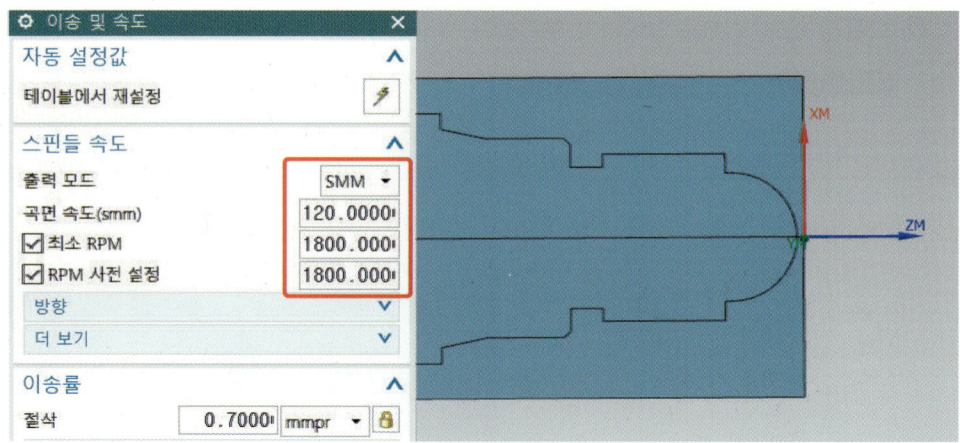

㊹ 작업에서 생성()을 클릭하고, 공구 경로를 확인한다.

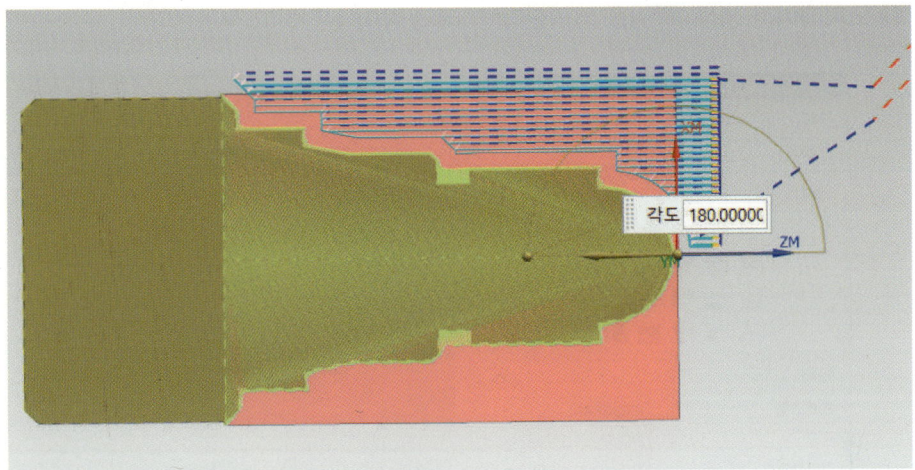

㊺ 3D 검증을 클릭한 후 확인하고 종료한다.

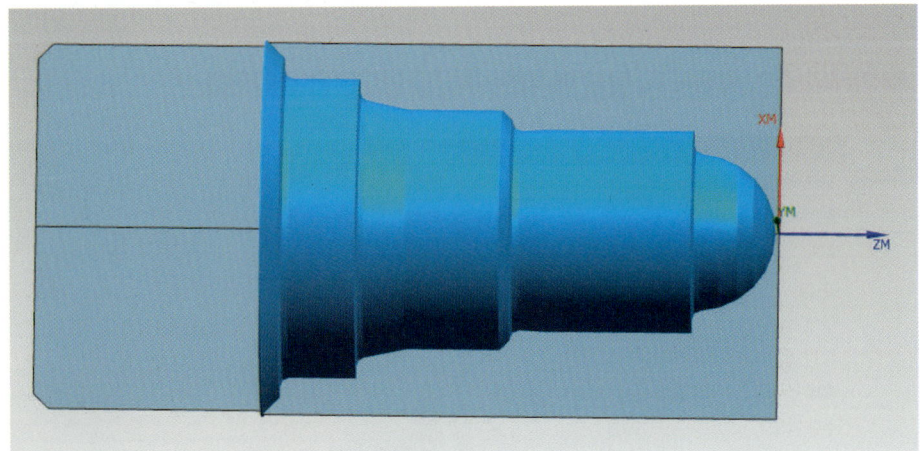

(7) 축(Shaft) 정삭 가공하기

❶ 오퍼레이션 생성( )을 클릭한다. 아래와 같이 설정하고 적용한다.

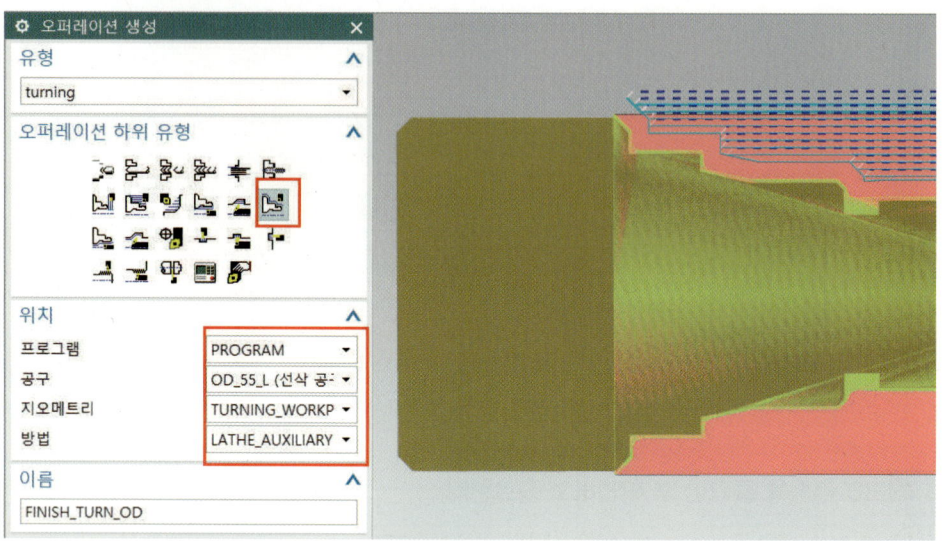

❷ 아래와 같이 설정하고, 절삭 매개변수( ) 아이콘을 클릭한다.

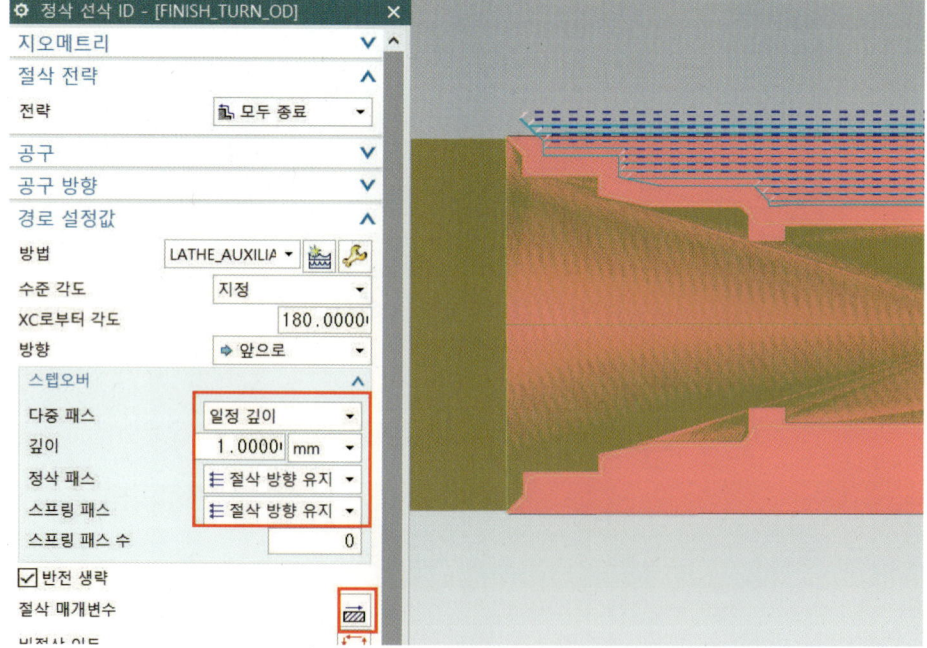

❸ 언더컷 허용을 체크 해제한다.

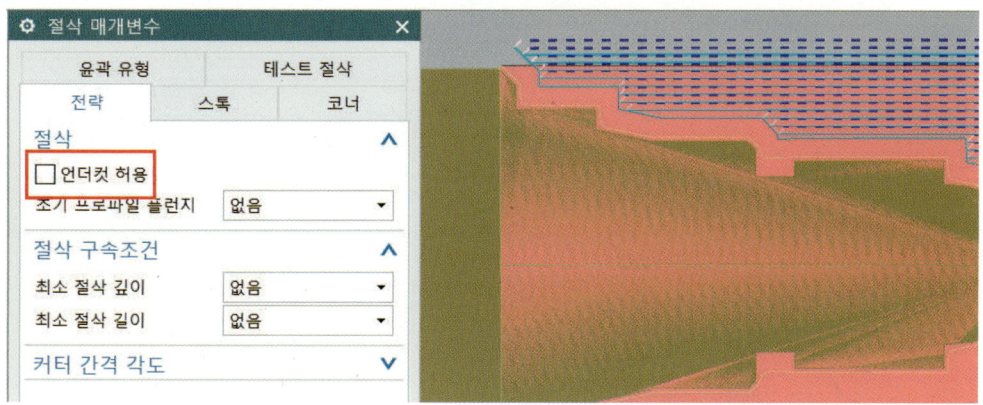

❹ 정삭 여유량 0을 확인하고, 공차에서 0.01로 입력 후 확인한다.

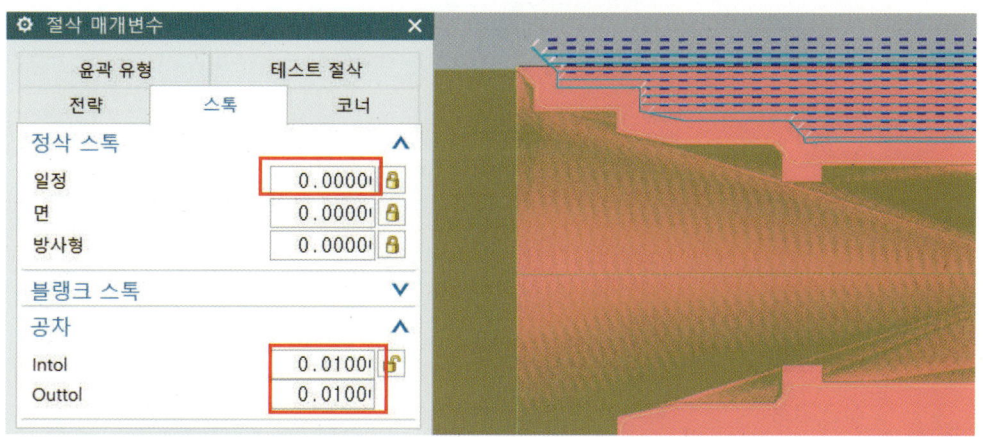

❺ 비절삭 이동( ) 아이콘을 클릭하고, 접근에서 점 다이얼로그를 클릭한다.

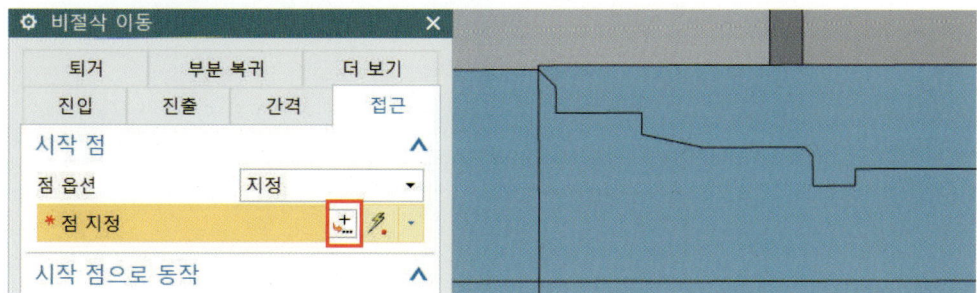

❻ 좌푯값 X150, Y150을 입력하고 확인한다.

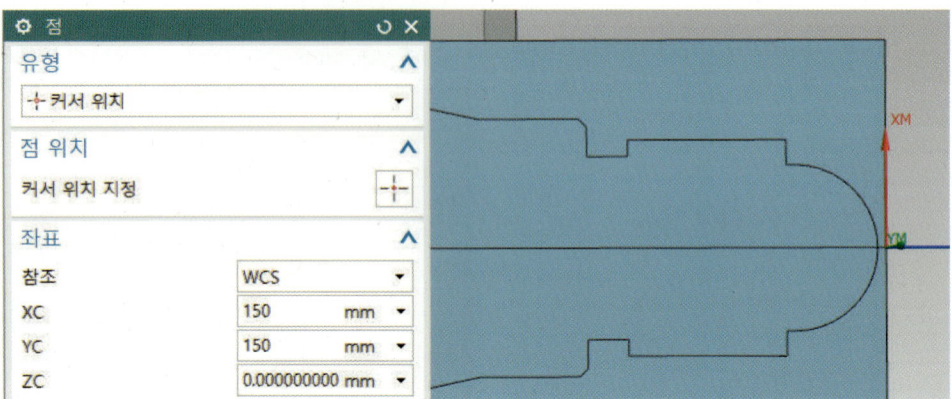

❼ 시작점으로 동작에서 동작 유형을 직접으로 설정하고, 점 다이얼로그를 클릭한다.

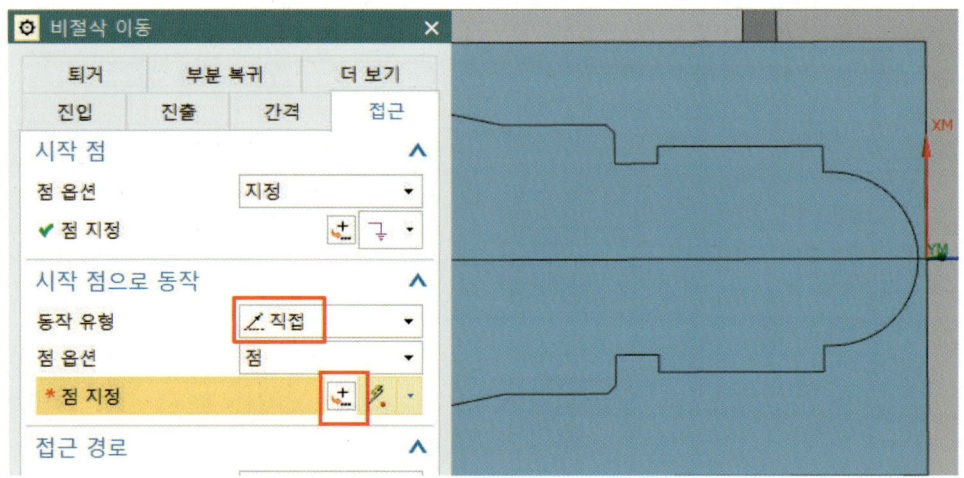

❽ 좌푯값 X10, Z0을 입력하고 확인한다.

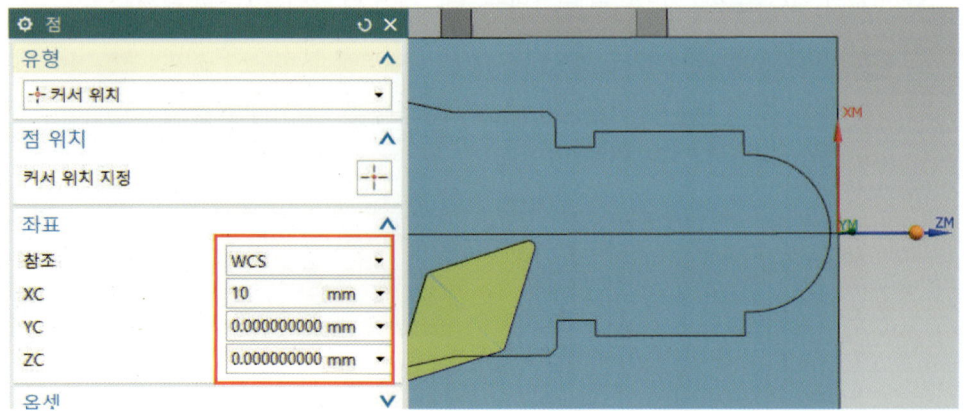

❾ 진입 시작으로 동작에서 직접으로 설정한다.

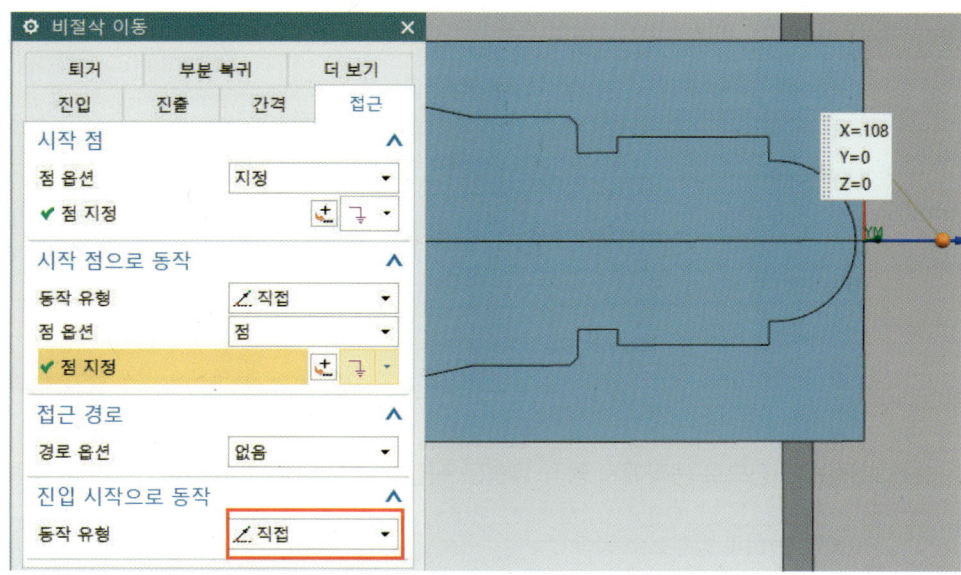

❿ 복귀 점/회피 평면으로 동작에서 직접으로 설정하고, 점 다이얼로그를 클릭한다.

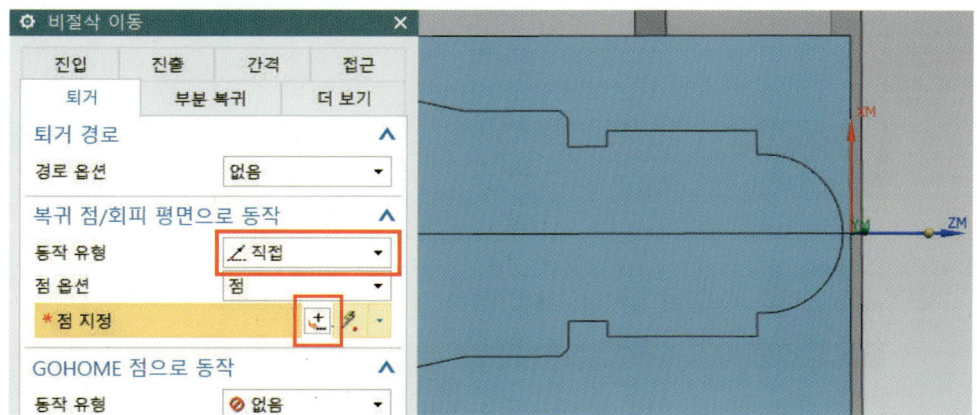

⓫ 좌푯값 X-60, Y45을 입력한다.

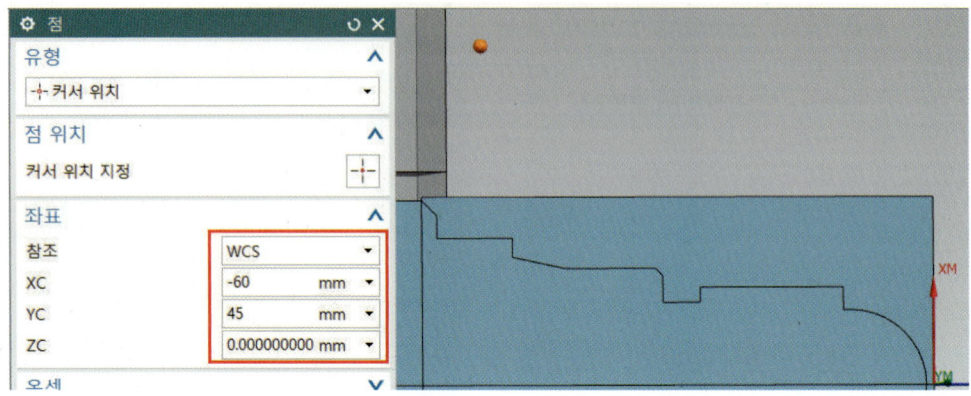

⓬ GOHOME 점으로 동작에서 동작 유형은 직접으로 설정하고, 점 다이얼로그를 클릭한다.

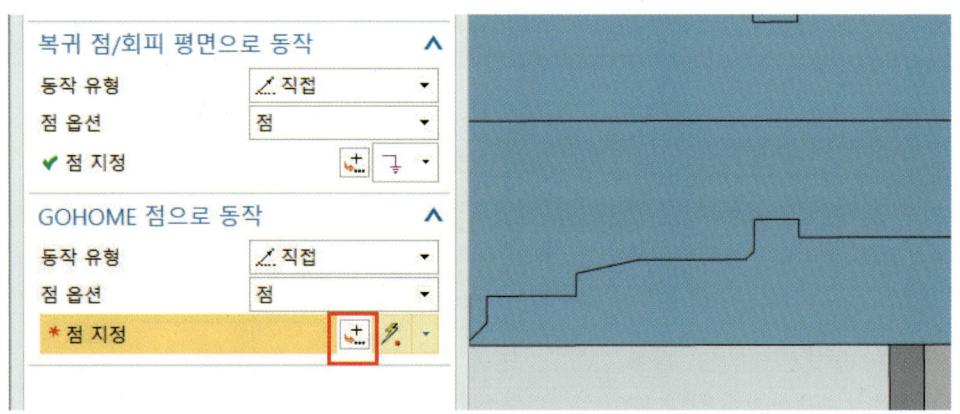

⓭ 좌푯값 X150, Y150을 입력하고 확인한다.

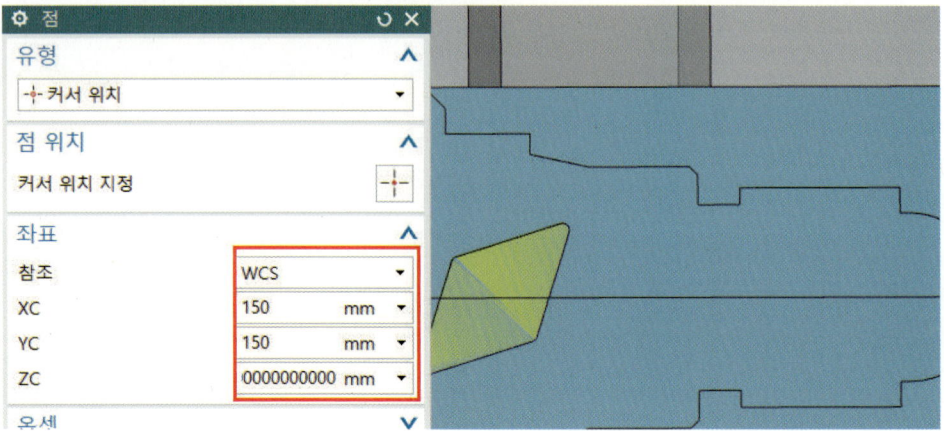

⑭ 이송 및 속도()를 클릭한다. 아래 그림과 같이 설정 입력하고 확인한다. (G96: SMM, G97: RPM)

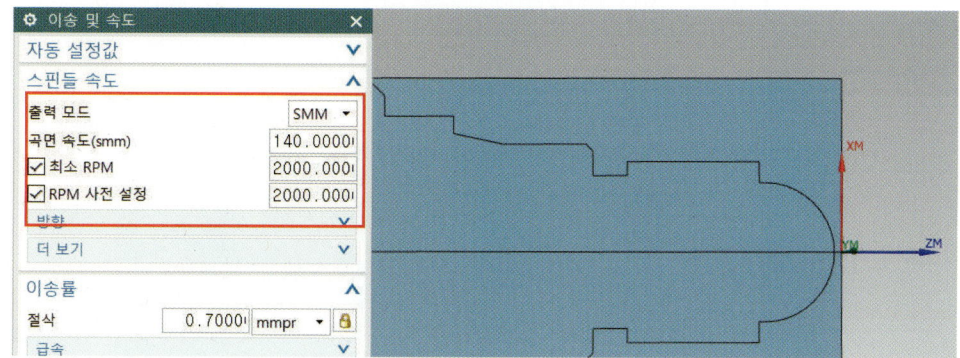

⑮ 작업에서 생성( )을 클릭하고, 공구 경로를 확인한다.

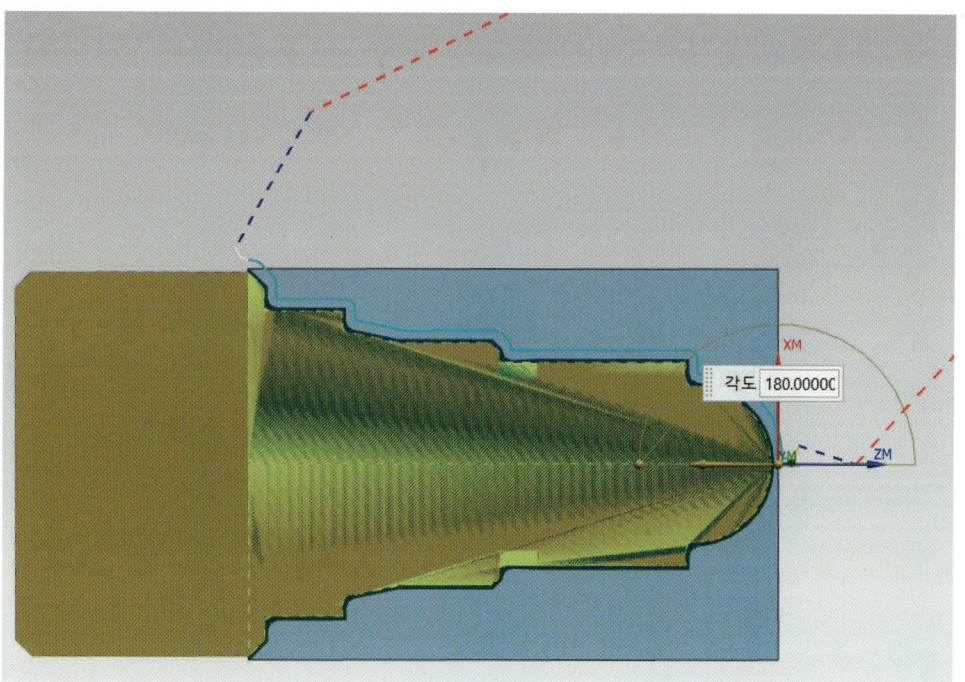

Chapter 10 | CNC 선반(turning) 가공

⓰ 검증( )을 클릭하고, 가공을 확인한다.

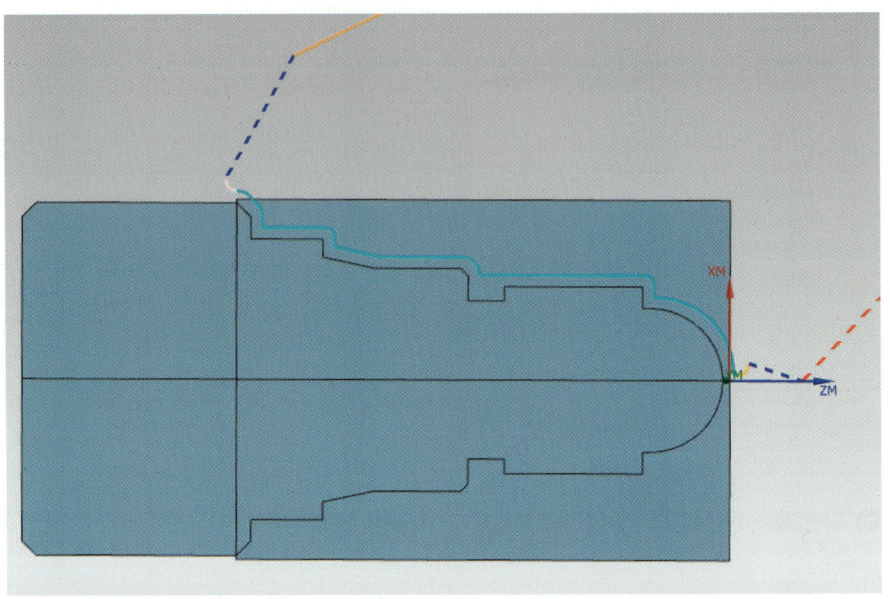

⓱ 3D 가공을 클릭한 후 확인한다.

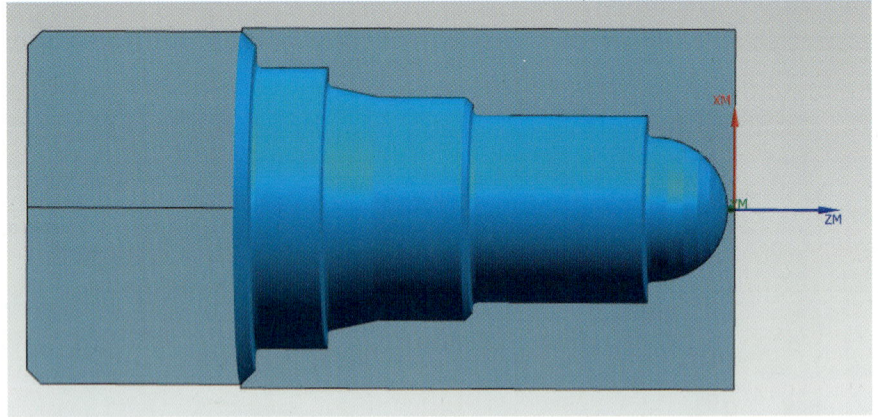

(8) 축(Shaft) 홈 가공하기

❶ 오퍼레이션 생성()을 클릭한다. 아래와 같이 설정하고 적용한다.

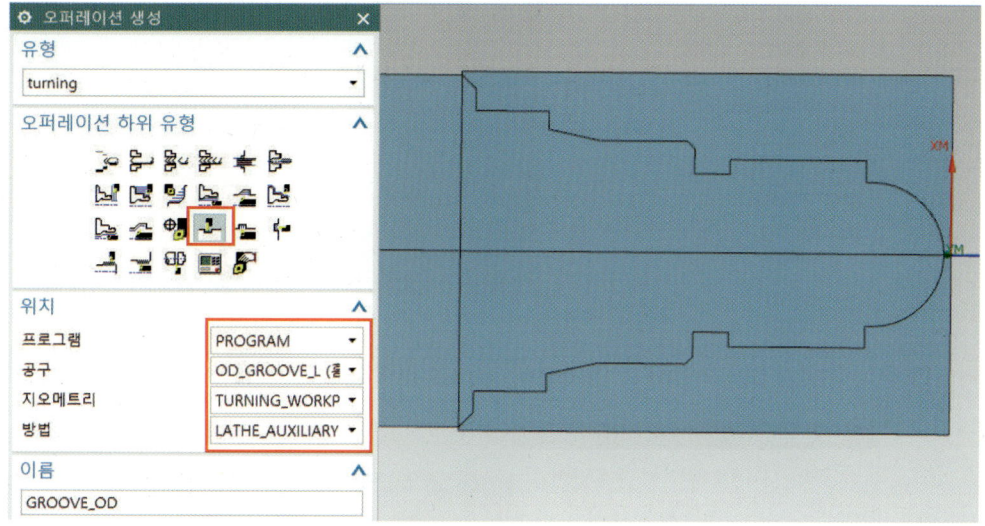

❷ 아래와 같이 설정하고, 절삭 매개변수( ) 아이콘을 클릭한다.

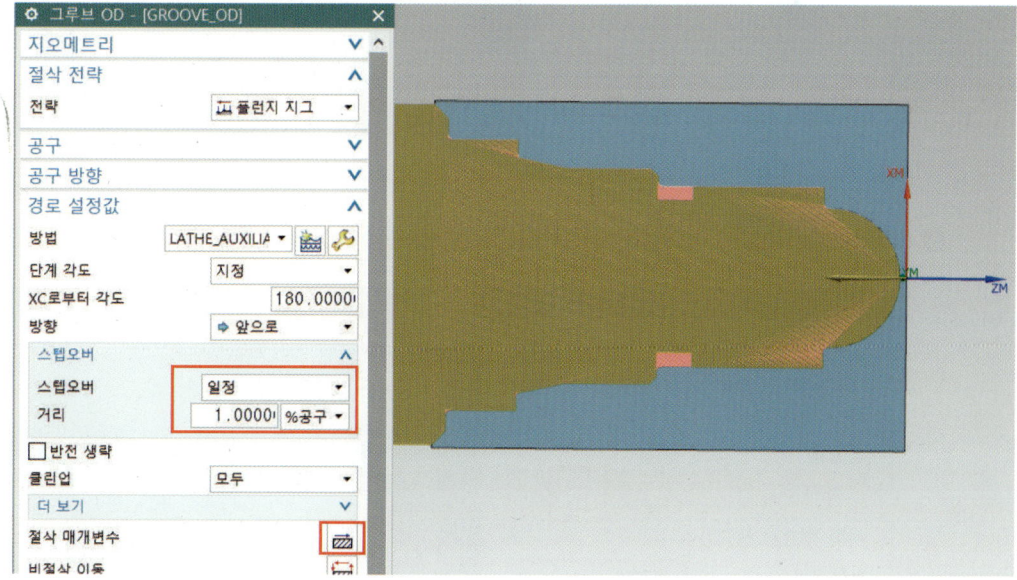

❸ 언더컷 허용을 체크 해제한다.

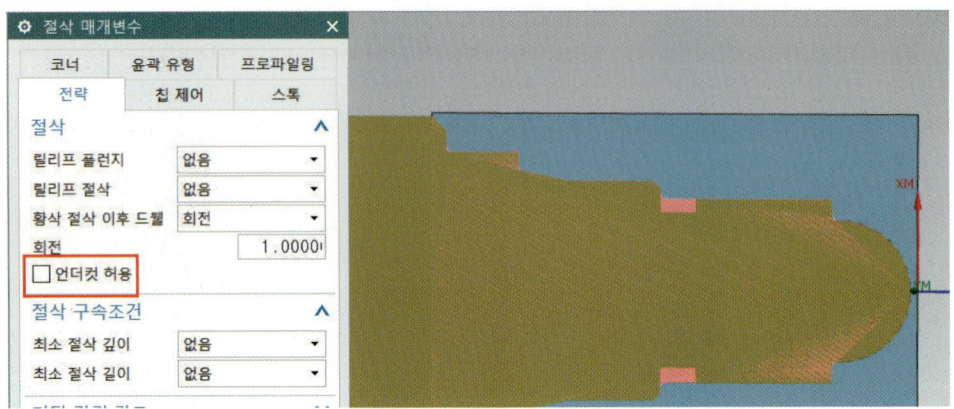

❹ 정삭 여유량 0을 확인하고, 공차에서 0.01을 입력하고 확인한다.

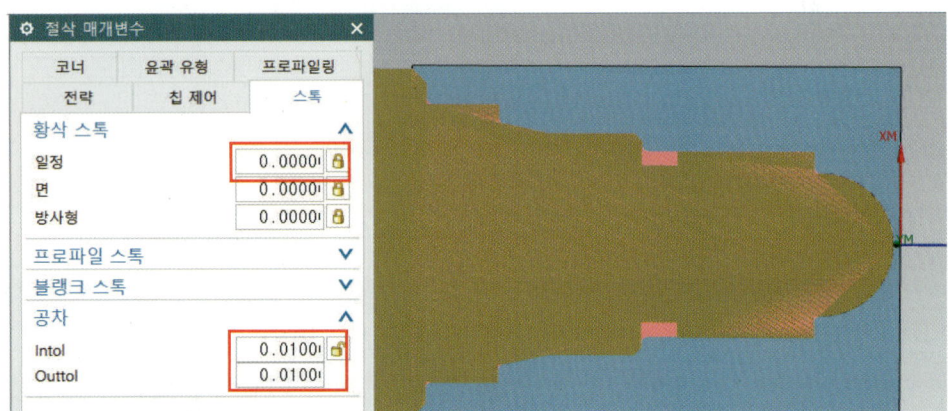

❺ 비절삭 이동( ) 아이콘을 클릭하고, 접근에서 점 다이얼로그를 클릭한다.

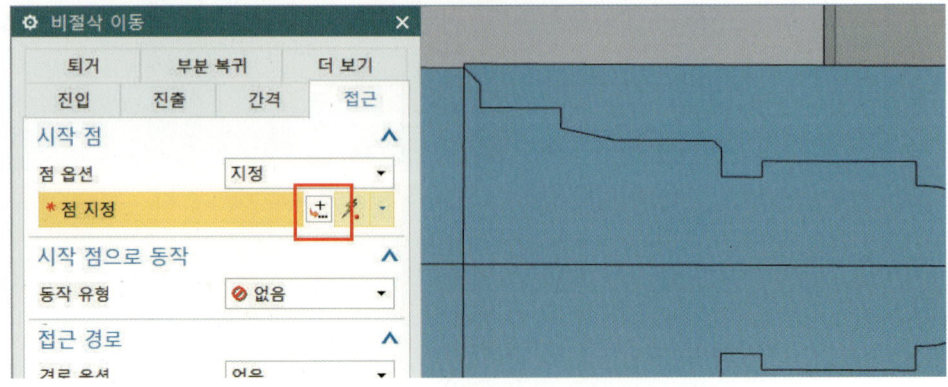

NX10 3D 모델링 및 CAD/CAM

❻ 좌푯값 X150, Y150을 입력하고 확인한다.

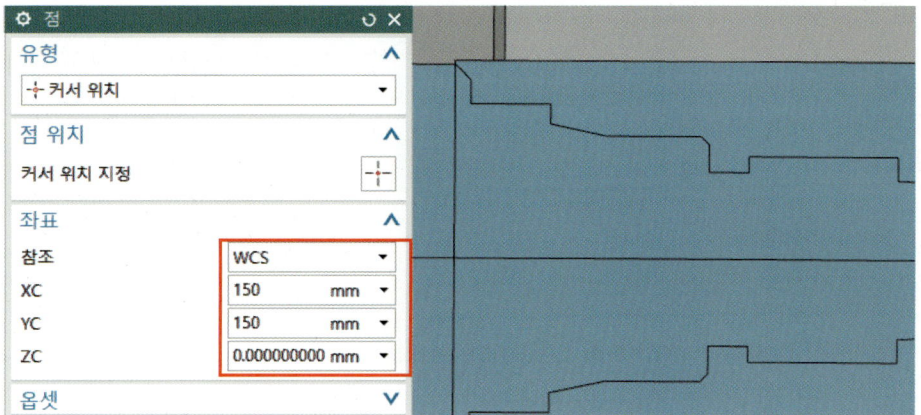

❼ 시작점으로 동작에서 동작 유형은 직접으로 설정하고, 그림처럼 시작점을 클릭한 다음 점 다이얼로그를 클릭한다.

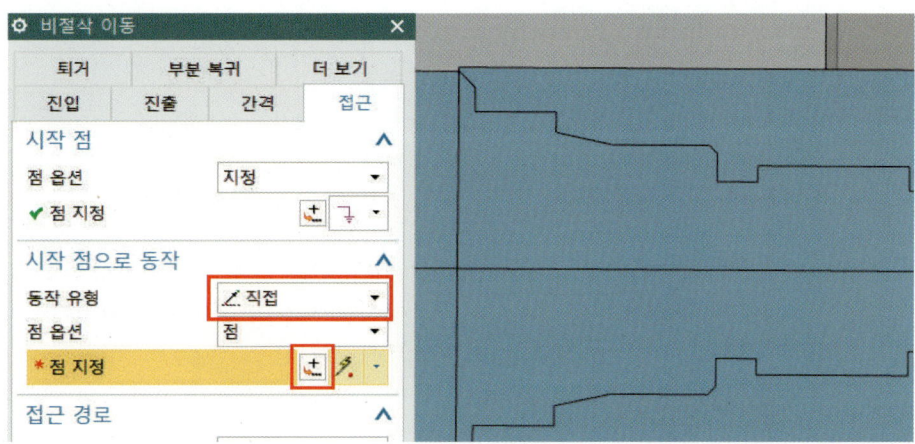

❽ 아래 그림처럼 좌푯값 X-36, Y30을 입력하고 확인한다.

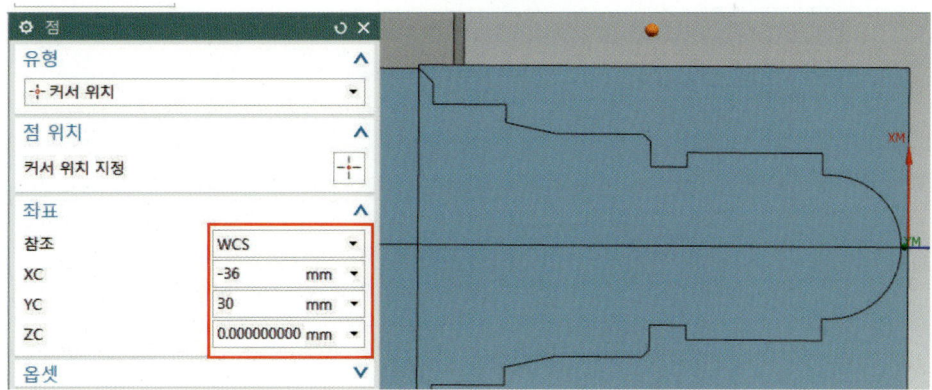

❾ 진입 시작으로 동작에서 직접으로 설정한다.

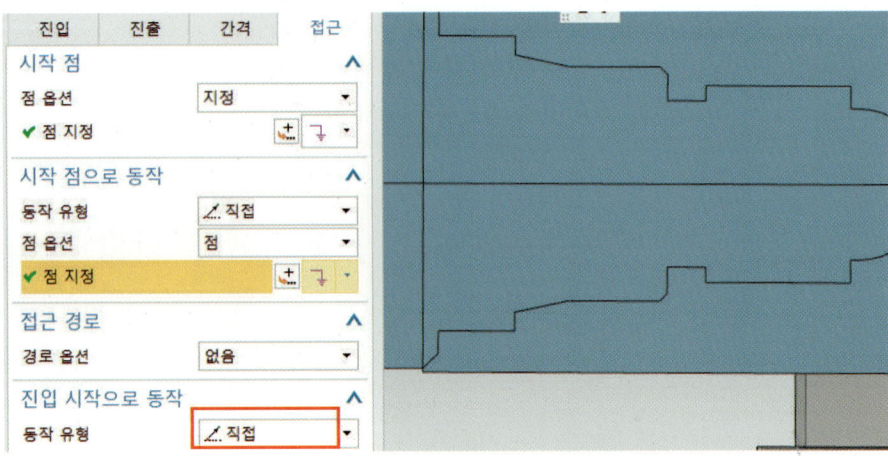

❿ 복귀 점에서 직접으로 설정하고, 점 지정을 아래 그림처럼 클릭하고 점 다이얼로그를 클릭한다.

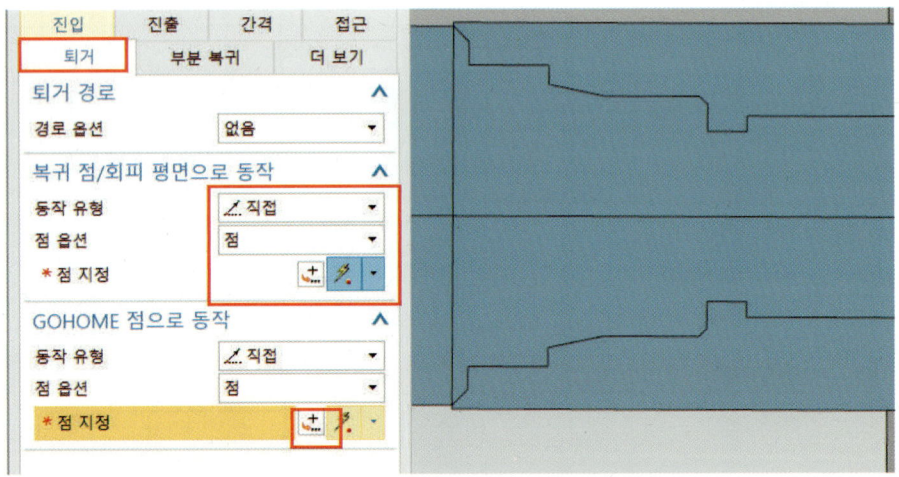

⓫ 좌푯값 X-36을 확인하고, Y30을 입력 후 확인한다.

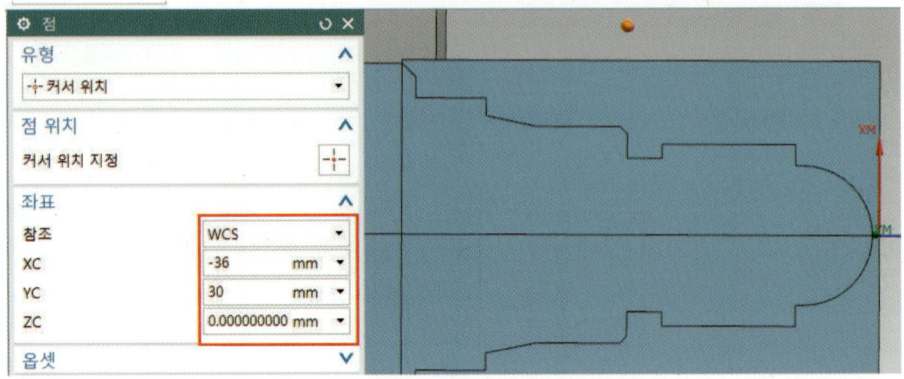

❷ 좌푯값 X150, Y150을 입력하고 확인한다.

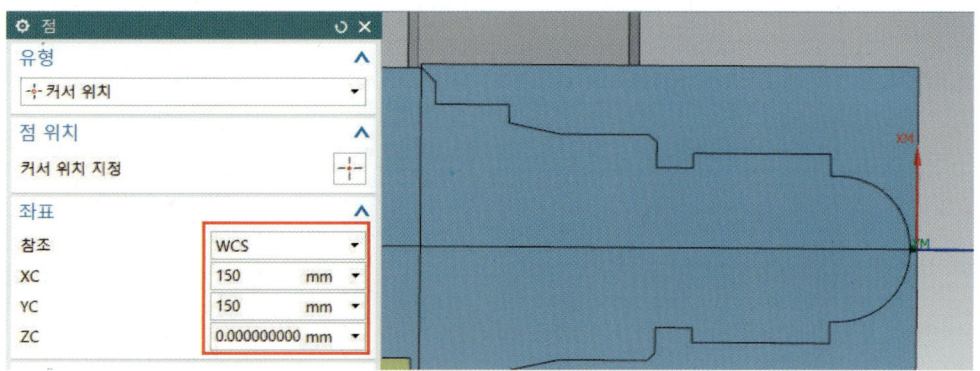

❸ 이송 및 속도()를 클릭한다. 회전수 800을 입력하고 확인한다.

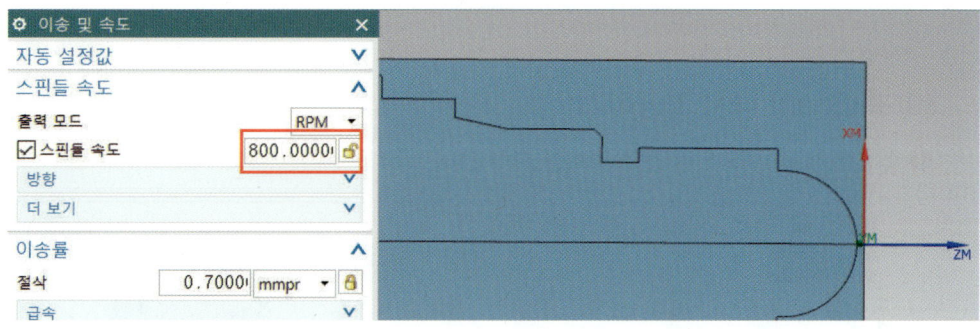

❹ 작업에서 생성( )을 클릭하고, 공구 경로를 확인한다.

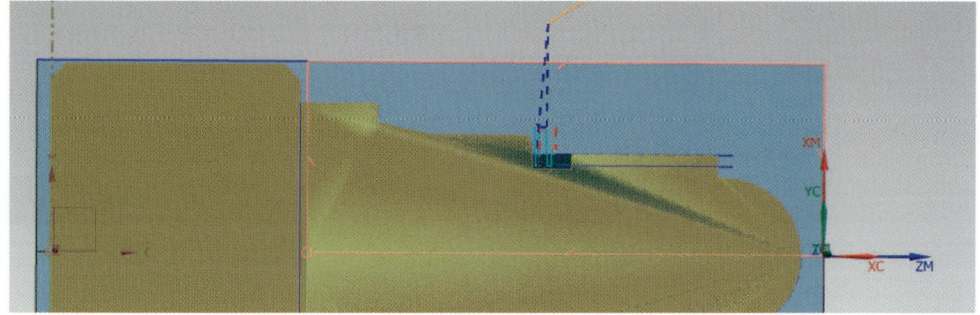

❶ 검증()을 클릭하고, 3D 가공을 확인한다.

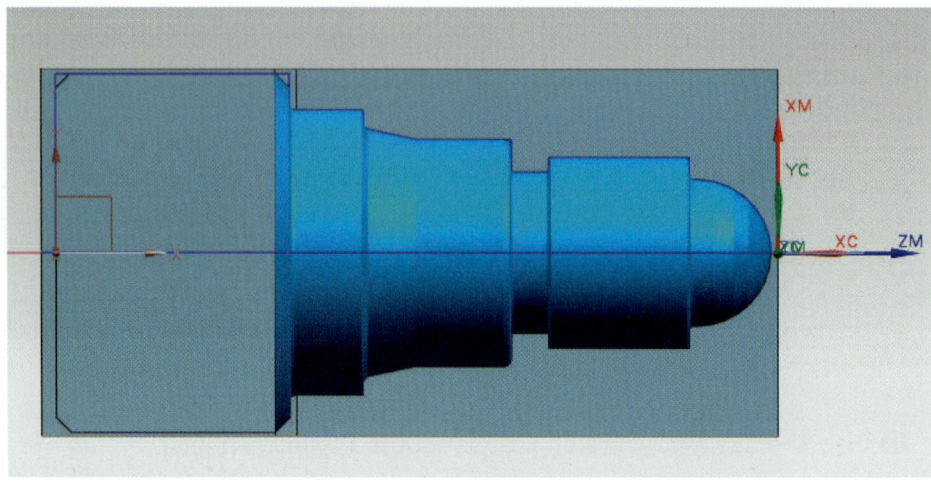

(9) 축(Shaft) 나사 가공하기

❶ 삽입에서 타스크 환경의 스케치를 클릭한다.

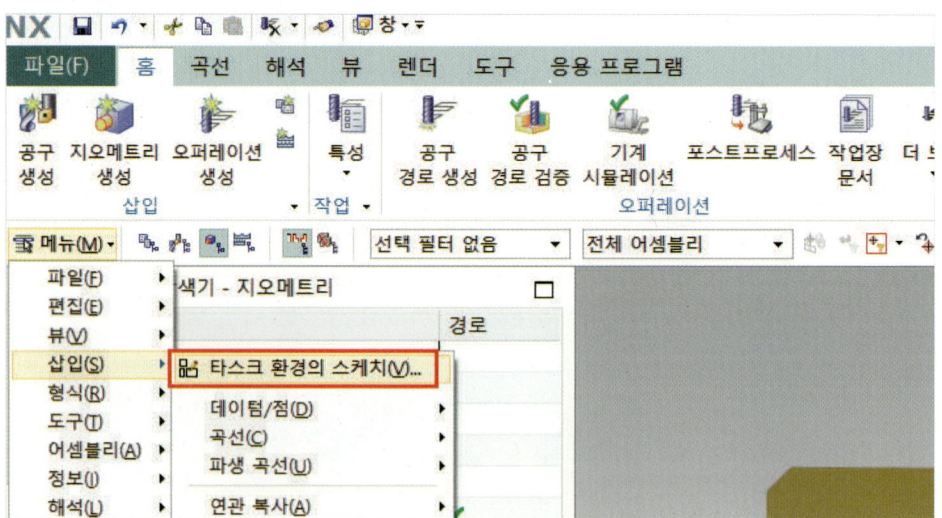

NX10 3D 모델링 및 CAD/CAM

❷ 평면상에서 XY 평면을 선택하고 확인한다.

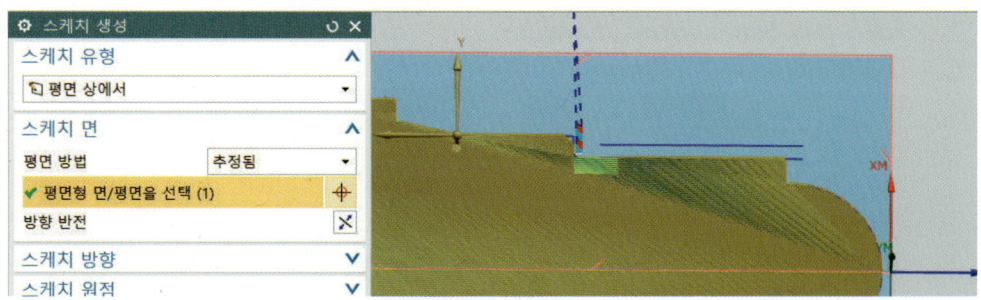

❸ 아래 그림처럼 선을 이용하여 스케치한다.

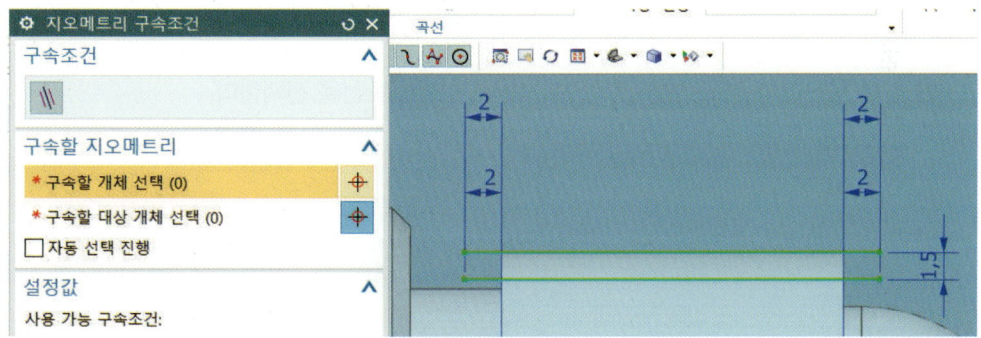

❹ 위의 그림처럼 동일 직선상 구속을 준다. 스케치 종료를 하고 작업 뷰를 위쪽( )을 클릭한다.

❺ 오퍼레이션 생성( )을 클릭한 다음 아래와 같이 설정하고 확인한다.

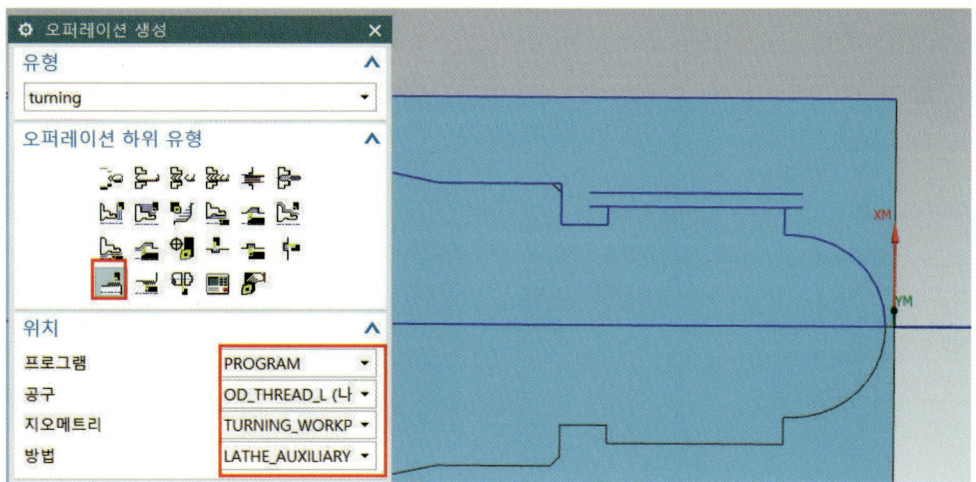

Chapter 10 | CNC 선반(turning) 가공   913

❻ 스레드 형상의 크레스트 선에서 아래 그림처럼 경로 선을 선택한다.

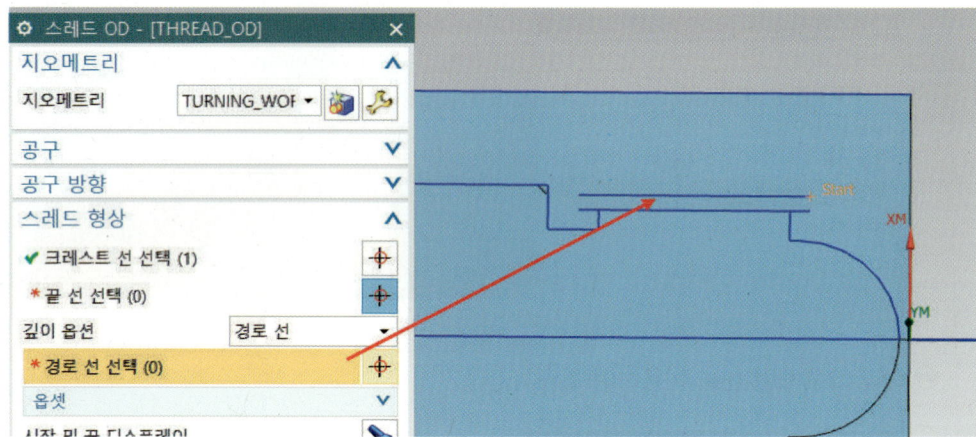

❼ 깊이 옵션에서 경로 선을 선택하고, 아래 그림처럼 선을 선택한다.

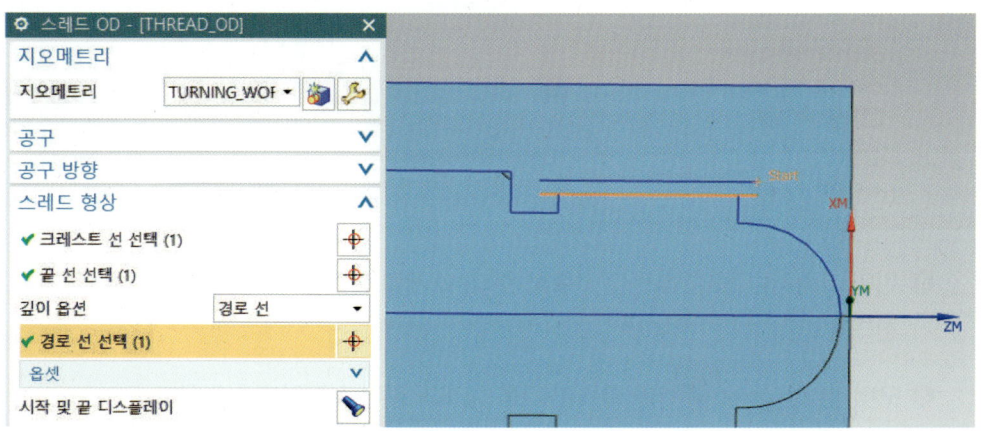

❽ 아래와 같이 설정한 후 절삭 매개변수( ) 아이콘을 클릭한다.

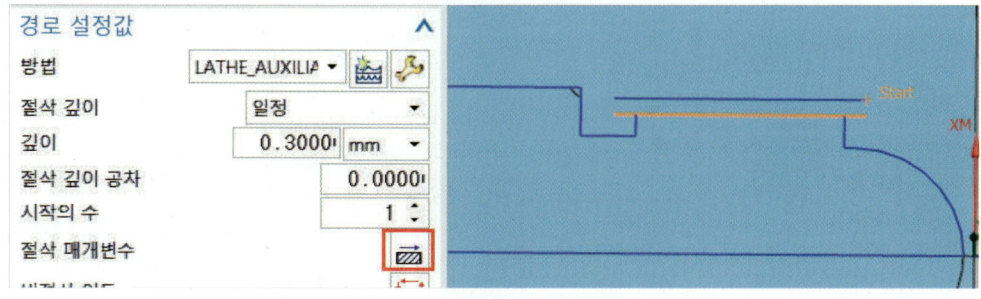

❾ 피치에서 아래와 같이 설정하고 확인한다.

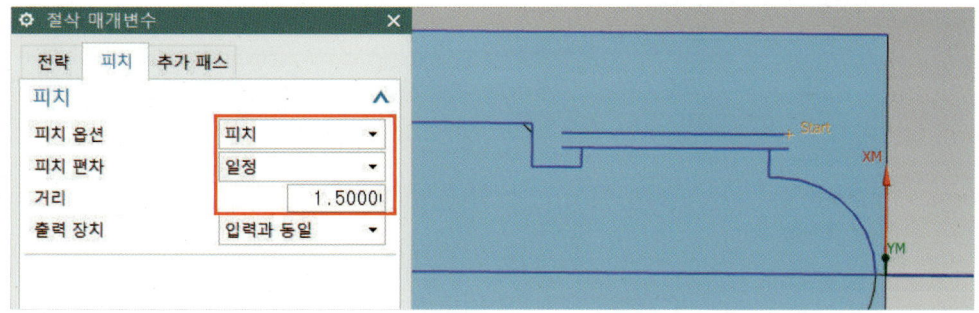

❿ 비절삭 이동( ) 아이콘을 클릭하고, 접근에서 점 다이얼로그를 클릭한다.

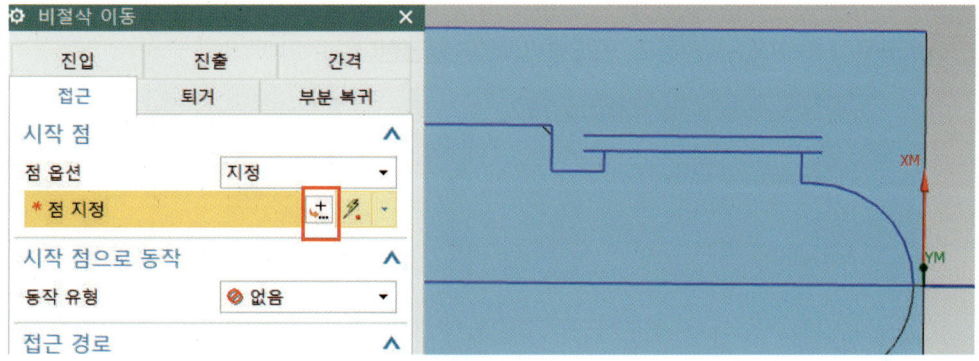

⓫ 좌푯값 X150, Y150을 입력하고 확인한다.

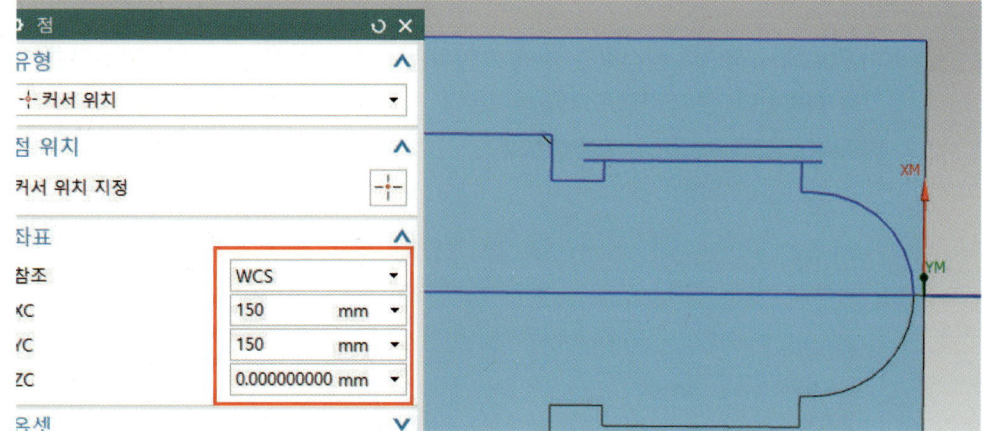

⑫ 시작점으로 동작에서 점으로 설정하고, 아래 그림처럼 점(오스냅 끝점 확인)을 클릭하고 점 다이얼로그를 클릭한다.

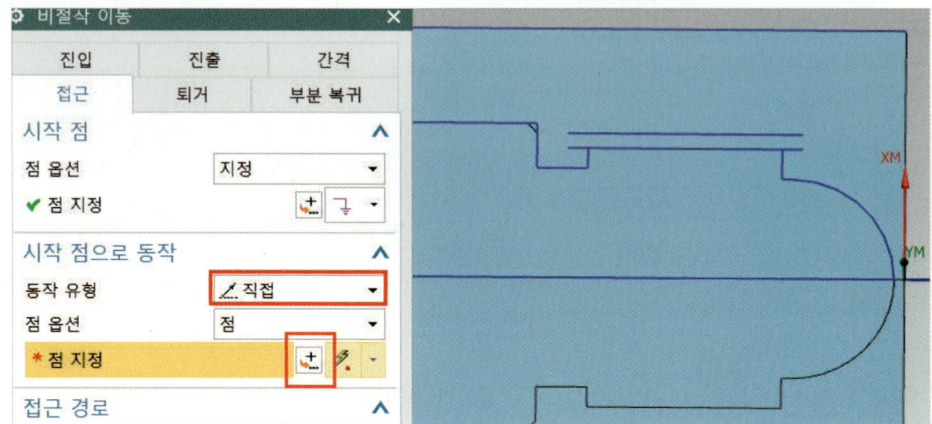

⑬ 좌푯값 X-10을 확인하고, Y25를 입력 후 확인한다.

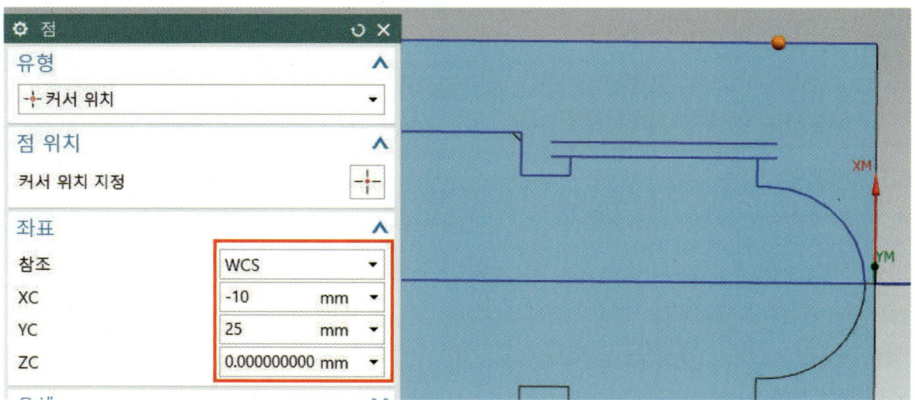

⑭ 퇴거 경로에서 점으로 설정하고, 아래 그림처럼 점(오스냅 끝점 확인)을 클릭하고, 점 다이얼로그를 클릭한다. 점 다이얼로그를 클릭한다.

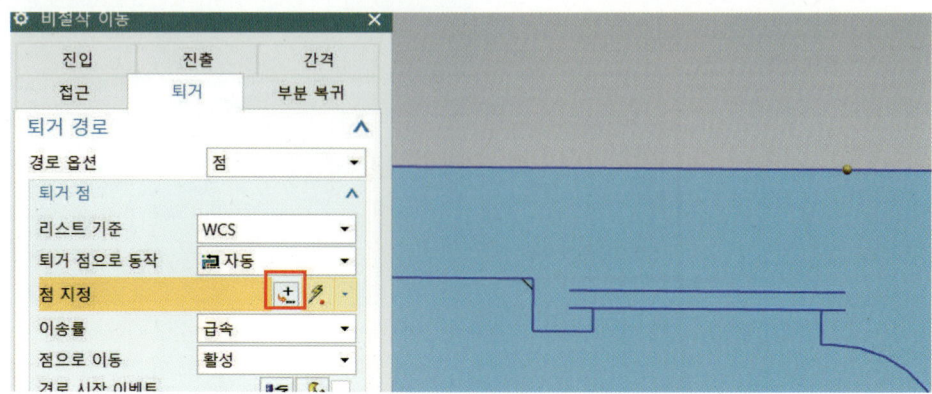

⑮ 좌푯값 X-33을 확인하고 Y25를 입력 후 확인한다.

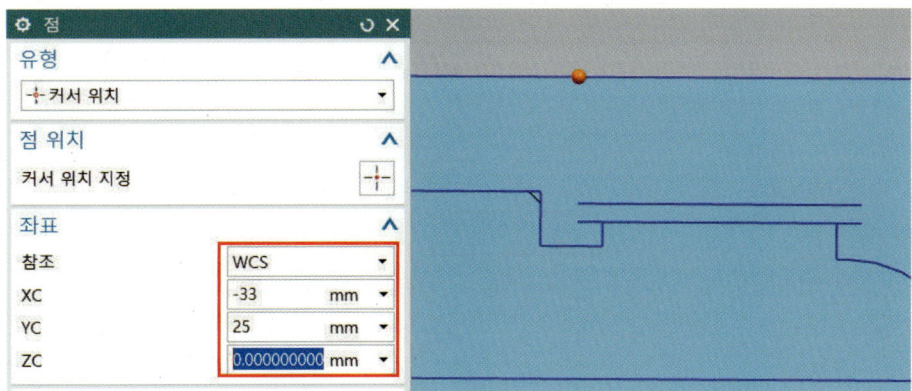

⑯ GOHOME 점으로 동작에서 직접으로 설정하고, 점 다이얼로그를 클릭한다.

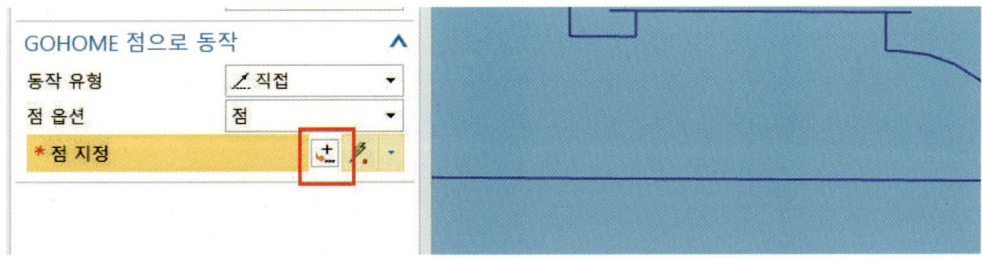

⑰ 좌푯값 X150, Y150을 입력하고 확인한다.

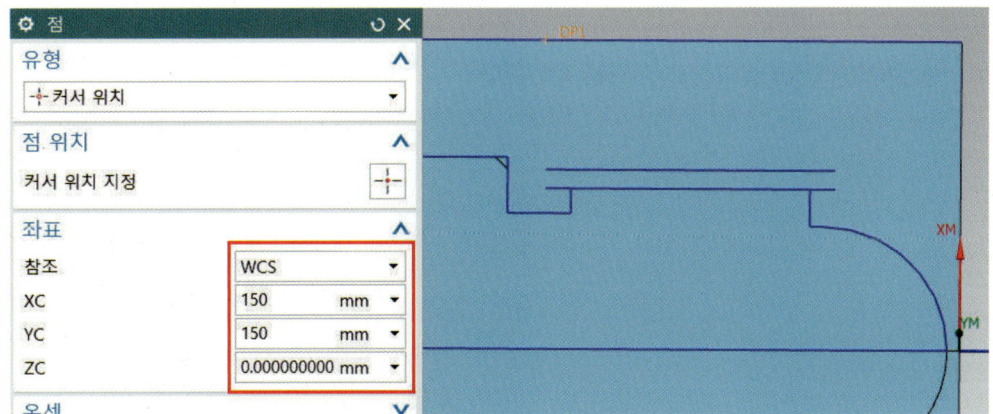

⑱ 이송 및 속도( )를 클릭한다. 회전수 800을 입력하고 확인한다.

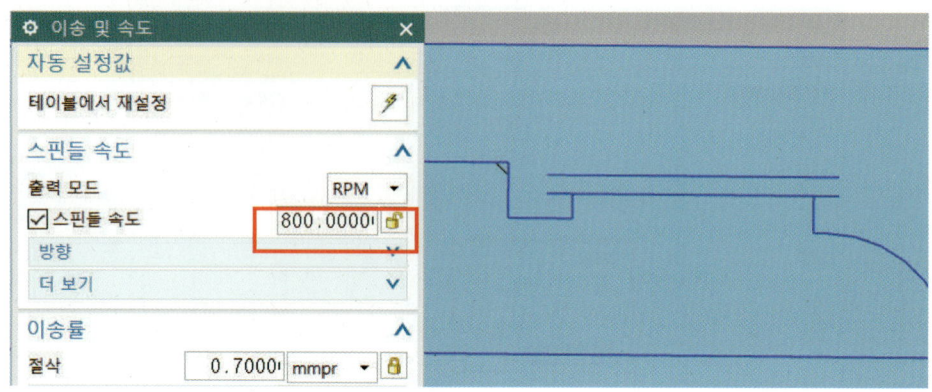

⑲ 작업에서 생성( )을 클릭하고, 공구 경로를 확인한다.

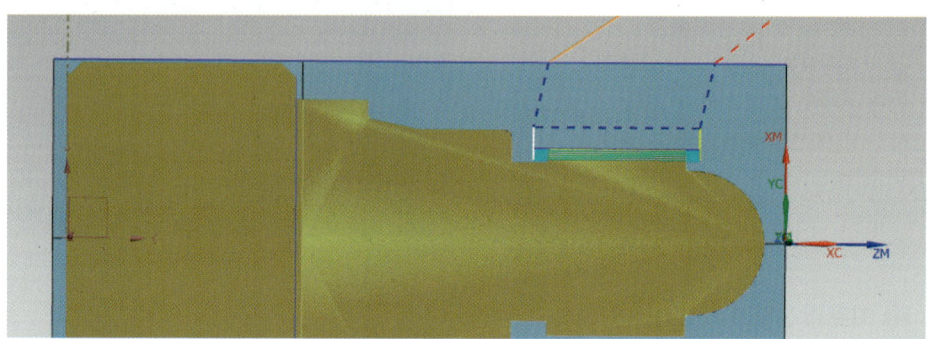

⑳ 검증( )을 클릭하고, 가공을 확인한다.

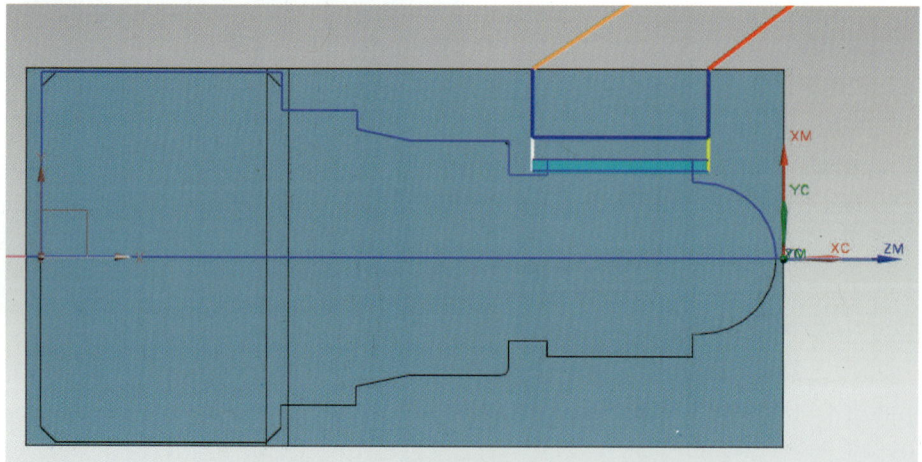

NX10 3D 모델링 및 CAD/CAM

㉑ 아래 그림과 같이 가공을 확인할 수 있다.

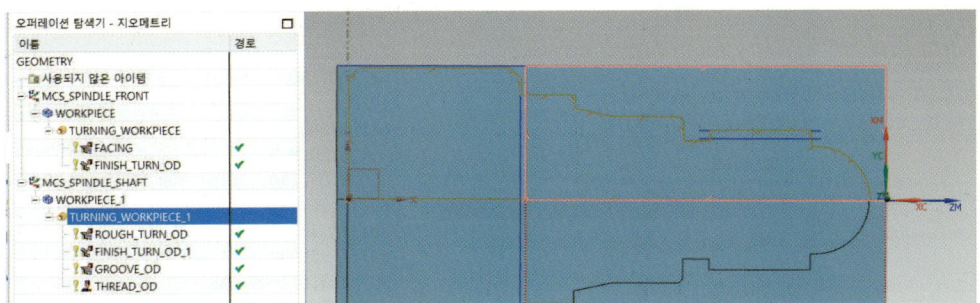

㉒ 아래 그림처럼 포스트프로세스를 클릭한다.

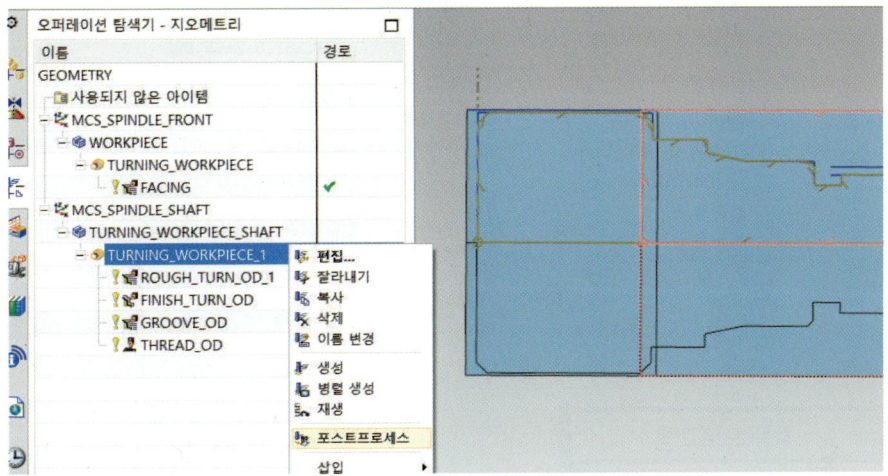

㉓ CNC 선반 기계에 맞는 포스트를 선택하여 아래 그림처럼 NC 데이터를 작업한다.

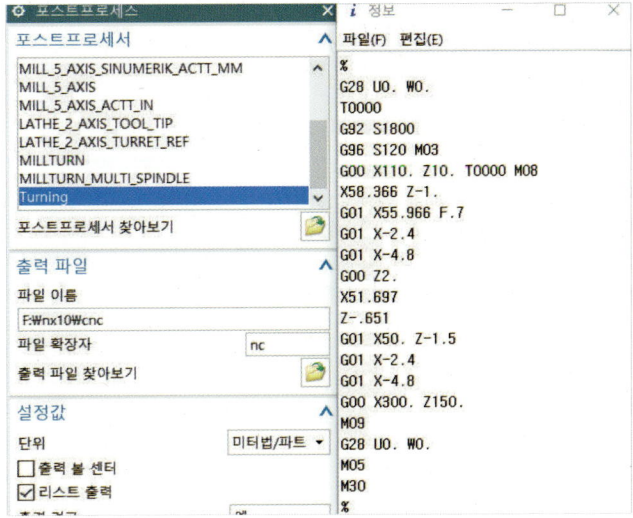

Chapter 10 | CNC 선반(turning) 가공

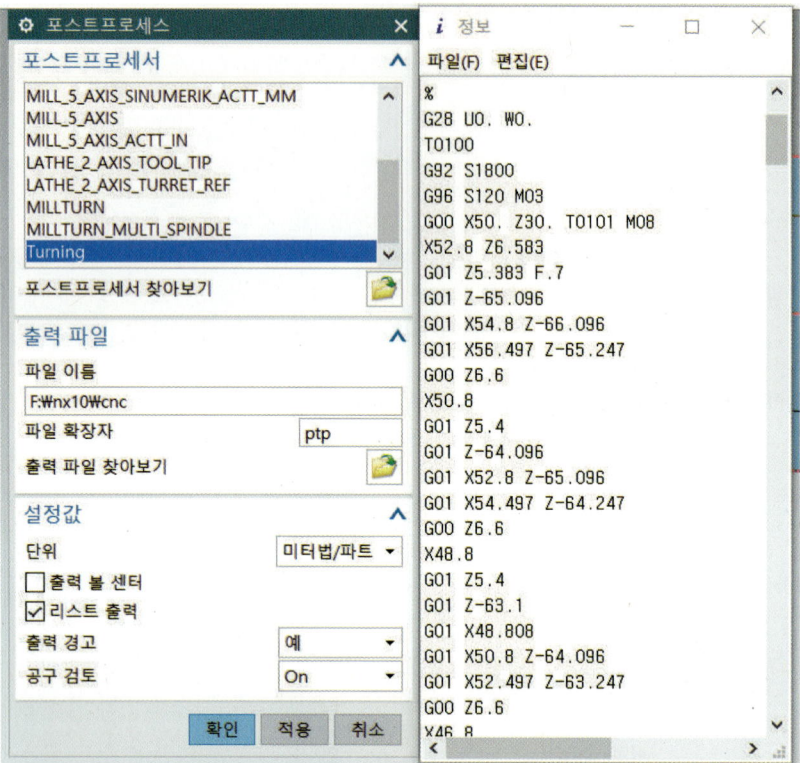

수동 프로그램

```
O1234
G28 U0 W0 ;
G50 S2000 T0100 ;
G96 S200 M03 ;
G00 X55. Z5. T0101 ;
G71 P10 Q100 U0.4 W0.2 D2000 F0.2 M08 ;

    G71 U2.0 R0.5
    G71 P10 Q100 U0.4 W0.2 F0.2 M08 ;

N10 G00 G42 X0 ;
G01 Z0.
G03 X20. Z-10. R10. ;
G01 Z-11. ;
X23. ;
X26. Z-12.5 ;
```

```
Z-25. ;
X29. ;
G03 X31. Z-26. R1. ;
G01 Z-38. ;
X34. Z-45. ;
X39. ;
Z-65. ;
X45. ;
X50. Z-66. ;
N100 G00 X55. M09 ;
G00 X200. Z150. T0100 G40 ;
T0200 ;
G96 S200 M03 ;
G00 X55. Z5. T0202 ;
G70 P10 Q100 F0.1 M08 ;
G00 G40 X200. Z150. T0200 M09 ;
T0300 ;
G97 S500 M03 ;
G00 X35. Z-35. T0303 ;
G01 X22. F0.08 M08 ;
G04 X1.0 또는 U1.0 ;
G01 X35. ;
W1. ;
X22. ;
G04 X1.0 또는 U1.0 ;
X35. M09 ;
G00 X200. Z150. T0300 ;
T0400 ;
G97 S500 M03 ;
G00 X35. Z-6. T0404 ;

    G76 P010060 Q50 R30;
    G76 X24.22 Z-22. P890 Q350 F1.5 M08 ;

G00 X200. Z150. T0400 M09 ;
M05;
M02;
```

가공 시뮬레이션과 NC Data 생성

1 가공 시뮬레이션 검증

검증을 이용하여 애니메이션된 공구 경로를 여러 가지 방법으로 확인할 수 있다. 작업에서 검증 아이콘을 클릭한다. 또는 아래 그림처럼 오퍼레이션 탐색기에서 PROGRAM에서 MB3 버튼을 이용하여 공구 경로에서 검증을 클릭하면 동시에 전체를 확인할 수 있다.

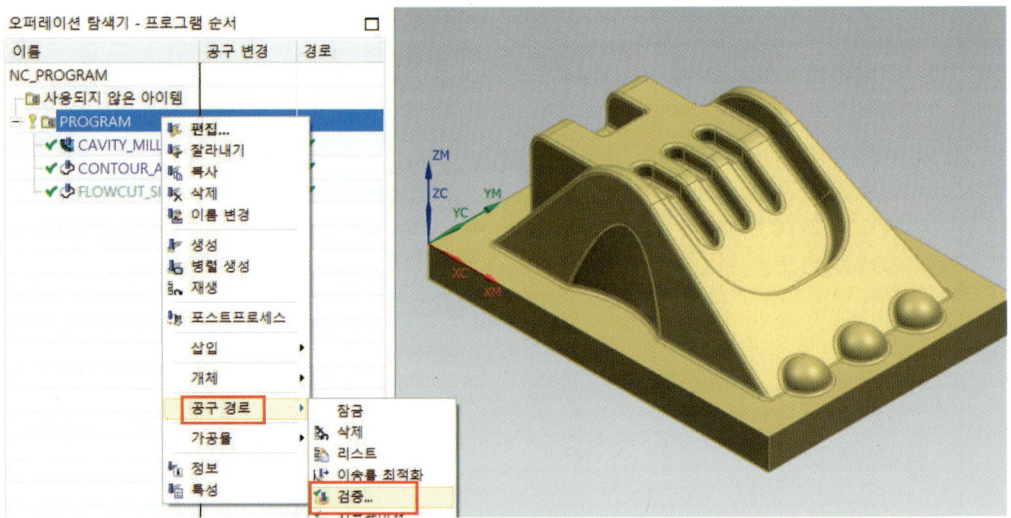

① 경로 리스트 창: 재생 중인 오퍼레이션(Operation)의 공구 경로(Tool Path)가 표시되며, 리스트(List)를 선택하면 화면에 해당 공구(Cutter) 위치가 강조 표시된다.

② 이송률: 현재 이동에 대한 이송률을 표시한다.

③ 재생, 3D 동적, 2D 동적: 시뮬레이션을 작동할 때 다양한 동적 움직임을 선택할 수 있다.

④ 애니메이션 속도: 슬라이더를 이용하여 공구 경로 재생속도를 조절한다. 1은 가장 느리고 10은 가장 빠른 속도이다.

⑤ 애니메이션 제어 아이콘: 7개의 버튼으로 애니메이션을 제어한다.

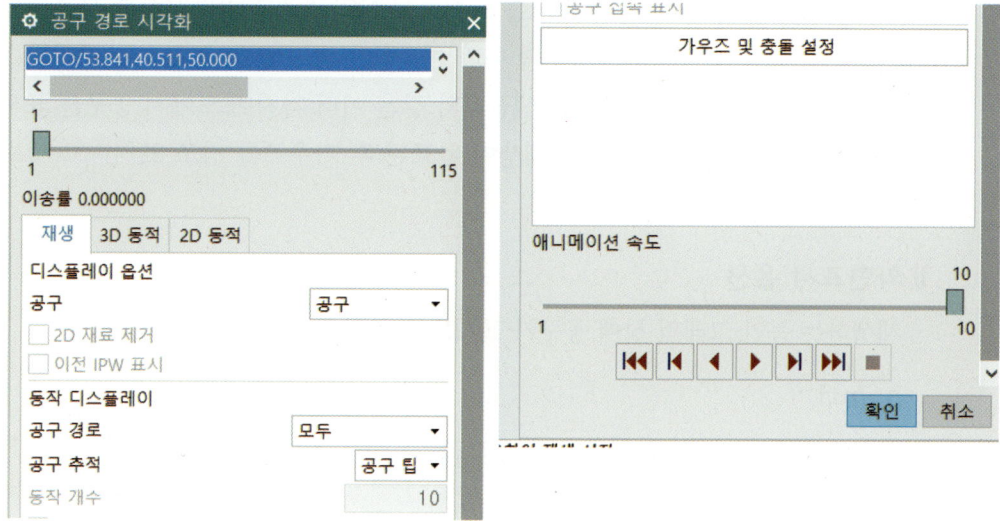

(1) 애니메이션 제어 아이콘

아이콘	설명
⏮	공구가 공구 경로의 처음에 위치한 경우 이전의 오퍼레이션이 선택하며, 공구가 공구 경로의 처음에 위치하지 않은 경우 공구의 위치가 처음으로 이동된다.
◀|	공구 경로에서 한 동작 뒤로 이동하는 경우 이 버튼을 선택한다.
◀	공구 경로에서 애니메이션을 역으로 시작할 때 이 버튼을 선택한다.
▶	공구 경로에서 애니메이션을 시작할 때 이 버튼을 선택한다.
|▶	공구 경로에서 한 동작 앞으로 이동하는 경우 이 버튼을 이용한다.
▶▶	다음 오퍼레이션으로 바로 이동하려면 이 버튼을 선택할 수 있다. 현재 공구 경로의 마지막 동작에서 이 버튼을 선택하면 즉시 다음 오퍼레이션으로 이동할 수 있다.
■	3D 동적 가공에서 재생을 정지할 수 있다.

(2) 재생(Replay)

경로 리스트(Path List) 또는 그래픽 표시 창에서 동작을 선택할 수 있으며, 특성 페이지의 첫 번째 영역에서는 동작을 선택할 수 있다. 검증-재생(Verify-Replay)의 일부 화면표시 기능을 제어할 수 있다.

재생은 각 프로그램 위치에서 커터를 표시하여 NC 프로그램의 신속한 뷰를 제공하기 위한 것이다. 하나 이상의 공구 경로를 따라 이동하는 공구 또는 공구 어셈블리를 표시하고 와이어 프레임, 솔리드 및 공구 어셈블리와 같은 여러 가지 모드에서 공구를 표시할 수 있다. 재생에서 가우즈가 발견되면 재생이 완료된 후 가우즈를 강조 표시하고 정보 창에 보고할 수 있다.

1) 화면표시 옵션

재생하는 동안 그래픽 창에 공구가 표시되는 방식을 설정할 수 있다.

① 공구

on	와이어프레임(Wire Frame)으로 표시
점	공구(Tool) 끝에 대한 점을 표시
축	공구(Tool)의 축의 선을 표시
솔리드	공구(Tool) 및 홀더(Holder)를 솔리드(Solid)로 표시
어셈블리	데이터베이스(DATABASE)로 로드(Load)된 공구(Tool)를 나타내는 NX10 파트(Part)로 표시

② 2D 재료 제거(2D Material Option): 공구 경로를 재생하는 동안 2D 재료 제거를 동적으로 시각화할 수 있다(선반 옵션에서만 사용 가능). 현재 레이아웃의 뷰가 여러 개인 경우 재료 제거는 현재 작업 뷰에서만 표시된다. 공구 경로를 반대 방향으로 재생하거나 역순으로 단계를 진행할 때는 재료 제거가 화면 표시에서 일시적으로 숨겨진다. 반대 방향 재생을 중지하거나 역순으로 진행한 단계를 마치면 재료 제거가 다시 표시된다.

③ 동작 화면 표시: 오퍼레이션의 공구 경로 중 그래픽 창 화면에 표시할 부분을 선택할 수 있다.

모두	화면에 전체 공구 경로가 표시
현재 수준	현재 절삭단계에 속하는 모든 동작을 표시 (Cavity Mill이나 Z level과 같이 절삭 단계가 포함된 경우만 사용 가능)
다음 n 동작	현재 위치 앞의 공구 경로 동작을 지정된 수만큼 표시
+/− n 동작	현재 위치의 앞뒤로 공구 경로 동작을 지정된 수만큼 표시
경고	경고 부분의 공구경로만 표시
가우즈 (Gouges)	Gouges를 일으키는 공구 경로 동작만 표시한다. 처음 공구 경로를 재생하기 시작하는 경우에는 그래픽 창에 알려진 가우즈가 없고 공구 경로 동작이 표시되지 않는다. 가우즈가 이미 있는 경우에는 가우즈를 선택하면 이러한 동작이 표시된다.

④ 동작 개수: 화면에 지정된 수의 공구 경로 동작을 표시하며, 다음 n 동작, +/- n 동작으로 설정되어 있을 때만 사용 가능하다.

⑤ 각 수준에서 일시정지: 다른 수준(Level)으로 진입하기 전에 멈추며, 현재 수준(Current Level)으로 설정되어 있을 때만 사용 가능하다.

(3) 체크 옵션: 가우즈 체크

① 가우즈(Gouges) 체크: 가우즈 체크를 설정하거나 해제한다.

② 정삭 시 가우즈 리스트: 애니메이션이 중지된 이후나 단일 단계 이후에 정보 창에서 발견된 모든 가우즈를 나열한다.

③ 가우즈 표시: 화면상에 가우즈를 강조 표시한다.

④ 가우즈 사이에 갱신: 여러 곳의 가우즈가 감지된 경우, 이전에 감지된 가우즈는 화면상에서 사라지고, 새로운 가우즈만 나타난다.

⑤ 공구 및 홀더 체크: 공구 홀더에 대한 추가 가우즈 체크를 제공한다.

(4) 3D 동적

제거 중인 재료를 나타내는 하나 이상의 공구 경로를 따라 이동하는 공구를 표시하며, 화면에서 확대/축소, 회전 및 이동이 가능하다.

1) 공구 표시

공구를 사용하여 재생하는 동안 그래픽 표시 창에 공구가 표시되는 방식을 선택할 수 있다.

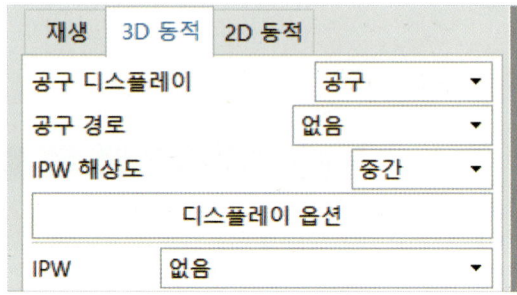

on	와이어프레임으로 표시
점	공구 끝에 대한 점을 표시
축	공구의 축의 선을 표시
솔리드	공구 및 홀더를 솔리드로 표시
어셈블리	데이터베이스(DATABASE)로 로드(Load)된 공구를 나타내는 NX10 파트(Part)로 표시

2) 화면 표시

재생과 유사하나 공구 경로 동작을 선택 표시한다.

없음	경로가 중심선 없이 재료 제거만 표시
모두	화면에 전체 공구 경로가 표시
현재 수준	현재 절삭 단계에 속하는 모든 동작을 표시 (Cavity Mill이나 Z Level과 같이 절삭 단계가 포함된 경우만 사용가능)
다음 n 동작	현재 위치 앞의 공구 경로 동작을 지정된 수만큼 표시
+/- n 동작	현재 위치의 앞뒤로 공구 경로 동작을 지정된 수만큼 표시
충돌	공구가 급속 동작으로 IPW를 침범하는 공구 경로 동작을 표시

3) IPW 해상도

거침	낮은 해상도의 IPW 모델을 생성한다. 빠르게 생성되며 많은 메모리가 필요하지 않음
중간	중간 해상도의 IPW 모델을 생성한다. 거침보다 더 많은 시간과 메모리를 요구함
정교	가장 높은 해상도의 IPW 모델을 생성

4) 화면 표시 옵션

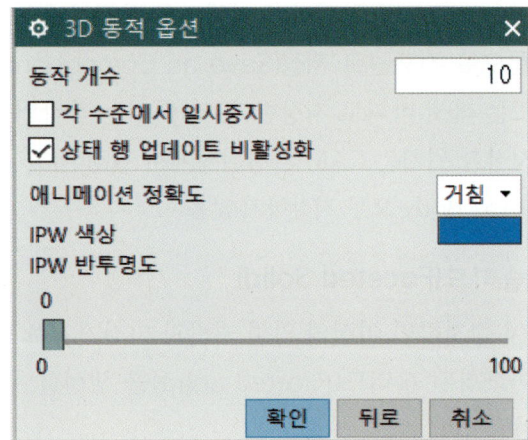

① 동작 표시: 동작 화면 표시가 다음 n 동작 또는 +/- n 동작으로 설정되어 있는 경우 이 옵션이 반응한다. 공구 앞쪽 또는 공구 둘레에 표시할 동작 수를 입력한다. 동작 화면 표시가 다른 모드로 설정되어 있는 경우에는 이 옵션이 반응하지 않는다.

② 각 수준에서 일시 정지: 공구 경로가 절삭 단계를 포함하고 모든 절삭 단계의 끝에서 애니메이션을 중지하여 IPW의 현재 상태를 조사하려면 이 옵션을 선택한다.

③ 애니메이션 정확도: 성능을 높이기 위해 IPW에 그려지는 파셋 수와 정확도를 낮출 수 있다.
  - 정교(Fine): 최상의 정확도로 IPW를 그린다.
  - 거침(Coarse): 애니메이션 동안 정확도를 낮춘다. 애니메이션 정지하면 IPW는 다시 정교 해상도로 그려진다. 애니메이션 정확도는 IPW를 표시하는 경우에만 사용된다. 이 옵션은 IPW 자체의 정확도에는 영향을 주지 않는다.

④ IPW 색상(Color): 가공되는 공작물의 색상을 정의하며, 2D 동적 재료 제거와 대조적으로 전체 IPW가 한 가지 색상으로 표시된다.

⑤ IPW 반투명도: 가공되는 공작물의 투명도를 정의하며, 반투명도는 0(불투명)과 100(보이지 않음) 사이의 범위에 있을 수 있다.

5) IPW

IPW를 옵션(Operation)과 함께 저장하거나 이후에 사용할 수 있도록 파트(Part) 파일에 솔리드(Solid) 또는 파셋 바디(Facet Body)로 저장한다.

① 없음(None): IPW와 바디 모두 저장하지 않는다.
② 저장(Save): 오퍼레이션과 함께 IPW를 저장한다. IPW는 이후에 다른 오퍼레이션에서 입력 IPW로 사용하거나 오퍼레이션 탐색기에서 표시할 수 있다.
③ 다른 이름으로 컴포넌트 저장(Save as Component): IPW를 개별 파트 파일에 솔리드 또는 파셋 바디로 저장한다. 각 바디는 각각의 참조 세트에 저장된다. 파트 파일을 저장할 위치는 CAM 환경설정에서 결정된다.

※ None: IPW와 Body 모두 저장하지 않음

6) 파셋화된 솔리드(Faceted Solid)

애니메이션이 정지하면 이전의 픽셀 기반과 마찬가지로 IPW, 가우즈 영역 또는 초과 재료에 대해 파셋화된 솔리드(Faceted Solid)를 생성할 수 있다. 생성할 바디 종류에 대한 버튼을 선택한다.

① IPW: 가공 재료 또는 이전 IPW에 공구 경로가 적용된 후의 재료 상태이다. 이는 가공 재료 지오메트리에서 공구 경로(또는 여러 공구 경로)를 실행한 결과이다.
② 가우즈: 과도한 절삭 부분으로 이 옵션을 선택하면 가우즈 영역의 파셋화 된 솔리드가 생성된다. 가우즈 영역은 Intol 값이 침범되었을 때 결정된다. 또한 이 기능에서는 파트 스톡 및 사용자 정의 스톡이 고려된다. 가우즈가 없으면 상태 표시줄에 "가우즈 없음"이라는 메시지가 표시된다.
③ 초과(Excess): 제거할 재료가 남아 있는 영역으로 이 옵션을 선택하면 아직 제거할 재료가 남아 있는 영역을 표시하는 파셋화된 솔리드(Faceted Solid)가 생성된다. 비절삭 영역이 남아 있지 않으면 상태 표시줄에 "초과 재료 없음"이라는 메시지가 표시된다.
- 생성(Create): 파셋화된 솔리드에서 선택한 유형의 바디를 생성한다.
- 삭제(Delete): 생성한 파셋화된 솔리드(Faceted Solid)를 삭제한다.
- 해석(Analyze): 가공 상태, 위치, 두께 등의 정보를 분석할 수 있다.

7) 색상 별로 두께 표시

IPW와 파트(Part) 간의 최소 거리를 표시한다.

8) IPW 충돌 체크

가공에 따른 체크 면 간격과의 충돌 여부를 검사한다.

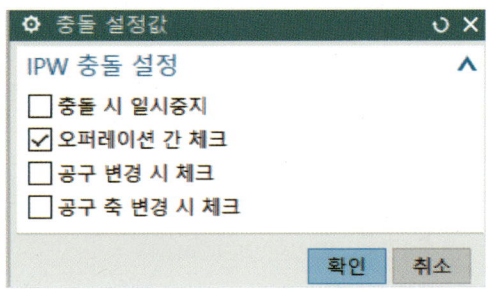

9) 공구 및 홀더 체크

사용공구 홀더에 의한 충돌 여부를 검사한다.

10) 옵션(IPW 충돌 체크)

① 충돌 시 일시 중지: 이 확인란을 선택하면 커터가 래피드 속도로 IPW와 충돌할 때 애니메이션이 일시 중지된다. 또한 공구 홀더가 임의의 속도로 파트와 충돌할 경우 애니메이션이 일시 중지된다.

② 오퍼레이션 간 체크: 이 토글을 선택하면 시스템은 내부적으로 한 오퍼레이션에서 다음 오퍼레이션까지의 이동에 대한 이동을 생성하고, 이러한 이동에 대해 충돌을 검사한다. 이 대화상자에서는 다음과 같은 두 개의 추가 옵션을 사용할 수 있다.

- 공구 변경 시 체크: 이 토글을 사용하면 공구가 변경될 때 오퍼레이션 간 충돌을 체크할 수 있다. 이 토글의 선택을 해제하면 오퍼레이션 간에 공구가 변경해도 충돌이 체크되지 않는다.
- 공구 축 변경 시 체크: 이 토글을 사용하면 공구 축이 변경될 때 오퍼레이션 간 충돌을 체크할 수 있다. 이 토글의 선택을 해제하면 오퍼레이션 간에 공구 축이 변경해도 충돌이 체크되지 않는다.

11) 재설정

3D 동적 특성 페이지를 원래 상태로 다시 초기화한다. 3D 동작 재료 제거 창은 삭제된다. 일련의 첫 번째 오퍼레이션이 현재 오퍼레이션으로 만들어진다. 동적 재료 제거를 다시 실행하려면 재설정을 선택해야 한다.

12) 애니메이션 속도

애니메이션 억제 확인란을 선택하면 애니메이션이 끝까지 재생되기를 기다리지 않고 시각화 프로세스의 마지막 결과를 볼 수 있다. 이 옵션을 사용하면 결과를 표시 또는 비교하고 파셋 바디를 생성할 수도 있다.

(5) 2D 동적(2D Dynamic)

2D 동적 제거는 제거 중인 재료를 나타내는 하나 이상의 공구 경로를 따라 이동하는 공구를 표시한다. 이 모드는 공구를 음영처리 솔리드로만 표시할 수 있다. 2D 동적 재료 제거 표시가 끝날 때는 가우즈가 아니라 다음과 같은 세 가지 정보 세트를 강조 표시할 수 있다. (제거된 재료, 절삭되지 않은 재료 및 가우즈)

또한 2D 동적 제거는 하나 이상의 공구 경로가 끝날 때 절삭되지 않은 재료를 나타내는 NX10 지오메트리를 생성할 수 있다. 2D 동적은 선택적으로 이 지오메트리를 생성하고, 이후의 오퍼레이션에서 이 지오메트리를 입력으로 선택할 수 있으며, 현재는 캐비티 밀링에서만 이 입력을 사용할 수 있다.

1) 화면 표시(Display)

화면 표시는 동적 재료 제거 창의 내용을 다시 그려서 비절삭 영역 및 가공된 영역을 다른 색상으로 표시하며, 급속이동 하는 동안 재료와 마주치면 적색으로 표시되어 잘못된 공구 이동 가능성을 경고한다.

2) 비교(Compare)

절삭 파트와 설계 파트를 비교하여 결과를 표시하며 +음의 여유량(Stock)은 인식되지 않는다. 기본적으로 녹색은 설계 파트에서 모든 재료가 절삭된 영역을 나타낸다. 회색은 파트에 비절삭 재료가 남아 있는 영역을 나타내고, 빨간색은 설계 파트가 커터에 의해 침범된 영역을 나타낸다.

3) IPW 생성

IPW 생성은 재생이 완료될 때 내부적으로 저장된 IPW를 저장하도록 시각화에게 지시한다. 일반적인 IPW는 이후의 시각화에 사용되며, 이후의 캐비티 밀링 오퍼레이션에서 자동 가공 재료로 사용할 수 있다.

없음	IPW 생성을 해제한다.
거침	IPW의 저해상도 모델을 생성한다. 이 해상도에서는 IPW가 빠르게 생성되고 많은 메모리가 필요로 하지 않는다.
중간	IPW의 중간 해상도 모델을 생성한다. 이 옵션은 거침보다 더 많은 시간과 메모리를 필요로 한다.
정교	가장 높은 해상도의 IPW 모델을 생성한다. 이 옵션은 모델을 생성하는 데 가장 시간이 오래 걸리고, 가장 많은 메모리를 필요로 한다.

❷ NC Data 생성

(1) 포스트 프로세스( )

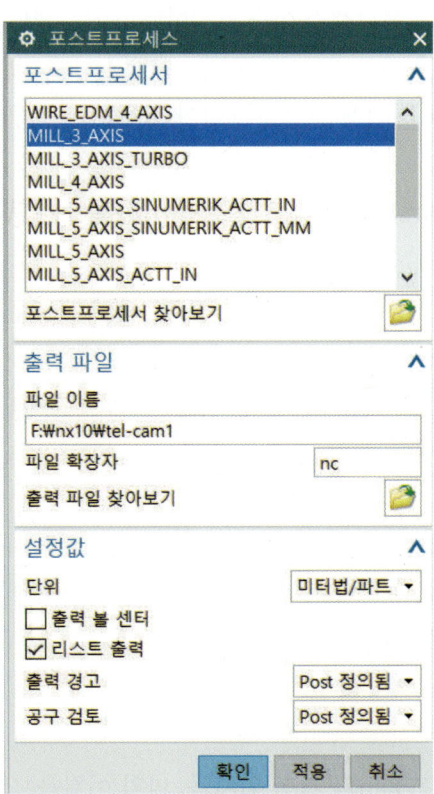

포스트 프로세스(Postprocess)라는 기능을 이용하여 NC Data를 출력할 수 있다. 포스트 프로세스에 기본적으로 제공하는 견본은 서로 다른 가공 공구를 위한 예제로 제공된다. 생산에 사용하기 위해 이러한 포스트 프로세스기를 사용자 정의하거나, 포스트 전문가(Post Builder)를 이용하여 포스트프로세스기를 생성한다. 포스트프로세스기를 실제 가공에 사용하기 전에 철저한 테스트를 거쳐야 한다.

① WIRE_EDM_2_AXIS: Mitsubishi 제어장치를 장착한 2축 Wire EDM 기계이다.
② MILL_3_AXIS: Fanuc 제어장치를 장착한 3축 수직 밀이다.
③ MILL_4_AXIS: B축 회전 테이블 및 화낙 제어장치를 장착한 4축 수평 밀이다.
④ MILL_5_AXIS: A/B 회전 테이블 및 화낙 제어장치를 장착한 5축 밀이다.
⑤ LATHE_2_AXIS_TOOL_TIP: 공구 팁으로 프로그래밍된 선반이다.
⑥ LATHE_2_AXIS_TURRET_REF: 터릿 참조 점으로 프로그래밍된 선반이다.
⑦ MILLTURN: XYZ 또는 XZC 동작, 선반 공구 팁, 화낙 제어장치로 이루어진 밀·선삭 가공 센터는 오퍼레이션 종류에 따라 모드가 달라진다.
⑧ MILLTURN_MULTI_SPINDLE: 화낙 제어장치가 포함된 가공 센터는 LATHE_2_AXIS_TOOL_TIP, Z축 스핀들이 포함된 XZC 밀, X축 스핀들이 포함된 XZC밀링 등 세 가지 포스트프로세스기를 연결한다. 이는 헤드 UDE에 따라 포스트프로세스기를 변경한다.
⑨ TOOL_LIST(text): 선택된 프로그램이 사용하는 공구 리스트를 텍스트 형식으로 생성한다.
⑩ TOOL_LIST (html): 선택된 프로그램이 사용하는 공구 리스트를 HTML 형식으로 생성한다.
⑪ OPERATION_LIST (text): 선택된 프로그램에 포함된 오퍼레이션 리스트 텍스트 형식으로 생성한다.
⑫ OPERATION_LIST (html): 선택된 프로그램에 포함된 오퍼레이션 리스트를 HTML 형식으로 생성한다.

(2) 포스트 프로파일 찾아보기

NX10상에서 기본적으로 제공하는 포스트프로세스 예제 외에 작업자가 기계에 맞게 만든 포스트프로세스기를 직접 찾아 선택하여 NC Data를 출력한다.

(3) 출력 파일

① 파일 이름: NC Data의 저장 위치와 파일 이름을 직접 입력한다.

② 파일 확장자는 기본적 제공되는 포스트는 ptp이고, 전문가에 의하여 만들어진 포스트 선택할 때는 nc로 설정한다.

③ 출력 파일 찾아보기: NC Data의 저장 위치를 검색하고 파일이름을 직접 찾아 입력한다.

(4) 설정값

① 단위

- Post 정의됨: 이 단위는 포스트 전문가에 의해 생성된 포스트프로세서에만 적용된다. 출력 단위는 프로세스기의 단위에 따라 결정된다. 포스트 전문가(Post Builder)에 의해 생성된 포스트프로세서를 사용하는 다른 모든 옵션에서 선택한 출력 단위가 포스트프로세서 출력 단위와 충돌하는 경우에는 경고 메시지가 나타난다. 이 옵션은 항상 포스트 전문가(Post Builder)에 의해 생성된 포스트프로세서에 사용해야 한다.
- 인치: 파트 단위가 인치법이면 포스트프로세서 단위로 인치법이 사용된다.
- 미터식/파트: 파트 단위가 미터법이면 포스트프로세서 단위로 미터법이 사용된다.

② 리스트 출력: 이 옵션을 체크하면 아래 그림과 같이 NC Data를 정보 창에 미리 보여 준다.

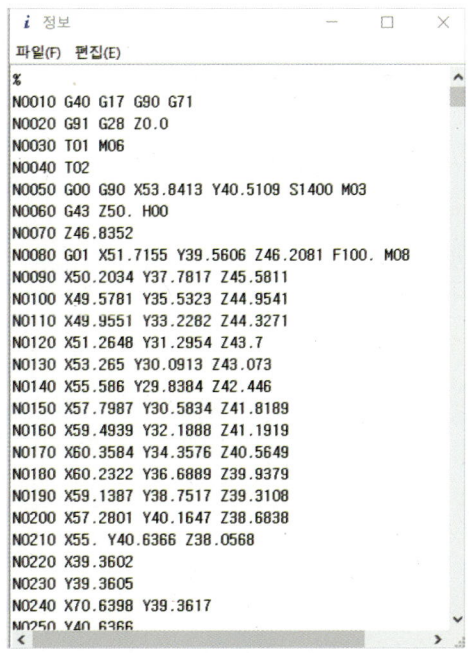

(5) Post 만듦

Post를 만들려면 이벤트 핸들러와 정의 파일을 생성해야 한다. 이들을 생성하는 데는 Post Builder를 사용하는 것이 좋다. Post를 생성하면 〈post_name〉.tcl, ~.def, ~.pui 의 세 가지 파일이 생성된다.

포스트 전문가(Post Builder) 문서는 포스트 전문가(Post Builder)에 키트에 포함되어 있으며, 포스트 전문가(Post Builder)에서 액세스된다.

(6) Post 설치

NX10에서 Post를 사용하려면 Post 구성 파일(일반적으로 template_post.dat)에 Post 의 이름과 이벤트 핸들러 및 정의 파일의 위치를 입력해야 한다. CAM 구성 파일에서 TEMPLATE_POST 항목에 의해 지정된다.

2 작업장 문서( )

작업장 문서는 가공 오퍼레이션과 관련된 정보로 이루어진 보고서를 생성하여 다양한 형식으로 표시한다. 여러 가지 보고서를 자동으로 생성할 수 있는 기능이 제공된다. 그러나 작업장 문서는 네 가지 뷰(방법, 지오메트리, 프로그램, 공구)의 사용자 정의 정보를 사용자 정의 형식으로 만든 리스트일 수도 있다.

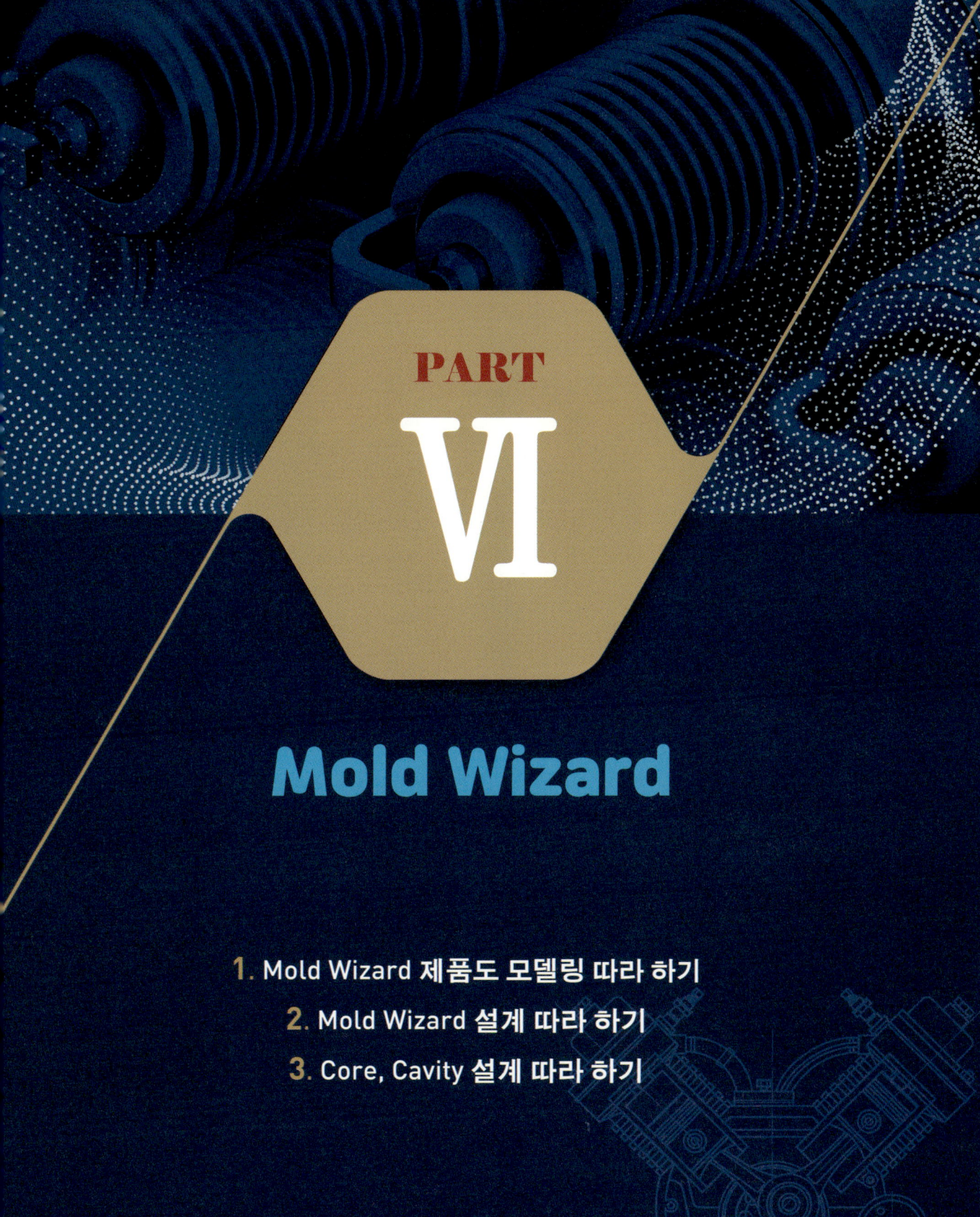

Mold Wizard란?

NX10을 기반으로 3D MOLD 설계가 가능한 Tool이다. Mold Wizard Process의 사용으로 전문지식이 없는 초보자도 좀더 쉽게 접근하고, 단시간에 기능을 숙지하여 능률적인 작업 성과를 얻을 수 있다. Modeling 환경과 호환 사용이 가능하여 작업 방법이 다양하다.

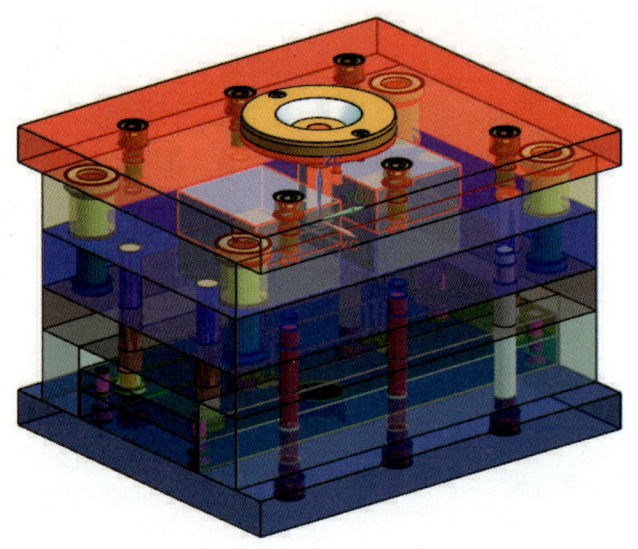

Mold Wizard
제품도 모델링 따라 하기

✪ 제품도

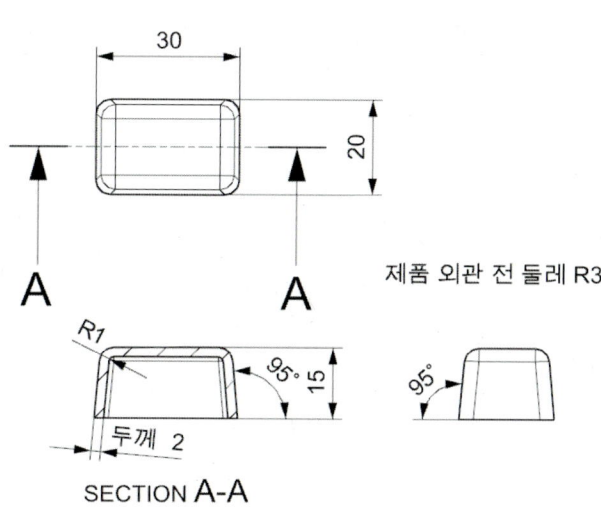

수지: ABS
수축률: 5/1000
CAVITY 수: 2개
몰드베이스: FUTABA_S type = sa2030으로 설계할 것
AP_H 고정 측 형판, 40 BP_H 가동 측 형판 25 사이즈로 제작할 것

제 1 절 제품 모델링 따라 하기

❶ 새로 만들기 아이콘을 클릭한다.

❷ 만들어지는 파일의 이름과 저장될 경로를 선택 후 확인하도록 한다.

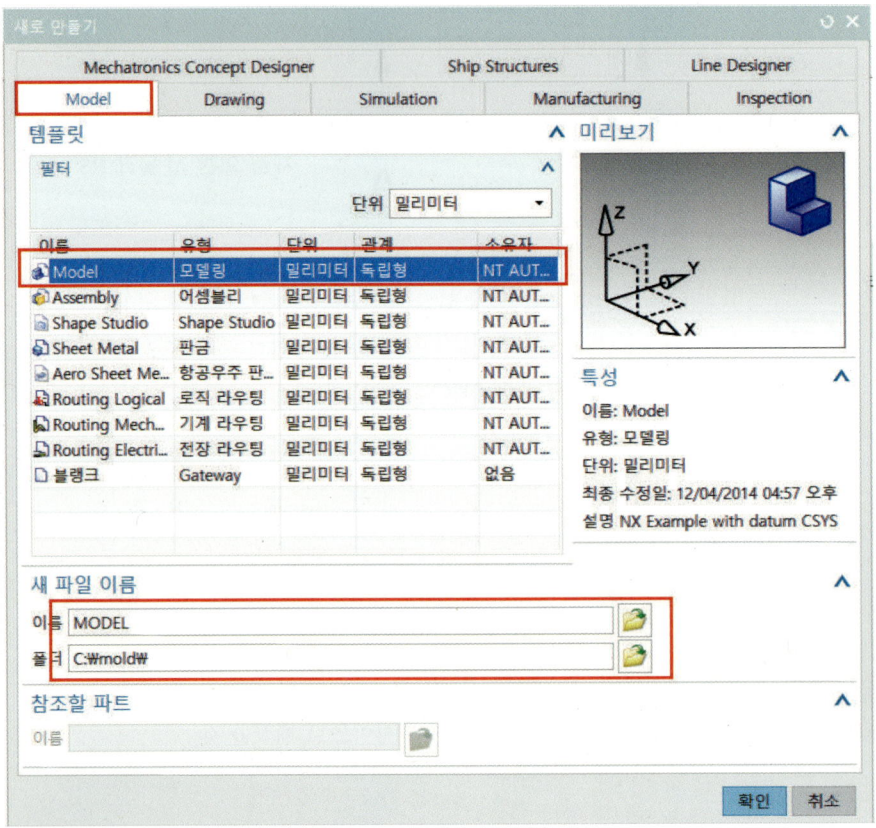

주의 단위에 대한 부분이 밀리미터로 되어있는지 확인하도록 한다.

NX10 3D 모델링 및 CAD/CAM

❸ 스케치를 하기 위해 스케치 아이콘을 선택한다.

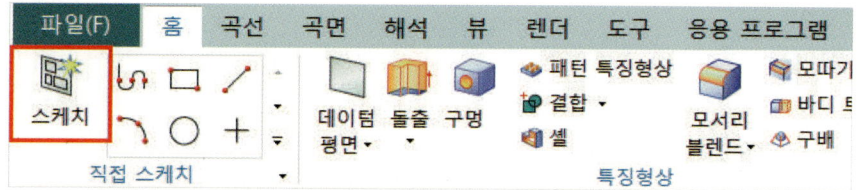

❹ 확인을 클릭하면 평면도를 자동으로 스케치를 진행할 수 있다.

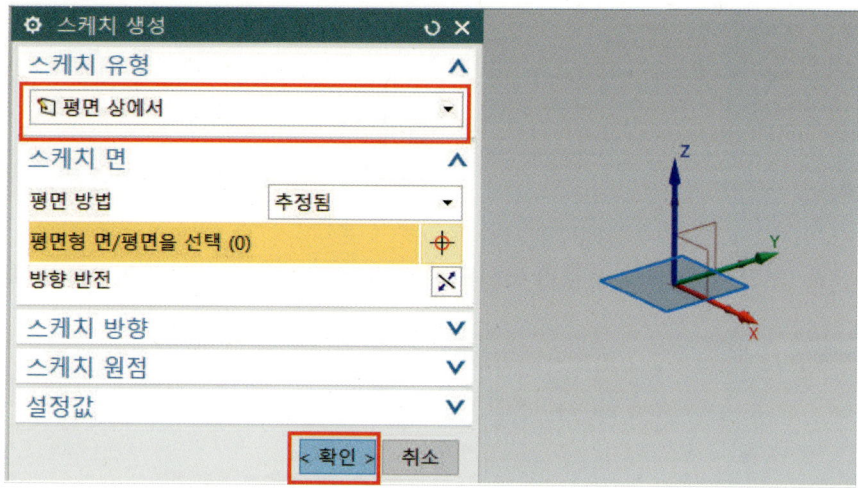

❺ 스케치 명령을 사용하여 아래 그림과 같이 만든다.

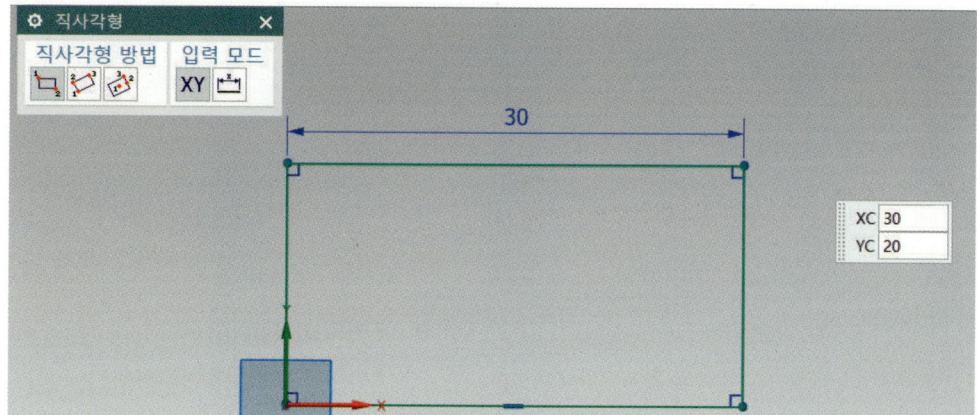

Chapter 01 | Mold Wizard 제품도 모델링 따라 하기

❻ 스케치 종료 아이콘을 선택하여 스케치를 종료하도록 한다.

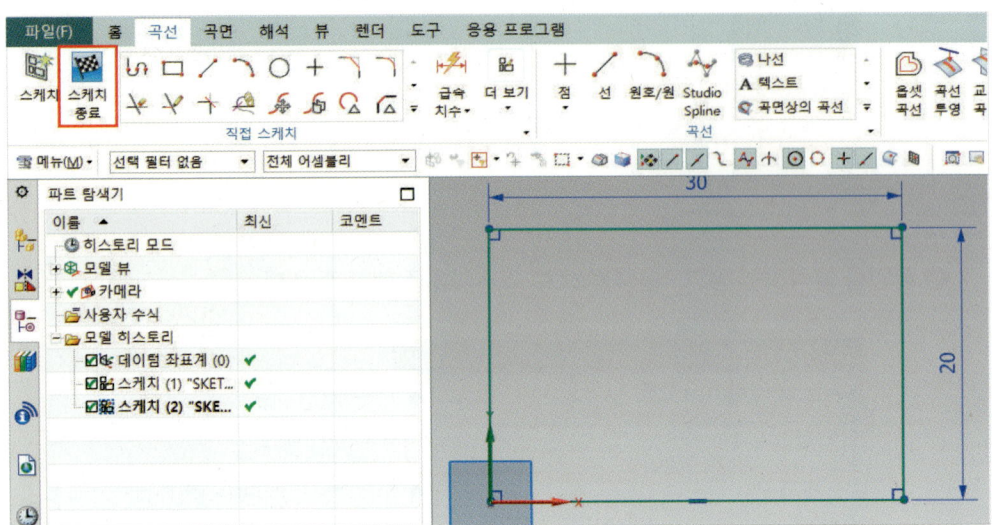

❼ 돌출 명령을 실행한다. 돌출할 곡선을 선택하고, 돌출 거리는 15를 입력한 후 확인한다.

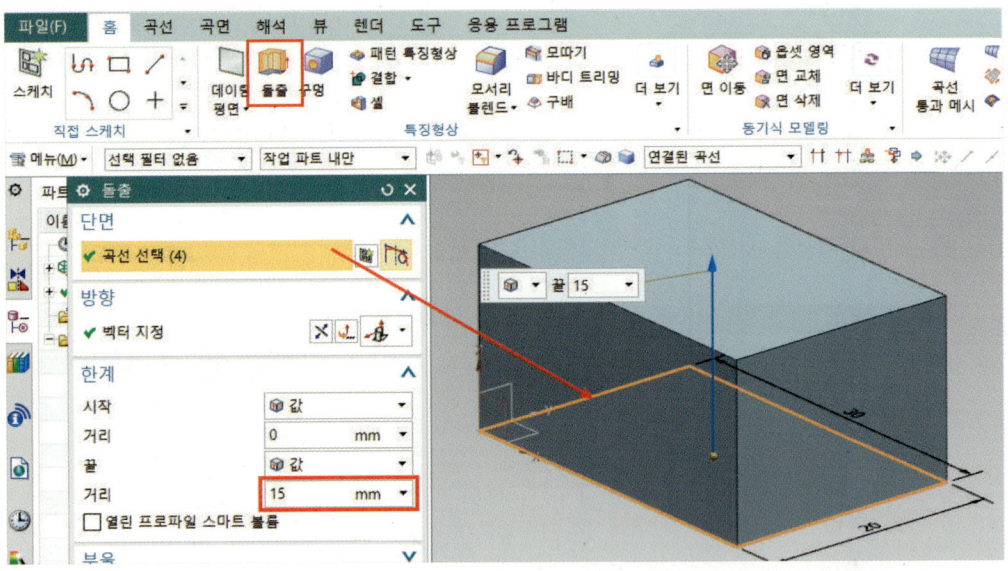

❽ 구배 명령을 선택한다.

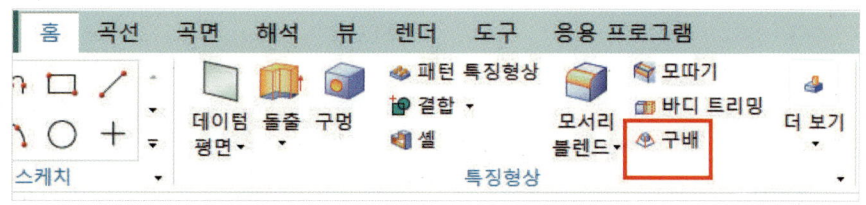

❾ 네 군데의 바닥 모서리를 선택하여 구배의 각도는 5를 입력한 후 확인하도록 한다.

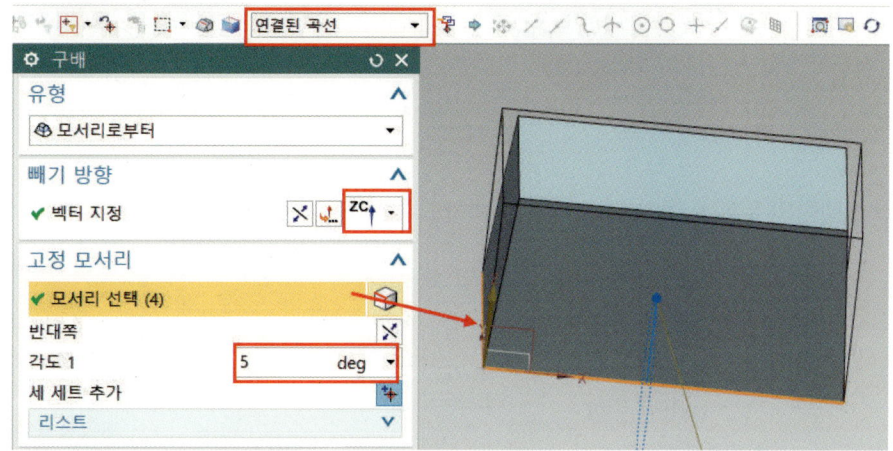

❿ 필렛을 넣기 위해 모서리 블렌드를 선택한다.
⓫ 필렛의 값을 입력하고 모서리 선택을 선택한다.
⓬ 바닥 모서리를 제외하고 전체적으로 선택해 준다.

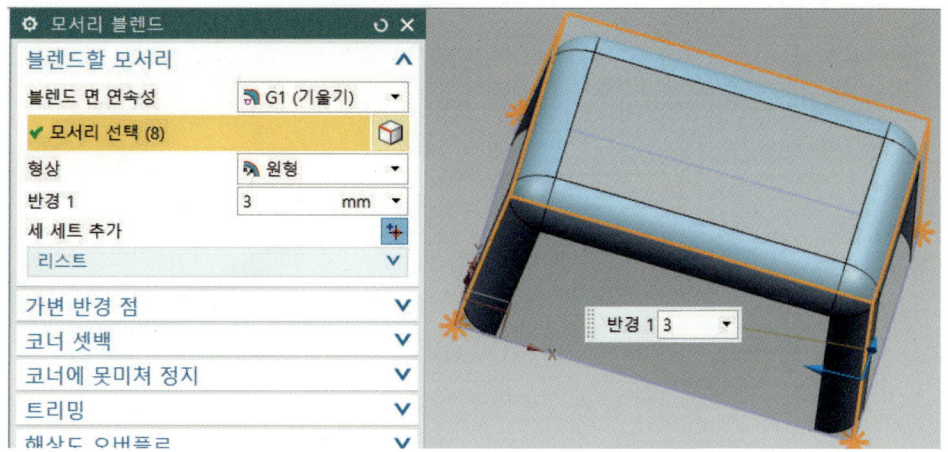

⑬ 마우스 가운데 버튼을 누르고 있으면서 마우스를 움직여 모델링의 바닥이 보이도록 회전시킨다.

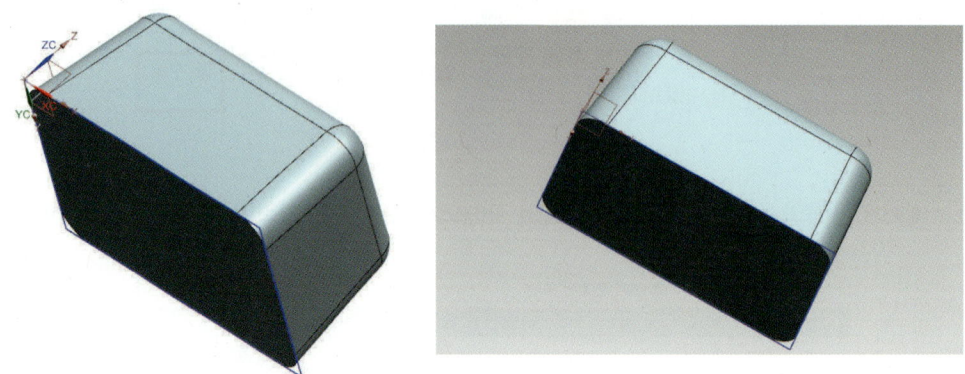

⑭ 모델링의 두께를 주기 위해 셀을 선택하도록 한다.

⑮ 그림과 같은 순서대로 두께의 값을 입력하고, 바닥 면을 선택하여 두께를 생성 후 확인한다.

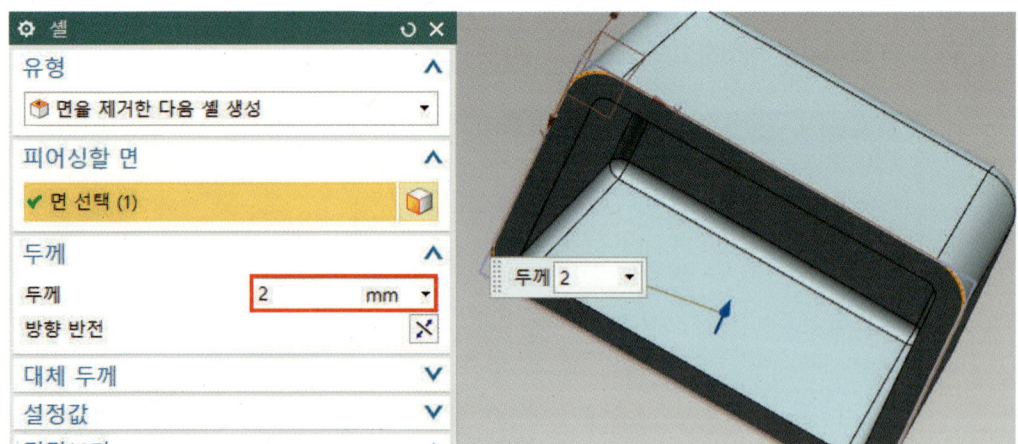

❶❻ 완성된 모델링

❋ 등각 투상일 때

❋ 단면의 모습일 때

Mold Wizard 설계 따라 하기

❶ Mold Wizard를 실행하기 위해 아래 그림과 같은 경로로 선택한다.

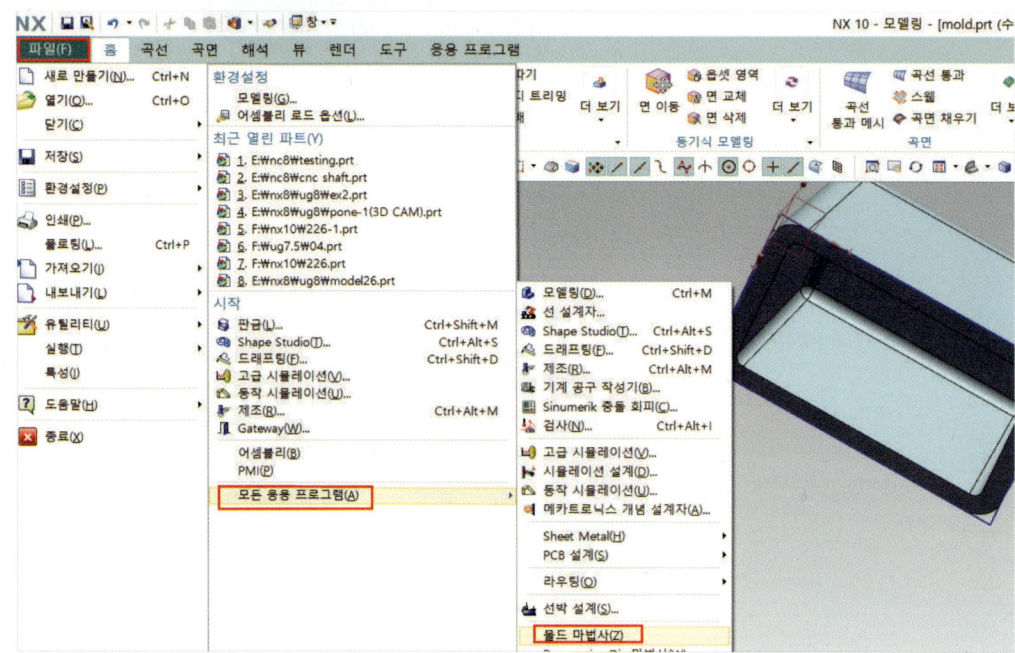

❷ 몰드 마법사 아이콘이 생성된 모습이다.

❸ 몰드 마법사를 통하여 여러 부품의 조립된 어셈블리 구조를 만들기 위해 아래 그림과 같이 프로젝트 초기화를 이용하여 어셈블리 구조를 지닌 프로젝트를 생성한다.

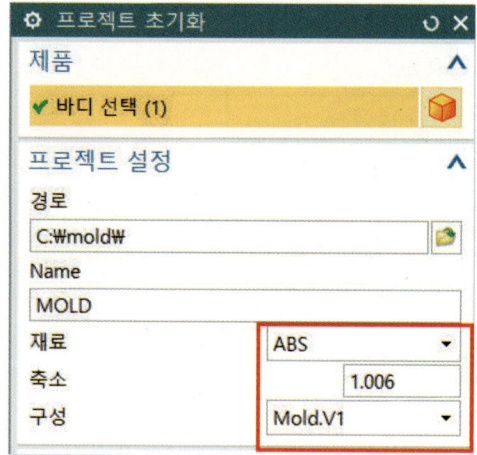

◀ 경로: 어셈블리 파일을 저장할 경로 선택
◀ Name: 저장할 이름을 선택
◀ 재료: 수지를 선택(ABS 선택)
◀ 축소: 수축률을 적용
◀ 구성: 프로젝트의 구성을 정의한다.

위 그림과 같이 정의되었으면 확인한다.

❹ 어셈블리 탐색기를 선택하여 프로젝트의 구성을 확인하도록 한다.

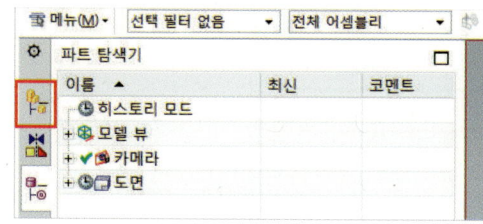 

❺ 캐비티 코어를 분할하기 위해 영역을 체크하도록 한다.

❻ 영역을 계산하기 위해 계산기 아이콘을 클릭하도록 한다.

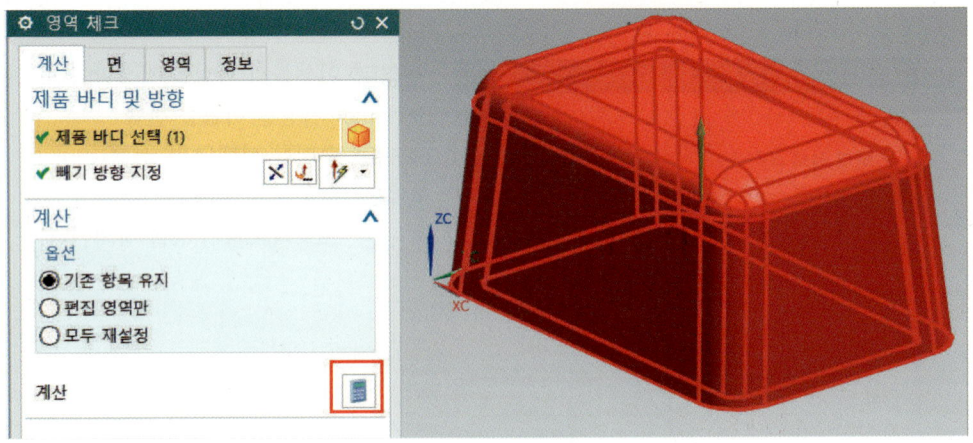

❼ 영역 탭으로 이동한다.

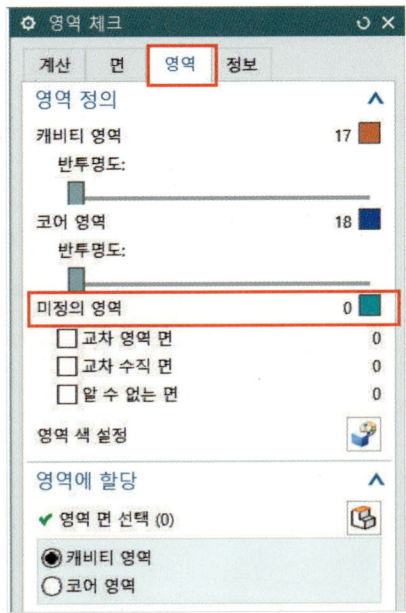

PART Ⅵ Mold Wizard

❽ 미정의 영역이 0으로 되어 있어야 캐비티 코어의 파팅 분할히 원활이 이루어진다.
❾ 미정의 영역이 0으로 되어 있을 경우 확인하도록 한다.

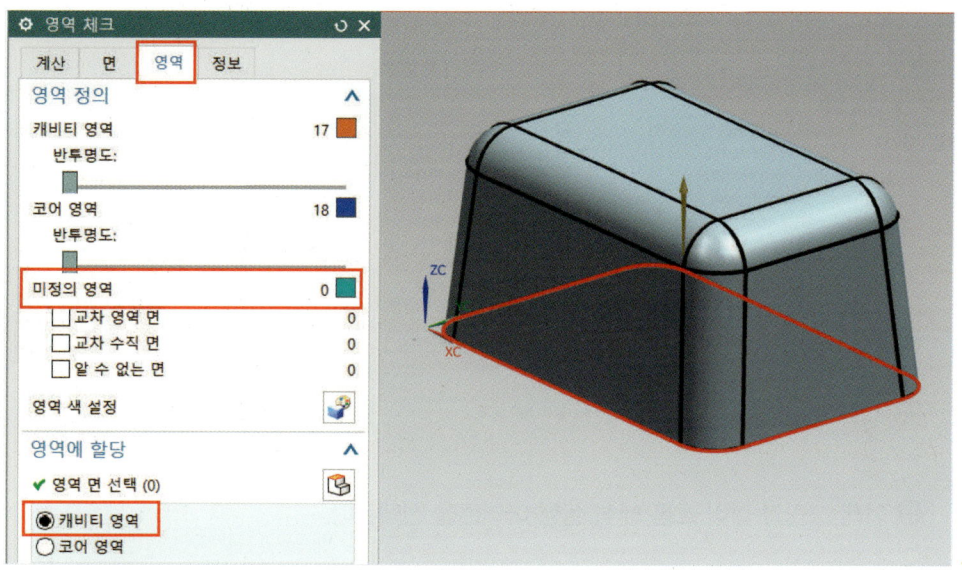

❿ 사출의 압력이나 흐름을 보기 위해 사출성형 해석을 하도록 한다.
⓫ 사출성형 해석을 하기 위해서 모델링이 들어 있는 어셈블리 파일로 이동을 한다.
수축률이 적용되어 있는 제품 모델링 파일은 아래 그림과 같이 model_shrink에 있다.

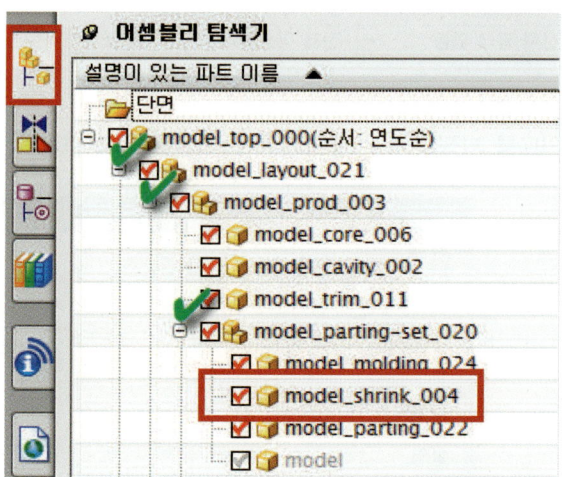

⑫ model_shrink 파일을 선택 후 마우스 오른쪽 버튼을 눌러서 표시된 디스플레이된 파트로 만들기를 선택한다.

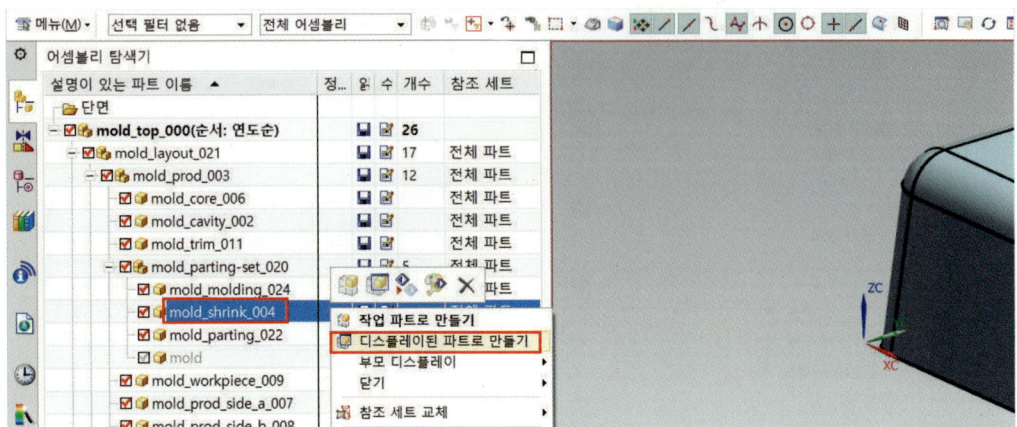

⑬ 아래 그림과 같이 흐름 해석 실행 아이콘을 선택한다.

⑭ 게이트의 포인트를 지정하기 위해 스케치 아이콘을 선택한다.

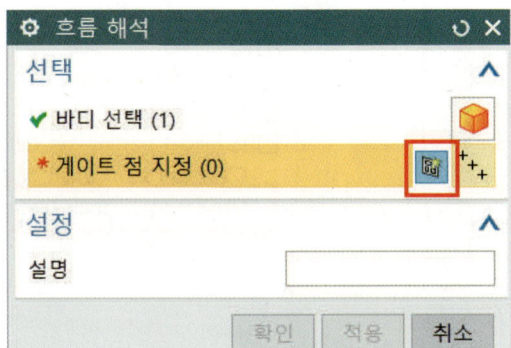

PART Ⅵ Mold Wizard

⑮ 유형은 평면 상에서를 확인한 후 확인을 클릭한다.

⑯ 화면상에 임의의 점을 선택하고 닫기를 클릭한다.

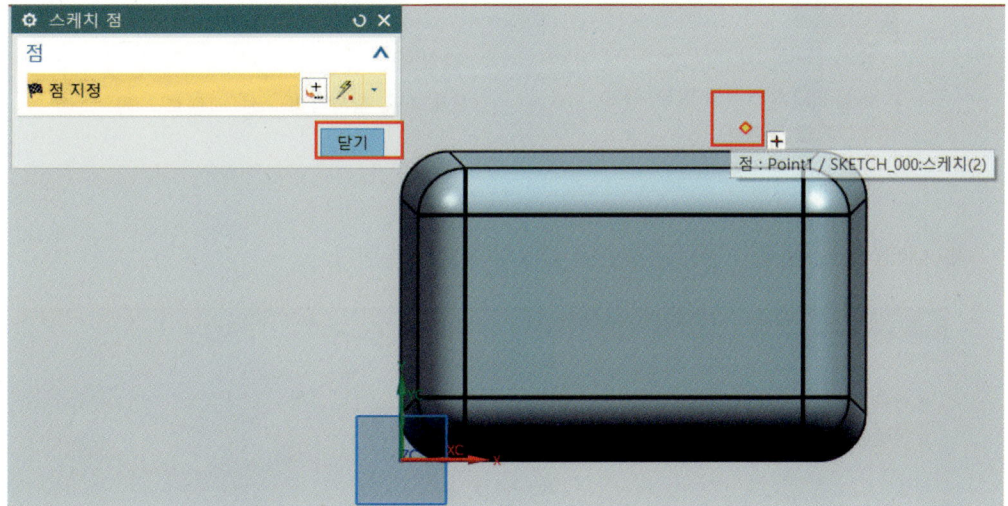

⑰ 아래 그림과 같이 치수를 바꾸어준다.

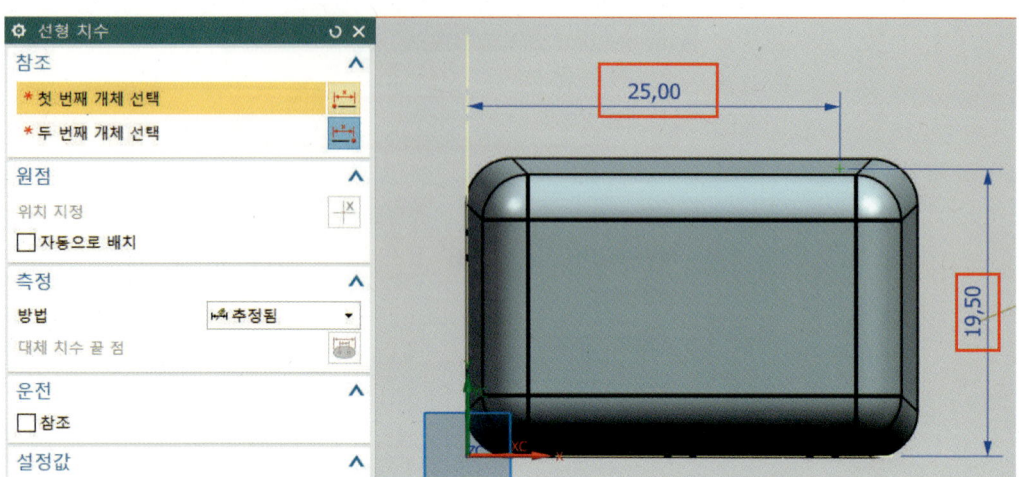

⑱ 마침 아이콘을 선택한다.

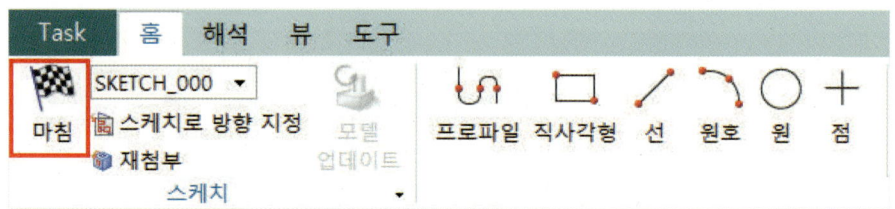

⑲ 나타나는 흐름해석 명령은 확인을 클릭하여 닫도록 한다.

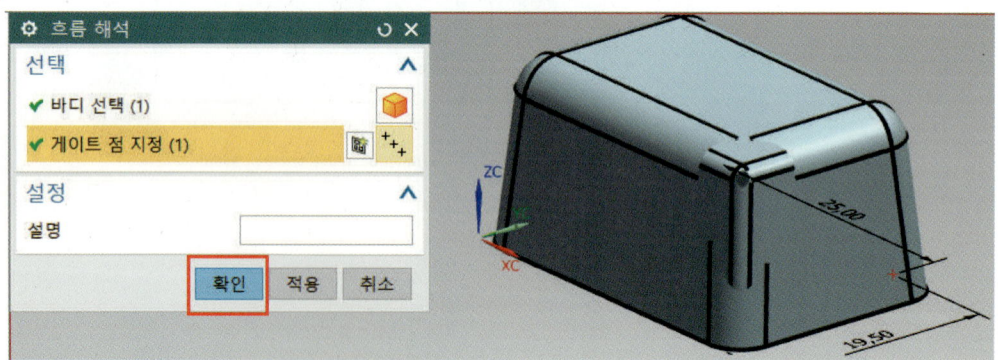

⑳ 메시지는 확인을 선택하여 화면을 닫도록 한다.

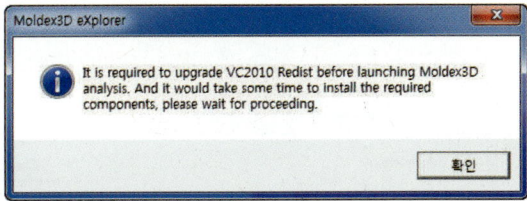

㉑ 메시지를 확인한 후 클릭한다.

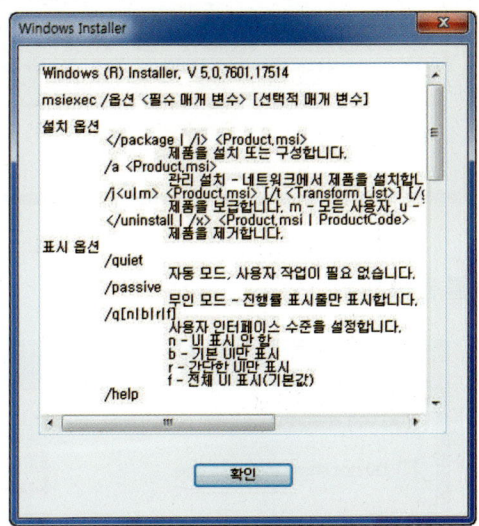

* MIdex3D라는 소프트가 설치되어 있을 경우 위 ⑳, ㉑과 같은 메시지는 나타나지 않는다.

㉒ 조건을 입력 후 Analyze now를 선택하여 사출 성형 해석을 한다.

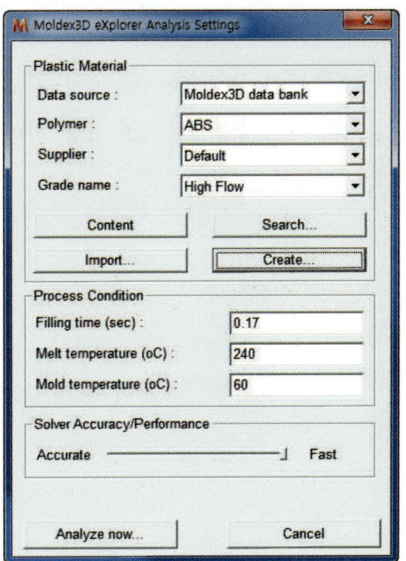

㉓ 아래 그림은 해석이 진행되는 모습이다.

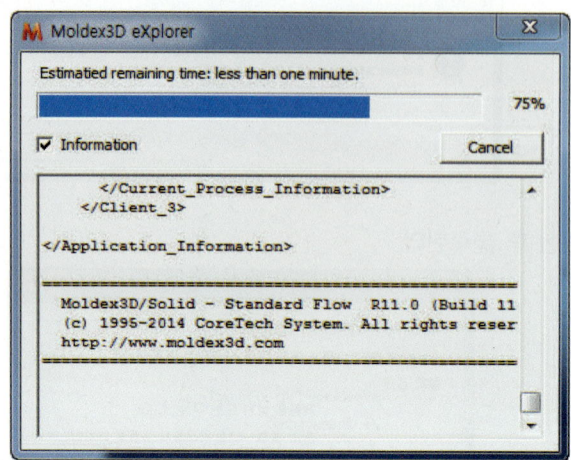

㉔ 완료 메시지는 OK를 클릭한다.

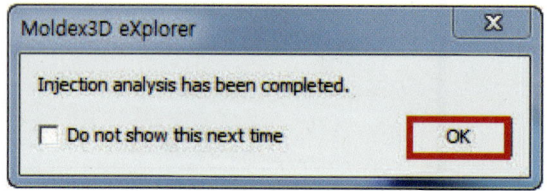

㉕ 흐름 해석 결과 표시 아이콘을 클릭한다.

㉖ 해석의 결과를 확인한 후 확인을 클릭한다.

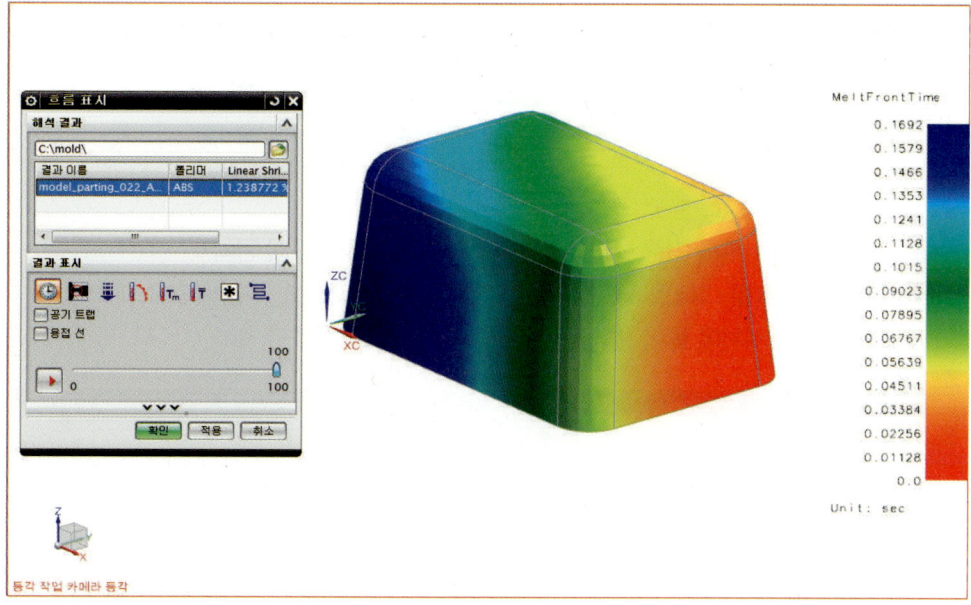

㉗ 해석을 마친 후 캐비티의 배열 및 몰드 베이스를 만들어 보기로 한다.
㉘ 금형의 원점을 생성하기 위해 몰드 좌표계 아이콘을 선택한다.

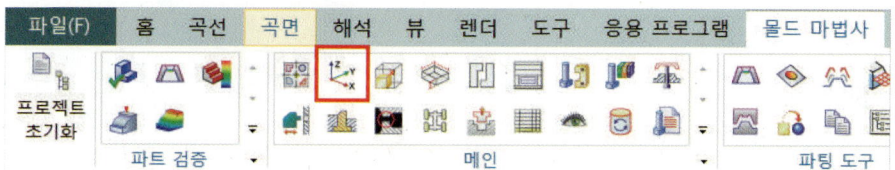

㉙ 그림과 같이 금형의 좌표계를 제품 모델링의 중심으로 설정한 후 확인을 클릭한다.

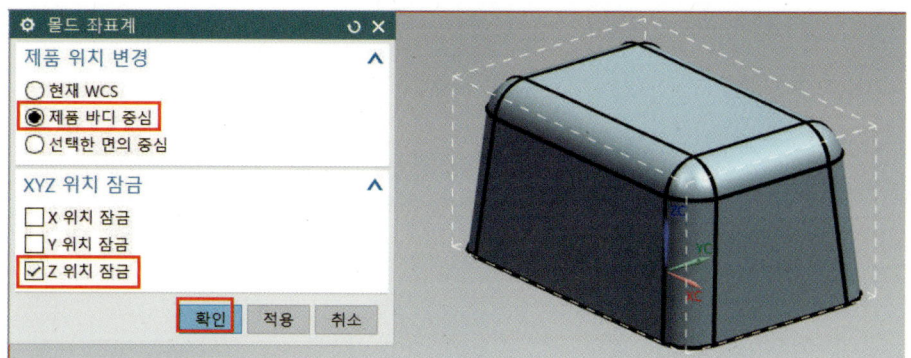

㉚ 캐비티와 코어의 외각 재료 사이즈를 정의하기 위해 가공물 아이콘을 선택한다.

㉛ 제품의 외곽 치수를 기준, 가공물의 소재 사이즈가 나타나게 된다.
㉜ 이러한 가공물을 그대로 사용할 경우에는 확인을 선택하고, 가공물의 소재 크기를 다르게 설정할 경우 스케치에 들어가서 재정의하도록 한다.

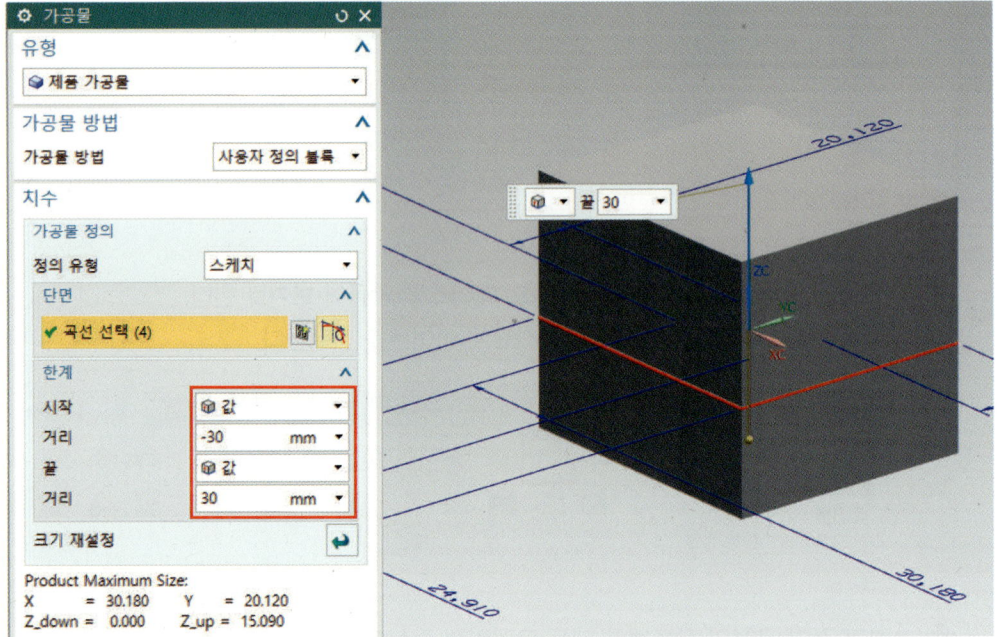

NX10 3D 모델링 및 CAD/CAM

㉝ 가공물의 소재가 만들어진 모습

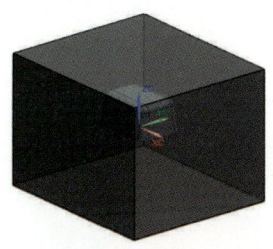
❋ 소재가 만들어진 모습

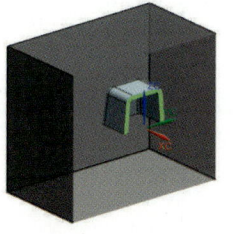
❋ 단면으로 보았을 경우

㉞ 하나의 금형에 2개의 캐비티가 생성되기 위해 캐비티 레이아웃을 선택한다.

㉟ 2개의 캐비티를 생성하기 위해 생성할 방향과 개수, 캐비티 사이의 거리를 지정한다.

◀ 배열을 생성할 방향을 선택
◀ 생성할 개수 선택
◀ 2개의 캐비티 사이의 거리를 입력
◀ 위 조건을 입력 후 시작 레이아웃을 선택

㊱ 그림처럼 시작 레이아웃( ) 아이콘을 선택하면 2개의 캐비티가 생성된 것을 확인할 수 있다.

Chapter 02 | Mold Wizard 설계 따라 하기

㊲ 현재의 좌표계는 하나의 캐비티의 중심에 위치해 있기 때문에 중심 좌표를 이동하기 위해 레이아웃 편집을 클릭하여 중심 자동 설정을 선택하여 두 개의 캐비티 가운데 좌표가 만들어지도록 한다.

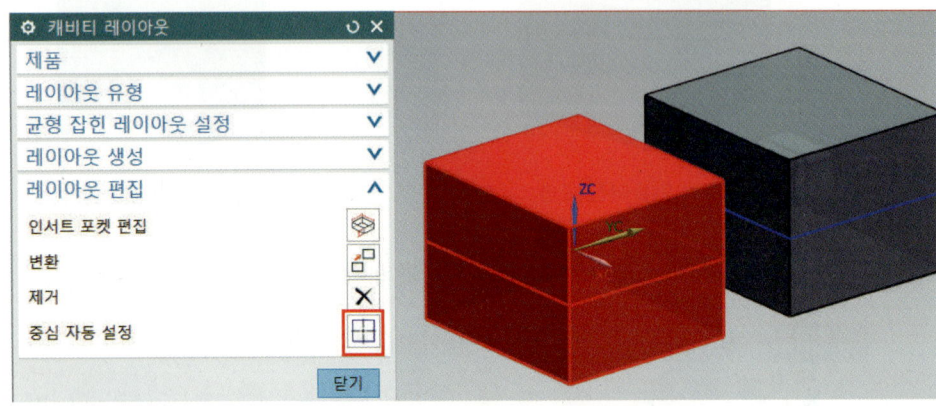

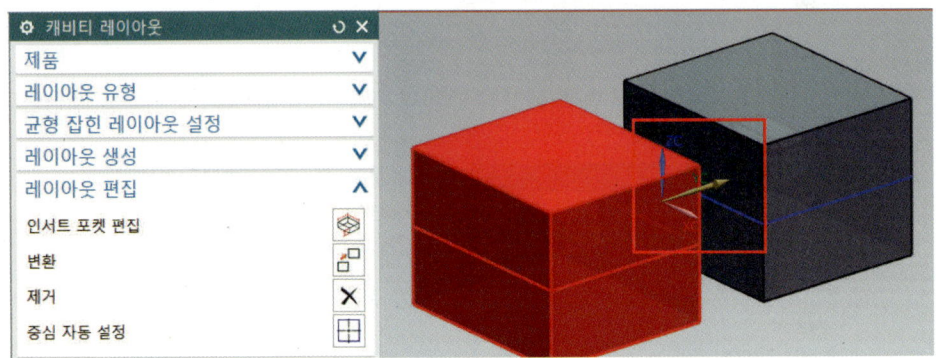

㊳ 캐비티 레이아웃의 배열이 확인되었으면 닫기를 눌러 명령을 닫도록 한다.

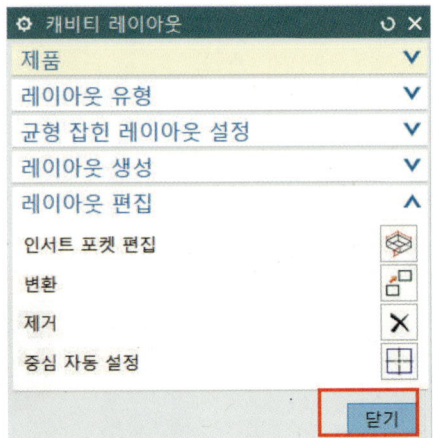

㊴ 캐비티와 코어를 분할하기 위해 파팅 공구에 영역 체크 아이콘을 클릭한다.

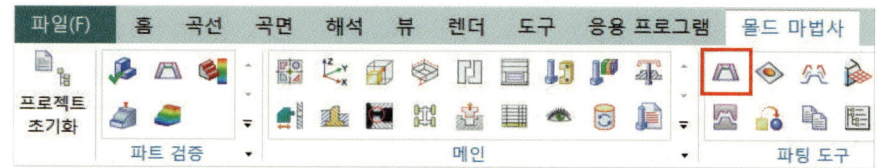

㊵ 영역 체크 실행 후 계산 아이콘을 선택해서 캐비티와 코어의 분할 영역을 체크한다.

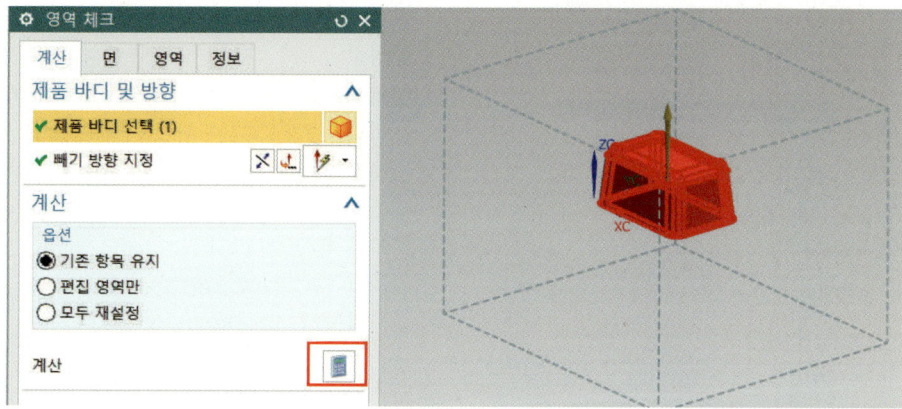

㊶ 영역 탭으로 이동한다.
㊷ 미정의 영역이 없는지 확인한다. 미정의 영역이 있을 경우 캐비티와 코어로 분할 할 수가 없다.
㊸ 확인을 클릭한다.

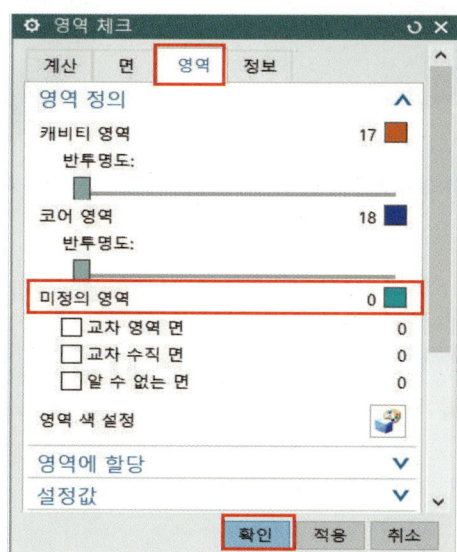

㊹ 영역을 기준으로 파팅 선을 생성하기 위해 영역 정의 아이콘을 선택한다.

◀ 모든 영역을 지정할 것이기 때문에
- 영역 정의 – 모든 면을 선택
- 설정값
- 영역 생성, 파팅 선 생성을 선택하여 옵션을 체크한다.
- 선택이 되었으면 확인을 클릭한다.

❋ 캐비티 영역의 바깥쪽 면

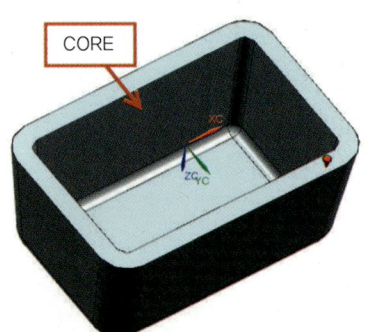

❋ 코어 부분을 형성할 안쪽의 면

㊺ 파팅 면을 생성하기 위해 설계 파팅 곡면 아이콘을 선택한다.

NX10 3D 모델링 및 CAD/CAM

㊻ 자동으로 파팅 면이 생성이 되는 것을 확인할 수 있다. 확인을 클릭하여 명령을 닫는다.

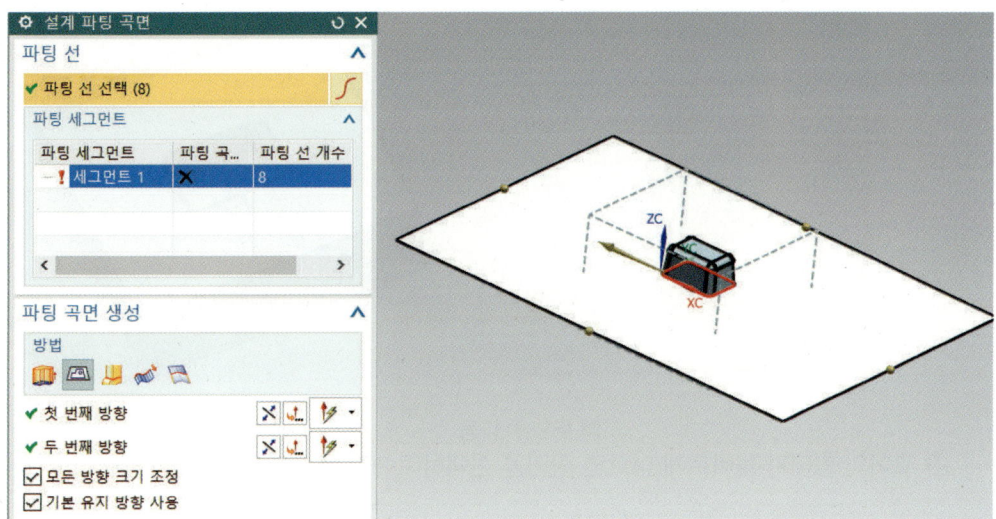

㊼ 파팅 면을 생성하였기 때문에 캐비티와 코어를 분할한다.
㊽ 캐비티 및 코어 정의 아이콘을 선택한다.

㊾ 캐비티와 코어 둘 다 분할할 것이기 때문에 모든 영역을 선택한 후 확인을 클릭한다.

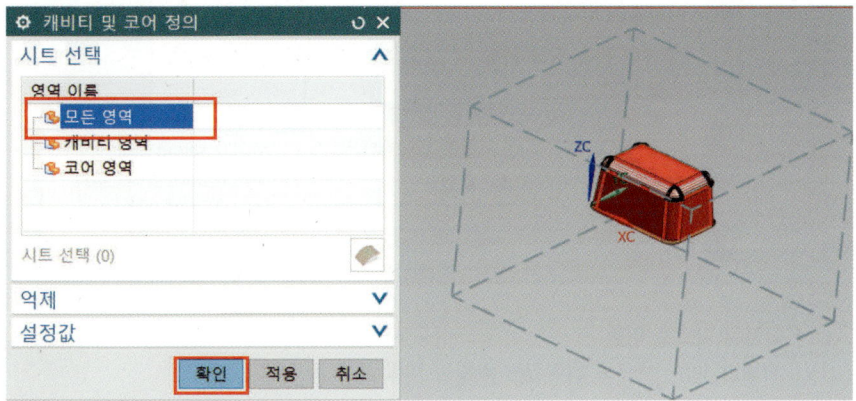

Chapter 02 | Mold Wizard 설계 따라 하기 959

(50) 캐비티의 형태가 나오면 확인을 선택하여 메뉴를 닫는다.

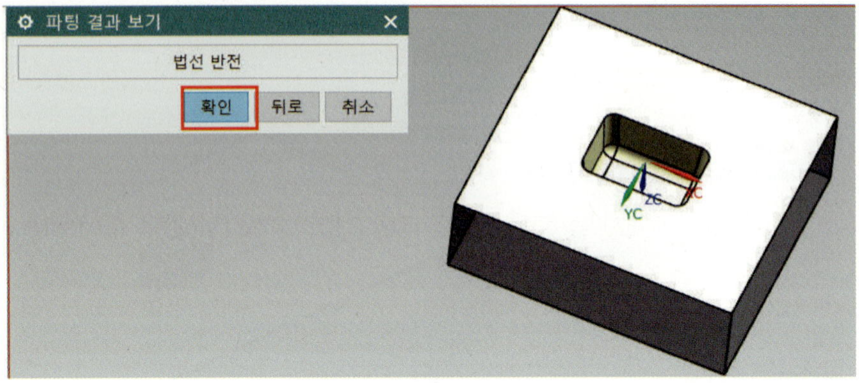

(51) 코어의 형태가 올바르게 나오면 확인을 선택하여 메뉴를 닫는다.

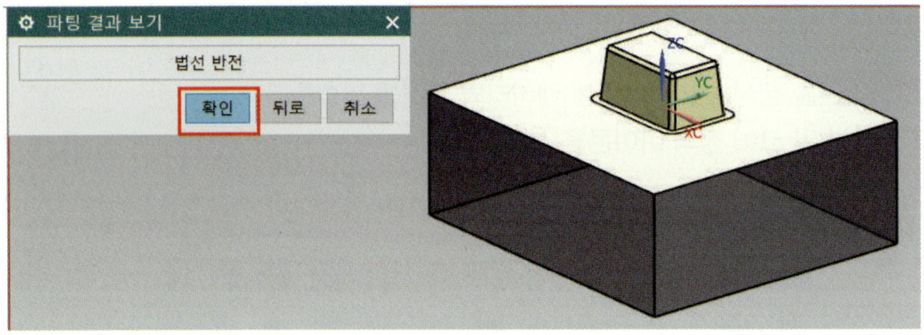

(52) 어셈블리 탐색기 상태에서 어셈블리의 최상위 파트로 전환하기 위해 어셈블리 파일을 선택 후 오른쪽 버튼을 클릭한다.

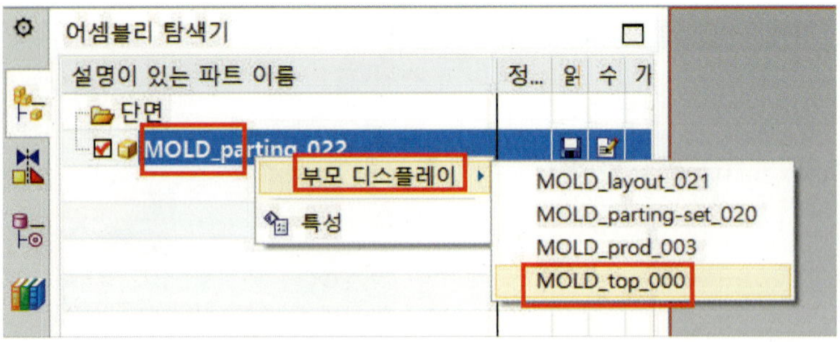

▸ 최상위 파트로 이동
파일명_top_ **으로 되어있는 파일이 제일 상위 파트이다.

(53) 제일 상위의 어셈블리 환경으로 이동된 것을 확인할 수 있다.

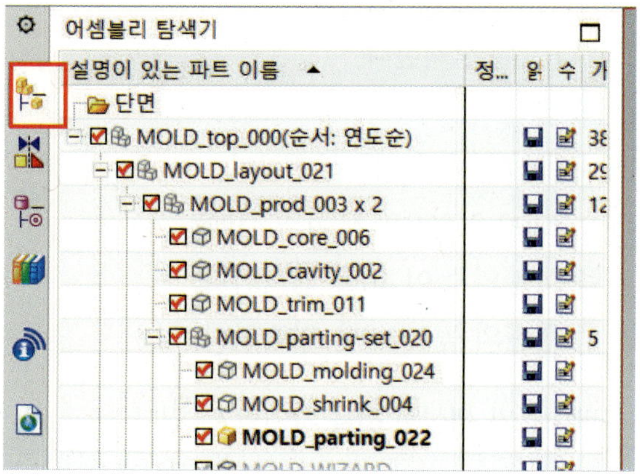

(54) 몰드베이스를 생성하기 위해 몰드베이스 라이브러리 아이콘을 클릭한다.

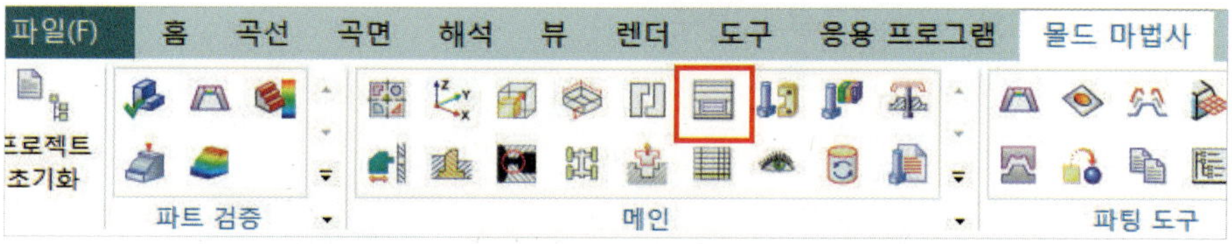

위 그림과 같이 나오지 않을 경우는 앞에서 설명한 몰드 마법사 어플리케이션을 선택한다.

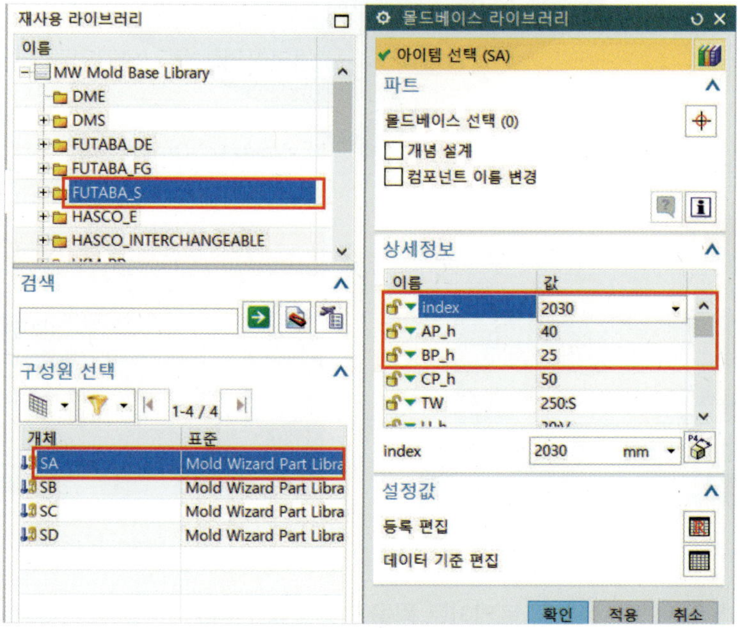

- 몰드베이스의 종류를 선택한다.
  FUTABA_S를 선택
- 몰드베이스의 타입을 선택한다.
  SA 타입을 선택
- index: 몰드베이스의 사이즈를 선택한다.
  2030: X200 Y300의 사이즈 선택
- AP_h: 고정 측 형판의 높이 40을 입력한다.
- BP_h: 가동 측 형판의 높이 40을 입력한다.

55 그림과 같이 몰드베이스가 생성된 것을 확인할 수 있다.

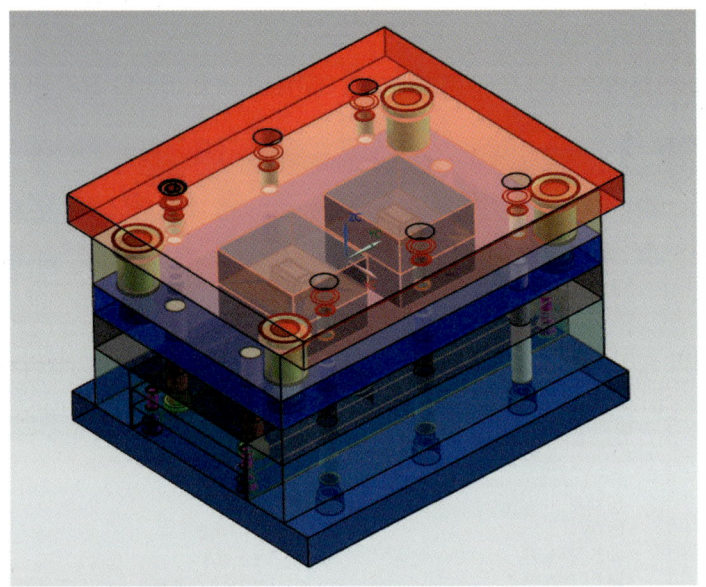

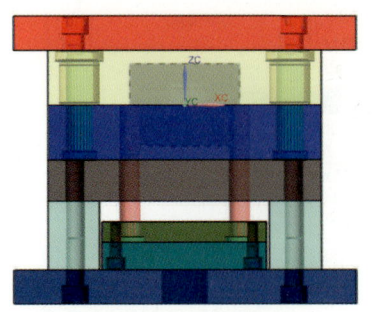
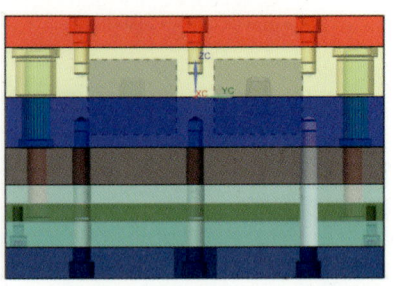

56 고정 측 설치판에 장착될 로케이트 링을 만들도록 한다.

(57) 표준 파트 라이브러리를 선택한다.

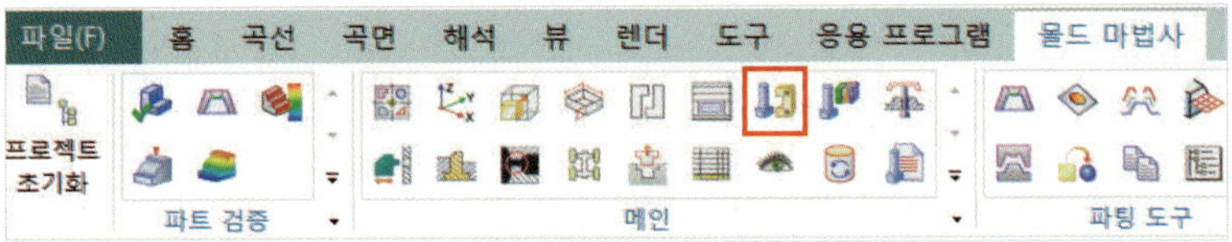

(58) 표준 부품의 종류를 FUTABA_MM로 선택하고 +를 마우스로 클릭하여 하위 폴더가 보이게 설정한 후에 로케이트 링을 선택한다.

(59) 상세정보 창에서 TYPE : M-LRB

(60) DIAMETER : 100으로 설정한 후 OK한다.

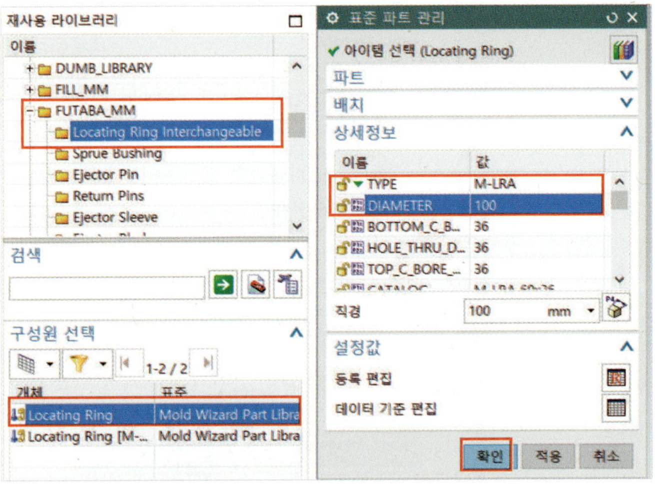

(61) 다음과 같이 금형을 확인할 수 있다.

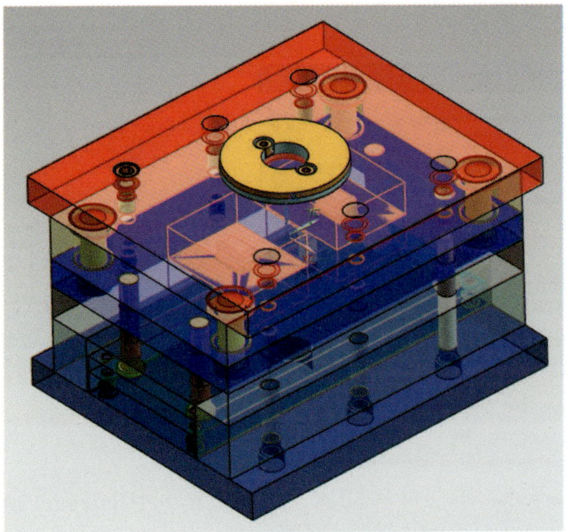

(62) 스프루 부시를 생성하기 위해 마찬가지로 표준 라이브러리 아이콘을 선택한다.

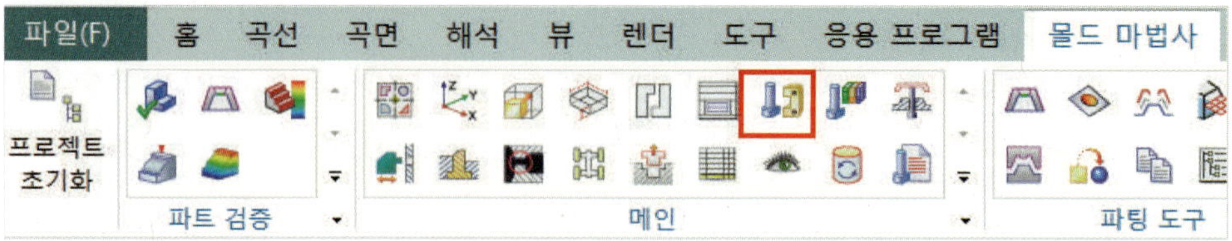

(63) 표준 파트의 FUTABA_MM에서 Sprue Bushing을 선택한다.

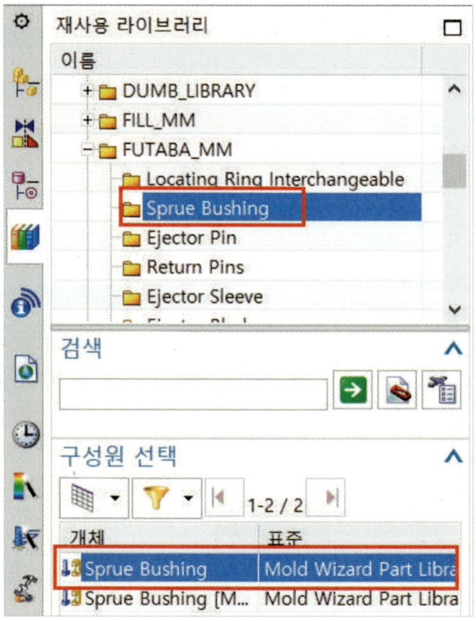

(64) 상세정보에 대한 값을 입력한다.

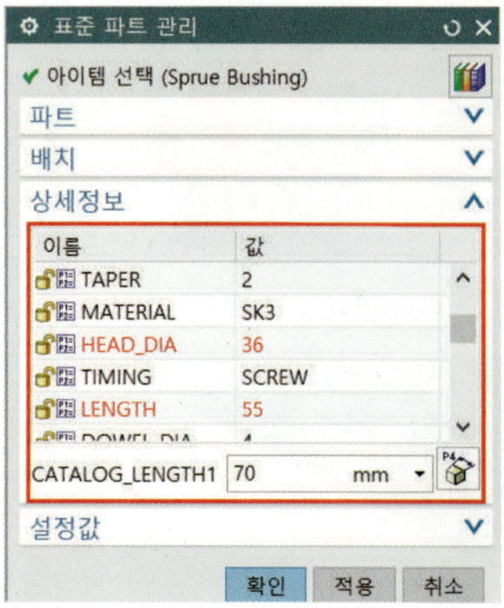

◂ CATALOG_LENGTH: 70
◂ HEAD_DIA: 36
◂ LENGTH: 55

(65) Length는 수식으로 만들어져 있기 때문에 아래 그림과 같이 상수 만들기로 바꾸고 값을 입력한다.

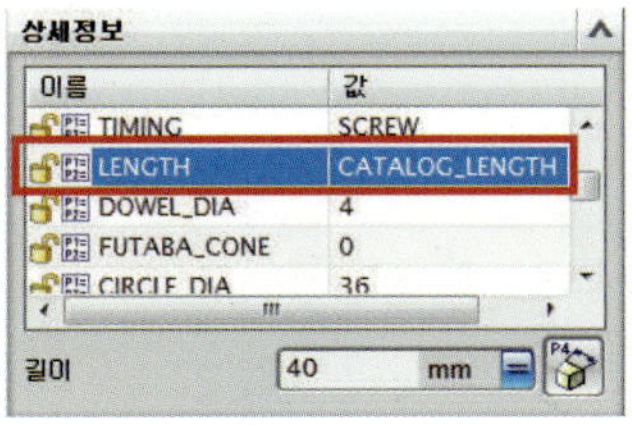

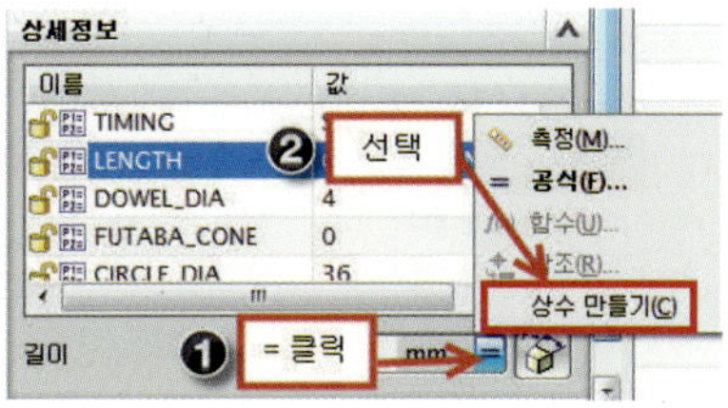

(66) 스프루 부시가 생성된 모습이다.

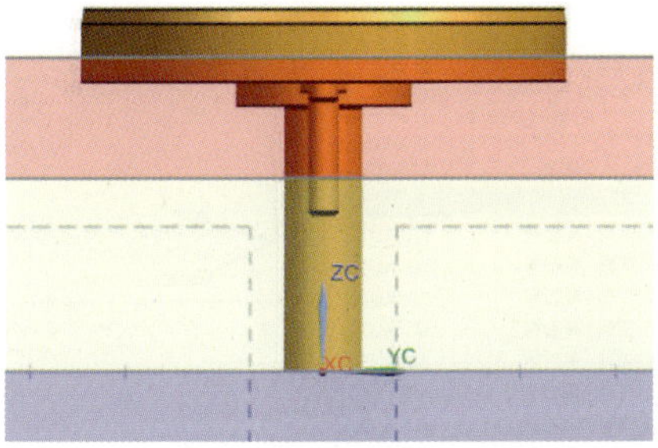

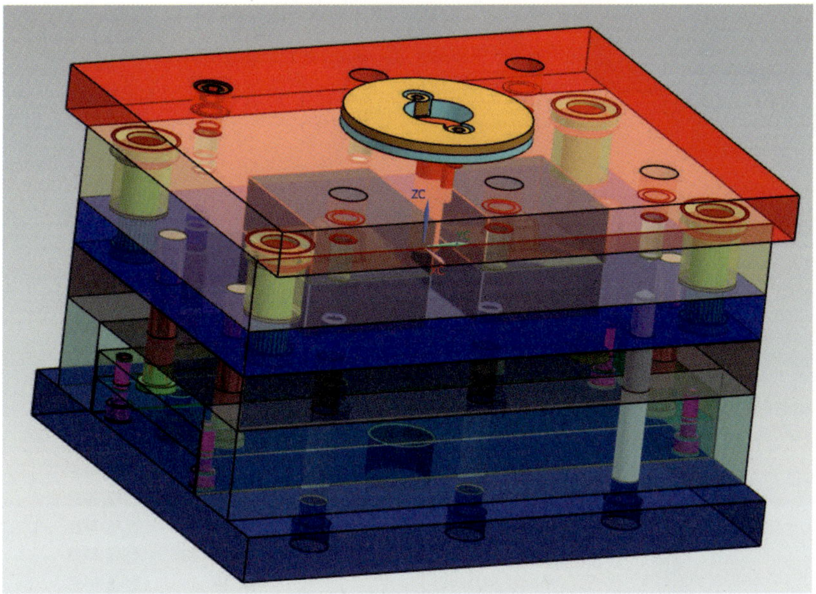

⑥⑦ 런너를 생성한다.

⑥⑧ 런너의 데이터를 따로 관리하기 위해 새로운 컴포넌트를 생성한다.

어셈블리 ➜ 컴포넌트 ➜ 새 컴포넌트 생성을 클릭한다.

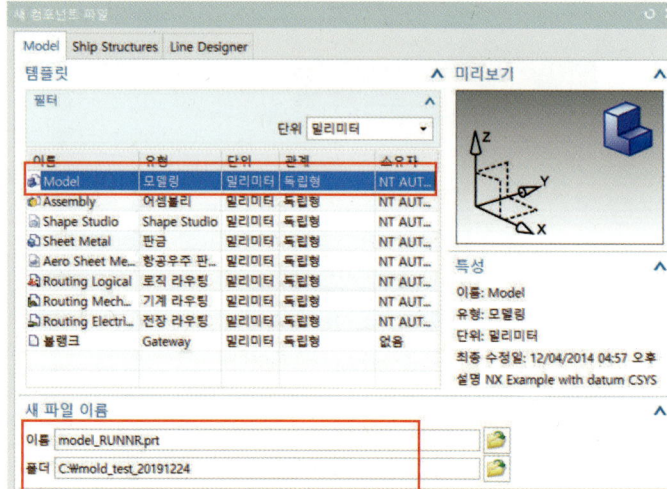

1. 모델을 선택
2. 이름을 입력
   model_runner.prt
3. 런너 모델링 파트가 저장될 경로를 입력(몰드 마법사를 이용하여 만들었던 경로를 지정한다)
4. 확인하도록 한다.

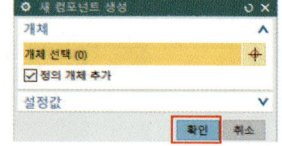

⑥⑨ 어셈블리 탐색기에 런너 파트 파일이 생성된 것을 확인할 수 있다.

⑦ 런너 아이콘을 선택한다.

⑦¹ 런너의 경로를 만들기 위해 스케치 아이콘을 선택한다.

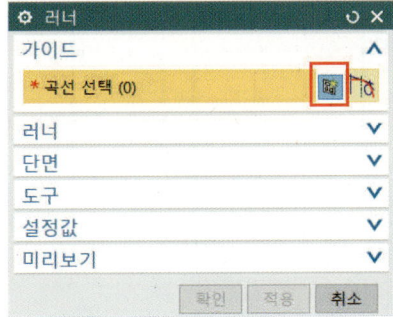

⑦² 평면을 선택하지 않고 확인하게 되면 X-Y 평면에서 스케치를 진행할 수 있다.

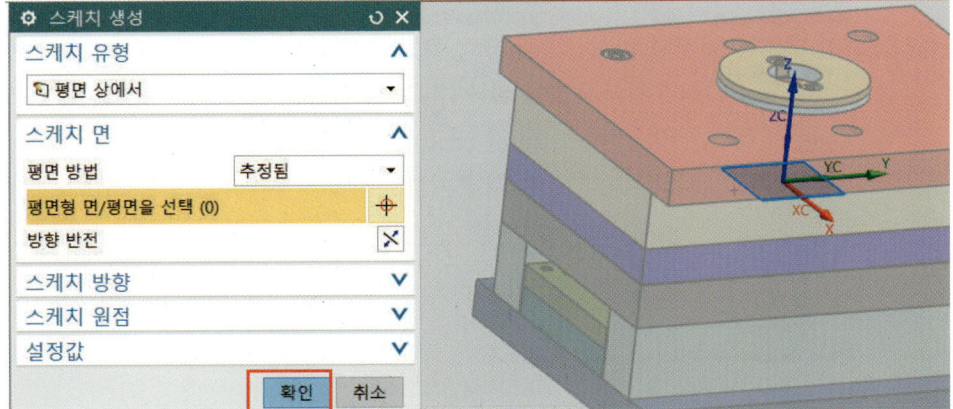

⑱ 아래 그림과 같이 스케치하고 스케치를 종료한다.

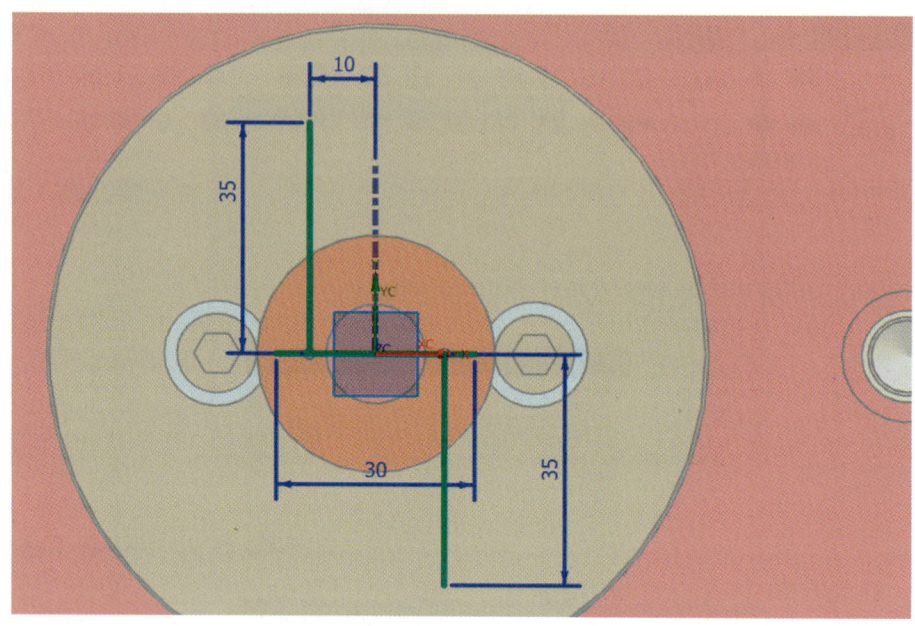

⑲ 런너의 지름 값을 6으로 바꾼 후 확인한다.
- 더블 클릭하면 수정할 수 있다

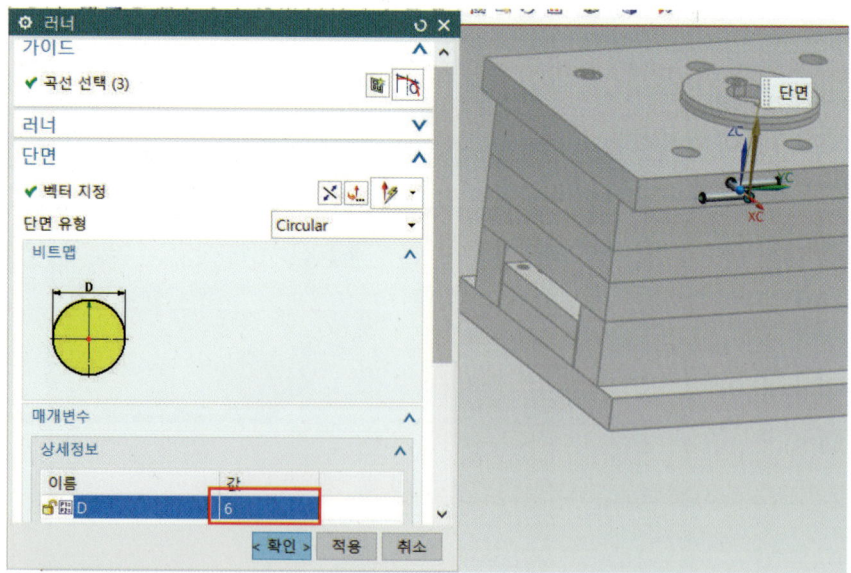

NX10 3D 모델링 및 CAD/CAM

⑦⑤ 게이트를 생성하기 위해 게이트 아이콘을 선택한다.

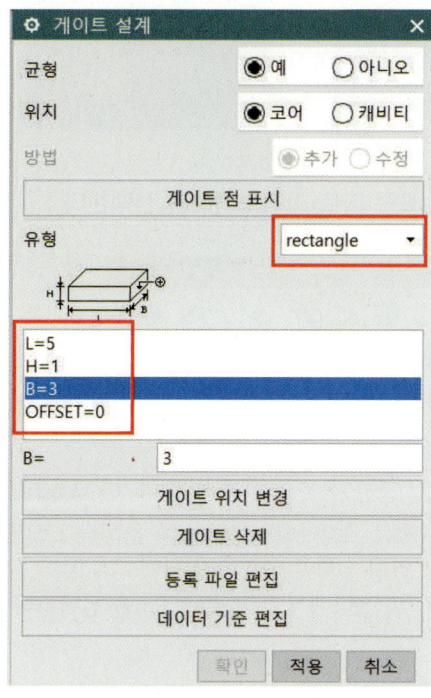

- 게이트의 모양을 정의한다.
  rectangle로 선택

- 게이트의 크기 값을 정의한다.
  L=6
  H=1
  B=3
  OFFSET=0

- 적용을 선택한다.

⑦⑥ 게이트가 생성될 포인트를 입력 확인한다.

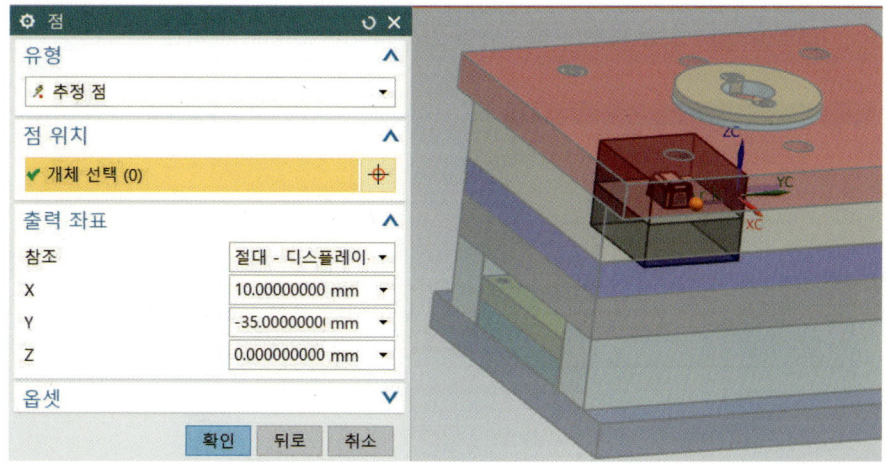

Chapter 02 | Mold Wizard 설계 따라 하기   969

⑰ 게이트가 생성되는 방향을 아래 그림과 같이 지정한다. Gate의 길이 방향의 방향을 정의하고 확인을 클릭한다.

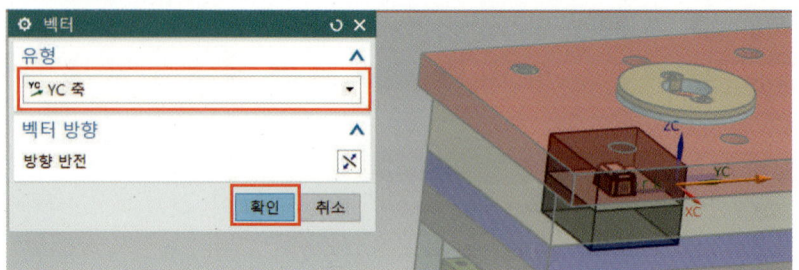

⑱ 취출을 위해 이젝트 핀을 생성하도록 한다. 표준 파트 라이브러리를 선택한다.

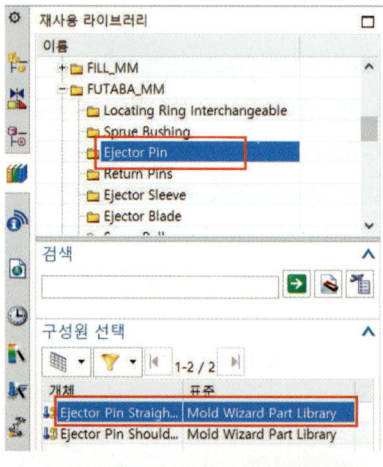

- 이젝트 핀을 생성하기 위해 FUTABA_MM의 하위 폴더에 있는 Ejector Pin을 선택한다.

- Ejector Pin Straight를 선택한다.

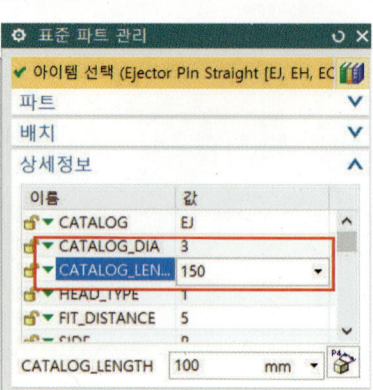

- 이젝트 핀의 지름과 길이를 입력한다.
- 확인한다.

PART Ⅵ Mold Wizard

㉙ 이젝트 핀의 위치를 정의하기 위해 아래와 같이 입력한다.

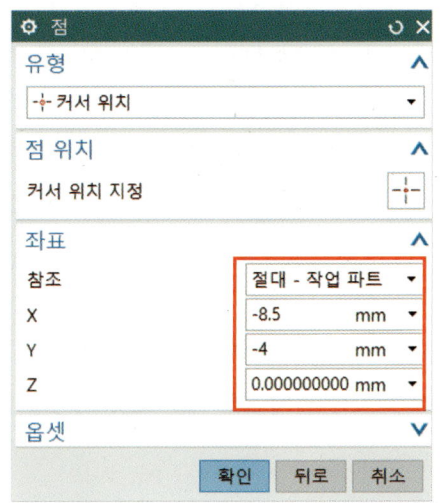

◀ 이젝트 핀이 설치될 포인트 좌표를 입력한다.
◀ 확인한다.
◀ 4개의 핀이 설치됨으로 점은 4번 입력해 주어야 한다.

1.절대	2.절대	3.절대	4.절대
X-8.5	X-8.5	X 8.5	X 8.5
Y-4	Y 4	Y 4	Y -4
Z 0	Z 0	Z 0	Z 0

◀ 4개의 위치를 입력 후에는 취소를 한다.

㉚ 이젝트 핀을 코어에 맞게 트림하기 위해 이젝트 핀 포스트프로세스를 선택한다.

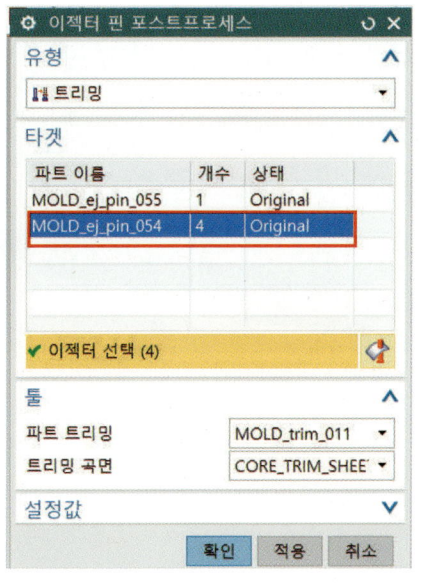

◀ 유형 – 트리밍으로 선택한다.
◀ 이젝트 핀 모델링이 들어있는 파트를 선택한다.
◀ 확인한다.

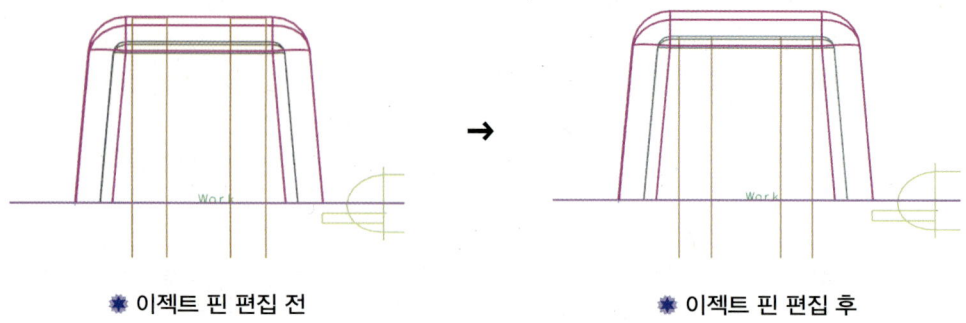

❋ 이젝트 핀 편집 전 　　　　　　　　　❋ 이젝트 핀 편집 후

㉛ 그 외의 표준화된 부품들은 표준 파트 라이브러리 기능을 사용하여 추가한다.

㉜ 만들어진 부품들은 빼기 상태가 아니기 때문에 각 어셈블리 모델링을 포켓 기능을 통해 빼기한다. 포켓을 선택한다.

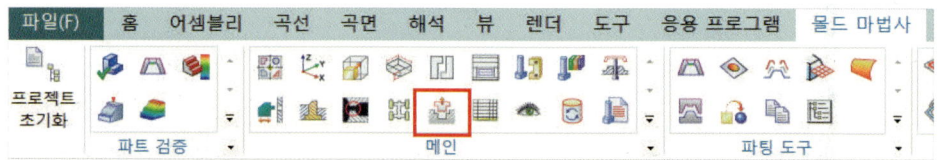

㉝ 그림과 같이 선택하고 확인하게 되면 타겟에서 선택한 모델링이 2번 선택을 기준으로 빠져나간 것을 확인할 수 있다.

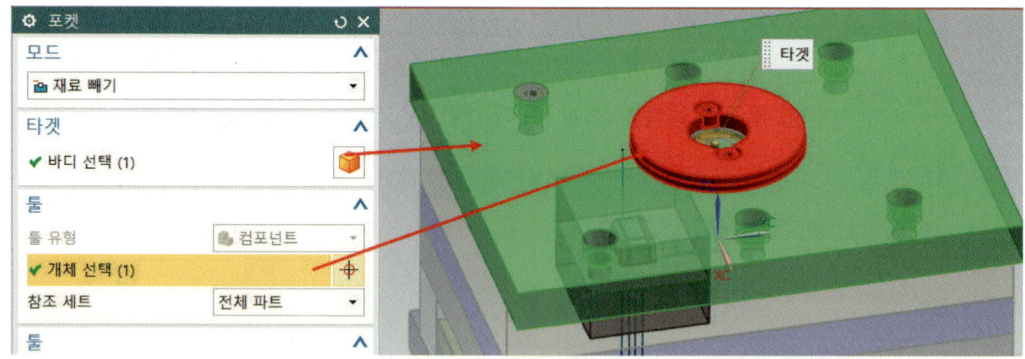

㉘ 고정 측 설치 판이 로케이트 링이 설치될 수 있도록 빼기가 진행된 모습이다.

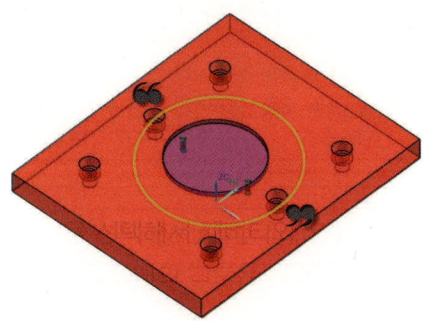

㉙ 이와 같은 방식으로 몰드베이스와 연관되어진 부품들은 전부 포켓을 이용하여 빼기 한다.
㉚ 완성된 금형이다.

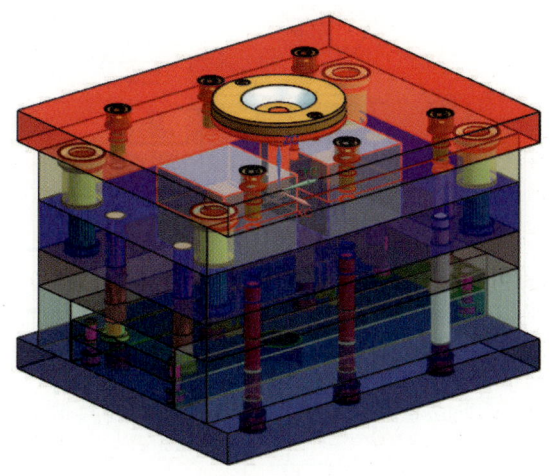

CHAPTER 03 Core, Cavity 설계 따라 하기

도면명	NX10 모델링작업	척도	NS

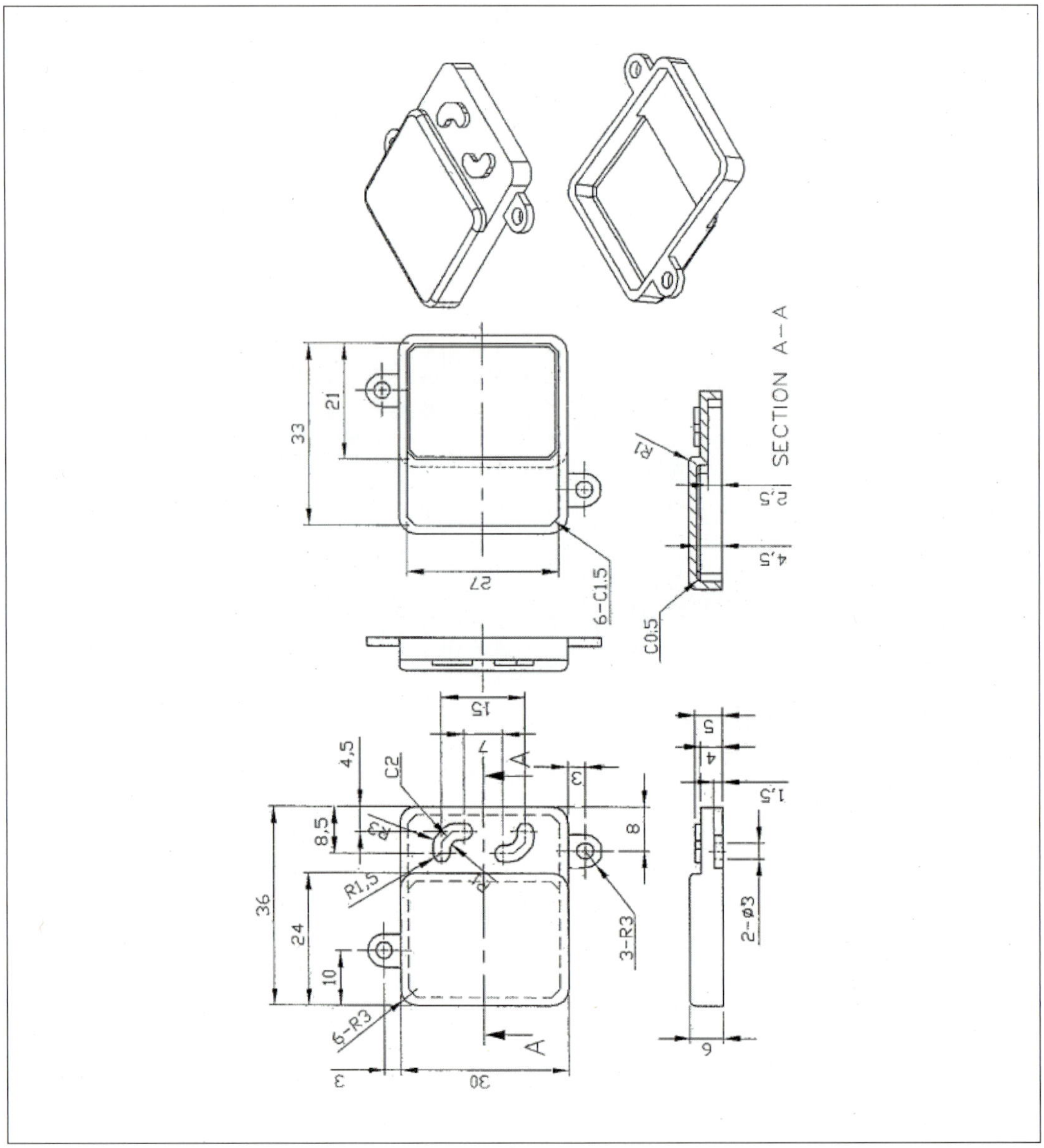

❶ NX10을 실행시킨 후 새로 만들기() 아이콘을 클릭한다. 새로 만들기 창이 뜨면 Model 을 클릭한 후 Name과 Folder(저장 위치)를 설정한 뒤 OK를 클릭한다.

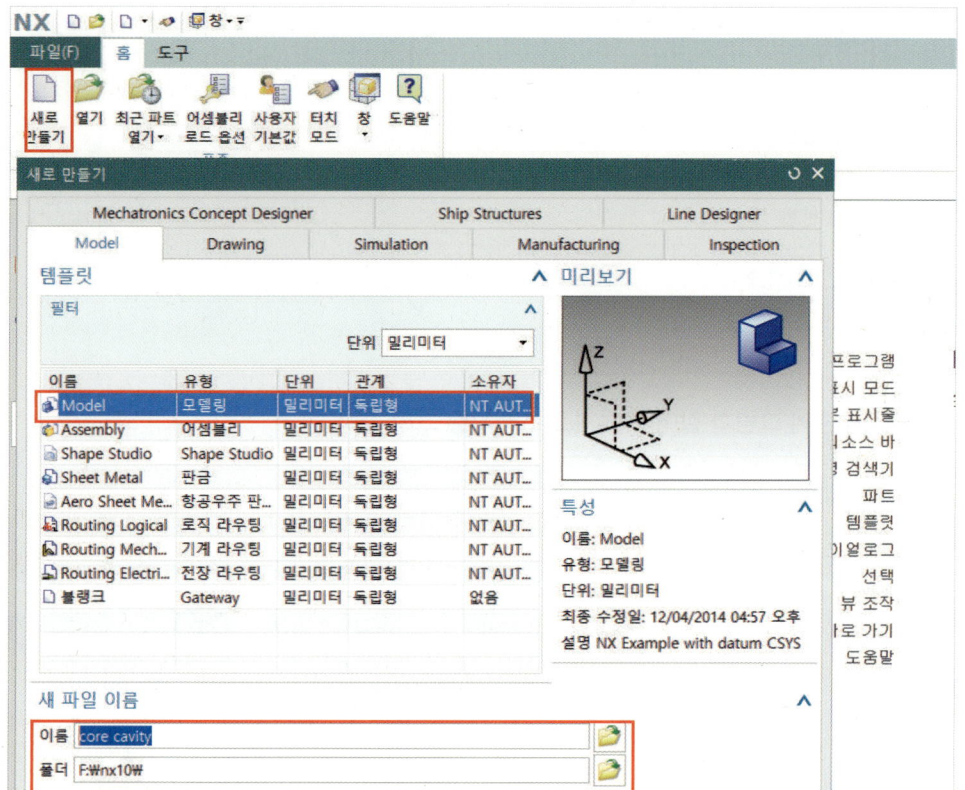

❷ 메뉴 ➔ 삽입 ➔ 타스크 환경의 스케치를 클릭한다.

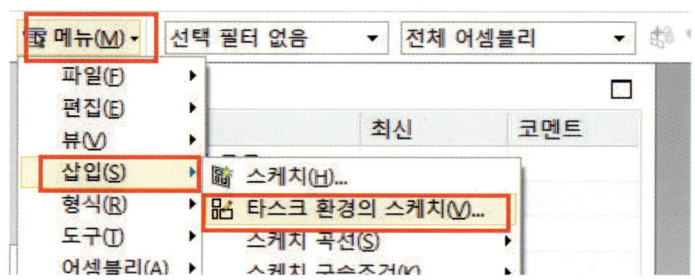

❸ 스케치 유형은 평면 상에서, 평면 방법을 설정한 후 XZ 평면을 클릭하고 OK를 클릭한다.

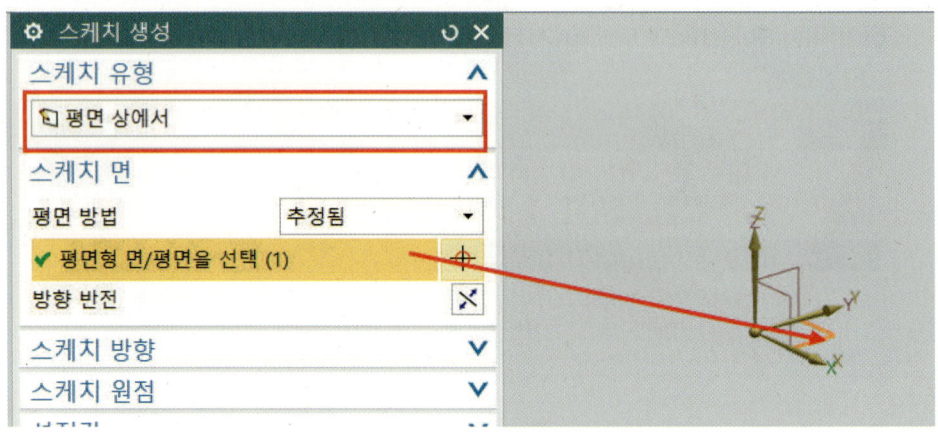

❹ XZ 평면에 그림과 같이 다단계로 스케치를 그려 준다.

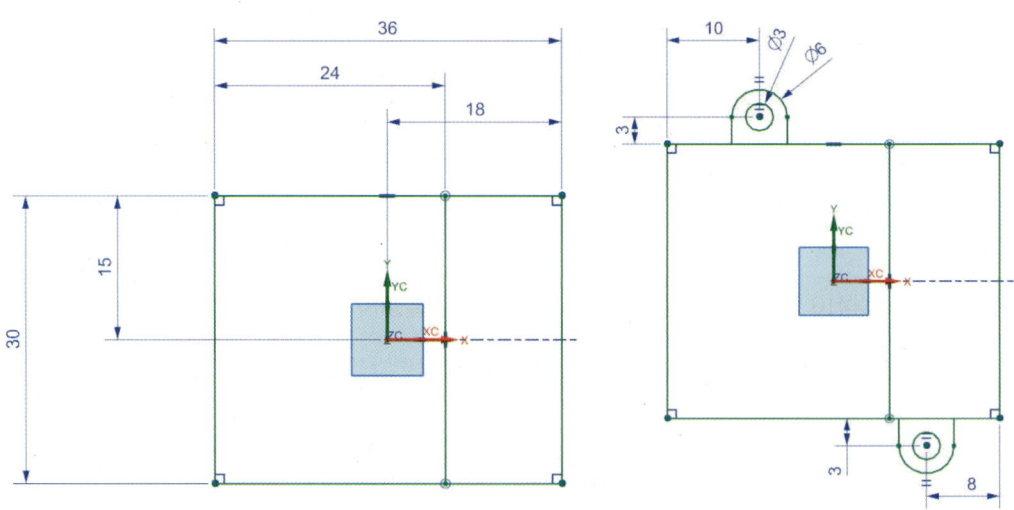

PART Ⅵ Mold Wizard

❺ 다음 그림과 같이 스케치를 모두 그린 후 Finish 를 클릭한다.

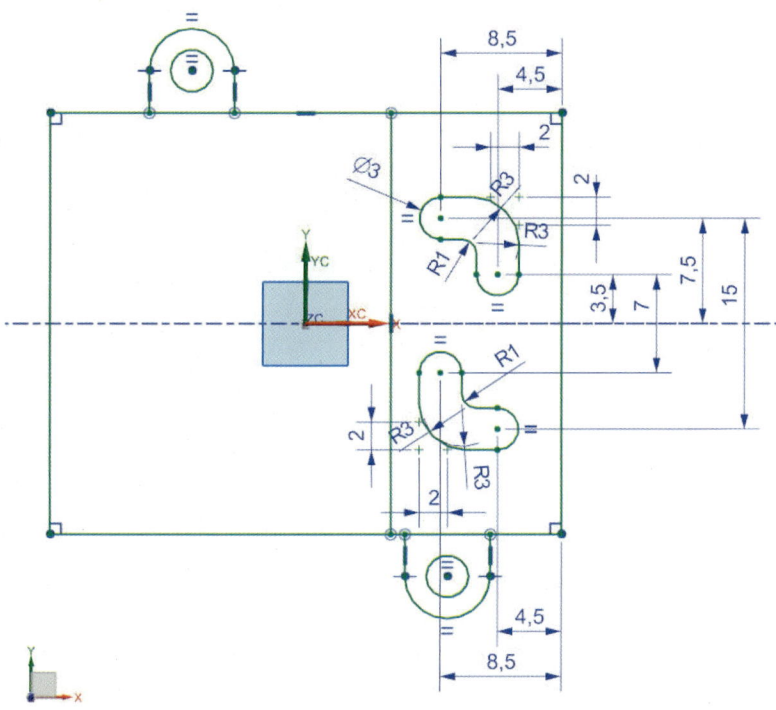

❻ 메뉴 ➔ 삽입 ➔ 특징형상 설계 ➔ 돌출 또는 tool bar에서 아이콘을 클릭한다.

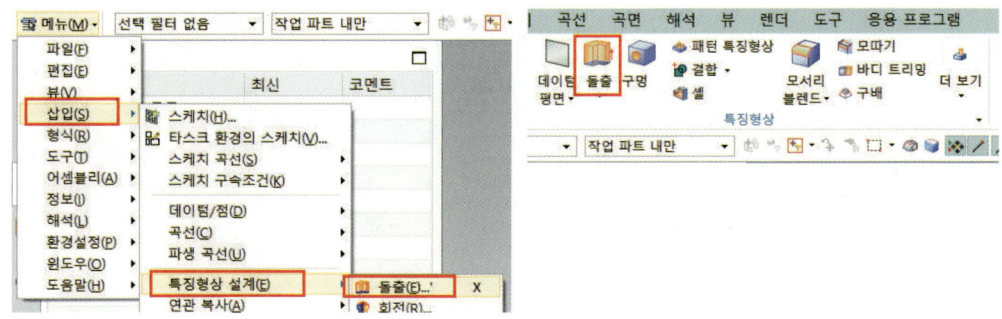

❼ 추정 곡선을 Region Boundary Curve로 설정한 후 큰 사각형을 선택하고, 거리는 6, 부울은 없음 (🔘)을 선택한 후 적용을 클릭한다.

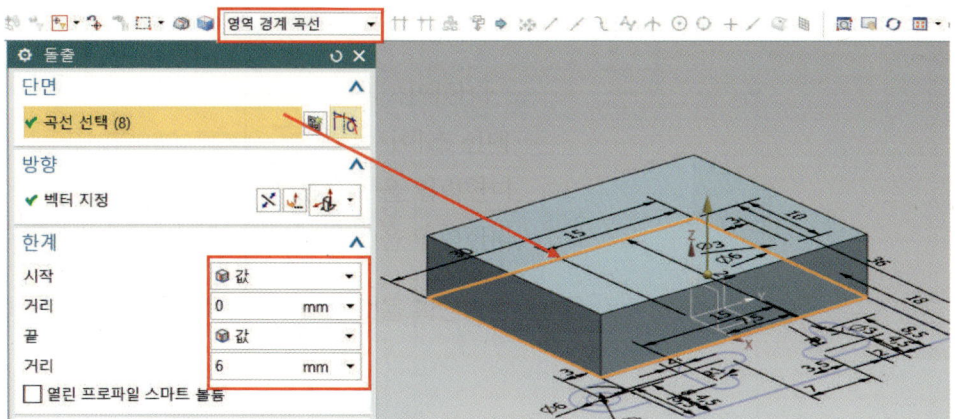

❽ 추정 곡선은 그대로 설정한 후 화살표가 가리키는 면을 선택 후 거리는 4, 부울은 결합(🔘)을 선택한 후 적용을 클릭한다.

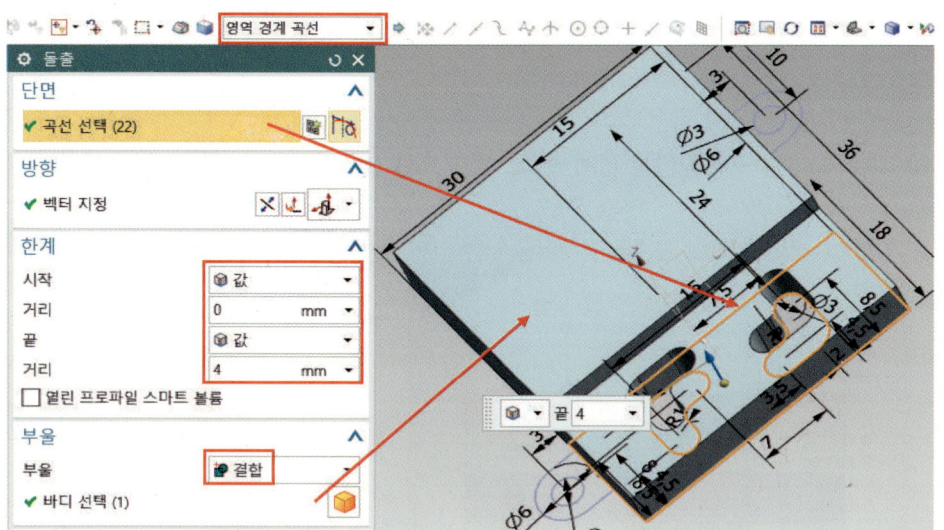

❾ 화살표가 가리키는 면을 선택 후 거리는 1.5, 부울은 결합()을 선택한 후 적용을 클릭한다.

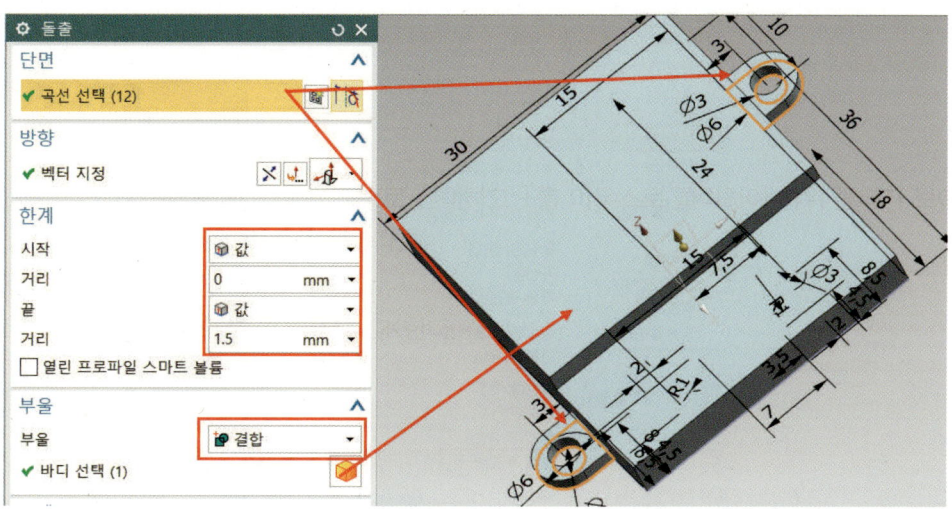

❿ 화살표가 가리키는 면을 선택 후 거리는1.5, 부울은 결합()을 선택한 후 적용을 클릭한다.

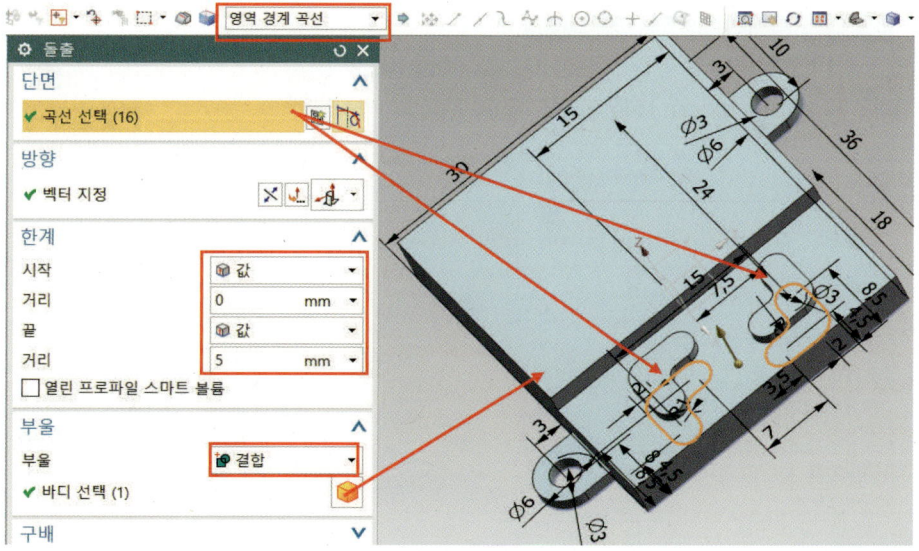

⑪ 메뉴 ➜ 삽입 ➜ 상세 특징형상 ➜ 모서리 블렌드( )를 클릭한다.

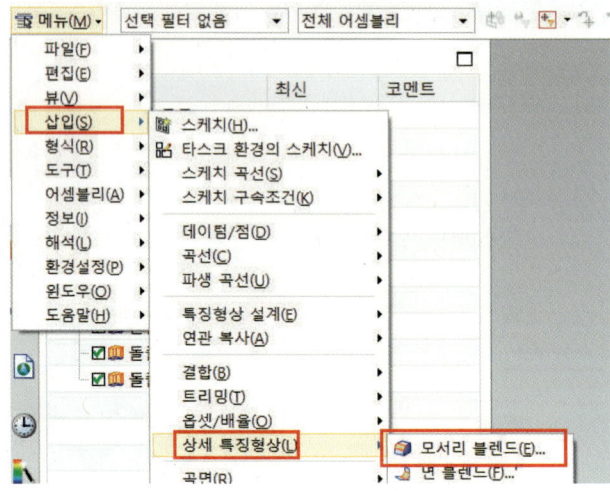

⑫ 형상은 원형, 반경은 3mm를 입력한 후 사각의 네 개의 모서리를 선택한 후 OK를 클릭한다.

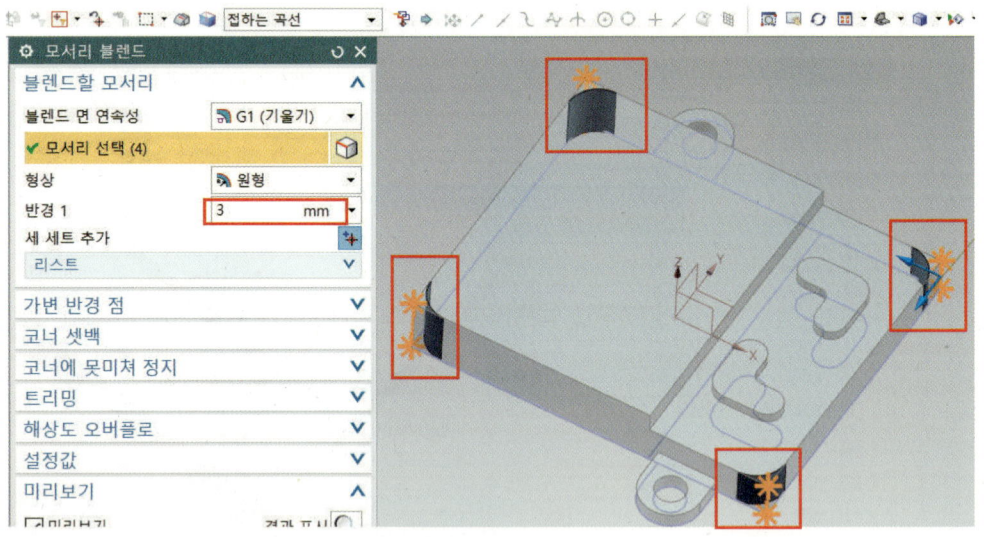

⑬ 메뉴 ➜ 편집 ➜ 표시 및 숨기기( )를 클릭한 후 표시 및 숨기기 창이 뜨면 시트 바디 부분만 숨기기(–)를 클릭한다.

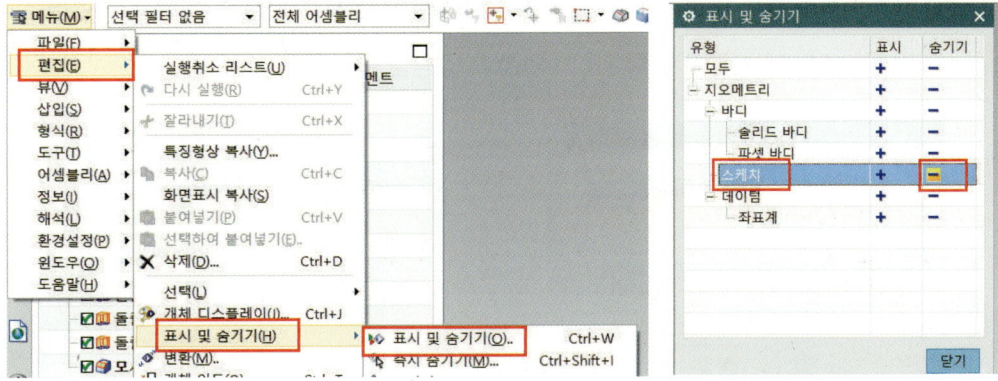

⑭ 삽입 ➔ 타스크 환경의 스케치()를 클릭한 후 OK를 클릭하여 기본평면(X-Y평면)에 들어간다. 그 다음 다음 그림과 같이 스케치를 그리고 종료한다.

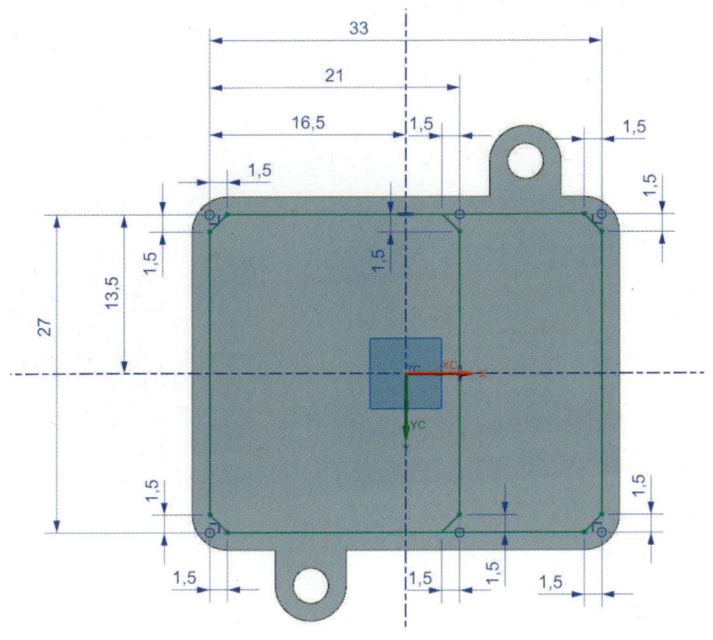

⑮ 돌출(🔲)을 클릭한 후 추정 곡선을 Region Boundary Curv ▼로 설정한 후 큰 사각형을 선택하고, 거리는 4.5, 부울은 빼기(🔲)를 선택한 후 적용을 클릭한다.

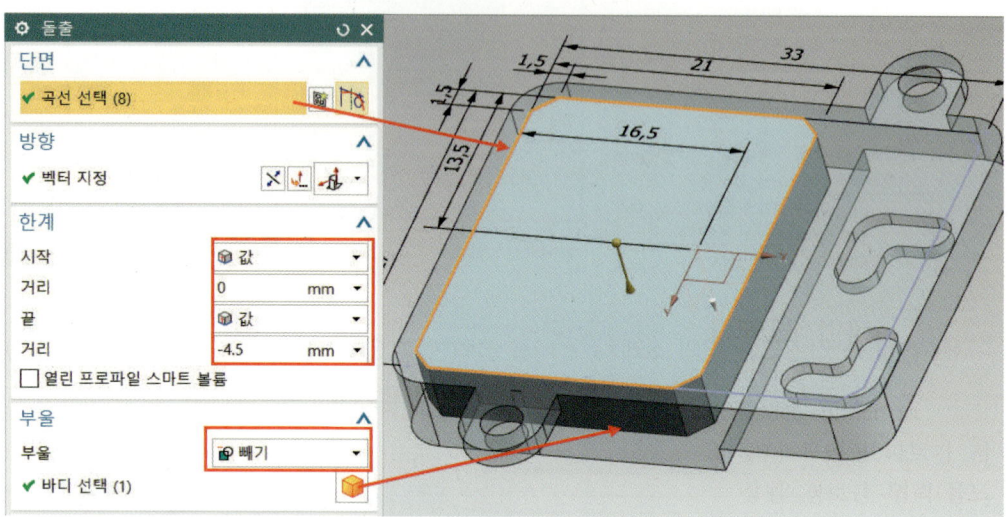

⑯ 추정 곡선을 Region Boundary Curv ▼로 설정한 후 큰 사각형을 선택하고 거리는 2.5, 부울은 빼기(🔲)를 선택한 후 적용을 클릭한다.

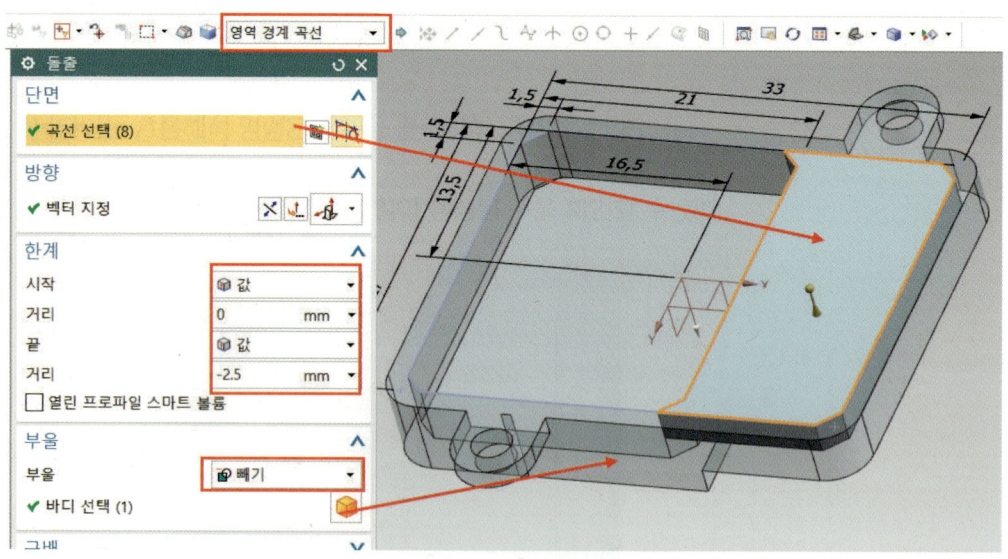

❼ 메뉴 ➡ 삽입 ➡ 상세 특징형상 ➡ 모따기()를 클릭한다.

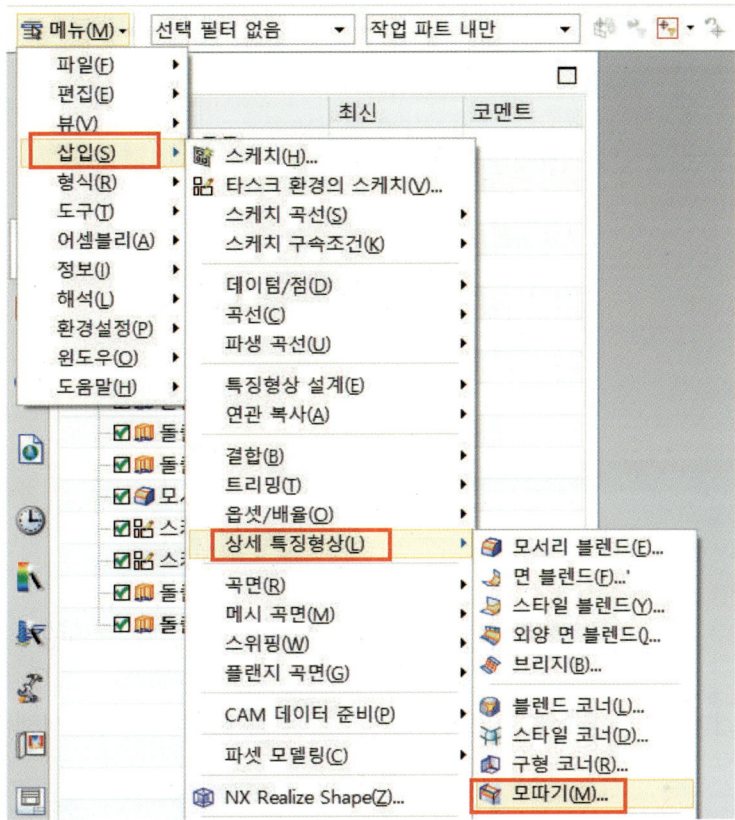

❽ 모따기 창이 뜨면 다음 그림과 같이 선택한 후 단면은 대칭, 거리는 0.5를 입력하여 설정한 후 확인을 클릭한다.

⑲ 모서리 블렌드()를 클릭한 후 형상은 원형, 반경은 3mm와 1mm를 각각 입력한 후 모서리를 선택하고 확인을 클릭한다.

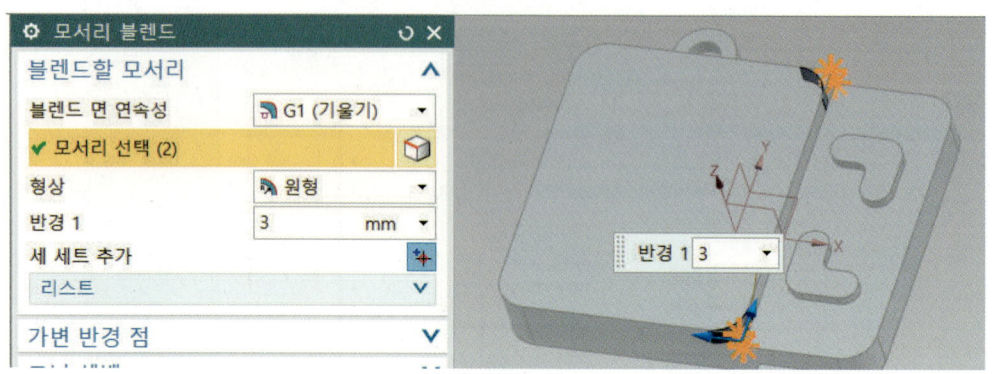

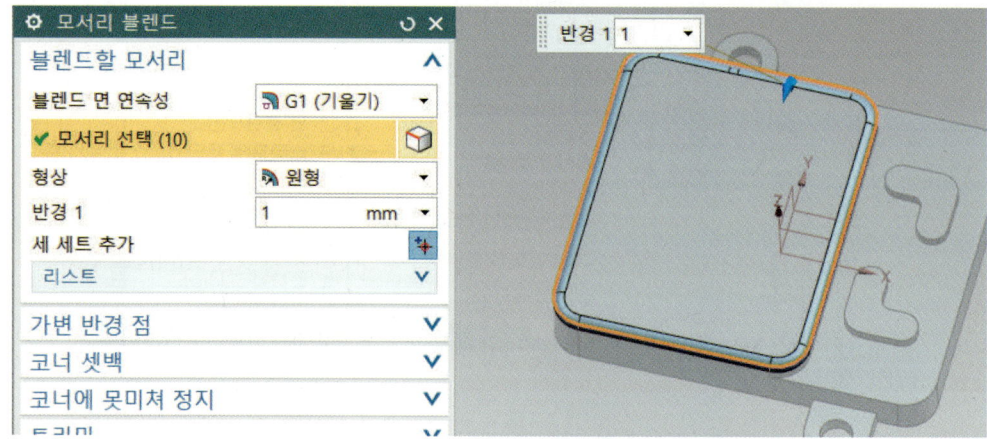

⑳ 모델링을 완성한다.

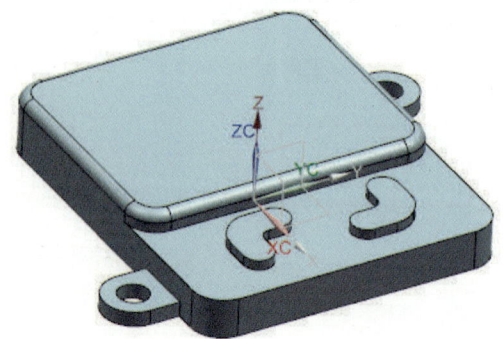

㉑ 삽입 → 타스크 환경의 스케치()를 클릭한 후 OK를 클릭하여 기본평면(X-Y평면)에 들어간다. 그 다음 다음 그림과 같이 스케치를 그리고 Finish 를 클릭한다.

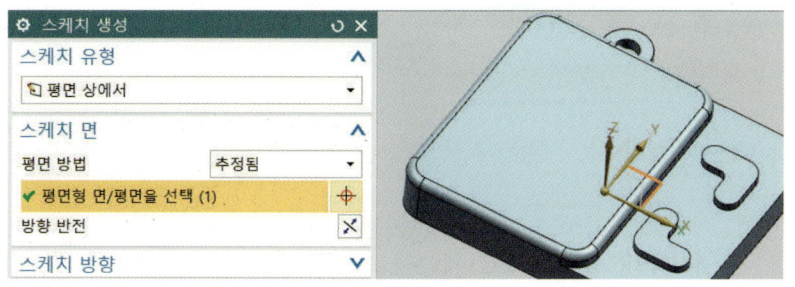

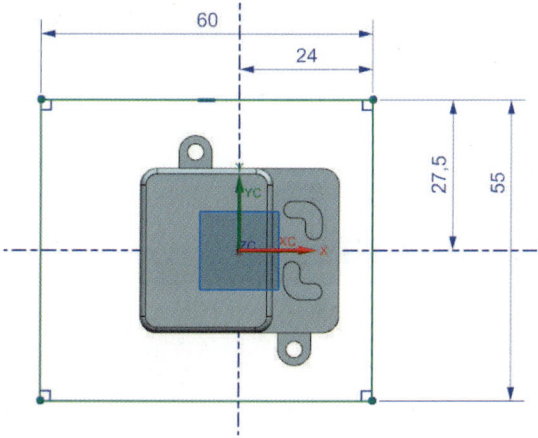

㉒ 추정 곡선을 Connected Curves 로 설정한 후 큰 사각형을 선택하고 거리는 25, 부울은 없음( )을 선택한 후 적용을 클릭한다.

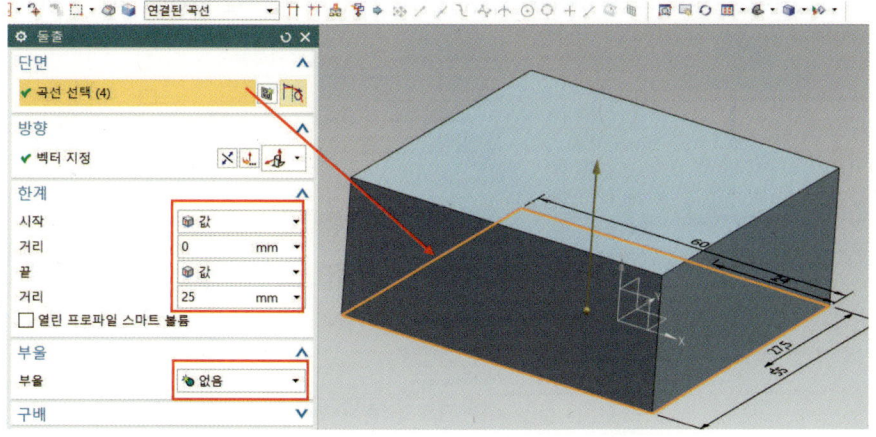

㉓ 추정 곡선을 Connected Curves 로 설정한 후 큰 사각형을 선택하고 방향을 반대로 한 후 끝값 거리는 -25, 부울은 없음( )을 선택한 후 확인을 클릭하여 생성한다.

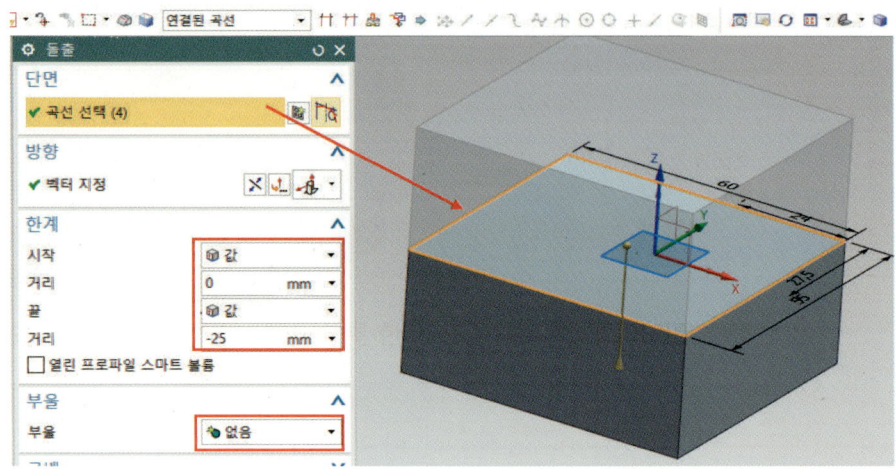

㉔ Ctrl+J를 클릭한 후 방금 생성한 두 바디를 선택한 후 확인를 클릭한다.

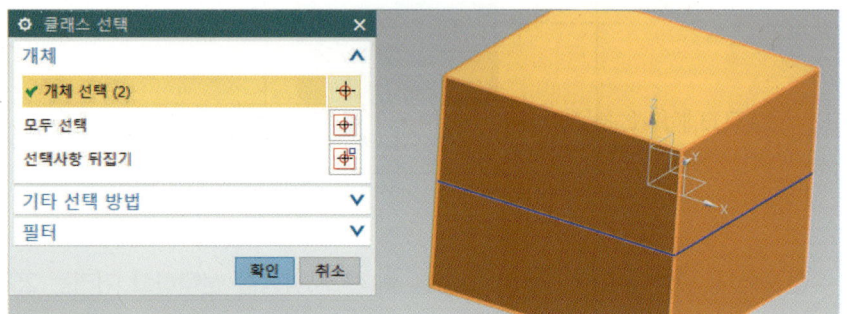

㉕ 편집의 음영처리 디스플레이에서 숫자를 크게 한 후 확인을 클릭해 희미하게 해 준다.

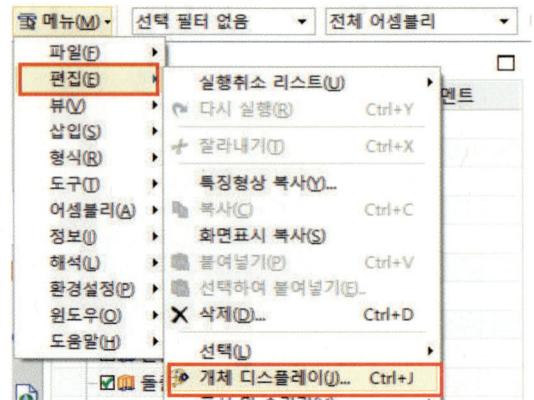

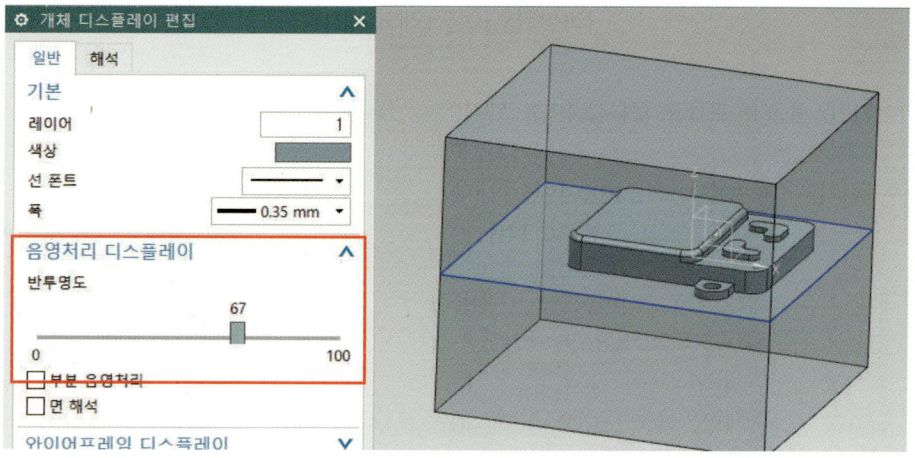

㉖ Ctrl+B를 클릭하여 사각블록을 숨겨 준다.

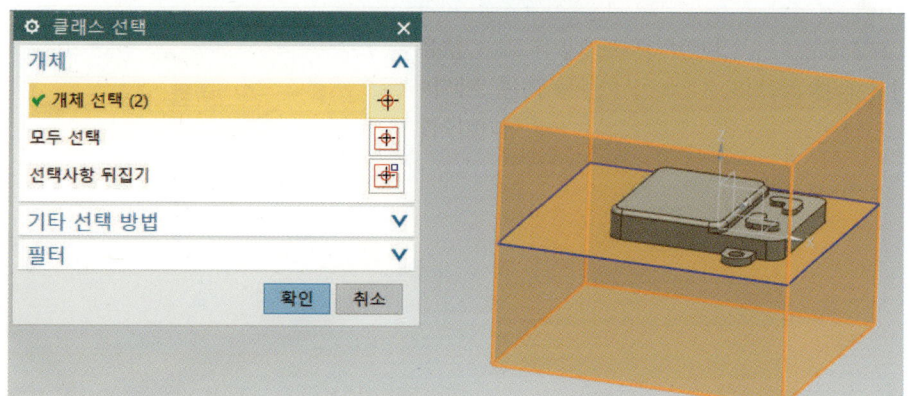

㉗ 메뉴 ➔ 옵셋/배율 ➔ 옵셋 곡면( )을 클릭한다.

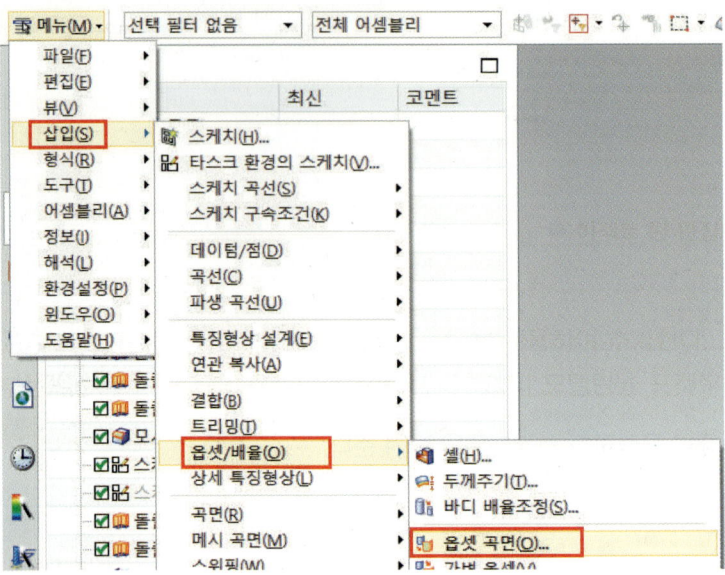

㉘ 옵셋은 0mm를 입력한 후 다음 그림과 같이 윗면 전부와 구멍 안쪽을 선택을 한 후 확인을 클릭한다.

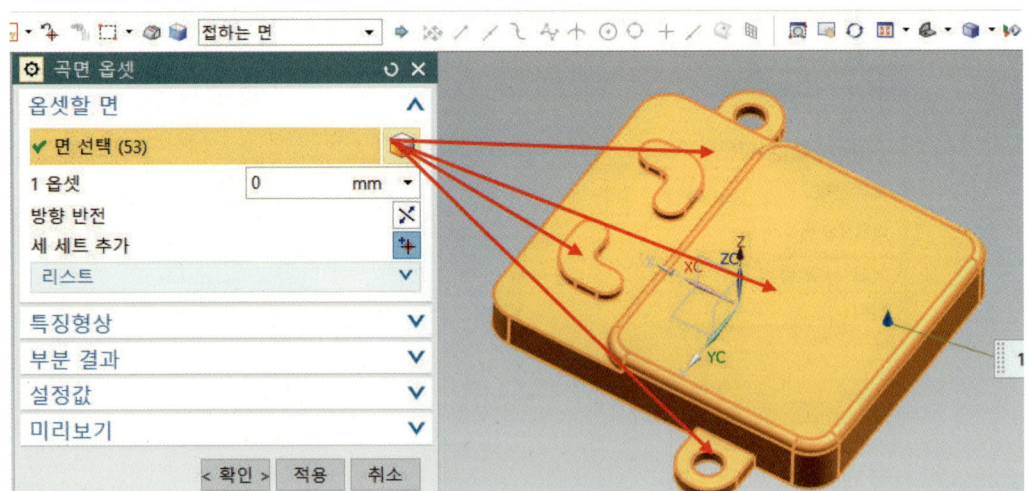

988 PART Ⅵ Mold Wizard

㉙ 표시 및 숨기기()를 클릭한 후 표시 및 숨기기 창이 뜨면 솔리드 바디 부분만 (+)를 클릭한다.

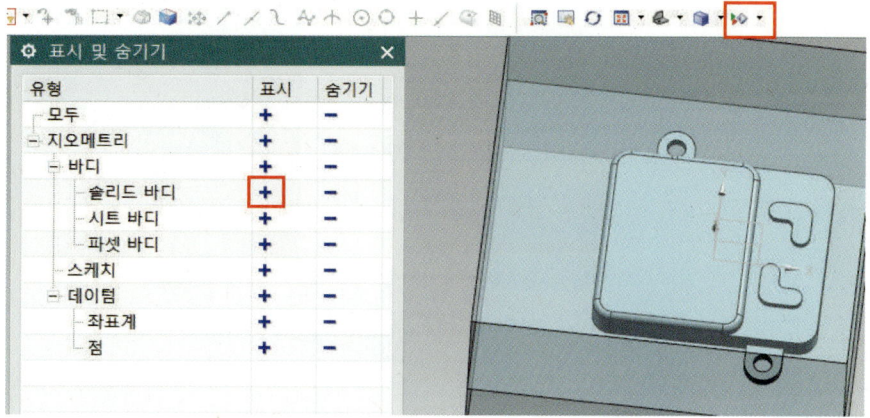

㉚ 밑 블록은 숨겨준다.

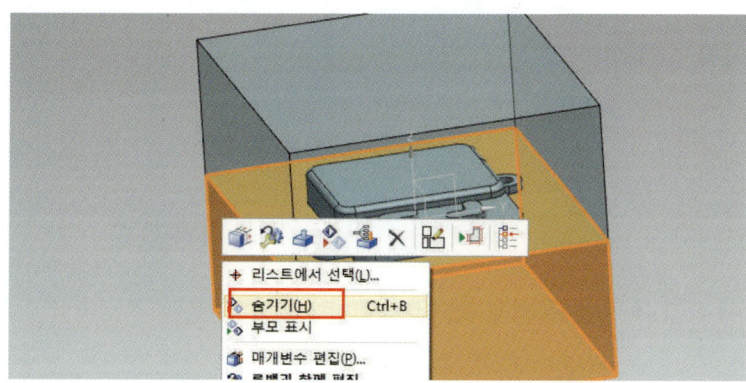

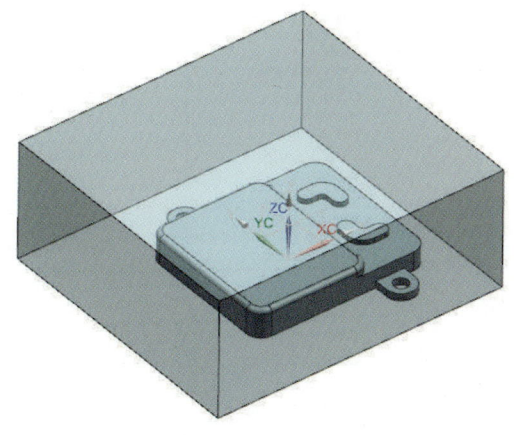

㉛ 아래 그림처럼 MB3 버튼을 이용하여 숨기기한다.

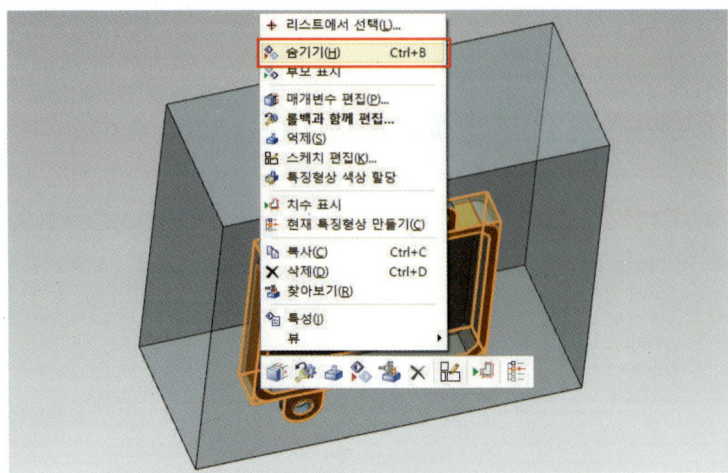

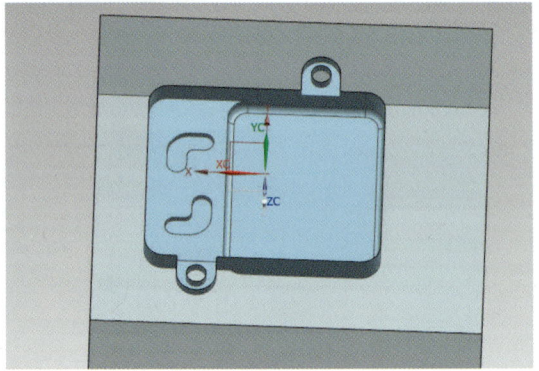

㉜ 메뉴 ➡ 삽입 ➡ 곡면 ➡ 경계 평면을 클릭한다.

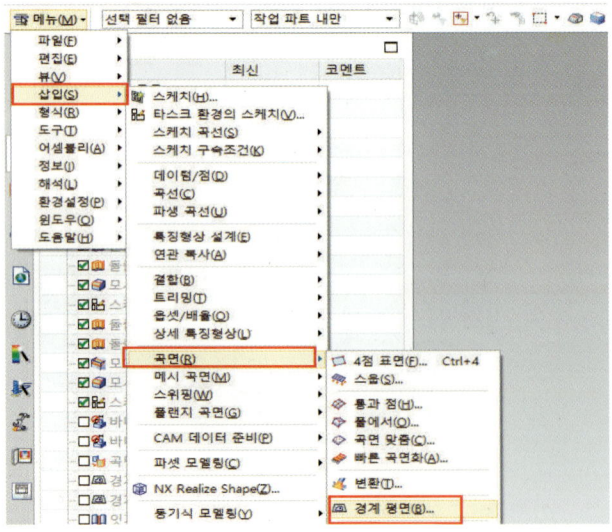

㉝ 그림처럼 구멍에 경계 평면으로 양쪽 구멍을 막는다.

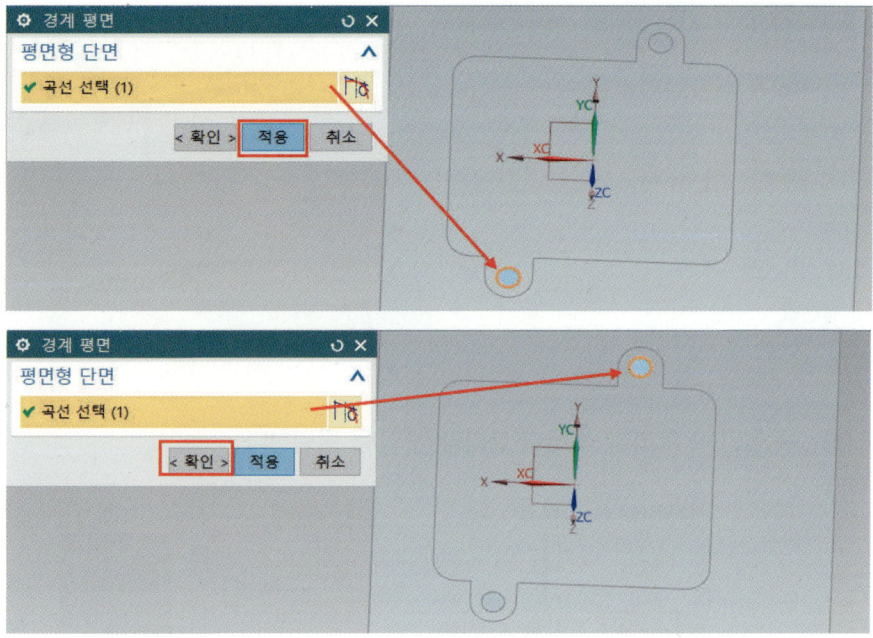

㉞ 메뉴 ➡ 삽입 ➡ 결합 ➡ 잇기를 클릭한다.

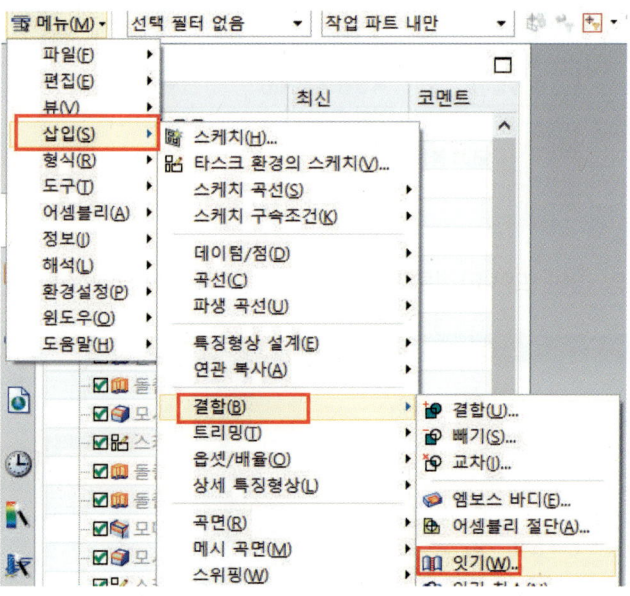

㉟ 아래 그림처럼 양쪽 구멍에 잇기를 한다.

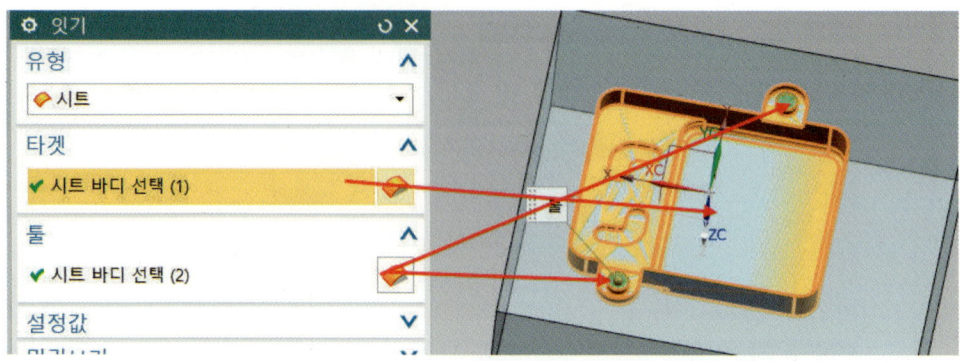

㊱ 메뉴 ➡ 삽입 ➡ 트리밍 ➡ 바디 트리밍( )을 클릭한다.

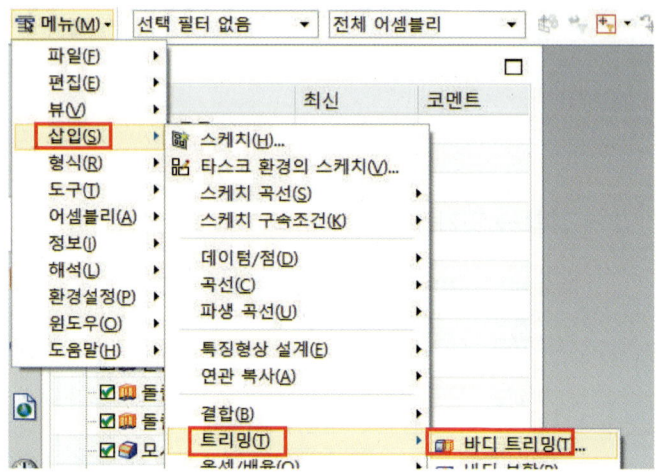

㊲ 바디 트리밍 창이 뜨면 타겟은 블록을 선택하고, 도구에서 시트를 클릭 후 확인을 클릭한다.

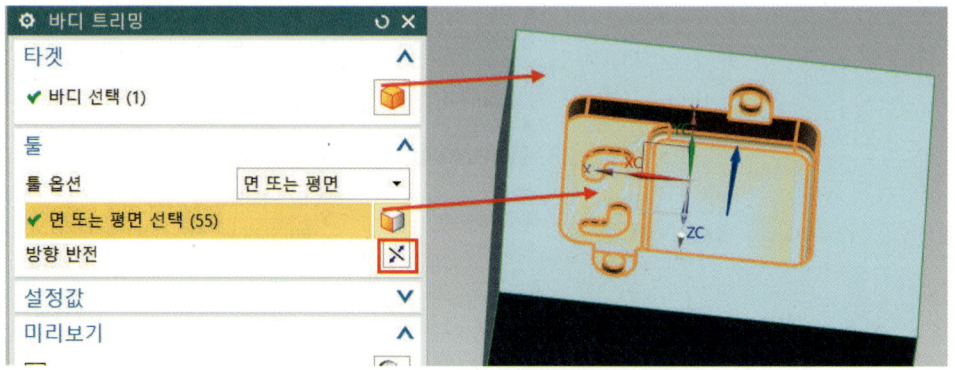

NX10 3D 모델링 및 CAD/CAM

㊳ 아래 그림처럼 숨기기 한다.

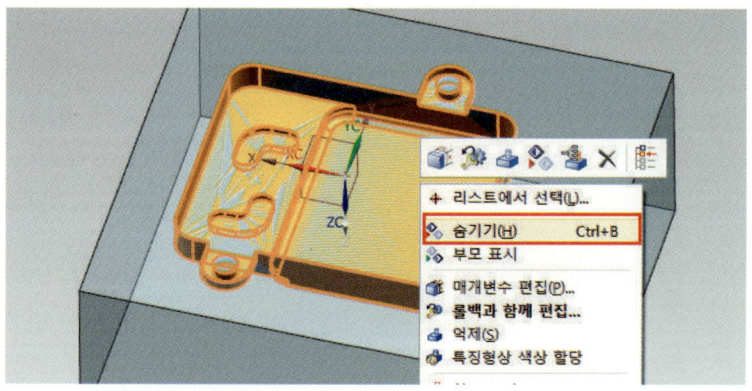

㊴ 구멍이 완성된 것을 볼 수 있다.

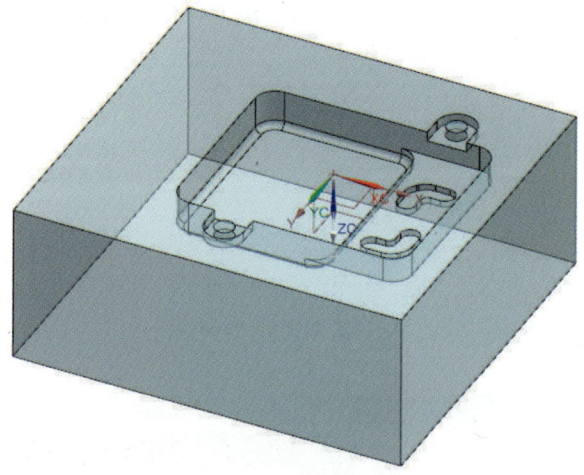

㊵ 아래 그림처럼 솔리드 바디 부분만 표시(+)를 선택한다.

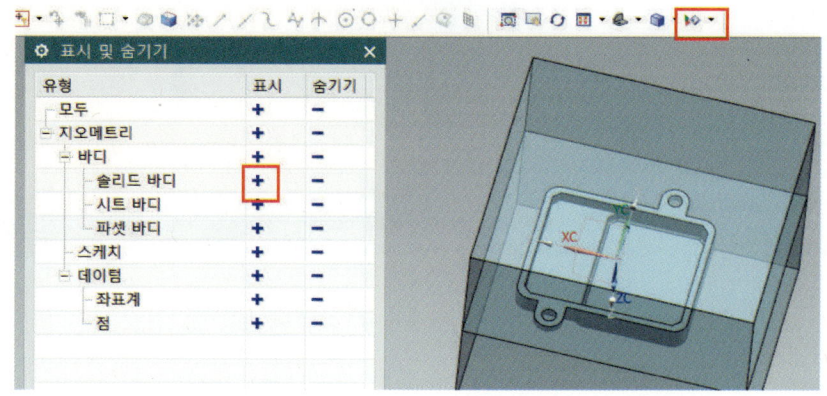

Chapter 03 | Core, Cavity 설계 따라 하기

㊶ 아래 그림처럼 숨기기 한다.

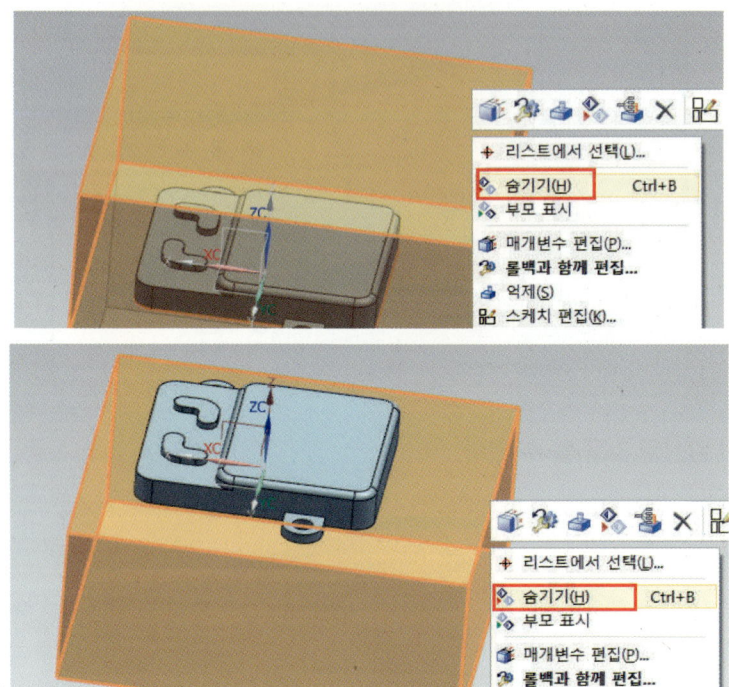

㊷ 다시 원래 모델링 형상만 놔둔 후 곡면 옵셋( )을 클릭한다. 옵셋은 0mm를 입력한 후 다음 그림과 같이 밑면을 선택을 한 후 확인을 클릭한다.

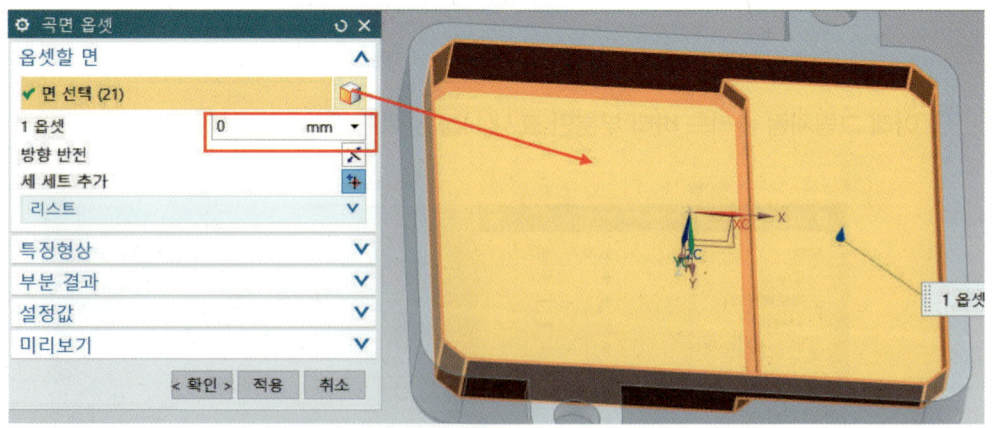

NX10 3D 모델링 및 CAD/CAM

㊸ 아래 그림처럼 솔리드 바디는 표시(+)를 선택한다.

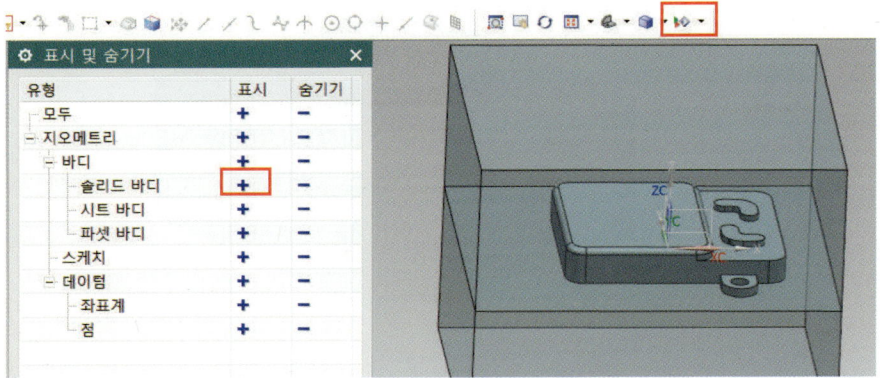

㊹ 아래 그림처럼 숨기기 한다.

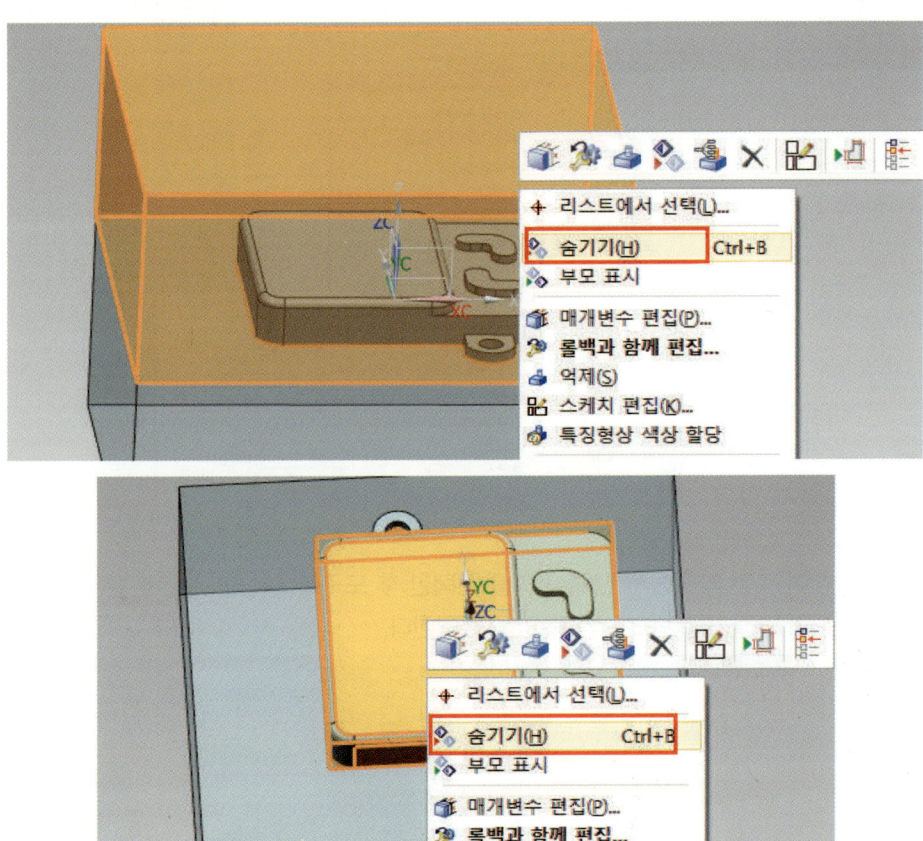

Chapter 03 | Core, Cavity 설계 따라 하기

㊺ 다음 그림과 같이 생성한 Sheet와 밑 블록 body만 남둔다.

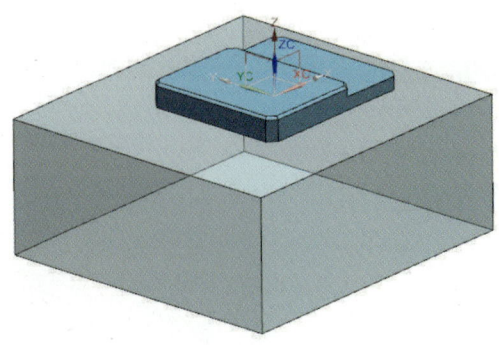

㊻ 메뉴 ➡ 결합 ➡ 패치( )를 클릭한다.

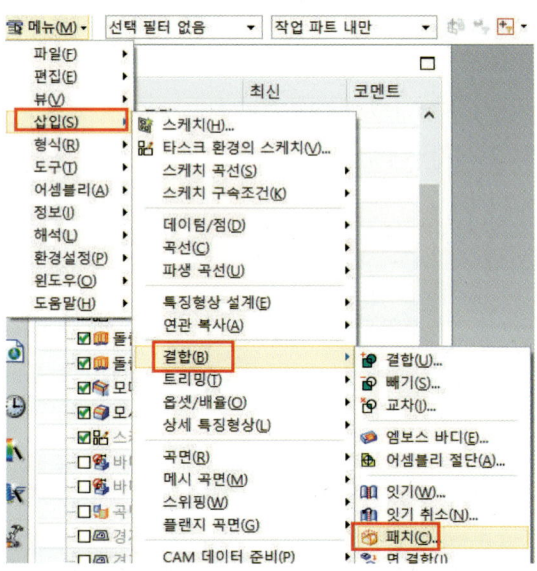

㊼ 패치 창이 뜨면 타겟에서 전체 바디를 선택한 후 도구를 생성한 시트를 클릭한 후 솔리드 타겟에 구멍 만들기를 체크한 후 확인을 클릭한다.

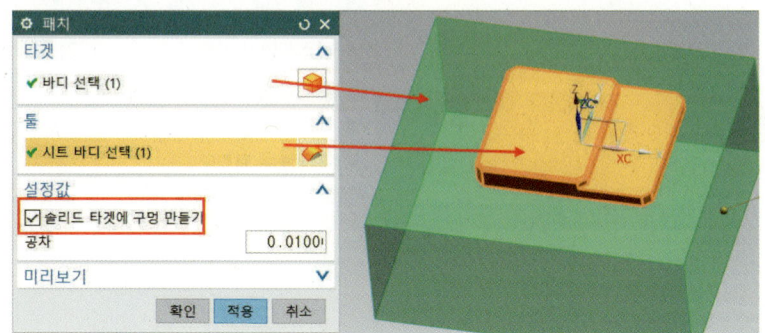

㊽ 다음과 같이 중심도 완성된 것을 확인할 수 있다.

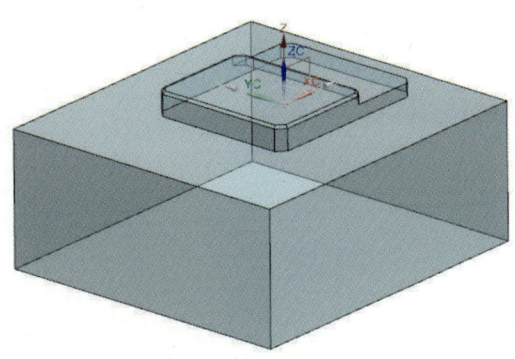

㊾ 중심, 구멍을 모두 불러 온다.

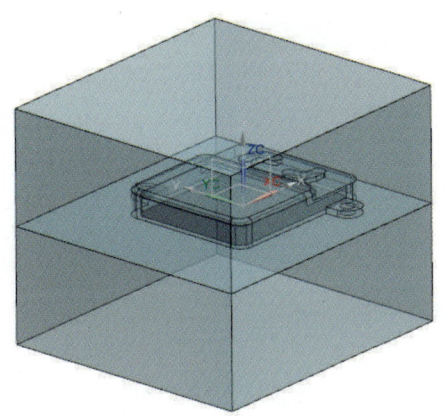

㊿ 메뉴 ➡ 삽입 ➡ 연관 복사 ➡ 대칭 지오메트리( )를 클릭한다.

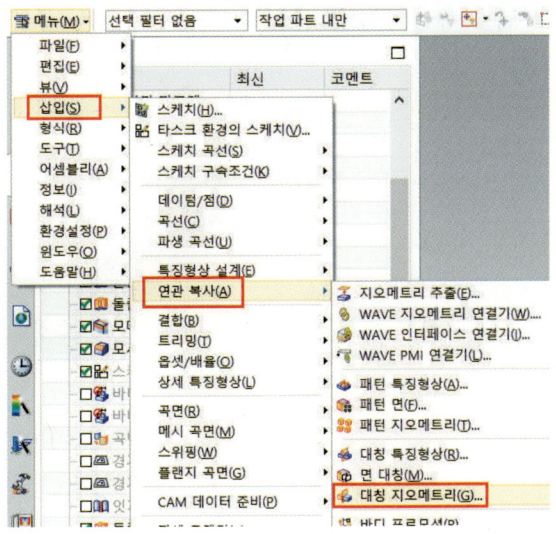

(51) 대칭 지오메트리를 클릭한 후 개체 선택의 평면 지정에서 옆면을 클릭한 후 적용을 클릭한다.

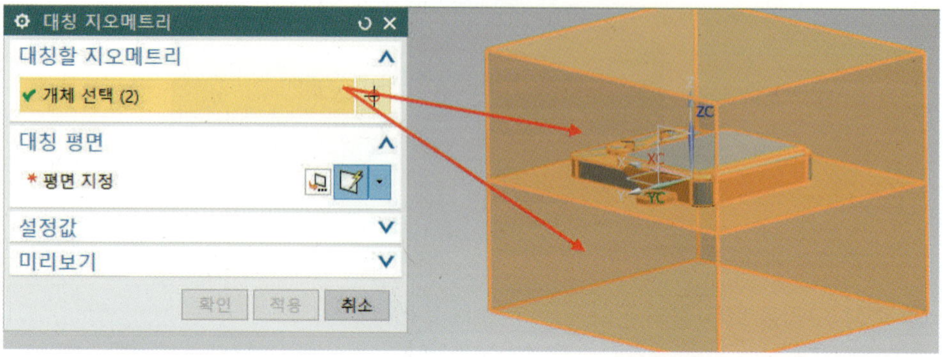

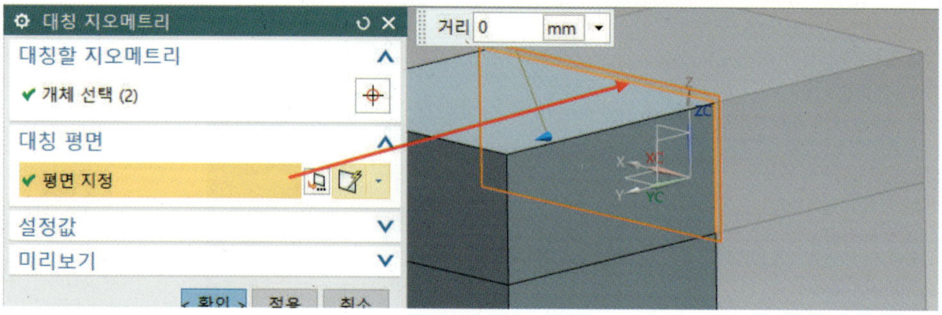

(52) 대칭할 지오메트리의 개체 선택에서 4개의 면을 클릭한 후 평면 지정에서의 옆면을 클릭한 후 확인을 클릭한다.

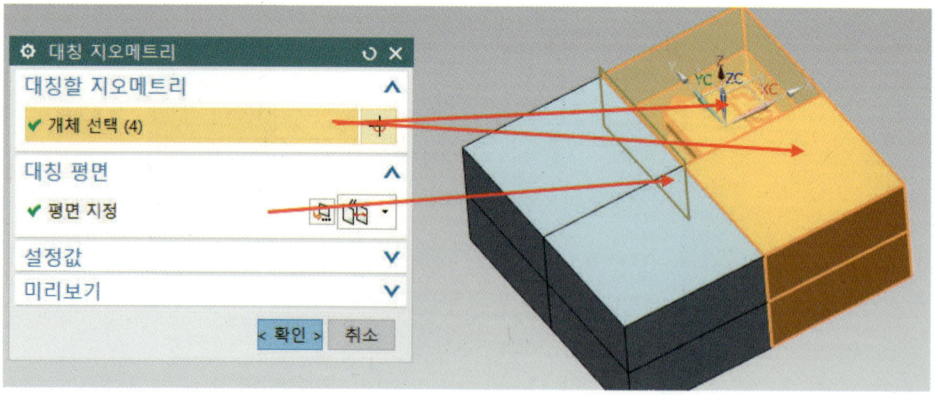

(53) 메뉴 → 삽입 → 결합 → 결합( )를 클릭한다.

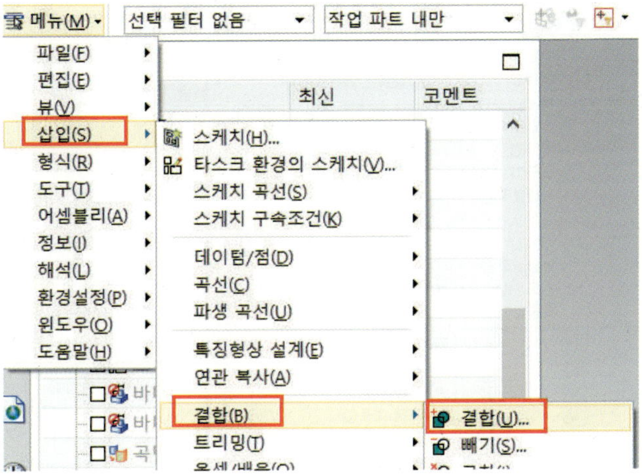

(54) 다음 그림과 같이 구멍을 선택한 후 확인을 클릭한다. 나머지 중심 부분도 선택 후 확인을 클릭한다.

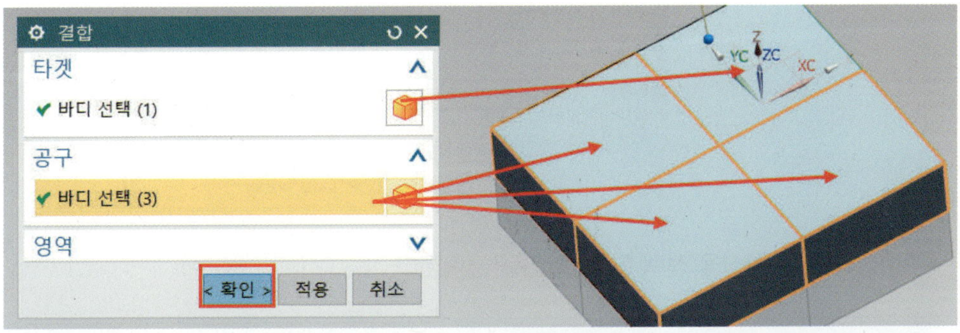

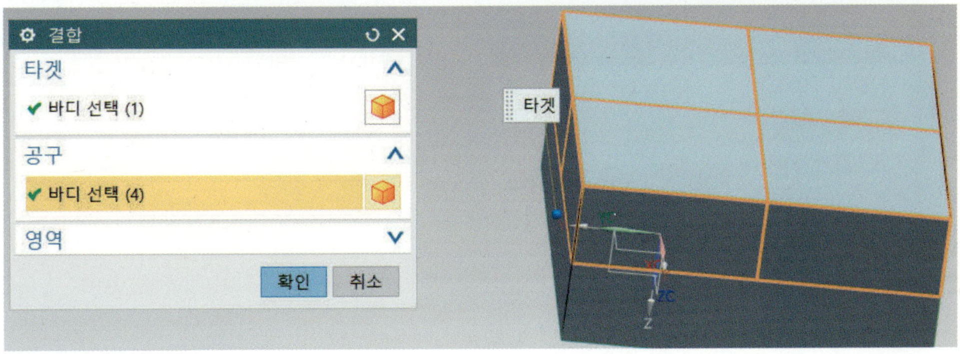

㊺ 메뉴 ➡ 편집 ➡ 특징형상 ➡ 매개변수 제거( )를 클릭한다.

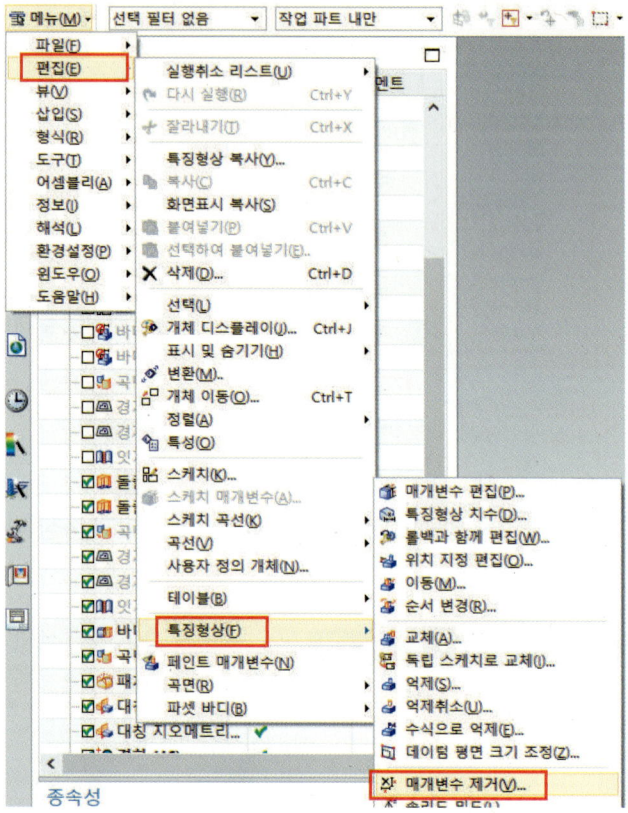

㊻ 생성해 놓은 형상을 선택 한 후 확인을 클릭한다.

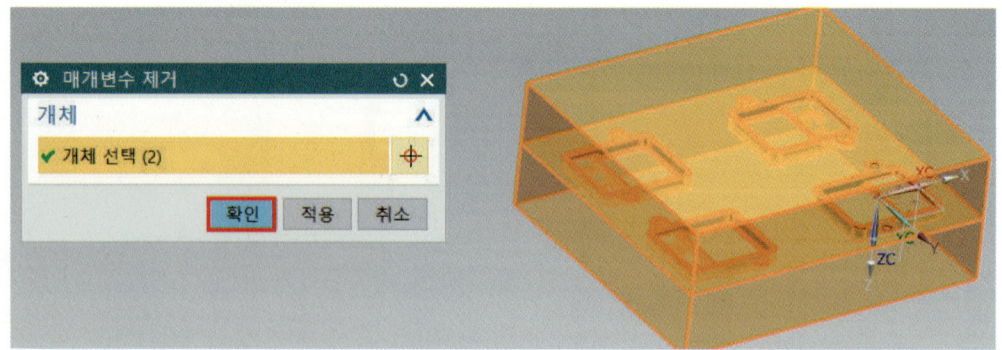

㊺ 다음과 같은 창이 뜨면 예를 클릭한다.

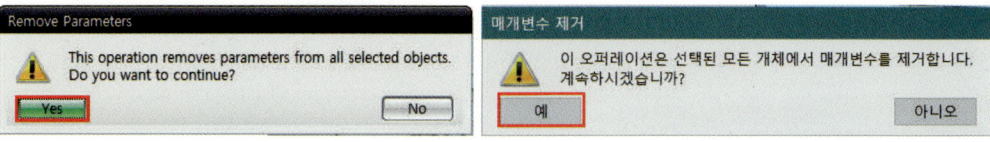

㊻ 메뉴 ➡ 편집 ➡ 개체 이동()을 클릭한다.

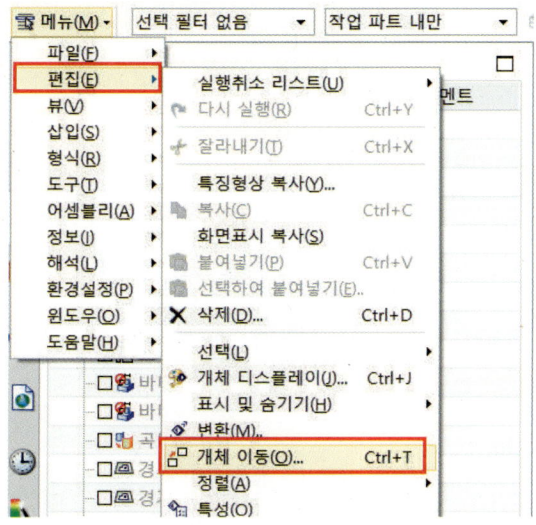

㊼ 개체 중심을 선택한 후 동작은 거리를 설정 후 방향을 선택하고 거리를 150mm로 설정 후 확인을 클릭한다.

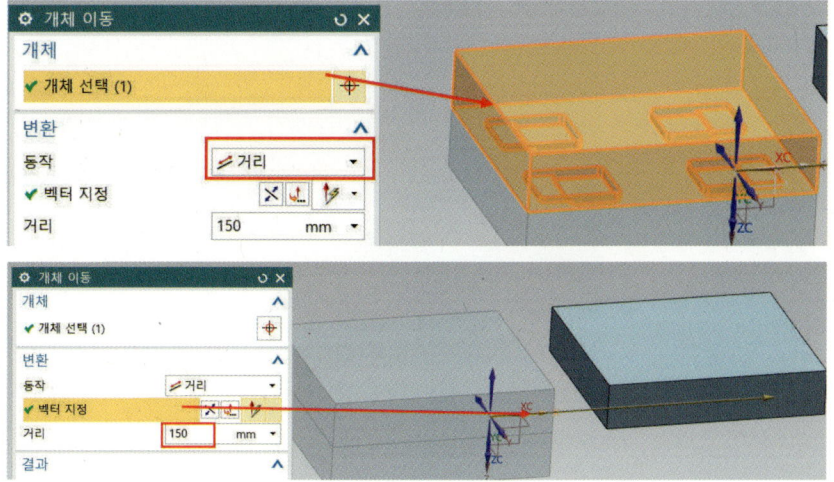

⑥ 개체 중심을 선택한 후 동작에서 각도를 설정한 후 방향을 선택하고, 원의 위치에 축의 점을 클릭한 후 거리를 180mm로 설정 후 확인을 클릭한다.

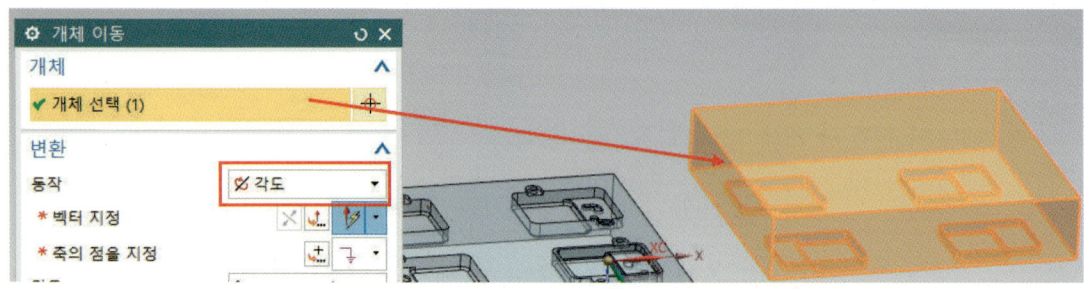

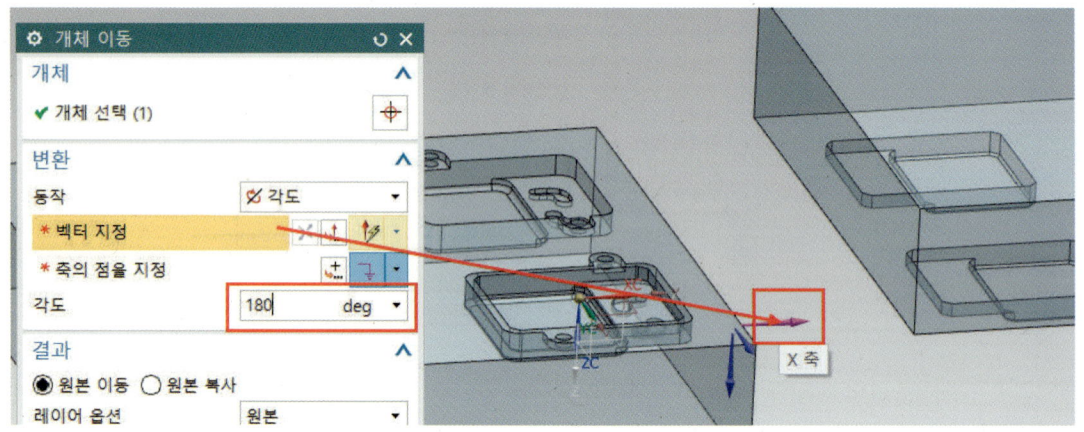

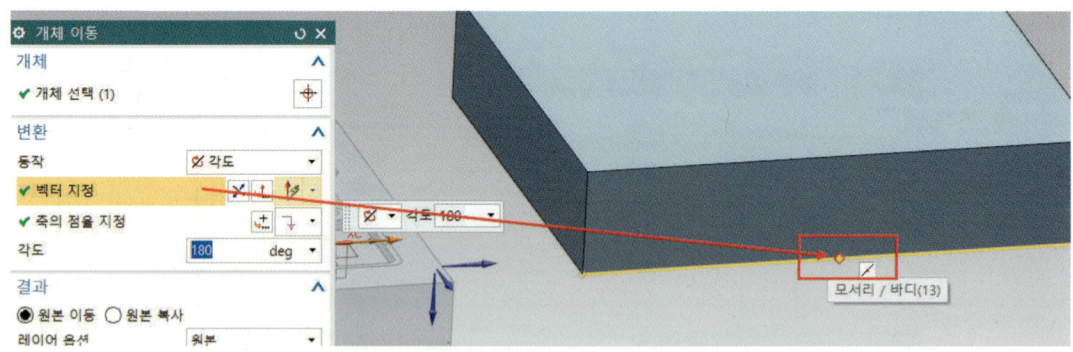

NX10 3D 모델링 및 CAD/CAM

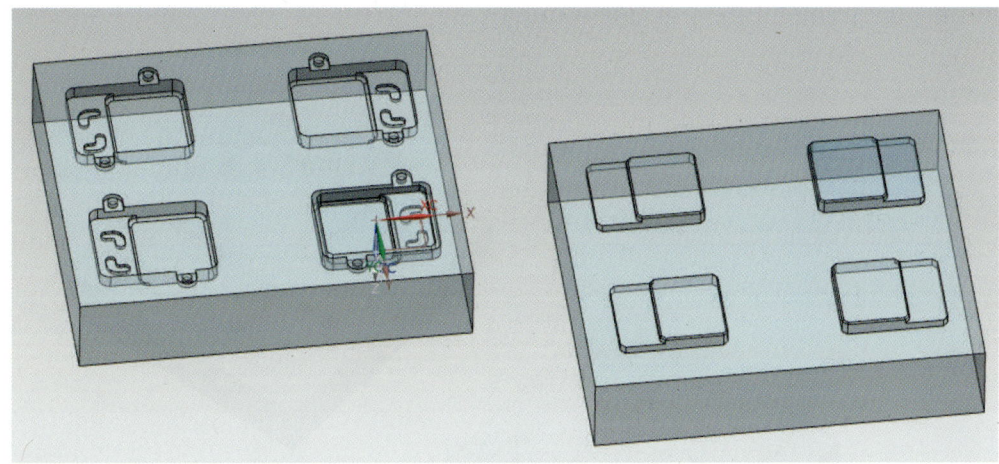

61 Ctrl+J를 입력한 후 두 개의 개체를 선택한 후 확인을 클릭한다.

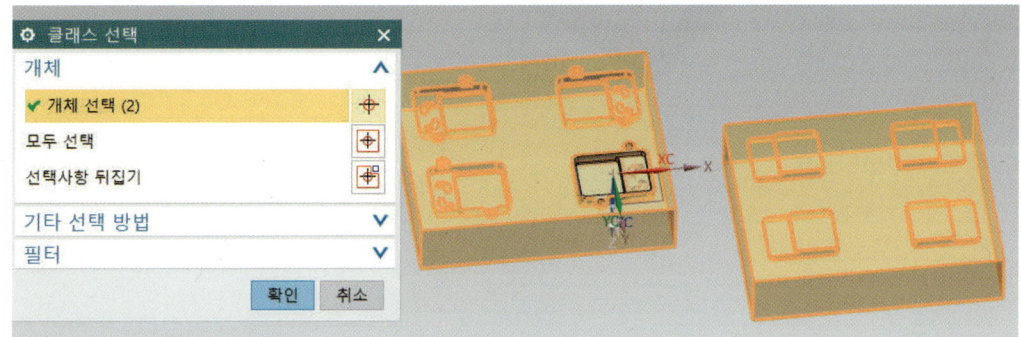

62 디스플레이에서 숫자를 0으로 한 후 확인을 클릭해 원 상태로 생성해준다.

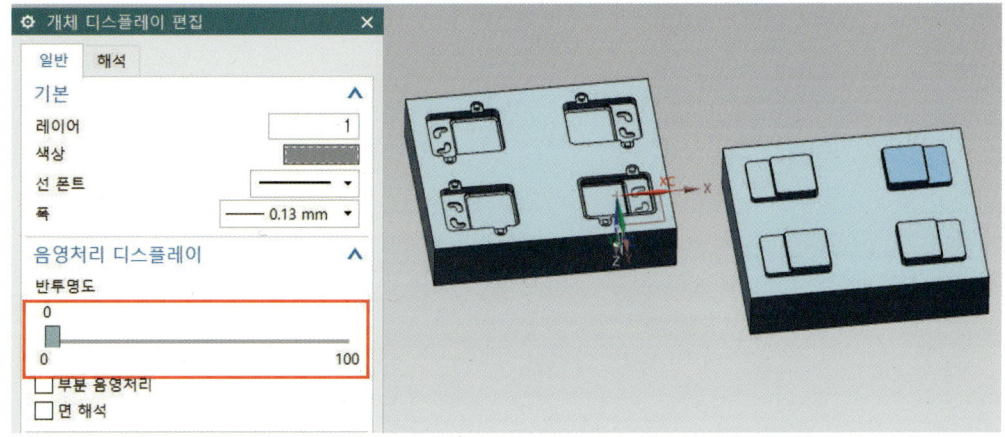

Chapter 03 | Core, Cavity 설계 따라 하기

❻❸ 다음과 같이 구멍 4개, 중심이 완성되었다.

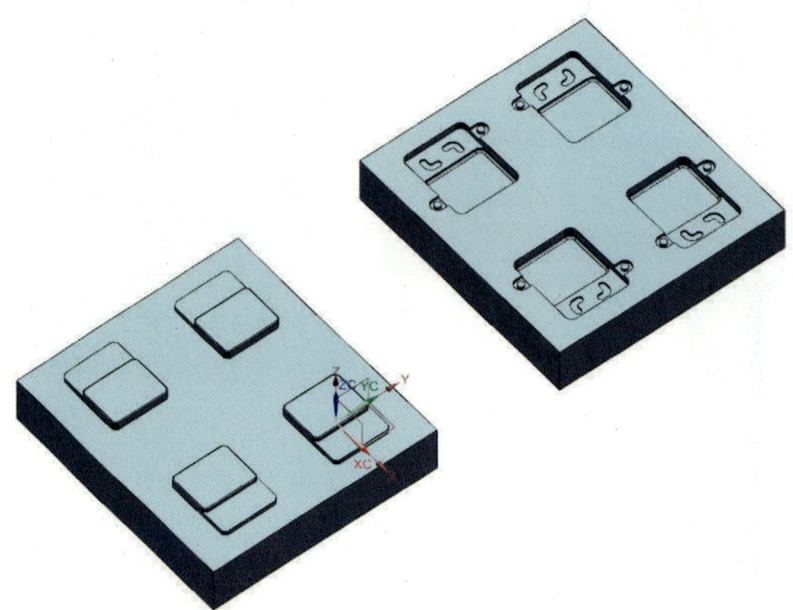

PART VII

NX10 CAM 가공 따라 하기

1. 컴퓨터응용밀링기능사
2. 컴퓨터응용가공산업기사
3. 금형기능사

CHAPTER 01 컴퓨터응용밀링기능사

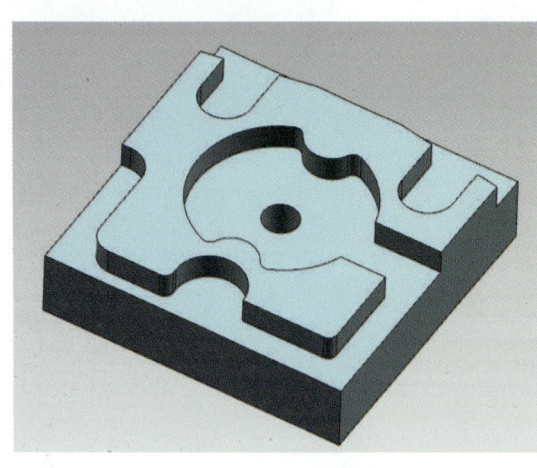
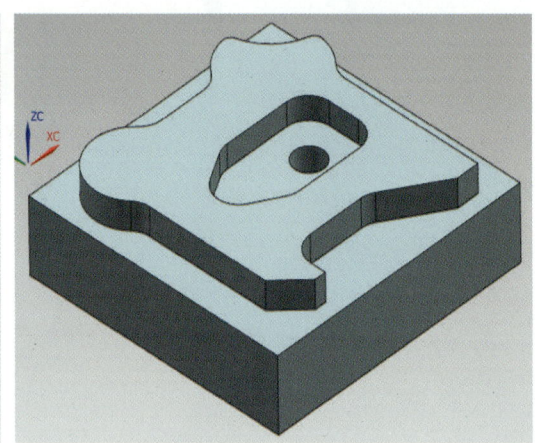

※ NX10 CAM을 이용하여 다음과 같은 절삭지시서에 따라 가공한다.

공구 번호	작업 내용	파일명	공구 조건		경로 간격 (mm)	절삭 조건				비고
			종류	직경		회전수 (rpm)	이송 (m/m)	절입량 (mm)	잔량 (mm)	
2	센터링	센터링.nc	센터드릴	Ø3		1000	100			
3	드릴링	드릴링.nc	드릴	Ø8		900	90			
1	포켓가공	포켓.nc	엔드밀	Ø10		900	90			

(1) Manufacturing 시작하기

❶ 시작에서 Manufacturing을 선택한다.

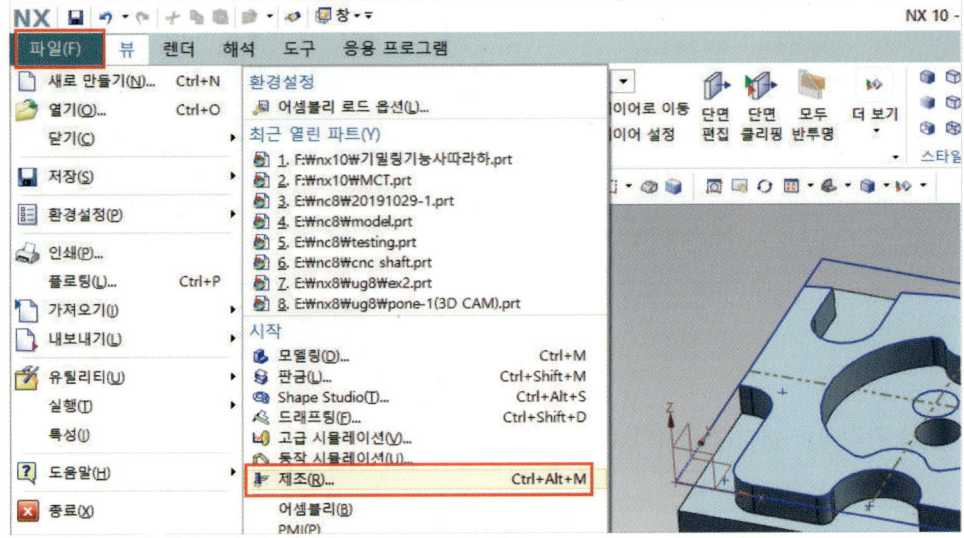

❷ 가공 환경에서 생성할 CAM 설정에서 mill_contour를 선택하고 확인한다.

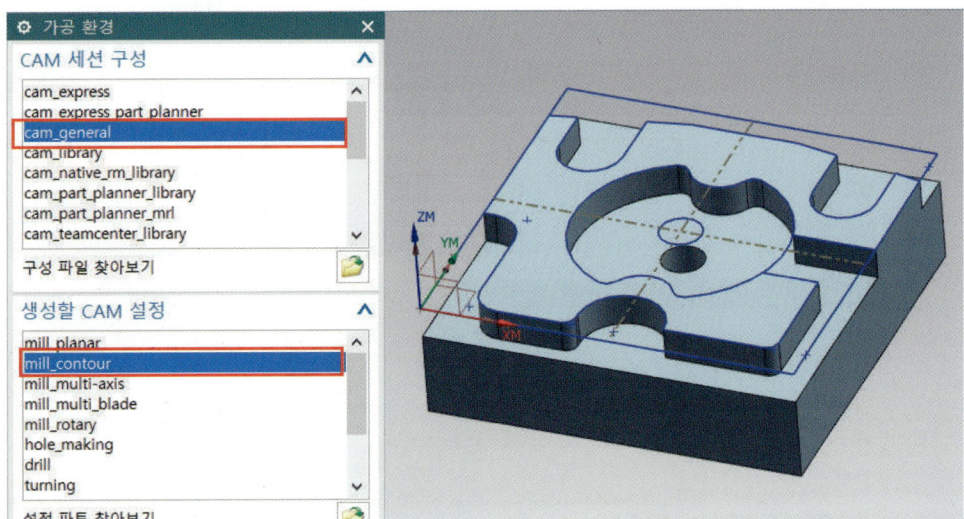

(2) 공작물(가공물) 원점 설정하기

❶ 리소스 바에서 오퍼레이션 탐색기를 열어서 MB3을 클릭하고 지오메트리 뷰를 선택한다.

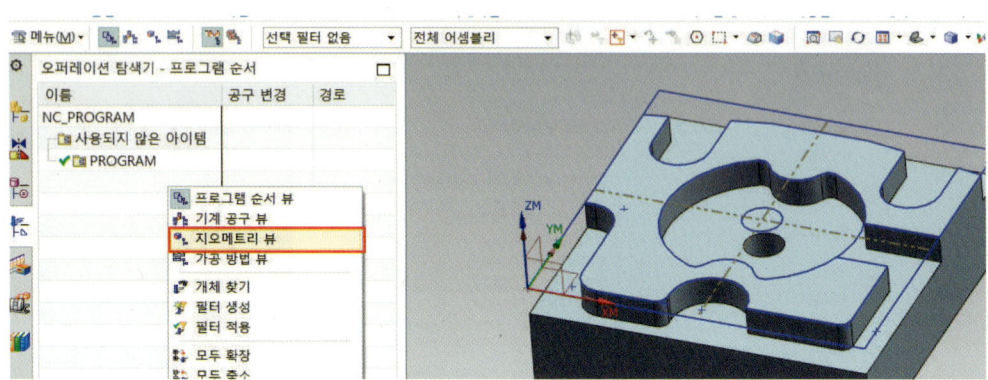

❷ 간격에서 평면 안전거리 10을 입력하고, 윗면을 클릭한다. MCS_MILL을 더블 클릭하여 다이얼로그 아이콘( )을 선택한다.

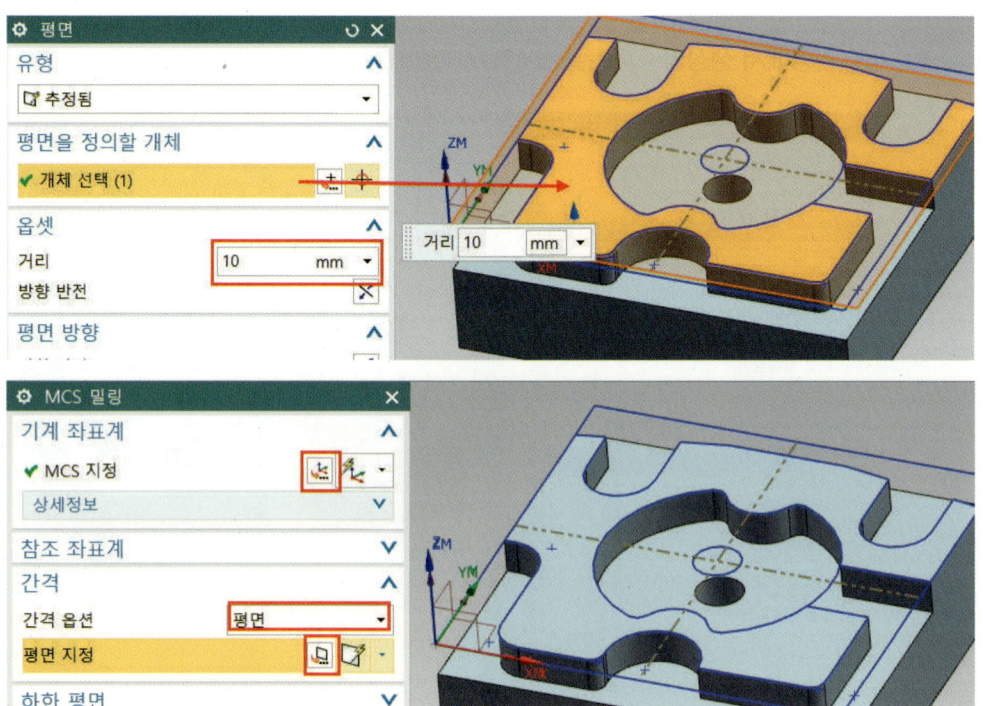

PART Ⅶ NX10 CAM 가공 따라 하기

❸ 아래 그림처럼 방향 지정에서 가공원점을 클릭하고 확인한다.

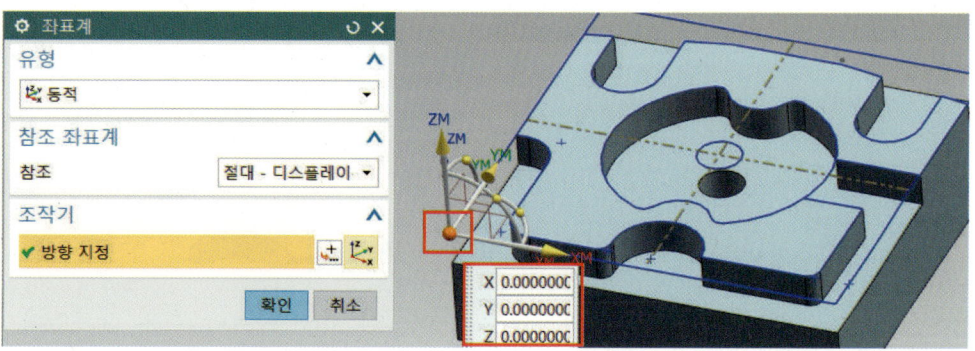

❹ MCS_MILL 앞부분의 +를 누른 후 WORKPIECE를 선택하고, MB3 버튼을 클릭하여 편집을 선택한다.

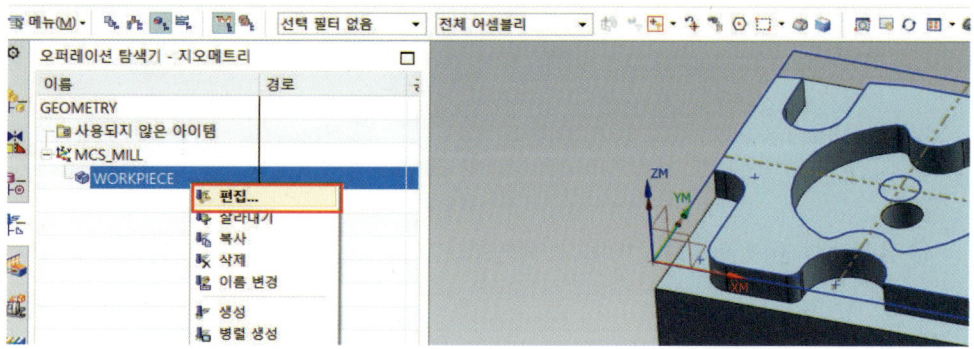

❺ 지오메트리에서 파트 지정() 편집 아이콘을 클릭한다.

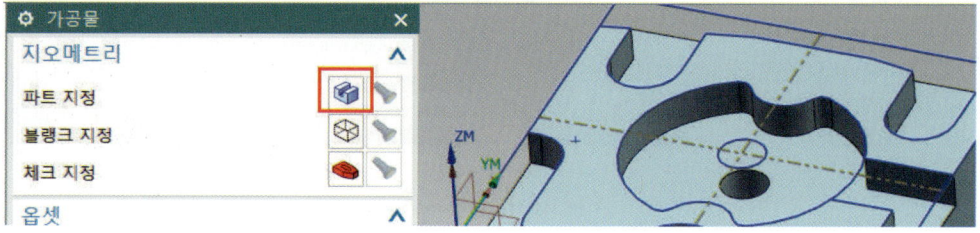

❻ 파트 지오메트리에서 모델링을 모두 선택하고 확인한다.

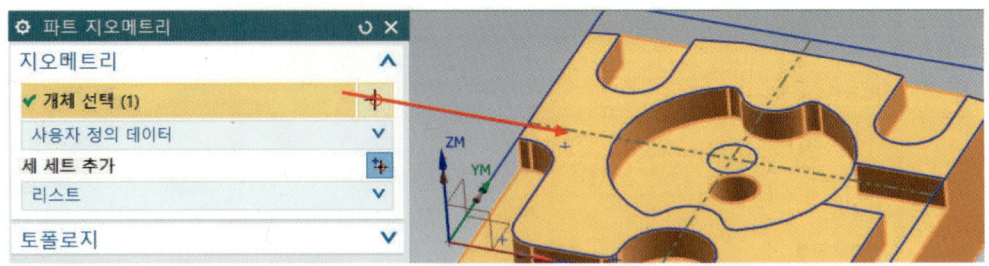

❼ 블랭크 지정 아이콘을 클릭한다.

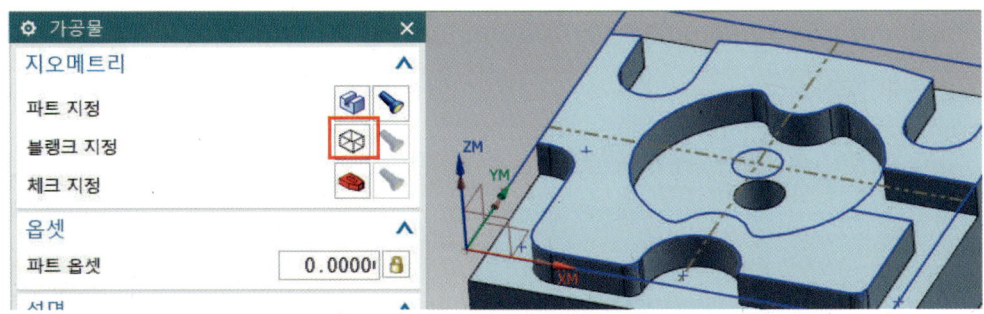

❽ 유형에서 경계 블록을 선택하고 확인한다. 다시 한 번 확인하고 가공물 메뉴에서 빠져나온다.

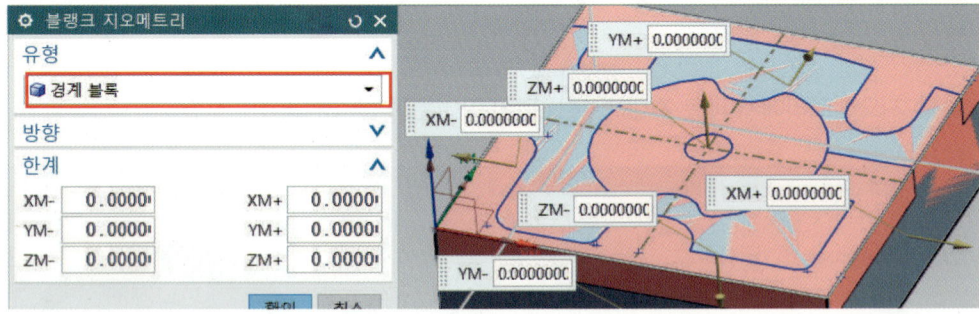

(3) 공구 생성하기

❶ Manufacturing 아이콘 바에서 공구 생성 아이콘을 클릭한다.
  그림과 같이 유형에서 mill_contour를 선택한 다음 공구 하위 유형은 플랫 엔드밀을 선택하고 이름은 MILL_10으로 입력한다.

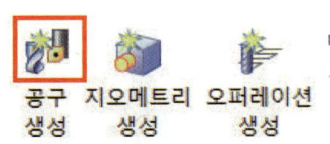

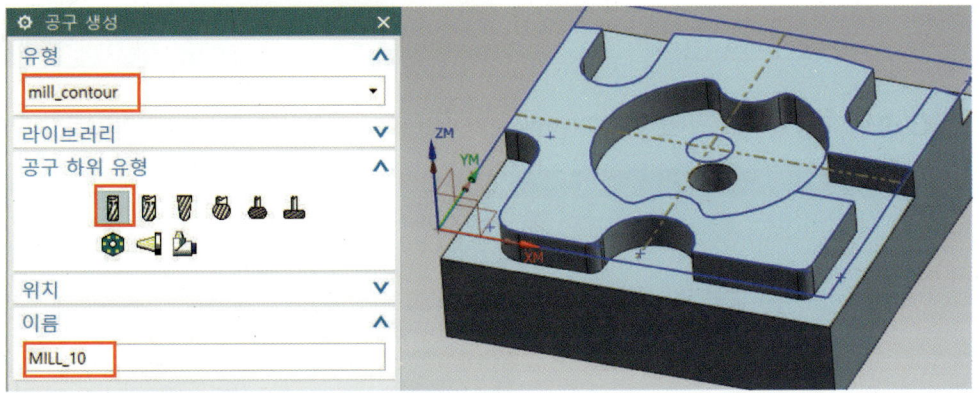

❷ 공구 직경 10, 공구 번호 1(1번 공구는 기준 공구로 사용)을 입력하고 확인한다.

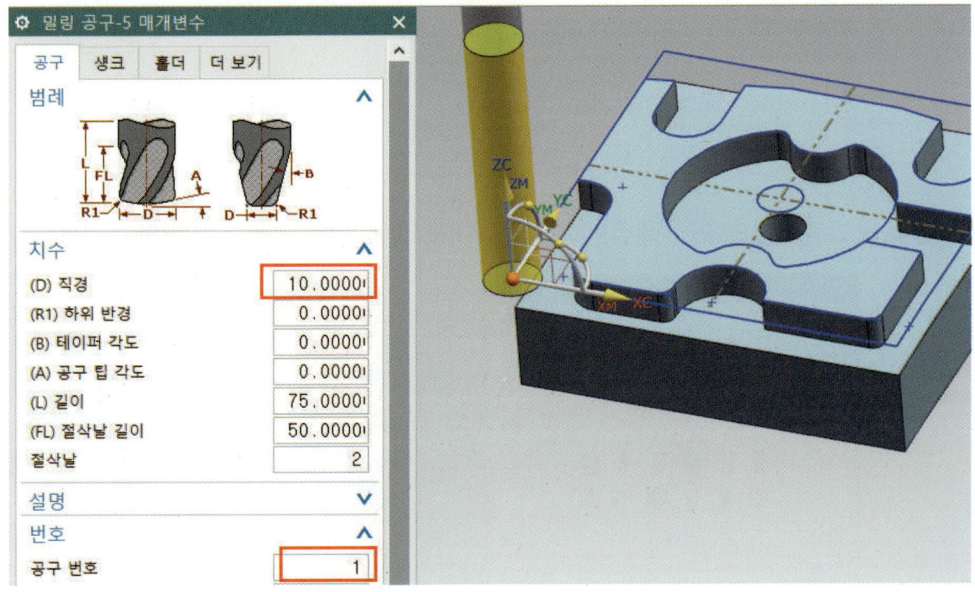

❸ 아래 그림처럼 drill에서 공구 하위 유형의 이름은 SPOTDRILLING_3을 선택 후 입력하고 적용한다.

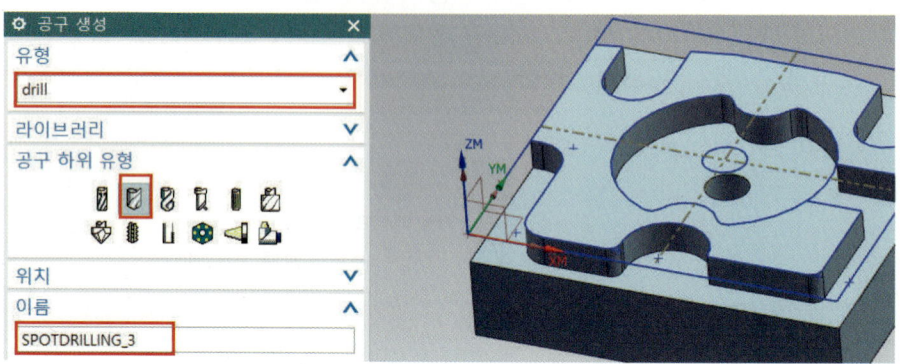

❹ 공구 직경 3, 공구 번호 2(공구 번호는 기계와 동일하게 나중에 수정)을 입력하고 확인한다.

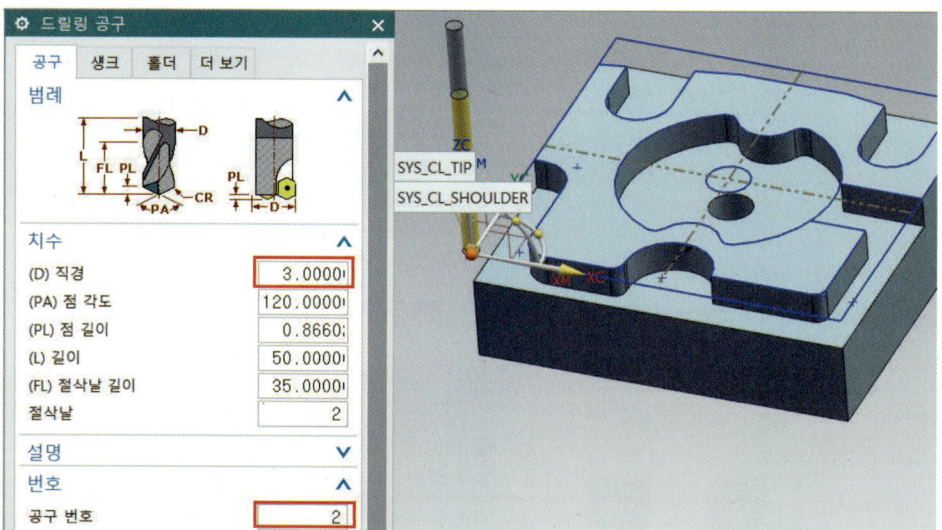

❺ 아래 그림처럼 공구 하위 유형의 이름은 DRILLING_8을 선택 후 입력하고 적용한다.

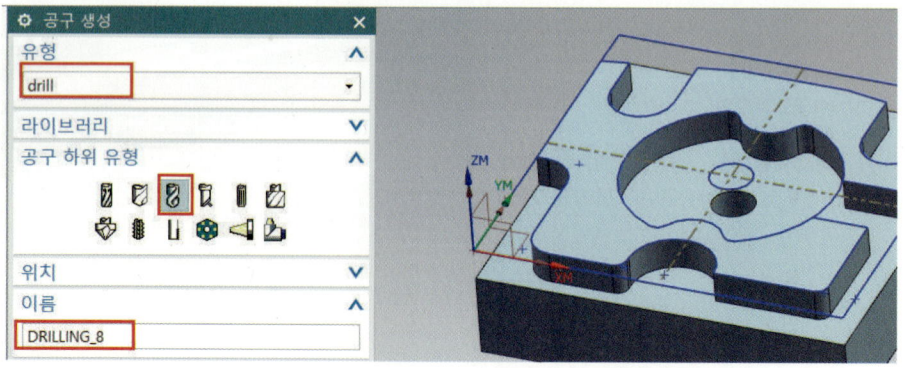

❻ 공구 직경 8, 공구 번호 3(공구 번호는 기계와 동일하게 나중에 수정)을 입력하고 확인한다.

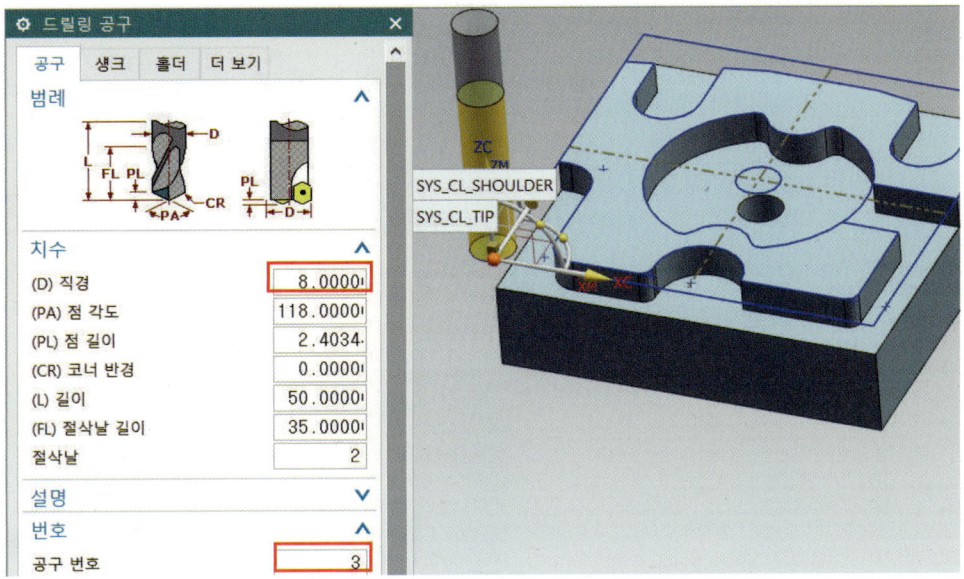

(4) 센터 드릴(SPOT_DRILLING) 작업하기

SPOT_DRILLING(센터 드릴) 작업은 드릴 작업 전에 중심을 정확하게 잡아주는 작업으로서 생략할 수도 있다.

❶ 삽입에 오퍼레이션을 선택한다. 또는 그림처럼 오퍼레이션() 아이콘을 선택한다. 하위유형은 drill, 프로그램은 PROGRAM, 지오메트리 사용은 WORKPIECE, 방법 사용은 METHOD로 바꾼 다음 적용 버튼을 클릭한다.

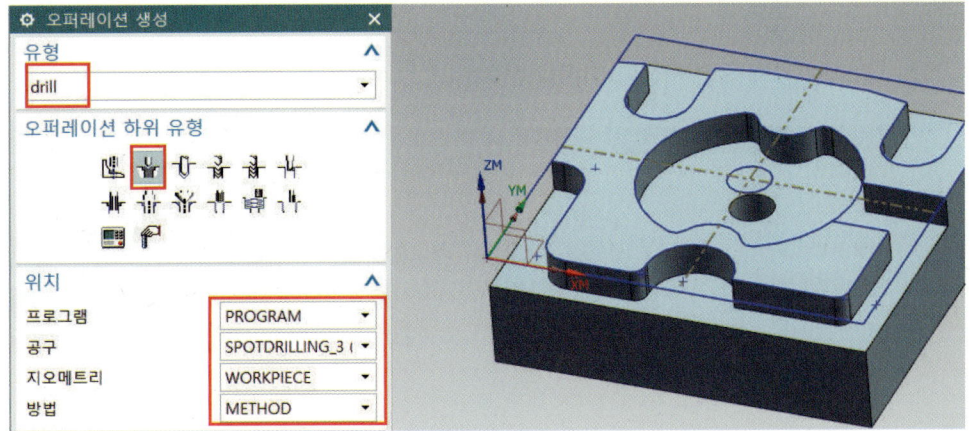

❷ 그림처럼 구멍 지정 아이콘을 선택한다.

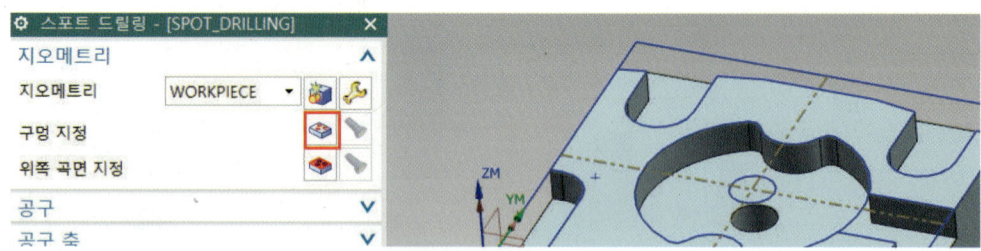

❸ 그림처럼 선택 아이콘을 선택한다.

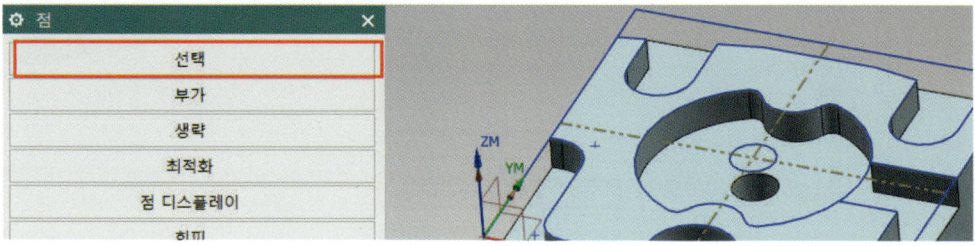

❹ 그림처럼 구멍을 선택한 후 확인한다.

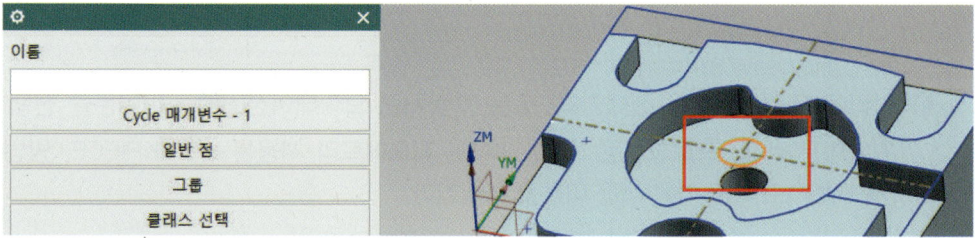

❺ 그림처럼 위쪽 곡면 지정 아이콘을 선택한다.

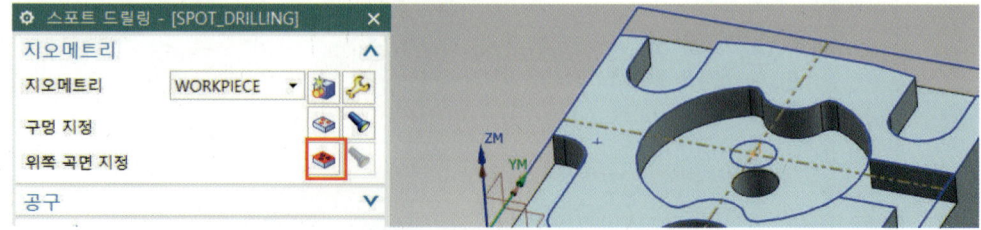

❻ 그림에서 위쪽을 면으로 설정한 다음 윗면을 선택하고 확인한다.

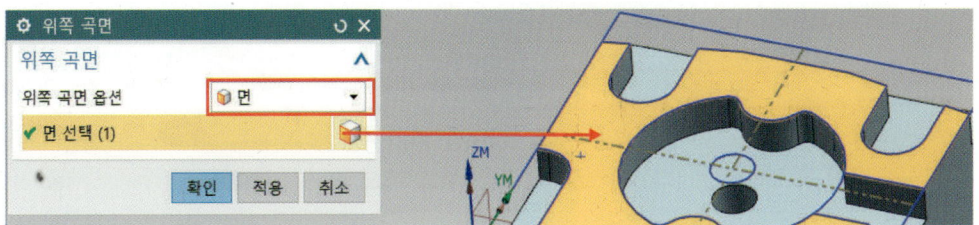

❼ 사이클 유형에서 매개변수 편집을 클릭한다.

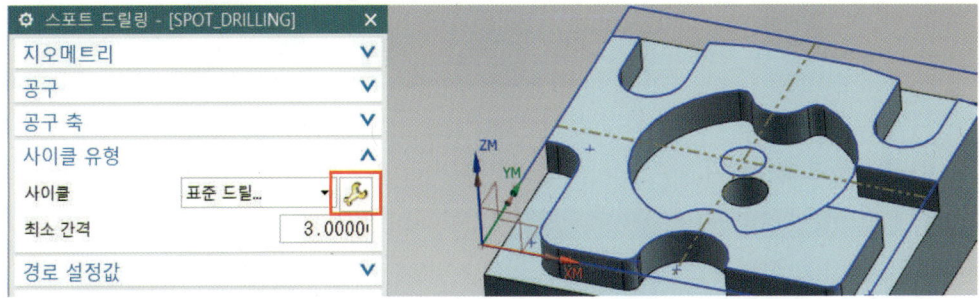

❽ 그림처럼 개수지정한 후 확인한다.

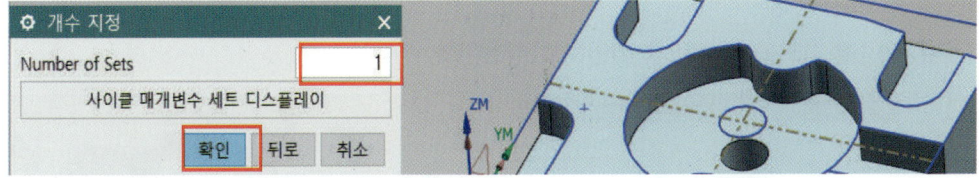

❾ Depth를 클릭한다.

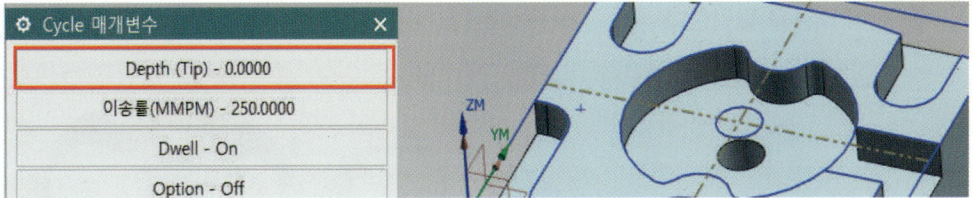

❿ 공구 팁 깊이를 클릭한다.

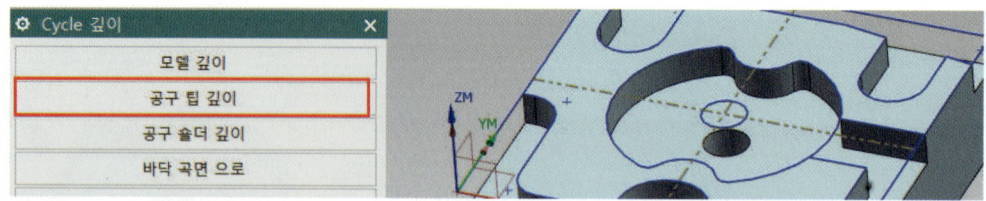

⓫ 깊이 3을 입력하고 확인한다.

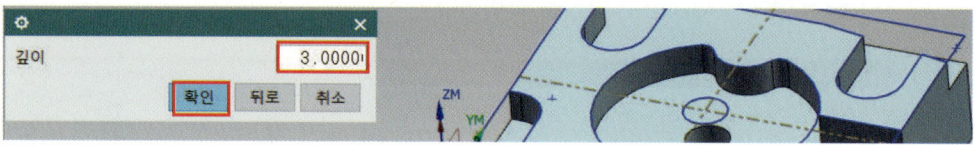

⓬ 이송률을 클릭한다.

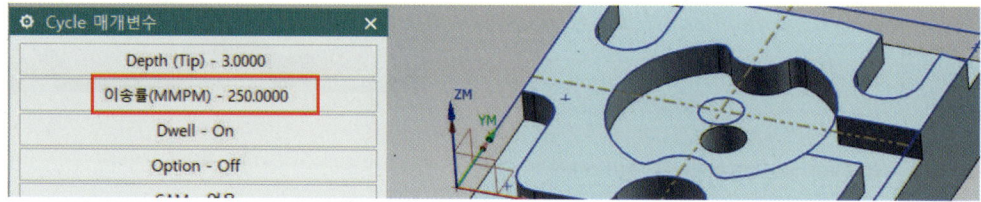

⓭ 이송률 100을 입력한 후 확인하고 취소한다.

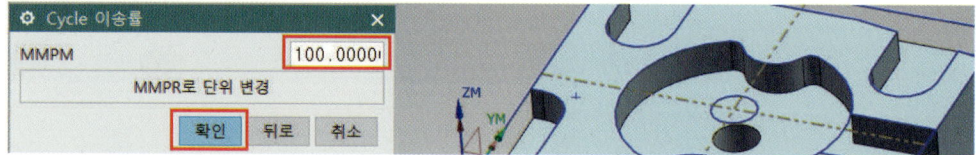

⓮ 회피 버튼을 클릭한다.

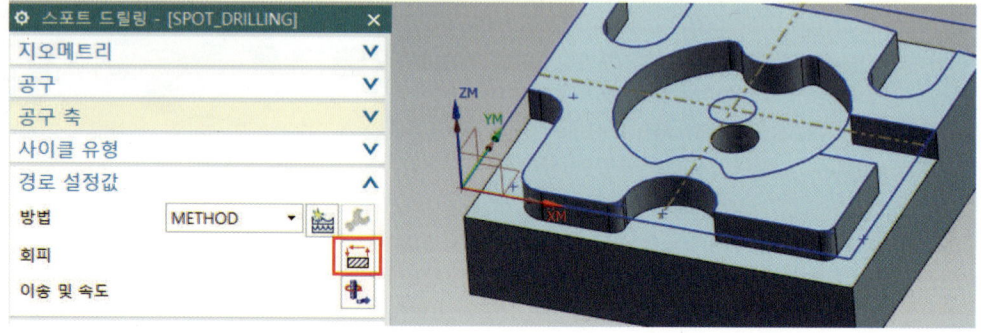

1016 PART Ⅶ NX10 CAM 가공 따라 하기

⓯ Clearance Plane을 클릭한다.

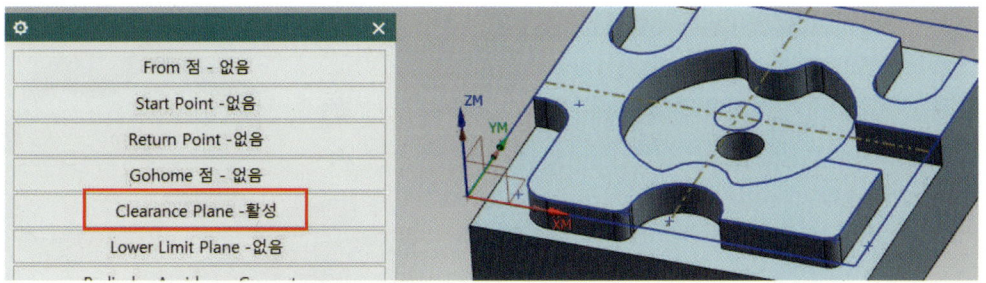

⓰ 그림처럼 지정을 클릭한다.

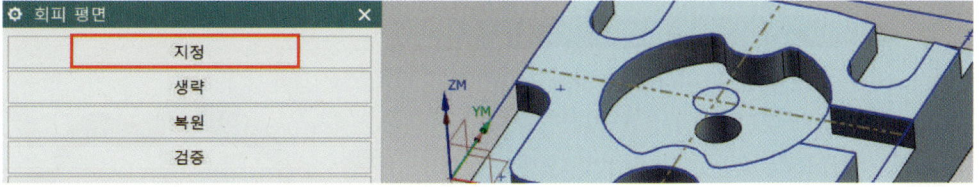

⓱ 평면 개체에서 윗면을 선택하고, 옵셋 거리 10을 입력 후 확인한다.

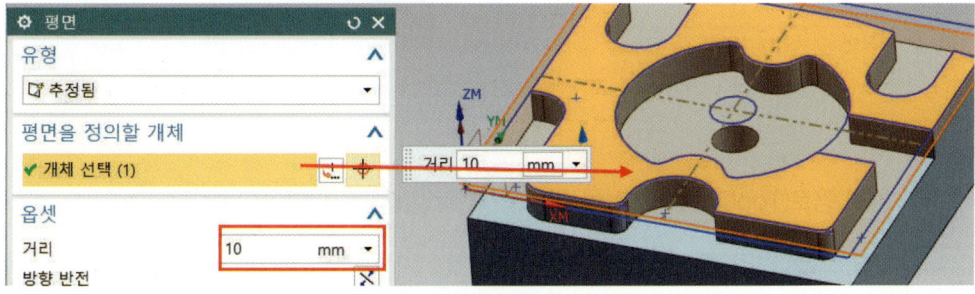

⓲ 이송 및 속도를 클릭한다.

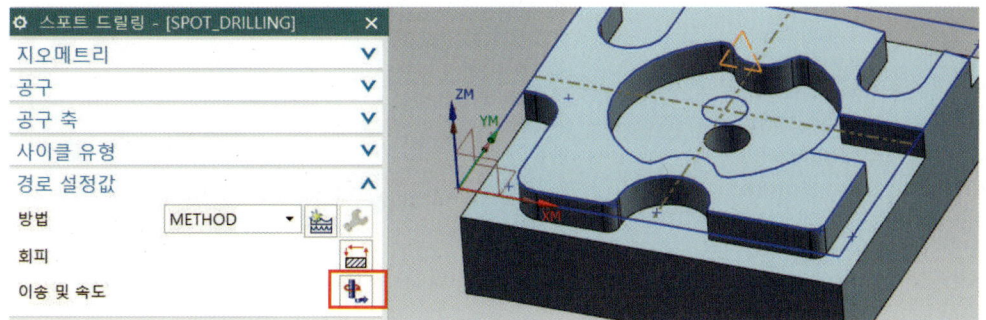

⑲ 스핀들 속도 1000, 이송률에서 절삭은 이송속도 100을 입력하고 확인한다.

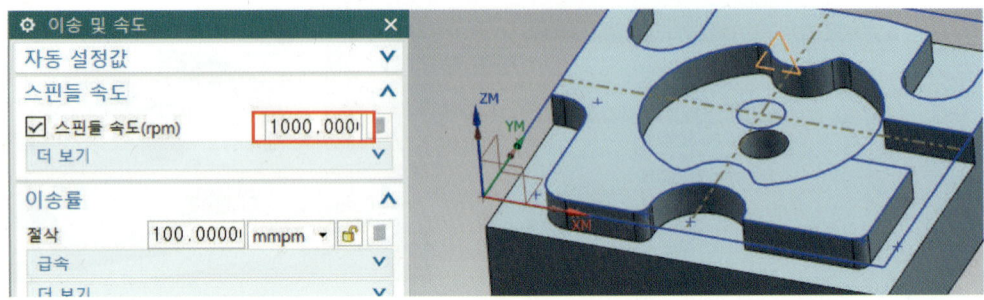

⑳ 작업에서 생성을 클릭한다.

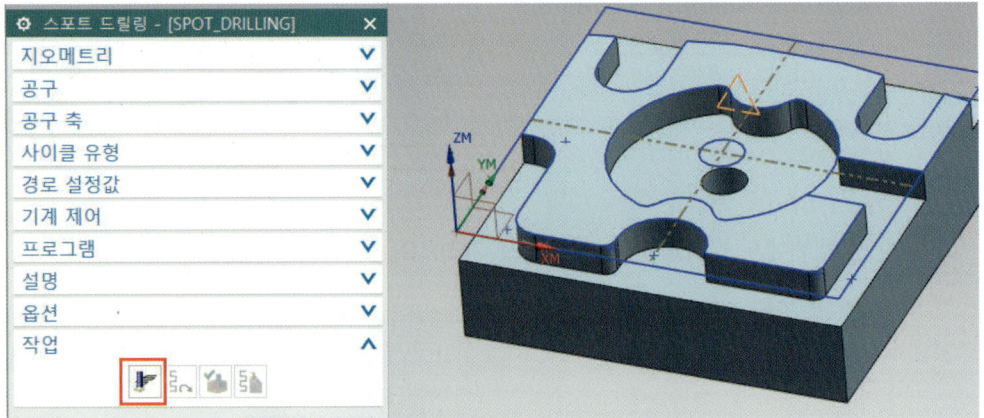

㉑ 공구 경로(Tool Path) 생성을 확인한 후 확인을 클릭한다.

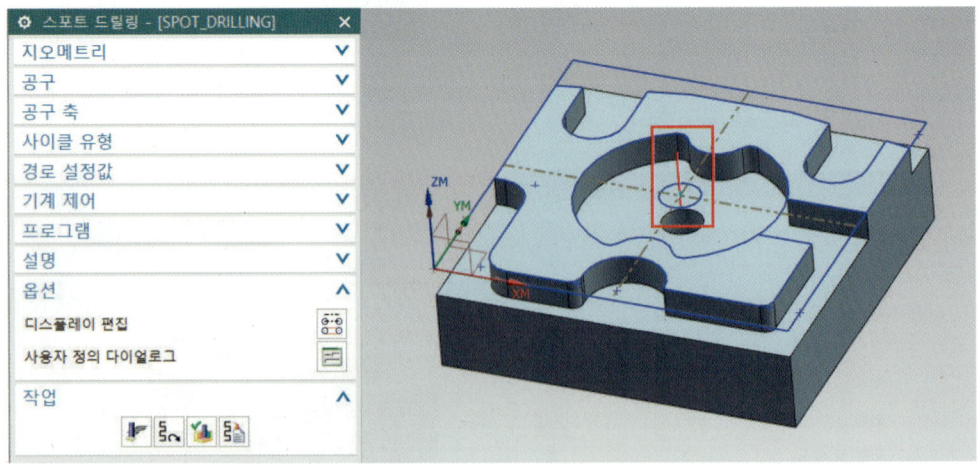

(5) 드릴링(Peck Drilling) 가공

Peck Drilling 가공의 기능은 Peck Drilling은 위에서 살펴보았듯이 지정된 값만큼 진입가공을 하고, Minimum Clearance의 높이까지 퇴각하는 반복적인 공정으로 가공이 된다.

❶ 그림에서 오퍼레이션 생성() 아이콘을 클릭한 다음 Peck Drilling을 선택하고, 공구를 드릴 6.8을 입력하고 확인한다.

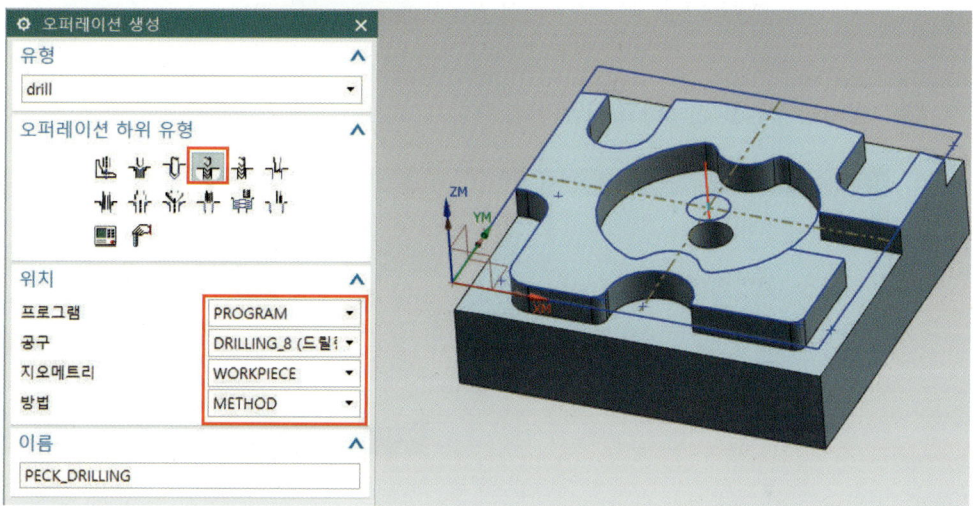

❷ 구멍 지정( ) 아이콘을 클릭한다.

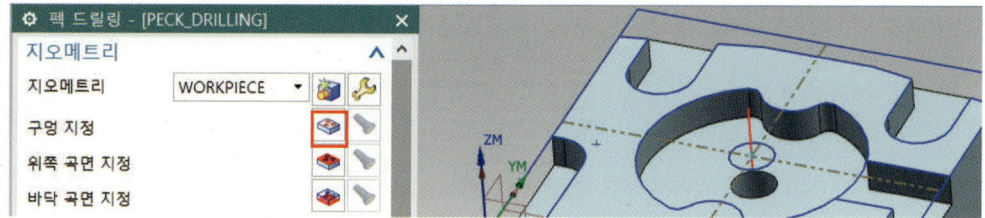

❸ 그림처럼 선택을 클릭한다.

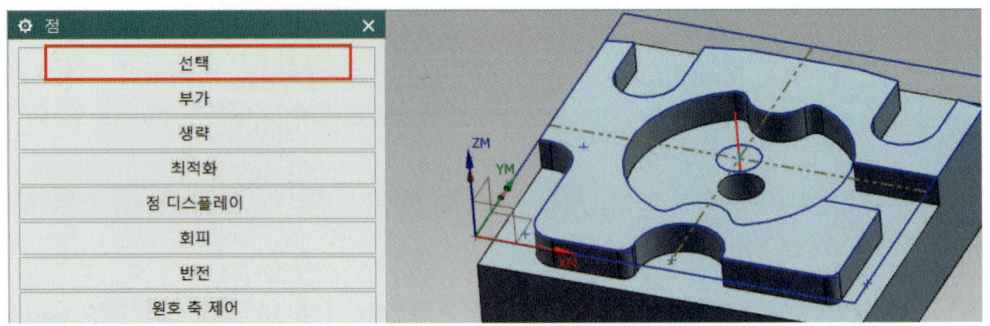

❹ 그림처럼 구멍을 선택하고 확인한다.

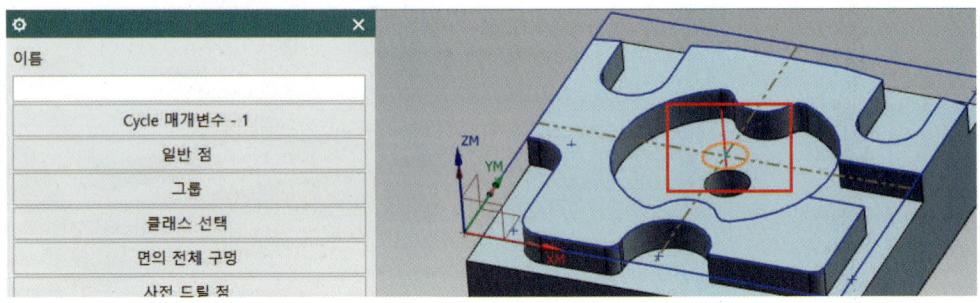

❺ 위쪽 곡면 지정( ) 아이콘을 선택한다.

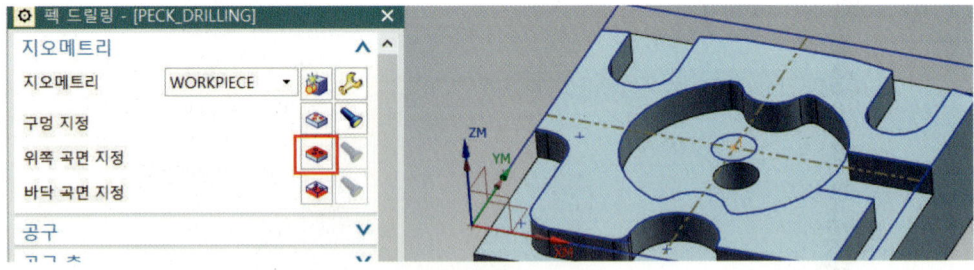

❻ 그림처럼 위쪽 곡면 옵션에서 면을 선택하고 확인한다.

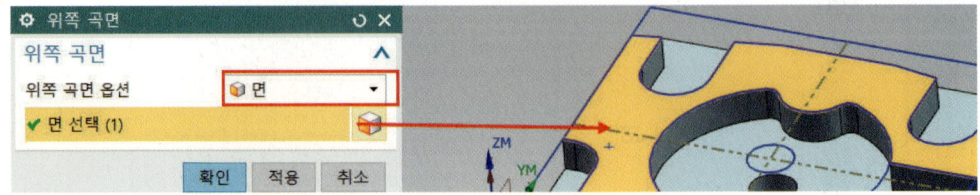

❼ 바닥 곡면 지정( ) 아이콘을 클릭한다.

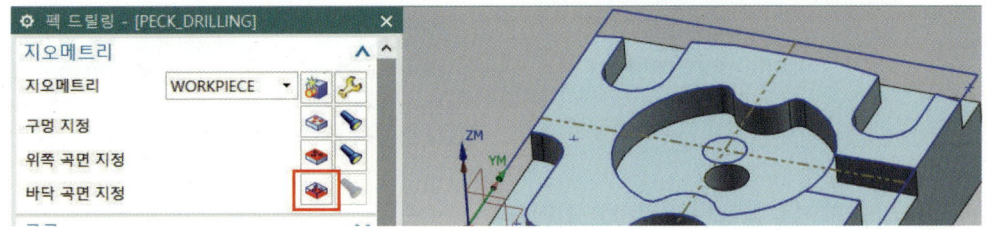

❽ 그림처럼 바닥 곡면 옵션에서 면을 선택하고 확인한다.

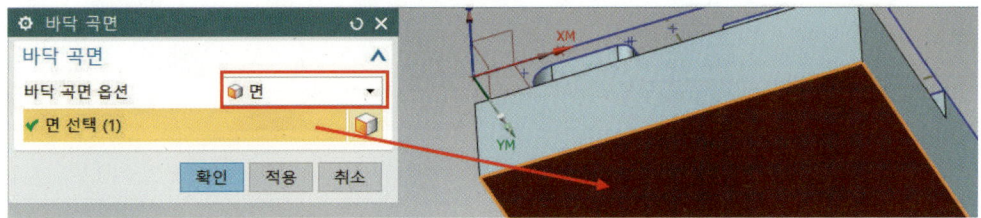

❾ 사이클 유형에서 매개변수( ) 편집 아이콘을 클릭한다.

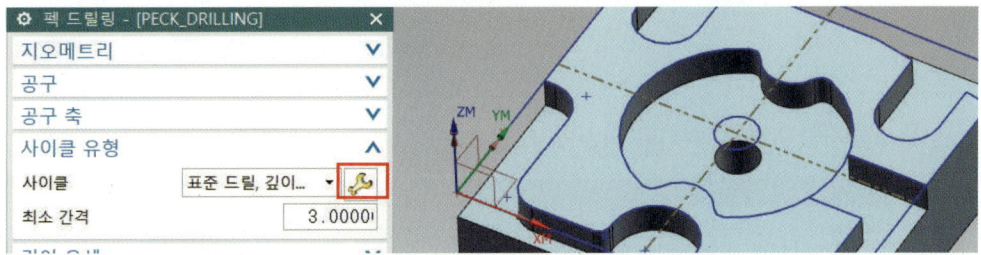

❿ 그림처럼 개수 지정에서 확인한다.

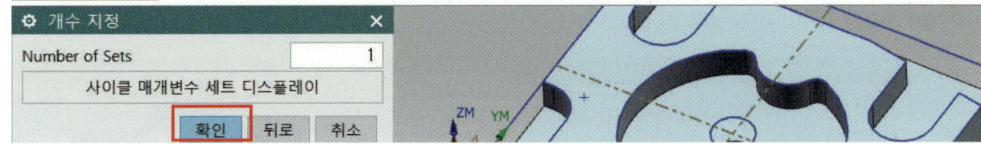

⓫ Depth – 모델 깊이를 클릭한다.

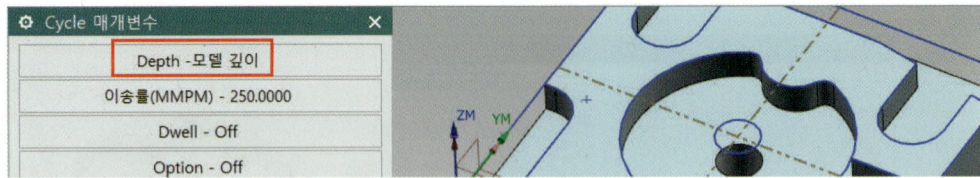

⓬ 바닥 곡면을 통해를 클릭하고 확인한다.

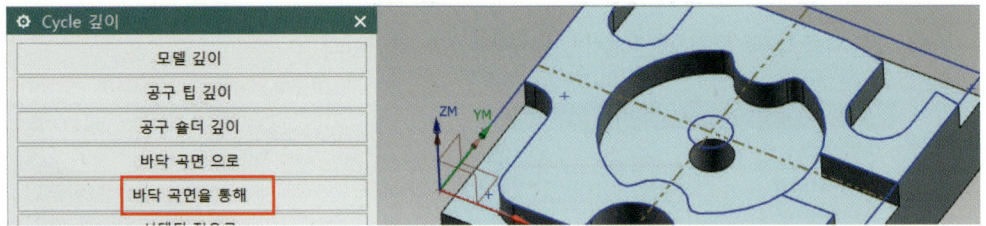

⓭ 이송률을 클릭한다.

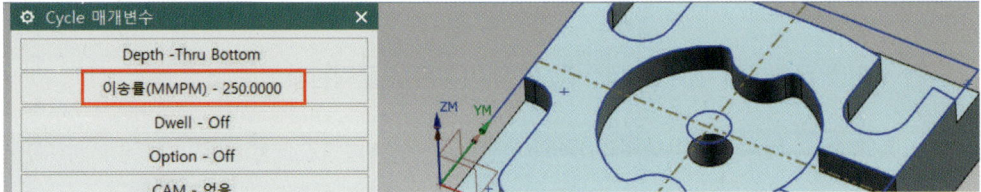

⓮ 그림처럼 90을 입력하고 확인한다.

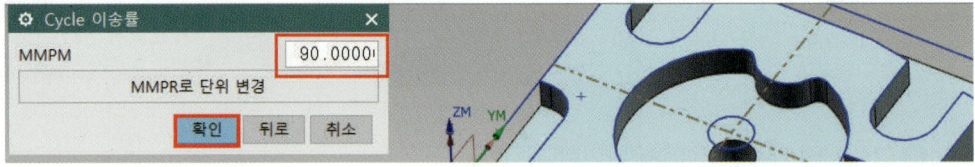

⓯ Step 값 – 미정의를 클릭한다.

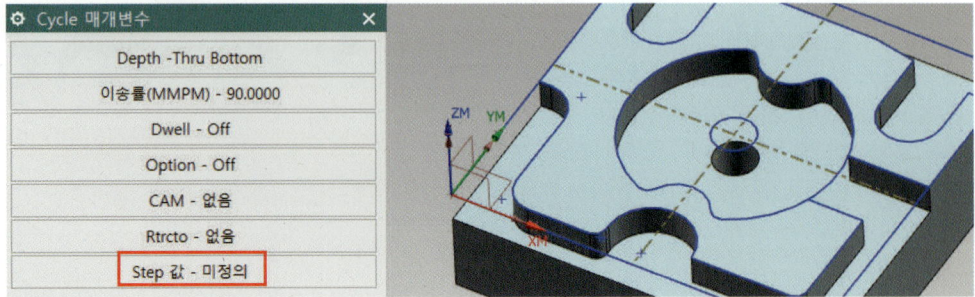

⓰ 그림처럼 2~3를 입력한다.(첫 번째 스텝에만 입력)

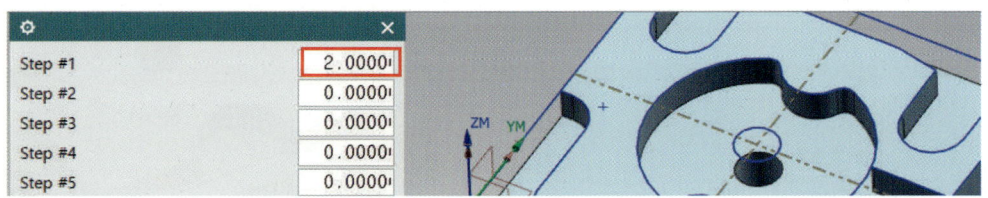

⓱ 그림처럼 회피( ) 아이콘을 입력한다.

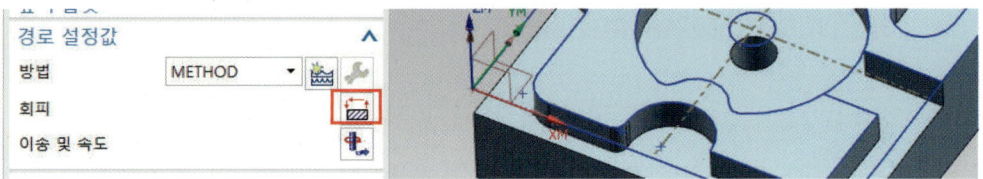

⓲ Clearance Plane – 활성을 클릭한다.

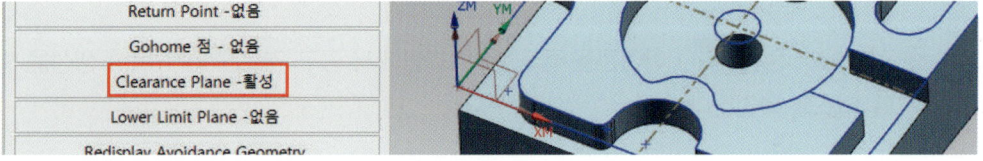

⓳ 지정을 클릭한다.

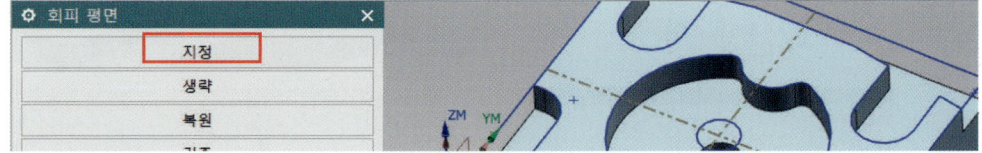

⓴ 그림처럼 안전 거리 10을 입력한 후 윗면을 클릭한다.

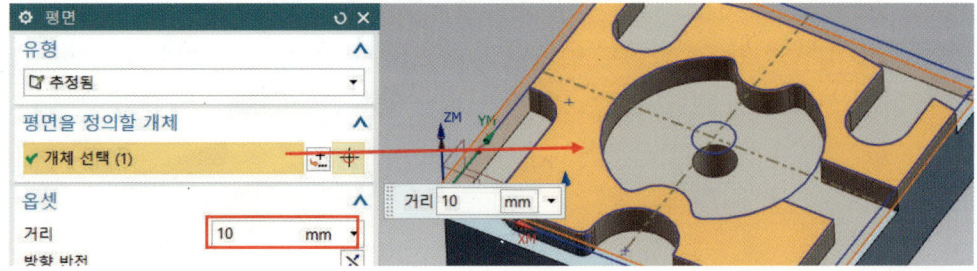

㉑ 이송 및 속도( ) 아이콘을 클릭한다.

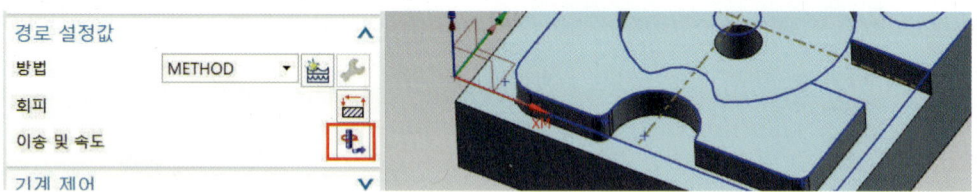

㉒ 그림처럼 스핀들 속도 900, 절삭은 이송속도 90을 입력한다.

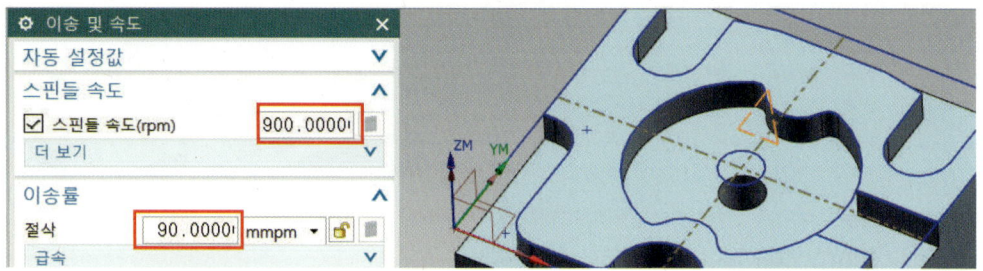

㉓ 작업에서 생성( ) 아이콘을 클릭한다. 그림에서 공구 경로(Tool Path) 생성을 확인한 후 툴 패스를 확인한다.

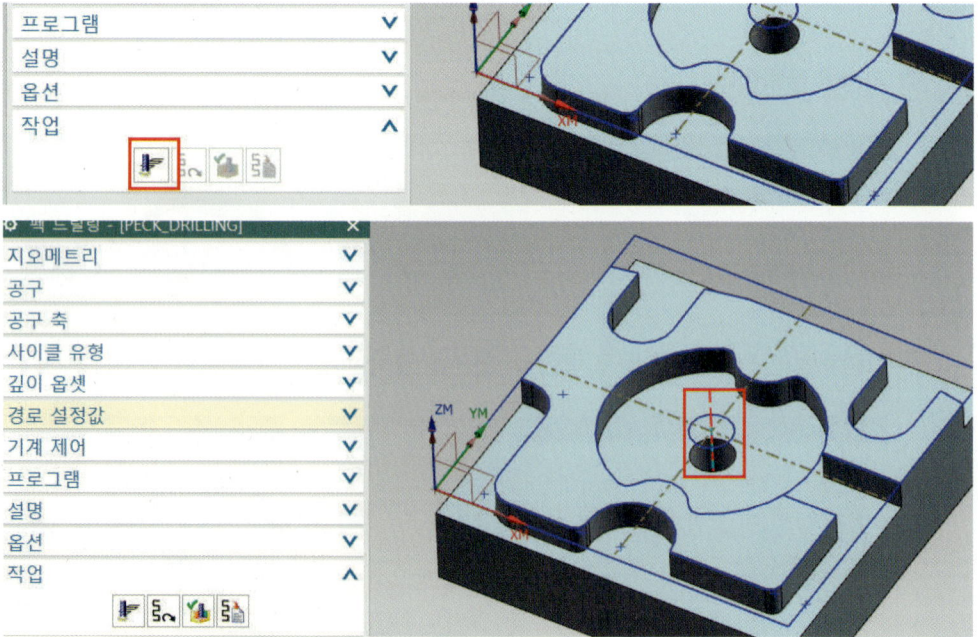

(6) 3차원 엔드밀 평면 가공

1) Cavity MiLL(황삭) 가공

Cavity Mill 오퍼레이션은 평면 레이어에서 재료의 볼륨(가공 부위)을 제거하는 공구 경로를 생성하며, 황삭 가공의 3축 가공을 하는 데 일반적으로 사용된다. 평면 밀링은 2축가공이고, Cavity Mill은 3축 가공에서 사용되는 평면 밀링이다. 유형은 Mill_Contour를 선택한다.

❶ 그림에서 오퍼레이션 생성() 아이콘을 클릭하고, 유형에서 mill_contour를 선택한 후 오퍼레이션 하위 유형에서 CAVITY_MILL을 선택하고, 공구는 MiLL_10을 선택하고 적용한다.

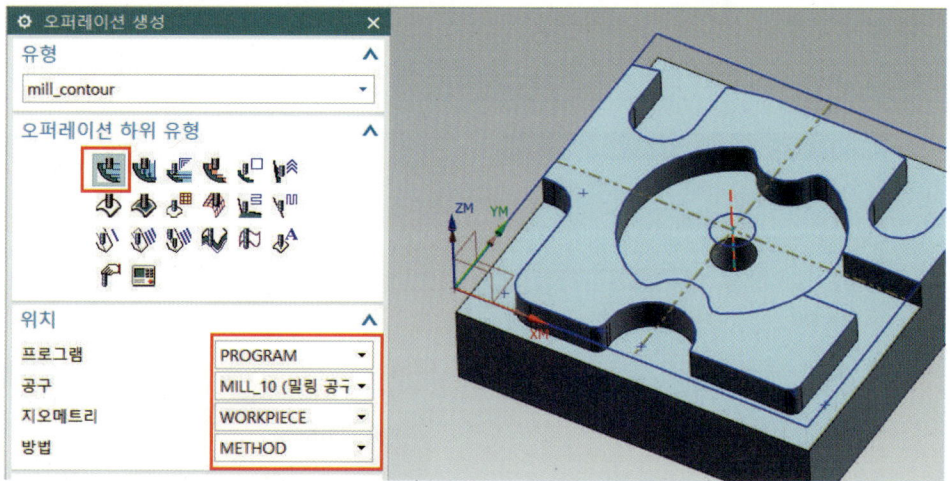

❷ 그림과 같이 경로 설정을 한다.

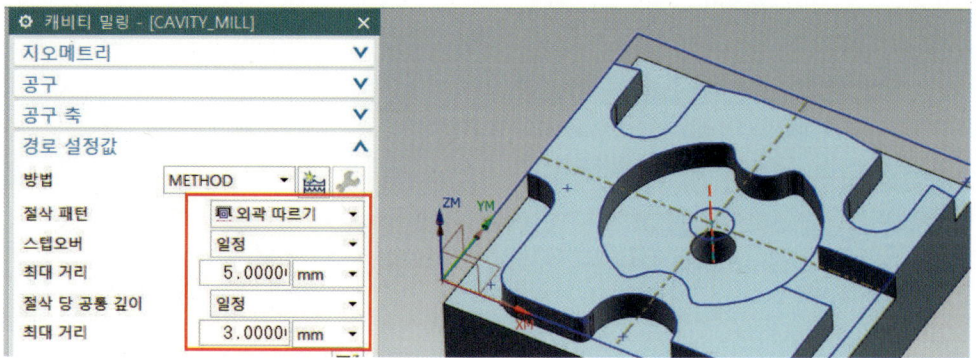

❸ 절삭 수준( )을 선택한다.

❹ 아래 그림처럼 설정한다.

❺ 절삭 매개변수( )를 클릭한다.

❻ 전략에서서 하향 절삭과 안쪽을 선택하고, 벽면에서 아일랜드 클린업을 체크한다.

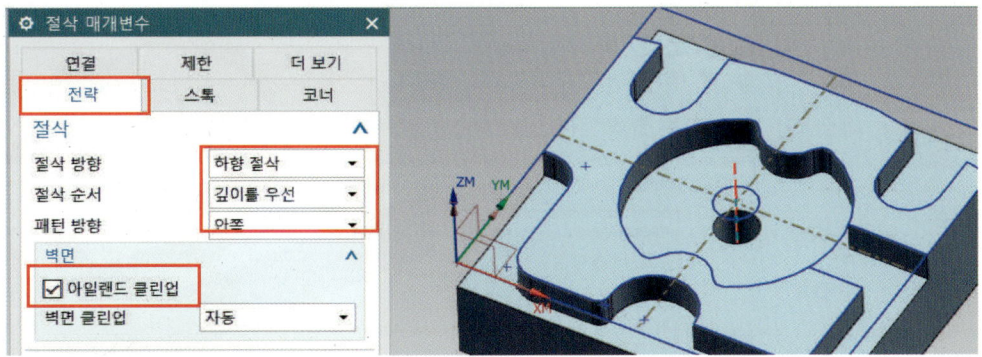

❼ 스톡에서 여유량 0을 확인하고, 공차 값을 0.01로 한다.

❽ 비절삭 이동( ) 아이콘을 클릭한다.

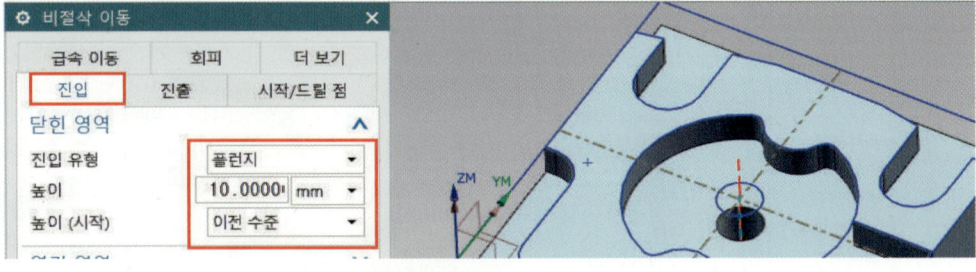

NX10 3D 모델링 및 CAD/CAM

❾ 아래 그림처럼 시작/드릴 점에서 점 지정 평면 다이얼로그 아이콘을 클릭한다.

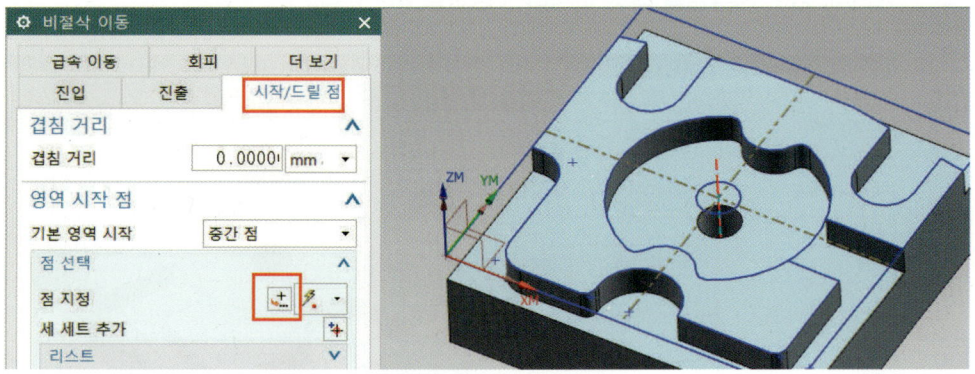

❿ 아래 그림처럼 원을 선택한다.

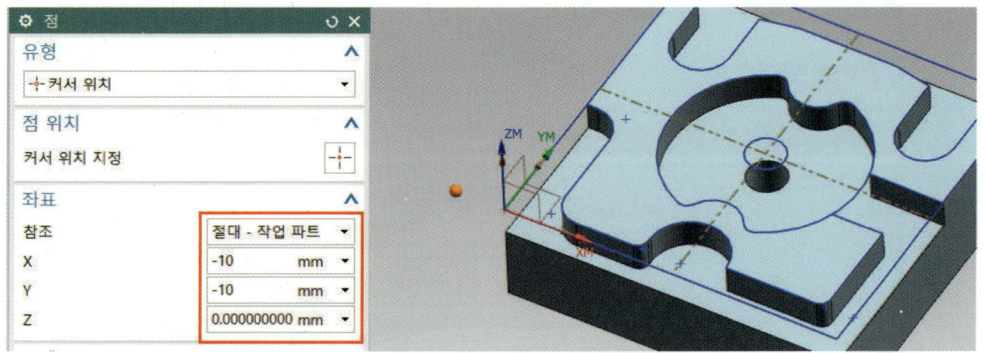

⓫ 사전 드릴 점도 위와 같은 방법으로 점 지정 평면 다이얼로그를 클릭한다.

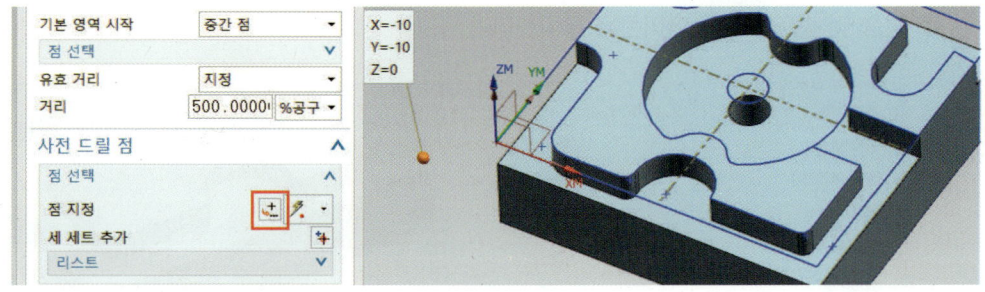

Chapter 01 | 컴퓨터응용밀링기능사 1027

⓬ 아래 그림처럼 안쪽 가공이 아니므로 원을 선택하면 안 된다. 공구가 시작되는 시작점을 선택한다. 공구 시작점을 잘못 선택하면 공구를 파손한다.

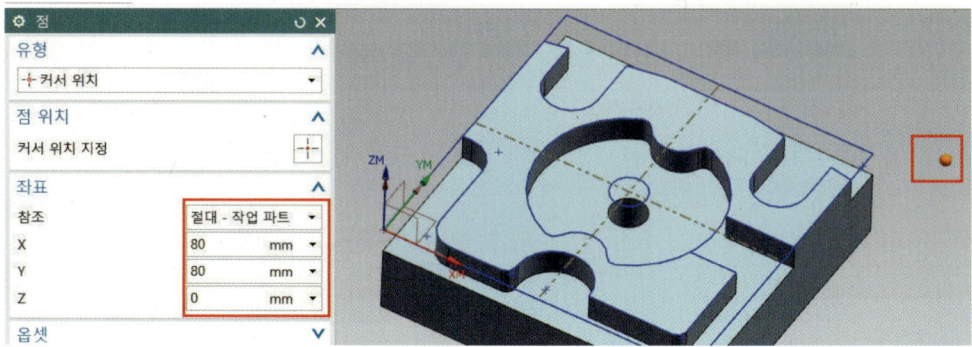

※ 가공 형상에 따라 안쪽 가공은 원을 선택한다.

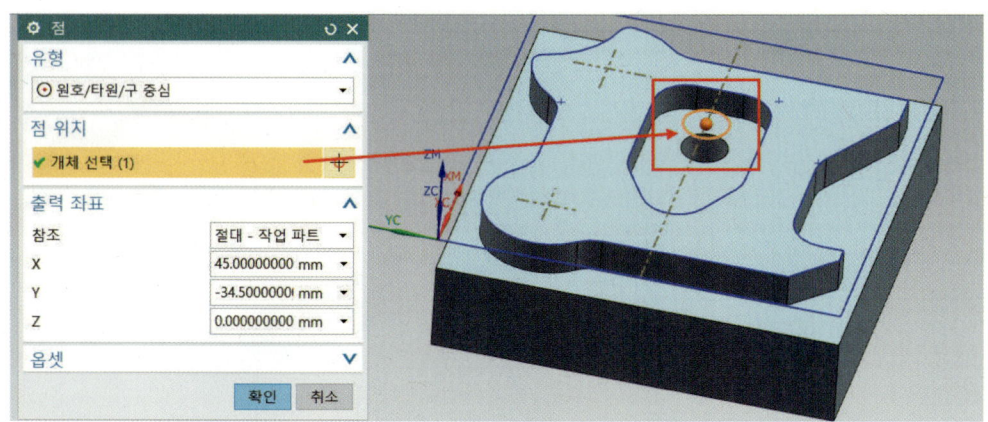

⓭ 이송 및 속도( ) 아이콘을 클릭한다.

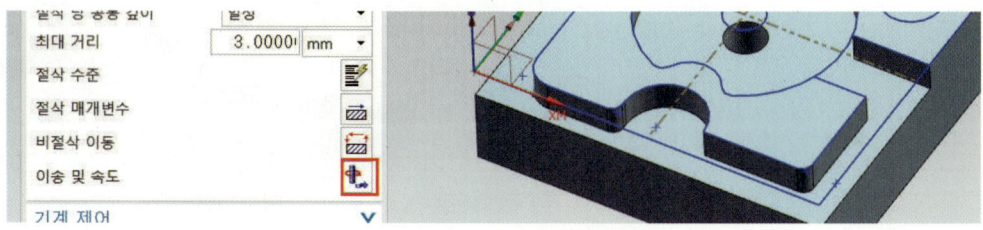

PART Ⅶ NX10 CAM 가공 따라 하기

❹ 스핀들 속도 1000 이하로 설정하고, 이송속도 90으로 설정한 다음 확인한다.(절삭 공구 재질에 따라 증감한다.)

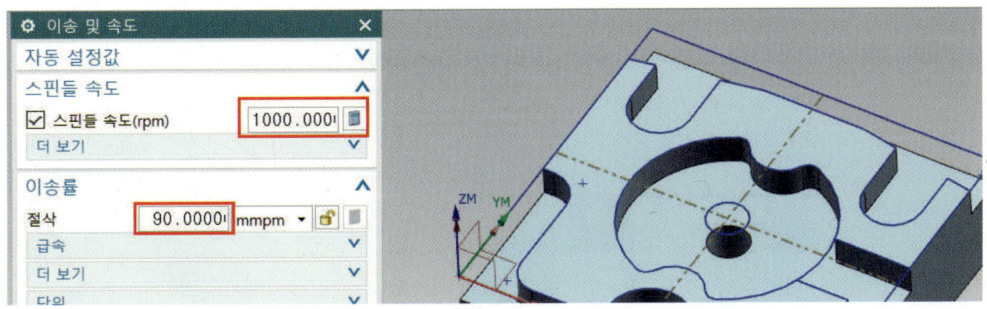

❺ 작업에서 생성( ) 아이콘을 클릭하고, 공구 경로를 확인한다.

❻ 절삭 공구 경로를 확인한다.

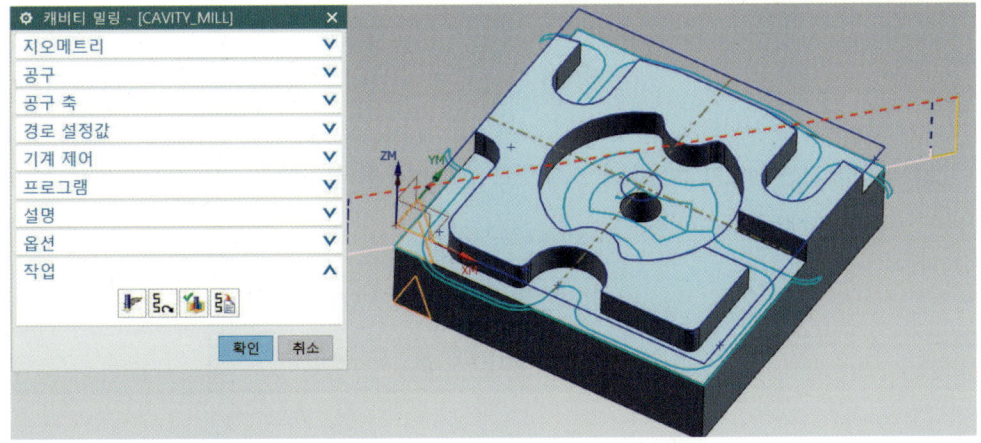

(7) 가공 시뮬레이션 검증

검증을 사용하여 애니메이션이 된 공구 경로를 여러 가지 방법으로 볼 수 있다.

❶ 그림처럼 MB3을 선택하여 공구 경로에서 검증을 클릭한다.

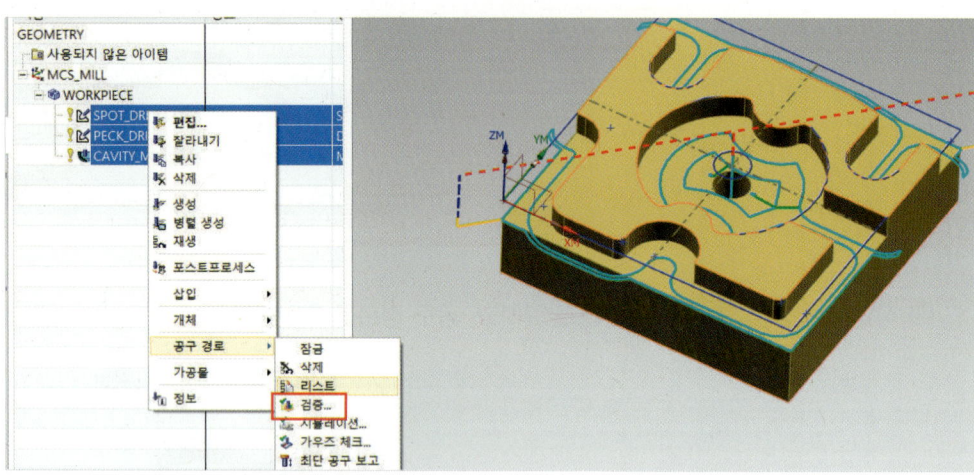

❷ 그림처럼 2D 동적을 클릭한다.

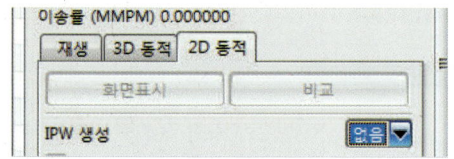

❸ 애니메이션 속도를 정당하게 조절하고 재생 버튼을 클릭한다.

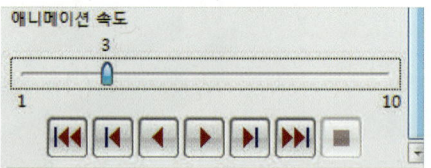

❹ 가공 시뮬레이션을 확인할 수 있다.

NX10 3D 모델링 및 CAD/CAM

(8) NC Data 생성

Post process 기능을 이용하여 NC Data를 출력할 수 있다. Post 파일을 이용하여야 기계에 맞는 NC Data를 출력할 수 있다.

❶ 그림처럼 선택 후 MB3 버튼을 이용하여 포스트프로세스를 클릭한다. 한꺼번에 전체 NC Data를 생성하고자 한다면 모두 선택 후 포스트프로세스를 선택한다.

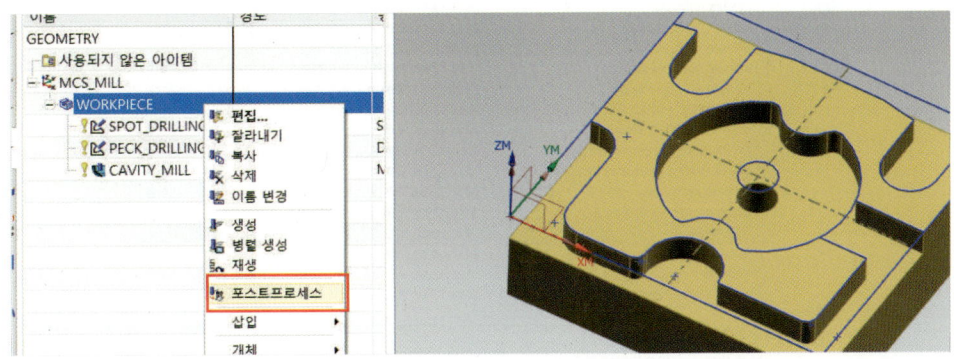

❷ 포스트프로세스 창에서 3축 가공에 해당되는 Mill_3_Axis를 선택한다. 기계에 맞는 Post가 있으면 포스트프로세스 찾아보기 아이콘을 클릭하고 찾아서 선택한다.

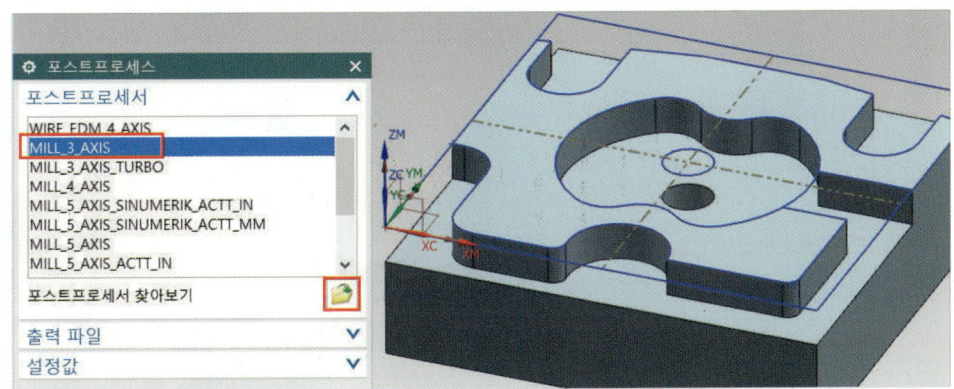

※ 기계에 맞는 Post를 아래 그림과 같이 postprocessor에 복사하여 붙여 넣는다.

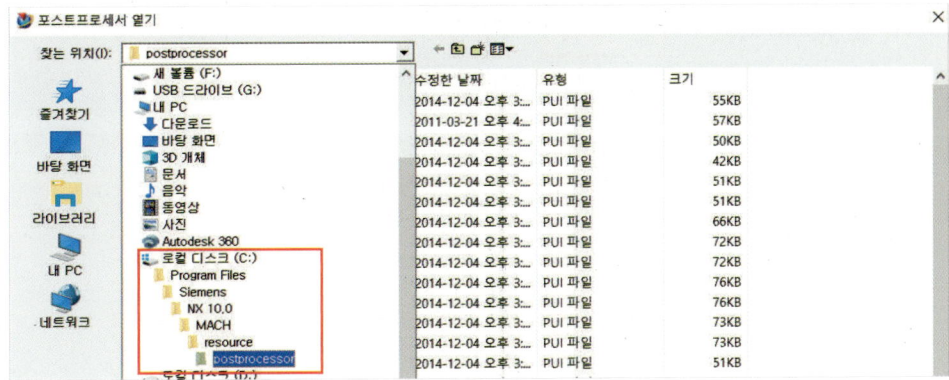

Chapter 01 | 컴퓨터응용밀링기능사 1031

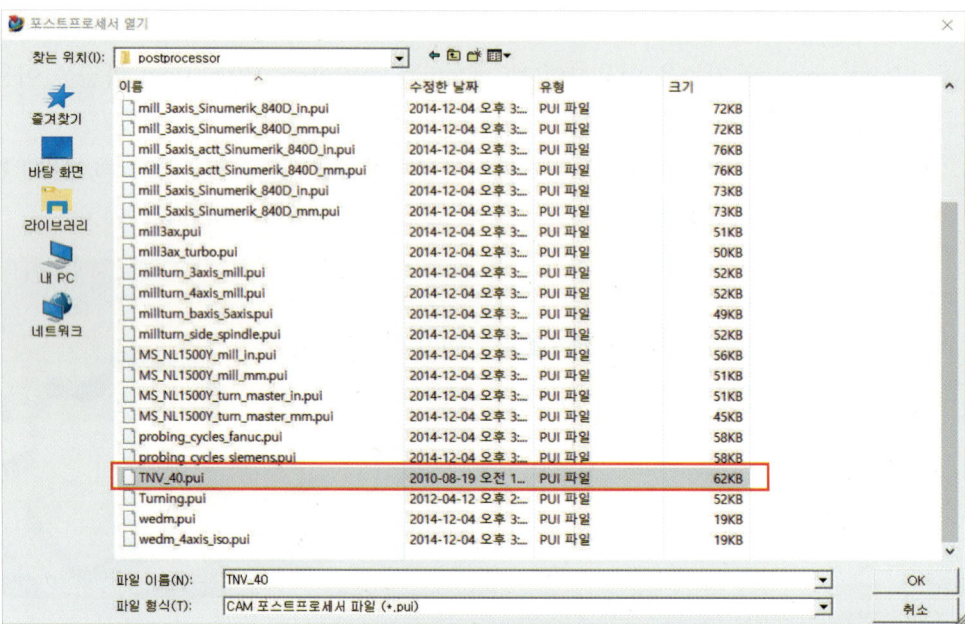

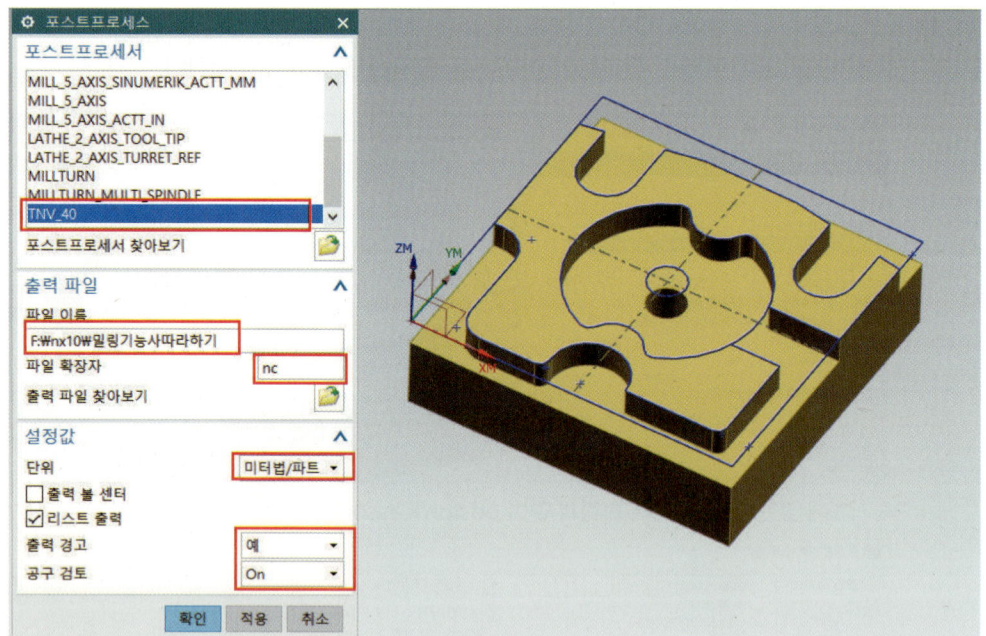

❸ 그림처럼 Shift를 누른 후 전체를 선택하여 NC 데이터를 생성한다. 아래 그림은 SENTROL (TNV40) 3축 Mill NC Data이며, 모든 기계에 적용이 가능하다.

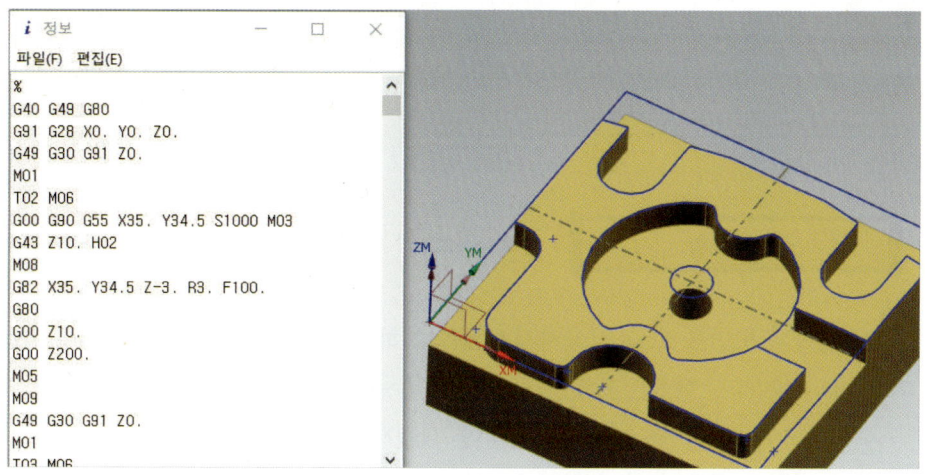

❹ 다른 이름으로 저장한 후 기계에 연결하여 가공한다.

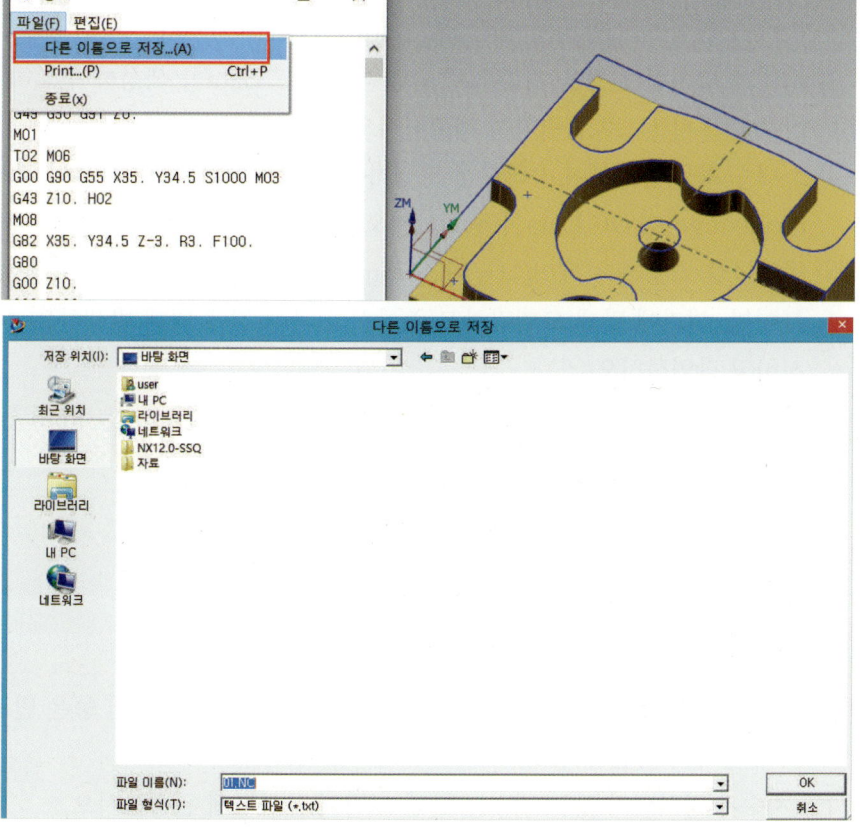

CHAPTER 02 컴퓨터응용가공산업기사

> **요구 사항**

1) 지급된 도면을 보고 절삭지시서에 의거하여 모델링한 후 모델링(Top, Front, Right, Isometric) 형상, 정삭 Tool Path를 출력하고 저장 매체에 모델링, 황·정·잔삭 Tool Path 및 NC Data를 저장 후 제출하시오.

2) 출력물은 다음과 같이 철하여 페이지를 부여한 후 제출하시오.(단, 오른쪽 하단에 비번호와 출력 내용을 기재합니다.)
"표지 + 절삭지시서 + 모델링(Top, Front, Right, Isometric) 형상 + 정삭 Tool Path + 황삭 NC Data + 정삭 NC Data + 잔삭 NC Data"

3) 도면에 명시된 원점을 기준으로 모델링 및 NC Data를 생성하여야 하며, 모델링 형상은 반드시 1:1로 출력하여 제출하시오.

4) 소재 규격을 참조하여 공작물을 고정하는 베이스(10mm) 윗부분이 절삭 가공되도록 Modeling하여 NC Data를 생성하시오.

5) 공작물을 고정하는 베이스(높이 10mm) 윗부분이 절삭 가공으로 완성되어야 할 부분이며, 여기에 맞게 모델링하고 주어진 공구 조건에 의해 발생하는 가공 잔량은 무시하고 작업하시오.

6) 황삭 가공에서 Z 방향의 시작 높이는 공작물의 상면으로부터 10mm 높은 곳으로 정하시오.

7) 안전 높이는 원점에서 Z 방향으로 50mm 높은 곳으로 가시오.

8) 절대 좌푯값을 이용하시오.

9) 프로그램 원점은 기호(◓)로 표시된 부분으로 하시오.

10) 공구 세팅 Point는 공구 중심의 끝점으로 하시오.

11) 공구 번호, 작업 내용, 공구 조건, 공구 경로 간격, 절삭 조건 등은 반드시 절삭지시서에 준하여 작업하시오.

12) 치수가 명시되지 않는 개소는 도면 크기에 유사하게 완성하시오.

13) 시험 종료 시 제출 자료는 다음과 같습니다.

　　가) Modeling 형상의 출력을: 정면, 평면, 우측면, 입체

　　나) 황·정·잔삭 Tool Path의 출력물

　　다) 황·정·잔삭 NC Code의 전반부 30 Block만 편집하여 출력하여 제출

　　라) 저장 파일(5개): 모델링(2D+3D), 황·정·잔삭 NC Data

NC 데이터 절삭지시서

NO (공구번호)	작업내용	파일명 (비번호가 5번일 경우)	공구 조건 종류	공구 조건 직경	경로 간격 (mm)	절삭 조건 회전수 (rpm)	절삭 조건 이송 (mm/min)	절삭 조건 절입량 (mm)	절삭 조건 잔량 (mm)	비고
1	황삭	05황삭.nc	평E/M	ø12	5	1400	100	6	0.5	
2	정삭	05정삭.nc	볼E/M	ø4	1	1800	90			
3	잔삭	05잔삭.nc	볼E/M	ø2		3700	80			Pencil

❶ Manufacturing 시작하기

❶ 모델링을 열려 있는 상태에서 시작에 Manufacturing을 클릭한다.

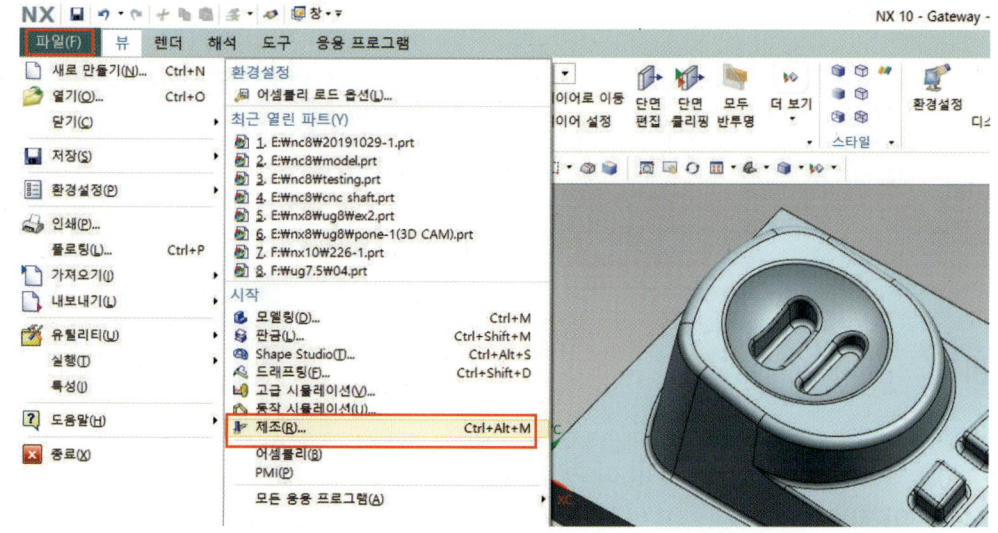

❷ Manufacturing을 클릭하면 가공 환경 창이 설정된다. 여기에서 생성할 CAM 설정은 3D 3축 가공인 mill_contour를 설정하고 확인한다. CAM 환경에 들어가서 변경을 하여도 관계없다.

여기서, mill_planar: 2D 평면 가공, mill_multi-axis: 다축 가공, drill: 드릴 가공, hole_making: 구멍 가공 등이다.

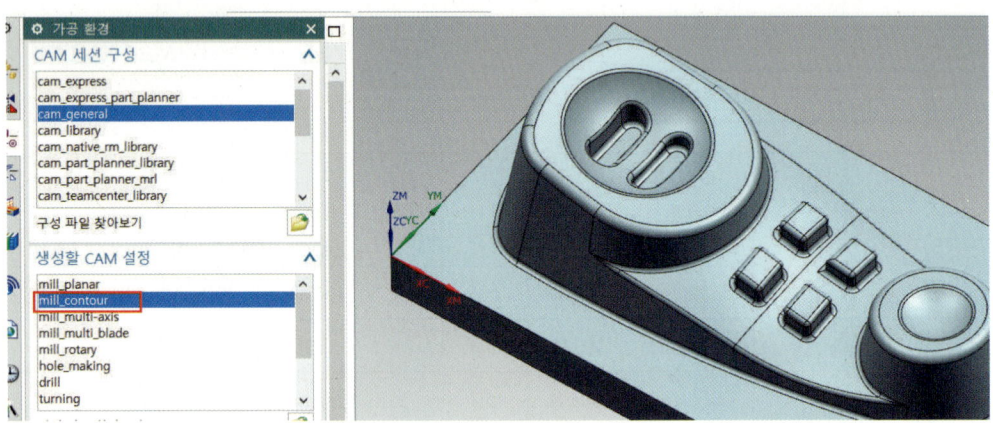

2 공작물(가공물) 설정하기

❶ 우측 창 오퍼레이션 탐색기 버튼 클릭한 후 위에 고정 아이콘을 클릭하여 화면을 고정시킨다. 우측 창 오퍼레이션 탐색기 빈 곳에서 MB3을 클릭하면 그림과 같은 Menu가 생성이 된다. 생성된 메뉴에서 지오메트리 뷰를 선택한다.

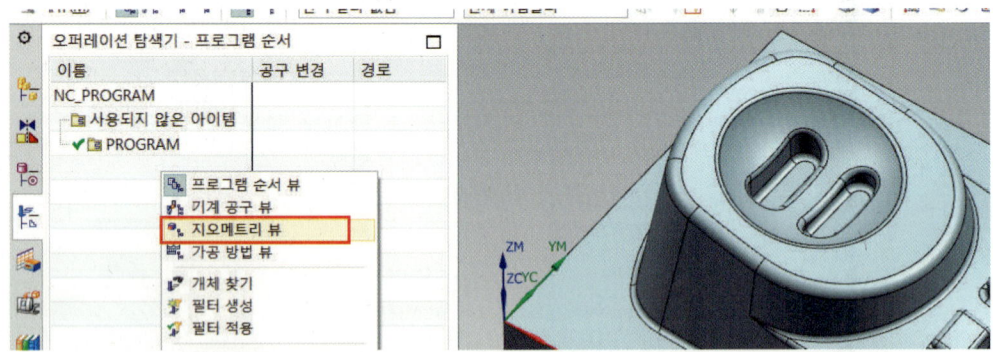

❷ MCS는 CAM 작업의 기준이 가공 좌표계를 의미하며, 기본적으로 모델링 작업할 때 기준이 되는 WCS와 동일한 위치에 생성된다. MCS_MILL이 나타나면 MCS_MILL을 더블 클릭한다.

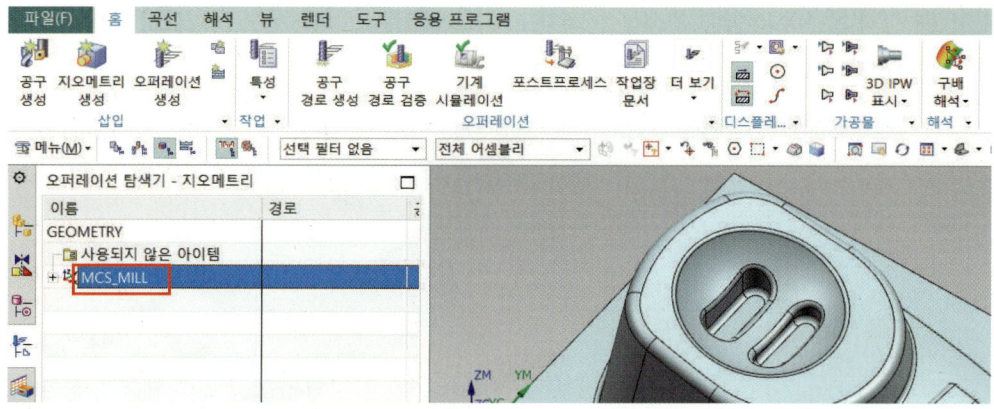

❸ 확인 버튼을 클릭하면 가공 원점이 표시된다. NC Data 생성을 위한 가공 시작 원점이 맞지 않으면 아래와 같이 수정한다. MCS 지정에서 좌표계 다이얼로그를 클릭한다.

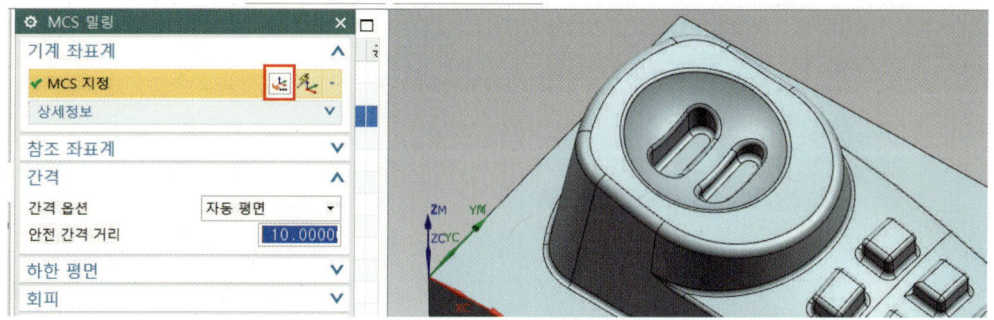

❹ 원점의 위치를 확인한 후 확인을 클릭한다. 원점의 위치를 바꾸려면 원하는 위치에 MB1을 클릭하면 가공 원점을 바꿀 수 있다.

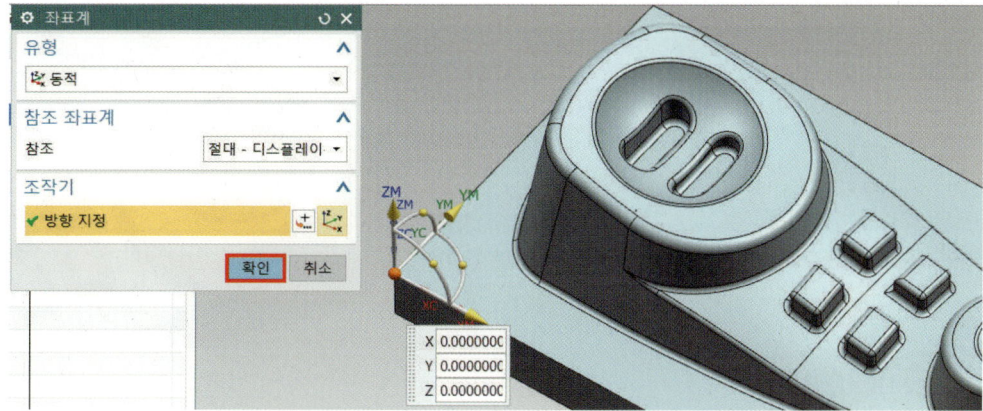

❺ 간격 옵션에서 평면 지정을 선택하고, 안전 높이는 원점에서 Z 방향으로 50mm 높은 곳으로 설정한다.

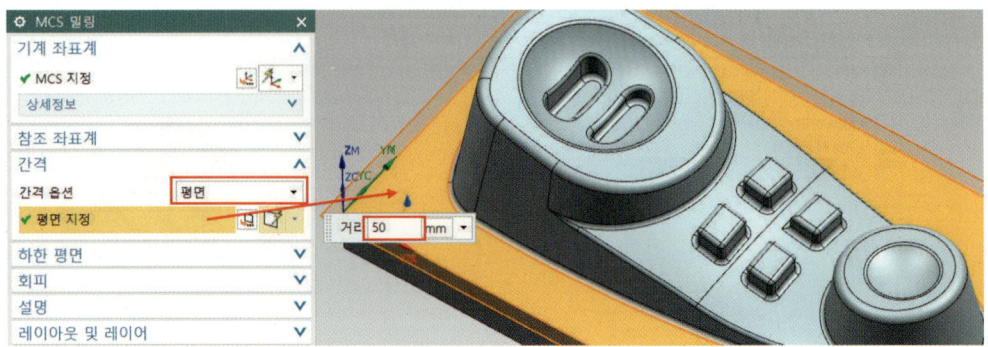

❻ MCS_MILL 앞부분에서 + 부분을 MB3을 선택하면 그림과 같이 WORKPIECE가 나타나는 것을 확인할 수 있다. 이때 WORKPIECE(가공 소재)를 더블 클릭한다.

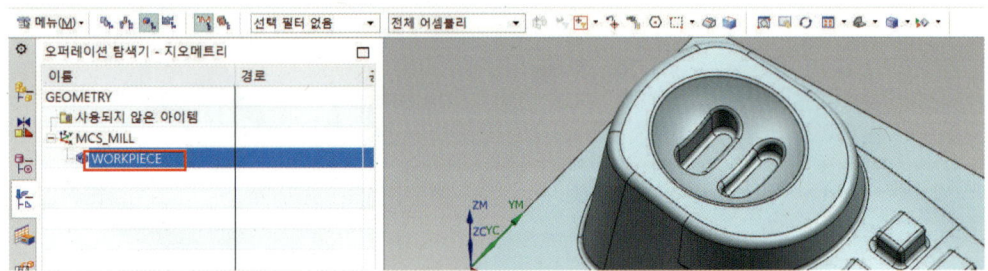

❼ 파트 지정( ) 버튼을 클릭한다. 파트는 가공 후에 남을 형상으로 모델링을 설정하는 것이다.

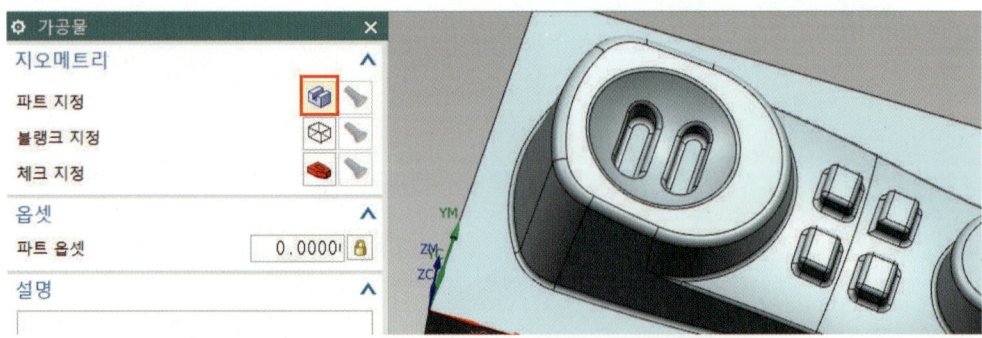

❽ 그림처럼 개체 선택에서 MB1 버튼을 이용하여 윈도우 또는 클로스 선택 후 확인한다.

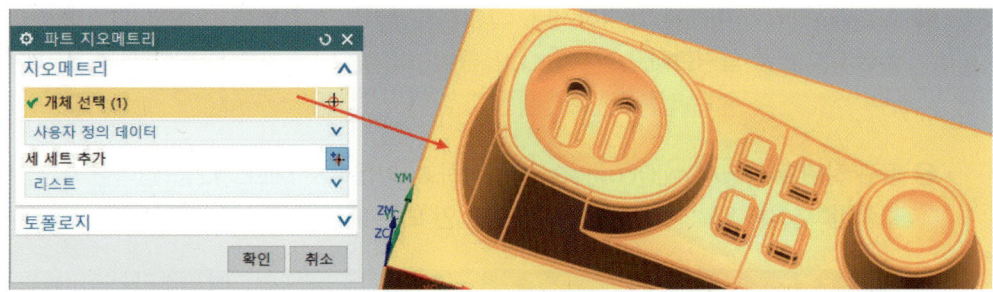

❾ 블랭크 지정( ) 버튼을 클릭한다.

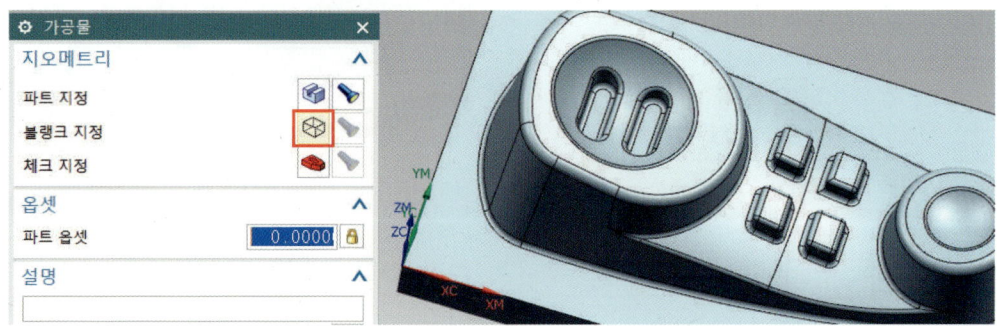

❿ 유형에서 경계 블록을 선택하고 아래 그림처럼 설정한 후 확인한다.

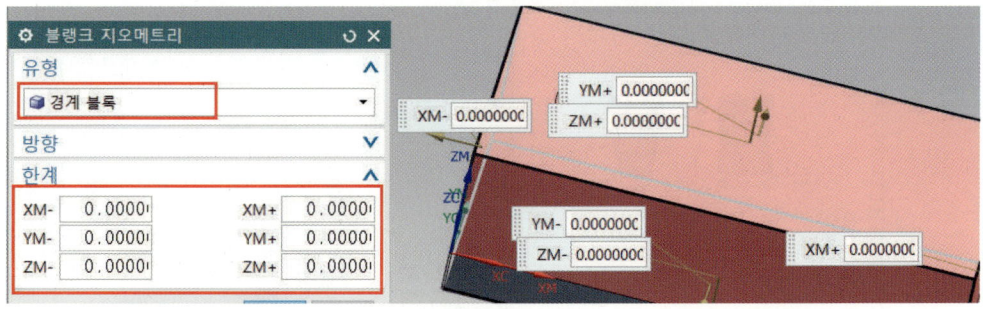

3 가공 공구 생성하기

❶ 삽입에서 도구 버튼을 클릭하거나, 그림처럼 공구 생성 아이콘을 클릭한다.

❷ 공구 하위 유형에서 mill_contour를 선택하고, 이름에서 MILL_12를 입력한 후 적용 버튼을 클릭한다. 이름 입력 시 빈 공간이 있으면 안 되기 때문에 ' _ '를 사용한다.

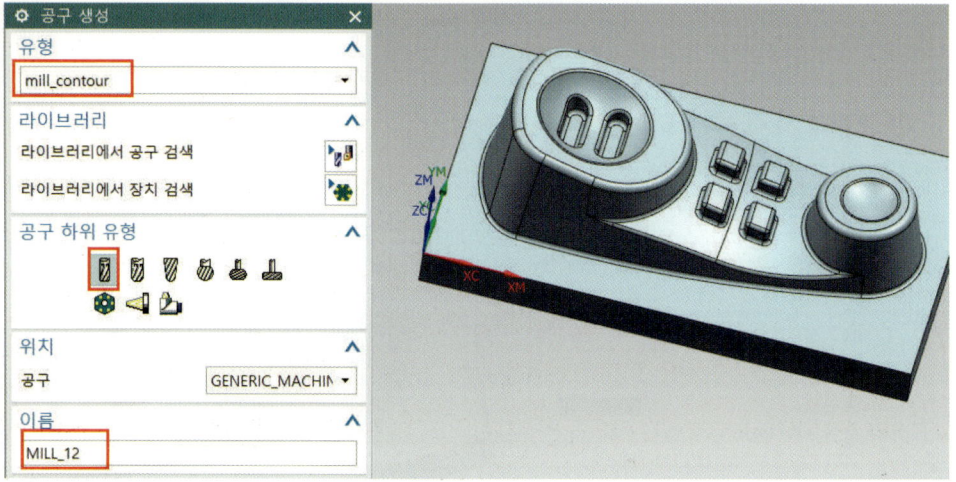

❸ (D) 직경에서 12 입력 후 공구 번호에 1번을 입력한 후 확인한다.

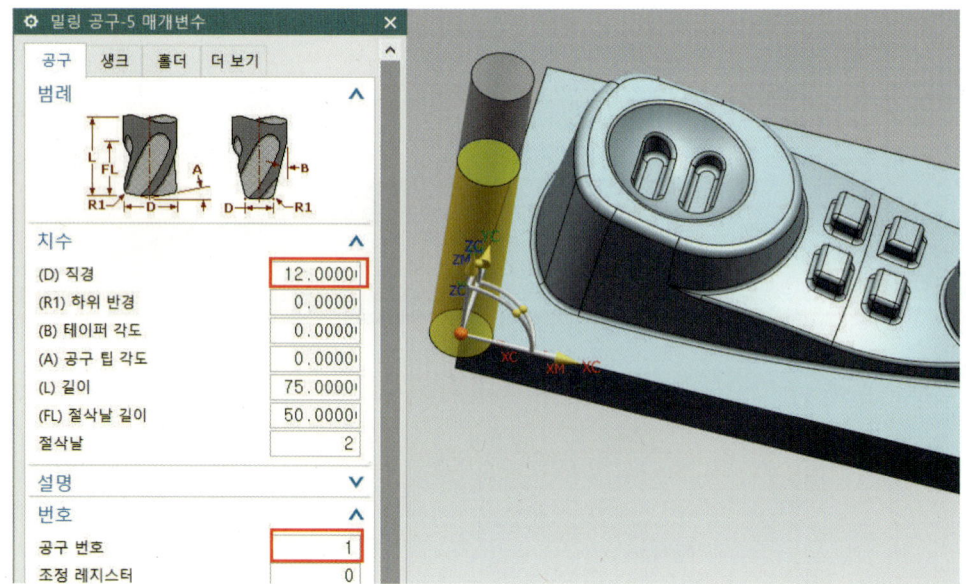

❹ BALL_MILL 아이콘 클릭하고, 이름에서 BALL_4를 입력한 후 적용을 클릭한다.

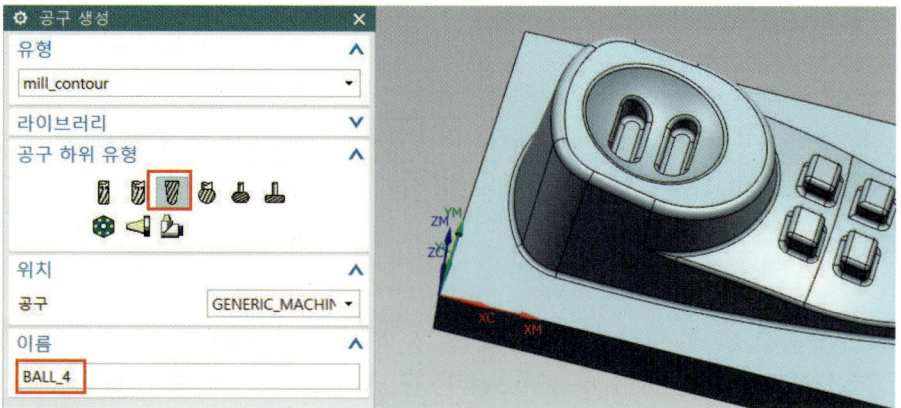

❺ (D) 볼 직경에서 4를 입력 후 공구 번호에는 2를 입력 후 확인한다.

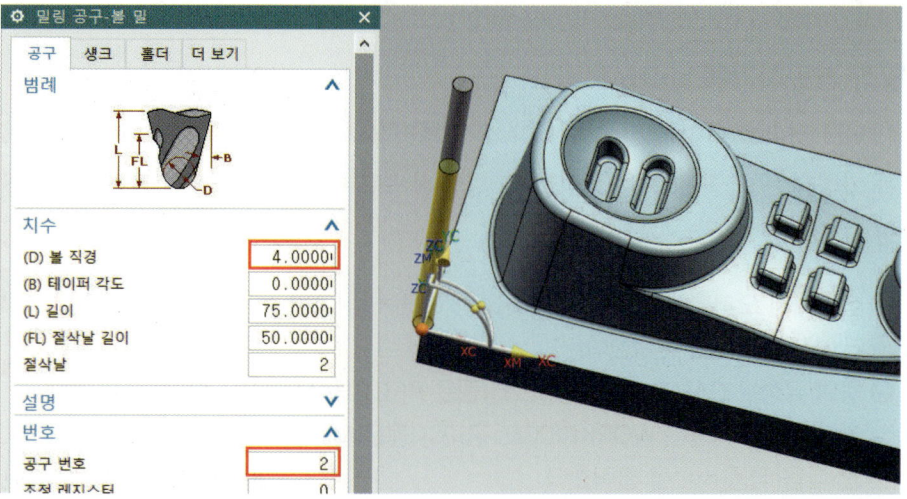

❻ BALL_MILL 아이콘을 클릭하고, 이름에서 BALL_2를 입력한 후 확인을 클릭한다.

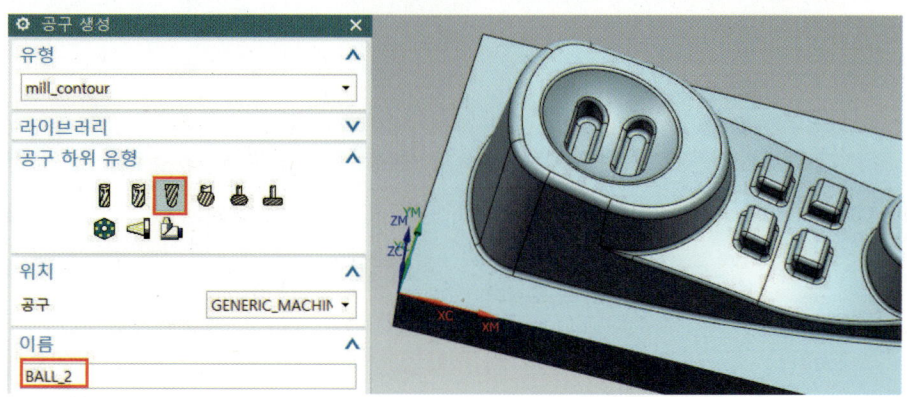

❼ (D) 볼 직경에서 2를 입력 후 공구 번호에 3을 입력한 후 확인한다.

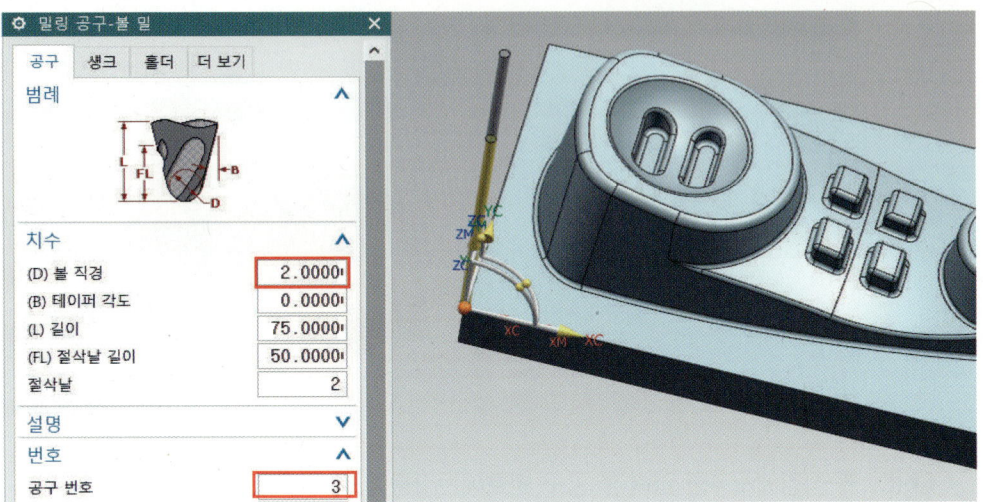

❹ 황삭 가공하기(Cavity Mill)

Cavity Mill은 평면형 절삭의 여러 절삭 패턴을 사용하여 평면 레이어에서 블록 부분의 재료를 가공하는 공구 경로를 생성하며, 일반적으로 황삭 가공과 3축 가공에서 사용하는 평면 밀링 가공이다.

❶ 삽입에서 오퍼레이션을 선택한다. 또는 그림처럼 오퍼레이션 아이콘을 선택한다.

❷ 하위 유형은 CAVITY_MILL, 프로그램은 PROGRAM, 지오메트리 사용은 WORKPIECE, 공구 사용은 MILL_12, 방법 사용은 MILL_ROUGH로 바꾼 다음 적용 버튼을 클릭한다.

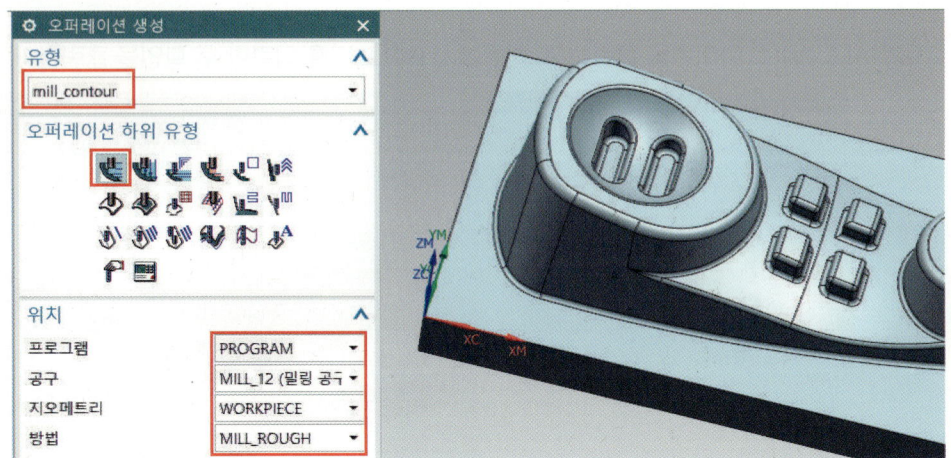

❸ 절삭 영역 지정 아이콘을 클릭한다.

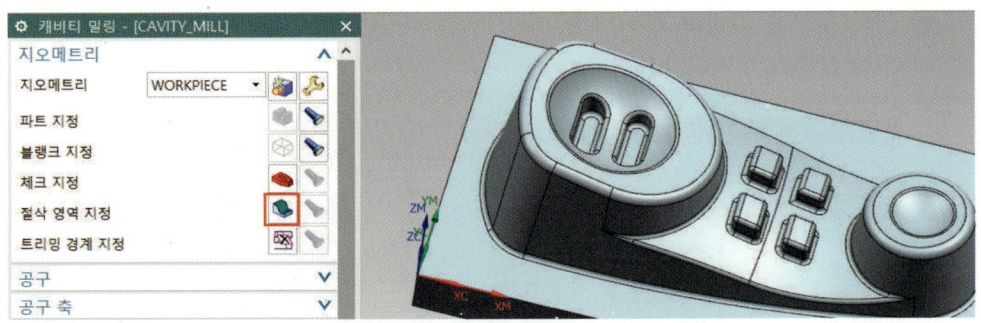

❹ 그림처럼 방향은 모델 방향의 정면도로 설정하고, MB1 버튼을 누르고 윈도우하여 개체를 그림처럼 설정하고 확인한다.

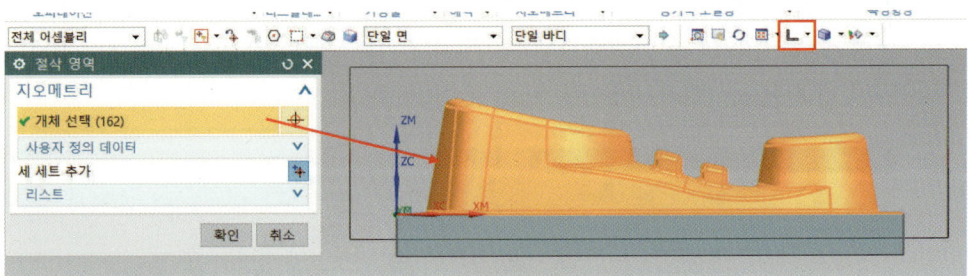

❺ 경로 설정값에서 절삭 패턴은 외곽 따르기로 하고, 스텝오버는(경로 간격) 일정으로 한 후 최대 거리(Distance) 값은 5, 절삭 당 공통 깊이(절입량)는 일정으로 한 후 최대 거리 값은 6을 입력한다.(반드시 시험 절삭지시서 조건을 참조하여 입력한다.)

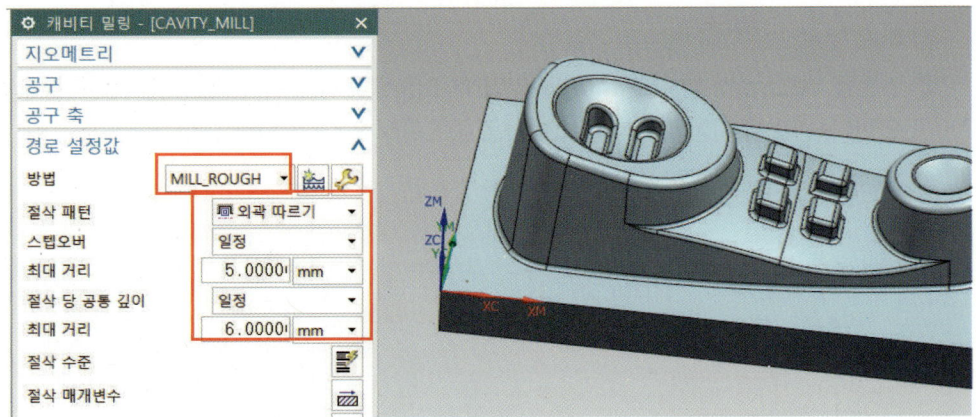

❻ 절삭 매개변수( ) 버튼을 클릭한다.

❼ 전략 부분은 그림과 같이 하향 절삭과 절삭 순서에서 깊이를 우선으로 선택한 후 스톡(Stock) 탭으로 넘어간다.

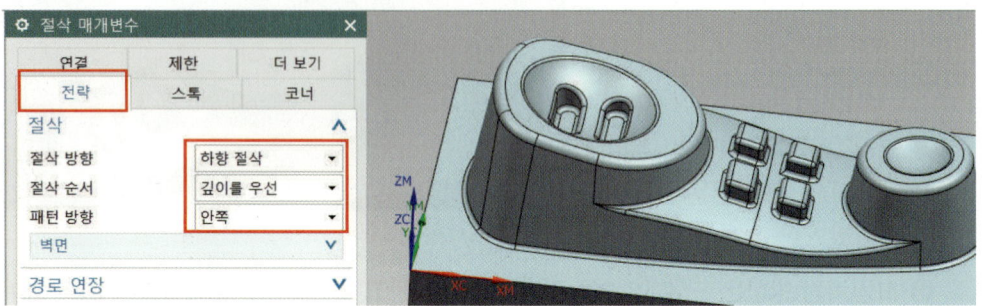

❽ 측면과 동일한 바닥 사용 박스는 그림과 같이 체크 후 파트 측면 스톡(가공 여유 또는 잔량) 값을 0.5로 입력한 후 공차에서 Intol, Outtol 값은 변경하지 말고 기본 설정으로 확인한다. (반드시 시험 절삭지시서 조건을 참조하여 입력한다.)

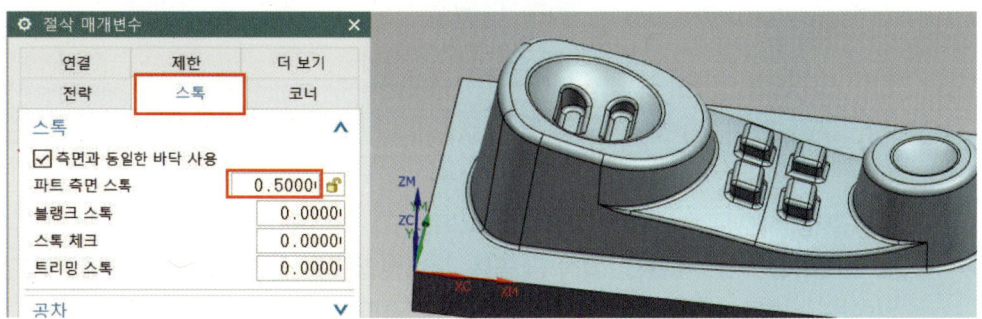

❾ 이송 및 속도( ) 버튼을 클릭한다.

❿ 스핀들 속도(rpm) 부분에 1400을 입력 후 이송률에서 절삭(이송) 값은 100으로 입력 후 확인한다.(반드시 시험 절삭지시서 조건을 참조하여 입력한다.)

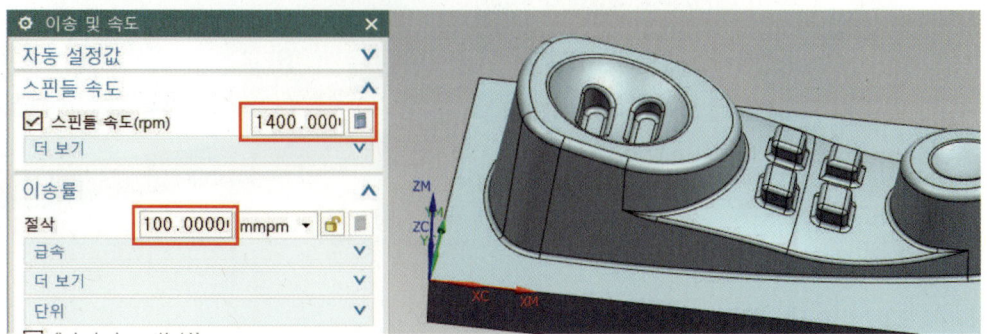

⓫ 작업에서 생성(Generate)() 버튼을 클릭하면 황삭이 완료된 것을 확인할 수 있다. 확인 후 검증( ) 아이콘을 클릭한다.

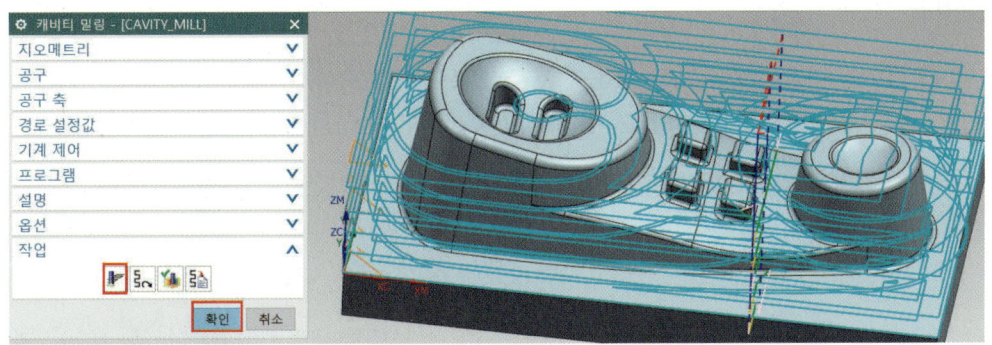

⓬ 그림처럼 2D 동적으로 한 다음 재생(▶) 버튼을 클릭한다. 검증이 끝나면 확인 버튼을 클릭한다.

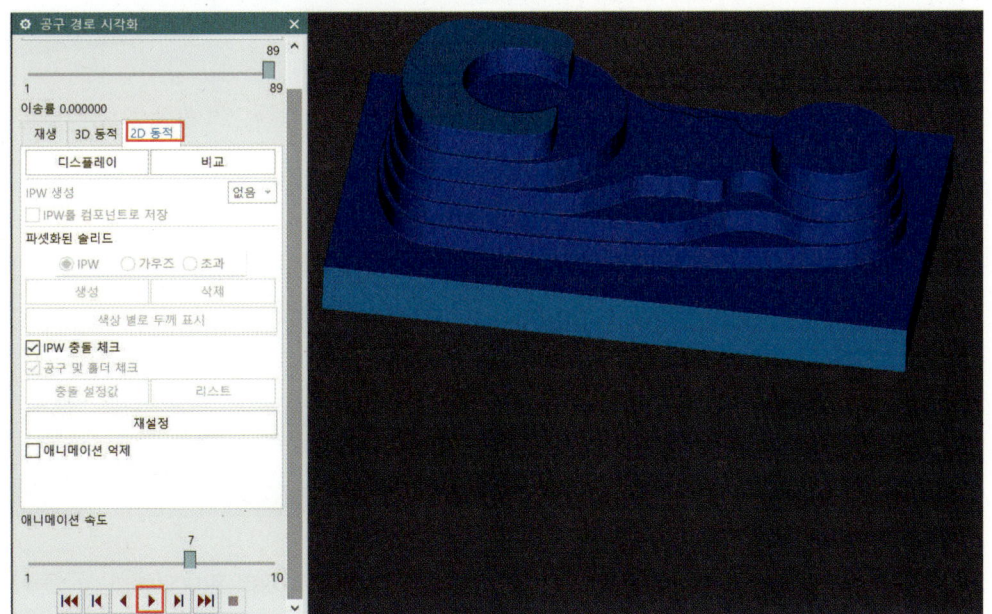

5 정삭 가공하기(Contour Area)

윤곽이 있는 곡면으로 형성된 영역을 정삭하는 데 사용되는 가공 방법으로서 Fixed Contour와 거의 동일하게 가공 영역을 설정하는 Face 선택 방식이며 중삭, 정삭 모두 가능하다.

❶ 하위 유형은 CONTOUR_AREA, 프로그램은 PROGRAM, 지오메트리 사용은 WORKPIECE, 공구 사용은 B4, 사용 방법은 MILL_FINISH로 바꾼 다음 적용 버튼을 클릭한다.

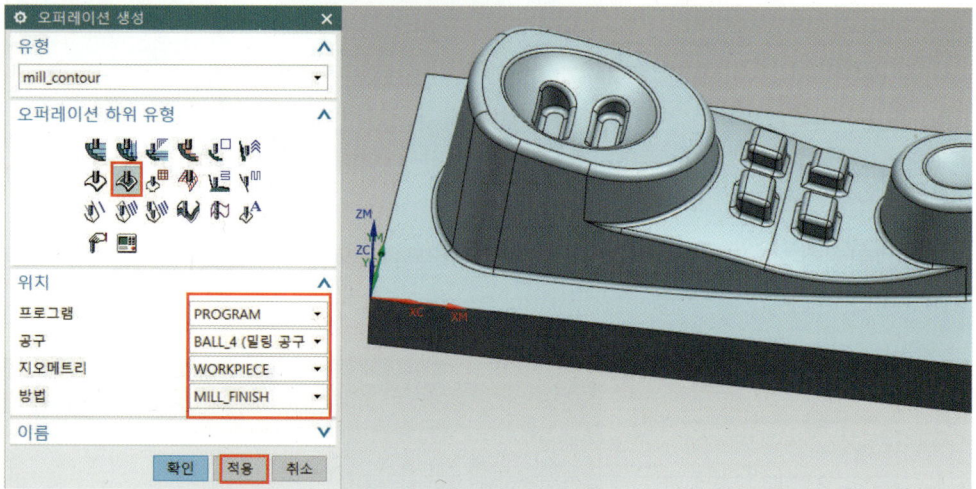

❷ 절삭 영역 지정 버튼을 클릭한다.

❸ 보기를 정면도로 배치하고 그림처럼 MB1을 이용하여 그림처럼 윈도우한다.

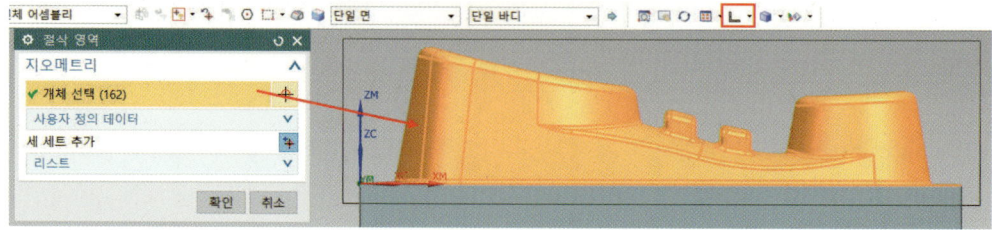

❹ 드라이브 방법에서 영역 밀링 편집 버튼을 클릭한다.

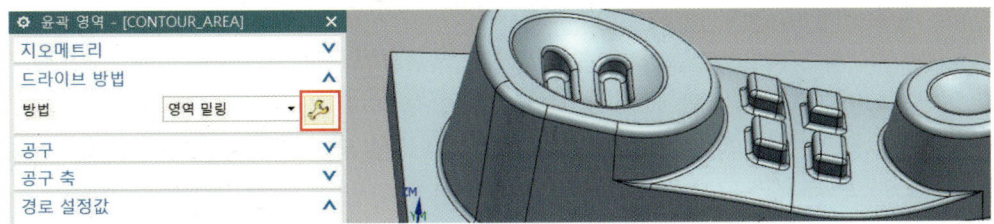

❺ 절삭 패턴은 지그재그, 절삭 방향은 하향 절삭, 스텝오버는 일정으로 바꾸고, 최대 거리(경로 간격) 값은 1로 입력한 후 절삭 각도는 지정으로 선택한 후 XC로부터 각도 값은 45를 입력한 후 확인한다.(반드시 시험 절삭지시서 조건을 참조하여 입력한다.)

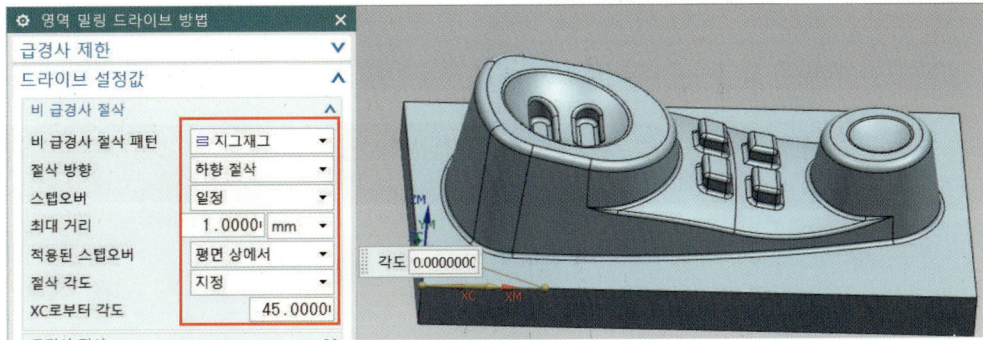

❻ 이송 및 속도( ) 아이콘을 클릭한다.

❼ 속도 탭에서 스핀들 속도(회전수) 값을 1800으로 입력 후 이송률에서 절삭은 90으로 입력한 후 확인한다.(반드시 시험 절삭지시서 조건을 참조하여 입력한다.)

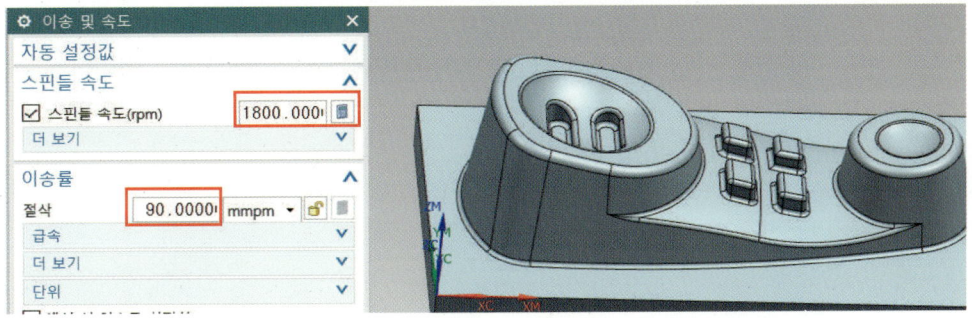

❽ 그림처럼 생성 아이콘을 클릭한다. 정삭 완료 확인 후 검증 아이콘을 클릭한다.

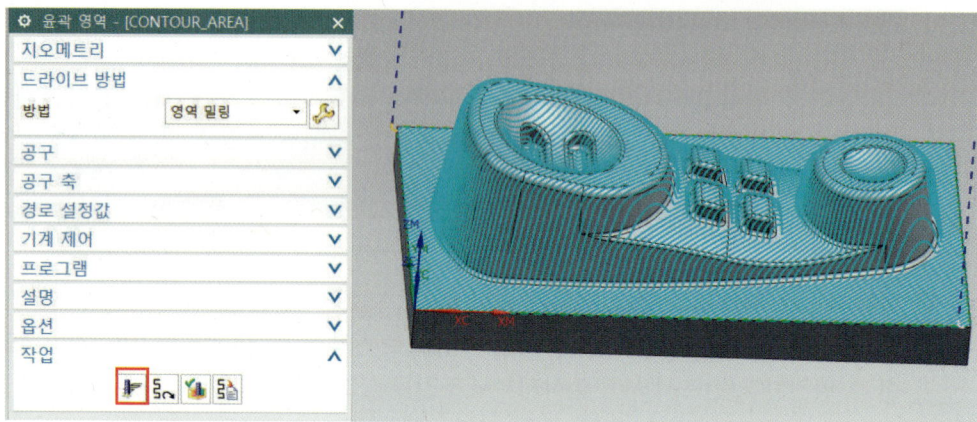

❾ 그림처럼 2D 동적으로 한 다음 재생(▶) 버튼을 클릭한다. 검증이 끝나면 확인한다.

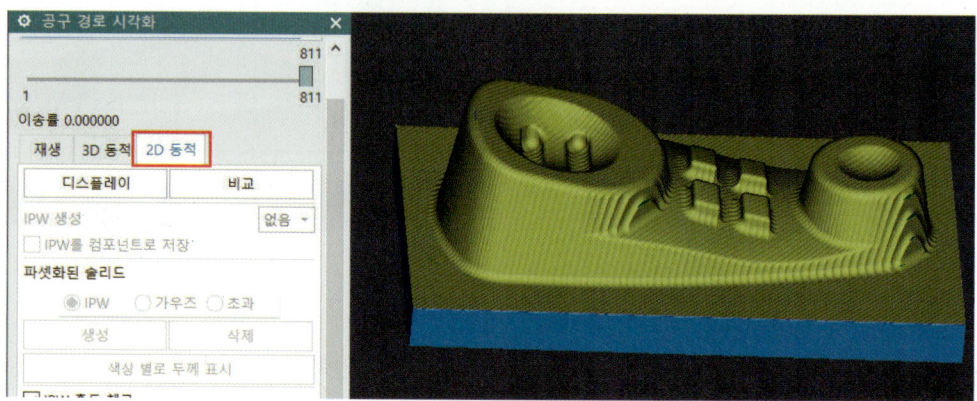

❻ 잔삭(펜슬) 가공하기(Flow Cut Single)

파트 곡면으로 생성된 골을 따라 공구 경로를 생성하며, 가공영역은 자동 생성되며 펜슬 가공이라고도 한다.

삽입에서 오퍼레이션 생성을 클릭한다. 또는 그림처럼 버튼을 직접 선택하여 클릭한다.

❶ 하위 유형은 FLOW CUT_SINGLE, 프로그램은 PROGRAM, 지오메트리 사용은 WORKPIECE, 공구 사용은 B2, 방법 사용은 NONE으로 바꾼 다음 확인한다.

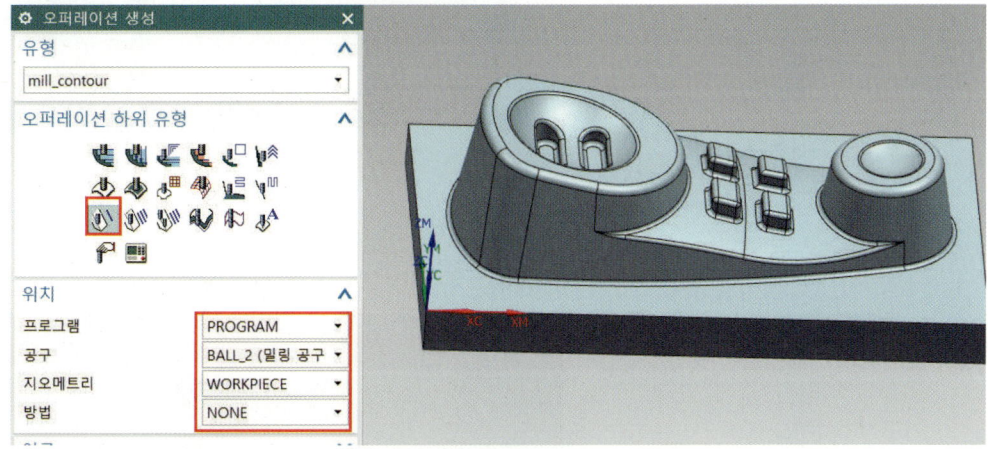

❷ 이송 및 속도 ( ) 버튼을 클릭한다.

❸ 속도에서 스핀들 속도(회전수) 값을 3700으로, 이송률에서 절삭(이송) 값 80을 입력하고 확인한다.

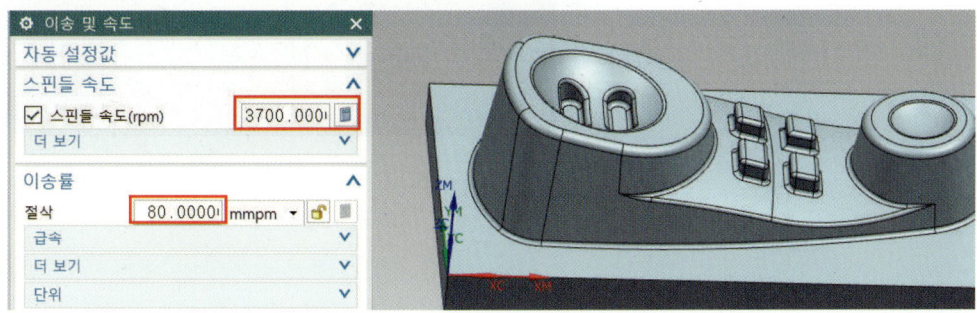

❹ 생성 버튼을 클릭한다. 잔삭 완료 확인 후 검증 아이콘을 클릭한다.

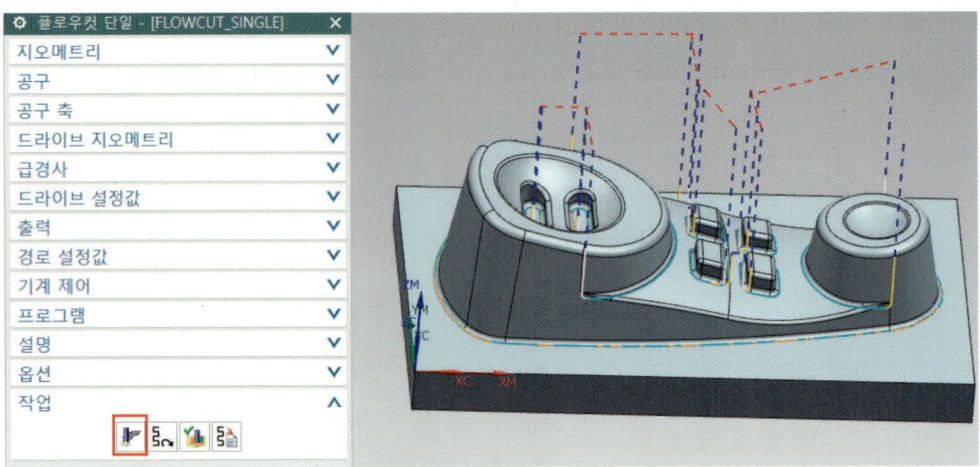

❺ 그림처럼 2D 동적으로 한 다음 재생 버튼을 클릭한다. 검증이 끝나면 확인 버튼을 클릭한다.

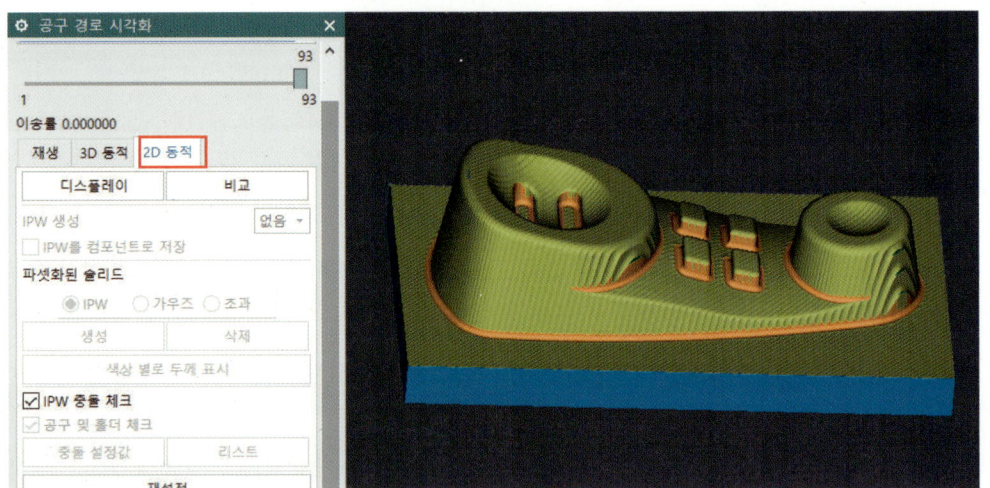

7 NC Data 산출하기

❶ 그림처럼 MB3 상태에서 포스트프로세스 또는 아이콘( )을 선택한다.

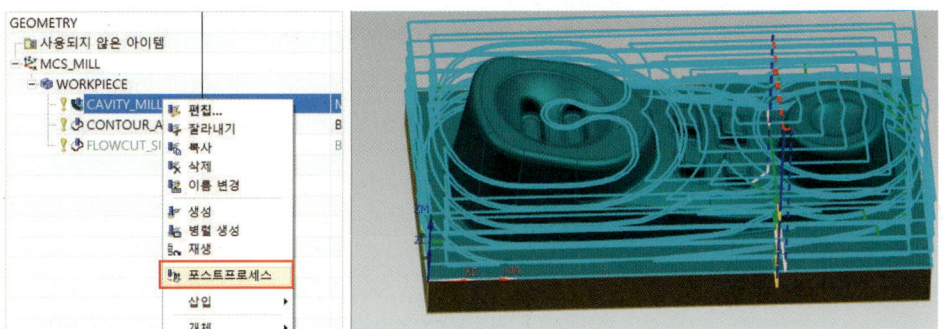

❷ 그림처럼 3축을 선택하고 저장 위치(내 문서)와 파일 이름을 설정하고 확장자를 .nc로 하고, 단위는 미터식으로 설정하고 적용한다. 같은 방법으로 황삭, 정삭, 잔삭을 저장한다.

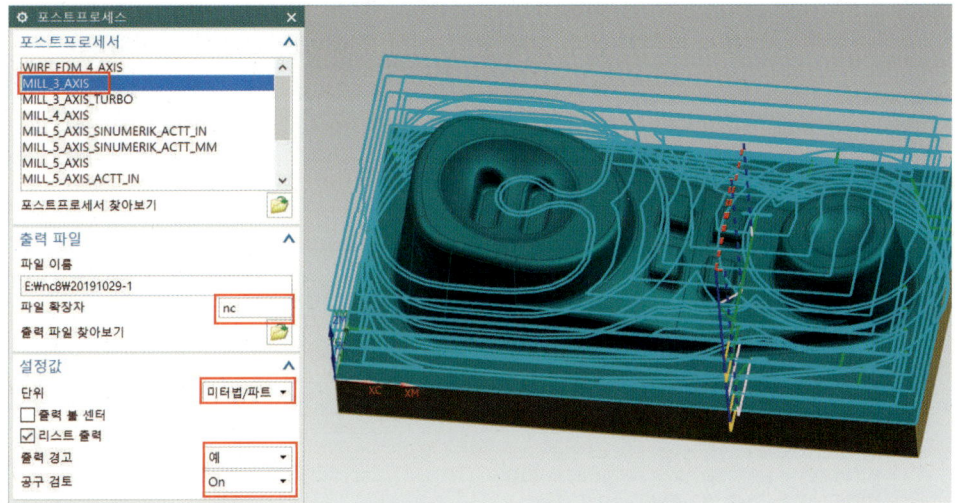

❸ 확인을 클릭한다.

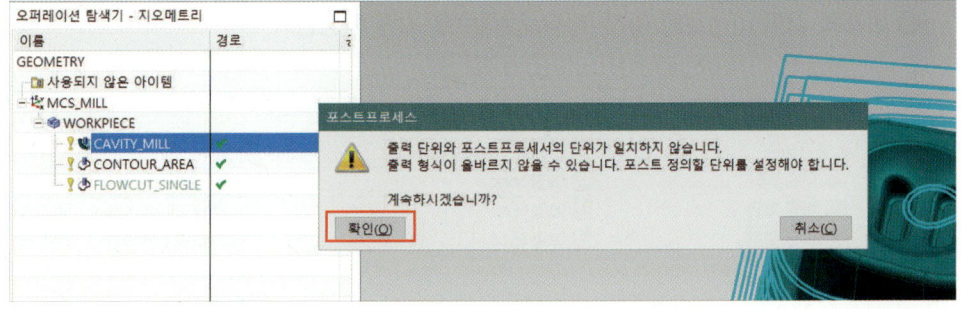

❹ 그림처럼 NC 프로그램을 수정하고 다름 이름으로 저장한다.

수정 전

```
% 
N0010 G40 G17 G90 G71
N0020 G91 G28 Z0.0
N0030 T01 M06
N0040 G00 G90 X82.3986 Y-6.16 S1400 M03
N0050 G43 Z50. H00
N0060 Z24.4835
N0070 G01 Z21.4835 F100. M08
N0080 Y-.16
N0090 X0.0
N0100 G02 X-.16 Y0.0 I0.0 J.16
N0110 G01 Y32.206
N0120 G02 X.0287 Y32.3634 I.16 J0.0
N0130 G01 X.0844 Y32.3532
N0140 G02 X.2052 Y39.1374 I41.9161 J2.6468
N0150 G01 X-.1546 Y40.4928
N0160 G02 X-.16 Y40.5339 I.1546 J.0411
N0170 G01 Y70.
```

수정 후 = 표시 부위가 점수 항목(황삭, 정삭, 잔삭 모두 조건에 맞아야 함)

```
%
N0010 G40 G17 G90 G71
N0020 G91 G28 Z0.0
N0030 T01 M06
N0040 G00 G90 G54 X82.3986 Y-6.16 S1400 M03
N0050 G43 Z50. H01
N0060 Z24.4835
N0070 G01 Z21.4835 F100. M08
N0080 Y-.16
N0090 X0.0
N0100 G02 X-.16 Y0.0 I0.0 J.16
N0110 G01 Y32.206
N0120 G02 X.0287 Y32.3634 I.16 J0.0
N0130 G01 X.0844 Y32.3532
N0140 G02 X.2052 Y39.1374 I41.9161 J2.6468
N0150 G01 X-.1546 Y40.4928
N0160 G02 X-.16 Y40.5339 I.1546 J.0411
N0170 G01 Y70.
```

❺ 아래와 같이 비번호와 황삭, 정삭, 잔삭으로 최종 변경한다.

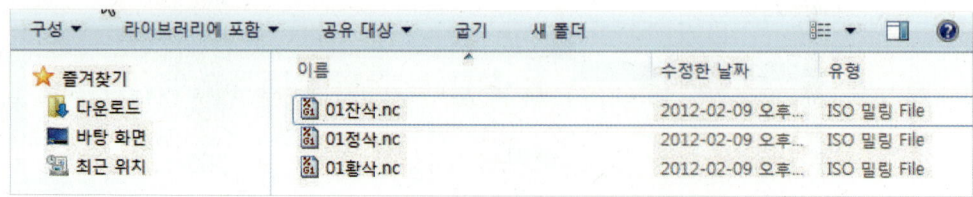

NX10 3D 모델링 및 CAD/CAM

8 뷰 배치하기 따라 하기

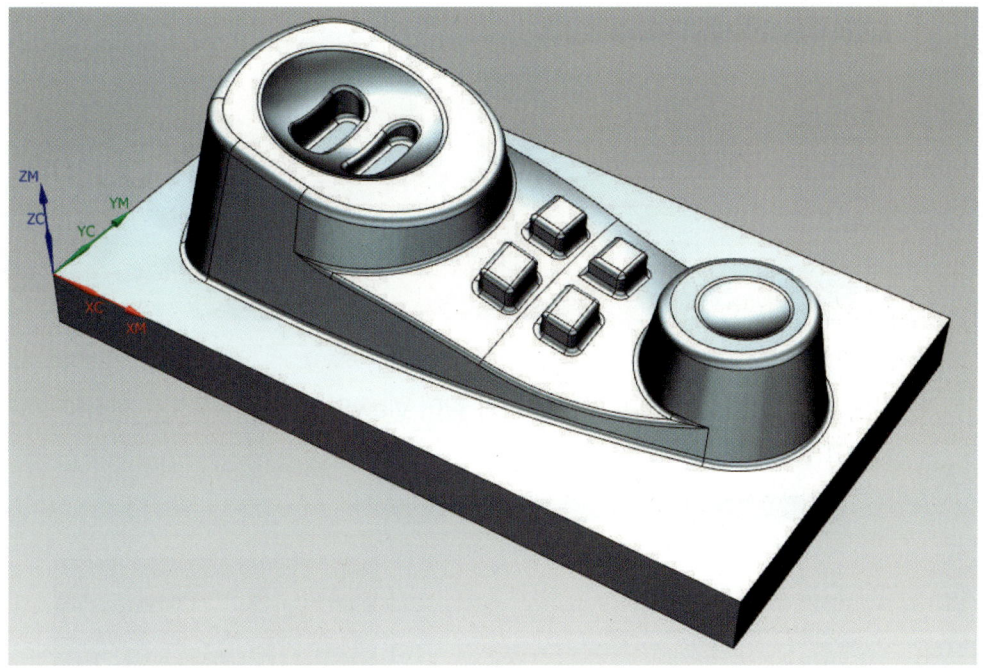

❶ 파일에서 드래프팅을 선택한다.

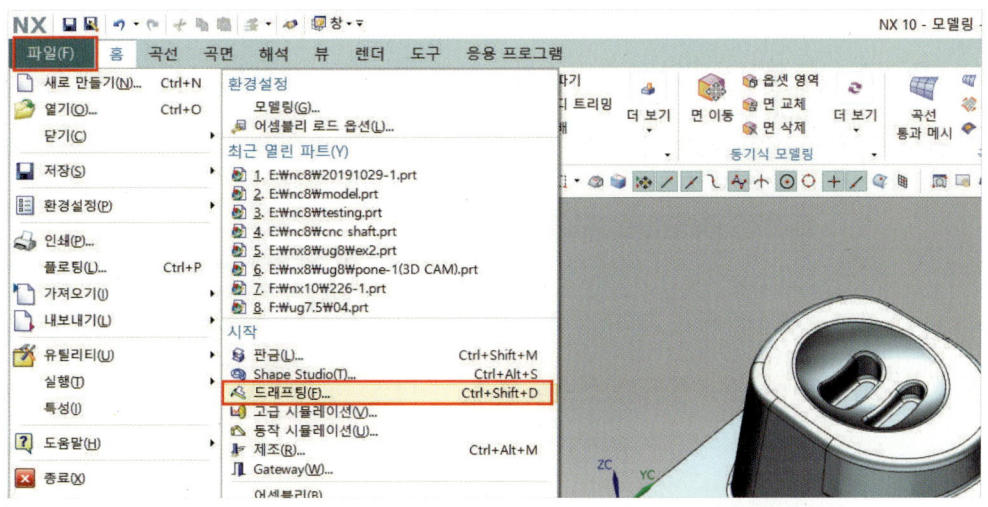

Chapter 02 | 컴퓨터응용가공산업기사

❷ 모델링을 완성한 후 시작에서 Drafting을 클릭한다. 새 시트( )에서 크기는 A3로 설정하고 확인한다.

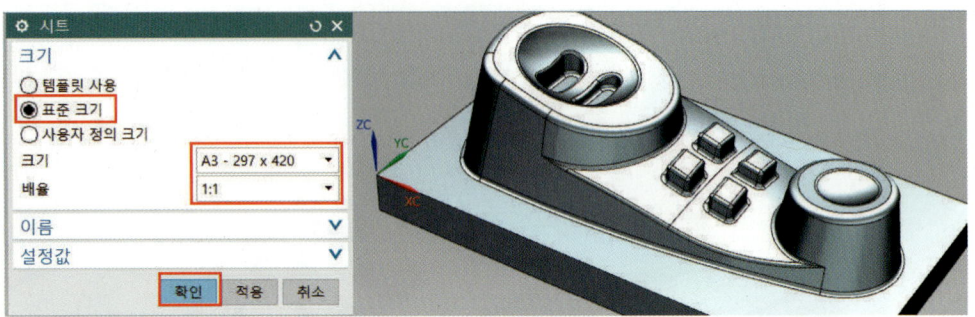

❸ 기준 뷰( )를 클릭한다. 아래 그림과 같이 View의 방향을 위쪽으로 설정하고 View를 배치하고 싶은 곳을 선택한다.

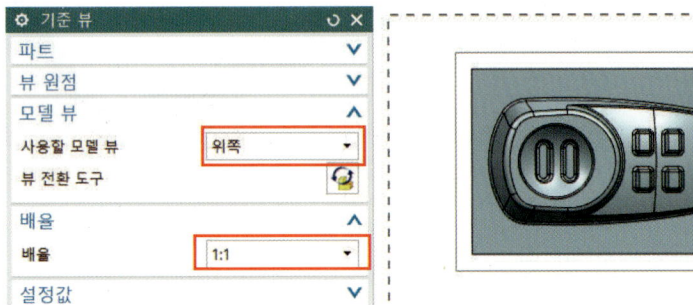

❹ 기준 뷰를 붙이기 하면 위 그림과 같이 투영 뷰로 작업이 넘어간다. 이때 마우스를 위쪽으로 옮기게 되면 Top View가 나오며, 이때 원하는 곳을 선택한다.

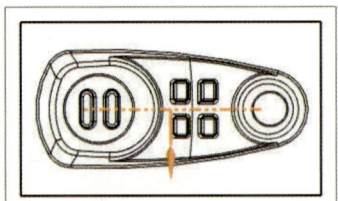
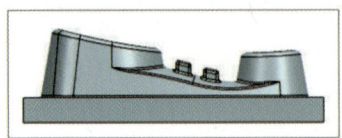

NX10 3D 모델링 및 CAD/CAM

❺ 다시 기준 뷰를 선택한다. 마우스를 오른쪽으로 옮기게 되면 Right View가 나오면 원하는 곳을 선택한다.

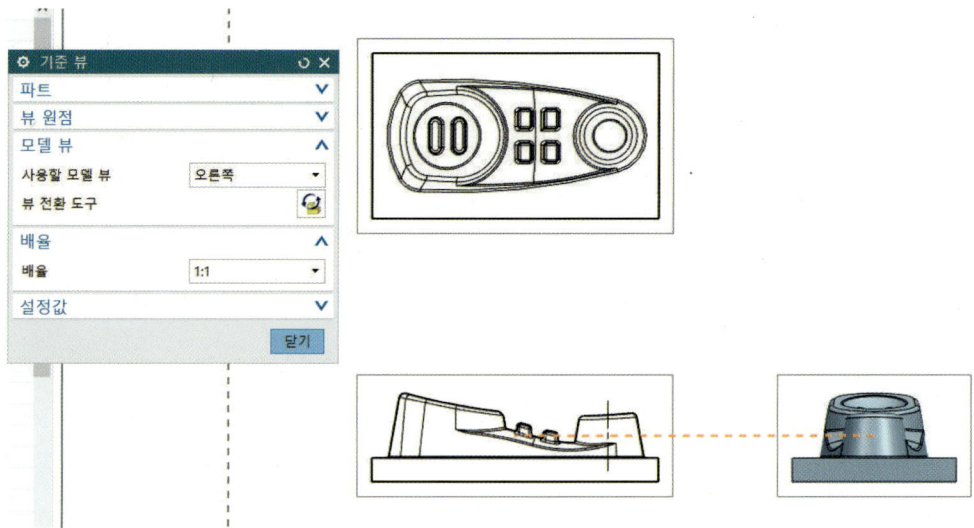

❻ 기준 뷰를 다시 선택한다. 모델 뷰의 방향을 등각으로 선택하고 원하는 곳을 선택한다.

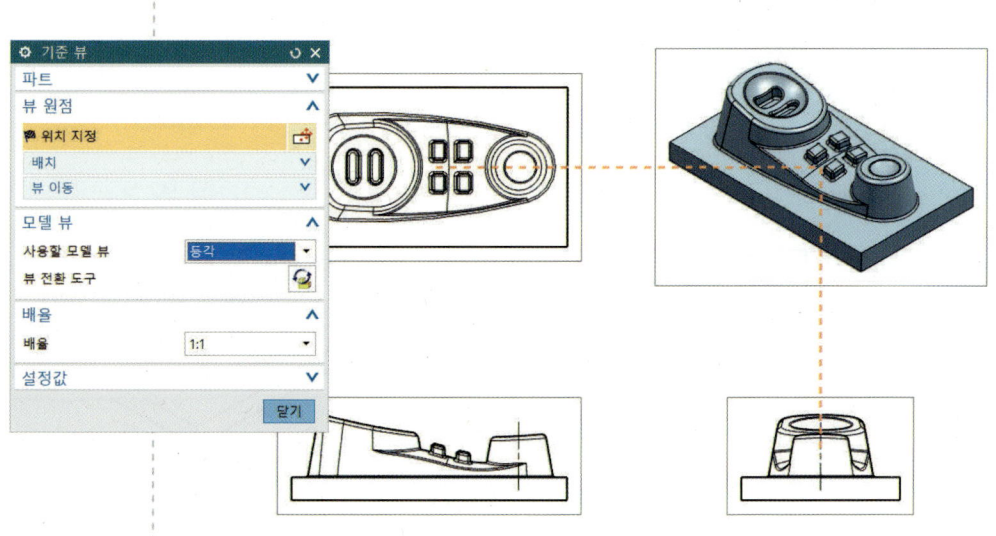

Chapter 02 | 컴퓨터응용가공산업기사

❼ 아래 그림은 뷰의 방향을 등각으로 선택하고 원하는 곳에 선택한 상태이다.

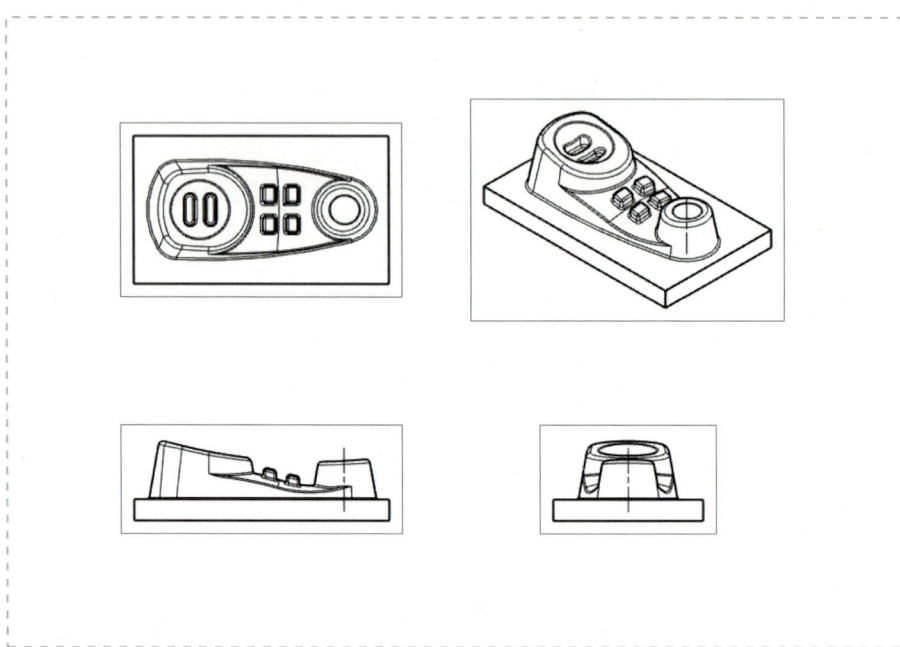

❽ 모서리 블렌드 부분에 대한 선들을 숨기기 위해서 ❼의 그림과 같이 원하는 뷰를 선택하고 MB3을 눌러 설정값을 선택한다.

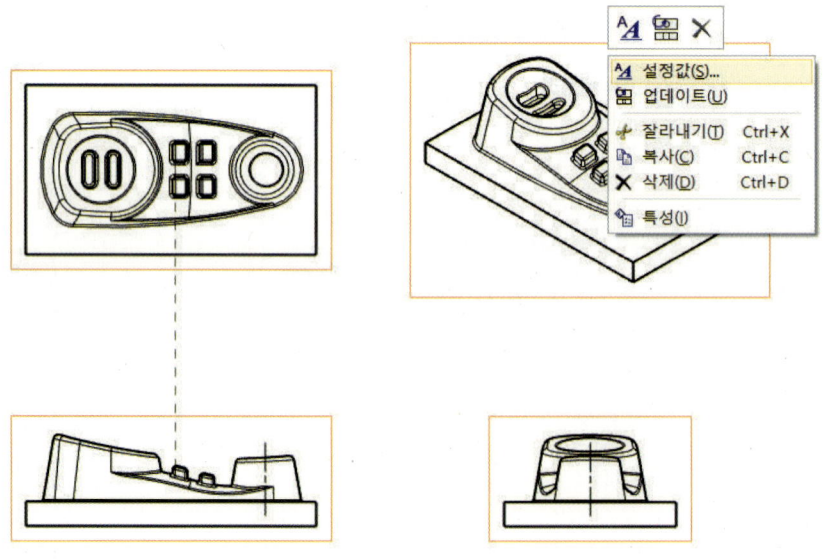

❾ 형식에서 모서리 다듬기 기능인 부드러운 모서리 표시에서 체크를 해제한다.

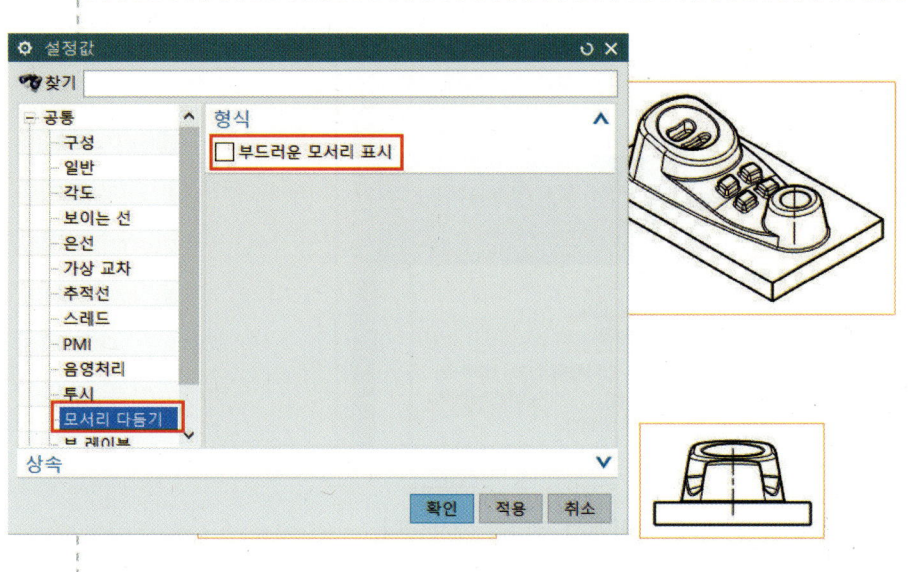

❿ 아래 그림처럼 음영처리에서 전체 음영처리로 변경하고 확인한다.

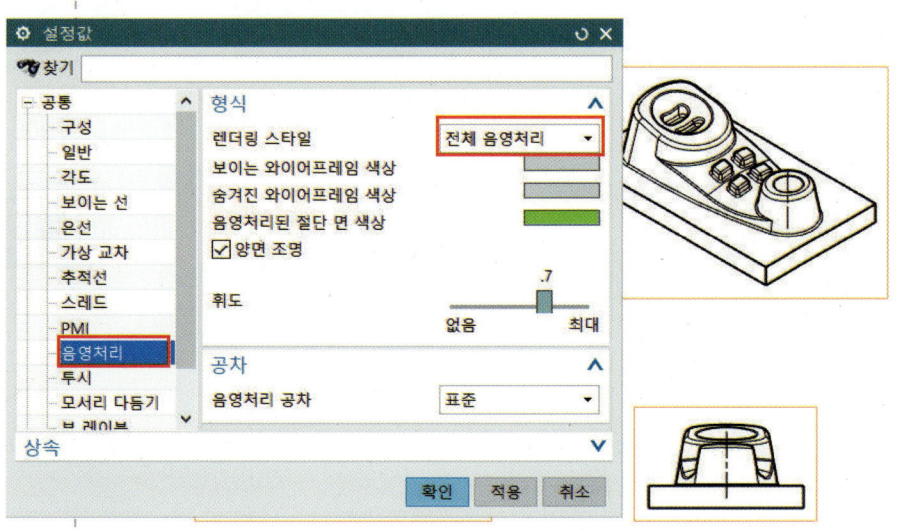

⓫ 메뉴의 환경설정에서 Drafting을 선택한다.

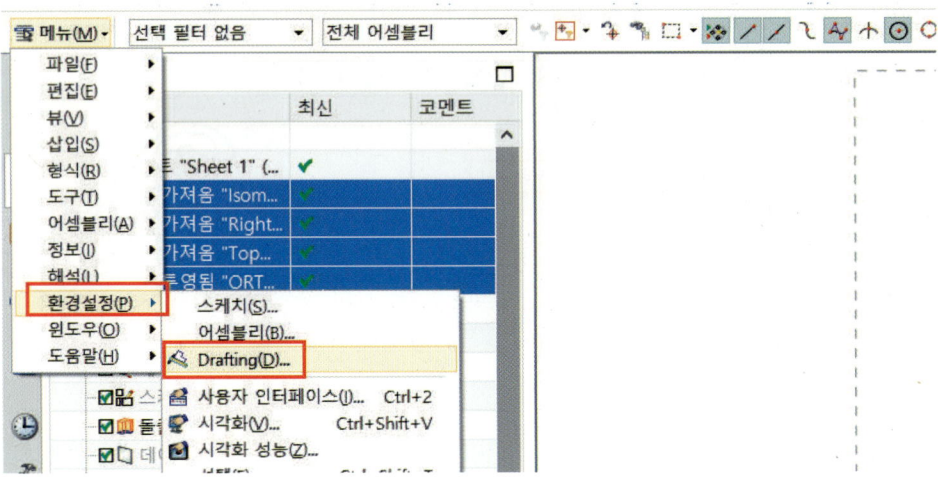

⓬ 뷰 워크플로의 디스플레이에서 체크를 해제한다.

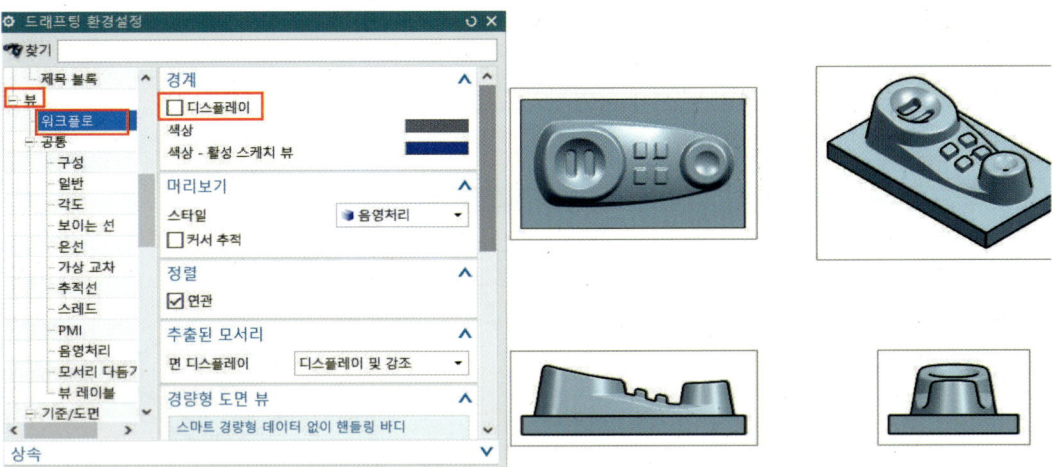

NX10 3D 모델링 및 CAD/CAM

⓭ 아래 그림의 모서리 다듬기와 경계선에서 체크를 해제하고 확인한 상태이다.

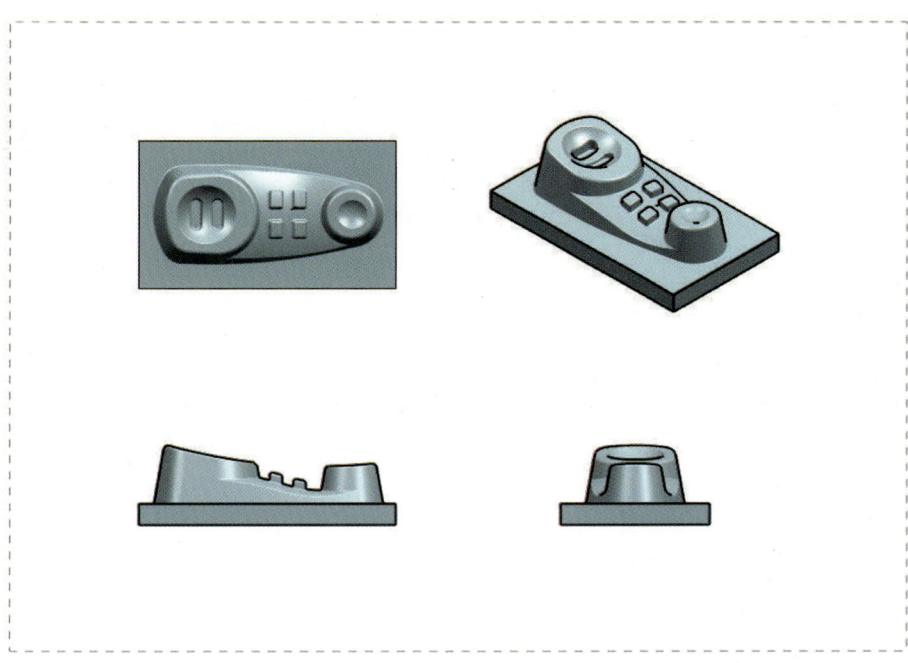

⓮ 파일에서 인쇄를 클릭한다.

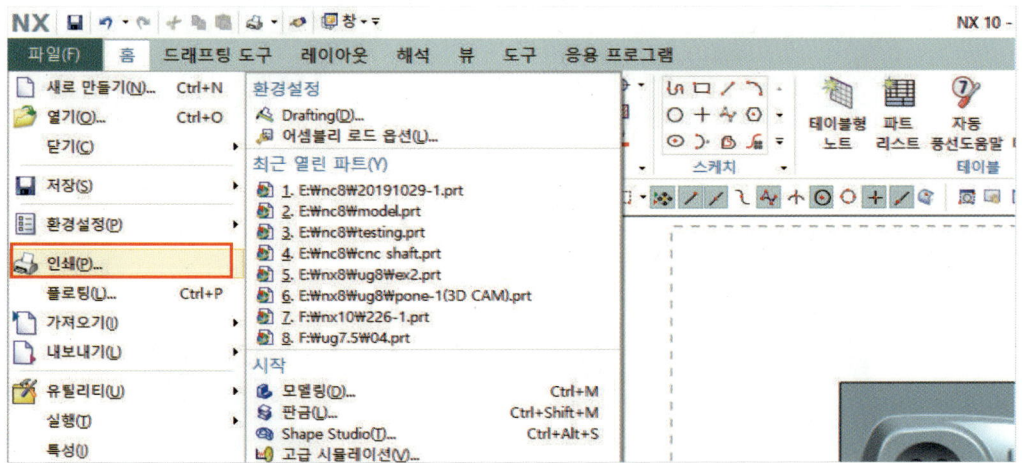

Chapter 02 | 컴퓨터응용가공산업기사

⑮ 아래 그림처럼 PDF로 설정하고 확인한다.

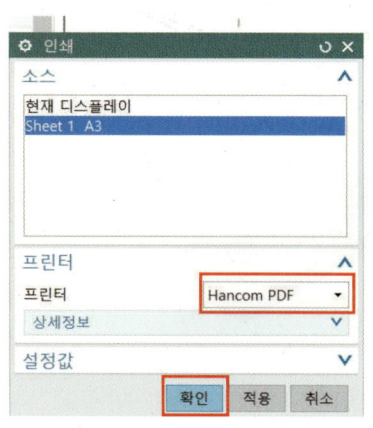
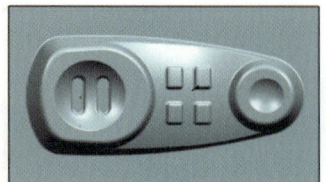

❾ 실기 시험 제출 자료

1) Modeling 형상의 출력물

정면도, 평면도, 우측면도, 입체도(등각도)

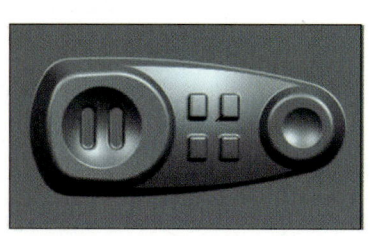

PART Ⅶ NX10 CAM 가공 따라 하기

2) 황삭·정삭·잔삭 Tool path의 출력물

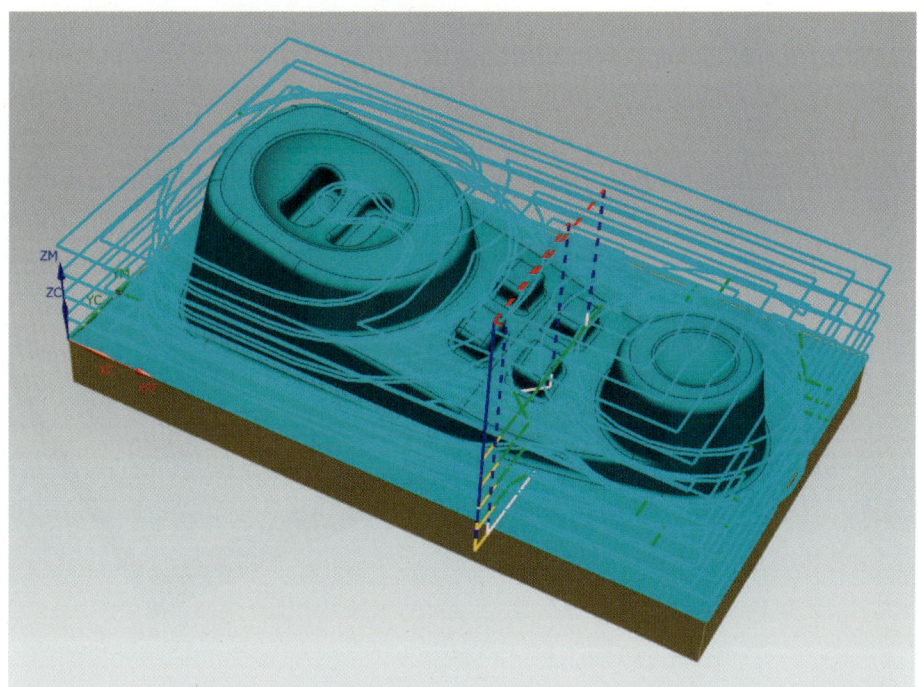

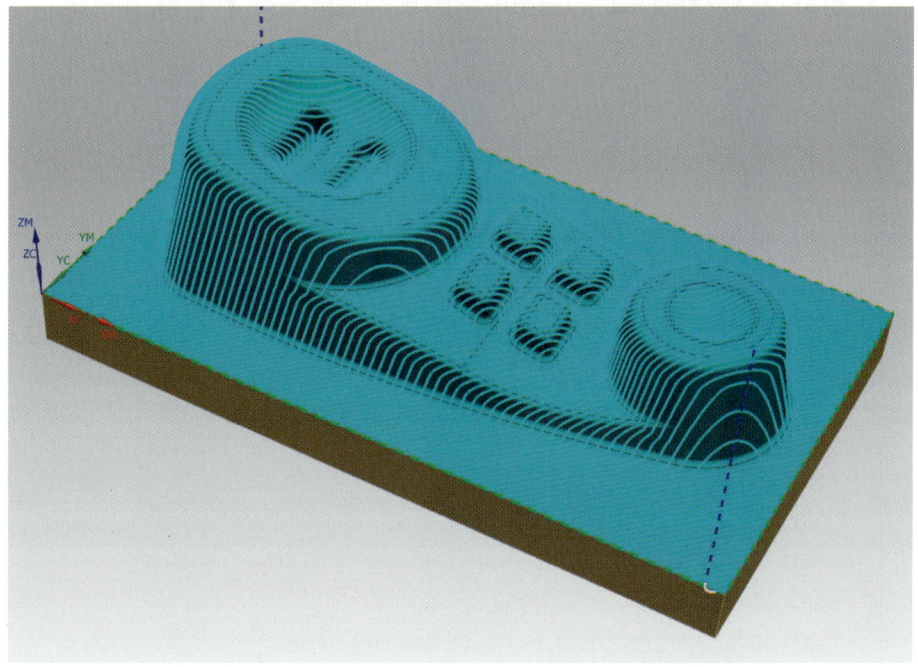

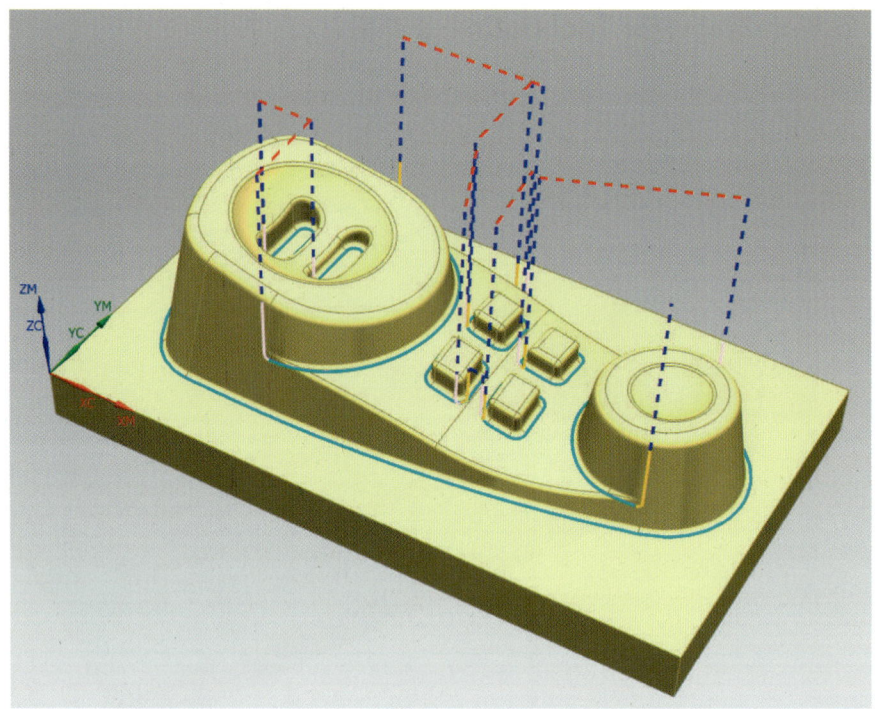

3) 황삭·정삭·잔삭 NC code의 전반부 30Block만 편집한 출력물

```
(황삭)%
N0010 G40 G17 G90 G71
N0020 G91 G28 Z0.0
N0030 T01 M06
N0040 G00 G90 G54 X82.3986 Y-6.16 S1400 M03
N0050 G43 Z50. H01
N0060 Z24.4835
N0070 G01 Z21.4835 F100. M08
N0080 Y-.16
N0090 X0.0
N0100 G02 X-.16 Y0.0 I0.0 J.16
N0110 G01 Y32.206
N0120 G02 X.0287 Y32.3634 I.16 J0.0
N0130 G01 X.0844 Y32.3532
N0140 G02 X.2052 Y39.1374 I41.9161 J2.6468
N0150 G01 X-.1546 Y40.4928
N0160 G02 X-.16 Y40.5339 I.1546 J.0411
```

N0170 G01 Y70.
N0180 G02 X0.0 Y70.16 I.16 J0.0
N0190 G01 X120.
N0200 G02 X120.16 Y70. I0.0 J-.16
N0210 G01 Y43.3008
N0220 G02 X120.1567 Y43.2685 I-.16 J0.0
N0230 G01 X119.88 Y41.9271
N0240 G02 X119.8173 Y27.8865 I-20.8801 J-6.9271
N0250 G01 X120.0006 Y27.8858
N0260 G02 X120.16 Y27.7258 I-.0006 J-.16
N0270 G01 Y0.0
N0280 G02 X120. Y-.16 I-.16 J0.0
N0290 G01 X82.3986
N0300 Y4.84
(정삭)%
N0010 G40 G17 G90 G71
N0020 G91 G28 Z0.0
N0030 T02 M06
N0040 G00 G90 G54 X-1.4119 Y67.1762 S1800 M03
N0050 G43 Z50. H02
N0060 Z2.8
N0070 G01 Z2. F90. M08
N0080 X-1.3427 Y67.2454 Z1.382
N0090 X-1.1418 Y67.4463 Z.8244
N0100 X-.829 Y67.7591 Z.382
N0110 X-.4347 Y68.1534 Z.0979
N0120 X.0023 Y68.5904 Z0.0
N0130 X1.4096 Y69.9977
N0140 X2.817
N0150 X.0023 Y67.183
N0160 Y65.7757
N0170 X4.2243 Y69.9977
N0180 X5.6316
N0190 X.0023 Y64.3684
N0200 Y62.961
N0210 X7.039 Y69.9977
N0220 X8.4463

N0230 X.0023 Y61.5537
N0240 Y60.1463
N0250 X9.8537 Y69.9977
N0260 X11.261
N0270 X.0023 Y58.739
N0280 Y57.3317
N0290 X12.6683 Y69.9977
N0300 X14.0757
(잔삭)%
N0010 G40 G17 G90 G71
N0020 G91 G28 Z0.0
N0030 T03 M06
N0040 G00 G90 G54 X102.5758 Y20.4808 S3700 M03
N0050 G43 Z50. H03
N0060 Z18.8
N0070 G01 Z6.3759 F80. M08
N0080 X102.4862 Y20.4683 Z5.9964
N0090 X102.2597 Y20.4367 Z5.6803
N0100 X101.9305 Y20.3909 Z5.4758
N0110 X101.549 Y20.3377 Z5.414
N0120 X101.4838 Y20.328 Z5.4178
N0130 X100.7866 Y20.2315 Z5.4429
N0140 X100.0894 Y20.1652 Z5.4624
N0150 X99.3922 Y20.1354 Z5.4815
N0160 X98.695 Y20.1307 Z5.4806
N0170 X97.9978 Y20.159 Z5.4641
N0180 X97.3006 Y20.2198 Z5.4345
N0190 X96.6034 Y20.3063 Z5.3765
N0200 X95.9061 Y20.4221 Z5.2973
N0210 X95.2089 Y20.5748 Z5.2284
N0220 X94.8431 Y20.6692 Z5.1994
N0230 X94.5117 Y20.765 Z5.1761
N0240 X93.8145 Y20.9982 Z5.1424
N0250 X93.1173 Y21.2749 Z5.1255
N0260 X92.9027 Y21.3682 Z5.1234
N0270 X92.4201 Y21.5944 Z5.1248
N0280 X91.7229 Y21.961 Z5.1406

CHAPTER 03 금형기능사

요구 사항

다음의 요구 사항을 준수하여 완성하시오.
1) 절삭지시서에 준하여 CAM 작업하시오.
2) 공작물을 고정하는 베이스 (높이 10mm) 윗부분이 절삭 가공으로 완성되어야 할 부분이며, 여기에 맞게 모델링하여 NC DATA를 생성하여야 하며, 주어진 공구 조건에 의해 발생하는 가공 잔량은 무시합니다.(절대좌표계 기준)
3) 공구 셋팅 Point는 공구 중심의 끝점으로 하시오.
4) 안전 높이는 원점에서 Z 방향으로 50mm 높은 곳으로 합니다.
5) 황삭 가공에서 Z 방향의 시작 높이는 공작물의 상면으로부터 10mm 높은 곳으로 정합니다.
6) 공구 번호, 작업내용, 공구 조건, 공구 경로 간격, 절삭 조건 등은 반드시 NC 절삭지시서에 준해야 합니다.
7) Tool Path는 효율적인 가공이 될 수 있도록 수험자가 적절하게 결정합니다.
8) NC 코드는 국내에서 많이 사용하는 코드로 생성합니다.
9) NC DATA 생성 후 공구 번호, 절삭 조건 등은 NC 절삭지시서에 맞도록 수정하여 시작 부분 30블록을 저장 및 출력하여 제출합니다.
10) 기타 주어지지 않은 가공 조건은 수험자가 적절하게 정하여 프로그램합니다.
11) 시험 종료 시 제출해야 할 자료(출력물 오른쪽 하단에 비번호와 출력 내용 기재)

　(1) Modeling 형상의 출력물: 등각도 (isometric drawing)
　(2) 정삭 Tool Path의 출력물
　(3) 황·정·잔삭 NC CODE를 전반부 30 블록만 편집하여 Print 후 제출
　(4) 저장 파일(총 5개): Modeling 형상, 정삭(평, 볼) Tool path, 황·정·잔삭 NC DATA

NC 데이터 절삭지시서

작업 내용	공구 번호	파일명 (비번호가 5번일 경우)	공구 조건		경로 간격 (mm)	절삭 조건				비고
			종류	직경		회전수 (rpm)	이송 (mm/min)	절입량 (mm)	잔량 (mm)	
황삭	1	05황삭.nc	평E/M	ø6	3	1200	100	3	0.5	
정삭	2	05정삭.nc	평E/M	ø4	0.5	2000	100			
	3	05정삭.nc	볼E/M	ø4	1	2200	90			
잔삭	4	05잔삭.nc	평E/M	ø4		2600	80			

금형기능사 도면

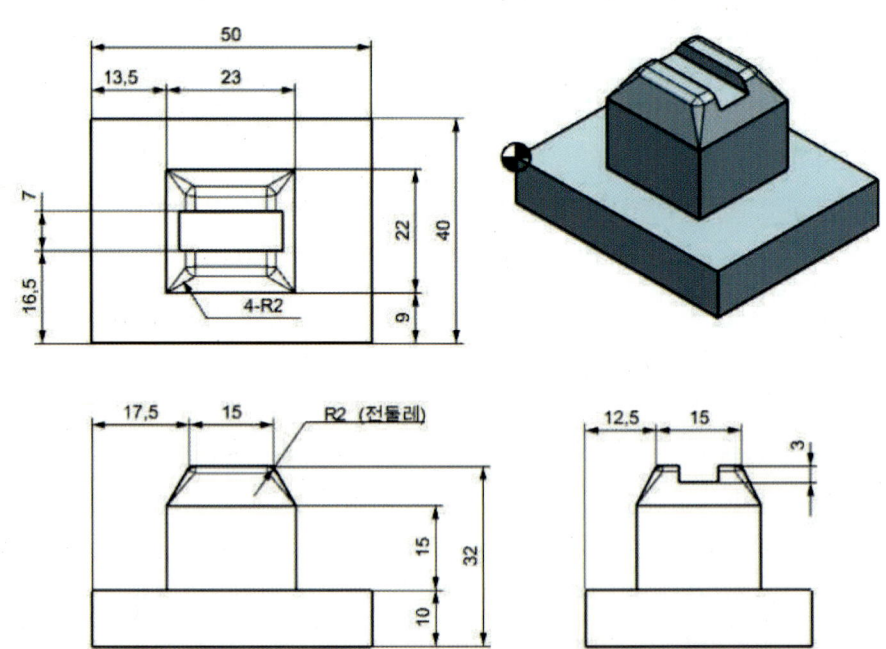

NX10 3D 모델링 및 CAD/CAM

1 모델링

❶ NX10을 실행시킨 후 아래 그림과 같이 NEW 아이콘을 눌러 새로운 PRT 파일을 생성한다.

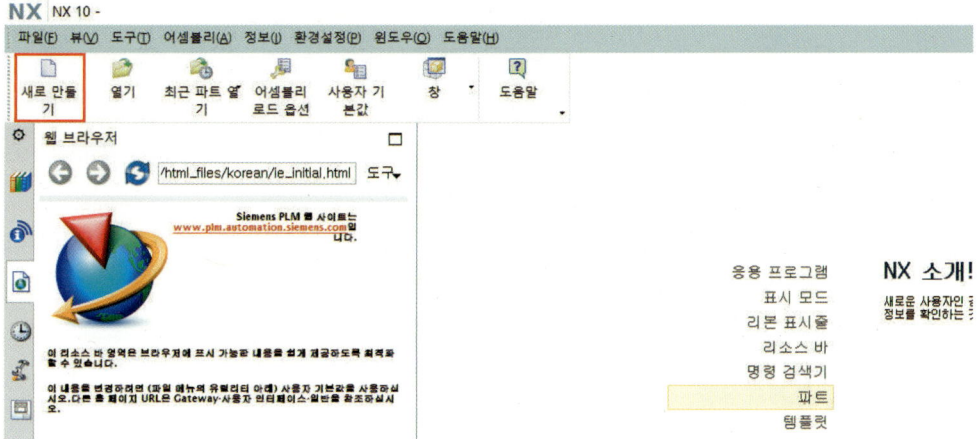

❷ 새로운 파트 파일을 만들기 위해 파일의 이름과 타입 생성되는 위치를 선택한다.

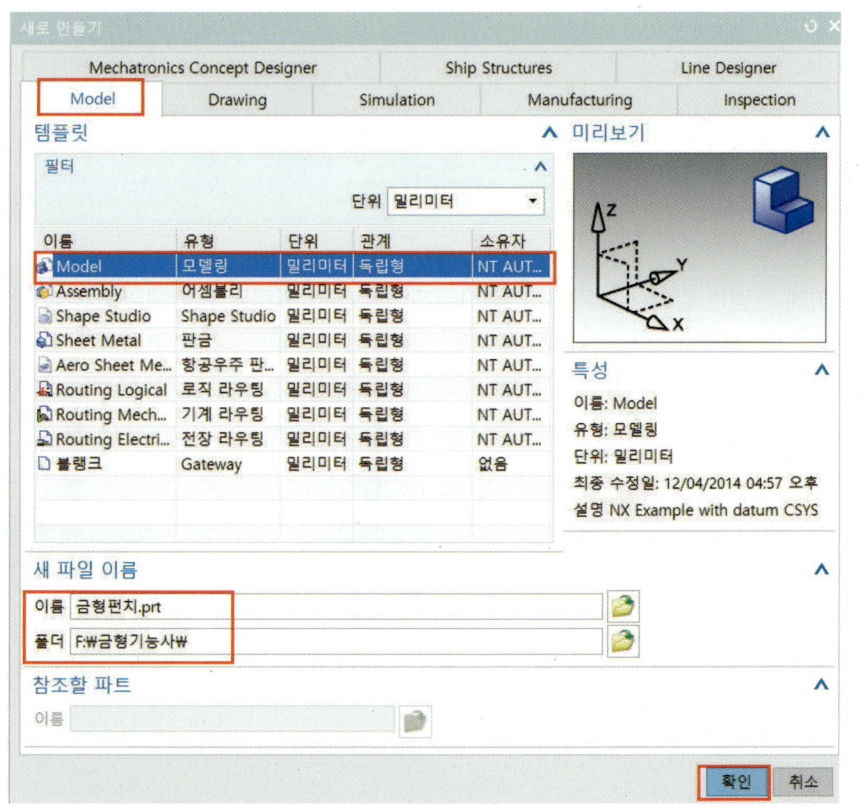

Chapter 03 | 금형기능사

❸ 생성된 환경에서 스케치를 하기 위해 Insert – Sketch를 선택한다.

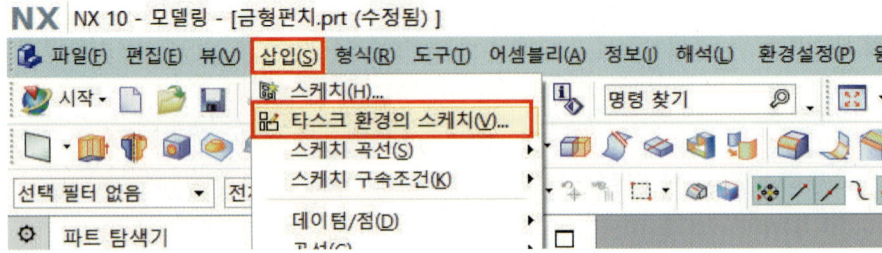

❹ 평면도에 대한 스케치를 하기 위해서 X-Y 평면에 스케치를 한다. 자동적으로 선택되어 있어서 OK하면 X-Y 평면에 스케치를 할 수 있다.

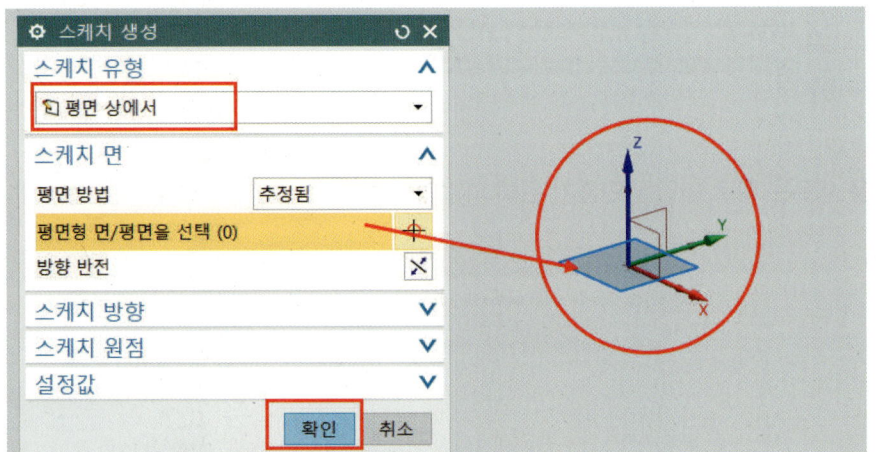

아래 그림과 같이 스케치 평면을 다르게 선택하면 원하는 평면에 스케치를 할 수 없다.

❋ X-Z 평면 상태일 때 　　❋ Y-Z 평면 상태일 때 　　❋ X-Y 평면 상태일 때

❺ 스케치 명령에서 Rectangle을 사용하여 아래 그림처럼 스케치한다.

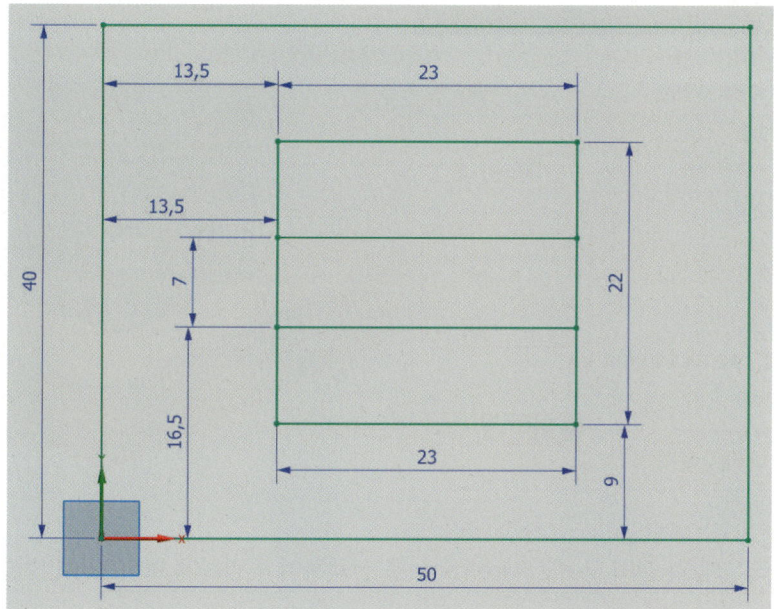

❻ Extrude(돌출) 아이콘을 실행시키고 아래 그림과 같이 선택하고 적용한다.

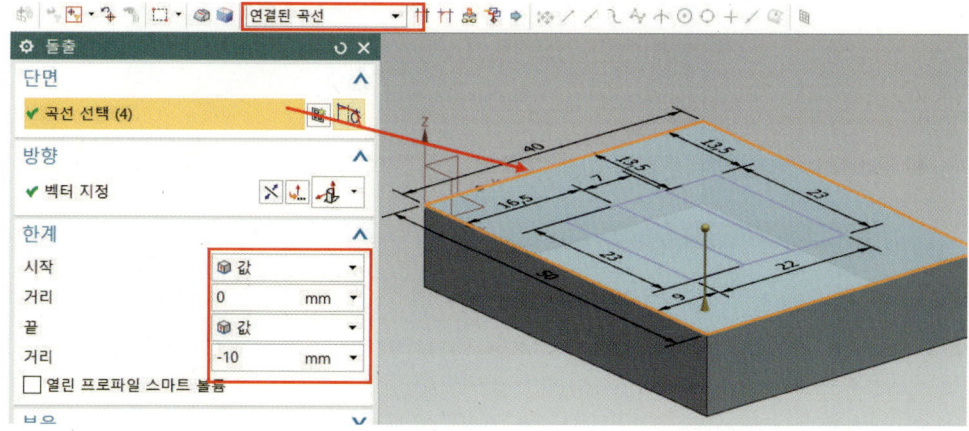

❼ Extrude(돌출)을 사용하여 아래 그림과 같이 안쪽에 있는 사각형을 돌출한다.

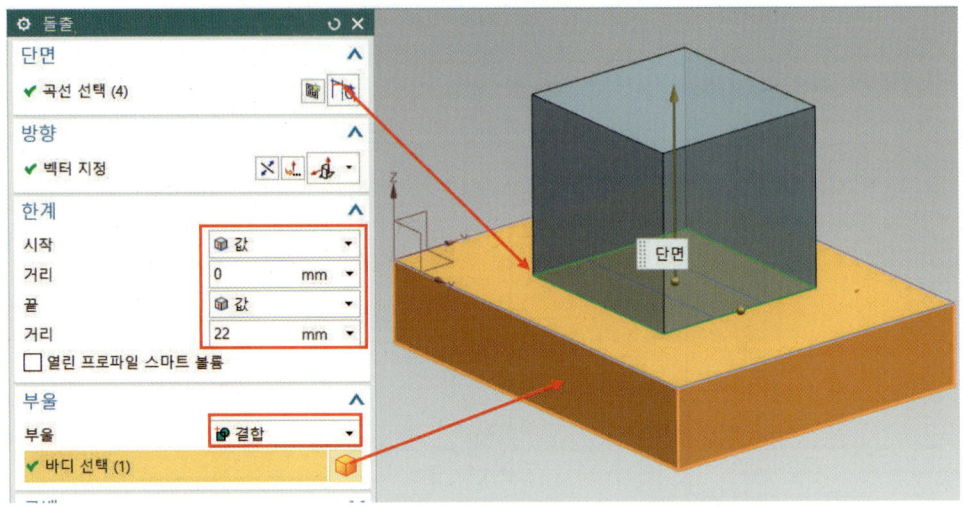

❽ 아래 그림과 같이 Static Wireframe를 선택하여 투명하게 보이도록 만들어 준다.

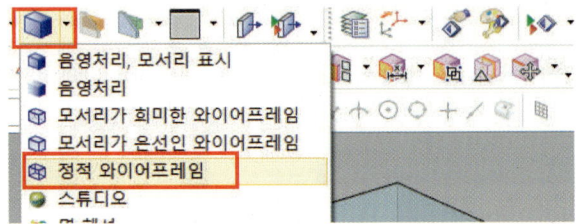

❾ Extrude(돌출)을 사용하여 아래 그림과 같이 안쪽에 있는 사각형을 돌출한다.

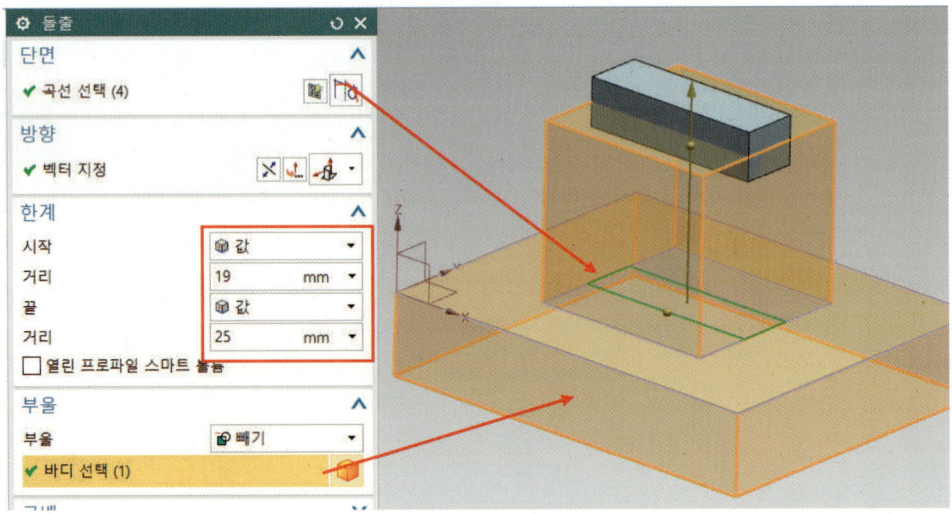

⑩ Chamfer 아이콘을 이용하여 돌출된 모서리에 서로 다른 값을 지닌 모따기 형상을 만들어 준다.

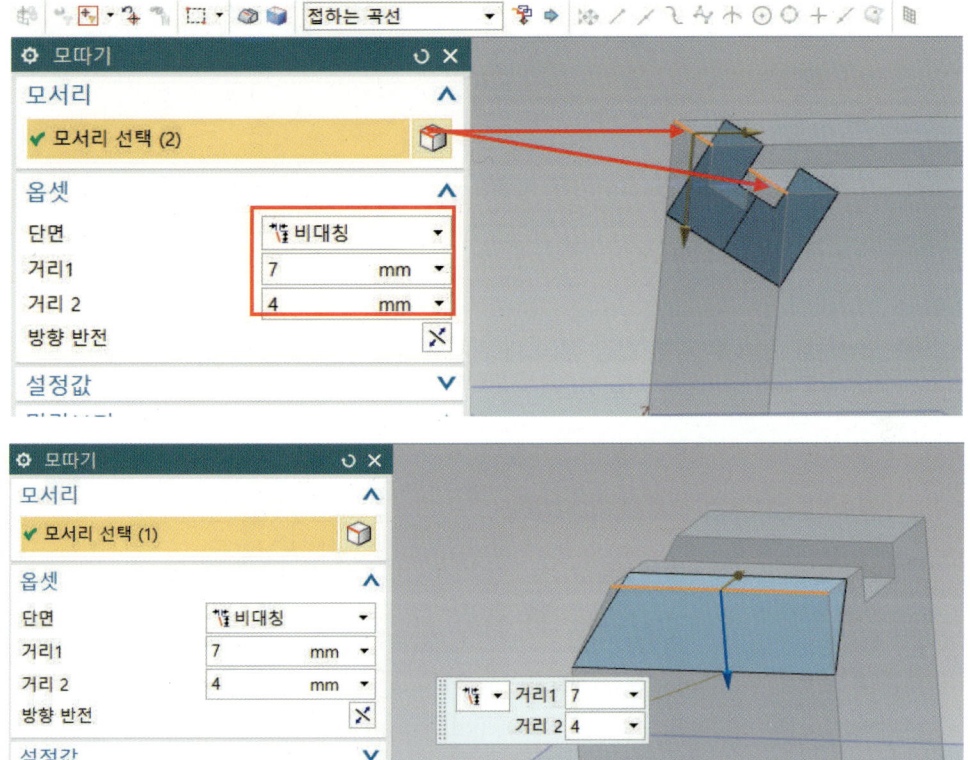

⑪ 네 군데 모서리에 서로 다른 값을 지닌 모따기 형상이 완성된 모습이다.

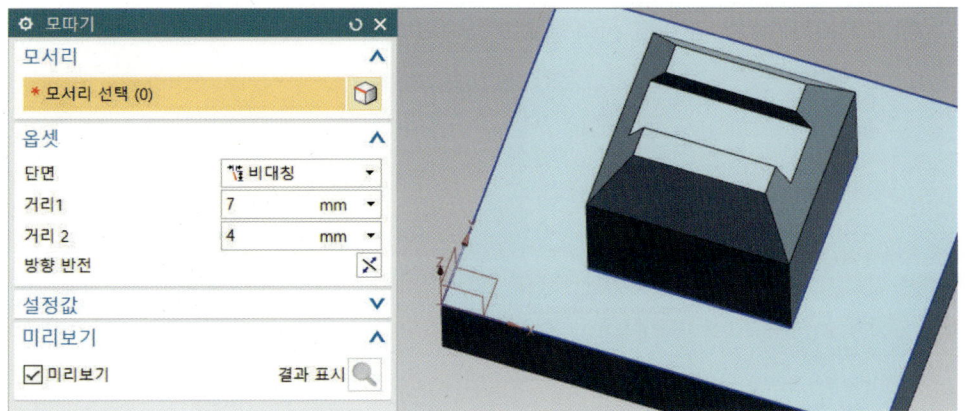

⓬ Edge Blend 아이콘을 선택하여 형상의 모서리에 라운드 형상을 만들어준다.

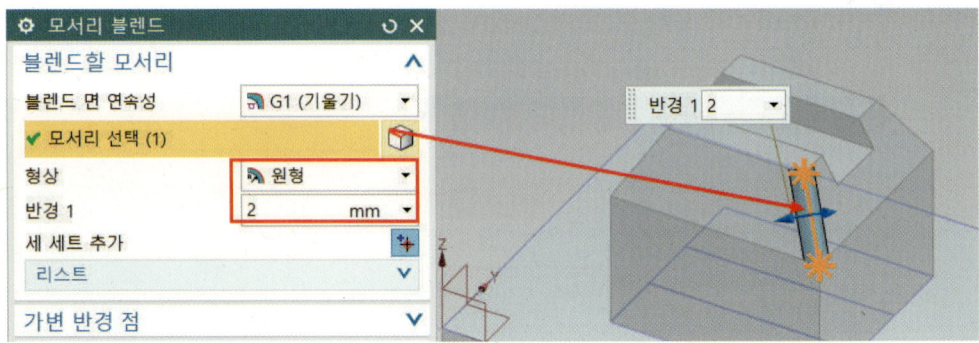

⓭ 모서리를 선택 후 가변 변경 점의 새 위치 지정을 선택하여 아래 그림과 같이 모서리와 모서리가 만나는 포인트를 선택한다.

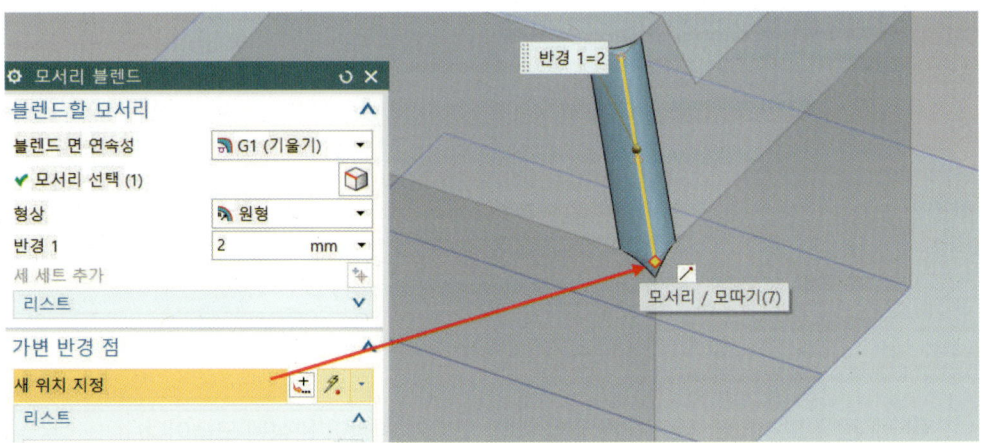

⓮ 모서리가 만나는 포인트 선택 후 포인트에서 시작되는 블렌드의 값 0을 입력한다.

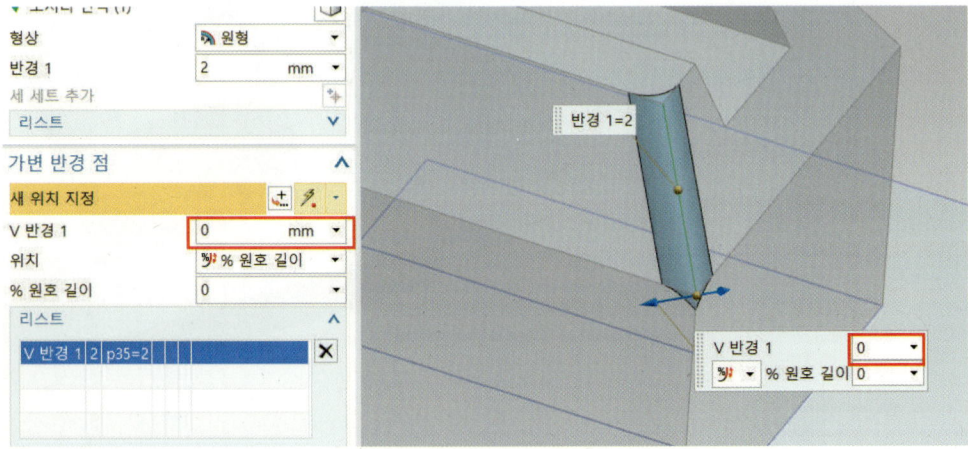

❶❺ 값 입력 후 블렌드가 들어가는 끝부분에 대한 포인트를 선택 후 블렌드 값 2를 입력한다. 같은 방법을 사용하여 각 모서리에 적용한다.

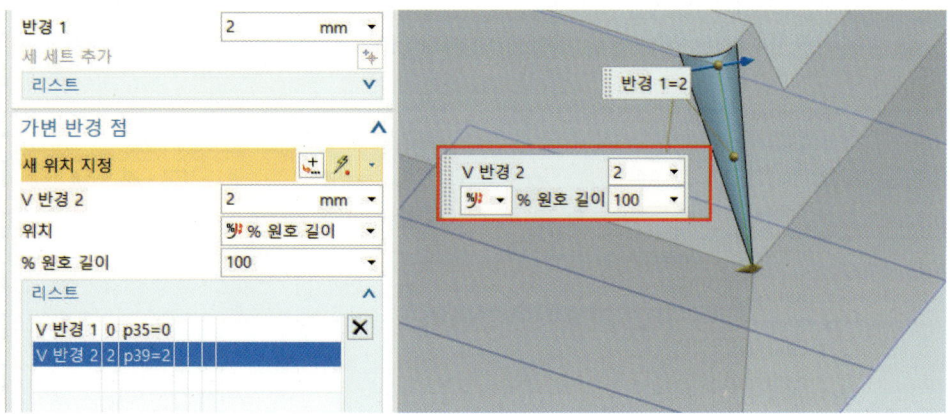

❶❻ 아래 그림은 각 모서리에 블렌드를 적용한 모습이다.

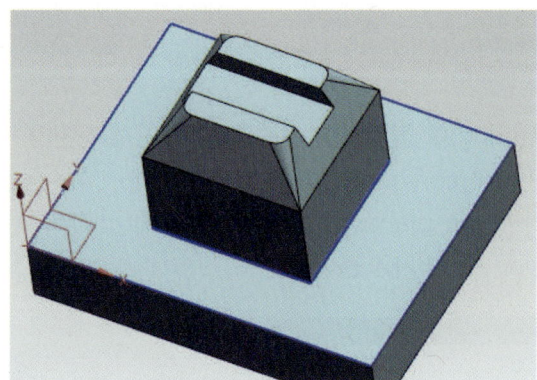

❶❼ Edge Blend를 선택하여 둘레에 블렌드 형상을 만들어준다.

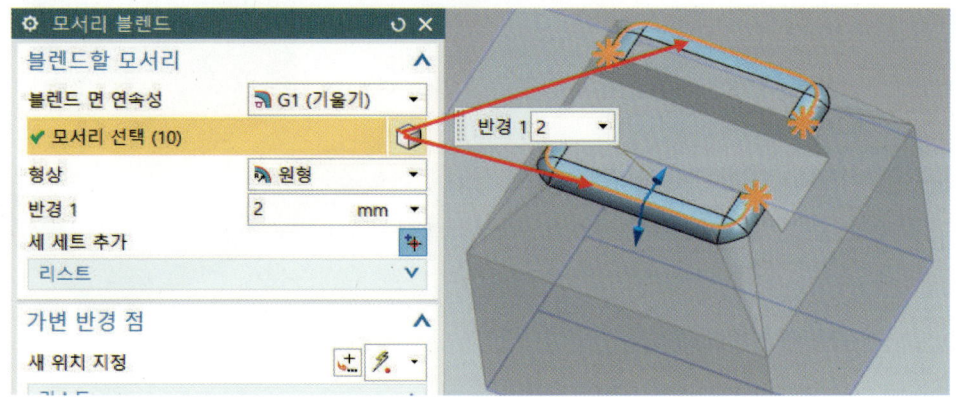

❷ NC G-CODE 생성

(1) Manufacturing 시작하기

❶ 모델링을 열려있는 상태에서 시작에 제조(Manufacturing)를 클릭한다.

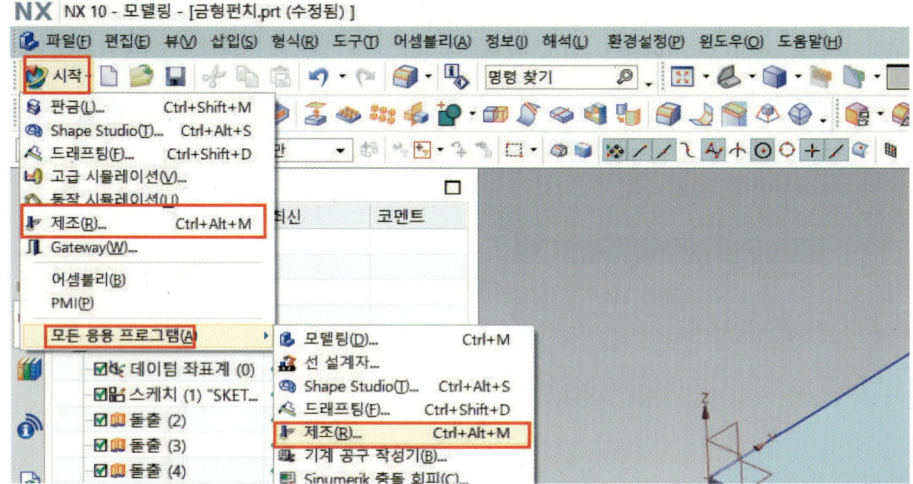

❷ 제조(Manufacturing)를 클릭하면 가공 환경 창이 설정된다. 여기서 생성할 CAM 설정은 3D 3축 가공인 mill_contour를 설정하고 확인한다. CAM 환경에 들어가서 변경을 하여도 관계없다. 여기서, mill_planar: 2D 평면 가공, mill_multi-axis: 다축 가공, drill: 드릴 가공, hole_making: 구멍 가공 등이다.

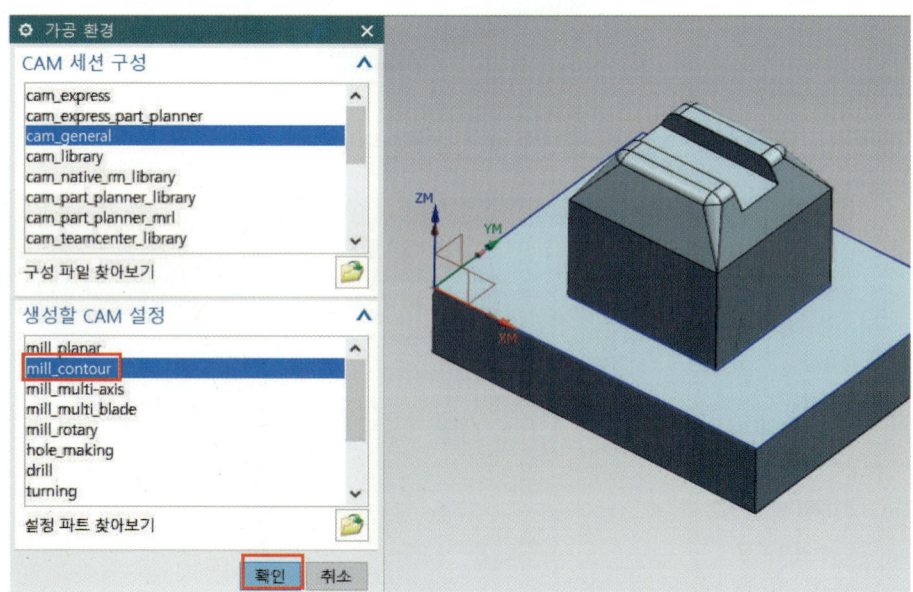

(2) 공작물(가공물) 설정하기

❶ 우측 창 오퍼레이션 탐색기 버튼 클릭한 후 위에 고정 아이콘을 클릭하여 화면을 고정시킨다. 우측 창 오퍼레이션 탐색기 빈곳에서 MB3 클릭하면 그림과 같은 Menu가 생성이 된다. 생성된 메뉴에서 지오메트리 뷰를 선택한다.

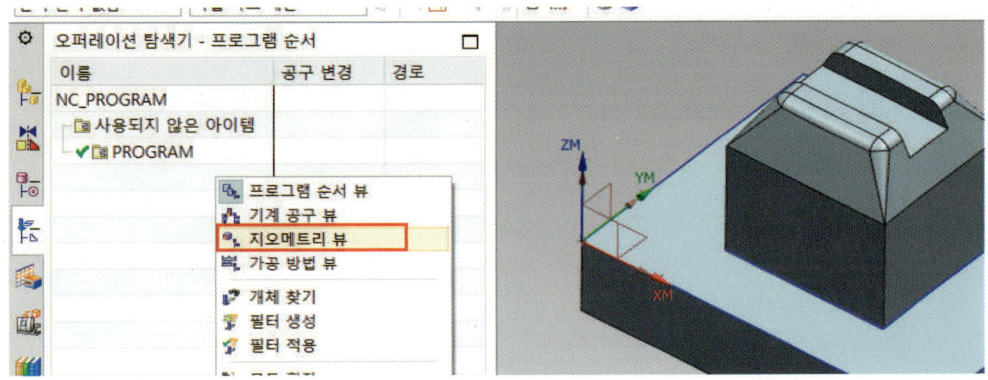

❷ MCS는 CAM 작업의 기준이 가공 좌표계를 의미하며, 기본적으로 모델링 작업을 할 때 기준이 되는 WCS와 동일한 위치에 생성하게 된다. 이때 MCS_MILL이 나타나면 MCS_MILL을 더블 클릭한다.

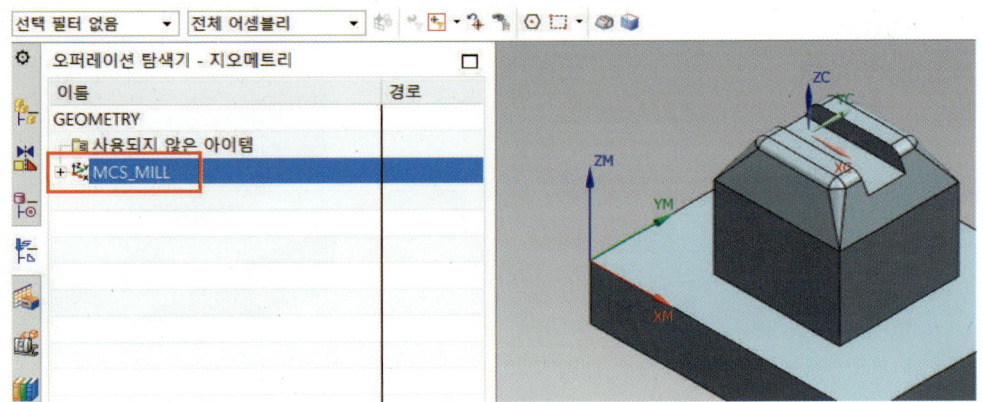

❸ 확인 버튼을 클릭하면 가공 원점이 표시된다. NC Data 생성을 위한 가공 시작 원점이 맞지 않으면 아래와 같이 수정한다. MCS 지정에서 좌표계 다이얼로그를 클릭한다.

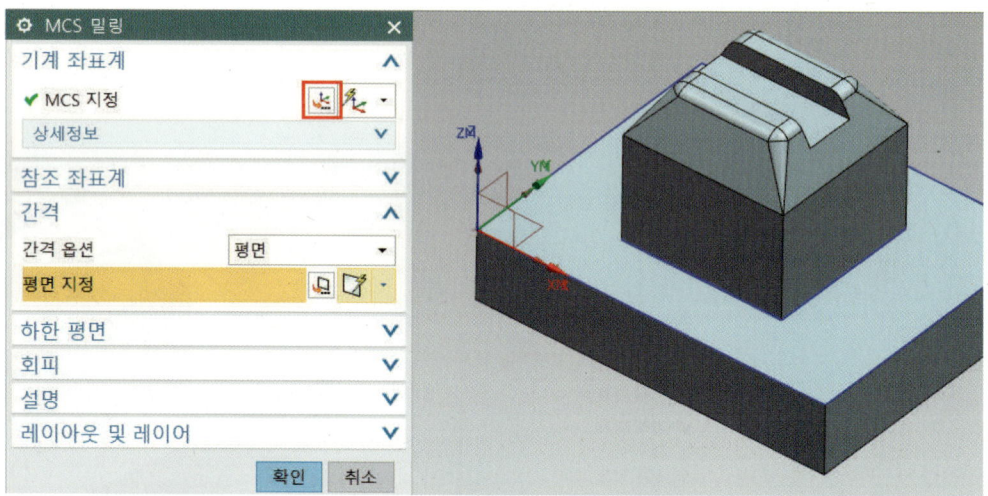

❹ 원점의 위치를 확인한다. 원점의 위치를 바꾸려면 원하는 위치에 MB1을 클릭하면 가공 원점을 바꿀 수 있다.

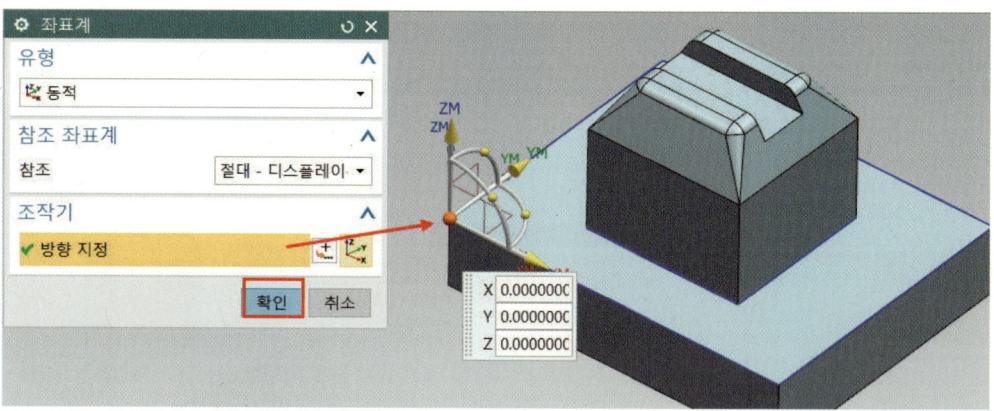

NX10 3D 모델링 및 CAD/CAM

❺ 간격에서 옵션에 평면 지정을 선택하고, 안전 높이는 원점에서 Z 방향으로 50mm 높은 곳으로 설정한다.

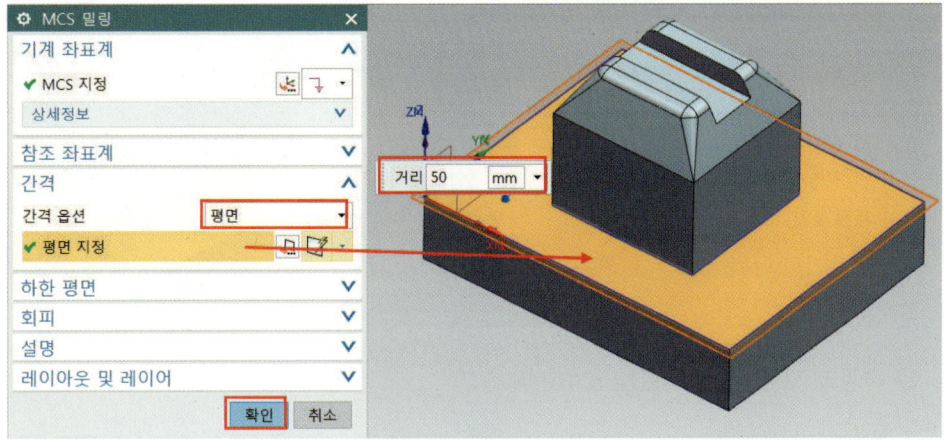

❻ MCS_MILL 앞부분의 + 부분을 MB3 선택하면 그림과 같이 WORKPIECE가 나타나는 것을 확인할 수 있다. WORKPIECE(가공 소재)를 더블 클릭한다.

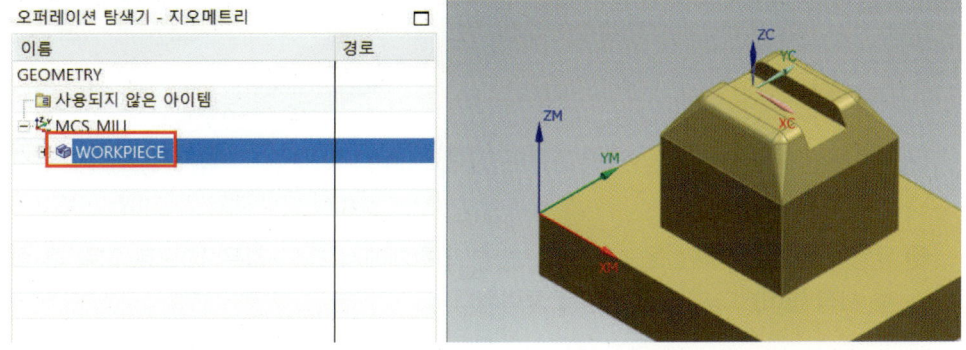

❼ 파트 지정( ) 버튼을 클릭한다. 파트는 가공 후에 남을 형상으로 모델링을 설정하는 것이다.

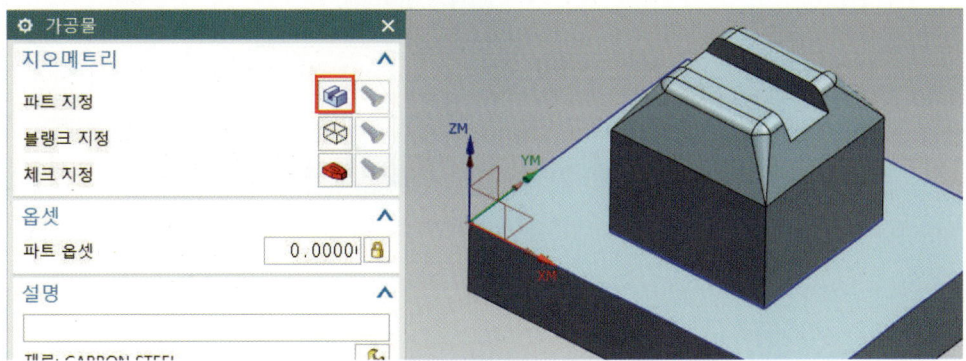

Chapter 03 | 금형기능사 1077

❽ 그림처럼 MB1 버튼을 이용하여 윈도우 또는 클로스 선택한 후 확인한다.

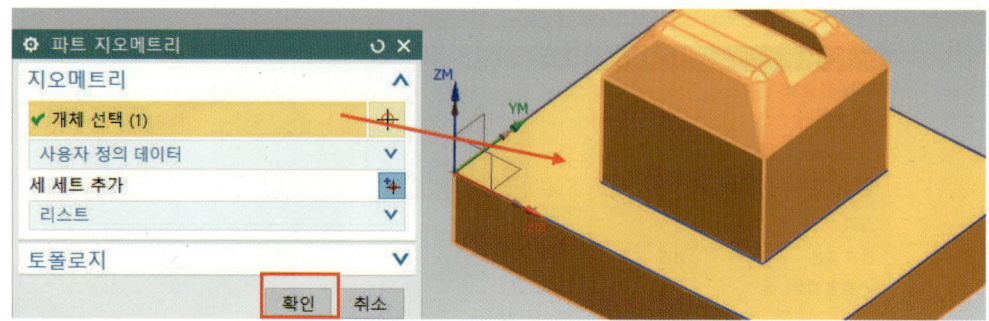

❾ 블랭크 지정( ) 버튼을 클릭한다.

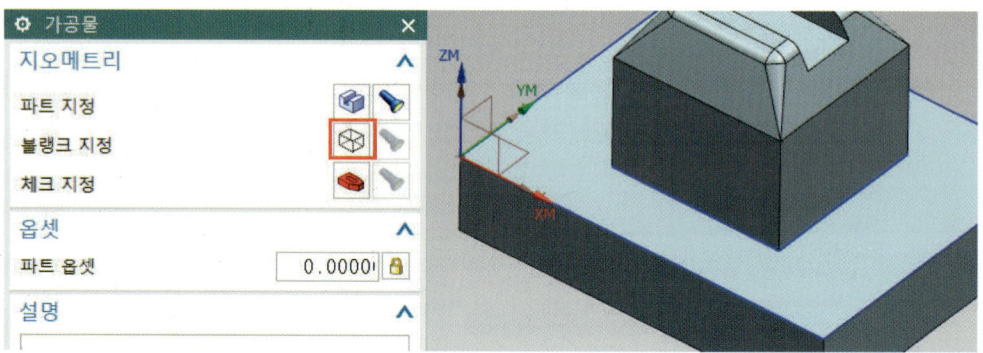

❿ 유형에서 파트 외곽선을 선택하고 방향과 한계에서 ZM +값은 10으로 입력 후 확인한다(Z축 시작 높이). 다시 확인 버튼을 클릭한다.

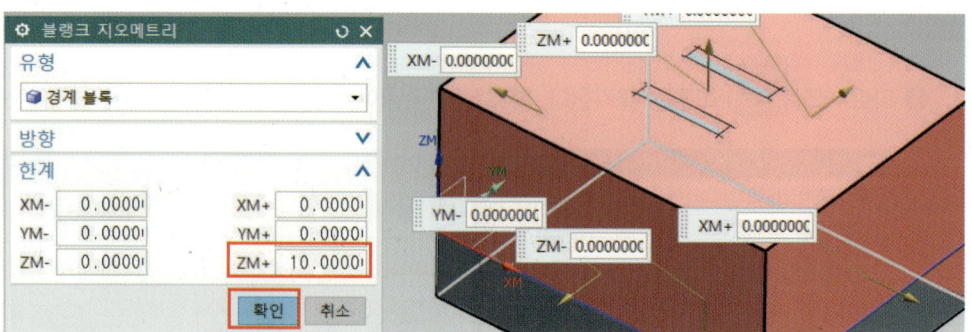

(3) 가공 공구 생성하기

❶ 삽입에서 도구 버튼을 클릭하거나 그림처럼 공구 생성 아이콘을 클릭한다.

❷ 공구 하위 유형에서 Mill를 선택하고 이름에서 MILL_6을 입력한 후 적용 버튼을 클릭한다. 이름 입력 시 빈공간이 있으면 안 되기 때문에 ' _ '를 사용한다.

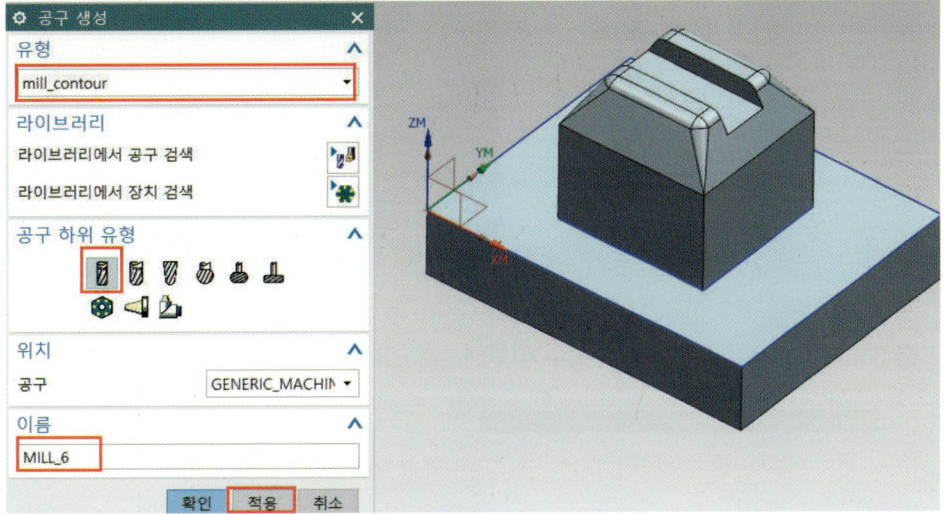

❸ (D) 직경에서 6을 입력하고 공구 번호에 1을 입력한 후 확인한다.

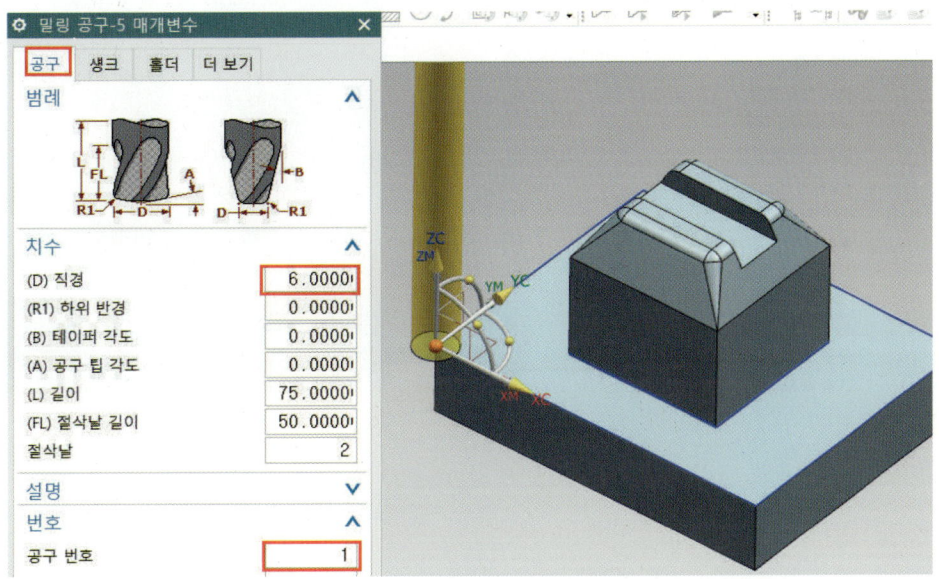

❹ BALL_MILL 아이콘 클릭하고 이름에서 MILL_4를 입력한 후 적용을 클릭한다.

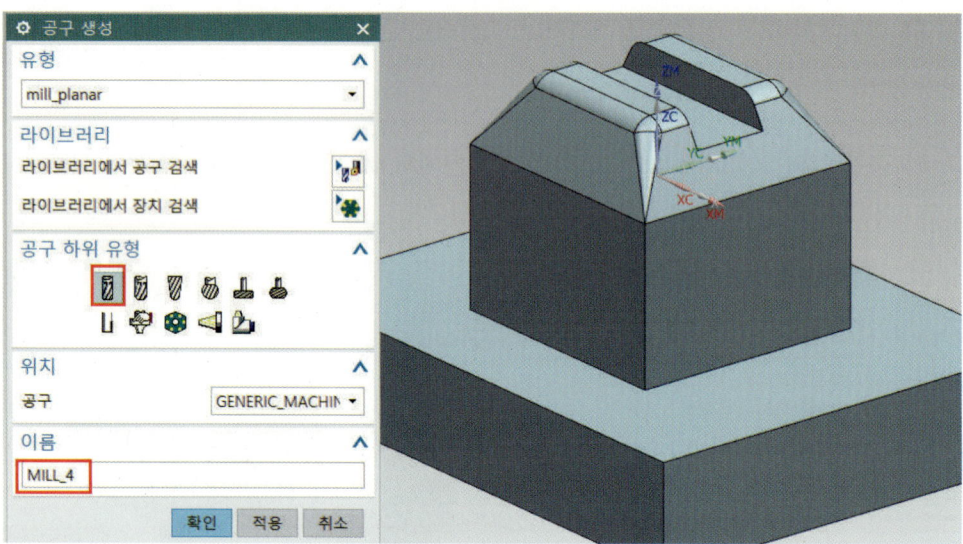

❺ (D) 직경에서 4를 입력하고 공구 번호에 2를 입력한 후 확인한다.

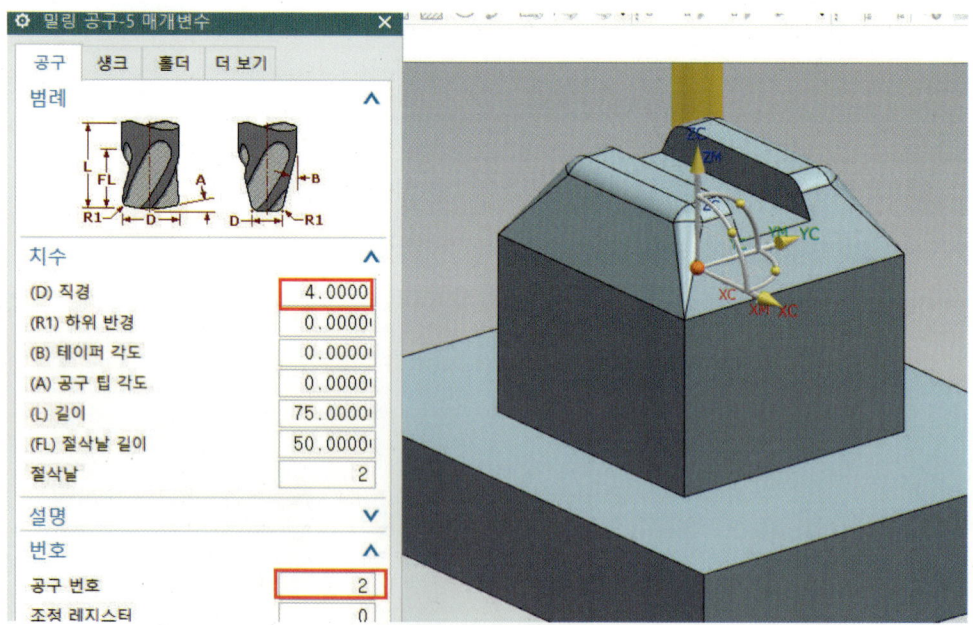

NX10 3D 모델링 및 CAD/CAM

❻ BALL_MILL 아이콘 클릭하고 이름에서 BALL_4를 입력한 후 적용을 클릭한다.

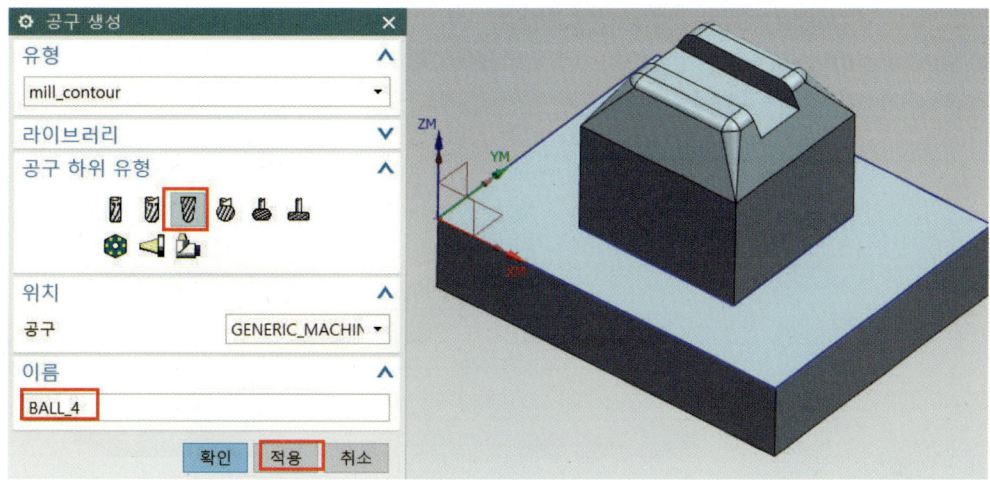

❼ (D) 볼 직경에서 4를 입력하고 공구 번호에 3을 입력 후 확인한다.

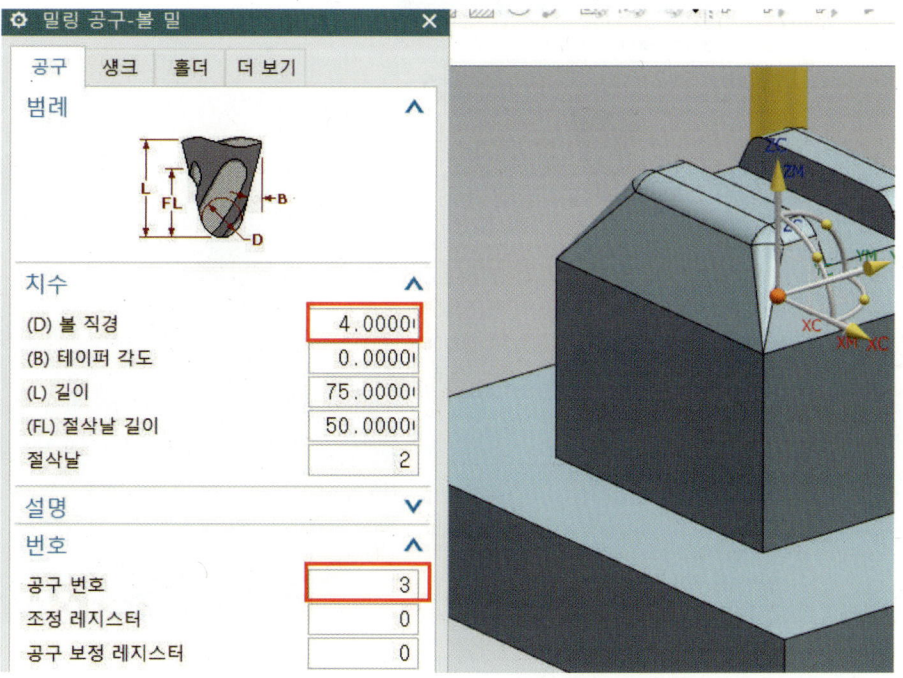

Chapter 03 | 금형기능사

❽ MILL 아이콘 클릭하고 이름에서 MILL_4을 입력한 후 확인을 클릭한다.

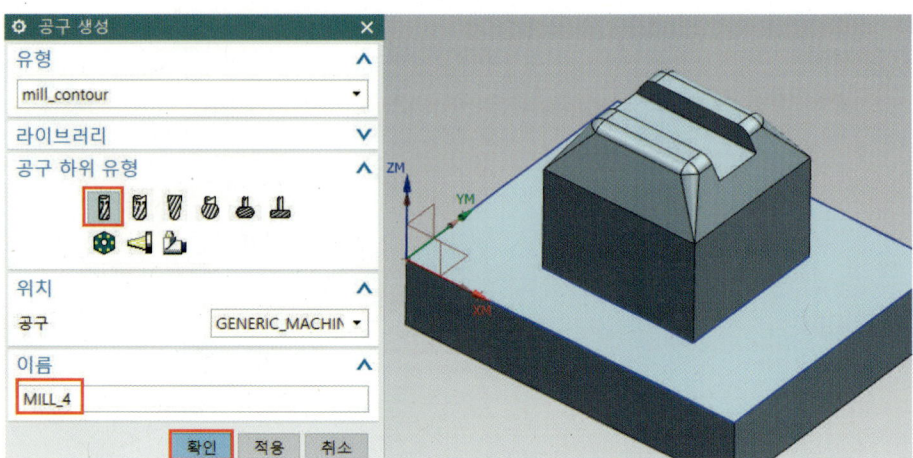

❾ 플랫 볼 직경에서 4를 입력하고 공구 번호에 4를 입력 후 확인한다.

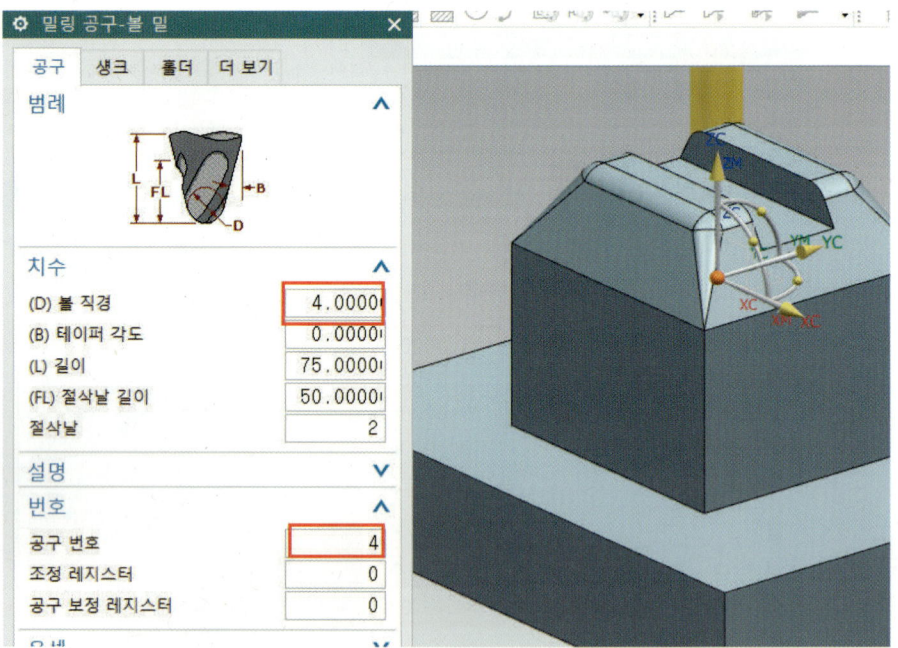

(4) 황삭 가공하기(Cavity Mill)

Cavity Mill은 평면형 절삭의 여러 절삭 패턴을 사용하여 평면 레이어에서 블록 부분의 재료를 가공하는 공구 경로를 생성하며, 일반적으로 황삭 가공과 3축 가공에서 사용하는 평면 밀링 가공이다.

❶ 삽입에서 오퍼레이션을 선택한다. 또는 그림처럼 오퍼레이션 아이콘을 선택한다.

❷ 하위 유형은 CAVITY_MILL, 프로그램은 PROGRAM, 지오메트리 사용은 WORKPIECE, 공구 사용은 MILL_6, 방법 사용은 MILL_ROUGH로 바꾼 다음 적용 버튼을 클릭한다.

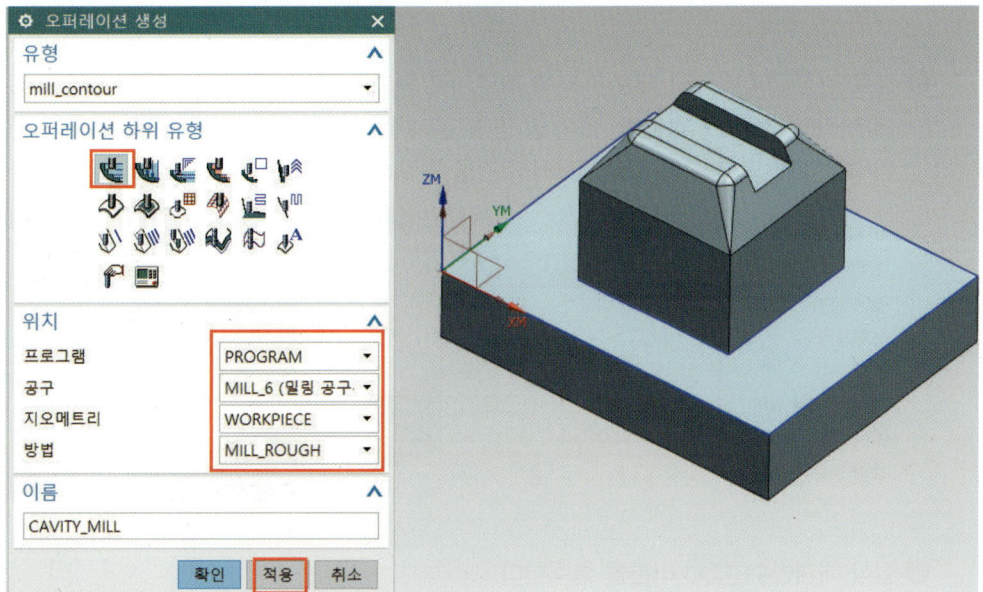

❸ 절삭 영역 지정 아이콘을 클릭한다.

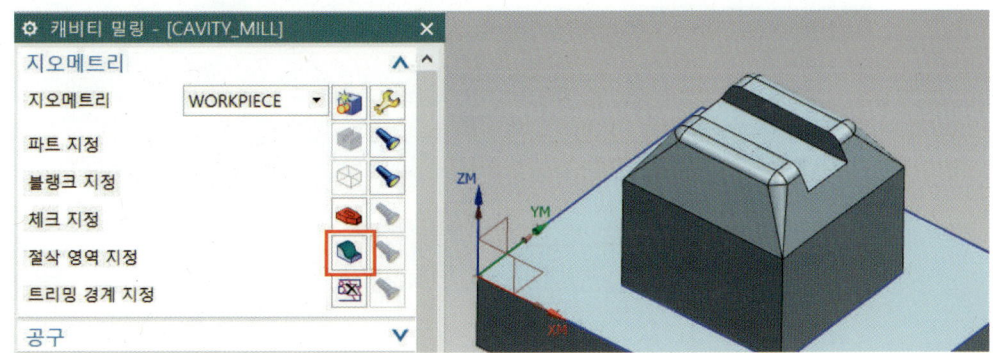

❹ 그림처럼 방향은 모델 방향의 정면도로 설정하고, MB1 버튼을 누르고 윈도우하여 개체를 그림처럼 설정하고 확인한다.

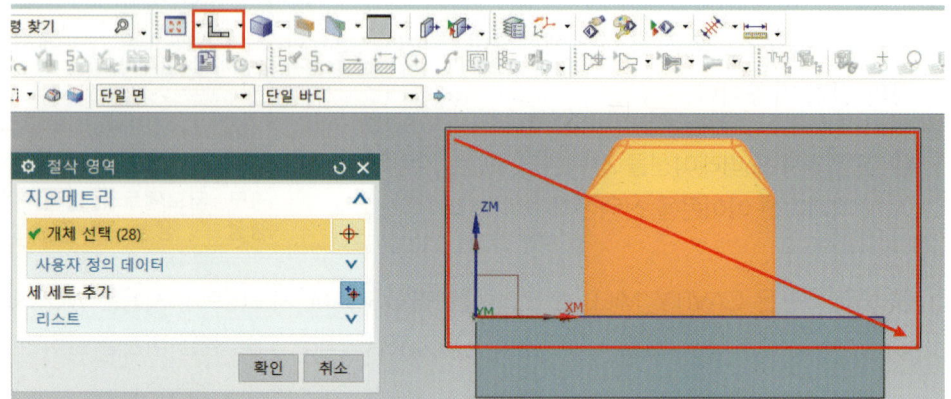

❺ 경로 설정값에서 절삭 패턴은 외곽 따르기로 하고, 스텝오버는(경로 간격) 일정으로 한 후 최대 거리(Distance) 값은 3, 절삭 당 공통 깊이(절입량)는 일정으로 한 후 최대 거리 값은 3을 입력한다.(반드시 시험 절삭지시서 조건을 참조하여 입력한다.)

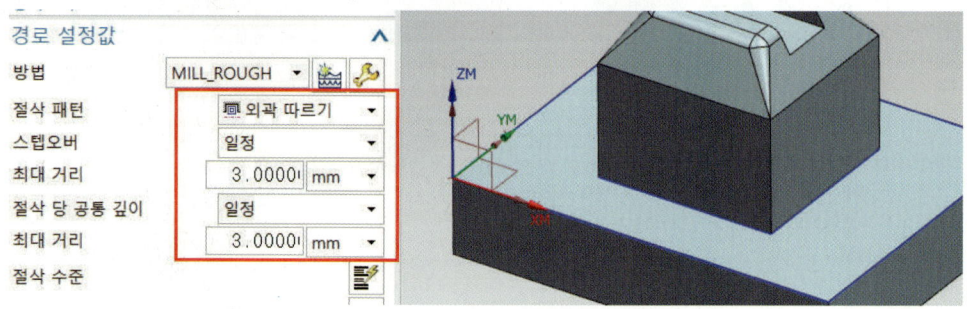

❻ 절삭 매개변수( ) 버튼을 클릭한다.

❼ 전략 부분은 그림과 같이 하향 절삭과 절삭 순서에서 깊이를 우선으로 선택한 후 스톡(Stock) 탭으로 넘어간다.

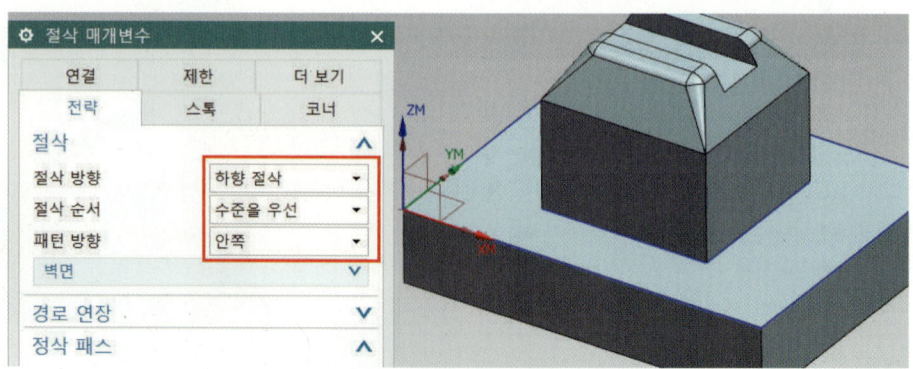

PART Ⅶ NX10 CAM 가공 따라 하기

❽ 측면과 동일한 바닥사용 박스는 그림과 같이 체크 후 파트 측면 스톡(가공 여유 또는 잔량) 값을 0.5로 입력한 후 공차에서 Intol, Outtol 값은 변경하지 말고 기본 설정으로 확인한다. (반드시 시험 절삭지시서 조건을 참조하여 입력한다.)

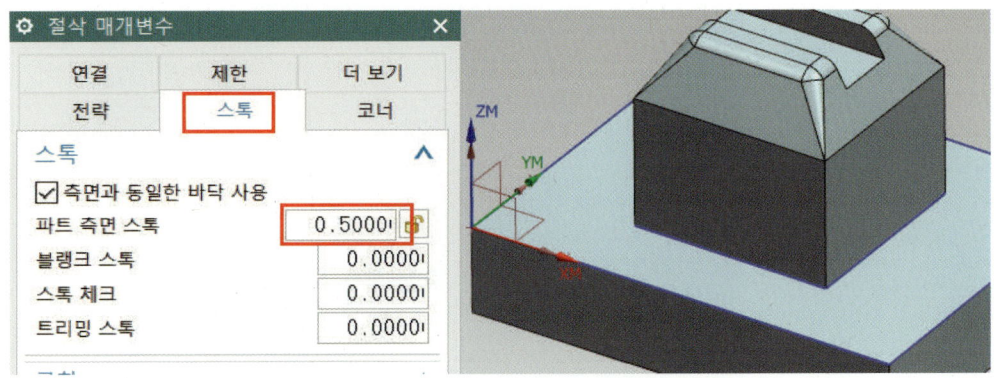

❾ 이송 및 속도() 버튼을 클릭한다.

❿ 스핀들 속도(rpm) 부분에 1200을 입력 후 이송률에서 절삭(이송) 값은 100으로 입력 후 확인한다.(반드시 시험 절삭지시서 조건을 참조하여 입력한다.)

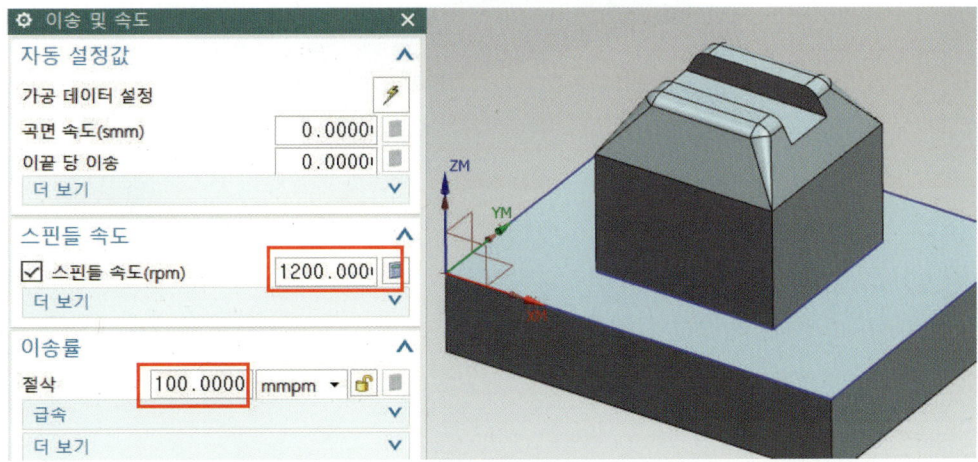

⓫ 작업에서 생성(Generate)( ) 버튼을 클릭하면 황삭이 완료된 것을 확인 후 검증( ) 아이콘을 클릭한다.

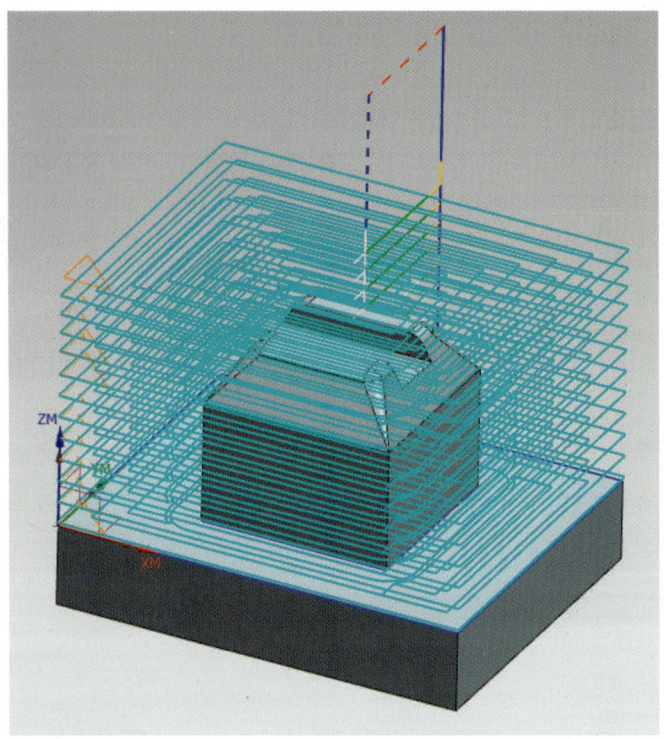

(5) 정삭 ∅4 평 엔드밀 가공하기(Contour Area)

윤곽이 있는 곡면으로 형성된 영역을 정삭하는 데 사용되는 가공 방법으로서 Fixed Contour와 거의 동일하게 가공영역을 설정하는 Face 선택 방식으로 중삭, 정삭 모두 가능하다.

❶ 하위 유형은 CONTOUR_AREA, 프로그램은 PROGRAM, 지오메트리 사용은 WORKPIECE, 공구 사용은 MILL_4, 사용 방법은 MILL_FINISH로 바꾼 다음 적용 버튼을 클릭한다.

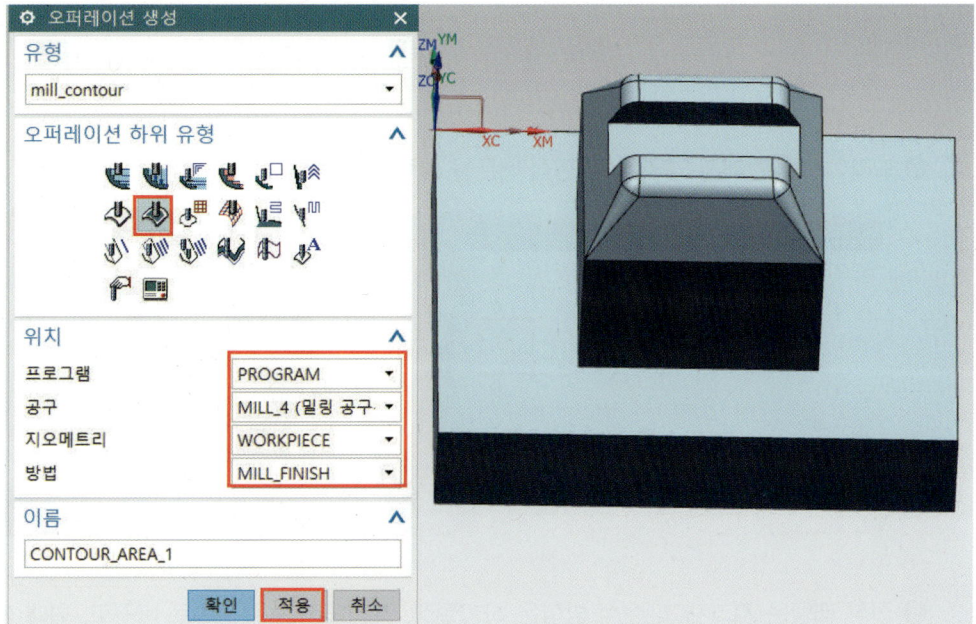

❷ 절삭 영역 지정 버튼을 클릭한다.

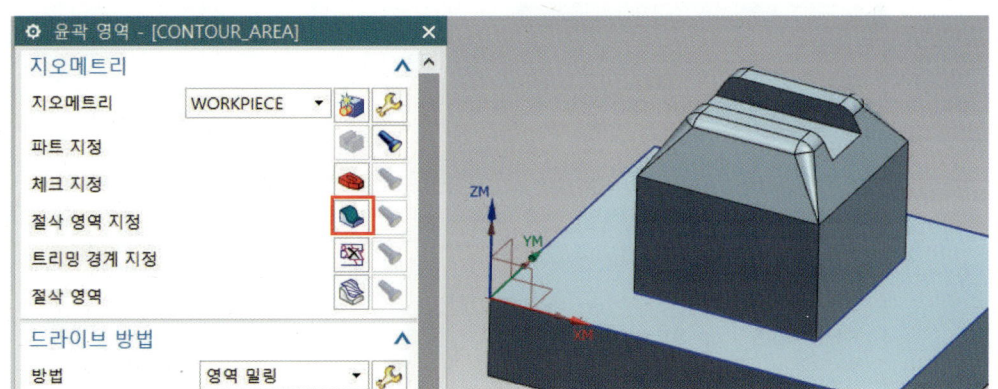

❸ 보기를 정면도로 배치하고 그림처럼 MB1을 이용하여 그림처럼 윈도우한다.

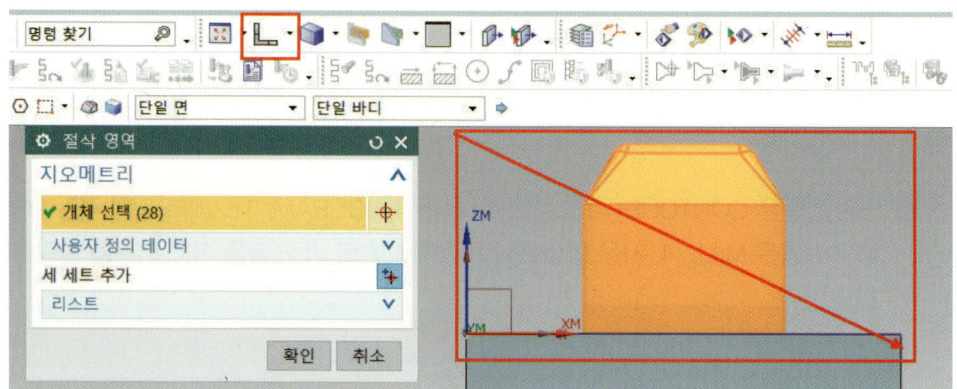

❹ 드라이브 방법에서 영역 밀링 편집 버튼을 클릭한다.

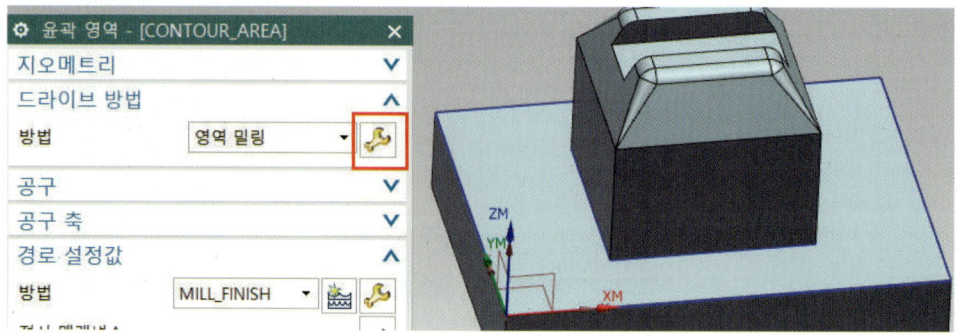

❺ 절삭 패턴은 지그재그, 절삭 방향은 하향절삭, 스텝오버는 일정으로 바꾸고, 최대 거리(경로 간격) 값은 0.5로 입력한 후 절삭 각도는 지정으로 선택한 후 XC로부터 각도 값은 −45를 입력한 후 확인한다. (반드시 시험 절삭지시서 조건을 참조하여 입력한다.)

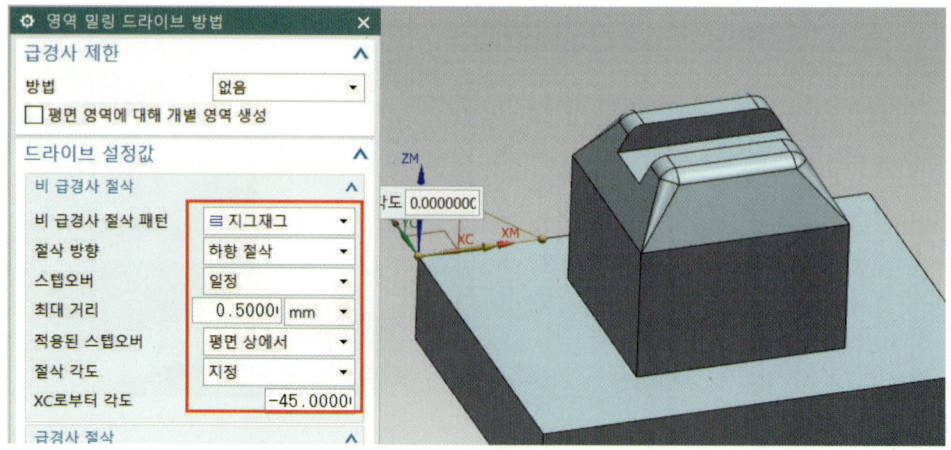

❻ 이송 및 속도() 아이콘을 클릭한다.

❼ 속도 탭에서 스핀들 속도(회전수) 값을 2000으로 입력 후 이송률에서 절삭은 100으로 입력한 후 확인한다.(반드시 시험 절삭지시서 조건을 참조하여 입력한다.)

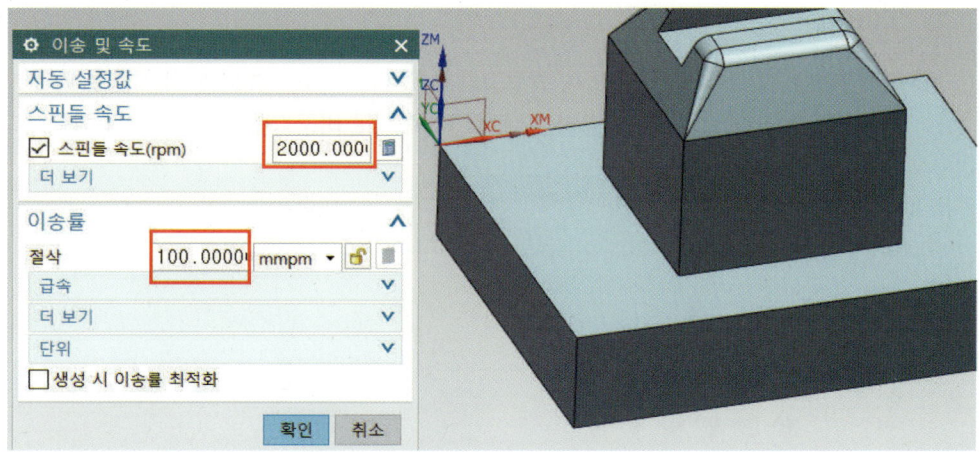

❽ 그림처럼 생성 아이콘을 클릭한다. 정삭 완료 확인 후 검증 아이콘을 클릭한다.

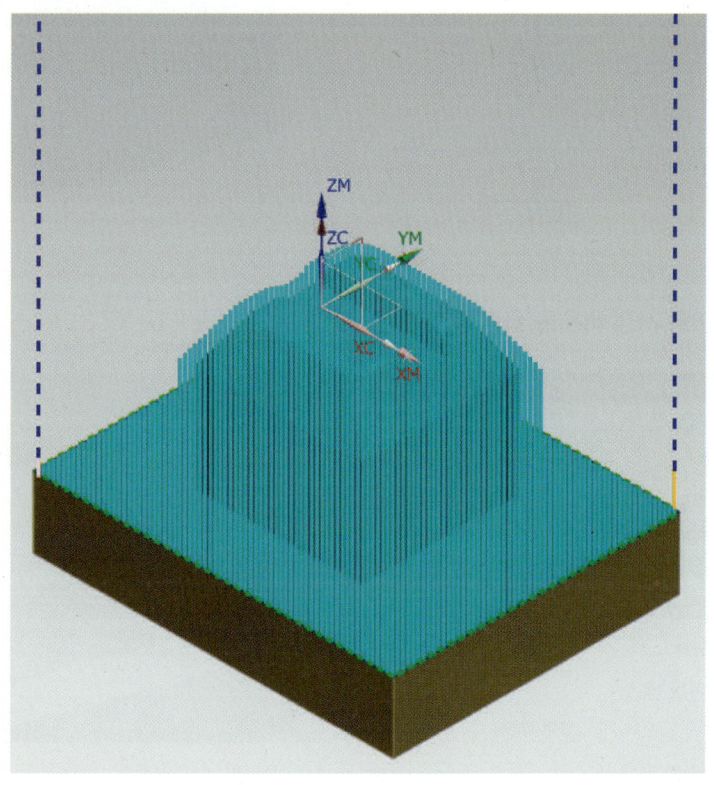

(6) 정삭 ⌀4 볼 엔드밀 가공하기(Contour Area)

윤곽이 있는 곡면으로 형성된 영역을 정삭하는 데 사용되는 가공 방법으로서 Fixed Contour와 거의 동일하게 가공 영역을 설정하는 Face 선택 방식으로 중삭, 정삭 모두 가능하다.

❶ 하위 유형은 CONTOUR_AREA, 프로그램은 PROGRAM, 지오메트리 사용은 WORKPIECE, 공구 사용은 BALL_4, 사용 방법은 MILL_FINISH로 바꾼 다음 적용 버튼을 클릭한다.

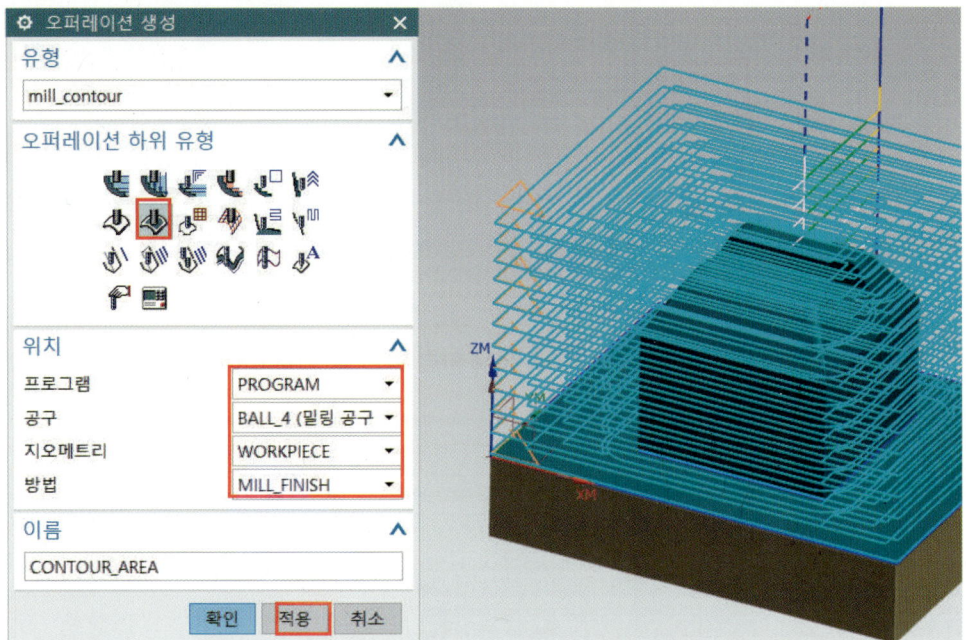

❷ 절삭 영역 지정 버튼을 클릭한다.

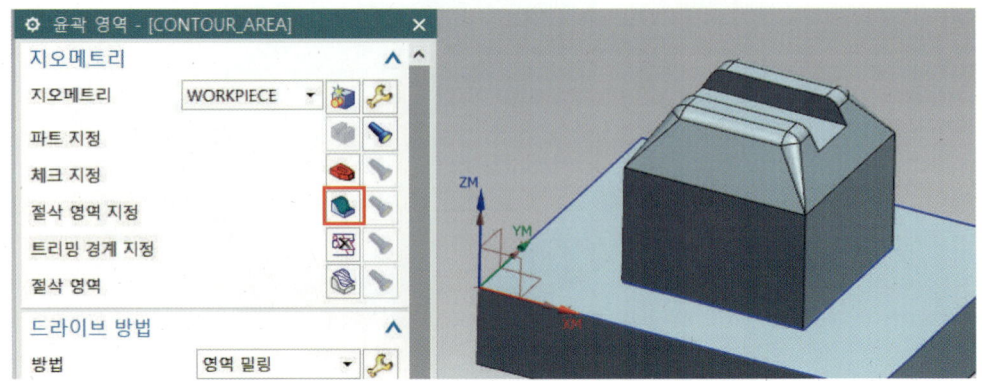

❸ 보기를 정면도로 배치하고 MB1을 이용하여 그림처럼 윈도우한다.

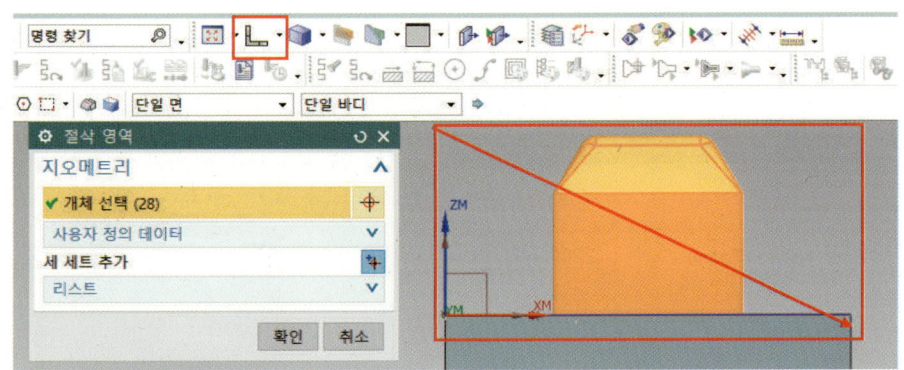

❹ 드라이브 방법에서 영역 밀링 편집 버튼을 클릭한다.

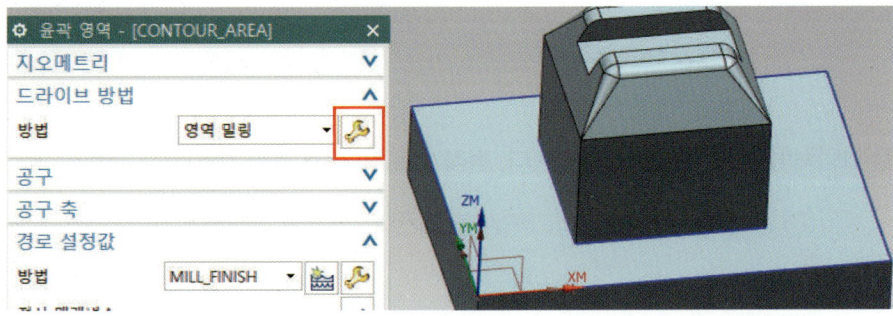

❺ 절삭 패턴은 지그재그, 절삭 방향은 하향 절삭, 스텝오버는 일정으로 바꾸고, 최대 거리(경로 간격) 값은 1로 입력한 후 절삭 각도는 지정으로 선택한 후 XC로부터 각도 값은 45를 입력하고 확인한다.(반드시 시험 절삭지시서 조건을 참조하여 입력한다.)

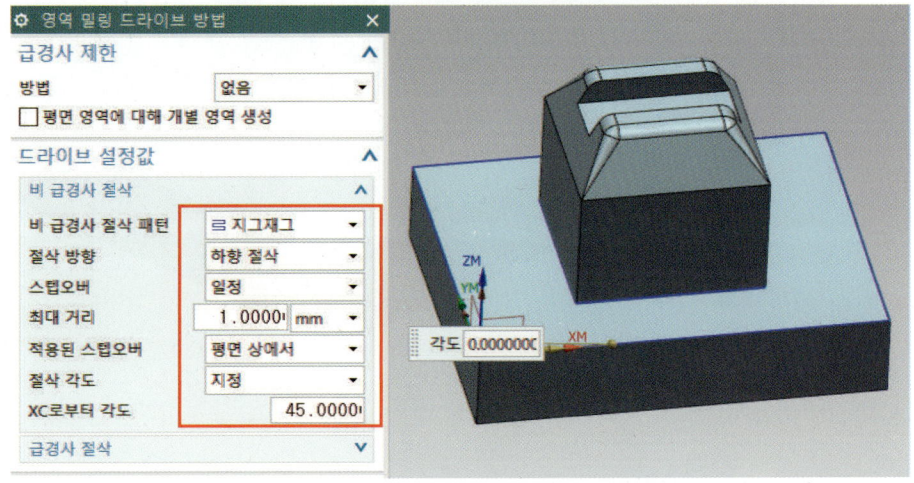

❻ 이송 및 속도( ) 아이콘을 클릭한다.

❼ 속도 탭에서 스핀들 속도(회전수) 값은 2200으로 입력 후 이송률에서 절삭은 90을 입력한 후 확인한다.(반드시 시험 절삭지시서 조건을 참조하여 입력한다.)

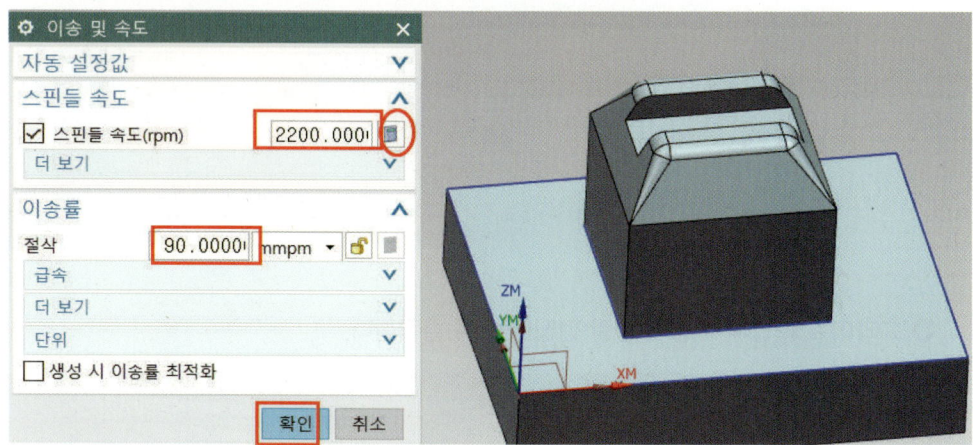

❽ 그림처럼 생성 아이콘을 클릭한다. 정삭 완료 확인 후 검증 아이콘을 클릭한다.

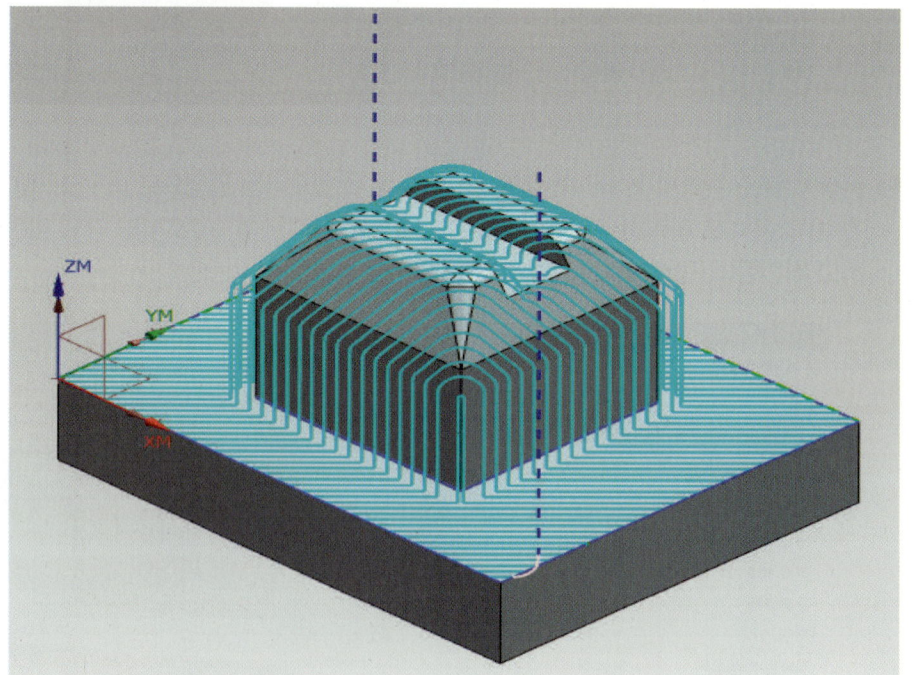

(7) 잔삭(펜슬) 가공하기(Flow Cut Single)

파트 곡면으로 생성된 골을 따라 공구 경로를 생성하며, 가공 영역은 자동 생성된다. 펜슬 가공이라고도 한다.

삽입에서 오퍼레이션 생성을 클릭한다. 또는 그림처럼 버튼을 직접 선택하여 클릭한다.

❶ 하위 유형은 FLOW CUT_SINGLE, 프로그램은 PROGRAM, 지오메트리 사용은 WORKPIECE, 공구 사용은 B2, 방법 사용은 NONE으로 바꾼 다음 확인한다.

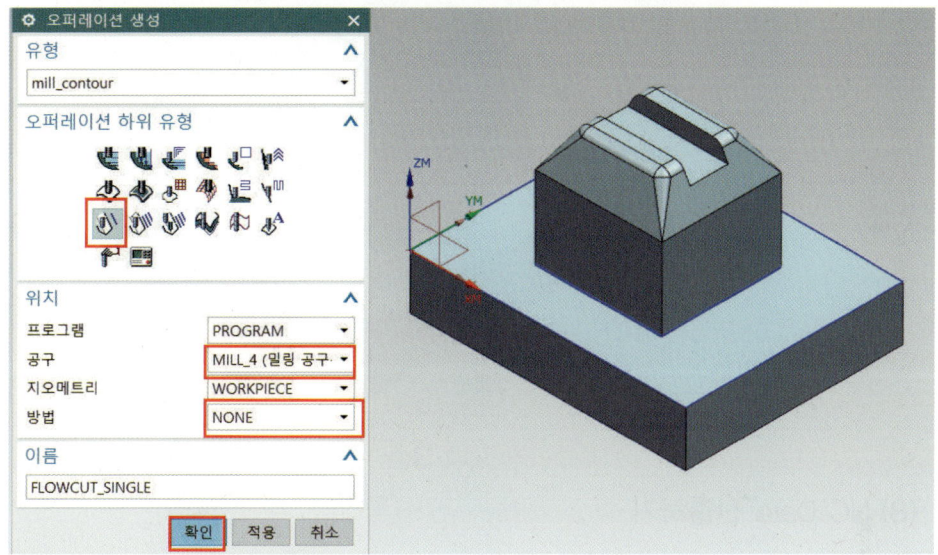

❷ 이송 및 속도에서() 버튼을 클릭한다.

❸ 속도에서 스핀들 속도(회전수) 값을 2600으로 입력한 후 이송률에서 절삭(이송) 값 80을 입력한 후 확인한다.

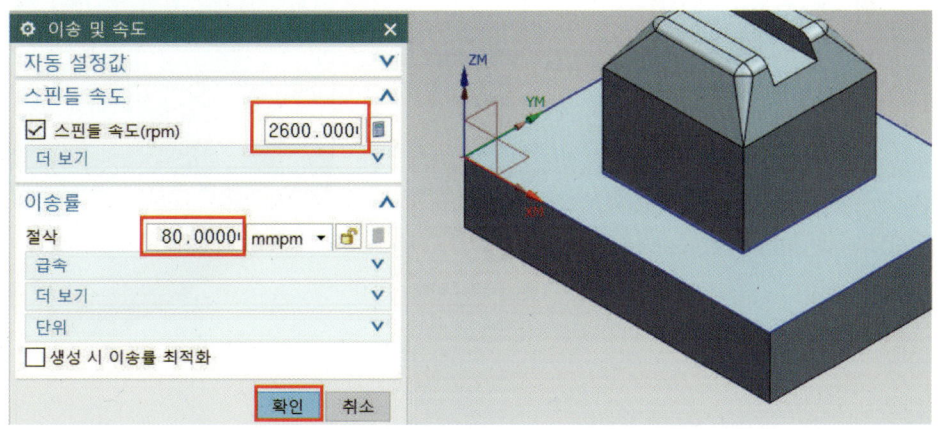

❹ 생성 버튼을 클릭한다. 잔삭 완료 확인 후 검증 아이콘을 클릭한다.

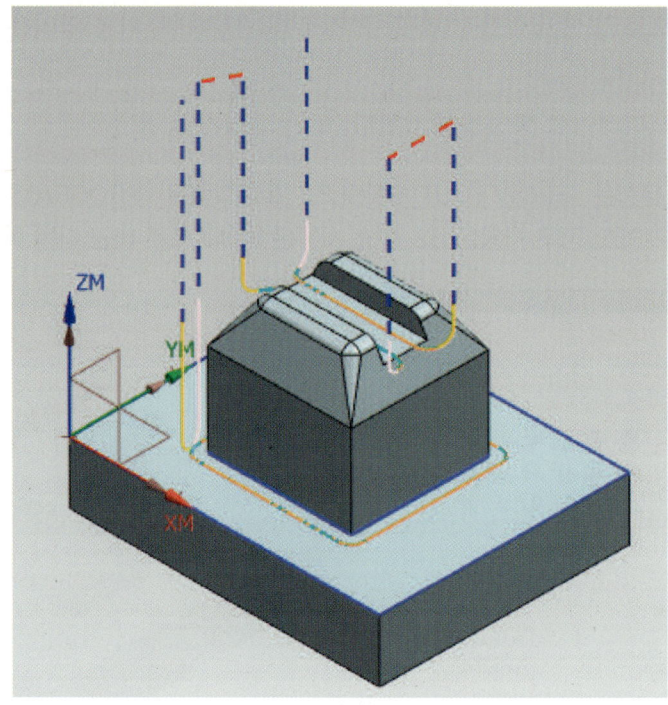

(8) NC Data 산출하기

❶ 그림처럼 MB3 상태에서 포스트프로세스 또는 아이콘( )을 선택한다.

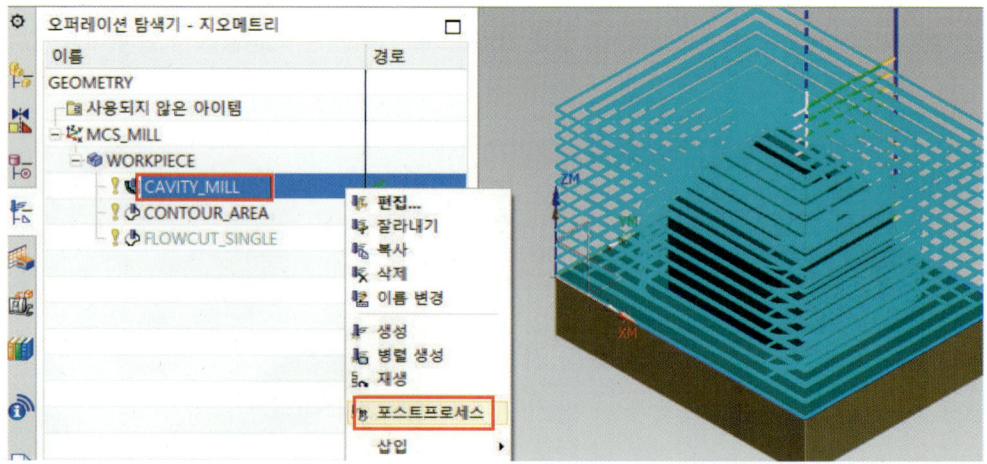

❷ 아래 그림처럼 포스트프로세스 찾아보기 폴더를 선택한다.

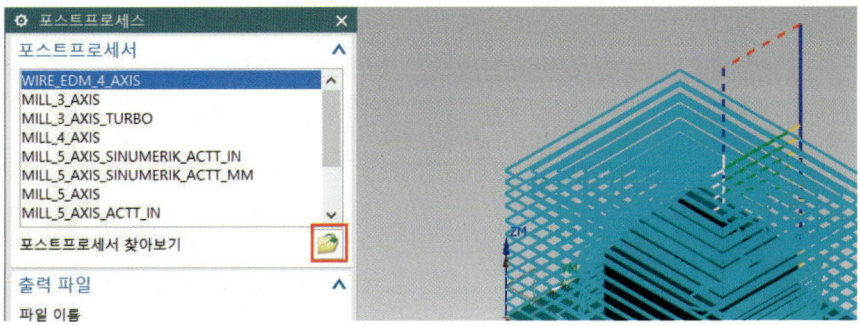

❸ 아래 그림처럼 경로를 확인한다.

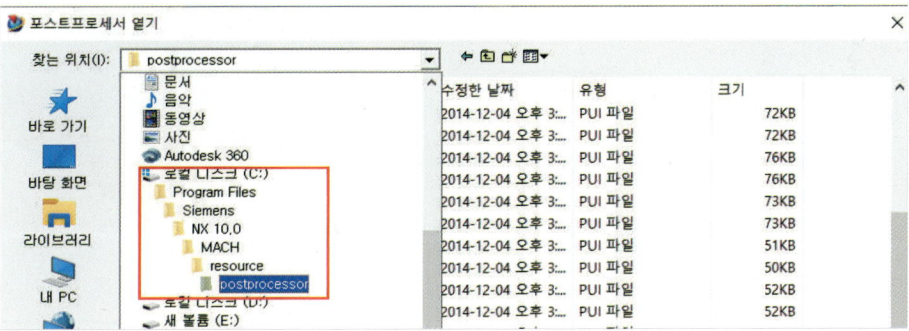

❹ 아래 그림처럼 설정한다.

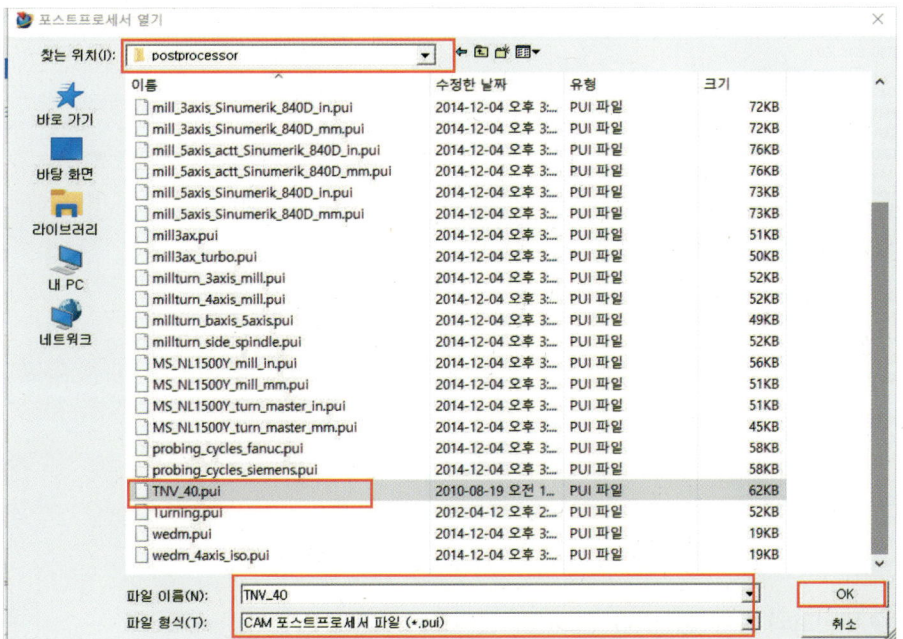

❺ 그림처럼 3축을 선택하고 저장 위치(내 문서)와 파일 이름을 설정 후 확장자를 .nc로 하고, 단위는 미터식으로 설정한 후 적용한다. 같은 방법으로 황삭·정삭·잔삭을 저장한다.

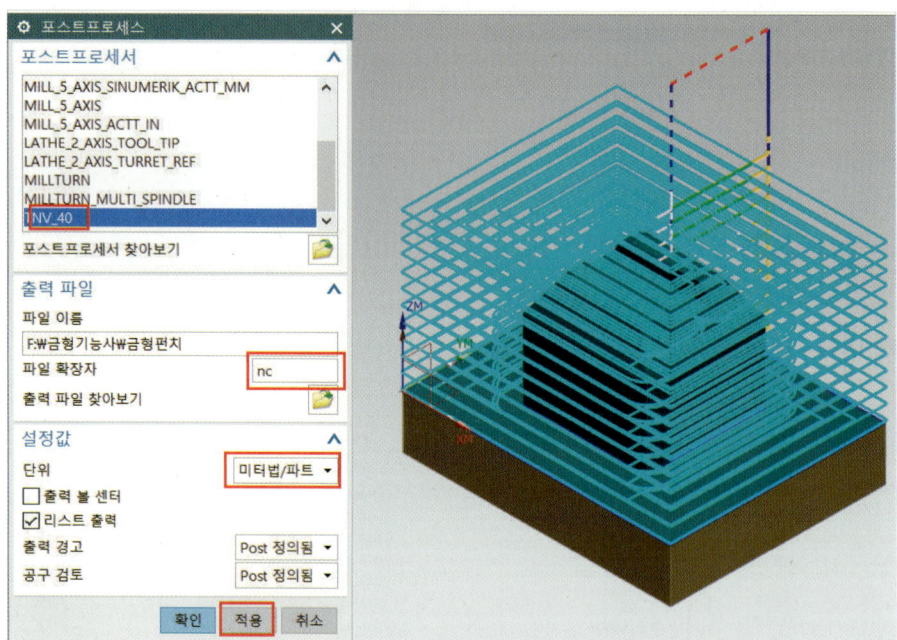

❻ 그림처럼 NC 프로그램을 다름 이름으로 저장한다.

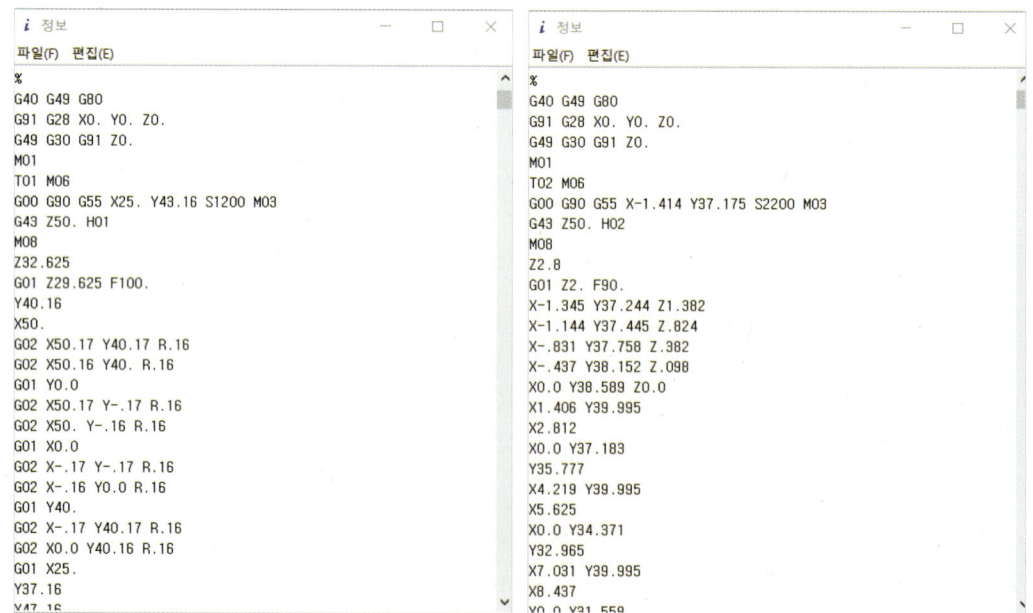

❼ 비번호와 황삭·정삭(평)·정삭(볼)·잔삭으로 최종 변경한다.

3 실기시험 제출 자료

1) Modeling 형상의 출력물: 등각도(입체도)

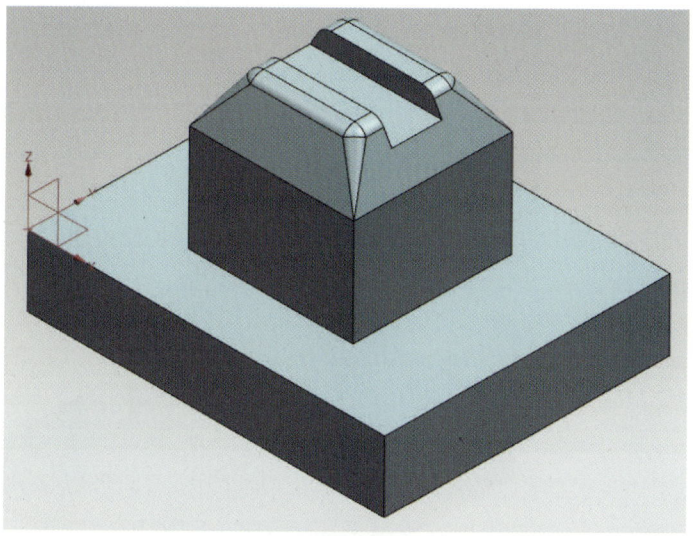

2) 정삭 Tool path의 출력물

① 평 엔드밀 가공

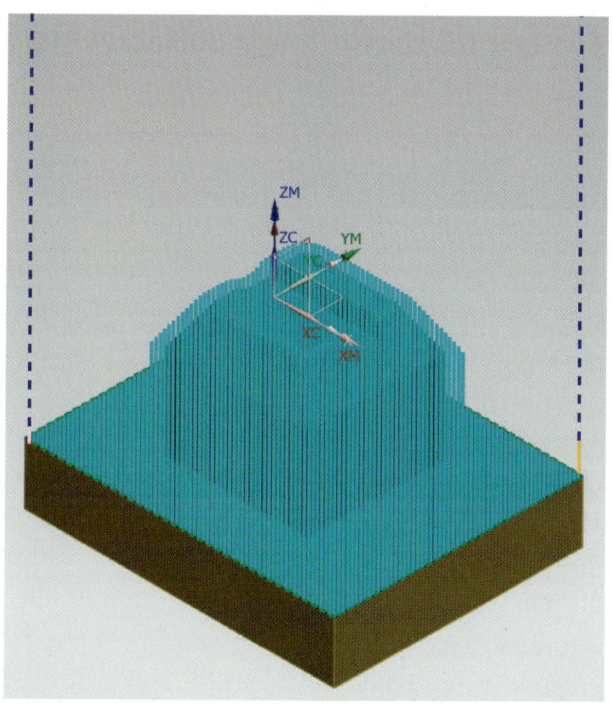

② 볼 엔드밀 가공

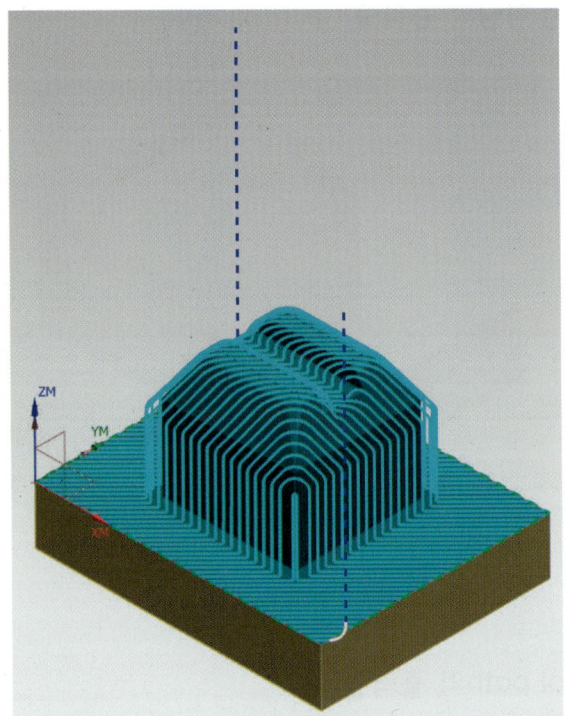

3) 황삭·정삭·잔삭 NC code의 전반부 30Block만 편집한 출력물

① 황삭

```
%
G40 G49 G80
G91 G28 X0. Y0. Z0.
G49 G30 G91 Z0.
M01
T02 M06
G00 G90 G55 X-1.414 Y37.175 S2200 M03
G43 Z50. H02
M08
Z2.8
G01 Z2. F90.
X-1.345 Y37.244 Z1.382
X-1.144 Y37.445 Z.824
X-.831 Y37.758 Z.382
```

```
X-.437 Y38.152 Z.098
X0.0 Y38.589 Z0.0
X1.406 Y39.995
X2.812
X0.0 Y37.183
Y35.777
X4.219 Y39.995
X5.625
X0.0 Y34.371
Y32.965
X7.031 Y39.995
X8.437
X0.0 Y31.558
Y30.152
X9.843 Y39.995
X11.249
X0.0 Y28.746
```

② 정삭(평)

```
G40 G49 G80 G17 M19
G91 G28 X0. Y0. Z0.
G91 G30 Z0.
T02 M06
S2000 M03
G00 G90 G54 X-1.414 Y37.878
G43 Z50. H02 M08
Z3.6
G01 Z2. F100 M08
X-1.345 Y37.947 Z1.382
X-1.144 Y38.148 Z.824
X-.831 Y38.461 Z.382
X-.437 Y38.855 Z.098
X0.0 Y39.292 Z0.0
X.703 Y39.995
X1.406
X0.0 Y38.589
```

```
Y37.886
X2.109 Y39.995
X2.812
X0.0 Y37.183
Y36.48
X3.516 Y39.995
X4.219
X0.0 Y35.777
Y35.074
X4.922 Y39.995
X5.625
X0.0 Y34.371
Y33.668
```

③ 정삭(볼)

```
%
G40 G49 G80
G91 G28 X0. Y0. Z0.
G49 G30 G91 Z0.
M01
T01 M06
G00 G90 G55 X25. Y43.16 S1200 M03
G43 Z50. H01
M08
Z32.625
G01 Z29.625 F100.
Y40.16
X50.
G02 X50.17 Y40.17 R.16
G02 X50.16 Y40. R.16
G01 Y0.0
G02 X50.17 Y-.17 R.16
G02 X50. Y-.16 R.16
G01 X0.0
G02 X-.17 Y-.17 R.16
G02 X-.16 Y0.0 R.16
```

```
G01 Y40.
G02 X-.17 Y40.17 R.16
G02 X0.0 Y40.16 R.16
G01 X25.
Y37.16
X47.16
Y2.84
X2.84
Y37.16
X25.
```

④ 잔삭

```
%
G40 G49 G80
G91 G28 X0. Y0. Z0.
G49 G30 G91 Z0.
M01
T03 M06
G00 G90 G55 X12.02 Y6.42 S2600 M03
G43 Z50. H03
M08
Z18.8
G01 Z2. F80.
X12. Y6.515 Z1.382
X11.94 Y6.793 Z.824
X11.847 Y7.226 Z.382
X11.73 Y7.771 Z.098
X11.6 Y8.375 Z0.0
X11.592 Y8.4
X11.509 Y8.8
X11.499 Y9.2
Y30.8
G02 X11.514 Y31.375 R2.021
G02 X11.704 Y31.919 R2.021
G02 X12.039 Y32.388 R2.021
G02 X12.492 Y32.745 R2.021
```

저자 약력

■ **정연택**
- 강원대학교 기계메카트로닉스과 석사과정 졸업
- 현재 대한상공회의소 인력개발원 교수
  - 삼성전자 첨단기술연구소 제조기술대학 치공구설계 외래교수
  - 두산중공업 기술연수원 Jig 분야 외래교수
  - 티앤씨샤크(주) 애눌러커터 분야 외래교수
  - 한국산업인력공단 일반기계분야 전문위원
  - NCS 기계분야 전문위원
  - 기계분야 기사, 산업기사, 기능사 필기 및 실기 출제위원
  - 기계가공기능장, 기계설계기사, 컴퓨터응용가공산업기사

■ **강문원**
- 명지대학교 공과대학 졸업
- 현재 ㈜한도 부사장
  - 산업포장(대통령상) 수상
  - 자동차 조향장치·제동장치 전문 엔지니어
  - 자동차 조향장치 분야 특허 다수 보유

NX10 3D 모델링 및 CAD/CAM

정가 ∥ 42,000원

지은이 ∥ **정연택·강문원**
펴낸이 ∥ **차 승 녀**
펴낸곳 ∥ **도서출판 건기원**

2020년 8월 27일 제1판 제1인쇄
2020년 8월 31일 제1판 제1발행

주소 ∥ 경기도 파주시 연다산길 244(연다산동 186-16)
전화 ∥ (02)2662-1874~5
팩스 ∥ (02)2665-8281
등록 ∥ 제11-162호, 1998. 11. 24

- 건기원은 여러분을 책의 주인공으로 만들어 드리며 출판 윤리 강령을 준수합니다.
- 본 교재를 복제·변형하여 판매·배포·전송하는 일체의 행위를 금하며, 이를 위반할 경우 저작권법 등에 따라 처벌받을 수 있습니다.

ISBN 979-11-5767-518-0 13560